草原内陆河流域生态水文过程与模拟

刘廷玺　王怡璇　段利民　黎明扬 等 著

科 学 出 版 社

北 京

内 容 简 介

本书选择草原内陆河流域为研究对象，围绕流域生态水文过程的相互作用和反馈及其对变化环境的响应，通过水文学、生态学、遥感科学等多学科综合、跨学科交叉的途径，基于观测试验、机理研究、模型构建、模拟分析相结合的研究方法，系统辨析气候变化和放牧活动影响下流域生态水文过程及其耦合作用关系，深入探讨流域生态水文时空格局异质性的定量归因，科学揭示流域生态水文耦合作用机理与互馈机制，重点研发融合多源多元信息的流域动态过程分布式生态水文模型，并对流域生态水文系统要素的演变过程及互馈响应进行模拟解析和情景预测，可以为草原流域生态水文良性关系维持以及畜牧业可持续发展提供理论基础和科学依据。

本书既可以作为研究干旱区生态水文过程及其耦合模拟问题的参考资料，也可以作为水文学及水资源、生态水文学、地理学、资源环境科学等相关领域的专家、学者、研究生以及高年级本科生的参考用书。

图书在版编目(CIP)数据

草原内陆河流域生态水文过程与模拟 / 刘廷玺等著. —北京：科学出版社，2024. 10

ISBN 978-7-03-075706-7

Ⅰ. ①草…　Ⅱ. ①刘…　Ⅲ. ①草原–内陆水域–生态系–环境水文学–研究　Ⅳ. ①X143

中国版本图书馆 CIP 数据核字（2023）第 102356 号

责任编辑：刘　超 / 责任校对：樊雅琼

责任印制：赵　博 / 封面设计：无极书装

科学出版社出版

北京东黄城根北街 16 号

邮政编码：100717

http://www.sciencep.com

北京建宏印刷有限公司印刷

科学出版社发行　各地新华书店经销

*

2024 年 10 月第　一　版　开本：787×1092　1/16

2024 年 11 月第二次印刷　印张：30 3/4

字数：720 000

定价：370.00 元

目　　录

第 1 章　绪　　论

1.1　研究背景与意义

世界温带草原面积约为 $15\times10^6\text{km}^2$，主要分布在欧亚大陆、北美中部和南美南部。我国温带草原面积约为 $1.68\times10^6\text{km}^2$，约占世界总面积的 11%，集中分布在北方内陆东半壁的半湿润与半干旱地区，主要包括内蒙古高原中东部、鄂尔多斯高原和东北松辽平原大部，其中，典型草原面积约为 $0.41\times10^6\text{km}^2$，约占温带草原总面积的 24%，主要分布在锡林郭勒高原和呼伦贝尔高原西部。由于气候变化、过度放牧及不合理开发利用，导致草原植被矮小且多样性降低、土壤贫瘠化与干燥化、微生物减少与功能退化、河谷湿地萎缩与沼泽化、土地沙漠化等草原生态系统退化现象日趋严重。据联合国环境规划署（UNEP）报告，世界已有 73% 的草原出现不同程度的沙漠化与土地退化，我国有 90% 的草原已经或正在退化，其中中度以上退化草原占总面积的 1/3，且每年仍以 200 万 hm^2 的速度在退化。全球温带内陆河流域面积为 $27.1\times10^6\text{km}^2$，流域中草原分布面积约为 $6.4\times10^6\text{km}^2$，约占流域面积的 23%。温带草原内陆河流域上游产流、下游耗散，上游径流流经广阔的草原与地下水频繁交互转换，消耗于河谷湿地或河岸带绿洲蒸发蒸腾，最后注入湖泊或消失，形成上中下游闭合的水循环系统。由于身居内陆，得不到充足的水汽补给，加之不合理人类活动的双重影响，极端水文事件频发、洪水陡涨陡落且河道泥沙增多、径流调节能力降低、河岸带崩塌且河流改道频繁等现象持续增多，进而导致温带草原内陆河流域水文功能整体退化。党的十八大以来，国家高度重视生态文明建设，指出生态兴则文明兴，生态衰则文明衰，生态文明建设是关系中华民族永续发展的根本大计。习近平总书记指出，必须树立和践行绿水青山就是金山银山的理念，坚持“山水林田湖草”生命共同体的系统思想，统筹兼顾，全方位、全地域、全过程开展生态文明建设，提出生态保护和修复的整体协同治理和调控方案。

2014 年、2018 年和 2019 年，习近平总书记在考察内蒙古自治区和在全国人民代表大会参加内蒙古代表团报告审议时指出，“努力把内蒙古建成我国北方重要的生态安全屏障”，“在祖国北疆构筑起万里绿色长城”，“内蒙古生态状况如何，关系华北、东北、西北乃至全国生态安全”。国家针对内蒙古确定了生态优先、绿色发展的战略定位，在水资源极其短缺、生态环境极度脆弱的条件下，亟须开展支撑生态环境保护修复工作的有关生态水文等方面的基础研究。然而，由于我国北方草原内陆河流域生态水文观测试验相当薄弱，生态水文过程及其耦合作用机理尚不明确，生态水文退化机理与恢复机制尚不清晰，生态水文过程的模拟和预测水平仍严重滞后，生态水文恢复过程的绿色调控方法明显不足，尚不能及时准确地为流域生态文明建设提供技术支撑。

站在历史发展的新起点，生态水文学基础研究需要“聚焦前沿，独辟蹊径”，草原内陆河流域植被生态过程与水文过程相互作用、互为反馈，二者又同时受气候变化和放牧干扰的影响，以过度放牧为主的人类活动致使生态系统和水文功能退化严重，因此亟须系统研究变化环境下草原内陆河流域生态水文的退化规律、退化机理及其驱动机制，深刻揭示气候变化和适度放牧条件下草原生态水文的恢复机制，以生态优先、绿色发展和生态水文系统良性关系维持为目标，提出草原流域生态水文恢复过程的系统调控方案，推动流域水–草–畜协调健康发展。

1.2 国内外研究现状

1.2.1 生态水文过程

植被通过冠层结构和空间分布格局对降水、蒸散发、下渗、土壤水分布、产流产沙等水文过程产生影响。对降水的影响主要表现在冠层截留量和雨水落地时间的延滞，研究表明，我国不同森林结构的林冠截留量在14.6%～29.1%[1]。植被与土壤下渗能力密切相关，当土地利用由草地变为林地时，土壤初始含水率和稳定入渗率均有所提高[2]。植被对坡面产流产沙过程的影响因植被类型、空间分布而异，草地的地上茎叶和地下根系均可降低坡面流流速和泥沙产量[3]，从而起到削减洪峰流量的作用[4]。此外，植被通过根系吸水可以改变土壤水的分布[5]，并通过蒸腾作用将水分输送到大气[6]。研究表明，流域蒸散发与植被覆盖度、叶面积指数、冠层密度和生物量成正比[1]。

在全球变化背景下，不同尺度的水文过程发生了明显变化，影响着整个生态圈的能量和物质交换过程[7]，是流域植被向非植被覆盖转变的直接结果[8]。水循环过程尤其是土壤水的时空变化决定了植被的生长动态、形态功能和空间分布格局[9]。土壤水分会影响生态系统呼吸[10]，且水分重分布对植被和微生物活动的控制过程也具有重要作用[11]。研究表明，樟子松在土壤水分亏缺状态下，多数代谢物的浓度会随土壤水分利用量的减少而变化[12]。土壤水分的时空变化可显著影响河岸带的植被生长状况[13]。

水文过程与生物动力过程之间的功能关系是揭示植被格局和生态过程演变机理的关键[14]。植被的动态变化会改变下垫面条件，不仅直接影响地表产汇流过程，还能通过反馈作用影响当地气候系统[15]，进而改变降雨径流过程[16]，而水循环变化又会以多种方式影响植被种群的变异[17]和生态系统的生产力[18]。在气候变化和人类活动的双重影响下，生态和水文系统之间的双向互馈过程变得更为复杂，虽然当前生态水文过程研究方面取得了长足进展，但研究主要集中于单向作用，对于复杂的双向耦合关系尚不明晰，从生态类型、区域尺度、地理环境与响应关系等方面的综合研究还不充分。

1.2.2 生态水文耦合作用机理与互馈机制

在充分认识流域生态水文过程的基础上，需要进一步深入了解其作用机理与互馈机制，从而为建立流域生态水文模型提供理论依据。在流域生态水文机理研究方面，基于土壤–植被–大气耦合模型模拟地下水补给过程，在嵌套碳平衡和能量平衡的同时引入了大量的植物生理参数，通过研究植被生态水文过程微观机理[19]，并融合生态水文尺度效应，以加强宏观与微观过程的集成研究[20]，从而揭示流域生态水文的基本特征及其演变规律。

流域尺度生态水文机理研究主要集中在植被覆盖和土地利用变化对径流的影响上，反映了植被在时空上的变化带来的综合水文效应[21]。土壤水运动取决于地表水循环过程，由此将大气过程、植被生态过程和水循环过程耦合在一起形成一个整体[22]。陆地植被生态过程（碳循环、植被生长动态等）与水文过程在物理和生物化学作用下发生交互作用，一方面，水是植被生长的驱动力和制约因素[23]，水分经由土壤到达植物根系后，通过植物茎，到达叶片，再由叶片气孔扩散到空气层，最后参与大气的湍流交换，形成一个统一的、动态的相互反馈连续系统；另一方面，植被通过根系吸水和气孔蒸腾对水文过程产生直接作用，同时也通过其垂直方向的冠层结构和水平方向的分布格局对降雨、下渗、坡面产汇流以及蒸散发过程产生间接影响，形成了植被对水文过程的复杂作用[24]。

鉴于气候与植被–水文过程之间互为反馈的耦合作用，若模拟过程中将任意一个过程进行静态化考虑，都可能因缺乏动态反馈造成模拟结果的严重偏差[25]。在现有植被对水文过程影响和水文过程对植被影响研究的基础上，通过阐释植被生态最优性原理，探讨植被与水文的相互作用机理，才能揭示土壤、植被、地表/地下及大气水分通量的互馈机制。只有定量刻画生态过程与水文过程的耦合作用机理及互馈机制，才能准确模拟和预测变化环境下流域生态水文过程及其耦合互馈关系。

1.2.3　生态水文模型

由于水文条件本身的复杂性及影响水文行为要素时空分布的不均匀性和变异性[26-27]，生态水文过程变量的量化是生态水文学面临的重大难题，随着试验方法的逐步规范和考虑要素的不断全面，以及遥感技术和计算机水平的不断提高，生态水文模型成为了在模拟生态水文循环中的物理、化学过程和生物、非生物效应的重要手段[28-30]。

广义上讲，描述和模拟生态水文过程的模型都可以被称为生态水文模型[31-32]，根据模型用于描述生态水文过程的形式，可以分为经验模型、物理模型和概念性模型[32-33]。经验模型是指将系统经过适当的概化后，利用符合一定逻辑关系的表达式（通常为数学模型）进行架构的模型；物理模型也称理论模型，是对某一过程机理进行深入研究后，通过基本理论推导得到表示过程各有关变量之间的物理数学关系，但由于实际过程比较复杂，影响因素较多，纯用理论方法描述过程往往具有较大的局限性；概念性模型介于二者之间，也叫灰箱模型，其既考虑物理定律，也会考虑使用较为简单的表达形式。常见的经验模型有基于林冠蓄水容量经验公式的 Rutter 模型[34]及其变形 Gash 模型[35]，模拟土壤入渗过程的 Kostiacov 模型[36]、Philip 模型[37]等；常见的概念性模型有用于河流流量预测和河流污染物传播的 Hydrologiska Byrans Vattenbalansavdelning（HBV）模型[38]等；常见的理论模型包括联合国粮食及农业组织（FAO）推荐的参考作物蒸散发模型 Penman-Monteith（P-M）模型[39-40]、计算累积入渗量与时间关系的 Horton 模型[54]以及各种分布式生态水文模型等。

根据空间离散程度，我们可以将生态水文模型分为集总式、半分布式和分布式三种[32-33,42-45]。集总式模型是将流域看作一个均匀的整体，并做出大量假设，如降水量在全流域是均匀分布的等；半分布式模型是将流域划分为多个子流域，并假设每个子流域或计算面上是均匀的；分布式模型则是将流域分为很多基本单元，例如矩形网格（栅格）等，每个网格使用相应的模型和对应地理位置的地形、气象、土壤、植被、土地利用等数据分别模拟，进而采用动量、能量守恒定律，推演连接各个计算单元。具有代表性的集总式模型有基于地形分析的小流域水文模型 TOPOG[46]，中国研发的具有世界影响力的新安江模型[47-48]，适合全国或大区域尺度的 DEMNAT-2 模型等[49]。目前，应用较广的分布式模型有综合物理分布的 System Hydrological European（SHE）模型[50]，可变下渗容量（Variable Infiltration Capacity，VIC）模型[51]，基于 GIS 基础的 Soil and Water Assessment Tool（SWAT）模型[52]，利用 Community Earth System Model（CESM）框架发布的陆面模式 Community Land Model（CLM）模型[53]等。一般来说，分布式生态水文模型考虑了各要素的空间分布特征，其模拟精度一般高于集总式概念模型[65-68]。

就水文过程与生态过程的耦合而言，生态水文模型大致经历了从单向耦合到双向耦合的发展。20 世纪 80 至 90 年代，单向耦合模型主要从水文模拟的角度出发，典型的代表性模型有 Distributed Hydrology Soil Vegetation Model（DHSVM）[54]、SHE 模型和 VIC 模型。田间尺度的生态水文模型只考虑了垂向的土壤水运动，却没有考虑侧向水文过程的影响，这大大限制了模型对植被与水文过程相互作用及其动态耦合机制的定量刻画。生态水文模型只有充分耦合植被生态过程，才能从机理上揭示植被参与水文循环的调控作用[55]。相关学者普遍采用具有物理机制或半物理机制的分布式水文模型，如 SWAT[52]、SWIM、TOPOG[59]、RHESSys 等。目前，生态水文耦合的发展趋势为“双向耦合”，即考虑生态和水文过程的相互作用机制，以模拟步长为节点进行实时反馈[55]。例如，从小流域多尺度出发，明晰喀斯特地区水循环机理，构建了喀斯特流域水文-土壤、岩溶裂隙-植被相互作用的分布式水文模型，成功应用于典型流域水文过程模拟及生态水文效应评估[56]。也有研究人员通过加入植被因子对陆地水循环影响的动态表达，从而提高植被变化下水文效应的模拟和预测可靠性[57]。例如在半干旱流域利用 CLM-GBHM 模型研究植被动态对水文过程的影响，可以提高径流和地下水的模拟精度[58]。在黑河流域的研究中，采用双向耦合的方法提出了 Eco-GISMOD 生态水文模型，其在考虑生态供水规律的基础上可以估算出不同植被的需水量和耗水量[59]。

模型参数是影响模型模拟和预测能力的重要因素，传统模型参数的获取方式数量有限，在观测数据信息有限的条件下，会导致模型模拟存在显著的不确定性。“过度优化”的模型参数也会使得参数超出正常范围，失去物理意义[42,45]。采用模型模拟与遥感观测数据相结合的途径来估算地表参数，将是未来流域生态水文模型参数获取的重要手段[60]。近年来，基于植被生态最优性原理的生态水文模型研究开始活跃于国际生态水文学研究领域，特别是在预测未来气候条件下的生态水文响应方面具有巨大的潜力[58]。

1.2.4 草原流域生态水文过程模拟

半干旱草原生态环境脆弱，水资源短缺，人类活动干扰严重，近年来，相关研究逐渐受到广泛关注[61-62]。水分、能量（热量）、碳、氮等要素在土壤植物大气连续体（Soil-Plant-Atmosphere Continuum，SPAC）中不断循环，互相衔接，形成了一个统一的、动态的、互相反馈的连续系统[63]，然而由于起步较晚、草地植被动态变化的水热碳效应复杂多变等原因，导致多个亟待解决的前沿难题始终未能取得显著突破。

流域的水通量循环（水文循环）大致可分为降水、蒸散发（ET）、产流、汇流、植物水、土壤水、地下水等。其中，ET是水循环和能量平衡、陆地和大气交互的重要物质和能量流的重要载体[64]，准确量化ET及其时空格局分布对于理解水分稀缺的干旱半干旱地区水和能量平衡[65]，草原典型群落演替过程的生理特性以及提高模型准确性和地方水资源管理水平至关重要[66]。随着卫星遥感技术的逐渐成熟，大量面尺度、长时序的ET数据集和模型不断推出[65,67-68]，其大致可分为三类：基于地表能量平衡计算的ET[69]、基于植被指数-地表温度（vegetation index-land surface temperature，VI-LST）三角/梯形模型计算的ET[70]，以及基于P-M或Priestley-Taylor模型计算的ET[71]。以上也是生态水文模型中计算ET的常用方法，例如Zhang等[72]将VIC模型与作物生长模型耦合，引入基于土壤水分胁迫方法的改进ET模型，改进了环境政策综合气候模型的两个水分胁迫误差；Bechtold等[73]提出了一套泥炭地特定的陆地表面水文模块，明显改进了泥炭地在全球地球系统建模框架中的表现。可见针对不同的研究区域状况，我们可以选择合适的ET计算手段来提高生态水文模型模拟精度的要求[74]。

由于遥感卫星在获取数据时的瞬时性会导致其在两次间隔的过境空窗期存在不确定性[75]，基于FAO ET算法的模型利用气象数据驱动和植被参数计算植物蒸腾、积雪蒸发、土壤和树冠拦截蒸发，其在等于或低于日时间尺度的生态水文模型的ET模块中，获得了较高的使用优先级[65,76-78]。然而在缺乏历史实测资料的半干旱草原流域，使用单一的ET算法不足以同时满足时间和空间的估算精度[79-80]；大多数生态水文模型缺乏草原群落详细分类且时序变化率高的地表参数，也不足以细致区分典型草原多种植被群落的ET特征[81-83]。因此在物联网和大数据普遍应用的今天，探索和建立一套包含多种模型和数据优点的模式与方法[84]，对精准把握生态水文过程具有重要意义。

降水或冰雪融水在重力作用下，由地面与地下汇入河网，流出流域出口断面的水流成为径流[85-86]。径流的形成过程可概化为产流过程和汇流过程[87]，产流过程模拟也就是降水的损失模拟，又可分为蒸散发及下渗两个部分（由于植物截留和洼地填洼等过程的拦蓄水量最终通过蒸发进入大气或下渗进入土壤，在此不将其单独列出[88]）；汇流也包括水文响应单元内的汇流计算和河道汇流计算（洪水演算）[89-90]。目前结合日新月异的遥感技术以及较容易操作的田间试验，大量有关蒸散发和下渗的研究不断开展[91-93]。而由于汇流过程在时间和空间上的连续观测难度大、影响要素较多、洪水波偏微分方程求解困难等因素[94-96]，不论是对于汇流过程的理解还是相关的研究，都是远远不足的[97-98]，这在河道蜿蜒多变、水量陡涨陡落的半干旱草原流域体现地更加明显。

计算明渠非恒定流有两大方程：连续性方程和动量方程，它们是圣维南方程组的基础[99]。通过将连续性方程简化为河段水量平衡方程并把动力方程简化为河段的水量槽蓄关系，可以推求出汇流计算中广泛应用的马斯京根法[100]。而应用马斯京根法的关键是如何合理地确定参数 k 和 x，即河段平均传播时间与衡量入流和出流对河道蓄量作用的权重[101-103]。然而诸如平均传播时间这样的传统水文学变量，已不适用于如今生态退化严重的草原型河流。瞬时变化迅速的流量、储水能力低下的砂质土壤、河型不规整且易迁移等特点，都使得现有的模型难以甚至不具备模拟草原型河流的汇流过程[102,104-105]。

土壤呼吸、动植物呼吸作用、工业碳排放和微生物呼吸作用等都是流域生态系统的碳释放源[106]。对于半干旱草原的典型群落来说，规律和影响要素认识仍不充分[107-109]，大量研究发现温度、土壤水、土壤微生物、地形、化学物质、凋落物等是直接或间接影响碳循环的因素，这些因子细微的差异也具有影响碳循环的可能性。有关半干旱草原碳循环的研究内容主要分为碳排放的特征及其与环境因子的关系[110]、估算区域内土壤呼吸和植物呼吸等碳排放量[111]、土地的利用方式对碳循环的影响以及地区碳循环对全球变化的响应[112]等方面，但真正揭示土壤、植被群落等应对干旱胁迫环境下的水分利用策略及其动态变化的机理性研究尚不深入，而这恰恰只是水碳耦合关系的重要指标和分析途径。

水汽和物质的运移也同样伴随着能量的传递和变化，在年际尺度上，水热通量的驱动因素主要包括温度和辐射，在日内尺度及更小的小时尺度，饱和水汽压差、土壤湿度和气孔导度也会影响水热通量的变化[113-114]。目前，半干旱草原不同植被群落或景观的蒸散发强度及其对周围环境因子的响应机制的研究结果仍不明确[115-117]，着眼于在不同时间尺度上的影响机制研究仍很有限，而其又是通过生态水文模型定量预测未来气候变化和放牧及人类扰动下的水热通量变化的重要一环，其可以对地区适应性管理策略的制定提供指导和决策支持作用。

由于模拟半干旱草原生态水文过程需要考虑的因素较多，各因素间的相互作用又十分复杂，加之受到干旱半干旱地区特殊的监测条件、数据可获得性等限制，很多已有的模型难以广泛应用[118-119]。例如为了提高反演地表植被参量的融合植被指数（mVI），吸纳了多种遥感的优点并表现出了较高的地域普适性，其计算方式仍局限于多种植被指数的再融合，而结合雷达数据的mVIs研究也并未充分运用雷达波对地物的散射特性[120]。多孔径雷达获取的散射矩阵在经过非相干目标的极化分解后，可以将地物分解成若干简单或基本目标的二阶描述子的组合，从而分析观测目标的物理性质。在研究中经常被使用的Freeman-Durden分解与Cloude-Pottier特征分解[95]可以有效获得观测介质的表面、二面角及体散射属性，进而计算基于Freeman-Durden分解的雷达植被指数（Rf），以及基于Cloude-Pottier特征分解等散射熵和各向异性[121]。再比如有关草原地区土壤参数的获取方面，大量研究还仅停留在点尺度，通常是对有代表性的试验点数据进行分析，大部分研究还未扩展到面或是小流域尺度上来[122]，同时出于对经济条件（运输成本及试验消耗）和环境保护（入渗仪对试验场的破坏）的考量，尤其是在路途较远且交通不便利的地区，我们使用的很多野外测试设备会产生不可避免的尺度效应影响[123]，探索一种既可以反映和模拟宏观测试过程，又可以刻画尺度效应影响的方法，将为地区生态水文过程的模拟提供更精准的数据支持。

通过以上分析，我们可以看到，由于气候变化和过度放牧的双重影响，水分限制的半干旱草原承受的压力与日俱增，我们迫切需要利用高精度空间数据，优化模型过程参数，改进现有建模方式，进而了解和掌握草原生态水文过程与生物系统相互作用中的物理化学耦合机制，更准确地评估和分析流域生态水文状况，在维护区域可持续性的基础上，保障经济社会的发展。

1.3 存在问题与发展趋势

综合上述国内外研究动态，当前生态水文领域尚存在以下需要改进和完善的研究方面，而这些也正是需要通过集成研究，取得重要突破的方面。

1）对象领域方面。在干旱半干旱地区研究中，有关西北内陆河流域（如黑河、塔里木河、石羊河、疏勒河等）研究的多，而东北、华北内陆河流域（如乌拉盖河、锡林河、乌裕尔河等）研究的少。

2）影响因素方面。有关气候变化影响研究的多，而气候变化与人类活动双重影响研究的少；尤其是草原生态系统中，将过度放牧这个人类活动因素单独进行量化研究的更少。

3）植被生态方面。有关森林、灌丛、农田、河岸林、高寒草甸研究的多，而高原温带草原研究的少。

4）草原生态系统方面。对草原类型不加区分研究的多，将草甸草原、典型草原、荒漠草原、草原荒漠等进行分类研究的少；针对典型草原中羊草、大针茅、克氏针茅、贝加尔针茅、小叶锦鸡儿、芨芨草、糙隐子草、冷蒿等不同类型草原生态系统分别开展研究的就更少。

5）草原生态水文作用机理方面。有关相互作用机理研究的多，而耦合互馈与退化机理研究的少，退化草原恢复机理方面的研究则更少。

6）草原生态水文模型方面。将植被生态模型与水文模型相连接、单向耦合的多，而基于生态水文双向互馈耦合研究的少。

7）生态水文系统功能良性维持方面。单纯考虑生态修复，或者是生态修复中水文系统响应及水资源配置研究的多，考虑生态-水文过程双向动态反馈并将其模拟关系纳入到系统调控研究中的少。

因此，针对草原流域生态水文退化与恢复过程中的相关问题，搭建空-天-地交互的嵌套式多尺度生态水文一体化综合观测试验网络，解析气候变化和过度放牧影响下生态水文耦合作用关系，并揭示其耦合互馈机理与驱动机制，构建基于物理机制的流域多尺度多过程分布式生态水文模型，明晰生态水文退化和恢复机制，基于生态优先、绿色协调发展的原则，遵循“山水林田湖草”系统治理理念，提出生态水文恢复过程的系统调控方案。对丰富和完善干旱地区生态水文学理论，支撑国家生态文明建设，打造祖国北疆绿色生态屏障具有重要意义。

参考文献

[1] Sun J, Yu X, Wang H, et al. Effects of forest structure on hydrological processes in China. Journal of Hydrology, 2018, 561: 187-199.

[2] Sun D, Yang H, Guan D, et al. The effects of land use change on soil infiltration capacity in China: A meta-analysis. Science of The Total Environment, 2018, 626: 1394-1401.

[3] Li C, Pan C. The relative importance of different grass components in controlling runoff and erosion on a hillslope under simulated rainfall. Journal of Hydrology, 2018, 558: 90-103.

[4] Duan L, Huang M, Zhang L. Differences in hydrological responses for different vegetation types on a steep slope on the Loess Plateau, China. Journal of Hydrology, 2016, 537: 356-366.

[5] Sela S, Svoray T, Assouline S. The effect of soil surface sealing on vegetation water uptake along a dry climatic gradient. Water Resources Research, 2015, 51 (9): 7452-7466.

[6] Brown S M, Petrone R M, Chasmer L, et al. Atmospheric and soil moisture controls on evapotranspiration fromabove and within a Western Boreal Plain aspen forest. Hydrological Processes, 2014, 28 (15): 4449-4462.

[7] Lu Y, Nakicenovic N, Visbeck M, et al. Policy: Five priorities for the UNSustainable Development Goals. Nature, 2015, 520 (7548): 432-433.

[8] Gashaw T, Tulu T, Argaw M, et al. Modeling the hydrological impacts of landuse/land cover changes in the Andassa watershed, Blue Nile Basin, Ethiopia. Science of The Total Environment, 2018, 619: 1394-1408.

[9] Paschalis A, Katul G G, Fatichi S, et al. Matching ecohydrological processesand scales of banded vegetation patterns in semiarid catchments. Water ResourcesResearch, 2016, 52 (3): 2259-2278.

[10] Biederman J A, Scott R L, Goulden M L, et al. Terrestrial carbon balance in a drier world: the effects of water availability in southwestern North America. Global Change Biology, 2016, 22 (5): 1867-1879.

[11] Fu C, Wang G, Bible K, et al. Hydraulicredistribution affects modeled carbon cycling via soil microbial activity and suppressedfire. Global Change Biology, 2018, 24 (8): 3472-3485.

[12] Sancho-Knapik D, Sanz M A, Peguero-Pina J J, et al. Changes ofsecondary metabolites in Pinus sylvestris L. needles under increasing soil water deficit. Annals of Forest Science, 2017, 74 (1): 24-33.

[13] Gabiri G, Diekkrüger B, Leemhuis C, et al. Determining hydrological regimes in an agriculturally used tropical inland valley wetland incentral Uganda using soil moisture, groundwater, and digital elevation data. HydrologicalProcesses, 2018, 32 (3): 349-362.

[14] 王凌河，严登华，龙爱华，等．流域生态水文过程模拟研究进展．地球科学进展，2009，24（8）：891-898.

[15] Nasta P, Palladino M, Ursino N, et al. Assessing long-termimpact of land-use change on hydrological ecosystem functions in a Mediterranean uplandagro-forestry catchment. Science of The Total Environment, 2017, 605: 1070-1082.

[16] Tesfaye S, Birhane E, Leijnse T, et al. Climatic controls of ecohydrologicalresponses in the highlands of northern Ethiopia. Science of The Total Environment, 2017, 609: 77-91.

[17] Siepielski A M, Morrissey M B, Buoro M, et al. Precipitation drives global variation in natural selection. Science, 2017, 355 (6328): 959-962.

[18] Xu B, Yang Y, Li P, et al. Global patterns of ecosystem carbon flux in forests: A biometric data-based synthesis. Global Biogeochemical Cycles, 2014, 28 (9): 962-973.

[19] Wicaksono S A, Russell J M, Holbourn A, et al. Hydrological and vegetation shifts in the Wallacean region of central Indonesia since the last glacial maximum. Quaternary Science Reviews, 2017, 157: 152-163.

[20] 杨阳，朱元骏，安韶山．黄土高原生态水文过程研究进展．生态学报，2018，38（11）：4052-4063.

[21] 杨大文，丛振涛，尚松浩，等．从土壤水动力学到生态水文学的发展与展望．水利学报，2016，47（3）：390-397.

[22] Lowman L E L, Barros A P. Predicting canopy biophysical properties and sensitivity of plant carbon uptake to water limitations with a coupled eco-hydrological framework. Ecological Modelling, 2018, 372: 33-52.
[23] Solari L, Van Oorschot M, Belletti B, et al. Advances on modelling riparian vegetation hydromorphology interactions. River Research and Applications, 2016, 32 (2): 164-178.
[24] 杨大文，雷慧闽，丛振涛．流域水文过程与植被相互作用研究现状评述．水利学报，2010，41 (10): 1142-1149.
[25] Yao Y, Zheng C, Tian Y, et al. Eco-hydrological effects associated with environmental flow management: A case study from the arid desert region of China. Ecohydrology, 2017, 9: e1914.
[26] 云文丽．典型草原区生态水文过程对植被动态的响应．呼和浩特：内蒙古大学，2006.
[27] 王根绪，夏军，李小雁，等．陆地植被生态水文过程前沿进展：从植物叶片到流域．科学通报，2021，66 (Z2): 3667-3683.
[28] 魏冲．基于分布式水文模型的景观变化下生态水文响应研究．郑州：郑州大学，2014.
[29] 夏军，张永勇，穆兴民，等．中国生态水文学发展趋势与重点方向．地理学报，2020，75 (3): 445-457.
[30] 顾慧，唐国平，江涛．模型驱动数据空间分辨率对模拟生态水文过程的影响．地理研究，2020，39 (6): 1255-1268.
[31] 夏军，左其亭，王根绪，等．生态水文学．北京：科学出版社，2020.
[32] 杨胜天等．生态水文模型与应用．北京：科学出版社，2012.
[33] 徐宗学等．水文模型．北京：科学出版社，2009.
[34] Rutter A, Kershaw K, Robins P, et al. A predictive model of rainfall interception in forests, 1. Derivation of the model from observations in a plantation of Corsican pine. Agricultural Meteorology, 1971, 9: 367-384.
[35] Gash J. An analytical model of rainfall interception by forests. Quarterly Journal of the Royal Meteorological Society, 1979, 105 (443): 43-55.
[36] Kostiakov A N. On the dynamics of the coefficient of water percolation in soils and on the necessity of studying it from a dynamic point of viewfor purpose of amelioration. Moscow: Transactions of 6th Congress of International Soil Science Society. Society of Soil Science, 1932: 17-21.
[37] Philip J R. The theory of infiltration: 1. The infiltration equation and its solution. Soil Science, 1957, 83 (5): 345-358.
[38] Bergström S. Development and application of a conceptual runoff model for Scandinavian catchments. SMHI Norrköping, 1976, Report RH07.
[39] Penman H. Natural evaporation from open water, bare soil and grass. Proceedings of the Royal Society of London. Series A, Mathematical and Physical Sciences, 1948, 193 (1032): 120-145.
[40] Beven K. A sensitivity analysis of the Penman- Monteith actual evapotranspiration estimates. Journal of Hydrology, 1979, 44 (3-4): 169-190.
[41] Horton R E. The role of infiltration in the hydrologic cycle. Transactions American Geophysical Union, 1933, 1: 446-460.
[42] 徐宗学，赵捷．生态水文模型开发和应用：回顾与展望．水利学报，2016，47 (3): 346-354.
[43] 杨大文，徐宗学，李哲，等．水文学研究进展与展望．地理科学进展，2018，37 (1): 36-45.
[44] 王凌河，严登华，龙爱华，等．流域生态水文过程模拟研究进展．地球科学进展，2009，24 (8): 891-898.
[45] 徐宗学，程磊．分布式水文模型研究与应用进展．水利学报，2010，41 (9): 1009-1017.

[46] Vertessy R A, Hatton T J, O'shaughnessy P J, et al. Predicting water yield from a mountain ash forest catchment using a terrain analysis based catchment model. Journal of Hydrology, 1993, 150 (2-4): 665-700.
[47] Ren J. The Xinanjiangmodel applied in China. Journal of Hydrology, 1992, 135 (1-4): 371-381.
[48] Zhao R, Liu X. The Xinanjiang model. Computermodels of watershed hydrology, 1995, 215-232.
[49] Witte J P M, Groen C L G, Nienhuis J G. Het ecohydrologisch voorspellingsmodel DEMNAT-2; conceptuele modelbeschrijving. Leiden: Landbouwuniversiteit Wageningen LUW, 1992.
[50] Xevi E, Christiaens K, Espino A, et al. Calibration, validation and sensitivity analysis of the MIKE-SHE model using the Neuenkirchen catchmentas case study. Water Resources Management, 1997, 11 (3): 219-242.
[51] Hamman J, Nijssen B, Bohn T, et al. The variable infiltration capacity model version 5 (VIC-5): infrastructure improvements for new applications and reproducibility. Geoscientific Model Development, 2018, 11, 3481-3496.
[52] Arnold J G, Kiniry J R, Srinivasan J R. SWAT-soil and water assessment tool. College Station: Texas Water Resource Institute, 1994.
[53] Oleson K W, Lawrence D M, Gordon B, et al. Technical description of version 4.0 of the Community Land Model (CLM). Boulder: National Center for Atmospheric Research, 2010.
[54] Du E, Link T E, Gravelle J A, et al. Validation and sensitivity test of the distributed hydrology soil-vegetation model (DHSVM) in a forested mountain watershed. Hydrological processes, 2014, 28 (26): 6196-6210.
[55] 孙鹏森，刘世荣．大尺度生态水文模型的构建及其与 GIS 集成．生态学报，2003，(10)：2115-2124.
[56] Chen X, Zhang Z, Soulsby C, et al. Characterizing the heterogeneity of karst critical zone and its hydrological function: An integrated approach. Hydrological Processes, 2018, 32 (19): 2932-2946.
[57] Zhang S, Yang Y, Mcvicar T, et al. An Analytical Solution for the Impact of Vegetation Changes on Hydrological Partitioning Within the Budyko Framework. Water Resources Research, 2018, 54 (1): 519-537.
[58] 杨大文，雷慧闽，丛振涛．流域水文过程与植被相互作用研究现状评述．水利学报，2010，41 (10)：1142-1149.
[59] 刘昌明，杨胜天，温志群，等．分布式生态水文模型 EcoHAT 系统开发及应用．中国科学（E 辑：技术科学），2009，39 (6)：1112-1121.
[60] Hao Z, Zhicai L, Natthachet T, et al. Identifying flood events over the Poyang Lake Basin using multiple satellite remote sensing observations, hydrological models and In Situ Data. Remote Sensing, 2018, 10 (5): 713-734.
[61] Chen J, Qian H, Gao Y, et al. Insights into hydrological and hydrochemical processes in response to water replenishment for lakes in arid regions. Journal of Hydrology, 2019, 124386.
[62] Liao S, Xue L, Dong Z, et al. Cumulative ecohydrological response to hydrological processes in arid basins. Ecological Indicators, 2020, 111, 106555.
[63] Donovan L, Sperry J. Scaling the soil-plant-atmosphere continuum: from physics to ecosystems. Trends in plant science, 2000, 5 (12): 510-512.
[64] Widmoser P, Michel D. Partial energy balance closure of eddy covariance evaporation measurements using concurrent lysimeter observations over grassland. Hydrology and Earth System Sciences, 2021, 25 (3):

1151-1163.
[65] Varmaghani A, Eichinger W, Prueger J. A meteorological-based crop coefficient model for estimation of daily evapotranspiration. Hydrological Processes, 2021, 35 (2): 16.
[66] Dong G, Zhao F, Chen J, et al. Divergent forcing of wateruse efficiency from aridity in two meadows of the Mongolian Plateau. Journal of Hydrology, 2021, 593: 125799.
[67] Martens B, Miralles D, Lievens H, et al. GLEAM v3: satellite-based land evaporation and root-zone soil moisture. Geoscientific Model Development, 2017, 10 (5): 1903-1925.
[68] Miralles D, Holmes T, De Jeu R, et al. Global land-surfaceevaporation estimated from satellite-based observations. Hydrology and Earth System Sciences, 2011, 15 (2): 453-469.
[69] Norman J, Kustas W, Humes K. Source approach for estimating soil and vegetation energy fluxes in observations of directional radiometric surface temperature. Agricultural and Forest Meteorology, 1995, 77 (3): 263-293.
[70] Long D, Singh V. A two-source trapezoid model for evapotranspiration (TTME) from satellite imagery. Remote Sensing of Environment, 2012, 121: 370-388.
[71] Bao Y, Duan L, Liu T, et al. Simulation of evapotranspiration and its components for the mobile dune using an improved dual-source model in semi-arid regions. Journal of Hydrology, 2021, 592: 125796.
[72] Zhang Y, Wu Z, Singh V, et al. Coupled hydrology-crop growth model incorporating an improved evapotranspiration module. Agricultural Water Management, 2021, 246: 106691.
[73] Bechtold M, De Lannoy G, Koster R, et al. PEAT-CLSM: A specific treatment of peatland hydrology in the NASA catchment land surface model. Journal of Advances in Modeling Earth Systems, 2019, 11 (7): 2130-2162.
[74] Zhang L, Ren D, Nan Z, et al. Interpolated or satellite-based precipitation? Implications for hydrological modeling in a meso-scale mountainous watershed on the Qinghai-Tibet Plateau. Journal of Hydrology, 2020, 583: 124629.
[75] Ryu Y, Baldocchi D, Black T, et al. On the temporal upscaling of evapotranspiration from instantaneous remote sensing measurements to 8-day mean daily-sums. Agricultural and Forest Meteorology, 2012, 152: 212-222.
[76] Hu G, Jia L, Menenti M. Comparison of MOD16 and LSA-SAF MSG evapotranspiration products over Europe for 2011. Remote Sensing of Environment, 2015, 156: 510-526.
[77] Long D, Longuevergne L, Scanlon BUncertainty in evapotranspiration from land surface modeling, remote sensing, and GRACE satellites. Water Resources Research, 2014, 50 (2): 1131-1151.
[78] Zhang L, Wang F, Sun T, et al. A constrained optimization method based on BP neural network. Neural Computing & Applications, 2018, 29 (2): 413-421.
[79] Hadria R, Benabdelouhab T, Lionboui H, et al. Comparative assessment of different reference evapotranspiration models towards a fit calibration for arid and semi- arid areas. Journal of Arid Environments, 2021, 184, 104318.
[80] Young D, Jeronimo S, Churchill D, et al. The utility of climatic water balance for ecological inference depends on vegetation physiology assumptions. Global Ecology and Biogeography, 2021, 30 (5): 933-949.
[81] Hulsman P, Winsemius H, Michailovsky C, et al. Using altimetry observations combined with GRACE to select parameter sets of a hydrological model in a data-scarce region. Hydrology and Earth System Sciences, 2020, 24 (6): 3331-3359.

[82] Richards D, Moggridge H, Warren P, et al. Impacts of hydrological restoration on lowland river floodplain plant communities. Wetlands Ecology and Management, 2020, 28 (3): 403-417.

[83] Sun Y, Hou F, Angerer J, et al. Effects of topography and land-use patterns on the spatial heterogeneity of terracette landscapes in the Loess Plateau, China. Ecological Indicators, 2020, 109: 105839.

[84] Yan Y, Tang J, Wang S, et al. Uncertainty of land surface model and land use data on WRF model simulations over China. C limate Dynamics, 2021, 57: 1833-1851.

[85] Chang C, Yeh H. Spectral analysis of temporal non-stationary rainfall- runoff processes. Journal of Hydrology, 2018, 559: 84-88.

[86] Young C, Liu W. Prediction and modelling of rainfall-runoff during typhoon events using a physically-based and artificial neural network hybrid model. Hydrological Sciences Journal- Journal Des Sciences Hydrologiques, 2015, 60 (12): 2102-2116.

[87] Xiong L, Guo S. Effects of the catchment runoff coefficient on the performance of TOPMODEL in rainfall-runoff modelling. Hydrological Processes, 2004, 18 (10): 1823-1836.

[88] Maniquiz M, Kim L, Lee S, et al. Flow and mass balance analysis of eco-bio infiltration system. Frontiers of Environmental Science & Engineering, 2012, 6 (5): 612-619.

[89] Vassova D. Comparison of Rainfall- Runoff Models for Design Discharge Assessment in a Small Ungauged Catchment. Soil and Water Research, 2013, 8 (1): 26-33.

[90] Wendi D, Merz B, Marwan N. Assessing hydrograph similarity and rare runoff dynamics by cross recurrence plots. Water Resources Research, 2019, 55 (6): 4704-4726.

[91] Den Besten N, Steele-Dunne S, De Jeu R, et al. Towards monitoring waterlogging with remote sensing for sustainable irrigated agriculture. Remote Sensing, 2021, 13 (15): 2929.

[92] Li M, Liu T, Duan L, et al. Scale transfer and simulation of the infiltration in chestnut soil in a semi-arid grassland basin. Ecological Engineering, 2020, 158: 106045.

[93] Qiu G, Shi P, Wang L. Theoretical analysis of a remotely measurable soil evaporation transfer coefficient. Remote Sensing of Environment, 2006, 101 (3): 390-398.

[94] David C, Hobbs J, Turmon M, et al. Analytical propagation of runoff uncertainty into discharge uncertainty through a large river network. Geophysical Research Letters, 2019, 46 (14): 8102-8113.

[95] Hassini S, Guo Y. Derived flood frequency distributions considering individual event hydrograph shapes. Journal of Hydrology, 2017, 547: 296-308.

[96] Yamanaka Y, Ma W. Runoff prediction in a poorly gauged basin using isotope-calibrated models. Journal of Hydrology, 2017, 544: 567-574.

[97] Hood M, Clausen J, Warner G. Comparison of stormwater lag times for low impact and traditional residential development. Journal of the American Water Resources Association, 2007, 43 (4): 1036-1046.

[98] Song C, Wang G, Mao T, et al. Linkage between permafrost distribution and river runoff changes across the Arctic and the Tibetan Plateau. Science China-Earth Sciences, 2020, 63 (2): 292-302.

[99] Carraro F, Valiani A, Caleffi V. Efficient analytical implementation of the DOT Riemann solver for the de Saint Venant-Exner morphodynamic model. Advances in Water Resources, 2018, 113: 189-201.

[100] Bozorg-Haddad O, Hamedi F, Orouji H, et al. A re-parameterized and improved nonlinear muskingum model for flood routing. Water Resources Management, 2015, 29 (9): 3419-3440.

[101] Al-Humoud J, Esen I. Approximate methods for the estimation of Muskingum flood routing parameters. Water Resources Management, 2006, 20 (6): 979-990.

[102] Bozorg-Haddad O, Abdi-Dehkordi M, Hamedi F, et al. Generalized storage equations for flood routing with nonlinear muskingum models. Water Resources Management, 2019, 33 (8): 2677-2691.
[103] David C, Famiglietti J, Yang Z, et al. Enhanced fixed-size parallel speedup with the Muskingum method using a trans-boundary approach and a large subbasins approximation. Water Resources Research, 2015, 51 (9): 7547-7571.
[104] Birkhead A, James C. Muskingum river routing with dynamic bank storage. Journal of Hydrology, 2002, 264 (1-4): 113-132.
[105] Hamedi F, Bozorg-Haddad O, Orouji H, et al. Nonlinear muskingum model for flood routing in irrigation canals using storage moving average. Journal of Irrigation and Drainage Engineering, 2016, 142 (5): 04016010.
[106] Afreen T, Singh H. Does change in precipitation magnitude affect the soil respiration response? A study on constructed invaded and uninvaded tropical grassland ecosystem. Ecological Indicators, 2019, 102: 84-94.
[107] Esch E, Lipson D, Cleland E. Direct and indirect effects of shifting rainfall on soil microbial respiration and enzyme activity in a semi-arid system. Plant and Soil, 2017, 411 (1): 333-346.
[108] Fa K, Zhang Y, Lei G, et al. Underestimation of soil respiration in a desert ecosystem. Catena, 2018, 162: 23-28.
[109] Estruch C, Macek P, Armas C, et al. Species identity improves soil respiration predictions in a semiarid scrubland. Geoderma, 2020, 363: 114153.
[110] Liang Y, Cai Y, Yan J, et al. Estimation of soil respiration by its driving factors based on multi-source data in a sub-alpine meadow in North China. Sustainability, 2019, 11 (12): 3274.
[111] Dhital D, Prajapati S, Maharjan S, et al. Soil carbon dioxide emission: soil respiration measurement in temperate grassland, Nepal. Journal of Environmental Protection, 2019, 10 (2): 289-314.
[112] González-Ubierna S, Teresa M, Casermeiro M. Climate factors mediate soil respiration dynamics in Mediterranean agricultural environments: an empirical approach. Soil Research, 2014, 52 (6): 543-553.
[113] 李鑫豪，田文东，李润东，等. 北京松山落叶阔叶林生态系统水热通量对环境因子的响应. 植物生态学报，2021，(11)：1191-1202.
[114] 刘晨峰. 北京地区杨树人工林能量和水量平衡研究. 北京：北京林业大学，2007.
[115] Tong X, Zhang J, Meng P, et al. Ecosystem water use efficiency in a warm-temperate mixed plantation in the North China. Journal of Hydrology, 2014, 512: 221-228.
[116] Launiainen S. Seasonal and inter-annual variability of energy exchange above a boreal Scots pine forest. Biogeosciences, 2020, 7: 3921-3940.
[117] Xiao J, Liu S, Stoy P. Preface: impacts of extreme climate events and disturbances on carbon dynamics. Biogeosciences, 2016, 13: 3665-3675.
[118] 许涛，廖静娟，沈国状，等. 基于高分一号与 Radarsat-2 的鄱阳湖湿地植被叶面积指数反演. 红外与毫米波学报，2016，35 (3)：332-340.
[119] Montanari A. What do we mean by "uncertainty"? The need for a consistent wording about uncertainty assessment in hydrology. Hydrological Processes, 2007, 21 (6): 841-845.
[120] Li M, Liu T, Luo Y, et al. Fractional vegetation coverage downscaling inversion method based on Land Remote-Sensing Satellite (System, Landsat-8) and polarization decomposition of Radarsat-2. International Journal of Remote Sensing, 2021, 42 (9): 3255-3276.
[121] Freeman A, Durden S. A three-component scattering model for polarimetric SAR data. IEEE Transactions

on Geoscience and Remote Sensing. 1998，36，(3)：963-973.
[122] Cloude S，Pottier E. A review of target decomposition theorems in radar polarimetry. IEEE Transactions on Geoscience and Remote Sensing. 1996，34 (2)：498-518.
[123] 黎明扬，刘廷玺，罗艳云，等．半干旱草原型流域土壤入渗过程及转换函数研究．水利学报，2019，50 (8)：936-946.

第2章　锡林河流域概况

2.1　自然地理特征

2.1.1　地理位置

锡林河流域位于内蒙古高原中部，流域面积为 10786km²。锡林河发源于赤峰市克什克腾旗宝尔图山，超过90%的流域面积位于锡林郭勒盟境内的锡林浩特市。研究区煤炭资源储备丰富，承担着多项国家级重大能源转化战略实施的重任，同时，流域内水资源极其匮乏、生态环境十分脆弱。研究区范围为 43°24′～44°39′N，115°25′～117°15′E（图2-1）。

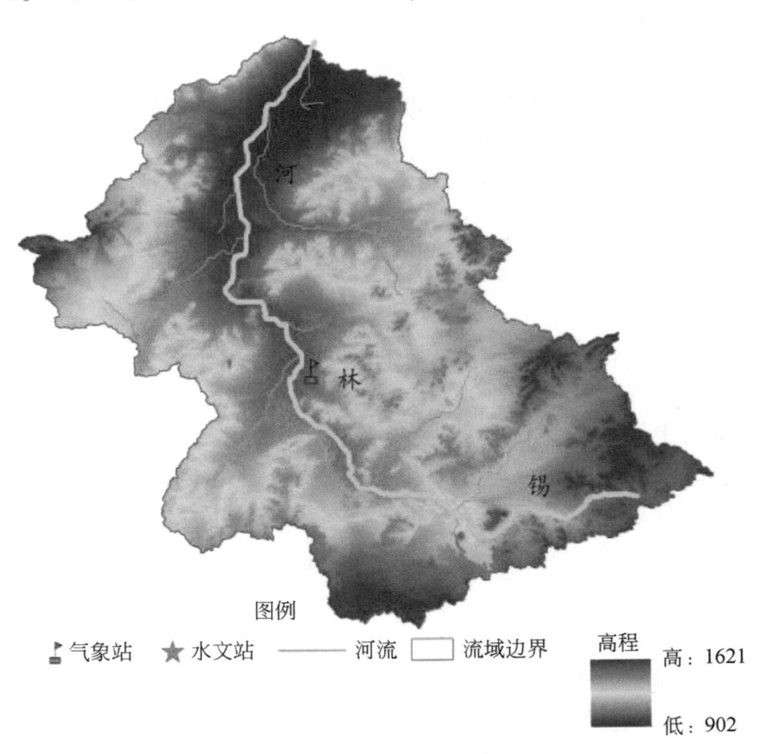

图2-1　锡林河流域及水文与气象站位置

2.1.2 地形地貌

研究区地处大兴安岭西北侧的低山丘陵边缘，受多次构造运动影响，地质构造较为复杂，总体来说，研究区地势东南高西北低，周边低丘环绕，地势较平坦，地面坡降约1‰，其中，东南部锡林河上游最高海拔为1621m，西北部锡林河下游最低海拔为902m。按地貌成因类型和特征，可将地貌划分为构造剥蚀型地貌和堆积地形。

（1）构造剥蚀型地貌

1）低山丘陵。广泛分布于流域中北部、南部及东南部地区，主要由侏罗系上统凝灰岩、玄武岩和花岗岩组成。分布处山峰峻峭，谷底基岩裸露，谷深壁陡，多呈“V”字形。

2）波状高平原。主要分布于流域中部及北部地区，岩性主要由第三系、白垩系碎屑岩及第四系组成，地形开阔并波状起伏。

（2）堆积地形

1）河谷冲积平原。沿着锡林河贯穿整个流域分布，主要由全新统冲积层、上更新统冲、湖积层组成。地形开阔平坦，在河谷两侧发育着一、二级河流阶地。其中，一级阶地沿河床呈连续分布状，阶地前缘不明显，阶面开阔平坦。二级阶地对称的分布在河谷两侧，阶面开阔平坦，阶地陡坎比一级阶地明显。

2）火山堆积。分布于流域南部及西部，由第四系上更新统玄武岩组成。地形较为开阔，但凸凹不平，并散布有风积沙丘。

3）山间沟谷洼地。分布于流域中部及东部地区，散布于低山丘陵间，主要由上更新统洪积砂砾石、含砾中细砂等组成。地势平坦，并呈箕形向山前倾斜平原或河谷平原倾斜，该地貌形态以堆积作用为主，剥蚀作用为辅而形成。

2.2 气象水文条件

锡林河流域地处干旱半干旱高纬度地带，具有温带大陆性气候的特征，主要表现为气温低、降水量小、蒸发量大、昼夜温差大和日照长等。流域四季分明，其中，春季干旱多风沙，夏季短促温热且多降雨，秋季凉爽少雨，冬季漫长干冷且多降雪。此外，流域内经常发生暴雨、干旱、霜冻、风雪等自然灾害。研究区各气象因子据锡林浩特气象站多年统计结果得出。

（1）温度

研究区多年平均温度为2.6℃，每年11月到次年3月为气温最低时期，平均最低温度约为-32℃，平均最高气温约为-2℃，极端最低温可达-42.4℃，流域在6～8月气温相对较高，平均温度为20℃左右，平均最高气温约为34℃，平均最低气温约为5℃，极端最高温为39.2℃。

（2）降水

研究区降水受海洋及东南季风的影响，多年平均降水量为289mm，且时空分布不均匀，在时间上，降水多集中在 6 ~ 9 月，占全年降水的 70% ~ 85%，在空间上，研究区降水由东北向西南逐渐减少。年最大降水量为 511mm（2012 年），最小降水量为 121mm（2005 年），此外，年均降雪量约为 10mm。

（3）蒸发

受温湿度、风速等影响，多年平均蒸发量达 1900mm（用 20cm 直径蒸发皿测得），远远大于年降水量，最大蒸发量主要集中在 5、6、7 三个月，占全年蒸发量的 50% 左右，而在冬季，低气温导致锡林河结冰，此时的蒸发量也最小。

（4）风速

研究区全年盛行西北风，多年平均风速为 3.5m/s，历年最大风速为 29m/s 左右，年均大风日数超过 45d，其中春、秋两季多风沙，大风天数超过了全年的 50%。

（5）其他气象因子

研究区年均日照时数超过 2800h，日照率为 64% ~ 73%，各地无霜期不等，为 110 ~ 120 天。流域冻结期为 10 ~ 12 月，次年 4 月中旬开始解冻，多年最大冻土深度为 2.89m。

锡林河流域内有多条河流，但除锡林河之外，其余都为季节性河流。锡林河是流域内最大的河流，属于内陆河，起源于赤峰市克什克腾旗，流经锡林郭勒盟阿巴嘎旗，在贝力克牧场转向西北经过锡林浩特市，最终注入查干诺尔沼泽地自然消失，主河流全长为 175km，河道平均比降为 1.23‰。锡林河是锡林浩特市唯一的地表水水源，也是锡林浩特市发展大型工矿企业唯一可选择的地表水源。流域地下水资源极为匮乏，在气候变化和人类活动的双重影响下，锡林河中下游已出现断流。流域上游主要有三条支流汇入，分别为右岸的好来吐郭勒和好来郭勒、左岸的呼斯特河，下游有吉仁高勒和乌尤特高勒两条季节性河流汇入。锡林河水库位于锡林浩特市南 9km 处的锡林河干流上，总库容为 2003 万 m^3，坝基深 2m，坝长 295m，坝高 13.5m，正常水深 9.23m，库区水面面积 $3km^2$，水库每年出库水量约为 $9.0\times10^6m^3$。锡林浩特水文站位于流域中游，控制面积约为 $3852km^2$，检测要素有降水、流量、蒸发、泥沙量等，年均径流深 4.38mm，径流补给主要来自降雨和冰雪融水。锡林河流域的水资源总量约为 $4\times10^8m^3/a$，地下水的水资源量为 $1.5\times10^8m^3/a$，其中可开采量为 $7.2\times10^7m^3/a$。

2.3 水文地质状况

2.3.1 地下水贮存条件

经历过多次地质构造运动，研究区各岩层内形成了很多裂隙、空隙和溶洞等，这也为地下水的贮存和运移提供了空间。受地质构造、地貌及岩性的影响，可将锡林河流域内主要地下水做如下分类。

（1）潜水

1）松散岩孔隙潜水。主要分布在锡林河流域的河谷平原，该区域地势平坦，容易接收大气降水，因而富水性较强。由于含水层岩性的不同，其富水性也有显著的差异。河谷平原上更新统上层潜水含水层以细砂为主，且分布较为均匀，涌水量在500～1000m³/d，下层潜水含水层主要分布有含泥砂粒石和砂卵石，有较强的富水性。沿着流域古河道中部地区，其水量高达1000m³/d，并向两侧逐级减小。流域西北地区部分丘间沟谷洼地也有分布，但水量较小。该含水层岩性为粉细砂，水位埋深较大，一般7～9m，单井涌水量小于100m³/d。

波状高平原区的组成岩性以泥岩、泥质砂岩为主，虽然地势也比较平坦，但降水的入渗条件和地下水的贮存条件远不如河谷平原区，因而其含水层的富水性较差。

2）基岩裂隙水。主要分布于中部、南部及东南部低山丘陵区，含水层岩性为砂岩、安山岩、砂质板岩、花岗岩和辉长岩等。本区受降水补给，但因地形起伏大，岩石坚硬，裂隙一般不甚发育，接受大气降水入渗补给的条件差而排泄条件好，因此该区水量贫乏，含水层厚度0.5～3m，水位埋深2～12m，单井涌水量小于100m³/d，局部地区小于10m³/d。

3）玄武岩孔洞裂隙水：该含水层多分布于研究区的南部，主要由风积砂组成，其分布并不连续，且该含水层厚度变化大，一般赋存于风蚀洼地和沙丘边缘较大的洼地中，水位埋深较浅，有时会以泉水的形势溢出地面。邻近河谷区的该孔洞裂隙潜水涌水量在100～500m³/d，而位于玄武岩台地的沙丘孔隙潜水的涌水量通常小于100m³/d。

（2）承压水

1）碎屑岩孔（裂）隙水。主要分布于流域西北部，由上新统地层以红色泥岩为主，夹杂有中粗砂岩、中细砂岩、粉细砂岩，底部多为泥质半胶结的砂砾岩或砾岩，含水层顶板埋深一般大于80m，含水层厚度为20～40m，单井涌水量为100～500m³/d。

2）基岩裂隙水。分布于流域南部，区内基岩裂隙水分布广泛，以脉状为主，主要在山麓边缘和丘间洼地两侧，且一般赋存在侏罗系花岗岩地层中，岩石裂隙较发育，富水性和连通性较差，水埋深大于15m，单井涌水量500m³/d左右。

2.3.2 地下水补径排条件

锡林河流域地下水在天然状态下主要以大气降水和基岩裂隙水侧向补给为主，且地下水流场多与地形地貌相吻合，主要由丘陵区的分水岭向山谷区流动。

位于流域中北部、南部及东南部低山丘陵区的基岩往往裸露在地表，利于大气降水渗入补给，形成基岩裂隙水，由于地形坡度较大，形成基岩裂隙水由高处向低处的河谷区流动汇集并补给其间的松散层孔隙潜水，而部分基岩裂隙水则可补给盆地下部隐伏的上新统裂隙孔隙承压水，因此，该区域属于地下水补给区。

位于流域下游的波状高平原区除接受少量的山区基岩裂隙水的侧向补给外，岩石出露部分同样可以直接接受大气降水的入渗补给，但其入渗条件比较差，从而以地下径流的方式补给到平原区松散岩类孔隙水中，其中少部分也可补给深层承压水。

沿锡林河分布的河谷平原海拔较低，该区地下水除了接受降水补给外，还主要受到河谷周围各高海拔岩层侧向径流的补给。由于锡林河在研究区所处位置最低，因此，流域内地下水也会向锡林河排泄；由于流域潜水区水位埋深较浅，因此蒸发及植物蒸腾也成为了地下水的主要排泄方式之一；此外，还有一部分地下水以人工开采及地下径流的方式进行排泄。

2.4 土壤植被特征

锡林河流域土壤主要以钙层土、初育土、半水成土和水成土四个土纲为主，分别包括钙层土土纲下黑钙土土类的淡黑土和栗钙土土类的厚栗黄土，初育土土纲下风沙土土类的荒漠风沙土，半水成土土纲下草甸土土类的石灰性草甸砂土和水成土土纲下沼泽土土类的草甸沼泽土。研究区大部分土壤均为厚栗黄土，靠近东北部支流浩勒图郭勒的土壤为草甸沼泽土，靠近干流锡林郭勒河的土壤为石灰性草甸砂土，支流与主流中间分布大量固定沙丘，局部为半固定沙丘，风蚀明显，该地区主要为土壤颗粒较大的荒漠风沙土，东南为多级地势较高的台地，沟壑显著，分布着较为肥沃的淡黑土（图 2-2）。

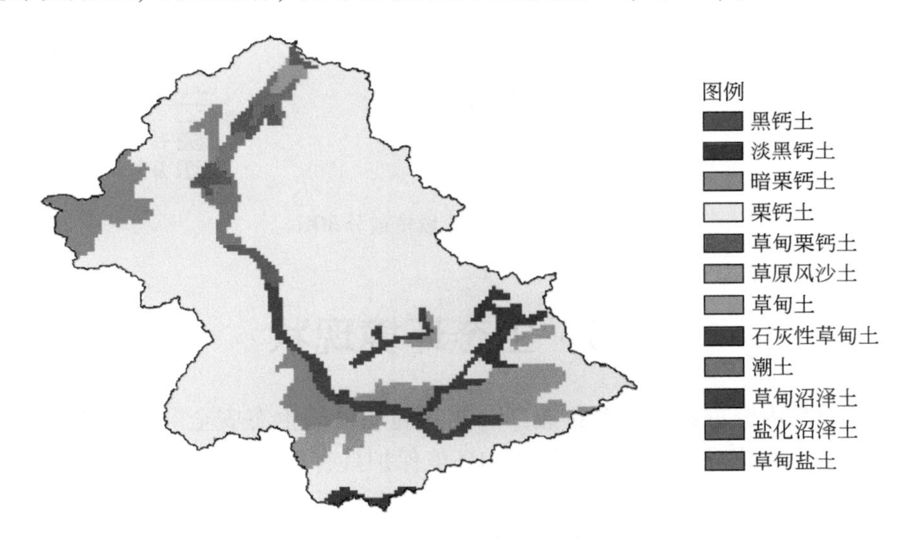

图 2-2　锡林河流域土壤类型分布图

锡林河隶属于锡林郭勒大草原，其九成以上的植被属于天然牧草，草原主要以羊草（*Leymus chinensis*（Trin.）Tzvel.）、大针茅（*Stipa grandis* P. A. Smirn.）、克氏针茅（*Stipa krylovii* Roshev.）等植物为主；退化湿地及河谷周边分布一定数量的芨芨草（*Achnatherum splendens* Nevski.）；在地势较高的干旱草原还生长着贝加尔针茅（*Stipa baicalensis* Roshev.）、小叶锦鸡儿（*Caragana microphylla* Lam.）等丛生灌木；研究区中部的沙漠景观中大部分为榆树（*Ulmus pumila* Linn.），与贝加尔针茅草原相交的东北部有云杉林（*Picea asperata* Mast.）和白桦林（*Betula platyphylla* Suk.），现已均设立保护区，此外研究区还点缀着少量线叶菊（*Artemisia frigida* Willd.）、冷蒿（*Filifolium sibiricum*（L.）Kitam.）以及部分杂草群落（图 2-3）。

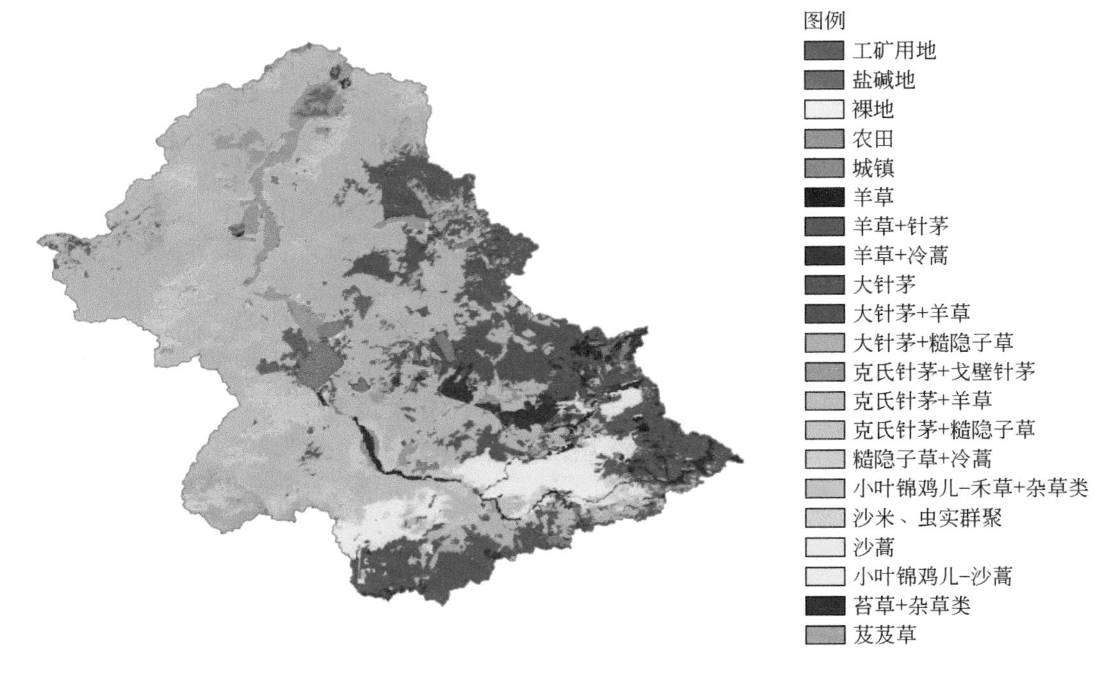

图 2-3　锡林河流域植被分布图

2.5　生态环境现状

锡林河流域是内蒙古重要的畜牧业区和北方脆弱地区生态安全屏障的重要组成部分。该地区的草原生态系统对于当地的畜牧业和环境保护具有重要意义。近几十年来，随着气候变化、人类活动和过度放牧等因素的影响，草原生态系统面临严重的生态环境问题。主要表现为，一是草原退化和沙化严重，植被覆盖度下降，草种多样性减少，生态系统的服务功能也逐渐减弱，不仅对当地畜牧业造成影响，同时加剧草原荒漠化进程；二是由于放牧强度的增加，大量土地被剥夺了覆盖层和植被，土壤质量下降，水土流失加剧；三是流域物种多样性下降，生态系统的稳定性和可持续性受到威胁。

锡林河作为内蒙古高原半干旱草原典型的内陆河，是锡林浩特市的重要水源地。2019年，锡林浩特市取用水总量为 5895 万 m^3（包括地下水 5124 万 m^3，地表水 281 万 m^3，中水 490 万 m^3），其中农业用水 3265 万 m^3，工业用水 858 万 m^3，城镇公共和居民用水 1321 万 m^3，园林绿化及城镇生态环境用水 451 万 m^3。近年来，锡林河流域众多支流干涸，考核断面水质超标现象严重，水生态环境问题日益凸显，对流域内农牧民的生产和生活造成了严重的干扰。锡林河水质春秋两季较好，夏季相对较差，影响夏季水质的主要因子为 COD_{Mn}、COD 和 BOD_5；锡林河中游河段水质优于上游和下游。上游和中游河段水质超标主要由于畜禽养殖和农村生活带来的面源污染；下游河段水质超标的主要原因为污水厂尾水中的氮磷浓度较高。于鹏飞通过建立锡林河流域生态安全体系，对流域生态安全水平进行了评估，认为锡林河流域生态状况总体为较安全，生态环境压力程度较轻，生态系统属于亚健康水平，流域生态服务功能主要表现为保护区功能和生物多样性功能。流域调控管理属于高水平程度，水土流失治理率管理水平较低[1]。

参考文献

[1] 于鹏飞 . 半干旱内陆河生态安全评估研究 . 邯郸：河北工程大学，2021.

第3章 变化环境下流域径流演变特征与过程模拟

随着全球气候变化引起水热平衡的改变及人类活动对流域下垫面的影响，水文循环过程发生了不可忽视的变化，极端气候事件频发、河川径流大幅波动、地下水资源超负荷开采等一系列问题使得本就水资源问题突出的中国面临着更加严峻的挑战[1-3]，尤其在水资源匮乏的干旱半干旱地区，往往对水文过程变化的响应也更为剧烈，社会经济发展与区域生态和谐的矛盾也愈发突出。流域作为最基本的水循环单元，能够直观反映出气候变化所引起的一些问题。在这样的背景下，探究流域水文过程变化，解决水资源枯竭、供需水紧张、生态环境恶化等一系列问题，最终实现水资源合理开发和高效利用成为了水文学研究的热点和难点。

大气降水作为水循环的一个关键性因子，它的变化直接影响着水资源的数量和空间分布。对于我国北方干旱半干旱地区而言，降水更是极为重要的生态因子，地表径流的变化更是受到它的影响。水文循环发生变化的同时，地表水与地下水的交互作用也更加频繁，从而打破了之前地下水系统的平衡。由于缺乏科学调度与管理，使得地下水水位持续下降、水质污染严重等问题日趋严重。因此，降水因素深刻影响着该区域生态环境系统的演替[4-5]。

我国煤炭资源主要分布在内蒙古、陕西、山西、新疆和宁夏等地，随着国家有关京津冀地区大气污染防治计划的稳步实施，西北地区煤炭资源的开发与转化，尤其是煤电一体化项目的建设将会更加迅速，而这些地区的煤炭富集地带又与草原、沙地、内陆流域呈耦合嵌套分布，煤炭的开发必然会破坏天然的水资源与生态环境系统的平衡关系。另外，煤炭资源的转化也加速了该地区地表水、地下水等常规水资源的掠夺式开发，这势必加剧资源开发转化与水资源短缺、生态环境恶化间的矛盾。锡林郭勒盟（以下简称锡盟）位于我国北方，煤炭资源储量丰富，并且拥有世界闻名的草地资源，是我国农牧交错带的重要组成部分。近年来，虽然资源的开发带动了该地区经济及其相关产业的飞速发展，但相应地也为之带来了一系列影响人类生活的问题。因此，如何实现水资源的高效利用俨然已成为迫在眉睫的重大问题。这些问题的出现也使该地区成为《全国生态环境建设规划》与西部大开发中的重点治理与保护建设区域。

锡盟地表水资源主要以境内多条内陆河为主，有乌拉盖河、巴拉格尔河、锡林河等，但在气候变化和下垫面条件变化的双重压力下，流域内多条河流出现断流等情况，而极端气候事件频发也给当地人民的生活带来了严重损失。其中，2000~2001年，锡盟遭遇严重旱灾，降水量和土地含水量达到历史最低，导致作物无法生长、牲畜大量死亡；而在2000年8月上旬，境内局部地区却突降暴雨，引起山洪暴发，直接经济损失40多万元；同样在2006年，当地草原区持续干旱，约有2亿多亩①草场受灾，大量牲畜死亡，牧民损失严重；2008年6月，南部地区又发生洪灾，致使道路中断，大量人员受困。因此，对极端降水的分析可以直观反映出气候变化对草原型流域水资源分布的影响。

锡林河位于锡林浩特市境内，属于典型的草原型内陆河，也是流域内重要的水源地。近年来，锡林河流域煤炭资源的高强度开发使得流域地下水、地表水开采利用强度逐年增大，导致流域径流量显著减少，进一步打破了地表水与地下水之间的补排平衡。有学者指出，2010年锡林河流域水资源开发利用总量已超过了水资源可利用总量的90%，到2015年时，锡林浩特地区出现291.5万 m^3 的用水量缺口[6]。这直接导致流域内农牧业需水、生态需水和居民生产生活用水都受到了严峻的考验，从而间接阻碍了当地经济社会的可持续发展。如果这种现象得不到有效改善，甚至继续恶化，有可能对整个华北地区的生态环境都将产生巨大的破坏[7]。

本章以国家国际科技合作专项“基于物联网的草原型流域多水源一体化监管技术合作研究”为依托平台，将气候变化对典型草原型内陆河流域水文过程的影响作为切入点，在研究锡林河流域降水因子时空变化和径流因子变化的基础上，对流域地表水及地下水进行耦合模拟，以期为干旱半干旱地区流域水资源管理、防涝抗旱和草原生态保护提供技术支撑。

3.1 流域径流变化特征及其影响因子定量分析

随着气候变化引起水热平衡的改变以及人类活动对流域下垫面的影响，水文循环过程发生了不可忽视的变化，最直观地表现就是河川径流量出现大幅的波动，在我国北方地区尤为突出，多数流域径流量总体呈下降的趋势，引发了水资源枯竭、供需水紧张、生态环境恶化等一系列问题。因此，如何定量分析气候变化和人类活动对流域径流的影响，已成为水文学研究的热点和难点问题。

近年来，锡林河流域煤炭资源的高强度开发、火电项目的陆续投产以及由其带动的其他产业的快速发展，使得流域地下水、地表水开发利用强度逐年增大，导致锡林河流域的河川径流显著减少[8]。此外，受全球气候变化影响，流域降水量也呈下降趋势，致使径流年内分配特征发生相应变化。本章以锡林河流域多年径流及气象数据为基础，采用Mann-Kendall法（M-K法）和弹性系数法定量分析了气候变化及人类活动对径流变化的贡献程度。

3.1.1 数据来源和研究方法

本章以位于锡林河中上游的锡林浩特水文站及气象站提供的1970～2014年日值数据为基础，观测站点在研究期内未发生过移动，且对所用数据都进行了“三性审查”。

① 1亩≈666.7m^2。

3.1.1.1 径流变化定量分析

本章采用气候弹性系数法来判定流域径流变化量的贡献率。该方法用水量平衡原理及径流对降水和蒸发的敏感性来定量区分气候变化与人类活动对径流的影响，认为径流变化是由气候变化及人类活动共同造成的，而人类活动对径流的影响是由于近几十年大规模改变下垫面条件引起的，因此，要确定天然径流期为基准期，即径流仅受气候影响的时期，基准期之后的各阶段为研究期，公式如下：

$$\Delta R = R_n - R_1 \tag{3-1}$$

式中，ΔR 为径流变化量，R_n、R_1 分别表示第 n 阶段平均径流量和基准期径流量。其中，气候变化和人类活动是径流变化的两大驱动因子，因此有如下公式：

$$\Delta R = \Delta R_c + \Delta R_h \tag{3-2}$$

式中，ΔR_c、ΔR_h 分别表示由气候变化和人类活动引起的径流变化量。在计算 ΔR_c 时，采用弹性系数法来评价径流对气候变化的敏感性，而降水和蒸发是影响径流变化的主要气候因子，所以，有如下方程式[9-10]：

$$\Delta R_c = \beta \Delta P + \gamma \Delta E_0 \tag{3-3}$$

$$\beta = (1+2x+3wx)/(1+x+wx^2)^2 \tag{3-4}$$

$$w = [\mathrm{AET}(1+P/E_0)-P]/E_0(1-\mathrm{AET}/P) \tag{3-5}$$

$$P = \mathrm{AET} + R + \Delta S \tag{3-6}$$

式中，β 为径流对降水的敏感系数；γ 为径流对潜在蒸发的敏感系数；ΔP 为平均降水变化量；ΔE_0 为平均潜在蒸发变化量；w 为下垫面指数；x 为干旱指数（$x=E_0/P$）；P、R 分别为实际观测的降水量和径流量；AET 为实际蒸发量；E_0 为潜在蒸发量；在长序列分析中，ΔS 近似为 0。

计算出 ΔR_c 便可求出气候对径流变化的贡献率，即

$$\eta_c = \frac{\Delta R_c}{|\Delta R|} \times 100\% \tag{3-7}$$

$$\eta_h = \frac{\Delta R_h}{|\Delta R|} \times 100\% \tag{3-8}$$

式中，η_c、η_h 分别为气候变化和人类活动对径流变化的贡献率。

3.1.1.2 潜在蒸发量计算

本章采用联合国粮食及农业组织（FAO）1998 年修正的 Penman-Monteith 模型计算流域潜在蒸发量[11]，该方法已得到相关学者的充分认可并被广泛使用，公式如下：

$$E_0 = \frac{0.408\Delta(\mathrm{Rn}-G) + \gamma \dfrac{900}{T+273} U_2 (e_s - e_a)}{\Delta + \gamma(1+0.34 U_2)} \tag{3-9}$$

式中，E_0 为潜在蒸发量；Rn 为净辐射；G 为土壤热通量；γ 为干湿常数；Δ 为饱和水汽压曲线斜率；U_2 为 2m 处的风速；e_s 为平均饱和水汽压；e_a 为实际水汽压；T 为平均气温。

$$\mathrm{Rn} = (1-a)\left(a_s + b_s \frac{n}{N}\right) R_a - Q\left(\frac{T_{\max,k}^4 - T_{\min,k}^4}{2}\right)(0.56 - 0.08\sqrt{e_a})\left(0.1 + 0.9\frac{n}{N}\right) \tag{3-10}$$

式中，R_a为大气顶层的太阳辐射；N为最大日照时数；n为实际日照时数；Q为波尔兹曼常数［4.903×10^{-9} MJ/(K^4·m^2·d)］；$T_{\max,K}$为最高绝对气温；$T_{\min,K}$为最低绝对气温；a_s为云全部遮盖下（$n=0$）大气外界辐射到达地面的分量；b_s为晴天（$n=N$）大气外界辐射到达地面的分量；$a=0.23$；a_s、b_s分别取值0.207、0.725。

$$G=0.14(T_i-T_{i-1}) \tag{3-11}$$

式中，T_i为第i月的平均气温，T_{i-1}为第$i-1$月的平均气温。

$$\gamma=\frac{1.013\times10^{-3}p}{0.622\lambda} \tag{3-12}$$

式中，$p=101.0\left(\frac{293-0.0065h}{293}\right)^{5.26}$，$p$为大气压；$\lambda=2.501-0.002361T$，$\lambda$为蒸发的潜热系数，其中$T$为平均气温；$h$为海拔高度。

$$\Delta=\frac{4096\left[0.6108\exp\left(\frac{17.27T}{T+237.3}\right)\right]}{(T+237.3)^2} \tag{3-13}$$

$$e_s=\frac{e^0(T_{\max})+e^0(T_{\min})}{2} \tag{3-14}$$

$$e^0(T_{\max})=0.6108\exp\left(\frac{17.27T_{\max}}{T_{\max}+237.3}\right) \tag{3-15}$$

$$e^0(T_{\min})=0.6108\exp\left(\frac{17.27T_{\min}}{T_{\min}+237.3}\right) \tag{3-16}$$

$$e_a=\frac{\mathrm{Rh}\times e_s}{100} \tag{3-17}$$

$$R_a=\frac{24(60)}{\pi}G_{sc}d_r[\omega_s\sin(\phi)\sin(\delta)+\cos(\phi)\cos(\delta)\sin(\omega_s)] \tag{3-18}$$

$$N=\frac{24}{\pi}\omega_s \tag{3-19}$$

式中，Rh为相对湿度；$G_{sc}=0.0820$［MJ/(m^2·min)］；d_r表示日地距离订正；ω_s为日落时角；ϕ表示纬度；δ为太阳高度角。

3.1.1.3 水文气象要素突变检验

本章应用M-K法对径流、降水及潜在蒸发量的序列进行趋势变化和突变点的检测，该方法在使用过程中不会受到数据分布的影响，被广泛运用于水文气象数据的分析中。其趋势检验原理如下：

$$S=\sum_{k=1}^{N-1}\sum_{j=k+1}^{N}\mathrm{sign}(x_j-x_k) \tag{3-20}$$

$$\mathrm{sign}(x_j-x_k)=\begin{cases}1 & x_j>x_k\\ 0 & x_j=x_k\ (k=1,2,\cdots,N-1;j=k+1,k+2,\cdots,N)\\ -1 & x_j<x_k\end{cases} \tag{3-21}$$

$$Z^* = \begin{cases} \dfrac{S-1}{\sqrt{\text{var}*(S)}} & S>0 \\ 0 & S=0 \\ \dfrac{S+1}{\sqrt{\text{var}*(S)}} & S<0 \end{cases} \tag{3-22}$$

$$\text{var}*(S) = \frac{N(N-1)(2N+5) - \sum_{p=1}^{N_p}[m_p(m_p-1)(2m_p+5)]}{18} \tag{3-23}$$

式中，N_p为序列中结（重复出现的数据组）的个数，m_p为结的宽度（第 p 组重复数据组中的重复数据个数）。

当$N \geqslant 10$时，统计量S近似服从正态分布，将S标准化得到Z^*。若$Z^*>0$，趋势增加，$Z^*<0$，趋势减小。在给定显著性水平$\alpha=0.05$的条件下，当$|Z^*|>1.96$时，则趋势显著。

应用 M-K 方法检验序列突变时，同一组数据要计算两次，即把一组数据按顺和逆时间次序分别计算统计变量UF_k和UB_k，把计算出的两组结果绘成曲线，当两条曲线相交于某一点时，则认为该点为突变点。

$$\text{UF}_k = \frac{pt_k - E(pt_k)}{\sqrt{\text{var}(pt_k)}} \tag{3-24}$$

$$pt_k = \sum_{1}^{k} n_k \tag{3-25}$$

n_k是序列中满足$x_j>x_k$的个数（$j=k+1, k+2, \cdots, N; k=1, 2, \cdots, N-1$），$E(pt_k)$是$pt_k$的均值，$\text{var}(pt_k)$是$pt_k$的方差。

$$E(pt_k) = \frac{k(k-1)}{4} \tag{3-26}$$

$$\text{var}(pt_k) = \frac{k(k-1)(2k+5)}{72} \tag{3-27}$$

$$\text{UB}_k = -\text{UF}_k (k=n, n-1, \cdots, 1) \tag{3-28}$$

3.1.2 水文气象要素变化特征分析

1970～2014 年锡林河流域径流、降水和潜在蒸发量变化特征分析结果如表 3-1 及图 3-1 所示，可以看出，径流量呈显著下降趋势，其中 20 世纪 80 年代中期开始到 90 年代末为稳定上升阶段，90 年代末以来为下降阶段，径流在 1979 年、1986 年和 1998 年发生突变。降水量以 0.69mm/a 的速度呈稳定下降趋势，但趋势并不显著（$Z^*=-0.85$），在观测期发生了两次突变，分别为 1986 年和 1998 年，1986 年前后降水呈减少—增大的过程，而 1998 年前后为增大—减小的过程。径流变化趋势跟降水变化趋势基本一致。潜在蒸发量呈显著上升趋势（$Z^*=3.51$），在 90 年代末之前为稳定波动期，之后呈上升趋势，于 1998 年发生突变，2007 年左右上升趋势显著。

表 3-1 锡林河流域水文气象序列统计分析

气象要素	Z^*	变化趋势	变化率/(mm/a)	突变年份	显著性检验（α=0.05）
R	-2.49	下降	-0.055	1979、1986、1998	是
P	-0.85	下降	-0.694	1986、1998	否
E_0	3.51	上升	3.468	1998	是

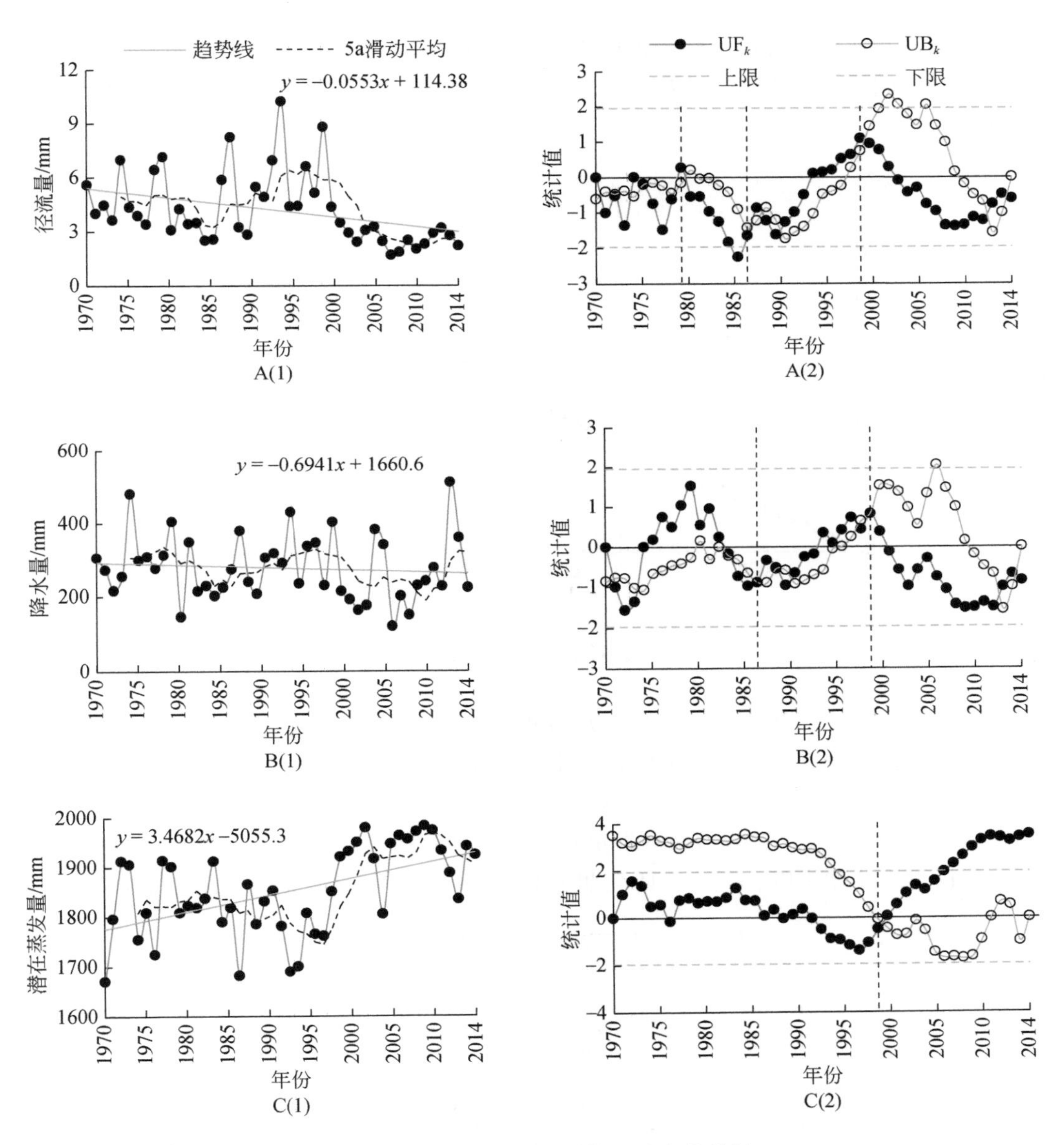

图 3-1 锡林河流域水文气象要素变化特征

3.1.3 径流变化影响因子定量分析

由上述分析可知，径流序列于1979年、1986年及1998年发生三次突变，降水在1986年和1998年发生两次突变，而潜在蒸发量仅在1998年发生过突变，因此，本章划定1970～1979年为序列的基准期、1980～1986年为研究期Ⅰ、1987～1998年为研究期Ⅱ、1999～2014年为研究期Ⅲ。此外，由降水-径流累积双曲线图（图3-2）也可看出，基准期与各研究期的斜率相比有明显的不同，拐点明显，所以，基准期和研究期的划分是合理的。依据划分好的时间段，采用弹性系数法定量分析各研究期气候变化与人类活动对径流变化的贡献率。

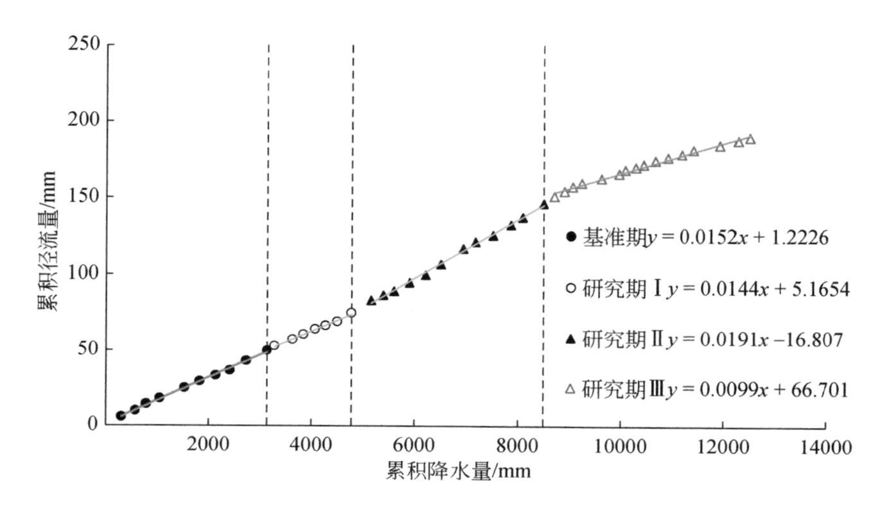

图3-2 锡林河流域降水-径流累积双曲线

由表3-2可知，与基准期相比，研究期Ⅱ的平均径流量增加了19.02%，而其他两个时期的平均径流量都在减小，其中研究期Ⅲ的减小幅度较大，达到了45.79%。各研究期降水量的均值都在减小，研究期Ⅰ内减少了25.19%，研究期Ⅲ内减少了21.03%，而研究期Ⅱ内仅减少0.8%。流域潜在蒸发量在研究期Ⅲ有所上升，增加幅度为6.15%，在其余两个阶段都有小幅下降，其中，研究期Ⅰ下降了0.44%，研究期Ⅱ下降了1.03%。

表3-2 锡林河流域水文气象要素变化分析

研究期	平均径流量		平均降水量		流域潜在蒸发量	
	mm	%	mm	%	mm	%
基准期（1970～1979年）	—	—	—	—	—	—
研究期Ⅰ（1980～1986年）	-1.40	-28.00	-78.84	-25.19	-8.02	-0.44
研究期Ⅱ（1987～1998年）	0.95	19.02	-2.51	-0.80	-18.71	-1.03
研究期Ⅲ（1999～2014年）	-2.28	-45.79	-65.84	-21.03	111.90	6.15

由表 3-3 弹性系数法定量分析结果可知，在研究期Ⅰ内，气候变化和人类活动对径流减少的贡献率分别为 53.43% 和 46.57%；研究期Ⅱ内，气候变化对径流增加的贡献率为 8.54%，人类活动对径流的影响则高达 91.46%；在研究期Ⅲ，气候变化对径流减少的贡献率有所降低，为 33.84%，而人类活动对径流减少的贡献率达到了 66.16%，高于研究期Ⅰ所占比例。人类活动对径流变化的影响在研究期Ⅱ内达到了最高，虽然到了下一时期有所降低，但还是超过了 50%。

表 3-3　锡林河流域气候变化和人类活动对径流变化的贡献率

研究期	径流量	降水量	潜在蒸发量	径流变化量	气候变化对径流变化影响		人类活动对径流变化的影响	
	mm	mm	mm	mm	mm	%	mm	%
基准期（1970～1979 年）	4.99	313.03	1819.75	—	—	—	—	—
研究期Ⅰ（1980～1986 年）	3.59	234.19	1811.73	-1.40	-0.75	53.43	-0.65	46.57
研究期Ⅱ（1987～1998 年）	5.94	310.52	1801.04	0.95	0.08	8.54	0.87	91.46
研究期Ⅲ（1999～2014 年）	2.70	247.19	1931.65	-2.28	-0.77	33.84	-1.51	66.16

3.1.4　结论与讨论

本节以锡林河流域 1970～2014 年实测径流数据及气象数据为基础，采用 M-K 法和弹性系数法定量分析了气候变化和人类活动对流域径流变化的贡献率，主要结论如下。

1）近 45 年来，锡林河流域径流量总体呈显著下降趋势，但从 20 世纪 80 年代中期到 90 年代末期处于上升阶段，90 年代末至今为下降阶段，这与王亮等对锡林河相邻流域滦河内蒙古段径流研究结果基本一致[12]。降水量呈下降趋势，但没有通过 $\alpha=0.05$ 的显著性检验，下降趋势并不显著，这与之前相关研究结果一致[13-14]，年降水量的减少可能是由于高纬度环流异常导致气压升高以及东亚季风的年代际减弱，使得向北输入的水汽减少。导致夏季降水减少，最终引起年降水量的减少；流域潜在蒸发量以 3.468mm/a 的幅度呈上升趋势，并于 2007 年左右趋势开始显著上升，这与杨立哲等对锡林河流域的研究结果相似[15]。

2）年径流量在 1979 年、1986 年和 1998 年发生过三次突变。降水在 1986 年和 1998 年发生突变，这与 Liang 等的结论相同[16]。潜在蒸发量仅在 1998 年发生过由小到大的突变。

3）与基准期 1970～1979 年相比，径流量在 1980～1986 年下降了 28%，降水量下降了 25.19%，潜在蒸发量仅降低了 0.44%，该阶段气候变化对径流减少的贡献率为 53.43%，略高于人类活动的 46.57%，这主要是由于该期间流域载畜量适中，人类活动对草原生态的影响较小。在 1987～1998 年，径流量增加了 19.02%，而同期降水量和潜在蒸发量分别下降了 0.8% 和 1.03%，气候变化对该阶段径流变化的贡献率仅为 8.54%，人类活动的贡献率高达 91.46%，究其原因，与前一时期相比，流域载畜量增加了近 3 倍，超出了天然草原的承载能力，加之城市扩张、煤炭资源开采、其他工农业发展等，破坏了天然草原，降低了下垫面对雨水的拦蓄作用，导致径流量增加，人类活动对径流的影响达到最大。1999～2014 年，年径流量下降幅度最大，达到了 45.79%，年降水量也下降了 21.03%，但潜在蒸发量却增加了 6.15%，气候变化对径流大幅下降的贡献为 33.84%，人类活动的贡献率为 66.16%，这主要是由于 2000 年之后，锡林河流域实施了“双权一制”“围封禁牧”等生态环境保护措施，家畜数量得到了有效控制，缓解了草地退化的趋势[17-19]，虽然与上一时期相比人类活动对径流变化的影响有所减小，但仍起主导作用。

4）本节定量分析了气候变化和人类活动对径流变化的贡献率，但事实上气候变化和人类活动会相互作用，尤其是人类活动的作用更加复杂，包括水利工程调蓄、用水消耗、土地利用/土地覆盖变化等，由于缺乏相关数据且因子间的相互作用十分复杂，因此，如何进一步定量分解这些人类活动因子对径流年内分配特征的影响，还需作进一步的深入研究。

3.2 基于 SWAT 模型的锡林河流域地表径流模拟

SWAT（soil and water assessment tool）模型是一种具有较强物理基础的分布式水文模型，在 ArcGIS 平台上集成了遥感与数字高程模型，将气象、土壤、土地利用和植被等因素进行综合考虑，模型的模块化设计使得操作较为容易，界面也更加直观清晰，能够在径流的模拟过程中达到良好的效果。根据研究区实际水文状况建立所需数据库作为输入数据，模型通过日连续空间分布式参数，将流域分成子流域和多个水文响应单元 HRU（hydrologic response unit），各 HRU 独立计算其物质循环，最后进行汇总求得流域出口处的径流量、泥沙量等水文要素。此外，模型还可以模拟在不同土地利用和气候变化等情景下流域的径流变化。能够准确模拟流域径流过程对流域水资源的高效利用及生态保护具有重要意义，因此，SWAT 模型被广大研究人员所应用。由于锡林河流域下游出现断流的情况，且锡林浩特水文站位于流域中上游地区，所以，本章以锡林浩特水文站控制的上游流域为研究区，对该区域的径流过程进行模拟分析，为流域地表水-地下水的综合模拟奠定基础。

3.2.1 模型简介

SWAT 模型中水文循环过程可分为两部分：①陆面水循环部分，主要包括产流和坡面汇流过程，控制着河道的物质输入量；②水面水循环部分，主要为河道汇流过程，控制着河道的物质输出量。其过程具体如图 3-3 所示。

其中，陆面水文循环中采用如下水量平衡方程：

$$\mathrm{SW}_t = \mathrm{SW}_0 + \sum_{i=1}^{t}(P - Q_{\mathrm{surf}} - E_a - Q_{\mathrm{lat}} - Q_{\mathrm{gw}}) \tag{3-29}$$

式中，SW_0为时段初的土壤含水量；SW_t为时段末的土壤含水量；t 为时间步长；P 为降水量；Q_{surf}为径流总量；E_a为蒸散发量；Q_{lat}为侧向壤中流；Q_{gw}为回归水量。

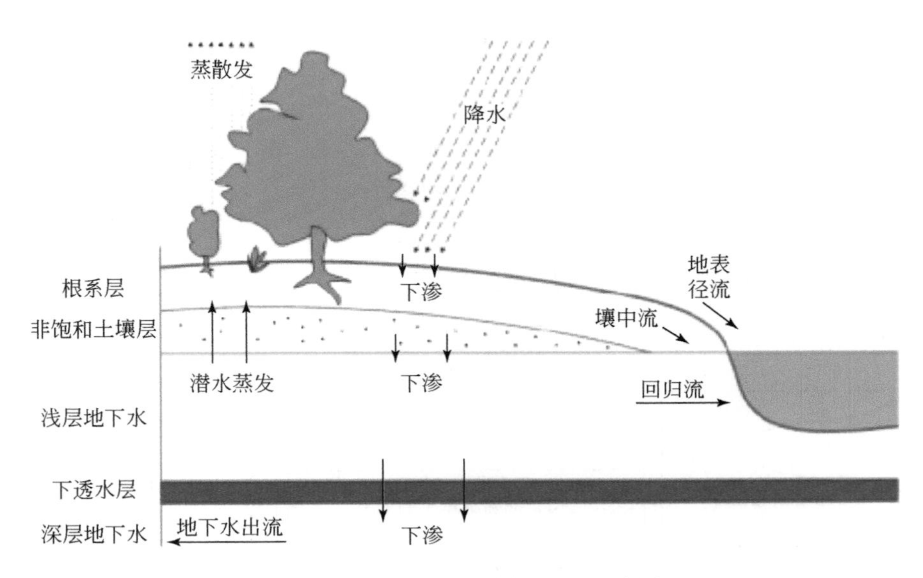

图 3-3　SWAT 模型水循环过程示意图

SWAT 模型采用模块化设计思路（图 3-4），并用数学方程来计算水循环中各环节对应的子模块，主要包括：地表径流、下渗、壤中流、地下径流、河道汇流等。

其中，路面水文循环主要涉及到以下主要过程。

（1）地表径流

SWAT 模型提供了 SCS 径流曲线法计算地表径流，该方法先计算各 HRU 的径流量、河道汇流和坡面汇流时间，再通汇流演算来计算不同下垫面条件下的总径流量。公式如下：

$$Q_{\text{surf}}=\frac{(R_{\text{day}}-0.2S)^2}{(R_{\text{day}}+0.8S)} \tag{3-30}$$

式中，R_{day}为日降水量；S 为表征土壤持水能力的参数，与土地利用、土壤类型等下垫面因素有关系，当引入 CN 值后，公式可变为

$$S=\frac{25400}{\text{CN}}-254 \tag{3-31}$$

CN 是一个能够反映降水前期流域的综合特征的量纲为 1 的参数。当 CN 值越大，越容易产生径流，反之亦然。当 CN = 100 时，流域内产流最大；当 CN = 0 时，流域不会形成径流。

（2）下渗

指水分从土壤表面进入土壤剖面的过程，影响该过程的主要参数为土壤含水量和土壤饱和传导系数。模型中计算公式如下：

$$w_{\text{perc,ly}}=\text{SW}_{\text{ly,excess}}\left[1-\exp\left(\frac{-\Delta t}{\text{TT}_{\text{perc}}}\right)\right] \tag{3-32}$$

$$\text{TT}_{\text{perc}}=\frac{\text{SAT}_{\text{ly}}-\text{FC}_{\text{ly}}}{K_{\text{sat}}} \tag{3-33}$$

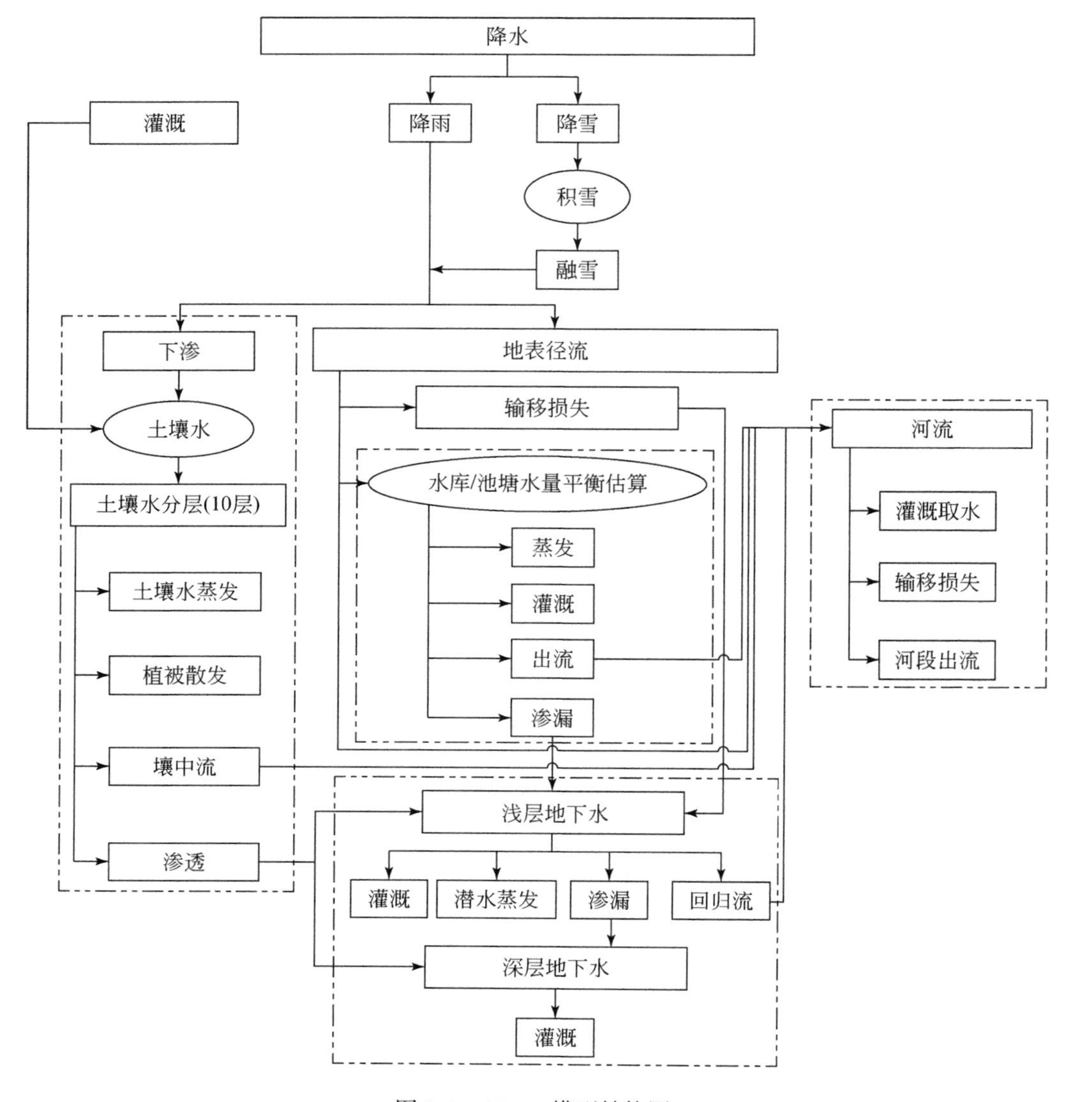

图 3-4　SWAT 模型结构图

式中，$w_{\mathrm{perc,ly}}$为某日入渗到下层土壤的入渗量；$\mathrm{SW}_{\mathrm{ly,excess}}$为某日上层可渗透的水量；$\Delta t$ 为时间步长；$\mathrm{TT}_{\mathrm{perc}}$为渗透传输时间；$\mathrm{SAT}_{\mathrm{ly}}$为土壤层在完全饱和时的土壤含水量；$\mathrm{FC}_{\mathrm{ly}}$为土壤层在达到田间持水能力时的含水量；$K_{\mathrm{sat}}$为土壤层的饱和水力传导率。

（3）壤中流

指地表以下、地下水以上的径流，当土壤的含水量超过其田间持水量时，便会产生壤中流，计算公式如下：

$$Q_{\mathrm{lnt}}=0.024\left(\frac{2\mathrm{SW}_{\mathrm{ly,excess}}K_{\mathrm{sat}}\mathrm{SLP}}{\phi_d L_{\mathrm{hill}}}\right) \tag{3-34}$$

式中，$\mathrm{SW}_{\mathrm{ly,excess}}$为饱和土壤可流出的水量；$K_{\mathrm{sat}}$为饱和土壤导水率；SLP 为坡度；$L_{\mathrm{hill}}$为坡

长；ϕ_d为土壤总空隙度与土壤水分含量到达田间持水量时的土壤空隙度的差。

（4）地下径流

SWAT模型将地下径流分为浅层地下径流和深层地下径流，分别汇入流域内河流和流域外河流。其中，模型通过建立浅层含水层储量来计算径流对地下水的补给，认为根带底层的下渗量为浅层地下水的补给量，其地下径流方程如下：

$$aq_{sh,i}=aq_{sh,i-1}+w_{rchrg,sh}-Q_{gw,i}-w_{revap}-w_{deep}-w_{pump,sh} \tag{3-35}$$

式中，$aq_{sh,i}$为第i天在浅层蓄水层中的蓄水量；$aq_{sh,i-1}$为第$i-1$天在浅层蓄水层中的蓄水量；$w_{rchrg,sh}$为第i天进入浅蓄水层中的储水量；$Q_{gw,i}$为第i天进入河道的基流量；w_{revap}为第i天由于土壤缺水而进入土壤带的水量；w_{deep}为第i天由浅层蓄水层进入深层蓄水层的水量；$w_{pump,sh}$为第i天深层蓄水层中被上层吸收的水量。

深层地下水径流计算方程如下：

$$aq_{dp,i}=aq_{dp,i-1}+w_{deep}-w_{pump,dp} \tag{3-36}$$

式中，$aq_{dp,i}$为第i天在深层蓄水层中的蓄水量；$aq_{dp,i-1}$为第$i-1$天在深层蓄水层中的蓄水量；w_{deep}为第i天由浅层蓄水层进入深层蓄水层的水量；$w_{pump,dp}$为第i天深层蓄水层中被上层吸收的水量。

SWAT模型在水面水循环过程中主要表现为河道汇流演算，模型采用曼宁公式来计算流速和流量，采用变量存储法或马斯京根法对水流运动进行模型。河道水量满足以下平衡公式：

$$V_{stored,2}=V_{stored,1}+V_{in}-V_{out}-t_{loss}-E_{ch}+div+V_{bnk} \tag{3-37}$$

式中，$V_{stored,2}$为时间步长结束时河道中的水存储量；$V_{stored,1}$为时间步长开始时河道中水存储量；V_{in}为时间步长内进入河道的水量；V_{out}为流出河道的水量；t_{loss}为河道传输损失；E_{ch}为蒸发损失；div为调水对河道水量的改变；V_{bnk}岸边存储通过回归流增加的河道水量。

$$t_{loss}=K_{ch}\cdot TT\cdot P_{ch}\cdot L_{ch} \tag{3-38}$$

式中，t_{loss}为河道传输损失；K_{ch}为河道淤积层的有效水力传导率；TT为水流输移时间；P_{ch}为湿周；L_{ch}为河道程度。

河道的蒸发损失，采用下式计算：

$$E_{ch}=coef_{ev}\cdot E_0\cdot L_{ch}\cdot W\cdot fr_{\Delta t} \tag{3-39}$$

式中，E_{ch}为河道日均蒸发量；$coef_{ev}$为蒸发系数；E_0为潜在蒸发；L_{ch}为河道长度；W为水面河道的宽度；$fr_{\Delta t}$为水流在河道中时间占时间步长的分数，由传输时间除以时间步长得到。

3.2.2 模型数据库构建

3.2.2.1 数字高程模型

DEM即数字高程模型（digital elevation model）是一种具有高程信息、可以描述区域地形的空间数据集。SWAT模型通过D8算法再结合实际情况来提取DEM里包含的如坡度、坡向、河道等地理信息，最终完成确定流域边界、划分子流域、生成水系河网和识别流域出口等一系列的操作。本章使用的 DEM 数据是分辨率为 30m×30m 的 GDE（Global Digital Elevation Model）数据，从地理空间数据云平台（http：//www. gscloud. cn/）下载，利用 ArcGIS 软件对其进拼接，裁剪等操作，得到模型所需的能表征流域地理信息的 DEM 数据。锡林河流域上游 DEM 数据如图 3-5 所示。

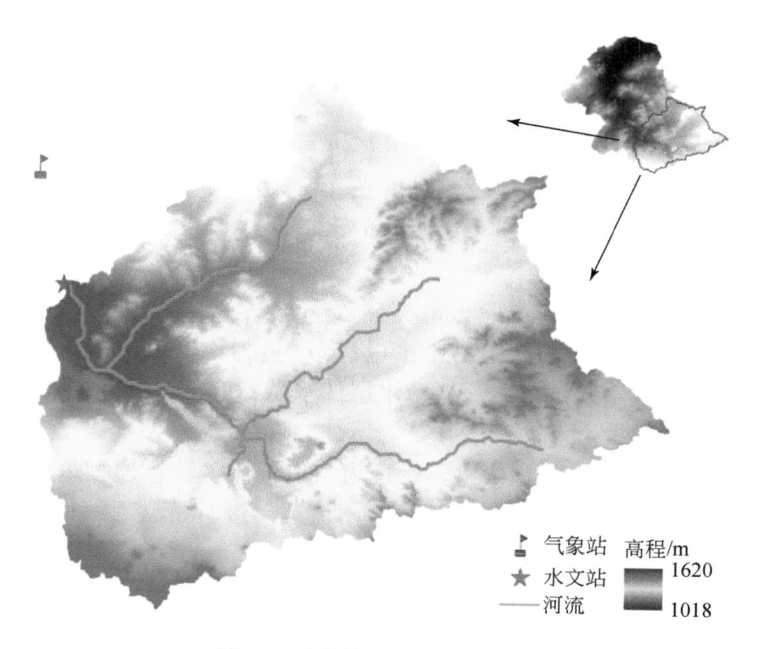

图 3-5　锡林河流域上游 DEM

3.2.2.2　土地利用数据

土地利用和植被类型对流域水文循环过程有着非常重要的作用，它会通过影响流域水量蒸发和下渗过程来影响流域径流形成的过程。SWAT 模型自带美国土地利用类型数据库，该数据库中的每种土地类型分别用 4 个英文字母表示，同时还包含模型计算所需要的参数。用户需要根据研究区实际情况来编辑土地利用类型数据，通过建立土地利用索引表，将研究区的土地利用数据与 SWAT 模型内所含数据进行连接，进而调用模型数据库的相关数据进行计算。本章使用土地利用类型数据来自中国科学院地球系统科学数据共享网，把研究区土地利用类型重分类为 6 类（表 3-4），重分类之后的土地利用类型如图 3-6 所示。

表 3-4　锡林河流域上游土地利用类型分类

编码	名称	面积比例/%	代码
1	林地	1. 10	FRST
2	草地	90. 98	PAST
3	水域	0. 09	WATR
4	居民地	0. 46	URLD

续表

编码	名称	面积比例/%	代码
5	其他土地	5.48	BARR
6	耕地	1.89	AGRL

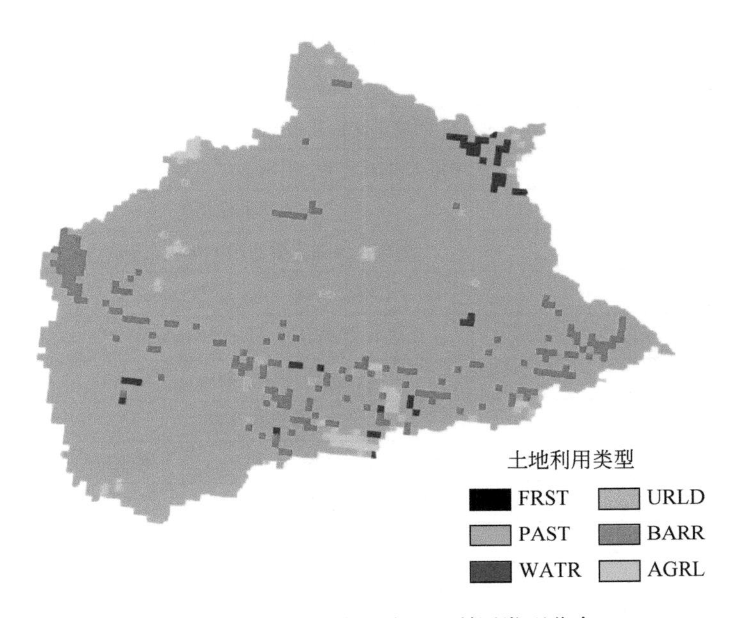

图 3-6　锡林河流域上游土地利用类型分布

3.2.2.3　土壤类型数据

土壤类型和性质对流域径流过程同样有着重要的影响，在 SWAT 模型的建立中，土壤类型的空间分布及理化性质数据库的准备也是非常关键的部分。其中，土壤数据的物理属性主要指影响土壤中水气运动的参数，如：土壤粒径、土壤层数、土壤质地等对水文响应单元中水循环有较大影响的参数（表 3-5）。而化学属性主要为土壤中化学物质的含量，如：土壤中氮、磷的含量等，该属性数据库主要用于水中营养物质的研究。

SWAT 模型自带土壤属性数据库是根据美国的土壤颗粒分类系统设定的，因此，在对我国流域径流模拟时就需要将我国采用的国际制标准转换为模型自带的标准（表 3-6），这一转化在 Matlab 软件中采用三次样条插值方法来实现。此外，土壤水文分组（在相同降雨和地表条件下、具有相似产流能力的土壤，归为一个水文学分组）也是模型土壤数据库建立的一个关键点，美国国家自然资源保护局（NRCS）土壤调查小组根据土壤渗透性将其分为四类（表 3-7）。一些土壤常见的属性数据可通过查阅当地土壤资料进行获取，但如：土壤有效含水量、饱和导水率等参数则是利用美国华盛顿州立大学开发的土壤特性软件 SPAW（Soil-Plant-Atmosphere-Water）计算得到。总体来说，SWAT 模型中各土壤物理属性数据的获取方式可参考表 3-8。最后建立土壤属性索引表将研究区土壤数据跟模型自带数据库进行连接调用。研究区重分类后的土壤类型如图 3-7 所示。

表 3-5　模型土壤属性的各物理参数

变量名称	模型定义
SNAM	土壤名称
HLAYERS	土壤分层数目
HYDGRP	土壤水文性质分组（A、B、C 或 D）
SOL_ZMX	土壤剖面最大根系深度（mm）
ANION_EXCL	阴离子交换孔隙度，模型默认值为 0.5
SOL_CRK	土壤最大可压缩量，以所占总土壤体积的分数表示
TEXTURE	土壤层的结构
SOL_Z	土壤表层到土壤底层的深度（mm）
SOL_BD	土壤湿密度（mg/m^3 或 g/cm^3）
SOL_AWC	土壤有效含水量（mm H_2O/mm soil）
SOL_K	饱和水力传导系数（mm/h）
SOL_CBN	有机碳含量
CLAY	黏土（%），直径<0.002mm 的土壤颗粒组成
SILT	壤土（%），直径在 0.002～0.05mm 的土壤颗粒组成
SAND	砂土（%），直径在 0.05～2mm 的土壤颗粒组成
ROCK	砾石（%），直径>2.0mm 的土壤颗粒组成
SOL_ALB	地表反射率
USLE_K	LISLE_K 中土壤可蚀性因子（0.0～0.65）
SOL_EC	电导率（ds/m）

表 3-6　土壤粒径分类的美国制和国际制比较

美国制（SWAT 模型采用）		国际制（国内采用）	
粒径/mm	名称	粒径/mm	名称
>2.0	石砾	0.2～2.0	粗砂粒
0.05～2.0	沙粒	0.02～0.2	细沙砾
0.002～0.05	粉沙	0.002～0.02	粉砂
<0.002	黏粒	<0.002	黏粒

表 3-7　土壤水文组的划分

土壤分类	土壤水文性质	最小下渗率/(mm/h)
A	在完全湿润条件下的渗透率较高。主要由砂砾石组成，导水能力强，产流力低。如：厚沙层、厚层黄土等	7.26～11.43

续表

土壤分类	土壤水文性质	最小下渗率/(mm/h)
B	在完全湿润条件下的渗透率为中等水平。这类土壤的排水、导水能力属中等。如：薄层黄土、砂壤土等	3.81 ~ 7.26
C	在完全湿润条件下的渗透率较低。此类土壤大多有一个阻碍水流向下运动的土壤层，如：黏壤土、薄层砂壤土等	1.27 ~ 3.81
D	在完全湿润条件下的渗透率很低。此类土壤主要是由黏土组成，土壤的涨水能力很高。如：吸水后显著膨胀的土壤、塑性的黏土等	0 ~ 1.27

表 3-8　土壤物理参数计算方法

土壤参数	获取方式
土壤层数、厚度、孔隙度、质地、有机质含量	查阅资料
阴离子交换孔隙度、电导率	模型默认值
有机碳含量	有机质含量×0.58
组成结构	三次样条插值
饱和导水率、可利用水量、土壤容重	SPAW 模型计算
土壤水文分组	计算出土壤下渗率，进而查出土壤水文分组
田间土壤反射率	0.227×exp（-1.8276×有机质含量）
USLE 方程 *K* 因子	$f_{csand} \times f_{cl-si} \times f_{orgc} \times f_{hisand}$

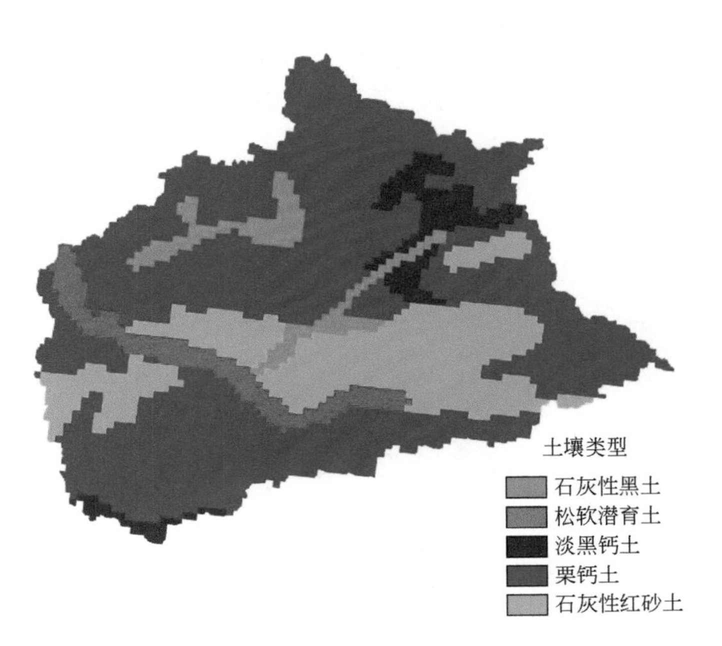

图 3-7　锡林河流域上游土壤类型

USLE 方程 K 因子计算公式如下：

$$K_{\mathrm{USLE}}=f_{\mathrm{csand}}\times f_{\mathrm{cl-si}}\times f_{\mathrm{orgc}}\times f_{\mathrm{hisand}} \tag{3-40}$$

式中，f_{csand}为粗糙沙土质地土壤侵蚀因子；$f_{\mathrm{cl-si}}$为黏壤土土壤侵蚀因子；f_{orgc}为土壤有机质因子；f_{hisand}为高沙质土壤侵蚀因子。各因子的计算公式如下：

$$f_{\mathrm{csand}}=0.2+0.3\times\exp\left[-0.0256\times m_s\times\left(1-\frac{m_{\mathrm{silt}}}{100}\right)\right] \tag{3-41}$$

$$f_{\mathrm{cl-si}}=\left(\frac{m_{\mathrm{silt}}}{m_c+m_{\mathrm{silt}}}\right) \tag{3-42}$$

$$f_{\mathrm{orgc}}=1-\frac{0.25\times\rho_{\mathrm{orgc}}}{\rho_{\mathrm{orgc}}+\exp[3.72-2.95\times\rho_{\mathrm{orgc}}]} \tag{3-43}$$

$$f_{\mathrm{hisand}}=1-\frac{0.7\times\left(1-\frac{m_s}{100}\right)}{\left(1-\frac{m_s}{100}\right)+\exp\left[-5.51+22.9\times\left(1-\frac{m_s}{100}\right)\right]} \tag{3-44}$$

式中，m_s为砂粒含量；m_{silt}为粉粒含量；m_c为黏粒含量；ρ_{orgc}为各土壤层中有机碳含量。

3.2.2.4 气象数据

气象因子也是影响流域径流过程的重要因素，为保证模型的模拟精度，需要收集尽可能详细的长序列气象数据。SWAT 模型需要输入的气象资料有流域日降水量、最高最低气温、太阳辐射、平均风速和相对湿度。这些数据可应用北京师范大学数字流域实验室开发的 Swat Weather. exe 软件在逐日气象数据的基础上统计获取。

锡林河流域上游并没有能够提供长序列观测资料的气象站，因此，本章选取离流域较近的锡林浩特站（图 3-8）所提供的长序列气象数据作为模型的基础数据。其中，选择 1975～1991 年的资料为模型识别期数据，选 1992～2006 年的资料为模型验证期数据。

图 3-8　锡林河流域上游站点位置

3.2.3 流域空间离散化

3.2.3.1 子流域划分

SWAT 模型通过对 DEM 所含地理信息进行计算集总来生成流域河网及其子流域，关键计算包括：①对 DEM 进行填洼处理，使得生成的水系与实际水系更加吻合。②生成河网，模型通过提取 DEM 中高程、坡度等信息确定水流方向，再根据所设定的最小汇水面阈值生成河道河网。③划分子流域，模型会通过设定好的流域出水口和河网上的节点生成子流域，在此步骤可根据流域实际水系编辑河网节点，使生成的河网更符合实际。④计算子流域参数，计算完成后每个子流域都附带有流域面积、河道长度、坡度、高程等信息（表 3-9）。划分完成的子流域如图 3-9 所示。

表 3-9 锡林河流域上游子流域信息

子流域编号	流域面积/km^2	河道长/km	坡度/(°)	平均高程/m
1	1004. 52	73. 58	5. 71	1037
2	241. 80	39. 28	3. 93	1018
3	419. 51	49. 64	5. 79	1037
4	826. 06	71. 70	7. 48	1112
5	2. 54	3. 32	3. 89	1111
6	276. 54	43. 59	4. 40	1115
7	796. 40	81. 61	7. 32	1115

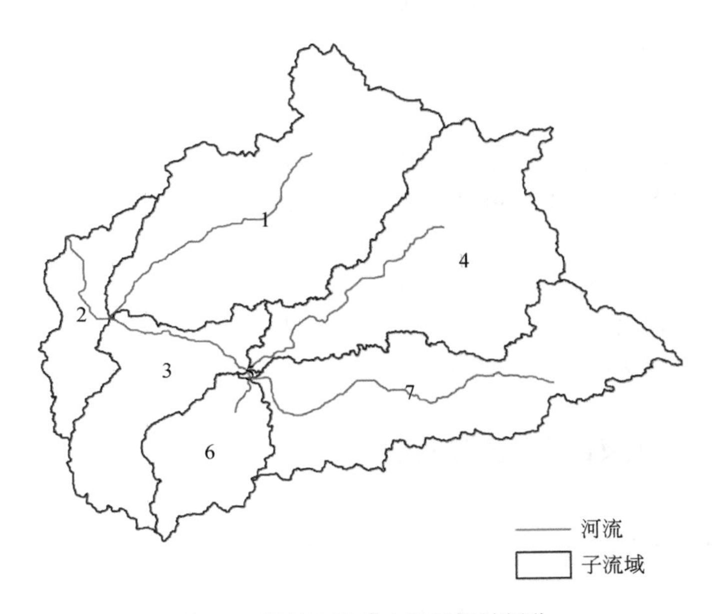

图 3-9 锡林河流域上游子流域划分

3.2.3.2 水文响应单元（HRU）的生成

HRU 可认为是 SWAT 模型把子流域内具有相同土地利用和土壤类型的区域进行集总合并，形成的一类具有相同水文特征的区域。每个 HRU 都包含有完整的下垫面信息，但不同 HRU 之间并没有空间属性信息，也不会进行物质交换，此外，每个子流域至少有一个 HRU。生成 HRU 需在子流域划分完成的基础上，将研究区土地利用图和土壤类型图分别导入模型内，将坡度重分类后，模型便可自动计算生成 HRU。本章选用 Multiple Hydrologic Response Units 方式，在每个子流域划分多个 HRU。本章将锡林河流域上游划分为 214 个 HRU，如图 3-10 所示。

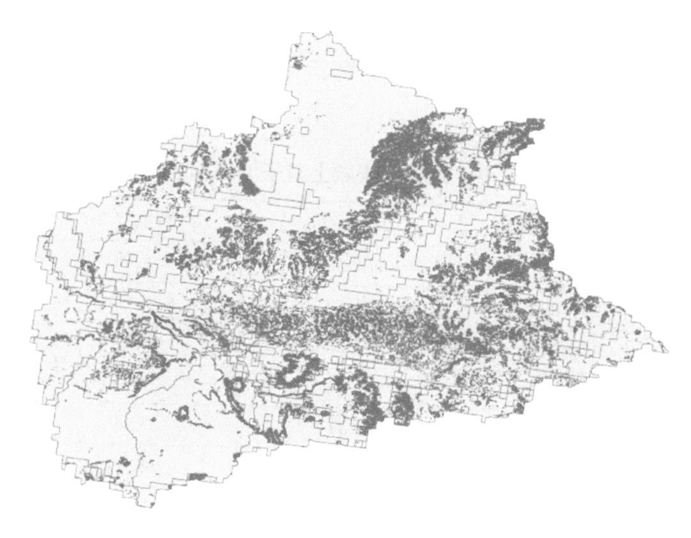

图 3-10 锡林河流域上游 HRU 划分

3.2.3.3 模型的运行

在输入特定格式的气象数据之后，便可以进行模型的计算。本章设定的模拟时段为 1975 ~ 1991 年，由于水文气象观测数据均为日值数据，因此，采用 SWAT 模型自带的 SCS 径流曲线法计算流域径流，在模型运行时设定 2 年的预热期。当模型运行完成后，可选择不同时间尺度的输出结果，输出文件包括：输入汇总文件（input.std），输出汇总文件（output.std），HRU 输出文件（output.hru），子流域输出文件（output.sub）和主河道输出文件（output.rch），模型运行结果及流域水文循环过程信息都包含在以上文件中。

3.2.4 模型参数来的率定与验证

3.2.4.1 参数敏感性分析

SWAT 模型在模拟过程中会涉及到很多水文参数，它们在不同程度上都会对流域水文过程产生影响，但是各参数的影响作用却有所不同[20-21]。为了使模型模拟结果更符合实际情况，就需对所涉及的参数进行敏感性分析，找出到影响模型精度的关键因子并对其进行率定，这样既能保证模型结果的可靠性，又可以提高工作效率。本章应用 SWAT 模型自带的 LH-OAT 敏感性分析模块对各参数敏感性进行分析，该方法可以确保所有参数在其取值范围内均被采样，且能够分析出某一参数的变化对模型输出的影响，其敏感度可分为 4 个等级[22-23]（表 3-10）。

表 3-10　参数敏感度分级表

敏感度范围	$0\leqslant \vert I\vert <0.05$	$0.05\leqslant \vert I\vert <0.2$	$0.2\leqslant \vert I\vert <1$	$1\leqslant \vert I\vert$
敏感度等级	低	中	高	很高

通过敏感性分析之后，最终选取 11 个参数作为锡林河流域上游水文模型的主要率定参数（表 3-11）。由表可知，CN2，ESCO 和 SOL_AWC 对模型具有很高的敏感性，其中，CN2 值是影响径流的主要参数，是土壤属性、土地类型及土壤前期含水量的综合反映，其值与径流量呈正相关关系；ESCO 是模型调整不同土壤层间水分补偿运动的参数，反映了土壤的蒸发能力，当 ESCO 值变大，土壤水的蒸发能力越大，相应径流值便会减小；SOL_AWC 是田间持水量与凋萎系数的差值，反映了土壤的有效持水量，它的值与径流量呈负相关关系。另外，SOL_K、SOL_BD、ALPHA_BF 等参数对流域径流量的变化也较为敏感，而 GW_REVAP 相比于其他参数对径流量的敏感性不是很高。

表 3-11　锡林河流域上游参数敏感性分析结果

编号	参数	名称	敏感性等级
1	CN2	径流曲线值	很高
2	ESCO	土壤蒸发补偿系数	很高
3	SOL_AWC	土壤有效含水量	很高
4	SOL_K	土壤饱和渗透系数	高
5	SOL_BD	土壤容重	高
6	ALPHA_BF	基流 alpha 系数	高
7	GWQMN	基流水位阈值	高
8	ALPHA_BNK	河岸调蓄基流系数	高
9	CH_K2	主河道有效渗透系数	高
10	GW_DELAY	地下水延迟系数	高
11	GW_REVAP	地下水 revap 系数	中

3.2.4.2　模型参数校准与结果评价

本章采用了瑞士联邦水生物科学与技术研究院开发的 SWAT-CUP 软件进行率定，该软件能够脱离模型本身进行独立运行，因此，可以在多台计算机上同时进行参数的率定，从而提高效率。选择SWAT-CUP中的SUFI-2（SequentialUncertainty Fitting Version 2）优化算法来率定模型参数，通过不断缩小参数不确定性的区间范围使p因子和r因子发生改变，参数的每一次变化，模型都会对敏感性矩阵和协方差矩阵进行重新分析，经过多次迭代，使模拟值更加接近实测值，直到找出最优参数组合[24]。

文中选用决定系数（R^2）和模型效率系数（E_{NS}）来评价模型的适用性。其中，前者可以反映模拟值和实测值在趋势变化上的统计特征，当R^2越接近1时，说明二者越吻合；后者是一个整体综合指标，可以反映模拟值和实测值在数量上统计差异程度，一般范围在0～1，同样，E_{NS}越接近1，说明模拟效果越好。本章认为；当$R^2>0.6$、$E_{NS}>0.5$时，模拟结果较为满意，该评价标准也被很多研究人员所认可[25-26]。以此为标准，本章选取1975～1991年径流数据为模型识别期数据，选1992～2006年径流数据为验证期数据，经过多次迭代并结合流域实际水文状况进行调整，得出模型最佳水文参数如表3-12所示。

表3-12　参数校准结果

编号	参数	名称	调参方法	参数最佳值
1	CN2	径流曲线值	r	-0.15
2	ESCO	土壤蒸发补偿系数	v	0.65
3	SOL_AWC	土壤有效含水量	r	0.25
4	SOL_K	土壤饱和渗透系数	a	0.10
5	SOL_BD	土壤容重	r	0.10
6	ALPHA_BF	基流alpha系数	v	0.10
7	GWQMN	基流水位阈值	a	0.19
8	ALPHA_BNK	河岸调蓄基流系数	v	0.13
9	CH_K2	主河道有效渗透系数	a	99.80
10	GW_DELAY	地下水延迟系数	r	100.38
11	GW_REVAP	地下水revap系数	a	0.05

注：r表示结果为原始值乘以1与变化值之和；v表示以变化范围内的值直接替代原始值；a表示在原始值上加某个值。

由表3-13模型评价结果可知，在率定期，模拟值与实测值间的决定系数R^2为0.87、纳什效率系数E_{NS}为0.79、p因子为0.62、r因子为0.36，把率定好的参数导入SWAT中再次进行验证期的径流模拟计算，得出验证期的评价结果：R^2为0.78、E_{NS}为0.68、p因子为0.51、r因子为0.42。从图3-11、图3-12也可以看出，流域径流模拟值与实测值的拟合效果良好，其中，模型率定期的模拟效果要好于验证期的模拟效果，在验证期的模拟值总体略小于实测值。虽然SWAT模型在锡林河流域上游的年径流量模拟中能够满足模型精度要求，但是其精度并不是很高。

表3-13　模型年径流量模拟评价指标

时段	模拟变量	R^2	E_{NS}	p因子	r因子
率定期	年径流量	0.87	0.79	0.62	0.36
验证期	年径流量	0.78	0.68	0.51	0.42

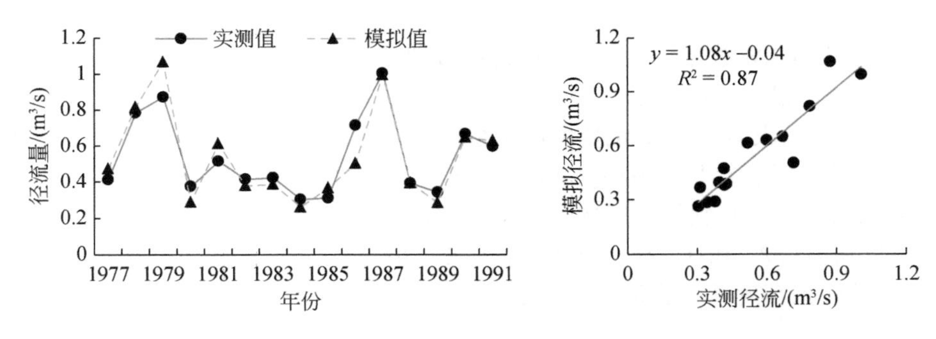

图 3-11　锡林河流域上游率定期年径流模拟

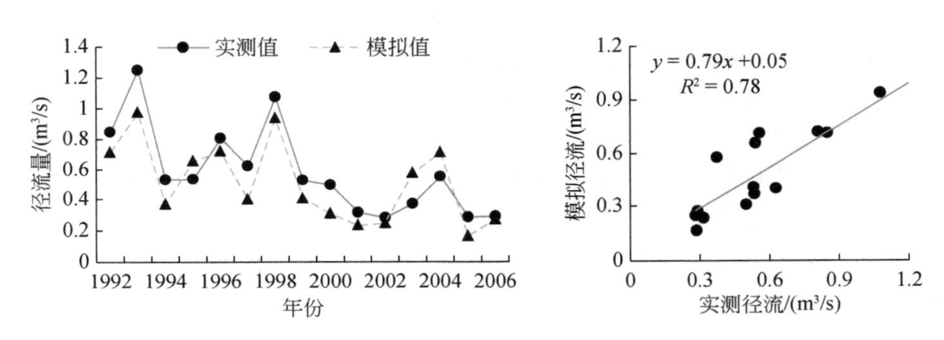

图 3-12　锡林河流域上游验证期径流模拟

3.2.5　结论与讨论

3.2.5.1　讨论

模型验证期的径流模拟精度略低于率定期的径流模拟精度，主要体现为在验证期径流模拟值小于实测值，这可能是由于在运行验证期模型时，人类活动改变了流域下垫面情况，使得流域土地利用类型发生了一定变化，虽然在模型验证时把新的土地利用数据（2000 年）作为了模型的输入，但还是导致在此之前的年份径流模拟值的偏小。此外，虽然评价模型的指数 R^2 和 E_{NS} 都达到了模型要求，但流域模型的整体精度并不是很高，这种现象可能由以下因素造成：①流域内气象站点不足，导致所选气象数据并没有能够从面上反映流域实际气候情况，从而造成模拟时的偏差；②锡林河是流域地下潜水的排泄区，其地表径流与地下水间存在一定的交互作用，而 SWAT 模型在处理地下水作用时存在一定的局限性，这也使得模型的精度有所下降。

3.2.5.2　结论

本章建立了由锡林浩特水文站控制的锡林河流域上游 SWAT 模型，对流域年径流量进行了模拟，并选择决定系数 R^2 和纳什效率系数 E_{NS} 对模型在该流域的适用性进行了评估，结果表明：

1）根据流域 DEM 数据，SWAT 模型把流域划分为 7 个子流域，再结合土地利用类型和土壤属性数据，最后将研究区分为 214 个 HRU。

2）模型运行结束后，通过敏感性分析可知，径流曲线值（CN2）、土壤蒸发补偿系数（ESCO）和土壤有效含水量（SOL_AWC）这 3 个参数对模型的敏感性等级最高。

3）应用 SWAT-CUP 软件对所选模型参数进行率定，在率定期 1975 ~ 1991 年，模型的 R^2 和 E_{NS} 值分别为 0.87 和 0.79；在验证期 1992 ~ 2006 年，模型的 R^2 和 E_{NS} 值分别为 0.78 和 0.68，虽然模拟精度并不算很高，但都达到了 SWAT 模型的精度要求。

3.3 锡林河流域地表水–地下水耦合模拟

自然界中水循环过程相对复杂，且不同类型水资源的赋存条件及运动状态也各不相同，因此，当前对流域水循环的研究多为对地表水或地下水过程的单独模拟。独立研究能够更为细致的钻研遇到的难点，有助于各自领域的发展，但这种侧重点不同的分析同样也会导致水循环过程的缺失，进而影响研究结果。为了使水循环过程更为符合流域实际情况，就应该对地表水运动过程和地下水运动过程进行综合研究。

本章在 SWAT 模型已经校准验证并满足模型精度的基础上，调用其输出项作为 Visual MODFLOW 软件的输入项进行流域地下水的数值模拟，从而实现流域地表水和地下水的耦合模拟。

3.3.1 Visual MODFLOW 软件简介

Visual MODFLOW 软件是一款由加拿大 Waterloo 水文地质公司开发、集成了 MODFLOW、MODPATH、MT3D 等地下水模块的三维地下水流和溶质运移模拟评价的软件。在使用 Visual MODFLOW 软件建立地下水流模型时，用户可以根据实际情况刻画流域水文地质概念模型，通过剖分网格进行空间离散，并给剖分好的网格和设定的边界直接赋值，还可通过局部细化网格实现更高的计算精度。此外，软件还把整个模拟期分为若干个应力期，每个应力期又分为若干个时间段，实现了模型的时间的离散。Visual MODFLOW 采用有限差分法对地下水流进行数值模拟，通过模块化的结构将数值模拟的不同过程进行串联，用户可以随时对所建模型的水文参数进行修改，这样的设定使模型从输入、运行到结果输出整个过程都较为系统和清晰[27-28]，基于此，模型可以较好地解决一些复杂水文地质条件下的数值模拟问题。

Visual MODFLOW 的有限差分法原理（图 3-13）：定义含水层渗透系数在主轴方向和网格坐标轴方向相同，通过相邻的 4 个网格建立中心网格单元的地下水流差分方程。在 t 时刻，各节点上的水头为 H，结合达西定律便能计算周围 u、r、d、l 4 个节点流向中心节点 c 的流量：

$$Q_u = T_y \Delta x_i \frac{H_u - H_c}{y_{j+1} - y_j} \tag{3-45}$$

$$Q_r = T_x \Delta y_j \frac{H_r - H_c}{x_{i+1} - x_i} \tag{3-46}$$

$$Q_d = T_y \Delta x_i \frac{H_d - H_c}{y_{j-1} - y_j} \tag{3-47}$$

$$Q_l = T_x \Delta y_j \frac{H_l - H_c}{x_{i-1} - x_i} \tag{3-48}$$

在 Δt 时间内，中心节点处地下水量变化值为

$$T_y \Delta x_i \frac{H_u - H_c}{y_{j+1} - y_j} + T_x \Delta y_j \frac{H_r - H_c}{x_{i+1} - x_i} + T_y \Delta x_i \frac{H_d - H_c}{y_{j-1} - y_j} + T_x \Delta y_j \frac{H_l - H_c}{x_{i-1} - x_i} = \frac{\mu(H_c - H_{c\Delta t})}{\Delta t} \tag{3-49}$$

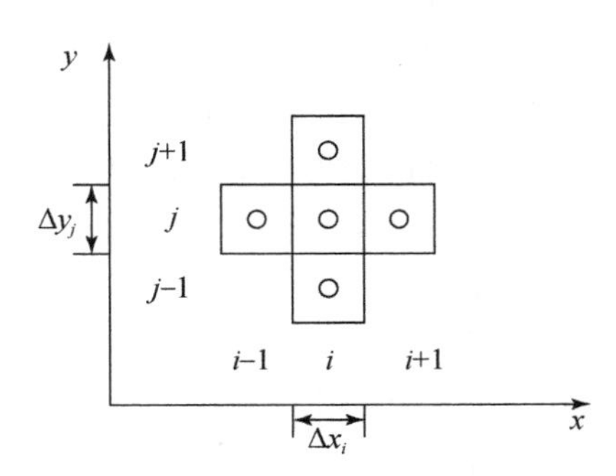

图 3-13　有限差分示意图

Visual MODFLOW 软件包含有以下常用外应力子程序包。

1）定水头子程序包（CHD）：在刻画水文地质概念模型时，如果地表水与含水层之间有密切的水力联系，即地下水能够得到充分补给时，可定义为定水头边界条件，该类边界对模型有着重要的影响。

2）补给子程序包（RCH）：该程序包主要模拟地下水的面状补给情况，多用于模拟降雨对地下水的补给，也可以用来模拟灌溉等产生的补给。

3）蒸发蒸腾子程序包（EVT）：计算植物蒸腾水量及地下水饱和带蒸发的水量，当地下水位埋深达到一定深度时，其蒸散量可以忽略。

4）井流子程序包（WEL）：该子程序包用于模拟抽水井、注水井对地下水运动的影响，其中，所赋值水量为负值时定义为抽水井、流量为正值时定义为注水井。此外，该程序包还可以模拟研究区泉水的排泄以及作为模型的定流量边界。

5）河流子程序包（RIV）：该程序包用来定义模型的河流边界，根据河水位与潜水含水层水位来确定河流与地下水的补排关系，从而模拟河流与地下水之间水量交换。当河水位高于地下水水位时，河流会补给地下水，反之亦然。

Visual MODFLOW 软件并凭借合理的图形可视化功能、强大的数值模拟能力和简易清新的操作界面，得到了业内人士的一致认可。

3.3.2 SWATMOD 耦合原理

应用 Visual MODFLOW 建模分析地下水运动规律也有一定的局限性，主要表现为模型的运行需要一些特定数据的输入[29]，而软件本身在分析地表和土壤剖面水文过程中存在一定的缺陷，当模型以输入参数的方式来反映这部分特定条件时，会因参数的估值导致整个模型的精度有所下降[30]，因此，需要结合地表水模型来弥补这一缺陷，使所建模型更能真实反映地下水运动情况。

建立 SWAT 地表水模型时，首先根据 DEM 图、土地利用图和土壤类型图将研究区划分为以水文响应单元（HRU）为最小单元的计算单元，虽然 HRU 里包含了模型计算的各种水文信息，但它不具备空间属性。Visual MODFLOW 的最小计算单元是有限差分网格（CELL），且此类正交剖分网格具有空间属性。SWAT 模型与 Visual MODFLOW 模型的耦合表现为二者数据间的互相调用，即把地表水模型的部分输出结果（如降雨入渗补给量和潜水蒸发量）作为地下水模型的输入数据（面状补给和蒸发），而要想实现不同模型间的数据调用，关键在于解决二者最小计算单元在空间上的差异性问题。

本章选取 2015 年 8 月到 2017 年 8 月两个水文年为流域地下水运动的研究期，在第 6 章 SWAT 模型已校准且满足精度要求的基础上，输入该研究期的气象数据进行径流模拟，从而得到该时段的降雨入渗补给和土壤蒸发量。通过 ArcGIS 软件，将 SWAT 模型中的 HRU 转化为 ASCII 格式文件，进而赋予其空间属性，然后建立其与 CELL 的对应关系（图 3-14），图中上半部分是具有空间属性的 HRU，不同颜色代表不同种类的 HRU，下半部分为相应 CELL 的划分情况，当同一个水文响应单元都对应有相同值的网格单元时，即 SWAT 模型的水文响应单元与 Visual MODFLOW 模型的网格能够一一对应时，便可把 SWAT 模型的计算结果代入 Visual MODFLOW 里进行地下水模型的运算，从而实现地表水模型与地下水模型的耦合[31-32]。

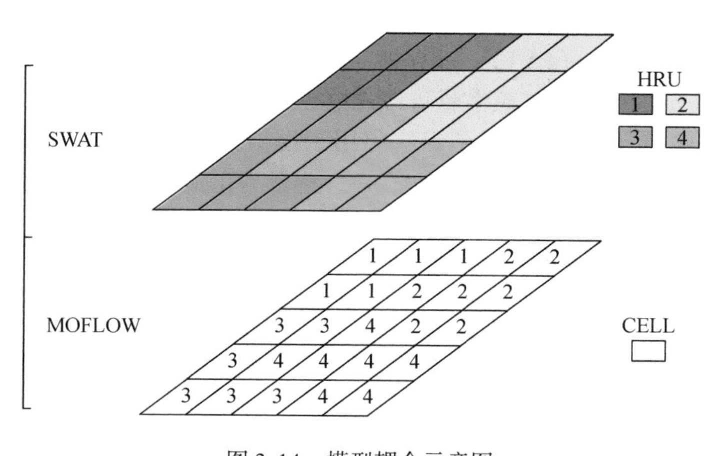

图 3-14　模型耦合示意图

3.3.3 水文地质概念模型

概念模型是对研究区实际水文地质情况的一种概化，通过刻画含水层的边界特征、水力特性、内部结构及补径排条件等来反映复杂的水系统。概念模型的建立把抽象事物具体化，使之便于用时间和空间函数进行描述地下水运动过程，简化了研究区地下水的数值模拟[33-34]。水文地质概念模型包含了研究对象的地质构造和水动力特征等综合信息，是研究地下水运动的基础。

3.3.3.1 含水层结构概化

通过分析锡林河流域水文地质图及钻孔资料发现，研究区地下水资源主要为第四系松散岩类孔隙水与第四系下更新统玄武岩裂隙-孔洞水，为了实现地表水与地下水的耦合模拟，本章主要研究流域潜水含水层的运动特征，其潜水含水层系统包括全新统风积层、覆盖于玄武岩上的沙丘孔隙潜水、冲积洪积层潜水和第四系上更新统冲积洪积层潜水。根据现场调查及纵剖面图资料可知，研究区内含水层岩性、地层构造等都随分布空间变化而呈现出非均匀的变化趋势，但在同一点上，渗流速度与方向无关，因此将相应含水层概化为非均质性各向同性介质。此外，研究区地下水的天然水力坡度较低，潜水面比较平缓，水流运动近于水平，在空间上可忽略渗流速度的垂直分量，因此可将流域地下水流概化为二维流。同时，地下水流的运动要素随时间变化，故把流域地下水定义为非稳定流。综上所述，可将锡林河流域潜水含水层系统概化为非均质-各向同性-二维非稳定流地下水流系统。

3.3.3.2 边界条件概化

根据研究区地形、地质构造、地下水流场等资料分析，西部边界为锡林河流域与苏尼特河古河道的自然分水岭，浅层地下水在该边界处与外界没有水流交换，可视为隔水边界；西北部为与锡林河流域中下游的接壤处，为研究区河谷平原最低处，由地下水流场规律可知，该边界处地下水运动方向以西北向为主，故将该边界概化为第二类边界；北部为河谷平原两侧的低山丘陵区，该区域地下潜水主要汇入河谷区，与外界没有水力联系，可视为隔水边界；研究区东部为与吉仁高勒河流域的自然分水岭，流域地下水等水位线与该边界呈垂直关系，可把该边界概化为隔水边界；流域上游东南边界为与克什克腾旗境内锡林河的分界线，该边界处水力坡度较大，接受上游对流域地下水的补给，可概化为第二类边界；研究区南部孔隙裂隙潜水与边界处丘陵基岩区相邻，基岩主要为玄武岩，渗透性差，因此，将该边界也概化为隔水边界（图3-15）。

此外，在概念模型建立过程中设定研究区潜水含水层的自由水面为水量交换边界，流域将通过该边界来实现水量的垂向交换，主要包括：大气降水入渗补给、潜水蒸发排泄等。底部根据研究区的实际勘测情况，以埋深60m处的中更新统玄武岩作为模型的底部隔水边界。

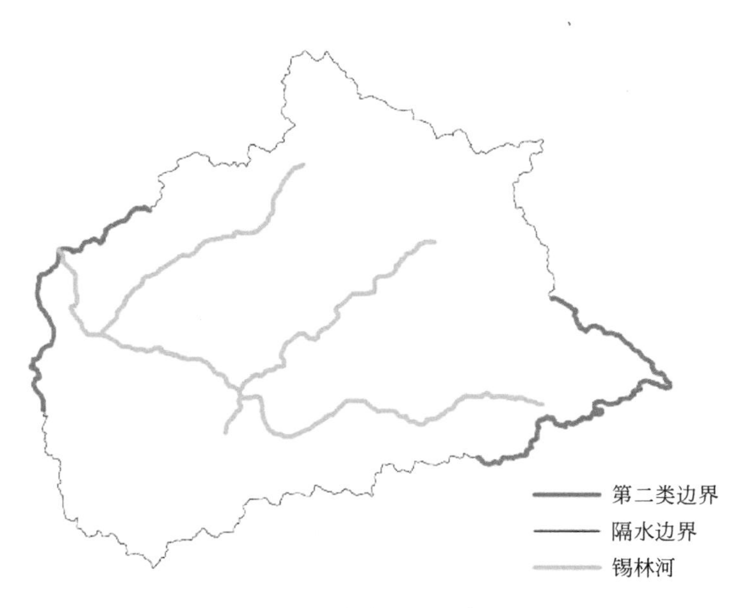

图 3-15　研究区边界类型

3.3.4　数学模型

综上所述，建立研究区地下水非承压的非均质、各向同性、二维非稳定流数学模型，可用如下数学公式来描述：

$$\frac{\partial}{\partial x}\left(k(H-B)\frac{\partial H}{\partial x}\right)+\frac{\partial}{\partial y}\left(k(H-B)\frac{\partial H}{\partial y}\right)+W(x,y,t)=\mu\frac{\partial H}{\partial t}(x,y)\in\Omega,t\geqslant 0 \tag{3-50}$$

$$H(x,y,t)\big|_{t=0}=H_0(x,y)\qquad (x,y)\in\Omega,t=0 \tag{3-51}$$

$$k(H-B)\frac{\partial h}{\partial n}\bigg|_{\Gamma_2}=q(x,y,t)\qquad (x,y)\in\Gamma_2,t>0 \tag{3-52}$$

式中，H 为潜水位；$H_0(x,\ y)$ 为潜水位含水层初始水位；B 为含水层地板高程；Ω 为计算区范围；Γ_2为第二类边界；k 为渗透系数；μ 为给水度；$W(x,\ y,\ t)$ 为源汇项；$q(x,\ y,\ t)$ 为第二类边界单宽流量，流入为正，流出为负，隔水为 0。

3.3.5　模型的离散

本章选择 2015 年 8 月到 2016 年 8 月为模型识别期，对模型各参数进行识别，选择 2016 年 8 月到 2017 年 8 月为模型验证期，对模型进行可靠性验证。将模型的识别期和验证期都划分为 12 个应力期，即每个自然月为一个应力期，每个应力期内模型的源汇项是恒定的，此外，每个应力期的时间步长为 10d。

本次模拟利用 ArcGIS 软件从流域 DEM 资料中提取出研究区的地表高程数据，在去除异常值后应用 Surfer 软件对高程数据进行插值处理，最后得到符合 Visual MODFLOW 软件格式要求的地表高程栅格数据，根据潜水含水层隔水基岩的位置，用同样的方法来确定模型的隔水底板，最终在垂向上把研究区分为一层（图 3-16）。锡林河流域上游面积约为 3568km²，在导入研究区边界后，将流域在平面上剖分为 50 行、50 列，总单元格数为 2500 个，其中计算区的有效单元格为 1304 个（图 3-17 中黑色单元格），另外，选择流域内 6 个地下水位长观孔的数据作为模型校准及验证的依据，长观孔的空间分布如图 3-17 所示。图 3-18 和 3-19 分别是模型第 30 行和第 30 列剖面图。

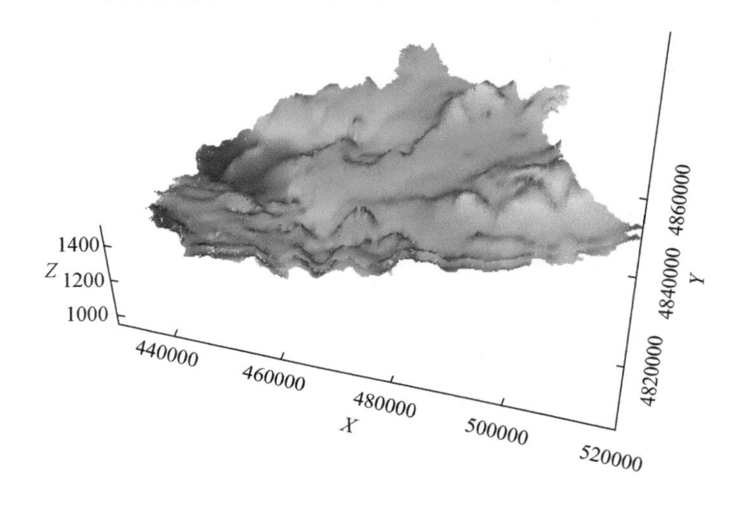

图 3-16　三维水文地质实体

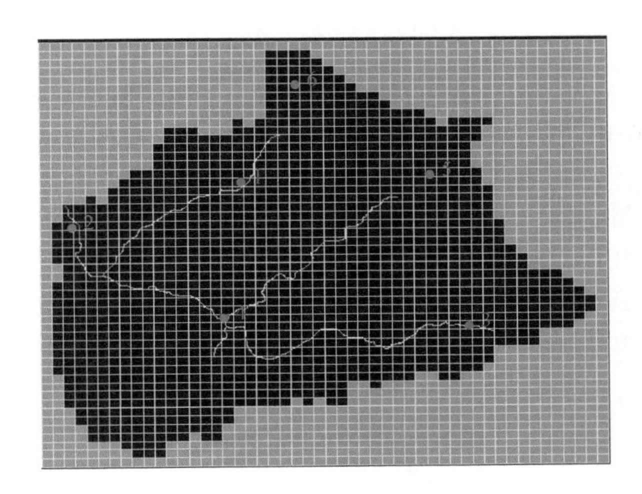

图 3-17　研究区网格剖分

3.3.6　模型参数分区及初始条件

水文地质参数是用来反映地下水含水层水文地质特征的指标，可定量表征含水层储

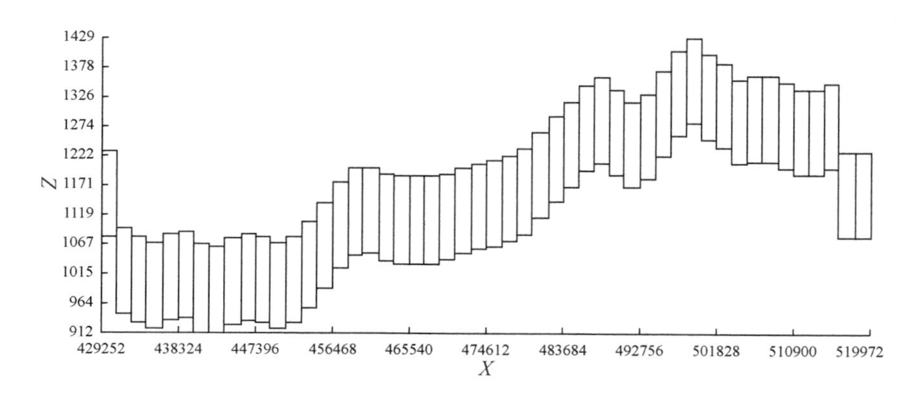

图 3-18 模型第 30 行剖面图

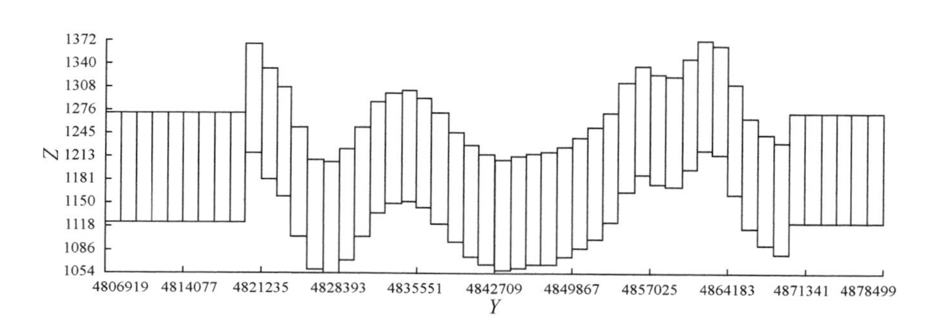

图 3-19 模型第 30 列剖面图

水、释水及输水等的特性[35-36]。本节对模拟锡林河上游流域潜水含水层地下水的运动规律进行模拟，因此，所用到的主要水文地质参数为潜水含水层的渗透系数（K）和给水度（μ），这些值的选取直接关系到模型能否真实反映研究流域地下水运动的实际状况。

本节旨在对锡林河流域上游进行地表水–地下水的耦合模拟，需要把 SWAT 模型的输出数据作为 Visual MODFLOW 的输入值，而且研究区土地利用和土壤类型较为单一，因此，在对地下水模型进行参数分区时，把流域内每个子流域分别作为一个水文地质区，共分为 7 个区（图 3-20）。在参数初始值的选取中，文章结合抽水试验及前人研究结果给出的经验值（表 3-14）最终确定各水文地质区的渗透系数和给水度的初始值，见表 3-15。

表 3-14 水文地质参数经验值

岩土名称	渗透系数 K/(m/d)	岩土名称	渗透系数 K/(m/d)
黏土	0.005	均值中砂	35～50
粉土	0.1～0.5	粗砂	20～50
粉砂	0.5～1	均值粗砂	60～75
细砂	1～5	圆砾	50～100
中砂	5～20	卵石	100～500

表 3-15　研究区水文地质参数初始值

参数分区	Ⅰ	Ⅱ	Ⅲ	Ⅳ	Ⅴ	Ⅵ	Ⅶ
渗透系数 K/(m/d)	23	25	15	20	35	12	30
给水度 μ	0.10	0.12	0.10	0.10	0.20	0.10	0.15

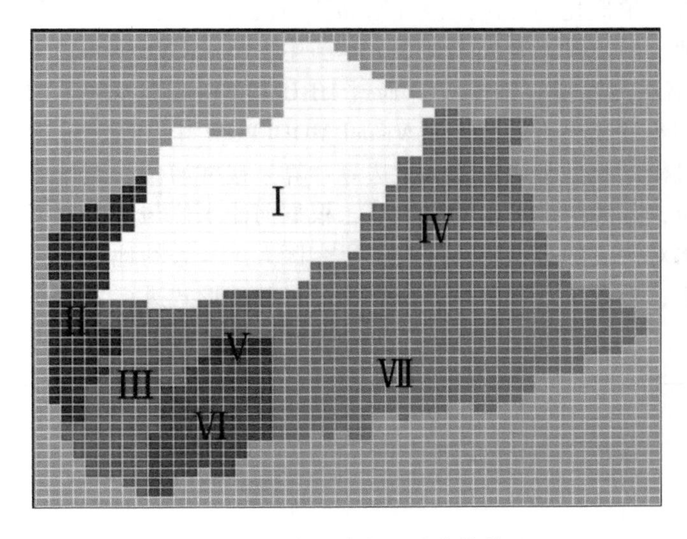

图 3-20　研究区水文地质参数分区

本节将流域 2015 年 8 月初的地下水水位统测数据经过插值处理后作为研究区的初始流场输入模型，如图 3-21 所示。

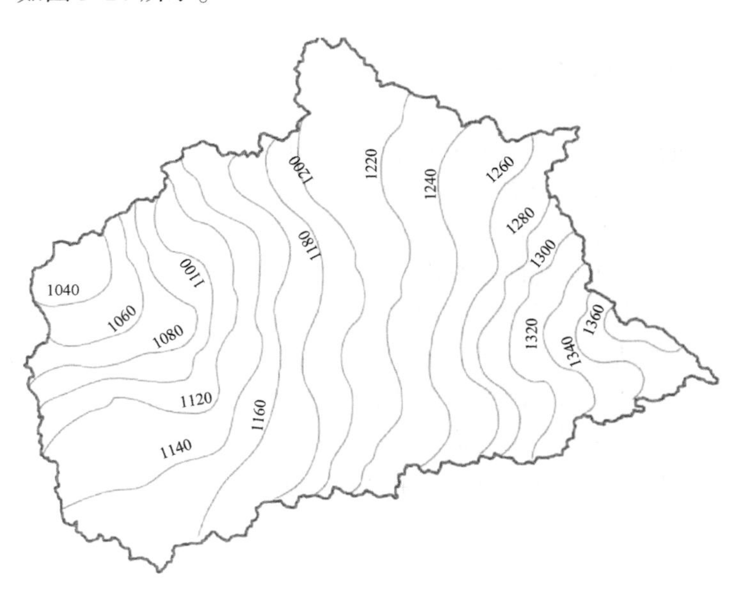

图 3-21　研究区初始流场

3.3.7 模型源汇项处理

研究区属于典型草原型流域，区内耕地稀少，土地利用类型主要为天然草场，因此，将流域地下水的补给项概化为降雨入渗补给和侧向流入补给，而排泄项则主要包括潜水蒸发、侧向径流排泄、河流排泄及人工开采。本节中，将 SWAT 模型输出的降雨入渗补给量（GW-RCHG）和潜水蒸发量（REVAP）通过 HRU 和 CELL 在空间上的耦合，作为地下水模型的补给边界和蒸发边界直接输入到 Visual MODFLOW 中。研究区地下水的侧向流入补给和流出排泄通过概念模型中设定的流量边界计算。锡林河位于流域河谷区，河水位通常低于周边地下水位，是浅层地下水的排泄区，根据河流水位与周边地下水水位的变化关系便可计算出地下水对河流的排泄量。此外，研究区人工开采的地下水主要作为牧民及其饲养牲畜的生活用水，根据统计资料按日概化为开采井的形式进行分配（表 3-16）。

表 3-16 研究区各源汇项计算统计表

补给项	水量/($10^7 m^3/a$)	排泄项	水量/($10^7 m^3/a$)
大气降水入渗	1.47	潜水蒸发	1.52
		侧向径流排泄	0.42
侧向径流补给	0.85	开采量	0.27
		河流排泄	0.40
合计	2.32	合计	2.61

3.3.8 模型的识别与验证

在把设定好的边界条件、地下水初始流场等数据按软件格式要求输入到模型中并设置好运行条件后，便可开始运行模型，当模型收敛后就能得到流域在模拟期的地下水流场及各观测井的计算水位。通过反复调整模型的水文地质参数和源汇项等数据，使模型的输出结果与实测值最终达到一个理想的拟合度，便认为所建模型能够描述研究区地下水流运动的实际情况，得出最佳水文地质参数的过程便是模型的识别过程。为了使模型能够更加真实地反映流域地下水的动态变化，还需要进一步选取不同时段的地下水实测数据对模型进行验证，从而保证所建模型的精确度。模型的识别与验证过程是地下水数值模型中非常关键的部分，主要遵循以下原则：①模拟得到的地下水流场要与实测流场尽量一致；②模拟得到的观测孔动态水位线与实测水位线尽量吻合；③最终获得的水文地质参数与实际水文地质条件相符。

3.3.8.1 模型的识别

本次模拟选用 2015 年 8 月 1 日地下水流场作为模型的初始流场，选择 2016 年 7 月 31 日为模型识别期末端时刻，模拟期为一个水文年。图 3-22 为模型运行结束后，研究区内 6

个地下水水位长观孔模拟值与实测值的关系图，由图可知，模型未调参时，2 号观测井模拟水位与实测水位间的残差最小，为 0.89m，4 号观测井的水位残差最大，高达 30.27m，全部观测孔的模拟水位与实测水位间绝对平均残差为 13.39m。模型输出对应的地下水流场如图 3-22 所示，可以看出，模型在调参之前，模拟结果与实际观测结果相差较大，需要进一步通过调整水文地质参数来完善模型。

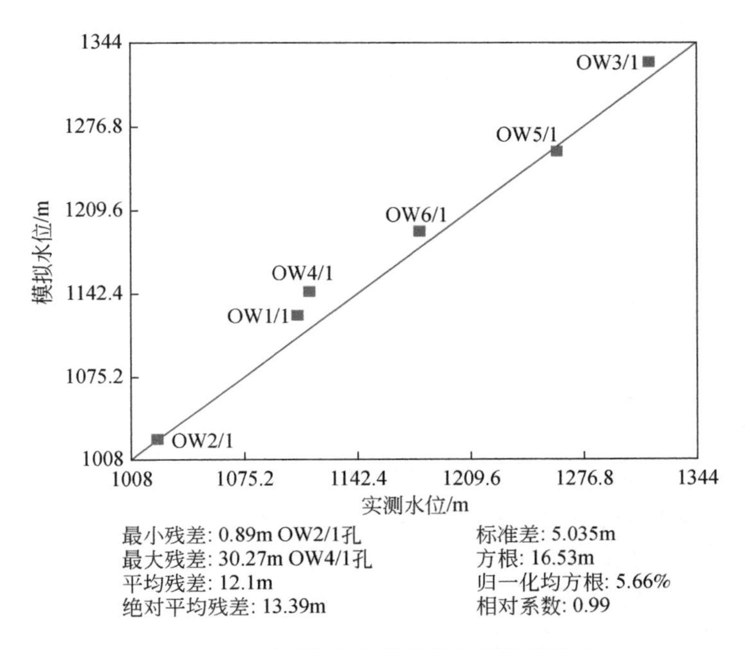

图 3-22　观测孔水位模拟值与实测值关系

本次模型的参数识别过程采用 Visual Modflow 软件自带的校准程序包（PEST）来自动拟合[37-38]。在应用 PEST 对水文地质参数进行优化时，需要反复调整参数并比较观测井实测水位与模拟水位的拟合情况，直到找到最佳拟合状态，从而确定能够真实反映研究区地下水流运动的水文地质参数。图 3-23 为模型识别期地下水流场拟合图，由图可以看出，通过反复修改模型参数后，研究区地下水的模拟流场与实测流场基本吻合，模拟效果良好，说明模型的概化及优化后的水文地质参数（表 3-17）能够真实地反映当地的水文地质条件。

表 3-17　水文地质参数识别结果

参数分区	Ⅰ	Ⅱ	Ⅲ	Ⅳ	Ⅴ	Ⅵ	Ⅶ
渗透系数 K/(m/d)	30	25	20	23	40	15	35
给水度 μ	0.12	0.16	0.10	0.08	0.20	0.10	0.18

3.3.8.2　模型的验证

为了进一步验证所建模型及在模型识别期确定的水文地质参数是否可以真实反映研究

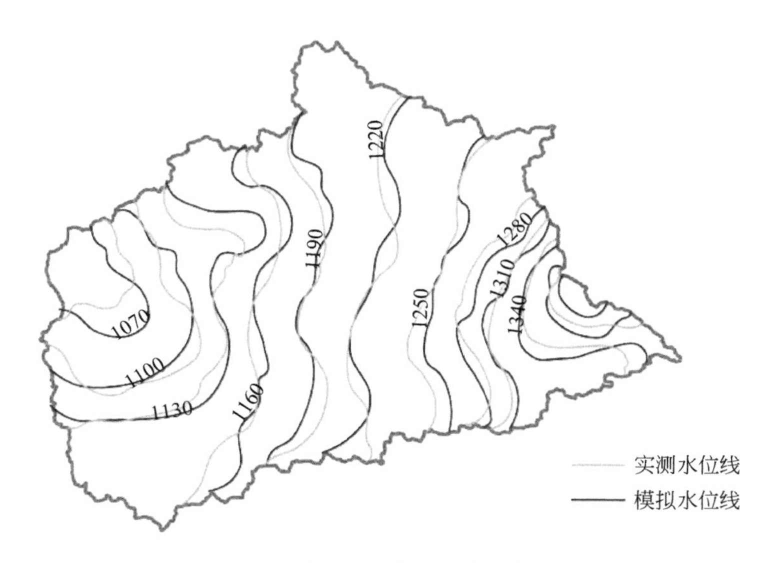

图 3-23　模型识别期地下水流场拟合

区地下水流运动特征，需要对模型进行检验。本节选取 2016 年 8 月 1 日到 2017 年 7 月 31 日这一水文年作为模型的验证期。在保持识别期模型参数不变的情况下，将验证期内新的初始流场和源汇项等数据输入模型并重新运行模型，通过再次对比模拟值与实测值的差别来判断模型的准确性。验证期间 6 个地下水位长期观测井的水位实测值与模拟值拟合效果如图 3-24 所示。由图可以看出，在所选水文年内，研究区地下水位总体呈现出先上升再下降、保持一段时间的稳定状态后再升高的变化趋势，这主要是由于所选水文年从 8 月份开始，正值研究区降雨较多的季节，降雨能够充分补给地下水，使得流域地下水位上升。到了 10 月份末期时，研究区开始变冷，降雪不能及时补给地下水，而此时地下水的开采及蒸发仍然保持一定的强度，导致流域地下水位持续下降。到春季的时候，降雪逐渐开始融化，这部分水量可以补给地下水，使地下水位保持一定的稳定状态，而当夏季来临时，降雨又开始补给地下水，地下水位再一次升高。流域局部地区观测井的水位在水文年末期有所下降，这是由研究区域降水空间分布的不均匀性所导致的，没有足够的入渗补给使得局部地区的地下水位在夏季有一定程度的下降。

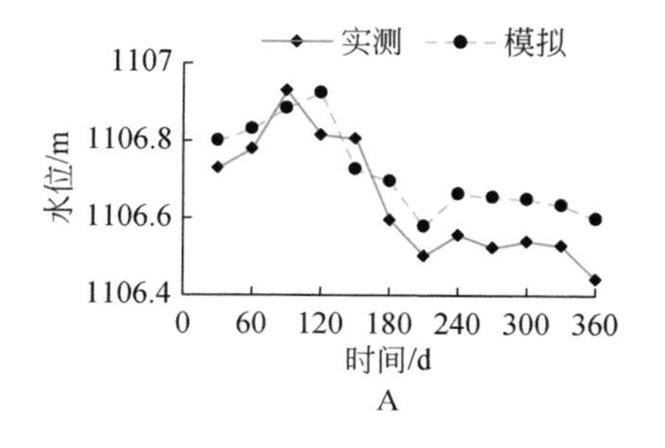

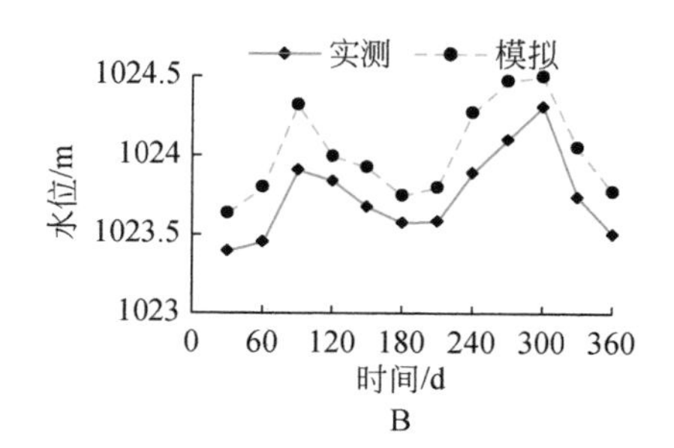

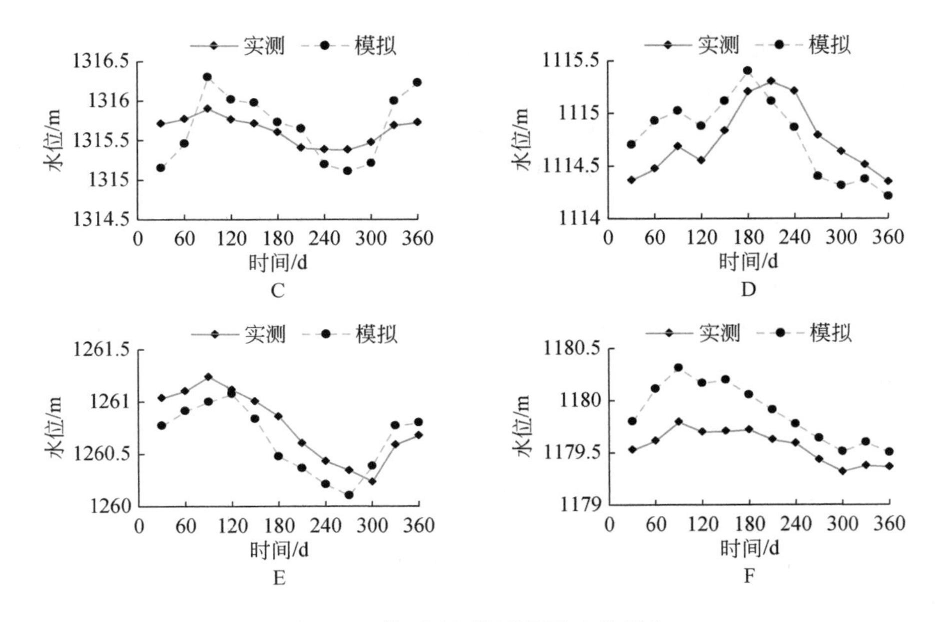

图 3-24　模型验证期观测孔水位拟合

通过观测井水位拟合曲线可以看出，在验证期，各水位观测井的模拟值与实测值的变化趋势基本吻合，且各观测点处二者的差别并不是很大，绝对误差基本都小于 0.5m，拟合效果较好。由此可知，所建耦合模型及率定好的水文地质参数符合研究区实际的水文地质条件，可较好地反映流域内潜水含水层地下水的运动变化特征。

模型中个别水位误差较大的拟合点可能是由以下原因造成的：①在概念模型边界划定过程中存在一定主观性，所确定的地下水风水岭并不一定是自然界真正的风水岭；②地表水模型存在一定误差，从而使得地下水模型输入项如：降水入渗补给量和潜水蒸发量存在相应的误差；③人工开采量的概化在一定程度上受到牧民所饲养牲畜数量的变化的影响；④软件本身的计算方法只是得到模型的近似解，该结果会受到所剖分网格及迭代指标的影响[39]。

3.3.9　结论

本节利用 ArcGIS 软件赋予了地表水 SWAT 模型中的最小计算单元 HRU 空间属性，使之与 MODFLOW 的计算单元 CELL 相对应，并将 SWAT 模型输出的地下水补给量和潜水蒸发量作为输入项导入 Visual MODFLOW 软件所建地下水模型的补给模块和蒸发模块，从而建立了锡林河流域上游地表水-地下水的耦合模型，并将此耦合模型应用于研究区的地下水水位模拟计算。

1）通过实地勘察及分析研究区水文地质资料，将研究流域潜水含水层系统概化为非均质-各向同性-二维非稳定流地下水流系统，并建立了相应的水文地质概念模型。选取 2015 年 8 月 1 日至 2016 年 7 月 31 日为模型识别期，通过参数优化最终使模拟流场与实测流场有了较好的拟合效果，确定了符合流域地下水流运动特征的水文地质参数。

2）选取 2016 年 8 月 1 至 2017 年 7 月 31 日为模型的验证期，在此期间，流域内地下水出现明显的年际变化。在该水文年初期，由于降雨补给地下水，研究区地下水位总体呈现上升趋势，到了10月末时，研究区开始降雪，天气变冷使得降雪不能及时补给地下水，而此时地下水排泄量并没有大幅度降低，导致流域地下水位持续下降。到春季时，降雪开始融化并补给地下水，使地下水位保持相对稳定状态。当夏季来临时，降雨又开始补给地下水，地下水位再一次升高，而流域部分观测井的水位在此期间有所下降，这是因为研究区降水的空间分布不均匀，导致部分地区没有足够的降雨入渗补给地下水。此外，在验证期，所选6个观测井水位的模拟值与实测值的拟合效果较好，绝对误差基本上都小于0.5m，进一步说明所建耦合模型及率定好的水文地质参数可以较好地反映流域内潜水含水层地下水的运动变化特征。

参考文献

[1] 张利平，于松延，段尧彬，等. 气候变化和人类活动对永定河流域径流变化影响定量研究. 气候变化研究进展，2013，9（6）：391-397.

[2] 夏军，刘春蓁，任国玉. 气候变化对我国水资源影响研究面临的机遇与挑战. 地球科学进展，2011，26（1）：1-12.

[3] 董磊华，熊立华，于坤霞，等. 气候变化与人类活动对水文影响的研究进展. 水科学进展，2012，23（2）：278-285.

[4] Lioubimtseva E，Colea R，Adams J M，et al. Impacts of climate and land- cover changes in arid lands of Central Asia. Journal of Arid Environments，2005，62：285-308.

[5] 周梦甜，李军，朱康文. 近15 a 新疆不同类型植被NDVI时空动态变化及对气候变化的响应. 干旱区地理，2015，38（4）：779-787.

[6] 王军，李和平，赵淑银，等. 锡林河流域水资源评价与开发利用潜在分析研究. 水资源与水工程学报，2011，22（4）：95-102.

[7] 陈平平，丁国栋，王宝. 浅谈浑善达克沙地综合治理模式. 水土保持学报，2008（5）：74-76.

[8] 段利民，李玮，刘廷玺，等. 半干旱草原型流域径流变化特征及其影响因子定量分析. 干旱区资源与环境，2017，31（10）：125-130.

[9] Li L J，Zhang L，Wang H，et al. Assessing the impact of climate variability and human activities on streamflow from the Wuding River basin in China. Hydrological Processes，2007（21）：3485-2491.

[10] Li F P，Zhang G X，Xu Y J. Separating the impacts of climate variation and human activities on runoff in the Songhua River Basin，Northeast China. Water，2014（6）：3320-3338.

[11] 朱国锋，何元庆，蒲焘，等. 1960—2009年横断山区潜在蒸发量时空变化. 地理学报，2011，66（7）：906-916.

[12] 王亮，高瑞忠，刘玉才，等. 气候变化和人类活动对滦河流域内蒙段河川径流的影响分析. 水文，2014，34（3）：70-79.

[13] Hung C，Kao P. Weakening of the winter monsoon and abrupt increase of winter rainfalls over northern taiwan and southern China in the early 1980s. Journal of Climate，2010，23：2357-2367.

[14] 王艳姣，闫峰. 1960-2010年中国降水区域分异及年代际变化特征. 地理科学进展，2014，33（10）：1354-1363.

[15] 杨立哲，钱虹，郝璐. 锡林河近50年径流变化特征及其影响因素分析. 草业科学，2015，32（3）：303-310.

[16] Liang L Q，Li L J，Liu Q. Precipitation variability in northeast China from 1961 to 2008. Journal of

Hydrology, 2011, 404 (2011): 67-76.
[17] 刘俊，尹洋洋，沙晓军，等．下垫面要素变化对径流影响的多元统计分析．水资源保护，2016，32 (2)：41-44.
[18] 姜晔，毕晓丽，黄建辉，等．内蒙古锡林河流域植被退化的格局及驱动力分析．植物生态学报，2010，34 (10)：1132-1141.
[19] 韩砚君，牛建明，张庆，等．锡林河流域近30年草原植被格局动态及驱动力分析．中国草地学报，2014，36 (2)：70-77.
[20] Muleta M K, Nicklow J W. Sensitivity and uncertainty analysis coupled with automatic calibration for a distributed watershed model. Journal of Hydrology, 2005, 3 (6): 127-145.
[21] Fisher P, Abraham R J, Herbinger W. The Sensitivity of two distributed non-point source pollution models to the spatial arrangement of the landscape. Hydrological Processes, 1997, 11: 241-252.
[22] 刘闻．基于SWAT模型的水文模拟及径流响应分析．西安：西北大学，2014.
[23] Morris M D. Factorial sampling plans for preliminary computational experiments. Technoinetrics, 1991, 33 (2): 161-174.
[24] 宋小园．气候变化和人类活动影响下锡林河流域水文过程响应研究．呼和浩特：内蒙古农业大学，2016.
[25] Braemort K S, Arabi M, Frankenberger J R, et al. Modeling long-term water quality impact of structural BMPs. Transactions of the ASABE, 2006, 49 (2): 367-384.
[26] 郝芳华，程红光，杨胜天．非点源污染模型：理论方法与应用．北京：中国环境科学出版社，2006.
[27] Perkins S P, Sophocleous M A. Development of a comprehensive watershed model applied to study stream yield under droght conditions. Ground Water, 1999, 37 (3): 418-426.
[28] 胡立堂，王忠静，赵建世，等．地表水和地下水相互作用及集成模型研究．水利学报，2007，38 (1)：54-59.
[29] Kim N W, Chung I M, Won Y S, et al. Development and application of the integrated SWAT-MODFLOW model. Journal of hydrology, 2008, 356 (1-2): 1-16.
[30] Sophocleous M A, Perkins S P. Methodology and application of combined watershed and ground-water models in Kansas. Journal of Hydrology, 2000, 236 (3-4): 185-201.
[31] Dowlatabadi S, Zomorodian S M A. Conjunctive simulation of surface water and groundwater using SWAT and MODFLOW in firoozabad watershed. Journal of Civil Engineering. 2016, 20 (1): 485-496.
[32] 初京刚，张弛，周惠成．SWAT与MODFLOW模型耦合的接口及框架结构研究及应用．地理科学进展，2011，30 (3)：335-342.
[33] 郭大力．基于Visual MODFLOW的地下水数值模拟–以辽滨沿海经济区西南部为例．辽宁师范大学，2013.
[34] 秦雅飞．吉林西部地下水模拟预报及生态效应探讨．吉林大学，2008.
[35] 陈崇希．1983. 地下水不稳定井流计算方法．北京：地质出版社．
[36] 邢译心．基于Visual MODFLOW的尚志市水源地地下水资源预测与开采利用．吉林大学，2015.
[37] 马玉蕾．基于Visual MODFLOW的黄河三角洲浅层地下水位动态及其与植被关系研究．杨凌：西北农林科技大学，2014.
[38] 张斌．基于Visual MODFLOW的黄土原灌区地下水动态研究．杨凌：西北农林科技大学，2013.
[39] 孙纳正．地下水流的数学模型和数值方法．北京：地质出版社，1981.

第4章 基于水化学和同位素的流域不同水体转化关系

随着同位素水文学的发展，氢氧同位素方法已成为当前水科学研究领域揭示流域水循环过程与机制、阐释气候变化所引起的水循环效应等最为重要的研究方法之一[1-2]。D和^{18}O分别是自然界中氢和氧的两种稳定同位素，流域水循环相变过程或多种水体的混合过程中的同位素分馏作用导致不同“水源”的水体同位素存在差异[1]，因此氢、氧稳定同位素被认为是研究水循环过程的理想示踪剂[3]。结合端元混合模型、水文模型、水文地质模型及水化学质量平衡等方法，氢氧稳定同位素技术被广泛应用于不同水体转化关系与作用机制等研究[1,4-6]。

前人基于氢氧同位素技术于泰国蒙河流域[7]、亚洲中低纬度地区[8]、青藏高原地区[9]和印度西南地区[10]探究了多种水体的时空演化特征及驱动机制，为水体转换和水循环过程提供了大量的基础性研究。后基于同位素又衍生了诸多的不同水体转化估算的方法，如李静等[11]和许秀丽等[12]分别在长江和黄河流域应用d-excess聚类分析和同位素质量平衡模型开展不同水体动态转化的研究，张兵等[13]、梁丽娥等[14]和胡玥等[15]以氢氧同位素为主，结合水化学技术，系统分析了不同水体之间的交互关系。

锡林河流域是位于内蒙古高原典型草原区的代表性内陆河流域，但流域受半干旱气候控制，对气候变化极为敏感，近年来极端洪旱事件频发，水资源短缺问题日趋严重。杨璐[16]基于大气降水、地表水和地下水同位素特征，对锡林河流域不同水体之间的转化关系做出了定性描述，但流域水文循环过程和不同水体的相互转化关系复杂多变，仍需深入开展相关研究明确流域水体转换的定量关系。因此，本章基于环境同位素技术，分析锡林河流域大气降水、河水和地下水氢氧同位素的时空分布特征；利用同位素二元线性混合模型，量化大气降水和地下水对河水的贡献，从而揭示锡林河流域不同水体之间的相互关系，以期为深入探究典型草原内陆河流域不同水体的相互转化机制提供理论基础，对于气候变化背景下流域水资源调控和生态环境保护具有重要的现实意义。

4.1 水化学与同位素专项试验

4.1.1 试验区概况

选择锡林河流域上游（116°0′~117°14′E，43°24′~44°3′N）为研究区（图4-1）。锡林河发源于内蒙古自治区赤峰市克什克腾旗宝尔图山，流经锡林郭勒盟阿巴嘎旗，在贝力克牧场转向西北流经锡林浩特市，最终注入查干淖尔沼泽自然消失[17]。锡林河全长

175km，河宽 1 ~ 5km，其右岸有两条支流汇入，分别为浩勒图郭勒和霍勃尔高勒（多年干涸）[18]。流域气候类型为温带半干旱大陆性季风气候，年均降水量 278.9mm，年均蒸发量 1862.9mm（Φ20cm 蒸发皿），年均气温 2.8℃，年均风速 3.4m/s[19]。

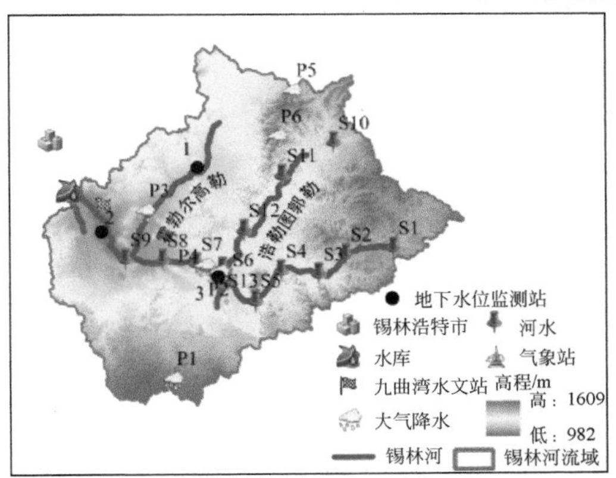

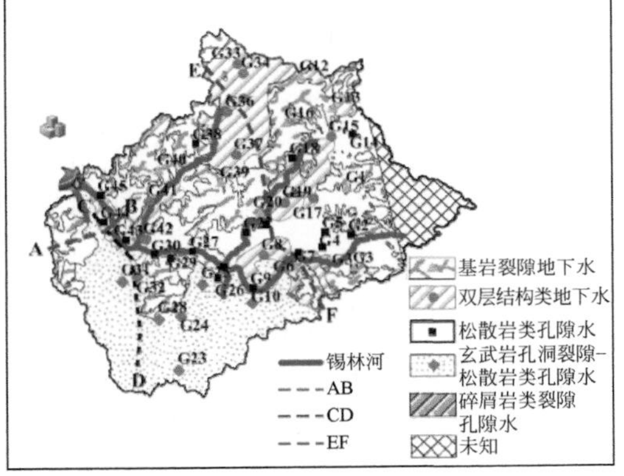

AB、CD和EF为水文地质剖面带

图 4-1　研究区位置、采样点分布示意

研究区地下水分布广泛，含水层类型多，依据地下水埋藏条件以及含水层岩性，主要划分为以下 4 种类型，即河谷冲积平原区第四系松散岩类孔隙水、河谷冲积平原和低山平原区双层结构类地下水、岩溶台地玄武岩孔洞裂隙-松散岩类孔隙水、低山丘陵区基岩裂隙水，前两类埋藏较浅（<30m），可归为浅层地下水，后两类埋藏较深（>30m），可归为深层地下水。地下水径流方向受复杂地形条件影响，但总体与锡林河流向相符，自东向西排泄至河谷地区[16]。

4.1.2　样品采集与测试

依据锡林河流域水系特征和水文地质条件（图 4-2），在研究区均匀布置降水采样点

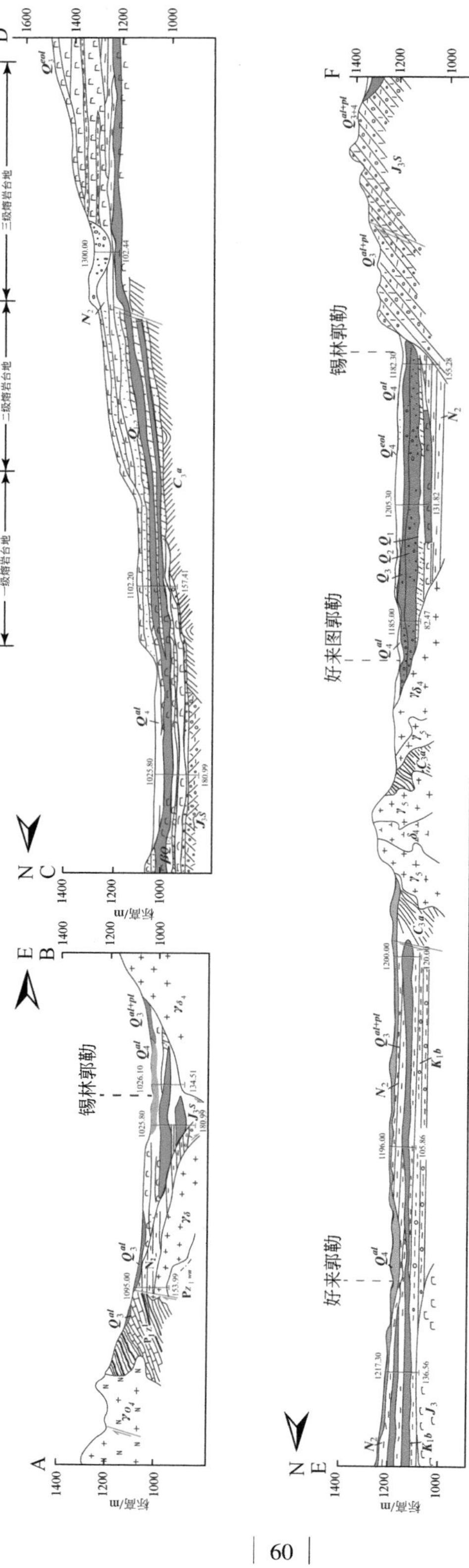

图4-2 研究区水文地质条件示意

注：AB、CD和EF为图4-1中水文地质剖面带标号

6处（P1～P6）、河水采样点13处（S1～S13）和地下水采样点45处（G1～G45），于2017年5～10月进行水样采集，大气降水按次降水事件取样，通过自制集雨器（内含量筒、导水漏斗和乒乓球）人工收集，每次降水结束后立即取回水样置于100mL聚乙烯采样瓶内；地表水沿干流和支流在河道中央水面以下30cm处取样，一个月采样1次；地下水样根据监测井及居民用井埋深将其分为浅层和深层，在抽水15min后采集新鲜水样，一个月采样1次。所有水样密封冷藏（4℃）保存，并在1～2d内进行测试分析。试验期共采集有效水样345件，其中大气降水样25件、地表水样77件和地下水样243件。

样品测试采用美国Los Gatos Reserarch（LGR）公司生产的液态水稳定同位素分析仪（LWIA-45-EP），测试样品之前，利用标样［908-0008-9101：（δD：−145.82‰、$\delta^{18}O$：−19.35‰）、908-0008-9103：（δD：−74.88‰、$\delta^{18}O$：−10.7‰）、908-0008-9104：（δD：−46.88‰、$\delta^{18}O$：−7.24‰）］进行标定，实验过程中用1mL注射器吸取水样，再用前端装有0.2μm微孔滤头进行过滤，将过滤后的样品移入测试瓶内进行测试，每个样品注入6针，去除前两针，取后四针数据进行平均，从而消除记忆效应。$\delta^{18}O$和δD测试精度分别为±0.1‰和±0.3‰，所得结果用相对维也纳标准平均海洋水（V-SMOW）的千分偏差来表示[20]：

$$\delta(‰)=\frac{R_{\text{Sample}}-R_{\text{V-SMOW}}}{R_{\text{V-SMOW}}}\times 1000‰ \tag{4-1}$$

式中，R_{Sample}和$R_{\text{V-SMOW}}$分别为水样中和维也纳标准平均海洋水中的氧（或氢）与稳定同位素的比值（$^{18}O/^{16}O$或D/H）。

4.1.3 数据与方法

4.1.3.1 数据获取与处理

使用MODIS逐月陆地标准合成的地表温度产品（LST，空间分辨率为0.05°×0.05°），获取于NASA网站（https://ladsweb.modaps.eosdis.nasa.gov/）；气象数据采用研究区自设气象站（116°29′E，43°38′N）连续监测的气温、降水、相对湿度和风速数据。实验数据的统计分析采用SPSS 26.0完成，图形绘制采用R语言ggplot2完成。

4.1.3.2 线性端元混合模型

基于同位素质量平衡原理，通过对比地表水不同水源的和$\delta^{18}O$值，可判断不同时期地表水的补给来源以及转化关系[12]，有学者提出三元混合模型和多元混合模型，这些模型在进行n种水源划分时，需要引入$n-1$种示踪剂，但在示踪剂选择上却存在多种限制条件[4]，故应用二元线性混合模型估算各端元的混合比值[5]，模型如下：

$$\delta_S=f_1\cdot\delta_1+f_2\cdot\delta_2 \tag{4-2}$$

$$\beta_S=f_1\cdot\beta_1+f_2\cdot\beta_2 \tag{4-3}$$

$$f_1+f_2=1 \tag{4-4}$$

式中，δ_S和β_S分别为混合后目标水体中的δD和$\delta^{18}O$值，δ_1和δ_2分别为不同补给水源的δD

值，β_1和β_2分别为不同补给水源的 $\delta^{18}O$ 值，f_1和f_2分别为不同补给水源的混合比值。

4.2 流域不同水体的水化学特征

4.2.1 地表水水化学特征

4.2.1.1 地表水的化学参数及主要离子浓度

（1）pH

用于衡量水体酸碱度的值称为 pH，一般值的范围在 0～14，可以划分为：当 pH<7 的时，溶液为酸性；当 pH=7 的时候，溶液为中性；在 pH>7 时，溶液为碱性。pH 是衡量天然水质酸碱程度的标准，可以成为影响水体浓度的因素，也是一种化学指标。碱性系统 pH>7，其 pH 在 6～9 范围内有缓冲能力。

研究区河水的 pH 范围在 6.41～10.3（图 4-3），主要呈弱碱性，各月的地表水 pH 均值依次为 7.42、8.34、7.62、7.48、7.44、7.18。从时间尺度看，10 月份的 pH 比 6 月份的 pH 要低，其主要原因可能是因为夏季雨水多，降雨补给进入河流后使河水的 pH 随之降低。从空间角度看，地表水中干流 pH 变化范围较小，为 6.6～8.65；支流 pH 变化范围较大，为 6.93～10.3。

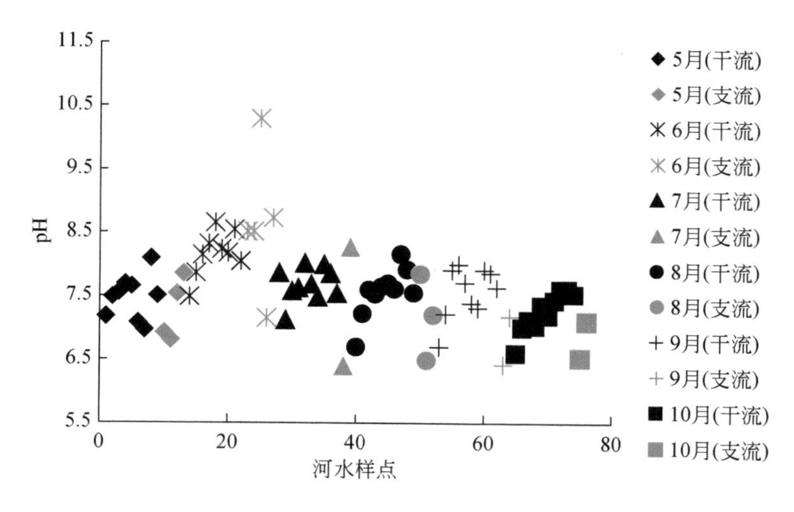

图 4-3　流域地表水 pH 的沿程变化

（2）总溶解固体（TDS）及电导率（EC）

总溶解固体（TDS）是表示水体中能溶解杂质的含量；电导率（EC）是用于描述电荷流动快慢的程度参数，在一定程度上，也反映了水分在流域水循环流动中的时间和路径长短。由于水分子是不断运移的，其迁移路径和停留时间逐渐延长，将会有不同构造的岩石与土壤中的各有机盐离子进行交换，所以如果电导率和总溶解固体值在升高，这说明这期间没有与电导率较小的水体混合，没有出现溶解的沉淀[21-22]。

在图 4-4 中，河流的总溶解固体和电导率的值均比较高，变化幅度均比较大，分别为 160 ~ 3060μs/cm 和 114 ~ 2130mg/L。锡林河河水中干流的电导率变化范围为 160 ~ 3060μs/cm，均值为 685.69μs/cm，TDS 变化范围为 14 ~ 2130mg/L，均值为 483.34mg/L。支流电导率变化范围为 346 ~ 1700μs/cm，均值为 775.59μs/cm，TDS 变化范围为 626 ~ 1190mg/L，均值为 546.41mg/L。

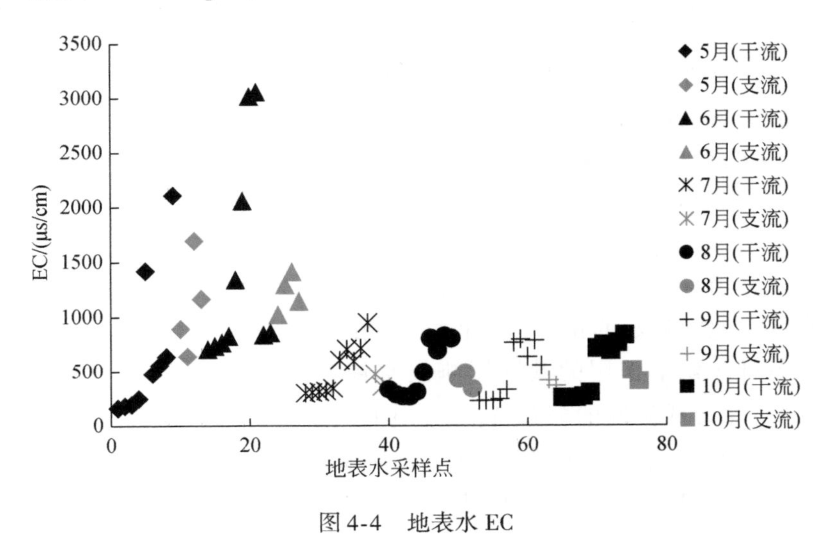

图 4-4　地表水 EC

沿程中河流的总溶解固体和电导率变化较复杂，其原因在于河水与其他不同含水层水体的补排关系复杂。河水的支流的电导率与 TDS 平均值比干流大，可能与不同区域自然地理条件差异及人类活动有关。

(3) 主要离子浓度

锡林河流域河水主要呈弱碱性，依据水中溶解的 CO_3^{2-} 和 HCO_3^- 的平衡关系可知，CO_3^{2-} 离子含量只占二者总量的不足 5%，因而本章研究中 CO_3^{2-} 的量可以忽略不计。

由表 4-1 可知，锡林河流域河水干流阳离子质量浓度依次：$Na^+ > Ca^{2+} > Mg^{2+} > K^+$，河水的平均浓度分别为 35.2mg/L、21.9mg/L、14.8mg/L 和 4.61mg/L；而阴离子质量浓度大小依次：$HCO_3^- > Cl^- > SO_4^{2-}$，其平均浓度分别为 191.3mg/L、28.1mg/L 和 3.76mg/L。水体中 Na^+ 和 HCO_3^- 是主要离子组成，且占绝对优势，占阳离子总量的 46%，占阴离子总量的 84%。

表 4-1　锡林河地表水水化学特征统计结果

项目		pH	EC	TDS	主要离子浓度（mg/L）						
			/(μs/cm)	/(mg/L)	SO_4^{2-}	HCO_3^-	Cl^-	Na^+	K^+	Mg^{2+}	Ca^{2+}
干流	最小值	6.60	160	114	0.73	47.29	0.69	7.62	0.74	3.27	8.71
	最大值	8.65	3060	2130	34.7	517.0	79.9	85.1	10.7	40.0	50.4
	均值	7.61	685	483	3.76	191.3	28.1	35.2	4.61	14.8	21.9

续表

项目		pH	EC /(μs/cm)	TDS /(mg/L)	主要离子浓度(mg/L)						
					SO_4^{2-}	HCO_3^-	Cl^-	Na^+	K^+	Mg^{2+}	Ca^{2+}
支流	最小值	6.93	346	626	0.74	113.24	5.86	5.84	0.99	5.15	15.1
	最大值	10.3	1700	1190	48.8	424.1	51.8	29.3	12.1	25.1	96.9
	均值	7.55	775	546	5.96	196.8	17.6	20.3	4.19	12.5	36.2

在表中也可以看到，在锡林河流域支流的阳离子质量浓度依次：Ca^{2+}>Na^+>Mg^{2+}>K^+，其平均浓度分别为36.2mg/L、20.3mg/L、12.5mg/L和4.19mg/L；而阴离子质量浓度大小依次：HCO_3^->Cl^->SO_4^{2-}，其平均浓度分别是196.8mg/L、17.6mg/L和5.96mg/L。水体中的Ca^{2+}和HCO_3^-是主要离子组成，且占绝对优势，占阳离子总量为49.46%，占阴离子的总量为89%。

相关性分析是指对两个或多个具备相关性分析的变量元素进行分析，通过相关性分析可以解释水体水化学参数的相关密切程度，同时衡量水体水化学参数来源的一致性与差异性。由于各种水化学作用的共同影响使水体中主要离子SO_4^{2-}、HCO_3^-、Cl^-、Ca^{2+}、Mg^{2+}、Na^+、K^+等会形成不同的分布特征，不同水化学作用往往会形成差异性较大的水化学分布特征，主成分分析的作用是可以将影响水化学形成的主要因子进行快速识别[23]。再利用SPASS软件计算各离子的Pearson相关系数，研究各离子来源的同时进行主要成分分析。

锡林河河水干流中水化学参数相关性分析矩阵显示（表4-2），HCO_3^-与Cl^-、Na^+、K^+、Mg^{2+}、Ca^{2+}呈现正相关，相关系数为0.384、0.894、0.889、0.929、0.537；Cl^-与Na^+、K^+、Mg^{2+}呈现正相关，相关系数为0.659、0.576、0.614；Na^+与K^+、Mg^{2+}呈现正相关，相关系数为0.940、0.938；K^+与Mg^{2+}是正相关关系，相关系数为0.952；Mg^{2+}与Ca^{2+}也是正相关关系，其相关系数为0.319。表明SO_4^{2-}与呈现正相关，相关系数为0.952；HCO_3^--Cl^--Na^+-K^+-Mg^{2+}与HCO_3^--Mg^{2+}-Ca^{2+}的离子来源存在相似性。在主成分分析里（表4-3），第一主成分中的Mg^{2+}、Na^+、K^+所占贡献率较高，其最后的总方差解释率为54.535%；而在第二主成分中的总方差解释率为17.187%，贡献率最高的是Ca^{2+}，结果反映了岩石风化对水体水化学成分的影响。

表4-2 锡林河干流水化学离子浓度相关系数

离子	SO_4^{2-}	HCO_3^-	Cl^-	Na^+	K^+	Mg^{2+}	Ca^{2+}	TDS
SO_4^{2-}	1							
HCO_3^-	-0.148	1						
Cl^-	-0.143	0.384**	1					
Na^+	-0.141	0.894**	0.659**	1				
K^+	-0.129	0.889**	0.576**	0.940**	1			

续表

离子	SO_4^{2-}	HCO_3^-	Cl^-	Na^+	K^+	Mg^{2+}	Ca^{2+}	TDS
Mg^{2+}	-0.133	0.929 **	0.614 **	0.938 **	0.952 **	1		
Ca^{2+}	0.167	0.537 **	-0.107	0.228	0.252	0.319 *	1	
TDS	-0.072	0.232	0.304 *	0.184	0.235	0.347 *	0.141	1

注：** 在 0.01 水平（双侧）上显著相关。* 在 0.05 水平（双侧）上显著相关。

表 4-3　锡林河干流水化学离子主要成分载荷矩阵

离子		Mg^{2+}	Na^+	K^+	HCO_3^-	Cl^-	Ca^{2+}	SO_4^{2-}	方差解释率/%
成分	1	0.981	0.962	0.952	0.914	0.683	0.320	-0.169	54.535
	2	0.085	0.013	0.077	0.308	-0.407	0.812	0.656	17.187

锡林河支流与干流差异较小（表 4-4），HCO_3^-与 Na^+、K^+、Ca^{2+}呈现正相关，相关系数分别为 0.689、0.733、0.897，HCO_3^-与 Cl^-、Mg^{2+}呈现显著正相关，相关系数分别为 0.913、0.924；Cl^-与 Na^+、K^+、Mg^{2+}、Ca^{2+}呈现正相关，相关系数为 0.752、0.796、0.917、0.835；Na^+与 K^+、Mg^{2+}呈现正相关，相关系数为 0.677、0.836；K^+与 Mg^{2+}、Ca^{2+}呈现正相关，相关系数分别为 0.814、0.553；Mg^{2+}与 Ca^{2+}呈现正相关，相关系数为 0.744，表明了河水在流动过程中产生蒸发作用，同时也接受了其他水源的补给。主成分分析显示（表 4-5），Mg^{2+}、Cl^-、HCO_3^-流在第一主成分中所占贡献率较高，总方差解释率为 61.075%；SO_4^{2-}在第二主成分中贡献率较高，总方差解释率为 18.623%。

表 4-4　锡林河支流水化学离子浓度相关系数

离子	SO_4^{2-}	HCO_3^-	Cl^-	Na^+	K^+	Mg^{2+}	Ca^{2+}	TDS
SO_4^{2-}	1							
HCO_3^-	-0.248	1						
Cl^-	-0.068	0.913 **	1					
Na^+	-0.234	0.689 **	0.752 **	1				
K^+	-0.181	0.733 **	0.796 **	0.677 **	1			
Mg^{2+}	-0.122	0.924 **	0.917 **	0.836 **	0.814 **	1		
Ca^{2+}	0.047	0.897 **	0.835 **	0.376	0.553 *	0.744 **	1	
TDS	0.379	0.083	0.162	-0.021	0.009	0.064	0.240	1

注：** 在 0.01 水平（双侧）上显著相关。* 在 0.05 水平（双侧）上显著相关。

表 4-5　锡林河支流水化学主要成分载荷矩阵

离子		Mg^{2+}	Na^+	K^+	HCO_3^-	Cl^-	Ca^{2+}	SO_4^2	方差解释率/%
成分	1	0.971	0.800	0.846	0.963	0.969	0.809	-0.163	61.075
	2	-0.032	-0.235	-0.127	-0.029	0.091	0.298	0.810	18.623

岩石风化是控制河水化学组成的主导因素，流域不同测点水化学组成的差异是由于各河水位置不同碎屑岩性质决定的，同时研究区位于干旱半干旱地区，会有部分蒸发岩存在，总体上，蒸发岩对水化学的贡献要弱于碳酸盐岩。

4.2.1.2 地表水的水化学类型

Piper 三线图利用测试主要离子的值对水样进行分类的图示方法，通常用所测离子的值来分析水样整体的化学性质，所测水样水化学中阴阳离子用每升毫克当量的百分数表示，以此来表示水体的相对成分[24-25]，同时可以得出不同水体的水化学组成类型及特征，最终通过水化学组成特征分析其控制端元。利用 6 个月采集的河水水样将其通过对比分析发现，SO_4^{2-}、HCO_3^-、Cl^-、Ca^{2+}、Mg^{2+}、Na^+、K^+这 7 个主要离子浓度每个月的变化不大，因此采用主离子浓度的月平均值由 Gw-chart 软件（USGS 开发）绘制出的水化学 Piper 三线图，如图 4-5 所示。

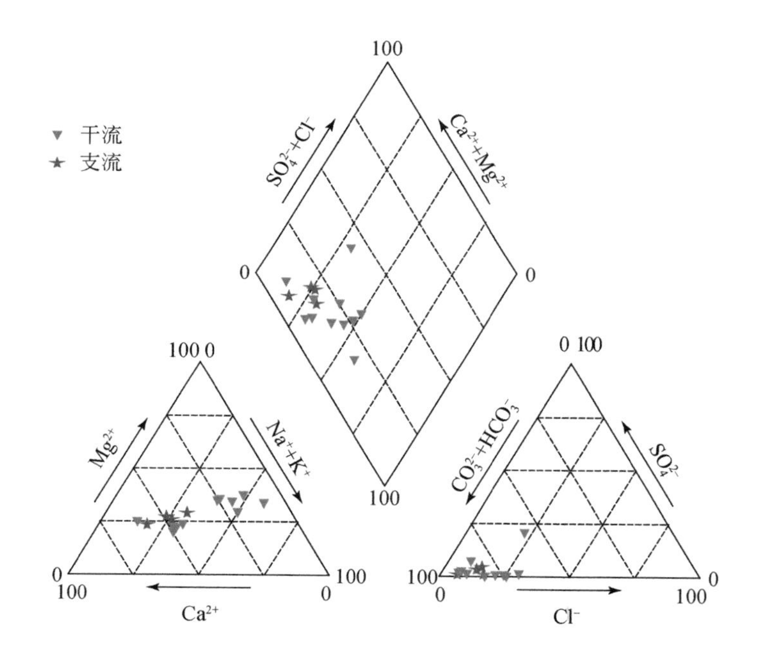

图 4-5 锡林河流域地表水的水化学 Piper 图

锡林河流域河水干流中，阳离子落在三角形中部，阴离子落在三角形下侧，阳离子中 Na^+、K^+、Mg^{2+}含量持续升高，Ca^{2+}比例有所减少，但 Ca^{2+}依然是阳离子中含量最多的离子，干流的水化学类型是 $HCO_3^- \cdot SO_4^{2-}-Ca^{2+} \cdot Mg^{2+}$；河水支流中，河水水样主要在 Piper 图三角形左侧一边，说明 Cl^-、Na^+、K^+、Mg^{2+}相对贫乏，而 Ca^{2+}和 HCO_3^-相对较多，是离子中主要组成成分，河水水化学类型是 $HCO_3^- -Ca^{2+}$。通常认为碳酸盐和（或）蒸发岩（如石膏）的风化是 Ca^{2+}的主要来源，碱土金属的硅酸盐也能提供 Ca^{2+}。

只针对阳离子的三角图来说，所有样点都分布在三角图的左侧和中间区域，Ca^{2+}和Mg^{2+}是阳离子中的主要组成成分，由于在碳酸盐和（或）蒸发岩的风化中会有这两类离子，还有在碱土金属的硅酸盐中也能提供Ca^{2+}和Mg^{2+}。由于受研究区的强烈蒸发影响，河水中Ca^{2+}在析出沉积到沉积物中，Ca^{2+}比例相对减少，而Na^{+}、K^{+}、Mg^{2+}三类离子的比例会相对升高。水体中火成岩或者变质岩还有各类长石和云母等硅酸盐矿物中会有Na^{+}和K^{+}这两种离子，河水的蒸发浓缩是造成这两种离子在河流中比例的增大主要因素。从阴离子三线图上可以看出，干流和支流水样组分点紧贴HCO_3^-轴分布，说明SO_4^{2-}和Cl^-含量相对较少，在主成分分析中，HCO_3^-所占比例下降，SO_4^{2-}和Cl^-所占比例有所增加，河水的蒸发浓缩使HCO_3^-转化为CO_3^{2-}沉积到底泥中从而使HCO_3^-的量相对减少。

4.2.1.3　地表水水化学演化规律

(1) 岩石风化与蒸发

一般用来评价水体中水化学影响因素选择 Gibbs 图，Gibbs 图主要有降水因素及岩石风化等因素[26]。Gibbs 图是由美国物理化学家 Gibbs 在分析大量雨水、河水等水资源中的水化学成分后提出的，他将 Gibbs 图表示成一种半对数坐标图，代表河水中的总溶解固体（TDS）的纵坐标为对数坐标；代表水中阳离子 $Na^{+}/(Na^{+}+Ca^{2+})$ 或阴离子 $Cl^{-}/(Cl^{-}+HCO_3^{-})$ 的摩尔浓度比值的横坐标为普通的线性坐标，在这样的构造中，Gibbs 认为大气降水、岩石风化以及蒸发–结晶过程可以控制全球表层水体的化学性质的机制。通过分析地表水的总溶解固体（TDS）和水中阳离子 $Na^{+}/(Na^{+}+Ca^{2+})$ 或阴离子 $Cl^{-}/(Cl^{-}+HCO_3^{-})$ 的摩尔浓度比值的关系，直接可以判断出河水离子的主要控制类型[27-28]。在 Gibbs 图中，大气降水补给将可溶盐带入到低矿化度水体中，是其主要的影响机制。水体中 $Na^{+}/(Na^{+}+Ca^{2+})$ 或 $Cl^{-}/(Cl^{-}+HCO_3^{-})$ 的值近似等于 1 的采样点分布在途中右下角；受岩石控制水体的端元组分与其所处流域中的矿物质保持一定成度恒度的均衡。受该机制控制的水体富集钙、TDS 含量中等，其 $Na^{+}/(Na^{+}+Ca^{2+})$ 和 $Cl^{-}/(Cl^{-}+HCO_3^{-})$ 比值较低（小于 0.5 或在 0.5 附近），主要分布在图中的左中部；在蒸发–分馏结晶过程中，可形成富集Na^{+}的水体，其 $Na^{+}/(Na^{+}+Ca^{2+})$ 和 $Cl^{-}/(Cl^{-}+HCO_3^{-})$ 值近似等于 1，具有很高的 TDS 值，受该机制影响的水体多处于炎热干旱区或者干旱半干旱地区，主要分布在图的右上方。

如图 4-6 所示，可以看出，研究区支流水样更倾向于岩石–溶滤型。干流河水大部分水样落在 $Na^{+}/(Na^{+}+Ca^{2+})$ 或 $Cl^{-}/(Cl^{-}+HCO_3^{-})$ 比值小于 0.5 的范围内，反映了该区河水的水化学主要受岩石溶滤控制，也可能是由于干流河水流动时接受了支流的补给；有小部分水样落在蒸发结晶作用带，并远离大气降水作用带，可能是由于锡林河在干旱–半干旱地区，河流的整体特征表现为流速较缓慢，夏季天气较为炎热干燥，蒸发作用较强，致使蒸发量远远大于降水量，所以夏季过后水分的蒸发浓缩作用更为强烈。结果表明干流河水水化学离子组成受岩石作用影响的同时还会受蒸发作用的影响，但总体上看，岩石风化的作用影响较大，水化学离子组成明显。然而，还有部分采样点位于 $Na^{+}/(Na^{+}+Ca^{2+})$ 图的中部偏左处，TDS 含量中等且富集Na^{+}，在 Gibbs 的归类中，表现的特征不符合归类，说明河水中阳离子，特别是Na^{+}离子含量可能除受上述三种自然起源机制外的其他影响。

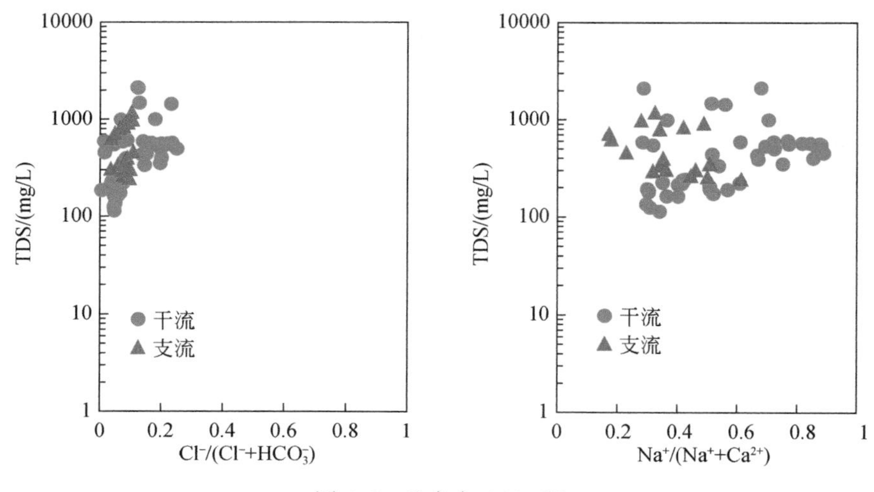

图 4-6　地表水 Gibbs 图

(2) 离子交换

一般研究区域阳离子的交换吸附作用常利用[$Ca^{2+}+Mg^{2+}-(HCO_3^-+SO_4^{2-})$]/(Na^+-Cl^-)的比值。河水中会受离子交换影响，使水体的水化学性质发生变化。通常像方解石、石膏等的溶解是水–岩反应的主要方式，那么对于 $Ca^{2+}+Mg^{2+}$ 与 $HCO_3^-+SO_4^{2-}$ 的比值将会在1 : 1线附近；如果水中的 Ca^{2+} 或者 Mg^{2+} 被 Na^+ 交换，那么表现为[$Ca^{2+}+Mg^{2+}-(HCO_3^-+SO_4^{2-})$]小于零；同样如果水中的 Na^+ 被 Ca^{2+} 或者 Mg^{2+} 交换，(Na^+-Cl^-) 则小于零。其反应式为

$$Ca^{2+}(\text{水})+2Na^+(\text{岩})\rightarrow 2Na^+(\text{水})+Ca^{2+}(\text{岩}) \quad (4\text{-}5)$$

$$Mg^{2+}(\text{水})+2Na^+(\text{岩})\rightarrow 2Na^+(\text{水})+Mg^{2+}(\text{岩}) \quad (4\text{-}6)$$

如图4-7，锡林河流域河水样品 [$Ca^{2+}+Mg^{2+}-(HCO_3^-+SO_4^{2-})$] 的值大部分大于零，而 (Na^+-Cl^-) 的值大部分小于零，那么河水中的 Na^+ 是被 Ca^{2+} 或者 Mg^{2+} 交换。

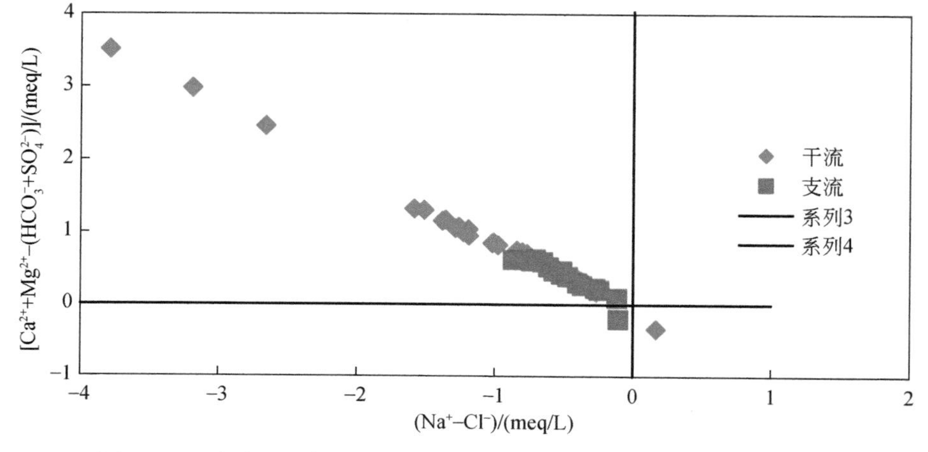

图 4-7　地表水 [$Ca^{2+}+Mg^{2+}-(HCO_3^-+SO_4^{2-})$] 与 (Na^+-Cl^-) 关系图

4.2.2 地下水水化学特征

4.2.2.1 地下水的化学参数及主要离子浓度

（1）pH

进行野外现场测试时，测点主要呈强酸性。按深度的不同将地下水划分为浅层地下水和深层地下水，浅层地下水是深度小于100m的地下水，深度大于100m的地下水为深层地下水，对比其pH显示如图4-8和表4-6。松散岩孔隙水和双层结构类地下水沿河谷采集，采样水井多为8～60m，其pH变化范围较小，均值为6.63和6.57。玄武岩孔洞裂隙-松散岩孔隙水和基岩裂隙水的采集深度主要是80～300m的井水，其pH变化幅度较大，随着深度的增加，pH呈现出增加的趋势，均值分别为6.79和6.89。

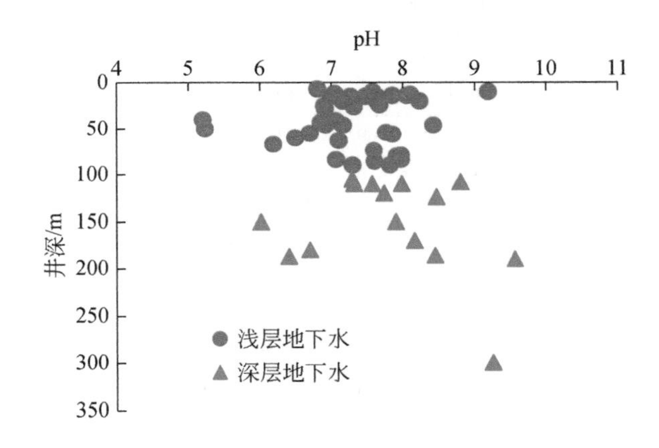

图4-8 锡林河流域地下水pH与井深的关系

（2）电导率（EC）及TDS

四类地下水中松散岩类地下水电导率变化范围为123～9700μs/cm，均值为1296.65μs/cm，TDS变化在为87～6830mg/L，其均值是873.17mg/L。玄武岩孔洞裂隙-松散岩孔隙水电导率在510～12000μs/cm，其均值为2001.16μs/cm，TDS变化在362～8450mg/L，其均值是1262.56mg/L。基岩裂隙水的电导率在226～3110μs/cm，其均值为911.13μs/cm，TDS的变化范围是161～2170mg/L，其均值是646.58mg/L。双层结构类地下水电导率变化范围为180～13100μs/cm，其均值是1785.15μs/cm，而TDS变化范围在130～9170mg/L，均值为1242.85mg/L（表4-6）。

（3）主要离子浓度

松散岩孔隙水阳离子质量浓度依次为：$Ca^{2+}>Na^{+}>Mg^{2+}>K^{+}$，平均浓度分别为52.11mg/L、43.44mg/L、23.18mg/L、6.01mg/L；阴离子的质量浓度为：$HCO_3^{-}>SO_4^{2-}>Cl^{-}$，平均浓度分别为168.81mg/L、83.24mg/L和68.47mg/L（表4-6）。水体中的主要离子是Ca^{2+}和HCO_3^{-}，两者分别占阳离子总量的41.86%，占阴离子总量的49%。

玄武岩孔洞裂隙-松散岩孔隙水阳离子质量浓度依次为：$Na^{+}>Mg^{2+}>Ca^{2+}>K^{+}$，平均浓度分别为99.26mg/L、38.94mg/L、36.87mg/L、8.87mg/L；阴离子的质量浓度为：HCO_3^->Cl^->SO_4^{2-}，平均浓度为412.94mg/L、86.77mg/L和32.77mg/L（表4-6）。水体中的主要离子是以Na^+和HCO_3^-为主，两者占阳离子总量的53.96%，占阴离子总量的78%。

基岩裂隙水的阳离子质量浓度依次：Na^+>Ca^{2+}>Mg^{2+}>K^+，各自的平均浓度为44.55mg/L、40.45mg/L、19.15mg/L、1.39mg/L；阴离子浓度分别是：HCO_3^->SO_4^{2-}>Cl^-，各自的平均浓度为234.21mg/L、40.13mg/L和33.22mg/L（表4-6）。水体中Na^+和HCO_3^-含量最高，两者占阳离子总量的42.20%，占阴离子总量的76%。

双层结构类地下水的阳离子质量浓度依次：Na^+>Ca^{2+}>Mg^{2+}>K^+，各自平均浓度依次：87.71mg/L、76.22mg/L、29.60mg/L、2.94mg/L；阴离子浓度为HCO_3^->Cl^->SO_4^{2-}，各自平均浓度依次为：324.23mg/L、106.54mg/L、96.38mg/L（表4-6）。水体中主要以Na^+和HCO_3^-离子为主，分别占阳离子总量的44.64%，占阴离子总量的58%。

表4-6　锡林河流域地下水水化学特征统计结果

项目		pH	EC/(μs/cm)	TDS/(mg/L)	主要离子浓度/(mg/L)						
					SO_4^{2-}	HCO_3^-	Cl^-	Na^+	K^+	Mg^{2+}	Ca^{2+}
松散岩孔隙水	最小值	5.02	123	87	0.69	-333.47	0.33	3.86	0.02	2.98	9.13
	最大值	9.9	9700	6830	505.97	900.45	327.97	371.97	99.59	20.27	230.14
	均值	6.63	1296	873	83.24	168.82	68.47	43.44	6.01	23.18	52.11
玄武岩孔洞裂隙隙水	最小值	5.63	510	362	1.51	33.84	4.68	11.35	0.98	3.02	10.24
	最大值	11.6	12000	8450	168.17	2170.5	533.23	550.15	27.37	170.53	109.30
	均值	6.79	2001	1262	32.77	412.94	86.77	99.26	8.87	38.94	36.87
基岩裂隙水	最小值	5.63	26	161	0.90	-92.61	1.14	302	0.30	1.72	11.68
	最大值	8.9	3110	2170	233.59	743.23	198.80	104.76	5.50	58.93	132.75
	均值	6.89	911	646	40.13	243.21	33.22	44.55	1.39	19.15	40.45
双层结构类水	最小值	4.5	180	130	0.38	-699.25	3.16	3.41	0.27	1.80	12.74
	最大值	9.3	13100	9170	176.82	2257.1	980.04	471.31	12.84	156.43	433.03
	均值	6.57	178	1242	96.38	324.23	106.54	87.71	2.94	29.60	76.22

水化学相关性矩阵显示（表4-7），松散岩孔隙水SO_4^{2-}与Cl^-、K^+、Mg^{2+}、Ca^{2+}呈现正相关，相关系数分别为0.335、0.442、0.299、0.451，SO_4^{2-}与HCO_3^-呈现负相关，相关系数为-0.283；HCO_3^-与Na^+、Mg^{2+}、Ca^{2+}呈现正相关，相关系数分别为0.350、0.572、0.305；Cl^-与Na^+、K^+、Mg^{2+}、Ca^{2+}呈现正相关，相关系数分别为0.821、0.469、0.568、0.505；Na^+与K^+、Mg^{2+}、Ca^{2+}呈现正相关，相关系数分别为0.439、0.740、0.585；K^+与Mg^{2+}、Ca^{2+}呈现正相关，相关系数分别为0.450、0.474；Mg^{2+}与Ca^{2+}呈现正相关，相关系数为0.514。这表明水体中阳离子可能主要来源于硫酸盐的溶解，而影响TDS变化的主要原因是碳酸盐岩和盐岩的溶解。主要成分分析显示（表4-8），SO_4^{2-}与Cl^-在第一主成分中所占贡献率较高，总方差解释率为39.588%；第二主成分的总方差贡献率为26.011%，主要由HCO_3^-构成。

表 4-7　松散岩孔隙水水化学离子浓度相关系数

离子	SO_4^{2-}	HCO_3^-	Cl^-	Na^+	K^+	Mg^{2+}	Ca^{2+}	TDS
SO_4^{2-}	1							
HCO_3^-	-0. 283 **	1						
Cl^-	0. 335 **	0. 113	1					
Na^+	0. 186	0. 350 **	0. 821 **	1				
K^+	0. 442 **	0. 115	0. 469 **	0. 439 **	1			
Mg^{2+}	0. 299 **	0. 572 **	0. 568 **	0. 740 **	0. 450 **	1		
Ca^{2+}	0. 451 **	0. 305 **	0. 505 **	0. 585 **	0. 474 **	0. 514 **	1	
TDS	0. 221 *	0. 067	0. 422 **	0. 408 **	0. 306 **	0. 177	0. 251 *	1

注：** 在 0. 01 水平（双侧）上显著相关。* 在 0. 05 水平（双侧）上显著相关。

表 4-8　松散岩孔隙水水化学离子主要成分载荷矩阵

离子		SO_4^{2-}	Cl^-	K^+	Ca^{2+}	Na^+	HCO_3^-	Mg^{2+}	方差解释率/%
成分	1	0. 771	0. 760	0. 725	0. 678	0. 658	-0. 098	0. 524	39. 588
	2	-0. 357	0. 337	0. 121	0. 353	0. 610	0. 908	0. 707	26. 011

玄武岩孔洞裂隙–松散岩孔隙水 HCO_3^-与 Cl^-、Na^+、K^+、Mg^{2+}、呈现正相关（表 4-9），相关系数分别为 0. 565、0. 882、0. 784、0. 901；Cl^-与 Na^+、K^+、Mg^{2+}呈现正相关，相关系数分别为 0. 846、0. 671、0. 664；Na^+与 K^+、Mg^{2+} 呈现正相关，相关系数分别为 0. 822、0. 885；K^+与 Mg^{2+} 呈现正相关，相关系数为 0. 801。主成分分析显示（表 4-10），Na^+、Mg^{2+}、HCO_3^-在第一主成分中所占贡献率较高，总方差解释率为 58. 324%；第二主成分的总方差解释率为 14. 832%，主要由 Ca^{2+}构成，表明水化学特征主要受石膏、岩盐的溶滤作用影响。

表 4-9　玄武岩孔洞裂隙–松散岩孔隙水水化学离子浓度相关系数

离子	SO_4^{2-}	HCO_3^-	Cl^-	Na^+	K^+	Mg^{2+}	Ca^{2+}	TDS
SO_4^{2-}	1							
HCO_3^-	-0. 235	1						
Cl^-	-0. 286	0. 565 **	1					
Na^+	-0. 254	0. 882 **	0. 846 **	1				
K^+	-0. 160	0. 784 **	0. 671 **	0. 822 **	1			
Mg^{2+}	-0. 170	0. 901 **	0. 664 **	0. 885 **	0. 801 **	1		
Ca^{2+}	-0. 119	0. 226	0. 022	0. 114	0. 043	-0. 026	1	
TDS	-0. 203	0. 752 **	0. 445 **	0. 729 **	0. 590 **	0. 663 **	0. 072	1

注：** 在 0. 01 水平（双侧）上显著相关。* 在 0. 05 水平（双侧）上显著相关。

表 4-10　玄武岩孔洞裂隙–松散岩孔隙水水化学离子主要成分载荷矩阵

离子		Na^+	Mg^{2+}	HCO_3^-	K^+	Cl^-	Ca^{2+}	SO_4^{2-}	方差解释率/%
成分	1	0.955	0.946	0.919	0.870	0.769	-0.044	-0.243	58.324
	2	0.205	-0.018	0.187	0.175	0.203	0.935	-0.396	14.832

基岩裂隙水 SO_4^{2-}与 HCO_3^-呈现负相关（表 4-11），相关系数为-0.413，HCO_3^-与 Na^+、Mg^{2+}、Ca^{2+}呈现正相关，相关系数分别为0.751、0.662、0.660；Cl^-与 Na^+、Mg^{2+}、Ca^{2+}呈现正相关，相关系数分别为0.599、0.753、0.329；Na^+与 K^+、Mg^{2+}、Ca^{2+}呈现正相关，相关系数分别为0.289、0.712、0.353；Mg^{2+}与 Ca^{2+}呈现正相关，相关系数为0.657。

表 4-11　基岩裂隙水水化学离子浓度相关系数

离子	SO_4^{2-}	HCO_3^-	Cl^-	Na^+	K^+	Mg^{2+}	Ca^{2+}	TDS
SO_4^{2-}	1							
HCO_3^-	-0.413 **	1						
Cl^-	0.274	0.271	1					
Na^+	-0.142	0.751 **	0.599 **	1				
K^+	0.111	0.068	0.162	0.289 *	1			
Mg^{2+}	0.191	0.662 **	0.753 **	0.712 **	0.086	1		
Ca^{2+}	0.162	0.660 **	0.329 *	0.353 *	0.091	0.657 **	1	
TDS	0.159	0.168	0.400 **	0.307 *	0.193	0.375 *	0.160	1

注：** 在 0.01 水平（双侧）上显著相关。* 在 0.05 水平（双侧）上显著相关。

主成分分析显示（表 4-12），Mg^{2+}、Ca^{2+}在第一主成分中所占贡献率较高，总方差解释率为58.505%；第二主成分的总方差解释率为19.272%，主要由 K^+构成；第三主要成分的总方差解释率为18.401%，主要由 SO_4^{2-}构成；说明了地下水水化学主要受岩石–溶滤作用影响。

表 4-12　基岩裂隙水水化学离子主要成分载荷矩阵

离子		Mg^{2+}	Ca^{2+}	HCO_3^-	Na^+	Cl^-	K^+	SO_4^{2-}	方差解释率/%
成分	1	0.920	0.820	0.797	0.682	0.635	-0.066	0.060	38.821
	2	0.230	-0.101	0.081	0.514	0.436	0.833	0.090	19.272
	3	0.130	0.069	-0.562	-0.326	0.330	-0.048	0.930	18.401

双层结构类地下水 SO_4^{2-}与 Cl^-、Na^+、K^+、Ca^{2+}呈现正相关（表 4-13），相关系数分别为0.298、0.229、0.624、0.494，SO_4^{2-}与 HCO_3^-呈现负相关，相关系数为-0.324；HCO_3^-与 Na^+、Mg^{2+}、Ca^{2+}呈现正相关，相关系数分别为0.540、0.563、0.317；Cl^-与 Na^+、K^+、Mg^{2+}、Ca^{2+}呈现正相关，相关系数分别为0.769、0.380、0.579、0.646；Na^+与 K^+、Mg^{2+}、Ca^{2+}呈现正相关，相关系数分别为0.493、0.835、0.732；K^+与 Mg^{2+}、Ca^{2+}呈现正相关，

相关系数分别为0.440、0.576；Mg^{2+}与Ca^{2+}呈现正相关，相关系数为0.647，这与松散岩类地下水相似，Cl^-、Na^+、K^+、Mg^{2+}、Ca^{2+}相互间均呈现正相关；TDS与SO_4^{2-}、Cl^-、Na^+、K^+、Mg^{2+}、Ca^{2+}呈现正相关。由此可以得出双层结构类地下水在运移过程中受蒸发浓缩作用影响，同时与邻近河流河水补给关系密切。根据主成分分析显示（表4-14），Na^+、Mg^{2+}、Ca^{2+}在第一主成分中所占贡献率较高，总方差解释率为49.452%；第二主成分的总方差解释率为24.877%，主要由SO_4^{2-}构成。表明水化学特征主要受盐岩溶滤作用应影响。

表4-13　双层结构地下水水化学离子浓度相关系数

离子	SO_4^{2-}	HCO_3^-	Cl^-	Na^+	K^+	Mg^{2+}	Ca^{2+}	TDS
SO_4^{2-}	1							
HCO_3^-	-0.324 **	1						
Cl^-	0.298 **	0.051	1					
Na^+	0.229 *	0.540 **	0.769 **	1				
K^+	0.624 **	0.034	0.380 **	0.493 **	1			
Mg^{2+}	0.177	0.563 **	0.579 **	0.835 **	0.440 **	1		
Ca^{2+}	0.494 **	0.317 **	0.646 **	0.732 **	0.576 **	0.777 **	1	
TDS	0.265 *	0.126	0.594 **	0.501 **	0.372 **	0.436 **	0.647 **	1

注：** 在0.01水平（双侧）上显著相关。* 在0.05水平（双侧）上显著相关。

表4-14　双层结构地下水水化学离子主要成分载荷矩阵

离子		Na^+	Mg^{2+}	Ca^{2+}	Cl^-	HCO_3^-	SO_4^{2-}	K^+	方差解释率/%
成分	1	0.938	0.916	0.836	0.708	0.643	0.157	0.466	49.452
	2	0.069	-0.013	0.378	0.358	-0.632	0.882	0.646	24.877

4.2.2.2　地下水的水化学类型

从水化学分类图上可以看出，松散岩类孔隙水主要位于Piper图菱形的左上部，水化学类型主要为$HCO_3^- \cdot SO_4^{2-}-Ca^{2+} \cdot Mg^{2+}$，沿径流方向还出现$HCO_3^- \cdot SO_4^{2-}-Ca^{2+} \cdot Mg^{2+} \cdot Na^+$；玄武岩孔洞裂隙-松散岩类孔隙水阳离子主要以$Na^+$、$Mg^{2+}$、$Ca^{2+}$为主，阴离子主要以$HCO_3^-$为主，水化学类型主要为$HCO_3^--Na^+ \cdot Mg^{2+} \cdot Ca^{2+}$；基岩裂隙水主要位于Piper图菱形的左角附近，水化学主要类型为$HCO_3^--Ca^{2+} \cdot Mg^{2+}$，矿化度较低，沿径流方向矿化度变大，水化学类型演变为$HCO_3^--SO_4^{2-} \cdot Ca^{2+}-Mg^{2+}$；双层结构相对较分散，阳离子主要以$Na^+$、$Mg^{2+}$、$Ca^{2+}$为主，阴离子主要以$HCO_3^-$和$SO_4^{2-}$为主，水化学类型主要为$HCO_3^- \cdot SO_4^{2-}-Na^+ \cdot Mg^{2+} \cdot Ca^{2+}$（图4-9）。由此可以看出，松散岩类孔隙水水化学类型与锡林河水的干流一致。

研究表明，不同岩石（如碳酸盐岩、蒸发岩和硅酸盐岩）的风化可溶解释放出不同的阴阳离子。例如碳酸盐岩、蒸发岩和硅酸盐岩三者的风化可溶解稀释出Ca^{2+}和Mg^{2+}，蒸发岩的溶解和硅酸盐岩的风化可溶解释放出 Na^+ 和 K^+，碳酸盐岩与硅酸盐岩的风化可溶解稀释出 HCO_3^-，而蒸发岩的风化则可溶解释放出 SO_4^{2-} 和 Cl^-[29]。玄武岩孔洞裂隙–松散岩孔隙水和双层结构地下水的点大都落在 Mg^{2+} 和 HCO_3^- 区，表明在该区域中，地下水中的碳酸盐岩的风化起重要作用；松散岩类孔隙水和基岩类裂隙水的样点大都落在 Ca^{2+} 和 Cl^- 区，表明在该区域中蒸发因素也发挥着重要的影响作用。

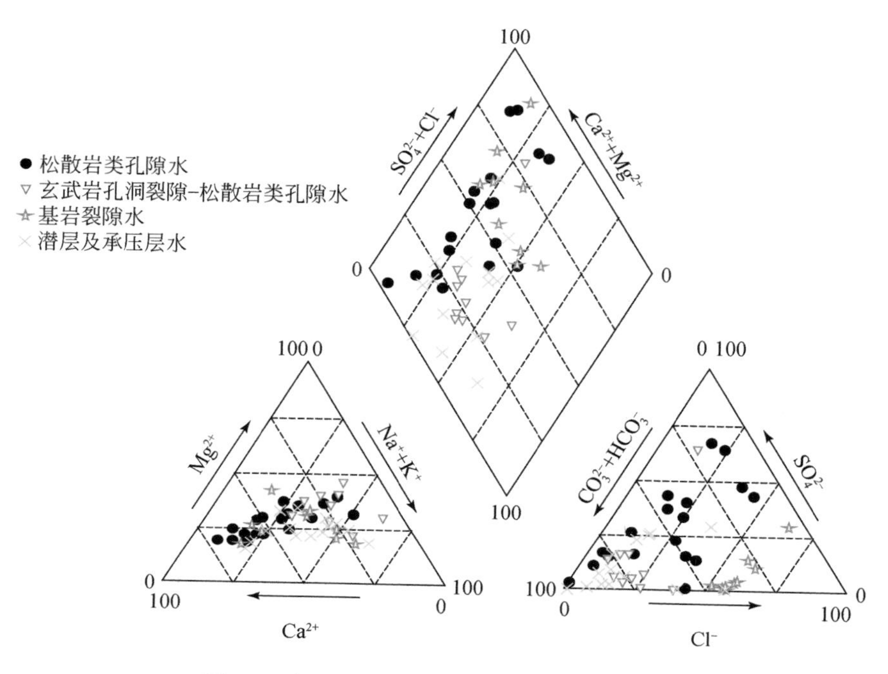

图 4-9　锡林河流域地下水的水化学 Piper 图

4.2.2.3　地下水水化学演化规律

如图 4-10 所示，根据研究区采样点在 Gibbs 图上的分布情况，可知一部分采样点位于 $Na^+/(Na^++Ca^{2+})$ 或 $Cl^-/(Cl^-+HCO_3^-)$ 比值小于 0.5 的范围内，反映了该区河水的水化学主要受岩石溶滤的控制，还有一部分水样点落在蒸发结晶作用带，说明蒸发影响较大，这与河水的类似。然而，在 $Na^+/(Na^++Ca^{2+})$ 图中可以看出，有部分采样点集中在中部偏左侧的位置，其比值却高于 0.5 并接近于 1，TDS 值中等，不符合在 Gibbs 的归类中，说明除上述三种机制影响外，由于其他因素的影响，只是部分地下水中富集 Na^+。

4.2.3　小结

1）锡林河流域河水的 pH 在 6.41 ~ 10.3，整个流域的水主要呈弱碱性。在整个流程上，由于河水与其他水体的补排关系复杂，河水电导率和 TDS 变化比较复杂，研究区支流的电导率与 TDS 平均值比干流大，可能与不同区域自然地理条件差异及人类活动有关。干流的水化学类型是 $HCO_3^- \cdot SO_4^{2-}-Ca^{2+} \cdot Mg^{2+}$，支流的水化学类型是 $HCO_3^--Ca^{2+}$。

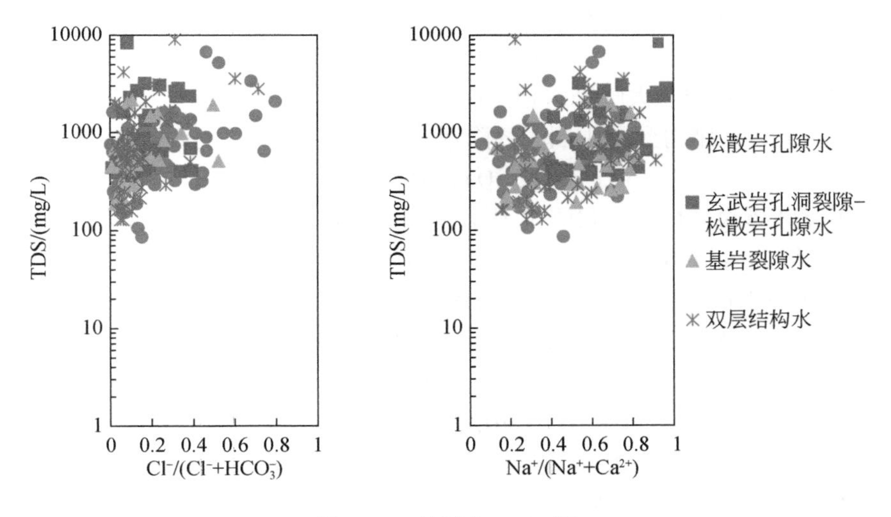

图 4-10 地下水 Gibbs 图

2）根据野外实地测试得出，研究区地下水的测点主要呈强酸性，松散岩孔隙水和双层结构类地下水采样井的深度较浅，其 pH 变化范围较小，玄武岩孔洞裂隙-松散岩孔隙水和基岩裂隙水的采集深度较深，其 pH 变化幅度较大，随着深度的增加，pH 呈现出增加的趋势。松散岩类孔隙水水化学类型主要为 $HCO_3^- \cdot SO_4^{2-}-Ca^{2+} \cdot Mg^{2+}$，沿径流方向还出现 $HCO_3^- \cdot SO_4^{2-}-Ca^{2+} \cdot Mg^{2+} \cdot Na^+$ 型；玄武岩孔洞裂隙-松散岩孔隙水的水化学类型主要为 $HCO_3^--Na^+ \cdot Mg^{2+} \cdot Ca^{2+}$；基岩裂隙水的水化学主要类型为 $HCO_3^--Ca^{2+} \cdot Mg^{2+}$，矿化度较低，沿径流方向矿化度变大，水化学类型演变为 $HCO_3^--SO_4^{2-} \cdot Ca^{2+}-Mg^{2+}$；双层结构类地下水的水化学类型主要表现为 $HCO_3^--Na^+ \cdot Mg^{2+} \cdot Ca^{2+}$ 型。

4.3 流域不同水体的稳定同位素特征

4.3.1 降水的氢氧同位素特征

大气降水在地球上的水循环过程中起着重要作用，它为各种水体提供一种输入信号，如果降水同位素的组分发生变化，地表水与地下水等水体同位素浓度的分布也会直接受到影响[30]。由于氢、氧稳定同位素的平衡分馏作用，降水中的 $\delta^{18}O$ 与 δD 之间具有线性关系。1961 年 Craig 基于全球大气降水的同位素资料统计结果，提出了全球大气降水线方程（GMWL）[31]：

$$\delta D = 8\delta^{18}O + 10‰ \tag{4-7}$$

Yurtsever 和 Gat 等根据 IAEA/WMO 全球大气降水的同位素资料，对 Craig 的全球大气降水线进行了修正与完善，得到更为精确的全球大气降水 δD-$\delta^{18}O$ 线性关系[32]：

$$\delta D = (8\pm0.06)\delta^{18}O + (10.35\pm0.65)‰ R^2 = 0.997 \tag{4-8}$$

1983 年郑淑蕙等通过分析获得了中国大气降水线[33]：

$$\delta D=7.9\delta^{18}O+8.2‰ \quad (4\text{-}9)$$

1991 年张洪平等通过对中国大气降水稳定同位素观测台网中的 20 个站点中的 3 年的降水资料进行分析研究，总结得到的中国大气降水线为[34]：

$$\delta D=7.81\delta^{18}O+8.16‰ \quad R^2=0.985 \quad (4\text{-}10)$$

根据对研究区降水进行采集和测试得出，降水同位素 $\delta^{18}O$ 的变化范围为 -19.19‰ ~ -4.69‰，平均值为 -11.94‰；δD 的变化范围为 -146.94‰ ~ -27.68‰，平均值为 -87.31‰；$\delta^{18}O$ 和 δD 的变化幅度分别为 119.26‰和 14.49‰，变化幅度较大。与全球大气降水线和中国大气降水线 $\delta D=7.9\delta^{18}O+8.2‰$相比，降水同位素 $\delta^{18}O$ 与 δD 关系（图 4-11）中，$\delta^{18}O$ 与 δD 的各类样点大部分落在全球大气降水线与中国大气降水线的下方，且 $\delta^{18}O$ 与 δD 的关系式（$\delta D=8.01\delta^{18}O+5.10‰$，$R^2=0.98$）截距小于全球大气降水线，这是因为研究区地处于内陆地区，属于干旱半干旱地区，降水稀少并且蒸发剧烈。由于研究区蒸发量远远大于降水量，产生降雨的水汽相当一部分来自局地，在降雨过程中明显受到强烈的二次蒸发作用影响，导致重同位素富集。

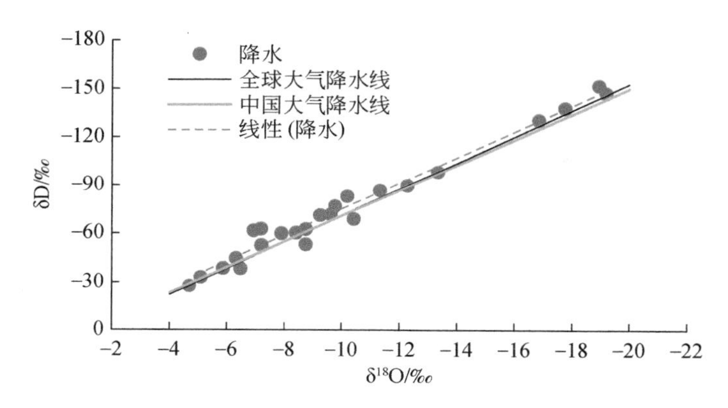

图 4-11　锡林河上游降水 δD-$\delta^{18}O$ 同位素关系

4.3.2　降水的氢氧同位素特征

根据锡林河上游水系，将所取的河水样品分为干流和支流两组，利用不同河段河水的氢氧同位素信息，对河水氢氧同位素随时间、空间的变化进行分析（表 4-15）。

干流 $\delta^{18}O$ 和 δD 在 5 ~ 10 月的变幅分别是 2.19‰、3.64‰、3.03‰、2.40‰、3.34‰、3.23‰和 19.96‰、18.29‰、15.64‰、9.56‰、17.41‰、13.75‰，均值依次为 -11.12‰、-11.83‰、-11.38‰、-10.08‰、-10.12‰、-11.89‰和 -86.86‰、-87.87‰、-89.59‰、-77.09‰、-80.86‰、-89.77‰。支流 $\delta^{18}O$ 和 δD 在 5 ~ 10 月的变幅分别是 3.13‰、10.70‰、4.12‰、4.71‰、5.41‰、5.79‰和 29.29‰、52.69‰、20.21‰、21.93‰、24.46‰、26.95‰，均值依次为 -9.27‰、-7.65‰、-9.76‰、-9.02‰、-8.67‰ 和 -77.53‰、-67.27‰、-78.95‰、-74.44‰、-74.39‰、

−73.82‰。

整体上，干流水样的 $\delta^{18}O$ 和 δD 比支流贫化，从空间上看，干流能得到来自支流和上级河水的补给。对于同一河段不同时间的氢氧同位素，干流 $\delta^{18}O$ 和 δD 的特点是先从贫化到富集最后再贫化，支流 $\delta^{18}O$ 和 δD 则是先富集再贫化后富集。

通过对各类水样的取样点距河源距离的远近，来分析研究区河水干流氢氧稳定同位素随水流的沿程变化规律（图 4-12）。从图中可知研究区河水干流的 $\delta^{18}O$ 和 δD 从入口到出口，沿程有逐渐富集的现象，主要是由于受蒸发作用影响，在沿程中经历了不同程度的蒸发，或者是由于接受其他来源的补给。

表 4-15　河水的氢氧同位素组成　（单位：‰）

区域	时间	$\delta^{18}O$			δD		
		最小值	最大值	均值	最小值	最大值	均值
干流	5 月	−12.21	−10.02	−11.12	−96.84	−76.88	−86.86
	6 月	−13.65	−10.01	−11.83	−96.92	−78.63	−87.87
	7 月	−12.90	−9.87	−11.38	−97.41	−81.77	−89.59
	8 月	−11.28	−8.88	−10.08	−81.87	−72.31	−77.09
	9 月	−11.79	−8.45	−10.12	−89.57	−72.16	−80.86
	10 月	−13.50	−10.28	−11.89	−96.64	−82.89	−89.77
支流	5 月	−10.83	−7.70	−9.27	−92.17	−62.88	−77.53
	6 月	−12.99	−2.30	−7.65	−93.62	−40.93	−67.27
	7 月	−11.82	−7.69	−9.76	−89.05	−68.84	−78.95
	8 月	−11.51	−6.80	−9.16	−85.40	−63.48	−74.44
	9 月	−11.72	−6.31	−9.02	−86.62	−62.17	−74.39
	10 月	−11.57	−5.78	−8.67	−87.30	−60.35	−73.82

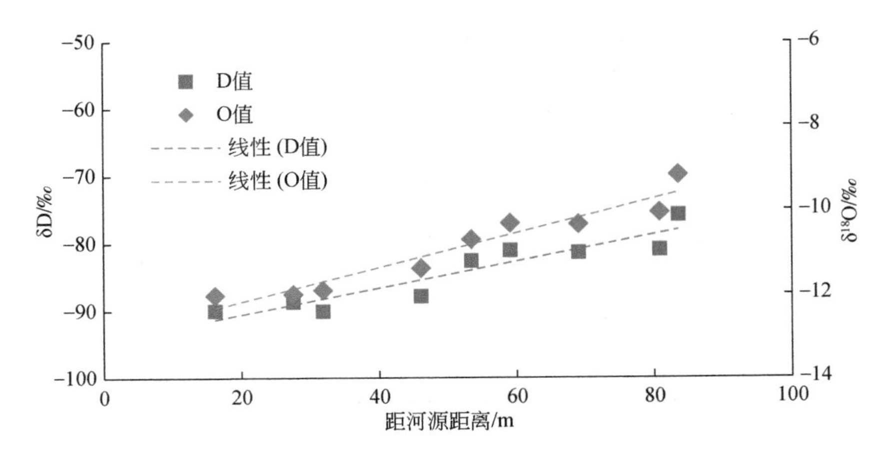

图 4-12　δD 和 $\delta^{18}O$ 沿程变化

4.3.3 地下水氢氧同位素特征

地下水样品包括松散岩孔隙水、玄武岩孔洞裂隙-松散岩孔隙水、基岩裂隙水、双层结构类地下水4类（表4-16）。松散岩孔隙水 $\delta^{18}O$ 和 δD 在5～10月的变幅分别是4.48‰、2.36‰、3.66‰、3.94‰、4.14‰、3.73‰ 和 20‰、17.69‰、23.18‰、23.73‰、24.26‰、25.71‰，均值依次为-11.55‰、-12.10‰、-11.76‰、-11.76‰、-11.81‰、-11.84‰和-80.50‰、-89.85‰、-88.92‰、-89.21‰、-88.98‰、-89.24‰。玄武岩孔洞裂隙-松散岩孔隙水 $\delta^{18}O$ 和 δD 在5～10月的变幅分别是3.72‰、4.48‰、9.31‰、8.73‰、9.05‰、8.63‰和34.72‰、28.88‰、56.14‰、58.70‰、59.96‰、55.92‰，均值依次为-11.99‰、-13.06‰、-12.31‰、-12.21‰、-12.39‰、-11.39‰和-79.70‰、-97.15‰、-93.38‰、-92.18‰、-93.36‰、86.18‰。松散岩孔隙水的同位素值与玄武岩孔洞裂隙-松散岩孔隙水同位素值相比较集中。基岩裂隙水 $\delta^{18}O$ 和 δD 在5～10月的变幅分别是2.70‰、4.24‰、3.44‰、3.65‰、2.30‰、1.64‰和13.99‰、31.62‰、22.78‰、26.98‰、27.50‰、17.60‰，均值依次为-11.74‰、-12.92‰、-12.49‰、-12.70‰、-12.57‰、-12.07‰和-81.82‰、-95.79‰、-93.07‰、-94.45‰、-93.45‰、-91.57‰。双层结构类地下水 $\delta^{18}O$ 和 δD 在5～10月的变幅分别是1.69‰、3.07‰、2.31‰、2.81‰、2.54‰、2.41‰和10.32‰、19.04‰、18.49‰、17.68‰、16.84‰、16.83‰，均值依次为-11.62‰、-12.03‰、-11.69‰、-11.98‰、-12.24‰、-12.20‰和-81.70‰、-89.28‰、-88.50‰、-90.48‰、-91.80‰、-92.74‰。从空间上看，松散岩孔隙水和双层结构类地下水由于水位埋藏较浅，受蒸发因素影响较大，同位素值较富集，玄武岩孔洞裂隙-松散岩孔隙水和基岩裂隙水水位埋深较深，受蒸发作用影响较小，同位素值较贫化。就同一样品种类不同时间段而言，各类地下水的同位素值均在6月份贫化7月份富集，之后，松散岩孔隙水地下水同位素值逐渐贫化，其他类地下水的同位素值出现先贫化后富集现象。

表4-16 地下水的氢氧同位素组成 （单位:‰）

样品种类	时间	$\delta^{18}O$			δD		
		最小值	最大值	均值	最小值	最大值	均值
松散岩孔隙水	5月	-13.69	-9.21	-11.55	-88.15	-68.15	-80.50
	6月	-13.55	-11.19	-12.10	-99.34	-81.65	-89.85
	7月	-13.37	-9.71	-11.76	-99.65	-76.46	-88.92
	8月	-13.43	-9.49	-11.76	-99.68	-75.94	-89.21
	9月	-13.57	-9.43	-11.81	-100.21	-75.95	-88.98
	10月	-13.13	-9.41	-11.84	-101.55	-75.83	-89.24

续表

样品种类	时间	$\delta^{18}O$			δD		
		最小值	最大值	均值	最小值	最大值	均值
玄武岩孔洞裂隙-松散岩孔隙水	5月	-13.54	-9.82	-11.99	-94.41	-59.69	-79.70
	6月	-15.58	-11.10	-13.06	-113.03	-84.15	-97.15
	7月	-15.46	-6.16	-12.31	-112.64	-56.50	-93.38
	8月	-15.40	-6.67	-12.21	-113.37	-54.67	-92.18
	9月	-15.53	-6.48	-12.39	-114.82	-54.86	-93.36
	10月	-15.01	-6.38	-11.39	-111.07	-55.15	-86.81
基岩裂隙水	5月	-13.27	-10.57	-11.74	-88.07	-74.07	-81.82
	6月	-15.43	-11.19	-12.92	-113.27	-81.65	-95.79
	7月	-14.34	-10.90	-12.49	-105.21	-82.43	-93.07
	8月	-14.91	-11.26	-12.70	-109.61	-82.62	-94.45
	9月	-13.50	-11.20	-12.57	-99.44	-81.94	-93.45
	10月	-13.10	-11.47	-12.07	-98.96	-81.36	-91.57
双层结构类地下水	5月	-12.38	-10.69	-11.62	-85.51	-75.18	-81.70
	6月	-13.71	-10.64	-12.03	-100.91	-81.86	-89.28
	7月	-12.91	-10.60	-11.69	-100.46	-81.97	-88.50
	8月	-13.67	-10.86	-11.98	-101.34	-83.66	-90.48
	9月	-13.79	-11.26	-12.24	-102.12	-85.27	-91.80
	10月	-13.56	-11.15	-12.20	-102.06	-85.22	-92.74

在不同类型地下水采样点 $\delta^{18}O$ 和 δD 关系的分析中（图4-13）。玄武岩孔洞裂隙-松散岩孔隙水各关系点的分布较分散且不同取样点的 $\delta^{18}O$ 和 δD 含量都有一定的差距，主要是因为在实际取样时，各取样水井的深度在 75～300m，可能混入其他含水层的水，使得各采样点的氢氧同位素含量存在一定的差距。从图可知，松散岩孔隙水、基岩裂隙水和双层结构类地下水各点分布相对较为集中，双层结构类地下水较其他类型地下水富集。在玄武岩孔洞裂隙-松散岩孔隙水、双层结构类地下水、基岩裂隙水、松散岩孔隙水的 $\delta^{18}O$ 和 δD 关系方程中，R^2 依次降低，即在 $\delta^{18}O$ 和 δD 的线性关系中，逐渐变得松散，说明不同类型的地下水之间会发生不同程度的转化[37]，其中松散岩孔隙水的混合性较为强烈，接受多方面水源的补给。

不同地下水 $\delta^{18}O$ 和 δD 关系线斜率的大小为松散岩孔隙水<双层结构类地下水<基岩裂隙水<玄武岩孔洞裂隙-松散岩孔隙水，表明深层地下水玄武岩孔洞裂隙-松散岩孔隙水受蒸发影响较小，基岩裂隙水次之，双层结构类地下水和松散岩孔隙水影响最大。

4.3.4 地表水与不同地下水之间的关系

由图4-14（a）、图4-14（b）所示来分析研究区的地表水与地下水之间的关系，松散

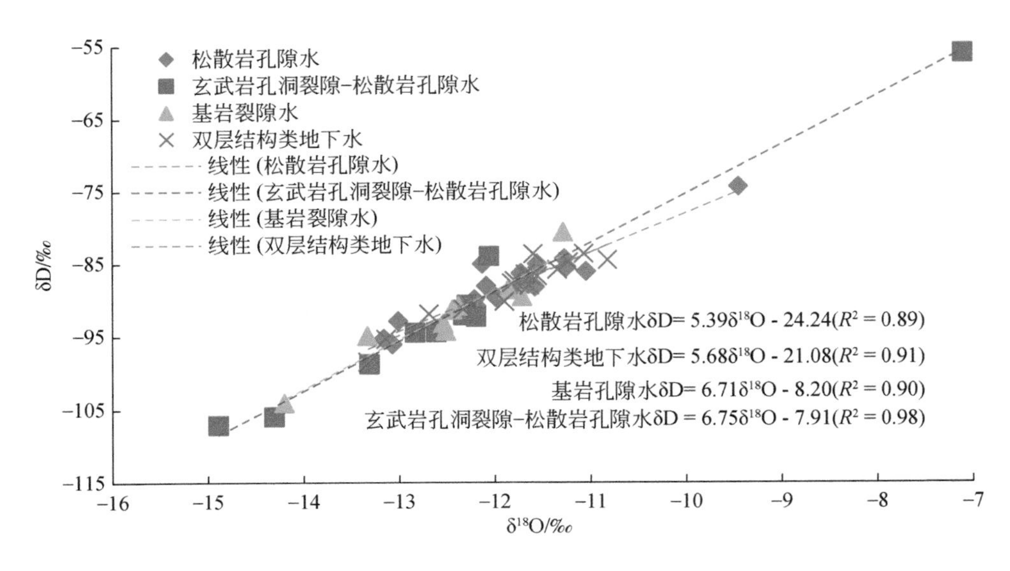

图 4-13　地下水样点 δD 和 $\delta^{18}O$ 关系图

岩类孔隙水、双层结构类地下水的各点均落在大气降水线附近，表明这两类地下水的补给源相同且均为大气降水，图中的采样点较为集中可以得出降水作为补给源在补给两类地下水的过程中发生了一定程度的蒸发，导致重同位素富集。河水的 $\delta D-\delta^{18}O$ 关系 $\delta D=4.51\delta^{18}O-34.91$ （$R^2=0.99$）与松散岩孔隙水的 $\delta D-\delta^{18}O$ 关系 $\delta D=5.39\delta^{18}O-24.24$ （$R^2=0.89$）和双层结构类地下水的 $\delta D-\delta^{18}O$ 关系 $\delta D=5.68\delta^{18}O-21.08$ （$R^2=0.91$）相近，表明河水与松散岩类孔隙水、双层结构类地下水的水力关系密切。松散岩类孔隙水和双层结构类地下水在水样采集时，采集深度较浅，由于 7～9 月份是降雨旺季，河水水量较大，会作为补给源直接补给地下水。在降水、河水、双层结构类地下水和松散岩孔隙水的 $\delta D-\delta^{18}O$ 关系方程中，各类水体的 R^2 依次降低，充分表明在 δD 和 $\delta^{18}O$ 的线性关系中，各类水体的采样点逐渐变松散，说明不同类型的地下水之间发生了不同程度的相互转化。根据关系方程可知松散岩孔隙水的混合性最为强烈，多处补给源对其进行补给。不同水体中河水的氢氧稳定同位素组成差异较大，而双层结构类地下水的氢氧同位素组成较为集中，说明不同位置及深度水源的水体在循环过程中会存在一定的差异。

图 4-14（c）、图 4-14（d）给出了河水与基岩裂隙水、玄武岩孔洞裂隙-松散岩孔隙水同位素分布情况，基岩裂隙水和玄武岩孔洞裂隙-松散岩孔隙水的散点均位于大气降水线附近，说明基岩裂隙水和玄武岩孔洞裂隙-松散岩孔隙水的主要补给来源是大气降水。基岩裂隙水 δD 和 $\delta^{18}O$ 的关系 $\delta D=6.71\delta^{18}O-8.16$ （$R^2=0.90$）和玄武岩孔洞裂隙-松散岩孔隙水 δD 和 $\delta^{18}O$ 的关系 $\delta D=6.75\delta^{18}O-7.91$ （$R^2=0.98$）斜率均小于大气降水线，表明其主要接受降水补给，与河水的水力关系不密切。

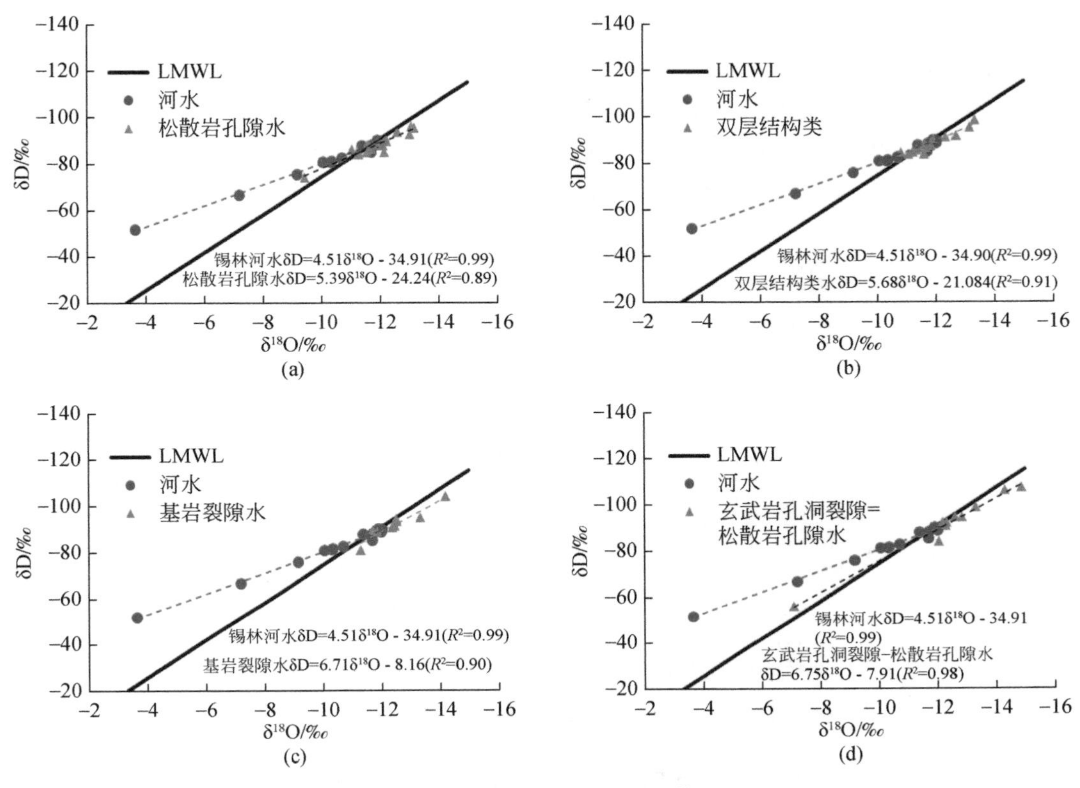

图 4-14　地表水和地下水的 $\delta D-\delta^{18}O$ 关系

4.4　流域大气降水-地表水-地下水转化关系

4.4.1　大气降水、河水和地下水氢氧同位素统计特征

为了定量评价不同水体同位素特征的差异性，本节计算了 5 ~ 10 月锡林河流域大气降水、河水和地下水水样的 δD 和 $\delta^{18}O$ 算术均值、偏度和峰度等统计特征值（表 4-11），进一步用高斯分布函数对其进行拟合（图 4-15）。

根据表 4-17 和图 4-15 可知，①不同水体中稳定同位素的均值、25% 和 75% 分位数均呈现出地下水<河水<大气降水的规律，证实了地下水由于埋藏较深，不易受到蒸发分馏的影响，使得其稳定同位素较为贫化且分布更集中，而大气降水受降水过程中二次蒸发的作用，促使其稳定同位素的富集程度较高。这与李广等[38]在研究长沙地区不同水体稳定同位素组成时，发现地下水贫化而降水富集的规律一致。②大气降水水样稳定同位素值的变化范围和变差系数均高于其他水体，说明大气降水稳定同位素值的离散程度比地下水和地表水的更高。已有学者在洞庭湖流域[39]、黄土丘陵区[40]和长沙地区[38]也观察到类似的现象，这是区域大气降水受水汽源地、水汽输送、相变过程以及水汽的补充和交换等因素综

合作用的结果。③地下水 $\delta^{18}O$ 和 δD 的偏度均>0 及峰度均>3，呈正偏厚尾分布，表明地下水同位素偏贫化且分布较集中；与地下水相比，河水 $\delta^{18}O$ 和 δD 亦呈正偏厚尾分布，但贫化程度较小且离群值较多；大气降水 $\delta^{18}O$ 和 δD 的偏度均<0 及峰度均<3，呈负偏瘦尾分布，表明降水同位素值偏富集且分布较分散。不同水体中稳定同位素统计分布特征的差异性规律，与不同水体的补给来源和其蒸发分馏效应的衰减规律相关[40]。

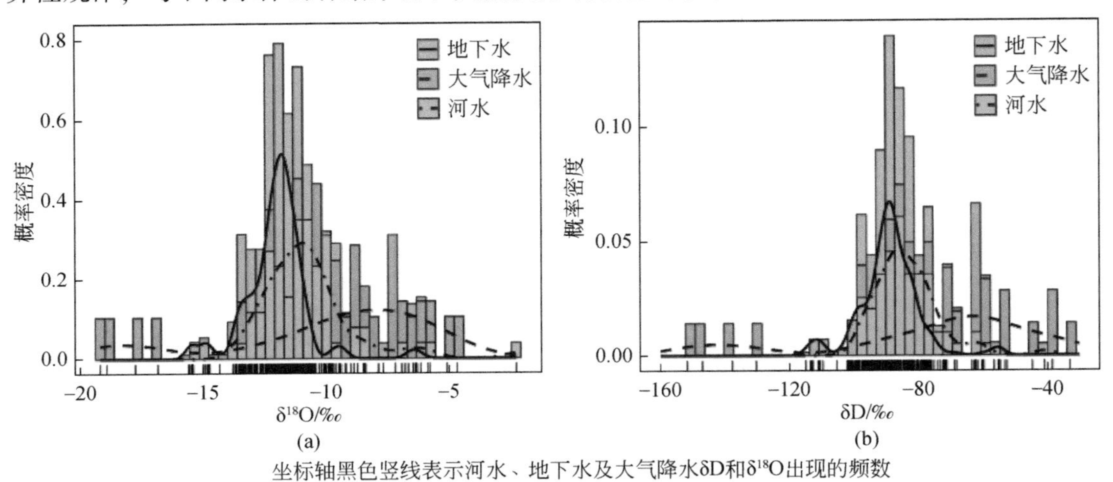

坐标轴黑色竖线表示河水、地下水及大气降水δD和δ18O出现的频数

图 4-15　河水、地下水及大气降水 δD 和 $\delta^{18}O$ 高斯分布

表 4-17　河水、地下水及大气降水 δD 和 $\delta^{18}O$ 描述性统计指标

指标类型		水样类型		
		河水	地下水	大气降水
$\delta^{18}O$/‰	均值	-10.74	-12.01	-9.98
	25%分位数	-12.15	-13.49	-11.80
	75%分位数	-10.41	-11.45	-7.06
	变差系数	-0.18	-0.11	-0.42
	偏度	2.15	0.76	-1.08
	峰度	7.31	5.52	0.25
δD/‰	均值	-83.41	-89.03	-74.81
	25%分位数	-90.32	-99.27	-88.09
	75%分位数	-78.72	-84.28	-52.97
	变差系数	-0.12	-0.10	-0.46
	偏度	1.79	0.34	-1.02
	峰度	6.81	3.10	0.36

4.4.2　大气降水 *d*-excess 值变化特征及其指示意义

大气降水 *d*-excess 值能够反映降水来源、水汽运移规律以及降水过程中由于动力分馏

而偏离平衡分馏的程度[41]，受到相对湿度（RH）、风速（WS）、降水量（P）以及温度（T）等气象因素的影响[42]。根据 Dansgaard 定义的大气降水 d-excess = $\delta D-8\delta^{18}O$，计算了流域夏季（6～8 月）大气降水 d-excess 值（图 4-16）。研究区夏季大气降水 d-excess 值介于-1.42‰～16.63‰，振荡变化较大，表明水汽来源复杂；d-excess 均值为 6.16‰，小于全球大气降水 d-excess 值（10‰），说明流域水汽由低纬度海洋蒸发所形成[43]；d-excess 值对季风特性较为敏感[44]，研究区夏季受东南季风影响，大量来自太平洋的水汽气团[45]向内陆地区输移，沿途不断冷凝形成降水，由于轻重同位素之间存在分馏速率差异，导致降水气团中重同位素被持续"冲刷"，动力分馏作用较强，d-excess 值偏小；进入 8 月后，大气降水 d-excess 值呈现下降趋势，其主要原因是 8 月的气温相比 7 月呈上升趋势，雨期二次蒸发增强导致绝对湿度变大，但同时饱和水汽压随温度的升高而大幅增加，使得相对湿度反而减小，即雨滴在降落过程中由于动力分馏而更易偏离平衡分馏，促使 d-excess 值下降，这与赵明华等[46]研究发现 d-excess 值与温度存在负相关、与相对湿度存在正相关的结论基本一致。

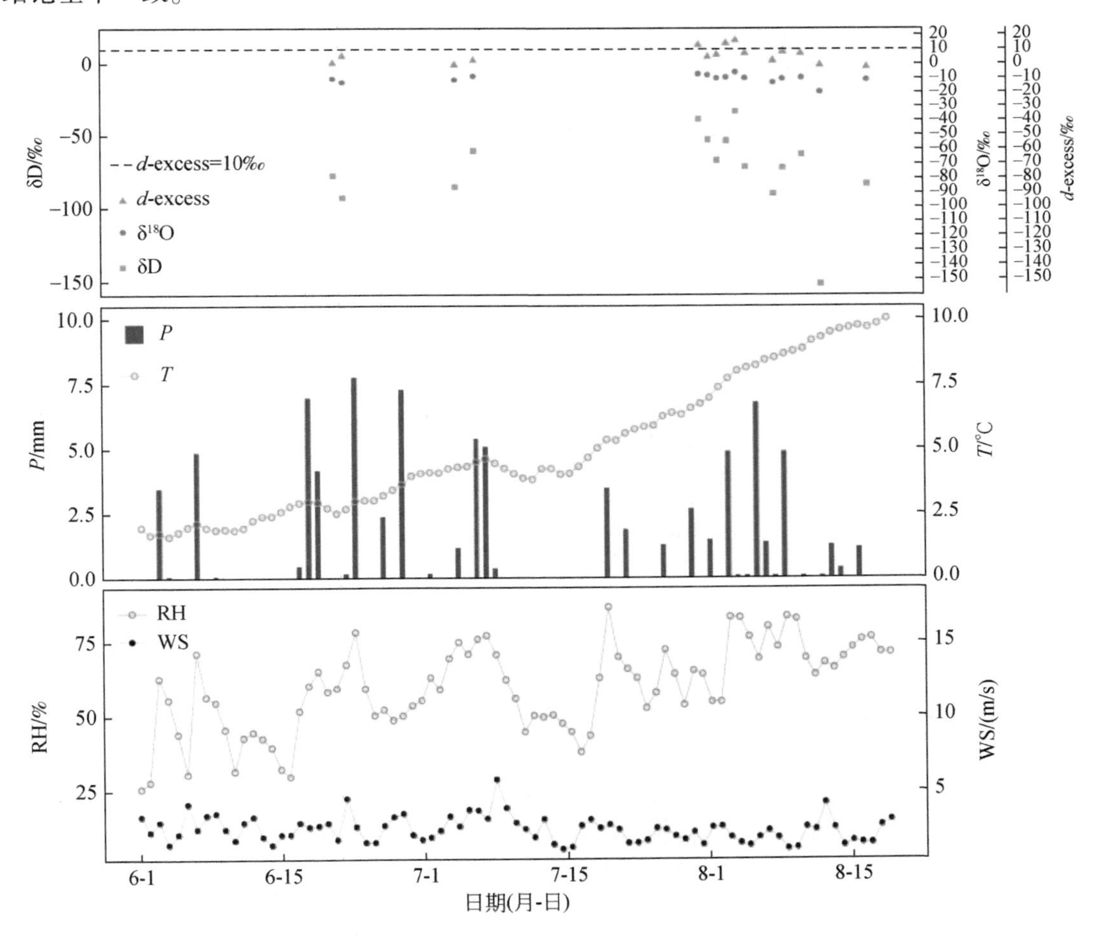

图 4-16　锡林河流域降水 δD 和 $\delta^{18}O$ 组成及气象参数

4.4.3 河水稳定同位素的时空分布

锡林河干流、支流河水 δD 和 $\delta^{18}O$ 值 5 ~ 10 月沿程变化情况如图 4-17 所示。空间上，干流的 δD 和 $\delta^{18}O$ 组成总体表现出从上游到下游逐渐升高趋势，与锡林河流域地表温度的空间分布（图 4-18）趋势一致，这主要是由于在降雨下渗或地表径流形成的过程中，均会受到地面蒸发作用而使其同位素分馏，同位素质量相对较轻的水汽会优先蒸发，剩余水体富集重同位素[47]，而锡林河干、支流下游区域的地表温度相对于上游普遍偏高，促使地表蒸发作用更强烈，因此越靠近下游地区氢氧同位素越富集。

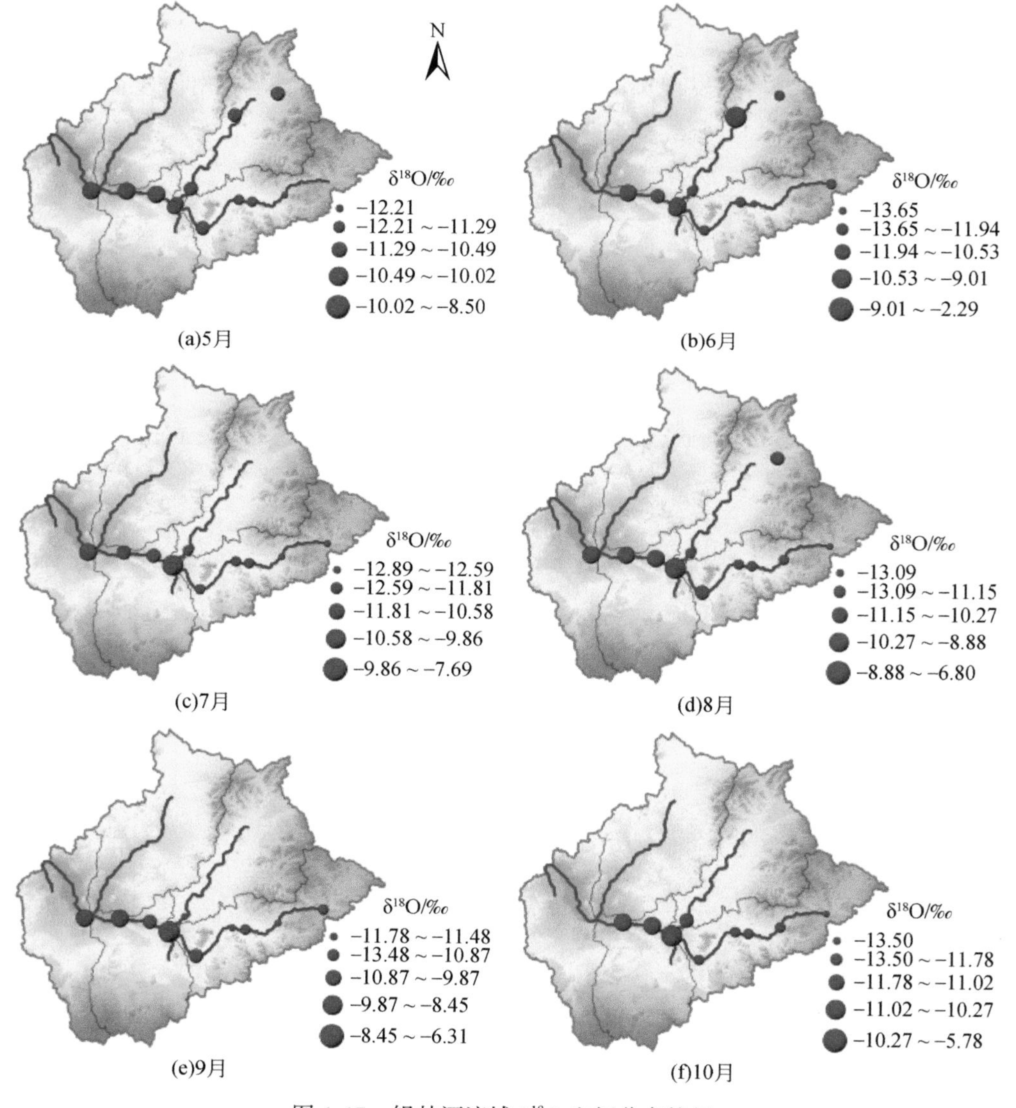

图 4-17　锡林河流域 $\delta^{18}O$ 空间分布特征

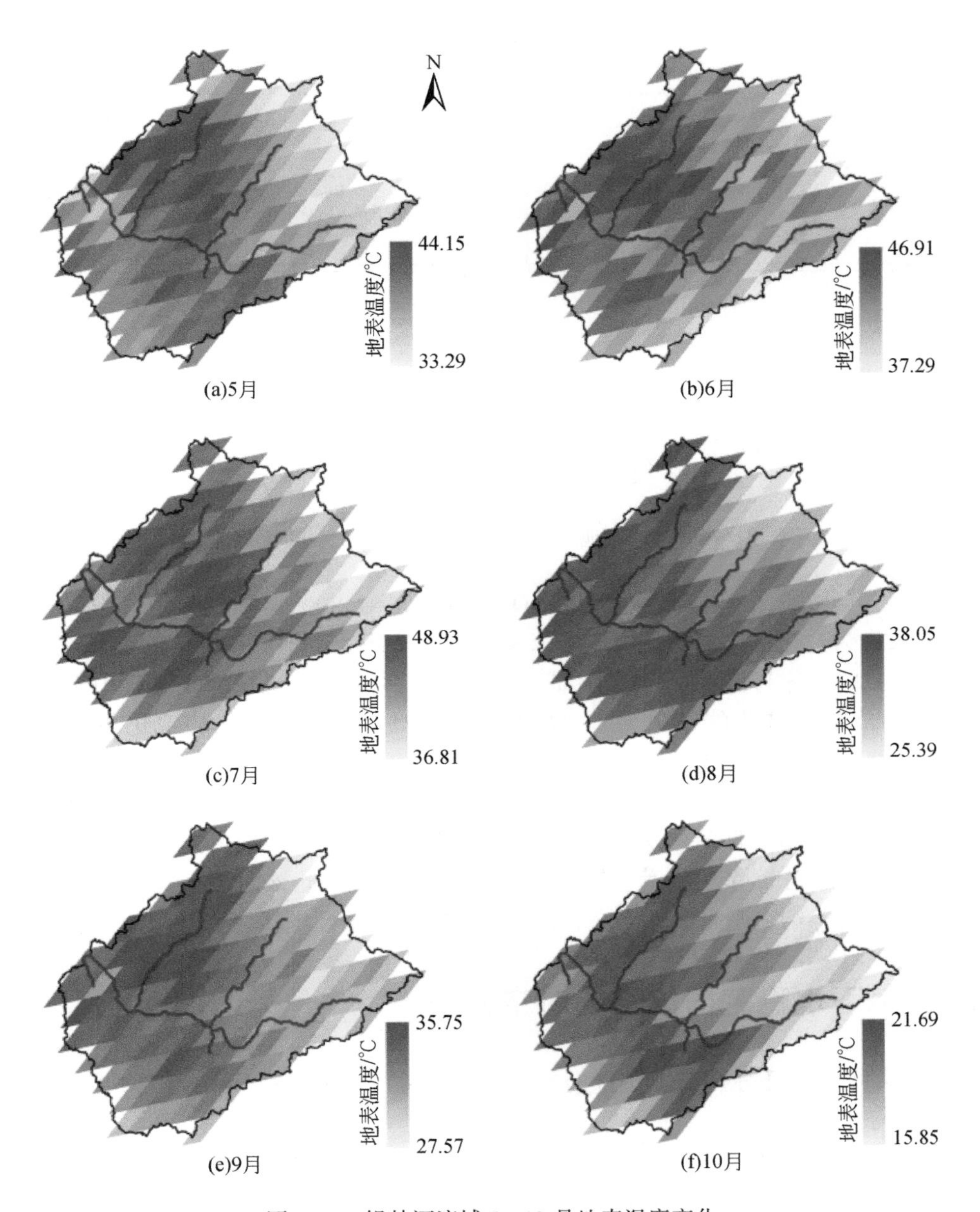

图 4-18　锡林河流域 5 ~ 10 月地表温度变化

相比干流，支流的河道狭窄且补给源单一，断流现象时常发生，流量的季节性明显，故支流 δD 和 $\delta^{18}O$ 从上游到下游波动变化不明显（图 4-17）。但干流与支流交汇处 S6 和 S13 的稳定同位素富集明显，这可能是由于在交汇处地势趋于平坦且河道变宽，水流流速减缓，水面蒸发作用更加强烈，导致重同位素富集[48]。

时间上，干流氢氧同位素呈先下降（5 ~ 6 月）后上升（6 ~ 9 月）再下降（9 ~ 10 月）的趋势（图 4-19），支流氢氧同位素变化幅度较小。说明锡林河流域河水存在着明显的季节性差异，即春秋季贫化、夏季富集的特征，此结果同房丽晶等[49]发现内蒙古高原

巴拉格尔河河水 δD 和 $\delta^{18}O$ 丰水期高而枯水期低的变化特征一致。

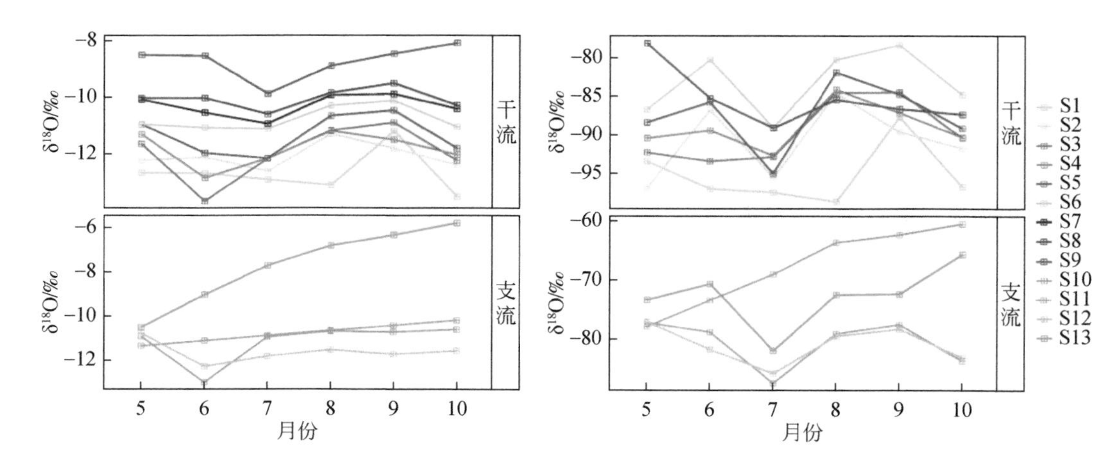

图 4-19　锡林河流域地表水干流和支流 δD 和 $\delta^{18}O$ 时间变化特征

由图 4-19 可知，5 月，流域河水 $\delta^{18}O$ 的均值为–9. 89‰，相比其他月份最低，说明 $\delta^{18}O$ 在春末最为贫化，这可能是由于春末（5 月）气温回升，冰雪融水和冻土融水混合补给地表水造成的，这与杨永刚等[50]在研究马粪沟流域不同景观带水文过程中发现春末地表水 $\delta^{18}O$ 均值趋于贫化的结果一致。6 ~ 8 月，流域地表水 $\delta^{18}O$ 均值仍较低，分别为 –9. 17‰、–9. 53‰、–9. 63‰，这是由于夏季（6 ~ 8 月）雨水丰沛，大气降水因降水量效应而偏贫化，从而水接受了较贫化的大气降水补给。9 ~ 10 月，流域河水 $\delta^{18}O$ 均值分别为–8. 59‰、–8. 53‰，此时已进入秋季，降水减少，气候干燥且风速较大，而空气湿度偏低，动力非平衡分馏作用显著，轻同位素优先蒸发，因此该时段 $\delta^{18}O$ 均值有所升高，说明秋季河水的补给来源复杂，河水和地下水的转化关系发生转变。

4. 4. 4　地下水稳定同位素的时空分布

根据不同类型地下水同位素值随时间的变化过程（图 4-20），发现可按照浅层和深层地下水进行分类讨论。

由图 4-20 可知，相比河水，地下水同位素的波动变化并不剧烈；浅层地下水较深层地下水 $\delta^{18}O$ 值在 5 ~7 月呈先下降后上升的趋势更加明显，其极小值出现在 6 月，这是由于研究区地处半干旱区，浅层地下水受融冰融雪径流补给影响要远大于深层地下水，而这些水源具有显著偏负的氢、氧同位素值[50]，而深层地下水 $\delta^{18}O$ 低值则出现在 7 ~8 月，说明深层地下水受融冰融雪径流补给要明显滞后于浅层地下水 1 ~2 个月；9 月进入干旱季节后，浅层地下水 $\delta^{18}O$ 值处于相对稳定阶段，深层地下水呈上升趋势，如前分析结果显示，同位素值呈地下水<河水<大气降水的规律，而融冰融雪径流与大气降水和地表水的时效性相比，特别是地表水入渗补给地下水具有明显的滞后效应[38]，深层地下水受大气降水和地表水的混合作用使其 $\delta^{18}O$ 值呈上升趋势；同时，根据图 4-22 所示，3 个自建地下水位监测井水位的动态变化可知，9 月之后，地下水水位的抬升也证实了大气降水和地表水的

滞后补给，且水温的升高使得地下水 $\delta^{18}O$ 值因温度效应影响而呈上升趋势。此外，地下水明显偏负的 $\delta^{18}O$ 值可能与水体和周边介质发生同位素交换及生物（植物）作用有关[51]。

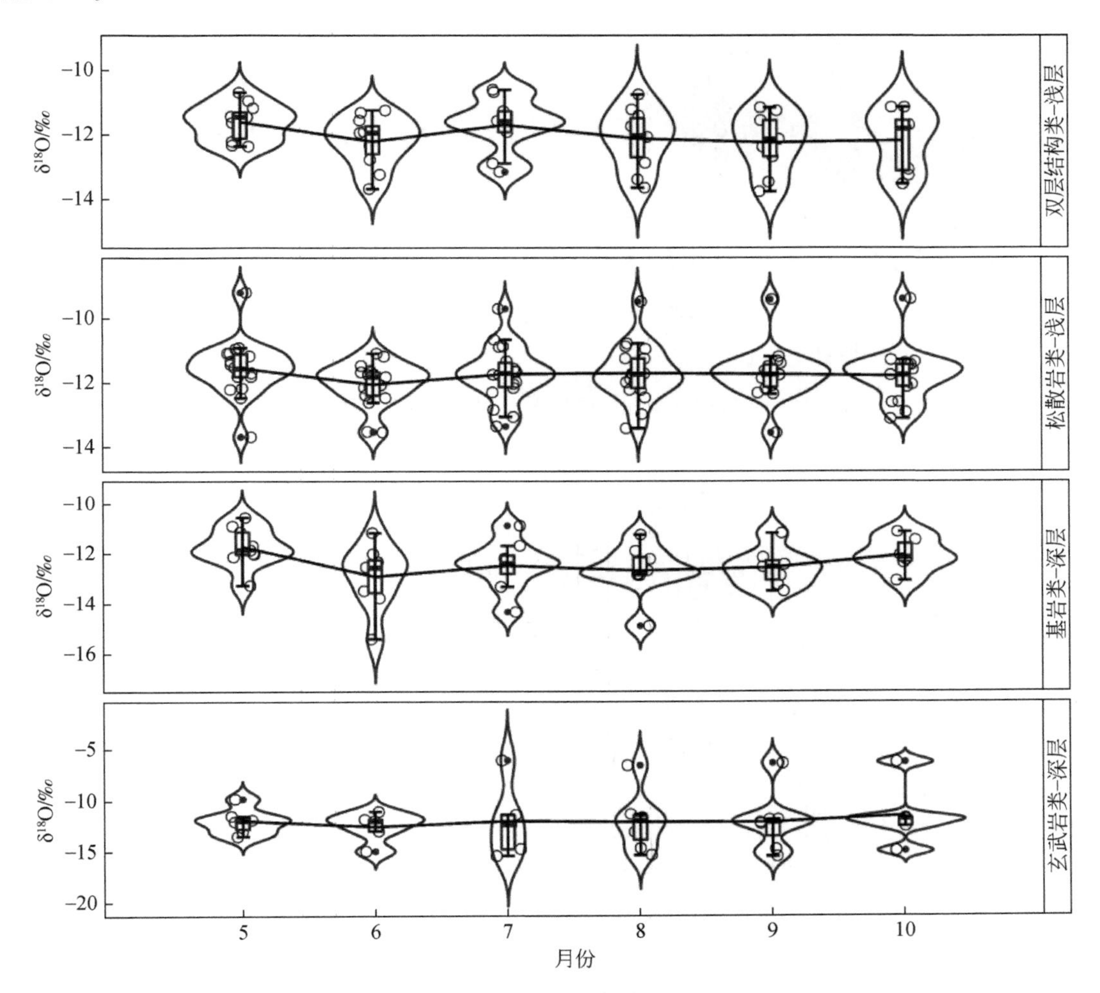

图 4-20　浅层地下水和深层地下水 $\delta^{18}O$ 时间变化特征

由研究区浅层地下水和深层地下水 $\delta^{18}O$ 的空间分布可知（图 4-21、图 4-22），二者表现出较为一致的空间分布特征，即 $\delta^{18}O$ 值总体从东南向西北逐渐贫化，浅层地下水 $\delta^{18}O$ 的这一趋势（变差系数为-0.073）比深层地下水的（变差系数为-0.057）更明显，这与浅层地下水埋深较浅，受温度、大气降水和地表水体混合渗漏补给影响有关，王雨山等在雄安新区白洋淀指出地表水渗漏对浅层地下水垂向的影响深度为 20m 以及推测了地下水位埋深较浅受蒸发影响导致同位素富集[52]。

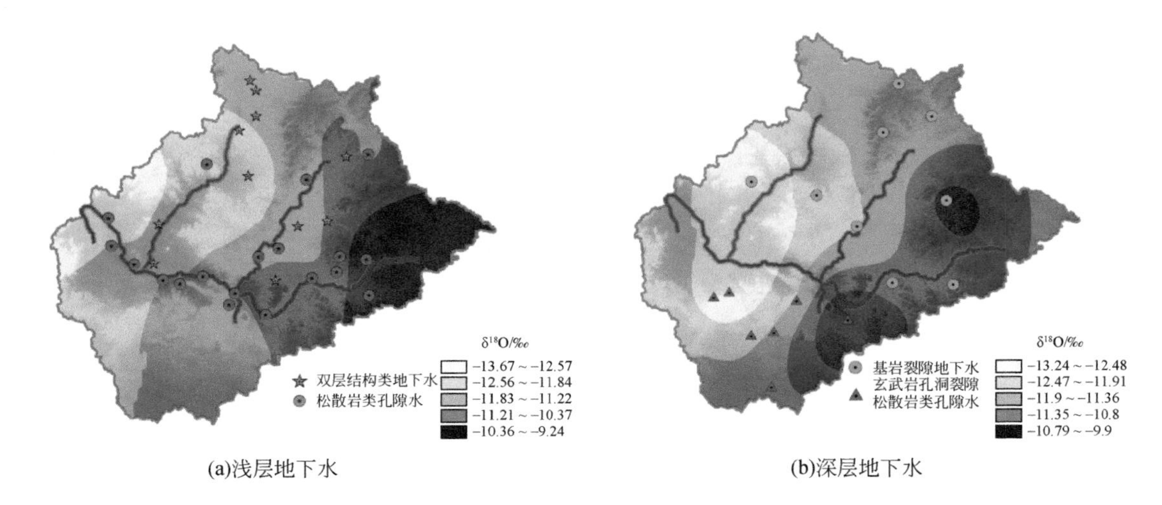

图 4-21　浅层地下水和深层地下水 δ18O（‰）空间分布特征

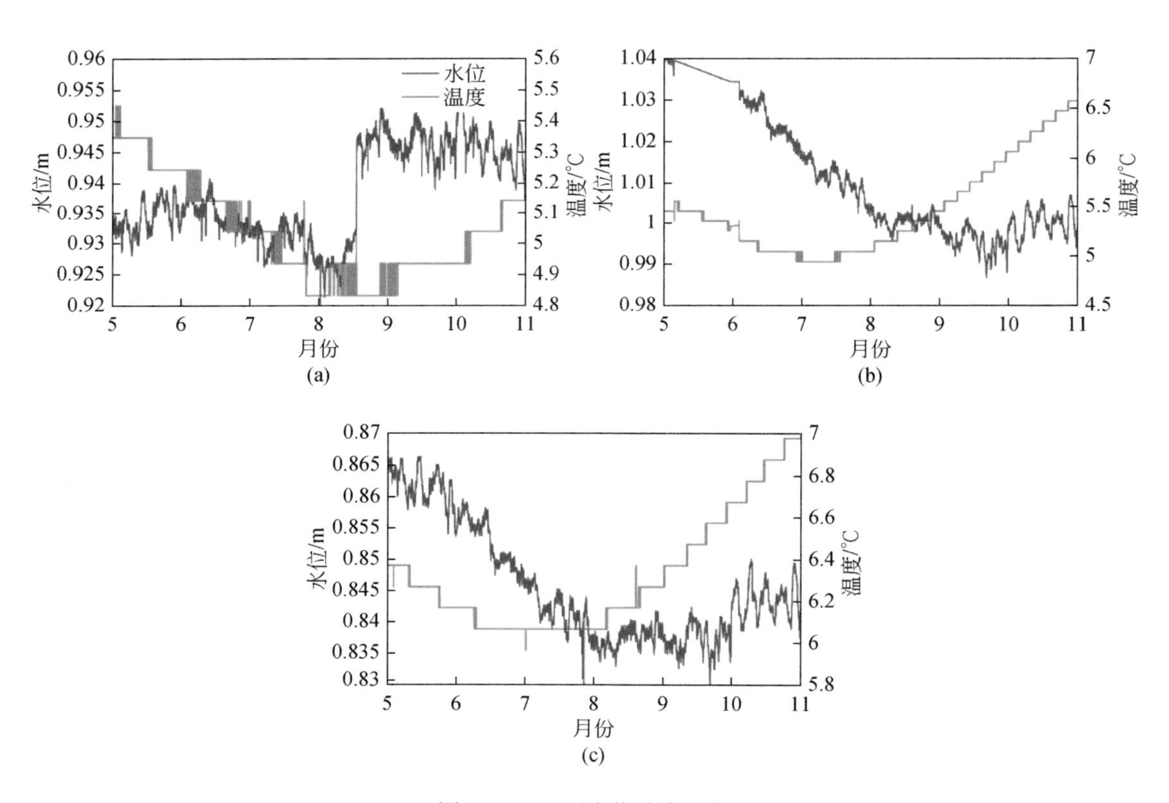

图 4-22　地下水位动态变化

注：(a)、(b) 和 (c) 地下水位监测井编号依次为 1、2、3

4.4.5 大气降水-地表水-地下水转化关系

4.4.5.1 大气降水、河水与地下水 $\delta^{18}O$ 和 δD 关系及其指示意义

大气降水线可以较好地反映一个地区的自然地理和气象条件[43]，Craig[53]基于大气降水中的 $\delta^{18}O$ 和 δD 的关系，提出了全球大气降水线（GMWL：$\delta D=8\delta^{18}O+10$），将其与其他水体 $\delta^{18}O$ 和 δD 的组成进行比对，可解释区域地下水、河水的来源并阐明不同水体的相互转化关系[6]。

利用最小二乘法拟合研究区夏季（6～8月）当地大气降水线方程：

$$\delta D=8.01\delta^{18}O+5.1(n=25, R^2=0.977) \tag{4-11}$$

式中，斜率8.01表示 $\delta^{18}O$ 和 δD 的分馏速率，截距5.1表示 δD 对平衡状态的偏离程度[54]。研究区当地大气降水线斜率接近于全球大气降水线斜率，主要原因是本次研究大气降水取样时间集中在雨季，降水量效应显著，从而掩盖了温度对 $\delta^{18}O$ 和 δD 的影响，分馏速率减缓，使得 $\delta^{18}O$ 和 δD 值贫化；当地大气降水线截距偏低，这与该流域属半干旱气候、蒸发量远大于降水量、在夏季主要受东南季风和局地蒸发的影响[45]、动力非平衡分馏效应起主导作用[42]等有关。相比 Wu 等[55]利用锡林河流域2007年6月至2008年9月降水数据得到降水线方程 $\delta D=7.89\delta^{18}O+9.5$（$n=11$，$R^2=0.97$），本节研究拟合的大气降水线斜率略微偏高且截距明显偏低，这主要是因为研究所建方程以夏季的采样数据为基础，水文循环和水体交换的速率较年尺度更高。

由5～10月实测数据拟合逐月当地大气降水线、河水蒸发线、浅层地下水蒸发线和深层地下水蒸发线如图4-23，对比发现地下水和河水蒸发线均位于当地大气降水线和全球大气降水线下方，表明地下水和河水受降水补给的同时，经历了不同程度的非平衡蒸发[49]；另外，与大气降水线相比，地下水蒸发线和河水蒸发线斜率较相近，表明流域地下水与河水的水力联系较强[56]；此外，各水体 $\delta^{18}O$ 和 δD 关系线斜率在5～10月均表现为深层地下水>浅层地下水>河水，说明河水受蒸发影响最大，深层地下水基本不受蒸发影响。

观察各水体 $\delta^{18}O$ 和 δD 关系随时间的变化（图4-23），可以发现，①河水蒸发线的季节性差异较明显，其斜率和截距在生长季均表现为先减小后增大再减小的趋势，这主要是因为5月气温较6月偏低且河水受融冰融雪径流补给，其蒸发分馏作用较弱，6月随气温的升高，河水蒸发分馏作用增强，7～8月进入雨季，受大气降水补给导致 $\delta^{18}O$ 和 δD 贫化，9～10月进入枯水季，河水受大气降水的补给减少，蒸发分馏作用较强；②浅层地下水蒸发线也表现出季节性的变化特征，其斜率和截距均表现为先增大后减小再增大的趋势，这是因为5～6月气温升高，蒸发分馏作用增强，而7～8月浅层地下水受大气降水入渗以及冻土融水的混合补给，其蒸发分馏减弱，9～10月进入枯水季，浅层地下水补给减少，蒸发分馏作用增强；③深层地下水蒸发线的变化相比于浅层地下水蒸发线存在明显的滞后，因为埋深较大的地下水受大气降水和河水下渗补给的周期长，蒸发分馏作用较弱，总体而言深层地下水蒸发线在6～10月相对稳定，在5月其斜率和截距较大，这是对春冬季大气降水补给的滞后响应，前人基于氢氧同位素的深层地下水的相关研究也有类似的发

现[47-59]，7 月以后，深层地下水蒸发线均在浅层地下水蒸发线下方，可能是因为夏秋季深层地下水会受到浅层地下水的频繁补给；④浅层地下水蒸发线和深层地下水蒸发线在 5 月均位于全球水线和当地大气水线上方，而在其余月份均位于全球大气降水线右下方（图 4-23），说明 5 月地下水一部分由春冬季较夏秋季更贫化的大气降水补给，另一部分伴随其他水源补给，且 5 月的浅层地下水蒸发线与深层地下水蒸发线的相交印证了浅层地下水和深层地下水的相互补给，且地下水补给源复杂；⑤各月河水蒸发线均位于浅层和深层地下水蒸发线下方，表明大气降水和地下水均对该流域的河水有补给作用[60]，这同杨淇越等[61]在锡林河流域相关研究中的发现一致，即在径流季节，除大气降水对地表水的主要贡献外，地下水也是地表水的主要补给来源。

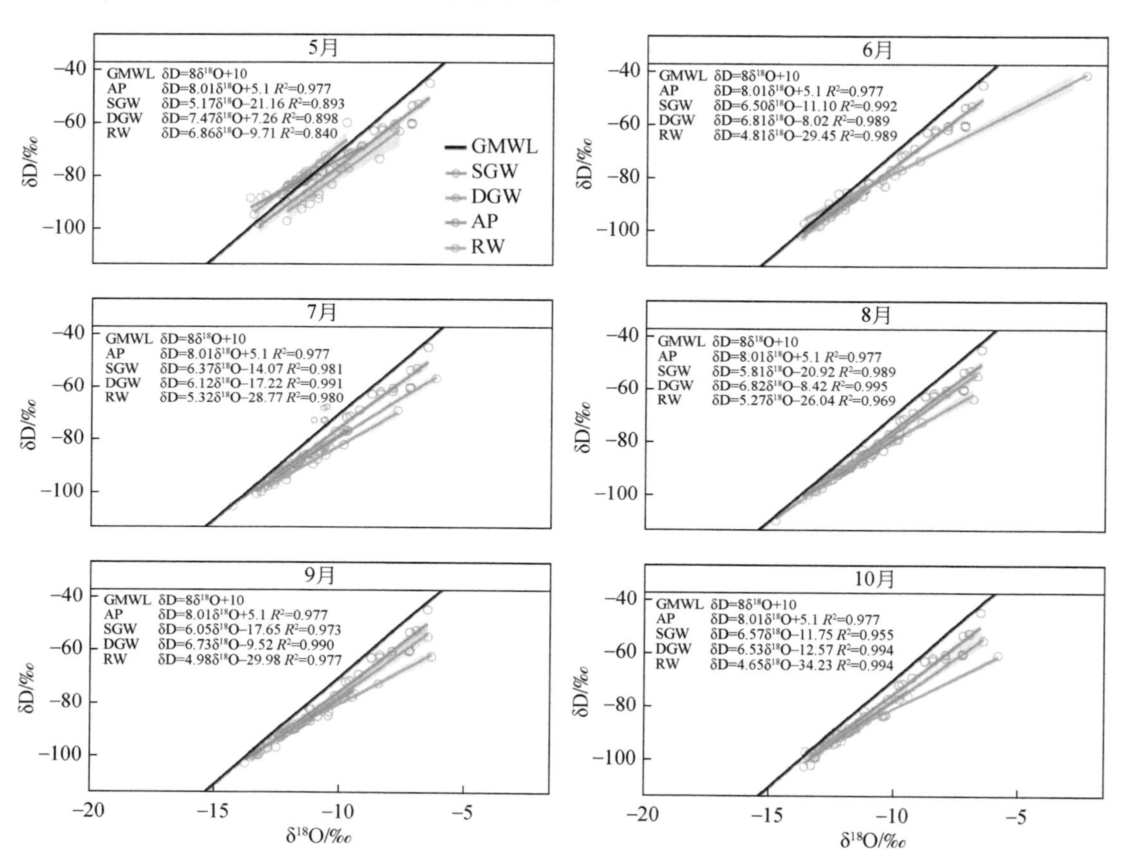

图 4-23 河水（RW）、浅层地下水（SGW）、深层地下水（DGW）和大气降水（AP）的 $\delta^{18}O$、δD 关系

4.4.5.2 大气降水–河水–地下水转化关系

流域水文循环过程促使不同水体在不同时间进行着复杂的补给与交换[42]。研究区属中温带半干旱大陆性季风气候地区，降水年内分配不均，6 ~ 8 月降水量占年总降水量的 50% 以上（图 4-16）[19]。由锡林河流域九曲湾水文站（2019 年自建水文站）2020 ~ 2021 年的流量变化可知，锡林河自 6 月开始流量迅速增大，7 月和 8 月达到峰值，6 ~ 8 月径流

量占全年总径流量 34.41%。由此综合考虑流域水文气象条件，选取 6 月、7 月和 8 月探讨不同水体间的转化规律，应用同位素质量平衡模型，估算浅层地下水与大气降水对河水的转化比例（表 4-18）。

6 月，大气降水、浅层地下水、河水的 δD 和 $\delta^{18}O$ 的均值分别为 -76.78‰和 -9.76‰、-89.99‰和 -12.12‰、-81.70‰和 -10.84‰，可见氢氧同位素值总体表现为大气降水>河水>浅层地下水，其中大气降水和河水的氢氧同位素值较为接近，表明大气降水为河水的主要补给来源；基于二元同位素质量平衡模型估算得 6 月河水受大气降水和浅层地下水补给比例分别为 58.46% 和 41.54%，大气降水对河水的补给占主导［表 4-18 和图 4-24（a）］。

7 月，大气降水、浅层地下水、河水的 δD 和 $\delta^{18}O$ 均值分别为 -75.91‰和 -9.75‰、-88.63‰和 -11.73‰、-84.88‰和 -10.59‰，各类水体氢氧同位素变化规律依然是大气降水最富集，浅层地下水最贫化，但各类水体 δD 和 $\delta^{18}O$ 比 6 月略有增大，可能与 7 月温度升高（图 4-15），水体受蒸发分馏作用增强有关；7 月大气降水和浅层地下水对河水的补给比例分别为 43.51% 和 56.49%，浅层地下水成为河水的主要补给源［表 4-18 和图 4-24（b）］。

表 4-18　河水、浅层地下水及大气降水混合比值计算

计算项		计算项构成	δD/‰	$\delta^{18}O$/‰	按 $\delta^{18}O$ 混合比值/%	按 δD 混合比值/%	均值混合比值/%
6 月	端元	大气降水	-76.78	-9.76	54.20	62.72	58.46
		浅层地下水	-89.99	-12.12	45.80	37.28	41.54
	混合水	河水	-81.70	-10.84	100.00	100.00	100.00
7 月	端元	大气降水	-75.91	-9.75	57.55	29.46	43.51
		浅层地下水	-88.63	-11.73	42.45	70.54	56.49
	混合水	河水	-84.88	-10.59	100.00	100.00	100.00
8 月	端元	大气降水	-71.54	-9.80	66.55	45.68	56.11
		浅层地下水	-89.78	-11.87	33.45	54.32	43.89
	混合水	河水	-80.99	-10.44	100.00	100.00	100.00

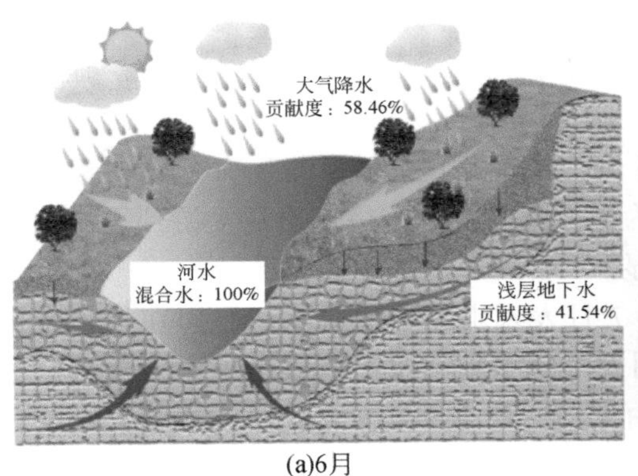

(a)6月

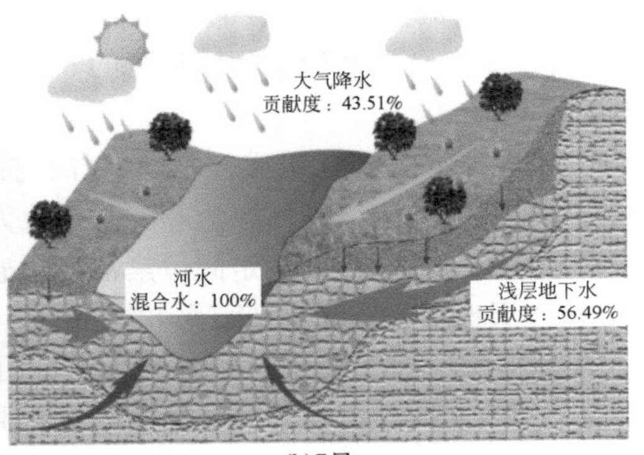

(b)7月

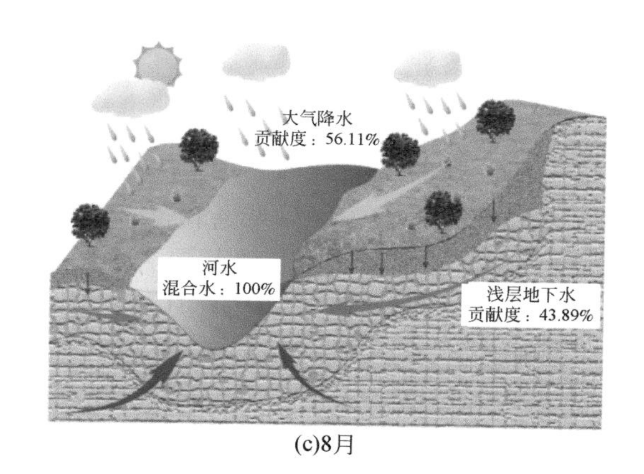

(c)8月

图 4-24　锡林河流域大气降水-河水-浅层地下水转化示意

8 月，大气降水、浅层地下水、河水 δD 和 $\delta^{18}O$ 均值分别为-71.54‰和-9.80‰、-89.78‰和-11.87‰、-80.99‰和-10.44‰，各类水体氢氧同位素的变化规律同前期一致，而河水受大气降水和浅层地下水的补给比例分别为 56.11% 和 43.89%，说明了大气降水在 8 月补给仍然较强［表 4-18 和图 4-24（c）］。

综上所述，锡林河流域河水在 6～8 月的主要补给来源包括大气降水和浅层地下水，补给比例分别为 43.51%～58.46% 和 41.54%～56.49%，平均补给比例分别为 52.69% 和 47.31%。经过实地勘探发现，锡林河河道内有多处地下水泉眼沿途溢流（如卧龙泉、锡林河源头），证实了深层地下水对河水也有较强的补给作用。孙从建等[62]在塔里木盆地西南部内陆河流域通过径流分割组分研究发现，冰雪融水、地下水及降水对于年径流的贡献率分别为 17%、40% 和 43%，地下水与降水贡献率仅相差 3%。尹立河等[63]通过梳理西北内陆河流域地下水循环特征研究成果，得出西北内陆河流域的地下水与地表水频繁转化，含水层-河流系统具有密切的水力联系。说明对于内陆河流域，地下水和地表水之间的补排关系更密切、转化机制更复杂。

4.4.6　结论

1）锡林河流域具有明显的内陆半干旱气候特征，水汽来源复杂；地下水和河水主要受大气降水补给，并经历了不同程度的非平衡蒸发；河水受蒸发影响最大，深层地下水基本不受蒸发影响。

2）河水 δD 和 $\delta^{18}O$ 组成，表现出春秋贫化、夏季富集的季节性特征，说明锡林河流域在春季和秋季分别以融雪径流和降雨径流为主；空间上总体呈现出从上游到下游逐渐升高的趋势，干支流交汇处稳定同位素富集明显。

3）浅层地下水较深层地下水 $\delta^{18}O$ 在 5～7 月表现出先降后升趋势，但在生长季末期（9～10 月）深层地下水 $\delta^{18}O$ 明显增大，说明大气降水和河水对深层地下水入渗补给的滞后响应；地下水同位素在空间上总体呈现出由东南向西北逐渐贫化，且浅层地下水的这一空间变化更明显。

4）夏季河水的大气降水和浅层地下水补给比例分别为 52.69% 和 47.31%，同时深层地下水也具有重要的补给作用，证实了内陆河流域河水和地下水之间密切的转化关系。

参考文献

[1] 詹泸成，陈建生，黄德文，等．长江干流九江段与鄱阳湖不同季节的同位素特征．水利学报，2016，47（11）：1380-1388.

[2] 杨胜天，于心怡，丁建丽，等．中亚地区水问题研究综述．地理学报，2017，72（1）：79-93.

[3] Jung Y Y，Shin W J，Seo K H，et al. Spatial distributions of oxygen and hydrogen isotopes in multi-level groundwater across South Korea：a case study of mountainous regions. Science of The Total Environment，2022，812，doi：10.1016/j.scitotenv.2021.151428.

[4] 谢林环，江涛，曹英杰，等．城镇化流域降水径流氢氧同位素特征及洪水径流分割．地理学报，2019，74（9）：1733-1744.

[5] 章斌，郭占荣，高爱国，等．用氢氧稳定同位素评价闽江河口区地下水输入．水科学进展，2012，23（4）：539-548.

[6] 宋献方，刘相超，夏军，等．基于环境同位素技术的怀沙河流域地表水和地下水转化关系研究．中国科学（D 辑：地球科学），2007，1：102-110.

[7] Yang K H，Han G. Controls over hydrogen and oxygen isotopes of surface water and groundwater in the Mun River catchment，northeast Thailand ：implications for the water cycle. Hydrogeology Journal，2020，28，1021-1036.

[8] 黄一民，孙葭，黄一斌，等．基于 TES 反演数据的亚洲中低纬度地区大气水汽 δD 的时空分布．地理学报，2014，69（11）：1661-1672.

[9] Tan H，Zhang Y，Zhang W，et al. Understanding the circulation of geothermal waters in the Tibetan Plateau using oxygen and hydrogen stable isotopes. Applied Geochemistry，2014，51（2014）：23-32.

[10] Tripti，M，Lambs，L，Gurumurthy，G. P，et al. Water circulation and governing factors in humid tropical river basins in the central Western Ghats，Karnataka，India. Rapid Communications in Mass Spectrometry，2016，30（1）：175-190.

[11] 李静，吴华武，周永强，等．长江中下游地区丰水期河、湖水氢氧同位素组成特征．环境科学，2020，41（3）：1176-1183.

[12] 许秀丽，李云良，高博，等．黄河中游汾河入黄口湿地水源组成与地表地下水转化关系．湖泊科学，2022，34（1）：247-261.

[13] 张兵，宋献方，张应华，等．第二松花江流域地表水与地下水相互关系．水科学进展，2014，25（3）：336-347.

[14] Zhang B，Song X F，Zhang Y H，et al. Relationship between surface water and groundwater in the second Songhua River Basin. Advances in Water Science，2014，25（3）：336-347.

[15] 梁丽娥，李畅游，史小红，等．内蒙古呼伦湖流域地表水与地下水氢氧同位素特征及湖水来源分析．湿地科学，2017，15（3）：385-390.

[16] 胡玥，刘传琨，卢粤晗，等．环境同位素在黑河流域水循环研究中的应用．地球科学进展，2014，29（10）：1158-1166.

[17] 杨璐．锡林河流域不同水体的水化学和同位素特征分析．呼和浩特：内蒙古农业大学，2018.

[18] 黎明扬，刘廷玺，罗艳云，等．半干旱草原型流域土壤入渗过程及转换函数研究．水利学报，2019，50（8）：936-946.

[19] Hao X，Yu R H，Zhang Z Z，et al. Greenhouse gas emissions from the water-air interface of a grassland

river：a case study of the Xilin River. Scientific Reports，2021，11：2659.
[20] Wu H，Zhao G，Li X Y，et al. Identifying water sources used by alpine riparian plants in a restoration zone on the Qinghai- Tibet Plateau：Evidence from stable isotopes. Science of the Total Environment，2019，697：134092.
[21] 鞠建廷，朱立平，汪勇，等. 藏南普莫雍错流域水体离子组成与空间分布及其环境意义. 湖泊科学，2008（5）：591-599.
[22] 于静洁，宋献方，刘相超，等. 基于 δD 和 $\delta^{18}O$ 及水化学的永定河流域地下水循环特征解析. 自然资源学报，2007（3）：415-423.
[23] 王水献，王云智，董新光. 焉耆盆地浅层地下水埋深与 TDS 时空变异及水化学的演化特征. 灌溉排水学报，2007（5）：90-93.
[24] 孙斌. 多元统计方法在鄂尔多斯白垩系盆地都思图河地下水系统水化学空间分布规律研究中的应用. 长春：吉林大学，2007.
[25] 王瑞久. 三线图解及其水文地质解释. 工程勘察，1983，(6)：6-11.
[26] 汪敬忠，吴敬禄，曾海鳌，等. 内蒙古河套平原水体同位素及水化学特征. 地球科学与环境学报，2013，35（4）：104-112.
[27] Gibbs R J. Mechanisms controlling world water chemistry. Science，1970，170：1088-1090.
[28] 解晨骥，高全洲，陶贞. 流域化学风化与河流水化学研究综述与展望. 热带地理，2012，32（4）：331-337，356.
[29] 赵兴媛，朱先芳，曹万杰，等. 北京玉渊潭水化学特征及其控制因素分析. 首都师范大学学报（自然科学版），2012，33（1）：73-79.
[30] 王宇航. 格尔木河流域地下水化学演化规律和水循环模式. 西安：长安大学，2014.
[31] 王仕琴，宋献方，肖国强，等. 基于氢氧同位素的华北平原降水入渗过程. 水科学进展，2009，20（4）：495-501.
[32] Craig H. Isotopic variation in meteoric waters. Science，1961，133：1702-1703.
[33] Yurtsever Y，Gat J R. Atmospheric waters stable isotope hydrology：deuterium and oxygen-18 inthe water cycle. Technical Reports Series210. Vienna：IAEA，1981.
[34] 郑淑蕙，侯发高，倪葆龄. 我国大气降水的氢氧稳定同位素研究. 科学通报，1983（13）：801-806.
[35] 张洪平，刘恩凯，王东升. 中国大气降水稳定同位素组成及影响因素. 中国地质科学院水文地质工程地质研究所所刊，1991，7：101-110.
[36] 杨郧城，侯光才，文东光，等. 鄂尔多斯盆地大气降雨氢氧同位素的组成与季节效应. 地球学报，2005，26（增）：289-292.
[37] 李亚举，张明军，王圣杰，等. 我国大气降水中稳定同位素研究进展. 冰川冻土，2011，33（3）：624-633.
[38] 李广，章新平，张立峰，等. 长沙地区不同水体稳定同位素特征及其水循环指示意义. 环境科学，2015，36（6）：2094-2101.
[39] 黄一民，宋献方，章新平，等. 洞庭湖流域不同水体中同位素研究. 地理科学，2016，36（8）：1252-1260.
[40] 徐学选，张北赢，田均良. 黄土丘陵区降水-土壤水-地下水转化实验研究. 水科学进展，2010，21（1）：16-22.
[41] Dansgaard W. Stable isotopes in precipitation. Tellus，1964，16（4）：436-468.
[42] 张荷惠子，于坤霞，李占斌，等. 黄土丘陵沟壑区小流域不同水体氢氧同位素特征. 环境科学，

2019，40（7）：3030-3038.
[43] 饶文波，李垚炜，谭红兵，等．高寒干旱区降水氢氧稳定同位素组成及其水汽来源：以昆仑山北坡格尔木河流域为例．水利学报，2021，52（9）：1116-1125.
[44] 张君，陈洪松，黄荣．桂西北喀斯特小流域降雨稳定氢氧同位素组成及影响因素．生态学报，2022，42（1）：236-245.
[45] 郭鑫，李文宝，杜蕾，等．内蒙古夏季大气降水同位素特征及影响因素．中国环境科学，2022，42（3）：1088-1096.
[46] 赵明华，陆彦玮，Heng R，等．关中平原降水氢氧稳定同位素特征及其水汽来源．环境科学，2020，41（7）：3148-3156.
[47] 崔玉环，王杰，刘友存，等．升金湖河湖交汇区地表-地下水水化学特征及成因分析．环境科学，2021，42（7）：3223-3231.
[48] 査君珍，姜春露，陈星，等．淮南采煤沉陷区积水水文地球化学及氢氧稳定同位素特征．湖泊科学，2021，33（6）：1742-1752.
[49] 房丽晶，高瑞忠，贾德彬，等．内蒙古草原巴拉格尔河流域不同水体转化特征及环境驱动因素．应用生态学报，2021，32（3）：860-868.
[50] 杨永刚，肖洪浪，赵良菊，等．马粪沟流域不同景观带水文过程．水科学进展，2011，22（5）：624-630.
[51] 许琦，李建鸿，孙平安，等．西江水氢氧同位素组成的空间变化及环境意义．环境科学，2017，38（6）：2308-2316.
[52] 王雨山，尹德超，王旭清，等．雄安新区白洋淀湿地地表水和地下水转化关系及其对芦苇分布的影响．中国地质，2021，48（5）：1368-1381.
[53] Craig H. Isotopic Variations in Meteoric Waters. Science，1961，133（3465）：1702-1703.
[54] 宋洋，王圣杰，张明军，等．塔里木河流域东部降水稳定同位素特征与水汽来源．环境科学，2022，43（1）：199-209.
[55] Wu J K，Ding Y J，Ye B S，et al. Stable isotopes in precipitation in Xilin River Basin，northern China and their implications. Chinese Geographical Science，2012，22（5）：531-540.
[56] Liu J T，Gao Z J，Wang M，et al. Stable isotope characteristics of different water bodies in the Lhasa River Basin. Environmental Earth Sciences，2019，78（3）：1-11.
[57] 孙龙，刘廷玺，段利民，等．矿区流域不同水体同位素时空特征及水循环指示意义．水科学进展，2022，(5)：805-815.
[58] 王亚俊，宋献方，马英，等．北京东南郊再生水灌区不同水体氢氧同位素特征及成因．地理研究，2017，36（2）：361-372.
[59] 陈陆望，桂和荣，殷晓曦．深层地下水氢氧稳定同位素组成与水循环示踪．煤炭学报，2008（10）：1107-1111.
[60] 余婷婷，甘义群，周爱国，等．拉萨河流域地表径流氢氧同位素空间分布特征．地球科学（中国地质大学学报），2010，35（5）：873-878.
[61] 杨淇越，吴锦奎，丁永建，等．锡林河流域地表水和浅层地下水的稳定同位素研究．冰川冻土，2009，31（5）：850-856.
[62] 孙从建，陈伟，王诗语．气候变化下的塔里木盆地西南部内陆河流域径流组分特征分析．干旱区研究，2022，39（1）：113-122.
[63] 尹立河，张俊，王哲，等．西北内陆河流域地下水循环特征与地下水资源评价．中国地质，2021，48（4）：1094-1111.

第 5 章 典型草原坡面天然-人工降雨下水-沙-养分耦合输移规律与模型模拟

草原是陆地生态系统的主要组成部分，在全球碳循环和气候调节中起到关键作用[1]。我国草原面积约占土地总面积的41%，其中21.1%分布在内蒙古自治区[2]。锡林河流域作为我国北方草原最大的内陆河流域之一，对该区域生态环境的健康发展具有重要作用。然而近年来，在全球变暖和人类活动的背景下，草原不断退化，水土流失严重。退化率出现逐年升高的现象，且2级及2级以上水土流失面积高达86%。同时，土壤中的大量养分会随径流泥沙流失，导致土壤愈发贫瘠化。恶化的草原环境和严重的水土流失产生了恶性循环，使得生态系统稳定性降低，抗水蚀能力减弱，进一步加剧了流域生态水文功能的整体退化，严重制约了干旱半干旱地区的可持续发展。

对于这样一个水资源短缺、环境脆弱的半干旱典型草原生态系统，降水是该地区水分补给的主要来源，且有限的土壤水分是限制植被生长的关键因子。深入了解该地区的土壤水分时空变化规律和影响机制是高效利用水资源及有效管理草地的重要环节，同时也是研究该地区水土流失及干旱频发现象的基础。此外，降雨事件可以激发不同的土壤水分响应，且不同的响应类型会通过不同的传输能力来影响土壤水分的入渗，进而影响植被的生产力。因此，识别不同的响应类型并阐明其对土壤水分运动过程的影响机理及与植被的交互作用对于区域的稳定发展具有重要意义。

坡面作为基本的水文单元，是产流产沙和养分流失的主要区域，在一定时空尺度上控制着生态水文过程[3]。降雨引起的土壤侵蚀是水土流失的主要原因，同时，水土流失所产生的径流泥沙也是养分迁移的主要载体。土壤中的大量养分随泥沙流失，造成土地退化、土壤生产力水平降低，困扰着当地畜牧业的发展，也引发了一系列生态环境问题。然而，针对该地区开展的坡面水土养分流失过程及其耦合作用关系的研究尚且不足。因此，有必要开展产流产沙及养分流失过程的研究，探讨三者间的发生机理、互作关系及对侵蚀动力的响应机制，从而为土地合理利用和防治水土流失提供必要的依据和指导措施。此外，模型化是研究水土流失的有效工具。其中，水沙养分耦合模型是将径流泥沙预报模型与土壤养分流失模型相结合，从而估算系统（小区、坡面或流域）的径流量、土壤侵蚀量，以及随产流产沙过程迁移的养分含量。然而，由于锡林河流域所具有的独特的环境背景，使其并不能直接应用其他地区的研究成果和已有的模型，且该地区对于水沙及养分流失过程的模拟水平有一定的滞后，不能及时准确地为流域生态文明建设提供理论参考。因此，亟须开展并加强对适用于半干旱草原型流域水-沙-养分流失耦合模型的研究，以期为草地生态系统功能变动研究提供基础数据，为草地的合理开发、利用及管理提供技术支撑。

在此背景下，本章以锡林河流域下游的天然草原坡面及小流域为研究对象，旨在探究坡面土壤水分的时空分布特征及对降雨事件的动态响应；阐明坡面水-沙-养分输移特征及其耦合作用关系；构建坡面降雨径流模型、土壤侵蚀模型及泥沙养分迁移模型；在此基础上发展流域水-沙-养分流失耦合模型。研究可为深入了解相关生态水文过程提供思路和参考，对于落实生态优先绿色发展理念具有重要意义。

5.1 试验区概况及试验设计

5.1.1 试验区概况

本章研究选择锡林河流域下游的一个小流域作为试验区域。该小流域位于锡林河流域的中东部，隶属于锡林浩特市毛登牧场。小流域面积为145.2km²，海拔高度范围为：1110～1389m，地理坐标：44°0′0″～44°12′0″N，116°30′0″～116°45′0″E（图5-1）。土壤类型包括简育栗钙土和黏化栗钙土，且以黏化栗钙土为主。该地区产业类型以畜牧业为主，植被类型主要为草地，约占小流域面积的98.3%。

基于流域内山地坡度的分布范围、主要土壤类型和植被群落，在考虑了交通的便利性和可达性后，将研究坡面选在距离毛登牧场约10km位置处。所选坡面的地理位置为44°8′20″N，116°32′9″E［图5-1（b）］。坡长约为230m，宽约为120m，坡度分布较大（3°～17°）［图5-2（a）］，坡脚处潜水位埋深约为36m。土壤类型为栗钙土，土壤剖面由上部栗色腐殖质层（30～45cm）、中部灰色钙积层和下部风化母质层组成。土壤质地较轻，主要由砂土和粉砂土组成。植被以旱生草本植被为主，主要有羊草、大针茅、黄囊苔草等。此外，坡面上部还夹杂生长着一些小型灌木类植被。草地植物平均高度约为7cm，根系主要分布在0～30cm深的土层。5～9月是植被生长季[4]，9月底气温骤降，草本植物随之迅速死亡[5]。

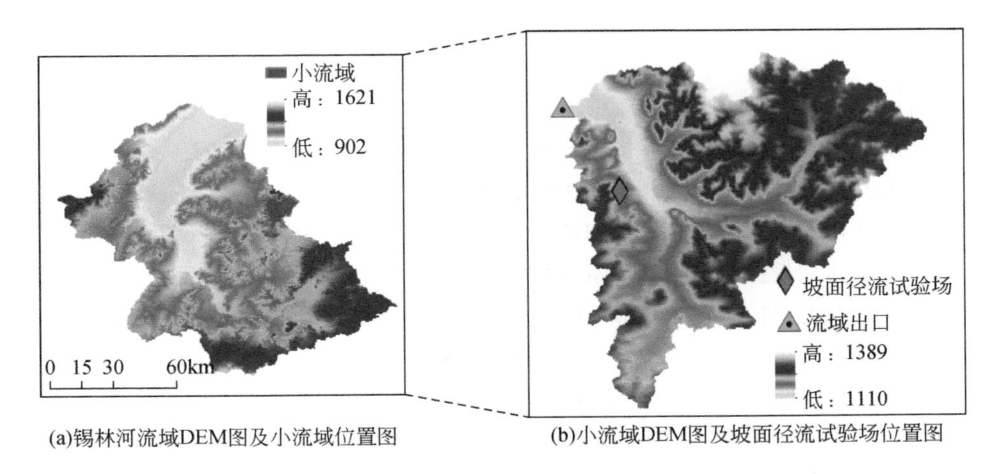

(a)锡林河流域DEM图及小流域位置图　(b)小流域DEM图及坡面径流试验场位置图

图5-1　研究区位置及高程分布

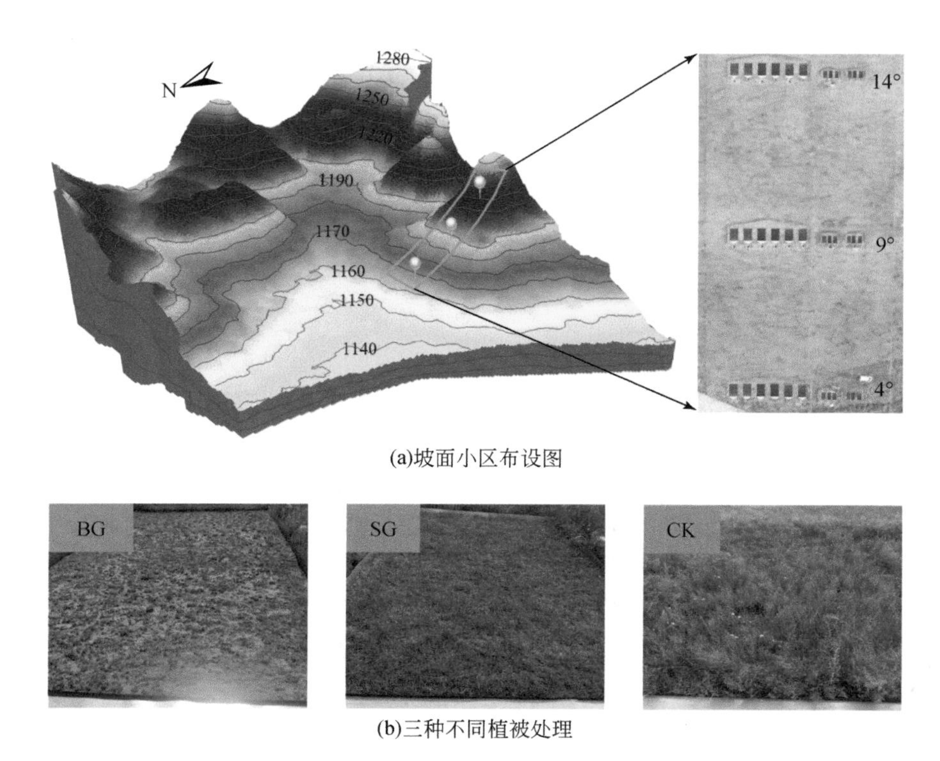

(a)坡面小区布设图

(b)三种不同植被处理

图 5-2 研究坡面概况

注：BG、SG 和 CK 分别代表裸地、留茬草地和天然草地

5.1.2 试验设计及数据获取

5.1.2.1 坡面径流小区设计方案

根据流域内坡度的变化范围和植被覆盖度的分布（Min ~ Max：3% ~68%），选择 3 个地形位置和 3 种植被处理作为试验对象。3 个地形位置分别为坡上（Upslope，U）、坡中（Midslope，M）和坡下（Downslope，D），对应坡度为 14°、9°和 4°［图 5-2（a）］。3 种不同的植被处理分别是裸地（BG）、留茬草地（SG）和天然草地（CK）［图 5-2（b）］。裸地保留根系，仅去除植被的地上部分，代表了低植被覆盖度的草地。留茬草地剪去植被的叶部分，留茬高度为 4cm，代表植被覆盖度中等的草地。天然草地作为对照，不做任何处理，代表高密度草地。此外，针对不同的研究目标，设计了 6m×3m 和 2m×1m 两种尺寸大小的径流小区。为保证试验的一致性和可比性，对两种尺寸的径流小区做了相同的布设和处理，具体设计方案如下。

在试验坡面上对两种尺寸的径流小区分别布设了 3 种不同植被处理的样带（即 BG、SG 和 CK），每个样带两个重复，共设置样带 12 个。每个样带包含 3 个径流小区，分别设在坡上、坡中和坡下位置。为避免干扰，在重复小区中间留出至少 2m 的空地作为缓冲带

(2m×1m 径流小区的缓冲带宽 1m)，并在此调查植被特性和土壤特征。因此，坡面共布设小区 36 个，其中 6m×3m 和 2m×1m 的径流小区各 18 个［图 5-2（a）］。在每年的植被生长初期，即 2019 年和 2020 年 5 月，采用原位处理的方式对裸地处理小区和剪草处理小区进行人工修剪，然后通过定期（3～7d）修剪控制不同处理，直至每年试验结束（即 9 月底）。

5.1.2.2 野外监测及数据获取

本章研究野外监测的数据包括：土壤剖面含水量、降雨量、径流小区的产流产沙量以及土壤和植被特征参数。其中，对两种尺寸径流小区在天然降雨事件中的产流量与产沙量均进行了观测。而人工模拟降雨试验只在 2m×1m 的径流小区内进行。具体监测方法如下。

(1) 土壤含水量及降雨量的监测

2019 年 3 月下旬在每个小区中心开挖一个直径约为 30cm、深度约为 50cm 的土坑，将 4 个土壤水分传感器（TDR-310s，分辨率为体积百分比 0.1%）水平插入到地表以下 5cm、10cm、20cm 和 40cm 深度处，采样间隔为 5min。每个传感器在垂直平面上与上一个传感器有几厘米的偏差，以避免受到上部传感器潜在流动路径变化的影响（图 5-3）。安装完成后，小心地将原土填回坑内，并逐层压实至原容重以尽量减少扰动。同时利用土钻人工取土样，采用烘干法测定土壤质量含水率以对自动监测数据进行检验，因两者间的差异较小，同时考虑到人工测定的样本有限且不连续，故本章研究仍然使用原始的自动监测数据。考虑到山坡对自然降雨时空分布的影响，在每个坡度位置上均布设一个自记雨量计（RG3-M，分辨率为 0.2mm）用以记录降雨过程。

图 5-3 土壤水分传感器安装剖面图

(2) 天然降雨条件下产流产沙的监测

同时监测两种尺寸的径流小区在天然降雨条件下的产流产沙量，监测时间集中在 2019～2020 年的 6～9 月。

径流小区均用薄铁皮围成，其中入土深度为 40cm，出露 10cm 以防止土壤颗粒击溅造成泥沙损失。径流小区尾部设置成有一定坡度的 V 形收集口，用来收集小区内的径流和泥沙。收集口处连接三角堰，并用水位传感器装置测定产流过程。此后再连接自制的加盖沉沙池用以收集泥沙，沉沙池出口处再连接径流桶用以校准和验证径流数据。在整个收集装置中，三角堰顶端首先用大孔滤网遮盖，以防止杂草等进入堰内影响试验结果。此外，为避免降雨对堰内水位产生扰动，用盖板将径流出口及三角堰等设备遮盖（图5-4）。

图5-4　径流收集及监测装置

每次降雨后，及时收集降雨过程中产生的径流泥沙样，并对三角堰和沉沙池等设备进行清理。样品的测定包含径流量、泥沙量及泥沙中的养分含量。具体方法为：先测定水沙混合样的重量。样品沉淀后，倒出上清液。为不破坏土壤中的有机物质，将泥沙样品转移到布袋中进行风干并称重，得到泥沙量，样品处理过程如图5-5所示。水沙混合样与泥沙量的差值即为径流量。风干后的泥沙用于有机碳和全氮含量的测定。其中，有机碳和全氮含量分别使用重铬酸钾外加热法和凯氏定氮仪法测定。

(a)转移

(b)风干

(c)称重

图5-5　泥沙样品处理

（3）人工模拟降雨条件下产流产沙的监测

由于研究区近年干旱少雨，因此对坡面不同位置和植被处理下2m×1m的径流小区进行人工模拟降雨试验以作为补充，试验集中在2019年6～9月。通过调节降雨强度和前期土壤水分条件，测定不同实验条件下的径流流速、产流量、泥沙量，以及泥沙养分含量。

1）人工模拟降雨装置。

人工模拟降雨试验使用的径流小区规格为2m×1m×0.5m。降雨设备采用的是西安森森电子科技有限公司研发的下喷式人工模拟降雨器（MSR-S），该降雨器主要由供水系统、控制系统、智能终端和采集系统四部分组成，降雨高度为3m。该降雨器可模拟的降雨强度范围为15～200mm/h，其有效降雨覆盖面积为3m×6m，均匀系数>80%，雨滴大小范围为0.3～6.0mm，接近天然降雨情况，满足人工模拟降雨试验的需要。

因研究区常伴有大风天气，为了减少对试验的影响，所有试验均在日出前进行，同时使用架子管、滑轮、篷布等工具自制一套挡风设备（图5-6），事实证明该设备可有效降低风力对试验的干扰。

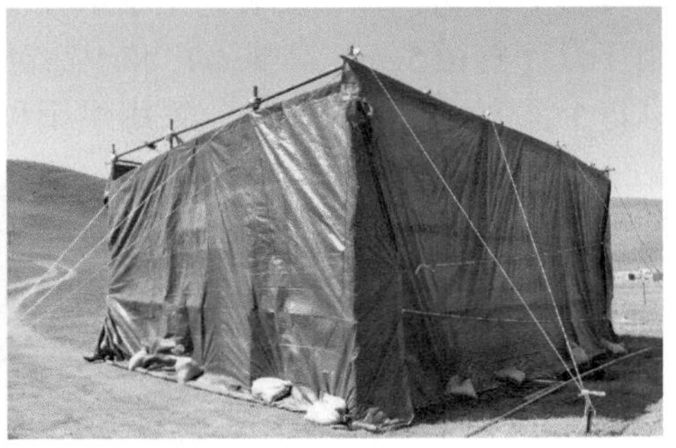

图5-6　人工模拟降雨挡风装置

2）试验条件设置。

研究区降雨主要呈现历时短、强度大和历时长、强度小的特点。基于降雨特征，设置2种不同的降雨强度，即小雨强和大雨强，分别对应0.6～0.7mm/min和1.0～1.2mm/min。此外，为了解前期土壤水分条件对坡面侵蚀产沙过程的影响，对坡面各个小区设置干燥、中等湿润和湿润3种土壤水分条件。试验持续时间为坡面开始产流后的60min。每个实验条件进行两次重复实验。因此，共设计降雨试验108次。

3）实验过程及样品采集。

为保证人工模拟降雨试验的降雨强度在试验条件设计范围内，在试验开始前，对降雨强度进行率定，当降雨强度达到设定要求并稳定后，可开始试验。此外，在每次试验前对径流小区进行拍照记录，以计算植被覆盖度。

记录降雨开始时间，在径流小区出口有水流流出时，记为产流开始时间。产流后每3min接取径流泥沙样品，每场试验可收集样品20个。采用染色剂（高锰酸钾）示踪法测定坡面径流流速，将距离径流小区上部0.5～1.5m的位置设置为流速测量区间，通过记录高锰酸钾溶液通过该测量区间所需的时间来计算流速。采取循环的方式测量，最终将每3min内的平均流速作为该时段的径流流速。测量期间，为减少人为误差，所有径流流速均由同一个人完成。降雨过程及流速测定如图5-7所示。

(a)人工模拟降雨试验

(b)坡面流速的测定

(c)试验收集的样品

图5-7　降雨过程及流速测定

试验后，测定径流量、泥沙量和泥沙中的养分含量。测定方法与天然降雨条件下的相同。

(4) 土壤特征数据的获取

2019 年 4 月上旬，在与安装的土壤水分传感器相同等高线位置的缓冲区中采集土壤样品。使用环刀（直径 5cm，高 5cm）和土钻对 5cm、10cm、20cm 和 40cm 深度处的土壤进行取样，每个深度重复取样 3 次。采用烘干称重法（105℃条件下烘 24h）测定土壤容重（BD，g/cm^3）。风干后的土壤样品先通过 2mm 的筛网，然后使用 HELOS&RODOS 全自动激光粒度分析仪测量土壤粒径分布，统计黏土（<0.002mm）、粉土（0.002～0.05mm）和砂土（>0.05mm）的含量，随后，计算几何平均粒径［d_g，式（5-1）］和几何粒径标准偏差（σ_g，式 5-2）以确定不同粒径的混合比[6]。

$$d_g = \exp(a) \tag{5-1}$$

$$\sigma_g = \exp(b) \tag{5-2}$$

式中，$a = \sum m_i \ln \overline{d_i}$，$b = \left[\sum m_i (\ln \overline{d_i})^2 - a^2\right]^{1/2}$，$m_i$为第 i 个级别粒径的质量百分率；d_i为第 i 个级别土壤粒径，$\overline{d_i}$为第 i 个级别粒径的算术平均值：$\overline{d_i} = (d_i + d_{i-1})/2$。

根据 Li 等[7]关于锡林河流域土壤入渗尺度转换研究的结果，于 2019 年 4 月初采用内环和外环直径分别为 100cm 和 150cm，高度为 50cm 的双环入渗仪测量坡面不同植被处理下的土壤饱和导水率（Ks，cm/h）。利用连接在内环和外环上的马氏瓶（Mariotte bottles）进行持续稳定的供水，记录马氏瓶和内外环的水位变化直至稳定状态[8]。

坡面不同位置各植被处理小区的土壤特性见图 5-8 和表 5-1。

表 5-1　坡面不同位置及植被处理下的土壤特征

指标	深度/cm	坡上（14°）			坡中（9°）			坡下（4°）		
		BG	SG	CK	BG	SG	CK	BG	SG	CK
d_g/mm	5	0.063	0.062	0.061	0.055	0.055	0.063	0.060	0.060	0.056
	10	0.073	0.073	0.076	0.078	0.074	0.071	0.065	0.070	0.068
	20	0.075	0.071	0.071	0.073	0.071	0.072	0.073	0.068	0.074
	40	0.067	0.073	0.070	0.062	0.068	0.068	0.069	0.065	0.069
σ_g/mm	5	2.609	2.625	2.665	2.864	2.949	2.632	2.764	2.725	2.907
	10	2.353	2.334	2.385	2.371	2.407	2.399	2.542	2.423	2.552
	20	2.357	2.414	2.448	2.473	2.404	2.431	2.378	2.551	2.437
	40	2.442	2.429	2.587	2.606	2.529	2.460	2.474	2.713	2.716
Ks/(cm/h)	5	9.9	9.8	11.7	8.0	8.6	7.3	7.7	6.0	6.2
	10	11.7	13.2	11.3	13.7	11.6	12.6	8.8	10.4	8.2
	20	10.2	12.0	13.3	11.6	10.2	9.0	11.4	7.6	9.1
	40	5.5	6.1	9.1	6.3	8.0	8.1	8.5	6.2	4.7

注：d_g为几何平均粒径；σ_g为几何粒径标准偏差；Ks 为饱和导水率。BG、SG 和 CK 分别表示裸地处理小区、留茬草处理小区和天然小区。

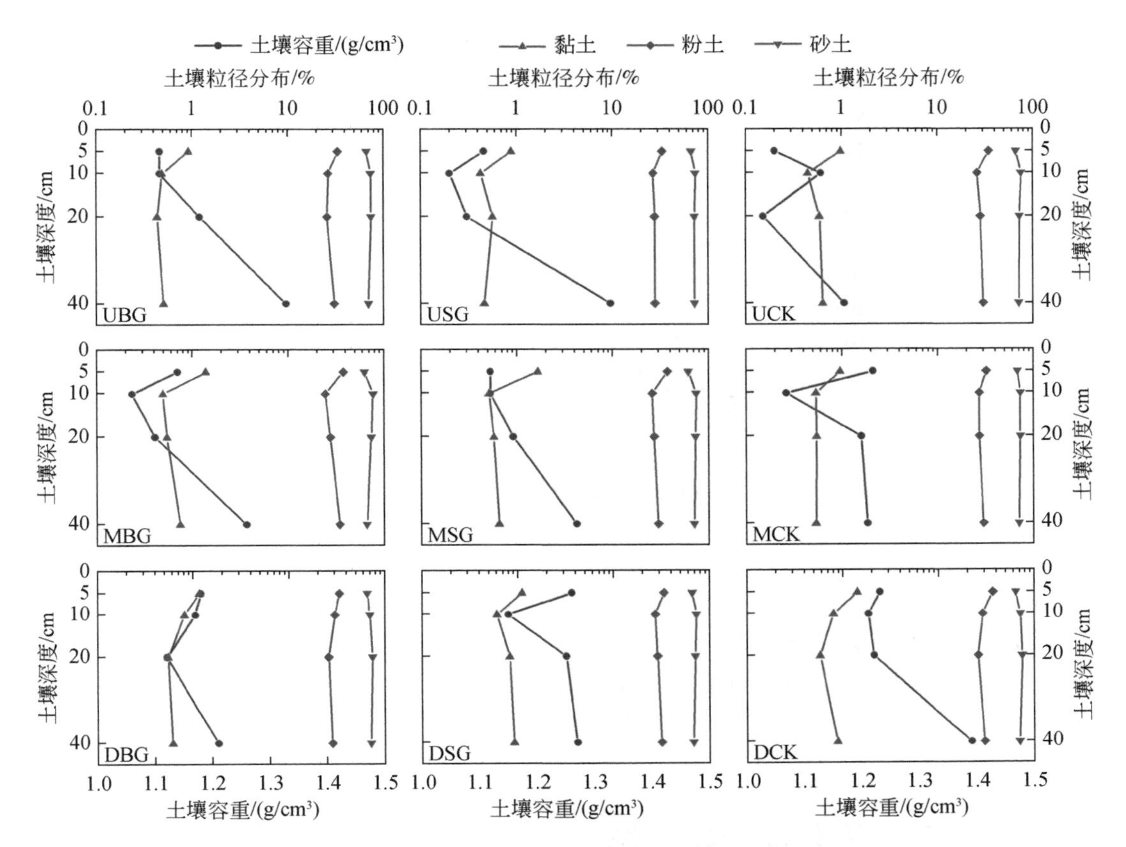

图 5-8　不同位置土壤容重及粒径组成剖面分布

注：土壤粒径分布采用 log 形式坐标表示；U、M、D 分别代表坡上、坡中和坡下位置

(5) 植被特征数据的获取

在每年的 6 ~ 9 月期间，利用数码相机每 10 天对小区内随机选取的 3 个 1m×1m 的样方进行拍照记录，并采用归一化差异指数（normalized difference index）提取地表植被覆盖度（Fc）[9]。在植被生长末期，利用长、宽、高分别为 20cm、10cm、10cm 的矩形金属盒对每个小区含有根系的土壤进行采样，以获取地下生物量（BGB，g/m^2）。坡面不同位置各处理小区的植被参数见图 5-9 和表 5-2。

表 5-2　不同坡度位置各植被处理小区的植被参数

指标	坡上（14°）			坡中（9°）			坡下（4°）		
	BG	SG	CK	BG	SG	CK	BG	SG	CK
H（cm）	0	5.9	9.0	0	5.5	6.8	0	4.4	6.3
N（pcs）	0	491	423	0	678	645	0	696	823
BGB(g/m^2)	493.9	447.6	424.7	616.7	696.3	734.2	640.6	695.3	623.7

注：H 为植被高度；N 为植被密度；BGB 为地下生物量。H 和 N 是植被在 2019 年整个生长季的平均值；BGB 是两个生长季末的均值。

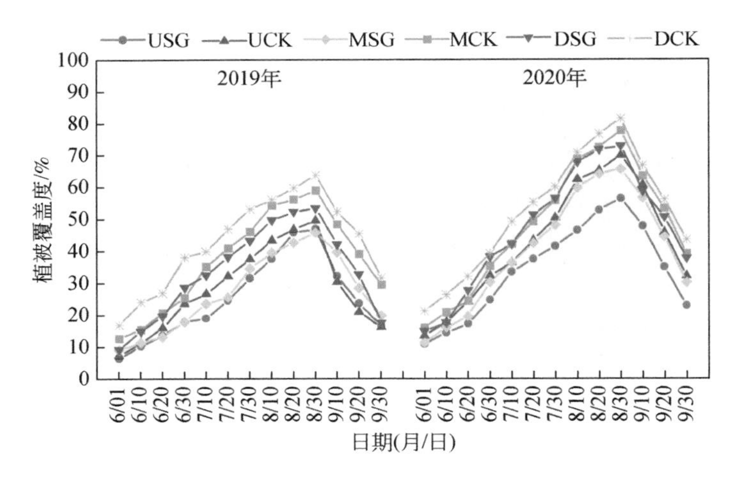

图 5-9　坡面不同位置及植被处理的植被覆盖度随时间的变化

5.1.2.3　小流域布设及监测

在小流域出口处设置观测点［图 5-1（b）］，以对流域在各场次降雨事件中产生的径流量、侵蚀量和养分流失量进行监测。径流量采用巴歇尔槽和水位传感器来监测。在每次降雨事件后，收集沉沙池中的泥沙以获取土壤侵蚀量和泥沙中的养分流失强度。具体方法同上。

5.2　天然降雨下坡面土壤水分的动态变化

通过对典型草原坡面不同坡度位置及不同植被处理下不同土层深度土壤水分时间序列的监测，旨在解决以下问题：①探究不同坡度位置和植被处理下土壤剖面水分的动态过程；②确定不同土壤深度处土壤水分响应的降雨补给阈值和前期土壤水分条件；③评价影响土壤水分响应的因素，并量化环境因素对不同坡度位置处的相对贡献。

5.2.1　数据处理与分析

使用的土壤水分和降雨时间序列以及植被数据的时段为 2019 年 6 月 ~9 月。具体方法见 5.1.2.2 节。

具体分析时，将降雨时间序列划分为降雨事件，即两次降雨的无雨间隔时间小于 6h 时则视为一次降雨事件。计算了每个降雨事件 5min 时间步长的降雨量（P）、最大降雨强度（i_{max}）和平均降雨强度（i_{mean}）。从不同降雨过程的土壤水分时间序列中提取前期土壤含水率（θ_{init}）、最大土壤含水率（θ_{max}）及土壤含水率变幅（$\Delta\theta$）（图 5-10），其中土壤含水率变幅 $\Delta\theta$ 用来描述特定地点某一土层深度土壤水分对降雨的响应程度。此外，利用不同深度的传感器计算每个位置的加权平均土壤含水率来获得土壤剖面的初始土壤含水率，其中根据每个传感器所代表的深度范围分别分配了 0.15、0.15、0.3 和 0.4 的权重。

考虑到土壤水分增加既可能由降雨触发，也可能存在仪器噪声的影响[10]，故将土壤含水率最小变化阈值设定为体积比 0.3%。也就是说，当土壤剖面中至少有一个传感器监测到 $\Delta\theta \geq 0.3\%$ 时，响应事件开始发生。0 ~ 40cm 土层的土壤储水量（SWS，mm）计算公式如下：

$$\mathrm{SWS}=\theta_{5\mathrm{cm}}\times 50\mathrm{mm}+\frac{\theta_{5\mathrm{cm}}+\theta_{10\mathrm{cm}}}{2}\times 50\mathrm{mm}+\frac{\theta_{10\mathrm{cm}}+\theta_{20\mathrm{cm}}}{2}\times 100\mathrm{mm}+\frac{\theta_{20\mathrm{cm}}+\theta_{40\mathrm{cm}}}{2}\times 200\mathrm{mm} \quad (5\text{-}3)$$

式中，$\theta_{i\mathrm{cm}}$是 $i$cm 深度处的土壤含水率。

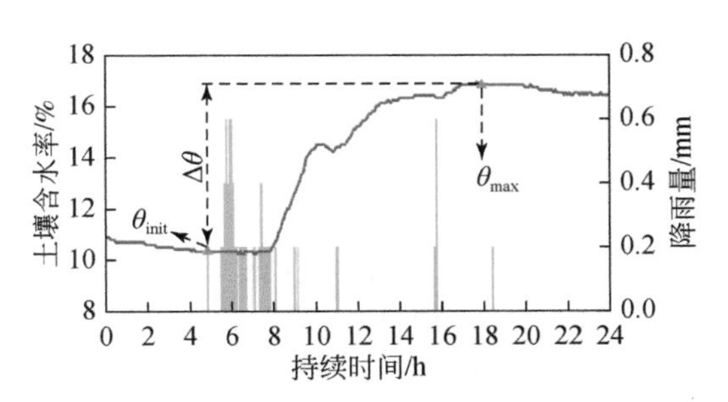

图 5-10　土壤水分对降雨事件的响应示意图

注：θ_{init}为降雨事件开始前的初始土壤含水率；θ_{max}为最大土壤含水率；$\Delta\theta$ 为 θ_{max}与 θ_{init}的差值

土壤水分垂直变化选用变异系数（C_V）来表达，根据 C_V值，可将土层划分为[11]速变层（$C_V>30\%$）、活跃层（$C_V=20\% \sim 30\%$）、次活跃层（$C_V=10\% \sim 20\%$）和相对稳定层（$C_V<10\%$）。

单因素方差分析（one-way analysis of variance，ANOVA）用于确定不同位置之间土壤储水量的差异。Pearson 相关系数用于检验降雨量、降雨强度、前期土壤含水率与不同土层土壤水分增幅之间的显著关系，所有统计检验的显著性水平设置为 $P<0.05$。采用多元主成分分析方法（multivariate principal component analysis，PCA）识别不同坡度位置及植被处理在土壤物理特征（BD，clay，silt，sand）、植被特性（H，N，BGB）及地形位置（slope）方面的差异，并运用多元回归模型[12]评价环境因子对不同坡度位置处土壤水分响应的相对重要性。

5.2.2　坡面土壤水分时空分布特征

在重力梯度的驱动下，坡面 0 ~ 40cm 土层的土壤含水量沿下坡方向增加，分别为 7.24%、7.98% 和 8.53%。BG 样带的土壤含水量分别是 SG 和 CK 的 1.1 和 1.2 倍，表明植被生长和截留会消耗更多的水分。此外，研究期间不同位置处的土壤储水量（SWS）差异很大（图 5-11）。与坡上位置相比，坡中和坡下位置的平均 SWS 分别增加了 8.0% 和 13.4%。与 BG 相比，SG 和 CK 的平均 SWS 分别下降了 9.7% 和 10.4%。

不同深度的土壤水分时间序列可以反映非饱和带土壤水分的变化。对于坡面不同位置及植被处理而言，浅层（0 ~ 10cm）土壤水分随时间波动较大，干湿交替明显；10 ~ 20cm 土层的土壤水分变化相对稳定，只有在大雨或连续降雨时才显著增加；而 20 ~ 40cm 土层

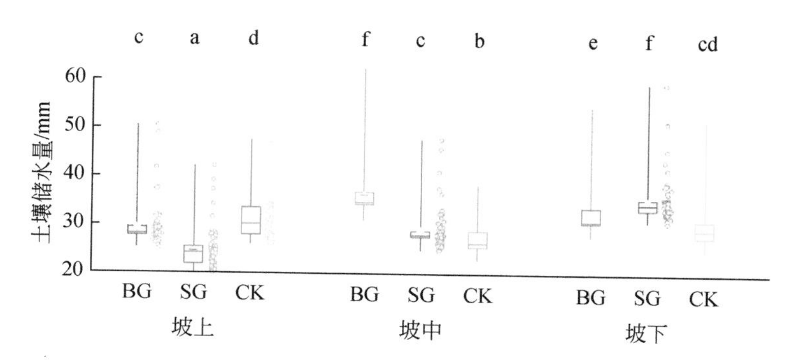

图 5-11　坡面各小区土壤储水量的分布

注：不同字母表示各小区间的土壤储水量差异显著（$P<0.05$）

的土壤水分变化较小（图 5-12）。此外，土壤水分在土壤剖面中表现出很大的变异性，且变异程度随深度加深而减小（表 5-3）。根据 C_V 值，土壤剖面的垂直变化可划分为：速变层（5cm），活跃层（10cm）和相对稳定层（20～40cm）。结果表明，土壤水分的时间变化主要受降雨季节分布的控制，降雨一般可以补给 10cm 以上土层的土壤水分，而深层土壤水分的补给只有在强降雨或连续降雨条件下才能实现。

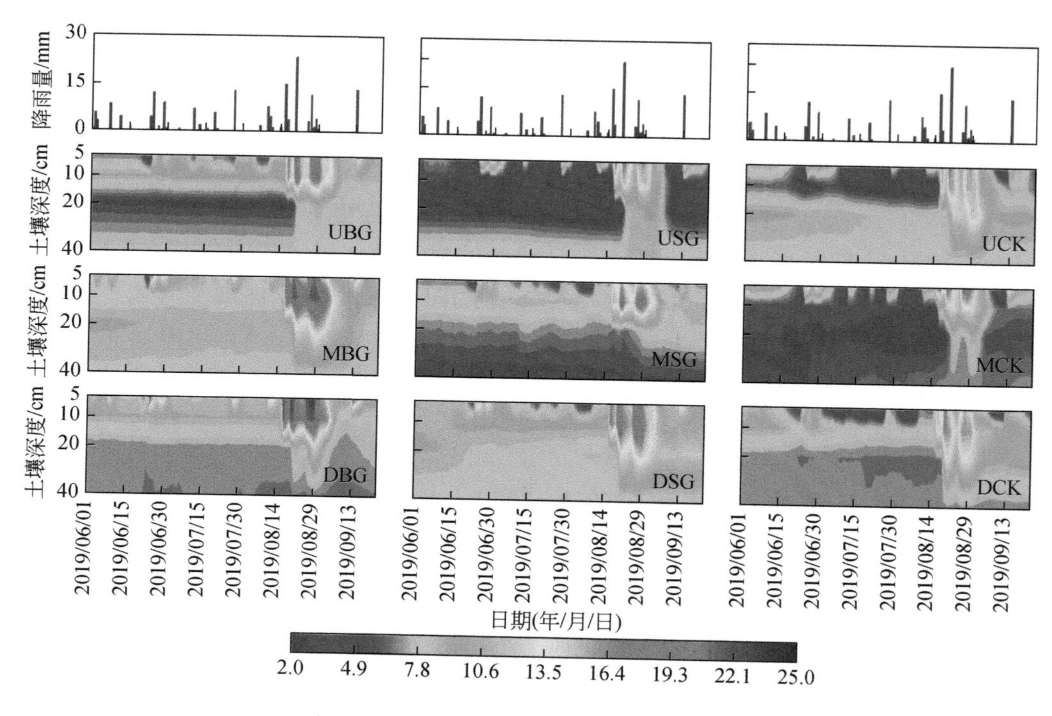

图 5-12　土壤水分剖面的时间变化特征

表 5-3　所有位置不同深度土壤含水率的统计特征

位置	植被处理	土壤深度/cm	土壤含水率/%				
			最小值	最大值	平均值	标准差/%	变异系数/%
坡上	BG	5	3. 43	20. 42	8. 23	2. 96	35. 98
		10	8. 31	19. 25	9. 16	1. 94	21. 15
		20	5. 30	10. 38	5. 58	0. 58	9. 41
		40	7. 96	8. 01	7. 99	0. 02	0. 21
	SG	5	2. 33	18. 37	6. 76	3. 27	48. 37
		10	3. 63	14. 68	5. 41	2. 10	28. 87
		20	4. 11	7. 20	4. 65	0. 42	9. 14
		40	8. 57	8. 62	8. 60	0. 02	0. 20
	CK	5	3. 10	18. 22	7. 02	3. 20	45. 59
		10	3. 94	15. 09	5. 81	2. 23	28. 38
		20	8. 01	11. 04	8. 82	0. 54	6. 10
		40	8. 23	8. 39	8. 31	0. 03	0. 37
坡中	BG	5	3. 58	21. 15	9. 81	3. 13	31. 93
		10	7. 74	22. 34	8. 93	2. 93	28. 74
		20	8. 94	15. 07	9. 19	0. 68	7. 35
		40	8. 50	8. 56	8. 54	0. 03	0. 30
	SG	5	3. 39	20. 20	7. 60	3. 09	40. 74
		10	8. 27	18. 60	9. 30	1. 81	25. 43
		20	6. 99	10. 13	7. 17	0. 34	4. 78
		40	5. 63	5. 68	5. 65	0. 01	0. 16
	CK	5	4. 18	18. 78	8. 17	2. 89	35. 32
		10	7. 40	13. 33	8. 18	0. 78	26. 51
		20	4. 89	6. 56	5. 59	0. 33	5. 82
		40	6. 55	6. 70	6. 60	0. 04	0. 63
坡下	BG	5	4. 66	23. 58	10. 74	3. 70	34. 44
		10	9. 16	22. 86	9. 95	2. 70	27. 16
		20	6. 85	8. 56	7. 10	0. 18	2. 60
		40	6. 76	6. 80	6. 79	0. 01	0. 16
	SG	5	5. 19	20. 05	9. 18	2. 88	31. 42
		10	9. 07	21. 29	9. 97	2. 06	26. 66
		20	7. 75	13. 76	8. 52	0. 76	8. 88
		40	8. 20	8. 27	8. 24	0. 04	0. 45
	CK	5	4. 43	17. 52	7. 97	2. 44	30. 55
		10	6. 42	17. 03	9. 05	1. 85	25. 39
		20	6. 60	14. 21	6. 91	0. 91	8. 23
		40	6. 79	7. 00	6. 93	0. 05	0. 70

5.2.3 坡面土壤水分对典型降雨事件的响应

为了描述降雨与土壤水分间的动态关系，分析了坡面所有径流小区不同土层的土壤水分在4次典型降雨事件中的变化，其中考虑了不同前期土壤水分条件和不同降雨类型的影响。各次典型降雨事件的降雨特征信息见表5-4。

表5-4 四次典型降雨事件的相关要素

降雨要素	简称	8月9日	8月10日	8月16日	8月20日
降雨量/mm	P	7.6	6.4	18.8	23.4
降雨持续时间/h	D	1.5	1.9	17.6	8.7
最大降雨强度/(mm/h)	I_5	1.8	0.8	1.4	3.2
	I_{10}	2.8	1.4	2.0	4.4
	I_{30}	5.2	3.4	4.0	8.0
	I_{60}	5.8	5.0	6.0	14.6
平均降雨强度/(mm/min)	i_{Mean}	0.23	0.20	0.21	0.25
前期降雨量/mm	AP_{24h}	0	0	0	0
	AP_{48h}	0	7.6	1.2	0

注：I_5、I_{10}、I_{30}和I_{60}分别表示5min、10min、30min和60min的最大降雨强度；AP_{24h}、AP_{48h}分别为过去24h和48h的前期降雨量。

坡面土壤水分变化特征在4次典型降雨事件中差异显著（图5-13～图5-16）。土壤水分的响应过程受降雨的影响较大。总体而言，较大的降雨量会增加土壤水分的入渗深度。例如，在8月9～10日的降雨事件中，只有5cm土层对降雨事件有响应，而在8月16日和20日，水分可分别入渗至10cm和20cm深度处。此外，土壤水分增量（$\Delta\theta$）总体上随着降雨量的增加而增加，但并非所有情况都是这样（表5-5）。与8月16日相比，8月20日BG、SG和CK处理下的5cm土层的$\Delta\theta$分别下降了21.3%、17.7%和10.3%。另外，在8月16日，5cm层土壤水分达到峰值时，10cm层开始响应，但在8月20日降雨10.8mm后，5cm和10cm层土壤水分几乎同时增加。这表明，土层越深，土壤水分对降雨的滞后响应越强，但土层间滞后时间的差异会随着降雨量和降雨强度的增加而减小。

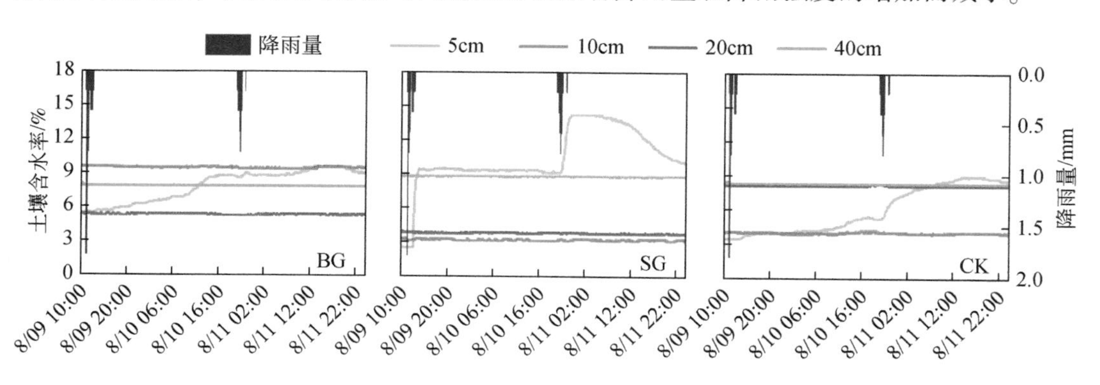

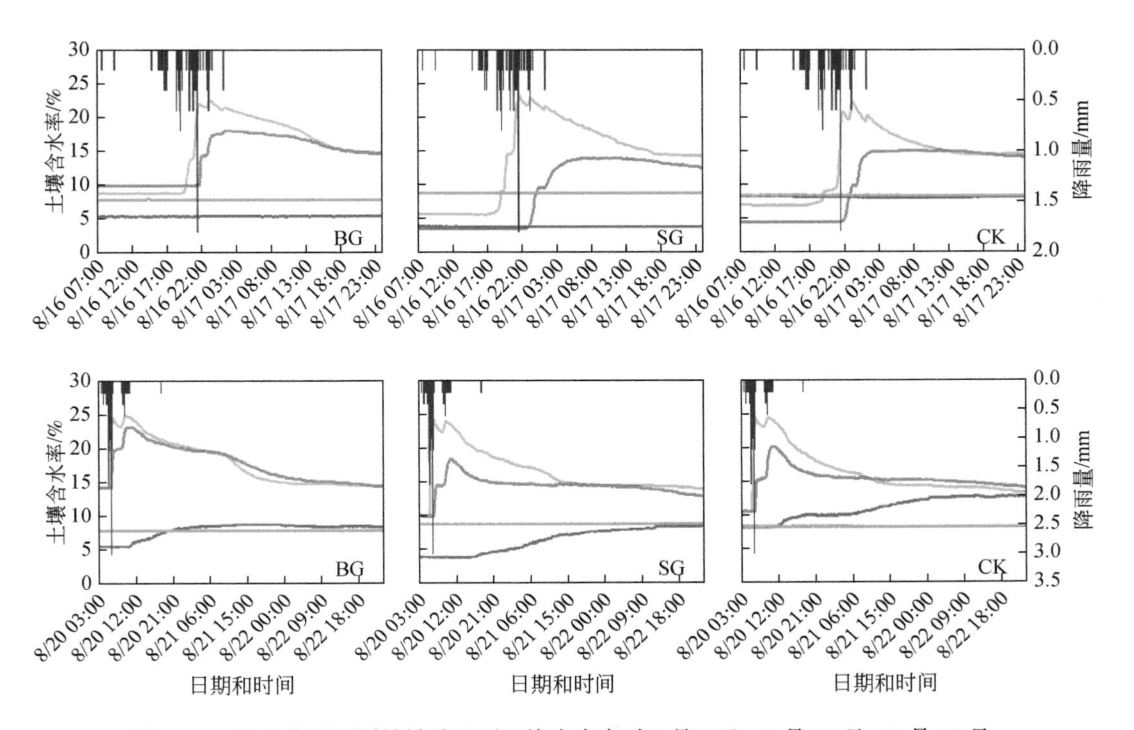

图 5-13　坡上位置不同植被处理下土壤含水率对 8 月 9 日、8 月 10 日、8 月 16 日及 8 月 20 日降雨的响应过程

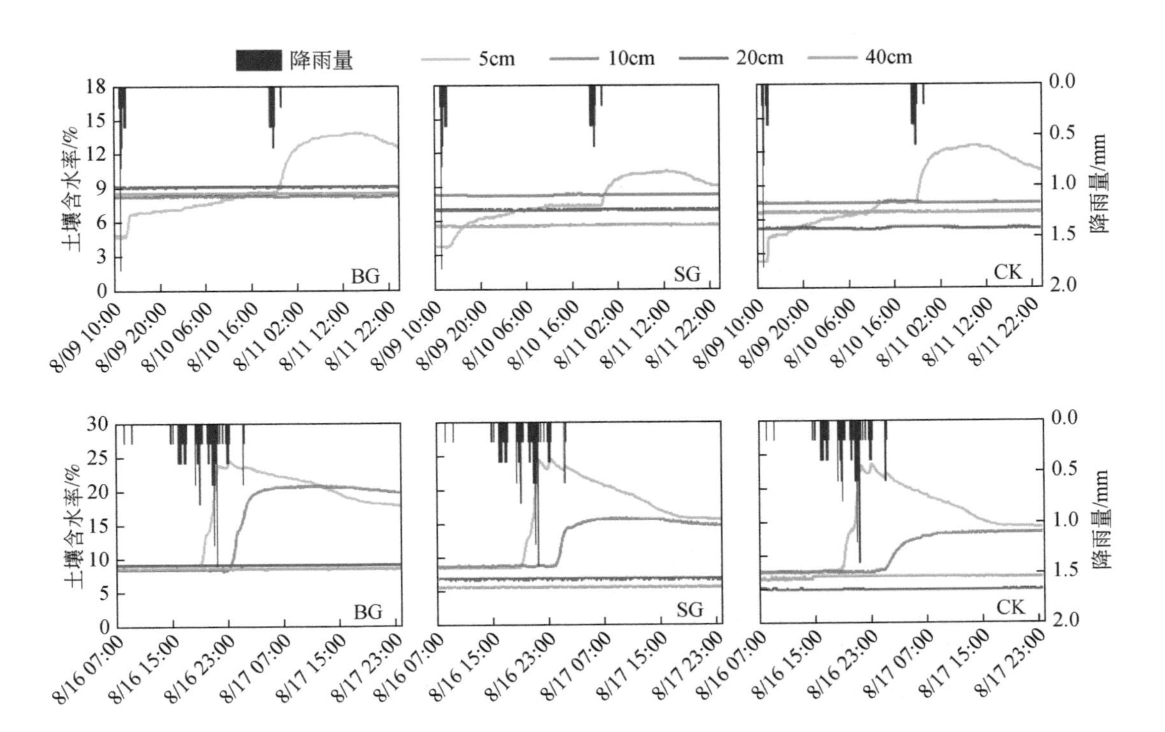

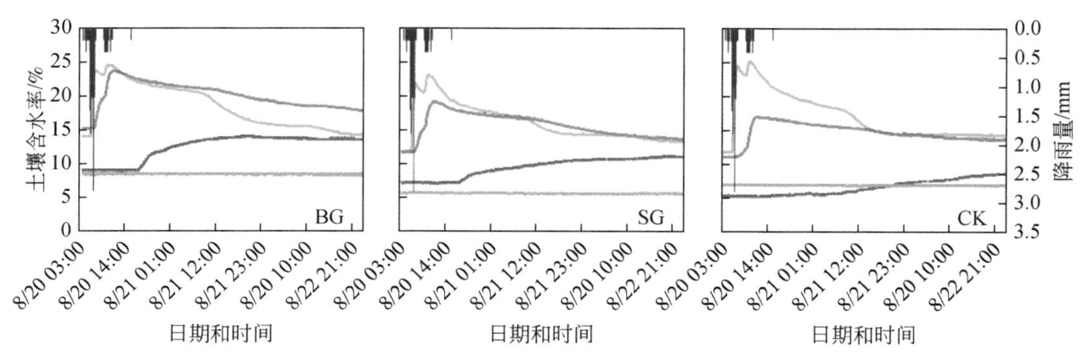

图 5-14　坡中位置不同植被处理下土壤含水率对 8 月 9 日、8 月 10 日、8 月 16 日及 8 月 20 日降雨的响应过程

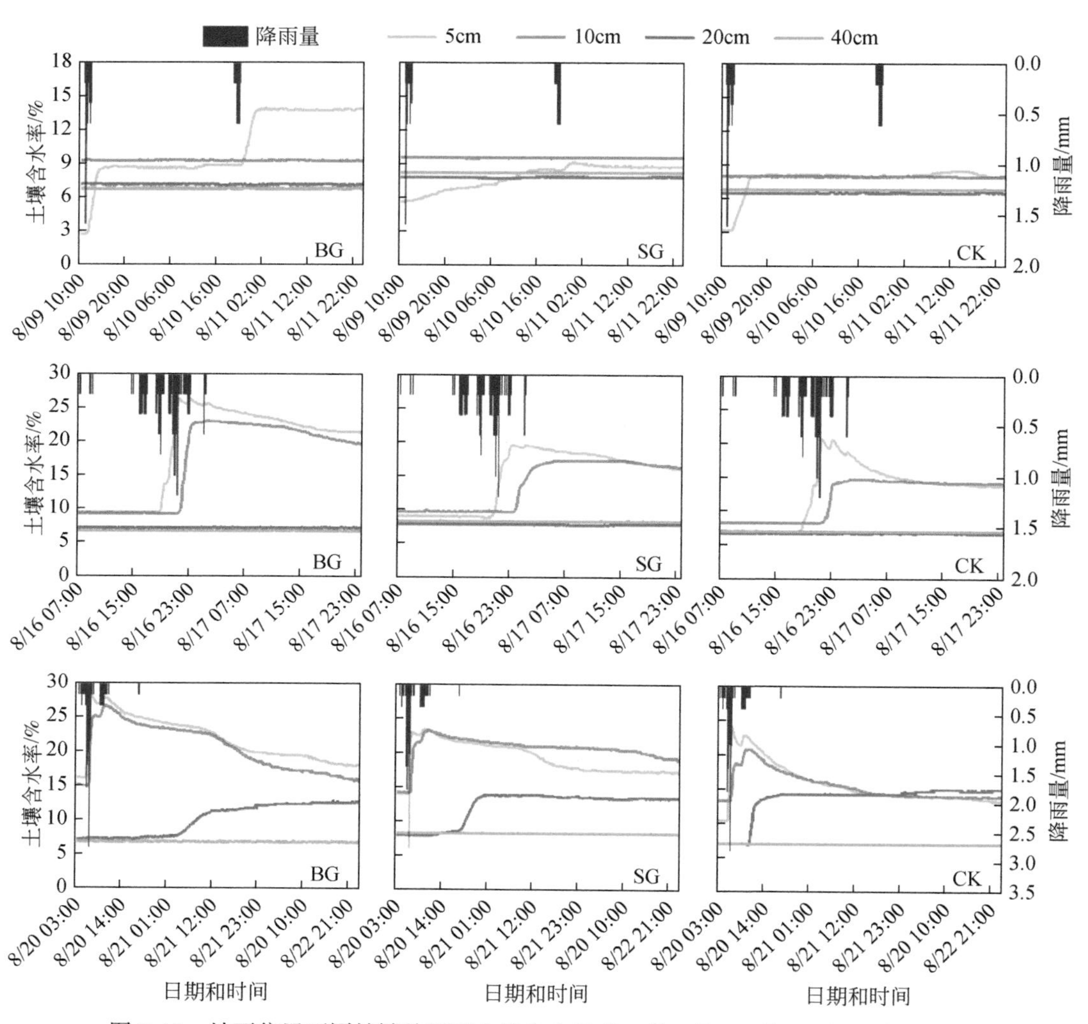

图 5-15　坡下位置不同植被处理下土壤含水率对 8 月 9 日、8 月 10 日、8 月 16 日及 8 月 20 日降雨的响应过程

为了进一步阐明土壤水分的响应特征，对研究期间所有入渗事件的土壤水分变化量、触发响应所需的降雨量和土壤初始含水率进行了统计分析。如图 5-16 所示，$\Delta\theta$ 均随土层加深而减小，且 40cm 土层土壤水分均未响应，与 CK 相比，BG 和 SG 土壤剖面的 $\Delta\theta$ 分别增加了 11.8% 和 4.9%。BG 处理下土壤剖面的 $\Delta\theta$ 沿下坡方向呈增加趋势，而 SG 和 CK 的变化则相反。此外，5cm 土层的土壤水分对降雨较为敏感，而 10cm 和 20cm 处的土壤水分只有在平均降雨量大于 8.0mm 和 11.4mm 的情况下才有所增加。同时，引发 5cm、10cm 和 20cm 土层土壤水分响应的平均前期土壤剖面含水率分别需要达到 8.7%、9.4% 和 10.8%，说明土壤水分的响应不仅需要外部驱动力（如降雨），还要有合适的前期水分条件。

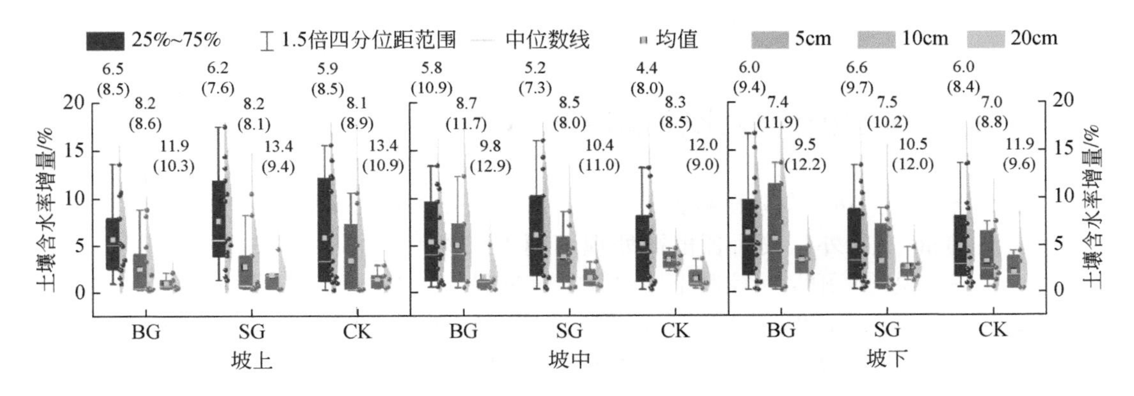

图 5-16 所有降雨事件中土壤水分增量的剖面分布

注：箱线图上方的数值和括号中的值分别表示该层土壤水分响应所需的降雨量和土壤剖面的平均初始含水率

表 5-5 坡面不同植被处理下土壤水分在 4 次典型降雨中的响应参数

位置	植被处理	土壤水分响应指标/%	8 月 9 日	8 月 10 日	8 月 16 日		8 月 20 日		
			5cm	5cm	5cm	10cm	5cm	10cm	20cm
坡上（14°）	BG	θ_{init}	5.4	8.6	8.8	9.8	14.2	14.2	5.3
		$\Delta\theta$	3.4	1.0	13.6	8.2	10.7	8.9	3.4
	SG	θ_{init}	2.5	9.1	5.7	3.4	10.0	10.0	3.9
		$\Delta\theta$	7.0	5.1	17.5	10.5	14.4	8.3	5.0
	CK	θ_{init}	3.4	5.2	6.6	4.3	10.5	10.5	8.1
		$\Delta\theta$	2.0	3.7	15.6	10.6	14.0	9.6	4.7
坡中（9°）	BG	θ_{init}	4.7	8.5	9.1	8.4	14.1	15.3	9.0
		$\Delta\theta$	4.0	5.4	15.2	12.3	10.6	8.5	5.1
	SG	θ_{init}	3.6	7.3	8.6	8.6	11.7	11.7	7.1
		$\Delta\theta$	3.8	3.1	15.9	7.2	11.5	7.5	4.1
	CK	θ_{init}	2.3	7.4	7.4	7.6	11.8	10.9	5.1
		$\Delta\theta$	5.4	5.2	16.1	5.8	13.5	6.2	3.6

续表

位置	植被处理	土壤水分响应指标/%	8月9日	8月10日	8月16日		8月20日		
			5cm	5cm	5cm	10cm	5cm	10cm	20cm
坡下（4°）	BG	θ_{init}	2.7	8.9	9.6	9.3	16.2	15.1	7.1
		$\Delta\theta$	6.3	5.1	16.8	13.7	12.1	11.5	5.3
	SG	θ_{init}	5.6	8.5	9.0	9.6	14.0	14.2	7.8
		$\Delta\theta$	3.0	0.7	10.5	7.7	9.4	9.0	6.0
	CK	θ_{init}	3.2	8.0	7.1	8.2	10.4	13.2	6.9
		$\Delta\theta$	5.1	0.6	13.5	6.5	13.6	7.5	7.4

注：$\Delta\theta$ 为土壤含水率增量；θ_{init} 为初始土壤含水率。

5.2.4 不同坡位处土壤水分响应与环境因子的关系

土壤水分增幅（$\Delta\theta$）与降雨特征及前期土壤水分条件的相关性（表5-6）结果表明，除坡上位置20cm土层外，坡面各植被处理不同土层深度处的 $\Delta\theta$ 均与降雨量显著（$P<0.01$）正相关，说明降雨量是控制土壤水分响应过程的主要因子。最大雨强对 $\Delta\theta$ 的增强作用主要表现在10cm和20cm土层，而平均雨强对 $\Delta\theta$ 的负效应不显著。此外，尽管前期土壤含水率（θ_{init}）与 $\Delta\theta$ 间缺乏显著的相关性，但前者仍会影响土壤水分对降雨事件的响应。例如坡上位置裸地处理小区（UBG）在7月11日降雨中（降雨量为7.4mm，前期土壤含水率为6.4%）的土壤水分增幅为2.5%，小于8月9日（降雨量为7.6mm，前期土壤含水率为5.4%）的3.4%（表5-5）。这也解释了USG、DBG及DCK在8月9日降雨中土壤水分响应过程线不同于同一坡位处其他处理的现象。

此外，土壤水分响应特征还受土壤特征、植被特性和地形位置的影响。坡面小区环境变量的变化梯度表明（图5-17），坡上位置的3种处理及MCK的土壤砂粒含量显著高于其他；MBG和MSG伴随较大的黏粒含量、粉粒含量和地下生物量，而DSG和DCK的土壤粉粒、黏粒含量最高，土壤容重最大。

表5-6 坡面不同深度土层土壤含水率增幅与降雨量、前期土壤含水率及雨强的相关性

位置	指标	BG			SG			CK		
		5cm	10cm	20cm	5cm	10cm	20cm	5cm	10cm	20cm
坡上（14°）	P/mm	0.84**	0.70**	0.65	0.91**	0.84**	0.35	0.84**	0.87**	0.14
	i_{max}/(mm/5min)	0.61	0.43	0.69	0.36	0.59*	0.34	0.55	0.78*	0.06
	i_{mean}/(mm/5min)	−0.40	−0.14	−0.04	−0.36	−0.20	−0.24	−0.40	−0.16	−0.30
	θ_{init}/%	−0.36	−0.27	−0.25	−0.41	−0.16	−0.34	−0.38	−0.23	−0.61
坡中（9°）	P/mm	0.80**	0.91**	0.93**	0.84**	0.98**	0.58**	0.85**	0.95**	0.70**
	i_{max}/(mm/5min)	0.15	0.54	0.95**	0.17	0.72*	0.21	0.48*	0.84*	0.92
	i_{mean}/(mm/5min)	−0.42*	−0.57	−0.13	−0.35	−0.51	−0.13	−0.07	−0.51	−0.59
	θ_{init}	−0.39	−0.85**	−0.89**	−0.32	−0.11	−0.2	−0.44*	−0.63	−0.38

续表

位置	指标	BG			SG			CK		
		5cm	10cm	20cm	5cm	10cm	20cm	5cm	10cm	20cm
坡下（4°）	P/mm	0.70 **	0.86 **	0.59 **	0.89 **	0.87 **	0.58 **	0.95 **	0.87 **	0.58 **
	i_{max}/(mm/5min)	0.44	0.43 *	0.41 *	0.28	0.47 *	0.41 *	0.40	0.47 *	0.41 *
	i_{mean}/(mm/5min)	-0.21	-0.10	-0.01	-0.31	-0.10	-0.02	-0.18	-0.09	-0.01
	θ_{init}/%	-0.29	-0.17	-0.02	-0.36	-0.21	-0.2	-0.38	-0.22	-0.15

注：P 是降雨量；i_{max} 是5分钟最大降雨强度；i_{mean} 是5分钟平均降雨强度；θ_{init} 是前期土壤含水率。由于40cm土层土壤含水率在整个生长季较为稳定，故不纳入相关分析。* 代表在0.05水平显著；** 代表在0.01水平显著。

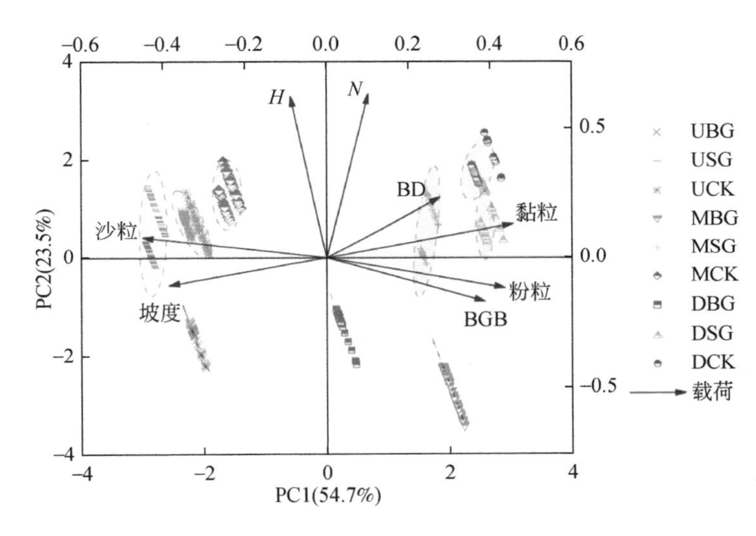

图5-17　环境因子主成分分析双标图

注：BD是土壤容重；H 是植被高度；N 是植被密度；BGB是地下生物量

多元回归分析结果表明，包含所有环境变量（水分条件、土壤物理特征、植被特性及地形位置）的模型解释了观测到的土壤水分响应增幅总变异的68%（调整后的 R^2）[图5-18（a）]。

其中水分条件是影响该过程的主要驱动因素，可解释变异的41.1%；植被和土壤特性也起到关键作用，分别可解释变异的38.8%和14.5%；虽然坡度仅能解释5.6%的变化，但坡度对土壤水分重分布有着重要作用。植被-地形-土壤属性组合的差异（图5-17）使得环境因子对不同坡位处土壤水分响应过程的相对重要程度有所差异。植被和土壤特征的相对贡献率沿下坡方向分别呈上升和下降趋势［图5-18（b）~图5-18（d）］。主成分分析与回归分析结果表明，坡上土壤水分响应幅度主要受土壤砂粒含量的显著影响。坡中土壤水分的变化受土壤特征和植被特性的影响，且两者的贡献相差不大。坡下位置土壤水分增量的差异在很大程度上取决于植被高度和土壤黏粒含量。

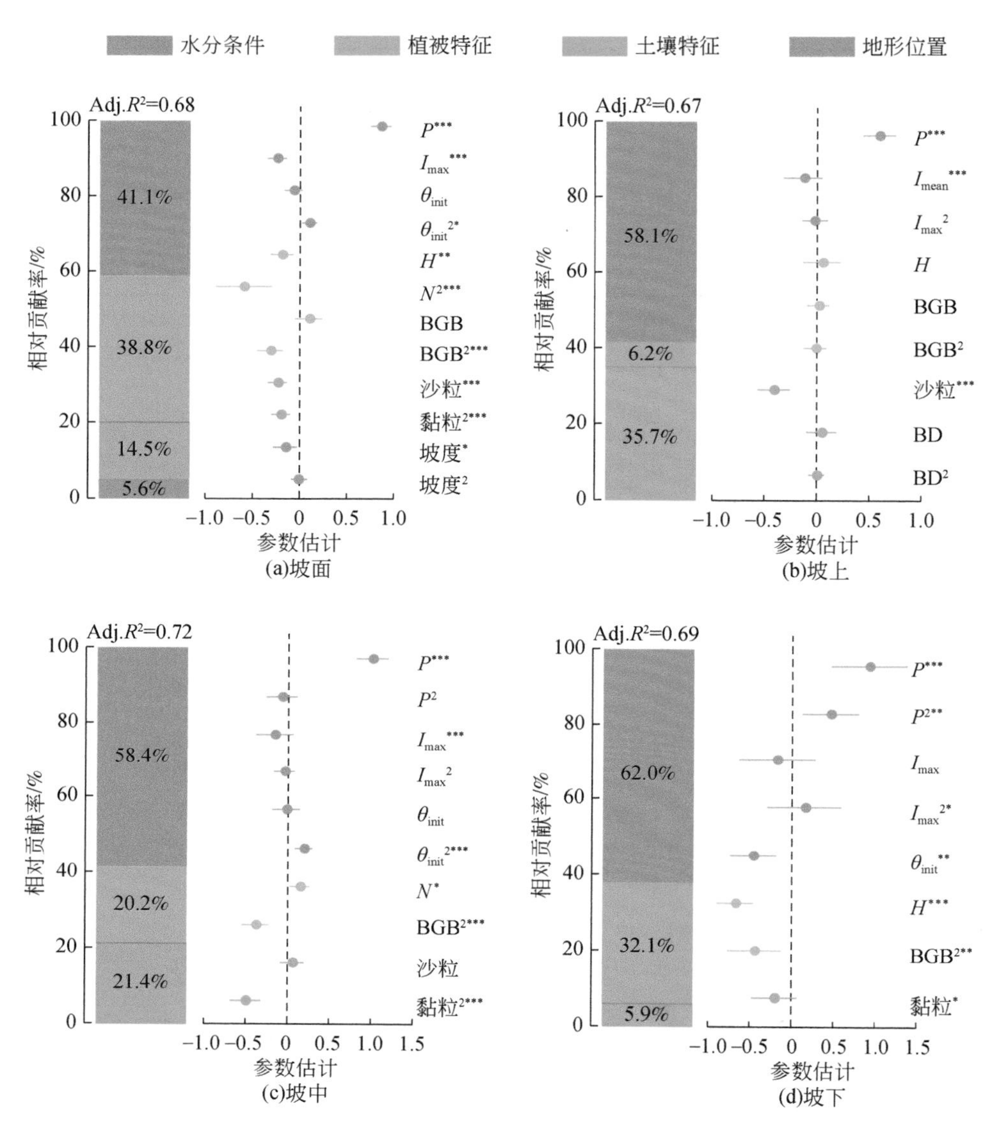

图 5-18　环境因子对土壤水分响应过程的影响

注：模型对参数的估计采用标准化回归系数，各因素的95%置信区间和相对重要性表示为解释方差的百分比。模型调整后的 R^2（Adj. R^2）随各因素的 P 值分别为：$*P<0.05$；$**P<0.01$；$***P<0.001$

5.2.5　讨论与小结

5.2.5.1　讨论

(1) 土壤水分动态变化

土壤水分的时间变化受土壤水分消耗和补给的强烈影响。结果表明，裸地处理的土壤含水量高于其他处理。一般来说，植物的截留和蒸腾作用会显著影响土壤水分[13]。虽然植被可以通过减少地表结皮来促进降水的入渗，但蒸散量在水分平衡中所占的比例比降雨入渗量更大，一般来说，植被覆盖小区的蒸散量增加通常会导致土壤水分总体较低。安第斯草本植物坡地土壤含水率在去除地上植被而不破坏土壤结构的情况是高于自然状态的[14]；然而，Zhang 等[15]针对黄土高原草地的研究指出，植被覆盖区相比原地无植被类型区，0～20cm 土层的土壤含水率却增加了6.81%。之所以出现这样的结果，是因为在清理植被的同时还施加了除草剂，尽管杀死了残留植物，但也影响了根系的生长和发育，进而引起土壤结构的变化[16]。本章研究只去除了地上植被“活”的部分，同时保留了土壤表层覆盖着的枯枝落叶，而枯落物有减小蒸散发量、提高土壤入渗能力的作用[17]，因而显著提高了土壤的湿润状况。

浅层土壤对降水和蒸发较为敏感，干湿交替较快。强降雨或连续降雨事件可显著增加土壤水分，特别是为深层土壤水分补给提供更多机会。这与研究区土壤剖面划分结果一致，其可分为速变层（5cm）、活跃层（10cm）和相对稳定层（20～40cm）。彭海英等[18]针对内蒙古典型草原的研究也发现受降雨入渗影响的土壤湿润深度通常发生在0～40cm 土层内，平均入渗深度为20cm，只有在极端降水（>70mm）情况下才会引发40cm 以下土层土壤水分的稳定增加，且60cm 以下土层土壤水分受天然降雨的影响很小[19]。

（2）土壤水分响应的时间控制

不同深度的土壤水分表现出复杂的响应过程，其受到降雨特征[20]和前期土壤水分状况[21]的影响。降雨显著影响水分入渗过程[22]，且降雨强度对根区土壤水分有强烈的作用[23]。总体而言，较高的降雨量和较大的降雨强度显著增加了土壤水分入渗深度和 $\Delta\theta$，且土壤剖面的响应强度随着土层深度的增加而减小。之前的一些研究也认为，由于土壤蒸发和植物蒸腾造成的水分损失，使得降雨强度低的小降雨事件不容易提供有效的土壤水分补给，通常只能影响浅层地表土壤的积累[24]。8月20日5～10cm 土层的 θ_{init} 和 $\Delta\theta$ 分别是8月16日的1.62倍和0.86倍。这些结果表明，前期土壤水分状况在一定程度上影响了土壤水分响应幅度。特别是在干旱后的降雨过程中（8月9日），前期土壤水分状况的影响更为明显。Zhu 等[25]也表明，干旱条件下表层土壤水分的增加与土壤初始含水率呈显著负相关关系。因为干燥的土壤有储存更多雨水的潜力[26]，并且在高强度降雨中表现出更快的湿润速率[27]。然而，土壤在湿润条件下，由于湿润锋处的水力坡度较小，降雨入渗率会下降[28]。此外，触发5cm、10cm 和20cm 土层土壤水分响应所需的降雨量和初始土壤剖面含水量呈增加趋势，表明深层土壤水分的响应需要更湿润的水分条件。

（3）土壤水分响应的空间控制

除了贡献最大的水分条件外，植被、土壤属性和地形的组合[29]也调节着降雨向土壤水的转化过程和重分布。一般来说，植被可以通过植被冠层和根系系统来改变降雨的分布模式[30-31]。土壤结构、土壤质地和土壤物理性质的微小差异将影响土壤水分的变化[32-33]。此外，坡度还可以通过地形对土壤水分重分布的直接作用[34]或/和其对土壤性质的间接作用来影响土壤水分的响应［图5-18（a）］。由于环境因子具有高度的空间变异性，各种因子对坡面不同位置的影响是不同的。

坡上位置的土壤砂粒含量高于坡面其他位置处的（图5-8；图5-17），且其对土壤水分响应过程有显著作用 [图 5-18 (b)]。较高的土壤砂粒含量通常对水分入渗有积极的影响[35]。此外，在降雨期间，因为雨滴的动能使得土壤变得致密、水分入渗减少[35]，因此坡上裸露地面的雨水很容易以地表径流的形式流失[36]。因此，尽管植被对坡上位置土壤水分响应的贡献度相对较小 (6.2%)，但植被的存在会增加地表的粗糙度[36]，其茎和叶在减缓地表径流流速的同时，也增加了水分的入渗[37]。结果还发现，USG 和 UCK 土壤剖面的 $\Delta\theta$ 显著高于 UBG 的。同样地，He 等[38]通过室内模拟降雨试验也发现草地坡面 (15°) 的土壤储水增量明显大于裸露坡面 (15°)，表明坡上的植被能够有效地提高雨水向土壤水分的转化率。

坡中伴随着较大的地下生物量 (表 5-2；图 5-17)。研究表明，较高的根系生物量会通过增加土壤孔洞的连通性来增加降雨的入渗量[39]。对于坡下位置而言，DSG 和 DCK 拥有较大的土壤容重和较高的黏粒含量 (图 5-8；图 5-17)。当黏粒含量较高时土壤孔隙会减小[40]，同时随着土壤容重的增加，透气性也会下降。这些条件使得水分在入渗过程中需要克服更大的阻力[41]。同时，茂盛的植被也会增加耗水量和截留量，最终以蒸散发的形式流失到大气中，导致 DSG 和 DCK 的土壤水分变幅沿坡面表现为最小。而 DBG 的土壤水分变幅最高。这归因于 DBG 表面更多枯落物的存在保护了表层土壤的物理结构并使其渗透性能维持在一个较高的水平[11]，从而增加了雨水的入渗[42]。

5.2.5.2　小结

本节针对半干旱典型草原坡面不同位置及不同植被处理下的土壤水分响应过程进行了试验分析，主要结论如下。

1) 土壤剖面含水率和储水量沿下坡方向递增，且在裸地处理中最大，其次为剪草处理和天然草地。

2) 根据不同深度含水率的变异系数，可将土壤剖面划分为速变层 (5cm)，活跃层 (10cm) 和相对稳定层 (20cm 和 40cm)。

3) 土壤水分的响应过程主要受降雨量和初始含水率的控制，其共同解释了 41.1% 的差异。土壤特征、植被特性及地形对坡面土壤水分的响应也有重要影响，分别可解释 38.8%、14.5% 和 5.6% 的变异。

4) 土层 5cm、10cm 和 20cm 土壤水分响应的降雨补给阈值分别为 5.8mm、8.0mm 和 11.4mm，同时也要满足前期土壤剖面含水率达到 8.7%、9.4% 和 10.8% 的条件。

5) 不同坡位处土壤水分的变化对环境因子的敏感程度不一，土壤性质对坡面土壤水分变化的贡献率为 35.7%，其中土壤沙粒含量的影响最为显著。坡中位置土壤水分的变异主要受土壤黏粒含量和地下生物量的控制，土壤性质和植被特征的相对贡献率分别为 21.4% 和 20.2%。而植被特征对坡下土壤水分的变异起主导作用，可解释差异的 32.1%。

5.3　基于土壤水分响应事件的优先流识别与验证

通过对半干旱典型草原土壤水分的高频原位监测，本节研究了裸地、剪草草地和天然草地 (分别作为不同植被覆盖等级的代表) 在不同坡度位置处的优先流 (preferential flow,

PF）特征及其因素。为此，首先建立了确定 PF 发生频率的方法；其次，确定了驱动 PF 发生的降雨事件特征和初始土壤水分条件；再次，讨论了小尺度上土壤特征、植被特性和地形位置对 PF 的影响；最后，阐明了不同入渗响应类型对水分运动过程和入渗的影响机理。研究结果可为准确评估 PF 的发生情况，从而建立水文预报模型提供参考。

5.3.1 数据处理与分析

使用的土壤水分、降雨量及植被数据的时段为 2019 ~ 2020 年的 6 ~ 9 月。具体方法见 5.1.2.2 节。

5.3.1.1 降雨事件的划分和入渗事件的定义

将降雨时间序列划分为降雨事件，即相邻两次降雨的无雨间隔时间小于 6h 时视为一次降雨事件（图 5-19）。计算了每个降雨事件的降雨量（P_{sum}），5min 时间步长的最大降雨强度（I_{max}）和平均降雨强度（I_{avg}）及降雨的持续时间（D）。

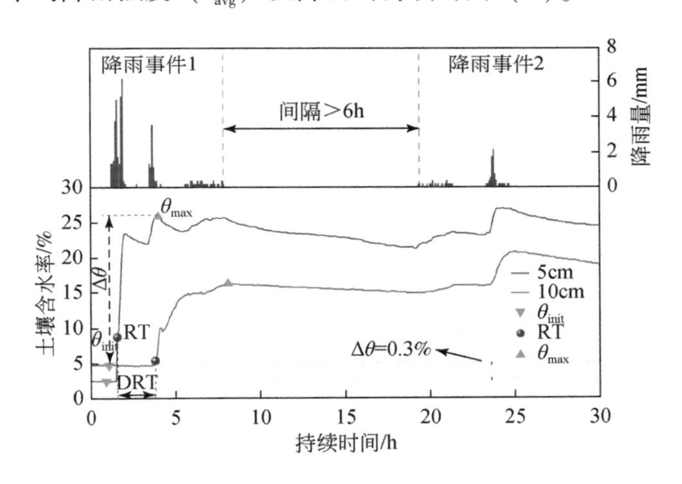

图 5-19 降雨事件及土壤水分响应示意图

注：RT 为传感器的响应时间

一般来说，当土壤水分增加超过仪器噪声水平后，响应事件开始发生[43]。大多研究认为对于精度为 1% ~4% 的传感器来说，土壤水分变化需要超过仪器噪声的阈值为 0.2%[44-45]。此处将土壤含水率最小变化阈值设定为 0.3%，则入渗事件定义为土壤剖面中至少有一个传感器的土壤水分增加≥0.3%。从而可以确定每个传感器的响应时间（RT）及相邻土层土壤水分响应的时间差（DRT，定义为下层与上层土壤水分响应时间的差值）（图 5-19）。在降雨事件结束后，继续追踪土壤水分响应事件长达 48h 或直至下一次降雨事件开始。因为不同入渗响应事件的分类是基于传感器的第一次响应进行识别的[46]，因此还计算了所有土层响应前的降雨量（rP_{sum}）和降雨强度（rI_{avg}，rI_{max}）。

从每个入渗事件中提取不同深度土壤的前期土壤含水率（θ_{init}，定义为降雨事件开始前的含水量）、最大土壤含水率（θ_{max}）及土壤含水率增量（$\Delta\theta$）（图 5-19），其中 $\Delta\theta$ 用来描述特定地点某一土层深度土壤水分对降雨的响应程度。利用土壤剖面含水率的四分位数法将土壤分为干、湿两种初始状态[44]。

5.3.1.2 入渗响应类型的识别与分类

对于所有入渗事件，土壤水分传感器的响应时间顺序可划分为[43]以下 4 种。

1）非顺序响应（non-sequential response，NSR）：传感器没有按照从地面开始的顺序进行响应的事件。

2）基于速度的优先流（velocity-based preferential flow，PF-rate）：传感器按照从上到下的顺序响应，且最大孔隙水速率（V_{max}）大于饱和导水率（Ks）时所对应的事件。V_{max}由传感器间的距离除以 DRT 得到[45]。需要注意的是，V_{max}代表了相邻传感器间可测得的土壤体积中最快的流动分量。

3）顺序响应（sequential response，SR）：传感器按照从上到下的顺序依次响应，且V_{max}小于 Ks 的事件。

4）无响应（no response，NR）：土壤水分变化没有超过最小阈值（0.3%）。

不同入渗响应类型发生频率的计算方法如下：

$$
\begin{aligned}
\text{NSR}(\%) &= \frac{\text{NSR 响应总数}}{\text{入渗事件总数}} \\
\text{PF-rate}(\%) &= \frac{\text{PF-rate 响应总数}}{\text{入渗事件总数}} \\
\text{SR}(\%) &= \frac{\text{SR 响应总数}}{\text{入渗事件总数}}
\end{aligned}
\tag{5-4}
$$

基于从文献中了解的关于 PF 的信息，提出以下假设：即 PF 的产生对降雨强度和初始土壤含水率有强烈的依赖性。具体表现为大雨强和干燥条件会促进 PF 的发生。

5.3.1.3 土壤水分消退过程的量化

为更好的理解土壤水分对降雨的响应过程，计算了土壤水分减小量（$\Delta\theta_r$），即土壤水分从峰值（θ_{max}）到稳定状态的变化量（图 5-19）。这段土壤水分变化曲线被称为衰退曲线（hydrograph recession），可用简单的指数函数来描述这一过程[47]：$\theta_t=\theta_0 K^t$，其中 θ_0和θ_t分别是任意时间和 t 时间后的土壤含水率，K 是衰退常数。

作为土壤的一种内在特征，K 在一定程度上反映了土壤的保水性能，且不容易受到时间变化的影响[48]。最常用的估计方法是主衰退曲线（MRC）法，即从多个衰退段中创建一条平均衰退曲线[49]。具体做法为绘制衰退曲线中任一点与 t 时间后土壤含水率的散点图，拟合出的一条经过原点的直线即为 MRC，此时的斜率为衰退常数 K。K 值越大，排水速度越慢[50]。一般来说，时间间隔 t 越大，K 值越准确[51]。然而，获取准确的 K 值需要更长的数据周期，且会从分析中排除许多衰退段。综合考虑，本节研究的时间间隔 t 取 3h。此外，还计算了 K 值的标准误差（SE）和决定系数（R^2）。

5.3.1.4 数据分析

本节研究采用单因素方差分析（one way ANOVA）和 Bonferroni post-hoc test 识别不同

坡度位置处PF频率的差异。由于数据大多不满足正态分布和方差齐性，因此使用非参数Kruskal-Wallis检验分析降雨特征和初始土壤含水率对不同入渗响应类型的影响。此外，采用Spearman双变量相关分析法确定不同土层土壤特征、植被特性及坡度与PF发生频率间的潜在关系。所有统计检验的显著性水平设置为$P<0.05$。

5.3.1.5 降雨特征分析

观测期内的总降雨量为444.3mm，2019年和2020年6～9月的降雨量分别占总降雨量的38%和62%，对应为168.9mm和275.4mm［图5-20（a）］。观测期内共发生降雨事件79次，最大单次降雨量为44.9mm。次降雨量（P_{sum}）小于5mm和10mm的降雨事件分别占总降雨事件的67.0%和85.8%，次降雨最大强度（I_{max}）小于2mm/5min的事件占87.6%［图5-20（b）］。如图5-20（c）所示，该地区的降雨具有小雨量小雨强和大雨量大雨强的特点。

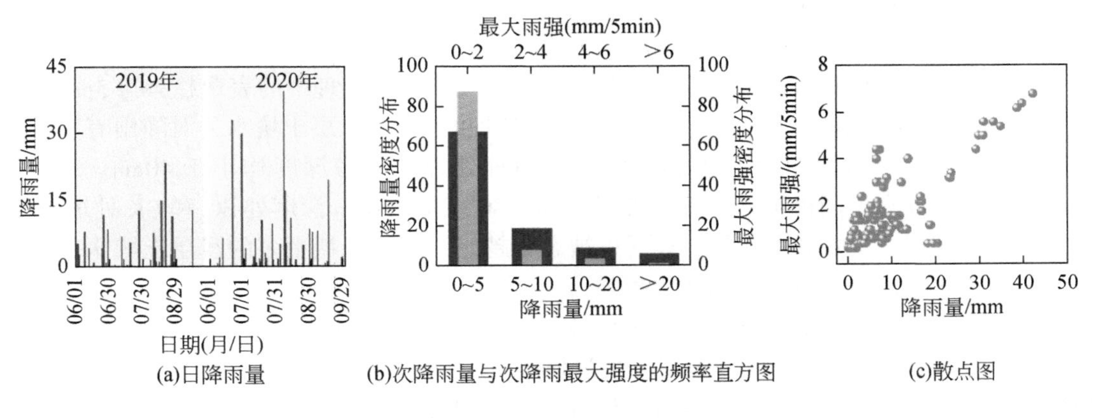

图5-20 2019年和2020年6～9月的降雨特征分析

5.3.2 土壤水分对降雨响应的定量描述

基于以上，选取一系列量化指标（土壤水分增量，$\Delta\theta$；土壤水分响应时间差，DRT；最大孔隙水速率，V_{max}；土壤水分减小量，$\Delta\theta_r$）对坡面不同位置及不同植被处理下降雨入渗过程中的剖面土壤水分响应进行分析，从而对其全过程进行定量性的描述。

5.3.2.1 土壤水分增量的剖面分布

图5-21为不同植被处理在特定坡位处的土壤水分增量（$\Delta\theta$）沿土壤剖面分布的箱线图。由图可知，除DCK的20cm土层外，$\Delta\theta$均随土层深度加深而减小，表明土壤水分对降雨的响应随土层深度增加而减弱。但不同坡度位置和植被处理下的$\Delta\theta$沿土壤剖面的变化模式略有差异。

对于坡上位置，$\Delta\theta$沿深度方向上的减小程度在各植被处理间不同，但5cm和20cm土层间均有显著性差异（图5-21）。各植被处理在土壤剖面上的水分增量无明显差异，但

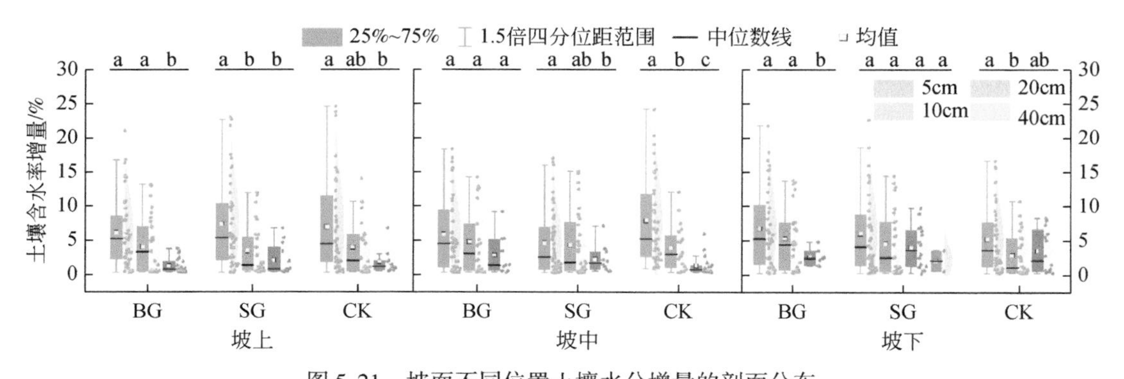

图 5-21　坡面不同位置土壤水分增量的剖面分布

注：不同字母表示某一特定位置不同土层深度间的土壤水分增量差异显著

USG 和 UCK 均是 UBG 的 1.2 倍（图 5-22），说明坡上位置的植被可以增加土壤水分入渗。坡中位置 BG 处理下的 $\Delta\theta$ 沿土壤剖面无显著差异，但 CK 处理下 $\Delta\theta$ 沿深度显著降低，均值分别为 7.8%、3.8% 和 1.3%。除表层土壤外，各植被处理下 10cm 和 20cm 的 $\Delta\theta$ 均随植被增多表现出降低趋势。而土壤剖面的水分增量均值在各处理中的表现趋势与 5cm 土层的 $\Delta\theta$ 相同，为 CK>BG>SG。坡下位置只有 SG 处理的 40cm 土层土壤水分对降雨有响应且各土层间的响应幅度无显著性差异，而另外两种处理的入渗深度均小于 40cm。5cm 和 10cm 土层的 $\Delta\theta$ 在不同植被处理下均表现为 BG>SG>CK，20cm 深度处 SG 和 CK 处理的 $\Delta\theta$ 分别是裸地处理的 1.6 和 1.4 倍，表明植被态势越好，就会消耗更多的浅层土壤水分，同时将雨水转化为深层土壤水分的能力越强。

总体而言，除坡中 BG 处理和坡下 SG 处理外，其余位置的 $\Delta\theta$ 在各土层间均有不同程度的差异，尤其是坡中 CK 处理表现的最为强烈，反映了土壤水分响应沿土壤剖面受到了强烈的阻力。此外，对于某一特定坡度位置，20cm 土层处的 $\Delta\theta$ 在 CK 处理下表现为最大，说明植被会影响深层土壤水分的响应状况。

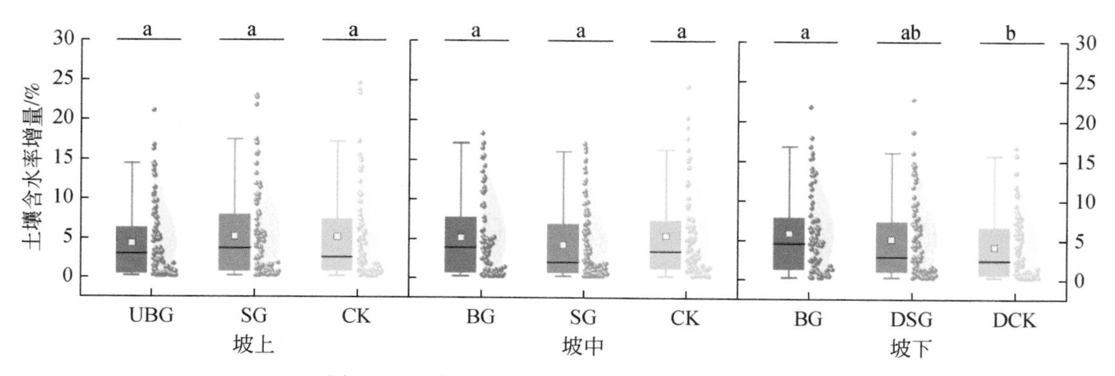

图 5-22　坡面不同位置土壤水分增量箱线图

注：不同字母表示某一特定坡位处不同植被处理间的土壤水分增量差异显著

5.3.2.2　土壤水分响应时间差的剖面分布

土壤水分响应时间差（DRT）的垂直变化可以表征土壤剖面水分入渗过程的时间模

式。从图 5-23 中可知，除坡上位置外，DRT 均沿土壤剖面有显著增加。DRT 的范围从负值变化到 UBG 处理的 65.2h。此外，BG、SG 和 CK 的 DRT 沿下坡方向均呈现下降趋势，意味着越靠近下坡位置，相邻土层土壤水分响应的时间差越短，说明地形对土壤水分入渗有强烈影响。

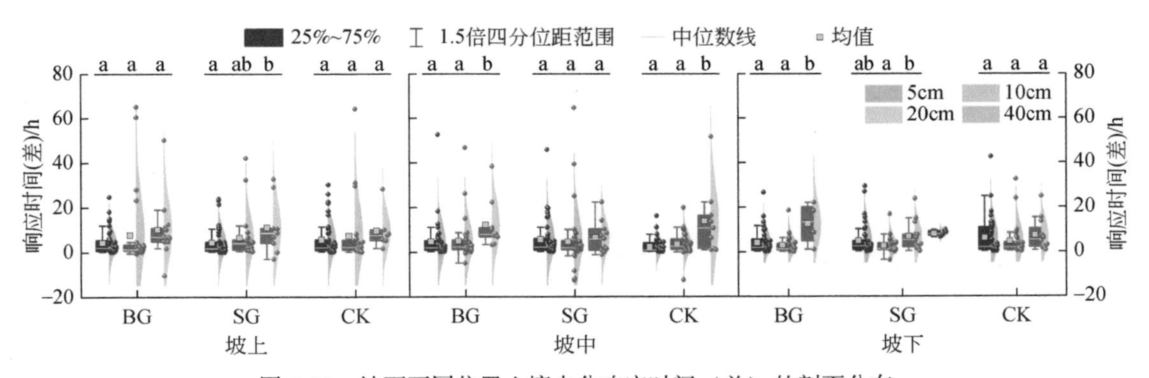

图 5-23　坡面不同位置土壤水分响应时间（差）的剖面分布

注：5cm 对应的为响应时间；不同字母表示某一特定位置不同土层深度间的土壤水分响应时间差差异显著

5.3.2.3　最大孔隙水速率的剖面分布

坡面最大孔隙水速率（V_{max}）的变化范围为 0.06 到 60cm/h，平均值为 6.13cm/h。不同位置处不同土层深度的 V_{max} 均值从 USG 20cm 的 1.09cm/h 变化到 MCK 5cm 土层的 11.46cm/h（图 5-24）。由于 0 ~ 5cm 土层 V_{max} 的计算是基于土壤水分的响应时间而非响应时间差，因此该层的 V_{max} 可能被低估。尽管如此，最大值一般仍出现在表层土壤中，且均值大多随土层深度加深而降低。除坡下位置外，其余位置的 V_{max} 在土壤剖面上均表现出不同程度的差异性。此外，对于不同坡度位置而言，坡下的 V_{max} 最小。而在不同植被处理中，CK 的 V_{max} 最大。

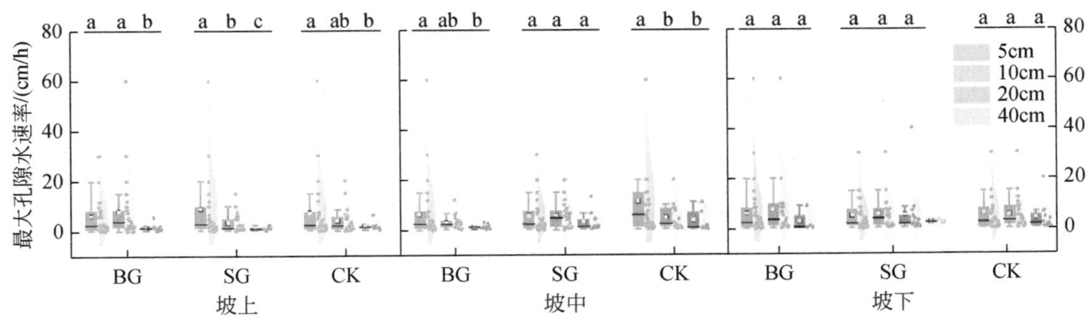

图 5-24　坡面不同位置最大孔隙水速率沿剖面的分布

注：不同字母表示某一特定位置不同土层深度间的最大孔隙水速率差异显著

5.3.2.4　土壤水分减小量的剖面分布

图 5-25 描述了坡面不同植被处理下不同土层深度土壤水分减小量（$\Delta\theta_r$）的分布情况

和统计特征。特定位置 $\Delta\theta_r$ 随土壤剖面的加深均呈现减小趋势。同时，从图中可以观察到 5cm 土层 $\Delta\theta_r$ 的分布范围最广，而 20cm 处的分布较为集中，说明深层土壤受外界环境的影响较小。坡上和坡中位置 5cm 土层土壤的 $\Delta\theta_r$ 大小顺序均表现为 BG<SG<CK，说明植被能明显增加表层土壤水分的消耗。

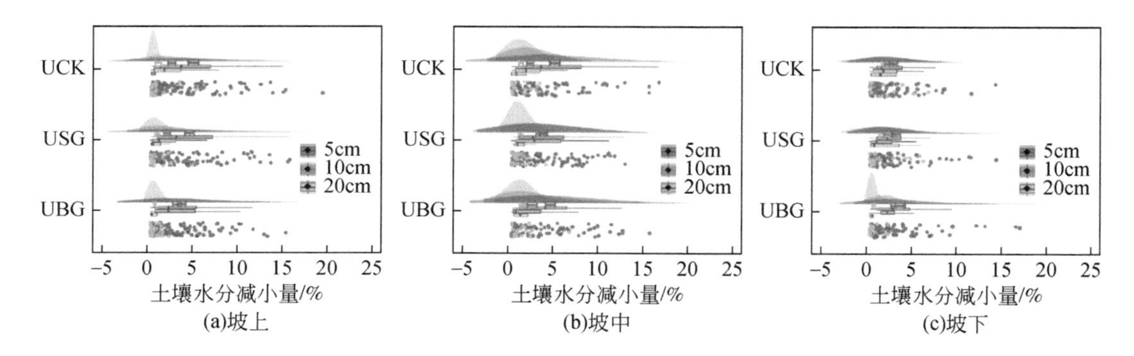

图 5-25　土壤水分减小量的剖面分布

5.3.3　入渗响应类型特征分析

5.3.3.1　入渗响应类型的发生频率

由上一节结果可知，DRT 存在小于零的情况，即某一深度的土壤水分比其上层土壤先响应，表明坡面存在非顺序优先流（NSR）[22]。此外，最大孔隙水速率（V_{max}）与饱和导水率（Ks）的比较结果显示（表 5-7），约有五分之一的顺序响应事件出现了 V_{max} 大于 Ks 的现象，即存在基于速度的优先流（PF-rate）。

表 5-7　最大孔隙水速率大于饱和导水率的事件百分比　（单位：%）

位置	UBG	USG	UCK	MBG	MSG	MCK	DBG	DSG	DCK
百分比	17.7	19.2	16.4	12.1	16.1	34.9	24.2	19.7	25.6

PF 的频率（NSR 和 PF-rate）从坡上（27.3%）到坡中（28.0%）再到坡下（28.9%）表现为不显著的上升趋势［图 5-26（a）］。其中 NSR 和 PF-rate 的发生频率沿下坡方向分别呈逐渐减小和增大的趋势。总体而言，PF-rate 的频率是 NSR 的 1.4 ~ 2.7 倍。NSR 的频率在不同植被处理之间没有显著差异，但在 BG 中最高，而 PF-rate 更容易发生在 CK 中［图 5-26（b）］。

坡面不同位置及植被处理的入渗响应类型大多属于 SR，其中 MBG 高达 84.1%，最低的 MCK 也占了 55.5%［图 5-26（c）］。约有 30% 的入渗事件属于 PF，其中 NSR 和 PF-rate 的发生频率分别为 4.8% ~ 13.9% 和 10.1% ~ 30.6%。三种响应类型的出现频率均随深度的增加而降低。在 SR 事件中，5cm 和 10cm 深度处的响应事件分别为 52.4% 和 32.8%，而入渗至 20cm 和 40cm 深度处的仅为 14.8%。NSR 事件中，10cm、20cm 和

40cm 土层的响应事件分别占 51.4%、47.2%和 1.4%。而 5cm 土层发生 PF-rate 的频率分别是 10cm 和 20cm 的 3.6 和 33.7 倍。

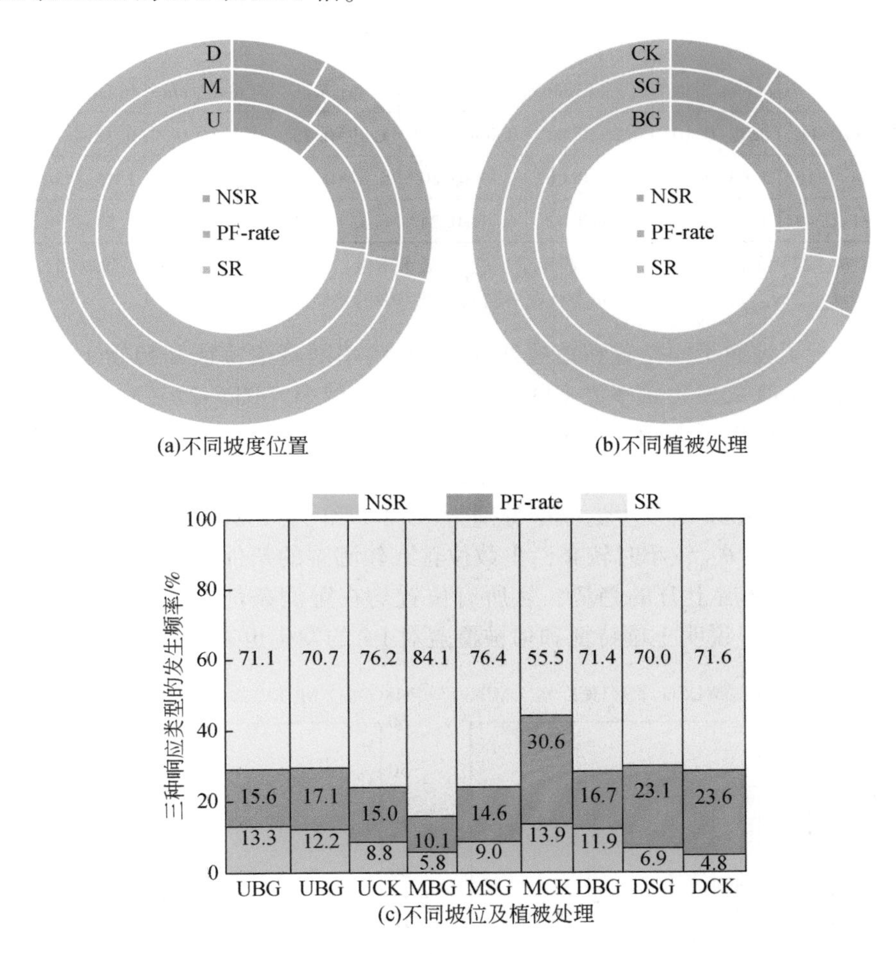

(a)不同坡度位置

(b)不同植被处理

(c)不同坡位及植被处理

图 5-26　三种入渗响应类型的发生频率

5.3.3.2　优先流发生的控制因子

为评估降雨特征和前期土壤水分条件对不同响应行为的影响，计算了不同入渗响应类型中每个参数的均值（表 5-8）。在三种响应类型中，发生 NSR 事件对应的降雨量（P_{sum}）和降雨强度（I_{max}和 I_{avg}）最小，而 PF-rate 事件的降雨量和降雨强度显著高于 NSR 的。优先流对应降雨事件的持续时间（D）显著小于 SR 的。同时，响应前降雨特征（rP_{sum}、rI_{max}、rI_{avg}）在 NSR、PF-rate 与 SR 间均有显著性差异。与 P_{sum}不同，SR 事件的 rP_{sum}分别是 NSR 和 PF-rate 的 1.44 ~4.24 倍，说明 SR 事件发生响应所需的前期降雨量明显大于 PF 的。以上结果表明，NSR 发生的降雨事件主要为历时短的小降雨，而 PF-rate 对应为历时短且雨强大的降雨事件。此外，NSR 与 SR 具有相似的前期土壤含水率（θ_{init}），表明 θ_{init} 对 NSR 没有决定性影响。然而，PF-rate 事件对应的 θ_{init}显著高于 SR 的，说明湿润的土壤条件有利于 PF-rate 的发生。

表 5-8　不同入渗响应类型的降雨特征及前期土壤含水率

响应类型	P_{sum} /mm	I_{max} /(mm/5min)	I_{avg} /(mm/5min)	D /h	rP_{sum} /mm	rI_{max} /(mm/5min)	rI_{avg} /(mm/5min)	θ_{init} /%
NSR	2.83+0.48[b]	0.77+0.10[c]	0.36+0.04[c]	3.00+0.59[b]	1.99+0.42[c]	0.54+0.08[c]	0.32+0.04[c]	9.64+0.47[b]
PF-rate	10.94+1.13[a]	2.63+0.15[a]	0.95+0.06[a]	2.93+0.20[b]	5.84+0.52[b]	2.06+0.13[a]	1.15+0.07[a]	14.61+0.47[a]
SR	10.31+0.42[a]	1.61+0.06[b]	0.46+0.02[b]	6.70+0.24[a]	8.43+0.34[a]	1.54+0.06[b]	0.53+0.02[b]	10.45+0.18[b]

注：计算了整个事件的降雨特征（P_{sum}：降雨量；I_{max}：最大雨强；I_{avg}：平均雨强；D：持续时间）及响应前的降雨特征（rP_{sum}、rI_{max}、rI_{avg}）；不同字母表示参数在不同入渗类型中的差异性（$P<0.05$）。

进一步分析了坡面不同位置和植被处理下 PF 频率随降雨特征和初始土壤含水率的变化。结果表明，NSR 的发生频率大多随 rP_{sum}的增加而减小［图 5-27（a）］。当 rP_{sum}>5mm 时，只在某些位置产生了 NSR，而 rP_{sum}为 0～5mm 时，NSR 发生的概率高达 76.6%。特定位置 PF-rate 的发生频率大多随雨强增大而增加［图 5-27（b）］。PF-rate 在 I_{max}为 2～4mm/5min 和>4mm/5min 时发生的概率分别为 32.1% 和 51.9%。图 5-28 表明，大多数位置 NSR 的发生频率在 θ_{init}较小时较高，少数位置在较潮湿的条件下会促进 NSR 的产生。而 PF-rate 表现为先下降后上升的趋势，且所有位置均在湿润条件下达到极值。此外，每个位置 PF 的频率不同，说明土壤特征和植被覆盖对 PF 的发生也有重要作用。

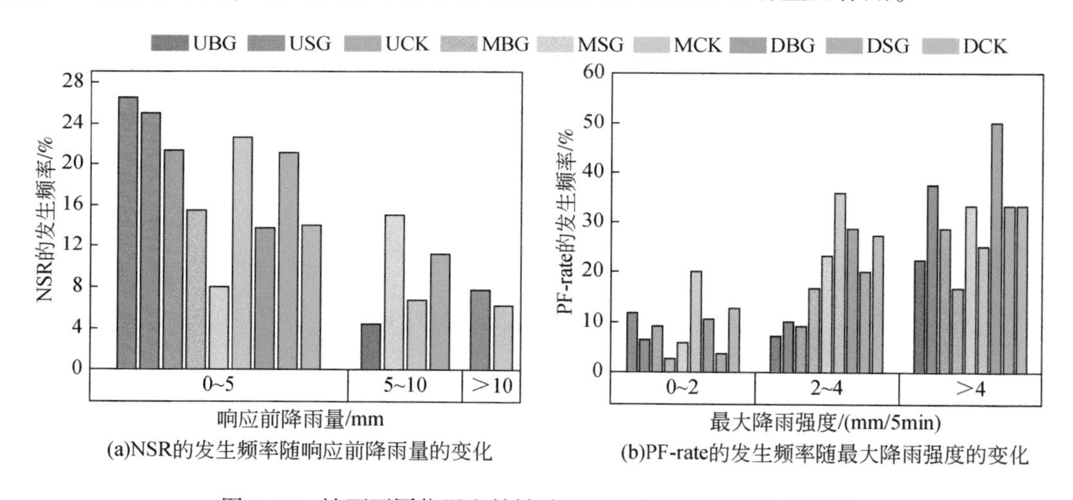

(a)NSR的发生频率随响应前降雨量的变化　(b)PF-rate的发生频率随最大降雨强度的变化

图 5-27　坡面不同位置和植被处理下入渗响应类型发生频率

PF 的发生频率与空间属性间的相关性表明（图 5-29），NSR 的发生频率与 5cm 层土壤粉粒（silt）、砂粒含量（sand）和对数平均粒径（d_g）有密切关系。类似的，PF-rate 的频率主要受 10cm 土层 silt、sand、d_g及 Ks 的显著影响。植被覆盖度（Fc）对两种类型优先流的效应相反，即 Fc 的增大会抑制 NSR 的发生，却能有效促进 PF-rate 的增加。BGB 对 PF 的发生有积极的作用，尽管其相关性不显著。此外，slope 与土壤参数间存在显著的相关性（相关系数在-0.896～0.949，$P<0.05$），说明其对土壤属性的改变有强烈影响。

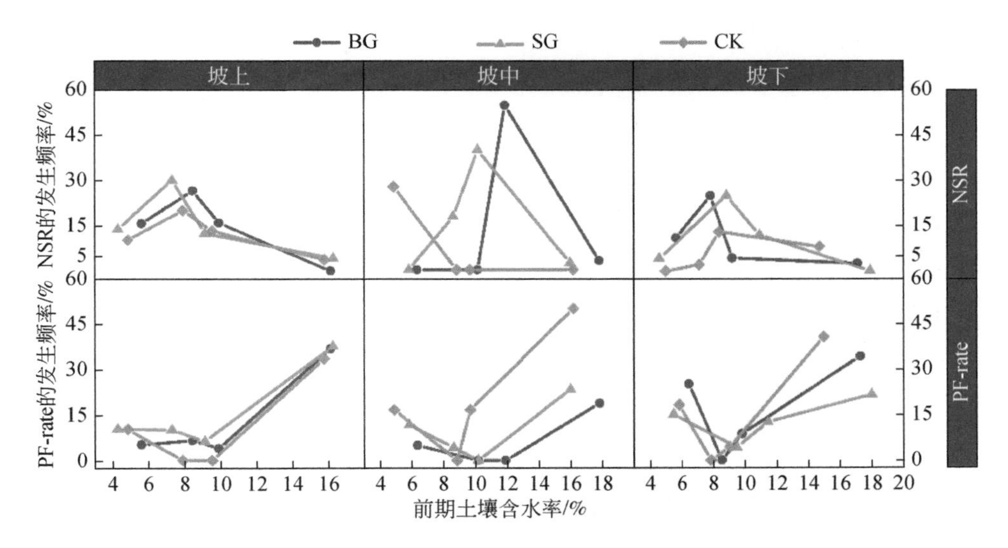

图 5-28　NSR 与 PF-rate 的发生频率与前期土壤含水率的关系

注：每个点代表不同四分位数中对应 NSR/PF-rate 事件与所有入渗事件的百分比

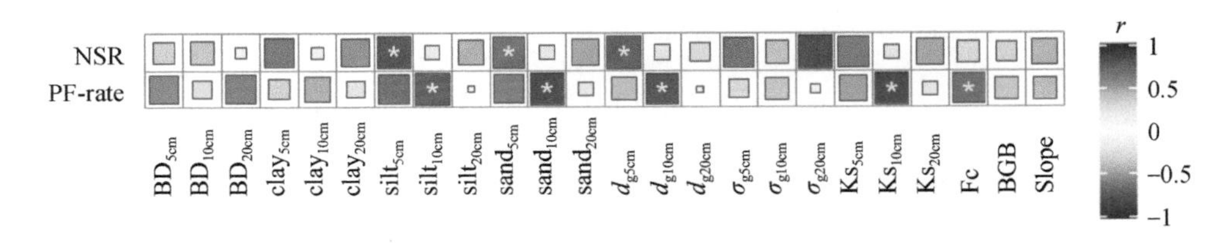

图 5-29　两种类型优先流（NSR、PF-rate）的发生频率与环境因子间的关系

注：BD 代表土壤容重；clay、silt、sand 分别为土壤黏粒、粉粒和沙粒含量；d_g 和 σ_g 分别代表几何平均粒径和几何粒径标准偏差；Ks 为饱和导水率；Fc 为植被覆盖度；BGB 为地下生物量；Slope 为坡度。下标，即 5cm、10cm、20cm 表示不同的土壤深度。图中表示的值代表相关系数。蓝色和红色分别在 * P<0.05 的显著水平上表示正相关和负相关

5.3.4　土壤水分增加和衰退过程的定量描述

观测到的土壤水分增幅（$\Delta\theta$）在 0.3% ~9.4%。$\Delta\theta$ 沿土壤剖面的分布模式在 NSR、PF-rate、SR 中不同（图 5-30）。SR 事件中土壤水分响应所受的阻力随深度增强，但水分均可入渗至 20cm 处，且 DSG 40cm 土层的土壤水分也有响应。类似地，PF-rate 中的 $\Delta\theta$ 也随深度而降低，且主要集中在浅层土壤（5cm 和 10cm）中。但其对入渗水量的增加有极大贡献，占剖面总入渗水量的 44.4% ~57.5%。相反，NSR 事件并没有观察到 $\Delta\theta$ 随深度的衰减，20cm 深度处的 $\Delta\theta$ 是 10cm 土层的 1.0 ~7.3 倍。

PF-rate、SR 和 NSR 事件中的土壤水分减小量（$\Delta\theta_r$）分别是总减小量的 49.3%、33.4% 和 17.3%。$\Delta\theta_r$ 在 PF-rate 中的分布最广，从 DSG 的 3.1% 变化到 UCK 的 8.0%。NSR 中 $\Delta\theta_r$ 的变化范围为 1.2% ~3.8%，且坡下位置是坡上位置变化量的 2.6 ~3.1 倍。

SR 中的 $\Delta\theta_r$ 在不同坡位和植被处理中分布较为均匀，总体呈沿下坡方向下降的趋势（图 5-31）。

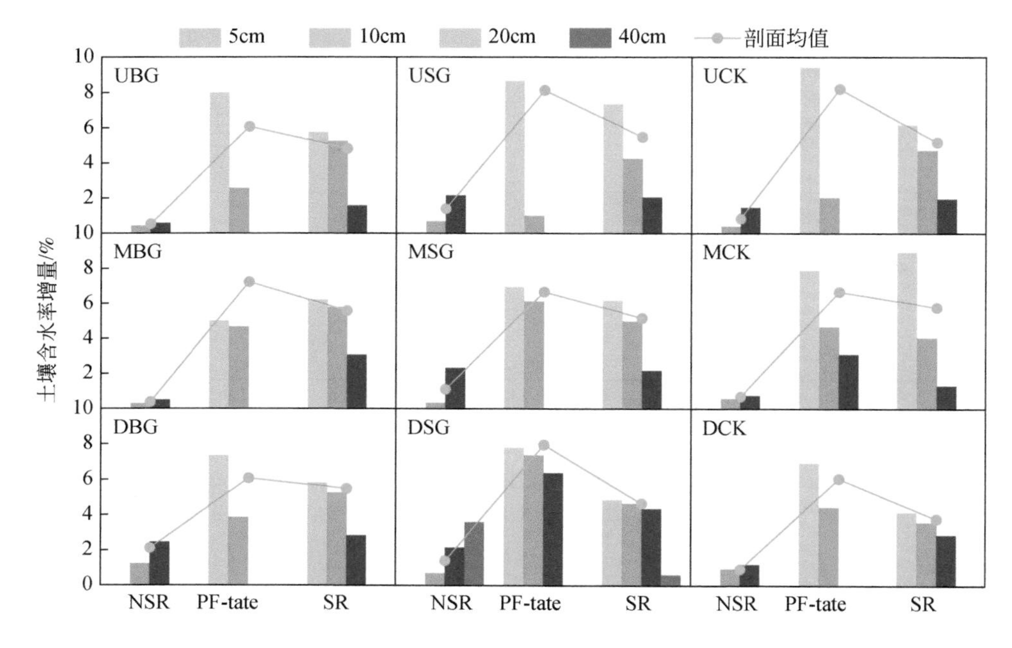

图 5-30　不同入渗响应类型下土壤水分增幅沿剖面的变化

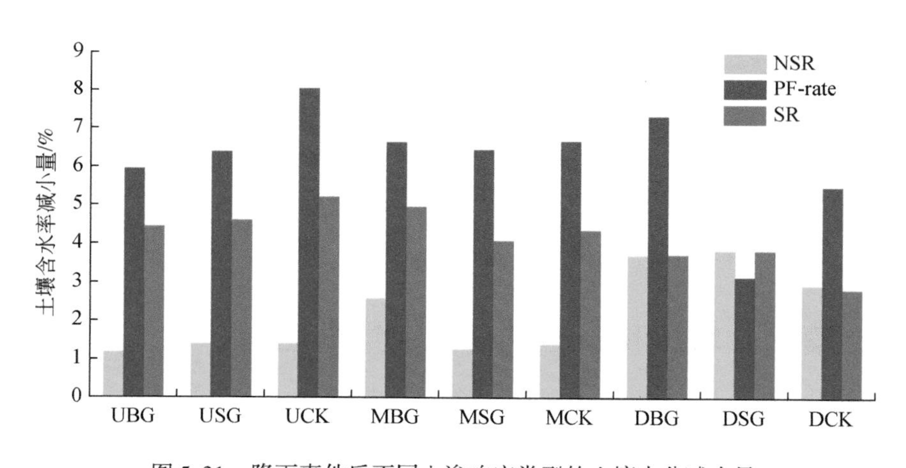

图 5-31　降雨事件后不同入渗响应类型的土壤水分减小量

不同响应类型中衰退常数（K）的大小为 NSR>SR>PF-rate（图 5-32），说明 PF-rate 能明显增加土壤水分的消退速度，而 NSR 则会减缓水分的流失。对于 NSR 事件，不同坡位的 K 值表现为坡中>坡上>坡下，说明退水速度沿坡度梯度没有一定的规律性，这可能与孔隙分布特征和局部微地形的作用有关。在 PF-rate 和 SR 事件中，K 值的大小均表现为坡下>坡中>坡上，说明坡度对顺序响应事件中的土壤水分重分布具有重要影响[34]。此外，针对某一坡位的不同植被处理而言，K 值均随植被覆盖度的增加而减小，表明植被能显著增加顺序响应事件中的水分消退速度。

此外，从数据点的散布模式中可知（图 5-32），大多 NSR 事件对应的土壤水分范围较小且分布较为集中，表明其土壤水分消退过程较缓。而坡下位置的土壤水分范围较大，可能与退水开始时的含水率有关。PF-rate 事件的退水过程普遍具有较高的土壤含水率，这主要受降雨的影响，同时也说明 PF-rate 事件更易于发生在较为湿润的条件下。

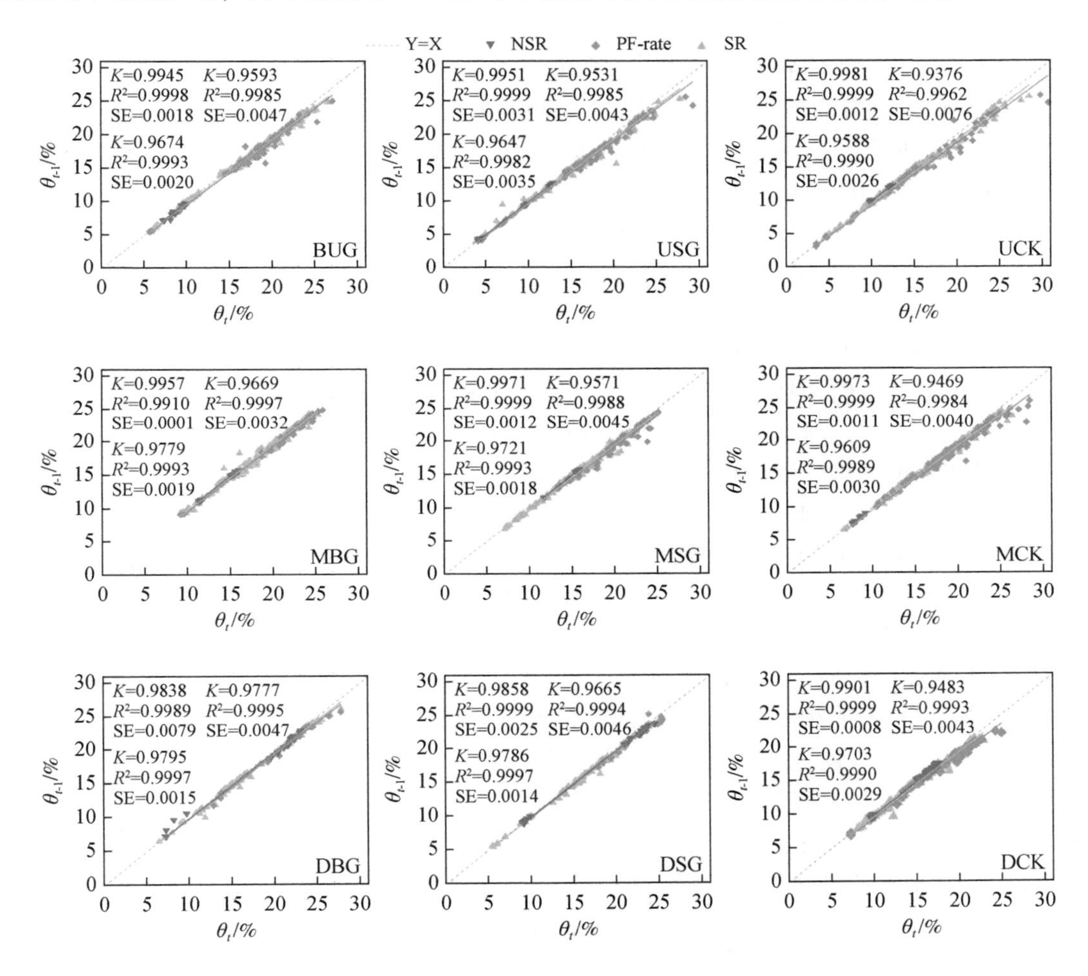

图 5-32　不同位置及植被处理的衰退系数

5.3.5　讨论与小结

5.3.5.1　讨论

(1) 优先流频率的时间控制

研究发现两种优先流类型（即 NSR 和 PF-rate 事件）发生时所对应的降雨特征有显著差异，这与最初的假设不一致。PF 被激活的难易程度受前期土壤水分状况的强烈影响[52]。

因此，降雨事件发生的时间/时机对 PF 的产生有关键作用。

1）非顺序响应的优先流（NSR）。

大多研究认为 PF 在干燥的条件下和较高的雨量/雨强中发生的频率更高[46]。本节研究发现 NSR 更容易发生在历时短的小降雨事件中。尽管 θ_{init} 对 NSR 的发生没有显著影响（表 5-8），但大部分位置 NSR 的发生频率在相对较为干燥的情况更高（图 5-28）。土壤中 PF 的产生与发展需要适当的条件，如内部因素（土壤结构和土壤特性）和外部驱动力（水分输入）[53]。对于原状草地土壤，大孔隙流通常会在地表或近地表产生[54]，因为土壤中的破碎岩石，活根周围的土壤孔隙[55]、腐烂根的连通通道[56]、动物洞穴等土壤群活动[57]以及土壤的干湿交替[58]都有可能创造连通的孔隙结构和优先流通道。此外，植被凋落物、根系分泌物和动物粪便会增加土壤的有机质含量[59]。沙质土壤和其他粗粒土壤中有机质化合物的产生和退化会引发土壤疏水性[60]。干旱条件下增强的疏水性会导致土壤很难湿润，因此即使在降雨量很小的情况下，也会迫使水在短时间内汇聚到开放的大孔隙中[43]。

相反，当 θ_{init} 较高时，坡中 BG 和 SG 的 NSR 频率较高（可能的原因在后文中讨论）。这种关于 PF 发生的特定地点的关系具有很强的变异性，即使对于位置很近的土壤也是如此，这突出了小尺度空间特征对 PF 的重要性。

2）基于速度的优先流（PF-rate）。

结果表明，研究区常见的另一种雨型，即持续时间短、降雨强度大的降雨事件和较高的 θ_{init} 更有利于 PF-rate 的发生。较高的 θ_{init} 会产生更多的 PF，这与 PF 的经典假设是一致的，即在渗透性较低的湿润条件下更容易触发 PF。湿润条件下 PF 的增强机制包括：①土壤基质中的水压力接近或超过入水压力，并推动水分流向 PF 通道[61]；②较高的 θ_{init} 可以增加土壤大孔隙的连通性，从而增强 PF[62]；③湿润条件会抑制水从 PF 通道向土壤基质的横向运动[63]；④土壤的水力特性在湿润的条件下更加活跃[64]。在这些湿润的条件下，较大的降雨强度进一步促进了 PF 的发生。一般来说，持续时间短、强度高的大降雨有利于土壤中 PF 的发生，因为较高的水输入强度可以在表层土壤中产生正的压力势[65]。然而，在以超渗产流为主的干旱和半干旱地区[3]，较大的雨强会增加土壤的侵蚀力，使得径流的挟沙能力和对地表的冲刷力都增强，并倾向于封闭地表或近地表的土壤孔隙[36]。即使如此，PF 仍然会出现在填充有沉积物的大孔隙中，因为这些沉积物可以作为相互渗透的导电多孔介质[66]。

（2）优先流频率的空间控制

1）坡度位置。

PF 的频率对地形位置不敏感，可能是因为坡度仅代表了地形的陡峭程度，而与 PF 行为相关的诸如微地形和表面粗糙度这样的因素难以直接观察和测量[67]。有趣的是，PF-rate 的频率沿下坡方向呈明显的增加趋势，这可能与较大的贡献面积（即水分输入条件）有关[53]。相反，NSR 的变化呈下降趋势。这可能是因为与水分传输和储水能力相关的土壤密度有关[66]。Budhathoki 等[68]针对草原的研究认为来自上坡的径流可能会增加下坡位置土壤的压实程度，导致土壤大孔隙结构的变化。这说明坡度特征可以通过影响土壤特性间接的控制 PF 的动态和强度[52]。

2）土壤特征。

相关分析结果表明，土壤特征，特别是土壤质地和土壤水力特性，强烈影响着PF（图5-29）。据报道，土壤质地会影响大孔隙的孔径谱[69]。土壤中沙粒的质量分数越大，PF路径越明显，PF强度越大[70]。Alaoui和Abdallah[71]的研究结果显示，颗粒较粗的表土在水流过程中起着决定性作用，因为较高的结构孔隙度有利于PF的形成[72]。研究也发现，0～5cm土层中土壤颗粒的分布对NSR的产生有显著影响。此外，土壤质地通过影响土层分布和土壤水力性质而引起的非均质性可以引发PF[73]。许多研究表明，当细质层位于粗质层之上时，向下运移的水可能在质地界面上变得不稳定，即使颗粒大小略有不同，水分也会迅速穿过粗糙的土壤[43]。在本研究中，5～10cm土层的土壤砂粒含量和导水率均大于上层土壤的，此时表层土壤会限制水分向下运动，这种小尺度的非均质性和短距离内水力梯度的突然变化会导致土壤的水力不稳定，从而促进PF的发生[74]。Hardie等[43]和Wang等[75]也表明，土壤层之间土壤结构和土壤质地的差异会导致不稳定的水分运动。这些结果说明在关于PF的研究中需要考虑小尺度土壤特征变化对PF行为的影响。

3）植被特性。

地表覆盖是控制水流的重要因素，在很大程度上影响着土壤水分响应过程[58]。结果表明，植被盖度（Fc）对NSR的发生有抑制作用，因为当Fc较大时，小降雨事件中的水分主要通过植被的截留和蒸发而损失。Stumpp等[76]、Stumpp和Maloszewski[72]得出了类似的结论，他们还表明裸露的农田土壤促进了PF的发生。相反，PF-rate的发生频率与Fc存在显著的正相关关系。植被在降水落到土壤表面之前对其进行重新分配，减弱了雨滴对地表的击溅作用，并通过将降雨输送到植被茎干附近的土壤中来增强PF的发生[77]。此外，植被覆盖可以增加土壤碳含量，从而增强土壤疏水性和土壤动物活动，进而创造有利于PF发生的土壤环境[65]。

根系作为植被和土壤的重要组成部分，是优先流发生的重要媒介[71]。研究结果表明PF发生频率的提高与较高的地下生物量（BGB）有关。这归因于植被生长形成的复杂的根系网络可以有效地改善土壤结构和水力性质[78]，进而对土壤入渗产生积极的影响。研究认为，与无根土壤相比，有根系存在的土壤表现出不同的土壤物理性质和水分入渗行为[79]。Huang等[39]针对半干旱草地降雨入渗的研究也发现根系是影响土壤入渗速率的主要因素之一，且入渗率与BGB呈正相关关系。这与本文的结论一致。此外，植物根系及腐烂的根系形成的稳定的大孔隙也会促进降水向土壤深层的渗透[80]。Jiang等[79]在野外进行的染料示踪试验结果表明无根地块中的染色区域大部分局限在0～10cm土层内，而有根小区主要集中在上部20cm的土壤层，且根区的最大染色宽度和最大染色面积均显著高于无根区。这些结果说明根系在水分分配中的作用对干旱生态系统的土壤水分补充具有深远的意义。

（3）优先流对土壤水分增加和衰退过程的影响

除了PF的发生频率外，$\Delta\theta$表示的输水量也突出了PF在入渗过程中的重要性。NSR事件的$\Delta\theta$随深度逐渐增加（图5-30），这意味着水分绕过表土基质，直接到达了深层[46]。尽管在PF-rate事件中，$\Delta\theta$随深度的增加而降低（图5-30），但它在三种入渗响应类型中所占比例高达50%，并且PF-rate的频率是NSR的1.4～2.7倍。Alaoui和Abdallah[71]也发现 PF 对总入渗量的贡献在 11% ~94% 。结果表明，PF 是一种重要的水文响应形式，对该地区的生态水平衡起着决定性作用。

此外，两种入渗响应类型的土壤水分消退过程也存在一定的差异。土壤水分减小量（$\Delta\theta_r$）和退水速度在 PF-rate 中最大，NSR 中最小。这可能与不同入渗响应类型中消退过程的初始含水率有关。Shang 和 Mao[81]通过对农田土壤水分衰退的模拟，发现衰退速率和累计减小量随土壤含水率的增加而增大。植被状况也会影响土壤水分的消退[50]。一般来说，植被的蒸腾作用会加速水分的流失。问题是，为什么在 NSR 事件期间，CK 的消退速度最低。首先，较高的植被盖度可以避免孔隙通道直接暴露在阳光下，从而减小土壤水分的蒸发。其次，沙质壤土中的大孔隙不会显著影响土壤蒸发[82]。这一现象对草原生态系统及其服务功能具有积极影响。

5.3.5.2　小结

本节研究运用高频土壤水分监测剖面，识别了典型半干旱草原坡面不同情景在不同入渗响应过程中 PF 的发生、时空控制因素及土壤水分的分布特征。主要结论如下。

1）PF 的发生频率为 15.9% ~44.5% ，其中 PF-rate 的频率是 NSR 的 1.4 ~2.7 倍，且 PF-rate 对入渗水量的贡献更大。

2）NSR 强烈依赖于开放的大孔隙（受较粗的土壤质地和浅层根系的影响）和土壤的初始状态（较低的土壤初始含水率和斥水性）。此外，植被覆盖度对 NSR 有不明显的抑制作用。

3）PF-rate 更倾向于出现在较高降雨强度和较潮湿的条件下。土壤特征，特别是 5 ~10cm 土层的土壤质地和饱和导水率对 PF-rate 的发生有明显作用。植被覆盖度和地下生物量会促进 PF-rate 的发生。

4）与基质流相比，PF-rate 和 NSR 事件中的土壤水分消退速度分别得以增加和减缓。

这些发现强调了时间因素和小尺度空间特征对不同类型 PF 过程的控制机制以及 PF 对降雨稀少地区的补给作用。强调了深入了解 PF 过程对提高典型半干旱草原坡面 PF 评估的必要性。可为相关水文过程研究提供参考。

5.4　人工降雨下坡面产流-产沙-养分输移过程

土壤侵蚀过程主要是土壤及其母质在外力作用下被破坏、剥蚀、搬运和沉积，是一个复杂的物理过程。降雨是土壤侵蚀发生的原动力，坡面径流是造成土壤侵蚀的直接因素，此外，土壤养分通常随坡面径流和侵蚀泥沙而流失。因此，深入探究地表径流的作用机制可以为防治土壤侵蚀和养分流失提供参考。

5.4.1　数据处理与分析

使用的水沙及泥沙养分数据均获取自 2019 年 6 ~9 月进行的野外人工模拟降雨试验。具体内容见 5.1.2.2 节。

5.4.1.1 坡面产流产沙及入渗率的计算

用于描述土壤侵蚀过程和结果的变量有：入渗率、初始径流时间、降雨初损量、产流率、产沙率、产流量及产沙量。

（1）土壤入渗率 SIR

土壤入渗率（soil infiltration rate，SIR）指的是单位时间内的入渗量，单位为 mm/min，一般可以用来衡量某一时刻雨水进入土壤的快慢程度。通常采用以下公式进行计算：

$$\mathrm{SIR}=i\cos\alpha-\frac{10\times \mathrm{RV}}{A\times t} \tag{5-5}$$

式中，i 为降雨强度（mm/min）；α 为坡面坡度（°）；RV 为各时间段 t 内的产流量（mL）；A 为径流小区的面积（cm^2），t 为产流时间（min）。

（2）初始径流时间（ITR）和降雨初损量（ILR）

初始径流时间（initial runoff time，ITR）是从降雨开始到坡面产生径流所需的时间，单位为 min。降雨初损量（initial loss of rainfall，ILR）是产生径流所需要的降雨量，单位为 mm，可以衡量地表产流的快慢和难易程度。两者是土壤侵蚀过程中的重要因素，决定了水流流出土壤表面的时间和数量，也是侧面反映坡面侵蚀程度的指标[83]。

（3）产流率 RR

产流率（runoff rate，RR）指的是单位时间单位面积产生的径流量，单位为 L/(m^2·min)，可以用来表征降雨过程中某一时刻径流产生的快慢程度。计算公式如下：

$$\mathrm{RR}=\frac{\mathrm{RV}}{1000\times A\times t} \tag{5-6}$$

式中，A 为径流小区的面积（m^2），其余各参数含义同上。

（4）产沙率 SR

产沙率（sediment rate，SR）指的是单位时间单位面积产生的泥沙量，单位为 g/(m^2·min)，可以用来表征降雨过程中坡面的产沙状况。计算公式如下：

$$\mathrm{SR}=\frac{\mathrm{SY}}{A\times t} \tag{5-7}$$

式中，SY 为各时间段 t 内的产沙量（g）；A 为径流小区的面积（m^2）。

（5）径流减少效益（RRB）和泥沙减少效益（SRB）

径流减少效益（RRB）和泥沙减少效益（SRB）可以用来表示不同植被处理对径流产沙过程的调节能力。可用如下公式计算：

$$\mathrm{RRB}=\frac{\mathrm{RR_{BG}}-\mathrm{RR}_i}{\mathrm{RR_{BG}}}\times 100\% \tag{5-8}$$

$$\mathrm{SRB}=\frac{\mathrm{SR_{BG}}-\mathrm{SR}_i}{\mathrm{SR_{BG}}}\times 100\% \tag{5-9}$$

式中，RRB 和 SRB 分别为径流减少效益和泥沙减少效益（%）；$\mathrm{RR_{BG}}$ 和 $\mathrm{SR_{BG}}$ 分别为裸地处理小区的产流率和产沙率；RR_i 和 SR_i 分别为剪草处理或天然小区的产流率和产沙率。

5.4.1.2 坡面水动力学参数的计算

本节研究选择坡面水动力学参数来描述降雨侵蚀间的力学关系。

（1）平均流速 v

平均流速可采用如下公式计算：

$$v = k \cdot v_m \tag{5-10}$$

式中，v 为坡面径流的平均流速（m/s）；v_m是通过染色剂示踪方法测定的坡面流表层的径流流速（m/s）；k 为坡面径流流速的校正系数，其取值范围在0～1。实际运用中，根据不同的流态取值，即当坡面流为层流、过渡流和紊流时，k 值分别取为0.67、0.7和0.8[84]。

（2）平均径流深 h

平均径流深是反映水流水力特征的重要因子。坡面流是分布于地表的薄层水流，由于其水深较浅，且下垫面条件在降雨过程中不断发生变化，采用直接测量法难以确定且误差较大。因此，通常假定水流在坡面上是均匀分布的，平均径流深的估算公式如下[85]：

$$h = \frac{\mathrm{RV}}{v \cdot B \cdot t} \tag{5-11}$$

式中，h 为坡面径流的平均水深（mm）；RV 为 t 时间内的产流量（mL）；v 为坡面平均流速（m/s）；B 为径流小区截面宽度（cm）。

（3）雷诺数 Re

雷诺数（Re）是惯性力和黏滞力的比值，一般用来判断水流的流动状态。当 $Re<500$ 时水流为层流，$Re>500$ 时为紊流，在500左右时为过渡流[86]。计算公式如下：

$$Re = \frac{v \cdot R}{\boldsymbol{v}} \tag{5-12}$$

式中，Re 为雷诺数（量纲为1）；R 为水力半径（m），对于坡面流而言，其值近似等于坡面平均径流深 h（m）；$\boldsymbol{v}$ 是水的运动黏滞系数（m²/s），可用如下公式计算：

$$\boldsymbol{v} = \frac{0.01775}{1+0.033T+0.000221T^2} \tag{5-13}$$

其中，T 是水温（℃）。

（4）弗劳德数 Fr

弗劳德数（Fr）是表征水流流型的指标，可以判断水流是急流还是缓流，反映了水流的重力与惯性力的作用关系。一般来说，当 $Fr=1$ 时，水流的流型为临界流；当 $Fr>1$ 时，水流为急流；当 $Fr<1$ 时，水流为缓流[87]。计算公式如下：

$$Fr = \frac{v}{\sqrt{gh}} \tag{5-14}$$

式中，Fr 为弗劳德数（量纲为1）；g 为重力加速度，$g=9.8\mathrm{m/s^2}$；h 为平均径流深（m）。

（5）达西阻力系数 f

达西阻力系数（f）可以用来表示坡面流沿程受到的阻力，是表征下垫面对水流阻力大小的系数。计算公式如下：

$$f = \frac{8gRJ}{v^2} \tag{5-15}$$

式中，f 为达西阻力系数（量纲为1）；R 为水力半径（m），在薄层水流中，可近似为平均水深 h（m）；J 为水力坡降（m/m），可用坡度的正弦值来代替，即 $\sin\alpha$，α 为坡度。

(6) 曼宁糙率系数 n

曼宁糙率系数（n）是一个可以用来描述坡面径流流动边界表面影响水流阻力的各种因素的综合系数，其主要影响因素有水流运动边界的形态特征、土壤特性、地表面覆盖物等。可用如下公式计算：

$$n=\frac{R^{\frac{2}{3}}J^{\frac{1}{2}}}{v} \tag{5-16}$$

式中各参数含义同上。

(7) 径流剪切力 τ

径流剪切力（τ）是使土壤分离并将其携入径流一起运动的力，是表征坡面水流“力”的重要参数。理论上，坡面流属于复杂的二相水流，但在实际应用中，常将其简化为一维均匀流[88]，可采用如下公式计算：

$$\tau=\rho gRJ \tag{5-17}$$

式中，τ 是径流剪切力（Pa）；ρ 是水的密度（kg/m^3），一般取值为 $1000kg/m^3$；其余参数含义同上。

(8) 径流功率 ω

径流功率（ω）是指单位面积的水体势能随时间的变化率[89]，反映了侵蚀所需的功率，是表征坡面水流“能量”的重要参数。可用如下公式计算：

$$\omega=\tau v=\upsilon gRJv \tag{5-18}$$

式中，ω 是径流功率（kg/s^3）；其余参数含义同上。

(9) 单位径流功率 u

单位径流功率（u）为坡面流流速与水力坡度的乘积，具体公式如下：

$$u=vJ \tag{5-19}$$

式中，u 为单位径流功率（m/s）。

5.4.1.3 降雨动能（E）与降雨侵蚀力（RE）的计算

降雨动能（E）与降雨侵蚀力（RE）的计算公式如下：

$$e_r=0.29[1-0.72\exp(-0.082i)] \tag{5-20}$$

$$E=\sum_{r=1}^{n}(e_rP_r) \tag{5-21}$$

$$\mathrm{RE}=EI_{30}=\left[\sum_{r=1}^{n}(e_rP_r)\right]I_{30} \tag{5-22}$$

式中，E 为次降雨总动能（MJ/hm^2）；e_r为单位降雨动能 [$MJ/(hm^2 \cdot mm)$]；i 是降雨强度（mm/h），P_r是 t 时间内的降雨量（mm）；RE 为次降雨侵蚀力因子（$MJ \cdot mm \cdot ha^{-1} \cdot h^{-1}$）；$I_{30}$为次降雨最大 30min 雨强（mm/h）。

5.4.1.4 数据分析

本节研究利用 SPSS 中的单因素方差分析（ANOVA）和多重极差检验（Duncan）对试验数据进行显著性检验，显著性水平设置为 $P<0.05$。采用变差分解方法（variance partition analysis, VPA)[90]分析环境因子对坡面土壤入渗的相对重要性。采用多元逐步回归分析方法量化环境因子对产流产沙特征的影响。

5.4.2 不同坡位和植被处理组合下的降雨入渗规律

土壤入渗对坡面产流时间和产流过程有着重要的影响。了解不同实验条件下的坡面土壤入渗过程是研究径流与土壤侵蚀的基础，这对合理解释水沙过程中的一些侵蚀现象具有重要作用。

5.4.2.1 不同雨强条件下的坡面入渗特征

为阐明不同降雨强度对坡面入渗过程及特征的影响，研究分析了坡面不同位置及不同植被处理条件在两种降雨强度（即小雨强和大雨强）下的入渗过程和特征。对于某一特定位置，各次降雨前0～10cm 土层的前期土壤含水量基本相同。将0～10cm 土层的土壤含水率作为前期土壤含水率进行分析，是基于前文得出的研究区0～10cm 土层土壤水分变化较为活跃的结论。

不同降雨强度条件下坡面土壤入渗率随降雨历时的变化过程如图 5-33 所示。从图中可以看出，不同位置处的土壤入渗率变化趋势较为一致，且变化幅度均较小，没有明显的剧烈波动现象发生。土壤入渗率均在模拟降雨初期呈现出最大值，随着降雨历时的延长表现出先减小后趋于稳定的趋势。一般来说，坡面土壤入渗强度在降雨初期较大，此时降雨全部入渗[91]，随着降雨的输入，土壤水分逐渐增大，同时土壤的入渗性能也逐渐降低。当土壤含水率增大到饱和或近饱和状态后，土壤入渗率逐渐趋于稳定状态。此外，从图中可以看出坡面土壤入渗率均随着降雨强度的增大有明显的增加趋势。

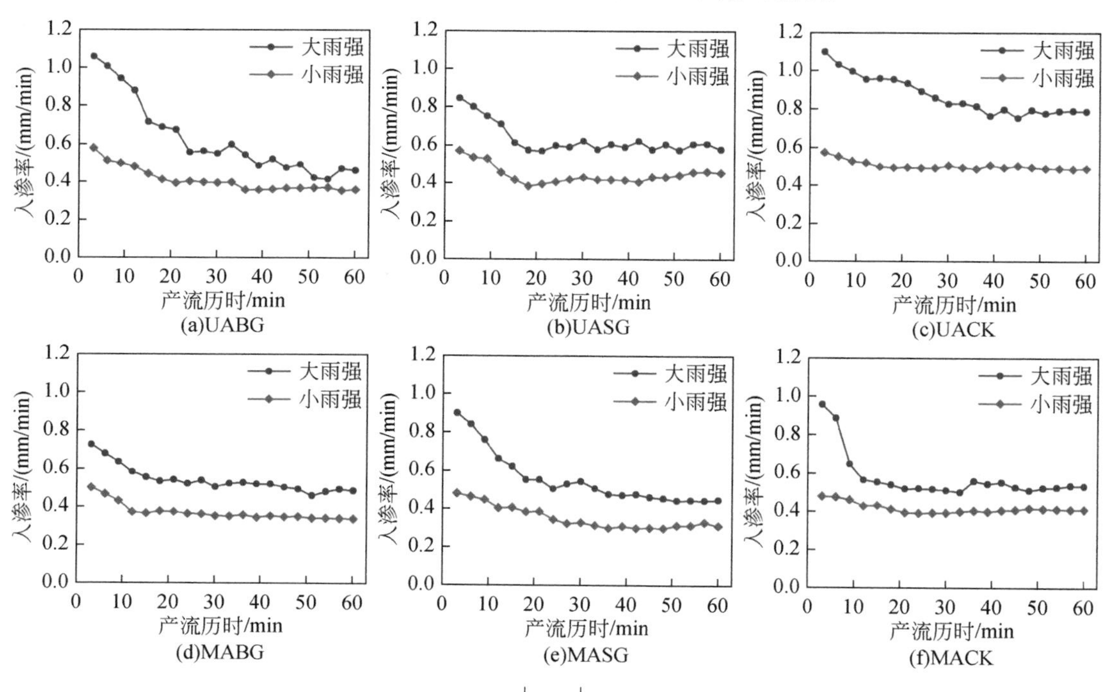

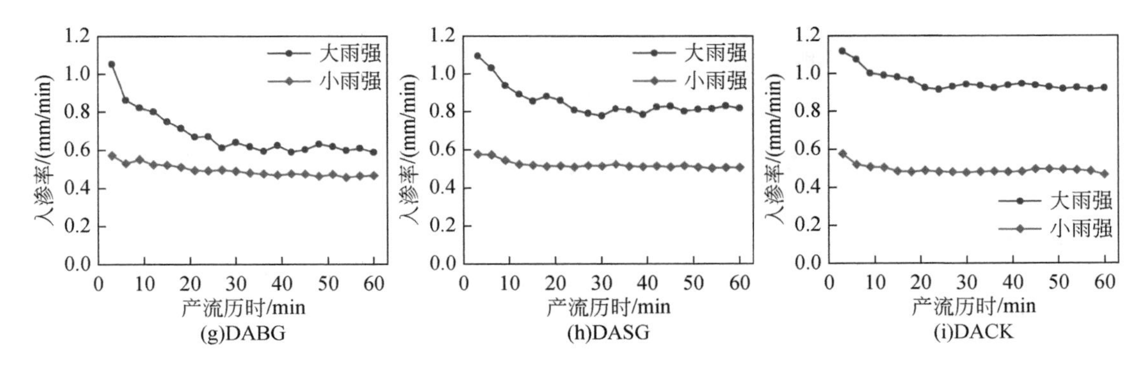

图 5-33　不同降雨强度条件下坡面土壤入渗率变化过程

注：U、M、D 分别表示坡上、坡中和坡下位置；A 代表人工降雨小区，即 2m×1m 小区；BG、SG、CK 分别表示裸地处理小区、剪草处理小区和天然小区

通常来说，初始入渗率、稳定入渗率以及平均入渗率等参数可以描述土壤的入渗过程。初始入渗率用坡面产流后 9min 内的平均入渗率来反映。稳定入渗率是一个相对稳定的入渗率，可用降雨产流结束前 15min 内的平均值来反映。平均入渗率为各个时段入渗率的平均值，可以体现降雨产流过程中径流与入渗间的关系。两种降雨强度条件下坡面土壤入渗特征结果见表 5-9。从表中可知，随着降雨强度的增大，坡面各位置处的土壤初始入渗率、稳定入渗率和平均入渗率均有不同程度的增加。小雨强条件下坡面土壤初始入渗率、稳定入渗率和平均入渗率的变化范围分别为：0.46 ~ 1.07mm/min、0.32 ~ 0.93mm/min 和 0.35 ~ 0.96mm/min，其中最小值均位于坡中的剪草处理，最大值均分布在坡下的天然小区。与之相比，大雨强条件下的土壤初始入渗率、稳定入渗率和平均入渗率分别增加了 44.68% ~ 90.57%、24.32% ~ 72.22% 和 38.00% ~ 74.55%。主要是因为雨滴对地表的击溅作用在大雨强条件下会加强，导致地表分散的土壤颗粒增多，不容易形成大面积的土壤表面结皮，致使土壤入渗速率增大[92]。

表 5-9　不同降雨强度下的坡面土壤入渗特征

位置	降雨强度 /(mm/min)	初始入渗率 /(mm/min)	稳定入渗率 /(mm/min)	平均入渗率 /(mm/min)
UABG	0.6	0.53	0.37	0.41
	1.1	1.01	0.46	0.63
UASG	0.6	0.55	0.45	0.45
	1.1	0.80	0.60	0.64
UACK	0.6	0.55	0.49	0.50
	1.1	1.04	0.79	0.87
MABG	0.5	0.47	0.34	0.37
	1.0	0.68	0.48	0.54

续表

位置	降雨强度 /(mm/min)	初始入渗率 /(mm/min)	稳定入渗率 /(mm/min)	平均入渗率 /(mm/min)
MASG	0.5	0.46	0.32	0.35
	1.0	0.84	0.45	0.56
MACK	0.5	0.47	0.41	0.42
	1.0	0.83	0.53	0.58
DABG	0.6	0.55	0.47	0.50
	1.1	0.92	0.61	0.69
DASG	0.6	0.57	0.51	0.52
	1.1	1.02	0.82	0.86
DACK	0.6	0.59	0.54	0.55
	1.1	1.07	0.93	0.96

5.4.2.2 不同前期土壤含水率条件下的坡面入渗特征

为阐明不同前期土壤含水率对坡面入渗过程及特征的影响，分析了坡面不同位置及不同植被处理条件在一定前期土壤含水率（0 ~ 10cm 土层）梯度下的入渗过程和特征。对于某一特定位置，各次降雨的降雨强度基本相同。

不同前期土壤含水率条件下坡面土壤入渗率随降雨历时的变化过程如图 5-34 所示。从图中可以看出，不同位置处的土壤入渗率变化规律基本一致，土壤入渗率随降雨历时的延长均呈现先减小后趋于稳定的趋势，但各位置在波动过程、变化幅度及入渗变化率方面存在着差异。在大多数情况下，前期土壤含水率的增大会导致坡面土壤入渗率出现明显的降低趋势。然而对于坡上位置的裸地处理小区并非呈现出类似的规律，其在前期土壤含水率为 4.1% 时的土壤入渗率值低于前期土壤含水率为 11.6% 条件下的。说明土壤入渗率与土壤的干湿条件并非呈线性关系。有研究表明，土壤在极度干燥时，斥水性会显著增强，这种情况并不利于土壤水分的入渗。

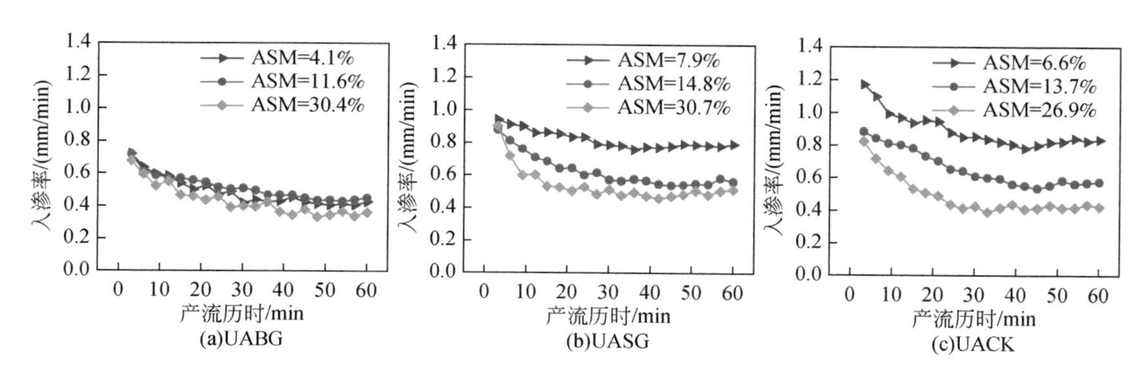

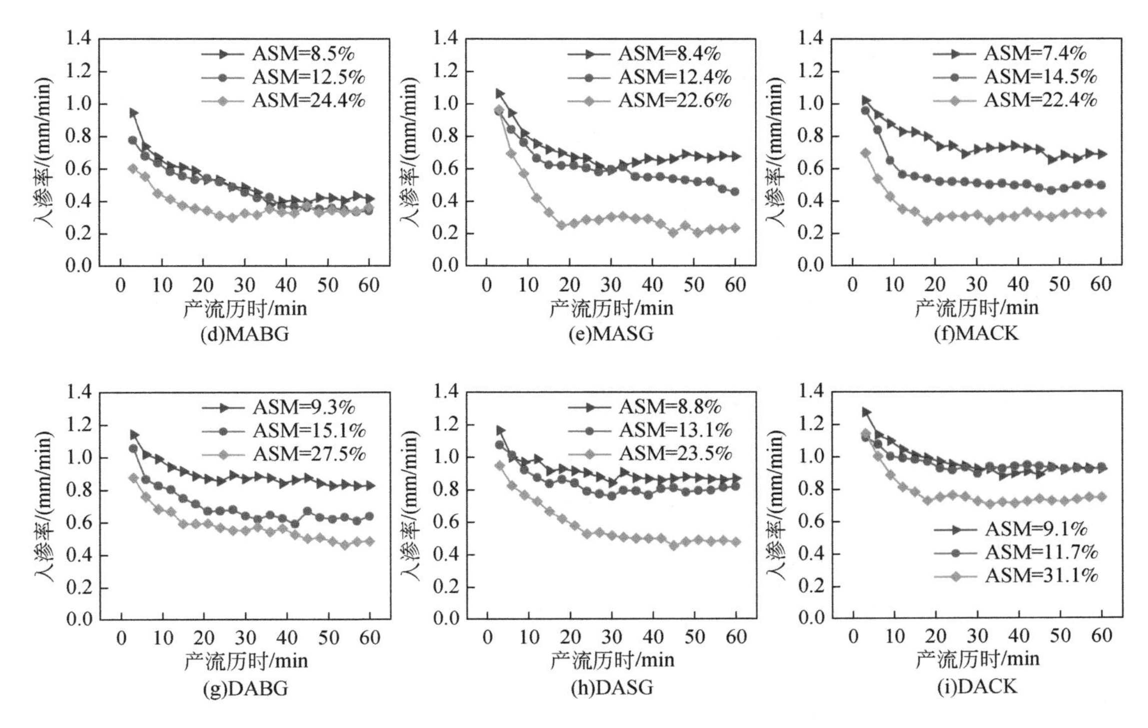

图 5-34 不同前期土壤含水率条件下坡面土壤入渗率的变化过程

根据不同前期土壤含水率梯度下的坡面土壤入渗特征结果（表 5-10）可知，坡面大多位置的土壤初始入渗率、稳定入渗率和平均入渗率均与前期土壤含水率呈负相关关系。虽然坡上位置裸地处理小区的入渗率在干燥条件下并非最高，但其与前期土壤含水率为 11.6% 时的入渗率并无显著性差异。当前期土壤含水率较低时（4.1% ~9.3%），坡面土壤初始入渗率、稳定入渗率和平均入渗率的变化范围分别为 0.65 ~1.17mm/min、0.41 ~0.93mm/min 和 0.49 ~0.98mm/min。当土壤含水率升高后（前期土壤含水率：11.6% ~15.1%），坡面土壤初始入渗率、稳定入渗率和平均入渗率有所下降，范围变为 0.64 ~1.07mm/min、0.35 ~0.93mm/min 和 0.47 ~0.96mm/min，其均值分别为 0.85mm/min、0.58mm/min 和 0.66mm/min。当土壤由干燥变为湿润状态时（前期土壤含水率：22.4% ~31.1%），不同的土壤入渗特征参数有明显的减小，分别在 0.54 ~1.01mm/min、0.23 ~0.74mm/min 和 0.34 ~0.78mm/min 之间波动，且与干燥的土壤相比，土壤初始入渗率、稳定入渗率和平均入渗率分别降低了 24.14%、39.86%、35.88%。

某一特定坡位处的不同植被处理在土壤含水率相当的情况下，具体指：坡上位置和坡中位置的裸地处理和剪草处理小区（其前期土壤含水率分别在 30.5% 和 8.5% 左右）、坡中位置的剪草处理小区和天然小区（前期土壤含水率在 22.5% 左右），以及坡下位置的三种不同植被处理小区（前期土壤含水率在 9.0% 左右），坡面土壤初始入渗率、稳定入渗率和平均入渗率随植被增多均表现出不同程度的增加，说明植被可以有效地增加土壤入渗率。

表 5-10　不同前期土壤含水率梯度下的坡面土壤入渗特征

位置	土壤含水率/%	初始入渗率/(mm/min)	稳定入渗率/(mm/min)	平均入渗率/(mm/min)
UABG	4.1	0.65	0.41	0.49
	11.6	0.64	0.44	0.51
	30.4	0.60	0.35	0.43
UASG	7.9	0.92	0.79	0.82
	14.8	0.82	0.56	0.63
	30.7	0.74	0.50	0.54
UACK	6.6	1.10	0.83	0.89
	13.7	0.85	0.57	0.66
	26.9	0.73	0.43	0.49
MABG	8.5	0.79	0.42	0.52
	12.5	0.70	0.35	0.47
	24.4	0.54	0.34	0.37
MASG	8.4	0.94	0.68	0.71
	12.4	0.85	0.50	0.61
	22.6	0.74	0.23	0.34
MACK	7.4	0.94	0.67	0.76
	14.5	0.82	0.48	0.55
	22.4	0.56	0.32	0.35
DABG	9.3	1.05	0.83	0.89
	15.1	0.92	0.63	0.70
	27.5	0.77	0.49	0.58
DASG	8.8	1.05	0.87	0.91
	13.1	1.01	0.80	0.84
	23.5	0.85	0.48	0.58
DACK	9.1	1.17	0.93	0.98
	11.7	1.07	0.93	0.96
	31.1	1.01	0.74	0.78

此外，通过对各个位置在不同前期土壤含水率条件下的入渗率进行统计分析（表 5-11），发现坡面裸地处理小区之间的前期土壤含水率没有显著性差异，坡上和坡中位置间的入渗特征值也没有显著差异，而坡下位置的显著高于坡上和坡中位置的，相比之下，土壤初始入渗率、稳定入渗率和平均入渗率分别增加了 35.76% ~45.24%、61.89% ~75.00% 和 52.25% ~59.29%。对于另外两种处理，不同坡位间的入渗特征值基本没有明显差异，但两种处理下的入渗率均在坡下位置处最大，坡中位置处最小。说明坡度位置也是影响土壤入渗率的因素之一，但这种影响同时还受到其他诸如植被条件、土壤特征等因

素的制约。

表5-11　不同坡度位置及植被处理下的土壤入渗特征

位置	土壤含水率/%	初始入渗率/(mm/min)	稳定入渗率/(mm/min)	平均入渗率/(mm/min)
UABG	15.4a	0.63a	0.40a	0.48a
MABG	15.1a	0.67a	0.37a	0.45a
DABG	17.3a	0.91b	0.65b	0.72b
UASG	17.8a	0.83a	0.62a	0.66a
MASG	14.4a	0.85a	0.47a	0.55a
DASG	15.1a	0.97a	0.72a	0.78a
UACK	15.7a	0.89ab	0.61a	0.68a
MACK	14.7a	0.77a	0.49a	0.55a
DACK	17.3a	1.08b	0.86a	0.91a

注：不同字母表示同一植被处理在不同坡位间差异显著（$P<0.05$）。

5.4.2.3　不同植被处理条件下的坡面入渗特征

为探究不同植被处理对坡面入渗过程及特征的影响，研究分析了坡面特定位置处不同植被处理在土壤含水量（坡上、坡中和坡下位置0～10cm土层的土壤含水率分别在11.0%、8.0%和9.0%左右）和雨强（1.1mm/min）相似条件下的入渗过程及特征。此外，还量化了不同植被处理对土壤水分入渗的影响。

不同植被处理条件下坡面土壤入渗率随降雨历时的变化曲线基本一致（图5-35），均呈现先减小后趋于稳定的趋势。天然小区的入渗率最高，其初始入渗率、稳定入渗率和平均入渗率的平均值分别为1.09mm/min、0.83mm/min和0.89mm/min（表5-12）。与裸地处理小区相比，剪草处理小区的初始入渗率、稳定入渗率、平均入渗率分别增加了13.80%～40.59%、16.43%～49.20%、15.35%～51.22%，天然小区分别增加了31.13%～57.73%、31.94%～72.08%、34.39%～80.70%（图5-36）。其中，坡中位置植被小区对土壤入渗率的增加最为显著，可能与其土壤含水率较低有关。而坡下位置植被

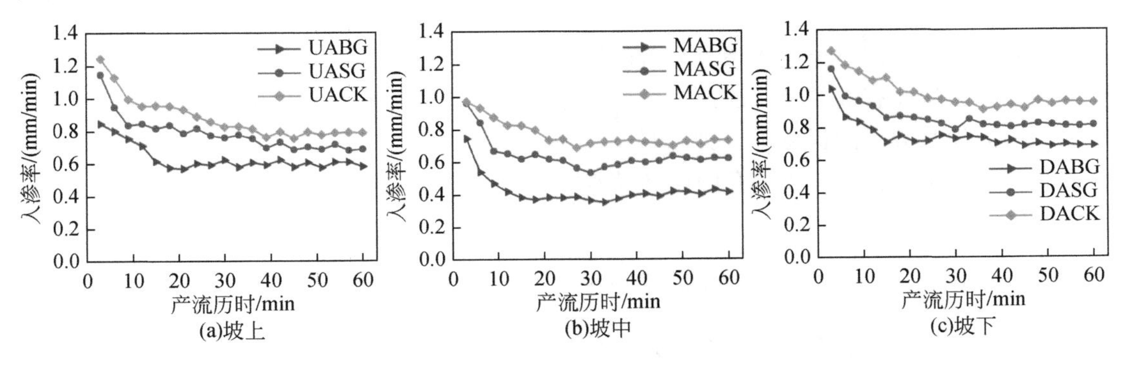

图5-35　不同植被处理条件下坡面土壤入渗率的变化过程

小区的增加效率最低，是因为坡下土壤本身的入渗性能就较好，所以植被对入渗率增加的作用较小。总体而言，植被覆盖对于水分入渗有积极的促进作用，且这种作用一般会随植被的增多而显著增大。在本节研究中，天然小区对土壤入渗率的增加效益是剪草处理小区的 1.70 倍左右。

表 5-12　不同植被处理条件下的土壤入渗特征

位置	初始入渗率/(mm/min)	稳定入渗率/(mm/min)	平均入渗率/(mm/min)
UABG	0.80	0.60	0.64
UASG	0.98	0.70	0.79
UACK	1.13	0.79	0.88
MABG	0.59	0.42	0.43
MASG	0.83	0.63	0.64
MACK	0.93	0.72	0.77
DABG	0.92	0.70	0.75
DASG	1.05	0.82	0.87
DACK	1.21	0.96	1.01

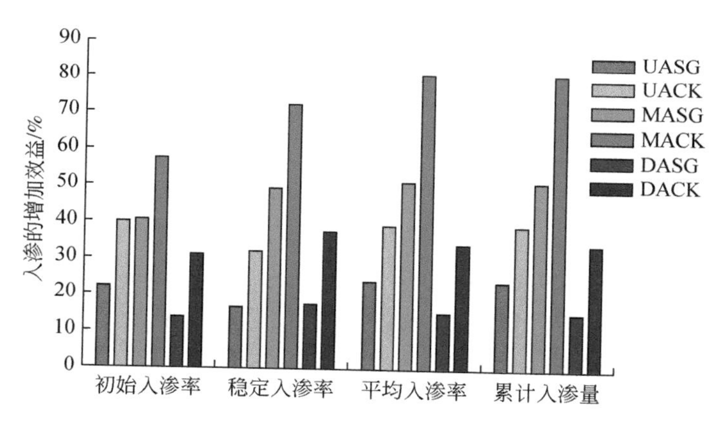

图 5-36　不同植被处理对土壤入渗率的增加效益

研究表明，植被对土壤入渗有显著的增强作用。一方面，植被的存在能够增加地表粗糙度和阻力，从而有效的减缓流速、增加径流深度，这使得径流对土壤表面垂向上的势能增加，进而为水分入渗提供了有力条件[93]。另一方面，随着植被的生长，根系的逐渐扩张会改变土壤结构，增大土壤孔隙度和储水能力，从而加快土壤水分的运移速率并增加入渗深度[94]。

5.4.2.4　影响坡面入渗特征因子的识别

以上结果表明，坡面土壤入渗率并非只受到单一因素的影响。事实上，由于外界环境的复杂多变，土壤入渗率会受到雨强、前期水分条件、植被、地形及土壤等因素的共同作用[95]。为探究环境因子对坡面土壤入渗率的效应，利用变差分解分析方法[90]识别对坡面土壤入渗率有影响的环境因素的相对重要性。

将环境因子分为三大类，分别为水分条件（包含降雨强度和前期土壤含水率）；植被特征（用植被覆盖度和地下生物量来表征）和土壤地形状况（包含坡度、土壤容重及粒径分布）。从图 5-37 中可知，三类环境因子可以解释土壤入渗率变异的很大一部分，对土壤初始入渗率、稳定入渗率和平均入渗率的解释程度分别为 61.9%、71.8% 和 73.6%。其中，水分条件分别可解释土壤初始入渗率、稳定入渗率和平均入渗率变异的 54.8%、47.0% 和 51.2%。植被特征分别可解释不同土壤入渗特征值 11.6%、16.7% 和 16.7% 的变异。土壤地形状况对不同土壤入渗特征值的解释量分别为 3.3%、15.6% 和 12.9%。由此可知，水分条件是影响入渗率的主要因素，其次为植被特征和土壤地形状况，三者对不同入渗特征值变异的贡献率分别为 65.5% ~ 88.8%、18.7% ~ 23.3%、5.3% ~ 21.7%。在不同入渗特征值中，水分条件对初始入渗率的解释度最高，说明降雨强度和前期土壤含水率对其影响最为显著。有研究表明，在短历时的降雨中，土壤初始入渗率越大，土壤对降水的拦蓄作用越强，产流量越少，此时初始入渗率更能反映土壤的渗透性能[93]。此外，植被和土壤地形对不同土壤入渗特征值变异的共同解释度分别为 7.7%、11.4% 和 11.0%（图 5-37），说明植被与地形土壤之间存在相互作用关系。

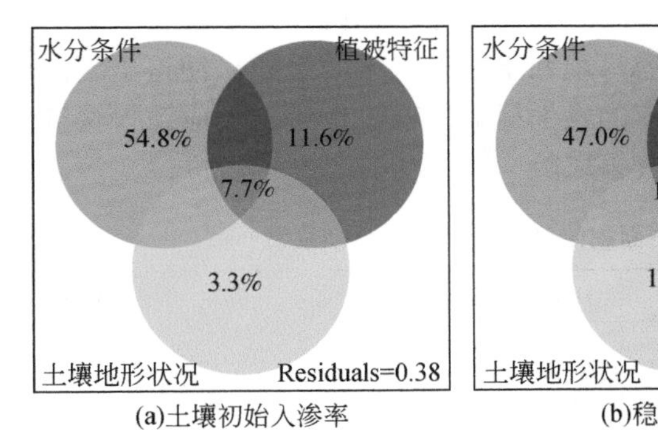

(a)土壤初始入渗率

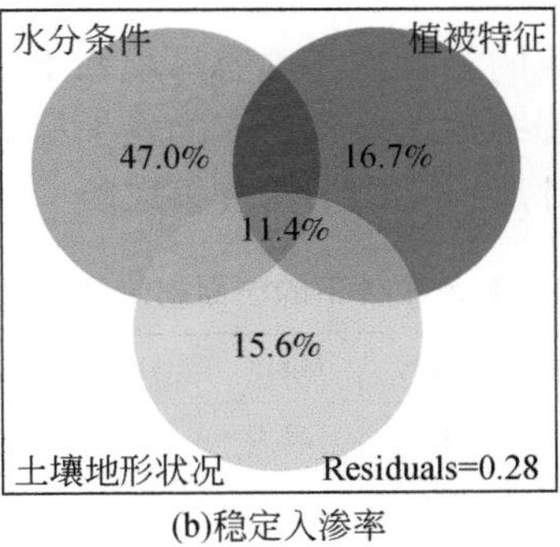

(b)稳定入渗率

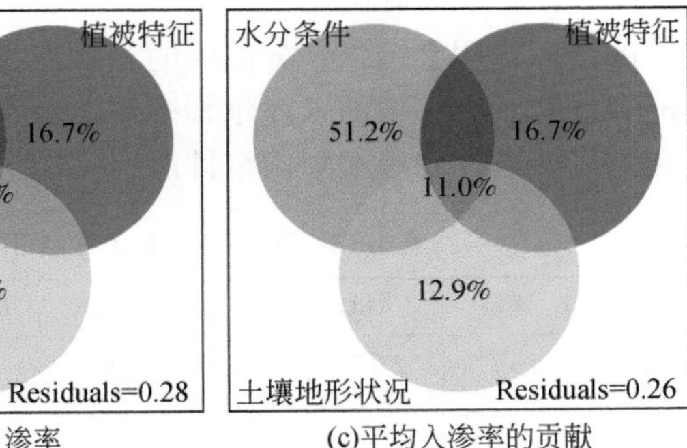

(c)平均入渗率的贡献

图 5-37　环境因子对三类入渗率的影响

5.4.3　不同坡位和植被处理组合下的产流产沙过程

径流泥沙过程是定量表达水土流失过程的动态结果，能客观地反映径流泥沙随时间的动态变化，对研究水土流失规律具有重要意义[96]。

5.4.3.1　不同降雨强度下的坡面产流产沙特征

降雨是坡面产流的物质来源和动力基础。其中降雨强度是影响产流产沙最重要的降雨特性之一。为阐明不同降雨强度对坡面产流产沙特征的影响，研究分析了坡面不同位置在两种降雨强度（即小雨强和大雨强）下的初始径流时间、降雨初损量、产流产沙变化过程和特征。对于某一特定位置，各次降雨前 0 ~ 10cm 土层的前期土壤含水量基本相同。

(1) 初始径流时间和降雨初损量

针对坡面不同位置及植被处理在两种降雨强度条件下的初始径流时间和降雨初损量进行分析，结果如表5-13所示。从表中可以看出，随着降雨强度的增加，初始径流时间和降雨初损量有明显的减小趋势。当降雨强度较小时，坡上位置不同植被处理下的初始径流时间在27.7～34.8min，降雨初损量的变化范围为14.4～18.5mm。而当降雨强度增大后，相较于小雨强条件，初始径流时间和降雨初损量分别减小了75.5%～82.7%和45.7%～58.3%。坡中位置和坡下位置也有类似规律，即对于某一特定坡度，小雨强条件下的初始径流时间和降雨初损量较大，与此形成鲜明对比的是大雨强条件下的初始径流时间和降雨初损量有显著的减小。具体来说，坡中位置在大雨强条件下的初始径流时间和降雨初损量分别介于2.8～4.7min和2.5～3.8mm；在小雨强条件下的初始径流时间和降雨初损量分别介于22.0～38.5min和9.6～17.9mm。相比于其他位置，坡下位置的初始径流时间和降雨初损量在两种降雨强度条件下的差异相对较小，大雨强条件下的两个参数分别是小雨强条件下的0.6～0.8倍和0.4～0.6倍，这可能与土壤本身的特性、植被特征及地形位置有关。总体而言，坡面不同植被处理下的初始径流时间和降雨初损量在上述两种降雨强度条件中的差异很大。大雨强条件下的初始径流时间和产生径流所需的降雨量分别为7.0min和6.0mm，而小雨强条件下的分别为25.2min和14.4mm，产流时间比大雨强条件下的延长了3.6倍，同时降雨初损量也增大了2.4倍。研究表明，随着降雨强度的增大，雨滴对地表的击打作用会增强，分散成的细颗粒土壤容易填塞土壤结构中的空隙，使得土壤的入渗能力显著减少、坡面入渗过程缩短，导致产流的发生提前。这也提醒人们应该警惕气候变化背景下潜在的极端降雨事件所引发的水文灾害风险。

表5-13　不同降雨强度条件下的坡面初始径流时间和降雨初损量

指标	雨强	UABG	UASG	UACK	MABG	MASG	MACK	DABG	DASG	DACK
初始径流时间	小雨强	27.7	28.8	34.8	22.0	28.5	38.5	12.2	15.3	18.8
	大雨强	4.8	5.7	8.5	2.8	4.5	4.7	7.8	10.3	14.3
降雨初损量	小雨强	14.4	15.0	18.5	9.6	13.0	17.9	10.1	14.3	16.6
	大雨强	6.0	7.1	10.1	2.5	3.8	3.8	4.4	6.4	9.7

(2) 产流过程及特征

坡面产流过程是决定土壤侵蚀程度的重要过程。不同坡度位置和植被处理组合情况在不同降雨强度下的产流过程如图5-38所示。从图中可知，坡面产流率随降雨的变化曲线基本相似。产流率在产流初期最低，随着降雨持续时间的延长，产流率快速增长，此时的变化曲线斜率较大，随后进入一个增长相较缓慢的阶段，并在降雨结束前基本达到稳定状态。

降雨强度对产流的动态变化有显著的影响。一般来说，降雨期间各位置处的产流率均随降雨强度的增加而增大。相较于大雨强，小雨强下的产流过程曲线变化平缓，初始产流率、平均产流率及稳定产流率均较低。

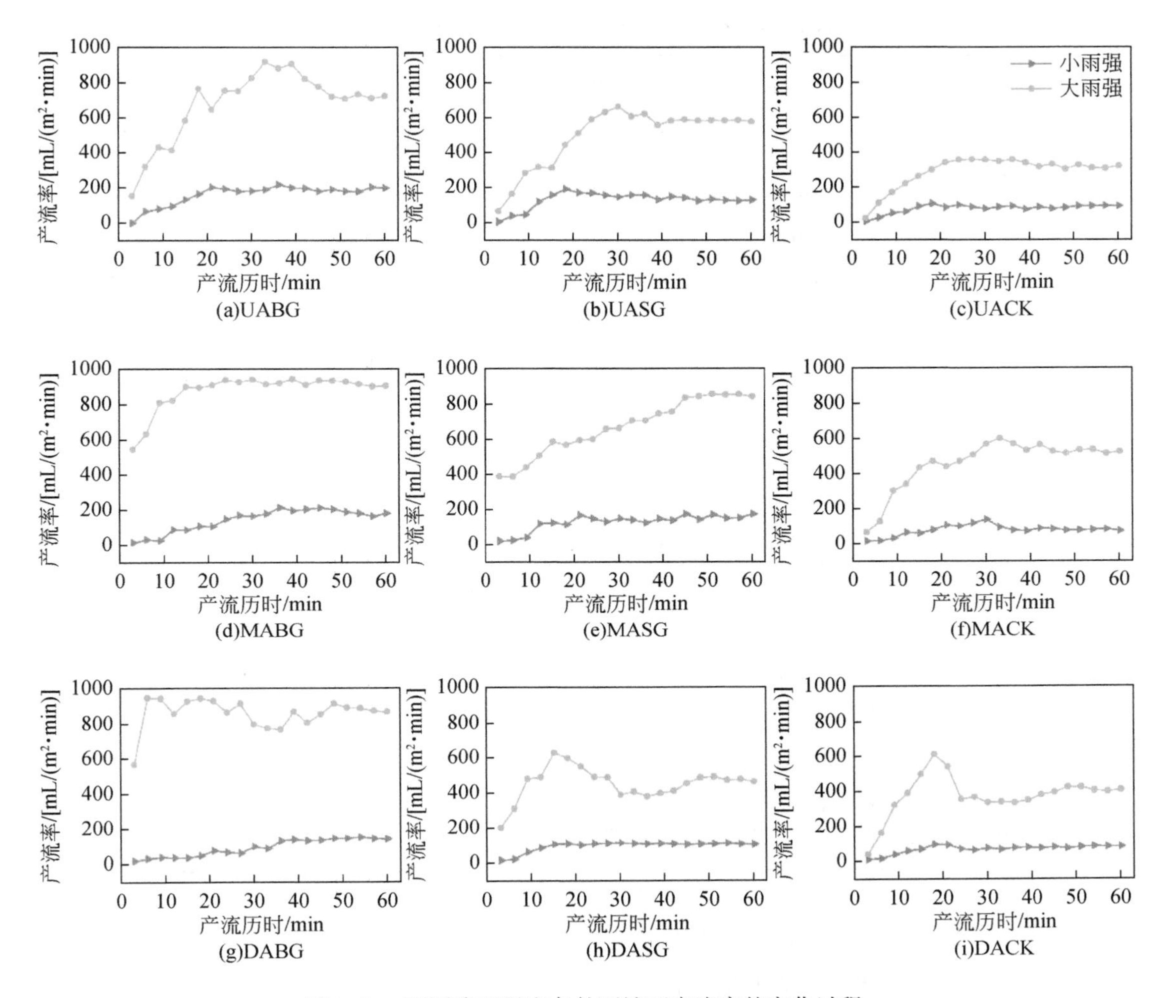

图 5-38　不同降雨强度条件下坡面产流率的变化过程

坡上位置在不同降雨强度条件下的初始产流率、平均产流率及稳定产流率的变化范围分别是 30.1 ~ 307.6mL/(m^2 · min)、79.3 ~ 681.6mL/(m^2 · min) 和 91.8 ~ 723.5mL/(m^2 · min)。其中小雨强条件下的初始产流率、平均产流率及稳定产流率在 30.1 ~ 50.3mL/(m^2 · min)、79.3 ~ 164.3mL/(m^2 · min) 和 91.8 ~ 192.5mL/(m^2 · min)。与此相比，大雨强下所产生的产流率分别增加了 3.5 ~ 6.1 倍、3.7 ~ 4.1 倍和 3.5 ~ 4.5 倍。对于坡中和坡下位置，产流率的变化也有相似特征，即大雨强条件下初始产流率、平均产流率及稳定产流率均显著大于小雨强条件下的，具体结果见表 5-14。降雨强度较小时，大部分降雨会以入渗的形式补给土壤水分，只有少部分以地表径流的形式流失，因此产流率也较小。此外，还计算了两种雨强对应的不同参数之间的比值，结果表明降雨强度的提高显著增加了坡面产流率，且高强度降雨的水文后果变得更加明显，具体来说，降雨强度增加了约 2 倍左右，而初始产流率、平均产流率及稳定产流率分别增加约为 11.5 倍、5.2 倍和 4.9 倍。

表 5-14　不同降雨强度条件下的坡面产流特征值

位置	降雨强度	初始产流率 /［mL/(m² · min)］	稳定产流率 /［mL/(m² · min)］	平均产流率 /［mL/(m² · min)］
UABG	小雨强	50. 3	192. 5	164. 3
	大雨强	307. 6	723. 5	681. 6
UASG	小雨强	33. 7	131. 5	132. 6
	大雨强	175. 9	587. 9	498. 2
UACK	小雨强	30. 1	91. 8	79. 3
	大雨强	104. 1	316. 9	291. 2
MABG	小雨强	22. 8	182. 6	142. 5
	大雨强	664. 3	914. 8	875. 1
MASG	小雨强	30. 2	158. 8	129. 0
	大雨强	406. 1	850. 4	670. 8
MACK	小雨强	22. 7	78. 1	77. 8
	大雨强	167. 0	525. 8	458. 8
DABG	小雨强	34. 8	153. 3	100. 4
	大雨强	826. 8	895. 1	867. 8
DASG	小雨强	37. 9	112. 1	100. 6
	大雨强	338. 3	481. 9	458. 6
DACK	小雨强	31. 3	88. 3	76. 1
	大雨强	182. 5	419. 8	382. 0

此外，还捕捉了不同坡度位置和植被处理组合情况在不同降雨强度条件下的累积产流量的具体过程（图 5-39）。结果表明，累积产流量随产流历时的延长而逐渐增加；同时，降雨强度越大，累积产流量与产流历时关系曲线的斜率（即回归系数）也越大，说明降雨期间单位时间内的产流量随雨强的增加而增大。累积产流量增加的速率和幅度因降雨强度的强弱而异。小雨强条件下累积径流量的增加趋势稳定，增加幅度小。相反，大雨强条件下累积产流量的增加趋势较快，增加幅度也较大。相较于小雨强条件，坡面不同位置在大雨强条件下的累积产流量均有不同程度的增加。径流增长比在 3. 7 ~ 8. 6 倍之间，表明降

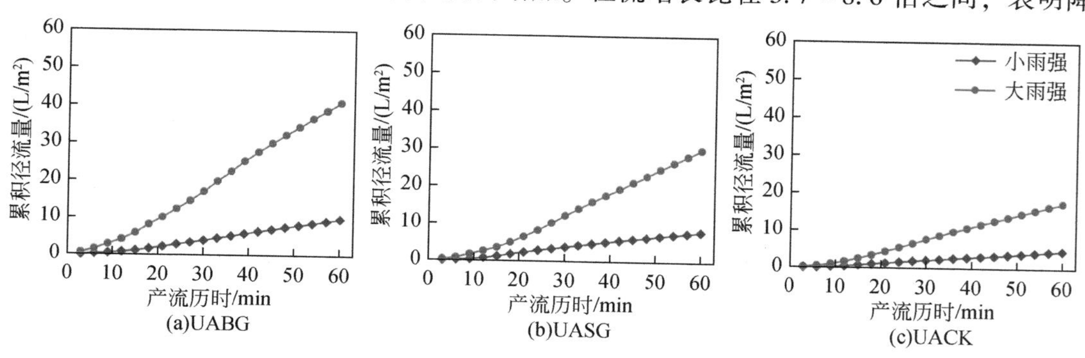

(a)UABG　(b)UASG　(c)UACK

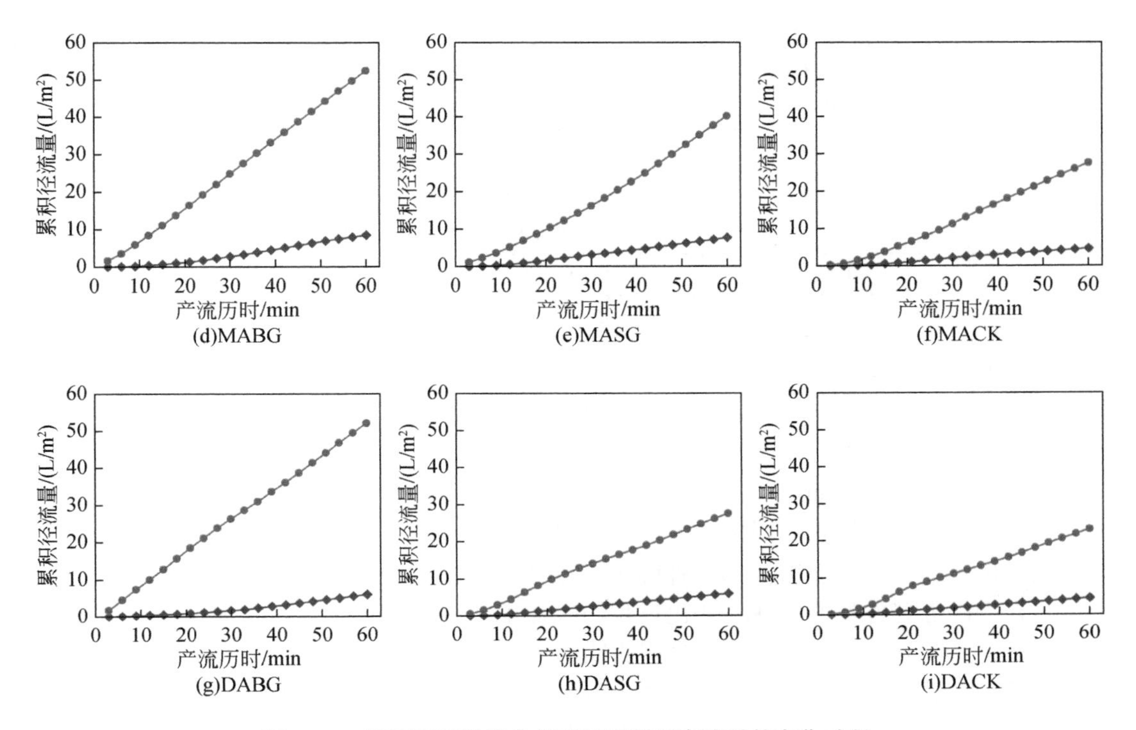

图 5-39　不同降雨强度条件下坡面累积产流量的变化过程

雨强度对坡面累积产流量有显著作用。此外，从图中还可以发现，累积产流量变化曲线的增长方式并非完全呈直线上升，而是有一定的波动，这与地表状况和产流过程有关。

对累积产流量进行回归分析，结果表明累积产流量（R）与产流历时（t）之间符合 $R=at^2+bt+c$（其中 a、b、c 为常数）的函数关系。具体结果见表 5-15。

表 5-15　不同降雨强度条件下坡面累积产流量的回归方程

位置	降雨强度	回归方程	R^2
UABG	小雨强	$R=0.0066t^2+0.4080t-0.7765$	0.9974
	大雨强	$R=0.0223t^2+1.7915t-2.7798$	0.9968
UASG	小雨强	$R=-0.0007t^2+0.4613t-0.8699$	0.9964
	大雨强	$R=0.0236t^2+1.1610t-2.0888$	0.9968
UACK	小雨强	$R=0.001t^2+0.2363t-0.3758$	0.9985
	大雨强	$R=0.0066t^2+0.8324t-1.477$	0.9973
MABG	小雨强	$R=0.0132t^2+0.2054t-0.4803$	0.9959
	大雨强	$R=0.0075t^2+2.5707t-1.6207$	0.9998
MASG	小雨强	$R=0.0055t^2+0.3072t-0.5298$	0.9983
	大雨强	$R=0.0381t^2+1.2844t-0.4025$	0.9999

续表

位置	降雨强度	回归方程	R^2
MACK	小雨强	$R=0.0004t^2+0.2570t-0.5068$	0.9927
	大雨强	$R=0.0177t^2+1.1444t-1.9087$	0.9980
DABG	小雨强	$R=0.0129t^2+0.0485t+0.010$	0.9990
	大雨强	$R=-0.0057t^2+2.7369t-0.7313$	0.9997
DASG	小雨强	$R=0.0017t^2+0.2078t-0.3037$	0.9986
	大雨强	$R=-0.0042t^2+1.3049t-1.7245$	0.9976
DACK	小雨强	$R=0.002t^2+0.2878t-0.4518$	0.9986
	大雨强	$R=-0.0085t^2+1.5917t-1.2601$	0.9985

注：R 为累积产流量（L）；t 为产流历时（min）。

(3) 产沙过程及特征

坡面产沙率可以反映不同条件下坡面土壤的侵蚀速率，是预测土壤侵蚀的关键因子。不同坡度位置和植被处理组合在两种降雨强度条件下的坡面产沙过程如图 5-40 所示。坡上位置在大雨强条件下的产沙率变化过程与径流响应曲线相类似，可以概化为增长阶段-稳定阶段；其余条件下的坡面产沙过程曲线则表现为：在降雨初期急速上升直到达到最大值，随后进入下一个产沙率逐渐减小的阶段，一段时间后趋于稳定状态。在整个模拟降雨过程中，小雨强条件下的产沙率变化较小，坡上、坡中和坡下位置的产沙率变化范围分别为 0～1.34g/(m^2·min)、0～1.50g/(m^2·min) 和 0～0.65g/(m^2·min)，而不同坡位在大雨强条件下的产沙率有显著的增加，分别在 0.56～19.68g/(m^2·min)、0.61～18.47g/

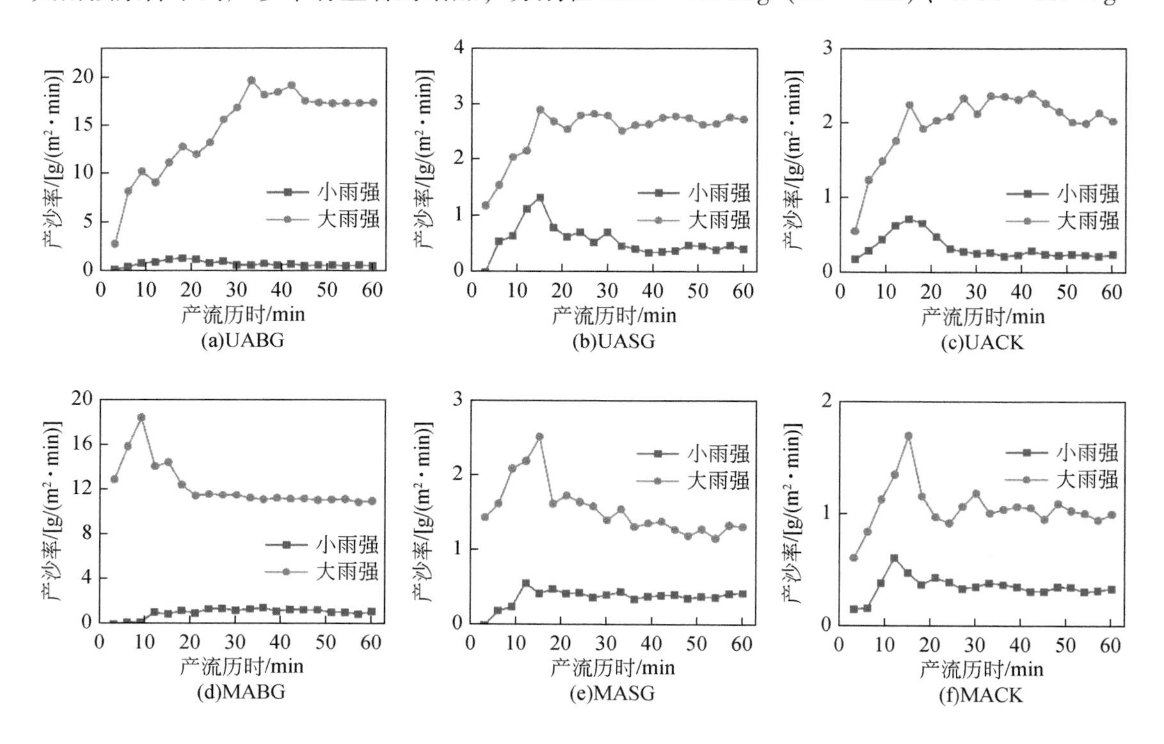

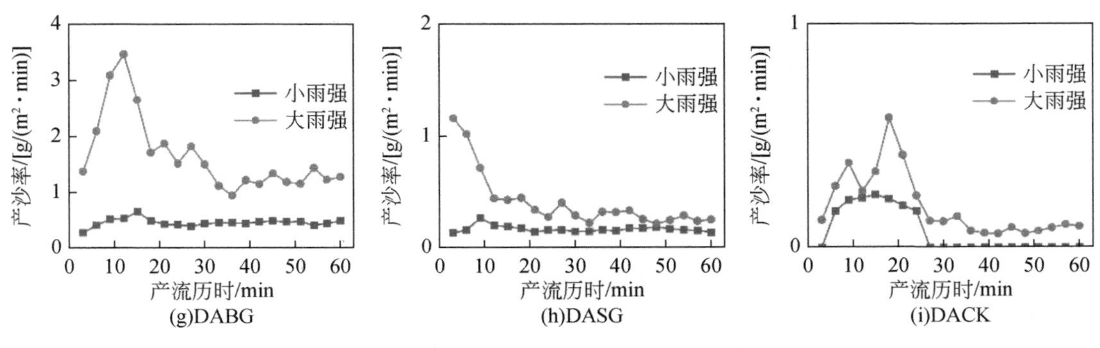

图 5-40 不同降雨强度条件下坡面产沙率的变化过程

(m^2·min) 和 0.06 ~3.46g/(m^2·min) 之间变动。对于大雨强事件而言，较大的雨滴动能显著增强了对地面的打击能力以及击溅侵蚀作用，同时径流对地表的冲刷动力也较强，因而增加了对地表的侵蚀力。此外，与小雨强相比，大雨强条件下产沙率的增加幅度沿下坡方向呈递减趋势，产沙率均值分别增加了 11.5 倍、8.3 倍、3.2 倍。

降雨强度不仅会改变产沙的变化过程，对产沙率也有重要影响。从表 5-16 中可知，大雨强条件下的初始产沙率、稳定产沙率和平均产沙率都有不同程度的增加。一般认为稳定产沙率能很好的反映不同实验条件下的坡面产沙强度。从图 5-40 中也可以看出，降雨强度的增大会显著引起稳定产沙率的提高，且随着坡度的增加，大雨强对土壤侵蚀的影响愈加明显。对于坡下位置不同的植被处理而言，大雨强条件下的稳定产沙率相较于小雨强增加了 0.1 ~0.8g/(m^2·min)，平均增加了 0.3g/(m^2·min)。坡中位置在大雨强条件下的稳定产沙率是小雨强条件下的 3.1 ~9.8 倍。而坡上位置在两种不同雨强条件下稳定产沙率间的差异约为 14.4 倍，且裸地处理的差异高达 28.2 倍（表 5-16）。不同雨强间的泥沙观测值也有显著的差异，当降雨强度从 0.6mm/min 增加到 1.1mm/min 时，模拟降雨过程中所产生的总产沙量从 8.5 ~127.4g 增加到 22.1 ~1750.1g，增加了 2.4 ~19.3 倍（表 5-16）。此外，产沙量沿下坡方向呈减小趋势，坡上位置具有最高的泥沙流失量，平均产沙量为 415.1g；相对于坡上位置而言，坡中位置的产沙量减小了 19.5%，而坡下位置的仅为其十分之一。坡面总产沙量在不同雨强间的差异随着坡度的减小而减小，且这种减小趋势沿下坡方向愈加强烈。以上结果表明，较大的降雨强度是造成坡面产流、土壤侵蚀的重要影响因素。此外，坡度对土壤侵蚀过程也有重要影响。

表 5-16 不同降雨强度条件下坡面的产沙特征值

位置	降雨强度	初始产沙率 /[g/(m^2·min)]	稳定产沙率 /[g/(m^2·min)]	平均产沙率 /[g/(m^2·min)]	总产沙量/g
UABG	小雨强	0.48	0.61	0.76	90.83
	大雨强	7.04	17.34	14.58	1750.11
UASG	小雨强	0.40	0.45	0.56	67.32
	大雨强	1.59	2.71	2.52	302.53

续表

位置	降雨强度	初始产沙率/[g/(m² · min)]	稳定产沙率/[g/(m² · min)]	平均产沙率/[g/(m² · min)]	总产沙量/g
UACK	小雨强	0.31	0.24	0.34	40.58
	大雨强	1.09	2.06	1.99	239.17
MABG	小雨强	0.16	1.13	1.06	127.37
	大雨强	15.78	11.07	12.30	1476.20
MASG	小雨强	0.15	0.40	0.38	45.43
	大雨强	1.72	1.26	1.56	186.96
MACK	小雨强	0.23	0.33	0.35	42.34
	大雨强	0.86	1.01	1.05	126.52
DABG	小雨强	0.41	0.46	0.46	55.03
	大雨强	2.18	1.25	1.65	198.18
DASG	小雨强	0.19	0.16	0.17	20.36
	大雨强	0.96	0.25	0.41	49.40
DACK	小雨强	0.13	0.00	0.07	8.48
	大雨强	0.26	0.08	0.18	22.06

相应的，坡面不同位置及不同植被处理下的累积产沙量对不同降雨强度的响应也有差异，但均表现出随降雨强度的增大而增加的趋势（图 5-41），且雨强越大，累积产沙量与产流历时关系曲线的斜率越大，表明单位时间内的产沙量越大。对累积产沙量进行回归分析，结果表明累积产沙量（S）与产流历时（t）之间符合 $S=at^2+bt+c$（其中 a、b、c 为常数）的函数关系。具体结果见表 5-17。

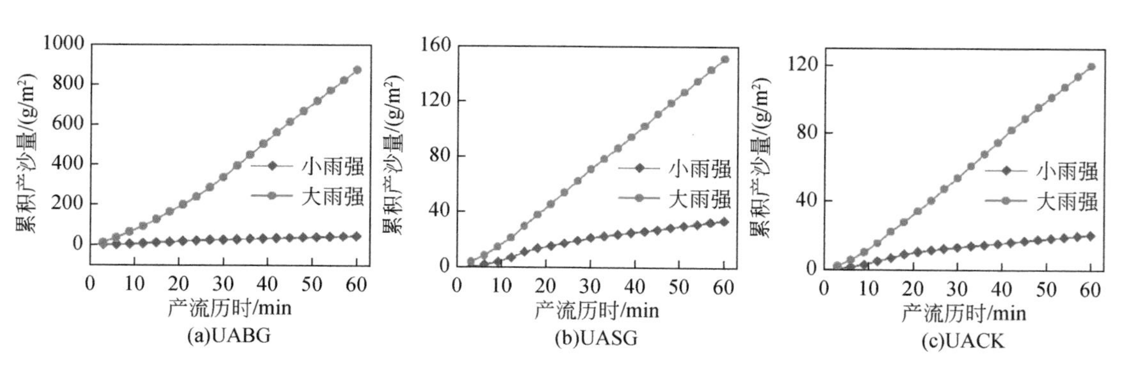

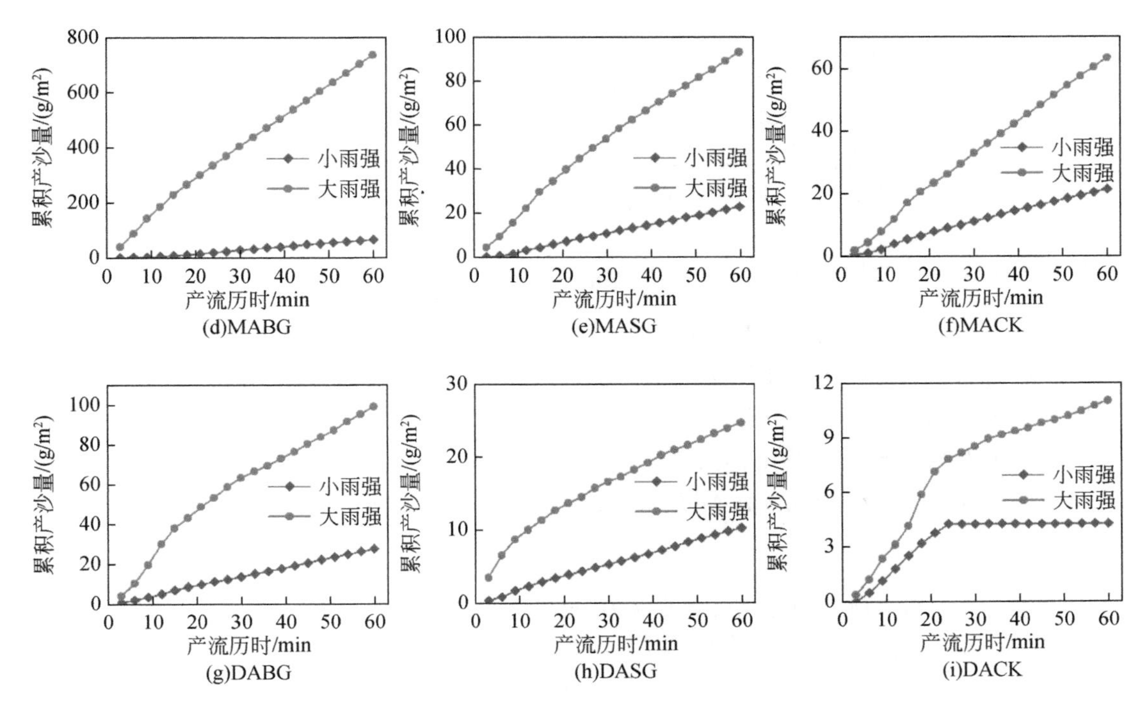

图 5-41　不同降雨强度条件下坡面累积产沙量的变化过程

表 5-17　不同降雨强度条件下坡面累积产沙量回归方程

位置	降雨强度	回归方程	R^2
UABG	小雨强	$S=-0.006t^2+1.1889t-4.6972$	0.9973
	大雨强	$S=0.0942t^2+9.8976t-37.480$	0.9982
UASG	小雨强	$S=-0.0065t^2+0.9905t-3.3774$	0.9948
	大雨强	$S=0.0033t^2+2.4494t-6.8426$	0.9995
UACK	小雨强	$S=-0.0042t^2+0.6022t-1.4917$	0.9929
	大雨强	$S=0.0037t^2+1.9202t-6.9870$	0.9989
MABG	小雨强	$S=0.0036t^2+0.9856t-6.3528$	0.9952
	大雨强	$S=-0.039t^2+14.348t+10.187$	0.9990
MASG	小雨强	$S=-0.0003t^2+0.4272t-1.8696$	0.9991
	大雨强	$S=-0.0098t^2+2.1607t-2.1248$	0.9991
MACK	小雨强	$S=-0.0013t^2+0.4539t-1.3508$	0.9990
	大雨强	$S=-0.0026t^2+1.2472t-2.3509$	0.9993
DABG	小雨强	$S=-0.0006t^2+0.4988t-0.5603$	0.9993
	大雨强	$S=-0.0166t^2+2.6125t-1.2067$	0.9934
DASG	小雨强	$S=-0.0003t^2+0.185t+0.0080$	0.9986
	大雨强	$S=-0.0032t^2+0.538t+3.4043$	0.9931

续表

位置	降雨强度	回归方程	R^2
DACK	小雨强	$S=-0.0029t^2+0.2438t-0.5872$	0.9513
	大雨强	$S=-0.0041t^2+0.4326t-0.9997$	0.9827

注：S 为累积产沙量（g）；t 为产流历时（min）

5.4.3.2 不同前期土壤含水量下的坡面产流产沙特征

为探究不同前期土壤含水量对坡面产流产沙特征的影响，研究分析了坡面不同位置在一定土壤含水量（0～10cm 土层土壤水分）梯度和特定雨强（1.1mm/min）下的初始径流时间、降雨初损量、水沙变化过程及特征。

（1）初始径流时间和降雨初损量

坡面不同位置及植被处理在不同前期土壤含水率条件下的初始径流时间和降雨初损量结果见表 5-18。

表 5-18 不同前期土壤含水率梯度下的初始径流时间和降雨初损量

位置	前期土壤含水率/%	降雨强度/(mm/min)	初始径流时间/min	降雨初损量/mm
UABG	4.1	1.1	11.18	9.1
	11.6	1.0	2.12	3.2
	30.4	1.2	1.29	2.3
UASG	7.9	1.1	16.52	14.4
	14.8	1.0	3.57	4.9
	30.7	1.2	1.61	2.3
UACK	6.6	1.1	12.27	10.3
	13.7	1.0	4.8	6.4
	26.9	1.2	0.8	2.3
MABG	8.5	1.1	4.67	4.4
	12.5	1.0	2.38	4.2
	24.4	1.2	2.32	3.9
MASG	8.4	1.1	4.35	6.2
	12.4	1.0	4.06	5.6
	22.6	1.2	1.75	2.1
MACK	7.4	1.1	5.42	5.3
	14.5	1.0	3.9	4.0
	22.4	1.2	2.47	5.3
DABG	9.3	1.1	15.7	14.3
	15.1	1.1	8.88	8.2
	27.5	1.2	2.18	0.8

续表

位置	前期土壤含水率/%	降雨强度/(mm/min)	初始径流时间/min	降雨初损量/mm
DASG	8.8	1.1	17.17	16.6
	13.1	1.1	7.45	7.0
	23.5	1.2	5.62	5.2
DACK	9.1	1.1	10.38	10.1
	11.7	1.1	5.27	5.0
	31.1	1.2	2.71	0.8

结果表明，坡面径流的产生时间及所需的降雨量受前期土壤含水率的影响很大，均随前期土壤含水率的升高而呈现下降趋势。当前期土壤含水率的变化梯度范围为 4.1% ~ 9.3% 时，坡面初始径流时间在 4.35 ~ 17.17min，平均为 10.85min；降雨初损量在 4.4 ~ 16.6mm 变化，平均损失量为 10.1mm。当前期土壤含水率在 11.6 ~ 15.1% 梯度范围内变化时，坡面初始径流时间的波动范围为 2.12 ~ 8.88min，平均产流时间为 4.71min；降雨初损量的变化范围和平均值分别为 3.2 ~ 8.2mm 和 5.4mm。当土壤较为湿润时（前期土壤含水率在 22.4% ~31.1%），初始径流时间和降雨初损量分别在 0.80 ~ 5.62min 和 0.8 ~ 5.3mm 变化，对应的平均产流时间和产流所需的降雨量分别为 2.31min 和 2.8mm。相比于较为干燥的土壤（前期土壤含水率：4.1% ~9.3%），较为湿润（前期土壤含水率：11.6% ~15.1%）和湿润土壤（前期土壤含水率：22.4% ~31.1%）的平均初始径流时间分别减小了 56.6% 和 78.7%，对应所需的降雨量也有显著降低，分别减小了 46.5% 和 72.4%。

（2）产流过程及特征

图 5-42 展示了不同坡度位置和植被处理组合情况在一定土壤含水量梯度和特定雨强下径流随时间的动态变化过程。从图中可知，大部分坡面产流率的变化曲线基本相似，即产流率在模拟降雨初期最低，随着降雨持续时间的延长，产流率快速增长直至达到一个基本稳定的状态。坡面产流率的另一种变化过程为产流率随降雨的进行快速增加到峰值，随后呈波动式下降至稳定状态。除此之外，坡上位置裸地处理和剪草处理在低前期土壤含水量情况下的初始产流率最大，随着时间的推移，产流率缓慢减小并最终达到较为稳定的水平。

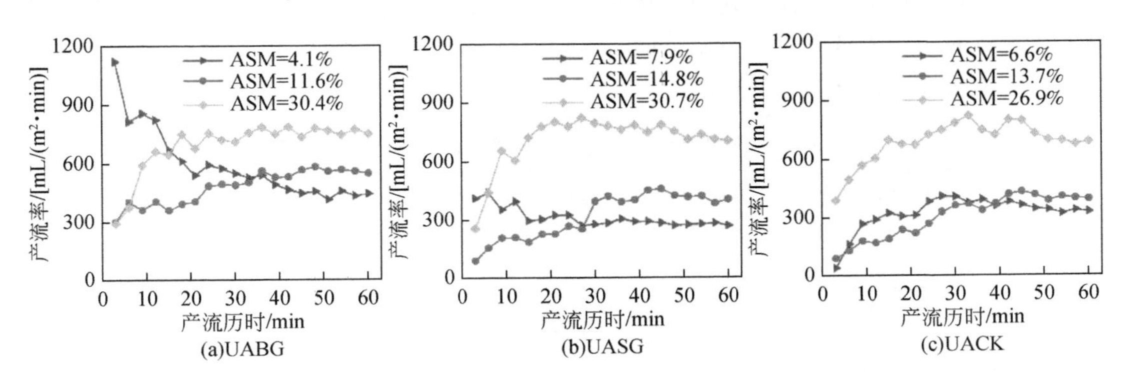

(a)UABG (b)UASG (c)UACK

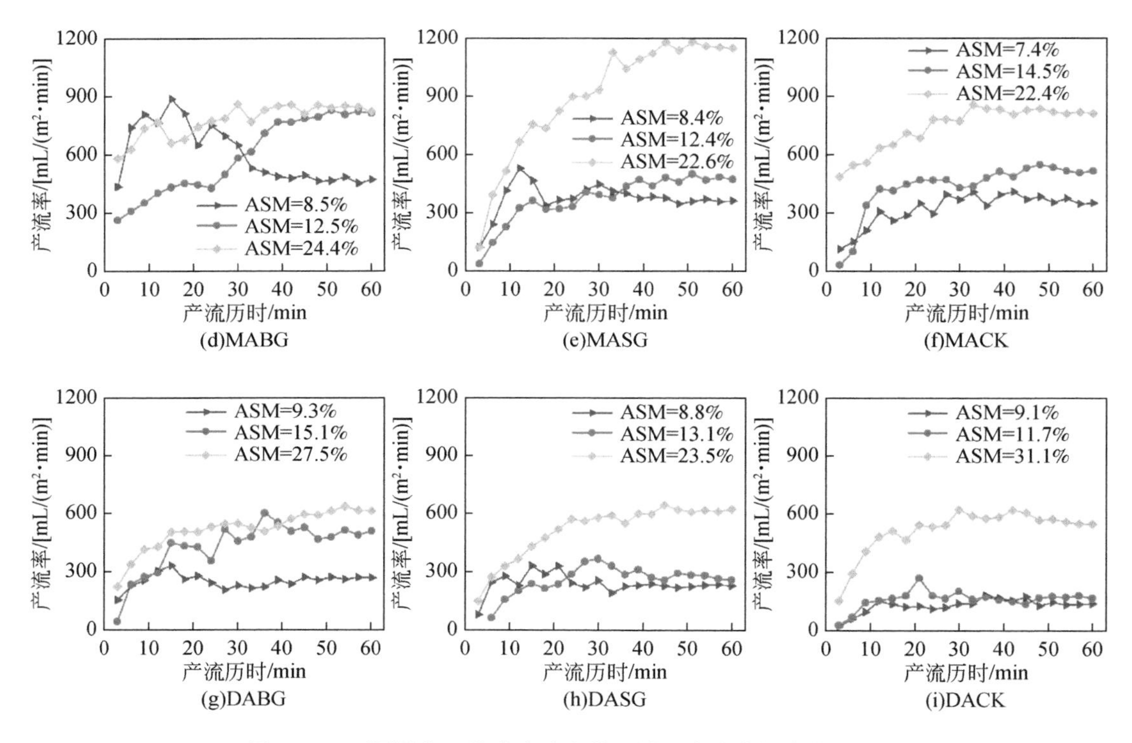

图 5-42　不同前期土壤含水率条件下坡面产流率的变化过程

为进一步探究前期土壤含水率对产流过程的影响，研究统计了坡面不同位置及不同植被处理在某一前期土壤含水率梯度范围内的产流特征值（表 5-19）。结果表明，前期土壤含水率对产流过程有较明显的影响。然而，初始产流率与土壤含水率之间并没有显著的相关关系，尽管湿润土壤的初始产流率相较于干燥土壤增加了 22.8%。从表 5-19 中可以发现，土壤水分低值区和高值区的初始产流率均高于中值区的，且大多均在土壤水分高值区最大，表现出初始产流率与前期土壤含水率之间存在的非线性关系。初始产流率随土壤含水率的增加呈先减小后增加的趋势，说明干燥和湿润的土壤都会促进径流的产生。特别的，坡上位置裸地处理小区在土壤干燥情况下的初始产流率显著增大，可能的原因有：①在雨滴能量的冲击下，裸地处理容易形成土壤结皮，有利于形成径流；②土壤的斥水性在干燥土壤表面中表现的更加明显，加之较强的外力驱动作用（降雨强度），会进一步减小土壤的入渗能力，从而增加径流。

表 5-19　不同前期土壤含水率条件下的坡面产流特征值

位置	前期土壤含水率 /%	降雨强度 /(mm/min)	初始产流率 /[mL/(m^2·min)]	稳定产流率 /[mL/(m^2·min)]	平均产流率 /[mL/(m^2·min)]
UABG	4.1	1.1	933.32	444.03	594.29
	11.6	1.0	356.63	565.68	482.34
	30.4	1.2	421.40	765.59	693.01

续表

位置	前期土壤含水率/%	降雨强度/(mm/min)	初始产流率/[mL/(m^2·min)]	稳定产流率/[mL/(m^2·min)]	平均产流率/[mL/(m^2·min)]
UASG	7.9	1.1	404.80	277.35	314.00
	14.8	1.0	151.60	411.90	321.21
	30.7	1.2	453.72	726.35	709.48
UACK	6.6	1.1	157.85	336.47	324.06
	13.7	1.0	131.51	402.12	305.95
	26.9	1.2	485.77	700.08	689.07
MABG	8.5	1.1	662.46	467.98	602.27
	12.5	1.0	306.22	811.74	593.12
	24.4	1.2	648.98	842.46	777.66
MASG	8.4	1.1	258.94	359.65	373.27
	12.4	1.0	135.82	476.05	372.36
	22.6	1.2	343.02	1155.57	904.24
MACK	7.4	1.1	158.06	362.11	323.25
	14.5	1.0	155.75	523.29	432.74
	22.4	1.2	530.90	818.53	743.07
DABG	9.3	1.1	211.21	265.15	250.06
	15.1	1.1	181.32	489.58	428.37
	27.5	1.2	323.01	611.99	515.56
DASG	8.8	1.1	200.70	227.00	236.69
	13.1	1.1	108.52	275.33	259.77
	23.5	1.2	248.47	614.02	514.11
DACK	9.1	1.1	58.00	136.32	128.48
	11.7	1.1	79.08	171.07	158.05
	31.1	1.2	283.11	558.21	514.90

相关分析结果表明，前期土壤含水率与稳定产流率和平均产流率间均有显著的正相关关系，相关系数分别为 0.675（P<0.01）和 0.634（P<0.01），说明湿润条件会加速径流的产生。与较为干燥的土壤相比，较为湿润和湿润土壤的稳定产流率分别增加了 43.5% 和 136.2%；与此同时，平均产流率也分别增加了 6.6% 和 92.6%。此外，从表中还能发现坡下位置不同植被处理在前期土壤含水率相当的情况下（前期土壤含水率分别为 9.1%、8.8% 和 9.3%），初始产流率、稳定产流率和平均产流率在三种植被处理中有较大差异，且均呈现随植被增多而减小的趋势，尤其对于天然小区，其产流率显著最低。说明植被对径流产生过程有强烈的调控作用。关于植被对径流作用关系的具体内容将在下一节中进行详述。

不同坡度位置和植被处理组合情况在不同前期土壤含水量条件下的累积产流量的具体

过程如图 5-43 所示。结果表明，累积产流量随产流历时的延长而逐渐增加。高前期土壤含水率条件下累计产流量曲线的斜率最大，总产流量范围为 61.70 ~ 108.51L，平均为 80.81L，是低前期土壤含水率条件下的 1.93 倍，说明土壤在湿润条件下更容易产生径流。然而，干燥土壤和较为湿润土壤下的平均总产流量并没有显著差异，其分别为 41.95L 和 44.55L。从图中可以发现，干燥土壤条件下的累积产流量曲线在某些情况下高于中等土壤含水率条件下的。尤其是坡上位置裸地处理在前期土壤含水率为 4.1% 条件下的累积产流量曲线在产流后的前 40min 处于最高位。说明较高或较低的土壤水分条件均会导致径流量的增加，进一步证实了二者之间存在的非线性关系。

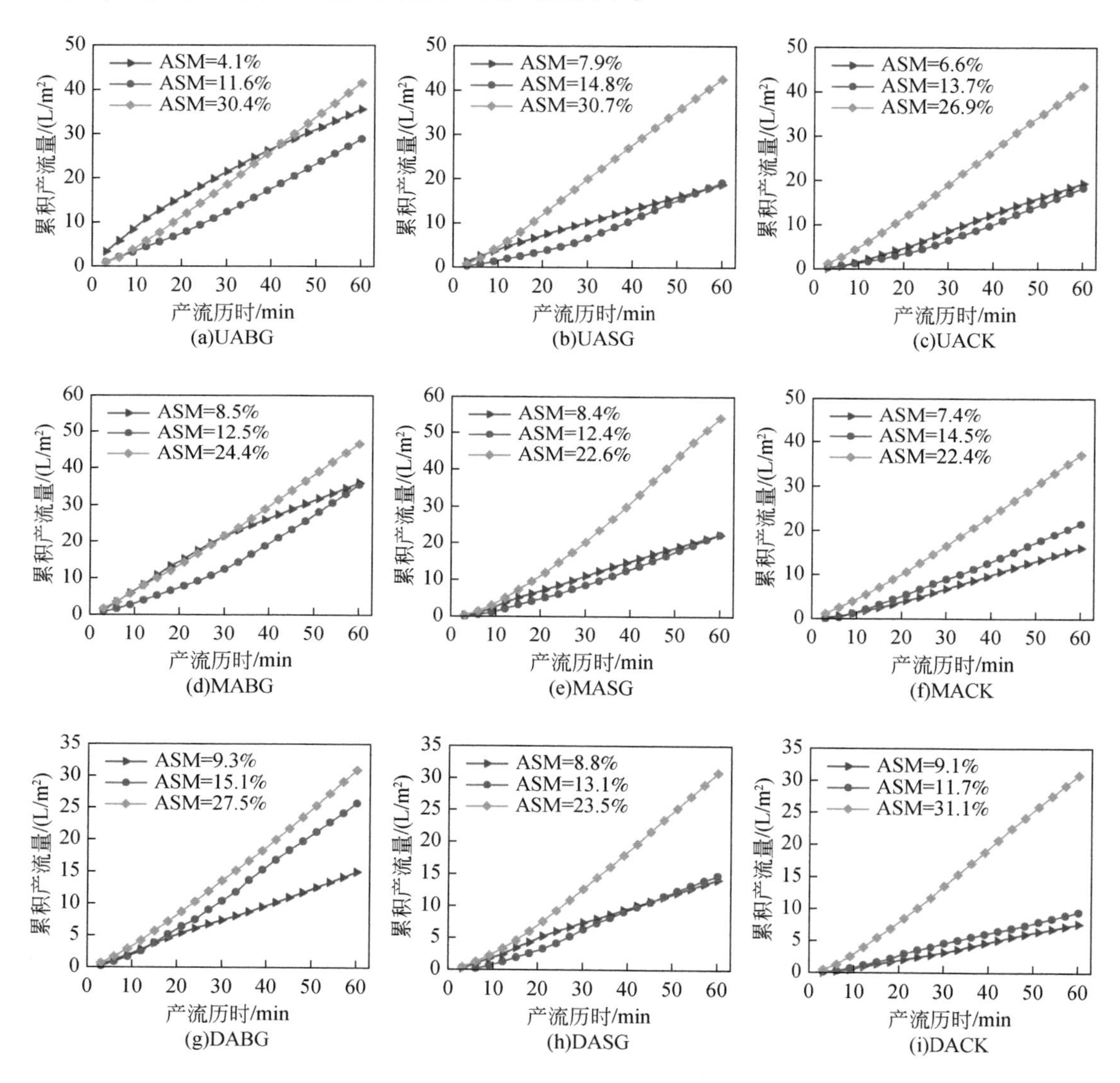

图 5-43 不同前期土壤含水率条件下坡面累积产流量的变化过程

（3）产沙过程及特征

坡面不同位置和植被处理组合在不同前期土壤含水量梯度下的坡面产沙过程如图 5-44

所示。坡面产沙率变化曲线大致可分为三种，分别可概化为快速增长阶段-缓慢增长阶段-稳定阶段、快速上升阶段-快速下降阶段-缓慢下降阶段-稳定阶段、快速下降阶段-波动下降阶段-稳定阶段。此外，从图5-44中可以明显看出，随着坡度梯度的降低，产沙率变化曲线的波动范围也逐渐减小。坡上、坡中及坡下位置的产沙率变化范围分别为：0.80 ~ 37.12g/(m^2·min)、0.16 ~ 11.62g/(m^2·min) 及0.0 ~ 2.64g/(m^2·min)。其中坡中和坡下位置的平均产沙率分别比坡上位置处的减小了47.23%和92.29%。对于坡下位置而言，剪草处理在低前期土壤含水量条件下的产沙率由初始的0.42g/(m^2·min) 达到峰值0.88g/(m^2·min) 后快速降低，最终稳定在0g/(m^2·min)，而天然小区的产沙量很小，甚至在湿润条件下也只会发生零星的土壤侵蚀（图5-44）。由此可知，产沙过程的复杂变化是多种因素共同作用的结果。

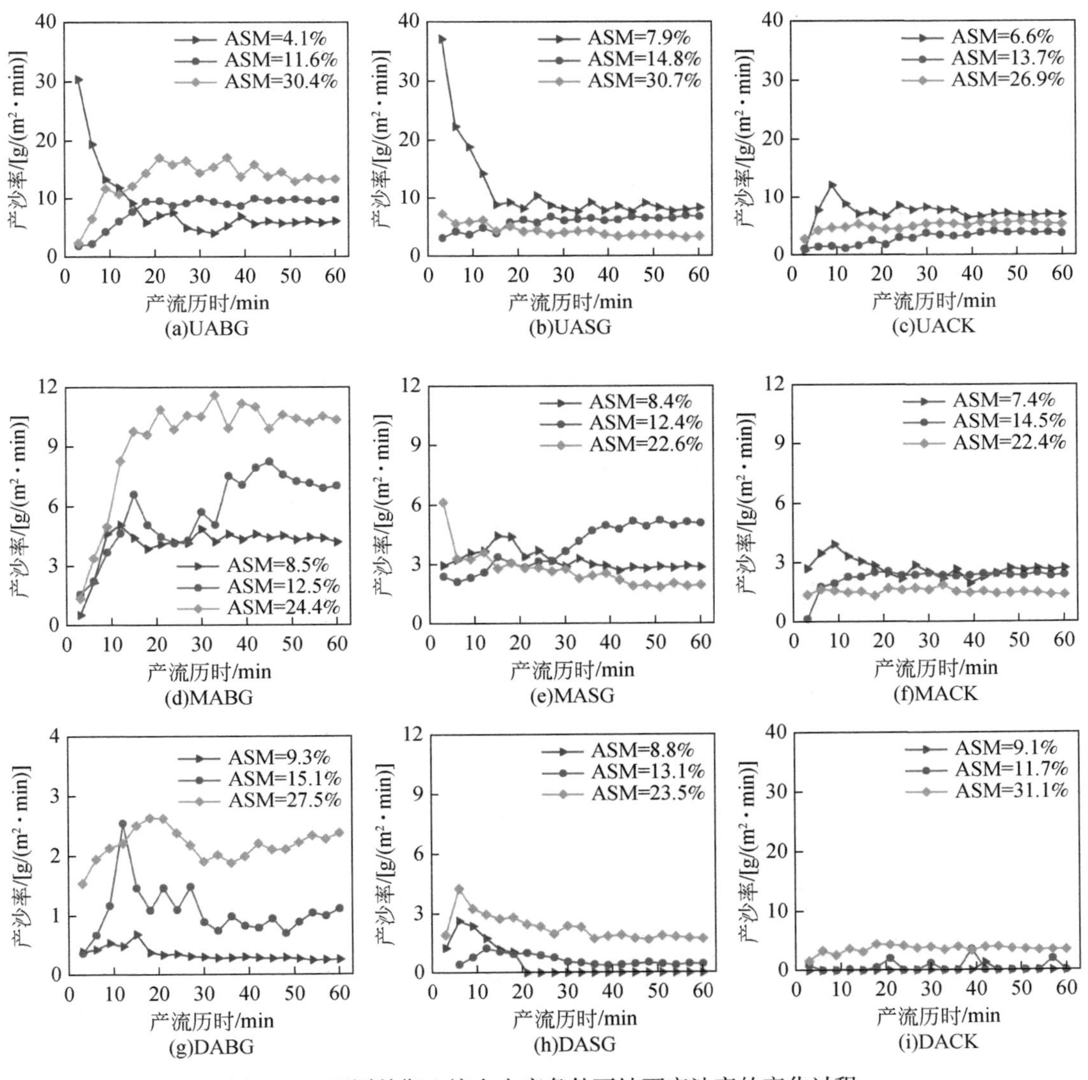

图5-44 不同前期土壤含水率条件下坡面产沙率的变化过程

通过对不同前期土壤含水率条件下的产沙特征值进行分析（表5-20），发现初始产沙率、稳定产沙率、平均产沙率及泥沙流失量与前期土壤含水率均无显著的关系。然而坡下位置处的初始产沙率及平均产沙率与前期土壤含水率均有显著的正相关关系，其相关系数分别为0.862（$P<0.01$）和0.800（$P<0.01$）。说明土壤含水率与产沙率间的关系因位置不同而有差异。对坡面不同位置及植被处理组合的产沙特征值进行统计（表5-21），发现其在不同坡度位置和不同植被处理间的规律性较强，基本呈现随植被增多而降低、随坡度减小而减小的趋势。以上结果表明，坡面产沙率受坡度和植被等因素的共同作用。

表5-20　不同前期土壤含水率条件下的坡面产沙特征值

位置	前期土壤含水率/%	初始产沙率/[g/(m² · min)]	稳定产沙率/[g/(m² · min)]	平均产沙率/[g/(m² · min)]	泥沙流失量/g
UABG	4.1	21.18	5.97	8.66	1038.65
	11.6	2.84	9.79	8.29	994.44
	30.4	6.95	13.77	13.44	1613.11
UASG	7.9	26.12	8.31	11.44	1373.08
	14.8	3.65	6.63	5.76	690.73
	30.7	6.21	3.46	4.35	521.80
UACK	6.6	6.93	6.95	7.30	875.99
	13.7	1.38	3.79	2.88	345.58
	26.9	3.90	5.50	5.01	601.46
MABG	8.5	2.45	4.39	4.12	493.88
	12.5	2.51	7.21	5.73	687.35
	24.4	3.26	10.43	9.26	1110.66
MASG	8.4	3.26	2.86	3.23	387.54
	12.4	2.28	5.07	3.89	467.36
	22.6	4.24	1.94	2.72	326.26
MACK	7.4	3.38	2.69	2.72	326.40
	14.5	1.31	2.37	2.22	266.41
	22.4	1.54	1.44	1.54	184.39
DABG	9.3	0.46	0.27	0.35	42.12
	15.1	0.74	0.95	1.07	128.15
	27.5	1.88	2.27	2.19	262.20
DASG	8.8	0.70	0.00	0.17	20.66
	13.1	0.20	0.15	0.21	24.09
	23.5	1.05	0.60	0.76	91.53
DACK	9.1	0.00	0.00	0.01	0.80
	11.7	0.03	0.04	0.05	6.21
	31.1	0.25	0.36	0.36	43.33

表 5-21　坡面产沙特征值

位置	初始产沙率 /［g/(m²·min)］	稳定产沙率 /［g/(m²·min)］	平均产沙率 /［g/(m²·min)］	泥沙流失量 /g
UABG	10.32	9.84	10.13	1215.40
UASG	11.99	6.13	7.18	861.87
UACK	4.07	5.41	5.06	607.68
MABG	2.74	7.34	6.37	763.96
MASG	3.26	3.29	3.28	393.72
MACK	2.08	2.17	2.16	259.07
DABG	1.03	1.16	1.20	144.16
DASG	0.65	0.25	0.38	45.43
DACK	0.09	0.13	0.14	16.78

不同前期土壤含水率对坡面的累积产沙量有一定的影响，除坡上位置裸地处理小区外，累积产沙量大多均随土壤含水率的升高而增加（图 5-45）。对于坡下位置而言，累积产沙量与前期土壤含水率之间呈现显著的正相关关系（相关系数：0.80，$P<0.01$），不同前期土壤含水率条件下的累积产沙量均值分别为 21.19g、52.82g 和 132.35g。而在坡上和坡中位置处，两者之间没有显著关系，且缺乏一定的规律性。可能是由于前期土壤水分条件与不同位置间的作用关系有差异的缘故。但土壤总侵蚀量沿下坡方向有显著的减小趋势，平均泥沙产量分别为 894.98g、472.25g 和 68.79g，表明坡度位置对土壤侵蚀过程有重要影响。

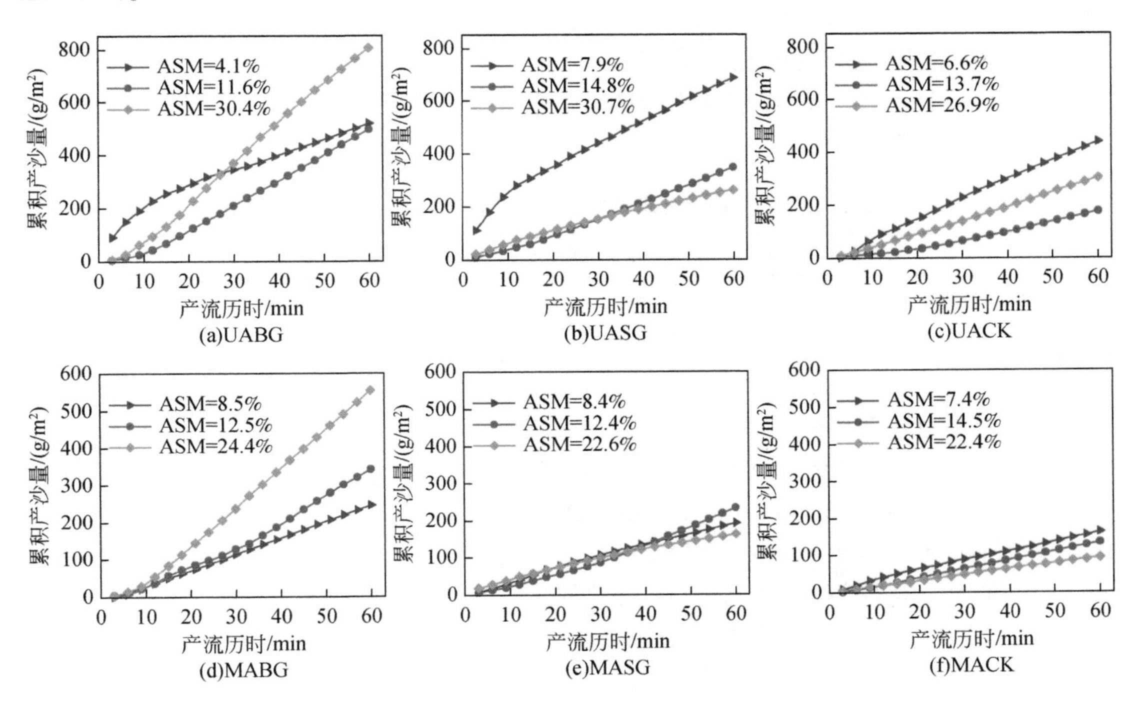

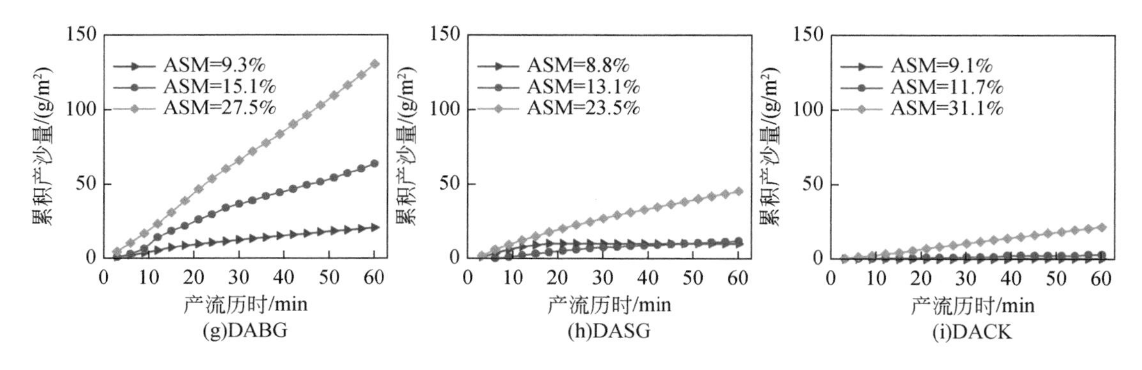

图 5-45　不同前期土壤含水率条件下坡面累积产沙量的变化过程

5.4.3.3　不同植被处理下的坡面产流产沙特征

为探究不同植被处理对坡面产流产沙特征的影响，研究分析了坡面在不同植被处理下的初始径流时间、降雨初损量、水沙变化过程和特征。此外，量化了坡面不同植被处理对径流和泥沙的减少作用。

（1）初始径流时间和降雨初损量

坡面不同位置处各植被处理的初始径流时间和降雨初损量结果见表 5-22。结果表明，特定坡位处各植被处理在初始径流时间和降雨初损量方面均有不同程度的差异。无论在坡上、坡中、还是在坡下位置，初始径流时间和降雨初损量均随植被的增多而增大。对于坡面裸地、剪草处理和天然小区而言，初始径流时间和降雨初损量的平均值分别为 8. 30min、10. 12min、10. 64min 和 6. 1mm、7. 3mm、8. 2mm。与裸地小区相比，不同坡位的剪草小区和天然小区的初始径流时间分别增加了 17. 17% ~24. 95% 和 20. 84% ~35. 59%；降雨初损量分别增加了 15. 08% ~22. 29% 和 24. 93% ~42. 46%。这些结果证实了植被覆盖可以有效地延长径流产生的时间。

表 5-22　不同植被处理条件下的初始径流时间和降雨初损量

变量	UABG	UASG	UACK	MABG	MASG	MACK	DABG	DASG	DACK
产流时间/min	9. 28	10. 87	11. 21	7. 84	9. 80	10. 63	7. 79	9. 70	10. 09
降雨初损量/mm	6. 82	8. 34	8. 52	5. 97	6. 87	8. 50	5. 58	6. 65	7. 54

（2）产流过程及特征

不同坡度位置和植被处理组合情况下的径流随时间的动态过程均表现出相似的变化趋势（图 5-46）。初始产流率相对较低，随后在降雨持续输入的作用下都有明显的上升，最终在模拟降雨结束前均会达到一个稳定的状态。但不同坡位处的产流率变化曲线有一定差异，可能是因为微小的外界环境差异所导致的。

坡面不同位置及不同植被处理的产流特征统计值见表 5-23。从表中可以看出，裸地与植被小区的产流特征值间存在显著的差异（$P<0.05$）。与裸地小区相比，植被小区的初始

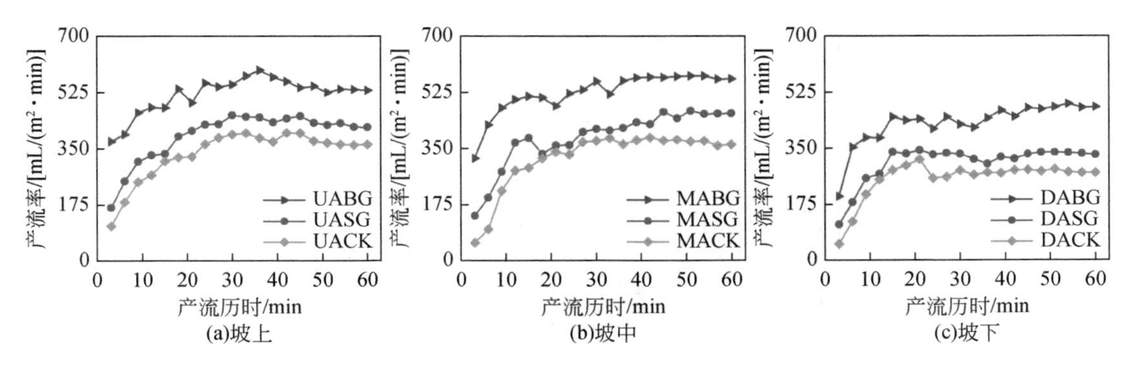

图 5-46　不同植被处理条件下坡面产流率的变化过程

产流率、稳定产流率以及平均产流率都有明显的下降。不同处理间的产流率大小均表现为裸地小区>剪草小区>天然小区，且天然小区下的显著最低。

表 5-23　不同植被处理条件下的坡面产流特征值

位置	初始产流率/[mL/(m² · min)]	稳定产流率/[mL/(m² · min)]	平均产流率/[mL/(m² · min)]
UABG	413.84a	538.28a	523.11a
UASG	243.94b	427.01b	395.09b
UACK	181.85b	369.47b	337.93b
MABG	410.11a	576.20a	528.90a
MASG	207.75ab	461.23b	386.37b
MACK	125.88b	372.32b	323.15b
DABG	315.42a	483.02a	432.43a
DASG	185.46b	337.31b	309.06b
DACK	128.12b	279.49b	256.88b

不同植被处理的径流减少效益（runoff reduction benefit，RRB）如图 5-47 所示。径流减少效益值越低，表示草地的径流维持能力越高。天然小区对初始产流率、稳定产流率和平均产流率的减少效益分别为 56.06% ~ 69.31%、31.36% ~ 42.14% 和 35.40% ~ 40.60%。剪草小区对不同产流特征值减少效益的变化范围分别为 41.05% ~ 49.34%、19.95% ~ 30.17% 和 24.47% ~ 28.53%。植被对初始产流率的减少效益最高，说明植被对产流初期的影响更为显著。此外，天然小区的径流减少效益是剪草小区的 1.4 ~ 1.8 倍，说明高覆盖度草地对径流的产生有很好的调控作用。

不同坡度位置和植被处理组合情况下累积产流量随时间的变化过程如图 5-48 所示。结果表明，累积产流量随产流历时的延长呈增加趋势，且裸地小区累积产流量曲线的斜率显著高于另外两种处理的，再次证明了植被在减少径流方面的重要作用。

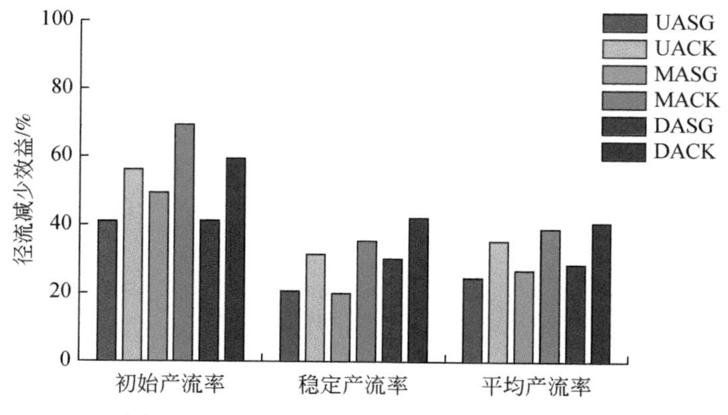

图 5-47　不同植被处理条件的径流减少效益

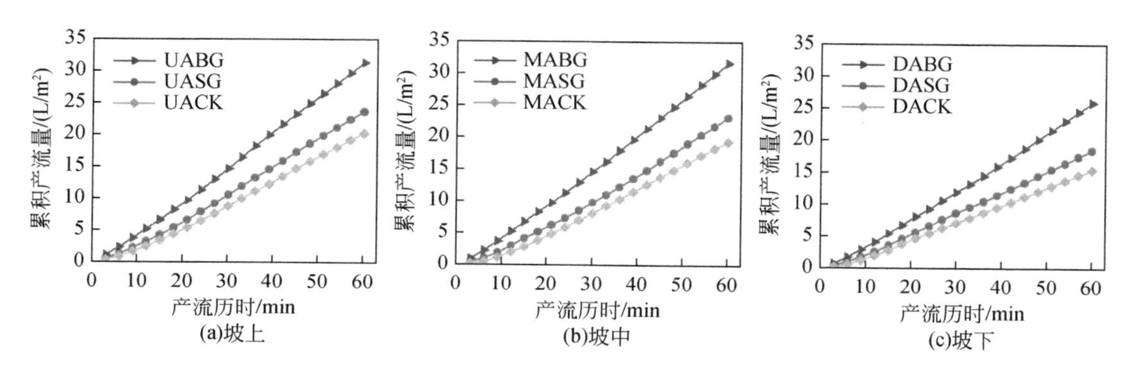

图 5-48　不同植被处理条件下坡面累积产流量的变化过程

(3) 产沙过程及特征

坡面不同位置及不同植被处理的产沙率变化过程曲线如图 5-49 所示。从图中可以发现，坡面裸地处理小区的产沙率显著高于其他，其产沙率变化范围为 0.80～10.35g/(m^2·min)。植被的存在明显改变了土壤流失过程，与裸地小区相比，植被小区减小了土壤产沙率，其中剪草小区和天然小区的最大产沙率分别减小至 9.72g/(m^2·min) 和 4.07g/(m^2·min)，平均产沙率分别减小了 54.29% 和 68.29%。

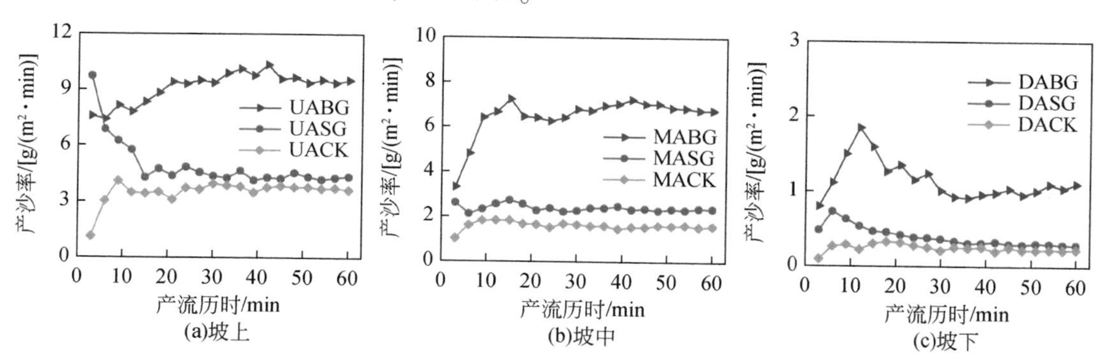

图 5-49　不同植被处理条件下坡面产沙率的变化过程

从图 5-49 中可以明显看出，随着坡度梯度的降低，产沙过程曲线的波动范围也逐渐减小。坡上、坡中及坡下位置的产沙率变化范围分别为：1.08 ~ 10.35g/(m^2 · min)、1.00 ~ 7.25g/(m^2 · min) 及 0.09 ~ 1.85g/(m^2 · min)，均值为 6.12g/(m^2 · min)、3.03g/(m^2 · min) 和 0.68g/(m^2 · min)。坡中和坡下位置的平均产沙率分别是坡上位置的 0.50 倍和 0.11 倍，表明坡度对土壤侵蚀过程有很大影响。

通过对坡面不同位置及不同植被处理的产沙特征进行统计分析（表 5-24），发现不同植被处理间的产沙特征值存在不同程度的差异（$P<0.05$）。产沙率大小随着植被覆盖度的减少而增大。与裸地小区相比，植被小区的初始产沙率、稳定产沙率以及平均产沙率都有显著的降低。

表 5-24　不同植被处理条件下的坡面产沙特征值

位置	初始产沙率 /[g/(m^2 · min)]	稳定产沙率 /[g/(m^2 · min)]	平均产沙率 /[g/(m^2 · min)]
UABG	7.70a	9.50a	9.15a
UASG	7.59a	4.31b	4.93b
UACK	2.72b	3.71b	3.50b
MABG	4.83a	6.84a	6.49a
MASG	2.33b	2.31b	2.36b
MACK	1.46b	1.57b	1.58b
DABG	1.13a	1.04a	1.14a
DASG	0.62b	0.23b	0.35b
DACK	0.13b	0.10b	0.13b

泥沙减少效益值（sediment reduction benefit，SRB）可以反映对土壤侵蚀的调控作用，且泥沙减少效益值越高表示植被的减沙效果越好。如图 5-50 所示，天然小区对初始产沙率、稳定产沙率和平均产沙率的减少效益值最大，分别在 64.67% ~ 88.23%、60.95% ~ 90.75%、61.68% ~ 88.20%，剪草小区的变化范围为 1.39% ~ 51.76%、54.63% ~ 77.73%、46.14% ~ 69.77%。整体而言，植被的泥沙减少效益值达到 60%，说明植被可以有效的降低严重水土流失的风险。

不同坡度位置和植被处理组合情况下累积产沙量随时间的变化过程如图 5-51 所示。结果表明，累积产沙量随产流历时的延长而增加，且裸地处理小区中的累积产沙量曲线的斜率显著高于另外两种处理的。此外，坡下位置的累积产沙量最小，且植被的减沙效果最为显著，分别是坡上和坡中位置的 1.6 倍和 1.1 倍。说明植被覆盖度、地形坡度等特征均会影响土壤侵蚀过程。

5.4.3.4　环境因子对坡面水沙过程影响的量化

为了识别影响坡面不同位置及植被处理组合条件下坡面产流产沙过程差异的主要因素，统计了模拟降雨的降雨特征参数、不同土层的土壤水分含量、坡度位置及不同植被处

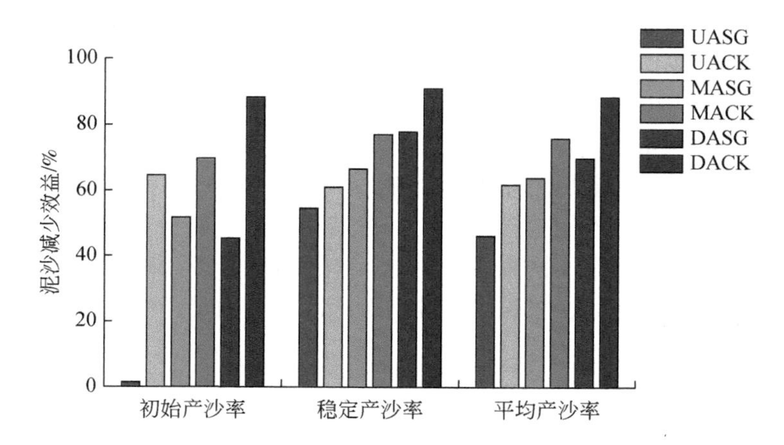

图 5-50　不同植被处理条件的泥沙减少效益

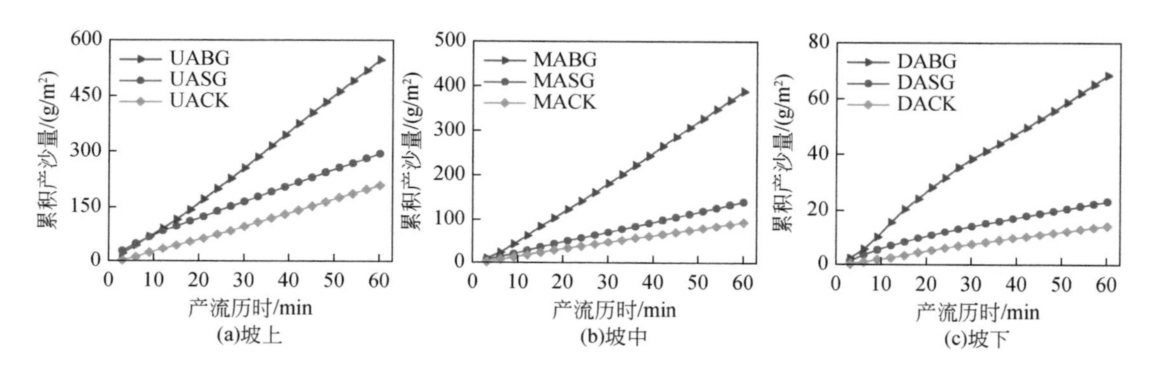

图 5-51　不同植被处理条件下坡面累积产沙量的变化过程

理对应的植被覆盖度，并运用多元逐步回归分析方法量化了主要影响因素对产流产沙特征参数的相对贡献率。所涉及的环境变量信息见表 5-25。

表 5-25　回归分析中所包含的环境变量信息

变量名	简称	变量名	简称
初始产流率	RR_{init}	降雨动能	E
稳定产流率	RR_{sta}	降雨侵蚀力	RE
平均产流率	RR_{avg}	降雨量	P
初始产流时间	ITR	平均降雨强度	I_{avg}
降雨初损量	ILR	最大降雨强度	I_{max}
初始产沙率	SR_{init}	土壤剖面含水量	SWC_{mean}
稳定产沙率	SR_{sta}	5cm 土层土壤含水量	SWC_{5cm}
平均产沙率	SR_{avg}	10cm 土层土壤含水量	SWC_{10cm}
坡度	slope	20cm 土层土壤含水量	SWC_{20cm}
植被覆盖度	Fc	40cm 土层土壤含水量	SWC_{40cm}

多元逐步回归分析结果表明（表 5-26），坡面不同位置及植被处理组合条件下的初始径流时间主要受平均降雨强度的控制，可解释总变异的 75. 0%。降雨初损量主要受降雨特征（平均降雨强度、降雨量、降雨动能）和 5cm 土层土壤含水量的影响，可共同解释变异的 65. 0%，其中降雨特征的影响较大，相对贡献率达到了 62. 0%。最大降雨强度、土壤剖面含水量和植被覆盖度会显著影响初始产流率的大小，可解释变异的 56. 0%。平均降雨强度、10cm 土层土壤含水量和植被覆盖度可以解释稳定产流率变异的 71. 0%。平均降雨强度、植被覆盖度和土壤剖面含水量可解释平均产流率变异的 73. 4%。由此可知，降雨强度、土壤含水量及植被覆盖度是影响产流特征值的主要因素。根据回归方程的系数和环境因子的相对贡献率可知，降雨强度对产流过程的作用最大，雨强的增大会导致产流率的显著增加，同时初始产流时间和降雨初损量都有所降低。此外，土壤含水率与降雨初损量和产流率分别呈负相关和正相关关系，植被覆盖度的增加也会抑制产流率的增大。这与之前的分析结果一致。

表 5-26　产流特征值的多元逐步回归结果

回归方程	R^2	因子	解释率/%
$\text{ITR}=-33.09\times I_{avg}+42.58$	0. 75	I_{avg}	75. 00
$\text{ILR}=-5.04\times I_{avg}+3.15\times P-2.29\times E-0.25\times \text{SWC}_{5cm}+1.51$	0. 65	I_{avg}	47. 58
		P	8. 07
		E	6. 39
		$\text{SWC}_{5\,cm}$	2. 99
$\text{RR}_{init}=210.13\times I_{max}+17.33\times \text{SWC}_{mean}-3.41\times \text{F}_c-213.36$	0. 56	I_{max}	33. 07
		SWC_{mean}	14. 66
		F_c	8. 20
$\text{RR}_{sta}=635.34\times I_{avg}+16.35\times \text{SWC}_{10cm}-3.74\times \text{F}_c-331.09$	0. 71	I_{avg}	49. 85
		SWC_{10cm}	14. 70
		F_c	6. 49
$\text{RR}_{avg}=586.57\times I_{avg}-4.38\times \text{F}_c+18.09\times \text{SWC}_{mean}-303.70$	0. 73	I_{avg}	53. 13
		F_c	12. 59
		SWC_{mean}	7. 73

从表 5-27 中可知，最大降雨强度、降雨侵蚀力是影响初始产沙率最关键的因子，可以共同解释变异的 58. 1%。此外，初始产沙率还受初始产流率的影响，其相对贡献率较小，为 7. 71%。坡度对稳定产沙率和平均产沙率的影响较大，其解释率在 30% 左右。除了坡度的作用外，产沙率还与产流率相关，且产流率的相对贡献率也达到 20% 左右。综上所述，在产流初期，泥沙的流失率主要受降雨特征的影响。而在产流后期，坡度是影响产沙率的主要因素。同时，产沙过程与产流过程密不可分，表现了土壤侵蚀的特征。

表 5-27 产沙特征值的多元逐步回归结果

回归方程	R^2	因子	解释率/%
$SR_{init}=5.87\times I_{max}-0.007\times RE+0.007\times RR_{init}-0.19\times SWC_{20cm}+1.78$	0.70	I_{max}	34.56
		RE	23.56
		RR_{init}	7.71
		SWC_{20cm}	3.93
$SR_{sta}=0.48\times slope+0.007\times RR_{avg}-4.06$	0.48	slope	29.65
		RR_{avg}	18.57
$SR_{avg}=0.47\times slope+0.008\times RR_{init}-3.14$	0.53	slope	31.20
		RR_{init}	21.50

5.4.3.5 坡面水沙过程的响应机制及其关系

(1) 坡面产流率与产沙率的关系

坡面土壤侵蚀过程依赖于径流过程，因此对产流率和产沙率间的关系进行进一步探究。坡面不同位置及不同植被处理组合情况下的产流率与产沙率呈线性关系（图 5-52）。坡面产流率与产沙率回归方程的 R^2 在 0.671～0.951，均达到显著水平，说明产流率与产沙率间的关系可以用线性方程很好的描述，且产沙率均随产流率的增大而增大。这是由于产流率的增大会导致土壤颗粒的分离能力及泥沙的输移能力都得以加强的结果。

产流率与产沙率间线性方程的斜率可以表示为径流的产沙能力指数，即单位径流所产生的泥沙量（g/mL）。从图 5-52 中可以看出，不同组合情况下线性方程的斜率具有一定的差异性。坡上位置裸地处理小区的方程斜率最大，径流产沙能力指数为 0.0249g/mL。坡下位置天然小区的斜率最小，径流产沙能力指数为 0.0004g/mL，仅为坡上裸地处理小区的 0.02 倍。总体而言，方程斜率沿下坡方向表现为递减趋势，坡上位置的径流产沙能力指数为 0.0123g/mL，相比之下，坡中和坡下位置处的分别减少了 51.08% 和 93.51%。对于不同植被处理而言，径流产沙能力指数表现为：裸地处理>剪草处理>天然小区，且植被小区的径流产沙能力指数仅为裸地处理的 0.18～0.23 倍。以上结果表明坡度较小的位置和植被覆盖地均可有效地减少水土流失。

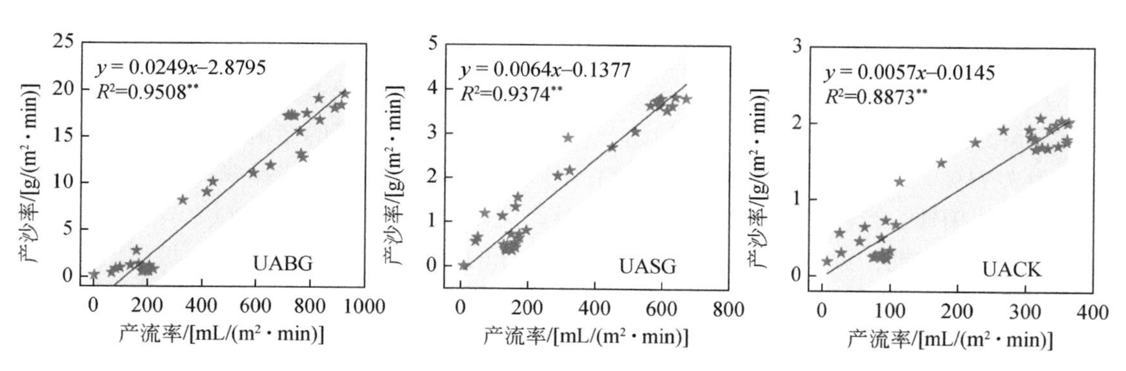

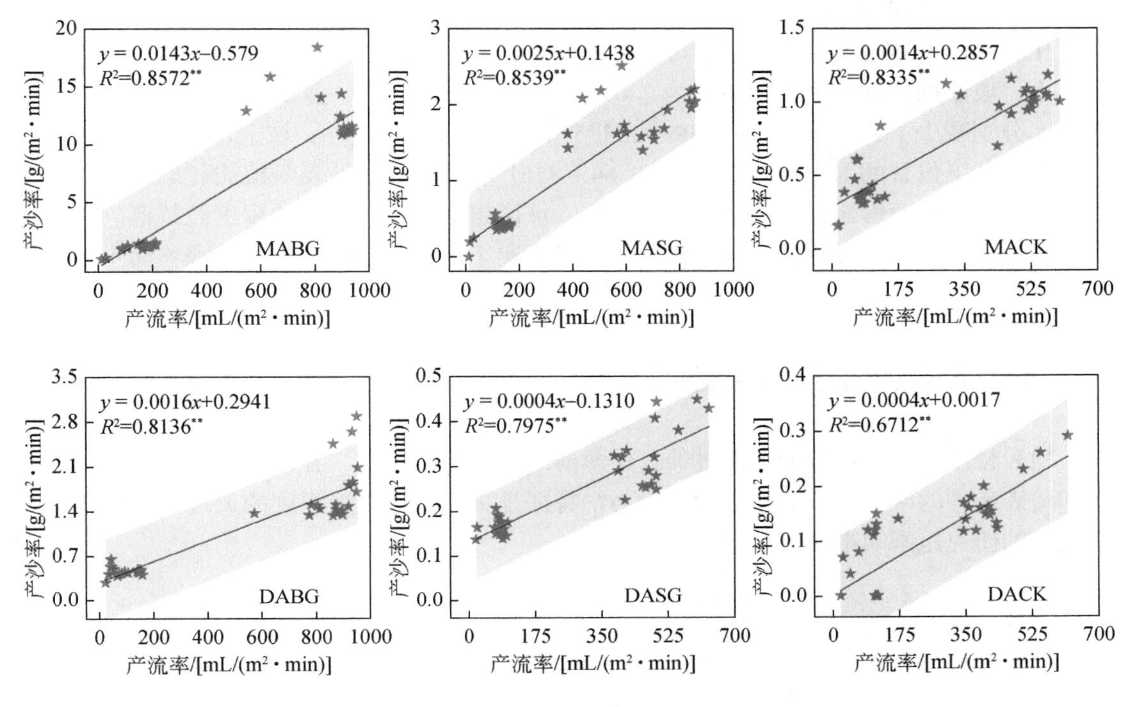

图 5-52 坡面产流率与产沙率的关系

(2) 坡面累积径流量与累积产沙量的关系

坡面累积产流量和累积产沙量之间的关系可以反映坡面侵蚀过程中产流与产沙间的动态变化及径流和入渗之间的关系，是表征土壤侵蚀程度的指标。对坡面不同位置及植被处理组合下的累积产流量与累积产沙量进行函数拟合，结果表明，两者之间的关系可以用线性函数关系表达：$S = aR + b$（a、b 为常数，S 为累积产沙量，R 为累积产流量）（图 5-53）。随着累积产流量的逐渐增加，累积产沙量也呈逐渐增加趋势，说明坡面产沙过程受产流过程的极大影响。

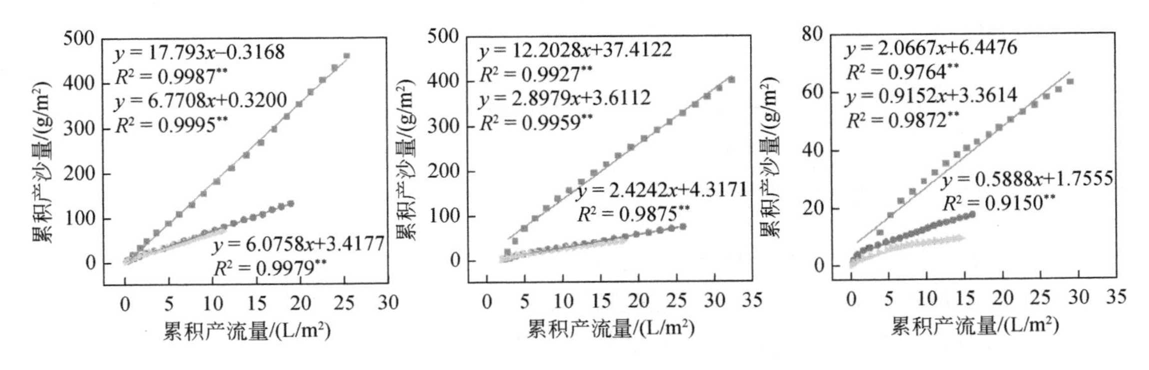

图 5-53 坡面累积产流量与累积产沙量的关系

根据回归系数的变化情况，考虑了相应的数学概念和实际坡面径流泥沙的物理意义。

将线性回归系数作为表征土壤侵蚀度的指标，其可以反映不同条件下坡面土壤可蚀性的微小变化。回归系数越大，表示土壤可蚀性越强。从图中可以发现，回归系数随植被的增多而减小，坡面裸地处理小区的斜率为2.07～17.79，与之相比，剪草处理小区和天然小区的斜率分别减少了55.72%～80.13%和71.51%～81.18%，此外，坡上位置处的斜率分别是坡中和坡下位置的1.46～2.51倍和6.64～8.61倍。以上结果表明植被和地形对土壤水沙流失过程有重要影响，且植被覆盖度越高、坡度越小，土壤的侵蚀程度就越低。这一结果也与坡面产流产沙过程的变化一致，进一步证实了回归系数可以用来反映坡面土壤的侵蚀程度。

5.4.4 不同坡位和植被处理组合下的水动力学参数变化特征

地表径流是在土壤坡面上流过的一层薄薄的水，通常较浅，容易受到坡面微地形、雨滴和地表条件的干扰。坡面径流的水动力学特征是决定土壤侵蚀程度的关键因子，对其变化规律的研究是阐明土壤流失过程的基础。

5.4.4.1 径流流速的变化特征

坡面径流流速是影响坡面径流“力”的主要参数之一。流速越大，水流的能量越大，搬运和冲刷泥沙的能力也越强，因此研究径流流速的变化对了解土壤侵蚀过程具有重要意义。

（1）不同降雨强度下坡面径流流速特征

为了研究不同降雨强度对坡面径流流速特征的影响，选取不同降雨强度且前期土壤含水率相近的事件进行分析。结果表明降雨强度的增加会显著提高坡面的径流速率（表5-28）。小雨强下的坡面流速介于0.76～3.34cm/s，均值为2.10cm/s。与之相比，大雨强条件下的坡面流速增加了1.13～2.43倍。

表5-28 不同降雨强度条件下的坡面径流流速特征

变量	坡上			坡中			坡下		
	BG	SG	CK	BG	SG	CK	BG	SG	CK
前期土壤含水率/%	10.3	12.4	12.8	10.4	11.0	12.7	11.2	12.4	15.7
小雨强流速/(cm/s)	2.60	2.36	1.58	3.34	2.17	1.92	2.19	1.97	0.76
大雨强流速/(cm/s)	5.04	4.91	3.85	4.94	2.92	2.79	4.44	2.22	1.32

由表5-28可知，对于某一特定坡位，虽然不同植被处理下的前期土壤含水率并不相同，但不同雨强条件下的径流流速仍然随植被的增多而呈现明显的下降趋势，说明植被覆盖可以有效地的减缓径流流速，具有明显的减速效益。根据不同坡度位置及不同植被处理在两种雨强条件下的减速效益可知（图5-54），坡面剪草处理小区在小雨强和大雨强条件下的减速效益分别位于9.03%～35.02%和2.47%～50.0%。相比之下，天然小区的减速效益显著高于剪草处理小区的，平均增大了4.03倍。坡上位置天然小区在大雨强条件中

的减速效益是剪草处理小区的 9. 53 倍，这也说明了坡上位置处的植被对于减缓径流流速有着重要作用。

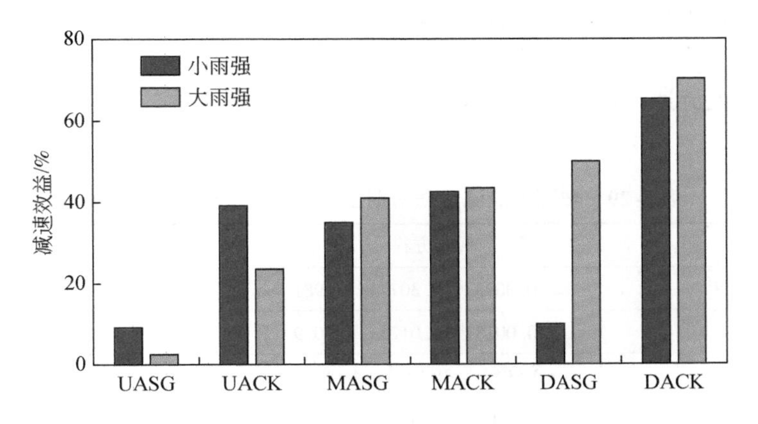

图 5-54　不同降雨强度条件下植被覆盖小区的减速效益

(2) 不同前期土壤含水量条件下坡面径流流速特征

为进一步探明前期土壤含水率对于坡面径流流速的影响，研究分析了坡面在一定前期土壤含水率梯度和特定降雨强度（1. 1mm/min）下的流速特征。由图 5-55 可知，坡面不同位置及不同植被处理下坡面径流流速随前期土壤含水率的变化趋势有所差异。通过对不同试验条件下的数据进行曲线拟合（图 5-55；表 5-29），发现坡上位置裸地小区的径流流速随土壤含水率呈先增大后减小的趋势，剪草处理小区大致表现为下降趋势，而天然小区有上升趋势。在随土壤水分增加的过程中，不同植被处理小区间的径流流速大小并未表现出一致的关系，裸地处理小区、剪草处理小区以及天然小区间的径流流速平均值没有显著性差异，分别为 4. 19cm/s、4. 14cm/s、3. 80cm/s。对于坡中位置，裸地小区与植被小区间的径流流速差异有所增大。随土壤含水率的变化均可用开口向下的二次型曲线描述，但剪草处理小区和天然小区的变化趋势较为平稳，且两者没有显著性差异。裸地处理小区的平均径流流速为 4. 89cm/s，较剪草处理和天然小区分别增大了 1. 54 和 1. 56 倍。在坡下位置，不同植被处理间的流速差异最大，从图中散点的分布情况也可以看出径流流速在裸地

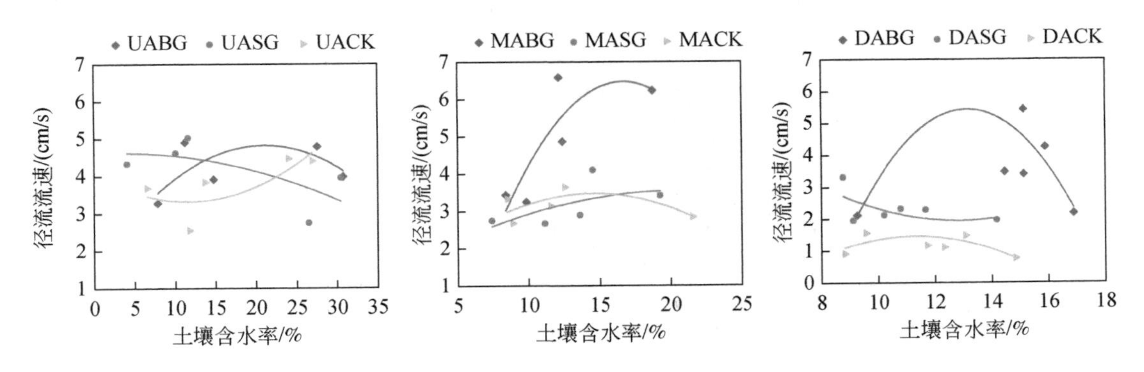

图 5-55　坡面径流流速随前期土壤含水率的变化

小区中最大，剪草小区次之，天然小区中最小，其平均径流流速分别为 3.29cm/s、2.33cm/s 和 1.17cm/s。以上结果说明，径流流速受前期土壤含水率的影响较小，不同坡度位置及植被处理组合条件下的径流流速与土壤含水率之间没有一致规律。但不同植被处理间径流流速的差异随坡度的减小而增大，同时植被的减速效益也沿下坡方向有显著的增加趋势，表明径流流速可能受到植被特征、土壤特性及地表形态等多重环境因子的影响与制约。

表 5-29　坡面径流流速随前期土壤含水率变化的回归方程

位置	回归方程	R^2
UABG	$v=-0.0073x^2+0.3074x+1.5981$	0.3518
UASG	$v=-0.0018x^2+0.0125x+4.6079$	0.4619
UACK	$v=0.0056x^2-0.1294x+4.0828$	0.5697
MABG	$v=-0.0504x^2+1.6769x-7.4562$	0.7124
MASG	$v=-0.0055x^2+0.2278x+1.2234$	0.3665
MACK	$v=-0.0134x^2+0.3886x+0.6639$	0.4063
DABG	$v=-0.1521x^2+4.0475x-22.346$	0.5271
DASG	$v=0.0368x^2-0.9709x+8.4054$	0.3096
DACK	$v=-0.0439x^2+0.9852x-4.1662$	0.4109

注：v 代表坡面径流流速（cm/s）；x 代表前期土壤含水率（%）。

5.4.4.2　径流水深的变化特征

（1）不同降雨强度下坡面径流水深特征

坡面径流水深随着降雨强度的增大有明显的增加趋势（表 5-30）。小雨强下的坡面径流水深在 0.14～0.33mm，均值为 0.20mm。相比之下，大雨强条件下的径流水深增加了 1.75～3.73 倍。从表 5-30 中还可以看出，坡面不同位置处的径流水深随植被增多而趋于增大。与裸地处理小区相比，坡面剪草处理小区的径流水深增加了 1.00～1.47 倍，而天然小区的增加了 1.04～1.69 倍。此外，不同植被处理间的径流水深及其差异均沿下坡方向呈增大趋势。

表 5-30　不同降雨强度条件下的坡面径流水深特征

变量	坡上			坡中			坡下		
	BG	SG	CK	BG	SG	CK	BG	SG	CK
前期土壤含水率/%	10.3	12.4	12.8	10.4	11.0	12.7	11.2	12.4	15.7
小雨强径流深/mm	0.17	0.20	0.21	0.14	0.15	0.21	0.15	0.22	0.33
大雨强径流深/mm	0.35	0.35	0.39	0.34	0.50	0.52	0.56	0.68	1.15

（2）不同前期土壤含水量条件下坡面径流水深特征

为探明前期土壤含水率对于坡面径流水深的影响，针对大雨强降雨事件，分析了坡面在一定前期土壤含水率梯度下的径流水深变化。由图 5-56 和表 5-31 可知，坡面径流水深受前期土壤含水率的影响较强，两者在坡面不同位置和不同植被处理下的关系均可用二次型函数描述，但不同位置间的变化趋势也有差异。坡上位置和坡下位置径流流速随前期土壤含水率的增大均表现为先减小后增加，而坡中位置大致呈上升趋势。

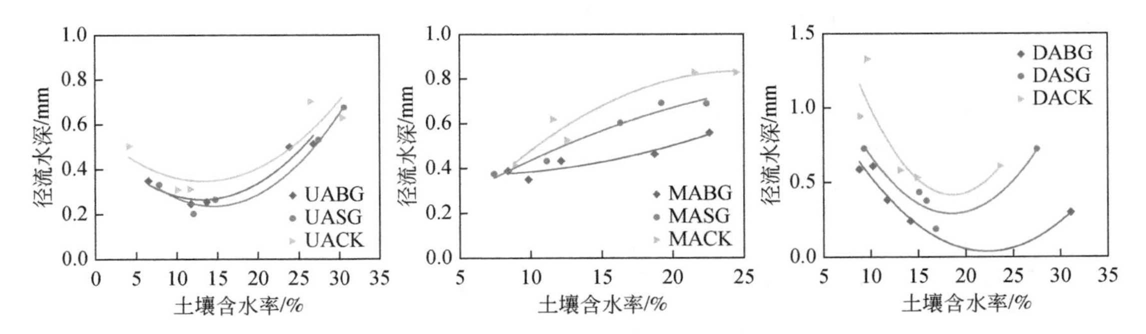

图 5-56 坡面径流水深随前期土壤含水率的变化

表 5-31 坡面径流水深随前期土壤含水率变化的回归方程

位置	回归方程	R^2
UABG	$h=0.0015x^2-0.0403x+0.5337$	0.9148
UASG	$h=0.0017x^2-0.0503x+0.6056$	0.9793
UACK	$h=0.0013x^2-0.0341x+0.5763$	0.7474
MABG	$h=0.0006x^2-0.0060x+0.3881$	0.8947
MASG	$h=-0.0006x^2+0.0407x+0.0899$	0.9615
MACK	$h=-0.0016x^2+0.0797x-0.1532$	0.9314
DABG	$h=0.0033x^2-0.1466x+1.6729$	0.8931
DASG	$h=0.0053x^2-0.1951x+2.0992$	0.8944
DACK	$h=0.0077x^2-0.2872x+3.0888$	0.7157

注：h 代表坡面径流水深（mm）；x 代表前期土壤含水率（%）。

在某一特定坡度位置处，不同植被处理小区间的径流水深均表现为天然小区>剪草处理小区>裸地处理小区，且沿下坡方向均有上升趋势。坡上位置的裸地处理小区、剪草处理小区和天然小区在不同土壤含水率梯度下的平均径流水深分别为 0.37mm、0.40mm 和 0.49mm，坡中位置的分别为 0.44mm、0.56mm 和 0.64mm，坡下位置分别是坡上位置的 1.3 倍、1.6 倍和 2.0 倍。以上结果表明，坡面径流水深不仅受降雨强度和土壤含水率的影响，还受植被和地形的共同作用。

5.4.4.3 雷诺数和弗劳德数的变化特征

(1) 不同降雨强度下坡面径流雷诺数（*Re*）和弗劳德数（*Fr*）特征

不同降雨强度条件下坡面径流雷诺数的变化范围在 2.26 ~ 18.27。水力学中常将 Re<500 划分为层流，>2000 划分为紊流，介于之间的划分为过渡流。由此可以判断不同实验条件下坡面径流流态均为层流。从表5-32中可知，两种雨强下的雷诺数存在显著性差异，坡面不同位置的径流雷诺数均表现为随雨强增大而增加。与小雨强条件相比，大雨强下的径流雷诺数增加了2.38~4.00倍。坡面裸地、剪草和天然小区在小雨强条件下的径流雷诺数分别为4.73、4.09和2.50，大雨强条件下的分别为16.89、11.11和8.79，说明植被的增多可以引起径流雷诺数的降低，尤其是在大雨强条件下，径流雷诺数减小的幅度更大。此外，坡度对径流雷诺数也有影响，表现为随坡度的降低而减小。

表5-32 不同降雨强度条件下的坡面径流雷诺数特征

变量	坡上			坡中			坡下		
	BG	SG	CK	BG	SG	CK	BG	SG	CK
前期土壤含水率/%	10.3	12.4	12.8	10.4	11.0	12.7	11.19	12.43	15.7
小雨强雷诺数（*Re*）	5.24	4.51	2.64	5.10	4.85	2.61	3.84	2.92	2.26
大雨强雷诺数（*Re*）	18.27	12.00	10.54	17.33	12.41	10.45	15.06	8.93	5.37

弗劳德数可以用来表征径流的流型，一般来说，$Fr<1$ 时的水流为缓流，$Fr>1$ 时的水流为急流，当 $Fr=1$ 时为临界流。不同降雨强度条件下各位置处弗劳德数的变化范围在0.13~1.07（表5-33）。除了大雨强条件下的坡上及坡中裸地处理外，其余位置在两种雨强条件下的径流都属于缓流。降雨强度的增大会使径流弗劳德数增加，本节研究中大雨强条件下的弗劳德数比小雨强条件下的增大了1.06~1.75倍，这会对土壤表面产生更严重的扰动，并提高径流的挟沙能力。不同坡度位置处的弗劳德数随植被的增多均有不同程度的下降，剪草小区和天然小区对弗劳德数减小率的平均值分别为26.28%和52.86%，说明植被在防护水土流失方面有重要作用。此外，坡上、坡中、坡下在两种雨强条件下的平均弗劳德数分别为0.70、0.63和0.41，表现为沿下坡方向呈减小趋势。以上结果表明，降雨强度、植被覆盖度及地形位置均会影响径流的流态和流型。

表5-33 不同降雨强度条件下的坡面径流弗劳德数特征

变量	坡上			坡中			坡下		
	BG	SG	CK	BG	SG	CK	BG	SG	CK
前期土壤含水率/%	10.3	12.4	12.8	10.4	11.0	12.7	11.19	12.43	15.7
小雨强弗劳德数（*Fr*）	0.88	0.53	0.38	0.57	0.53	0.48	0.57	0.43	0.13
大雨强弗劳德数（*Fr*）	1.07	0.72	0.61	1.00	0.71	0.51	0.65	0.49	0.16

（2）不同前期土壤含水量条件下坡面径流雷诺数和弗劳德数特征

坡面在大雨强降雨事件中的径流雷诺数随前期土壤含水率的变化如图5-57和表5-34所示。结果表明，坡面不同位置和不同植被处理下的径流雷诺数与前期土壤含水率有较强的关系，径流雷诺数随土壤水分的增大呈二次函数变化，但不同位置间的变化趋势有一定的差异。对于坡上位置的三种植被处理、坡中位置的裸地处理及坡下位置的植被小区，径流雷诺数的变化曲线均为开口向上的抛物线型，即随土壤含水率的增大表现为先减小后增大的趋势，而坡下位置裸地小区的变化趋势相反。从图中还可以看出，径流雷诺数随土壤水分的变化曲线在剪草处理小区和天然小区中没有显著性差异。此外，弗劳德数随前期土壤含水率的变化曲线表明两者也存在一定的关系（图 5-58），且均可用二次函数较好的描述（表 5-35），但不同位置间的变化趋势有一定的差异。结果表明，径流流态和流型与土壤含水率之间的关系较为复杂，其在不同坡度位置和植被覆盖情况下有所差异，可能是受到土壤、植被因子等空间异质性的影响。

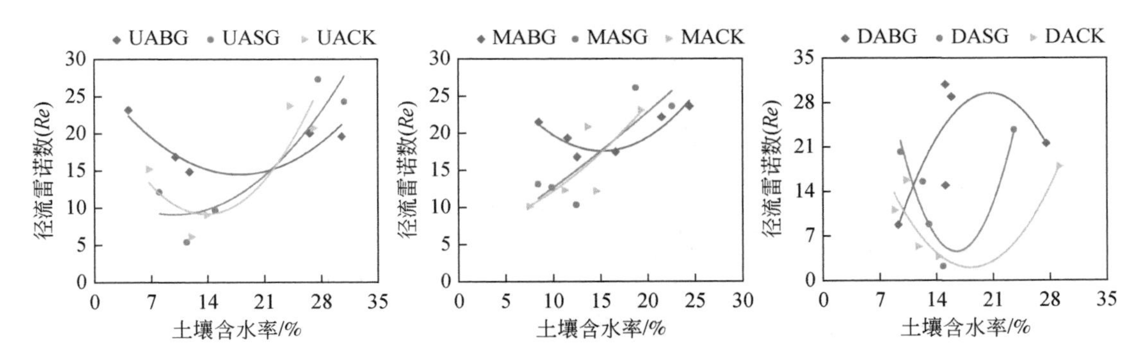

图 5-57　坡面径流雷诺数随前期土壤含水率的变化

表 5-34　坡面径流雷诺数随前期土壤含水率变化的回归方程

位置	回归方程	R^2
UABG	$Re=0.0426x^2-1.5179x+28.143$	0.7447
UASG	$Re=0.0427x^2-0.8330x+13.242$	0.8411
UACK	$Re=0.0878x^2-2.3923x+25.507$	0.7523
MABG	$Re=0.0807x^2-2.4485x+36.293$	0.8592
MASG	$Re=0.0079x^2+0.7850x+4.1907$	0.7508
MACK	$Re=0.0292x^2+0.3015x+6.3766$	0.6476
DABG	$Re=-0.1642x^2+6.7567x-39.89$	0.5916
DASG	$Re=0.3736x^2-12.268x+105.29$	0.8783
DACK	$Re=0.1333x^2-4.8451x+46.057$	0.7328

注：*Re* 代表坡面径流雷诺数；*x* 代表前期土壤含水率/%。

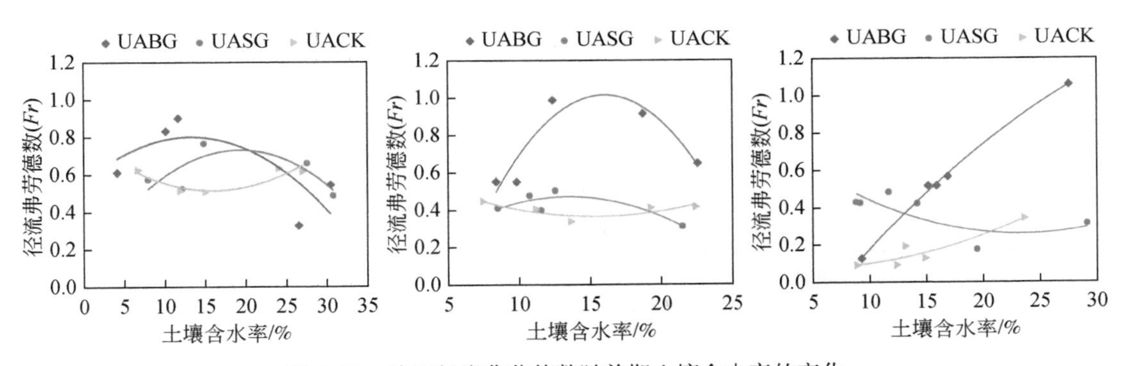

图 5-58　坡面径流弗劳德数随前期土壤含水率的变化

表 5-35　坡面径流弗劳德数随前期土壤含水率变化的回归方程

位置	回归方程	R^2
UABG	$Fr=-0.0014x^2+0.0366x+0.5651$	0.5542
UASG	$Fr=-0.0016x^2+0.0625x+0.1354$	0.5047
UACK	$Fr=0.0011x^2-0.0355x+0.8007$	0.7570
MABG	$Fr=-0.0089x^2+0.2841x-1.2502$	0.8355
MASG	$Fr=-0.0025x^2+0.067x+0.0267$	0.7486
MACK	$Fr=0.0013x^2-0.0404x+0.6799$	0.6664
DABG	$Fr=-0.0008x^2+0.0807x-0.5401$	0.9970
DASG	$Fr=0.0010x^2-0.0480x+0.8229$	0.5759
DACK	$Fr=0.0007x^2-0.0067x+0.0995$	0.8811

注：Fr 代表坡面径流弗劳德数；x 代表前期土壤含水率%。

5.4.4.4　达西阻力系数和曼宁糙率系数的变化特征

（1）不同降雨强度下达西阻力系数和曼宁糙率系数特征

在不同降雨强度条件下，坡面达西阻力系数和曼宁糙率系数均表现为随雨强增大而减小（表 5-36）。坡面达西阻力系数在小雨强中的变化范围为 1.63 ~ 31.45，而大雨强条件下的阻力系数减小了 8.24% ~ 52.98%。同样，大雨强条件下的曼宁糙率系数也有所减小，相较于小雨强，其减小了 2.95% ~ 33.70%。从表 5-36 中可以看出，坡面的阻力系数和糙率系数在两种降雨强度下均呈现随植被增多而增大的趋势，说明植被具有明显的增阻效益。相比于裸地小区而言，植被小区在小雨强和大雨强条件下的阻力系数分别增大了 1.15 ~ 18.5 倍和 1.37 ~ 15.58 倍，阻力系数平均增加了 4.94 和 4.43 倍（图 5-59）。剪草小区与天然小区间的增阻效益存在差异，尤其在坡下位置处，这种差异最为显著。可见植被的存在增加了水流克服地表面阻力所消耗的能量，因此能有效地减缓径流流速，从而减弱径流的挟沙能力。

表 5-36　不同降雨强度条件下的坡面径流阻力和糙率特征

指标		坡上			坡中			坡下		
		BG	SG	CK	BG	SG	CK	BG	SG	CK
ASM		10.3	12.4	12.8	10.4	11.0	12.7	11.19	12.43	15.7
f	小雨强	6.02	6.92	13.08	1.63	4.52	5.35	1.70	3.04	31.45
	大雨强	3.02	4.15	6.15	1.24	2.49	4.82	1.56	2.63	24.31
n	小雨强	0.0678	0.0721	0.0964	0.0332	0.0544	0.0635	0.0339	0.0482	0.1667
	大雨强	0.0539	0.0550	0.0722	0.0318	0.0472	0.0421	0.0329	0.0443	0.1241

注：ASM 为前期土壤含水率（vol.%）；f 为达西阻力系数；n 为曼宁糙率系数。

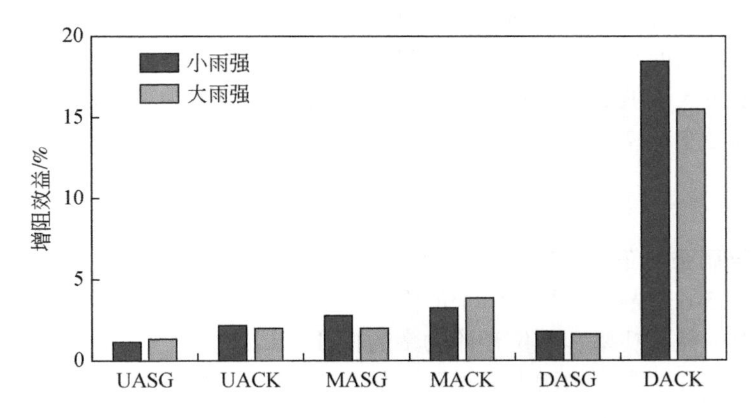

图 5-59　不同降雨强度条件下植被覆盖小区的增阻效益

（2）不同前期土壤含水量条件下的达西阻力系数和曼宁糙率系数特征

达西阻力系数和曼宁糙率系数随前期土壤含水率的变化趋势大体一致（图 5-60），但不同位置及不同植被处理间有所差异。从图 5-60 中可知，坡上和坡中位置处裸地处理小区的阻力系数和糙率系数与土壤水分的关系可用开口向上的抛物线来描述，随土壤含水率

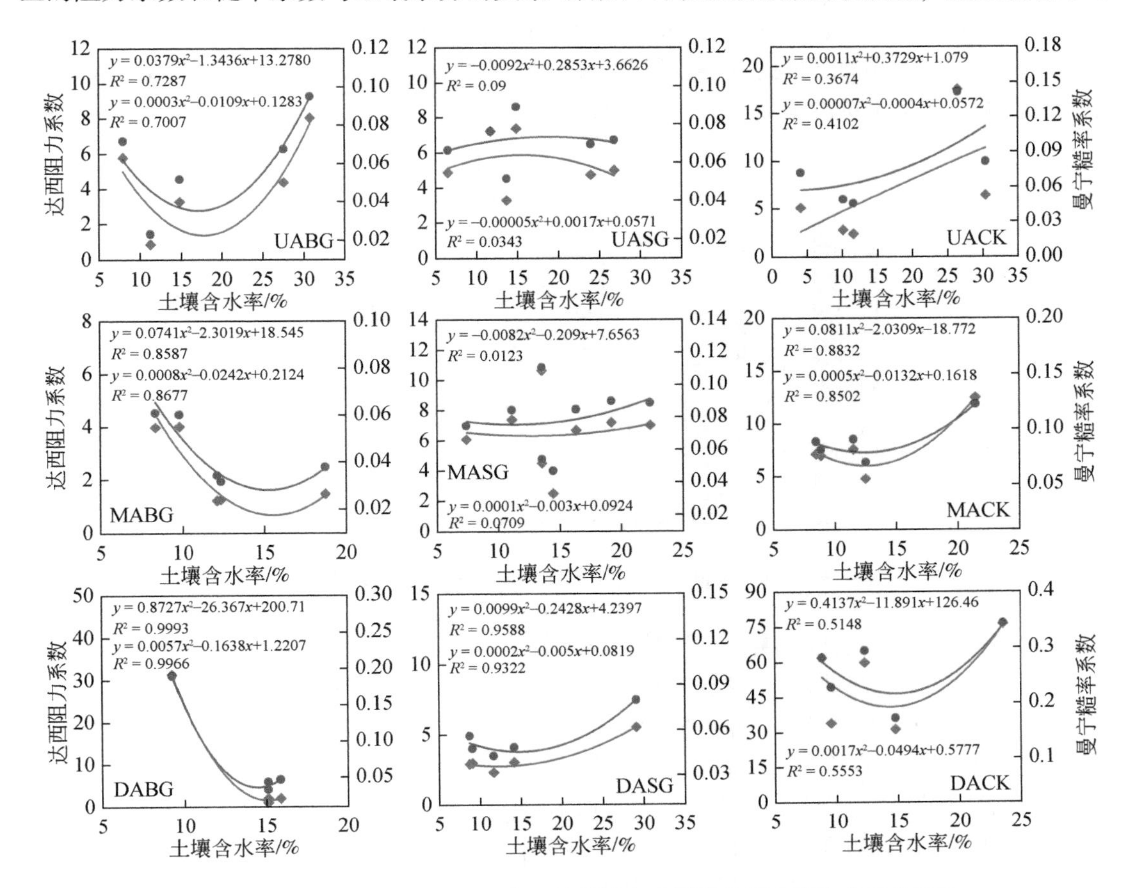

图 5-60　坡面径流达西阻力系数和曼宁糙率系数随前期土壤含水率的变化

的增加主要表现为先降低而后有所增加。而对应剪草处理小区与土壤水分的关系不明显。坡下位置裸地处理的曲线变化主要呈下降趋势，剪草处理小区的阻力系数和糙率系数较为平稳，波动幅度不大。坡面天然小区的变化曲线大致均表现为上升趋势。以上结果表明，达西阻力系数和曼宁糙率系数与土壤水分之间的关系还受到植被特征和地形位置的影响。

5.4.4.5 径流剪切力、径流功率和单位径流功率的变化特征

(1) 不同降雨强度下径流剪切力、径流功率和单位径流功率特征

图 5-61 ~ 图 5-63 描述了坡面不同位置和植被处理组合情况在不同降雨强度条件下的坡面径流剪切力、径流功率和单位径流功率的特征。结果显示，径流剪切力、径流功率和单位径流功率均随降雨强度的增大而显著增加。当降雨强度较小时，坡面径流剪切力、径流功率和单位径流功率的变化范围分别是 0.102 ~ 0.507Pa、0.0017 ~ 0.0132kg/s^3 和 0.0005 ~ 0.0063m/s。相比而言，大雨强条件下坡面径流剪切力、径流功率和单位径流功率分别增加了 1.51 ~ 2.92 倍、2.28 ~ 5.51 倍和 1.31 ~ 2.01 倍。从图中还能发现，三种不同植被处理的径流剪切力、径流功率和单位径流功率沿下坡方面均表现为减小趋势。此外，植被对其也有重要影响。对于不同降雨强度而言，某一坡位处不同植被处理间的径流剪切力、径流功率和单位径流功率均表现为裸地处理>剪草处理>天然处理，且植被对径流剪切力、径流功率和单位径流功率的减小率分别为 4.82% ~ 76.84%、9.35% ~ 54.00% 和 9.03% ~ 66.67%。由此可见，植被可以减小水流的剪切力和径流功率，这能够有效的降低水流分离和搬运土壤的能力。

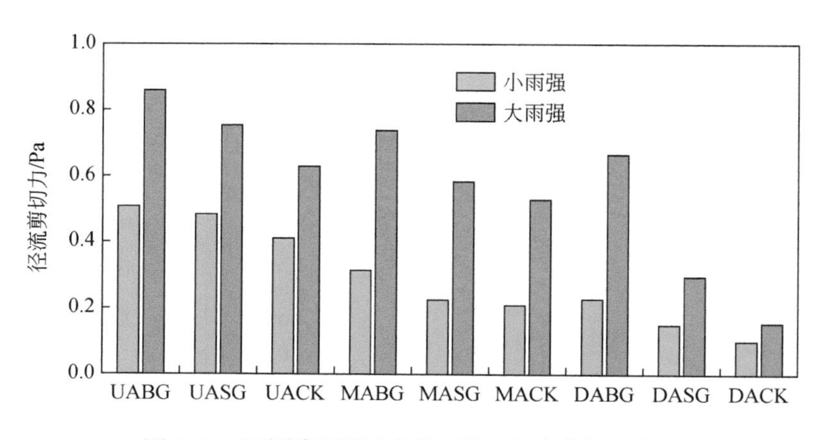

图 5-61 不同降雨强度条件下坡面径流剪切力特征

(2) 不同前期土壤含水量条件下的径流剪切力、径流功率和单位径流功率特征

特定位置处的径流剪切力和径流功率随前期土壤含水率的变化趋势相似（图 5-64 ~ 图 5-65），坡上位置和坡下位置处的径流剪切力和径流功率随土壤水分的增加均表现为先降低后升高的趋势，说明存在土壤水分临界值，而坡中位置的呈逐渐增加趋势。单位径流功率在不同组合情况下的波动均较小，说明单位径流功率受土壤水分的影响微弱（图 5-65）。

利用拟合的回归方程可以求出土壤含水量的临界值。结果表明，对于同一变量，不同位置所对应的土壤含水量的临界值均不相同（图 5-64 ~ 图 5-65）。

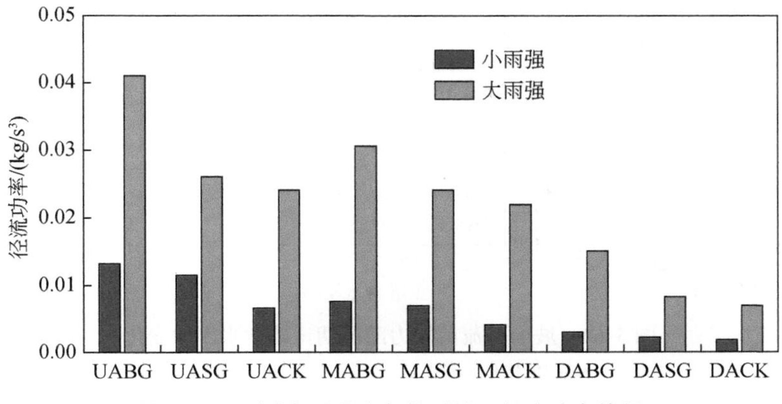

图 5-62 不同降雨强度条件下坡面径流功率特征

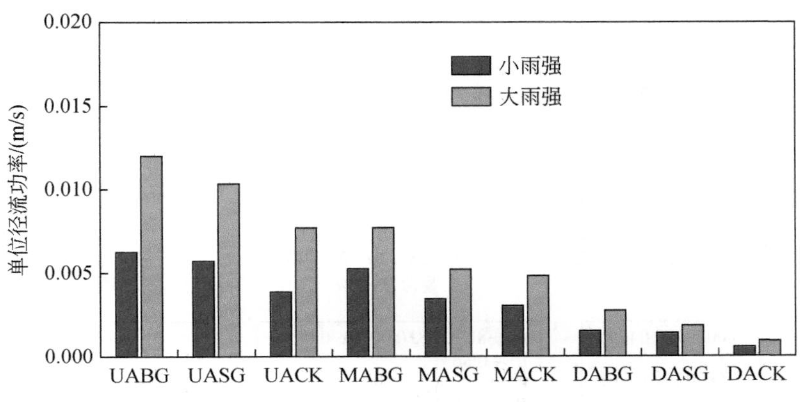

图 5-63 不同降雨强度条件下坡面单位径流功率特征

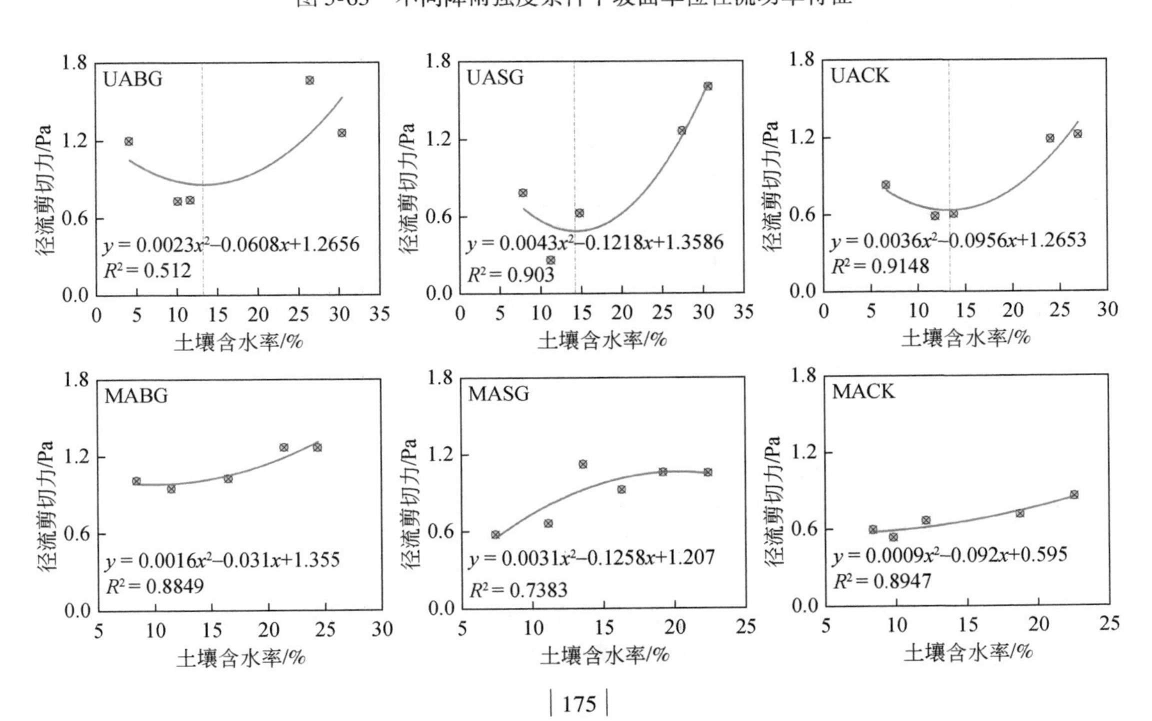

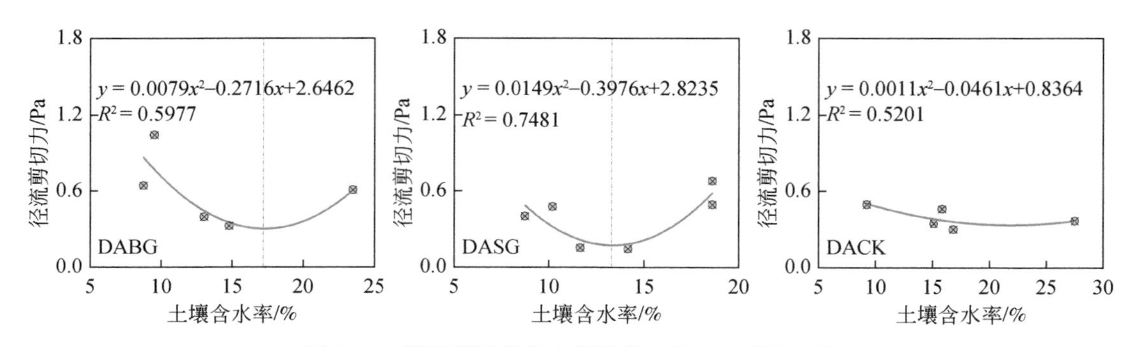

图 5-64　坡面径流剪切力随前期土壤含水率的变化

注：图中垂直虚线表示土壤含水率的临界值

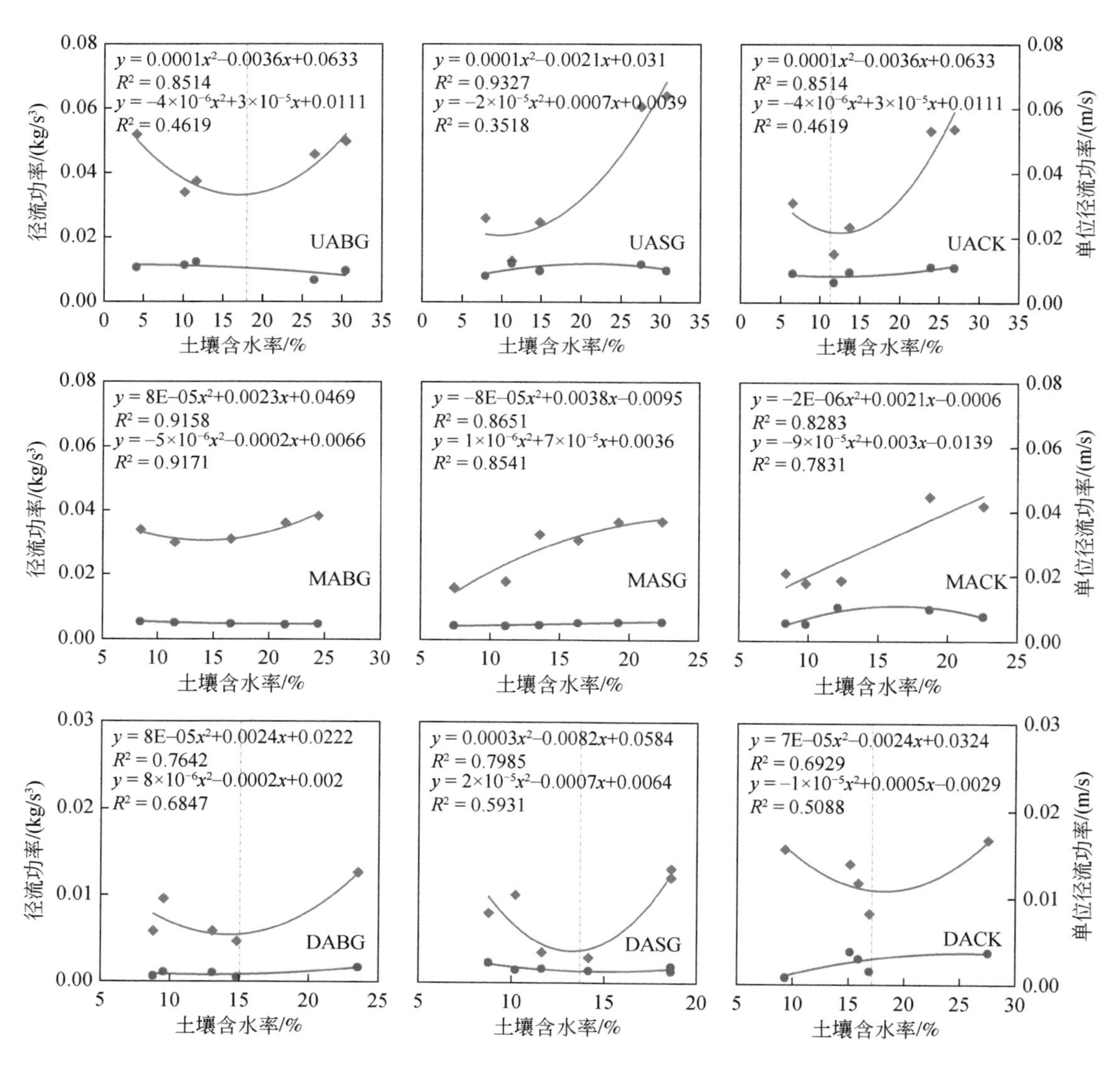

图 5-65　坡面径流功率和单位径流功率随前期土壤含水率的变化

注：图中垂直虚线表示土壤含水率的临界值

5.4.5 不同坡位和植被处理组合下的碳氮流失动态过程

5.4.5.1 侵蚀泥沙有机碳含量变化特征

坡面不同位置及植被处理组合在大雨强条件下产生的侵蚀泥沙中的有机碳含量随产流历时的变化曲线如图 5-66 所示。由于坡面在小雨强条件下的产沙量较少，所以未能观测到泥沙有机碳含量随时间的变化过程，在此不进行展示。

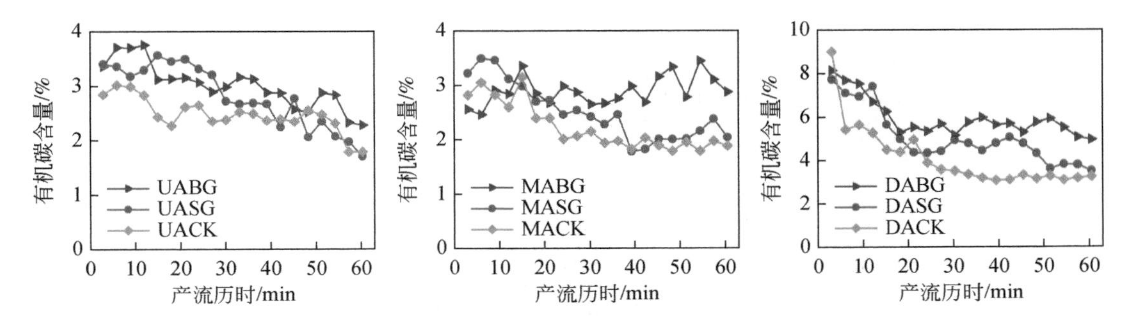

图 5-66 坡面泥沙中有机碳流失的变化过程

从图 5-66 中可以看出，多数位置的有机碳含量变化呈波动式下降，均在产流初期表现为最高，可能是产流初期的泥沙中含有较多植被碎屑的原因，并在降雨结束前趋于稳定状态。相比之下，坡下位置的泥沙有机碳含量较高，且其变动幅度明显大于坡上和坡中位置的。

表 5-37 统计了不同位置及植被处理组合在不同雨强条件下泥沙有机碳含量的特征值。结果表明降雨强度可以显著增大泥沙有机碳含量的流失，除了坡上位置外，其余位置在两种降雨强度条件中都有显著性差异。小雨强条件下，坡面不同位置泥沙有机碳含量的范围为 1.148% ~4.726%，平均为 2.175%。大雨强条件下，泥沙有机碳含量在 1.707% ~8.983%之间变动，平均为 3.443%。相较于小雨强，大雨强下坡面泥沙有机碳流失含量平均增大了 1.58 倍。此外，不同植被处理间的泥沙有机碳含量也存在一定的差异性，不同雨强条件下的有机碳含量均表现为裸地处理小区>剪草处理小区>天然小区，且天然小区的泥沙有机碳流失量含量显著最低。

表 5-37 不同降雨强度条件下泥沙有机碳含量的流失特征

降雨强度	位置	平均值/%	最小值/%	最大值/%	标准差	变异系数
小雨强	UABG	2.5752 Aa	2.3183	3.1065	0.2230	8.66
	UASG	2.4303 Aab	1.8517	2.9412	0.3463	14.25
	UACK	2.2388 Ab	1.7428	3.1355	0.3452	15.42
	MABG	2.1549 Aa	1.9757	4.7259	0.9127	35.77
	MASG	1.7009 Ab	1.1479	2.5577	0.4389	25.80

续表

降雨强度	位置	平均值/%	最小值/%	最大值/%	标准差	变异系数
小雨强	MACK	1.6096 Ab	1.3428	2.0335	0.1853	11.51
	DABG	2.6927 Aa	1.3054	2.8453	0.3536	21.11
	DASG	2.0951 Aa	1.5214	2.3229	0.2794	14.45
	DACK	1.6744 Ab	1.1178	1.8796	0.1527	12.12
大雨强	UABG	3.0156 Aa	2.2833	3.7525	0.4020	13.33
	UASG	2.8052 Aa	1.7072	3.5582	0.5673	20.22
	UACK	2.4718 Ab	1.7904	3.0161	0.3119	12.62
	MABG	2.8979 Ba	2.4646	3.4419	0.2608	9.00
	MASG	2.5022 Bab	1.7772	3.4841	0.5104	20.40
	MACK	2.2250 Bb	1.7868	3.1434	0.4253	19.12
	DABG	5.9408 Ba	4.9496	8.1288	0.8748	14.73
	DASG	5.0236 Bb	3.5061	7.7214	1.2446	24.78
	DACK	4.1024 Bc	3.0831	8.9834	1.3978	34.07

注：不同的大写字母表示同一位置在不同雨强下的有机碳含量差异显著（$P<0.05$）。不同的小写字母表示某一特定坡位不同植被处理间的有机碳含量差异显著（$P<0.05$）。

5.4.5.2 侵蚀泥沙全氮含量变化特征

坡面不同位置及植被处理组合在大雨强条件下坡面泥沙中的全氮含量随产流历时的变化曲线如图 5-67 所示。从图中可以发现，坡面泥沙中全氮含量随时间的变化趋势与有机碳含量的变化曲线极为相似，通过分析，发现两者有着密切的相关性，其相关系数高达 0.971（$P<0.01$）。

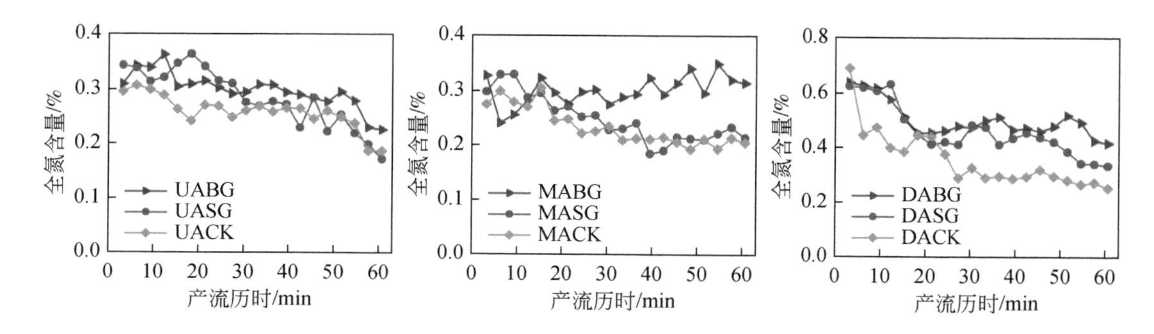

图 5-67　坡面泥沙中全氮流失的变化过程

对不同位置及植被处理组合在不同雨强条件下泥沙全氮含量特征进行统计分析（表 5-38）。结果表明，除坡上位置外，降雨强度的增大均会显著增加泥沙的全氮含量。小雨强条件下，坡面不同位置泥沙全氮含量的变化范围为 0.110% ~0.284%，平均值为 0.199%。大雨强条件下，泥沙全氮含量介于 0.173% ~0.691%，平均含量为 0.327%。相较于小雨强，大雨强下坡面泥沙全氮含量增加了 1.57 ~2.43 倍，平均增大了 1.64 倍。不同植被处理间的泥沙全氮含量存在一定的差异性，均表现为裸地处理小区中的全氮含量最高，剪草处理小区次之，天然小区中的最低。此外，坡上、坡中和坡下位置在大雨强条件中的平均全氮流失量是对应位置在小雨强条件中的 1.20、1.44 和 2.45 倍，说明坡度对泥沙养分的流失也有一定影响。

表 5-38　不同降雨强度条件下泥沙全氮含量的流失特征

降雨强度	位置	平均值/%	最小值/%	最大值/%	标准差	变异系数
小雨强	UABG	0.2496 Aa	0.2248	0.2844	0.0182	7.28
	UASG	0.2306 Aab	0.1869	0.2686	0.0258	11.20
	UACK	0.2205 Ab	0.1775	0.2783	0.0258	11.68
	MABG	0.2079 Aa	0.1789	0.2711	0.0303	14.57
	MASG	0.1693 Ab	0.1099	0.2611	0.0436	25.73
	MACK	0.1682 Ab	0.1430	0.1963	0.0143	8.50
	DABG	0.2261 Aa	0.1250	0.2571	0.0265	17.59
	DASG	0.1625 Aa	0.1377	0.1978	0.0176	14.25
	DACK	0.1508 Ab	0.1146	0.1882	0.0154	9.83
大雨强	UABG	0.2990 Aa	0.2264	0.3634	0.0313	10.47
	UASG	0.2837 Aa	0.1727	0.3637	0.0530	18.67
	UACK	0.2590 Ab	0.1876	0.3078	0.0301	11.64
	MABG	0.3012 Ba	0.2408	0.3501	0.0266	8.82
	MASG	0.2486 Bb	0.1855	0.3302	0.0415	16.69
	MACK	0.2343 Bb	0.1937	0.3058	0.0338	14.41
	DABG	0.5026 Ba	0.4188	0.6400	0.0630	12.54
	DASG	0.4602 Bab	0.3355	0.6328	0.0915	19.89
	DACK	0.3570 Bb	0.2545	0.6910	0.1023	28.65

注：不同的大写字母表示同一位置在不同雨强下的全氮含量差异显著（$P<0.05$）。不同的小写字母表示某一特定坡位不同植被处理间的全氮含量差异显著（$P<0.05$）。

5.4.6　水动力学特征对坡面水沙流失及碳氮迁移的作用机理

5.4.6.1　坡面产流产沙过程的动力学特征分析

坡面土壤侵蚀受到土壤可蚀性、水流的作用力及能量的影响，是径流和土壤相互作用的结果。水动力学参数，即径流流速（v）、径流水深（h）、雷诺数（Re）、弗劳德数（Fr）、达西阻力系数（f）、曼宁糙率系数（n）、径流剪切力（τ）、水流功率（ω）及单位水流功率（u），是反映水流剥蚀作用、力和能量的重要参数。通过分析产流率、产沙率与水动力学参数的关系可以深入的理解土壤侵蚀过程及作用机理。

（1）坡面产流过程与水动力学参数的关系

坡面不同位置及植被处理组合下产流率与水动力学参数的关系如图 5-68 ~ 图 5-71 所

示，文中只展现了与产流率存在显著相关性的参数。从图中可以发现，对于坡面不同坡度位置及植被处理组合条件，产流率均随 Re、τ 和 ω 的增加而增大，且其关系均可以用二次型函数很好的描述，拟合优度 R^2 分别可达到 0.8611、0.5555 和 0.9097。对于单位径流功率，除了坡上裸地处理小区和坡下天然小区外，产流率与 u 同样表现出正相关关系，且其关系也可用二次函数关系表达，拟合优度 R^2 最小为 0.6068。总体而言，对于不同坡度位置和不同的植被处理条件，产流率与 Re 和 ω 的关系表现最好，说明产流过程可以用水动力学参数中的 Re 和 ω 来表征。

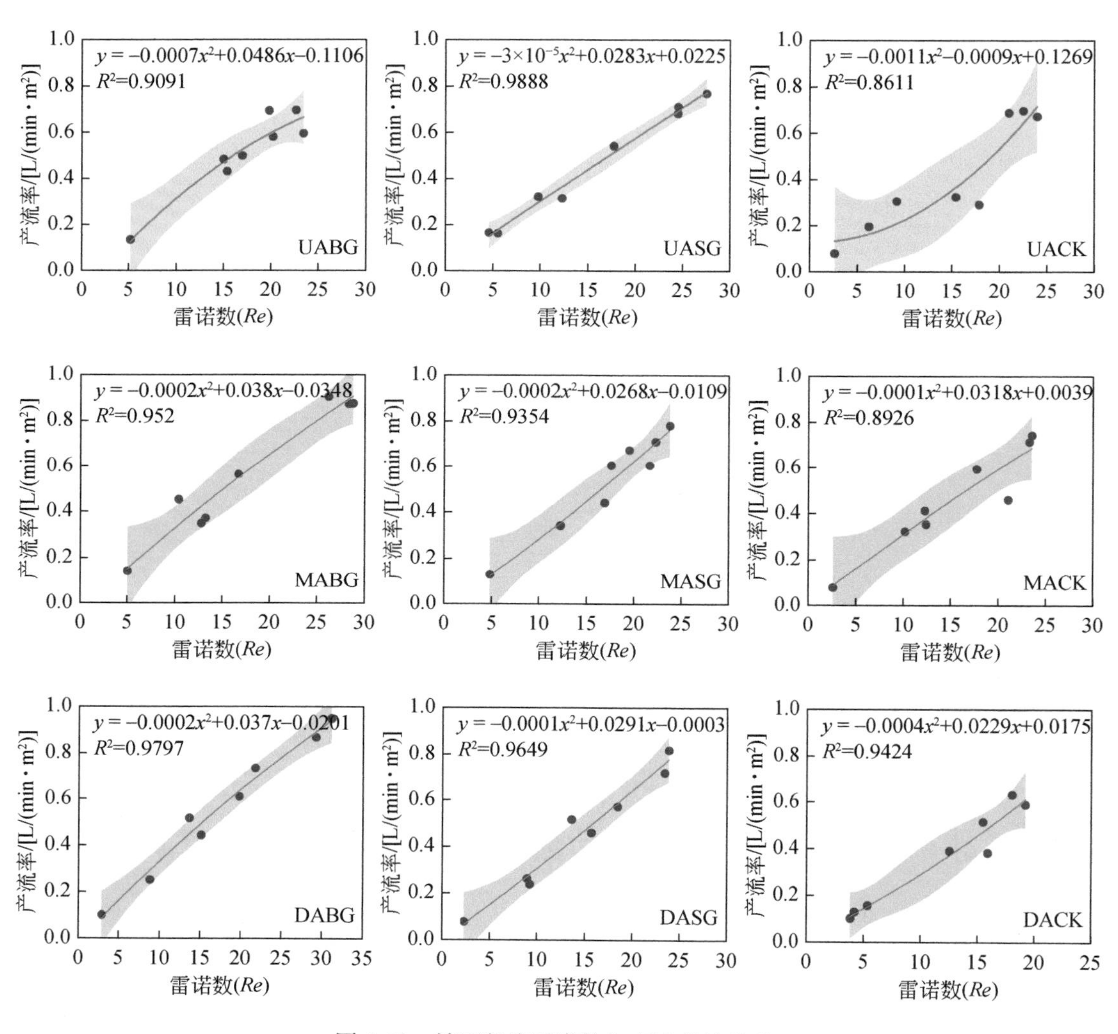

图 5-68 坡面径流雷诺数与产流率的关系

（2）坡面产沙过程与水动力学参数的关系

坡面不同位置及植被处理组合下产沙率与水动力学参数的关系如图 5-72 ~ 图 5-75 所示，文中只展现了与产沙率存在显著相关性的参数。可以发现，坡面不同组合条件下的产沙率随水动力学参数的变化不尽相同。对于坡上位置的裸地处理小区而言，产沙率均随观

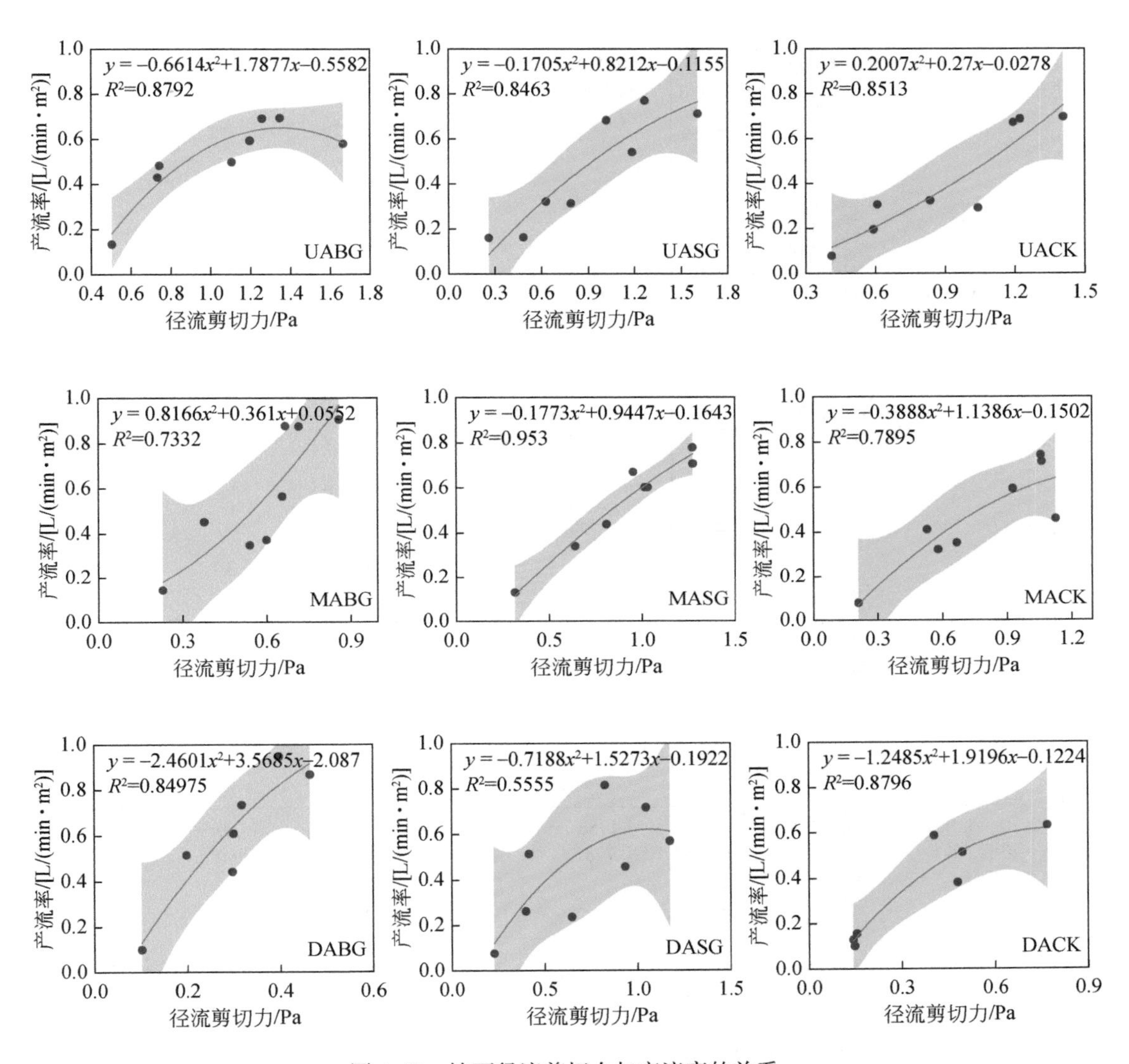

图 5-69　坡面径流剪切力与产流率的关系

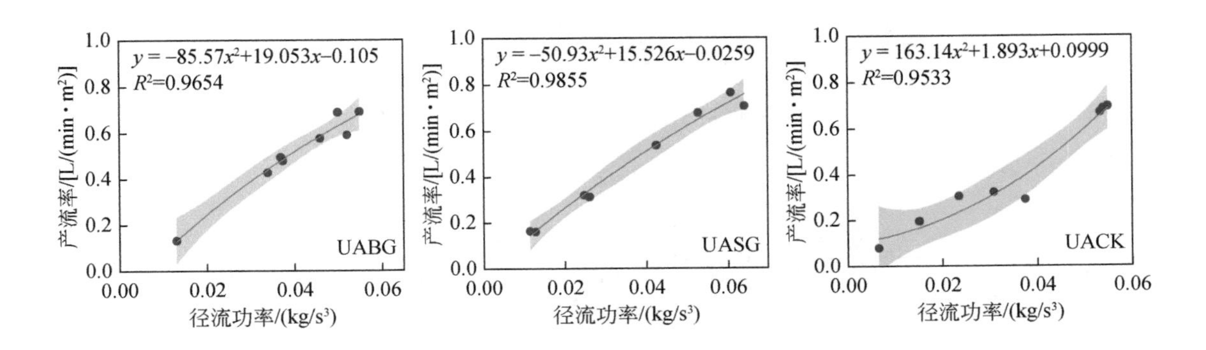

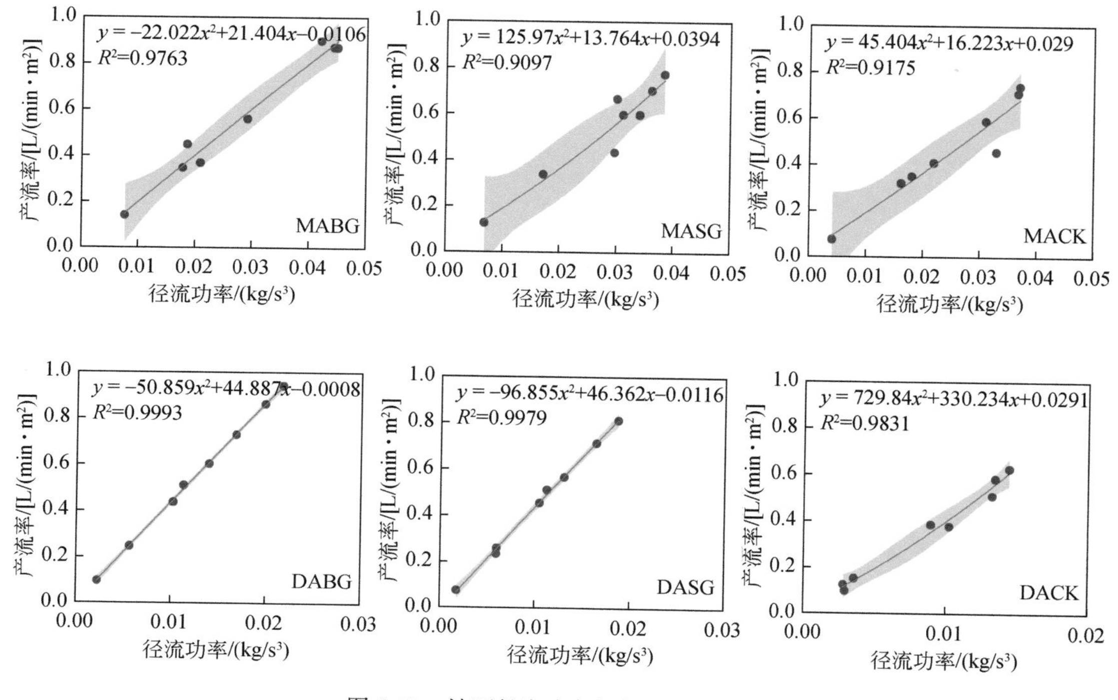

图 5-70　坡面径流功率与产流率的关系

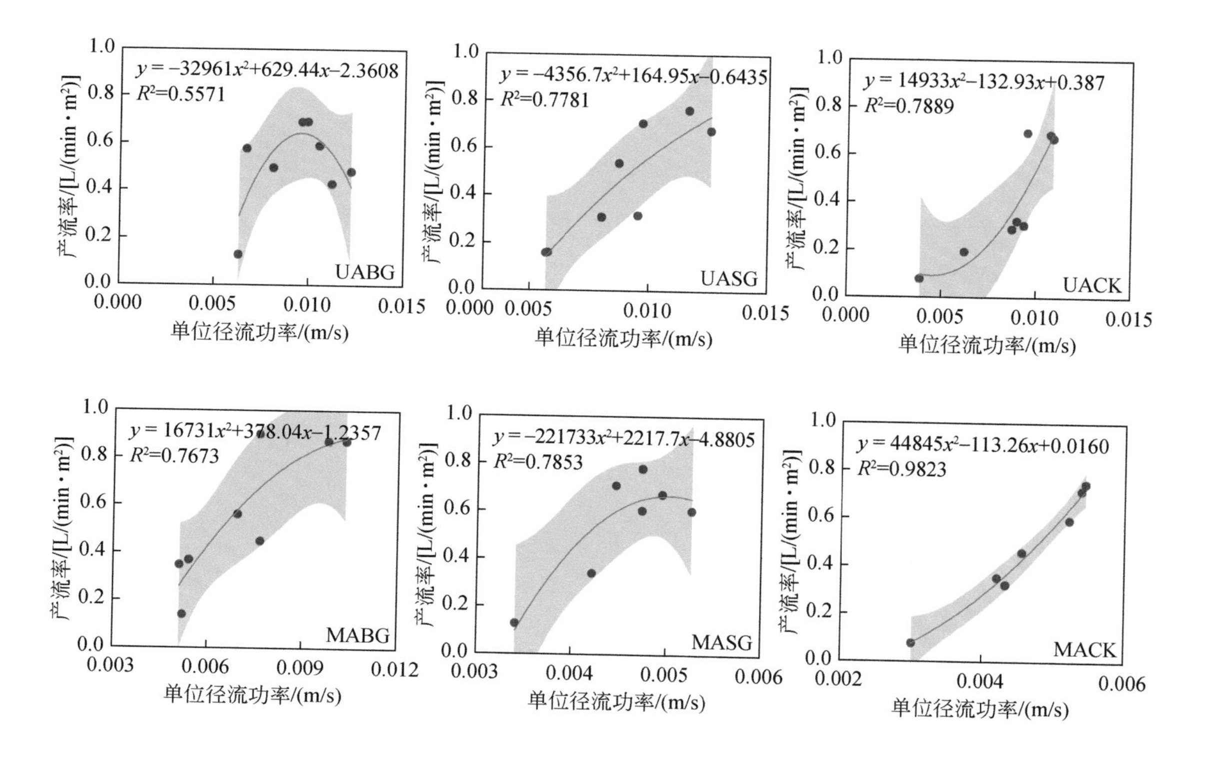

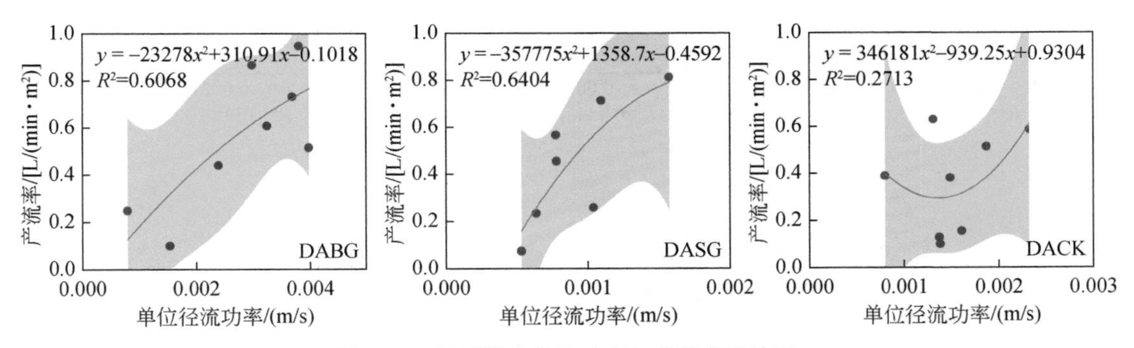

图 5-71　坡面单位径流功率与产流率的关系

测范围内 Re、τ、ω 和 u 的增加而增大，其关系均可以用二次型函数很好的描述。其中 Re、ω 与产沙率的表现最好，拟合优度 R^2 分别达到 0.9302 和 0.9513；τ 和 u 与产沙率的表现稍差，R^2 分别为 0.7801 和 0.7606。坡上位置剪草处理小区与天然小区的产沙率分别与 u 和 τ 的关系表现最好，R^2 分别为 0.8350 和 0.8672，其余参数表现较差，R^2 介于 0.3409 ~ 0.5197 之间。对于坡中位置的裸地处理小区，其产沙率与水动力学参数之间的关系也在 ω 中表现最优，R^2 为 0.9097，其次为 Re（R^2 为 0.8722）和 u（R^2 为 0.7826），τ 的表现最差（R^2 最低，为 0.6218）。坡中位置的剪草处理小区和天然小区的产沙率分别与 u 和 τ 的关系表现最好。与坡上和坡中位置不同，坡下裸地处理小区的产沙率与 u 之间的联系更为紧密（R^2 为 0.9055），与坡下剪草处理小区产沙率关系更强的水动力学参数是 Re（R^2 为 0.9547）和 ω（R^2 为 0.9890），而坡下天然小区的产沙率与 ω 的关系表现最好，但其 R^2 较低，仅为 0.6780。

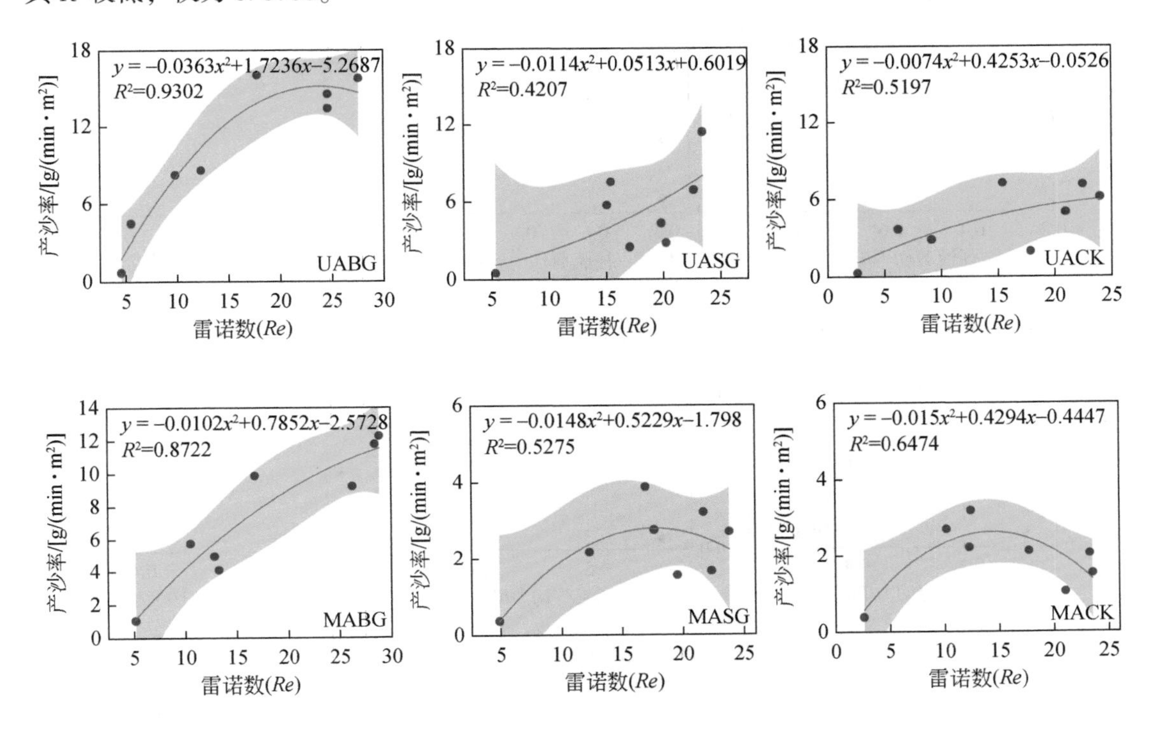

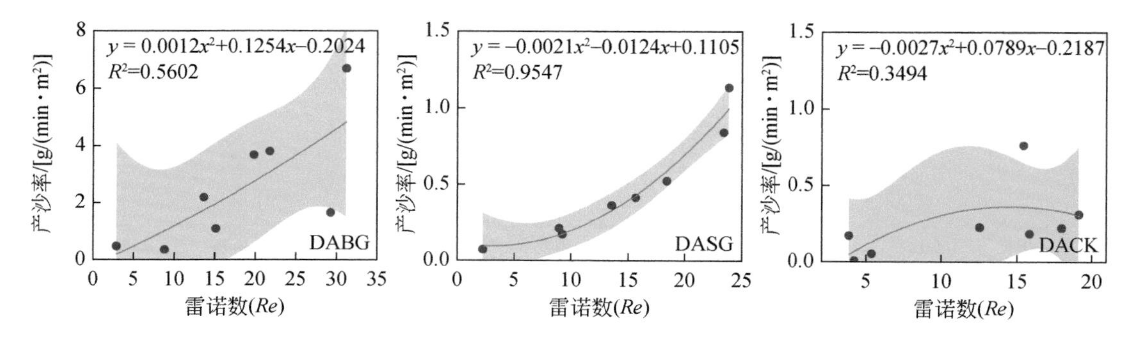

图 5-72　坡面径流雷诺数与产沙率的关系

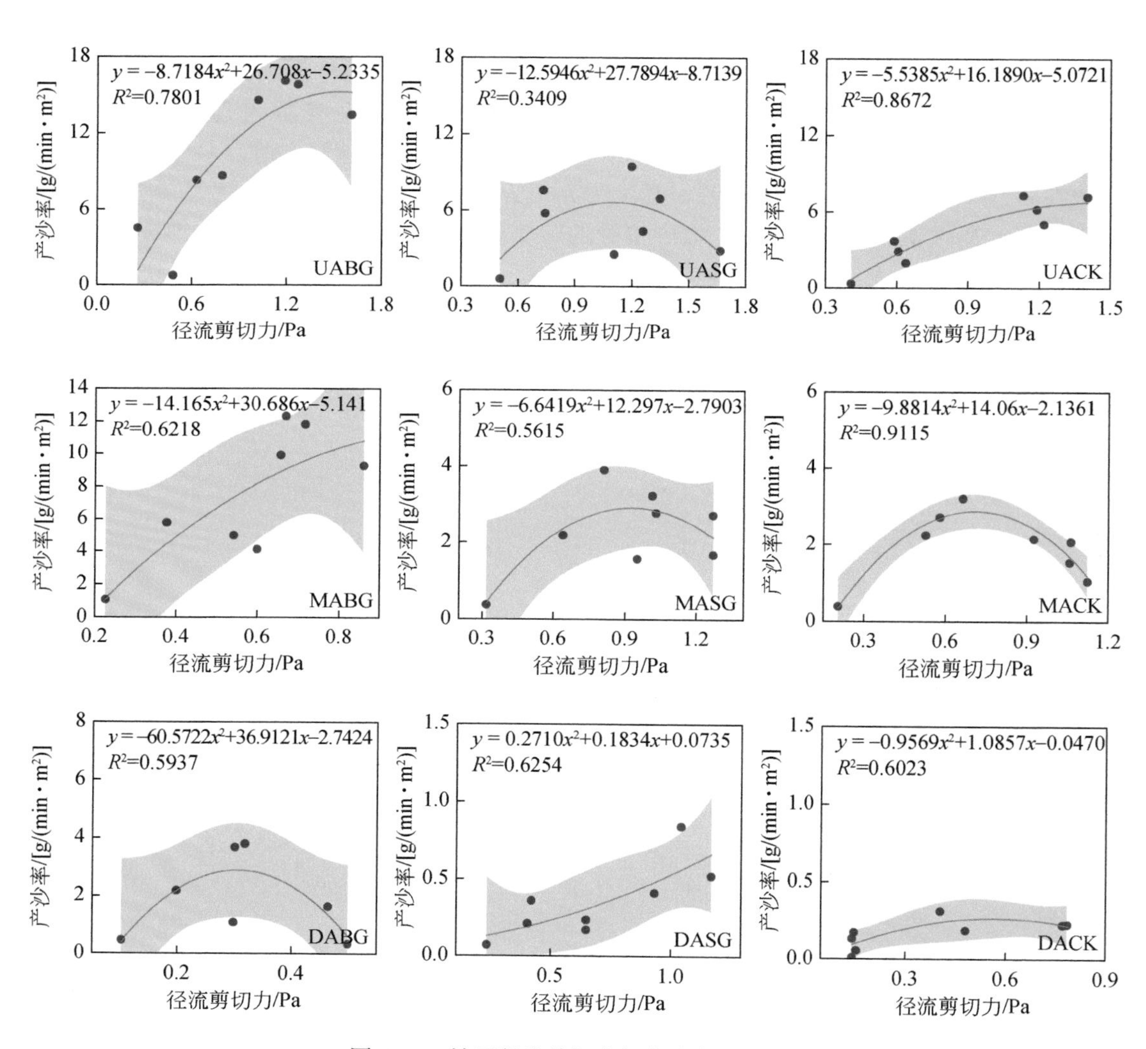

图 5-73　坡面径流剪切力与产沙率的关系

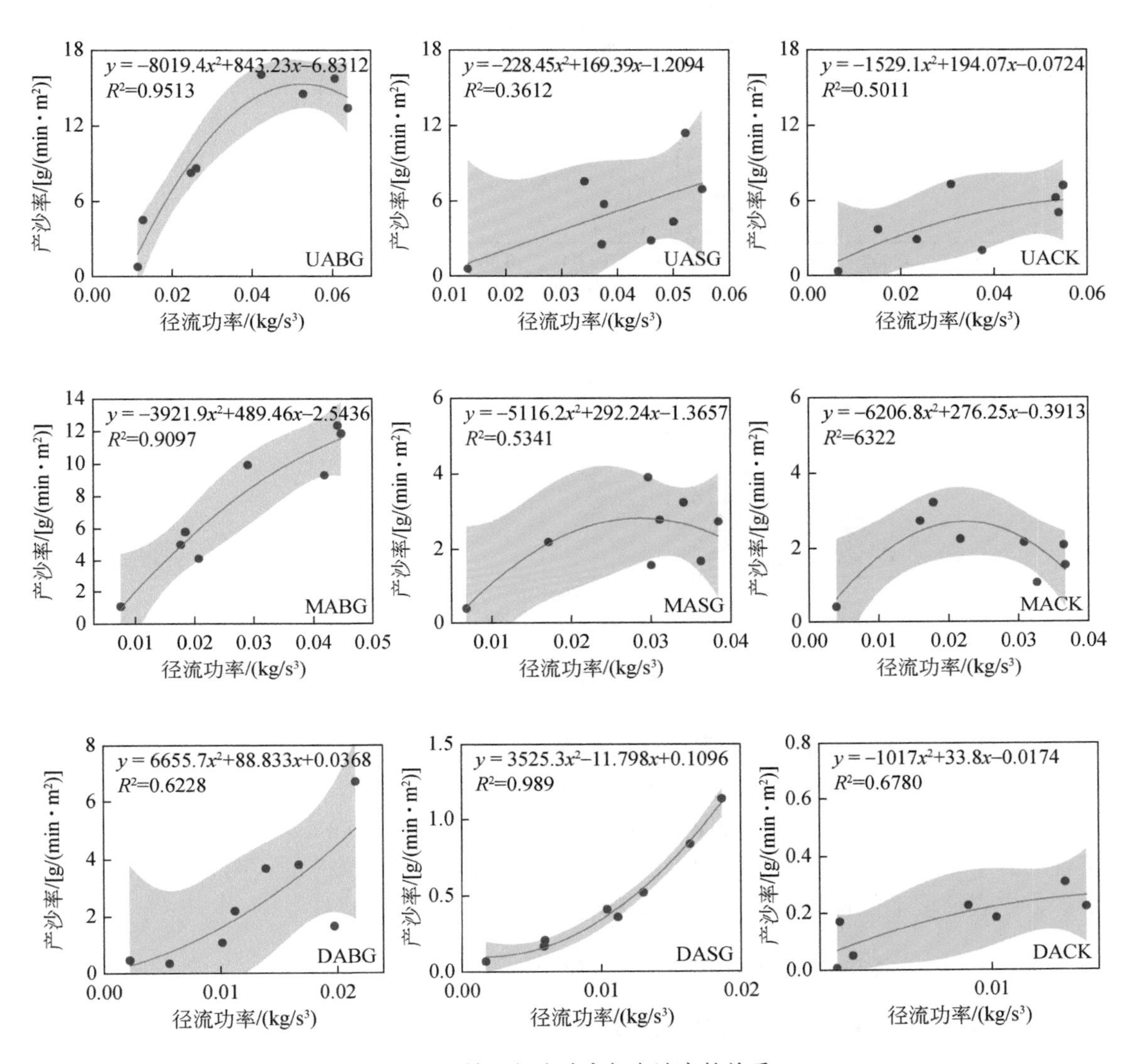

图 5-74 坡面径流功率与产沙率的关系

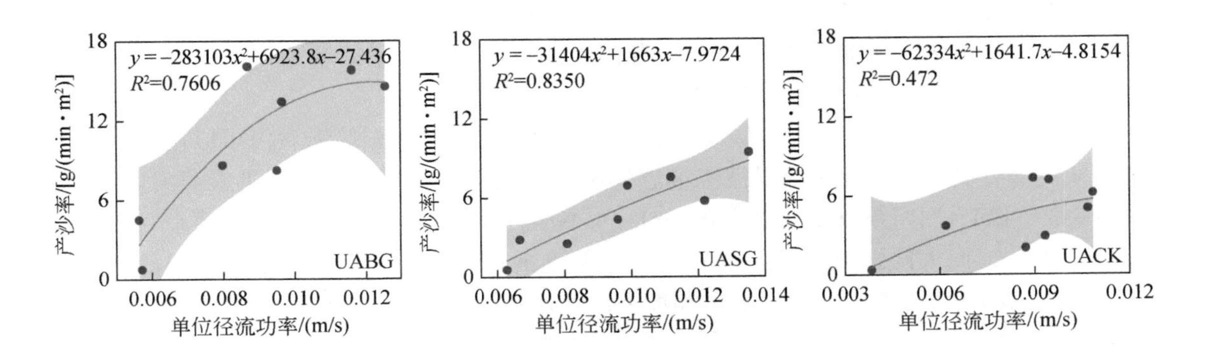

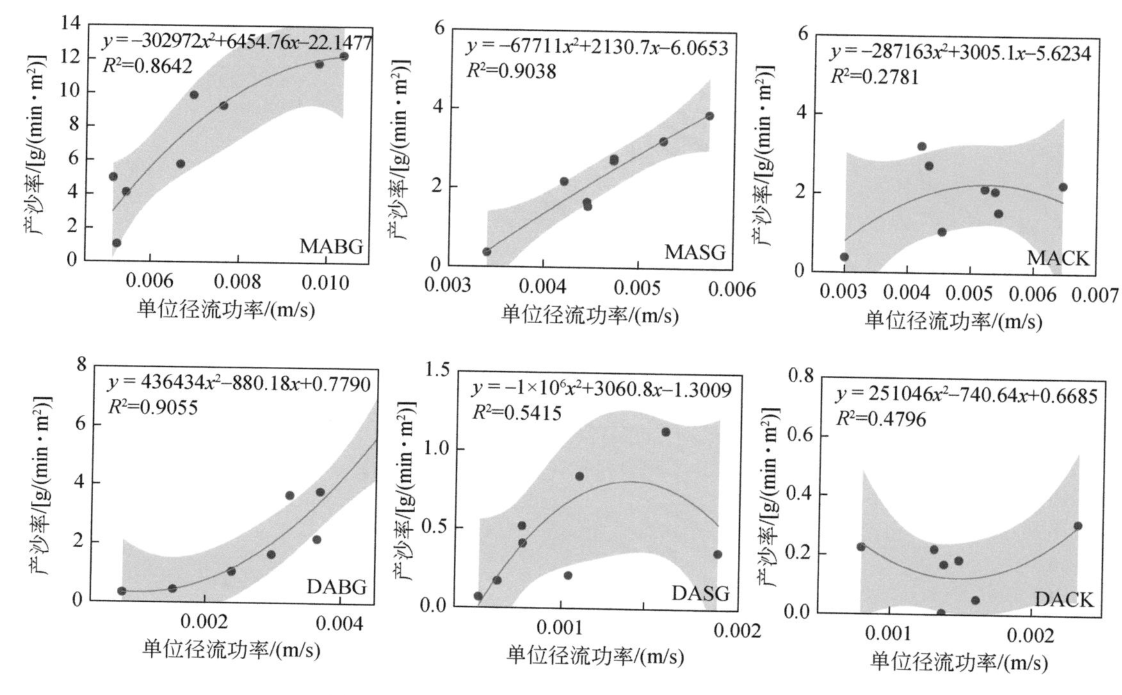

图 5-75 坡面单位径流功率与产沙率的关系

由以上结果可知，可以用来表征产沙过程的水动力学参数在不同坡位和植被处理组合情况下有所差异。根据与产沙率关系表现最好的水动力学参数可知，坡上和坡中位置的裸地处理小区以及坡下位置剪草处理小区的产沙过程均可以用 *Re* 和 ω 来表征，坡上和坡中位置的剪草处理小区和天然小区的侵蚀过程分别可以用 u 和 τ 来表征，而 u 和 ω 是水动力学参数中表征坡下位置裸地处理小区和天然小区产沙率的最佳指标。

5.4.6.2 坡面碳氮迁移对水沙过程的动态响应

（1）坡面有机碳流失对水沙的响应关系

对不同雨强条件下坡面累积径流量与累积泥沙有机碳流失量之间的关系进行拟合，结果见图 5-76 和表 5-39。从图中可以看出，累积泥沙有机碳流失量与累积径流量间的关系可以用线性方程描述：$\mathrm{SOC}=aR+b$（SOC 代表累积泥沙有机碳流失量；R 代表累积产流量，a 和 b 为常数）。不同降雨强度下的有机碳流失量随径流量的增加而增加，其回归方程的拟合优度 R^2 在 0.8905 ~ 0.9989 变化。

累积径流量与累积泥沙有机碳流失量拟合方程的回归系数 a 的绝对值可以用来表示坡面累积泥沙有机碳流失量随累积径流量流失速率的大小，反映了坡面有机碳流失的程度。由表 5-39 可知，回归系数 a 的值为 0.2381 ~ 4.4984，其中小雨强条件下 a 的值在 0.2381 ~ 1.1445 变化，而大雨强条件下 a 值的变化范围增加了 1.04 ~ 3.39 倍，说明雨强的增大加快了有机碳的流失速率。坡上、坡中和坡下位置处 a 值分别为 1.7926、1.1679 和 0.4925，表现为沿下坡方向递减的趋势，说明坡度也会影响泥沙中有机碳流失被径流侵蚀的程度。

此外，在某一雨强条件和坡度位置中，不同植被处理之间的有机碳流失速率大小并没有一定的规律，这可能与植被覆盖、地表状况和前期土壤含水率等因素有关。

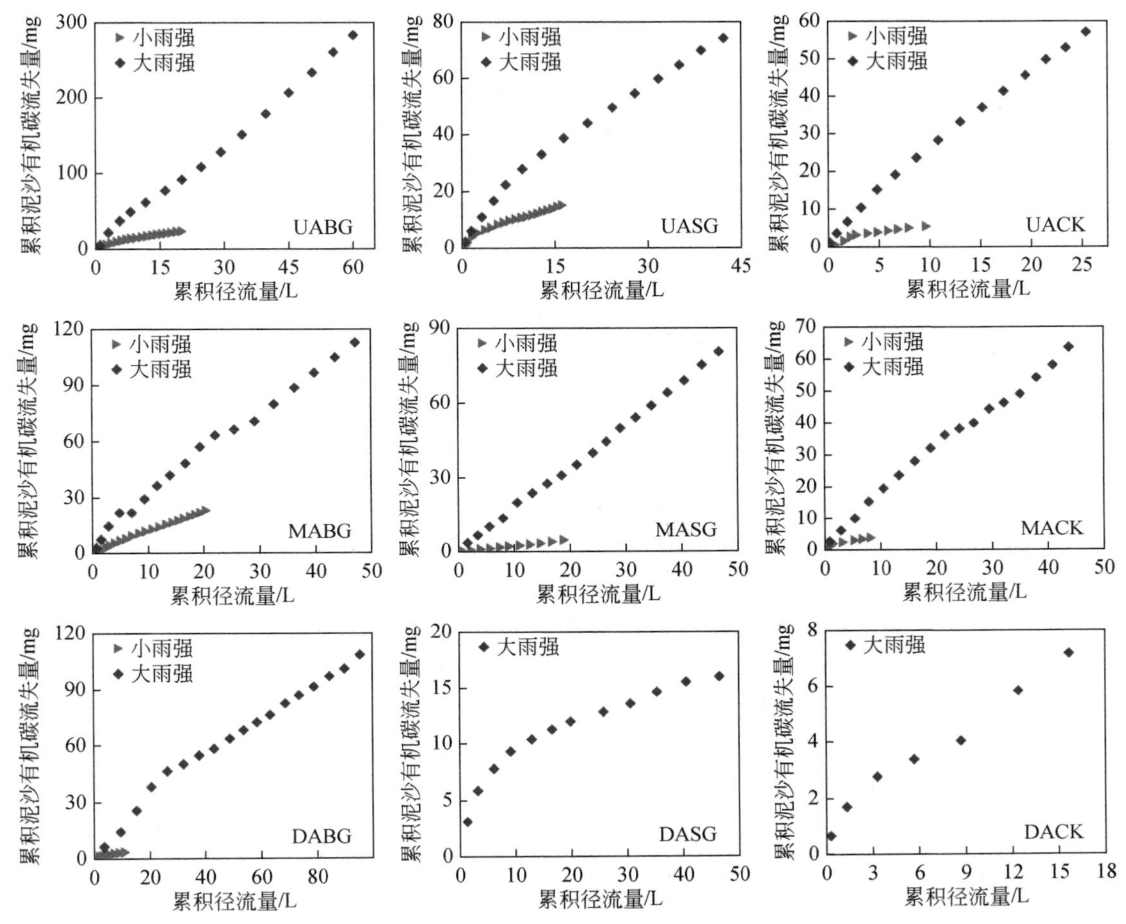

图 5-76　不同降雨强度条件下坡面累积产流量与累积泥沙有机碳流失量的关系

注：DASG 与 DACK 在小雨强条件下的产沙量很小，没能测得有机碳的流失过程

表 5-39　不同降雨强度条件下累积产流量与累积泥沙有机碳流失量的回归方程

位置	降雨强度	回归方程	R^2
UABG	小雨强	SOC = 1.1445*R*+2.8293	0.9621
	大雨强	SOC = 4.4984*R*+5.477	0.9955
UASG	小雨强	SOC = 0.7989*R*+2.8314	0.9639
	大雨强	SOC = 1.6519*R*+8.0037	0.9822
UACK	小雨强	SOC = 0.4944*R*+1.3590	0.8980
	大雨强	SOC = 2.1673*R*+3.5170	0.9952
MABG	小雨强	SOC = 1.1212*R*+0.9281	0.9959
	大雨强	SOC = 2.2511*R*+8.5251	0.9911

续表

位置	降雨强度	回归方程	R^2
MASG	小雨强	SOC=0.2381*R*-0.0356	0.9919
	大雨强	SOC=1.6913*R*+0.6931	0.9989
MACK	小雨强	SOC=0.3728*R*+0.9775	0.9229
	大雨强	SOC=1.3327*R*+4.3144	0.9903
DABG	小雨强	SOC=0.2889*R*+0.6192	0.9822
	大雨强	SOC=1.0460*R*+12.072	0.9801
DASG	小雨强	—	—
	大雨强	SOC=0.2472*R*+5.9409	0.8905
DACK	小雨强	—	—
	大雨强	SOC=0.3879*R*+1.0295	0.9795

注：SOC 代表累积泥沙有机碳流失量（mg）；*R* 代表累积产流量（L）；DASG 与 DACK 在小雨强条件下的产沙量很小，没能测得有机碳的流失过程。

对不同雨强条件下坡面累积产沙量与累积泥沙有机碳流失量之间的关系进行分析，结果见图 5-77 和表 5-40。从图 5-77 中可以看出，不同降雨强度下的累积泥沙有机碳流失量与累积产沙量间存在良好的线性关系，且随产沙量的增加而增加。不同组合条件下方程的拟合关系较好，R^2 为 0.9586 ~ 0.9998。从表 5-40 中可知，回归系数 *a* 值的变化范围为 0.0652 ~ 0.5544，其中小雨强条件下的 *a* 值在 0.0652 ~ 0.2616 变化，而大雨强条件下 *a* 值的变化范围增大了 2.12 ~ 2.96 倍。对于不同的坡度位置，坡下位置处 *a* 值分别是坡上和坡中位置的 1.41 倍和 2.04 倍，说明坡下位置有机碳流失速率较快，但是因为坡下位置的累积产沙量小，所以累积泥沙有机碳流失量也较小。

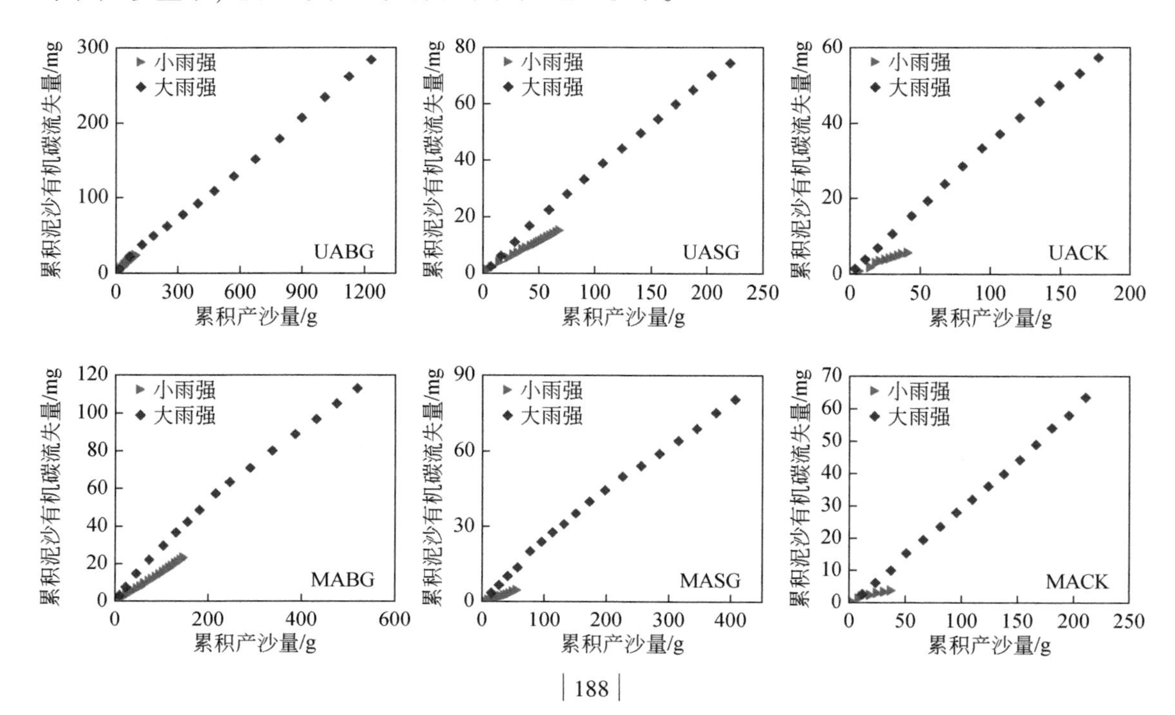

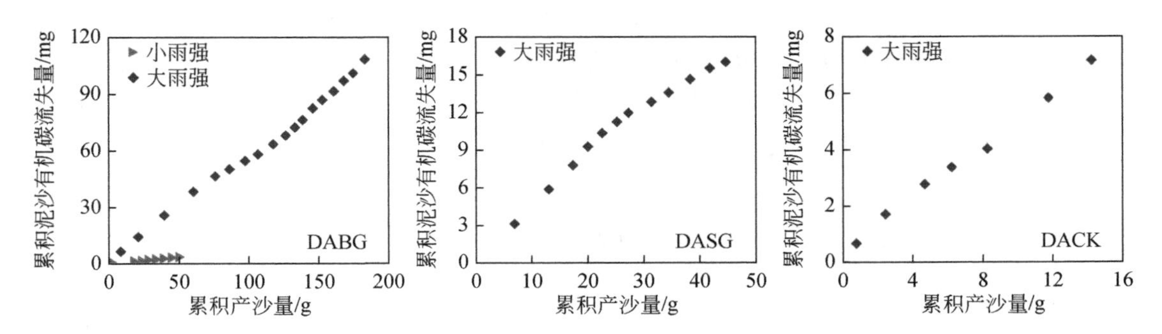

图 5-77　不同降雨强度条件下坡面累积产沙量与累积泥沙有机碳流失量的关系

注：DASG 与 DACK 在小雨强条件下的产沙量很小，没能测得有机碳的流失过程

表 5-40　不同降雨强度条件下累积产沙量与累积泥沙有机碳流失量的回归方程

位置	降雨强度	回归方程	R^2
UABG	小雨强	SOC=0.2616S-0.0336	0.9998
	大雨强	SOC=0.2249S+4.7622	0.9988
UASG	小雨强	SOC=0.2145S+0.5778	0.9990
	大雨强	SOC=0.3354S+1.8571	0.9984
UACK	小雨强	SOC=0.1400S+0.0959	0.9820
	大雨强	SOC=0.3264S+1.0736	0.9974
MABG	小雨强	SOC=0.1593S-0.4643	0.9990
	大雨强	SOC=0.2134S+7.0375	0.9913
MASG	小雨强	SOC=0.0859S-0.3042	0.9843
	大雨强	SOC=0.1927S+4.2633	0.9934
MACK	小雨强	SOC=0.0909S+0.6086	0.9758
	大雨强	SOC=0.3007S-0.8598	0.9991
DABG	小雨强	SOC=0.0652S+0.0661	0.9779
	大雨强	SOC=0.5544S+2.0449	0.9928
DASG	小雨强	—	—
	大雨强	SOC=0.3332S+2.0612	0.9686
DACK	小雨强	—	—
	大雨强	SOC=0.4633S+0.4571	0.9954

注：SOC 代表累积泥沙有机碳流失量（mg）；S 代表累积产沙量（g）；DASG 与 DACK 在小雨强条件下的产沙量很小，没能测得有机碳的流失过程。

(2) 坡面全氮流失对水沙的响应关系

对不同雨强条件下坡面累积径流量与累积泥沙全氮流失量之间的相关关系进行拟合，结果见图 5-78 和表 5-41。从图中可以看出，不同降雨强度下的累积泥沙全氮流失量与累积径流量间的关系可以用线性方程描述，均表现为随径流量的增加而增加，且回归方程的

拟合优度 R^2 为 0.8957 ~0.9976。回归系数 a 的值为 0.0217 ~4.4986，其中大雨强条件下的 a 值是小雨强条件下的 3.76 倍，且全氮的流失速率在坡下位置最小，在坡上位置最大。回归系数 a 值也表现为沿下坡方向呈减小的趋势，坡上、坡中和坡下位置的 a 值分别为 0.1850、0.1213 和 0.0438。

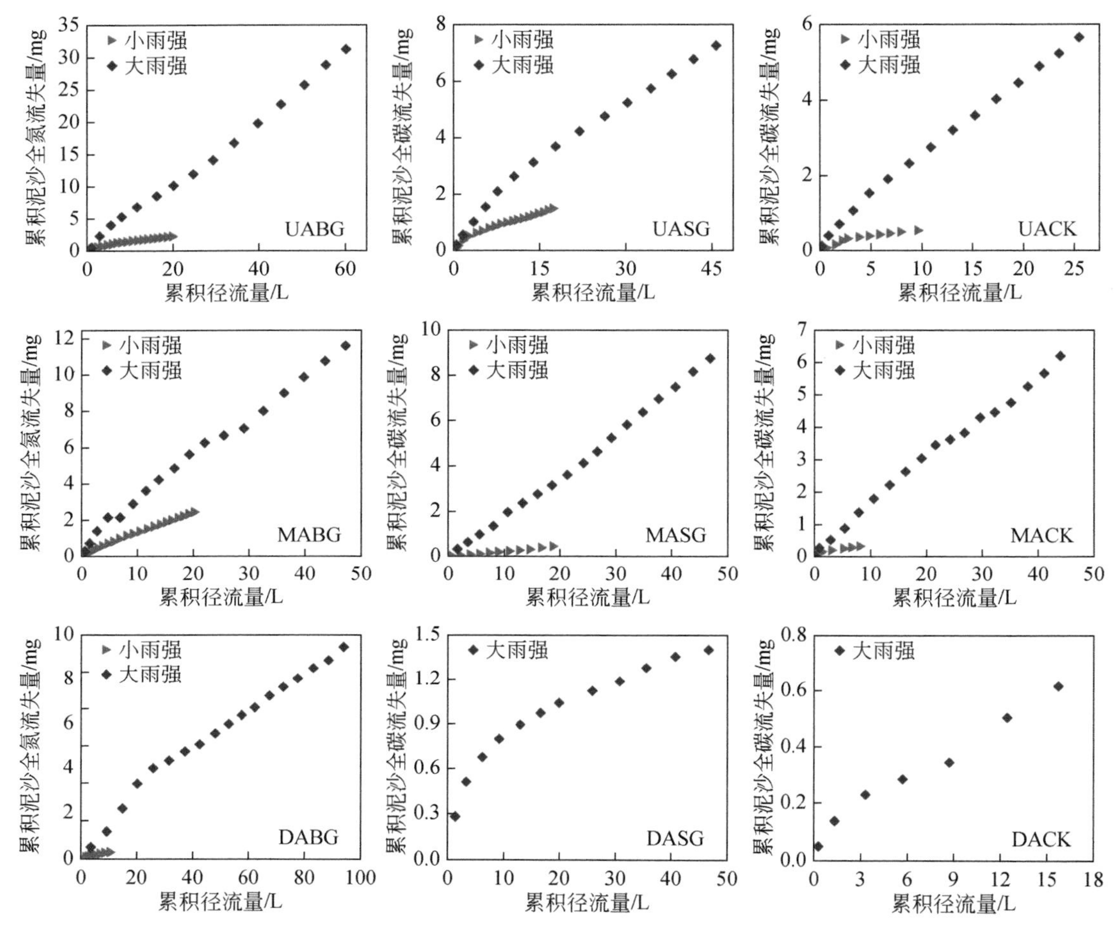

图 5-78　不同降雨强度条件下坡面累积产流量与累积泥沙全氮流失量的关系

注：DASG 与 DACK 在小雨强条件下的产沙量很小，没能测得有机碳的流失过程

表 5-41　不同降雨强度条件下累积产流量与累积泥沙全氮流失量的回归方程

位置	降雨强度	回归方程	R^2
UABG	小雨强	TN = 0.1110R+0.2810	0.9592
	大雨强	TN = 0.4986R+0.5845	0.996
UASG	小雨强	TN = 0.0797R+0.2629	0.9658
	大雨强	TN = 0.1614R+0.7152	0.9847
UACK	小雨强	TN = 0.0475R+0.1277	0.8957
	大雨强	TN = 0.2116R+0.3600	0.996

续表

位置	降雨强度	回归方程	R^2
MABG	小雨强	TN = 0.1188*R*+0.0918	0.996
	大雨强	TN = 0.2312*R*+0.7324	0.9926
MASG	小雨强	TN = 0.0237*R*−0.0026	0.9932
	大雨强	TN = 0.1868*R*−0.1126	0.9976
MACK	小雨强	TN = 0.0335*R*+0.0744	0.9212
	大雨强	TN = 0.1335*R*+0.2712	0.9922
DABG	小雨强	TN = 0.0268*R*+0.0521	0.9829
	大雨强	TN = 0.0926*R*+1.0099	0.981
DASG	小雨强	—	—
	大雨强	TN = 0.0217*R*+0.5128	0.9008
DACK	小雨强	—	—
	大雨强	TN = 0.0342*R*+0.0801	0.9822

注：TN 代表累积泥沙全氮流失量（mg）；*R* 代表累积产流量（L）；DASG 与 DACK 在小雨强条件下的产沙量很小，没能测得全氮的流失过程。

对不同雨强条件下坡面累积产沙量与累积泥沙全氮流失量之间的相关关系进行拟合，结果见图 5-79 和表 5-42。从图 5-79 中可以看出，不同降雨强度下的累积泥沙全氮流失量均表现为随累积产沙量的增加而增加，两者之间的关系可以用线性方程进行描述。回归方程的拟合效果较好，R^2 为 0.9740 ~ 0.9996。回归系数 *a* 的值在 0.0060 ~ 0.0491 变化，其中小雨强条件下 *a* 值的变化范围为 0.0060 ~ 0.0254，而大雨强条件下的平均增大了 2.92 倍。结果表明降雨强度的增加会显著提高泥沙养分的流失速率。

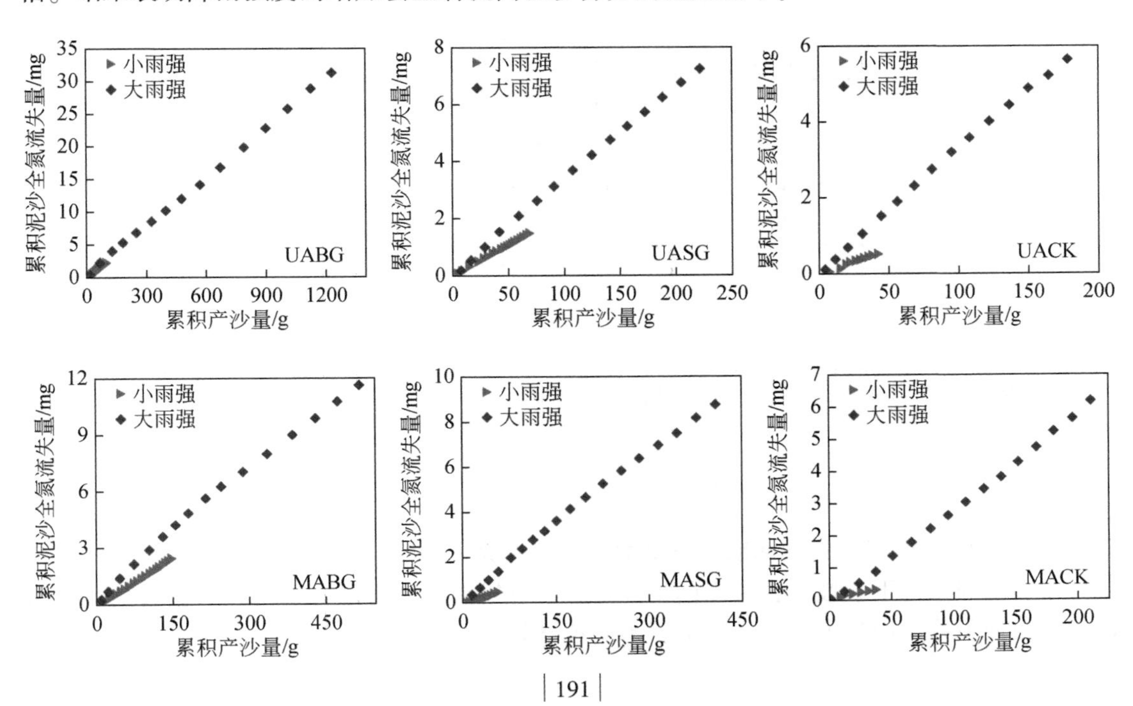

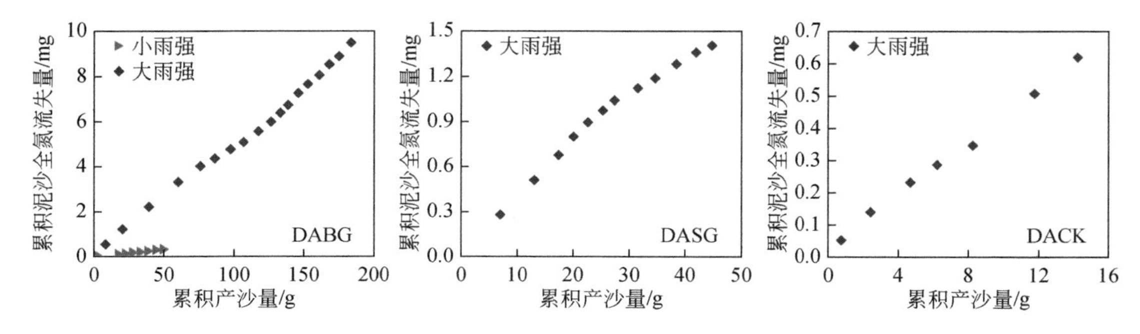

图 5-79　不同降雨强度条件下坡面累积产沙量与累积泥沙全氮流失量的关系

注：DASG 与 DACK 在小雨强条件下的产沙量很小，没能测得有机碳的流失过程

表 5-42　不同降雨强度条件下累积产沙量与累积泥沙全氮流失量的回归方程

位置	雨强	回归方程	R^2
UABG	小雨强	TN = 0.0254S+0.0015	0.9996
	大雨强	TN = 0.0249S+0.5069	0.999
UASG	小雨强	TN = 0.0214S+0.0389	0.9994
	大雨强	TN = 0.0327S+0.1178	0.9992
UACK	小雨强	TN = 0.0135S+0.0061	0.9807
	大雨强	TN = 0.0319S+0.1208	0.9986
MABG	小雨强	TN = 0.0169S−0.0558	0.9991
	大雨强	TN = 0.0219S+0.5749	0.9948
MASG	小雨强	TN = 0.0086S−0.0296	0.9867
	大雨强	TN = 0.0213S+0.2722	0.997
MACK	小雨强	TN = 0.0082S+0.0411	0.9752
	大雨强	TN = 0.0294S−0.1403	0.9987
DABG	小雨强	TN = 0.006S+0.0011	0.9756
	大雨强	TN = 0.0491S+0.122	0.9939
DASG	小雨强	—	—
	大雨强	TN = 0.0292S+0.174	0.974
DACK	小雨强	—	—
	大雨强	TN = 0.0408S+0.0298	0.9967

注：TN 代表累积泥沙全氮流失量（mg）；S 代表累积产沙量（g）；DASG 与 DACK 在小雨强条件下的产沙量很小，没能测得全氮的流失过程。

5.4.6.3　碳氮流失对水动力学特征的响应规律

（1）坡面有机碳流失与水动力学参数的响应关系

在小雨强条件下，坡上位置不同植被处理的有机碳流失含量与水动力学参数间均没有显著的相关关系。而在大雨强条件下，不同植被处理的有机碳流失含量与径流功率间存在显著的相关性，且其关系均可以用二次函数表达（图 5-80），R^2 在 0.7595 ~ 0.7891 变化。剪草处理小区和天然小区的有机碳流失含量随径流剪切力和单位径流功率的增大呈下降趋势，而裸地处理小区与径流剪切力和单位径流功率的关系较弱。

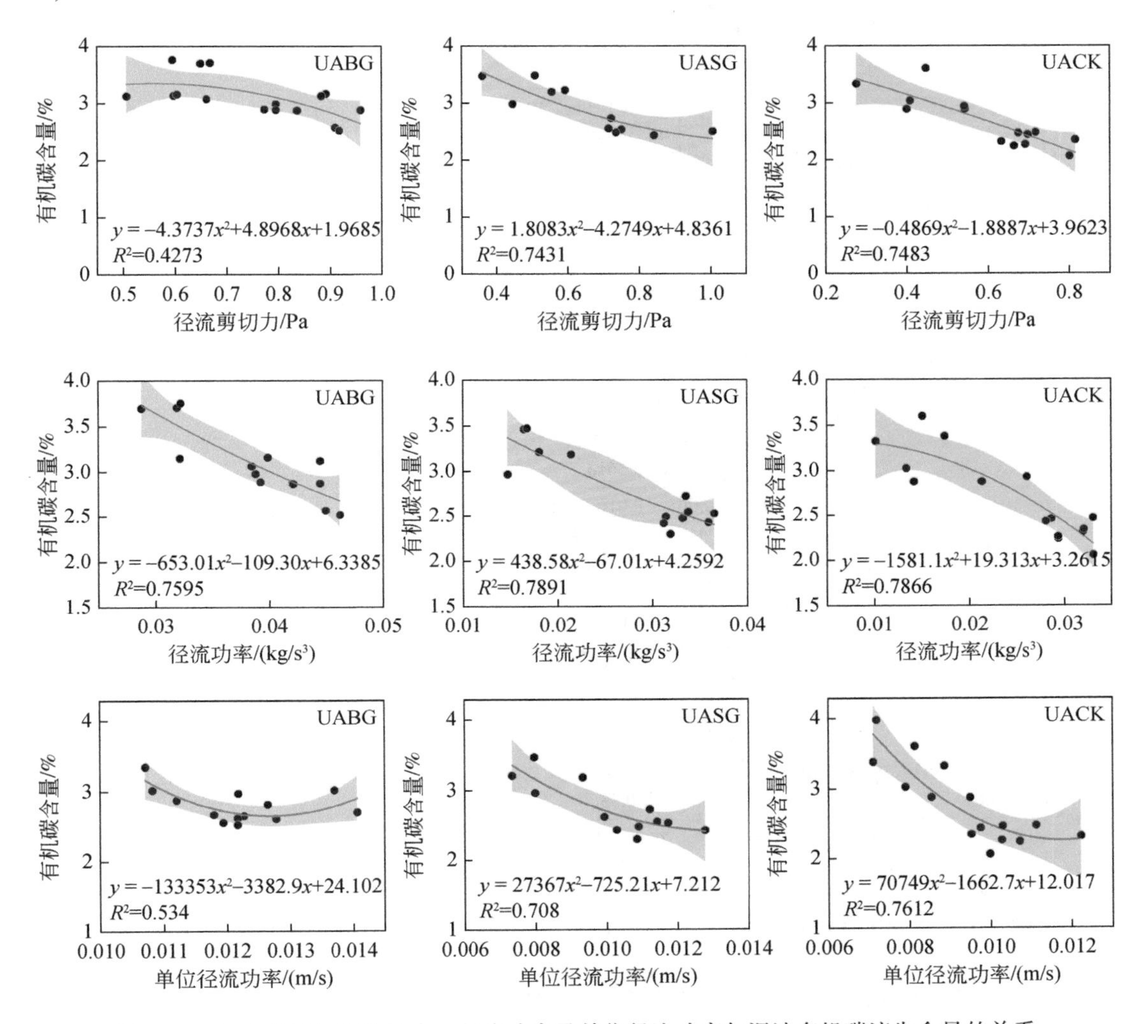

图 5-80　坡上位置径流剪切力、径流功率及单位径流功率与泥沙有机碳流失含量的关系

在小雨强条件下，坡中位置只有天然小区的有机碳流失含量与径流功率的关系较为显著，且整体随径流功率的增大表现为先下降后有微弱的上升趋势，其拟合函数的 R^2 高达 0.938。坡中位置三种植被处理在大雨强条件下的有机碳流失含量均随径流剪切力和径流功率的增大而减小，R^2 在 0.7549 ~ 0.8613（图 5-81）。此外，裸地处理小区与天然小区的有机碳流失含量还与单位径流功率的关系较为显著，随单位径流功率的增大分别表现为递减和先减小后上升的趋势。

由于坡下位置的剪草处理小区和天然小区在小雨强条件中的产沙量较少，在此没能分析该条件下有机碳流失过程与水动力学参数的动态关系。坡下位置裸地小区在小雨强条件下的有机碳流失含量与曼宁糙率系数和单位径流功率存在显著相关性，且有机碳含量随单

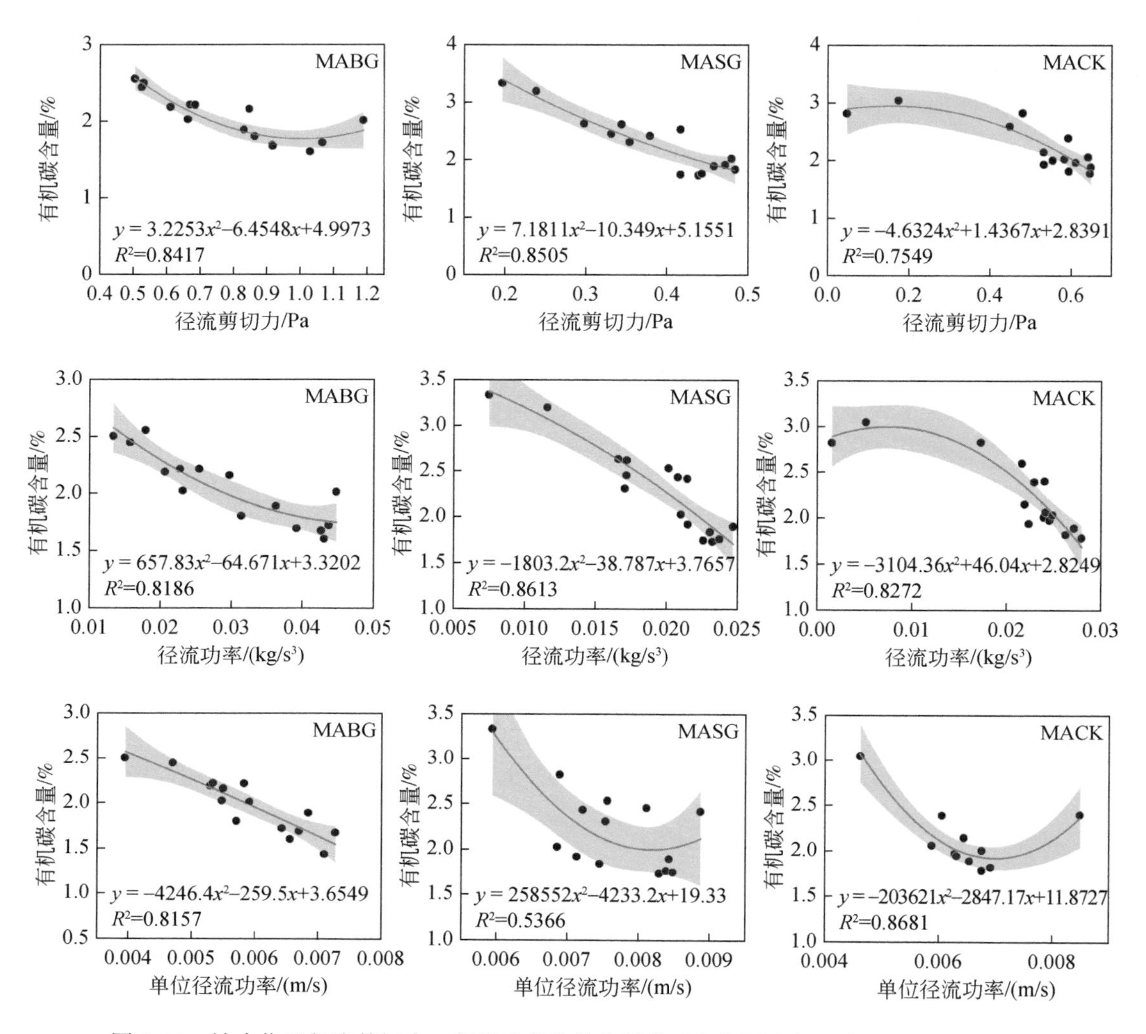

图 5-81　坡中位置径流剪切力、径流功率及单位径流功率与泥沙有机碳流失含量的关系

位径流功率的增大而降低，随曼宁糙率系数的增加有缓慢的上升趋势，其拟合函数的 R^2 分别为 0.7424 和 0.7922。在大雨强条件中，坡下位置不同植被处理的有机碳流失过程对水动力学参数的响应特征也有很大的差异。三种植被处理的泥沙有机碳流失含量均与径流功率、单位径流功率表现出显著的相关关系，回归方程的 R^2 在 0.7305 ~ 0.9432（图 5-82）。裸地处理小区和天然小区的有机碳流失含量与径流剪切力也有良好的关系，拟合函数的 R^2 分别为 0.7369 和 0.6422。此外，裸地处理小区的泥沙有机碳含量还与弗劳德数、达西阻力系数及曼宁糙率系数有显著关系，主要表现为随弗劳德数的增大而降低，随阻力系数和糙率系数的增大而呈现上升趋势，拟合函数的 R^2 为 0.9388 ~ 0.9549。

以上结果反映了有机碳的流失含量与水动力学参数间有较好的相关关系，但相关性在不同坡度位置和植被处理组合条件下存在差异，说明这种关系受到降雨特征、植被盖度、地形位置等因素的影响。整体而言，坡面不同植被处理下泥沙有机碳的流失含量与径流剪

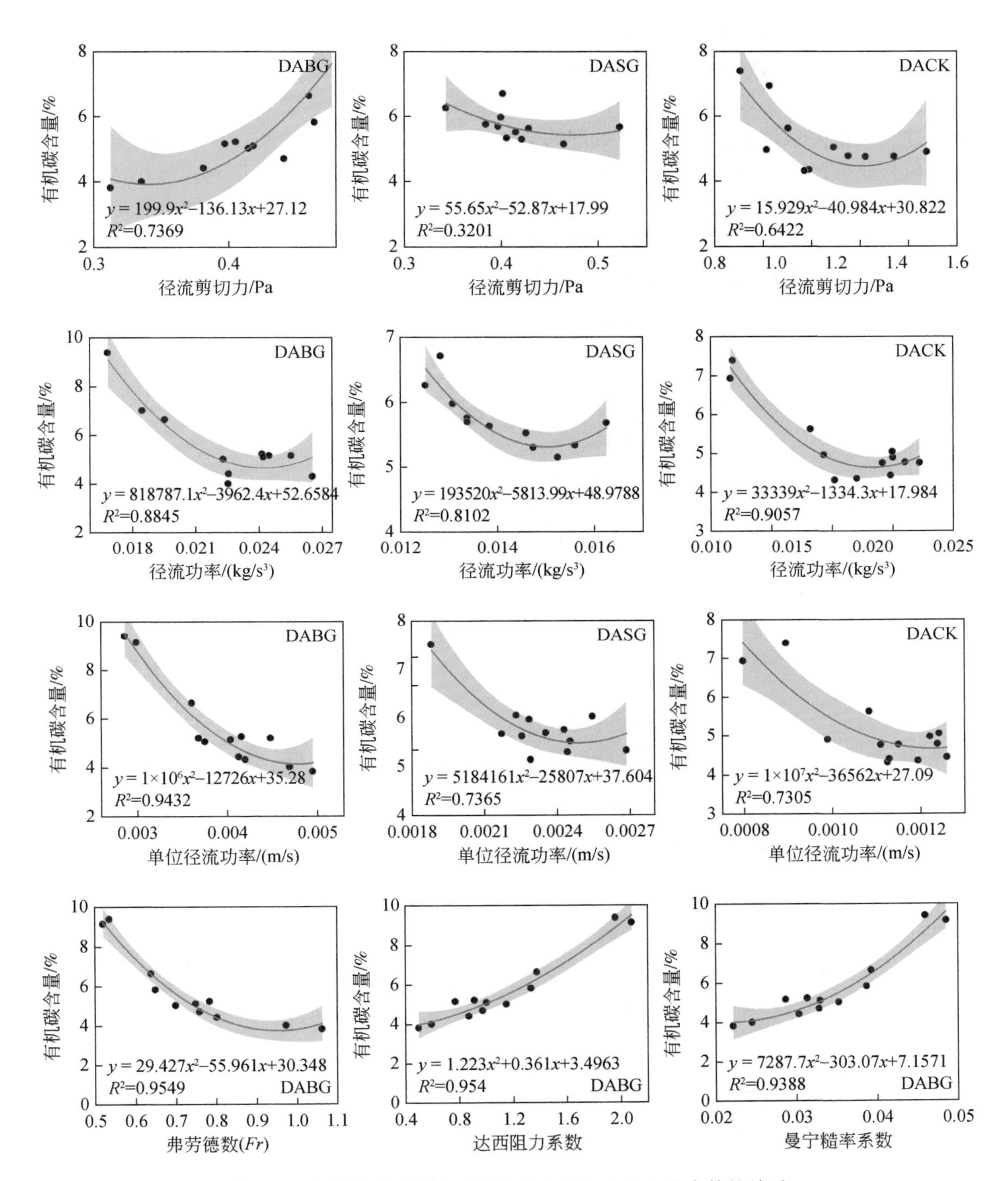

图 5-82　坡下位置泥沙有机碳流失含量与水动力学参数的关系

切力、径流功率和单位径流功率的关系较强，表现为随径流“力”和“能量”的增大而呈减小趋势。此外，坡下位置泥沙有机碳的流失含量还与弗劳德数、达西阻力系数和曼宁糙率系数有很强的相关性，且随地表糙率的增大而增加，表明泥沙有机碳的流失还受地表粗糙程度的影响。综上所述，水动力学参数可以很好的表征泥沙有机碳的流失状况。

（2）坡面全氮流失与水动力学参数的响应关系

小雨强条件下，坡上位置不同植被处理的全氮流失含量与水动力学参数均没有显著的相关性。大雨强条件下，不同植被处理的全氮流失含量均与径流功率存在显著的负相关关系，拟合函数的 R^2 在 0.7150～0.8004（图 5-83）。此外，剪草处理小区和天然小区的全氮流失含量还与径流剪切力和单位径流功率有显著关系，均表现为随径流剪切力和单位径流功率的增大而减小，但与径流剪切力的关系相对较弱。而裸地处理小区的全氮流失含量与径流剪切力和单位径流功率间的关系不明显。

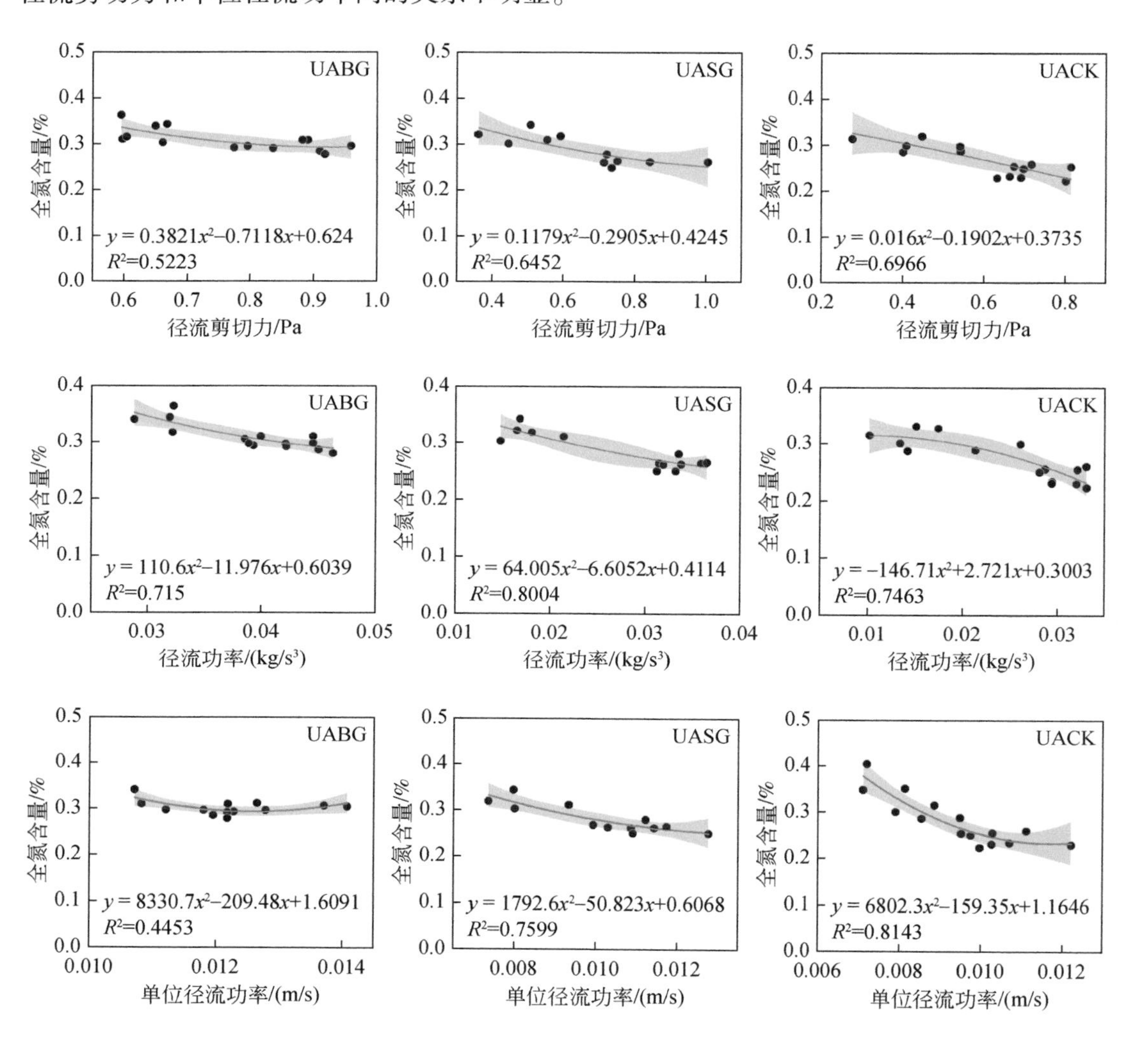

图 5-83　坡上位置径流剪切力、径流功率及单位径流功率与泥沙全氮流失含量的关系

在小雨强条件下，坡中位置只有天然小区的泥沙全氮流失含量与 ω 间存在显著的关系，其拟合函数的 R^2 为 0.756，且随 ω 的增大整体表现为先降低后升高的趋势。而在大雨强条件下，坡中位置不同植被处理的全氮流失含量均与径流剪切力和径流功率有显著的相

关性，其拟合关系函数的 R^2 分别在 0.7677 ~ 0.9133 和 0.7843 ~ 0.8876（图 5-84）。此外，裸地处理小区的全氮流失含量随单位径流功率的增加呈现下降趋势，而天然小区的表现为先减小后增大的变化规律。

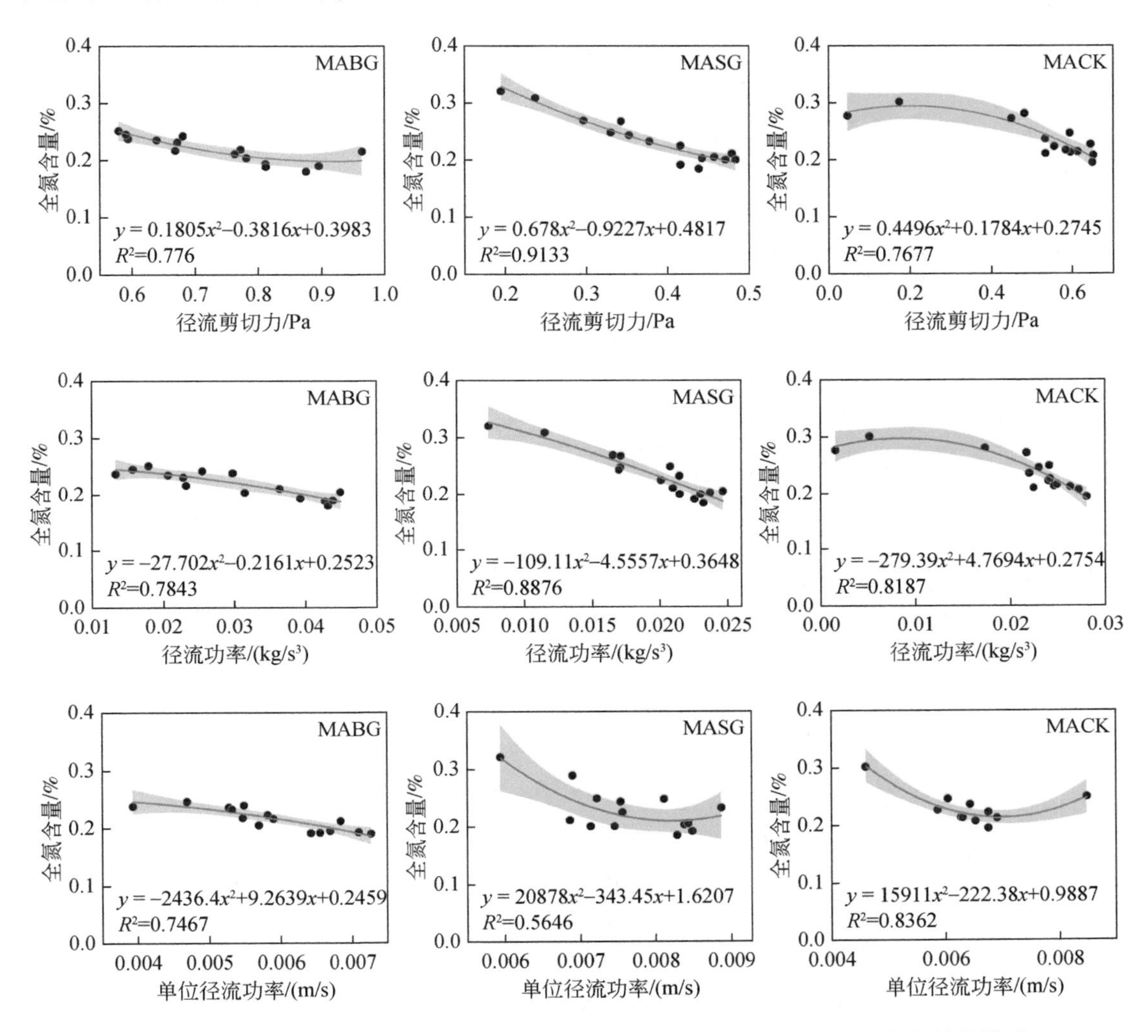

图 5-84 坡中位置径流剪切力、径流功率及单位径流功率与泥沙全氮流失含量的关系

坡下位置裸地处理小区在小雨强条件下的泥沙全氮流失含量与弗劳德数、达西阻力系数和单位径流功率间存在显著的相关关系，其中随弗劳德数和单位径流功率的增大而呈现减小趋势，而随达西阻力系数的增加有缓慢的上升，拟合函数的 R^2 均大于 0.713。在大雨强条件下，坡面不同植被处理小区的泥沙全氮流失含量与径流功率和单位径流功率的拟合关系较好，R^2 介于 0.8048 ~ 0.9291。裸地处理小区和天然小区与径流剪切力的相关性较好，随径流剪切力的增加分别表现为上升和下降的趋势。此外，裸地处理小区的泥沙全氮流失含量与弗劳德数、达西阻力系数和曼宁糙率系数均有显著的相关性，其中随弗劳德数的增大而减小，随达西阻力系数和曼宁糙率系数的增大而增加，且拟合方程的 R^2 均在

0.9184 以上。而另外两种处理与弗劳德数、达西阻力系数和曼宁糙率系数缺乏明显的相关关系（图 5-85）。

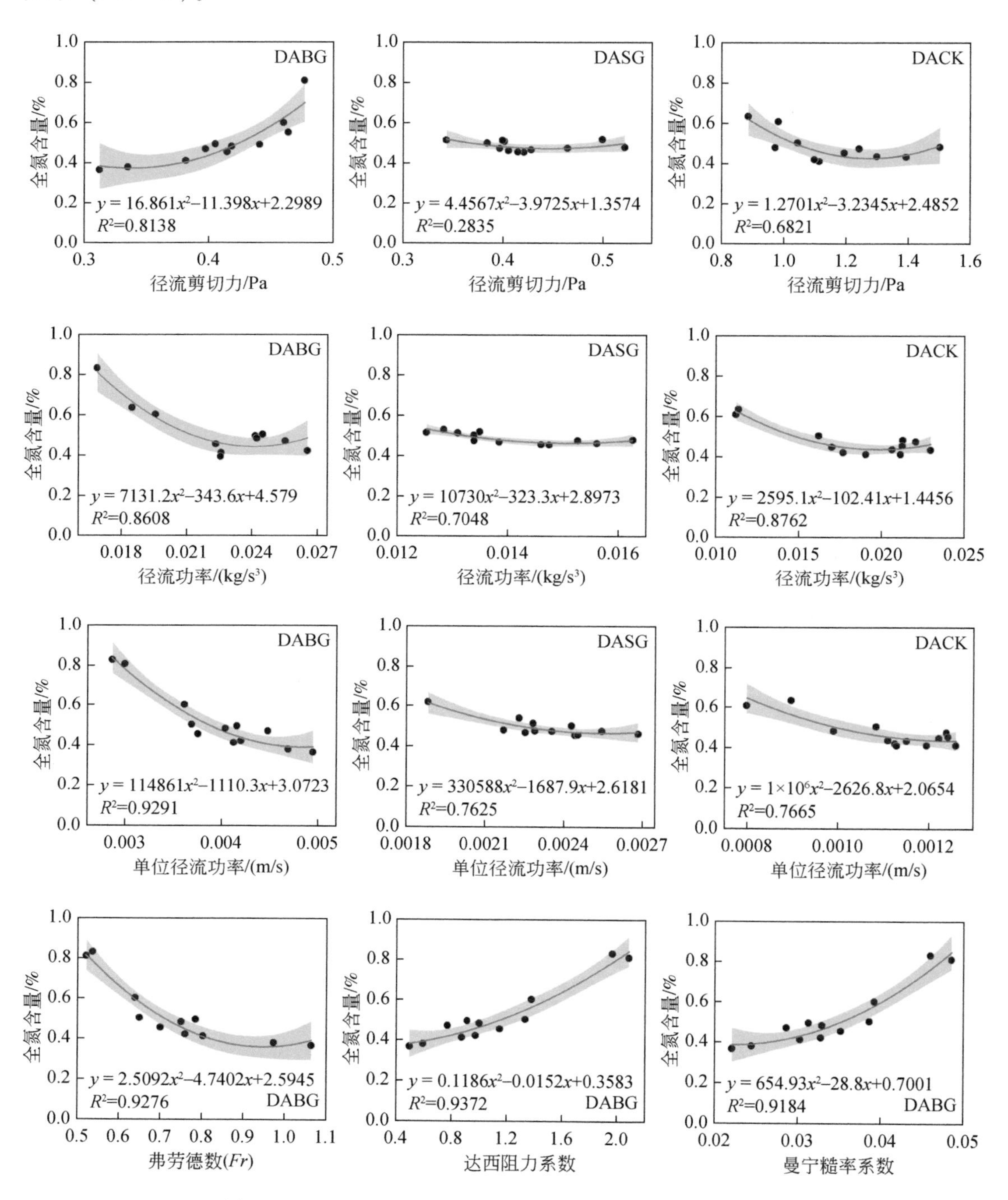

图 5-85　坡下位置泥沙全氮流失含量与水动力学参数的关系

以上结果表明全氮的流失含量与各个水动力学参数间的相关关系因降雨特征、植被特性和地形位置而异。但不同坡度位置中泥沙全氮的流失含量均与径流剪切力、径流功率和单位径流功率表现出较为密切的关系。除此之外，坡下位置泥沙全氮的流失含量还与弗劳德数、达西阻力系数和曼宁糙率系数有很强的相关性。综上所述，水动力学参数可以很好的表征泥沙全氮含量的流失状况。

5.4.7 小结

利用人工模拟降雨试验观测资料，分析了不同坡度位置和植被处理组合条件下的土壤入渗规律、产流产沙过程及特征、水动力学参数变化特征及碳氮流失过程。在此基础上，进一步探究了水沙过程、水动力学参数特征及泥沙碳氮流失三者之间的关系，阐明了水动力学特征对坡面水沙流失及碳氮迁移的作用机理，主要结论如下。

1）坡面土壤入渗率随降雨历时的变化过程表现为先减小后趋于稳定的趋势。降雨强度和植被覆盖度对土壤入渗率有显著的促进作用。而土壤入渗率与前期土壤含水率及坡度大致呈负相关关系。影响入渗率的主要因素是水分条件，其次为植被特征和土壤地形状况，三者对土壤入渗率的解释程度分别为 47.0% ~54.8%、11.6% ~16.7% 和 3.3% ~15.6%。

2）坡面初始径流时间和降雨初损量受降雨强度、前期土壤含水率及植被覆盖度的影响很大，均表现为随降雨强度和前期土壤含水率的升高而降低，随植被的增多而增大。

不同雨强下坡面产流率的变化曲线可描述为快速增长期、缓慢增长期和稳定期。而在不同土壤含水量梯度和特定雨强下，坡面不同位置及植被处理组合下的产流率随时间的动态过程表现不同，大致可分为 3 种：增长–稳定过程；增长–下降–稳定过程；直接下降至稳定状态。降雨强度对产流过程有显著的影响。降雨强度越大，产流率越大，累积产流量随时间变化曲线的斜率也越大。产流特征还受前期土壤含水率的影响。稳定产流率和平均产流率与前期土壤含水率有显著的正相关关系，而初始产流率随土壤含水率的升高呈先减小后增加的趋势。干燥和湿润的土壤水分条件均会促进径流的产生，但高前期土壤含水率条件下累积产流量曲线的斜率更大。此外，植被对径流产生过程有着重要的调控作用，不同处理间的产流率大小均表现为裸地小区>剪草小区>天然小区，且植被对产流初期的影响更为显著。

不同坡度位置和植被处理组合的产沙过程曲线大致也可概化为 3 种：增长–稳定阶段；增长–下降–稳定阶段；下降–稳定阶段。较高的降雨强度会显著增大产沙率和累积产沙量。坡面产沙率与土壤含水率间没有显著的相关关系，但累积产沙量大多随土壤含水率的升高而增加。植被的存在可有效控制坡面的水土流失，其泥沙减少效益值可达 60% 左右。产沙率变化曲线的波动范围和土壤侵蚀量随坡度梯度的降低而减小。此外，坡面产沙过程还受产流过程的影响，水沙关系符合线性增长趋势。且径流产沙能力指数和土壤可蚀性均随植被增多而减小，随坡度增大而增大。

3）降雨强度会明显提高坡面的径流速率和径流水深、雷诺数和弗劳德数、径流剪切力、径流功率和单位径流功率，同时会降低坡面径流的阻力系数和糙率系数。前期土壤含水率对径流流速的影响较小，却对径流水深的影响较强。坡面径流雷诺数、弗劳德数、达西阻力系数和曼宁糙率系数随土壤含水率的变化在不同位置组合间有差异。坡上和坡下位置处的径流剪切力和径流功率存在土壤水分临界值。植被的增多和坡度的降低均会减小径流雷诺数和弗劳德数、水流剪切力和径流功率。同时，植被还具有明显的减速和增阻作用。

4）坡面泥沙中有机碳和全氮流失均表现为下降并趋于稳定的状态。降雨强度和植被覆盖度对泥沙有机碳含量和全氮含量的流失分别有促进和抑制作用。此外，累积泥沙有机碳流失量、全氮流失量与累积径流量和累积产沙量间均存在良好的线性关系。

5）产流过程可以用水动力学参数中的雷诺数和径流功率来表征。但用来表征产沙过程的水动力学参数在不同坡位和植被处理组合情况下有所差异。

6）泥沙有机碳和全氮的流失含量与水动力学参数间的相关关系因植被特性和地形位置而异，但均与径流剪切力、径流功率和单位径流功率的关系较强，表现为随径流“力”和“能量”的增大而呈减小趋势。此外，坡下位置养分的流失还受地表粗糙程度的影响。总体而言，水动力学参数可以很好的表征泥沙有机碳和全氮的流失状况。

5.5 坡面降雨径流-土壤侵蚀-养分流失模型

5.5.1 基于 SCS-CN 方法改进的坡面径流模型

5.5.1.1 标准 SCS-CN 模型介绍

根据美国国家工程手册第四部分（NEH-4，Section-4 of the *National Engineering Handbook*），径流曲线数模型（Soil Conservation Service—SCS-CN）是以水量平衡方程［式（5-23）］和两个基本水文假设为基础构建的经验模型。第一个基本假设为：实际入渗量（F）与土壤潜在蓄水能力（S）的比值等于实际地表径流量（Q）与最大可能径流量（P 与径流产生前发生的初损量 I_a 的差值，即 $P-I_a$）之比［式（5-24）］[97]。第二个基本假设为：初损量（I_a）是土壤潜在蓄水能力（S）的一部分，且与 S 具有一定的比例关系［式（5-25）］[98]。

$$P=I_a+F+Q \tag{5-23}$$

$$\frac{Q}{P-I_a}=\frac{F}{S} \tag{5-24}$$

$$I_a=\lambda S \tag{5-25}$$

式中，P 为降雨量（mm）；Q 为地表径流量（mm）；F 为实际入渗量（mm）；I_a 为降雨初损量（mm），即径流产生前的地面填洼、植物截留、蒸散发及入渗量；S 为土壤潜在最大蓄水量（mm）；λ 为初损系数，是一个具有区域化特征的无量纲参数，根据地表土壤水文条件的不同进行选取，一般取值范围为 0 ~ 0.4。

联立式（5-23）和式（5-24）可以得到 SCS-CN 模型最普遍的表达式：

$$Q=\begin{cases}\dfrac{(P-I_a)^2}{P-I_a+S} & (P>I_a)\\ 0 & (P\leqslant I_a)\end{cases} \tag{5-26}$$

将式（5-25）代入式（5-26），得到：

$$Q=\begin{cases}\dfrac{(P-\lambda S)^2}{P+(1-\lambda)S} & (P>\lambda S)\\ 0 & (P\leqslant \lambda S)\end{cases} \tag{5-27}$$

根据美国大量实测数据推导出的结果，λ 通常取经验值为 0. 2。将 $\lambda=0.2$ 代入式（5-27）中可得到 SCS-CN 的简化计算公式：

$$Q=\begin{cases}\dfrac{(P-0.2S)^2}{P+0.8S} & (P>0.2S)\\ 0 & (P\leqslant 0.2S)\end{cases} \tag{5-28}$$

为了计算方便，学者在后期研究基础上提出了参数 S 与 CN 值的经验转换表达式：

$$S=\frac{25400}{\text{CN}}-254 \tag{5-29}$$

其中，CN（curve number）为径流曲线数，它是 SCS-CN 模型中综合反映流域前期土壤湿润条件（antecedent moisture condition，AMC）、土壤类型和质地、土地管理与利用方式、坡度和植被覆盖特征的无量纲参数。CN 作为一个关键的参考数值，理论上取值范围为 0 ~ 100，实际条件中，CN 值在 30 ~ 98 变化。CN 值越大，S 值越小，表明地表产流能力越强。

确定 CN 值的方法具体可分为 3 个步骤。①确定水文土壤组（hydrologic soil group，HSG）。根据水文土壤组定义指标中的最小下渗率及土壤质地，SCS 模型将土壤划分为 A（透水）、B（较透水）、C（较不透水）、D（接近不透水）四类水文土壤组，具体划分方法见表 5-43。②标准的 SCS 模型根据某次降雨前 5d 的降水量将研究区域前期土壤湿润状况（AMC）划分为 3 个等级（AMCⅠ、AMCⅡ和 AMCⅢ），划分方法见表 5-44。先假定前期土壤湿度 AMC 处于一般条件（AMCⅡ），根据流域水文土壤类型、植被类型和土地管理措施等因素，查阅美国农业部土壤保持局提供的 SCS 手册得到 CN_{II}。③根据实际情况，通过公式转换成干旱条件（AMCⅠ）和湿润条件（AMCⅢ）下的 CN 值。

$$\begin{cases}\text{CN}_{\text{I}}=\dfrac{\text{CN}_{\text{II}}}{2.281-0.01281\text{CN}_{\text{II}}}\\ \text{CN}_{\text{III}}=\dfrac{\text{CN}_{\text{II}}}{0.427+0.00573\text{CN}_{\text{II}}}\end{cases} \tag{5-30}$$

表 5-43　SCS-CN 模型水文土壤组（HSG）定义指标

土壤水文组	最小下渗率/(mm/h)	土壤质地
A	7. 26	砂土、砂质壤土、壤质砂土
B	3. 81 ~ 7. 26	壤土、粉砂壤土
C	1. 27 ~ 3. 81	砂黏壤土
D	0. 00 ~ 1. 27	黏壤土、粉砂黏壤土、砂黏土、粉砂黏土、黏土

表 5-44　前期土壤湿润程度（AMC）等级划分

AMC	前 5d 累计降水量	
	生长季	休眠季
Ⅰ	<35.6	<12.7
Ⅱ	35.6～53.3	12.7～27.9
Ⅲ	>53.3	>27.9

5.5.1.2　改进的 SCS-CN 模型

（1）基于土壤水分核算（SMA）的 SCS-CN 模型的改进

作为地表径流产生的一个主要参数[99]，流域的前期土壤水分条件是决定事件预测结果的关键因子[100]。Mishra 等[101]利用径流系数与土壤饱和渗透系数等价的假设，通过在标准 SCS-CN 模型中引入前期土壤含水量 M，进而改进了 SCS-CN 模型：

$$\frac{Q}{P-I_a}=\frac{F+M}{S+M} \tag{5-31}$$

初损量 I_a 很大程度上也取决于前期土壤含水量 M。一般来说，前期土壤含水量越高，初损量越小，反之亦然。然而在标准 SCS-CN 模型中，初损量 I_a 与潜在最大蓄水量 S 的关系并没有考虑前期土壤含水量的影响。根据 Mishra 等[102]的研究结果，可将 I_a 改进为

$$I_a=\frac{\lambda S^2}{S+M} \tag{5-32}$$

当 $M=0$ 时，流域处于完全干燥的状态，此时 $I_a=\lambda S$，即为式（5-25）。

研究表明，累计入渗量（F）是由静态入渗部分（F_c，重力引起的）和动态入渗部分（F_d，毛细管力引起的）组成[103]。同时，Mishra 和 Singh[103]还指出静态入渗对地表径流的影响等同于初损量对地表径流的影响。基于此，可将累计入渗量（F）区分为静态入渗（F_c）和动态入渗（F_d）。则水平衡方程可写为：

$$P=I_a+F_d+F_c+Q \tag{5-33}$$

随后可将式（5-31）修改为

$$\frac{Q}{P-I_a-F_c}=\frac{F_d+M}{S+M} \tag{5-34}$$

联立式（5-33）和式（5-34），可得到地表径流 Q 的表达式如下：

$$Q=\frac{(P-I_a-F_c)(P-I_a-F_c+\mathrm{M})}{S+M+(P-I_a-F_c)}\quad P\geqslant I_a+F_c \tag{5-35}$$

其中，$F_c=f_cT$；f_c 为最小入渗速率（mm/h），对于某一特定流域，f_c 通常被认为是常数；T 是降雨持续时间（h）。

此外，地表径流的产生在很大程度上也受到降雨强度的影响。王英等[104]针对黄土高原地区的研究发现，标准 SCS-CN 模型在引入降雨强度后，模型的模拟效果有很大的提升，并提出了降雨强度与有效降雨量间的关系：

$$P_e = P\left(\frac{I_{30}}{\bar{I}}\right)^{\beta} \tag{5-36}$$

式中，P_e为有效降雨量，即降雨强度大于土壤入渗率所对应的降雨量（mm）；I_{30}为降雨事件中连续 30min 累计降雨量最大时段所对应的平均雨强（mm/min）；$\bar{I}$ 为平均降雨强度（mm/min）；β 为降雨强度修正因子。

基于以上分析，地表径流 Q 的表达式可进一步描述为

$$Q = \frac{\left(P_e - \frac{\lambda S^2}{S+M} - F_c\right)\left(P_e - \frac{\lambda S^2}{S+M} - F_c + M\right)}{S+M+\left(P_e - \frac{\lambda S^2}{S+M} - F_c\right)} \tag{5-37}$$

对于流域在降雨事件发生前的土壤水分状况，可通过 Tramblay 等[105]构建的前期降雨指数（API）模型来评价［式（5-38）］。进而通过径流小区实测的土壤含水率 M 与前期降雨指数 API 构建了 M 与 API 间的函数关系［式（5-39）］。

$$\mathrm{API}(i) = \sum_{d=0}^{n} K_d P_{(i-d)} \tag{5-38}$$

$$M = a\mathrm{API} \tag{5-39}$$

式中，$\mathrm{API}(i)$ 为第 i 日的前期降雨量（mm）；$P_{(i-d)}$为前 $i-d$ 天的降雨量（mm）；K 为土壤水分消退常数，此处采用第四章的结果；n 一般取值 15；a 为经验系数。

（2）基于模型参数确定方法的 SCS-CN 模型的改进

在上文中，基于改变假设条件将前期土壤含水量、降雨强度和降雨历时引入了基本方程。研究表明，坡度对径流的产生同样具有显著作用[106]。为了更加准确的预测地表径流量，对模型参数的确定方法做了进一步改进。

CN 值是与土地利用类型、土壤类型和土壤水分状况有关的综合流域参数。因此，模型对 CN 值的敏感性很高。这也说明，选择合适的 CN 值对提高降雨–径流量的预测精度至关重要[107]。坡度对 CN 值的影响较大，忽略地形的影响可能会导致径流模拟的严重偏差[108]。然而，手册中的 CN 值是基于坡度小于 5.0% 的平缓地区开发的。因此，为提高 SCS-CN 模型在研究区的适用性和预报能力，在前人研究的基础上[109]，提出了考虑坡度对 CN 影响的改进算法［式（5-40）］以对 CN 值进行修正。

$$\mathrm{CN}_m = \mathrm{CN}(b_1 \mathrm{slope} + b_2) \tag{5-40}$$

其中，CN_m为经过坡度修正的 CN 值；CN 为未经坡度调整的原始 CN 值；slope 为坡度梯度（m/m）；b_1、b_2为经验系数。

初损系数 λ 是 SCS-CN 模型中的另一个敏感参数，其敏感程度甚至高于 CN 值[110]。在标准 SCS-CN 模型中，λ 通常被设为 0.20，适用于坡度不超过 5.0% 的区域[111]。然而，λ 可能并非是随坡度变化的常量。因此，在特定区域，有必要根据坡度来调整 λ。据报道，λ 与坡度呈负指数关系[112]。由此，考虑坡度影响的修正后的初损系数可表达为

$$\lambda_m = 0.2e^{c \cdot \mathrm{slope}} \tag{5-41}$$

式中，slope 为坡度梯度（°）；c 为经验系数。

根据以上结果，得到改进模型的最终方程：

$$
Q=\frac{\left[P_e-\dfrac{\lambda_m\left(\dfrac{25400}{\mathrm{CN}_m}-254\right)^2}{\left(\dfrac{25400}{\mathrm{CN}_m}-254\right)+M}-F_c\right]\left[P_e-\dfrac{\lambda_m\left(\dfrac{25400}{\mathrm{CN}_m}-254\right)^2}{\left(\dfrac{25400}{\mathrm{CN}_m}-254\right)+M}-F_c+M\right]}{\left(\dfrac{25400}{\mathrm{CN}_m}-254\right)+M+\left[P_e-\dfrac{\lambda_m\left(\dfrac{25400}{\mathrm{CN}_m}-254\right)^2}{\left(\dfrac{25400}{\mathrm{CN}_m}-254\right)+M}-F_c\right]} \tag{5-42}
$$

5.5.1.3 数据与方法

(1) 数据来源

使用的土壤水分、降雨量及径流数据的时间段为 2019 年和 2020 年的 6 ~ 9 月。径流数据来自坡面两种尺寸下所有径流小区在天然降雨中的观测值。具体方法见 5.1.2.2 节。

为了校准和验证模型，将坡面不同植被处理小区（2m×1m）收集的降雨径流数据集按照 6∶4 划分为校准数据集和验证数据集。坡面 6m×3m 径流小区的产流数据用来检验经过校准和验证的改进模型。

(2) 参数估计方法

为了率定参数，利用标准差 σ 建立参数优化的目标函数：

$$
\mathrm{LSD}=\sigma_{\min}=\min\left(\sqrt{\frac{\sum_{i=1}^{n}\left(Q_i^{\mathrm{cal}}-Q_i^{\mathrm{obs}}\right)^2}{n}}\right) \tag{5-43}
$$

约束条件为：$a>0$，b_1、b_2、c、β 均为实数集，$0<CN\leqslant100$，$0<f_c\leqslant80$[113]。式中的 Q_i^{obs} 为第 i 场降雨的实测径流量（mm）；Q_i^{cal} 为第 i 场降雨的预测径流量（mm）；n 为观测的事件数。

利用 Lingo 软件求解上述模型的最优值，当标准差最小时，表明预测值和观测值最为接近，此时的参数为最优解[114]。

(3) 模型评价指标

不同模型的径流预测性能采用纳什效率系数（Nash-sutcliffe efficiency，NSE）[115]和均方根误差（root mean squared error，RMSE）来评价，见式（5-44）和式（5-45）。其中，NSE 值用来评价预测径流量与实测径流量之间的一致性，取值范围为 NSE≤1。当 NSE=1 时，表示预测值与实测值间高度一致；当 NSE 在 0 ~ 1 时，表示模拟结果可信；当 NSE 取负值时，模拟结果不可信，表明采用实测值的均值比模型预测值更好。RMSE 值用来评价预测值与实测值间的偏离程度，可以很好地反映预测的精准度。RMSE 值越高，说明模型的模拟精度越差。

$$
\mathrm{NSE}=1-\frac{\sum_{i=1}^{n}\left(Q_i^{\mathrm{obs}}-Q_i^{\mathrm{cal}}\right)^2}{\sum_{i=1}^{n}\left(Q_i^{\mathrm{obs}}-Q_m^{\mathrm{obs}}\right)^2} \tag{5-44}
$$

$$\mathrm{RMSE}=\sqrt{\frac{\sum_{i=1}^{n}\left(Q_i^{\mathrm{obs}}-Q_i^{\mathrm{cal}}\right)^2}{n}} \tag{5-45}$$

式中，Q_i^{obs} 为第 i 场降雨的实测径流量（mm）；Q_i^{cal} 为第 i 场降雨的预测径流量（mm）；Q_m^{obs} 为实测径流量均值（mm）；n 为观测的事件数。

5.5.1.4 SCS-CN 模型及改进模型的评估

（1）标准 SCS-CN 模型

校准集和验证集的预测与实测径流回归线的斜率值分别仅为 0.013 和 0.016，表明标准 SCS-CN 模型在很大程度上低估了降雨径流值。表 5-45 中列出了标准 SCS-CN 模型的相关参数及模型在不同数据集（即校准集、验证集和完整集）中的性能。从中可以发现，模型效率值（NSE）均为负值，说明标准 SCS-CN 模型模拟径流量的效果较差，不能直接用在研究区坡面径流的预测中。

表 5-45　标准 SCS-CN 模型的参数及模拟结果

数据集	处理	λ	CN	NSE	RMSE/mm
校准集	BG	0.2	79	-0.66	7.79
	SG	0.2	69		
	CK	0.2	61		
验证集	BG	0.2	79	-0.64	5.60
	SG	0.2	69		
	CK	0.2	61		
完整集	BG	0.2	79	-0.69	6.84
	SG	0.2	69		
	CK	0.2	61		

（2）改进的 SCS-CN 模型

表 5-46 为改进的 SCS-CN 模型在校准数据集中率定的参数结果。图 5-86 为改进模型在不同数据集中得到的径流实测值与对应预测值的分布情况。可以看出，不同数据集的回归线与 1 : 1 线重合度极高，且回归线斜率由标准 SCS-CN 模型的 0.013 ~ 0.016 增加到 0.953 ~ 1.028，表明使用改进模型预测的径流深更接近于实测值。此外，不同径流深度下的数据点大多均匀地分布在 1 : 1 线周围，说明改进的模型在全径流深的模拟方面具有较高的稳定性，不会因为不同的径流深度而产生较大的趋向性误差，整体表现效果较好。

表 5-46　改进 SCS-CN 模型的参数率定结果

参数	β	a	b_1	b_2	c	CN	f_c/(mm/h)
率定结果	-0.392	0.002	-1.222	4.480	4.297	22.545	0.249

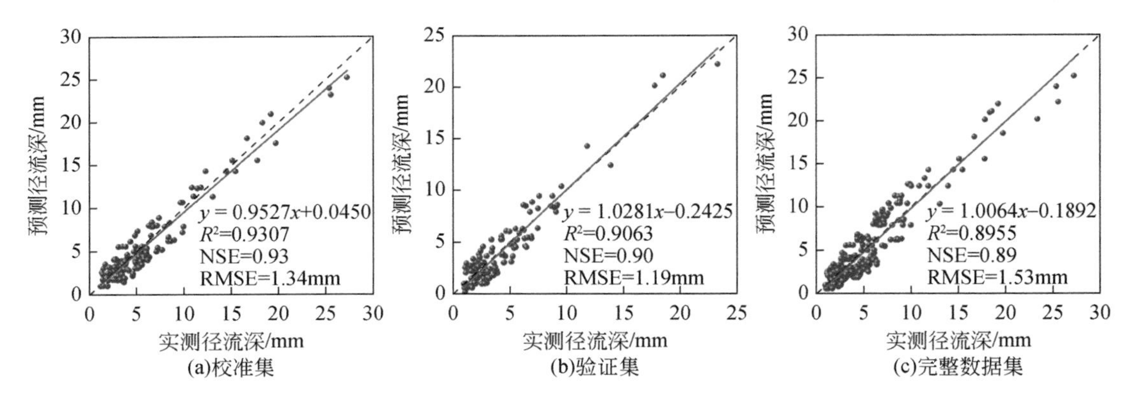

图 5-86　改进 SCS-CN 模型在校准集验证集和完整数据集中的径流模拟值与实测值的结果比较

与标准 SCS-CN 模型相比，改进的模型在不同模型评价指标中的表现均较好。不同数据集的 NSE 和 R^2 都较高，分别在 0.89～0.93 和 0.90～0.93。RMSE 值均较低，最大为 1.53mm，相比于标准 SCS-CN 模型，其降低了 4.47～5.81 倍。表明同时考虑降雨特征（包括降雨量、降雨强度、降雨历时）、前期土壤水分条件和地形坡度影响下的改进模型能够大大提高模型在降雨径流预测中的性能。

5.5.1.5　模型验证及敏感性分析

（1）模型的应用

采用坡面 6m×3m 径流小区的产流数据对改进模型的适用性进行进一步的检验。由于两种尺寸径流小区的环境背景值类似，因此，上一小节的参数结果（表 5-46）被用于 6m×3m 的径流小区中。图 5-87 为改进模型对 6m×3m 径流小区径流深的预测值与实测值的对比结果。从图中可知，预测值与实测值的回归线几乎与 1∶1 线重合，回归线的斜率为 1.013，截距为−0.22，R^2 为 0.902。模型取得了较高的模型效率（NSE：0.90）和较低的 RMSE（1.45mm）。因此，在具有相似环境特征的条件下，2m×1m 小区的模型参数也可以较为准确的预测出 6m×3m 径流小区的产流量。说明大小不同的径流小区的模型参数可以进行移植，这可以为更大尺度径流的预测提供参考。

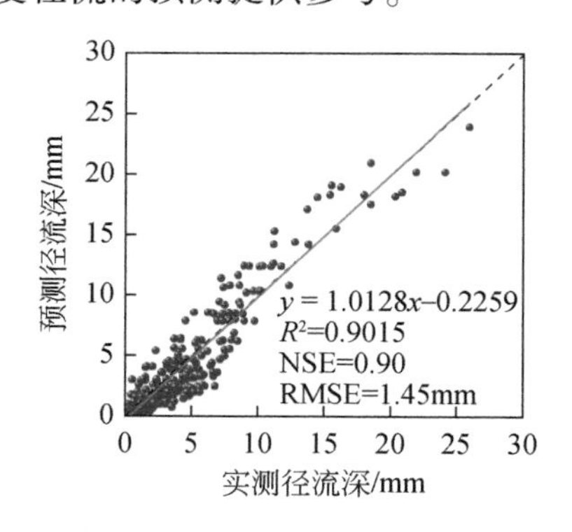

图 5-87　改进 SCS-CN 模型在 6m×3m 小区中的径流模拟值与实测值的结果比较

(2) 模型敏感性分析

以上结果表明，改进模型在预测径流方面具有较高的精度。为进一步区分出对改进模型较为敏感的参数，并探索模型的鲁棒性，通过分析 2m×1m 径流小区完整数据集的模型效率（NSE）对校准参数改变的响应来检验模型的敏感性。

图 5-88 展现了改进模型参数的敏感性分析结果，其中模型效率随不同参数的变化有较大差异。可以看出，径流曲线数 CN 和 b_2是最敏感的参数，参数 a 和 c 的敏感性最差，参数f_c的敏感性一般，只在某一范围内较为敏感，参数 b_1 和β的敏感程度介于 CN 和 a 之间，且 b_1的敏感性更强。CN 是综合反映土地利用方式、土壤类型、水文条件和前期水分状况的参数，且地形条件对其也有影响，因而模型对 CN、b_1 和 b_2参数的敏感性较强。

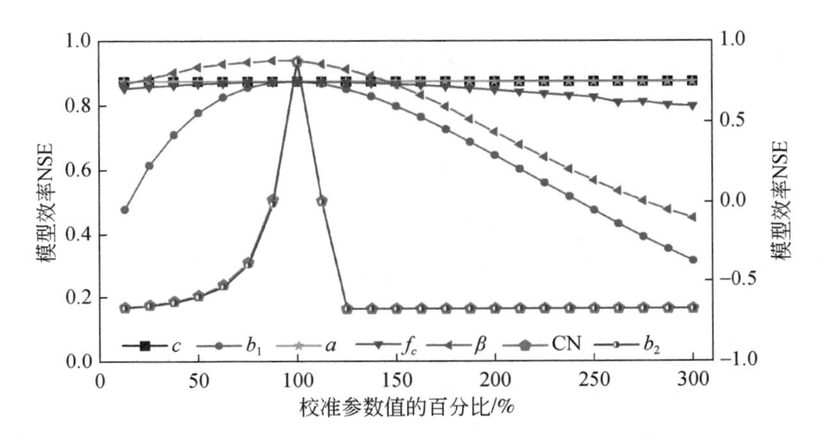

图 5-88 改进 SCS-CN 模型参数的敏感性分析

5.5.1.6 讨论

标准 SCS-CN 模型模拟的径流值低于实测值，这与前人的研究结论一致[116,117]。改进的模型更接近于实测值，对模型预测性能的提升有很大改善。可能是模型综合考虑了降雨量、降雨强度、降雨历时、前期土壤水分条件以及坡度的影响。

标准 SCS-CN 模型使用降雨量预测径流，而没有考虑降雨强度和降雨历时对产流能力的影响[118]。事实上，径流与最大 30min 雨强有很大的关系[119]。同时，由于亚洲季风气候的降雨异质性极强，因此降雨强度可能比降水量的影响更加明显[108]。此外，降雨持续时间在径流产生和预测中同样起着重要作用[120]。这也部分解释了标准 SCS-CN 模型对径流预测精度较低的现象。因此，改进的模型通过纳入降雨强度和持续时间来反映降雨特征在产流过程中的重要性。同时，所提出的方法也可以用来解释不同降雨类型对产流能力的影响。

前期土壤水分条件在产流过程中也有着重要地位。标准 SCS-CN 模型根据前 5 天的累计降雨量将前期土壤水分条件划分为三个等级[121]，对于 AMC 的任何变化（如从 AMC Ⅰ到 AMC Ⅲ），CN 值总是发生突然跳跃（即从 CN Ⅰ 到 CN Ⅲ），这种本质上不连续的变化最终导致径流预测值的跃升[122]，从而降低模型对径流预测的准确性[123-124]。Ahmadisharaf

等[121]发现，AMC 的阶跃对流域产流机制的影响比降雨量的变化更大。为了解决这个问题，Mishra 等[102]提出用前 5 天降水量计算前期土壤含水量的方法（$M=\alpha\sqrt{P_5S}$）。然而，对于干旱半干旱地区而言，降雨事件发生的前 5 天降水量在很大概率上可能为零，则根据该方法得出的流域前期含水量也为零，这不符合实际情况。基于研究区降雨特征，运用更长时间的前期雨量，通过前期降雨指数 API 来描述研究区的土壤水分条件。这在一定程度上克服了原模型产生的不合理现象。

此外，虽然坡度对初损量、入渗过程及产流过程均有影响[125]，但标准 SCS-CN 模型并没有考虑不同坡度带来的影响。通过引入坡度因子改进了参数的确定方法，从而提高模型在研究区的适用性。

5.5.2 基于次降雨的 RUSLE 模型的构建

5.5.2.1 土壤流失方程（USLE/RUSLE）概述

作为应用最为广泛的预测土壤侵蚀的经验模型，RUSLE 模型使用与气候、土壤、地形、植被和管理相关的 6 个因素来预测年均土壤流失量[126]，具体表达式为

$$A=R_a\cdot K_a\cdot S_a\cdot L_a\cdot C_a\cdot P_a \tag{5-46}$$

式中，A 为年均土壤流失量（t/hm^2）；R_a为降雨侵蚀因子［MJ·mm/(hm^2·h)］；K_a为土壤可蚀性因子［t·h/(MJ·mm)］；LS 为地形因子，其中 L_a为坡长因子、S_a为坡度因子，均无量纲；C_a为作物覆盖和管理因子，无量纲；P_a为水土保持措施因子，量纲为 1。

5.5.2.2 基于次降雨的 RUSLE 模型

由于 USLE 和 RUSLE 模型通常用来预测年土壤侵蚀量，因此，当其用于次降雨事件下土壤流失量的预报时，通常会产生一定程度的偏差，表现为对低土壤流失量的高估和对高土壤流失量的低估[127,128]。实际上，土壤侵蚀是一个水文驱动过程，事件的径流量和径流含沙量决定了事件的土壤流失量[129]。因此，应用 USLE 或 RUSLE 模型来预测次降雨土壤流失量精度有限的主要原因是没有明确的考虑径流。大量研究表明，通过引入径流因子可大幅提高土壤流失的预测精度[130]，且事件的土壤流失量与径流能量呈良好的幂函数关系[129]。Kinnell[131]还指出次降雨事件的径流含沙量取决于单位降雨量的动能 E_k和 I_{30}。根据上述结果，引入降雨–径流侵蚀因子来替代降雨侵蚀因子 R_a，得到以下改进的基于次降雨的 RUSLE 模型：

$$A_e=a'(QE_kI_{30})^{b'}K_a\cdot L_a\cdot S_a\cdot C_a\cdot P_a \tag{5-47}$$

式中，A_e是次降雨的土壤流失量（t·hm^2）；a' 和 b' 是经验系数；Q 是次降雨事件的径流深（mm），可通过实测获得，或采用改进后的 SCS-CN 模型估算；E_k是单位降雨量的动能，由降雨总动能 E 除以降雨量得到［MJ/(mm·hm^2)］；QE_kI_{30}是降雨–径流侵蚀力因子［MJ·mm/(hm^2·h)］。其余变量含义与式（5-46）相同。

5.5.2.3 数据与方法

(1) 数据来源

在 2019 年和 2020 年的 6 ~ 9 月，对坡面两种尺寸下所有径流小区的土壤侵蚀事件进行监测。记录每一场次降雨事件对应的降雨特征、产流量和产沙量。具体方法见 5.1.2.2 节。

首先，将坡面不同植被处理小区（2m×1m）收集的土壤流失数据集按照 6 : 4 划分为校准数据集和验证数据集，并利用此数据集对基于次降雨的 RUSLE 模型进行校准和验证。其次，利用坡面 6m×3m 径流小区在天然降雨事件中的实测径流数据以及校准和验证后的基于次降雨的 RUSLE 模型来预测土壤流失量。最后，耦合改进 SCS-CN 模型预测的径流量，将基于次降雨的 RUSLE 模型用于预测坡面 6m×3m 径流小区的土壤流失量。

(2) 参数估计方法

基于次降雨的 RUSLE 模型中各个因子/参数（降雨侵蚀力因子 R_e、土壤可蚀性因子 K_a、坡长因子 L_a、坡度因子 S_a、覆盖管理因子 C_a、水土保持措施因子 P_a及经验系数 a' 和 b'）的确定方法如下。

1）降雨侵蚀力因子。

降雨侵蚀力因子，是指降雨引起土壤侵蚀的潜在能力。Wischmeier 和 Smith[132] 利用 8250 个小区的降雨、侵蚀实测资料，通过分析各种降雨特征因子及其组合的复合因子与土壤侵蚀量的关系，发现降雨动能 E 和最大 30min 雨强 I_{30}的乘积与土壤侵蚀量的相关性最好，因此将其作为度量降雨侵蚀力的指标。具体计算方法如下[133]：

$$R_e = EI_{30} = \left[\sum_{r=1}^{n}(e_r \Delta V_r)\right] I_{30} \tag{5-48}$$

$$e_r = 0.29\left[1 - 0.72\exp\left(-0.082\frac{\Delta V_r}{\Delta t_r}\right)\right] \tag{5-49}$$

式中，R_e为次降雨侵蚀力因子［MJ · mm/（hm^2 · h)］；E 为次降雨总动能（MJ/hm^2)；I_{30}为次降雨最大 30min 雨强（mm/h），$I_{30} = P_{30} \times 2$，其中 P_{30} 为 30min 最大降雨深度（mm），乘以 2 转换为小时尺度。e_r为单位降雨动能［MJ/（hm^2 · mm)］；ΔV_r为降雨量（mm）；$\Delta V_r/\Delta t_r$是降雨强度（mm/h），ΔV_r是指特定时期 Δt_r内的降雨量，n 是 5min 间隔的数量（例如，30min 的 n 等于 6）。

对于降雨侵蚀力的计算，Foster[134] 建议包括所有的降雨事件。但由于小降雨事件未必都会造成土壤侵蚀的发生，为避免大数量的小降雨事件降低降雨侵蚀力的计算精度，研究者只选择次降雨量大于 12.0mm 的降雨事件作为侵蚀性降雨事件进行研究[135]。然而，对于降雨量稀少的干旱半干旱地区，小降雨事件对降雨侵蚀力因子的相对贡献比较高[136]。结合野外试验观测数据，将侵蚀性降雨事件的降雨阈值设为 5.0mm。

2）土壤可蚀性因子。

土壤可蚀性是指土壤对各种侵蚀营力的敏感性，是土壤对侵蚀抵抗力的倒数，反映了土壤抵抗外力（如侵蚀力、水动力）的能力[137]。采用 EPIC 模型中由 Sharply 和 Williams[138] 提出的方法计算土壤可蚀性因子 K_a，具体公式如下：

$$K_a=\{0.2+0.3\exp[-0.0256S_a(1-S_i/100)]\}\left(\frac{S_i}{\mathrm{Cl}+S_i}\right)^{0.3}$$
$$\times\left[1-\frac{0.25C}{C+\exp(3.72-2.95C)}\right]\left[1-\frac{0.7S_n}{S_n+\exp(-5.51+22.9S_n)}\right] \quad (5\text{-}50)$$

式中，S_a、S_i、Cl 分别为砂粒、粉粒、黏粒质量分数（%）；C 为土壤有机碳含量（%）；$S_n=1-S_a/100$。

3）坡度坡长因子。

坡度坡长因子表示某一坡面上（给定坡度和坡长）的土壤流失量与标准径流小区坡面上土壤流失量的比值[139]，用来反映地形对土壤侵蚀的影响。对于每个径流小区，坡长因子 L_a和坡度因子 S_a采用以下方法计算[140]：

$$L_a=(\lambda_L/22.13)^m \quad (5\text{-}51)$$

$$m=\frac{F}{1+F} \quad (5\text{-}52)$$

$$F=\frac{\sin\alpha/0.0896}{3(\sin\alpha)^{0.8}+0.56} \quad (5\text{-}53)$$

$$S_a=-1.5+\frac{17.0}{1+\exp(2.3-6.1\sin\alpha)} \quad (5\text{-}54)$$

式中，λ_L为坡长（m），m 为可变坡长指数；F 为沟道侵蚀与沟间侵蚀的比率；α 为坡度（°）。

4）覆盖与管理措施因子。

植被类型和植被覆盖在控制土壤侵蚀方面有着重要作用，特别是在干旱半干旱地区。大量实验研究证实了这一点，且发现对于特定的植被类型，土壤流失量随着植被覆盖度的增加呈指数下降趋势[141-142]。江忠善等[143]提出了用指数函数关系来描述覆盖管理因子 C_a与草地覆盖度的关系，可用如下公式表示：

$$C_a=\exp[-0.0418(V_c-5)] \quad (5\text{-}55)$$

式中，C_a为草地覆盖管理因子；V_c是植物覆盖度（%）。

5）水土保持措施因子。

水土保持措施因子是指土地在特定措施下的土壤流失量与顺坡种植条件下土壤流失量之比。主要是利用改变地形和汇流等方式，通过减少径流量、降低流速等途径从而达到减小土壤侵蚀的效果。一般来说，$P_a=1$ 表示未采取任何水土保持措施的土地利用类型。由于本节研究未涉及水土保持措施，因此，基于次降雨的 RUSLE 模型中的 P_a因子设定为 1。

6）经验系数。

基于标准差 σ 建立参数优化的目标函数［式（5-43）］，并利用 Lingo 软件求解目标函数的最优解[114]，以此得到经验系数 a' 和 b' 的值。

7）改进的 SCS-CN 模型的参数。

直接使用 5.5.1.4（1）节中校准的参数（表 5-46）。

（3）模型评价指标

基于次降雨的 RUSLE 模型和改进 SCS-CN 模型的预测性能采用纳什效率系数（Nash-sutcliffe efficiency，NSE）[115]和均方根误差（root mean squared error，RMSE）进行评价，见

式（5-44）和式（5-45）。其中，NSE 值可以反映实测数据值方差与残差的相对大小，主要用于评价预测数据值与实测数据值之间的一致性水平，取值范围为 NSE≤1。当 NSE = 1 时，表示预测值与实测值间高度一致。当 NSE 在 0 ~ 1 时，表示模拟结果可信；其中，一般认为模型在 NSE>70% 时表现良好，在 40% ~70% 时为满意，而在 NSE<40% 时为不满意[144]。当 NSE 取负值时，模拟结果不可信。RMSE 值用来评价预测值与实测值间的偏离程度，可以很好地反映预测的精准度。RMSE 值越高，说明模型的模拟精度越差。

5.5.2.4 模型的率定与验证

利用 2m×1m 径流小区的产沙数据获得的基于次降雨的 RUSLE 模型的经验系数 a' 和 b' 的值分别为 1.542 和 0.890。

将实测的土壤流失与修正后的 RUSLE 模型的预测值进行比较（图 5-89），可以看出模拟的事件土壤流失量与实测值吻合较好。在校准数据集中，基于次降雨的 RUSLE 模型模拟结果的 R^2、NSE、RMSE 分别为 0.867、0.87 和 0.35t/hm² [图 5-89（a）]。在验证数据集中，基于次降雨的 RUSLE 模型产生了更高的 R^2（0.966）、NSE（0.96）和较低的 RMSE 值（0.48t/hm²）[图 5-89（b）]。一般来说，模型对校准数据集的预测性能更高，而本节研究结果表明验证数据集具有更高的 NSE，主要是因为验证期（2020 年）几场较大的降雨事件导致土壤侵蚀量较大，而模型对侵蚀性暴雨事件的模拟精度较高。

同时，使用完整数据集对改进后模型的性能进行了评估 [图 5-89（c）]。结果表明，实测值与模型模拟的预测值散布在 1 : 1 线附近，其匹配度较高。模拟结果的 R^2、NSE、RMSE 分别为 0.9508、0.94 和 0.40t/hm²，这进一步反映了基于次降雨的 RUSLE 模型得到了很好的校准。

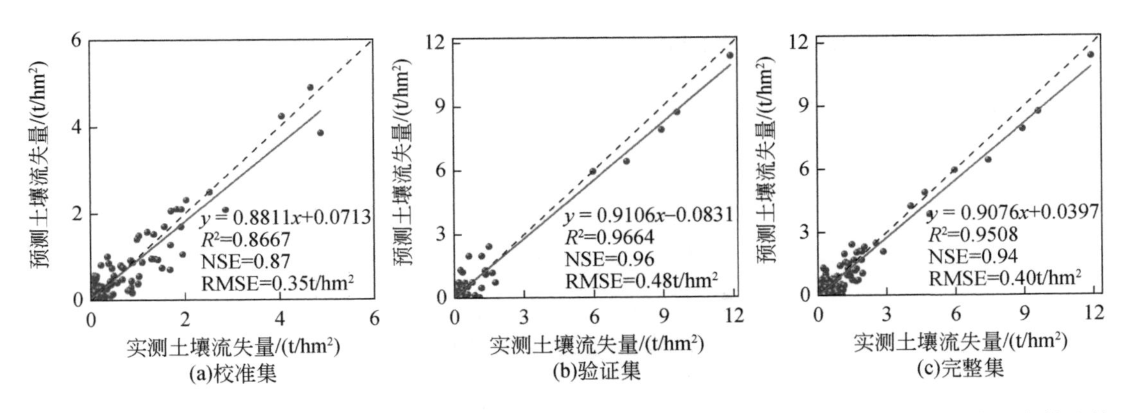

图 5-89 基于次降雨的 RUSLE 模型在校准集、验证集和完整集中的实测土壤流失与预测土壤流失的比较

5.5.2.5 模型的应用与参数敏感性分析

(1) 模型的应用

基于以上分析结果，用校准和验证后的基于次降雨的 RUSLE 模型来预测 6m×3m 径流小区的土壤流失量。图 5-90 为实测土壤流失与模型预测土壤流失量的对比结果。从图中

可知模型产生了较高的 R^2（0.849）、NSE（0.83）和较低的 RMSE 值（1.16t/hm²）。结果表明，使用校准参数（a' 和 b'）后的基于次降雨的 RUSLE 模型可以用来预测坡面尺寸较大的小区所产生的土壤侵蚀量。

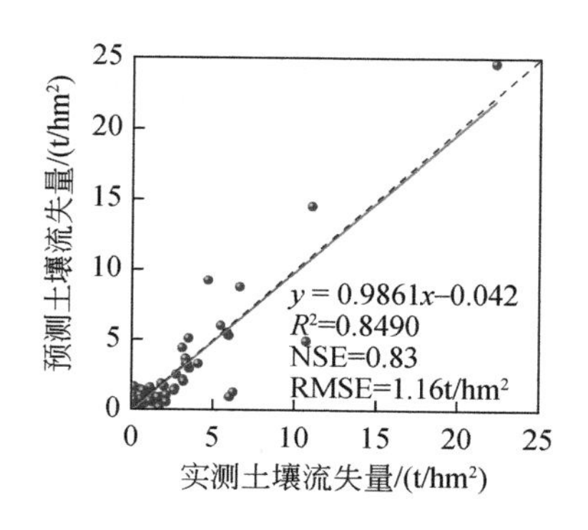

图 5-90　基于次降雨的 RUSLE 模型在 6m×3m 径流小区中的实测土壤流失与预测土壤流失的比较

此外，上一节的结果表明改进的 SCS-CN 模型对于径流深有较好的预测性能。因此，可以将改进的 SCS-CN 模型预测的径流量整合到基于次降雨的 RUSLE 模型中，构建径流-土壤侵蚀耦合模型，以预测土壤流失量。从耦合了改进的 SCS-CN 模型的基于次降雨的 RUSLE 模型预测的土壤流失量与实测值的对比结果图中（图 5-91）可知，回归线接近于 1∶1线，其斜率和截距分别为 1.053 和 0.019。模型的 NSE 值和 RMSE 值分别为 0.81 和 1.38t/hm²。总体而言，基于次降雨的 RUSLE 模型的预测结果令人满意。这些结果说明，将径流深纳入侵蚀项的改进的 RUSLE 模型具有良好的预测性能。同时，与改进的 SCS-CN 模型耦合的基于次降雨的 RUSLE 模型可以用来预测无实测径流资料情况下次降雨产生的土壤流失量，这对于进一步改善土壤侵蚀预测具有实际意义。

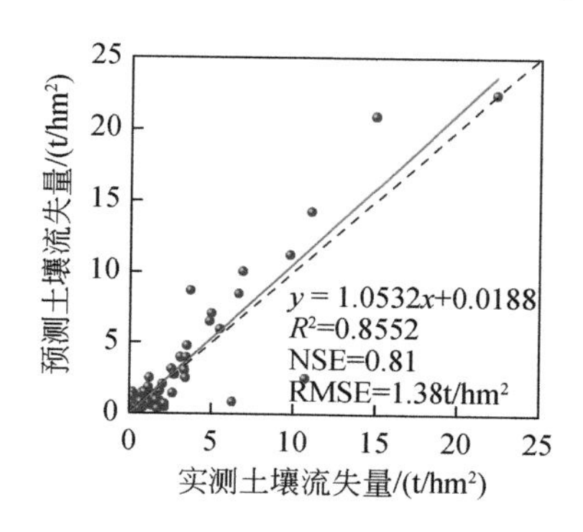

图 5-91　改进 SCS-CN 模型耦合基于次降雨 RUSLE 模型的土壤流失预测值与实测值的比较

（2）模型参数的敏感性分析

为进一步区分模型的主要参数，通过 2m×1m 径流小区完整数据集的模型效率（NSE）对校准参数在一定范围内改变的响应进行模型的敏感性分析。

一般来说，模型效率 NSE 值随校准参数改变的快慢程度可以反映模型参数的敏感程度。从图 5-92 中可知，参数 b' 的敏感性很强，尤其在大于校准参数值的情况下。当 b' 值在校准参数值的基础上增大 25% 时，NSE 值从 0.96 下降到–2.19。相比较而言，参数 a' 的敏感程度较弱。

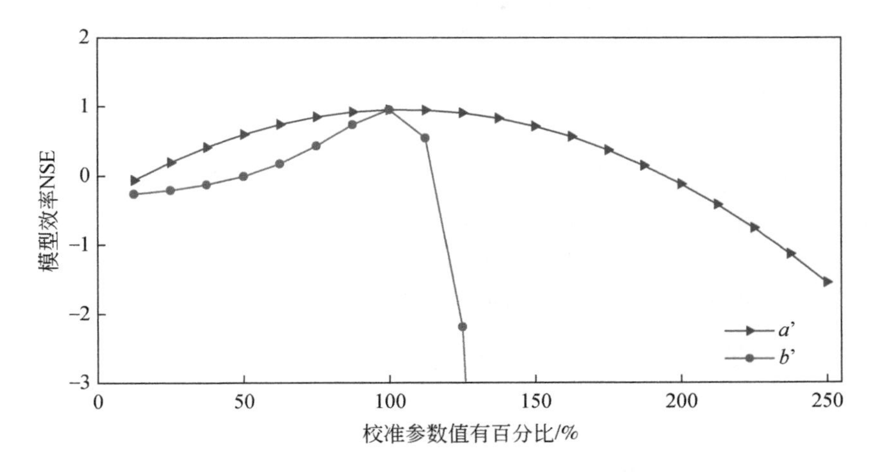

图 5-92　基于次降雨的 RUSLE 模型参数敏感性分析

5.5.2.6　讨论

通过参数优化，得到基于次降雨的 RUSLE 模型的经验系数 a' 和 b' 分别为 1.542 和 0.890。其中，a' 值与 Gao 等[130] 和 Shi 等[145] 在黄土高原草地小区获得的参数值相近（分别为 1.723 和 1.320），且 a' 值在 KinNell 和 Risse[146] 获得的 USLE-M 与 USLE 的土壤侵蚀力比值的范围内（1.40 ~ 3.87）。有研究指出，当土壤侵蚀模型引入降雨–径流侵蚀力因子后，a' 值具有一定的物理意义，在某种程度上代表了土壤的内在性质[129]，同时可以反映降雨侵蚀性因子的变化对土壤可蚀性造成的影响[130]。此外，b' 值也接近于 Shi 等[145] 得到的参数值（0.841）。以上结果表明研究的经验系数值较为合理，且具有一定的物理意义。

土壤侵蚀过程表现为土壤颗粒的分离和输移[147]，主要是由雨滴和径流的相互作用所驱动的[128]。雨滴所具有的能量会造成土壤颗粒的起动和分离，从而造成土壤流失的发生；同时还会扰动径流，促使泥沙随水流运移这一过程[148]。因此，降雨和径流对产沙过程均有着重要作用。然而由于原始 RUSLE 模型没有直接考虑径流对土壤流失的影响，导致其无法合理预测事件的土壤流失量[128]。通过引入降雨–径流侵蚀性因子（QE_kI_{30}）对原始模型进行修正，以此来提高模型对土壤流失变化的解释能力。其中 E_kI_{30} 用来反映雨滴撞击对土壤颗粒分离的影响[131]，地表径流量 Q 用来表征泥沙的输移。事实证明，修正后的 RUSLE 模型可以较为准确的预测次降雨事件造成的土壤侵蚀，具有较好的预测性能。

此外，研究将改进的 SCS-CN 模型和基于次降雨的 RUSLE 模型相结合，构建了降雨径流–侵蚀模型。首先，将降雨特征、前期土壤水分条件和坡度纳入产流计算中，克服了标准 SCS-CN 模型的主要缺点。其次，在土壤侵蚀过程中直接融合了径流的影响，从而减小了原模型产生的偏差。最后，改进的 SCS-CN 模型对径流的预测精度达到了较高水平，这也保证了降雨-径流侵蚀性因子（QE_kI_{30}）预测场次侵蚀的能力。由此可见，该降雨径流-侵蚀模型能够为准确预测场次径流和土壤流失提供参考。

5.5.3 坡面养分随泥沙迁移模型

5.5.3.1 养分随泥沙迁移模型概述

作为预测养分随泥沙迁移的关键要素，众多学者进行了大量关于养分富集率（enrichment ratio，ER）影响因子的研究。结果表明，ER受诸如降雨、地形、土壤、土地利用方式等多种环境因素的影响[149]。Martínez-Mena等[150]针对森林小区的研究发现有机碳的ER与降雨量和最大30min降雨强度的乘积（PI_{30}）呈正相关关系。张兴昌和邵明安[151]也指出PI_{30}对养分的ER有重要影响，同时还得出ER随坡度增加而减小的结论。径流流速和径流含沙量[152]均对泥沙中养分的ER有负效应[153]。此外，ER与土壤侵蚀模数间表现出明显的对数线性关系[154]［式（5-56）］。这种形式的关系已经得到了广泛的认可，并应用于如EPIC[138]、SWAT[155]等多个模型中。

$$\ln(\mathrm{ER}_i)=\varepsilon+\mu\ln(A_e) \tag{5-56}$$

基于以上研究成果，利用相关性分析方法确定ER与环境变量间的关系。分析结果表明降雨量与最大30min降雨强度的乘积（PI_{30}）、土壤侵蚀模数和坡度均对研究区泥沙养分的ER有显著的影响（$P<0.01$）。结合对数形式的富集率公式［式（5-56）］及环境因素的综合影响，可以计算出ER及养分随泥沙的流失量，计算方法如下：

$$\mathrm{ER}_i=a_i\ (P\cdot I_{30}\cdot A_e)^{b_i}\mathrm{slope}^{c_i} \tag{5-57}$$

$$M_i=0.001\cdot A_e\cdot \mathrm{Con}_i\cdot \mathrm{ER}_i \tag{5-58}$$

式中，ER_i是养分i（颗粒态C或N）的富集率，无量纲；P是降雨量（mm）；I_{30}是最大30min降雨强度（mm/h）；A_e是次降雨的土壤侵蚀模数（g/m²）；slope是坡度（°）；a_i、b_i和c_i是养分i的经验系数；M_i是养分随泥沙的流失强度（g/m²）；Con_i是源地表层土壤中的养分含量（g/kg）。

5.5.3.2 数据与方法

（1）数据来源

养分流失数据获取自坡面两种尺寸的所有径流小区在2019年和2020年的6～9月发生的土壤侵蚀事件。

将2m×1m径流小区收集的养分流失数据集按照6：4划分为校准数据集和验证数据集，利用此数据集对养分随泥沙迁移模型进行校准和验证。然后用坡面6m×3m径流小区的实测养分流失数据检验经过校准和验证的模型。最后，将养分随泥沙迁移模型与改进的SCS-CN模型以及基于次降雨的RUSLE模型耦合，以预测坡面6m×3m径流小区的养分流失强度。

（2）参数估计方法

基于标准差σ建立参数优化的目标函数［式（5-43）］，并利用Lingo软件求解目标函数的最优解[114]，以此得到经验系数 a_i、b_i和 c_i的值，其中 i 表示碳或氮。

对于基于次降雨的土壤侵蚀模型和改进的 SCS-CN 模型中的参数，直接使用前文中的校准结果。

(3) 数据分析方法

采用纳什效率系数（Nash-sutcliffe efficiency，NSE）[115]和均方根误差（root mean squared error，RMSE）来评价养分随泥沙迁移模型、基于次降雨的 RUSLE 模型及改进 SCS-CN 模型的预测性能，见式（5-44）和式（5-45）。

5.5.3.3 模型的率定与验证

养分随泥沙流失模型的校准参数见表 5-47。将预测的泥沙养分富集率 ER 与实测值进行比较，发现颗粒态氮和颗粒态碳的 ER 预测值与实测值的一致性较好，但模型对高值区的 ER 会出现低估的现象，其回归线的斜率分别为 0.679 和 0.707（图 5-93）。颗粒态氮的 NSE 和 RMSE 分别为 0.77 和 0.24，颗粒态碳的 NSE 和 RMSE 分别为 0.76 和 0.26。模型的模拟结果较好，说明校准参数后的模型可用于之后泥沙碳氮养分富集率的预测。

表 5-47 养分随泥沙迁移模型参数校准结果

变量	参数 a_i	参数 b_i	参数 c_i
颗粒态氮	3.146	0.083	-0.582
颗粒态碳	1.722	0.084	-0.309

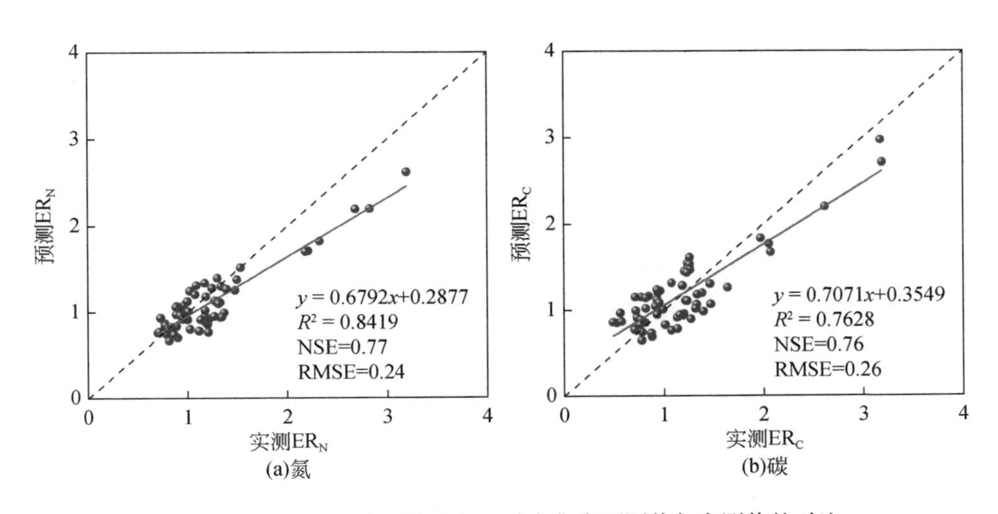

图 5-93 模型校准集颗粒态氮、碳富集率预测值与实测值的对比

对颗粒态氮和颗粒态碳的流失量预测值和实测值也进行了比较（图 5-94）。结果表明二者间的匹配度较高，氮和碳随泥沙流失模型的 NSE 均为 0.75，RMSE 值分别为 0.05g/m²、0.61g/m²。此外，在验证数据集中，基于养分随泥沙流失模型的模拟结果也产生了较高的 R^2（0.784 和 0.805）、NSE（0.71 和 0.72）和较低的 RMSE 值（0.06g/m² 和 0.60g/m²）

(图 5-95)。整体而言，预测结果达到预期标准，说明养分随泥沙流失模型得到了有效地的率定。

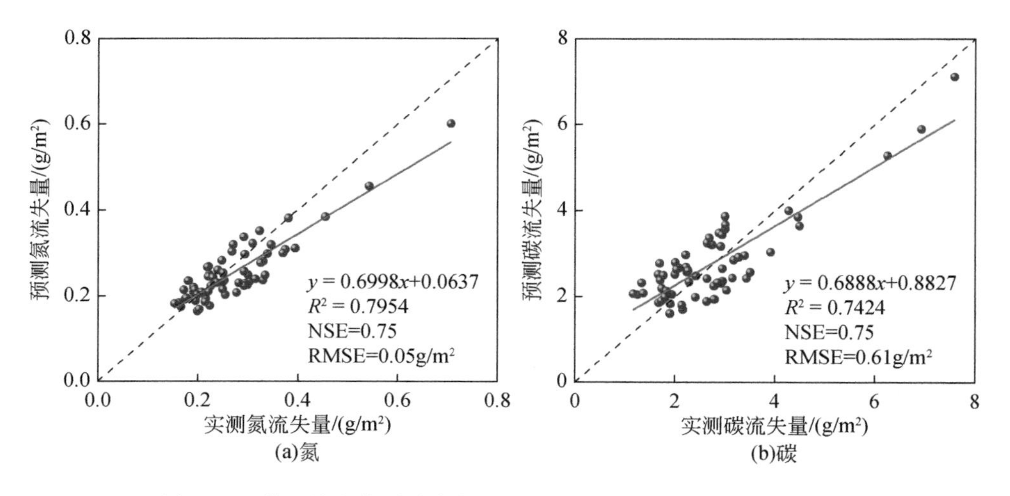

图 5-94　模型校准集颗粒态氮、碳流失量预测值与实测值的对比

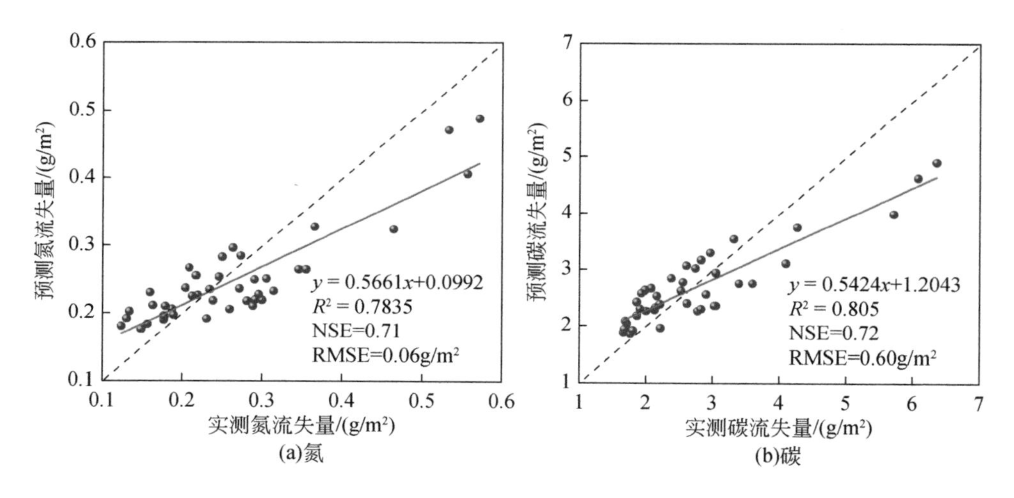

图 5-95　模型验证集颗粒态氮、碳流失量预测值与实测值的对比

5.5.3.4　模型的应用

用验证后的模型来预测 6m×3m 径流小区养分随泥沙的流失量。从图 5-96 中可知，与实测值相比，模型对泥沙养分的预测存在不同程度的低估现象。但颗粒态氮和颗粒态碳均获得了较高的 NSE 值（0.69）和较低的 RMSE 值，这进一步证实了模型具有一定的可靠性。

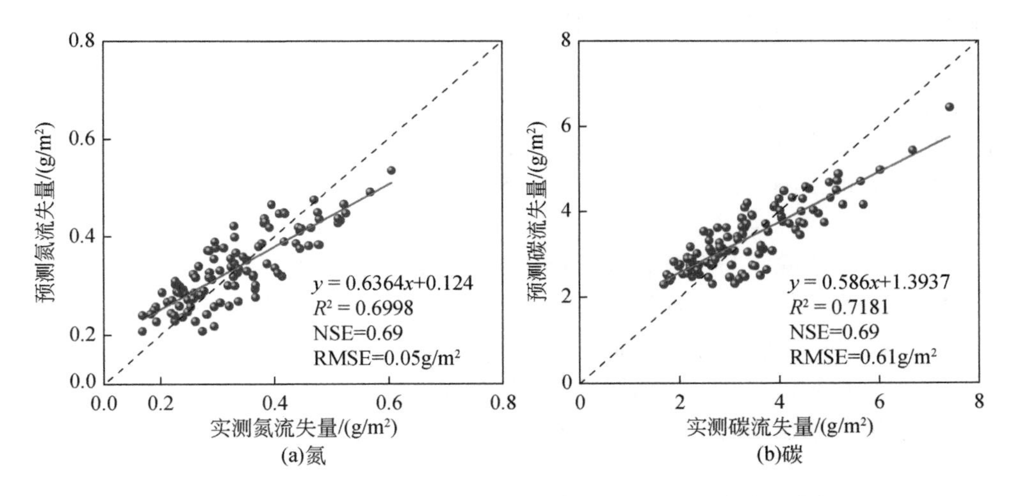

图 5-96 模型对 6m×3m 小区颗粒态氮、碳流失量预测值与实测值的对比

前两节的结果表明，改进的 SCS-CN 模型和基于次降雨的 RUSLE 模型的模拟精度较高。因此，通过耦合改进的 SCS-CN 模型、基于次降雨的 RUSLE 模型以及养分随泥沙流失模型对颗粒态氮和颗粒态碳进行预测（图 5-97）。结果表明模型的预测值与实测值取得了较好的一致性。模型产生了较高的 NSE 和较低的 RMSE 值，其中颗粒态氮和颗粒态碳的 NSE 分别为 0.67 和 0.69，RMSE 分别为 0.06g/m² 和 0.70g/m²。由此说明，耦合模型的性能较好，可以用于养分随泥沙流失的预测中。

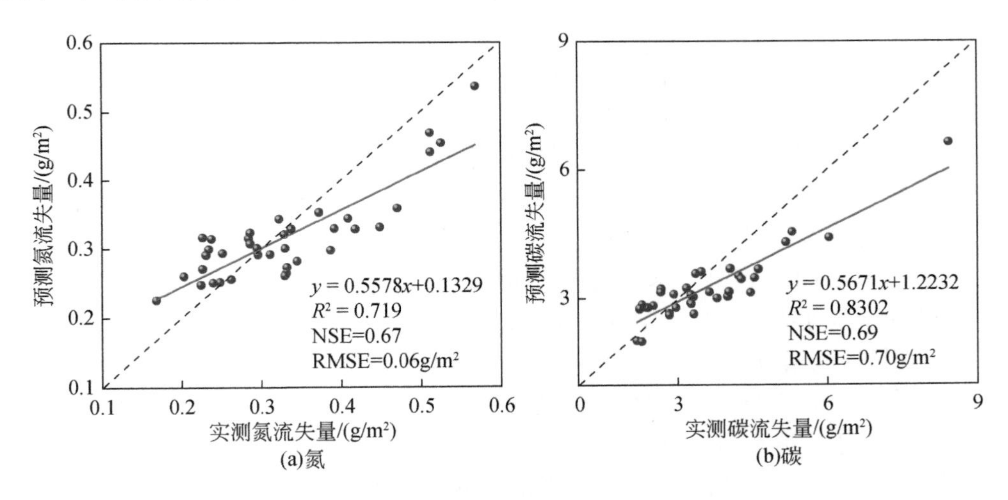

图 5-97 耦合模型的颗粒态氮、碳流失量预测值与实测值的对比

5.5.3.5 讨论

土壤流失以及土壤中营养物质的流失是土壤质量退化的主要原因。在人们察觉到养分流失造成的危害后，该问题才引起广泛的关注。随着对相关方面研究的深入，逐渐发展出了能够缩短试验周期、加速研究进程的手段与方式。在此期间，养分流失模型应运而生。

由于模型可以深刻阐明造成养分流失发生的主要原因，因此也成为制定水土保持措施的有力工具。

关于不同土壤类型区的研究表明，养分流失以径流泥沙为主[156]。因此，准确预报侵蚀泥沙中的养分流失量对于控制土地退化具有实际意义。本节研究结果发现养分随泥沙迁移模型可以较好的预测研究区颗粒态碳氮的流失。由此可以进一步揭示影响养分流失的主要因素。

泥沙中养分流失除了与自身养分含量相关外，还取决于土壤的富集率和土壤流失量。一般来说，降雨是诱发侵蚀过程的重要驱动力。相关性分析结果发现 ER 与 PI_{30}间有极显著的关系（$P<0.01$），说明降雨特征是养分流失过程的关键因素。此外，泥沙养分富集率与侵蚀泥沙量存在对数线性关系，且通常随侵蚀强度的增加而显著降低。土壤侵蚀过程是径流与土壤颗粒相互作用的结果。在这个过程中，水蚀动力学特征决定了径流优先携带较细的土粒，而细颗粒物对养分物质的吸附作用更强，因此会加剧泥沙养分的富集[141]。同时，径流作为土壤流失的动力和载体，其对土壤颗粒的分离和运输能力受到降雨特征和地形坡度的影响[157]。一般认为，养分富集率与坡度呈负相关关系[151]，这与本文结果一致。

在充分考虑原始模型缺点的基础上，分别对径流模型、土壤侵蚀模型以及养分随泥沙迁移模型进行了改进，并基于改进后的模型构建了预测径流、侵蚀和养分的耦合模型。结果表明，该耦合模型具有较高的预测精度，这对于气候变化背景下的水文循环研究具有重要意义。

5.5.4 小结

在标准 SCS-CN 模型的基础上，通过改变模型的假设条件和参数的确定方法，考虑了前期土壤水分条件、降雨特征及地形的影响，从而改进了 SCS-CN 模型。通过考虑径流对土壤流失的直接影响，即用降雨径流侵蚀因子（QE_kI_{30}）代替传统的降雨侵蚀力系数（EI_{30}），从而建立了可以预测次降雨事件土壤侵蚀的修正 RUSLE 模型。在分析降雨特征、土壤侵蚀和坡度对富集率影响的基础上，提出了养分随泥沙迁移模型，主要结论如下。

1）改进的 SCS-CN 模型、基于次降雨的 RUSLE 模型以及养分随泥沙迁移模型均有较高的可靠性和预测性能，具有一定的适用性。

2）在背景环境相似的条件下，不同尺寸径流小区的降雨径流模型参数可以进行移植。同时，基于次降雨的 RUSLE 模型和养分随泥沙迁移模型也可以用来预测坡面尺寸较大的小区所产生的土壤侵蚀及养分流失量。

3）将改进的 SCS-CN 模型、基于次降雨的 RUSLE 模型与养分随泥沙迁移模型进行耦合，该耦合模型可以较为合理的预测次降雨事件的径流量、土壤流失量及泥沙养分流失强度。

5.6 基于 SWAT 改进的小流域水–沙–养分流失模型

5.6.1 SWAT 模型的改进与构建

5.6.1.1 SWAT 模型原理

SWAT 模型（Soil Water Assessment Tool）是以日为时间步长运行的、具有明确物理意义的半分布式流域水文模型。能够评估气候变化、人类活动和土地管理措施对流域径流、土壤流失及营养物负荷等的影响[155]。模拟的流域水文循环主要包括两个部分：一是陆相水文循环，即坡面产流和汇流过程，主要控制各子流域的水流、泥沙、污染物质等随着径流汇入对应流域的河道内；二是河道水文循环，即河道汇流演算，指河网中的水流、泥沙、营养物质等流至流域出口的迁移过程。SWAT 模型的运行机制遵循水量平衡原理，方程如下：

$$\mathrm{SW}_t = \mathrm{SW}_o + \sum_{i=1}^{n}(P_{\mathrm{day}} - Q_{\mathrm{surf}} - E_a - W_{\mathrm{seep}} - Q_{\mathrm{gw}}) \tag{5-59}$$

式中，SW_t为土壤最终含水量（mm）；SW_o为土壤初始含水量（mm）；P_{day}为降水量（mm）；Q_{surf}为地表径流量（mm）；E_a为蒸散发量（mm）；W_{seep}为从土壤剖面进入包气带的水量（mm）；Q_{gw}为地下径流量（mm）。

SWAT 模型主要包括水文过程、土壤侵蚀过程和污染负荷三个子模型，鉴于研究重点，在此对其主要的降雨径流子模型、土壤侵蚀过程子模型和养分迁移子模型进行简单介绍。

（1）降雨径流子模型

由于降雨径流是计算土壤侵蚀和营养物迁移的基础，因此径流模拟的准确程度会直接影响产沙量和养分负荷量的精准度[158]。SWAT 模型中日降雨的地表径流采用 SCS-CN 模型[159]估算，该方法反映了土壤类型、土地利用方式及前期水分条件对降雨径流关系的综合影响。降雨–径流经验方程为

$$Q_{\mathrm{day}} = \begin{cases} \dfrac{(P_{\mathrm{day}} - I_a)^2}{P_{\mathrm{day}} - I_a + S} & P \geqslant I_a \\ 0 & P < I_a \end{cases} \tag{5-60}$$

式中，P_{day}是日降雨量（mm）；Q_{day}是日径流深（mm）；S 是潜在的土壤最大蓄水量（mm），可由式（5-29）计算得到；I_a是初损量（mm），通常默认为 $0.2S$。

（2）土壤侵蚀过程子模型

土壤侵蚀是营养物质输出的主要载体和重要形式。SWAT 模型采用修正的通用土壤流失方程（Modified Universal Soil Loss Equation，MUSLE）计算每个水文响应单元（HRU）的泥沙侵蚀。MUSLE 模型的一般表达形式如下[160]：

$$\mathrm{sed} = 11.8\,(Q_{\mathrm{surf}} \cdot q_{\mathrm{peak}} \cdot \mathrm{area}_{\mathrm{hru}})^{0.56} K_a \cdot C_a \cdot \mathrm{LS}_a \cdot P_a \cdot \mathrm{CFRG} \tag{5-61}$$

式中：sed 为土壤侵蚀量（t），Q_{surf}为地表径流量（mm/hm^2）；q_{peak}为洪峰流量（m^3/s）；$area_{hru}$为 HRU 的面积（hm^2）；K_a为土壤侵蚀因子，一般默认为 0.013t・m^2・h/(m^3・t・cm)；C_a为植被覆盖和管理因子；LS_a为地形因子；P_a为水土保持措施因子；CFRG 为地形粗糙度因子。

（3）养分迁移子模型

由于只涉及颗粒态氮的模拟，在此只介绍相关部分的内容，关于养分随径流负荷模型的具体情况可参见 SWAT2009 理论手册，此处不再赘述。

SWAT 模型中的颗粒态氮输移模型主要以有机氮作为指标，模型采用由 MeElroy 等[161]开发并由 Williams 和 Hann[151]改进的荷载函数计算有机氮/颗粒态氮的流失。荷载函数利用表层土壤中的有机氮含量、泥沙侵蚀量和富集率来估算日有机氮的流失。计算方法如下[162]：

$$orgN=0.001\frac{sed}{area_{hru}}Con_{orgN}ER_N \tag{5-62}$$

$$Con_{orgN}=100\frac{(orgN_{frsh,surf}+orgN_{sta,surg}+orgN_{act,surf})}{\rho_b depth_{surf}} \tag{5-63}$$

$$ER_N=0.78\,(conc_{sed,surq})^{-0.2468} \tag{5-64}$$

$$conc_{sed,surq}=\frac{sed}{10area_{hru}Q_{surf}} \tag{5-65}$$

式中，orgN 是有机氮的流失量（kg/hm^2）；sed 为土壤侵蚀量（t）；$area_{hru}$为水文响应单元面积（hm^2）；Con_{orgN}是原始表层土壤中有机氮的含量（g/t）；ER_N是有机氮的富集率（无量纲）；$orgN_{frsh,surf}$为地表土壤中新鲜有机物的氮含量（kg/hm^2）；$orgN_{sta,surg}$为土壤中稳定有机物的氮含量（kg/hm^2）；$orgN_{act,surf}$为土壤中活性有机物的氮含量（kg/hm^2）；ρ_b是第一层土壤容重（t・m^3），$depth_{surf}$为土壤表层深度（mm）；$conc_{sed,surq}$是地表径流中的含沙量（t/m^3）。

5.6.1.2 改进的 SWAT 模型

（1）改进的 SCS-CN 模型

改进的 SWAT 模型采用改进的 SCS-CN 模型对径流进行预测，则基于日尺度的降雨径流模型如下：

$$Q_{day}=\frac{(P_{day}-I_a-F_c)(P_{day}-I_a-F_c+M)}{S+M+(P_{day}-I_a-F_c)} \quad P\geq I_a+F_c \tag{5-66}$$

式中，Q_{day}为日径流深（mm）；P_{day}为日降雨量（mm）。其余变量的含义同式（5-35）。

（2）基于次降雨的 RUSLE 模型

改进的 SWAT 模型采用提出的基于次降雨的 RUSLE 模型对土壤侵蚀量进行预测，则基于日尺度的土壤侵蚀模型如下：

$$sed=a'(Q_{day}E_kI_{30})^{b'}K_a\cdot L_a\cdot S_a\cdot C_a\cdot P_a\cdot area_{hru} \tag{5-67}$$

式中，sed 是日土壤流失量（t）；Q_{day}为日径流深（mm）；$area_{hru}$为水文响应单元面积（hm^2）。其余变量含义与式（5-47）相同。

（3）泥沙养分迁移模型

改进的 SWAT 模型采用提出的养分随泥沙迁移模型估算颗粒态氮的流失量，计算方法如下：

$$ER_N = a_N \left(P_{day} \cdot I_{30} \cdot \frac{sed}{area_{hru}} \cdot 100\right)^{b_N} slope^{c_N} \tag{5-68}$$

$$M_N = 0.1 \cdot \frac{sed}{area_{hru}} \cdot Con_N \cdot ER_N \tag{5-69}$$

式中，P_{day}为日降雨量（mm）；$area_{hru}$为水文响应单元面积（hm^2）。其余变量的含义同式（5-58）。

基于以上改进的内容，对 SWAT 模型源程序中的相应部分进行重写和编译。

5.6.1.3　SWAT 模型数据库的构建

SWAT 模型要求输入的数据主要分为两类，空间数据（数字高程模型 DEM、土地利用数据和土壤类型数据）和属性数据（气象数据、水文实测数据等）。为确保模型正常运行，所有数据统一使用 WGS_1984_UTM_Zone_49N 投影坐标系。

（1）空间数据

1）DEM 数据。

DEM 是属性中含有高程信息的地理栅格图，主要用来生成河网水系、划分流域。采用空间分辨率为 12.5m 的 DEM 数据，经过一系列处理后得到研究流域的 DEM 图［图 5-1（c）］。

2）土地利用数据。

土地利用类型图可以反映下垫面的变化情况，不同的土地利用情景会影响流域的产流产沙过程，因此其对于水文模型的构建至关重要。根据 2020 年 30m 空间分辨率的土地利用数据[163]，研究区的土地利用类型可分为农田、林地、草地、水域、贫瘠地、居民地 6 类［图 5-98（a）］。各类型土地利用面积占比和类型代码见表 5-48。

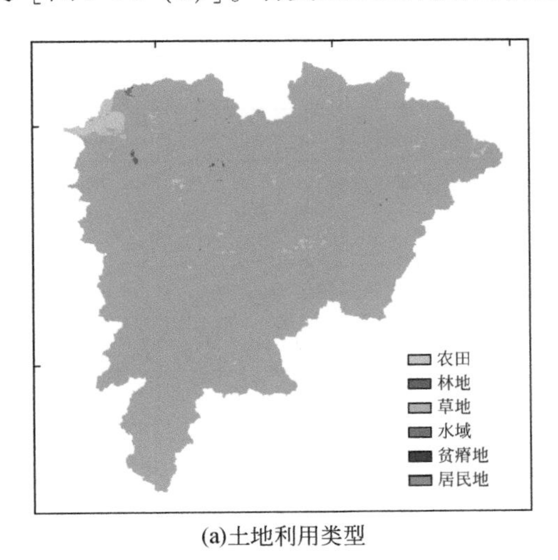

(a)土地利用类型

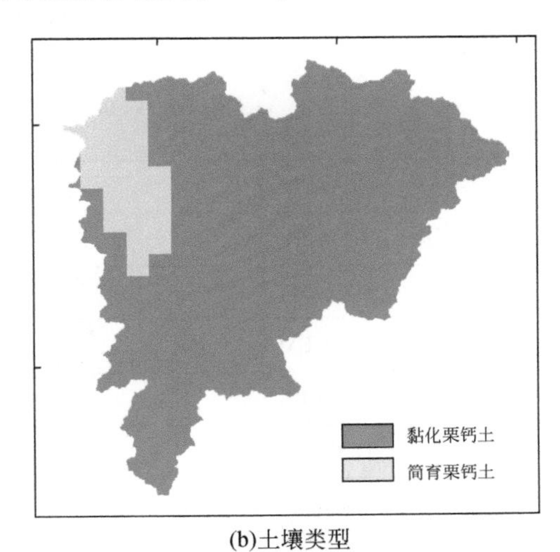

(b)土壤类型

图 5-98　土地利用类型及土壤类型分布

表 5-48 研究区土地利用类型

编号	名称	面积占比/%	SWAT 代码
1	农田	1.58	AGRL
2	林地	0.06	FRST
3	草地	98.26	PAST
4	水域	0.05	WATER
5	贫瘠地	0.00	BARR
6	居民地	0.05	URBN

3）土壤类型数据。

土壤类型会影响水分在土壤剖面中的运移过程，因而对流域的水文循环有着关键作用。土壤类型图来源于世界土壤数据库（HWSD）。研究区土壤类型分布情况如图 5-98（b）所示，其中涉及到的土壤数据库参数见表 5-49。在利用 SWAT 模型进行模拟时，需要根据流域实际的土壤情况对土壤数据库中的参数进行重新计算。通过查询《中国土壤志》，可将土壤厚度和土壤剖面最大根系深度设为 1000mm，并将土壤剖面划分为 3 层，其中上层、中层和下层土壤厚度分别为 300mm、300mm 和 400mm。不同土层的土壤容重、土壤有效持水量、土壤有机碳含量及土壤粒径分布数据来源于精度为 250m 的栅格数据[164]。对于无法直接获取的土壤属性参数（如饱和水力传导系数），可以借助 SPAW 软件获得。此外，土壤水文组可根据饱和导水率进行确定[165]（表 5-43），土壤侵蚀力因子的计算可参照公式（5-50）。

表 5-49 SWAT 模型土壤数据库参数

序号	参数名称	参数定义
1	SNAM	土壤名称
2	NLAYERS	土壤分层数
3	HYDGRP	土壤水文组（A、B、C、D）
4	SOL_ZMX	土壤剖面最大根系深度/mm
5	ANION_EXCL	阴离子交换孔隙度，默认为 0.5
6	SOL_CRK	土壤最大可压缩量，默认为 0.5
7	TEXTURE	土壤质地
8	SOL_Z	各土壤层底层到土壤表层的深度/mm
9	SOL_BD	土壤容重/(g/m^3)
10	SOL_AWC	土壤层有效持水量/mm
11	SOL_K	饱和水力传导系数/(mm/h)
12	SOL_CBN	土壤有机碳含量/%

续表

序号	参数名称	参数定义
13	CLAY	黏土含量/%
14	SILT	粉土含量/%
15	SAND	砂土含量/%
16	ROCK	砾石含量/%
17	SOL_ALB	地表反照率，默认为 0.01
18	USLE_K	USLE 方程中的土壤侵蚀力因子
19	SOL_EC	土壤电导率/(ds/m)

（2）水文气象数据

气象要素对水文循环过程有重要作用。气象数据来源于内蒙古农业大学气象站的逐日监测数据，包括降雨量、最高和最低气温、风速、相对湿度、太阳辐射数据。小流域出口的径流、泥沙及养分数据为 2019 ~ 2020 年的实测数据。

5.6.1.4　SWAT 模型的运行及参数率定

（1）SWAT 模型的运行

SWAT 模型按设定的集水面积阈值将流域划分为多个子流域，然后根据土壤类型分布、土地利用类型和坡度分布数据的叠加，为每个子流域生成若干个水文响应单元（HRU），以反映流域不同环境背景下水文过程的差异，最终通过模拟各子流域的水文循环来实现模拟整个流域水文过程的目标。据此可将研究流域划分为 5 个子流域，30 个水文响应单元。

（2）参数估计方法

SWAT 模型是具有物理意义的分布式水文模型，其中包含众多参数。为提高模型模拟结果的精度、可靠性及适用性，需要在参数率定前对其进行敏感性分析，并将敏感参数调整到最适宜值，从而更加准确的描述流域的水文过程。参考前人的研究结果[166]，使用 SWAT- CUP（SWAT Calibration Uncertainty Procedures）中的 SUFI- 2 算法（Sequential Uncertainty Fitting）[167]进行参数的敏感性分析，设置迭代次数为 500。利用全局敏感性分析法（global sensitivity analysis）和局部敏感性分析法（one-at-a-time）确定参数敏感性的大小，并运用 P-Value 和 T-Stat 来判断参数的敏感程度。一般来说，统计量 T 值（检验参数的敏感性）的绝对值越大，概率 P 值（检验参数的显著性）越小，参数的敏感性越高[168]。根据已有的研究结果和实际情况，共选取 18 个敏感性参数（具体见表 5-50），后续工作主要针对前 10 个敏感参数进行调节。

模型参数的率定是对一定取值范围内的参数进行调整，以使模拟值与实测值不断接近的过程。对原始 SWAT 模型中的水文循环过程、土壤侵蚀过程及养分流失过程的参数同时进行率定。首先运用 SUFI-2 算法对模型进行自动校准，之后根据系统重新生成的推荐范围及以往经验进行人工校准，循环往复直到模型模拟精度达到可靠水平。在此基础上，重新运行改进后的模型，并在原模型校准结果的基础上对改进后的模型参数进行人工校准。模型设定 2018 年为预热期，2019 年为率定期，2020 年为验证期。

表 5-50　SWAT 模型的参数率定结果

变量	参数名称	参数说明	最终取值	最小值	最大值	T-Stat	P-Value
与径流相关的敏感性参数	*R*__CN2. mgt	SCS 径流曲线值	8. 50	-10	10	-6. 468	0. 000
	*V*__SOL_BD. sol	表层土壤容重	1. 21	0. 85	1. 78	0. 043	0. 966
	*R*__SOL_K. sol	饱和水力传导系数	4. 54	-6	6	0. 857	0. 392
	*R*__SOL_AWC. sol	土壤可利用水量	-2. 30	-6	6	-3. 444	0. 001
	*V*__CANMX. hru	最大冠层截留量	26. 17	0	100	-2. 000	0. 841
	*V*__EPCO. bsn	植物蒸腾补偿系数	0. 11	0	1	-0. 210	0. 834
	*V*__ESCO. bsn	土壤蒸发补偿系数	0. 66	0	1	-0. 305	0. 761
	*V*__ALPHA_BF. gw	基流消退系数	0. 01	0	1	-1. 250	0. 212
	*V*__REVAPMN. gw	潜层地下水蒸发系数	164. 17	0	500	-1. 742	0. 083
	*V*__GW_DELAY. gw	地下水迟滞	373. 70	30	450	0. 886	0. 376
	*V*__GWQMN. gw	浅层地下水径流系数	2. 96	0	5	0. 824	0. 411
	*V*__CH_K2. rte	主河道有效水力传导度	27. 42	5	200	-0. 175	0. 861
	*V*__CH_N2. rte	主河道曼宁系数	0. 12	0	0. 3	2. 307	0. 022
与泥沙相关的敏感性参数	*V*__SPCON. bsn	泥沙输移线性参数	0. 01	-0. 0001	0. 01	1. 144	0. 254
	*V*__SPEXP. bsn	泥沙输移指数参数	1. 11	1	1. 15	0. 641	0. 522
	*V*__OV_N. hru	坡面漫流曼宁系数	0. 02	0. 01	0. 5	1. 469	0. 143
	*V*__USLE_K. sol	土壤可蚀性因子	0. 26	0	0. 65	1. 039	0. 300
与氮相关的敏感性参数	*V*__SOL_ORGN. chm	土壤有机氮初始浓度	60. 17	0	100	-0. 041	0. 967

注：在调参方法中，*R* 表示参数初始值乘以（1+率定值），*V* 表示参数等于率定值。

（3）数据分析方法

选用纳什效率系数（Nash-sutcliffe efficiency，NSE）和均方根误差（root mean squared error，RMSE）两个统计指标来评价模型的性能，见式（5-44）和式（5-45）。一般来说，对于径流、泥沙和养分流失的预测，一般认为当模型的 NSE 值分别大于 0. 5、0. 45 和 0. 35 时，表示模型性能较为满意[169]。

5. 6. 2　地表径流的率定及验证

表 5-50 中列出了 SWAT 模型的敏感性参数、调参方式，以及在率定过程中参数优化的最终取值。在 SWAT 模型中，与径流相关的敏感性参数有 13 个。此外，改进的 SWAT 模型中还有另外 4 个参数（b_1、b_2、β 和 f_c）对径流的预测结果较为敏感（表 5-51）。

表 5-51　改进 SWAT 模型参数的率定结果

变量	参数名称	参数说明	调参方法	最终取值
与径流相关的敏感性参数	CN2. mgt	SCS 径流曲线值	*R*	5. 30
	SOL_BD. sol	表层土壤容重	*V*	1. 31
	SOL_K. sol	饱和水力传导系数	*R*	3. 57
	SOL_AWC. sol	土壤可利用水量	*R*	-0. 86
	CANMX. hru	最大冠层截留量	*V*	26. 17
	EPCO. bsn	植物蒸腾补偿系数	*V*	0. 11
	ESCO. bsn	土壤蒸发补偿系数	*V*	0. 66
	ALPHA_BF. gw	基流消退系数	*V*	0. 01
	REVAPMN. gw	潜层地下水蒸发系数	*V*	216. 56
	GW_DELAY. gw	地下水迟滞	*V*	373. 70
	GWQMN. gw	浅层地下水径流系数	*V*	2. 96
	CH_K2. rte	主河道有效水力传导系数	*V*	27. 42
	CH_N2. rte	主河道曼宁系数	*V*	0. 17
	b_1	与 CN 相关的参数	*V*	-1. 22
	b_2	与 CN 相关的参数	*V*	4. 48
	β	与降雨强度相关的参数	*V*	-0. 39
	f_c	最小渗透率	*V*	0. 27
与泥沙相关的敏感性参数	SPCON. bsn	泥沙输移线性参数	*V*	0. 07
	SPEXP. bsn	泥沙输移指数参数	*V*	1. 15
	OV_N. hru	坡面漫流曼宁系数	*V*	0. 22
	USLE_K. sol	土壤可蚀性因子	*V*	0. 38
	a'	线性参数	*V*	1. 54
	b'	线性参数	*V*	0. 89
与氮相关的敏感性参数	SOL_ORGN. chm	土壤有机氮初始浓度	*V*	43. 66
	a_N	与养分富集率相关的参数	*V*	3. 15
	b_N	与养分富集率相关的参数	*V*	0. 08
	c_N	与养分富集率相关的参数	*V*	-0. 58

注：在调参方法中，*R* 表示参数初始值乘以（1+率定值），*V* 表示参数等于率定值。

图 5-99（a）和图 5-99（b）分别为 SWAT 和改进 SWAT 模型对锡林河流域下游小流域校准期径流量预测的时间序列。从图 5-99（a）中可以看出，SWAT 模型模拟的径流与实测径流值不太吻合，其模拟结果普遍偏高，NSE 和 RMSE 值分别为 0. 57 和 0. 02m^3/s。通过对 SWAT 模型进行改进，发现改进的 SWAT 模型模拟的径流更接近于实测结果［图 5-99（b）］。相比于 SWAT 模型，改进的 SWAT 模型在校准期产生了更高的 NSE（0. 86）和更低的 RMSE 值（0. 01m^3/s）。此外，改进模型在验证期的预测结果也较好，相比于同期 SWAT 模型的预测结果，其 NSE 和 RMSE 分别增加和降低了 74. 4% 和 81. 7%

(图 5-100)。说明改进的 SWAT 模型较为稳定，且具有较好的预测性能。

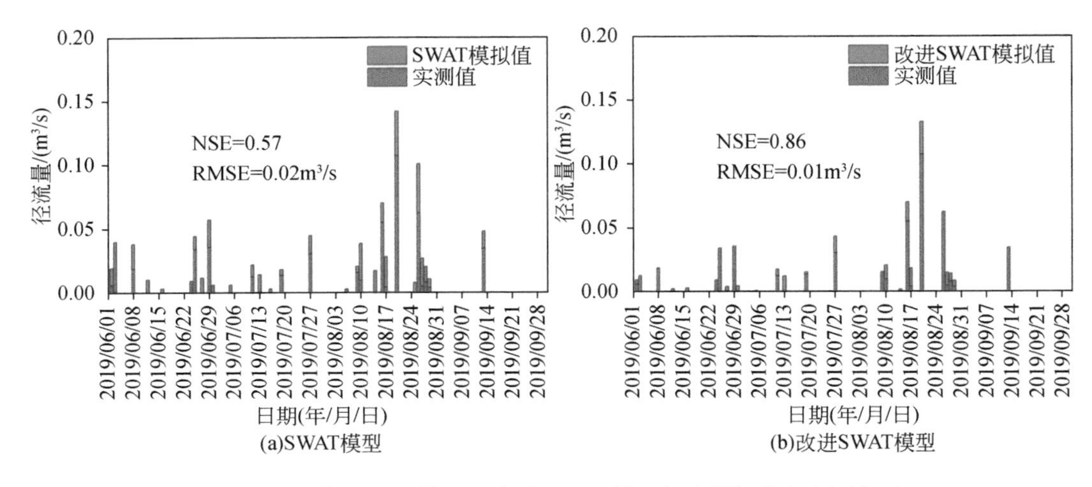

图 5-99　校准期 SWAT 模型和改进 SWAT 模型径流模拟值与实测值对比

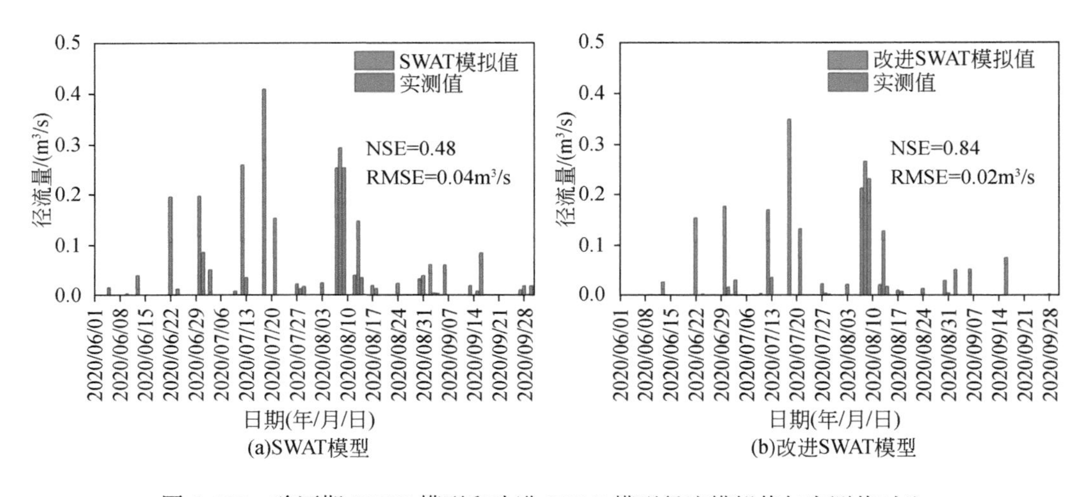

图 5-100　验证期 SWAT 模型和改进 SWAT 模型径流模拟值与实测值对比

5.6.3　土壤侵蚀的率定及验证

图 5-101 和图 5-102 为两个模型对泥沙量的模拟值与实测值的对比结果。从图 5-101 (a) 和图 5-102 (b) 中可以看出，与径流量的预测结果相同，SWAT 模型对校准期和验证期间泥沙产量的估计均出现了偏高的现象。当对模型进行改进后，虽然也在一定程度上高估了校准期和验证期获得的泥沙产量，但相比于原模型结果，其与实测值更为接近。其产生的较高的 NSE (0. 79 和 0. 80) 和较低的 RMSE 值 (13. 50t 和 63. 84t) 表明，改进的 SWAT 模型对泥沙模拟的精度较高。模型的性能较好可能与模拟期主要集中在雨季有关，这也能进一步表现模型在反映流域特征与水文侵蚀过程相互作用关系方面的能力。

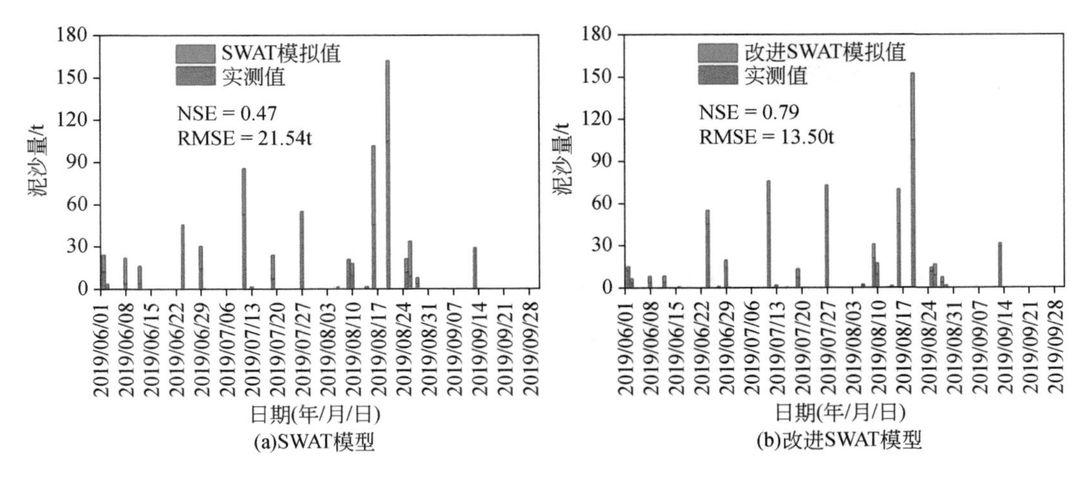

图 5-101　校准期 SWAT 模型和改进 SWAT 模型泥沙模拟值与实测值对比

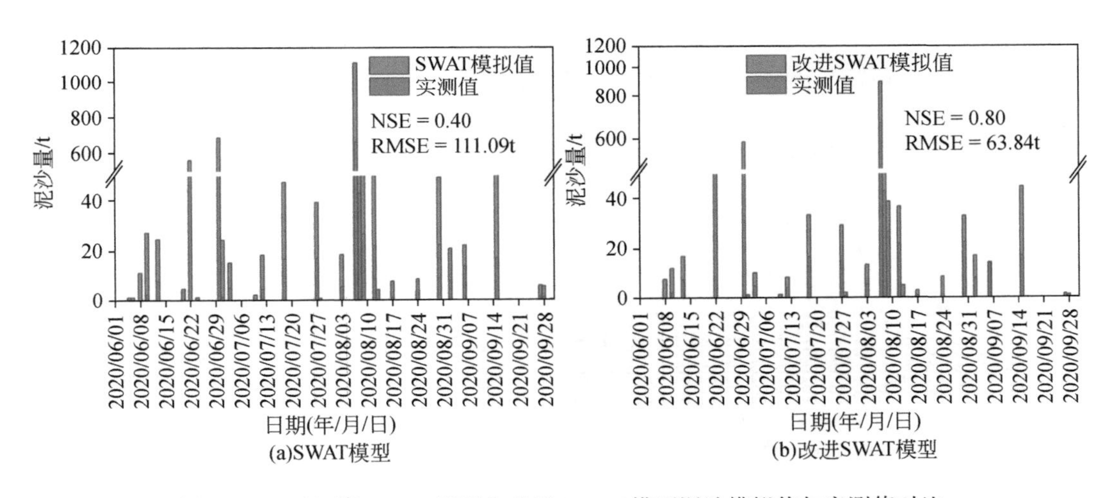

图 5-102　验证期 SWAT 模型和改进 SWAT 模型泥沙模拟值与实测值对比

5.6.4　泥沙养分流失的率定及验证

图 5-103 和图 5-104 为 SWAT 和改进 SWAT 模型对泥沙氮流失的模拟值与实测值的结果对比。由图可知，对于校准期和验证期，两种模型均低估了泥沙氮素的流失量，但改进模型对泥沙氮素流失的预测结果与实测值的匹配度更高，在校准期和验证期产生了较高的 NSE（分别为 0.67 和 0.63）和较低的 RMSE 值（分别为 2.70kg 和 16.67kg）。总体而言，改进的 SWAT 模型的表现较好。

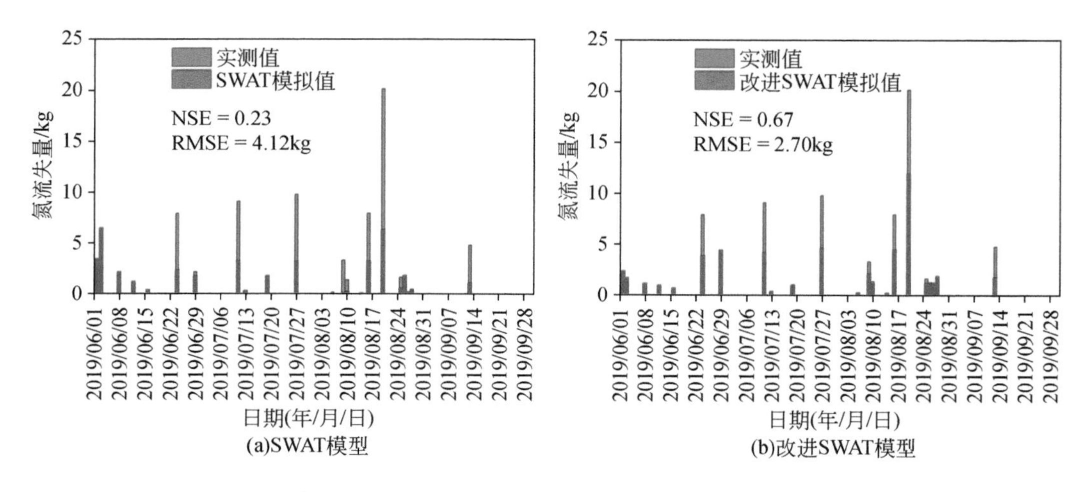

图 5-103 校准期 SWAT 模型和改进 SWAT 模型颗粒态氮模拟值与实测值对比

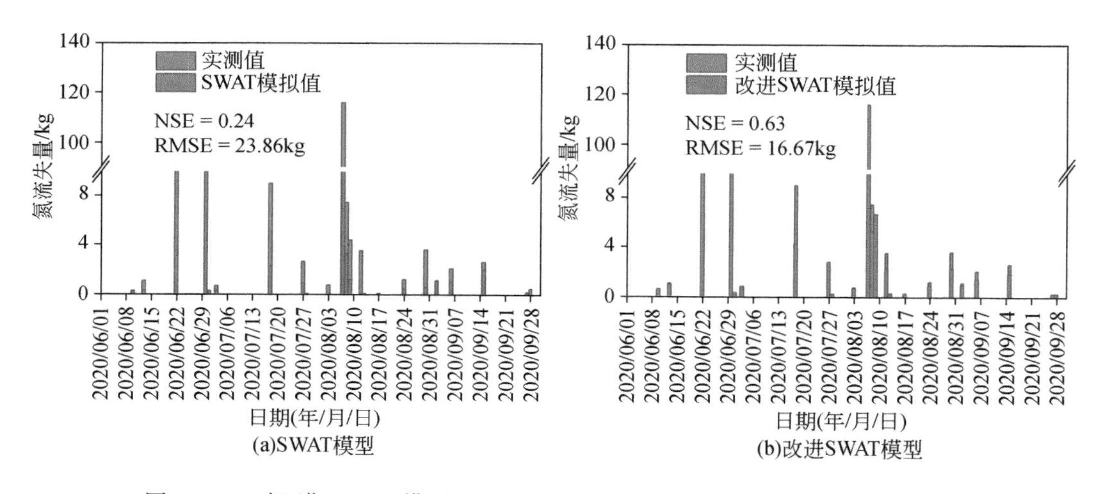

图 5-104 验证期 SWAT 模型和改进 SWAT 模型颗粒态氮模拟值与实测值对比

5.6.5 讨论与小结

5.6.5.1 讨论

根据模型性能的评价指标，SWAT 模型对校准期径流量和泥沙产量的预测结果良好，NSE 值分别达到了 0.50 和 0.45，但在验证期的表现均低于这一水平。对于养分流失而言，SWAT 模型的模拟精度均未达到可接受范围。相比而言，改进的 SWAT 模型对径流量、泥沙产量和颗粒态氮流失强度的预测精度较高，其 NSE 分别在 0.84 ~ 0.86、0.79 ~ 0.80 和 0.63 ~ 0.67。结果表明，改进的 SWAT 模型具有较好的预测性能，可以对研究区径流、泥沙和养分流失进行较为精准的预测。

前期土壤水分状况是决定初损量的重要因素，同时也影响着地表产流过程。对于SWAT 模型中的 SCS-CN 方法，虽然其已经考虑了前期土壤含水量的影响，但是并不能反映土壤水分的实际变化情况[117]。同时，初损量的计算也并未考虑前期土壤含水量的影响。降雨历时对降雨径流过程的模拟有着重要作用[170],[171]，然而 SCS-CN 方法只将降雨量作为计算依据，并未考虑降雨历时的影响，同时也未将降雨强度对径流产生的作用纳入其中。降雨的时空变化会不可避免的引发径流预测的不确定性[171]。此外，地形坡度是另一个影响水流的因素，但 SCS-CN 方法是基于 5.0% 坡度开发的，并不适用于所有地区。因此，SWAT 模型对地表径流的模拟精度并不高。基于 SCS-CN 模型中存在的这些不足对其进行改进。通过考虑上述降雨特征、前期土壤水分条件以及地形坡度的综合影响，大大提高了模型的预测性能。

降雨和径流的相互作用是土壤侵蚀过程发生和发展的主要驱动力[128]。对于 SWAT 模型中用于估算土壤侵蚀的 MUSLE 方法，因为没能考虑降雨特征（如降雨量、降雨能量和降雨强度）对土壤流失的影响，导致 SWAT 模型模拟结果的精度一般。研究表明，土壤侵蚀过程对雨滴动能有强烈的依赖作用，且最大 30min 降雨强度也会影响径流的含沙量[128]。在改进的模型中引入了降雨-径流侵蚀性因子（QE_kI_{30}），不仅直接考虑了径流的影响，同时也体现了降雨对土壤流失的作用。模拟结果表明改进的模型可以较为准确的预测土壤流失量。

泥沙养分流失除了与自身性质有关外，还受土壤侵蚀量和富集率的影响。其中，富集率作为表征养分在泥沙中富集的定量指标，是实现养分流失预报的关键参数。研究表明，养分的富集率与降雨特征有直接的关系[150]，同时还受到坡度的影响[151]。在 SWAT 模型中，关于计算富集率所需要的数据对于径流资料稀缺的地区并不友好。其次，径流含沙过程本质上也受降雨的直接作用。再者，原模型中没有考虑坡度产生的重要影响，况且模型在不同地区的适用性有待考量。这些因素在某种程度上会造成计算结果的偏差。因此，本节研究基于富集率与环境因子的关系，通过考虑降雨量、最大 30min 雨强 I_{30}、土壤侵蚀量及坡度的综合影响对原模型进行改进。以此建立适用于研究区养分随泥沙迁移的预测模型。

5.6.5.2 小结

通过将改进的 SCS-CN 模型、基于次降雨的 RUSLE 模型和养分随泥沙迁移模型嵌入到 SWAT 模型中，提出了适用于研究区的改进的 SWAT 模型。结果表明，相较于 SWAT 模型，改进的 SWAT 模型具有更稳定的预测性能，可以较为准确地描述流域尺度的产流、产沙及颗粒态的养分流失。

参考文献

[1] Zhu W Q, Pan Y Z, Long Z H, et al. Estimating net primary productivity of terrestrial vegetation based on GIS and RS: A case study in Inner Mongolia, China. Journal of Remote Sensing, 2005, 9 (3): 300-307.

[2] 朴世龙，方精云，贺金生，等．中国草地植被生物量及其空间分布格局．植物生态学报，2004，(4)：491-498.

[3] Doody D G, Higgins A, Matthews D, et al. Overlandflow initiation from a drumlin grassland hillslope. Soil Use and Management, 2010, 26 (3): 286-298.
[4] 王海梅, 李政海, 韩国栋, 等. 锡林郭勒地区植被覆盖的空间分布及年代变化规律分析. 生态环境学报, 2009, 18 (4): 1472-1477.
[5] Shen X J, Liu B H, Zhou D W, et al. Effect of grassland vegetation on diurnal temperature range in China's temperate grassland region. Ecological Engineering, 2016, 97: 292-296.
[6] Shirazi M A, Boersma L. Relating the USDA and ISSS soil particle size distributions. 2001, 25 (4): 699-708.
[7] Li M Y, Liu T X, Duan L M, et al. Scale transfer and simulation of the infiltration in chestnut soil in a semi-arid grassland basin. Ecological Engineering, 2020, 158: 106041.
[8] Lai J B, Luo Y, Ren L. Buffer Index effects on hydraulic conductivity measurements using numerical simulations of double-ring infiltration. Soil Science Society of America Journal, 2010, 74 (5): 1526-1536.
[9] Wo Ebb Ecke D M, Meyer G E, Bargen K V, et al. Plant species identification, size, and enumeration using machine vision techniques on near-binary images. Proceedings of SPIE-The International Society for Optical Engineering, 1993, 1836: 208-219.
[10] Lozano-Parra J, Van Schaik N L M B, Schnabel S, et al. Soil moisture dynamics at high temporal resolution in a semiarid Mediterranean watershed with scattered tree cover. Hydrological Processes, 2015, 30 (8): 1155-1170.
[11] Chen H, Shao M, Li Y. The characteristics of soil water cycle and water balance on steep grassland under natural and simulated rainfall conditions in the Loess Plateau of China. Journal of Hydrology, 2008, 360 (1-4): 242-251.
[12] Gross N, Bagousse-Pinguet Y L, Liancourt P, et al. Functional trait diversity maximizes ecosystem multi-functionality. Nature Ecology and Evolution, 2017, 1 (5): 0132.
[13] Suo L Z, Huang M B, Zhang Y K, et al. Soil moisture dynamics and dominant controls at different spatial scales over semiarid and semi-humid areas. Journal of Hydrology, 2018, 562: 635-647.
[14] Montenegro-Diaz P, Ochoa-Sanchez A, Celleri R. Impact of tussockgrasses removal on soil water content dynamics of a tropical mountain hillslope. Ecohydrology, 2019, e2146: 1-12.
[15] Zhang Q D, Wei W, Chen L D, et al. Plant traitsin influencing soil moisture in semiarid grasslands of the Loess Plateau, China. Science of The Total Environment, 2020, 718: 137355.
[16] Haghighi F, Gorji M, Shorafa M. A study of the effects of land use changes on soil physicalproperties and organic matter. Land Degradation and Development, 2010, 2146 (5): 496-502.
[17] Sharafatmandrad M, Mesdaghi M, Bahremand A, et al. The role of litter in rainfall interception and maintenance of superficial soil water content inan arid rangeland in Khabr National Park in south-eastern I-ran. Arid Soil Research and Rehabilitation, 2010, 24 (3): 213-222.
[18] 彭海英, 童绍玉, 李小雁. 内蒙古典型草原土壤及其水文过程对灌丛化的响应. 自然资源学报, 2017, 32 (4): 642-653.
[19] 王海梅, 侯琼, 冯旭宇, 等. 自然降雨过程对典型草原土壤水分的影响研究——以锡林浩特为例. 干旱气象, 2016, 34 (6): 1010-1015.
[20] Wang Y, Sun H, Zhao Y. Characterizing spatial-temporal patterns and abrupt changes in deep soil moisture across an intensively managed watershed. Geoderma, 2019, 341: 181-194.
[21] Lai X, Liao K, Feng H, et al. Responses of soil water percolation to dynamic interactions among rainfall, antecedent moisture and season in a forest site. Journal of Hydrology, 2016, 540: 565-573.

[22] Wiekenkamp I, Huisman J A, Bogena H R, et al. Spatial and temporal occurrence of preferential flow in a forested headwater catchment. Journal of Hydrology, 2016, 534: 139-149.

[23] Xue J F, Gavin K. Effect of rainfall intensity on infiltration into partly saturated slopes. Geotechnical and Geological Engineering, 2007, 26 (2): 199-209.

[24] He Z, Zhao W, Hu L, et al. The response of soil moisture to rainfall event size in subalpine grassland and meadows in a semi-arid mountain range: A case study in northwestern China's Qilian Mountains. Journal of Hydrology, 2012, 420-421: 183-190.

[25] Zhu Q, Nie X F, Zhou X B, et al. Soilmoisture response to rainfall at different topographic positions along a mixed land-use hillslope. Catena, 2014, 119: 61-70.

[26] Ziadat F M, Taimeh A Y. Effect of rainfall intensity, slope, land use and antecedent soil moisture on soil erosion in an arid environment. Land Degradation and Development, 2013, 24 (6): 582-590.

[27] Yang M, Zhang Y, Pan X. Improving the Horton infiltration equation by considering soil moisture variation. Journal of Hydrology, 2020, 586 (4): 124864.

[28] Liu H, Lei T W, Zhao J, et al. Effects of rainfall intensity and antecedent soil water content on soil infiltrability under rainfall conditions using the run off-on-out method. Journal of Hydrology, 2011, 396 (1-2): 24-32.

[29] Yu B, Liu G, Liu Q, et al. Soil moisture variationsat different topographic domains and land use types in the semi-arid Loess Plateau, China. Catena, 2018, 165: 125-132.

[30] Duan L, Huang M, Zhang L. Differences in hydrological responses for different vegetation types on a steep slope on the Loess Plateau, China. Journal of Hydrology, 2016, 537: 356-366.

[31] Dang Z Q, Huang Z, Tian F P, et al. Five-year soil moisture response of typical cultivated grasslands in a semiarid area: Implications for vegetation restoration. Land Degradation and Development, 2020, 31 (9): 1078-1085.

[32] Gaur N, Mohanty B P. Land-surface controls on near-surface soil moisture dynamics: Traversing remote sensing footprints. Water Resources Research, 2016, 52 (8): 6365-6385.

[33] Jing Y, Chen H, Nie Y, et al. Dynamic variations in profile soil water on karst hillslopes in Southwest China. Catena, 2019, 172: 655-663.

[34] Famiglietti J S, Rudnicki J W, Rodell M. Variability in surface moisture content along a hillslope transect: Rattlesnake Hill, Texas. Journal of Hydrology, 1998, 210 (1-4): 259-281.

[35] Queiroz M, Silva T, Zolnier S, et al. Spatial and temporal dynamics of soil moisture for surfaces with a change in land use in the semi-arid region of Brazil. Catena, 2020, 188: 104457.

[36] Li C J, Pan C Z. Overland runoff erosion dynamics on steep slopes with forages under field simulated rainfall and inflow. Hydrological Processes, 2020, 34 (8): 1794-1809.

[37] Chen H, Zhang X P, Abla M, et al. Effects of vegetation and rainfall types on surface runoff and soil erosion on steep slopes on the Loess Plateau, China. Catena, 2018, 170: 141-149.

[38] He Z M, Xiao P Q, Jia G D, et al. Field studies on the influence of rainfall intensity, vegetation cover and slope length on soil moisture infiltration on typical watersheds of the Loess Plateau, China. Hydrological Processes, 2020, 34 (25): 4904-4919.

[39] Huang Z, Tian F P, Wu G L, et al. Legume grasslands promote precipitation infiltration better than gramineous grasslands in arid regions. Land Degradation and Development, 2016, 28 (1): 309-316.

[40] Bagarello V, Sgroi A. Using the single-ring infiltrometer method to detect temporal changes in surface soil field-saturated hydraulic conductivity. Soil and Tillage Research, 2004, 76 (1): 13-24.

[41] Genachte G, Mallants D, Ramos J, et al. Estimating infiltration parameters from basic soil properties. Hydrological Processes, 1996, 10 (5): 687-701.

[42] Schrumpf M, Axmacher J C, Zech W, et al. Net precipitation and soil water dynamics in clearings, old secondary and old-growth forests in the montane rain forest belt of Mount Kilimanjaro, Tanzania. Hydrological Processes, 2010, 25 (3): 418-428.

[43] Hardie M, Lisson S, Doyle R, et al. Determining the frequency, depth and velocity of preferential flow by high frequency soil moisture monitoring. Journal of Contaminant Hydrology, 2013, 144 (1): 66-77.

[44] Blume T, Zehe E, Bronstert A. Use of soil moisture dynamics and patterns at different spatio- temporal scales for the investigation of subsurface flow processes. Hydrology and Earth System Sciences, 2009, 13 (7): 1215-1233.

[45] Germann P F, Hensel D. Poiseuille flow geometry inferred from velocities of wetting fronts in soils. Vadose Zone Journal, 2006, 5 (3): 867-876.

[46] Demand D, Blume T, Weiler M. Spatio-temporal relevance and controls of preferential flow at the landscape scale. Hydrology and Earth System Sciences, 2019, 23 (11): 4869-4889.

[47] Zhang J L, Zhang Y Q, Song J X, et al. Evaluating relative merits of four baseflow separation methods in Eastern Australia. Journal of Hydrology, 2017, 549: 252-263.

[48] Romero D, Torres- Irineo E, Kern S, et al. Determination of the soil moisture recession constant from satellite data: a case study of the Yucatan peninsula. International Journal of Remote Sensing, 2017, 38 (20): 5793-5813.

[49] Sujono J, Shikasho S, Hiramatsu K. A comparison of techniques for hydrograph recession analysis. Hydrological Processes, 2004, 18 (3): 403-413.

[50] Rivera- Ramirez H D, Warner G S, Scatena F N. Prediction of master recession curves and baseflow recessions in the Luquillo mountains of Puerto Rico. Journal of the American Water Resources Association, 2002, 38 (3): 693-704.

[51] Basso S, Ghazanchaei Z, Tarasova L. Characterizing hydrograph recessions from satellite-derived soil moisture. Science of The Total Environment, 2021, 756: 143469.

[52] Hopkins I, Gall H, Lin H. Natural and anthropogenic controls on the frequency of preferential flow occurrence in a wastewater spray irrigation field. Agricultural Water Management, 2016, 178: 248-257.

[53] Guo L, Lin H. Addressing two bottlenecks to advance the understanding of preferential flow in soils. Advances in Agronomy, 2018, 147: 61-117.

[54] Kulli B, Stamm C, Papritz A, et al. Discrimination of flow regions on the basis of stained infiltration patterns in soil profiles. Vadose Zone Journal, 2003, 2 (3): 338-348.

[55] Luo Z T, Niu J Z, Zhang L, et al. Roots- enhanced preferential flows in deciduous and coniferous forest soils revealed by dual- tracer experiments. Journal of Environmental Quality, 2019, 48 (1): 136-146.

[56] Guo L, Liu Y, Wu G L, et al. Preferential water flow: Influence of alfalfa (Medicago sativa L.) decayed root channels on soil water infiltration. Journal of Hydrology, 2019, 578: 124019.

[57] Cheng Y, Ogden F L, Zhu J. Earthworms and tree roots: A model study of the effect of preferential flow paths on runoff generation and groundwater recharge in steep, saprolitic, tropical lowland catchments. Water Resources Research, 2017, 53 (7): 5400-5419.

[58] Bachmair S, Weiler M, Nützmann G. Controls of land use and soil structure on water movement: Lessons for pollutant transfer through the unsaturated zone. Journal of Hydrology, 2009, 369 (3-4): 241-252.

[59] Luo L F, Lin H, Li S C. Quantification of 3-D soil macropore networks in different soil types and land uses

using computed tomography. Journal of Hydrology, 2010, 393 (1-2): 53-64.

[60] Šimon T, Javůrek M, Mikanová O, et al. The influence of tillage systems on soil organic matter and soil hydrophobicity. Soil and Tillage Research, 2009, 105 (1): 44-48.

[61] Jarvis N J. A review of non- equilibrium water flow and solute transport in soil macropores: principles, controlling factors and consequences for water quality. European Journal of Soil Science, 2007, 58 (3): 523-546.

[62] Weiler M, Naef F. Simulating surface and subsurface initiation of macropore flow. Journal of Hydrology, 2003, 273 (1-4): 139-154.

[63] Buttle J M, Mcdonald D J. Coupled vertical and lateral preferential flow on a forested slope. Water Resources Research, 2002, 38 (5): 11-16.

[64] Yao J J, Cheng J H, Sun L, et al. Effect of antecedent soil water on preferential flow in four soybean plots in southwestern China. Soil Science, 2017, 182 (3): 83-93.

[65] Gjettermann B, Nielsen K L, Petersen C T, et al. Preferential flow in sandy loam soilsas affected by irrigation intensity. Soil Technology, 1997, 11 (2): 139-152.

[66] Nimmo J R. The processes of preferential flow in the unsaturated zone. Soil Science Society of America Journal, 2021, 85 (1): 1-27.

[67] Graham C B, Lin H S. Controls and frequency of preferential flow occurrence: A 175-event analysis. Vadose Zone Journal, 2011, 10 (3): 816-831.

[68] Budhathoki S, Lamba J, Srivastava P, et al. Using X- ray computed tomography to quantify variability in soil macropore characteristics in pastures. Soil and Tillage Research, 2022, 215: 105194.

[69] Kung K J S, Kladivko E J, Helling C S, et al. Quantifying the Pore size spectrum of macropore- type preferential pathways under transient flow. Vadose Zone Journal, 2006, 5 (3): 978-989.

[70] Liu Y, Zhang Y, Xie L M, et al. Effect of soil characteristics on preferential flow of Phragmites australis community in Yellow River delta. Ecological Indicators, 2021, 125: 107486.

[71] Alaoui, Abdallah. Modelling susceptibility of grassland soil to macropore flow. Journal of Hydrology, 2015, 525: 536-546.

[72] Stumpp C, Maloszewski P. Quantification of preferential flow and flow heterogeneities in an unsaturated soil planted with different crops using the environmental isotope δ18O. Journal of Hydrology, 2010, 394 (3-4): 407-415.

[73] Yan J L, Zhao W Z. Characteristics of preferential flow during simulated rainfall events in an arid region of China. Environmental Earth Sciences, 2016, 75 (7): 1-12.

[74] Kishel H F, Gerla P J. Characteristics of preferential flow and groundwater discharge to Shingobee Lake, Minnesota, USA. Hydrological Processes, 2010, 16 (10): 1921-1934.

[75] Wang Y C, Li Y, Wang X F, et al. Finger flow development in layered water-repellent soils. Vadose Zone Journal, 2018, 17 (1): 180021.

[76] Stumpp C, Maloszewski P, Stichler W, et al. Quantification of the heterogeneity of the unsaturated zone based on environmental deuterium observed in lysimeter experiments. Hydrological Sciences Journal, 2007, 52 (4): 748-762.

[77] Johnson M S, Lehmann J. Double-funneling of trees: Stemflow and root-induced preferential flow. Écoscience, 2016, 13 (3): 324-333.

[78] Shi X, Qin T, Yan D, et al. A meta-analysis on effects of root development on soil hydraulic properties. Geoderma, 2021, 403: 115363.

[79] Jiang X J, Liu W J, Chen C F, et al. Effects of three morphometric features of roots on soil water flow behavior in three sites in China. Geoderma, 2018, 320: 161-171.
[80] Cui Z, Wu G L, Huang Z, et al. Fine roots determine soil infiltration potential than soil water content in semi-arid grassland soils. Journal of Hydrology, 2019, 578: 124023.
[81] Shang S H, Mao X M. A two-parameter exponential recession model for simulating cropland soil moisture dynamics. Chinese Geographical Science, 2014, 24 (5): 575-586.
[82] Zhou T, Xin P, Li L, et al. Effects of large macropores on soil evaporation in salt marshes. Journal of Hydrology, 2020, 584: 124754.
[83] 梁心蓝. 水蚀过程中地表糙度变化及侵蚀响应. 杨凌：西北农林科技大学, 2015.
[84] 张宽地，王光谦，吕宏兴，等. 模拟降雨条件下坡面流水动力学特性研究. 水科学进展, 2012, 23 (2): 229-235.
[85] 潘成忠，上官周平. 不同坡度草地含沙水流水力学特性及其拦沙机理. 水科学进展, 2007, (4): 490-495.
[86] 高素娟，王占礼，黄明斌，等. 黄河中游多沙粗沙区坡面薄层水流水动力学特性. 水土保持通报, 2010, 30 (4): 11-16.
[87] Reichert J M, Norton L D. Rill and interrill erodibility and sediment characteristics of clayey Australian Vertosols and a Ferrosol. Soil Research, 2013, 51 (1): 1-9.
[88] 张冠华. 茵陈蒿群落分布格局对坡面侵蚀及坡面流水动力学特性的影响. 杨凌：西北农林科技大学, 2012.
[89] Foster G R, Huggins L F, Meyer L D. A laboratory study of rill hydraulics: I. velocity relationships. Transactions of the American Society of Agricultural Engineers (USA), 1984, 27 (3): 790-796.
[90] Habagil M. Global diversity and biogeography of bacterial communities in wastewater treatment plants. Nature Microbiology, 2019, 4 (7): 1183-1195.
[91] 吕刚，吴祥云. 土壤入渗特性影响因素研究综述. 中国农学通报, 2008, (7): 494-499.
[92] Lin Q T, Xu Q, Wu F Q, et al. Effects of wheat in regulating runoff and sediment on different slope gradients and under different rainfall intensities. Catena, 2019, 183: 104196.
[93] Gu C J, Mu X M, Gao P, et al. Influence of vegetation restoration on soil physical properties in the Loess Plateau, China. Journal of Soils and Sediments, 2019, 19: 716-728.
[94] Wang Z, Wu Q J, Wu L, et al. Effects of soil water repellency on infiltration rate and flow instability. Journal of Hydrology, 2000, 231: 265-276.
[95] 蒋定生，黄国俊. 黄土高原土壤入渗速率的研究. 土壤学报, 1986, (4): 299-305.
[96] Zhang X, Yu G Q, Li Z B, et al. Experimental study on slope runoff, erosion and sediment under different vegetation types. Water Resources Management, 2014, 28 (9): 2415-2433.
[97] Mishra S K, Singh V P. SCS-CN method. Part Ⅱ: Analytical treatment. Acta Geophysica Polonica, 2003, 51 (1): 107-123.
[98] Mccuen, Richard H. Approach to confidence interval estimation for curve numbers. Journal of Hydrologic Engineering, 2002, 7 (1): 43-48.
[99] Bonaccorso B, Brigandì G, Aronica G T. Combining regional rainfall frequency analysis and rainfall-runoff modelling to derive frequency distributions of peak flows in ungauged basins: a proposalfor Sicily region (Italy). Advances in Geosciences, 2017, 44: 15-22.
[100] Sahu R K, Mishra S K, Eldho T I. Comparative evaluation of SCS-CN-inspired models in applications to classified datasets. Agricultural Water Management, 2010, 97 (5): 749-756.

[101] Mishra S K, Jain M K, Pandey R P, et al. Catchment area-based evaluation of the AMC-dependent SCS-CN-based rainfall-runoff models. Hydrological Processes, 2010, 19 (14): 2701-2718.

[102] Mishra S K, Sahu R K, Eldho T I, et al. An improved Ia-S relation incorporating antecedent moisture in SCS-CN methodology. Water Resources Management, 2006, 20 (5): 643-660.

[103] Mishra S K, Singh V P, Singh V P, et al. SCS-CN-based hydrologic simulation package. Mathematical Models of small watershed hydrology applications, 2002.

[104] 王英，黄明斌．径流曲线法在黄土区小流域地表径流预测中的初步应用．中国水土保持科学，2008，6 (6)：87-91，97.

[105] Tramblay Y, Bouvier C, Martin C, et al. Assessment of initial soil moisture conditions for event-based rainfall-runoff modelling. Journal of Hydrology, 2010, 387 (3/4): 176-187.

[106] 陈正维，刘兴年，朱波．基于 SCS-CN 模型的紫色土坡地径流预测．农业工程学报，2014，30 (7)：72-81.

[107] Fu S H, Wang H Y, Wang X L. The runoff curve number of SCS-CN method in Beijing. Geographical Research, 2013, 32 (5): 797-807.

[108] Pang S, Wang X, Melching C S, et al. Development and testing of a modified SWAT model based on slope condition and precipitation intensity. Journal of Hydrology, 2020, 588: 125098.

[109] Williams J R, Kannan N, Wang X, et al. Evolution of the SCS runoff curve number method and its application to continuous runoff simulation. Journal of Hydrologic Engineering, 2012, 17 (11): 1221-1229.

[110] Deng J, Gao P, Xingmin M U, et al. Study on calibrating parameters of SCS model in Loess area under simulated rainfall. Research of Soil and Water Conservation, 2018, 025 (005): 205-210.

[111] Ajmal M, Moon G W, Ahn J H, et al. Investigation of SCS-CN and its inspired modified models for runoff estimation in South Korean watersheds. Journal of Hydro-environment Research, 2015, 9 (4): 592-603.

[112] Zhang Y X, Xing-Min M U, Wang F. Calibration and validation to parameter λ of soil conservation service curve number method in hilly region of theloess plateau. Agricultural Research in the Arid Areas, 2008, 026 (005): 124-128.

[113] Sahu R K, Mishra S K, Eldho T I. Improved storm duration and antecedent moisture condition coupled SCS-CN concept-based model. Journal of Hydrologic Engineering, 2012, 17 (11): 1173-1179.

[114] Verma S, Mishra S K, Singh A, et al. An enhanced SMA based SCS-CN inspired model for watershed runoff prediction. Environmental Earth Sciences, 2017, 76 (21): 736.

[115] Mein R G, Larson C L. Modeling infiltration during a steady rain. Water Resources Research, 1973, 9 (2): 384-394.

[116] 卜慧，邵骏，欧阳硕，等．改进 SCS 模型在老挝南乌河流域中的应用．人民长江，2018，49 (22)：88-92，99.

[117] 吴艾璞，王晓燕，黄洁钰，等．基于前期雨量和降雨历时的 SCS-CN 模型改进．农业工程学报，2021，37 (22)：85-94.

[118] A A T, A M A, B D H. A probabilistic appraisal of rainfall-runoff modeling approaches within SWAT in mixed land use watersheds. Journal of Hydrology, 2018, 564: 476-489.

[119] 焦剑，宋伯岩，王世雷，等．基于改进径流曲线数模型的北京密云坡地径流估算．农业工程学报，2017，33 (21)：194-199.

[120] Reaney S M, Bracken L J, Kirkby M J. Use of the Connectivity of Runoff Model (CRUM) to investigate the influence of storm characteristics on runoff generation and connectivity in semi-arid areas. Hydrological

Processes, 2007, 21 (7): 894-906.

[121] Ahmadisharaf E, Kalyanapu A J, Lillywhite J R, et al. A probabilistic framework to evaluate the uncertainty of design hydrograph: case study of Swannanoa River watershed a probabilistic framework to evaluate the uncertainty of design hydrograph: case study of Swannanoa River watershed. Hydrological Sciences Journal, 2018, 63 (9/12): 1776-1790.

[122] Shi W H, Huang M B, Gongadze K, et al. A modified SCS-CN method incorporating storm duration and antecedent soil moisture estimation for runoff prediction. Water Resources Management, 2017, 31 (5): 1713-1727.

[123] Jiao P J, Xu D, Wang S L, et al. Improved SCS-CN method based on storage and depletion of antecedent daily precipitation. Water Resources Management, 2015, 29 (13): 4753-4765.

[124] Aw A, Dma B, Pc C, et al. Assessment of storm direct runoff and peak flow rates using improved SCS-CN models for selected forested watersheds in the Southeastern United States. Journal of Hydrology: Regional Studies, 2020, 27: 100645.

[125] Shi W H, Wang N. An improved SCS-CN method incorporating slope, soil moisture, and storm duration factors for runoff prediction. Water, 2020, 12 (5): 1335-1354.

[126] Wenzhao, Liu, And, et al. Soil water dynamics and deep soil recharge in a record wet year in the southern Loess Plateau of China. Agricultural Water Management, 2010, 97 (8): 1133-1138.

[127] Kinnell P I A. Runoff dependent erosivity and slope length factors suitable for modeling annual erosion using the Universal Soil Loss Equation. Hydrological Processes, 2007, 21 (20): 2681-2689.

[128] Kinnell P. Eventsoil loss, runoff and the Universal Soil Loss Equation family of models: A review. Journal of Hydrology, 2010, 385 (1-4): 384-397.

[129] Bagarello V, Ferro V, Giordano G. Testing alternative erosivity indices to predict event soil loss from bare plots in Southern Italy. Hydrological Processes, 2010, 24 (6): 789-797.

[130] Gao G Y, Fu B J, Lü Y H, et al. Coupling the modified SCS-CN and RUSLE models to simulate hydrological effects of restoring vegetation in the Loess Plateau of China. Hydrology and Earth System Sciences, 2012, 16 (7): 2347-2364.

[131] Kinnell P. Runoff ratio as a factor in the empirical modelling of soil erosion by individual rainstorms. Soil Research, 1997, 35 (1): 1-13.

[132] Wischmeier W H, Smith D D. Predicting Rainfall Erosion Losses—A guide to conservation planning. Technical Report Agriculture Handbook, 1978.

[133] Brown L C, Foster G R. Storm erosivity using idealized intensity distributions. Transactions of the American Society of Agricultural Engineers (USA), 1987, 30 (2): 0379-0386.

[134] Renard K G, Foster G R, Weesies G A, et al. Predicting soil erosion by water: A guide to conservation planning with the Revised Universal Soil Loss equation (RUSLE). Washington DC: United States Department of Agriculture, 1997.

[135] 李香云. 缙云山林地坡面径流特征研究. 北京: 北京林业大学, 2008.

[136] Zhu Q, Yang X, Yu B, et al. Estimation of event-based rainfall erosivity from radar after wildfire. Land Degradation and Development, 2019, 30 (1): 33-48.

[137] Wang B, Zheng F, Roemkens M J M, et al. Soil erodibility for water erosion: A perspective and Chinese experiences. Geomorphology, 2013, 187 (1): 1-10.

[138] Williams J R. EPIC-erosion/productivity impact calculator: 1. Model documentation. Technical Bulletin-United States Department of Agriculture, 1990, 4 (4): 206-207.

[139] 刘宝元，谢云，张科利．土壤侵蚀预报模型．北京：中国科学技术出版社，2001.
[140] Nearing M A. A single, continuous function for slope steepness influence on soil loss. Soil Science Society of America Journal, 1997, 61 (3): 917-919.
[141] Garcia-Estringana P, Alonso-Blázquez N, Marques M J, et al. Direct and indirect effects of Mediterranean vegetation on runoff and soil loss. European Journal of Soil Science, 2010, 61 (2): 174-185.
[142] Pascal, Podwojewski, Jean, et al. Influence of grass soilcover on water runoff and soil detachment under rainfall simulation in a sub- humid South African degraded rangeland. Earth Surface Processes and Landforms, 2011, 36 (7): 911-922.
[143] 江忠善，王志强，刘志．黄土丘陵区小流域土壤侵蚀空间变化定量研究．土壤侵蚀与水土保持学报，1996，(1)：1-9.
[144] Bing W, Wang Z, Zhang Q. Modelling sheet erosion on steep slopes in the loess region of China. Journal of Hydrology, 2017, 553: 549-558.
[145] Shi W, Huang M, Barbour S L. Storm- based CSLE that incorporates the estimated runoff for soil loss prediction on the Chinese Loess Plateau. Soil and Tillage Research, 2018, 180: 137-147.
[146] Kinnell P, Risse L M. USLE-M: Empirical modeling rainfall erosion through runoff and sediment concentration. Soil Science Society of America Journal, 1998, 62 (6): 1667-1672.
[147] Shi Z H, Ai L, Fang N F, et al. Modeling the impacts of integrated small watershed management on soil erosion and sediment delivery: A case study in the Three Gorges Area, China. Journal of Hydrology, 2012, 438-439: 156-167.
[148] Gao B, Walter M T, Steenhuis T S, et al. Investigating raindrop effects on transport of sediment and non-sorbed chemicals from soil to surface runoff. Journal of Hydrology, 2005, 308 (1-4): 313-320.
[149] Palis R, Okwach G, Rose C, et al. Soil erosion processes and nutrient loss: 1. The interpretation of enrichment ratio and nitrogen loss in runoff sediment. Australian Journal of Soil Research, 1990, 28 (4): 623-639.
[150] Martínez- Mena M, López J, Almagro M, et al. Organic carbon enrichment in sediments: Effects of rainfall characteristics under different land uses in a Mediterranean area. Catena, 2012, 94: 36-42.
[151] 张兴昌，邵明安．侵蚀泥沙、有机质和全氮富集规律研究．应用生态学报，2001，(4)：541-544.
[152] Bhatnagar V K, Miller M H, Ketcheson J W. Reaction of fertilizer and liquid manure phosphorus with soil aggregates and sediment phosphorus enrichment. Journal of Environmental Quality, 1985, 14 (2): 246.
[153] Young R A, Olness A E, Mutchler C K, et al. Chemical and physical enrichments of sediment from cropland. Transactions of the American Society of Agricultural Engineers (USA), 1986, 29 (1): 165-169.
[154] Sharpley A N. The enrichment of soil phosphorus in runoff sediments. Journal of Environmental Quality, 1980, 9: 521-526.
[155] Neitsch S L, Arbold J G, Kinry J R, et al. Soil and water assessment tool theoretical documentation. College Station: Texas Water Resources Institute, 2011.
[156] 陈磊，李占斌，李鹏，等．野外模拟降雨条件下水土流失与养分流失耦合研究．应用基础与工程科学学报，2011，19 (S1)：170-176.
[157] Shi Z H, Fang N F, Wu F Z, et al. Soil erosion processes and sediment sorting associated with transport mechanisms on steep slopes. Journal of Hydrology, 2012, 454-455: 123-130.
[158] 刘倩．SWAT 模型下河网水文过程分布式模拟研究．黑龙江水利科技，2017，45 (2)：13-16.
[159] Service U. SCS National Engineering Handbook, Section 4- Hydrology. Soil Conservation Service, US

Department of Agriculture, 1971.
[160] Singh V P. Computer models of watershed hydrology. Highlands Ranch: Water Resources Publications, 1997.
[161] Haith D A, Tubbs L J. Watershed loading functions for nonpoint sources. American Society of Civil Engineers, 1981, 107 (1): 121-137.
[162] Hann R W, Williams J R. Optimal operation of large agricultural watersheds with water quality restraints. College Station: Texas water resources institute, 1978.
[163] Yang J, Huang X. The 30 m annual land cover dataset and its dynamics in China from 1990 to 2019. Earth System Science Data, 2021, 13 (8): 3907-3925.
[164] Hengl T, Macmillan R A. Predictive Soil Mapping with R. Wageningen: OpenGeoHub foundation, 2019.
[165] 冯憬, 卫伟, 冯青郁. 黄土丘陵区 SCS-CN 模型径流曲线数的计算与校正. 生态学报, 2021, 41 (10): 4170-4181.
[166] Abbaspour K C, Yang J, Maximov I, et al. Modelling hydrology and water quality in the pre-alpine/alpine Thur watershed using SWAT. Journal of Hydrology, 2007, 333 (2-4): 413-430.
[167] Abbaspour K C. SWAT-CUP 2012: SWAT Calibration and Uncertainty Programs-A User Manual. Dübendorf: Science and Technology, 2014.
[168] 李谦, 张静, 宫辉力. 基于 SUFI-2 算法和 SWAT 模型的妫水河流域水文模拟及参数不确定性分析. 水文, 2015, 35 (3): 43-48.
[169] Moriasi D, Gitau M W, Pai N, et al. Hydrologic and water quality models: Performance measures and evaluation criteria. Transactions of the American Society of Agricultural Engineers (USA), 2015, 58 (6): 1763-1785.
[170] Kang M S, Goo J H, Song I, et al. Estimating design floods based on the critical storm duration for small watersheds. Journal of Hydro-environment Research, 2013, 7 (3): 209-218.
[171] Wang X X, Bi H X. The effects of rainfall intensities and duration on SCS-CN model parameters under simulated rainfall. Water, 2020, 12 (6): 1595.

第6章　流域上游景观格局演变及蒸散发规律研究

20世纪中期以来，在气候变化和人类活动的影响下地球生态环境受到了严重威胁，出现了诸如全球变暖、生态系统出现逆向演替、植被衰败及退化、土壤沙化和生物多样性降低等一系列问题[1-3]。全球环境变化影响着区域景观格局，而人类活动通过改变局部土地利用情况和景观格局，进一步加剧了全球环境的改变[4]。改革开放后，我国基础建设迅速发展，城镇扩张等加快了区域景观格局的演变，使得景观格局越来越复杂。国家重大生态科技项目工程也在很大程度上改变着地方的景观变化[5]，而景观格局的变化必然会影响生态水文过程和功能，引发生态环境问题，因此研究气候变化和人类活动如何作用于区域景观格局变化对于改善生态环境具有重要作用。景观斑块的数量和大小等影响着景观多样性的形成，同时也作用于生态水文过程。景观格局与水文过程复杂的作用机理是地球科学研究的重要领域[6]，并且与水文过程之间有着紧密的相关关系，在水资源匮乏的地区，如我国的半干旱地区，关系尤为显著[7]。

蒸散发（evapotranspiration，ET）包括土壤、水体表面蒸发及植被叶片蒸腾[8]，是参与陆地水文过程的关键环节，对地下水的补给、径流和土壤水分变化等都有一定的调控作用。全球陆地约60%的降水通过蒸散过程返回到大气中，在干旱区该甚至高达90%的降水由蒸散消耗[9]。蒸散发是能量、水分交换的核心环节[10]，它将水文循环、能量循环和碳循环等紧密联系。随着社会快速发展，用水量剧增，水资源的短缺问题突出，水污染、用水安全等方面都是地区发展亟须解决的重大科学问题。特别是在干旱区，水资源问题严重限制了区域的发展[11]。然而在水循环的实际过程中，土壤、气候、地形地貌以及人类活动在地表的不均匀分布会造成各种地表参数和地表通量分布不均匀。人类活动极大地改变了区域景观类型，进而引起植被覆盖度、地表粗糙度、叶面积指数和地表反照率等发生改变[12]。蒸散发受到复杂下垫面条件和气候变化等综合因素的影响，难以精确估计。因此，探明蒸散发的时空变化规律并且明确不同景观格局和植被覆盖条件下的蒸散量，对于促进区域水资源合理分配意义重大。

锡林郭勒草原位于内蒙古自治区中部，是我国北方的重要生态屏障，对于维持整个华北地区的生态环境安全起到至关重要的作用[13]。锡林河流域是我国典型的草原内陆河，也是区域的重要水源。近30多年来，随着极端气候频发和过度放牧的影响，该地区草地荒漠化面积不断增大、草原景观破碎，河道径流量降低、部分河道断流，使原本脆弱的草原生态环境严重恶化。党的十八大以来，国家高度重视生态文明建设，指出生态兴则文明兴，生态衰则文明衰，生态文明建设是关系中华民族永续发展的根本大计。国家针对内蒙古确定了生态优先、绿色发展的战略定位，在水资源短缺和生态环境极度脆弱的区域，亟须开展支撑生态环境保护和修复的工作以及有关生态水文等方面的基础研究。

选择锡林河流域上游为干旱区草原内陆河流域的典型研究区，该地区景观类型丰富，能够代表典型草原的基本情况。景观格局与水文过程之间关系密切，景观变化既影响着该区域整个的生态水文过程，又控制和影响景观功能的循环发展[14]，其缘由是景观格局变化可揭示由景观组分结构变化而引起的水文过程或结果，这也是景观格局研究的根本目的，同时流域水文过程则通过水分的再分配影响植被格局，是景观格局演变的驱动力之一。因此，必须明晰区域景观格局演替和蒸散发规律，以生态文明引领“我国北方重要的生态安全屏障”建设，把我国祖国北疆打造成亮丽的风景线。

6.1 数据及研究方法

6.1.1 研究区概况

6.1.1.1 流域地理与地形地貌

研究区选取流域上游浩勒图郭勒支流与锡林高勒河汇合处以上流域，即锡林河流域上游。流域上游流经丘陵地带，间或有沼泽地分布，河流由东向西，河道比降为 1/150～1/400[16]，地理位置为 43°26′～44°08′N，116°02′～117°12′E 之间（图 6-1）。上游水量充沛，土壤和植被类型丰富，基本涵盖全流域的类型，具有较好的代表性。流域地形呈阶梯状分布，主要以平原为主，由南至北均匀分布山丘、河谷、沙地及风沙侵蚀的台地。高低起伏的形成了以低山丘陵与河谷交错分布的地貌特征。地质构造方面，低山丘陵主要由侏罗系上统凝灰岩、玄武岩和花岗岩组成。河谷两侧河床呈连续分布状，阶地前缘不明显，阶面开阔平坦。山间沟谷主要由上更新统洪积砂砾石、含砾中细砂等组成[17]。

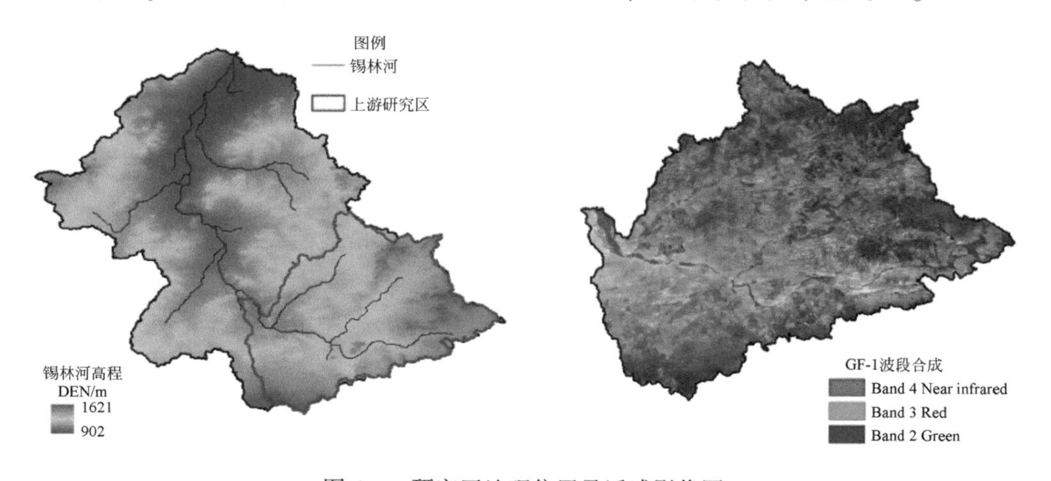

图 6-1　研究区地理位置及遥感影像图

6.1.1.2 流域土壤植被特征

研究区内土壤类型具有显著的地带性分布，由东南向西北依次分布着黑钙土、暗栗钙土和淡栗钙土。栗钙土占比超过流域面积的40%，是流域的主要土壤类型。上游土壤有机质和水分含量较高，土壤肥沃，浩勒图郭勒河和锡林高勒河两条支流附近的主要土壤类型分别为草甸沼泽土和石灰性草甸砂土。流域土壤在垂直方向上也有呈规律的地带性分布，在1350～1600m海拔区域主要分布着肥沃深厚的黑钙土，在海拔1146～1353m处分布有大量的淡栗钙土，其保水能力相对较差、盐碱度较高。

研究区地处我国四大草原之一的锡林郭勒大草原，流域大部分植被属于天然牧草。植被物种丰富多样，草原以大针茅（*Stipa grandis*）、羊草（*Leymus chinensis*）、无芒雀麦（*Bromegrass*）等植被占主体，植株高度为30～45cm[18]。在不同气候和地势条件影响下，流域植被呈现出明显的层次性，流域源头主要植被群落有羊草（*Leymus chinensis*）、贝加尔针茅（*Stipa baicalensis* Roshev）等，中部的白音锡勒牧场中有大片的云杉林（*Picea asperata Mast*）和白桦林（*Betula platyphylla Suk*），南部伊和乌拉典型草原区分布着大量线叶菊群落，靠近锡林浩特水库的退化河谷湿地附近分布着大量的芨芨草和小叶锦鸡儿等群落。

6.1.1.3 流域水文与气象

根据锡林浩特水文站1963～2015年日径流量监测数据整理绘制锡林河年径流量变化曲线图，由图6-2可知，锡林河流域近50多来流域径流量整体呈下降趋势，流域平均径流量仅为$1.7\times10^7 m^3$，即$197m^3/s$。最大径流量发生在1993年，为3.95×10^7万m^3，远高于多年平均水平，最小径流量发生在2009年，为$2.44\times10^6 m^3$。目前流域下游已基本断流，上游的径流补给主要依靠地下水补给，还有一部分来自于春季融雪和夏季降水补给。

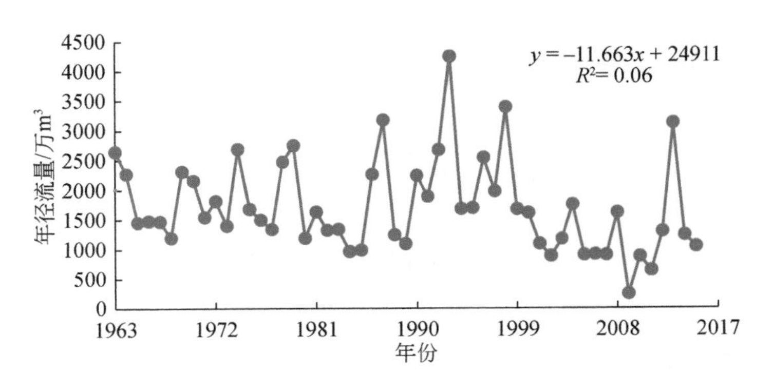

图6-2 锡林河年径流量变化图

锡林浩特站1963～2015年平均气温和降水量变化曲线图如图6-3所示。由图6-3可知，流域年平均气温在-1～4℃至动，多年平均气温为2.72℃，近60多年来气温整体呈上升趋势。其中最高和最低年平均气温为4.66℃和-0.51℃，分别出现在2014年和1956年。月平均气温1月份最低，为-32.36℃，7月份气温最高，为34.4℃。研究区年降水量在

201 ~ 400mm。流域降水时空分布差异性显著，空间上呈现由东北向西南逐渐减少的趋势。时间上，降水主要集中在 6 ~ 8 月份，占全年降水量的 70% ~ 86% 。流域雨热同期，有助于植被的生长发育。

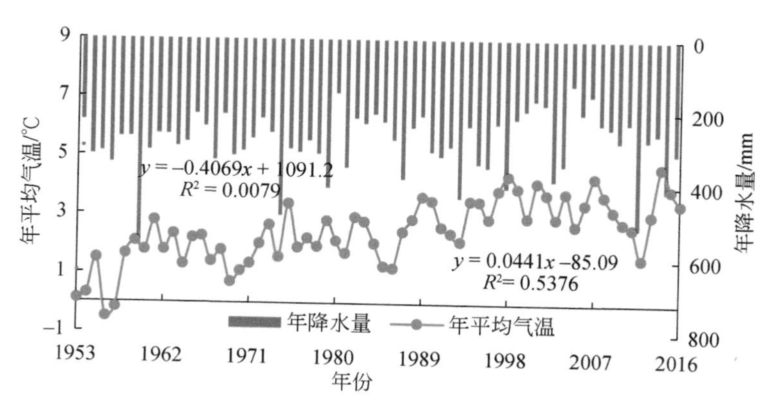

图 6-3　研究区年平均气温和降水量变化

研究区年平均风速分布在 2 ~ 4. 2m/s（图 6-4），多年平均风速为 3. 41m/s，最大年平均风速为 4. 19m/s，出现在 1978 年，最小年平均风速出现在 1953 年（1. 93m/s）。其中春秋季节风沙较多，大风天气占比超过全年的 40% 。多年相对湿度整体呈现出微弱的下降趋势，总体上在 50% ~ 70% 变化，年均相对湿度最大为 69% ，最小为 51% 。

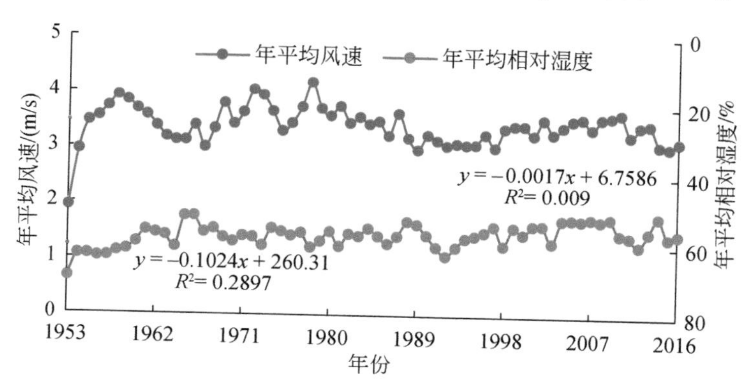

图 6-4　研究区年平均风速和相对湿度变化

6. 1. 2　数据获取

6. 1. 2. 1　遥感数据

为保证数据来源的稳定性，尽可能减少遥感影像来源不同带来的误差。本章研究中遥感影像均为 Landsat TM/OLI 系列遥感影像。影像数据取自美国地质调查局（USGS）网站（http://earthexplorer. usgs. gov/）。自 1972 年以来，美国航空航天局（NASA）先后发射了

8 颗 Landsat 系列卫星。到目前为止，仍在工作的有 Landsat 7（1999 年 4 月 15 日发射）和 Landsat 8（2013 年 2 月 11 日发射）。

本章研究选取了 1989 年、1995 年、2000 年、2006 年、2011 年和 2015 各年 7 月数据进行景观格局分析，选取 2015 ~ 2017 年生长季的 12 期（2015 年 4、5、7、9 月，2016 年 5、6、9 月，2017 年 4、5、6、7、10 月）进行研究区蒸散发规律研究。遥感影像相关信息见表 6-1。

表 6-1　遥感影像相关信息

图像类型	卫星过境日	行列号	云量
TM	1989217	124/029、124/030	0. 04、0. 21
TM	1995202	124/029、124/030	0. 02、0. 03
TM	2000192	124/029、124/030	0. 15、1. 59
TM	2006192	124/029、124/030	0. 07、0
TM	2011222	124/029、124/030	0、0. 17
OLI	2015097	124/029、124/030	1. 54、2. 43
OLI	2015145	124/029、124/030	9. 46、5. 48
OLI	2015193	124/029、124/030	0. 01、0. 34
OLI	2015257	124/029、124/030	0. 04、0. 04
OLI	2016148	124/029、124/030	0. 13、0. 03
OLI	2016164	124/029、124/030	24. 72、14. 2
OLI	2016260	124/029、124/030	22. 34、1. 99
OLI	2017118	124/029、124/030	0. 17、0. 76
OLI	2017150	124/029、124/030	1. 15、0. 07
OLI	2017166	124/029、124/030	1. 15、0. 07
OLI	2017198	124/029、124/030	0、0
OLI	2017278	124/029、124/030	0. 22、0. 32

6. 1. 2. 2　数字高程（DEM）数据的获取

本章研究采用 ASTER-GDEMV2 数字高程数据，该数据由 NASA 新一代对地观测卫星 TERRA 测绘所得。空间分辨率为 30m，数据来源于地理空间数据云网站（http://www.gscloud.cn/）。

6. 1. 2. 3　气象数据及其他辅助数据

选取研究区 2015 ~ 2017 年各年 4 ~ 10 月石门气象站的气象数据。数据采集频次为 10Hz，每 30min 记录一次，通过数据采集器 CR1000（CR1000，Campbell Scientific）储存，相关仪器参数见表 6-2。

表 6-2　气象站传感器基本信息

产品名称	型号	安装高度/m	生产商
空气温湿度	HMP155A	2	Campbell Scientific Inc. , USA
四分量净辐射仪	NR-LITE	2	Campbell Scientific Inc. , USA
风杯式风速仪	034B	2, 3.5	Met One Instruments Inc. , USA
土壤热通量板	HFP01	-0.1	Husker Flux Inc. , USA
雨量筒	TEM525MM	2	Texas Electronics. , USA
土壤三参数仪	CS655	-0.1, -0.2, -0.4, -0.8	Campbell Scientific Inc. , USA

在 SEBAL 计算过程中，需要输入研究区的气温和风速数据。利用研究区附近的 4 个国家站 2m 处气温（T_a）和风速（WS）通过克里金插值法（Kriging method）插值得到 30m 空间分辨率的气温和风速数据。

社会经济数据主要包括人口、国内生产总值、牲畜数量等数据来自内蒙古统计年鉴以及锡林郭勒盟统计局网站（http://tjj.xlgl.gov.cn/）。

6.1.3　研究方法

6.1.3.1　分类体系及解译标志

根据我国《土地利用现状分类标准》，结合国际上《湿地公约》及国内《中华人民共和国国家标准：湿地分类》分类体系，同时考虑在 30m 分辨率的遥感影像中划分湿地类型的可分辨性，将研究区景观类型分为沼泽、草地、耕地、水体和其他 5 个景观类型（表 6-3）。

表 6-3　干旱区分类指标体系

一级类型	含义
沼泽	天然河流、溪流等流动湿地，分布于平坦/低洼地区
	以喜湿苔草、及禾本科植物占优势、多年生植物，植物郁闭度不低于 15%
草地	生长草本植物为主的土地，分布于山坡、缓坡区，地面表层除冬季降雪覆盖，土壤常年处于干燥状态
耕地	种植农作物的土地，包括熟地，新开发、复垦、轮作地；多为喷灌圈
水体	天然形成的集水区，包括河流和湖泊
其他	包括未利用地、建设用地

采用监督分类中的支持向量机（SVM）分类方法进行分类，遥感解译标志见表 6-4，对分类结果进行分类后处理。此外，结合野外实测验证数据及借助谷歌地球数据对分类结果进行精度验证，1989 年、1995 年、2000 年、2006 年、2011 年、2015 年分类结果的整体精度分别为 87%、91%、93%、90%、88%、92%，Kappa 系数分别为 0.87、0.88、0.85、0.87、0.89，分类结果基本能够满足研究需要。

表 6-4　遥感解译标志

一级分类		解译标志	遥感影像
代码	名称		
1	沼泽	呈带状分布，形状不规则，呈红色，影纹不均匀，粗糙	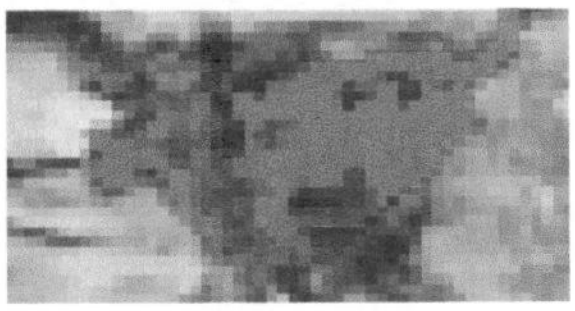
2	草地	边界清晰，呈大块、片状分布，呈深绿色、绿色、分布均一	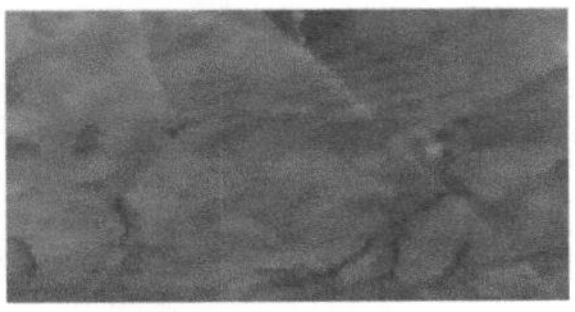
3	耕地	呈规则状分布，一般为圆形，呈红色、浅绿色	
4	水体	边界清晰，形状规则，呈深蓝色、蓝色、浅蓝色，影纹均一	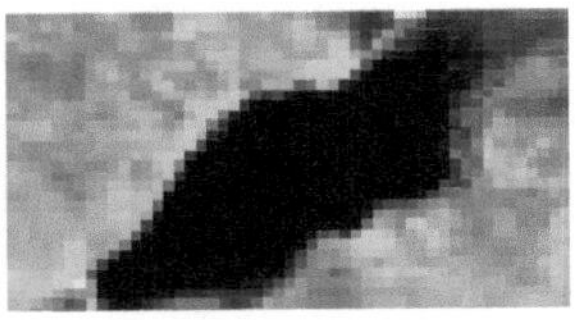
5	其他	浅白、浅绿色，呈团状或片状，建设用地有交通线穿过，沙地呈不规则片状分布	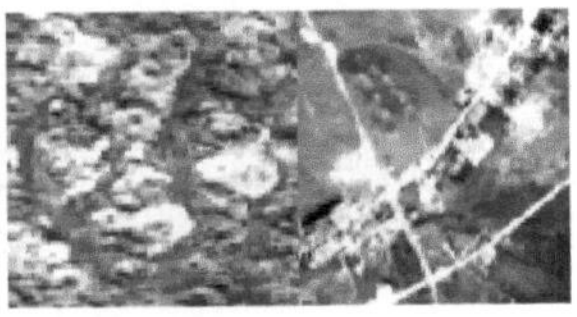

6.1.3.2　动态变化分析方法

综合动态度、转移矩阵和标准椭圆差在一定的时间和空间上能够反映湿地的动态演化过程，从6个阶段不同景观类型的变化差异和变化程度来解析锡林河流域上游土地利用情况的变化趋势。

（1）动态度模型

动态度模型如式（6-1）[19]。

$$LC=(U_1-U_2)/U_2/T\times100\% \tag{6-1}$$

式中，LC为T年的景观类型变化动态度,%；U_2为研究初期景观面积，km^2；U_1为研究末期土地面积，km^2；T为时间，a。动态度用来反映不同景观类型在不同时间的变化特征。

（2）质心转移模型

利用质心迁移模型可以从空间上形象具体的描述景观格局的位置迁移及演变过程[20]。利用ArcGIS10.4软件得到各个时期湿地的质心坐标，通过土地利用面积质心迁移模型，计算各类景观类型的迁移方向和距离。质心迁移距离计算如式（6-2）：

$$C=\sqrt{(X_{t2}-X_{t1})^2+(Y_{t2}-Y_{t1})^2} \tag{6-2}$$

式中，X_t、Y_t为第t年某种土地利用类型分布质心的坐标；C为景观类型的质心迁移距离，km。

6.1.3.3 景观格局演变分析方法

利用景观格局指数方法可以直观的表示景观格局信息，从而量化流域上游景观格局的演变。通过分类后的景观类型数据转化成TIFF格式，将其导入FragStats4.2中，对数据进行处理，获得流域上游的景观指数。选取了斑块所占景观面积比例（PLAND）、斑块结合度（COHESION）、景观形状指数（LSI）、斑块聚合度（AI）、最大斑块所占景观面积的比例（LPI）、斑块密度（PD）、斑块数目（NP）、香农多样性（SHDI）、香农均匀度（SHEI）9个常用的景观指数[21]，综合类型水平与景观水平这两个层次上的景观指数，对流域上游景观格局动态变化特征进行分析。景观指数详细信息见表6-5。

表6-5 景观格局指数计算公式

序号	景观指数	计算公式	符号含义	定义
1	斑块所占景观面积比例（PLAND）	$\dfrac{\sum_{j=1}^{n}a_{ij}}{A}(100)$	i表示第i类景观类型；j表示第j个斑块；A表示景观总面积	反映斑块类型空间分布情况
2	斑块结合度指数（COHESION）	$\left[\dfrac{\sum_{i=1}^{m}\sum_{j=1}^{n}p_{ij}}{\sum_{i=1}^{m}\sum_{j=1}^{n}p_{ij}\sqrt{a_{ij}}}\right]\times\left[1-\dfrac{1}{A}\right]^{-1}\times100$	p_{ij}为斑块ij用像元表面积测算的周长；A为该景观的像元总数	反映该类型斑块的形状物理连通性
3	景观形状指数（LSI）	$\dfrac{Q}{2\sqrt{\pi\times B}}$	Q表示研究区域内斑块类型的周长；B表示研究区域内整个景观的总面积	表征景观斑块的聚集程度

续表

序号	景观指数	计算公式	符号含义	定义
4	斑块聚合度（AI）	$\left[\frac{g_i}{\max\rightarrow g_i}\right]$（100）	g_i相应景观类型的相似邻接斑块数量	基于同类型斑块像元间公共边界长度
5	最大斑块所占景观面积的比例（LPI）	$\frac{\mathrm{MAX}\ (a_{ij})}{A}$	a 表示某类景观类型的斑块个数	反映最大斑块面积所占的比例，度量景观优势度指标
6	斑块密度指数（PD）	$\frac{N}{A}$	N 表示研究范围内景观要素类型总数；A 表示研究范围景观总面积	景观中某一类景观要素的单位面积斑块数
7	斑块数目指数（NP）	a_{ij}	a 表示某类景观类型的斑块个数	某一景观类型范围内表达景观破碎度与景观分离度的指标
8	香农多样性指标（SHDI）	$-\sum_{i=1}^{m}(q_i \ln q_i)$	q_i表示各斑块类型的面积，其取值范围为 SHDI≥0	反映不同景观的丰富程度和复杂程度
9	香农均匀度指标（SHEI）	$\frac{-\sum_{i=1}^{m}(q_i \ln q_i)}{\ln m}$	q_i 表示各斑块类型的面积；m 为斑块类型数目数	比较不同景观或同一景观不同时期多样性变化的情况

6.1.3.4 SEBAL 蒸散模型及其参数计算

利用景观格局指数方法可以直观的表示景观格局信息，从而量化流域上游景观格局的演变。通过分类后的景观类型数据转化成 TIFF 格式，将其导入 SEBAL 蒸散模型并计算其参数。

（1）SEBAL 蒸散模型

SEBAL（surface energy balance algorithm for land）模型是利用遥感数据反演蒸散发的估算模型。1995 年由 Bastiaanssen 等提出的单层计算模型，利用能量平衡方程计算蒸发瞬时潜热通量。

$$\lambda \mathrm{ET}_{\mathrm{inst}}=R_n-G-H \tag{6-3}$$

式中，λ 是水的汽化潜热［W/(m^2 · mm)］，$\mathrm{ET}_{\mathrm{inst}}$是蒸散量（mm），$R_n$ 为净辐射通量（W/m^2），G 为土壤热通量（W/m^2），H 为显热通量［W/(m^2 · mm)］。

利用遥感数据反演的地表参数结合气象数据和数字高程数据就能计算 SEBAL 模型中各个参数，根据能量平衡方程计算蒸散量，最后通过尺度扩展得到日蒸散量。计算流程图 6-5 所示。

（2）归一化植被指数

归一化植被指数是反映植被的生长状况和覆盖程度的重要植被，与植被分布的密度呈线性关系。NDVI 计算公式如下：

$$\mathrm{NDVI}=\frac{\rho_4-\rho_3}{\rho_4+\rho_3} \tag{6-4}$$

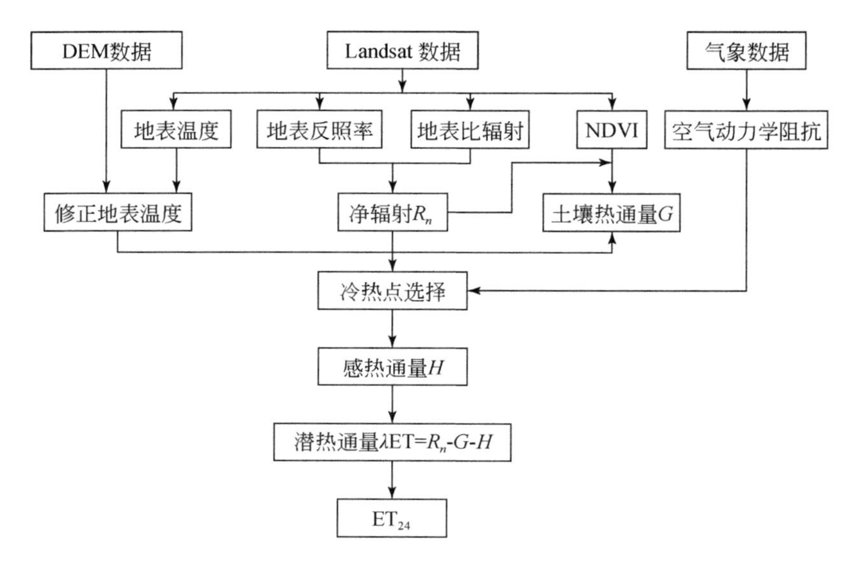

图 6-5　SEBAL 模型计算流程图

式中，NDVI 为归一化植被指数，ρ_3为红光波段反射率，ρ_4为近红外波段反射率。

(3) 地表温度

基于大气校正法，利用 Landsat8 TIRS 反演地表温度。

辐射传输方程为

$$L_\lambda = [\varepsilon B(T_s)+(1-\varepsilon)L\downarrow]\tau+L\uparrow \tag{6-5}$$

式中，L_λ 为卫星传感器接收到的热红外辐射亮度，ε 为地表比辐射率，T_s 为地表温度 K，B（T_s）为黑体热辐射亮度，τ 为大气在热红外波段的透过率，$L\uparrow$ 为大气向上辐射亮度。

地表温度 T_s 为

$$T_s = k_2/\ln[k_1/B(T_s)+1] \tag{6-6}$$

对于 TIRS Band10，$k_1 = 774.89\ \mathrm{W/(m^2 \cdot \mu m \cdot sr)}$，$k_2 = 1321.08\mathrm{K}$。处理流程图如图 6-6所示。

(4) 地表净辐射

净辐射通量（R_n）计算如式（6-7）

$$R_n = (1-\alpha)R_{s\downarrow}+R_{L\downarrow}-R_{L\uparrow}-(1-\varepsilon_0)R_{L\downarrow} \tag{6-7}$$

式中，α 为地表反照率；$R_{s\downarrow}$ 为太阳入射的短波辐射（$\mathrm{W/m^2}$）；$R_{L\downarrow}$ 是太阳入射的长波辐射（$\mathrm{W/m^2}$）；$R_{L\uparrow}$ 为地表发射的长波辐射（$\mathrm{W/m^2}$）；ε_0为地表比辐射率，介于 0 ~ 1。

地表反照率计算公式为

$$\alpha = \frac{\alpha_{\mathrm{toa}}-\alpha_{\mathrm{path\_radiance}}}{\tau_{\mathrm{sw}}^2} \tag{6-8}$$

式中，α_{toa}，大气顶反射率。$\alpha_{\mathrm{path\_radiance}}$，是大气路径反照率，约 0.025 ~ 0.04[22]。τ_{sw}是大气单向透射率，由以下公式计算：

$$\tau_{\mathrm{sw}} = 0.75+2\times10^{-5}\times Z \tag{6-9}$$

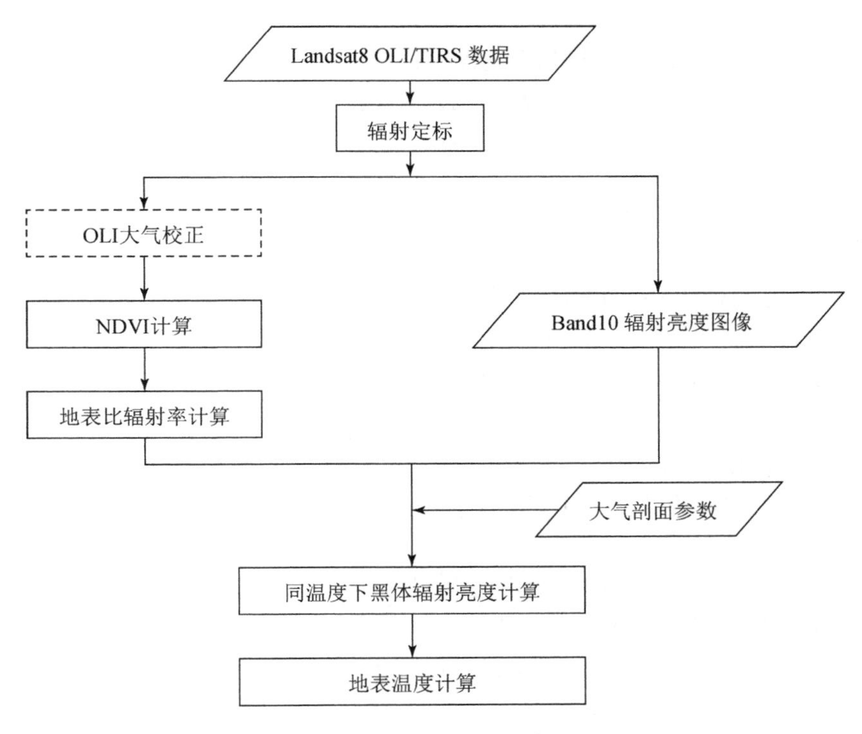

图 6-6　地表温度反演流程图

式中，Z 为海拔高度（m）。

入射的短波辐射（$R_{s\downarrow}$）计算公式：

$$R_{s\downarrow}=G_{sc}\times\cos\theta\times d_r\times\tau_{sw} \tag{6-10}$$

式中，G_{sc}是太阳常数（1367W/m^2），θ 为太阳天顶角（从卫星图像的 MTL 文件中获取）；d_r为日地距离。

入射的长波辐射（$R_{L\downarrow}$）计算公式：

$$R_{L\downarrow}=\varepsilon_a\sigma T_a^4 \tag{6-11}$$

式中，ε_a是大气比辐射率，σ 为斯蒂芬-玻尔兹曼常数［5.67×10^{-8}W/(m^2 · K^4)］，T_a为空气温度。

$$\varepsilon_a=1.08\ (-\ln\tau_{sw})^{0.265} \tag{6-12}$$

地表出射的长波辐射（$R_{L\uparrow}$）：

$$R_{L\uparrow}=\varepsilon_0\sigma T_s^4 \tag{6-13}$$

式中，σ 为常数；T_s为地表温度（K）。

$$\varepsilon_0=1.009+0.047\ln(\text{NDVI}) \tag{6-14}$$

(5) 土壤热通量

土壤热通量（G）指单位时间单位面积上的土壤热交换量[23]。

$$\frac{G}{R_n}=\frac{T_s}{(0.0038\alpha+0.0074\alpha^2)(1-0.98\text{NDVI}^4)} \tag{6-15}$$

(6) 显热通量

显热通量(H)是指由传导和对流过程而释放到大气中的那部分能量。是模型中计算较为复杂的一个参数，同时对模型的精度也有着重要的影响。

$$H=\frac{\rho\times C_p\times \mathrm{dT}}{r_{\mathrm{ah}}} \tag{6-16}$$

式中，ρ 为空气密度(标准状态下为1.293kg/m^3)，C_p空气定压比热，通常取1004J/(kg · K)；dT 是温度差；r_{ah}为空气动力学阻力。

地表粗糙度 Z_{om} 计算公式如下：

$$Z_{\mathrm{om}}=\exp(5.65\mathrm{NDVI}-6.32) \tag{6-17}$$

通过遥感解译的地表温度会随着地形的变化会发生改变，因此需要对 T_s 进行校正。

$$T_s^*=T_s-0.0065Z \tag{6-18}$$

式中，T_s^* 为校正后的地表温度。

在 SEBAL 模型中认为 T_s^* 与 dT 存在线性关系，如下式：

$$\mathrm{d}T=aT_s^*+b \tag{6-19}$$

式中，a 与 b 为常数，在不同地区有不同的赋值。

为求得 dT 需要从影像中选择“冷热点”[24]：“热点”选择是 NDVI 高 T_s 地的点。“冷点”选择 NDVI 值低，T_s 高的点，在流域上游热点通常在沙地选取，冷点选择河谷湿地靠近河流的区域。

$$a=\frac{(R_{\mathrm{nhot}}-G_{\mathrm{hot}})\times r_{\mathrm{ahhot}}}{C_p\times\rho_{\mathrm{airhot}}\times(T_{\mathrm{shot}}^*-T_{\mathrm{scold}}^*)} \tag{6-20}$$

$$b=-a\times T_{\mathrm{scold}}^* \tag{6-21}$$

ρ_{air}计算方法参考 Burman 和 Smith[25],[26]的计算方法，直接给出最后结果，公式如下：

$$\rho_{\mathrm{air}}=349.635\times\frac{\left(\frac{T_a-0.0065Z}{T_a}\right)^{5.26}}{T_a} \tag{6-22}$$

空气动力学阻抗(r_{ah})计算公式如下：

$$r_{\mathrm{ah}}=\frac{\ln\left(\frac{Z_2}{Z_1}\right)}{U^*k} \tag{6-23}$$

式中，Z_1取0.01m，Z_2取2m；U^*为200m 处摩擦风速(m/s)；k 为常数，通常取0.41。

$$U^*=\frac{kU_r}{\ln\left(\frac{Z_r}{Z_{om}}\right)} \tag{6-24}$$

式中，Z_r为风速不受地形影响的高度，通常取100m 或200m；U_r 为 Z_r处风速(m/s)。

$$U_r=\frac{U_2\times\ln(67.8\times Z_r-5.42)}{4.87} \tag{6-25}$$

式中，U_2为地面摩擦风速(m/s)。

$$U_2=\frac{4.87\times U_x}{\ln(67.8X-5.42)} \tag{6-26}$$

式中，U_x 为气象站实测风速（m/s）；X 为气象站高度，取 2m。

计算 H 的条件是需要处于稳定状态，由于近地大气层并不是一直处于稳定状态，因此需要对 r_{ah} 以及 ρ_{air} 进行修正，修正流程见图 6-7。图 6-7 中：$\Psi_{h(200m)}$ 为空气动力学传输稳定修正系数，与 Monin-Obukov 长度参数有关；ψ_m 与 ψ_h 是显热通量稳定度修正系数。

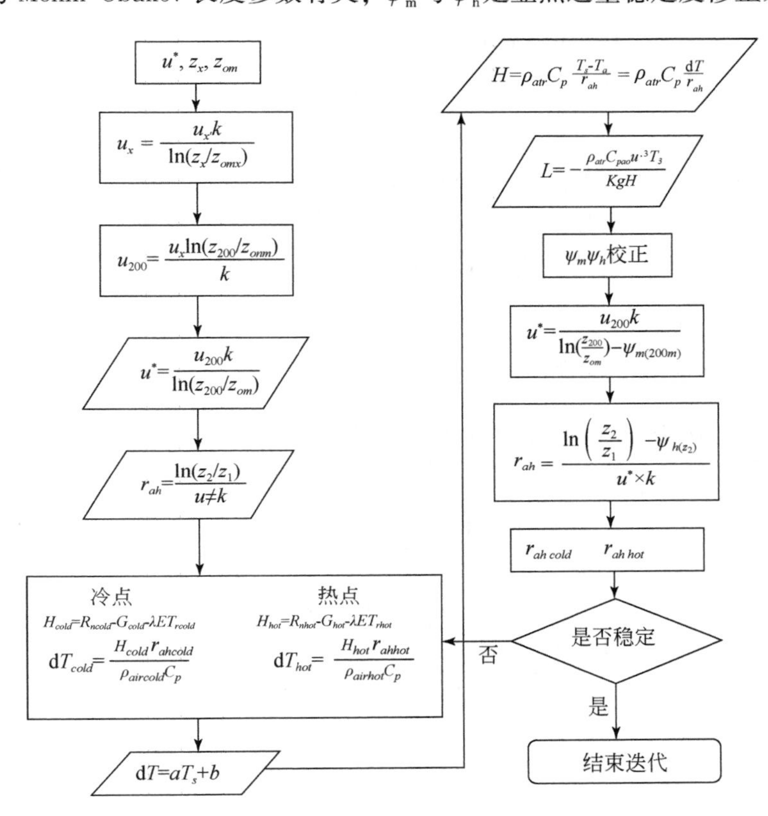

图 6-7　显热通量循环迭代流程图

（7）蒸发比及日蒸散发量

由于卫星过境得到的是瞬时影像，因此需要转换得到日数据。SEBAL 模型中假设 24h 之内，蒸发比是相对稳定的。

蒸发比 $\wedge$：

$$\wedge_{\text{inst}} = \frac{\lambda_{\text{ET}}}{R_n - G} = \wedge_{24} \tag{6-27}$$

式中，$\wedge_{24}$ 是一天 24h 内的蒸散发比。

日蒸散量 ET_{24}：

$$\text{ET}_{24} = \frac{R_{n24} \times \wedge_{24} \times 86400}{[2.501 - 0.002361 \times (T_s - 273.15)] \times 10^6} \tag{6-28}$$

式中，R_{n24} 是一天内的净辐射量（W/m²）；T_s 是地表温度（K）

6.1.3.5 FAO 56 Penman-Monteith 模型

利用景观格局指数方法可以直观的表示景观格局信息，从而量化流域上游景观格局的演变。通过分类后的景观类型数据转化成 TIFF 格式，将其导入好

$$\mathrm{ET}_0=\frac{0.408\Delta(R_n-G)+\gamma\dfrac{900}{T+273}u_2(e_s-e_a)}{\Delta+\gamma(1+0.34u_2)} \tag{6-29}$$

$$\mathrm{ET}=K_c\times\mathrm{ET}_0 \tag{6-30}$$

式中[27]：ET_0为参考作物蒸散量（mm/d），Δ 为饱和水汽压曲线斜率（kPa/℃），ET 为实际蒸散发（$\mathrm{mm\cdot d^{-1}}$），K_c为作物系数，R_n为冠层表面净辐射［$\mathrm{MJ/(m^2\cdot d)}$］，T 为日平均气温（℃），u_2为 2m 高度处风速（$\mathrm{m/s^1}$），（e_s-e_a）为饱和水汽压（kPa），γ 为湿度计常数（$\mathrm{kPa/℃^1}$）。

6.1.3.6 模型适用性评价

为评价 SEBAL 模型的适用性，采取相对均方差（RMSE）、一致性指数（d）、平均偏差（bias）、和平均偏差（ME）4 个统计量进行评价，计算公式如下[28]。

$$\mathrm{RMSE}=\left[\frac{1}{N}\sum_{i=1}^{N}(P_i-O_i)^2\right]^{\frac{1}{2}} \tag{6-31}$$

$$d=1-\left[\frac{\sum_{i=1}^{N}(P_i-O_i)^2}{\sum_{i=1}^{N}(|P_i-O_{\mathrm{ave}}|+|O_i+O_{\mathrm{ave}}|)^2}\right] \tag{6-32}$$

$$\mathrm{bias}=\frac{1}{N}\sum_{i=1}^{N}(O_i-P_i) \tag{6-33}$$

$$\mathrm{ME}=1-\left[\sum_{i=1}^{N}(O_i-P_i)^2/(O_i-O_{\mathrm{ave}})^2\right] \tag{6-34}$$

式中，N 为样本总数；P_i 为第 i 个样品的估算值；O_i 为第 i 个样本的观测值；O_{ave}为样本观测序列的平均值。

6.1.3.7 敏感性分析

敏感性分析是定量分析各气象因子的变化对 ET 的变化影响程度[29]。

$$F=\lim_{\Delta V\to 0}\left(\frac{\Delta\mathrm{ET}/\mathrm{ET}}{\Delta Q/Q}\right)=\frac{\partial\mathrm{ET}}{\partial Q}\cdot\frac{VQ}{\mathrm{ET}} \tag{6-35}$$

式中，F 为敏感系数；ΔET 为实际蒸散量的变化量；Q 和 ΔQ 分别为气象因子及其变化量。

6.2 流域上游景观格局演变及驱动力分析

6.2.1 景观类型时空演变特征

6.2.1.1 景观类型空间分布及面积变化

由 1989 ~ 2015 年锡林河上游分类结果图（图 6-8）可知：流域上游主要景观以草地为主，沼泽地和其他土地景观次之，耕地和水体景观较少。随着时间的推移和乡镇的发展，建设用地主要集中在北部支流的白音锡勒牧场和三连等。对比近 30 年的土地利用景观类型分布，发现沼泽地呈减少趋势，水体景观变化较小。其他类型景观有较为明显的扩张趋势。1989 年，耕地和其他类景观类型基本呈零星状分布，沼泽分布较为集中。而 1995 年和 2000 年，沼泽景观急剧减少，其他类型景观明显增多。2006 年以后，耕地面积迅速扩大，在锡林河水库的上游开发了成片的喷灌圈，一直到 2015 年，耕地的面积有所回落。

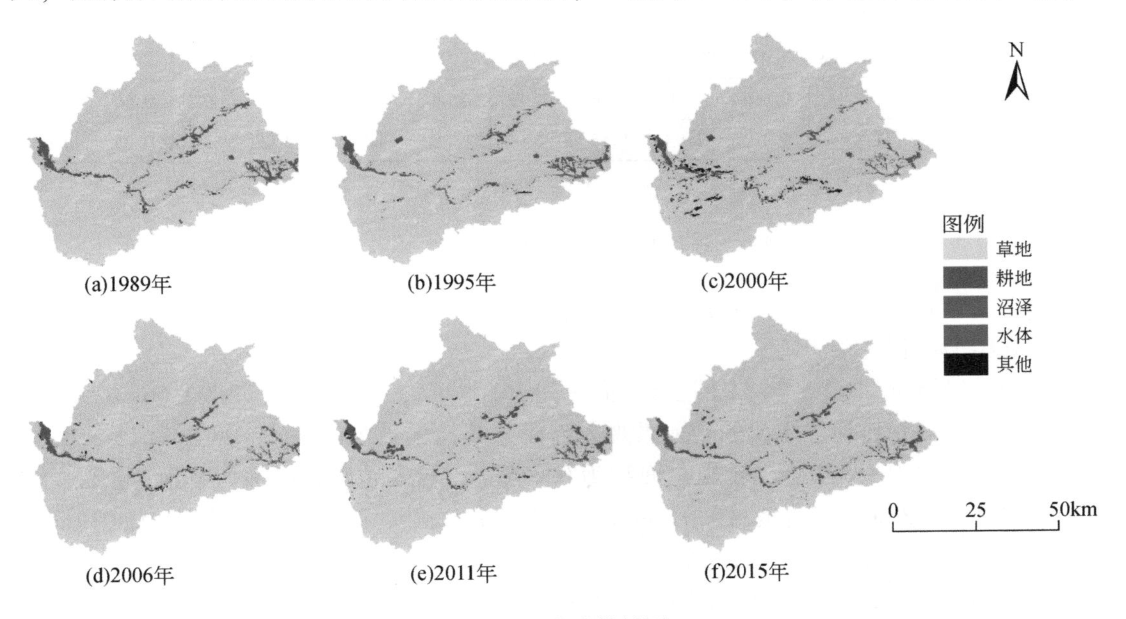

图 6-8　分类结果图

从不同时间不同景观面积变化（表 6-6）可以看出：草地在研究区中占总面积的比例分布在 95.73% ~ 96.49%，草地景观占主体。研究时段内 2000 年草地总面积最小为 3272.38km^2，2006 年草地面积增加至最高 3298.61km^2；耕地面积变化幅度较大，面积比例在 0.03% ~ 0.47%，1989 年耕地面积最低为 0.93km^2，2011 年达到最高值 16.17km^2；沼泽面积整体占比在 2.55% ~ 3.75%，1989 沼泽面积最大为 128.29km^2，1989 ~ 2000 年沼泽面积流失严重，2000 年沼泽面积减至最低为 87.23km^2，2000 ~ 2006 年沼泽面积开始增长，2011 年之后逐渐趋于稳定，整体变化率为-1.21km²/a；水体在整个上游土地利用类型中占比最小，所占比例在0.06%~0.12%，2000 年水体面积减至最低为2.04km²，2011 年增长至最多为4.13km²；其他土地利用类型包括未利用土地和建设用地，面积占比分布在0.13%~1.55%，1995 年所占面积最低为4.34km²，至2000 年增至最高为52.94km²，2006 年之后所占比例先增加后减少。近30 年来草地、耕地、水体和其他面积呈上升趋势，增速分别为0.72km²/a、0.42km²/a、0.02km²/a、0.06km²/a。2006~2015 年，沼泽转入面积与转出面积基本一致。沼泽面积的变化幅度趋于减小，也在一定程度上说明了锡林河流域河谷湿地退化的状况得到了初步的改善。

表 6-6　锡林河流域上游景观分布面积变化统计表

类型	1989 年		1995 年		2000 年		2006 年		2011 年		2015 年		变化率/(km²/a)
	面积/km²	比例/%	面积/km²	比例/%	面积/km²	比例/%	面积/km²	比例/%	面积/km²	比例/%	面积/km²	比例/%	1989~2015 年
草地	3278.85	95.92	3290.24	96.25	3272.38	95.73	3298.61	96.49	3287.54	96.17	3297.57	96.46	0.72
耕地	0.93	0.03	3.87	0.11	3.87	0.11	1.67	0.05	16.17	0.47	11.86	0.35	0.42
沼泽	128.29	3.75	117.08	3.42	87.23	2.55	104.07	3.04	96.04	2.81	96.76	2.83	-1.21
水体	2.49	0.07	2.93	0.09	2.04	0.06	2.08	0.06	4.13	0.12	2.94	0.09	0.02
其他	7.89	0.23	4.34	0.13	52.94	1.55	12.01	0.35	14.56	0.43	9.33	0.27	0.06

6.2.1.2　景观类型面积转移矩阵

利用 ENVI 5.3 对锡林河流域上游不同时间的各景观类型进行叠加分析，得到5 个时期的景观类型面积转移矩阵。

1989~1995 年（表6-7），草地转入面积为36.05km²，转出的面积为24.66km²，主要转出方向为沼泽和耕地，主要的转入景观为沼泽和其他类景观，净转入面积为11.39km²。耕地转入总面积为3.87km²，转出总面积为0.93km²，转入转出方向都为草地。沼泽的转入有草地（17.53km²）、耕地（0.01km²）、水体（0.1km²）和其他类型景观（0.07km²），草地转入面积占总转入面积的98.98%，转出总面积为28.92km²，转出的主体也是草地。水体在整体占比中较小，转入主要以沼泽为主，为0.6km²。转出方向包括湿地和草地，上游水体的分布主要以锡林河和扎格斯台湖为主。其他类景观中包括建设用地和未利用土地，面积略大于水体占比，主要转入和转出方向以草地为主。

1995~2000 年（表6-8），草地总的转入和转出的面积分别为42.97km²、60.82km²，主要的转入景观为湿地，占转入景观总面积的95.23%。净转出面积为17.85km²。耕地转入总面积和转出总面积均为1.28km²，耕地总面积基本没有发生变化。沼泽的转入景观包括草地（10.95km²）和水体景观（0.65km²），草地转入面积占主要地位。向草地的转出面积为41.15km²。水体转入转出面积分别为0.04km²、0.93km²，转向湿地的面积占总转出面积的70%，其他类景观中主要转入和转出方向仍以草地为主。

表 6-7 1989 ~ 1995 年锡林河流域上游土地利用类转面积转移矩阵

时段	景观类型	草地/km²	耕地/km²	沼泽/km²	水体/km²	其他/km²
1989 ~ 1995 年	草地	3254. 19	0. 92	28. 31	0. 27	6. 55
	耕地	3. 83	—	—	—	0. 04
	沼泽	17. 53	0. 01	99. 37	0. 10	0. 07
	水体	0. 21	—	0. 60	2. 12	—
	其他	3. 09	—	0. 01	—	1. 23

表 6-8 1995 ~ 2000 年锡林河流域上游土地利用类转面积转移矩阵

时段	景观类型	草地/km²	耕地/km²	沼泽/km²	水体/km²	其他/km²
1995 ~ 2000 年	草地	3229. 41	1. 19	40. 92	0. 28	0. 57
	耕地	1. 12	2. 58	0. 16	—	—
	沼泽	10. 95	—	75. 62	0. 65	—
	水体	0. 03	—	0. 01	2. 00	—
	其他	48. 72	0. 09	0. 37	0. 00	3. 76

2000 ~ 2006 年（表 6-9），草地总的转入面积 67. 31km²，转出面积 41. 07km²。耕地转入面积为 1. 34km²，转出面积为 3. 53km²，草地为主要的转入景观，其他类景观为主要的转出景观。草地是沼泽景观的主要转入来源。草地转入面积占总转出面积的主体（97. 41%），转出总面积为 17. 25km²，净转入面积为 16. 84km²。水体的转入（0. 39km²）和转出（0. 35km²）面积基本相同。其他类景观中包括建设用地和未利用土地，整体景观面积略大于水体占比，主要转入和转出方向以草地为主。

表 6-9 2000 ~ 2006 年锡林河流域上游土地利用类转面积转移矩阵

时段	景观类型	草地/km²	耕地/km²	沼泽/km²	水体/km²	其他/km²
2000 ~ 2006 年	草地	3231. 31	3. 32	16. 89	0. 33	46. 77
	耕地	1. 31	0. 33	0. 03	—	0. 00
	沼泽	33. 21	0. 15	69. 97	0. 02	0. 71
	水体	0. 10	—	0. 28	1. 69	0. 01
	其他	6. 44	0. 06	0. 06	—	5. 45

2006 ~ 2011 年（表 6-10），草地的转入和转出的面积分别为 35. 48km²、46. 55km²，转入最多的是湿地和其他类景观，转出最多为湿地和耕地。耕地净转入面积为 14. 5km²，该时段内的耕地面积增长幅度最大。沼泽由草地、耕地、水体和其他类型景观转入面积共计 21. 97km²，草地转入面积占总转出面积的 96. 77%。转出总面积为 30km²。水体转入转出面积分别为 2. 17km² 和 0. 13km²，较上一时段水体的面积有所增加，可能这一时段降水补给增加。其他类景观转入面积为 11. 82km²，转出面积为 9. 27km²，净转入面积

为 2.55km²。

表 6-10 2006～2011 年锡林河流域上游土地利用类转面积转移矩阵

时段	景观类型	草地/km²	耕地/km²	沼泽/km²	水体/km²	其他/km²
2006～2011 年	草地	3252.06	0.62	26.55	0.08	8.24
	耕地	14.71	0.92	0.07	—	0.48
	沼泽	21.26	0.14	74.07	0.02	0.55
	水体	1.31	—	0.86	1.96	0.00
	其他	9.28	—	2.52	0.03	2.74

2011～2015 年（表 6-11），草地总的转入面积为 39.87km²、转出面积为 29.84km²，净转入面积为 10.03km²。耕地转入面积为 5.16km²，转出面积为 9.48km²，草地景观占转入和转出的主体。沼泽转入面积为 22.5km²，转出面积为 28.92km²，主要转出的主体也是草地。水体的转入主要以湿地和其他类景观为主，转入总面积为 0.44km²，转出主要以沼泽景观为主，转出面积为 1.63km²。

表 6-11 2011～2015 年锡林河流域上游土地利用类转面积转移矩阵

时段	景观类型	草地/km²	耕地/km²	沼泽/km²	水体/km²	其他/km²
2011～2015 年	草地	3257.70	8.86	21.04	0.41	9.56
	耕地	4.49	6.69	0.67	—	—
	沼泽	19.41	0.04	74.26	1.22	1.83
	水体	0.13	—	0.03	2.50	0.28
	其他	5.80	0.58	0.05	0.00	2.89

6.2.1.3 景观类型质心变化

景观类型的空间变化情况经常借助于质心迁移模型才反映，通过对比各个景观不同时间的经纬度以及不同时间的迁移距离，可以明确了解景观的空间变化特征。本节通过计算不同景观的质心坐标、迁移距离、质心变化图及面积的标准椭圆差来从多方面反映景观类型的空间变化规律。

结合表 6-12、图 6-9 可知，草地质心迁移变化较小，最大迁移距离在 1995～2000 年，移动距离为 0.37km，最小迁移距离在 2011～2015 年，迁移距离为 0.01km。研究时段内河谷草地整体轻微向东发生移动。从草地面积标准椭圆可以看出，近 30a 草地标准椭圆大小和位置基本不变，说明草地景观变化程度较小，较为稳定。

1989～1995 年耕地质心向西迁移距离为 27.64km，1995～2000 年耕地质心向西北方向迁移，迁移距离为 12.8km，2000～2006 年耕地质心又回转向东迁移了 10.83km。2006～2011 年和 2011～2015 年两个时间段耕地质心迁移距离明显降低，分别为 5.57km 和 6.6km，说明耕地的变化趋于稳定发展。研究时段内耕地整体呈现出东西向位置迁移变化

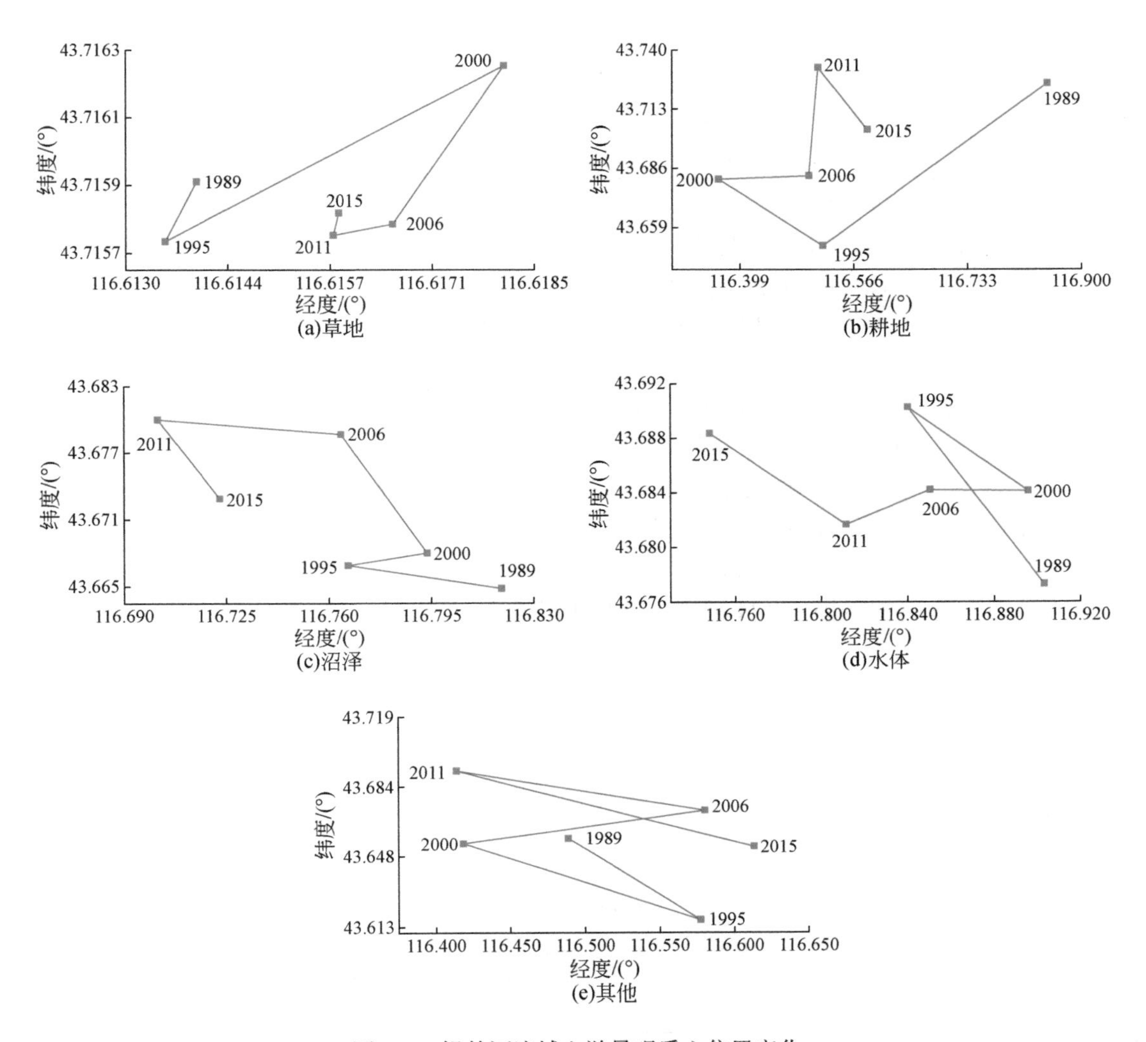

图 6-9 锡林河流域上游景观质心位置变化

(表6-12)。从耕地面积标准椭圆［图6-10（b）］可以看出，近30年耕地呈现出由东部向西部扩张的变化。1989年耕地主要分布在上游中东部，且椭圆面积较小，椭圆长轴沿东北方向狭长分布。1995年之后，耕地面积开始向西部扩张，1995年标准椭圆差的离心率最大，之后标准椭圆在东西方向呈缩短趋势，变化趋于平缓，位置主要集中在夏尔塔拉上游附近。

表 6-12 六个时段内各景观类型质心迁移距离 （单位：km）

景观类型	1989～1995年	1995～2000年	2000～2006年	2006～2011年	2011～2015年
草地	0.04	0.37	0.13	0.06	0.01
耕地	27.64	12.80	10.83	5.57	6.60
沼泽	4.21	2.18	2.65	5.06	1.89

续表

景观类型	1989～1995 年	1995～2000 年	2000～2006 年	2006～2011 年	2011～2015 年
水体	5.30	4.54	3.65	3.13	5.14
其他	8.48	13.52	13.17	13.57	16.59

1989～1995 年沼泽质心向西移动的距离为 4.21km，1995～2000 年沼泽质心反向向东，迁移距离为 2.18km，2000～2006 年沼泽质心又回转向西北方向移动，且 1995～2000 年和 2000～2006 年质心移动距离较小（表 6-12）。2006～2011 年沼泽质心向西南方向迁移 5.06km，研究时段内沼泽整体呈现出东西向位置迁移变化。2011～2015 年东南方向迁移距离较短，为 1.89km，沼泽迁移趋于稳定趋势。从沼泽面积标准椭圆可以看出［图 6-10（c）］，近 30a 沼泽呈现出向东—西方向扩张的变化。1995～2000 年和 2006～2011 年沼泽减少主要集中在西北方向，1989～2015 年沼泽斑块面积标准差椭圆的长轴方向均为东西方向，1989 年标准差椭圆的离心率最大，1989 年之后，标准差椭圆离心率变小且波动不大，长轴和短轴均逐渐缩短，表明沼泽地斑块面积在南—北方向呈缩小状态，而在东西方向呈延长趋势，整体沼泽景观趋于破碎化。

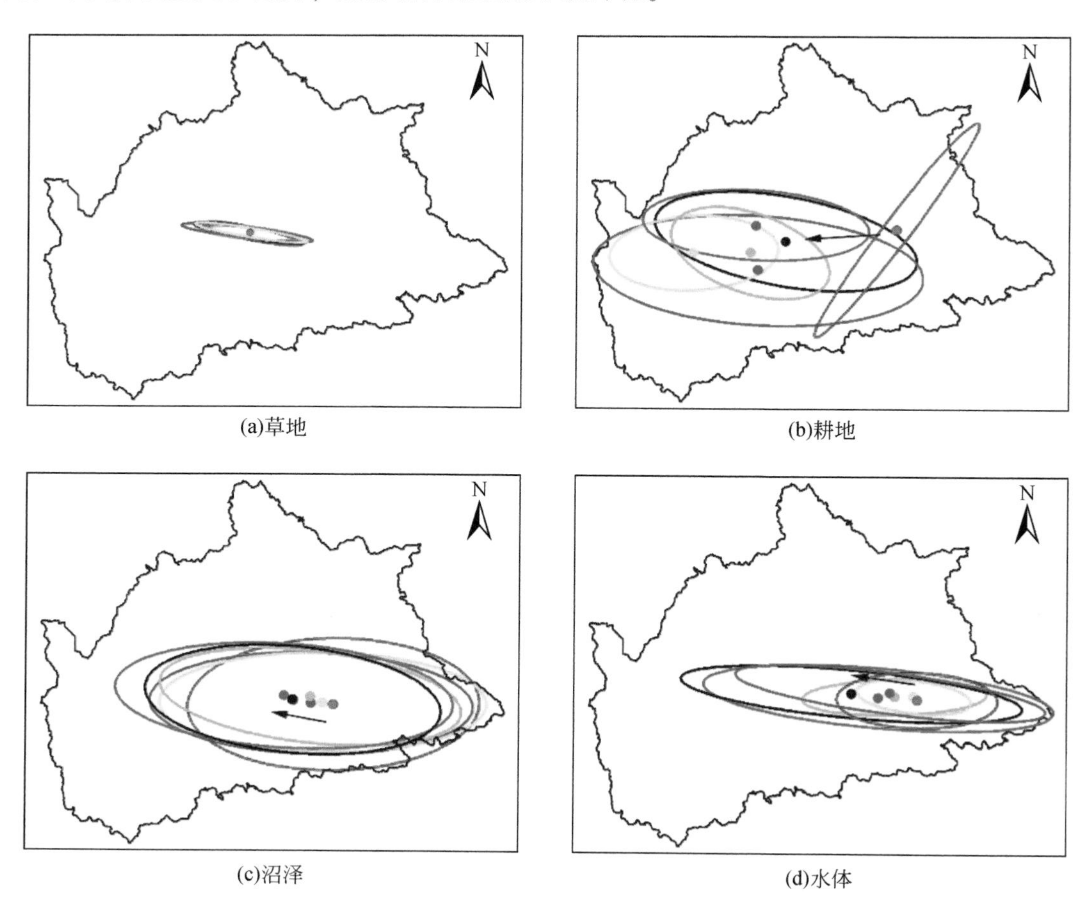

(a)草地　(b)耕地　(c)沼泽　(d)水体

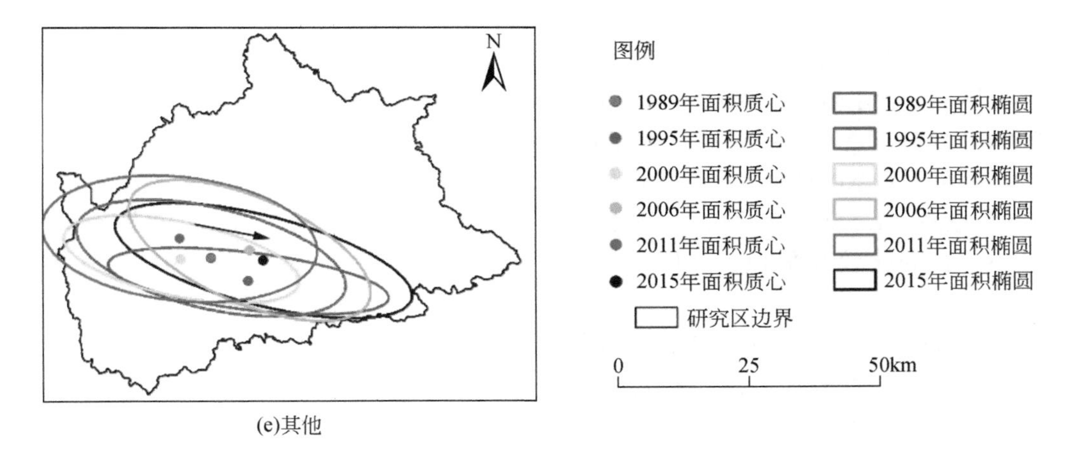

(e)其他

图6-10 1989~2015年流域上游景观斑块面积质心变化图

1989~1995年水体质心向西北移动，移动距离为5.3km，1995~2000年水体质心向东移动，移动距离为4.54km，2000~2015年水体一直向西迁移，总移动距离为9.6km（表6-12）。研究时段内水体整体呈现出东西向位置迁移变化。从水体面积标准椭圆［图6-10（d）］可以看出，水体的质心主要分布于上游东南部，距离锡林河发源地较近，1989年水体椭圆面积较小，水体分布较为集中。1995年之后，水体标准椭圆差的离心率逐渐增大，在东西向呈延长趋势，水体中心主要分布在上游的扎格斯台附近，水体的变化呈现出离散的趋势。

1989~1995年其他类景观质心向东移动，移动距离为8.48km，1995~2000年其他类景观质心向西移动，移动距离为13.52km，2000~2006年质心又回转向东移动，移动距离为13.17km（表6-12）。2006~2011年和2011~2015年2个阶段其他类景观在东西向回转，总迁移距离为3.02km。其他类景观迁移主要呈东西方向，质心分布在西南方向。从其他类景观面积标准椭圆可以看出［图6-10（e）］，近30a其他类景观呈现出东—西方向交替变换。1989~2000年标准差椭圆的离心率较小，2000年之后，标准差椭圆离心率变大呈扩张趋势，长轴和短轴均呈现增加趋势，表明河谷其他类斑块面积在2000年之后呈长趋势。

6.2.2 景观格局指数变化分析

6.2.2.1 斑块类型级别的景观指数变化

斑块面积百分比指数（PLAND）反映斑块类型空间分布情况。由于草地斑块面积相对其他类景观占比较大，对纵坐标进行了对数转化。由图6-11（a）可知，1989~2015年耕地和其他类景观PLAND波动较大，草地、沼泽和水体波动较小；6个时期草地景观面积占比最大，在94%~96.4%波动；沼泽面积占比在1989年最大（3.75%），到2000年减至最低（2.55%），这一时期锡林郭勒盟的畜牧业飞速发展，超出了地区合理载畜量，过度放牧使得沼泽退化[30]。另外，随着锡林浩特市旅游业的快速发展，研究区成为了重要的旅游观光景点，大规模旅游中马匹和游客的过度践踏导致土壤表层物理性状改变，土壤紧实度增加，含水量和孔隙度下降，致使物种多样性发生改变，进而改变沼泽景观格局。2000 年之后随着“退牧还草”和建立“自然保护区”等生态保护措施的实施，牲畜量减少，为草原生态的恢复发挥了积极作用，沼泽面积得以恢复扩大。其他类景观所占比重 2000 年最高（1.55%），之后呈下降趋势，到 2015 年比重减至 0.27%；水体面积占比整体较小，且变化较为平稳，最低占比在 2000 年为 0.06%，整体在 0.03%～0.047% 浮动。

斑块结合度指数（COHESION）表征景观斑块的自然连通性。由图 6-11（b）可知，草地和耕地的连通性较好，沼泽和其他类景观的连通性较差。草地景观的连通性值在 98.27～98.94，连通性最高。研究时段内沼泽的整体连通性变化不大，2000 年连通性最低为 97.94。耕地景观 1989～2000 年整体连通性在 95.23～96.74，到 2006 年降到最低值为 95.42，2006 年之后，COHESION 开始缓慢增长。水体和其他类景观受人为影响，相互之间的连通性变差，1989～2000 年处于显著增长趋势，2000～2011 年之后开始逐渐下降，2011～2015 年水体的 COHESION 值开始增长，连通性变好。其他类景观一直处于下降趋势，整体连通性越来越差。

LPI 用来衡量类型斑块的分布集中程度，能够反映出景观中的优势斑块类型，也可以体现出人类活动的强弱。由图 6-11（c）可知，1989～2015 年，草地景观 LPI 整体变化较小，处于稳定状态。耕地和其他类景观的变化情况大体相同，1989～2000 年，LPI 的值呈显著的上升趋势，景观的变化受人类活动干扰较大，从 2000～2006 年，LPI 开始下降，2006 年景观的集中程度较高，耕地在 2006～2011 年的仍有较大的浮动，到 2015 年，耕地和其他类景观都趋于稳定发展。

聚合度指数（AI）可以反映出景观中不同斑块类型的聚集程度。由图 6-11（d）可知，草地、耕地、沼泽和水体景观的 AI 值较大，4 类景观的整体斑块较为集中分布。其中，在 1989～2015 年，草地和耕地 AI 值变化幅度较小，因此斑块的聚集程度也基本没有发生变化。沼泽从 1995 年开始，AI 值逐渐减小，斑块聚集水平也随之降低，2000 年以后，耕地的 AI 值逐渐恢复，趋于稳定发展的态势。1989～2011 年，水体和其他类景观发展趋势大体相同，1989～1995 年 AI 值显著减少，整体的斑块分布较为分散，2000 年其他类景观的 AI 值达到最高为 86.84，水体的 AI 值最高为 2006 年的 96，2006～2015 年，其他类景观 AI 值显著降低。而水体的聚集度在 2011 年之后显著增高，斑块向集中化发展。

LSI 是表征景观结构复杂性的指数，值越大即形状越复杂，人为干扰越严重。由图 6-11（e）可知，研究时段内草地和其他类景观的 LSI 的趋势大体相同，1989～2000 年呈增长趋势，到 2000 增长到最大，最大值分别为 10.62 和 32.72，表明这一时段草地和其他类景观的复杂度较高。2000～2006 年显著下降，2011 之后逐渐趋于稳定。水体和耕地的波动较小，水体最大值发生在 2011 年为 7.96，耕地 LSI 值在 2.2～4.86 上下波动，整体的形状复杂度变化较小。沼泽 LSI 值平均值较大为 23.88，最大值出现在 2000 年为 26.4，整体上变化较为平缓，在 2011～2015 年 LSI 均呈下降趋势，景观斑块向规则化和集中化趋势发展。

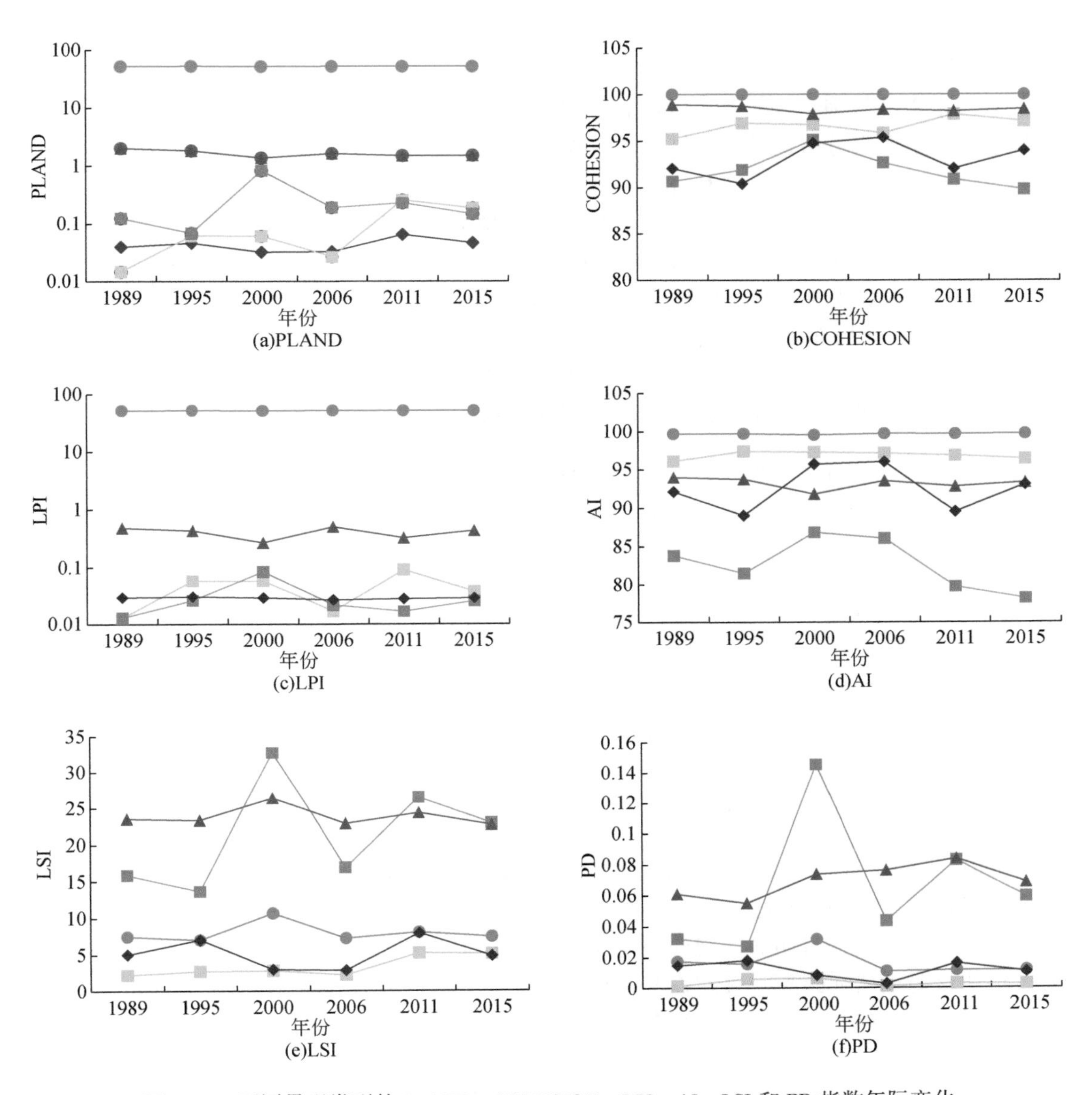

图 6-11　不同景观类型的 PLAND、COHESION、LPI、AI、LSI 和 PD 指数年际变化

由图 6-11（f）可知，草地面积最大，PD 值变化较小，表明草地的破碎化程度降低，破碎变化不明显。其他类景观起伏剧烈，2000 年达到最大值 0.15，之后迅速下降，2006～2011 年呈增加趋势，表明在人类活动影响下，景观在退化与恢复的过程中进行着自然演替。水体和耕地在空间上的分布范围较小，PD 值在 0～0.2 上下浮动，波动较小，变化趋势不明显。近 30a 来由于沼泽的 PD 值缓慢增长，呈上升趋势，说明沼泽的破碎度在增大。

6.2.2.2 景观级别的景观指数变化

景观水平的景观格局指数可以在较大的空间尺度上，反映区域整体景观特征，从景观水平的4个指数来分析锡林河流域上游景观格局的演变特征。由图6-12可以看出，1989～1995年NP值先趋于稳定（771～807个），到2000年NP数量急剧增长，增加至1684个，说明景观破碎度程度增大。到2006年之后，NP值先增加后减少，NP个数从848个增加至1246个，到2015年降低至965个，说明景观破碎度程度先增大，之后景观呈恢复趋势。LPI值整体呈波动性增长趋势，1989～1995年LPI呈增长趋势，到2000年LPI值减至最低（51.65），LPI值减少，说明最大斑块所占的百分比减少，景观破碎度程度增大。2006年LPI增至最大（52.08），说明斑块趋于复杂化，2011年之后，LPI呈上升趋势，说明最大斑块所占的百分比增加，景观破碎度程度减小。

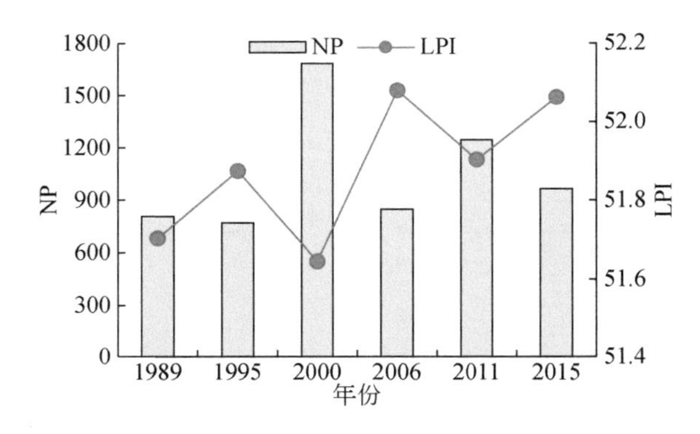

图6-12 景观级别NP和LPI指数年际变化

SHDI是描述景观丰富程度的指标，SHDI值越高表明景观斑块类型越多。SHEI越小，研究区景观类型面积分布越均匀。由图6-13可知，2006年的SHDI和SHEI值均为研究时段内最低，说明这一时期的景观破碎度小，分布较均匀，2000年的SHDI和SHEI值均最高，说明该时期研究区景观破碎程度较高，各景观类型面积分布较不均匀。SHDI和SHEI整体上呈下降的趋势，说明景观分布向均衡方向发展，景观破碎化程度在降低。

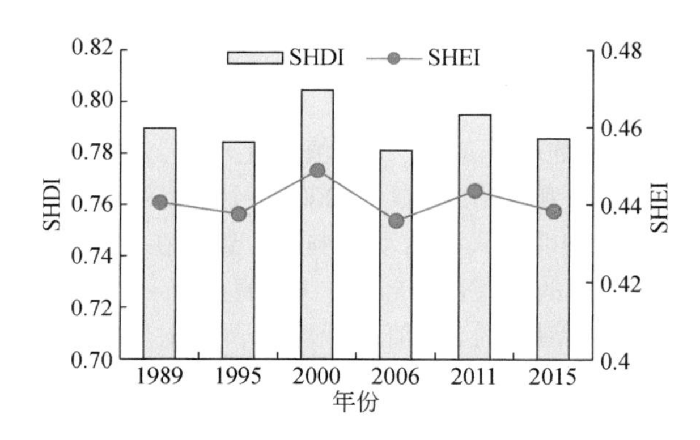

图6-13 景观级别SHDI和SHEI指数年际变化

综合流域上游景观格局变化分析，沼泽环境趋于逆向演变，徐晓龙等[31]在巴音布鲁克天鹅湖高寒湿地也得出类似结论。由于耕地和其他景观面积的扩张，耕地斑块增加且连接成片，使得沼泽的景观聚集度降低，斑块密集程度降低。加之地区过度放牧和大规模的开发耕地，破坏了研究区原有的景观格局分布，致使其破碎度和空间分布的离散程度不断增大，刘红玉等[32]在三江源平原流域也得出了类似的结论。

6.2.3 景观变化驱动因素分析

6.2.3.1 气候要素对景观的影响分析

为研究气候变化对锡林河流域上游景观格局变化的影响，本节对内蒙古锡林浩特站1989～2015年的气象要素变化情况进行分析，进而分析气象因子与各景观类型面积之间的相关关系，气象数据来源于中国数据气象网。

由图6-14、图6-15可知，流域年平均气温在1～5℃波动，多年平均气温为3.31℃，近30多年来气温整体呈上升趋势。流域年降水量在100～520mm变化。年平均风速分布在2.8～3.8m/s，年平均相对湿度为50%～65%。

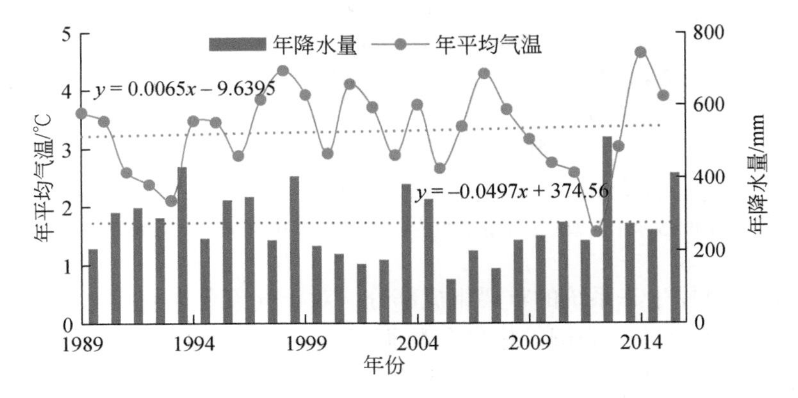

图 6-14　锡林浩特站 1989～2015 年降水量和平均气温变化图

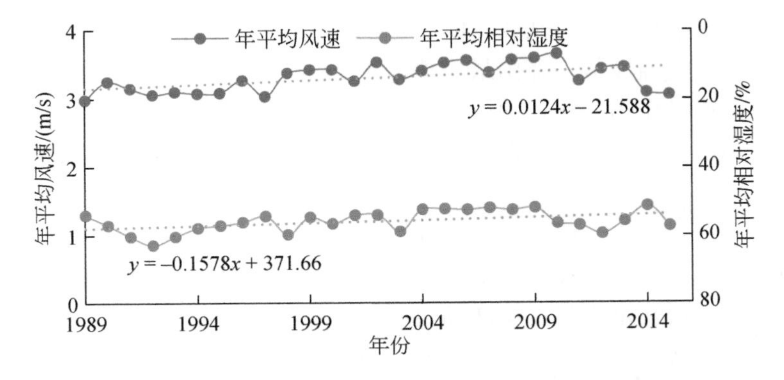

图 6-15　锡林浩特站 1989～2015 年平均风速和相对湿度变化图

由图6-16可知，草地面积在研究时段内变化比较平缓，与最低气温（T_{min}）、最高气温（T_{max}）、和相对湿度（RH）呈正相关关系，与平均气温（T_{mean}）和降水量（P）呈显著的正相关关系，与风速（u_2）呈负相关。耕地与各气象因子之间的相关关系较弱，说明该地区耕地面积受到气候变化影响程度微弱。降水量和相对湿度的增加对水体的面积有促进作用。对于未利用土地和建设用地组成的其他类型景观，与T_{min}、T_{max}、T_{mean}、RH和降水量呈负相关关系，与风速呈显著的正相关关系，降水和温度对其他类景观有一定的抑制作用。

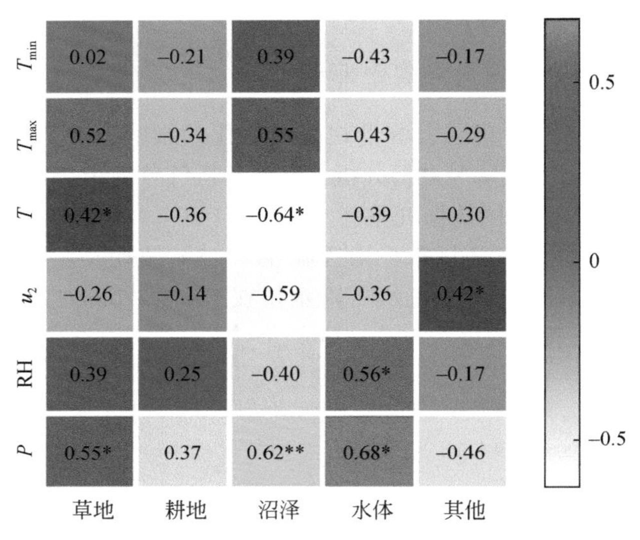

图6-16　1989～2015年锡林河流域上游景观面积与年气象因子相关性分析

注：“*”在0.05水平（双侧）上显著相关，“**”在0.01水平（双侧）上极显著相关

沼泽湿地作为草原生态系统的重要组成部分，对于气象要素的变化比较敏感，重点对流域上游沼泽湿地面积进行分析。将气象数据对应遥感数据时间节点分5段进行分析，1989～1995年平均降雨量303.8mm，年平均气温3℃，降雨量较大，年平均气温最低，与该时段湿地面积最大有一定联系。1995～2000年平均降水量降低至287.4mm，年平均气温上升至3.6℃，该时段内沼泽面积呈减少趋势。2006～2011年均降雨量为220mm，为时段内最小值，时段年平均气温达到3.3℃，蒸发量增大，导致沼泽面积再度减少。2012年出现时段内降雨量和气温极值，降雨最大值511.7mm，气温最小值为1.6℃，对该时段内湿地面积的增长有积极作用。从相关性分析可以看出，沼泽面积与降雨量和温度的相关系数分别为0.62、−0.64，说明沼泽地面积对降雨量和气温具有一定响应关系。

6.2.3.2　人类活动对景观的影响分析

人类活动是锡林河流域河谷景观格局变化的主要原因之一，利用锡林浩特市的地区生产总值（GDP）和人口数量进行人类活动对于景观类型影响的分析。

1989～2015年，地区生产总值、人口数目整体呈现连续的增长趋势（图6-17）。2000年之后，GDP迅速增长，近30年间增长124倍。对比分析人口增长了约20%以上，增长幅度较小，表明在经济高速发展进程中，人类了转变生产方式，日益发展的机械化逐渐替代了以人工劳动为主的发展模式。由图6-18可知，自1989年以来，锡林河流域总牲畜量迅速增长，由1989年的70.44万头（只）增长至1999年的120.4万头（只），实际载畜量远超过草原的承载能力，生态环境逐渐退化，沼泽面积减少。1999年以后，国家及地方出台系列政策来改善草原生态，流域内牲畜总量显著减少。

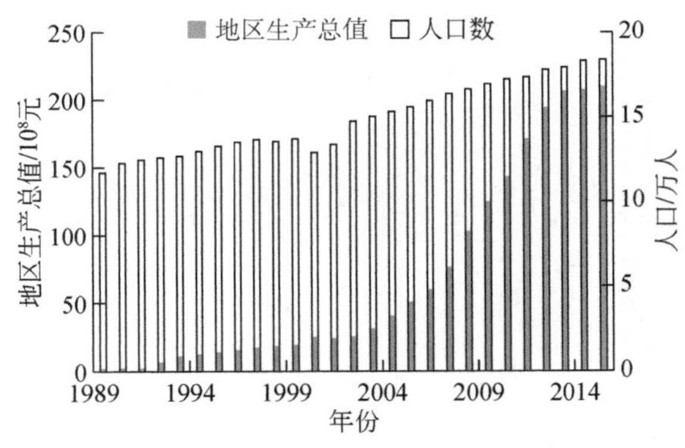

图6-17 锡林浩特市地区生产总值、人口年变化

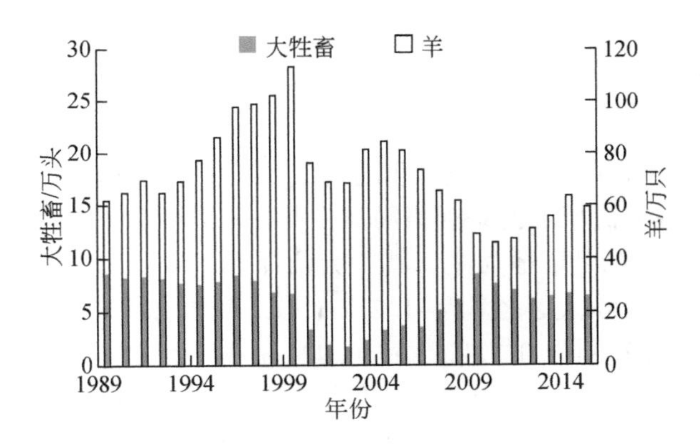

图6-18 锡林河流域大牲畜、羊数量的年变化

从相关性分析可以看出（图6-19），草地面积与总人口数、地区生产总值呈较弱的负相关关系。耕地面积与人口数量和地区生产总值的相关系数分别为0.78和0.89，呈显著相关（$p<0.05$），人口和经济的增长对耕地景观扩张有促进作用。沼泽面积与地区生产总值和人口数量存在负相关关系，相关系数分别为-0.48、-0.81（$p<0.01$），说明沼泽面积对人口数量的敏感性高于地区生产总值。水体与人口数、地区生产总值相关关系也呈现出负相关关系，相关系数分别为-0.42、-0.31。其他类景观与总人口数、地区生产总值呈正相关关系，与人口数量达到显著水平（$p<0.05$）。随着人口增长和社会经济的发展，推动着建筑面积和未利用土地的面积扩张。草地面积与羊的数量呈负相关关系，但相关性较小，与大牲畜呈弱正相关关系；耕地面积与羊及大牲畜的相关关系与草地基本一致，与羊的相关系数为-0.32；沼泽面积与羊的数量呈显著负相关关系（$p<0.05$），相关系数为

0.71，表明羊的数量变化对湿地面积影响较大。水体与大牲畜和羊相关系数分别为0.25、-0.65，说明羊的数量对水体面积的影响较强。其他类景观与大牲畜和羊的相关系数分别为-0.12和0.45。

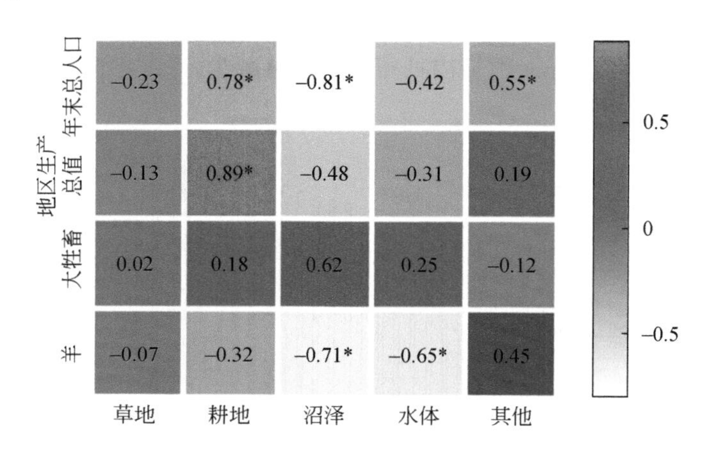

图6-19　1989~2015年锡林河流域上游沼泽面积与人口数、地区生产总值、大牲畜和羊相关性分析

注："*"在0.05水平（双侧）上显著相关。

6.2.4　小结

利用1989~2017年6期遥感数据，和同期气象、人口数量、地区生产总值和牲畜量数据，本节研究了锡林河流域上游景观格局演变特征及其变化的驱动因素。

1）流域上游主要景观以草地为主，其次为沼泽和其他土地景观，耕地和水体景观较少。近30a沼泽呈减少趋势，变化率为$-1.21km^2/a$，草地、耕地、水体和其他类景观面积呈上升趋势，平均增速分别为$0.72km^2/a$、$0.42km^2/a$、$0.02km^2/a$、$0.06km^2/a$。各景观类型的转化特点为：1989~1995年以草地和沼泽景观的相互转化为主；1995~2006年草地和其他类景观的相互转化频繁，沼泽转出面积增大。2006~2011年耕地、沼泽、其他类景观均发生明显变化，耕地面积增长幅度最大。2011~2015年以沼泽的变化占主体，草地、耕地、水体和其他类景观面积规模趋于稳定。

2）近30a草地标准椭圆大小和位置基本不变，耕地呈现出由东部向西部扩张的变化，沼泽质心整体向西北方向迁移，斑块面积在南—北方向呈缩小状态，而在东西方向呈延长趋势。水体中心主要分布在上游的扎格斯台附近，水体的变化呈现出离散的趋势。其他类景观呈现出东—西方向交替变换。

3）斑块类型水平：1989~2015年耕地和其他类景观PLAND波动较大，草地、沼泽和水体波动较小；草地、沼泽和耕地的连通性较好，沼泽和其他类景观的连通性较差，其他类景观整体连通性越来越差；耕地、沼泽、水体的LPI值起伏变化，草地和水体集中度处于稳定状态；草地、耕地、沼泽和水体景观的整体斑块分布较为集中；耕地和沼泽LSI值较大，整体的形状复杂程度高；草地、水体、耕地的PD值较小，破碎变化不明显，其他类和沼泽景观起伏剧烈，破碎程度较高。景观水平：NP值先增加后减少，景观破碎度程度先增大，之后景观呈恢复趋势；LPI 值整体呈增长趋势，说明最大斑块所占的百分比增加，景观破碎度程度减小；SHDI 和 SHEI 整体呈下降的趋势，景观分布向均衡方向发展。

4）气象因子中，草地与降水量和平均气温呈显著正相关。气象因子对耕地的影响较小，沼泽面积对平均气温和降水量的变化较为敏感。水体与相对湿度和降水量相关系数分别为 0.57、0.68，其他类景观与风速呈显著正相关，与其他气象因子呈负相关关系。草地、耕地、湿地和水体面积与羊的数量呈负相关关系；其他类景观与大牲畜和羊的相关系数分别为-0.12 和 0.45。

6.3 SEBAL 模型反演结果验证与地表参数时空分布

6.3.1 SEBAL 模型反演结果验证

为验证 SEBAL 模型在该地区的适用性，基于石门湿地气象站气象数据（石门气象站的建站时间为2015 年11 月，所以对模型的验证从2016 年生长季开始），通过 FAO 56 P-M 计算的潜在蒸散量（ET_0）与作物系数（K_c）相乘得到 ET 实测值，与卫星过境时刻 SEBAL 模型反演的 ET、净辐射通量（R_n）、土壤热通量（G）值进行验证对比。K_c在生长初期、生长中期和生长后期取值分别为[33]：K_{cini}=0.4、K_{cmid}=0.93 和 K_{cend}=0.8。

由实测值与反演值的回归分析（图6-20）可知：ET 的模拟值与实测值的分布较为集中，大多分布在 1∶1 直线附近，决定系数 R^2 较高，为 0.82，R_n 和 G 均在 1∶1 线之上，反演值大于实测值，有一定高估，R_n 决定系数 R^2 为 0.80，G 的模拟值较分散且波动相对较大，R^2 最小为 0.65。

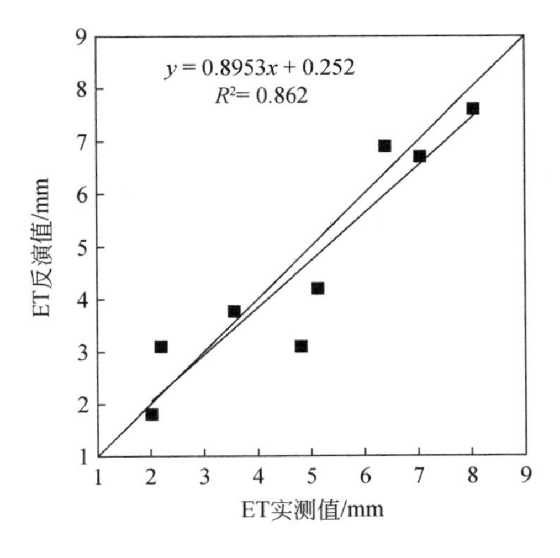

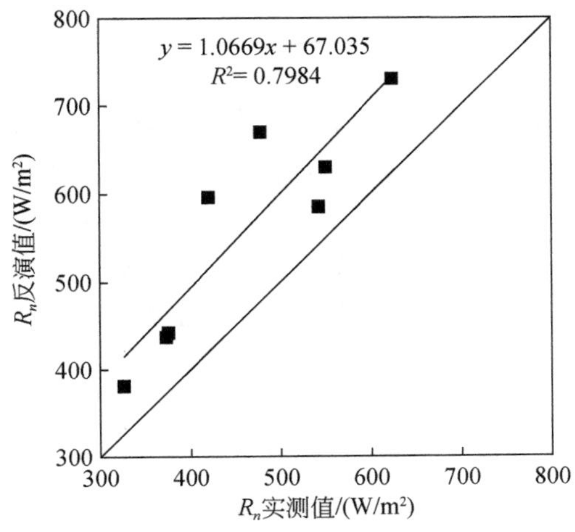

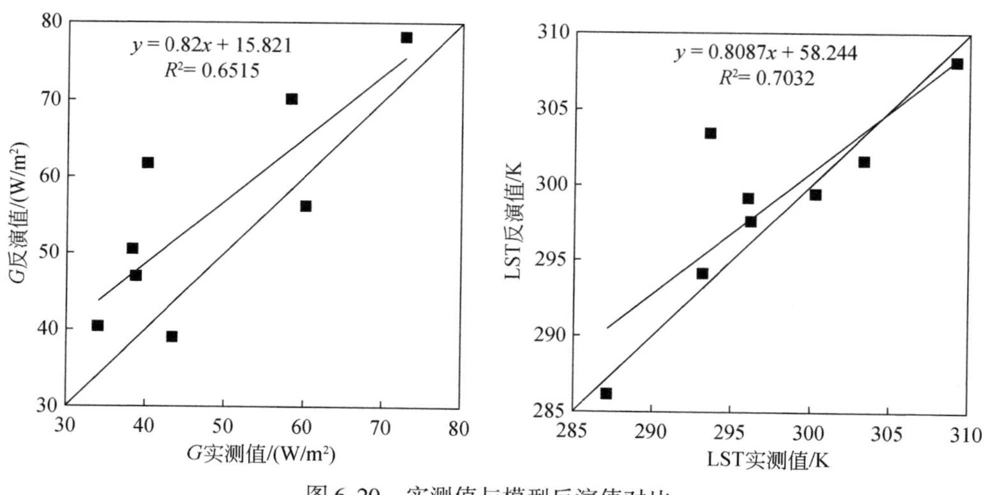

图 6-20 实测值与模型反演值对比

由统计参数（表 6-13）可知：ET 的 RMSE 为 0. 95，表明模拟值与实测值较接近，模拟结果最好；d 值接近 1，表明模型模拟效果越好，R_n、G、ET、LST 分别为 0. 99、0. 99、0. 96 和 0. 96，均趋近于 1，模拟效果较好；MEP 越接近 1，表示模型可信度越高。综上所述 SEBAL 模型对各个参数的模拟精度较高，因此，SEBAL 模型在锡林河流域上游具有较好的适用性。

表 6-13 SEBAL 模型适用性分析

参数	RMSE	d	bias	ME
R_n/(W/m²)	47. 21	0. 99	−67. 88	0. 94
G/(W/m²)	10. 77	0. 99	−7. 14	0. 95
ET/mm	0. 95	0. 96	0. 48	0. 85
LST/K	2. 32	0. 96	2. 14	0. 92

SEBAL 模型估算日 ET 值与实测值对比结果见图 6-21，由图可知：2016 ~ 2017 年石门湿地生长季 SEBAL 模型估计值与实测值变化基本一致，起伏大致相同。蒸散量的季节变化较为明显，研究区 2016 ~ 2017 年 4 ~ 5 月蒸散量处于较低水平，平均值为 4. 81mm/d，从 6 月开始呈增加趋势，6 ~ 8 月份蒸散量平均值为 5. 76mm/d，9 月份蒸散量开始减弱，9 ~ 10 月蒸散量平均值为 2. 89mm/d。在出现降雨的日期，大部分 ET 都会对应出现一个波谷，降雨事件结束之后会出现一个波峰。

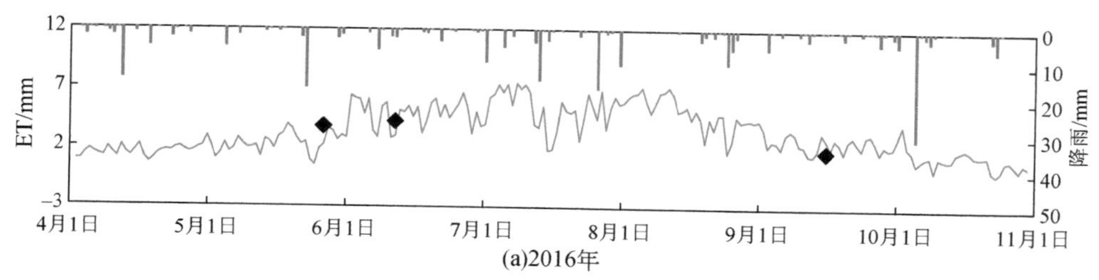

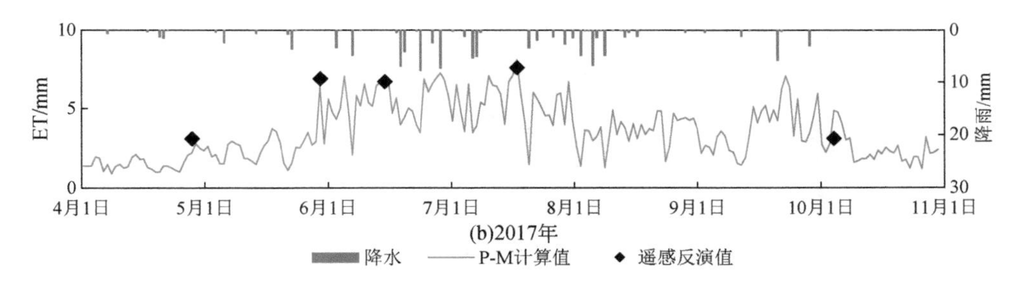

图 6-21　2016 ~ 2017 年石门湿地降水及 SEBAL 估算值与 P-M 计算 ET 值

6.3.2　地表参数时空分布

6.3.2.1　归一化植被指数时空分布

归一化植被指数（NDVI）可以反映植被的生长状况，对植被的动态监测起着重要的作用。从图 6-22 可以看出，不同景观类型中：水体区域 NDVI 值小于 0，河谷区及靠近水体的地方水分充足，植被长势好，NDVI 值主要分布在 0.3 ~ 0.6。喷灌区人工种植作物，作物长势较好，NDVI 值较高，在 0.4 ~ 0.7。上游分布最广泛的草地 NDVI 值分布在 0.2 ~ 0.5，且区域差异性显著，大体从东南向西北方向呈递减趋势。沙地植被稀疏，土壤含水量较低，NDVI 分布在 0.15 ~ 0.3。4 月牧草逐渐开始返青，NDVI 值还较低，地表覆盖度小，5 ~ 8 月份，随着适宜的温度和降水量的增多，植被迅速生长，植被覆盖度增大，NDVI 值也处于增长趋势。9 月份之后，植被开始枯萎，加上牧民开始打草，NDVI 值逐渐开始降低。

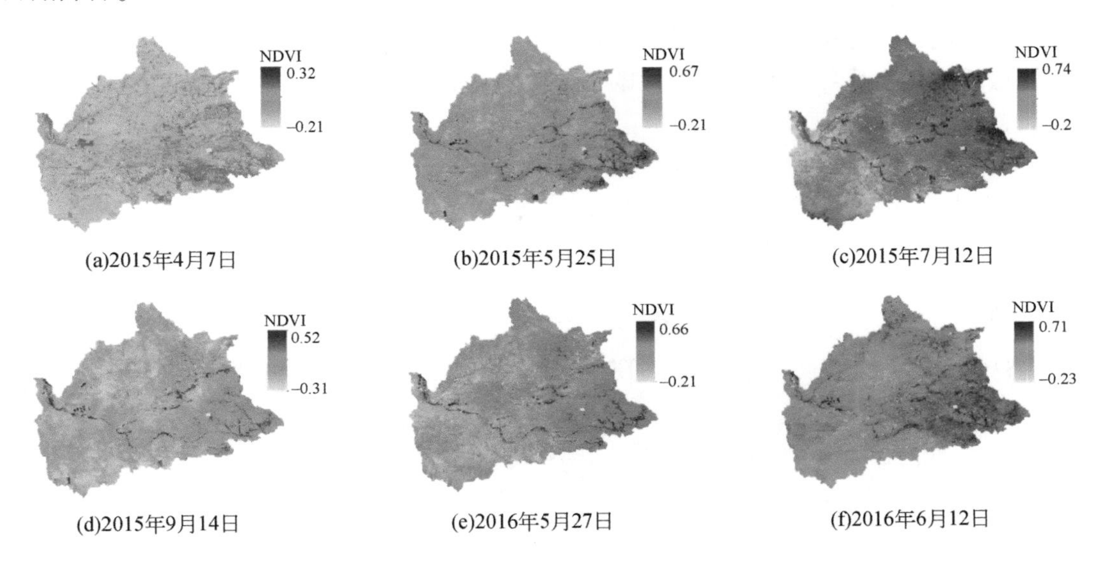

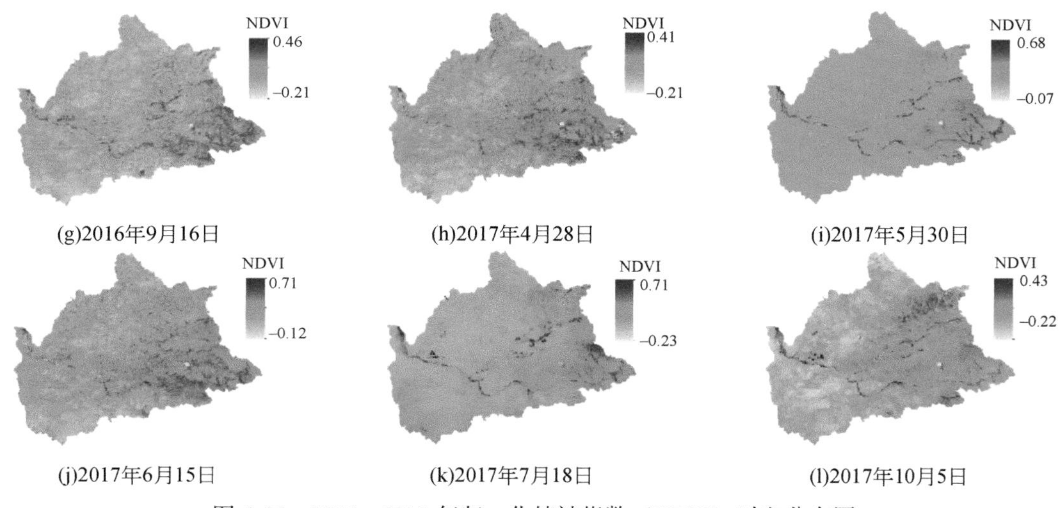

(g)2016年9月16日　(h)2017年4月28日　(i)2017年5月30日

(j)2017年6月15日　(k)2017年7月18日　(l)2017年10月5日

图 6-22　2015 ~ 2017 年归一化植被指数（NDVI）时空分布图

6.3.2.2　地表反照率时空分布

地表反照率即地球表面反射的辐射与入射辐射之比，是研究地表蒸散过程中的重要指标，它决定了地表辐射的收支情况，进而影响着地表温度升高与降低。不同土地覆被情况对地表反照率影响较大，植被覆盖度越高，地表反照率越小，植被覆盖度越低，地表反照率越大，土地利用变化可以显著改变地表的生物物理性质和反射率。从图 6-23 可以看出，沙地、裸地和建设用地的地表反照率明显高于其他地物类型，分布在0. 28 ~ 0. 4。水体的地表反照率最低，对太阳辐射的吸收较强。河谷湿地和耕地的地表反照率低于沙地和裸地，处于 0. 09 ~ 0. 22。植被覆盖变化是引起反照率变化最直接、最迅速的原因。因此，反照率变化对干旱区地覆盖度的草地非常敏感，随着生长季植被 NDVI 的迅速增长，地表反照率的减小较为显著。整体趋势上与 NDVI 的分布呈相反状态，西北较高，东南部较小。

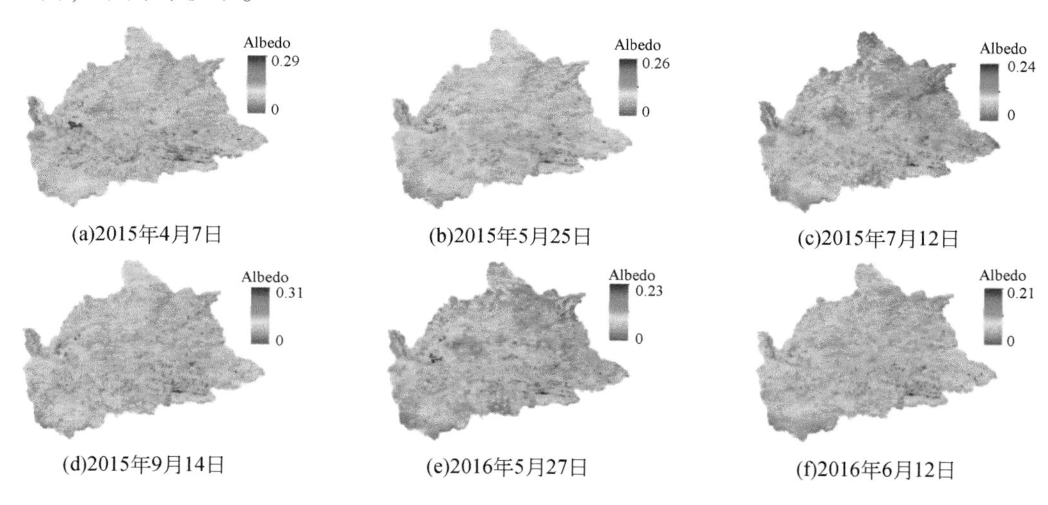

(a)2015年4月7日　(b)2015年5月25日　(c)2015年7月12日

(d)2015年9月14日　(e)2016年5月27日　(f)2016年6月12日

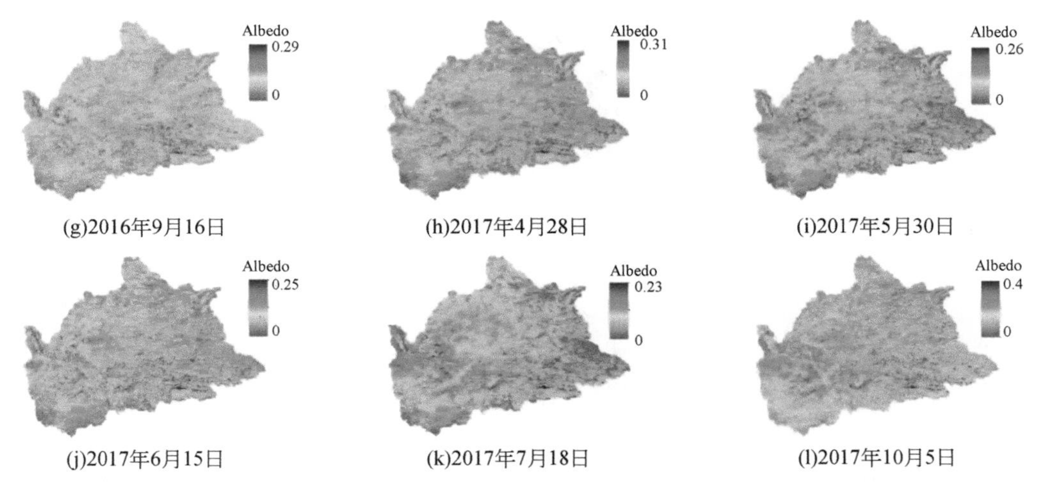

图 6-23　2015 ~ 2017 年地表反照率（Albedo）时空分布

6.3.2.3　地表温度时空分布

地表温度是估算能量平衡、蒸散发和气候变化的关键参数。准确了解地表温度的时空分布特征对揭示蒸散规律有重要意义。通过大气校正法反演了研究区 2015 年 4 月 ~ 2017 年 10 月地表温度如图 6-24。

由图 26 可以看出，不同景观类型的地表温度差异性显著，水体景观的温度最低，在 280 ~ 286K。地表温度与 NDVI 之间也存在着较强的相关关系，在植被覆盖度高的耕地和沼泽地区，地表温度整体较低，在 285 ~ 295K。沙地和建设用地土壤含水量低，吸收热量能力强，地表温度较高，在 295 ~ 314K。整体上不同景观类型之间的地表温度规律为：其他>草地>耕地>沼泽>水体。时间尺度上，从 4 月至 8 月地表温度呈现显著的上升趋势，在 7 月达到最高，在 284 ~ 314K。9 月之后，太阳辐射渐弱，大气温度下降，地表温度逐渐降低。

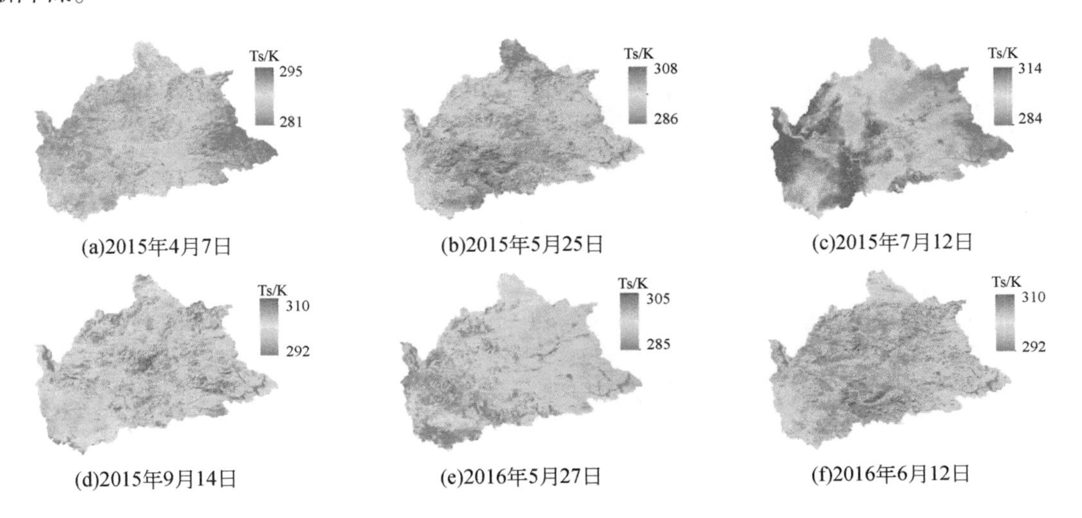

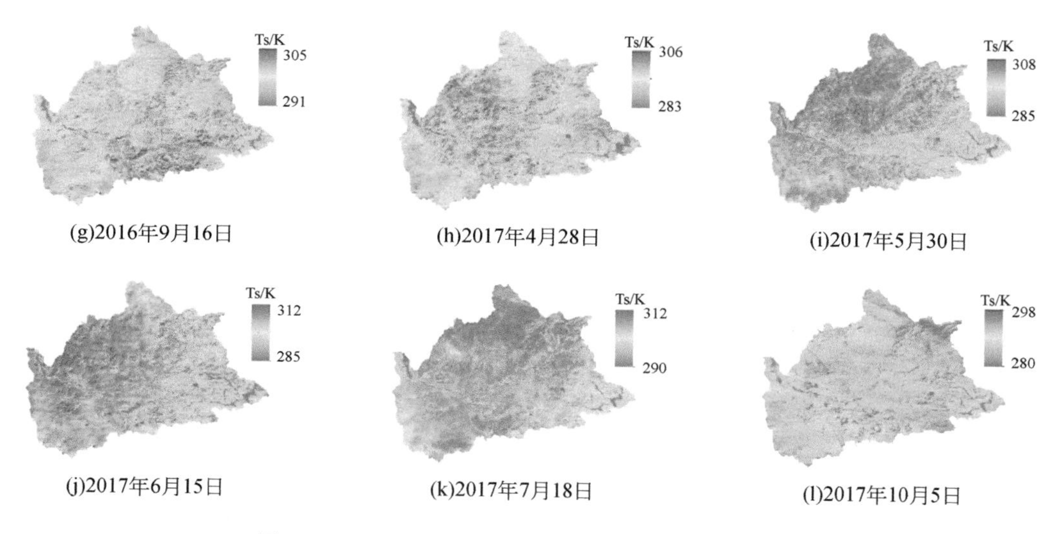

图 6-24　2015～2017 年地表温度（Ts/K）时空分布

6.3.2.4　地表净辐射时空分布

地表净辐射（R_n）是水热循环的关键因素，是地表温度变化的热源。利用 SEBAL 模型估算研究区 2015～2017 年 4～10 月的日 R_n 值，时空分布格局如图 6-25 所示。

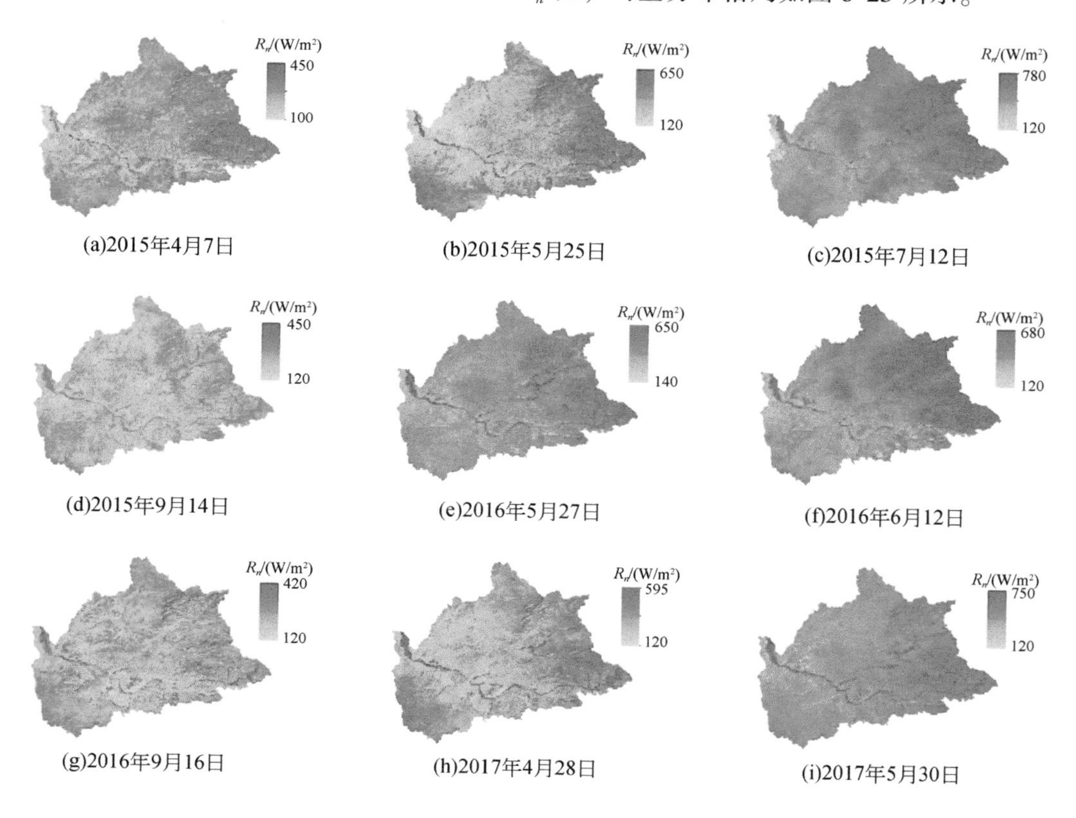

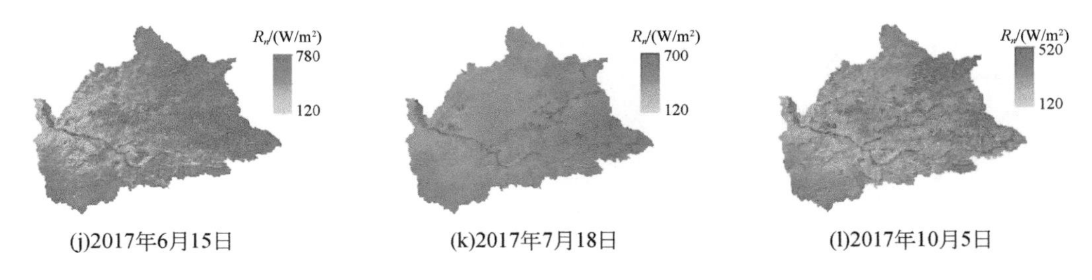

图 6-25 2015 ~ 2017 年地表净辐射（R_n）时空分布

由图 6-25 可以看出，锡林河流域上游的 R_n 具有明显的季节性变化，总体 R_n 的值在 100 ~ 780W/m²，最大值和最小值相差很大，空间上呈现东高西低的状态。生长季内河谷湿地的 R_n 一直保持较高的水平，在 400 ~ 750W/m² 波动；草地和沙地 4 月份的 R_n 值保持在 100 ~ 300W/m²，5 ~ 7 月明显增大，在 300 ~ 650W/m² 变化，说明此时植被生命活动旺盛，太阳辐射是主要的能量来源。水体对太阳辐射吸收较强，在研究时段内一直处于较高的水平。9 ~ 10 月由于植被枯萎和牧民打草，地表逐渐裸露，R_n 值逐渐降低，在 120 ~ 520W/m²。综上所述研究区 R_n 值水体最高，其次为湿地和耕地，草地次之，裸地和建设用地最低。

6.3.2.5 土壤热通量时空分布

土壤热通量反映了土壤表面和土壤深层间的热交换状况。精确反演土壤热通量对于提高地表能力平衡的闭合率具有重要意义。估算的研究区 2015 ~ 2017 年 4 ~ 10 月的日土壤热通量时空分布如图 6-26 所示。

由图 6-26 可以看出，流域上游东部植被覆盖度高的地方，土壤热通量的值较低，与 NDVI 的分布呈反向相关，与地表温度的分布情况大致相同。沼泽部分的土壤水分充足，植

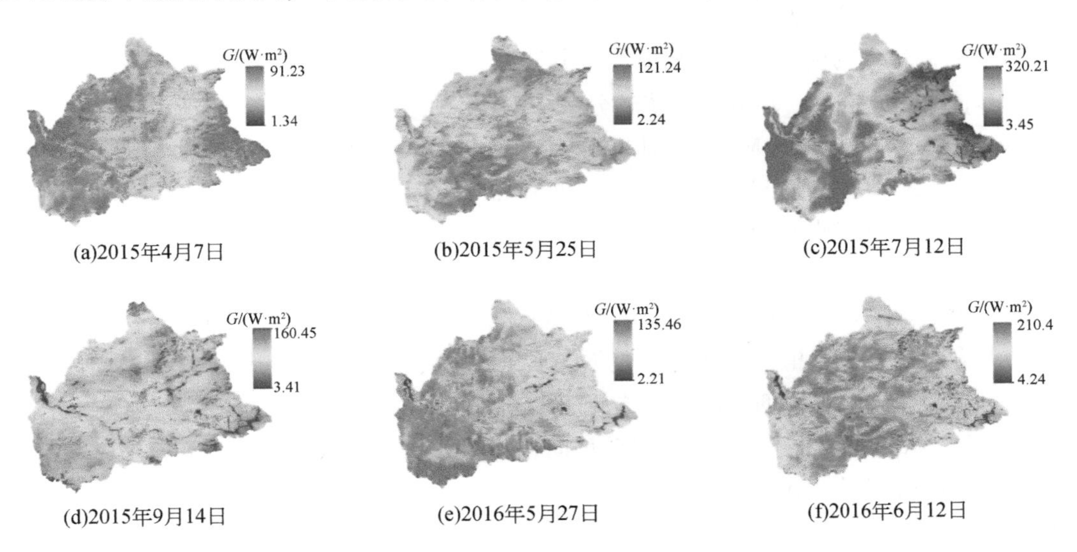

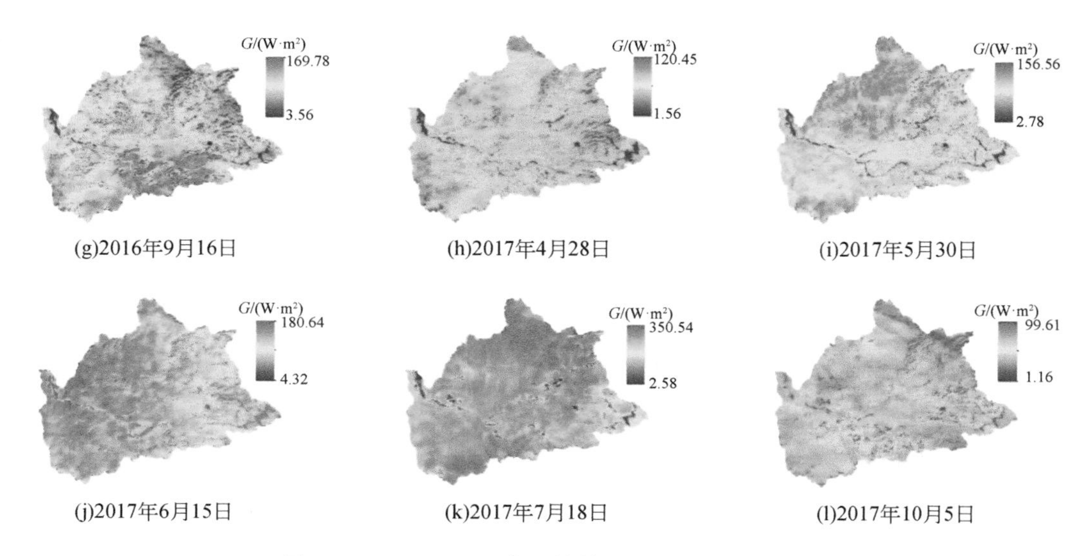

(g)2016年9月16日 (h)2017年4月28日 (i)2017年5月30日

(j)2017年6月15日 (k)2017年7月18日 (l)2017年10月5日

图 6-26　2015 ~ 2017 年土壤热通量（G）时空分布

被茂盛，地表热通量也处于较低水平，在 14 ~ 78W · m²。在稀疏植被覆盖的裸地和建设用地上，土壤吸收热量的能量强，地表土壤热通量占净辐射的 30%~40%，草地景观类型地表土壤热通量在 40 ~ 170W · m²。时间尺度上从 4 月开始一直到 8 月，土壤热通量整体呈上升趋势，到 9 月开始逐渐降低。

6.3.3　小结

本节对 SEBAL 模型反演的地表相关参数及 ET 值进行精度评价，并分析地表参数的时空分布格局，得出结论如下。

1）ET 和 LST 的模拟值与实测值大多分布在 1 : 1 直线附近，R_n 和 G 均在 1 : 1 线之上，反演值有一定高估，G 的模拟值较分散，ET、LST、R_n、G 决定系数 R^2 分别为 0. 821、0. 7984、0. 652、0. 703，RMSE 分别为 0. 946、2. 321、47. 206、10. 767，模拟结果较好；ET、LST、R_n、G 的 d 值分别为 0. 958、0. 963、0. 988 和 0. 989，均趋近于 1。SEBAL 模型估算相关参数值与实测值较接近，利用 SEBAL 模型估算锡林河流域上游的蒸散量具有可行性。

2）研究区地表参数的空间分布中，NDVI 和 R_n 的分布趋势大致相同。河谷区及靠近水体的地方水分充足，植被长势好，是 NDVI 和 R_n 高值区。上游的 NDVI 和 R_n 值区域差异性显著，整体趋势上呈西北较低，东南部较高。4 ~ 9 月份 NDVI 和 R_n 均呈现先增加后减少的趋势。Albedo、LST 与 NDVI 呈现反向相关的关系，从东南向西北方向呈递增趋势，植被覆盖度高的沼泽地 Albedo、LST 和 G 分别为 0. 09 ~ 0. 22、285 ~ 295k、14 ~ 78W · m²，主体景观草地的各参数值为 0 ~ 0. 31、280 ~ 300K、40 ~ 170W · m²。时间尺度上从 4 月开始一直到 8 月，参数值整体呈上升趋势，到 9 月开始逐渐降低。

6.4 流域上游蒸散发分布特征及影响因素分析

通过第 6.3 节的模型反演结果，本节对计算的 ET 值进行尺度扩展，得到研究区日蒸散量值（ET_{24}）。将遥感影像转化为 TIFF 格式，在 Arcgis 10.4 中绘制 ET_{24}时空分布图，并分析不同地表参数和气象因子与蒸散量的相关关系，统计不同下垫面蒸散发的分布规律。

6.4.1 流域蒸散发时空分布特征

研究区基于 SEBAL 模型影响估算的 2015～2017 年日蒸散空间分布情况如图所示。对比图 6-25 和图 6-27 可以看出，地表净辐射越高，对应的蒸散量也越大，地表净辐射与蒸散发呈现相同的变化趋势。

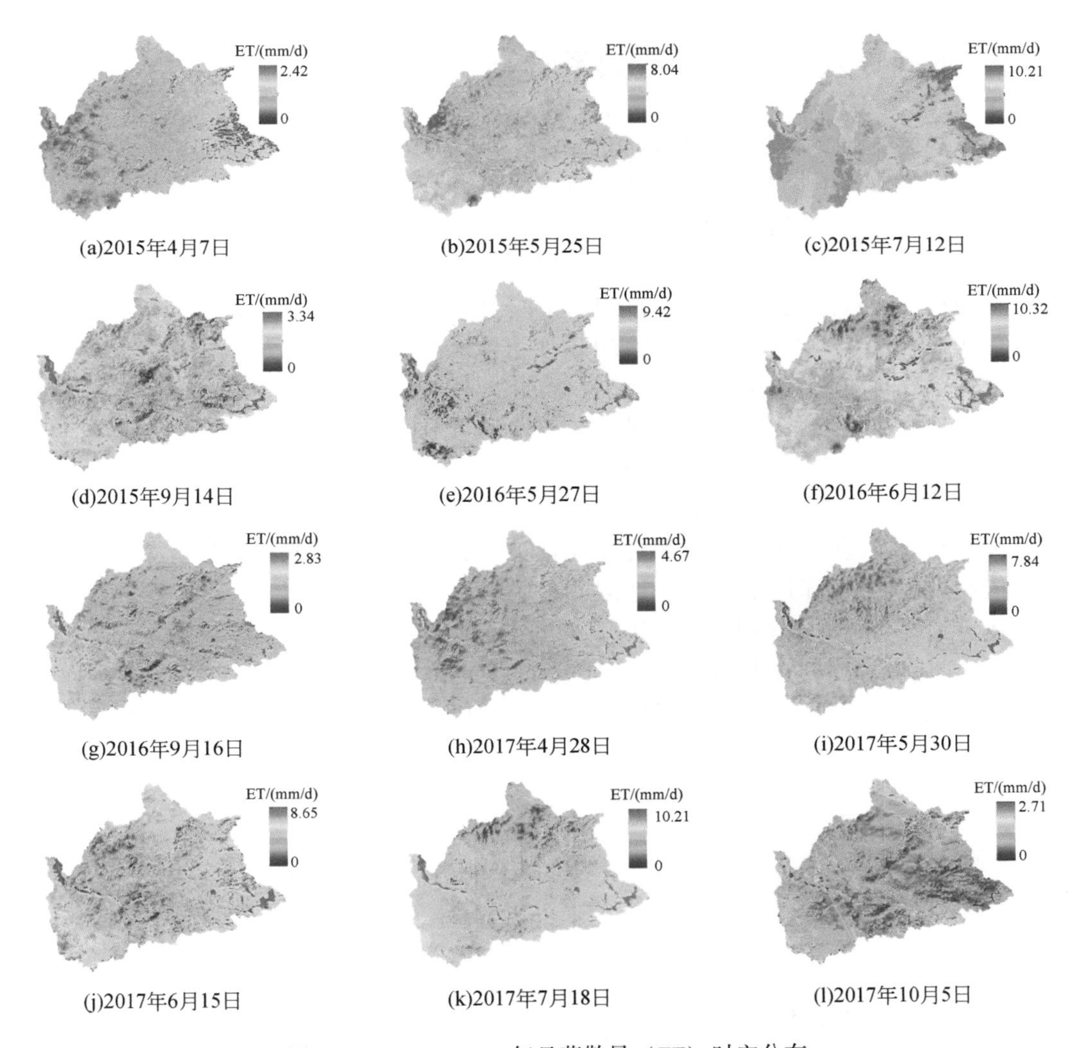

图 6-27 2015～2017 年日蒸散量（ET）时空分布

研究区内不同土地利用/覆被类型及不同时间的蒸散发差异明显，整体上来看呈现东高西低的趋势，东部为锡林河流域源发源地，沼泽地植被高度和覆盖度都较高，以植被蒸腾为主，因此蒸散量水平相对较高。西部草原植被覆盖度低，土壤表层含水量少，地下水对地表蒸散发的贡献较小。结合土地覆被类型图对日蒸散量进行统计，研究区最大 ET 可达到 10. 32mm/d，主要是湖泊和水库；沼泽地蒸散无明显的地形差异，日蒸散量空间分布较均一，蒸散量一直保持较高的水平，变化范围为 2. 42 ~ 10. 32mm/d；耕地在作物生长季 5 ~9 月蒸散量水平仅次于湿地，在 1. 82 ~8mm/d 变化；图中部分农村居民点日蒸散量也较高，这是由于一些农村居民点附近种植蔬菜等作物，且农村居民点一般与农田毗邻，存在较多与农田的混合像元；沙丘裸地土壤含水量低，植被蒸腾作用小，蒸散量少，在 5mm/d 以下。各年 4 月的蒸散值处于较低水平，日蒸散量在 0 ~ 4. 67mm/d，日蒸散量均值为 1. 89mm/d，5 ~7 月蒸散量整体呈增加趋势，日蒸散量均值为 5. 45mm/d，到9 ~ 10 月蒸散量水平降低，日均蒸散量为 1. 78mm/d。

6. 4. 2　不同景观类型 ET 值频率分布

不同景观类型的变化影响着下垫面的情况，干扰水循环的进行，进而影响地表能量的交换与传递。本节利用 6. 1. 3 节的分类标准，将研究区分为草地、耕地、沼泽地、水体和其他类 5 类景观，分析 2015 ~2017 年不同景观格局的蒸散发分布规律。

为进一步探究土地利用/覆被类型对蒸散的影响，统计 2015 ~ 2017 年不同土地利用/覆被类型的日蒸散量像元频率分布，分析不同土地利用/覆被面积的变化所导致日总蒸散量的变化情况（图 6-28）。由图可知，2015 年水体及沼泽地的日蒸散曲线比较靠右，蒸散量较大，频率分布随着不同的季节有明显的变化，其次为耕地，夏季耕地的日蒸散量与沼泽地的蒸散量较为接近，在 2 ~6mm 波动。草地的蒸散值在 0. 5 ~4mm 变化，不同季节的草地的频率分布大致相同。其他类景观的日蒸散量最小，且像元频率分布比较集中，植被稀疏，涵养水源能力差，使得蒸散量活动受限，日蒸散量在 0 ~2mm。总体来看，植被区蒸散量大于非植被区的蒸散量，蒸散主要与植被覆盖度和土壤含水量条件有关。蒸散量从大到小依次为水体>沼泽地>耕地>草地>其他。

2016 年，不同土地覆被类型下不同日期的 ET 值差异较为显著。受植被生长状况、温度、降水等因素的影响，5 月 30 日和 6 月 12 日的日蒸散发水平整体较高，分别在 0. 7 ~ 9mm、1 ~ 10mm，不同景观日蒸散量像元频率分布大体相同，其他类、草地和耕地景观的

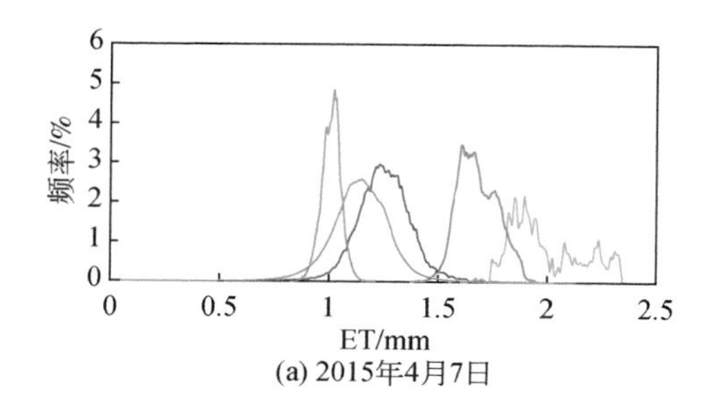

(a) 2015年4月7日

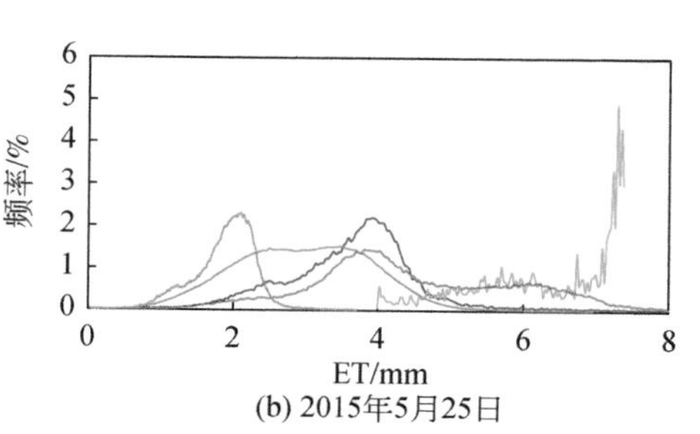

(b) 2015年5月25日

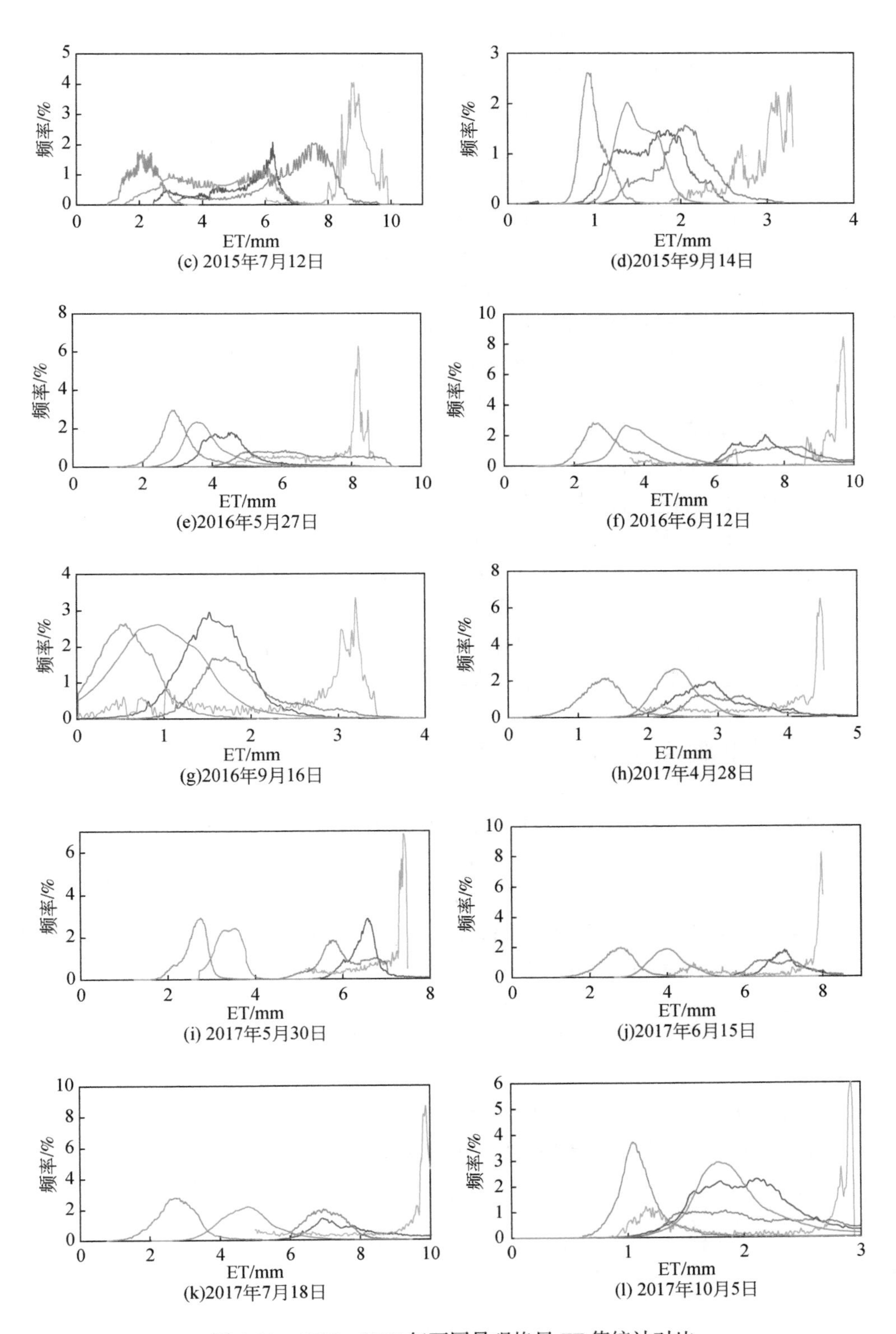

图 6-28　2015～2017 年不同景观格局 ET 值统计对比

蒸散量像元分布较为集中，85%的其他类景观的日蒸散值分布在2～4mm，90%的草地景观的日蒸散量分布在2～5.5mm，5月30日耕地景观有92%的像元分布在3.7～4.7mm，6月12日耕地日蒸散值增长了约2mm。沼泽地的蒸散值较为分散，整体蒸散发水平较高，5月30日85%沼泽景观蒸散值在4.3～9mm，6月12日86%的沼泽景观蒸散值为6～9.5mm。水体由于其地标反射率低，瞬时获取的太阳辐射较多，蒸散量相对最大，90%以上水体的蒸散值大于8mm。9月16日温度降低，降水量减少，日蒸散量值明显降低，在0～4mm，93%的其他类景观的蒸散值分布在0～1mm，草地的蒸散量略大于其他类景观，90%在0.3～2mm。沼泽地和耕地的蒸散值分布大体相同，绝大多数像元的日蒸散量为1～2.8mm。水体的蒸散值主要分布在2.8～3.4mm。

2017年，4月～7月整体蒸散发量呈上升趋势。4月28日其他类景观的曲线靠左分布，蒸散发量最小，在0.7～2mm，草地蒸散值像元分布较为集中，在2～3mm变化，耕地和沼泽地的变化趋势大体相同，78%像元分布在2.5～3.5mm，水体频率分布曲线最靠右，81%像元值在4.3～4.5mm。5月30日，沼泽和耕地的蒸散值变化较大，频率分布曲线较4月28日整体向右移动，蒸散值在5～7mm，水体蒸散值集中分布在7.1～7.6mm。6月15日随着温度增加和降雨的增多，草地和其他类景观均增长约1mm，沼泽地和耕地的蒸散值增长幅度较大，增长至6～8mm，水体蒸散值增加，整体频率分布基本没有变化。7月18日，正值植被生长旺季，草地、耕地、沼泽的蒸散值均有所增长，其他类景观的蒸散值变化较小。耕地和沼泽地的蒸散频率分布较为相似。10月5日，蒸散值整体降低，草地、耕地、和沼泽的蒸散值相差不大，水体的蒸散值主要分布在2.7～3mm。

6.4.3 不同景观类型日平均ET值

通过对比不同景观类型的日平均ET值（图6-29）可知，不同景观类型间的蒸散值分布各不相同。2015年，4月7日的平均蒸散量在1.1～2mm，5月25日平均蒸散值增长至2～7.2mm，不同景观类型之间的蒸散值差异增大，水体、耕地和沼泽地的蒸散值增长较为显著，7月12日蒸散量继续增大，分布在2～10mm，降水和植被蒸腾对蒸散起着决定性的作用，9月14日蒸散值为1～3.2mm，蒸散值趋于下降趋势。2016年6月12日耕地的蒸散发量大于沼泽地的蒸散量为7.8mm。2017年，其他类景观蒸散值一直处于就较低的水平，生长季内4～7月蒸散量值逐步增加，10月份的蒸散量值整体差距较小，在1～2.5mm。

不同景观类型导致ET的差异的原因有：植被覆盖度及植被类型不同，4月植被进入返青期，9月植被到了生长后期开始枯萎，加之流域大部分地区牧民开始打草，植被覆盖

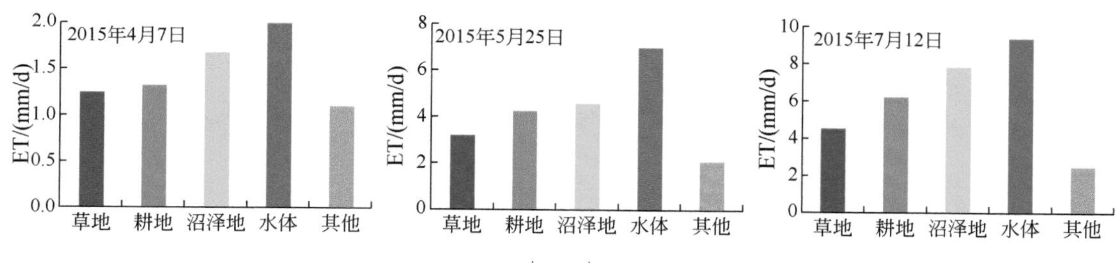

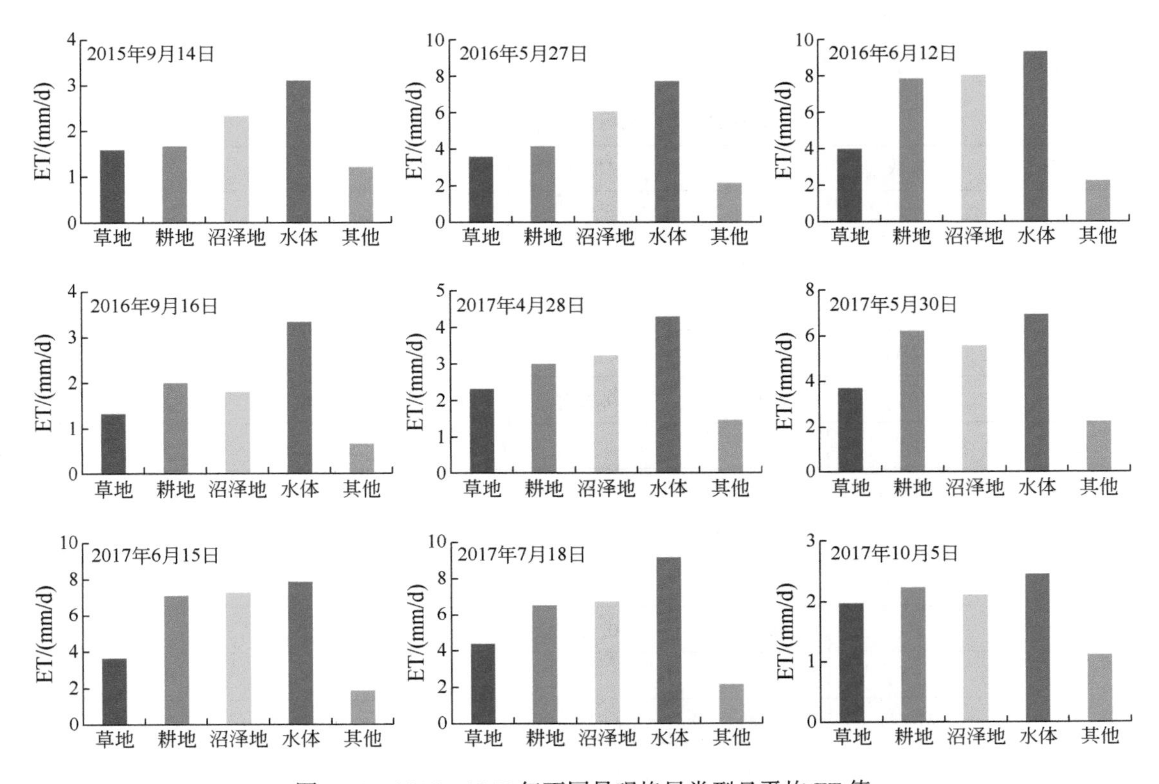

图 6-29　2015～2017 年不同景观格局类型日平均 ET 值

度降低，流域整体蒸散量较小。生长季沼泽植被覆盖度高，植被的蒸腾作用就强，沼泽湿地蒸散量就越大，这与沈欣等[34]在白洋淀湿地生态系统的研究结果一致；土壤类型不同，研究区草地土壤类型主要有黑钙土、厚栗黄土等，沙地主要为荒漠风沙土，沼泽地主要为草原沼泽土，不同的土壤类型对于太阳辐射的吸收不同[35]；土壤含水量不同，沼泽地有河水补给，耕地基本配备喷灌设施，水分供给充足，在相同的条件下沼泽地和耕地的蒸发量要大于研究区其他景观类型[36]。其他类景观包括建设用地、未利用土地，在干旱区水分是影响蒸散的主要因素，其他类景观土壤含水量较少，导致该类地物的蒸散量较小。在干旱半干旱区，人类活动主要有生态工程建设、放牧、和城市化建设等改变土地利用类型，下垫面的改变同时也改变了地表反照率、地表粗糙度和叶面积指数等参数，从而引起蒸散量的变化。

6.4.4　流域蒸散发影响因素分析

6.4.4.1　蒸散发与各地表参数的相关性分析

将 Landsat 8 遥感数据进行相关处理后，反演了 Albedo、LST、NDVI、R_n 等相关地表参数，为了分析不同地表参数对蒸散发的影响，利用 2015～2017 年各年生长季蒸散量的平均值与生长季反演参数的平均值进行 Pearson 相关性分析（表 6-14），反映不同地表参数对蒸散量的影响程度。

表 6-14　ET 值与特征参数的相关系数

日期	参数	ET	Albedo	LST	NDVI	R_n
2015 年	ET	1				
	Albedo	-0.64 **	1			
	LST	-0.83 **	0.68 **	1		
	NDVI	0.65 **	0.40 **	0.58 *	1	
	R_n	0.92 **	-0.72 **	0.81 **	0.76 **	1
2016 年	ET	1				
	Albedo	-0.66 **	1			
	LST	-0.85 **	0.78 **	1		
	NDVI	0.67 **	0.50 **	0.57 *	1	
	R_n	0.88 **	-0.72 **	0.86 **	0.78 **	1
2017 年	ET	1				
	Albedo	-0.61 **	1			
	LST	-0.87 **	0.80 **	1		
	NDVI	0.67 **	0.46 **	0.64 **	1	
	R_n	0.90 **	-0.68 **	0.88 **	0.72 *	1

注：“ * ” 在 0.05 水平（双侧）上显著相关，“ ** ” 在 0.01 水平（双侧）上极显著相关。

从表 6-14 中分析可以看出，2015 年，Albedo、LST、NDVI 和 R_n4 个地表参数都与 ET 呈极显著相关（$P<0.01$），相关系数分别为-0.64、-0.83、0.65、0.92。2016 年、2017 年 ET 与 4 个地表参数仍呈极显著相关关系，相关系数的绝对值在 0.61 ~ 0.92。其中 ET 与 Albedo 和 LST 呈极显著负相关关系，LST 越高，ET 值越小，这是由于研究区大部分地区植被覆盖度地，地表温度较高时，表层会形成较厚的干土层，阻碍了水分的蒸发，所以 LST 的空间分布情况在一定程度上影响着 ET 的时空分布。ET 值与 NDVI 和 R_n 呈极显著正相关关系，与 ET 值相关系数最大的为 R_n（0.88 ~ 0.92），植被指数越大，植被生长情况越好，ET 值就会越高，反之在植被覆盖度低、植被长势差的区域 ET 值相对较小。总体来看，不同年份间各地表参数与 ET 的相关性大体相同，不同地表参数与 ET 的相关性绝对值从大到小依次为：R_n>LST>NDVI>Albedo。

选取 2015 ~ 2017 年 ET 和地表参数影像分别计算各年生长季的均值，在相关性分析的基础上，做 ET 与各地表参数的二维散点图，并对其进行线性拟合。

由图 6-30 可知，ET 值与 Albedo 决策系数在 0.73 ~ 0.78，随着 Albedo 的增大，ET 呈减小的趋势，在 Albedo 小于 0.13 的范围内，ET 的水平较高。2015 ~ 2017 年 LST 与 ET 的决策系数分别为 0.82、0.85、0.89，二者拟合关系较好，趋势分布与 Albedo 大致相同，随

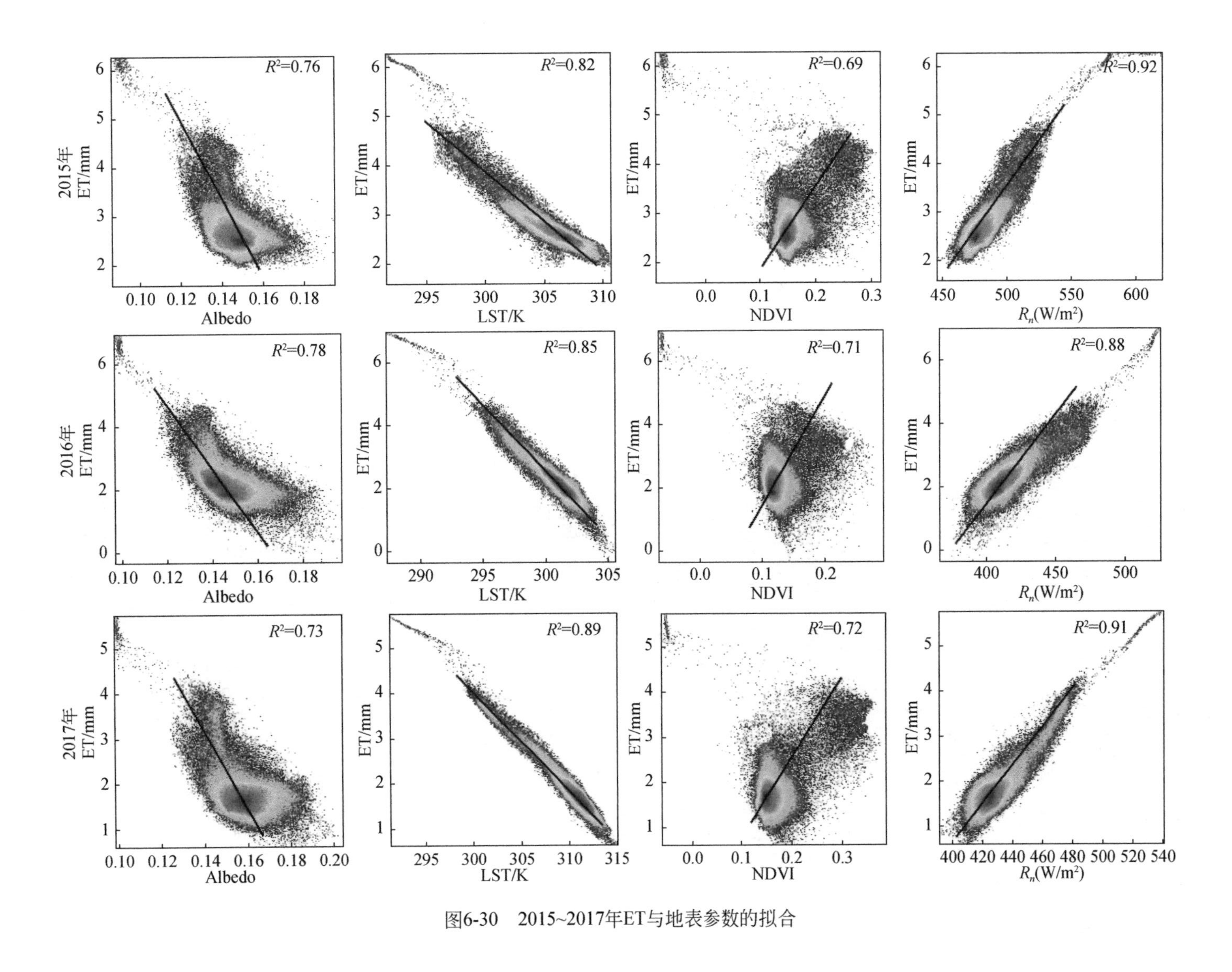

图6-30　2015~2017年ET与地表参数的拟合

着温度的升高对蒸散发有抑制作用，红色区域为像元密集分布的区域，T_s<300K 时候，日 ET 的分布较为分散，T_s>300K，日蒸散量呈集中分布。NDVI 值与蒸散的决策系数相对较低，在0.69～0.72，NDVI 的负值区为水体，ET 值水平最高，NDVI 与 ET 呈正相关关系，植被覆盖度高的地方，植被生命活动旺盛，蒸腾作用强，蒸发量大，相反，植被覆盖度低，长势不好的地区 ET 水平较低。R_n 与 ET 值的拟合度最高，达到了0.88～0.91，随着 R_n 的增大，ET 值显著升高，植被的蒸腾作用随着 R_n 和日照时数的增加而增加。

6.4.4.2 蒸散发与气象因子的相关性分析

利用 SPSS 统计软件对 2016～2017 年实测的饱和水气压差（VPD）、相对湿度（RH）、R_n、T_{max}、T_{min}和风速（WS）与 P-M 公式计算的 ET 值做相关性分析，从而分析不同气象因子在不同时间对 ET 值的影响。

由表 6-15 可以看出，2016～2017 年 ET 与 R_n 均呈极显著相关，相关系数分别为 0.91、0.89，由于 ET 的主要能量来源是太阳辐射，随着太阳辐射和日照时数的增加，植被的蒸腾和光合作用就会在增强。ET 与 T_{max} 和 T_{min} 成极显著的正相关关系，说明温度是制约蒸散发的又一重要因素，随着温度的升高，植被中酶的活性增强，同时水分子的能量增大，运动速率提高，水由液态变成气态的过程加快，从而促进植被冠层的蒸腾作用，同时温度升高增加了土壤水分的蒸发。RH 与 ET 呈显著的负相关关系，随着空气湿度的持续增加，蒸发表面与其临近空气的水汽压差将降低，导致蒸散过程的驱动力下降蒸散值呈下降趋势。影响因子与 ET 相关性大小排序为：R_n>T_{max}>T_{min}>VPD>RH>WS。

表 6-15　ET 值与气象因子的相关系数

日期	项目	ET	RH	R_n	VPD	T_{min}	T_{max}	WS
2016 年	ET	1						
	RH	−0.49**	1					
	R_n	0.91**	−0.49**	1				
	VPD	0.78**	−0.44**	0.61**	1			
	T_{min}	0.78**	−0.37**	0.731**	0.76**	1		
	T_{max}	0.83**	−0.42**	0.75**	0.86**	0.94**	1	
	WS	0.12	−0.23	0.36*	0.12	−0.13	−0.04	1
2017 年	ET	1						
	RH	−0.42**	1					
	R_n	0.89**	−0.41**	1				
	VPD	0.72**	−0.42**	0.57**	1			
	T_{min}	0.79**	−0.35**	0.74**	0.74**	1		
	T_{max}	0.86**	−0.41**	0.74**	0.85**	0.92**	1	
	WS	0.23	−0.14	0.28	−0.12	−0.09	−0.04	1

注：** 表示在 0.01 性水平（双侧）上显著相关。

从敏感系数绝对值大小可看出（表 6-16），ET 对 R_n 的变化最敏感，其次为 T_{max}、

T_{max}，RH 和 WS 的敏感性较低。综合来看 R_n 和空气温度是影响区域蒸散量变化的主要因子。

表 6-16 ET 值与气象要素敏感系数

气象要素	VPD	RH	R_n	T_{max}	T_{min}	WS
敏感系数	0. 481	-0. 472	0. 764	0. 562	0. 548	0. 131

图 6-31 是日 ET 与 R_n、u_2、VPD、RH、T_{min}、T_{max}的关系。经过分析可以看出，ET 与 R_n 的拟合效果最好，决定系数为 0. 832，其次为 T_{max}、VPD 和 T_{min}，决定系数分别为 0. 711、0. 625、0. 612，与 RH 决定系数为 0. 3964，而对风速的响应程度最低为 0. 221。

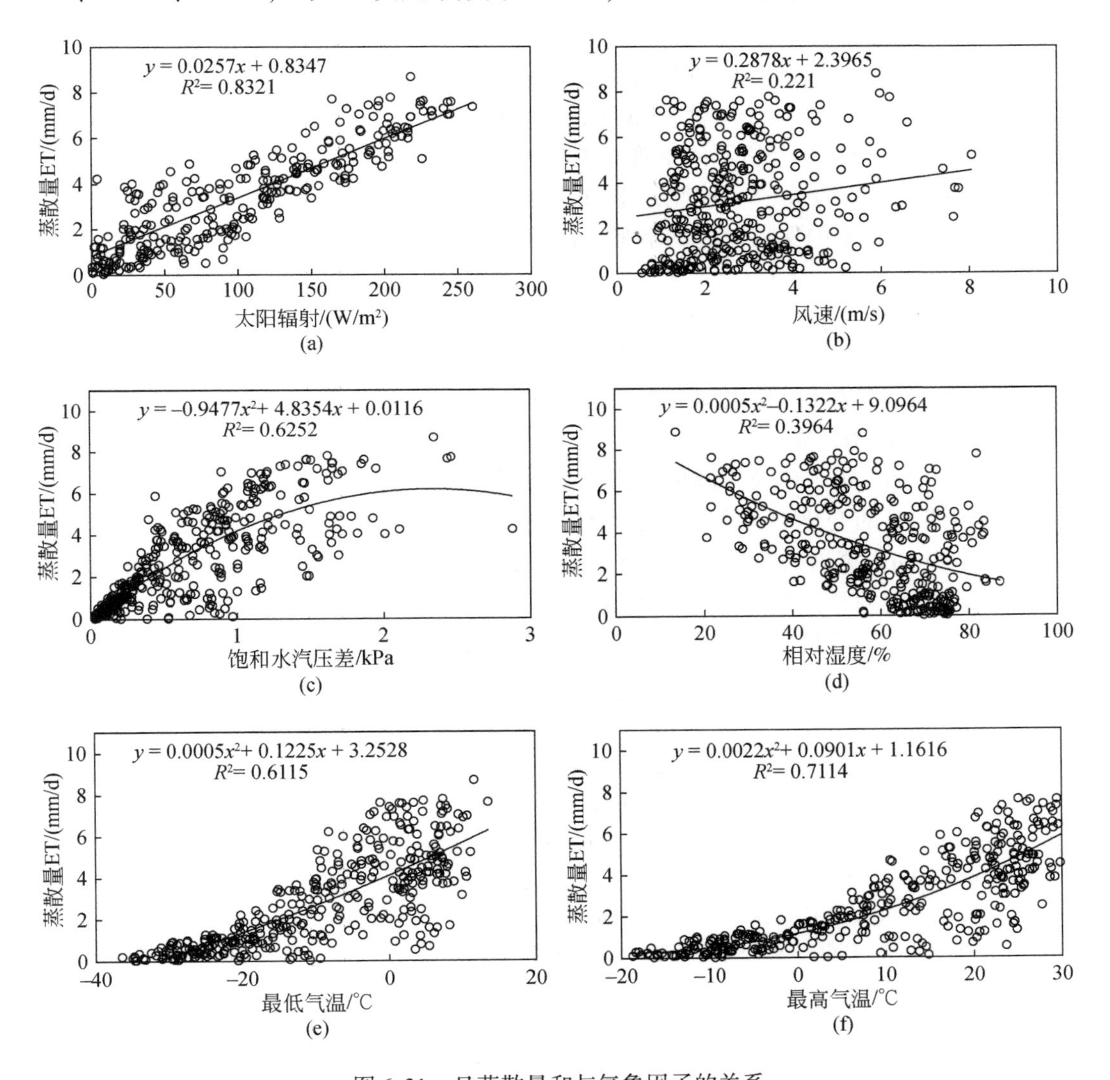

图 6-31　日蒸散量和与气象因子的关系

从根本上来看，无论是植物蒸腾还是土壤蒸发，在植被体内水分和土壤水分发生相变汽化的过程中，主要的能量来源都是太阳辐射，太阳辐射增加导致气温和水温升高，水分蒸发速率增加，因此，ET 与 R_n 存在较好的线性关系，这与牛忠恩等[37]研究中国陆地生态系统蒸散时空变化及其影响因素所得到的结论一致。沼泽湿地蒸散量与 VPD 差呈正相关关系，但在 VPD 过大之后 VPD 的增加反而抑制了 ET 的增大，因为当 VPD 很大时，蒸腾作用强烈，引起气孔部分关闭，减少蒸腾失水，刘海军等[38]在分析北京地区气候变化对蒸散量的影响得到相同的结论。空气相对湿度大，水汽蒸发强度小，这与韦振锋等[39]研究陕西省蒸散量对气候因子的响应所得到的结果相同。

6.4.5 小结

本节基于 SEBAL 模型反演了锡林河流域上游 2015 ~ 2017 年生长季蒸散量，分析其时空分布格局，探讨了气象因子对蒸散量的影响。通过统计 2015 ~ 2017 年不同景观类型的日蒸散量像元频率分布，分析不同景观类型的日总蒸散量变化情况，得到结论如下。

1）ET 和 R_n 具有较高的一致性，季节性变化显著，空间上呈现东高西低的趋势，河谷湿地的 ET 在生长季内保持较高的水平，ET 值在 2.42 ~ 10.67mm/d，沙丘裸地蒸散量较少，在 5mm 以下。

2）ET 与地表参数的相关关系中，与 Albedo、LST、NDVI、R_n 都呈极显著相关（$P<0.01$），其中与 Albedo 和 LST 呈显著负相关关系，总体来看，与 ET 值相关性最高的为 R_n，不同年份间各地表参数与 ET 之间的相关性大体相同。气象因子与 ET 相关性大小排序为：$R_n>T_{\max}>T_{\min}>$VPD>RH>WS。

3）2015 ~ 2017 年水体及沼泽地的日蒸散曲线比较靠右，蒸散量较大，频率分布随着不同的季节有明显的变化。其次为耕地，夏季耕地的日蒸散量与河谷湿地的蒸散量较为接近，在 3.8 ~ 8mm。草地的蒸散值在 0.5 ~ 4.3mm 变化，不同季节的草地的频率分布大致相同。其他类景观的日蒸散量最小，且像元频率分布比较集中，日蒸散量在 0 ~ 2.4mm。不同土地利用类型蒸散量从大到小依次为：水体>沼泽地>耕地>草地>其他。

参考文献

[1] Huang J, Ma J R, Guan X, et al. Progress in Semi-arid Climate Change Studies in China. Advances in Atmospheric Sciences, 2019, 36 (9): 922-937.

[2] Kar I J, Duffy, Hans J. Climate change increases ecogeographical isolation between closely related plants. Journal of Ecology, 2019, 107 (1): 167-177.

[3] Falcone J A, Murphy J C, Sprague L A. Regional patterns of anthropogenic influences on streams and rivers in the conterminous United States, from the early 1970s to 2012. Journal of Land Use Science, 2019, 13 (6): 1-30.

[4] Wu W, Li Y, Hu Y, et al. Anthropogenic effect on forest landscape pattern and Cervidae habitats in northeastern China. Journal of Geographical Sciences, 2019, 29 (7): 1098-1112.

[5] 高群．三峡库区景观格局变化及其影响因素—以重庆市云阳县为例．生态学报，2015 (10)．

[6] 潘艺雯，应智霞，李海辉等．水文过程和采砂活动下鄱阳湖湿地景观格局及其变化．湿地科学，

2019，17（3）：286-294.
[7] 王朗，徐延达，傅伯杰，等．半干旱区景观格局与生态水文过程研究进展．地球科学进展，2009，24（11）：1238-1246.
[8] Nicholls E M，Drewitt G B，Fraser S，et al. The influence of vegetation cover on evapotranspiration atop waste rock piles，Elk Valley，British Columbia. Hydrological Processes，2019，33（20）：2594-2606.
[9] Bastiaanssen W G M，Aleen R G，Droogers P，et al. Twenty-fiveyears modeling irrigated and drained soils：State of the art. Agricultural Water Managemengt，2007，92（3）：111-125.
[10] Gharbia S S，Smullen T，Gill L，et al. Spatially distributed potential evapotranspiration modeling and climate projections. The Science of the Total Environment，2018，633（15）：571-592.
[11] Eliasson J. The rising pressure of global water shortages. Nature，2014，517（7532）：6.
[12] 赵筱青，王兴友，谢鹏飞，等．基于结构与功能安全性的景观生态安全时空变化—以人工园林大面积种植区西盟县为例．地理研究，2015，34（8）：1581-1591.
[13] 史娜娜，肖能文，王琦，等．锡林郭勒植被 NDVI 时空变化及其驱动力定量分析．植物生态学报，2019，43（4）：331-341.
[14] 李晶，周自翔．延河流域景观格局与生态水文过程分析．地理学报，2014，69（7）：933-944.
[15] 黎明扬，刘廷玺，罗艳云，等．半干旱草原型流域表层土壤饱和导水率传递函数及遥感反演研究．土壤学报，2019（1）：1-11.
[16] 席小康，朱仲元，郝祥云．锡林河流域草原植物群落分类及其多样性分析．生态环境学报，2016，25（8）：1320-1326.
[17] 李玮．变化环境下锡林河流域地表水与地下水耦合模拟．呼和浩特：内蒙古农业大学，2018.
[18] Ding B，Yang K，Qin J，et al. The dependence of precipitation types on surface elevation and meteorological conditions and its parameterization. Journal of Hydrology，2014，513（11）：154-163.
[19] 朱长明，李均力，常存，等．新疆干旱区湿地景观格局遥感动态监测与时空变异．农业工程学报，2014，30（15）：229-238，339.
[20] 姚云长，任春颖，王宗明，等．1985 年和 2010 年中国沿海盐田和养殖池遥感监测．湿地科学，2016，14（6）：874-882.
[21] 胡夏天，杨山力，程昌秀．基于四叉树的景观指数分析方法．地理信息世界，2016，23（2）：21-26.
[22] Allen R G. Using the FAO-56 dual crop coefficient method over an irrigated region as part of an evapotranspiration intercomparison study. Journal of Hydrology，2000，229（1-2）：27-41.
[23] Bastiaanssen W G M. SEBAL-based sensible and latent heat fluxes in the irrigated Gediz Basin，Turkey. Journal of Hydrology（Amsterdam），2000，229（1-2）：1-100.
[24] Wu C D，Cheng C C，Lo H C，et al. Application of SEBAL and Markov models for future stream flow simulation through remote sensing. Water Resources Management，2010，24（14）：3773-3797.
[25] 尹云鹤，吴绍洪，赵东升，等．1981-2010 年气候变化对青藏高原实际蒸散的影响．地理学报，2012，67（11）：1471-1481.
[26] 杨秀芹，王国杰，潘欣，等．基于 GLEAM 遥感模型的中国 1980-2011 年地表蒸散发时空变化．农业工程学报，2015，31（21）：132-141.
[27] Allen R G，Pereira L S，Raes D，et al. Crop evapotranspiration-guidelines for computing crop water requirements. FAO Irrigation and Drainage Paper 56. FAO，1998.
[28] 顾峰，丁建丽，葛翔宇，等．基于 Sentinel-2 数据的干旱区典型绿洲植被叶绿素含量估算．干旱区研究，2019，36（4）：924-934.

[29] 董旭光，顾伟宗，王静，等．影响山东参考作物蒸散量变化的气象因素定量分析．自然资源学报，2015，30（5）：810-823.
[30] 马梅，张圣微，魏宝成．锡林郭勒草原近30年草地退化的变化特征及其驱动因素分析．中国草地学报，2017，39（4）：86-93.
[31] 徐晓龙，王新军，朱新萍，等.1996—2015年巴音布鲁克天鹅湖高寒湿地景观格局演变分析．自然资源学报，2018，33（11）：1897-1911.
[32] 刘红玉，吕宪国，张世奎，等．三江平原流域湿地景观破碎化过程研究．应用生态学报，2005（2）：289-295.
[33] Abdolalizadeh Z, Ebrahimi A, Mostafazadeh R. Landscape patternchange in Marakan protected area, Iran. Regional Environmental Change, 2019, 14 (1-2): 157.
[34] 沈欣，欧阳志云，段晓男，等．白洋淀湿地生态系统水分条件遥感监测方法．生态学报，2008（10）：5033-5038.
[35] Guo Y M, Cheng J. Feasibility of estimating cloudy- sky surface longwave net radiation using satellite-derived surface shortwave net radiation. Remote Sensing, 2018, 10 (4): 596-630.
[36] 曾丽红，宋开山，张柏，等．2000年至2008年松嫩平原生长季蒸散量时空格局及影响因素分析．资源科学，2010，32（12）：2305-2315.
[37] 牛忠恩，胡克梅，何洪林，等.2000—2015年中国陆地生态系统蒸散时空变化及其影响因素．生态学报，2019，39（13）：4697-4709.
[38] Liu H J, Li Y, JOSEF T, et al. Quantitative estimation of climate change effects on potential evapotranspiration in Beijing during 1951- 2010. Journal of Geographical Sciences, 2014, 24 (1): 93-112.
[39] 韦振锋，陈思源，黄毅．1981-2010年陕西潜在蒸散量时空特征及其对气候因子的响应．地理科学，2015，35（8）：1033-1041.

第7章　流域土壤水分运移规律及遥感反演研究

在全球气候变化的大环境下，人类活动加剧，原本天然的生态和水资源系统均受到了严重威胁甚至破坏[1-2]。例如印度的恒河水体浑浊且富营养化严重，河流生态系统紊乱畸形[3]；我国干旱区的塔里木河流域下游近400km河道断流，地下水位下降、矿化度上升，干流两岸胡杨林大片死亡[4]，各国的水资源和生态环境安全问题突出，制定科学的生态修复措施和水资源管理方案不仅是当务之急，也是严峻的挑战。

内蒙古自治区作为我国北方的生态屏障，近30几年来，受气候变化及以城市化和过度放牧为主的人类活动的影响，干旱、洪涝等极端状况频发，而位于其中西部的干旱半干旱草原型内陆河流域，原本生态系统就很脆弱，生物多样性较差，在气候与人类的双重影响下，草场出现严重退化[5]，研究表明，2000年以后内蒙古干旱半干旱地区初级生产力显著下降[6]，部分地区甚至出现了沙漠[7]，突出的环境问题亟待修复。

在国际上关于治理生态环境退化方面有比较成功的案例，例如以纸莎草这种生物要素为切入点治理和修复东非奈瓦沙湖和维多利亚湖[8]；利用生物炭对土壤进行改良，降低土壤容重，降低土壤渗透阻力，提高土壤保水能力[9]。在众多研究中，植被和土壤的质量都被认为是生态系统恢复的关键[10-11]，干旱地区土壤的持水保水能力是土壤质量的一个重要指标。优秀的持水保水能力有利于植物根系的发育[12]，进而改善物种的多样性[13]，而植物的生长又能防止土壤的流失和侵蚀[14]，改善区域蒸散发，促进整个生态系统获得正向的循环上升[15]。

本章研究选择锡林河流域为干旱半干旱草原型内陆河流域的典型区，这类地区可利用资料和开展过的试验都不够丰富[16]，而且大部分研究内容都还停留在点尺度上；许多基础试验是破坏性的，在对外界环境敏感的草原上，大面积地进行土壤采样是既费时又费力且不科学的。土壤水分是土壤-植物-大气系统的关键生态水文变量，阐明土壤水分运移-植物相互作用的机制有助于建立土壤水分模型，特别是那些包含详细过程表示和反馈的模型。基于以上考虑，准确地评价研究区土壤的持水保水能力是十分必要的，其作为土壤和生态修复的前期准备工作，不仅可以为流域水文模型的建立提供数据基础，还可以为后期的生态治理提供重要的理论依据。

7.1　试验方法与数据获取

7.1.1　土壤饱和导水率

结合1∶5万地形图、1∶100万全国土壤类型图、1∶100万全国植被类型图和1∶10

万全国土地使用情况图，用于细致刻画研究区五种土壤类型的所在位置和等高线分布，按照每种土壤类型所占研究区的面积比例，选择多个具有代表性的样地，共布设 7 组 42 个土壤采样点。其中 6 组以垂直河流断面与等高线布设，另设 1 组覆盖前 6 组未包含的土壤、植被及土地使用情况类型。所有调查点涵盖了该区域 90% 的海拔、9 种土地使用类型、4 种植被类型、4 种土壤类型，点位布设如图 7-1 所示。

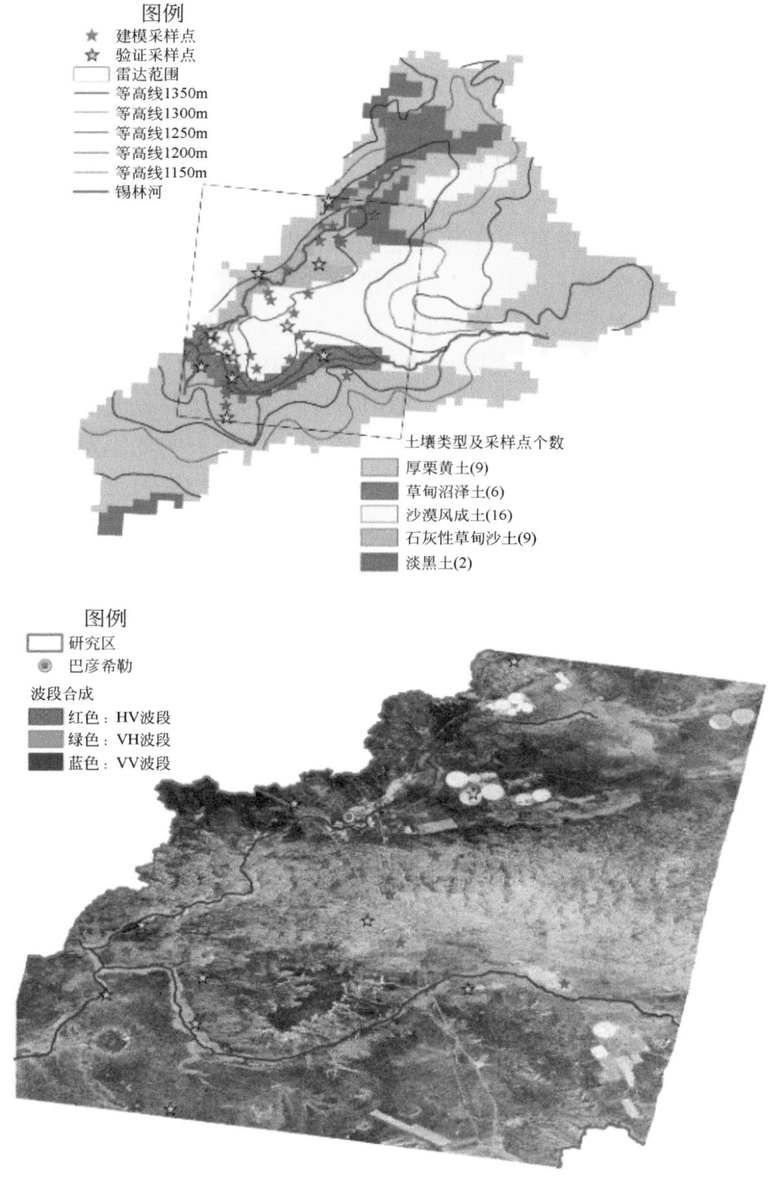

图 7-1　饱和导水率土壤采样点及雷达范围

42 个土壤采样点分为建模采样点（32 个）和验证采样点（10 个），分别用于土壤转换函数的建立与验证使用。选取土壤质地均一且完整的区域进行采样，采样前，先利用手持 GPS 对采样点经纬度、高程等信息进行记录，在去除地表浮土及植被后，开挖 50cm 深的剖面，从表层向下取样，每隔 10cm 一层，每层采用 $100cm^3$ 的环刀分别进行土壤重复采集 5 个和自封袋重复取样 3 个。环刀样品用于测定含水率、饱和含水率、田间持水率、饱和导水率等土壤水力特性和土壤容重，自封袋样品用于测定土壤粒径分布、土壤有机质含量等其他理化特性。本次试验于 2017 年 7 月 23 日至 30 日进行，共计环刀取样 420 份，自封袋取样 630 份。

7.1.2 双环入渗试验的过程及布设

根据土壤类型分布图，按照每种土壤类型占试验区面积比例，设置数个具有地区代表性的试验点［图 7-2（a）］。试验于 2018 年 7 月进行，测试时保证前三天连续干旱晴朗的天气状况下，在去除地表浮土及植被后，进行双环入渗试验。

五种双环入渗仪的内环直径（inner-ring diameter）分别设置为 15cm、20cm、25cm、30cm、40cm，外环直径（outer ring diameter）比内环大 0.33 倍，即缓冲指数（buffer index）为 0.33，这是根据前人的试验得出的经验系数，内外环都会对双环试验造成尺度效应（scale effect），其中当外环的缓冲指数大于等于 0.33 时，由外环导致的尺度效应会变得微弱，可忽略不计[17]。

内外环分别使用自制的 25L 马氏瓶连接供水，马氏瓶是由透明塑料下口瓶为瓶体，瓶上加盖合适大小的橡胶塞，在塞子中间部位打孔，以便插入适合孔径粗细的 PVC 塑料管。将塑料管与橡胶塞接触部分密封，保证气体只会顺着塑料管进入瓶内，根据水力学原理，塑料管下口与入渗仪双环内水面高度齐平，遂塑料管下口与瓶底的距离取 5cm，以满足试验设计。

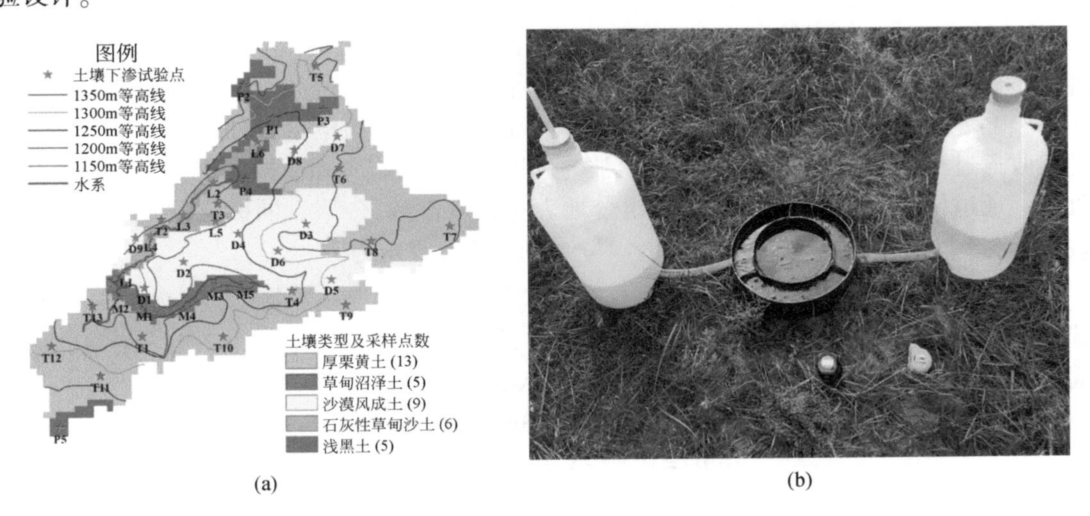

图 7-2　双环入渗试验点位

入渗试验时保持环内同一水位稳定不变，向马氏瓶中加入少量食用色素可在不破坏环境的情况下更便于观察瓶内水位变化［图 7-2（b）］。入渗前，在入渗环四周利用土钻取土，每 10cm 一层共取 5 层，用于测定土壤初始含水率。入渗过程中，记录内环及两个马氏瓶水位变化，前 20min 每 1min 读数一次，20min 后每 3min 读数一次。试验结束后，尽可能快地拔出入渗环，将地表残余的水排走，利用土钻在内环中心位置取土，以测定土壤入渗进行 80min 时的含水率，并在距入渗环 30cm 处挖略深于入渗深度的剖面，按照 7.1.1 节中土壤采集方法，使用环刀及自封袋各重复取样 3 个，分别用于测定容重、粒径、有机质含量、地下生物量等其他土壤理化特性。

7.1.3 雷达图像的处理

为了确保野外采集土壤样本的时间与雷达过境成像的时间保持一致，以提高遥感反演的精度，提前购置 2017 年 7 月 26 日加拿大雷达 Radarsat-2 影像一景，其影像数据参数如表 7-1 所示。

表 7-1 Radarsat-2 卫星影像参数

波束模式	产品格式	像元大小/m	幅宽/(km×km)	极化方式
标准全极化	SLC（single look complex）	8	25×25	全极化（HH+VV+HV+VH）

使用 ENVI 软件的 SARscape 模块对原始 SLC 影像进行多视（Multilooking）、Refined-Lee 滤波（Refined- Lee Filtering）、地理编码和辐射定标（Geocoding and Radiometric Calibration）等预处理，在 Google 影像上选取 GCP（ground control point）对影像进行几何配准后，得到标准四极化后向散射系数影像图，利用 Output ROIs to ASCII 功能将所需的采样点后向散射系数输出成文本文档以供使用。

根据土壤采样前的生态调查情况及气象条件，研究区自 2017 年 4 月至 7 月底总有效降水不超过 20mm，整体植被长势较差，植被平均盖度仅为 46%，且植株平均高度不足 10cm，各土壤采样点的平均地表生物量为 58g/m^2。因此在雷达信号处理过程中认为，雷达接收通过土壤反射的电磁波在穿透植被的过程中影响可以忽略，故未进行植被的去极化处理；通过同极化差 SAR 数据计算组合地表粗糙度参数 Z_S[18]，同极化差 $\Delta\sigma^o=\sigma^o_{vv}-\sigma^o_{hh}$（$\sigma^o_{vv}$为水平同级化，$\sigma^o_{hh}$为垂直同级化）与 Z_S的关系可表示为

$$\Delta\sigma^o=A(\theta)\ln(\sqrt{Z_s})+B(\theta) \tag{7-1}$$

式中，A（θ）和 B（θ）的表达式如式（7-2）及式（7-3）所示，θ 为本地入射角，为了简化计算，统一取雷达入射角 40.917°为本地入射角。

$$A(\theta)=-0.42-6.13\cos\theta+2.00\cos^2\theta \tag{7-2}$$

$$B(\theta)=0.32-5.48\cos\theta+5.18\cos^2\theta \tag{7-3}$$

7.1.4 土壤理化属性的测定

文中的土壤含水率指土壤体积含水率，采用恒温烘箱法称重获得土壤质量含水率，通过式（7-4）计算出土壤体积含水率；

$$\theta=(\rho_b'-\rho_b)/\rho_w=\omega\times\rho_b/\rho_w=(M_w/M_s)\times\rho_b/\rho_w \tag{7-4}$$

式中，θ 和 ω 分别为土壤体积含水率和土壤质量含水率（%）；ρ_b' 为土壤湿容重；ρ_b 为土壤容重；ρ_w 是土壤中水密度；M_w 和 M_s 分别为烘干前环刀及土样质量与烘干后环刀及土样质量。

土壤饱和导水率利用定水头下的马氏瓶渗透仪进行测定；土壤容重采用环刀法测定，允许平行绝对误差<0.03g/cm^3，取算术平均值为测定土壤容重；饱和含水率采用环刀底面缠纱布，由底部浸水测定，每隔6h 称重一次，待两次称重误差小于2%时，取平均值为其试验值；土壤粒径测定首先将样品过1mm 筛，记录比1mm 大的颗粒重量与整体土壤重量的比例，再将小于1mm 粒径的土壤放入德国 HELOS & RODOS 型干法激光粒度分析仪进行测定，最后结合计算各粒级所占土样的比例进行分级，分级标准采用美国农部制粒级分级（表7-2）；土壤有机质采用浓硫酸-重铬酸钾外加热法测定；地下生物量采用烘干称重法测定。

表 7-2 美国农部制粒级分级

粒级/mm	3～2	2～0.05	0.05～0.002	<0.002
粒级分类	石砾	砂粒	粉粒	黏粒

7.2 土壤饱和导水率转换函数及遥感反演

7.2.1 土壤转换函数的建立

本节中所使用的土壤数据是32个建模采样点0～30cm 土层的数据，层值数据用来拟合土壤转换函数中的参数，均值用来检验土壤转换函数中参数是否合理，其中层值指每10cm 一层的土壤数据，土层分别为0～10cm、10～20cm、20～30cm 三层，均值指0～30cm 土层土壤属性的均值。各土壤转换函数模型的参数使用 Matlab 编程进行率定计算，以下变量在本中含义与单位相同，现统一标出：K_s为饱和导水率（m/d），c_1、c_2、c_3分别为土壤的黏粒、粉粒和砂粒含量（%），ρ 和c_4分别为土壤容重（g/cm）和土壤有机质含量（g/kg），θ_s 为土壤饱和含水量（%），d_g 为平均粒径（mm），σ_g 为粒径标准偏差（%）。

7.2.1.1 Cosby 模型

Cosby 模型[19]是由英国威尔士生态与水文中心 Cosby 教授在1984 年提出的土壤转换函

数，该函数利用土壤黏粒含量c_1和砂粒含量c_3两个土壤物理属性参量作为模型的输入变量，土壤饱和导水率K_s作为模型的输出变量。将32个建模采样点的层值数据输入模型中进行Cosby模型的参数拟合，模型形式如式（7-5）所示，模型建立的精度及误差分析和层值模拟值与实测值的对比如表7-3与图7-3所示。

$$K_s = 2.91\times10^{-5}\times10^{(0.869+0.049c_3-0.0322c_1)} \tag{7-5}$$

表7-3　Cosby模型层值建模精度及误差

R^2	RMSE	SSE	χ^2	t检验	F检验
0.778	0.974	91.111	16.617	0.032	328.502

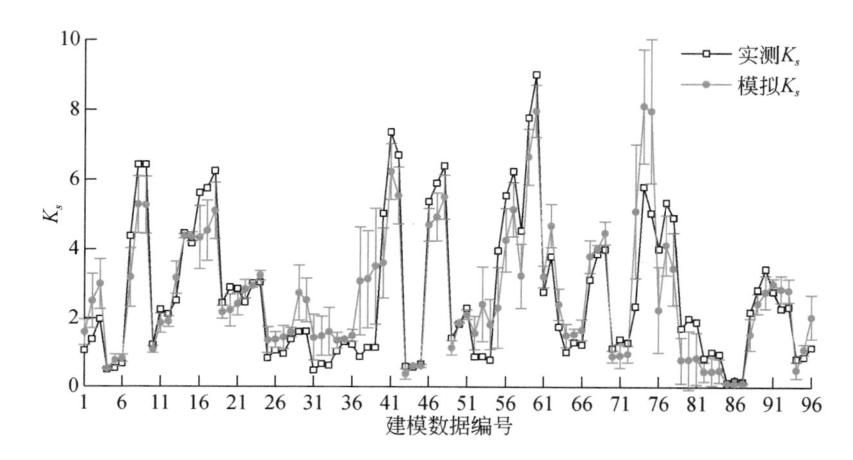

图7-3　Cosby模型土壤饱和导水率层值模拟实测值对比

将32个建模采样点的均值代入已建立的模型，即式（7-5）中进行检验，Cosby模型整体模拟实测值对比结果如图7-4所示。

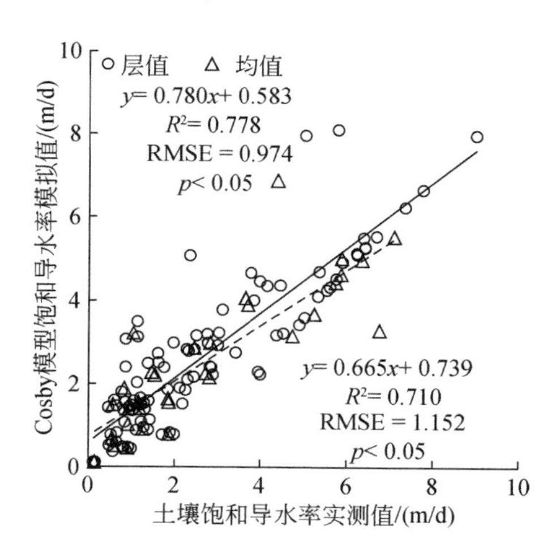

图7-4　Cosby模型饱和导水率模拟实测值对比

由图 7-3 和图 7-4 可知，Cosby 模型由于模型的输入参数较少，其模拟效果并不是十分理想，模拟误差主要体现在当实测土壤砂粒含量超过 8 成且容重大于 1.6g/kg 时，模型预测的土壤饱和导水率会有较大的估计，这说明 Cosby 模型在拟合砂粒含量和土壤容重同时较高的土壤时，具有一定的局限性。

7.2.1.2 Weston 模型

Weston 模型[20]是 1997 年提出的土壤转换函数，该函数以土壤黏粒含量c_1、粉粒含量c_2、有机质含量c_4以及土壤容重 ρ 作为模型的输入变量，土壤饱和导水率K_s作为模型的输出变量。将 32 个建模采样点的层值数据输入模型中进行 Weston 模型的参数拟合，模型形式如式（7-6）所示，模型建立的精度及误差分析和层值模拟值与实测值的对比如表 7-4 与图 7-5 所示。

$$K_s = 0.897 \times e^{[5.47 - 0.579\rho^2 - 0.08c_4 + 0.026c_4^2 - 1.18\ln(c_1 + c_2)]} \tag{7-6}$$

表 7-4　Weston 模型层值建模精度及误差

R^2	RMSE	SSE	χ^2	t 检验	F 检验
0.958	0.437	18.336	4.868	0.022	2162.573

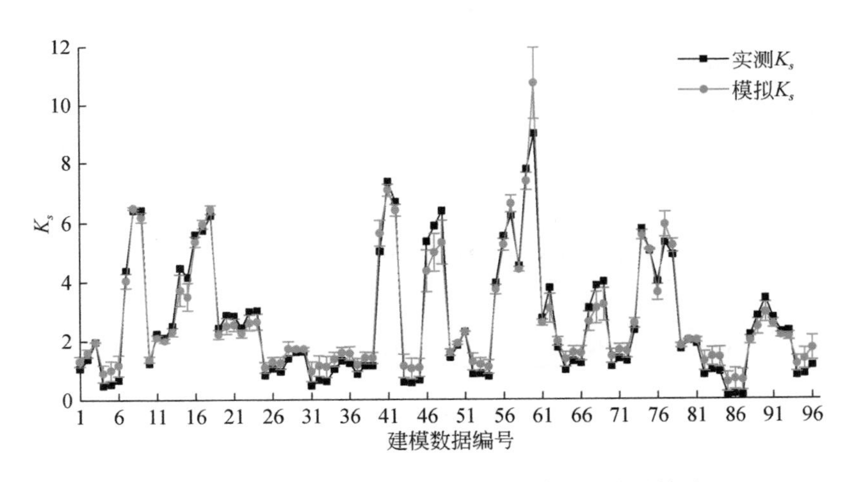

图 7-5　Weston 模型土壤饱和导水率层值模拟实测值对比

将 32 个建模采样点的均值带入到已建立的模型，即式（7-6）中进行检验，Weston 模型整体模拟实测值对比结果如图 7-6 所示。

由图 7-5 及图 7-6 可知，Weston 模型对于饱和导水率小于 2m/d 的样本模拟偏高，对于饱和导水率大于 9m/d 的样本模拟偏低，整体效果优于 Cosby 模型，在土壤均值检验的决定系数 R^2优于建模精度，但均方根误差也有所上升，说明该模型在某些极端值的模拟上可能会出现一些偏差。

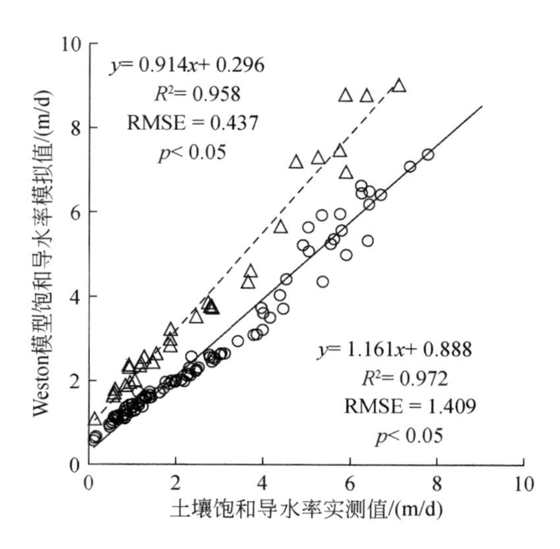

图 7-6　Weston 模型饱和导水率模拟实测值对比

7.2.1.3　Saxton 模型

Saxton 模型[21]是 1986 年提出的土壤传递函数，该函数以土壤黏粒含量c_1、砂粒含量c_3以及土壤饱和含水率θ_s作为模型的输入变量，土壤饱和导水率K_s作为模型的输出变量。将 32 个建模采样点的层值数据输入模型中进行 Saxton 模型的参数拟合，模型形式如式（7-7）所示，模型建立的精度及误差分析和层值模拟值与实测值的对比如表 7-5 与图 7-7 所示。

$$K_s = 22.664 \times e^{[-0.995+0.014c_3+(-376.988+3.323c_3-2.329c_1+0.113c_1^2)/\theta_s]} \tag{7-7}$$

表 7-5　Saxton 模型层值建模精度及误差

R^2	RMSE	SSE	χ^2	t 检验	F 检验
0.985	0.262	6.570	1.497	0.015	5770.835

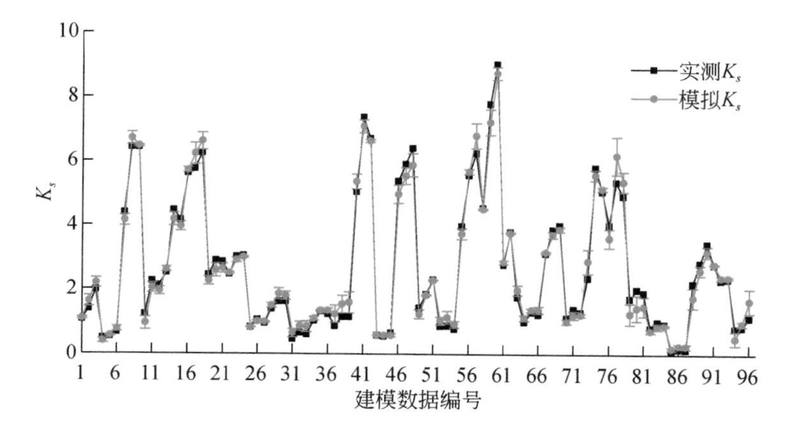

图 7-7　Saxton 模型土壤饱和导水率层值模拟实测值对比

将 32 个建模采样点的均值带入到已建立的模型，即式（7-7）中进行检验，Saxton 模型整体模拟实测值对比结果如图 7-8 所示。

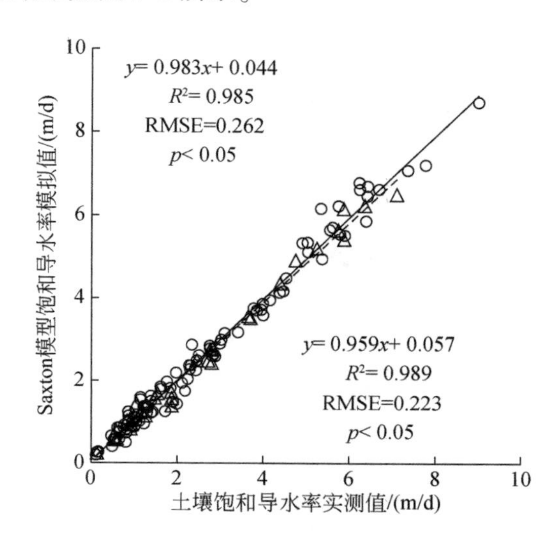

图 7-8　Saxton 模型饱和导水率模拟实测值对比

由图 7-7 及图 7-8 可以看出，Saxton 模型的模拟效果最好，层值建模精度和均值检验精度全部超过 0.98，整体模拟误差小，建模和检验的均方根误差都小于 0.3。由于土壤饱和含水率θ_s与土壤容重 ρ 之间有密切的联系，虽然表面上 Saxton 模型仅与土壤颗粒粒级相关，实际上该模型也考虑了土壤密度与孔隙度，相比于 Weston 模型，Saxton 模型舍弃了有机质含量c_4，更多地关注土壤物理性质，具有典型的土壤物理学思想；两个模型的构造基本一致，都是以自然对数 e 的为底的幂函数形式。

7.2.1.4　多元非线性经验模型

多元非线性经验模型是将土壤相关的粒径、有机质含量c_4以及容重 ρ 全部考虑在内的土壤转化经验函数[22]，该模型是将土壤平均粒径d_g、粒径标准偏差σ_g、土壤容重 ρ 和有机质含量c_4作为模型的输入变量，土壤饱和导水率K_s作为模型的输出变量。将 32 个建模采样点的层值数据输入模型中进行多元非线性经验模型的参数拟合，模型形式如式（7-8）所示，模型建立的精度及误差分析和层值模拟值与实测值的对比如表 7-6 与图 7-9 所示。

$$\ln(K_s) = 0.375d_g - 0.272\sigma_g - 1.329\rho + 0.031c_4 - 6.459 \tag{7-8}$$

表 7-6　多元非线性经验模型层值建模精度及误差

R^2	RMSE	SSE	χ^2	t 检验	F 检验
0.966	0.407	14.135	3.533	0.046	2650.308

将 32 个建模采样点的均值带入已建立的模型，即式（7-8）中进行检验，多元非线性经验模型整体模拟实测值对比结果如图 7-10 所示。

由图 7-9 及图 7-10 可知，多元非线性经验模型的模拟效果仅次于 Saxton 模型，均值检

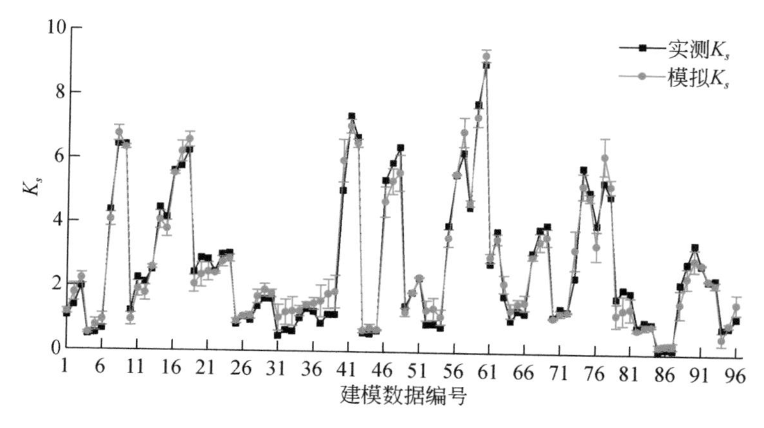

图 7-9　多元非线性经验模型土壤饱和导水率层值模拟实测值对比

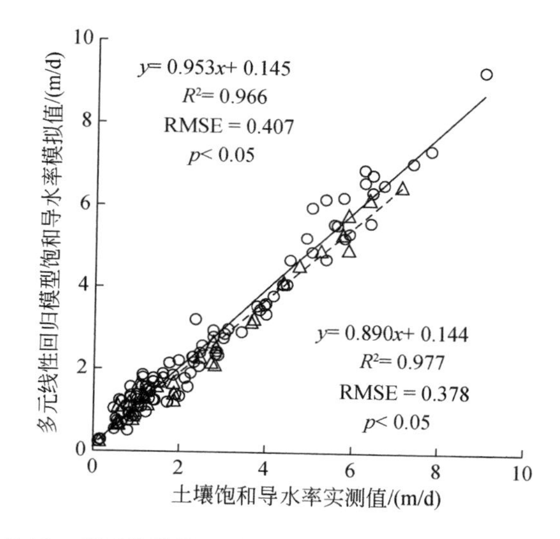

图 7-10　多元非线性经验模型饱和导水率模拟实测值对比

验精度和误差分别高于和小于建模精度及误差，这说明土壤饱和导水率与该模型的四个输入参数有密切联系。

7.2.2　土壤属性的遥感反演

预处理后的 SAR 图像可以反映 8m 精度相元内的目标特征，为了面尺度描述遥感影像内的土壤理化属性及水力特性，使用 32 个建模采样点 0 ~ 30cm 表层土壤属性参数的平均值与微波雷达 RADARSAT-2 四极化后向散射系数 HH、HV、VH、VV 及其两种组合 HH/VV、HV/VH 以及组合地表粗糙度 Z_S 建立多元线性回归方程，使用 Excel 软件的分析工具库对多元线性回归方程进行参数拟合，雷达反演表层土壤属性的形式及精度如式（7-9）至式（7-15）以及表 7-7 所示。

$$c_1=-77.836+3.753\text{HH}+0.954\text{HV}-0.372\text{VH}-3.7\text{VV}+65.234\frac{\text{HH}}{\text{VV}}+28.5\frac{\text{HV}}{\text{VH}}+9.3Z_s \tag{7-9}$$

$$c_2=2.04+0.345\text{HH}-0.73\text{HV}+1.423\text{VH}-1.28\text{VV}+25.021\frac{\text{HH}}{\text{VV}}-9.105\frac{\text{HV}}{\text{VH}}-25.367Z_s \tag{7-10}$$

$$c_3=175.8-4.1\text{HH}-0.223\text{HV}-1.051\text{VH}+4.982\text{VV}-90.254\frac{\text{HH}}{\text{VV}}-19.4\frac{\text{HV}}{\text{VH}}+6.054Z_s \tag{7-11}$$

$$c_4=-2.124-0.18\text{HH}+0.213\text{HV}-0.2\text{VH}-0.155\text{VV}-1.648\frac{\text{HH}}{\text{VV}}+5.154\frac{\text{HV}}{\text{VH}}-0.557Z_s \tag{7-12}$$

$$\rho=5.38-0.047\text{HH}-0.074\text{HV}+0.129\text{VH}+0.0135\text{VV}-0.315\frac{\text{HH}}{\text{VV}}-2.8\frac{\text{HV}}{\text{VH}}-0.071Z_s \tag{7-13}$$

$$K_s=-30.359+0.05\text{HH}+1.328\text{HV}-1.89\text{VH}+0.43\text{VV}-10.315\frac{\text{HH}}{\text{VV}}+36.577\frac{\text{HV}}{\text{VH}}+7Z_s \tag{7-14}$$

$$\theta_s=\left(1-\frac{\rho}{2.64}\right)\times 100 \tag{7-15}$$

表 7-7　0 ~ 30cm 表层土壤参数反演结果

土壤参数	R^2	RMSE	土壤参数	R^2	RMSE
c_1	0.714	2.193 *	c_4	0.730	0.149 *
c_2	0.632	2.704 *	ρ	0.939	0.055 *
c_3	0.845	2.639 *	K_s	0.811	0.992 *

注：* 表示在显著性水平 $\alpha=0.05$ 下，增大或减小趋势是显著的。

鉴于主动微波雷达具有较高的地物穿透能力，全极化雷达影像对建模采样点的各表层土壤属性反演结果比较准确。表层土壤的颗粒粒级也可以用 SAR 数据较好地表示，土壤黏粒c_1和砂粒c_3的反演精度都比较高，分别达到 0.7 和 0.8 以上，c_2作为粒径处于 0.002 ~ 0.05mm 的粉粒含量，在反演中效果最差，但可以通过c_1和c_3推求获得，不仅可以满足粒径分布的平衡，也可以提高反演精度；θ_s与 ρ 有较好的线性关系，可以通过式（7-15）利用反演精度最高的 ρ 计算θ_s，这与 Wang 等[23]的研究结果近似；如式（7-14）所示，也可以直接利用 SAR 数据与表层土壤的饱和导水率K_s建立多元线性数学关系，但比较 7.2.1 中四种土壤转换函数模型，其拟合精度并不高，仅由于 Cosby 模型，说明 SAR 数据与K_s之间存在某些物理关系，使用 PTFs 可以有效地将二者联系起来，并进一步地进行面尺度推广。

7.2.3 遥感反演结果的检验

将未参与建模的10个验证采样点的SAR数据分别代入7.2.2节中建立的多元回归方程中，将计算出来的表层土壤数据代入7.2.1节中的4个土壤转化函数与式（7-14）中得到饱和导水率的模拟值，与验证采样点表层土壤的平均饱和导水率进行对比，结果如图7-11所示。

结果表明，Cosby和Weston模型的检验结果较差［图7-11（a）和图7-11（b）］，尤其是SAR数据计算的土壤容重较测量值偏高时，Cosby模型模拟效果会更差，这是由于Cosby模型参与饱和导水率计算的土壤参数没有容重只有砂粒和黏粒含量，而土壤容重的大小与土壤粒径有很大关系，土壤砂粒含量越高，土壤容重越大。土壤容重预测偏大的样点其砂粒含量的预测值也会增大，这导致只有两个参数的Cosby模型模拟出现较大偏差。由于土壤有机质属于土壤的化学性质，虽然它会在分子的角度，紧实土壤，使土壤变得更加紧密，因此微波雷达并不能很好的刻画表层土壤的有机质含量。Weston模型包含的土壤参数较多，土壤有机质含量存在一次方及二次方项，一旦SAR数据模拟的有机质含量出现偏差，土壤饱和导水率的预测便会受到比较严重的影响，这使得原本建模精度较高的Weston模型在模型验证过程中结果偏差。

Saxton模型的检验精度最高［图7-11（c）］，在土壤容重与有机质含量模拟出现偏差时的容错性也最好，这说明该模型可能更适用于黏粒含量低的砂质土壤，这与Buccigrossi等[24]在Apulia地区以土壤粒径分布和有机质含量为基础，估算土壤容重和萎蔫点，评价土壤转换函数的研究结果相同。与其他模型相比，Saxton模型所使用的土壤属性参数并不算最多，这说明模型中使用的参数数量并不能决定模型的模拟成效，参数多的模型不一定是最好的。

多元经验回归模型考虑的参数最多，土壤的平均粒径及粒径的标准偏差可以在一定程度上修正SAR数据对土壤粒级的模拟偏差，因此效果整体不错［图7-11（d）］。而直接利

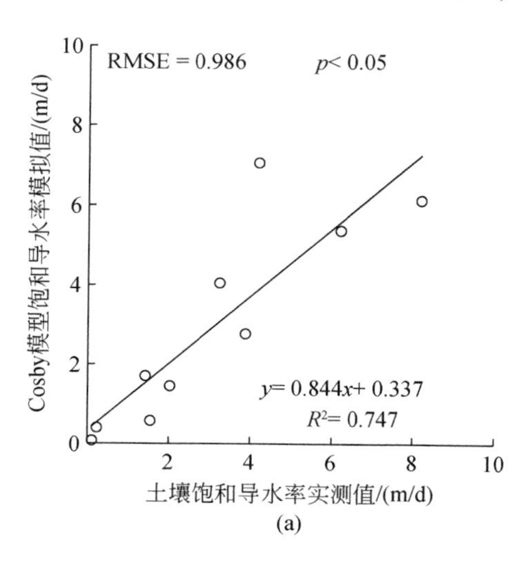

(a)

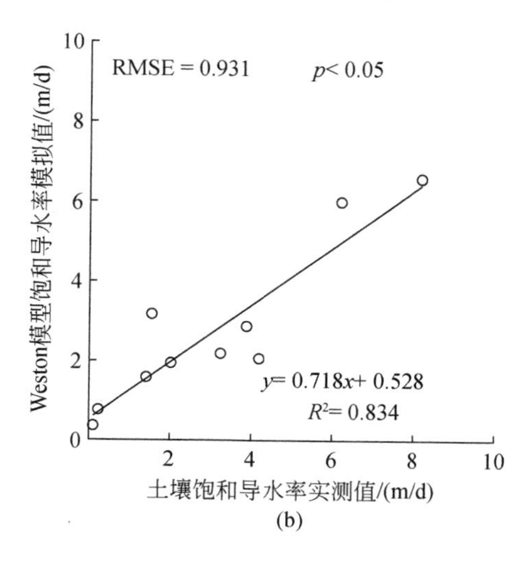

(b)

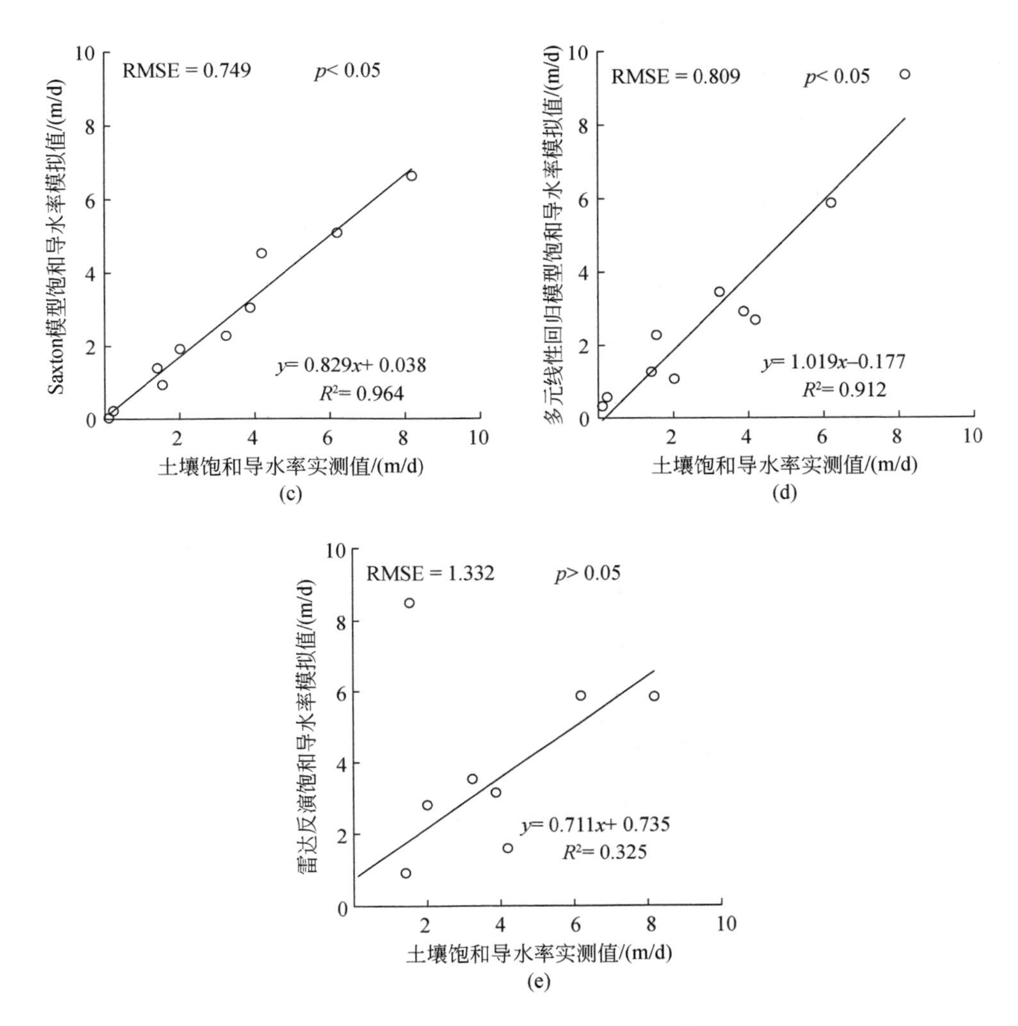

图 7-11　雷达反演饱和导水率精度分析

用全极化 SAR 数据进行土壤饱和导水率预测的方法效果并不理想［图 7-11（e)］，尤其是土壤砂粒含量高，容重大于 1.7g/cm 的样点，土壤饱和导水率的预测会偏低，有的甚至小于 0，说明 SAR 数据并不能直接用于土壤水力特性的预测。

7.2.4　饱和导水率的面尺度拓展

通过 7.2.1 及 7.2.2 的分析可知，Saxton 模型无论从建模角度还是模型检验，其预测效果都是最佳的，因此选择使用 Saxton 模型对雷达影像范围内的研究区进行大面积预测。ENVI 软件中的波段运算工具（band math）能够方便执行影像中各个波段的数学函数计算，选择波段运算工具进行预测计算，并利用彩虹条表示表层土壤饱和导水率的数值大小。

图7-12为使用Radarsat-2雷达影像预测的研究区表层土壤饱和导水率分布情况图，由图7-12可知，半干旱草原的砂质草甸地的土壤水分入渗速率普遍比较迅速，表层土壤平均饱和导水率在2～8m/d。人类活动对表层土壤理化性质的改变影响较大，雷达影像的北部及东南分布多个圆形的滴灌区，在饱和导水率分布情况图颜色深而纯，尤其是在东南部，可以明显分别出近日正在滴灌和未曾使用的田地，这说明即使饱和导水率较大的砂质土壤在经过农业改造后，其导水能力可以获得大幅度降低，甚至不超过1m/d，较高的持水保水能力将更有利于农业作物的生长。

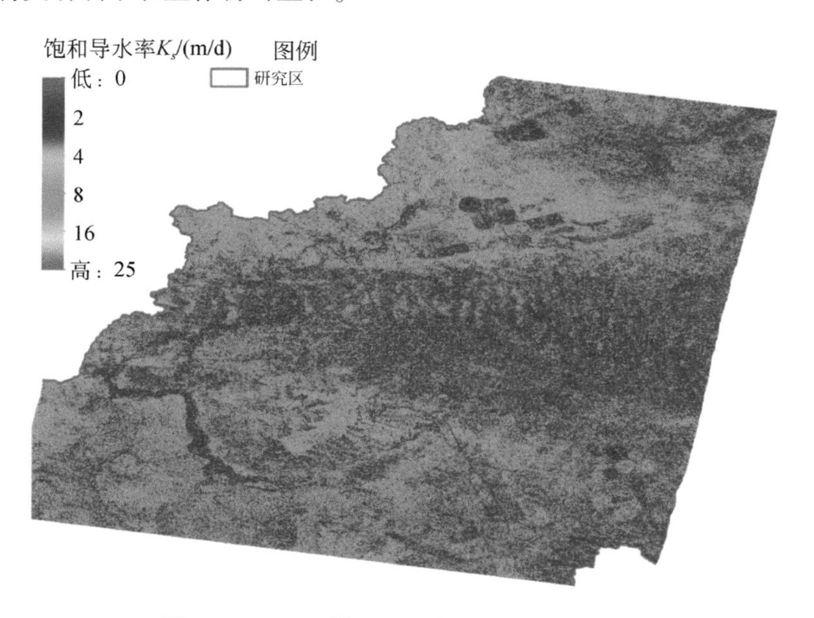

图7-12　Saxton模型预测表层土壤饱和导水率

灌区主要设置在村庄的附近，道路、房屋等混凝土建筑孔隙小，水分难以渗透，导致此类区域表层土壤的饱和导水率平均只有2～3m/d。河流两侧山地地势起伏大，植物稀疏且分布着大量裸露的岩石，缺乏植被的砂石地区使得土壤水分下渗速度较快，最高的地区达到25m/d。河谷区域由于靠近河流，水量充沛，大量水生植物生长其中，此类地区土壤中生长大量的植物根系，有机质含量和土壤含水率均处于较高水平，其土壤水分下渗速度较慢。而河谷地区的植物叶片形状和植株倒伏特性是随机的，在利用雷达反演地表参数时，会对反演的精确性产生一定程度的影响，这与Millard等[25]在定量研究温带泥炭地植被和土壤水分条件对极化C波段SAR响应的相对贡献的研究结论和Liao等[26]在中国东南部鄱阳湖湿地利用相干散射模型模拟植被微波散射研究在的结论一致。

通过预测可以发现研究区表层土壤饱和导水率的分布规律为：山区裸地>沙丘沙地>河间湿地>村镇建筑用地>滴灌区。

7.2.5 环刀测定饱和导水率与实际土壤入渗的差异

7.2.5.1 边界条件差异分析

室内使用环刀测定土壤饱和导水率是将环刀刀口呈竖直方向摆放进行的［图 7-13(a)］，环刀上部土壤连接马氏瓶供水，保持恒定水头，上边界条件为定压力水头(constant pressure head)，下部的土壤与空气接触，下边界条件呈自由释水状态（free drainage)；真实情况下，土壤表面在积水情况下，可近似看作定压力水头，而土壤的下部是与另一层土壤接触的，即 0～10cm 土壤下方为 10～20cm 土壤，土壤本身并不分层，只是为了更好理解，提出土壤层的概念，每层土壤无缝连接，土壤的吸水势与地下潜水埋深息息相关，其下边界条件为变地下水位，即变压力水头（variable pressure head)，当模拟时间较短时，地下水位变化不大，一般将其简化为定压力水头计算。

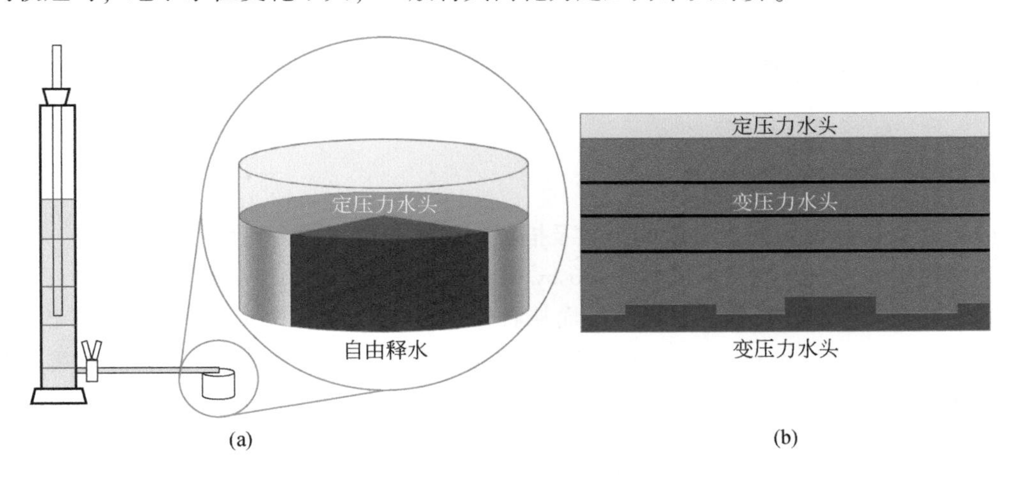

图 7-13 饱和导水率测定及真实情况非饱和导水率示意图

由此不难看出，利用环刀测定的导水速率其上边界条件与真实情况接近，但下边界条件则完全不同，自由释水让环刀中的土壤透水能力增强，由于环刀体积小且长度短，上方充足的水分可以容易地将土壤颗粒间的空气从下方挤出，以致水分子充分填充土壤缝隙，形成土壤水分饱和状态下的水分运输。当释水界面无限下移，定压力的水头挤压并排出土壤颗粒间空气的难度会逐渐增加，随着土壤深度的增加，越来越多的空气继续保留在土壤颗粒间或略微下移，土壤很难完全饱和，形成非饱和状态的土壤水分运移。研究区大部分地区远离河流，地下潜水水位埋深相对较深，包气带下方的深层土壤在地下水的浸润下，吸水性较低，当入渗的水分挤压空气穿过包气带时，遇到下方潜水水面形成的一层隔离，空气少部分进入地下水中，而大部分开始压缩。空气在压缩的同时反作用于下渗的水分，从而减缓入渗速率。

7.2.5.2 土壤连续性分析

使用环刀获取的土样，仅是具有代表性的部分或少量土壤，虽然是每个深度都进行采样，但是没有整体性，即使将多个连续土层的环刀数据联系起来，结果仍无法达到整体的效果。土壤的分层是人为设定的，对一段土壤的理化性质评价通常是用多个深度点位的均值来代表的，而水力特性则无法通过这种方法评定，在上一节中，探讨了真实条件下非饱和土壤水分下渗随深度的变化，可知类似环刀测定饱和导水率的这种相同初始条件的重复性试验结果是无法应用于垂向研究中的。假设使用土层的概念继续定义一个土柱，那么所有深于10cm的土层的上边界条件都非定压力水头，而是变压力水头，且由于影响该压力的因素较多，此压力随深度呈非线性增长［图7-13（b)］。

通过以上分析，使用环刀测定的土壤饱和导水率在研究中拥有学术意义也具备一定代表性，但是与现实的土壤非饱和导水仍存在一定差距，原因主要在于试验设定的边界条件不同以及土样缺乏一定的连续性。

7.2.6 讨论与小结

7.2.6.1 讨论

(1) 土壤转换函数所含参数的个数及描述的土壤属性对拟合精度的影响

文中使用的4个土壤转换函数中Cosby模型包含参数2个、Weston模型4个、Saxton模型3个、多元非线性经验模型4个，而从各模型的整体使用效果来看是Saxton模型>多元非线性经验模型>Weston模型>Cosby模型，从中可以发现两个规律：第一，包含参数少且所含参数物理意义片面的模型精度较差，Cosby模型只包含两个输入参数且都与土壤的颗粒粒级相关，模型的适用性最差，其他3个模型所含参数均多于Cosby模型且顾及土壤容重、有机质含量等除土壤粒径外的其他土壤理化性质，在研究区的模拟效果提升明显；第二，包含参数个数也不是越多越好，尽管Weston模型和多元非线性经验模型所含参数均多于Saxton模型，但二者的模型精度与误差都不及后者，说明在考虑较多影响土壤饱和导水率因素的情况下，模型是具有地域选择性的，或者说是雷达反演精度选择性，由于这几个土壤转换函数都是经验函数，当实测或雷达反演的某土壤属性与该函数经验曲线有偏离时，模型的精度都会下降。前文中通过研究结果也推测Saxton模型可能更适用于含砂量较高的土壤，正是由于研究区有机质含量低且对土壤孔隙等结构影响小，才使得该模型虽然没有输入有机质含量这个参量，但模拟效果仍优于Weston模型，表层土壤的有机质含量属于土壤化学成分，可能使用雷达影像并不能很好地刻画，而Weston模型正好包含两项与有机质含量有关的参数，最终导致模型结果失准。

(2) 土壤转换函数在全极化微波雷达反演表层土壤饱和导水率中的作用

利用全极化SAR数据直接建立与表层土壤饱和导水率建立函数关系看似有着较高的精度和较低的误差，但其只是单纯的数学关系，在物理层面的联系微弱，以致其在模型的检验部分效果很差。为了弥补这种物理关系的欠缺，以及让该研究有更强的地域适应性和模型稳定性，需要寻找一个函数或变量用来传递和连接，恰恰土壤转换函数是一个不错的选择，它不仅让全极化 SAR 数据做到了比较精细的面尺度拓展，还为全极化 SAR 数据反演土壤饱和导水率提供了物理依据。

7.2.6.2 小结

首先利用研究区 0 ~ 30cm 表层土壤的层值数据率定了 Cosby、Weston、Saxton 和多元非线性经验模型 4 个土壤转换函数的参数，并利用土壤均值进行检验，使用预处理后的合成孔径雷达 Radarsat-2 影像数据反演表层土壤属性并验证，最终将研究区范围内的雷达影像带入建模与检验精度最高、误差最小的 Saxton 模型中，进行了大面积表层土壤饱和导水率的预测。结果表明，在使用全极化 SAR 数据大面积预测表层土壤饱和导水率时，使用土壤转换函数预测的结果明显优于直接利用 SAR 数据反演的结果；土壤转换函数的拟合效果受所含参数的物理意义及个数的影响，物理意义包含全面，模型模拟效果更好，在物理意义比较全面的情况下，也并不是参数的个数越多越好；Saxton 模型在研究区的模拟效果最好，研究认为其更适用于砂粒含量较高、有机质含量较低的半干旱草原型流域。在植被覆盖度不高的退化草原，表层土壤平均饱和导水率为 4 ~ 8m/d，土壤颗粒粒级高和缺少植被是水分入渗较快的主要原因。在灌区、村镇等经过开垦或建设开发的地区，表层土壤饱和导水率明显降低，人类活动对这种变化的影响非常大。研究提出的这种利用全极化 SAR 技术大面积预测表层土壤饱和导水率的技术尚不成熟，仍需在不同区域和土壤类型中进一步进行验证。

7.3 双环入渗过程模拟与尺度效应影响研究

利用 5 种不同管径尺寸的双环入渗仪在研究区 5 种土壤类型下进行多组双环入渗试验，对半干旱草原型内陆河流域砂质草甸土壤的非饱和导水过程进行测试和模拟，并对使用的试验仪器大小不同所引起的尺度效应定量比较和分析，试验方案设计详见 7.1.2。

7.3.1 不同管径入渗过程比较

双环入渗试验中记录了每分钟或每 3 分钟试验所消耗的水量，经过简单的数据处理后，可以获得双环入渗的入渗速率（infiltration rate，使用 K'_{ob} 表示）和累计入渗量（cumulated infiltration，使用 I'_{ob} 表示），由于试验中后期入渗速率和入渗量数值较小，为了方便比较，全部使用 log 形式表示，如图 7-14 及图 7-15 所示。

由入渗速率和累计入渗量随时间变化的过程曲线可以看出，入渗速率和累计入渗量与入渗仪内环面积基本成正比，单位面积入渗速率与入渗环管径基本无关。五种内径入渗环初始入渗速度和 80min 总入渗量分别为 1.4cm/min、2.5cm/min、4cm/min、5.8cm/min、10.4cm/min 与 6.2L、11.8L、18.9L、27.3L、50.2L。其中入渗仪内径为 15cm 的入渗过程相对例外，其入渗速率与总入渗量均低于按面积比例预估的水平。

对于整个研究区而言，入渗过程有 3 个比较明显的特点：①土壤水分的入渗速率较

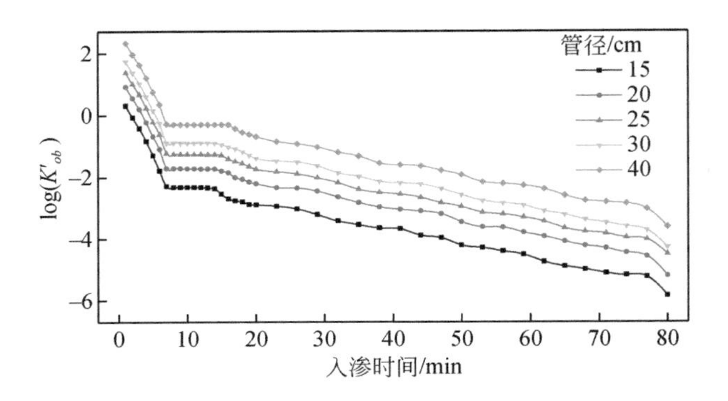

图 7-14　不同管径双环入渗速率 log 形式随时间的关系

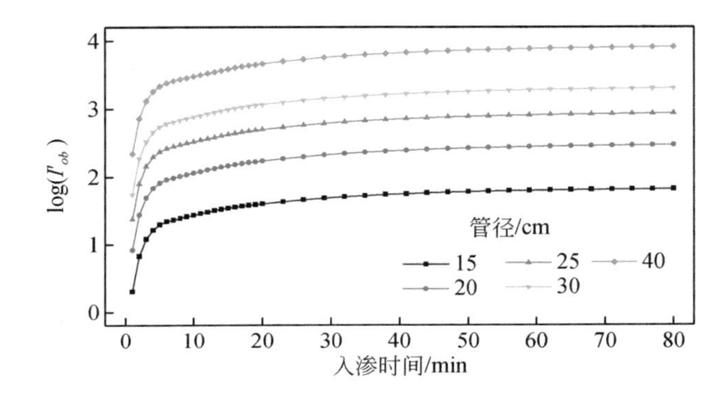

图 7-15　不同管径双环累计入渗量 log 形式随时间的关系

快，单位面积平均稳定入渗速率可达 0.2cm/min；②入渗初期速度的衰弱比例较高，前 5min 与 20min 分别达到 76.60% 与 92.55%；③整个入渗过程稳定较快，在 20～60min 内即可达到稳定，说明研究区这种砂质草甸地土壤垂向的入渗成分及结构比较稳定。

7.3.2　非饱和土壤水分入渗过程模拟

7.3.2.1　土壤入渗模型

土壤入渗模型可以模拟时间与入渗量之间的关系，研究选择以下 6 种入渗模型对不同内径的双环入渗过程进行模拟，其中 Green-Ampt 和 Philip 模型为理论模型，Kostiakov、Horton、Kostiakov-Lewis 和 USDA-NRCS 为经验模型。统一规定 $I(t)$ 为累计入渗量（cm），$i(t)$ 为入渗速率（cm/min），t 为入渗时间（min）。

（1）理论模型

Green-Ampt（1911）模型[27]是建立在毛管势的基础上的理论模型，其表达式为

$$I(t)=K\frac{H_a+S_m+z}{z} \tag{7-16}$$

式中，K 为饱和导水系数（cm/min），H_a 为地表水厚度（cm），S_m 为平均湿润锋潜在吸力（cm），z 为湿润锋前进的距离。

式（7-16）在 t 时间内土体增加的水量应为

$$q_i = \frac{\mathrm{d}z}{\mathrm{d}t}\Delta\theta = \frac{\mathrm{d}z}{\mathrm{d}t}(\theta_s - \theta_0) \tag{7-17}$$

式中，θ_s 与 θ_0 分别表示饱和含水率（%）及初始含水率（%）。根据水量平衡方程可得

$$K\frac{H_a + S_m + z}{z} = \frac{\mathrm{d}z}{\mathrm{d}t}(\theta_s - \theta_0) \tag{7-18}$$

对式（7-18）分离变量积分

$$\int_0^z \frac{z}{H_a + S_m + z} dz = \int_0^t \frac{K}{\theta_s - \theta_0}\mathrm{d}t \tag{7-19}$$

由于锋面推进距离可以用 t 时间内入渗的总水量表示

$$I(t) = (\theta_s - \theta_0)z \tag{7-20}$$

由此，可以获得时间 t 与入渗总水量的隐函数便于计算：

$$t = \frac{\theta_s - \theta_0}{K}\left[z - (H_a + S_m)\ln\frac{H_a + S_m + z}{H_a + S_m}\right] \tag{7-21}$$

Philip（1954）模型[27]是由澳大利亚联邦科学和工业研究所的土壤学者在土水势的基础上提出的二次项入渗模型，其为函数形式可表达为

$$I(t) = \frac{1}{2}St^{-0.5} + A^* \tag{7-22}$$

式中，S 为土壤吸渗率（cm · $\mathrm{min}^{-0.5}$），A^* 为根据试验求得的稳定入渗率（cm/min）。

（2）经验模型

早在 Philip 模型提出之前，原苏联和美国土壤学研究人员便提出了仅包含二参数的 Kostiakov（1932）[28]模型、Horton（1940）[29]模型、Kostiakov-Lewis[30]模型，其函数表达式分别为

$$I(t) = \alpha t^{\beta} \tag{7-23}$$

$$I(t) = f_c t + \frac{1}{k}(f_c - f_0)(1 - \mathrm{e}^{-kt}) \tag{7-24}$$

$$I(t) = K't + \alpha' t^{\beta'} \tag{7-25}$$

式中，f_c 为稳定入渗率（cm/min），f_0 为第一个单位末的入渗速度（cm/min），α、β、k、K'、α'、β' 均为根据试验求得的各模型参数。

美国农业部的自然资源保育署也曾提出田间土壤水分入渗经验模型 USDA-NRCS（1974）[31]，其表达式为

$$I(t) = at^{-b} + 0.6985 \tag{7-26}$$

式中，a、b 均为根据试验求得的各模型参数。

7.3.2.2 入渗过程模拟

各模型参数是使用 MATLAB 中的 Curve Fitting 工具进行的拟合，拟合方法选择非线性最小二乘迭代，使用 Levenberg-Marquardt（L-M）算法优化过程，迭代次数设置为 1000

次，参数初值是根据模拟前的手动预运算确定的，最佳模型参数是通过计算比较不同参数的最小平方误差决定的。本节中，每个模型模拟图的序号 a-e 分别代表在研究区 5 种土壤类型下的平均入渗过程。

（1）Green-Ampt 模型

图 7-16 为研究区五种土壤类型下 Green-Ampt 模型入渗过程的模拟值与试验值对比，由图可知，该模型的模拟结果并不理想，入渗前期预计偏低而入渗后期估计偏高，尤其是入渗速率较慢的草甸沼泽土［图 7-16（b）］和石灰性草甸砂土［图 7-16（d）］预测偏高的幅度较大。

（2）Philip 模型

图 7-17 为研究区五种土壤下 Philip 模型入渗过程的模拟值与试验值对比，由图可知该模型在入渗前中期比较稳定，中后期模拟值有一定程度的偏低，5 种管径入渗过程有较好的重合性，草甸沼泽土［图 7-17（b）］40cm 内径入渗过程中后期模拟有略高于其他 4 种管径的趋势。

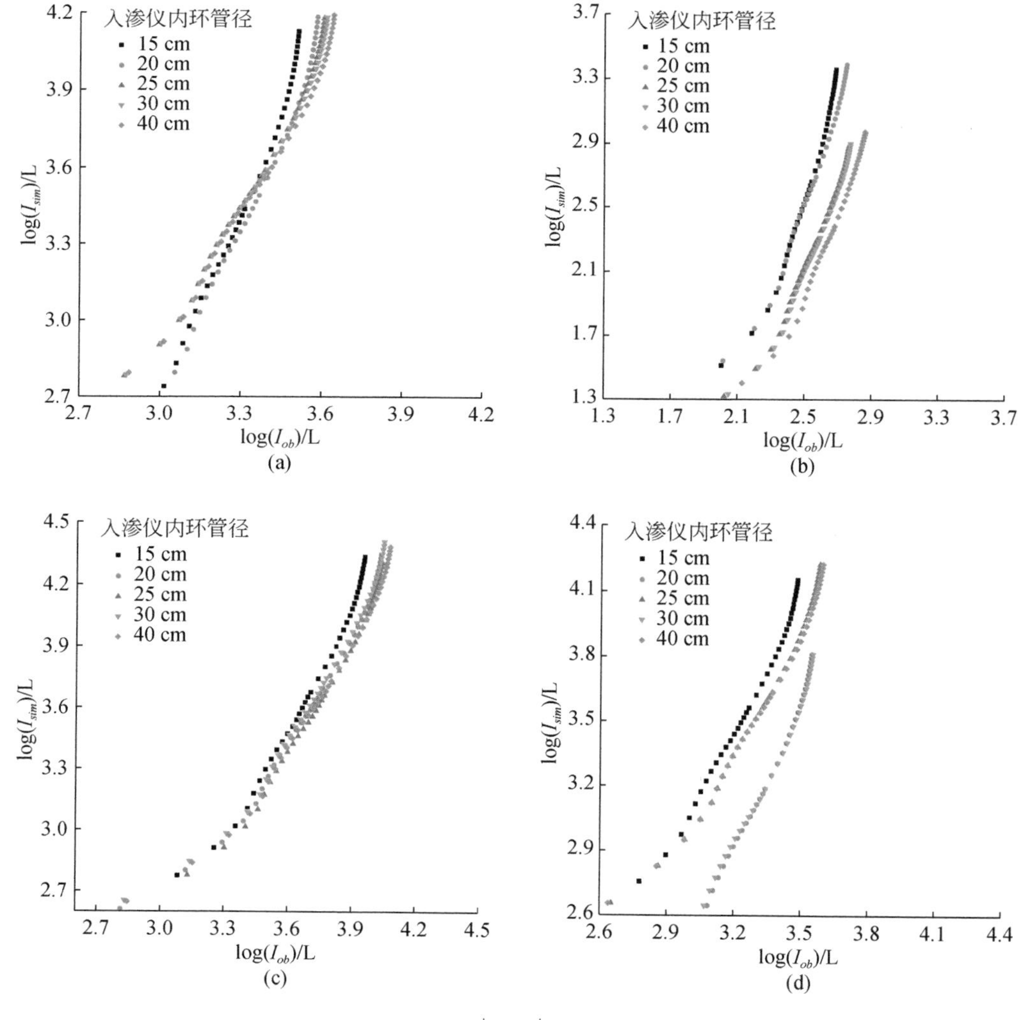

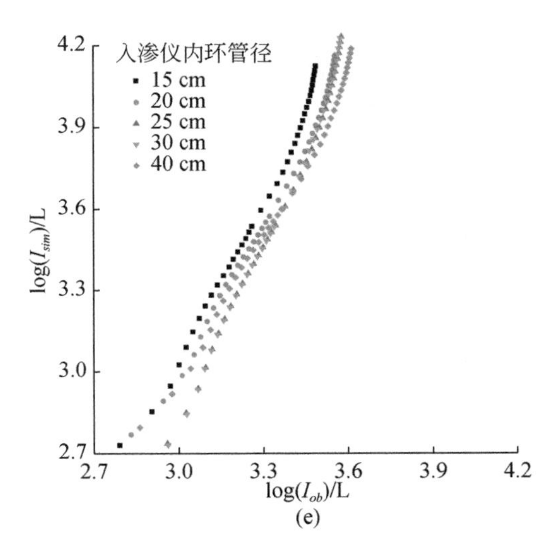

(e)

图 7-16 Green-Ampt 模型模拟研究区五种土壤下的入渗过程

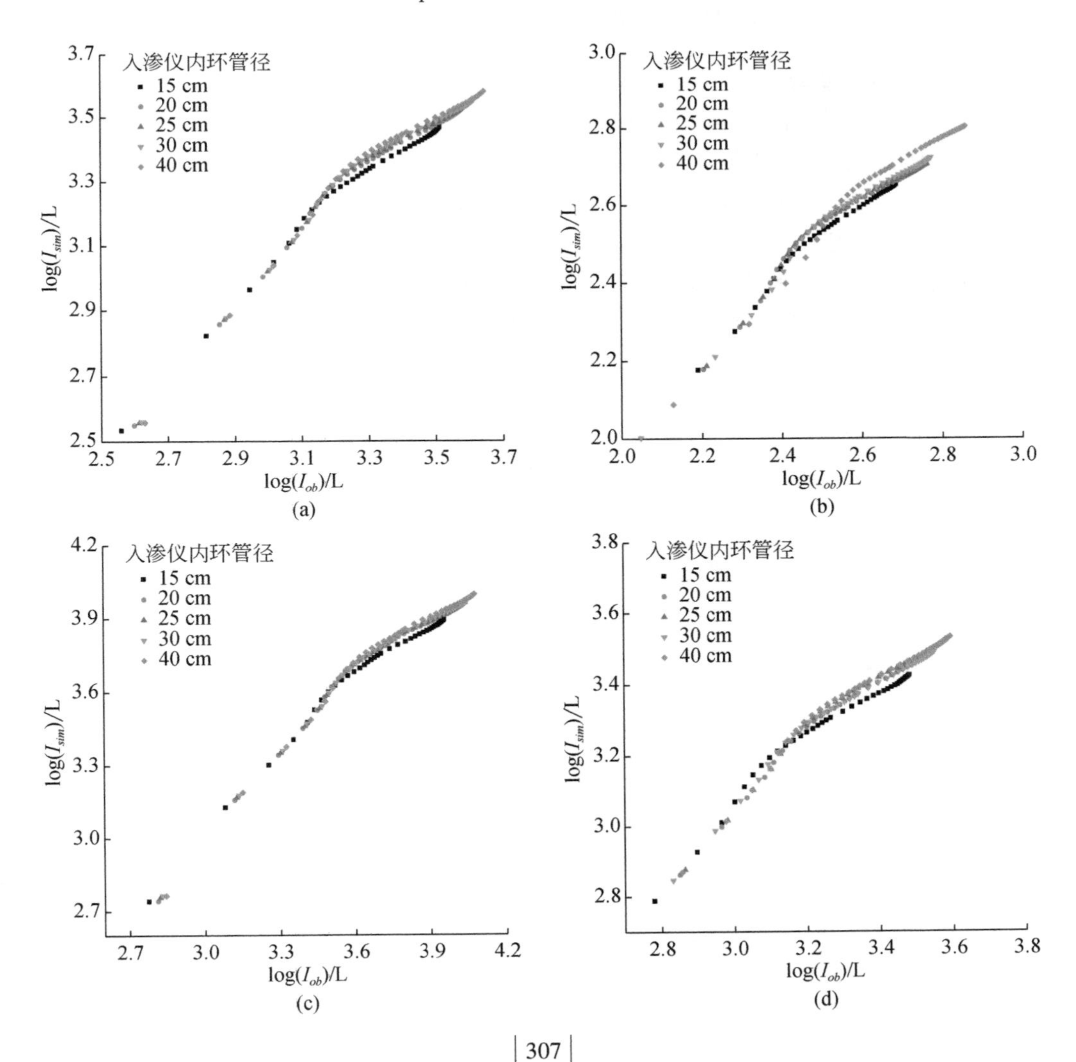

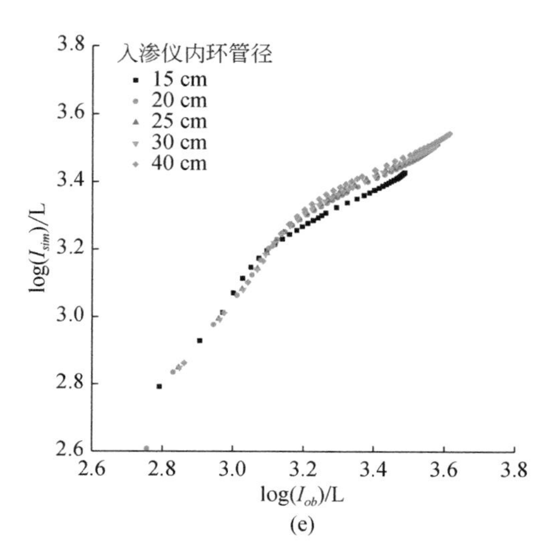

(e)

图 7-17　Philip 模型模拟研究区五种土壤下的入渗过程

（3） Kostiakov 模型

图 7-18 为研究区五种土壤下 Kostiakov 模型入渗过程的模拟值与试验值对比，该模型在入渗的中后期的模拟效果优秀，但在入渗前期的模拟值偏高，尤其是厚栗黄土［图 7-18（a）］和荒漠风沙土［图 7-18（c）］两种入渗速率较快的土壤，模型模拟偏差比较严重。

（4） Horton 模型

图 7-19 为研究区五种土壤下 Horton 模型入渗过程的模拟值与试验值对比，通过与其他几个模型的对比，可以看出该模型的模拟效果最好，由于考虑了初始入渗速率，整个入渗过程前期模拟地最为准确；入渗中期模型模拟入渗总量偏低，后期模拟值略微偏高。

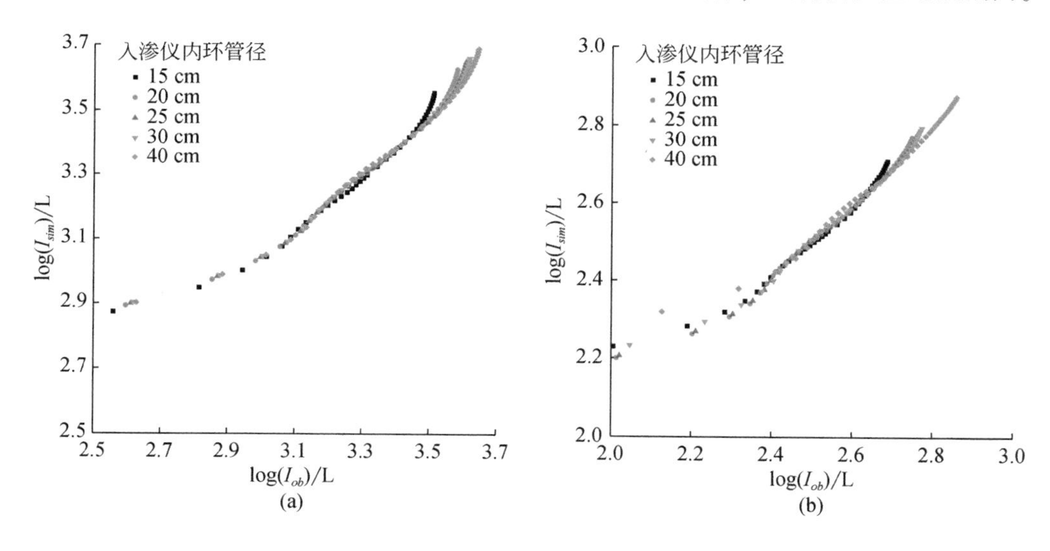

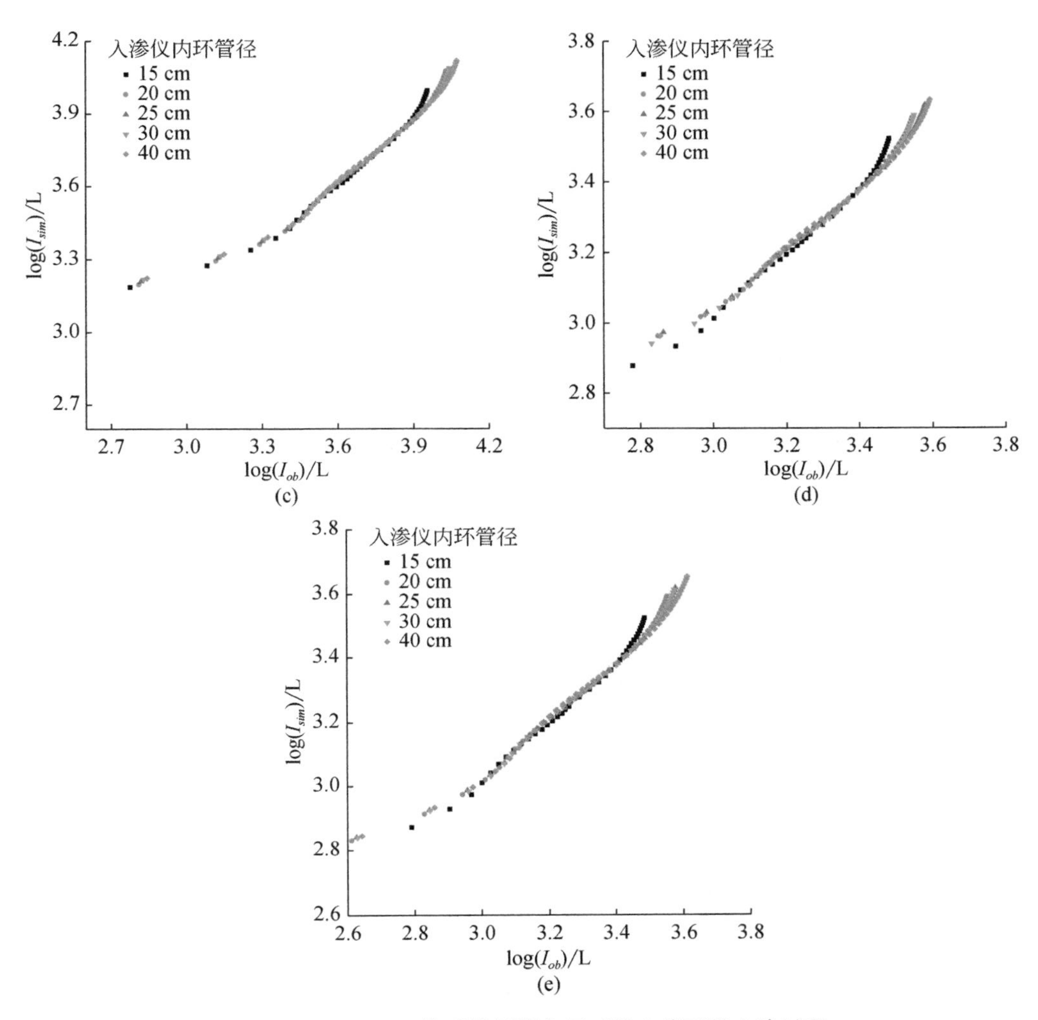

图 7-18　Kostiakov 模型模拟研究区五种土壤下的入渗过程

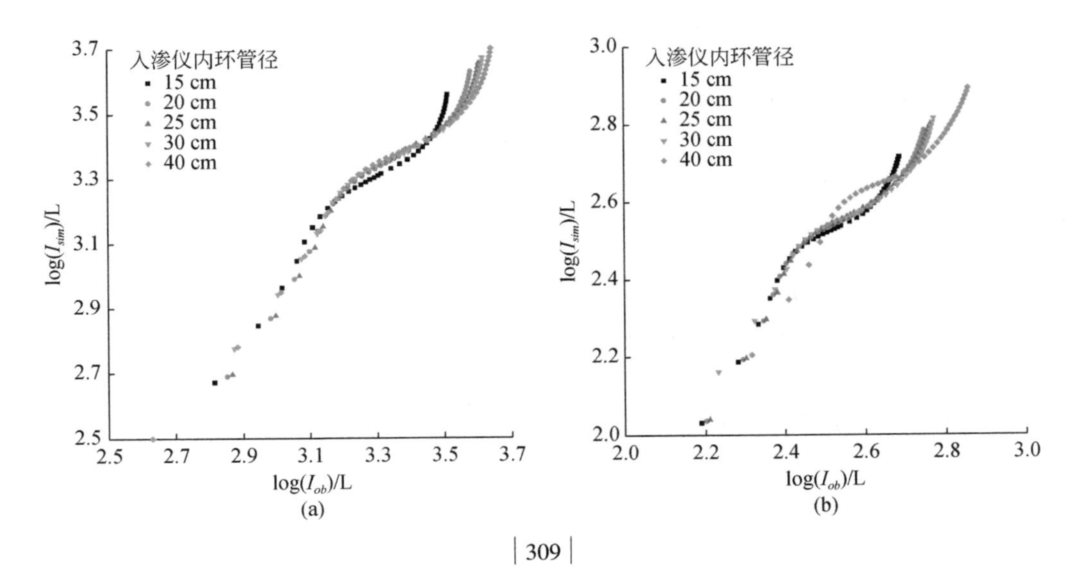

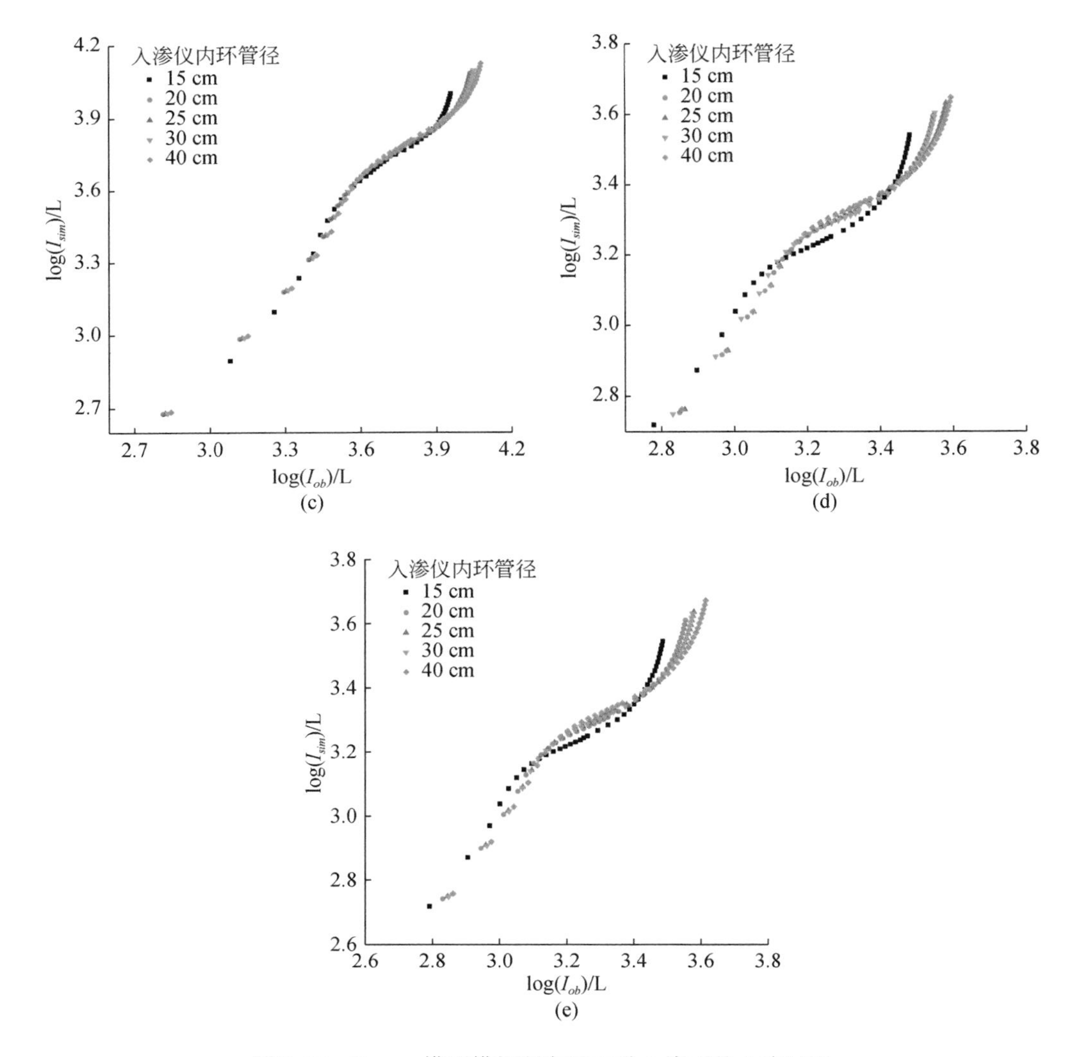

图 7-19 Horton 模型模拟研究区五种土壤下的入渗过程

(5) Kostiakov-Lewis 模型

图7-20 为研究区五种土壤下 Kostiakov-Lewis 模型入渗过程的模拟值与试验值对比，该模型在入渗过程的中后期模拟较为准确，入渗前期模拟值偏高，尤其是在厚栗黄土［图 7-20（a)］、荒漠风沙土［图 7-20（c)］及淡黑土［图 7-20（e)］三种土壤下的入渗前期模拟偏差较大。

(6) USDA-NRCS 模型

图 7-21 为研究区五种土壤下 USDA-NRCS 模型入渗过程的模拟值与试验值对比，由图可以看出该模型的整体效果仅次于 Horton 和 Kostiakov-Lewis 模型，石灰性草甸砂土［图 7-21（d)］下的入渗过程模拟效果最好，其余 4 种土壤下入渗前期模拟值偏高。

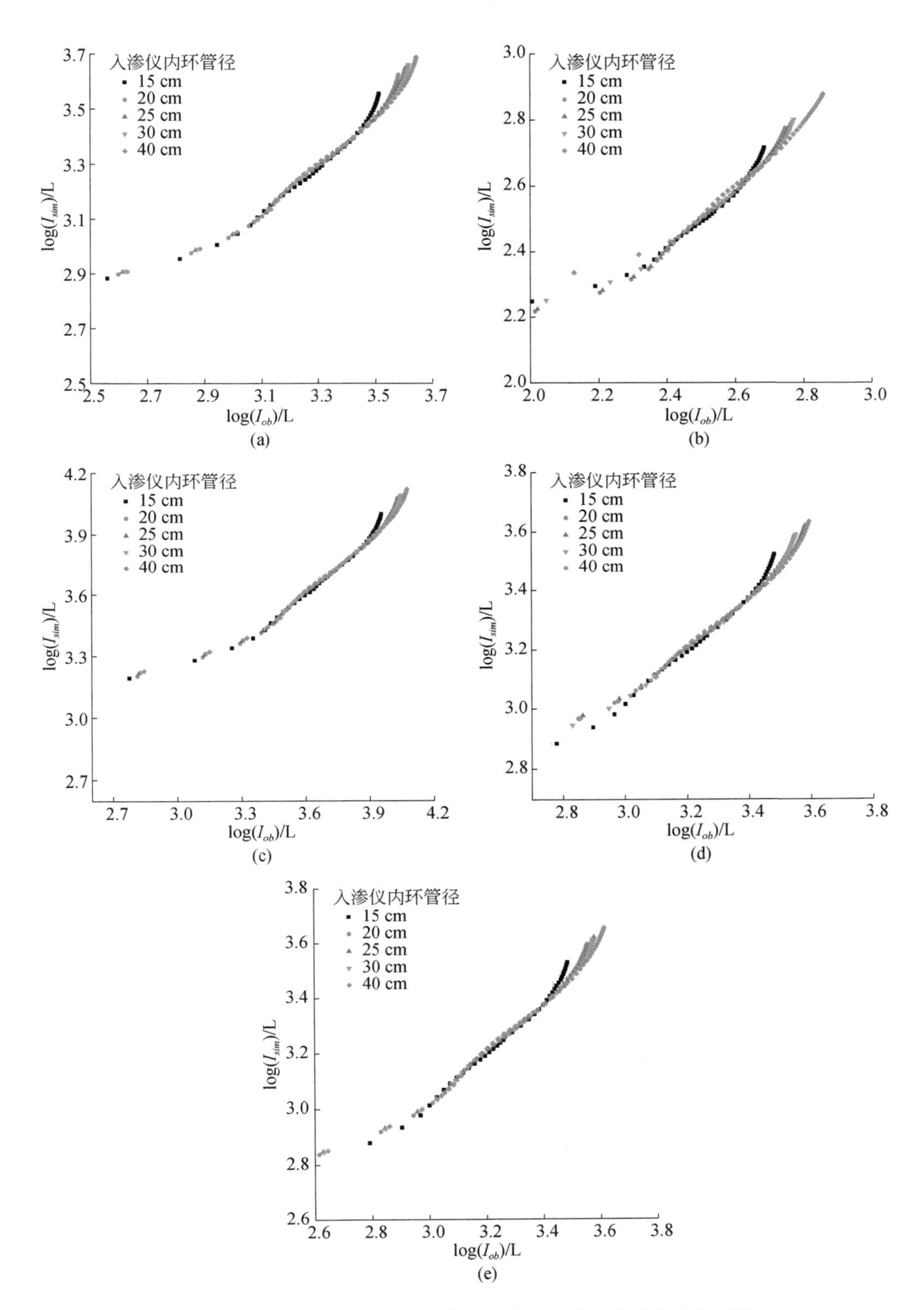

图 7-20　Kostiakov-Lewis 模型模拟研究区五种土壤下的入渗过程

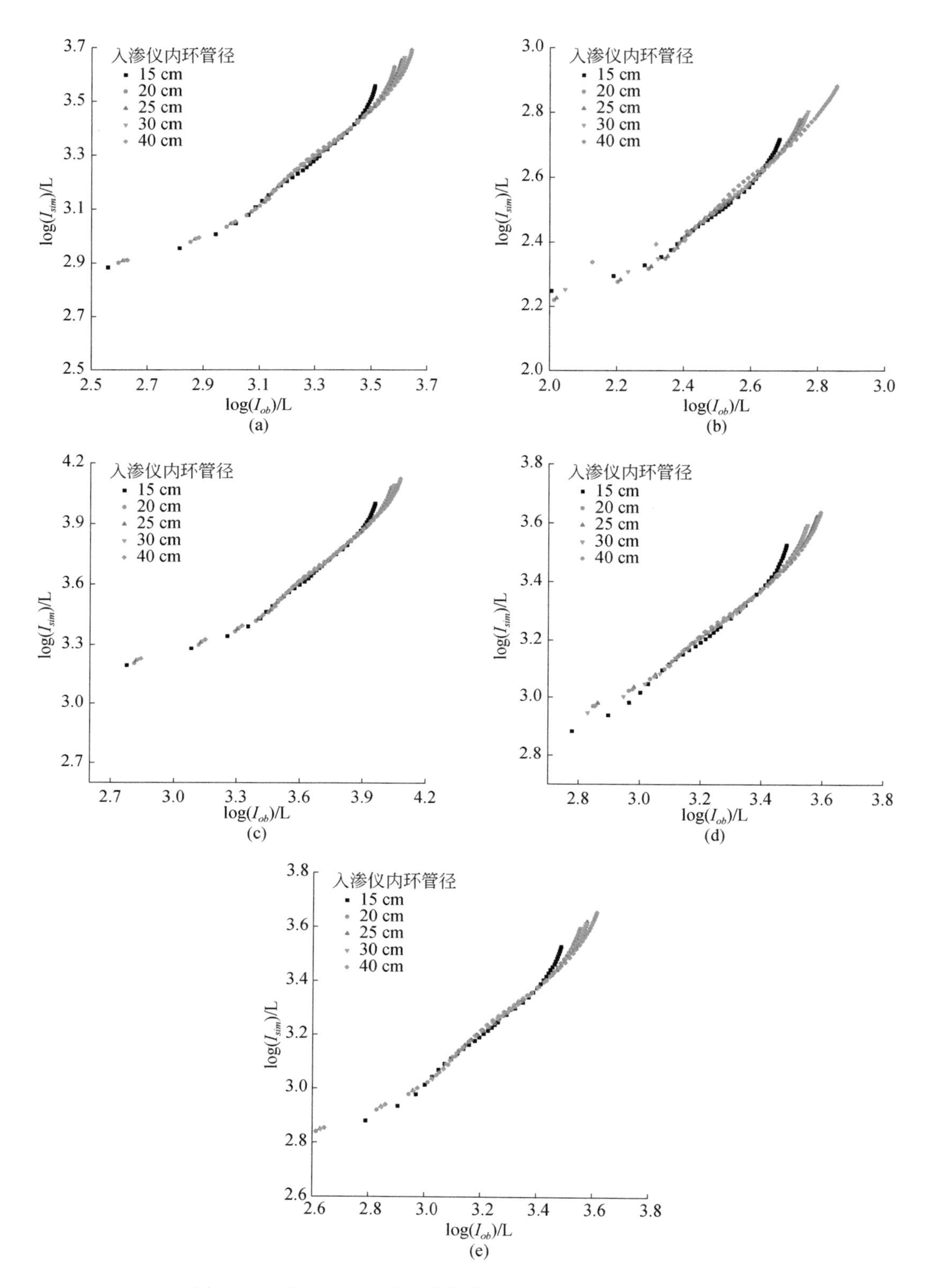

图 7-21 USDA-NRCS 模型模拟研究区五种土壤下的入渗过程

7.3.3 模型模拟精度及误差分析

7.3.3.1 精度及误差计算方法

研究使用调整确定系数（Adj-R^2）和纳什效率系数（nash- sutcliffe efficiency，NSE）对各模型的精度进行计算。Adj-R^2可以识别自变量个数对模型 R^2的影响，更适用与多元非线性拟合[32]。NSE 是 1970 年 Nash 和 Sutcliffe 提出的一种类似于 R^2的线性回归，二者一个重要区别是模型效率是将计算值与实测值和计算值之间的 1∶1 线进行比较，而不是通过点的最佳回归线[33]。与相关系数非常相似，值为 1 表示实测值与计算值完全一致，下降的值表示两者之间的相关性较低。需要注意的是 NSE 可能是负的，如果出现这种情况，则表明输出的平均值是比模型计算值更好的估计值[34]。

采用单因素方差分析（a one- way ANOVA），比较 6 种模型在 $P<0.05$ 水平下各入渗环管径及土壤类型的估计参数均值。简化的卡方（the reduced Chi-Sqr）相当于等于单因素方差分析的残差平方和，该值实际上是拟合值与实际值之间的误差，较小的值表示曲线拟合程度较强[35]。通常，简化的卡方值大于零。而均方根误差（RMSE）可以用来衡量计算值同实测值之间的偏差[36]。

Adj-R^2 、NSE、the reduced Chi-Sqr 及 RMSE 的计算方式分别如下所示：

$$\overline{R^2}=1-\frac{\mathrm{RSS}/\mathrm{dfE}}{\mathrm{TSS}/\mathrm{dfE}} \tag{7-27}$$

$$\mathrm{NSE}=1-\frac{\sum_{t=1}^{n}\left[I_0(t)-I_p(t)\right]^2}{\sum_{t=1}^{n}\left[I_0(t)-\overline{I_o}\right]^2} \tag{7-28}$$

$$\overline{x^2}=\frac{x^2}{\mathrm{dfE}}=\frac{\mathrm{RSS}}{\mathrm{dfE}} \tag{7-29}$$

$$\mathrm{RMSE}=\sqrt{\frac{\sum_{t=1}^{n}\left[I_p(t)-I_0(t)\right]^2}{n}} \tag{7-30}$$

式中，$\overline{R^2}$代表 Adj-R^2；$\overline{x^2}$代表 the reduced Chi-Sqr；RSS 为残差平方和；TSS 为总平方和；dfE 为自由度；I_0（t）和 I_p（t）分别表示 t 时刻实测和计算的累计入渗量；n 为每次入渗的总观测次数。

7.3.3.2 模型模拟精度分析

表 7-8 和表 7-9 描述了 6 个入渗模型模拟五种土壤类型下使用不同入渗仪管径入渗过程的 Adj-R^2和 NSE 值的情况。Adj-R^2与 NSE 的结合可以较好地弥补对方在估计模型精度时的不足，Green- Ampt 模型虽然 Adj-R^2较高但其 NSE 值都为负值，说明该模型的效果极差。整体来看，除 Green- Ampt 与 Philip 模型效果一般以外，其余四个模型精度都很高，

Adj-R^2基本都大于0.9，其中Horton模型模拟精度最高，Kostiakov-Lewis和USDA-NRCS分别次之，这与7.3.2.2节分析的结果一致。

表7-8　五种土壤类型下5种管径入渗过程6个入渗模型模拟的Adj-R^2值

模型	内径/cm	TCL	MSS	DAS	LMSS	PBS
Green-Ampt	15	0.878 *	0.863 *	0.884 *	0.921 **	0.925 **
	20	0.894 *	0.899 *	0.900 *	0.909 *	0.931 **
	25	0.898 *	0.905 *	0.897 *	0.916 *	0.934 **
	30	0.900 *	0.896 *	0.898 *	0.919 *	0.934 **
	40	0.908 *	0.894 *	0.904 *	0.921 **	0.941 **
Philip	15	0.888 *	0.969 **	0.785	0.848 *	0.843 *
	20	0.849 *	0.933 **	0.854 *	0.870 **	0.817 *
	25	0.834 *	0.928 **	0.848 *	0.846 *	0.802 *
	30	0.827 *	0.937 **	0.848 *	0.840 *	0.809 *
	40	0.797 *	0.939 **	0.867 *	0.821 *	0.773
Kostiakov	15	0.878 *	0.863 *	0.884 *	0.921 **	0.925 **
	20	0.894 *	0.899 **	0.900 **	0.909 **	0.931 **
	25	0.898 *	0.905 **	0.897 **	0.916 **	0.934 **
	30	0.900 *	0.896 **	0.898 **	0.919 **	0.934 **
	40	0.908 **	0.894 **	0.904 **	0.921 **	0.941 **
Horton	15	0.980 **	0.969 **	0.985 **	0.973 **	0.972 **
	20	0.978 **	0.965 **	0.986 **	0.976 **	0.971 **
	25	0.977 **	0.965 **	0.986 **	0.974 **	0.970 **
	30	0.979 **	0.973 **	0.986 **	0.973 **	0.971 **
	40	0.978 **	0.972 **	0.985 **	0.973 **	0.969 **
Kostiakov-Lewis	15	0.870 *	0.834 *	0.880 **	0.915 **	0.920 **
	20	0.888 **	0.881 **	0.897 **	0.902 **	0.926 **
	25	0.892 **	0.887 **	0.894 **	0.910 **	0.930 **
	30	0.895 *	0.878 **	0.895 **	0.913 **	0.929 **
	40	0.903 **	0.877 **	0.901 **	0.916 **	0.937 **
USDA-NRCS	15	0.875 *	0.858 *	0.882 **	0.919 **	0.923 **
	20	0.891 **	0.895 **	0.898 **	0.906 **	0.929 **
	25	0.895 **	0.901 **	0.895 **	0.913 **	0.932 **
	30	0.898 **	0.892 **	0.896 **	0.916 **	0.932 **
	40	0.905 **	0.890 **	0.902 **	0.919 **	0.938 **

注：*与**分别表示在显著性水平$\alpha=0.05$与$\alpha=0.01$下，增大或减小趋势是显著的；TCL（thick chestnut loess）、MSS（meadow swamp soil）、DAS（desert aeolian soil）、LMSS（limy meadow sandy soil）、PBS（pale black soil）分别表示厚栗黄土、草甸沼泽土、荒漠风沙土、石灰性草甸砂土、淡黑土五种土壤，表7-8至表7-11中土壤简称一致。

表 7-9 五种土壤类型下 5 种管径入渗过程 6 个入渗模型模拟的 NSE 值

模型	内径/cm	TCL	MSS	DAS	LMSS	PBS
Green-Ampt	15	-1.581	-5.047	-0.508	-1.835	-1.579
	20	-1.139	-2.871	-0.239	-2.017	-1.305
	25	-1.026	-2.599	-0.270	-1.735	-1.198
	30	-0.960	-3.115	-0.263	-1.747	-1.191
	40	-0.781	-2.837	-0.183	-1.487	-0.951
Philip	15	0.969	0.973	0.956	0.953	0.947
	20	0.961	0.948	0.948	0.956	0.943
	25	0.959	0.940	0.948	0.953	0.942
	30	0.957	0.952	0.948	0.954	0.939
	40	0.953	0.943	0.946	0.950	0.935
Kostiakov	15	0.974	0.986	0.982	0.975	0.978
	20	0.975	0.990	0.982	0.979	0.980
	25	0.975	0.993	0.983	0.978	0.979
	30	0.975	0.988	0.983	0.977	0.981
	40	0.976	0.994	0.982	0.978	0.981
Horton	15	0.964	0.972	0.982	0.948	0.950
	20	0.966	0.970	0.974	0.959	0.955
	25	0.966	0.974	0.976	0.959	0.955
	30	0.956	0.953	0.977	0.956	0.957
	40	0.956	0.971	0.977	0.958	0.957
Kostiakov-Lewis	15	0.969	0.972	0.980	0.971	0.974
	20	0.971	0.981	0.980	0.975	0.976
	25	0.971	0.986	0.981	0.975	0.976
	30	0.972	0.978	0.981	0.973	0.978
	40	0.972	0.989	0.980	0.975	0.978
USDA-NRCS	15	0.945	0.947	0.963	0.958	0.963
	20	0.953	0.970	0.967	0.958	0.966
	25	0.954	0.976	0.968	0.960	0.967
	30	0.956	0.965	0.968	0.958	0.969
	40	0.959	0.976	0.969	0.961	0.971

7.3.3.3 模型模拟误差分析

表 7-10 和表 7-11 描述了 6 个入渗模型模拟五种土壤类型下使用不同入渗仪管径入渗过程的 the reduced Chi-Sqr 和 RMSE 值的情况。

表 7-10　五种土壤类型下 5 种管径入渗过程 6 个入渗模型模拟的卡方值

模型	内径/cm	TCL	MSS	DAS	LMSS	PBS
Green-Ampt	15	0.035	0.040	0.033	0.023	0.022
	20	0.031	0.029	0.029	0.026	0.020
	25	0.030	0.028	0.030	0.024	0.019
	30	0.029	0.030	0.029	0.024	0.019
	40	0.027	0.031	0.028	0.023	0.017
Philip	15	0.018	0.002	0.084	0.022	0.023
	20	0.029	0.005	0.037	0.018	0.031
	25	0.035	0.005	0.040	0.024	0.036
	30	0.038	0.004	0.040	0.025	0.033
	40	0.052	0.004	0.031	0.033	0.048
Kostiakov	15	0.005	0.003	0.006	0.004	0.003
	20	0.005	0.003	0.007	0.004	0.003
	25	0.005	0.003	0.007	0.004	0.003
	30	0.005	0.003	0.007	0.004	0.003
	40	0.005	0.003	0.007	0.004	0.003
Horton	15	0.002	0.002	0.002	0.002	0.003
	20	0.003	0.003	0.002	0.002	0.003
	25	0.003	0.003	0.002	0.003	0.003
	30	0.002	0.002	0.002	0.003	0.003
	40	0.002	0.002	0.002	0.003	0.003
Kostiakov-Lewis	15	0.005	0.003	0.007	0.004	0.004
	20	0.005	0.003	0.007	0.004	0.004
	25	0.005	0.003	0.007	0.004	0.004
	30	0.005	0.003	0.007	0.004	0.004
	40	0.005	0.003	0.007	0.004	0.003
USDA-NRCS	15	0.006	0.004	0.008	0.004	0.004
	20	0.006	0.004	0.008	0.005	0.004
	25	0.006	0.004	0.008	0.005	0.004
	30	0.006	0.004	0.008	0.005	0.004
	40	0.006	0.004	0.008	0.005	0.004

通过比较表 7-10 和表 7-11 中各模型模拟的偏差和误差可以发现，与 7.3.3.2 节中精度检验结果一致，Kostiakov、Horton、Kostiakov-Lewis、USDA-NRCS 四个经验模型的误差都较小，而 Green-Ampt 模型误差最大。在不同的土壤类型下，由于荒漠风沙土的入渗量最大，各模型对该土壤入渗的模拟误差最大，但效果最好的 Horton 模型对五种土壤的适应

性都很强，不论是单因素方差分析的卡方值还是 RMSE，其在荒漠风沙土下的表现都高于正常水平；草甸沼泽土的入渗过程相对特殊，各模型在该土壤类型下模拟的精度都有一定程度的降低，模型的误差虽然没有其他土壤类型大，但是由于其入渗总量非常低，误差所占入渗总量的比例实际较高。相同土壤类型下，各模型精度随入渗环管径增加而增加，误差随之下降。

表 7-11　五种土壤类型下 5 种管径入渗过程 6 个入渗模型模拟的 RMSE 值

模型	内径/cm	TCL	MSS	DAS	LMSS	PBS
Green-Ampt	15	0.188	0.199	0.183	0.151	0.147
	20	0.175	0.171	0.170	0.162	0.141
	25	0.172	0.166	0.172	0.156	0.138
	30	0.170	0.173	0.172	0.153	0.138
	40	0.163	0.175	0.167	0.151	0.131
Philip	15	0.132	0.041	0.289	0.149	0.151
	20	0.171	0.067	0.191	0.134	0.176
	25	0.187	0.070	0.200	0.156	0.191
	30	0.194	0.064	0.200	0.159	0.183
	40	0.228	0.063	0.176	0.180	0.219
Kostiakov	15	0.069	0.052	0.081	0.059	0.058
	20	0.069	0.053	0.081	0.061	0.058
	25	0.070	0.052	0.081	0.061	0.058
	30	0.070	0.053	0.081	0.061	0.058
	40	0.069	0.053	0.081	0.062	0.057
Horton	15	0.046	0.048	0.048	0.050	0.051
	20	0.052	0.054	0.046	0.049	0.054
	25	0.054	0.054	0.046	0.051	0.055
	30	0.047	0.041	0.047	0.052	0.055
	40	0.050	0.045	0.049	0.053	0.058
Kostiakov-Lewis	15	0.071	0.055	0.081	0.061	0.060
	20	0.071	0.056	0.082	0.063	0.060
	25	0.071	0.055	0.082	0.063	0.060
	30	0.071	0.056	0.082	0.062	0.059
	40	0.071	0.055	0.082	0.063	0.059
USDA-NRCS	15	0.079	0.063	0.092	0.066	0.064
	20	0.078	0.061	0.090	0.069	0.064
	25	0.078	0.059	0.090	0.068	0.063
	30	0.077	0.061	0.090	0.067	0.063
	40	0.077	0.061	0.089	0.068	0.062

7.3.4 双环入渗仪管径对模型参数的影响分析

将7.3.2节中各模型参数按照入渗仪管径大小进行排序寻找规律，得各土壤入渗模型参数随入渗仪管径变化图，如图7-22所示。

分别比较各模型的参数数值的大小，可以发现各参数随入渗仪内径改变会有相应的变化。S_m、S、A^*、β、f_c、k、β'和b基本都呈现随管径增大而增大的趋势，且该增长趋势随管径增大逐渐变缓。这说明双环入渗尺度效应随着入渗仪内径的增加逐渐减弱，而且即使内径最大的入渗仪仍存在尺度效应，但相较其他四种有明显改善，这与Lai的研究结果一致[17]。

结合图7-16～图7-22，比较不同土壤类型下的入渗过程和模型参数可以发现，荒漠风沙土的入渗速率最快，该土壤下各模型的参数值也较大，草甸沼泽土的入渗速率最慢，模型的参数值均较小。在使用相同内径入渗环的情况下，α、α'与a的值十分相近，且与Philip的S值（sorptivity）拥有相同的数量级，说明这三个模型参数与S的物理意义基本

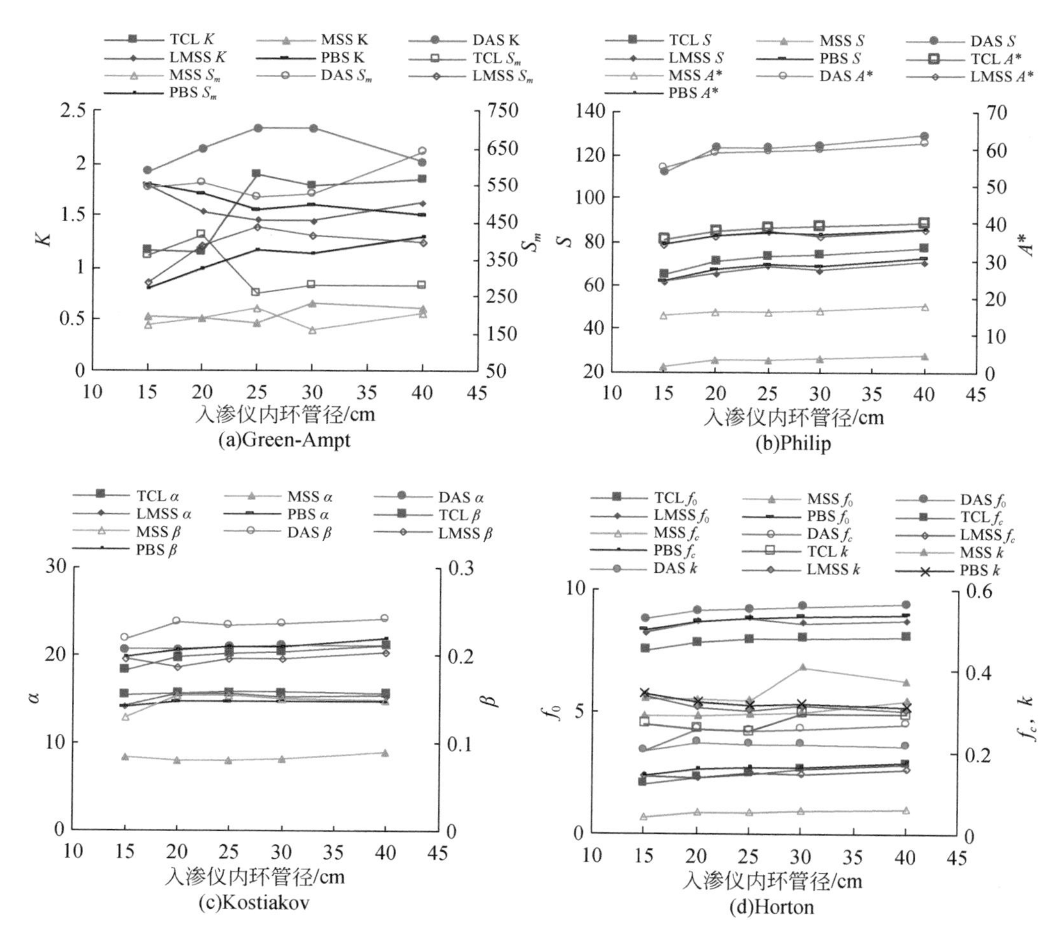

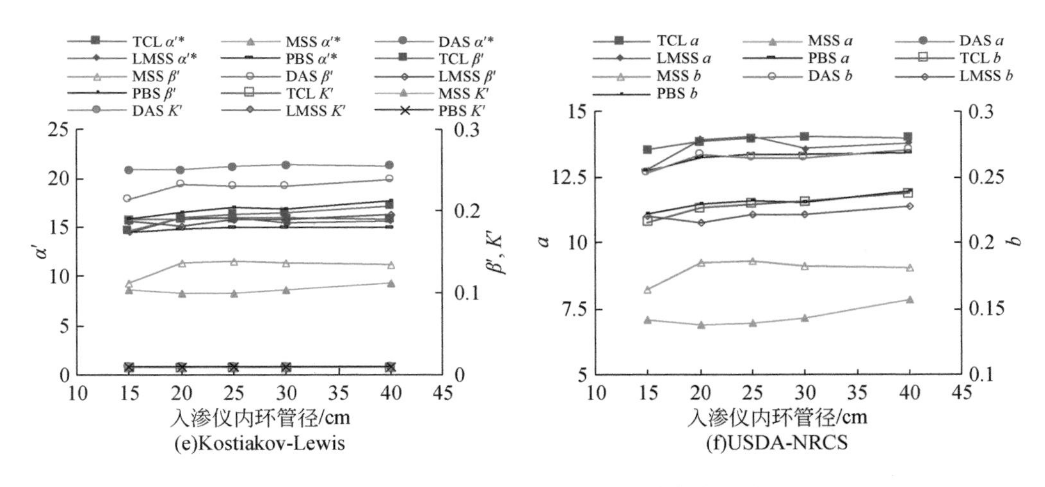

图 7-22　6 个入渗模型参数随 5 种入渗仪内径变化

类似，这与 Wang 等的观点一致[32]。相同土壤类型下，β、f_c、k、β'和 b 相对比较稳定，而 Kostiakov 模型中的β、Horton 模型中的k、Kostiakov-Lewis 模型中的β'与 USDA-NRCS 中的 b 都代表渗透特性的指数，这与 Shukla 等的看法相似[37]。

7.3.5　不同土壤类型下的尺度效应分析

通过入渗模型可以计算出点位土壤的非饱和稳定入渗速率（final infiltration rate，FIR），而通过稳定入渗速率也可反推达到该速率的入渗时间（final infiltration time，FIT）。将他们按照土壤类型和入渗仪内环管径进行排序，可得图 7-23 和图 7-24。综合 7.3.3 中模型精度及误差分析，选择 Horton 模型来进行计算。Horton 模型中的f_c参数虽然是经验模拟值，但是比较接近真实地非饱和稳定入渗速率[38]。

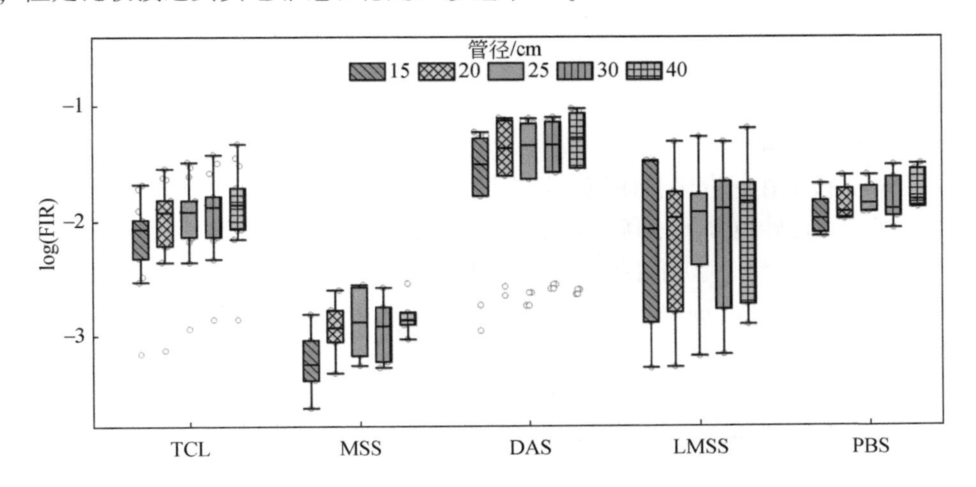

图 7-23　5 种土壤类型下稳定入渗速率随双环入渗仪内环管径的变化

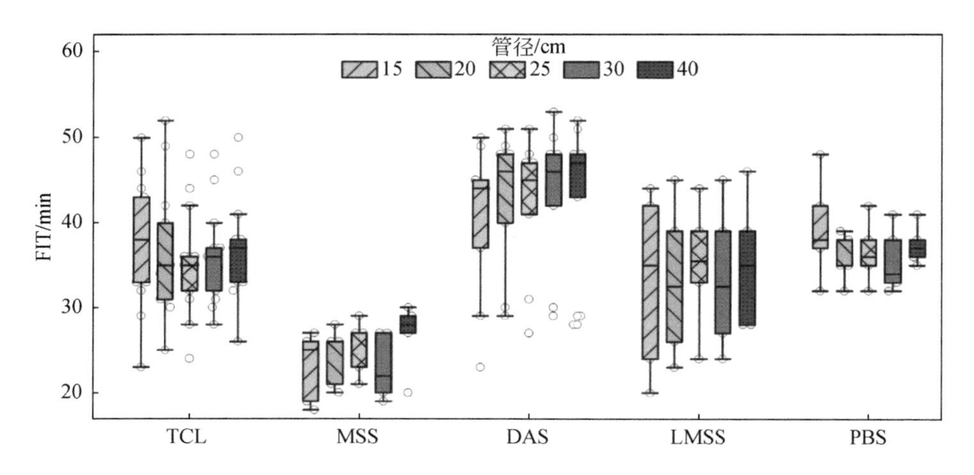

图 7-24　5 种土壤类型下稳定入渗时间随双环入渗仪内环管径的变化

分析图 7-23 中各土壤类型下稳定入渗速率随入渗仪内环管径的变化趋势，看出其与模型参数随管径变化趋势相似，各点位入渗速率同样呈现随入渗仪内环管径增大而缓慢增大的趋势，该增大趋势也逐渐变缓。厚栗黄土与荒漠风沙土中存在与草甸沼泽土的入渗速率大小相近的点，说明在以上两种土壤中存在与草甸沼泽土相近的入渗过程。

图 7-24 中稳定入渗时间的结果表明，各土壤类型下平均稳定入渗时间变化幅度整体较小，其中草甸沼泽土和荒漠风沙土的稳定入渗时间有随入渗环管径增大而缓慢增大的趋势。厚栗黄土、石灰性草甸砂土和淡黑土下 15cm 内径入渗过程的稳定入渗时间均较高。与稳定入渗速率趋势相似，石灰性草甸砂土的箱线最长，两极分化明显，说明该土壤内包含了多种类型的入渗过程。

7.3.6　讨论与小结

7.3.6.1　讨论

(1) 模型模拟效果分析

Green-Ampt 模型在研究区整体模拟效果较差，研究判断导致该结果的原因可能有以下两个：①湿润锋面在砂粒含量较高、入渗速率较快的砂质草甸地并不是垂直推进的，这与 Clemmens 的看法相似[39]。②研究推导出的入渗时间 t 与入渗总量 $I(t)$ 的隐函数不适合使用 MATLAB 的 Curve Fitting Tool 进行参数模拟，这也可能是 Green-Ampt 模型整体拟合效果不及其他几个模型的原因。

Philip、Kostiakov、Kostiakov-Lewis 及 USDA-NRCS 模型在入渗后期都会出现模拟值偏小的情况，本节中以 Philip 模型为例通过数学推导给出解释。首先以一维垂直入渗深度 $z=z(\theta, t)$ 为因变量，微分可得

$$\frac{\partial \theta}{\partial t}=\frac{\partial z}{\partial t}\Big/\frac{\partial z}{\partial \theta}, \frac{\partial \theta}{\partial z}=1\Big/\frac{\partial z}{\partial \theta} \tag{7-31}$$

然后定义一维垂直渗透系数 K（θ）与容水度 C（θ）的比值为扩散系数（扩散率）D（θ），有

$$\frac{\partial\theta}{\partial t}=\frac{\partial}{\partial z}\left[D(\theta)\frac{\partial\theta}{\partial z}\right]\pm\frac{\partial K(\theta)}{\partial z} \tag{7-32}$$

将式（7-31）代入到式（7-32）中，取 z 轴向下，可得 z 为因变量的垂直入渗方程：

$$-\frac{\partial z}{\partial t}=\frac{\partial}{\partial\theta}\left[\frac{D(\theta)}{\frac{\partial z}{\partial\theta}}\right]-\frac{\partial K(\theta)}{\partial z} \tag{7-33}$$

由式（7-22）和一维垂直入渗以入渗深度 $z=z$（θ，t）为因变量，可推导出 Philip 模型的级数解，如式（7-34）所示。

$$z(\theta,t)=\eta_1(\theta)t^{\frac{1}{2}}+\eta_2(\theta)t+\eta_3(\theta)t^{\frac{3}{2}}+\eta_4(\theta)t^2+\cdots=\sum_{i=1}^{\infty}\eta_i(\theta)t^{\frac{i}{2}} \tag{7-34}$$

拟定相应的定解条件分别为

$$\theta(z,0)=\theta_o(z) \tag{7-35}$$

$$\theta(0,t)=\theta_b,t\geqslant0 \tag{7-36}$$

$$\lim_{z\to\infty}\theta(z,t)=\theta_b,t\geqslant0 \tag{7-37}$$

由初始条件和边界条件可得

$$\eta_i(\theta_b)=0,i=1,2,\cdots,\infty \tag{7-38}$$

$$\eta_i(\theta_0)\to\infty \tag{7-39}$$

当求得式（7-34）中的系数η_i（θ）的值后，就能够推求出任一时刻的（t）不同土壤含水率（θ）在土壤的深度位置（z）。可用待定系数法来确定η_i（θ）的值，为了方便后续计算，将式（7-33）进行改写

$$-\frac{\partial z}{\partial t}=\frac{\frac{\mathrm{d}D\partial z}{\mathrm{d}\theta\partial\theta}-D\frac{\partial^2 z}{\partial\theta^2}}{\left(\frac{\partial z}{\partial\theta}\right)^2}-\frac{\mathrm{d}K}{\mathrm{d}\theta} \tag{7-40}$$

$$D\frac{\partial^2 z}{\partial\theta^2}+\frac{\mathrm{d}K}{\mathrm{d}\theta}\left(\frac{\partial z}{\partial\theta}\right)^2-\frac{\partial z}{\partial t}\left(\frac{\partial z}{\partial\theta}\right)^2-\frac{\mathrm{d}D\partial z}{\mathrm{d}\theta\partial\theta}=0 \tag{7-41}$$

对式（7-34）中的 t 和 θ 分别求导可得

$$\frac{\partial z}{\partial\theta}=\sum_{i=1}^{\infty}\eta_i'(\theta)t^{\frac{1}{2}},\frac{\partial^2 z}{\partial\theta^2}=\sum_{i=1}^{\infty}\eta_i''(\theta)t^{\frac{1}{2}},\frac{\partial z}{\partial t}=\sum_{i=1}^{\infty}\frac{i}{2}\eta_i(\theta)t^{\frac{i}{2}-1} \tag{7-42}$$

$$\begin{aligned}\left(\frac{\partial z}{\partial\theta}\right)^2=&[\eta_1'(\theta)]^2t+2\eta_1'(\theta)\eta_2'(\theta)t^{\frac{3}{2}}+\{2\eta_2'(\theta)\eta_3'(\theta)+[\eta_2'(\theta)]^2\}t^2\\&+2[\eta_1'(\theta)\eta_4'(\theta)+\eta_2'(\theta)\eta_3'(\theta)]t^{\frac{5}{2}}+\cdots\end{aligned} \tag{7-43}$$

式中，$\eta_1'(\theta)$ 即为$\frac{\mathrm{d}\eta_1(\theta)}{\mathrm{d}\theta}$，以此类推，将上述各式代入式（7-41）中，并按 t 的方次合并同类项，可得

$$Y_1=D\eta_1''(\theta)-\frac{1}{2}\eta_1(\theta)[\eta_1'(\theta)]^2-D'\eta_1'(\theta) \tag{7-44}$$

$$Y_2 = D\eta_2''(\theta) + K'[\eta_1'(\theta)]^2 - [\eta_1'(\theta)]^2\eta_2'(\theta) - \eta_1(\theta)\eta_1'(\theta)\eta_2'(\theta) - D'\eta_2'(\theta) \quad (7\text{-}45)$$

$$Y_3 = D\eta_3''(\theta) + 2K'\eta_1'(\theta)\eta_2'(\theta) - \frac{3}{2}\eta_3(\theta)[\eta_1'(\theta)]^2 - 2\eta_2(\theta)\eta_1'(\theta)\eta_2'(\theta)$$

$$-\eta_1(\theta)\eta_1'(\theta)\eta_3'(\theta) - \frac{1}{2}\eta_1(\theta)[\eta_1'(\theta)]^2 - D'\eta_2'(\theta) \quad (7\text{-}46)$$

由于式（7-43）等式右端恒为零，而 t 则可以取任意数，显然要使其成立，则系数 Y_1，Y_2，Y_3，…，Y_i 都必须等于0。由 $Y_1=0$，两侧同除 $[\eta_1'(\theta)]^2$ 得

$$\frac{\mathrm{d}}{\mathrm{d}\theta}\left[\frac{D(\theta)}{\frac{\mathrm{d}\eta_1(\theta)}{\mathrm{d}\theta}}\right] = -\frac{1}{2}\eta_1(\theta) \quad (7\text{-}47)$$

同理，由 $Y_2=0$ 可得

$$\begin{aligned}&D(\theta)\eta_2''(\theta) + K(^{\theta})'[\eta_1'(\theta)]^2 - [\eta_1'(\theta)]^2\eta_2'(\theta)\\&-\eta_1(\theta)\eta_1'(\theta)\eta_2'(\theta) - D(^{\theta})'\eta_2'(\theta) = 0\end{aligned} \quad (7\text{-}48)$$

式中，$D(\theta)$，$K(\theta)$ 是参数，$\eta_1(\theta)$，$\eta_1'(\theta)$ 前面已经求出，所以上式是一个关于 $\eta_2(\theta)$ 的二阶线性常微分方程，与式（7-47）联立，可得

$$\int_{\theta_0}^{\theta}\eta_2(\theta)\mathrm{d}\theta = D(\theta)\left[\frac{\mathrm{d}\theta}{\mathrm{d}\eta_1\theta}\right]^2\frac{\mathrm{d}\eta_2\theta}{\mathrm{d}\theta} + K(\theta) - K(\theta_0) \quad (7\text{-}49)$$

由于 $\eta_1(\theta)$ 已知，且 $\eta_2(\theta_b)=0$，因此可以推求出 Philip 模型级数解的第二项系数 $\eta_2(\theta)$ 的。同理，由 $Y_3=0$ 可解出 $\eta_3(\theta)$，以此类推，可求出 $\eta_4(\theta)$，$\eta_5(\theta)$ ……当 t 较小时，这种级数收敛极快。而当 t 较大时，特别是 $t\to\infty$ 时，Philip 垂直入渗解所得结果与实际不符。

与 Philip 模型结构相似的 Kostiakov、Kostiakov-Lewis 及 USDA-NRCS 三个模型虽然在精度和误差分析上都表现优秀，但由于其模型形式的缘故，当入渗时间 $t\to\infty$ 时，入渗速率也随之趋近于0，即 $i(t)\to 0$，入渗过程后期的模拟结果往往会与实测数值产生较大的出入，因此研究不推荐在模拟较长时间的入渗过程中使用，这与 Babaei 等[40] 以及 Touma[41] 的看法相近。

（2）双环入渗仪尺度效应分析

入渗模型的参数、表现以及各点位稳定入渗参数结果表明：提升双环入渗仪内环管径可以减弱尺度效应的影响，然而40cm 内径的入渗仪受影响较小但不足以完全克服。目前，对半干旱草原双环入渗尺度效应的研究较少，选择合适的入渗环管径可以在既满足试验精度的同时，又能减少试验消耗。研究表明，过小的入渗仪内环管径会导致土壤水分运移困难（如图7-14 及图7-15 中15cm 内径入渗仪），这是由于当入渗环打入土壤时，其环壁势必会切割土壤使得土壤向环内外两侧挤压，导致环内土壤的密实度增加，从而减缓入渗速率[42]。随着入渗环管径减小，其周长面积比便随之增大，其环壁对土壤的影响也会增大。适当提高入渗仪的管径更有利于减少原状土壤的改变，但也不是越大越好，直径大的入渗仪消耗更多的水，在原本缺水又交通不便的地区，携带大量的试验用水及大型的试验仪器不便于野外试验的运输。外环在双环入渗试验中可以起到建立缓冲区的作用[43,44]，研究在试验结束后对入渗点进行原位挖掘，结果表明，双环可以在这种砂质草甸地为内环入渗形

成很好的隔离，尤其是在入渗深度超过土壤中入渗环深度的时候。

双环入渗所测得的稳定入渗率 f_c 是非饱和土壤的入渗速率，一般来说它比饱和土壤入渗速率要小，更符合实际情况下水分穿过包气带的运移速率[45]，入渗速率越快说明土壤的持水保水能力就越差。土壤稳定入渗条件与影响因素具有尺度依赖性，不同性质的土壤在空间和时间尺度上其入渗性特征并不完全相同，稳定入渗速率可以在空间尺度上区分入渗特征，而稳定入渗时间则是可以在时间尺度上很好的衡量这种变化的特征，入渗速率随时间的下降是土壤水分逐步向非饱和稳定运移状态迫近的宏观表现，越迅速的达到这种状态说明该土壤所具备达到该状态的条件越充分，即具备更高的保水能力。

7.3.6.2 小结

通过使用 6 种入渗模型对 5 种土壤类型下 5 种不同内径双环入渗仪入渗过程进行分析和模拟发现，入渗速率和累计入渗量与入渗仪内环面积基本成正比，研究区土壤水分入渗速率较快，入渗初期速度的衰弱比例较高，整个入渗过程稳定较快，在大约 20 ~ 60min 内即可达到稳定。除 Green-Ampt 模型以外，其他 5 个模型参数基本都呈现随管径增大而增大的趋势，且该增长趋势逐渐变缓。说明双环入渗尺度效应随着入渗环内径的增加逐渐减弱，而且即使最大的入渗环仍存在尺度效应，但相较其他四种有明显改善。相同管径不同土壤类型下的参数，入渗较快的土壤下参数较大，入渗较慢的土壤下参数较小，α、α' 与 a 的值十分相近，且与 Philip 模型的 S 值拥有相同的数量级，说明这三个模型参数与 S 的物理意义基本类似。比较相同土壤类型下的参数，Kostiakov 模型中的 β、Horton 模型中的 k、Kostiakov-Lewis 模型中的 β' 与 USDA-NRCS 中的 b 都代表渗透特性的指数。入渗过程模拟方面，Green-Ampt 模拟前期较小后期较大，Philip 模型模拟前期偏小后期偏大，Horton 模型考虑了初始入渗速率，相较其他模型，前期模拟最精确。精度和误差分析结果表明，Horton 模型在研究区的适用性最好，Kostiakov-Lewis、USDA-NRCS 和 Kostiakov 模型次之，Philip 模型和 Green-Ampt 模型模拟效果不理想。与模型参数变化趋势相似，各点位稳定入渗速率和部分点位稳定入渗时间同样呈现随入渗环管径增大而缓慢增大的趋势，增大趋势也逐渐变缓；厚栗黄土、荒漠风沙土以及石灰性草甸砂土入渗过程分化明显，说明该土壤内包含了多种类型的入渗过程。

7.4 基于 Hydrus-1D 的双环入渗过程模拟

7.4.1 Hydrus-1D 简介

Hydrus 是基于有限元模型模拟变化饱和介质中水、热和多种溶质运动的可交互式程序，被大量用于土壤水分运移过程的模拟[17]，其中 Hydrus-1D 主要用来模拟点尺度一维水分或溶质的流动和运输，使用的 Hydrus-1D 软件由 PC-Process（www. pc-progress. com）免费提供。

Hydrus-1D 运行的主要过程可分为模型选择与格式规定以及条件参数的输入两大部分，

具体流程如图7-25所示。其中，选择计算模块主要包括水（水、气、融雪）、热、溶质、根系吸水及生长模块；土壤结构分布模块主要包括土壤的质地、层数、运移方向（垂向或水平向）以及土壤深度；输入时间参数模块主要包括初始结束时间、边界条件及蒸散随时间变化关系等；输出结果格式模块主要包括输出结果的步长、设置观测点通量与温度的输出等；迭代步长模块主要包括时间步长与土壤层间水含量及压头容差、理想迭代范围上下限以及差值区间的上下限等。

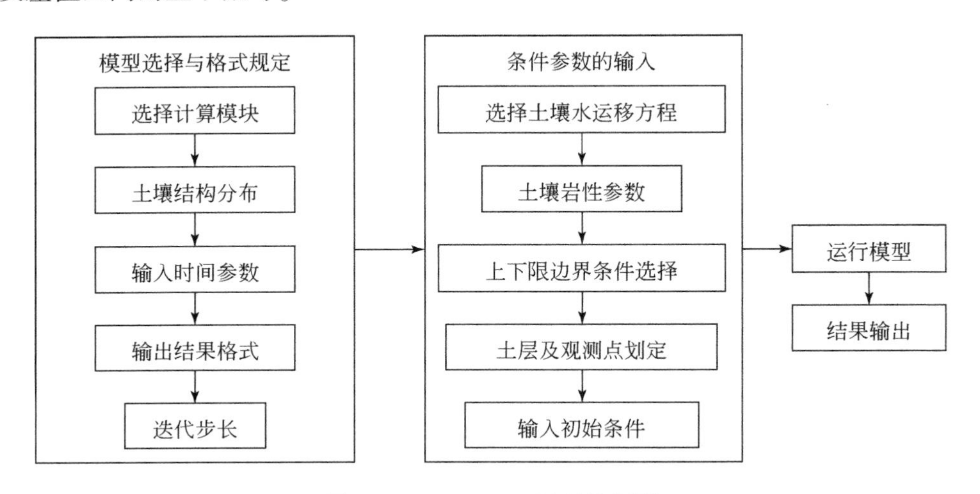

图7-25　Hydrus-1D运行流程图

在模型的条件参数输入方面，模型提供了4种单孔渗透模型以及多个多孔介质渗透模型，并提供了与水分保持曲线和渗透性相关的水分的滞留模拟模型；土壤的岩性参数模块可通过内置的神经网络预测土层的水力特性；上下限边界条件选择模块可以在两种不同的初始条件（压头与含水率）下选择土体上下限的恒定或变化状况；土层及观测点划定模块在可视化的操作下以土壤结构分布模块中规定的单位长度距离为一个有限元，划定每个土层的厚度以及标记通量等可选择输出模拟参数的观测点位置；输入初始条件模块是对模拟点位不同深度土层的根系、地下水压头、赋予各节点水力特性的比例、初始温度、含水率、二氧化碳浓度等初始条件。

7.4.2　模型参数及初始条件的设置

研究使用Hydrus-1D的水分运移模块，设置土层厚度为100cm，每种土壤类型包含5种土质，分别分布于0～10cm、10～20cm、20～30cm、30～40cm、40～100cm，土壤岩性按照取样所得土壤粒径与容重带入软件自带的预测系统，计算各土层的水力特性；入渗时间以秒（s）为单位，时间步长为1s，总时长与实际入渗时间相等，共计4800s；土壤含水量容许误差和压头容许误差分别设置为0.001和0.01；模型选择Van Genuchten-Mualem；上下边界分别设置为定压水头（constant pressure head）和深层排水（deep drainage），土层上方积水厚度与试验一致，设置为5cm。模型运行情况如图7-26所示。

```
Hydrus-1D Calculation: soilinf_TCL
     6.1870   3      12-0.45E-03-0.28E-02 0.00E+00-0.73E-05   -20.0     0.  -100.
     9.0431   3      15-0.44E-03-0.41E-02 0.00E+00-0.11E-04   -20.0     0.  -100.
    12.7560   3      18-0.44E-03-0.57E-02 0.00E+00-0.15E-04   -20.0     0.  -100.
    17.5828   3      21-0.43E-03-0.78E-02 0.00E+00-0.21E-04   -20.0     0.  -100.
    23.8577   3      24-0.43E-03-0.10E-01 0.00E+00-0.28E-04   -20.0     0.  -100.
    32.0150   3      27-0.42E-03-0.14E-01 0.00E+00-0.38E-04   -20.0     0.  -100.
    42.6195   3      30-0.41E-03-0.18E-01 0.00E+00-0.51E-04   -20.0     0.  -100.
    56.4053   3      33-0.41E-03-0.24E-01 0.00E+00-0.67E-04   -20.0     0.  -100.
    74.3269   3      36-0.40E-03-0.31E-01 0.00E+00-0.88E-04   -20.0     0.  -100.
    97.6250   3      39-0.39E-03-0.40E-01 0.00E+00-0.12E-03   -20.0     0.  -100.
   127.9125   3      42-0.38E-03-0.52E-01 0.00E+00-0.15E-03   -20.0     0.  -100.
   167.2862   3      45-0.37E-03-0.66E-01 0.00E+00-0.20E-03   -20.0     0.  -100.
   218.4721   3      48-0.36E-03-0.85E-01 0.00E+00-0.26E-03   -20.0     0.  -100.
   285.0137   3      51-0.36E-03-0.11E+00 0.00E+00-0.34E-03   -20.0     0.  -100.
   371.5178   3      54-0.35E-03-0.14E+00 0.00E+00-0.44E-03   -20.0     0.  -100.
   483.9732   3      57-0.34E-03-0.18E+00 0.00E+00-0.57E-03   -20.0     0.  -100.
   630.1651   3      60-0.33E-03-0.23E+00 0.00E+00-0.75E-03   -20.0     0.  -100.

       Time ItW    ItCum  vTop      SvTop     SvRoot    SvBot      hTop hRoot hBot

   820.2146   3      63-0.33E-03-0.29E+00 0.00E+00-0.97E-03   -20.0     0.  -100.
  1067.2790   3      66-0.32E-03-0.37E+00 0.00E+00-0.13E-02   -20.0     0.  -100.
  1388.4627   3      69-0.31E-03-0.47E+00 0.00E+00-0.16E-02   -20.0     0.  -100.
  1814.9048   3      72-0.31E-03-0.60E+00 0.00E+00-0.22E-02   -20.0     0.  -100.
  2411.9239   3      75-0.30E-03-0.78E+00 0.00E+00-0.29E-02   -20.0     0.  -100.
  3207.9493   4      79-0.30E-03-0.10E+01 0.00E+00-0.38E-02   -20.0     0.  -100.
  4003.9747   3      82-0.29E-03-0.12E+01 0.00E+00-0.47E-02   -20.0     0.  -100.
  4800.0000   3      85-0.29E-03-0.15E+01 0.00E+00-0.57E-02   -20.0     0.  -100.
Run time [sec]  5.000001192092896E-002
Calculations have finished successfully.
```

图 7-26　Hydrus-1D 软件运行

7.4.3　不同土壤类型下各层位土壤水力特性及水分运移过程模拟

7.4.3.1　各层位土壤水力特性的模拟

Hydrus-1D 模型可以根据输入的土壤岩性特征计算出土壤的水力特性，通过模拟，研究区五种土壤类型 0～50cm 表层土壤每 10cm 土层的土壤吸水能力和水分运移速度随含水率的变化过程如图 7-27 所示，其中，图 7-27（a）和图 7-27（b）、图 7-27（c）和图 7-27（d）、图 7-27（e）和图 7-27（f）、图 7-27（g）和图 7-27（h）、图 7-27（i）和图 7-27（j）分别表示厚栗黄土、草甸沼泽土、荒漠风沙土、石灰性草甸砂土、淡黑土五种土壤类型的平均土壤吸水能力和水分运移速度。

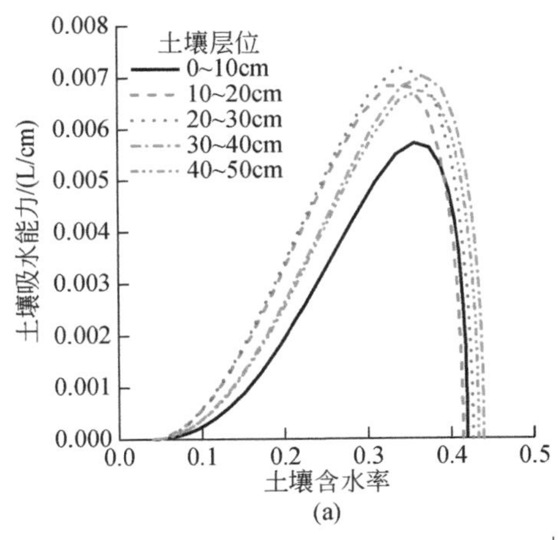

(a)

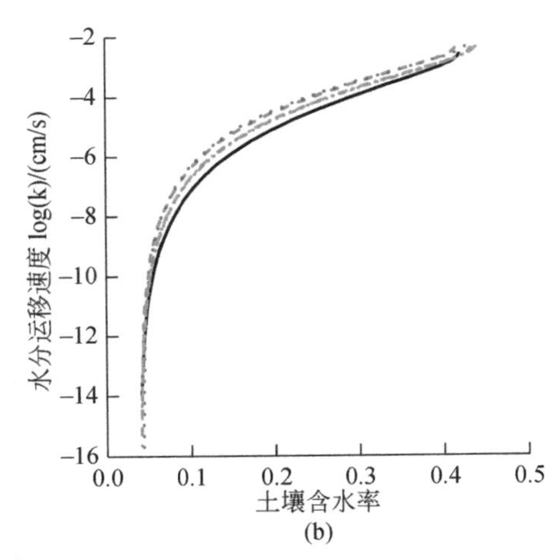

(b)

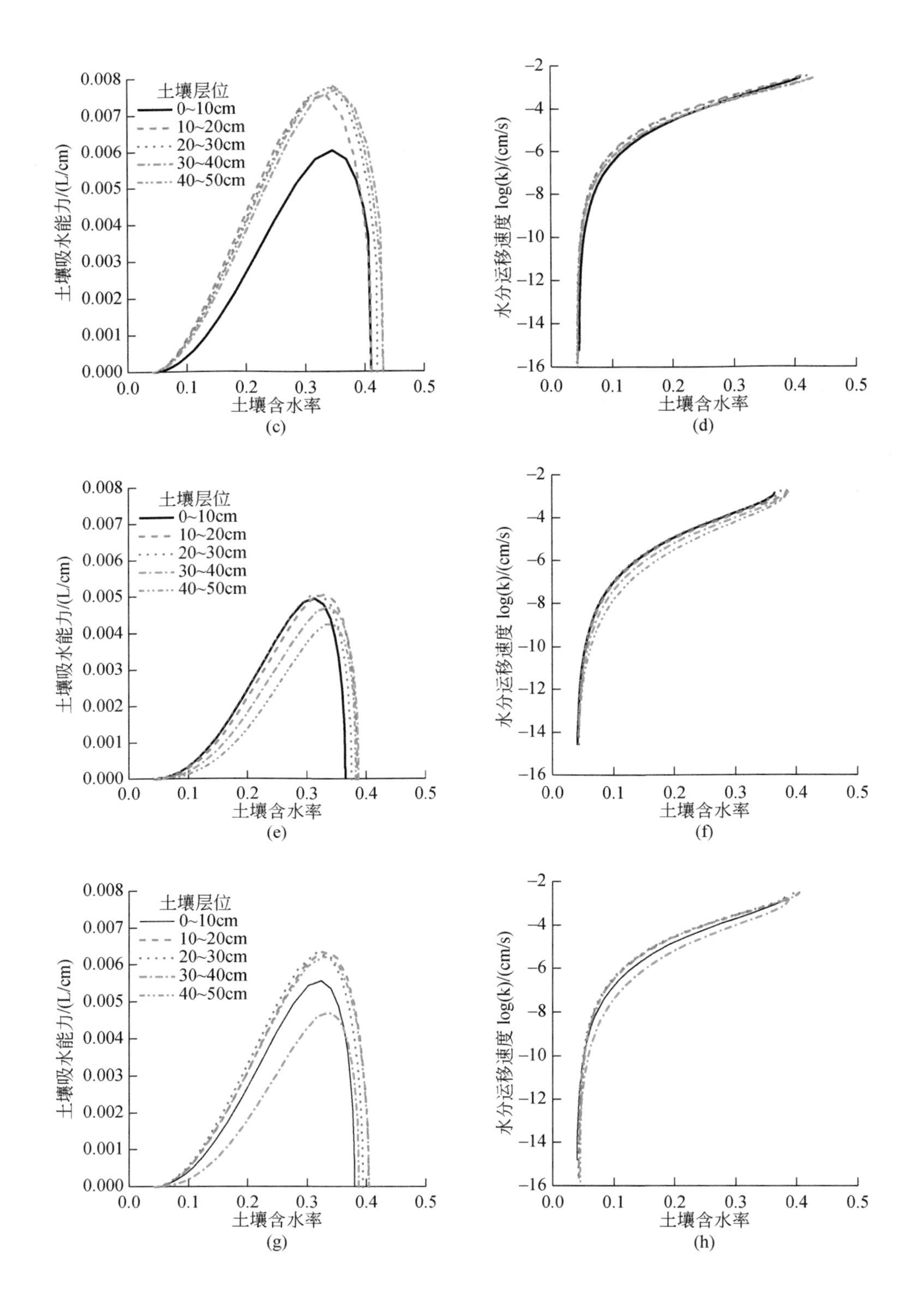
土壤层位
0~10cm
10~20cm
20~30cm
30~40cm
40~50cm
土壤吸水能力/(L/cm)
水分运移速度 log(k)/(cm/s)
土壤含水率
(c)
(d)
(e)
(f)
(g)
(h)

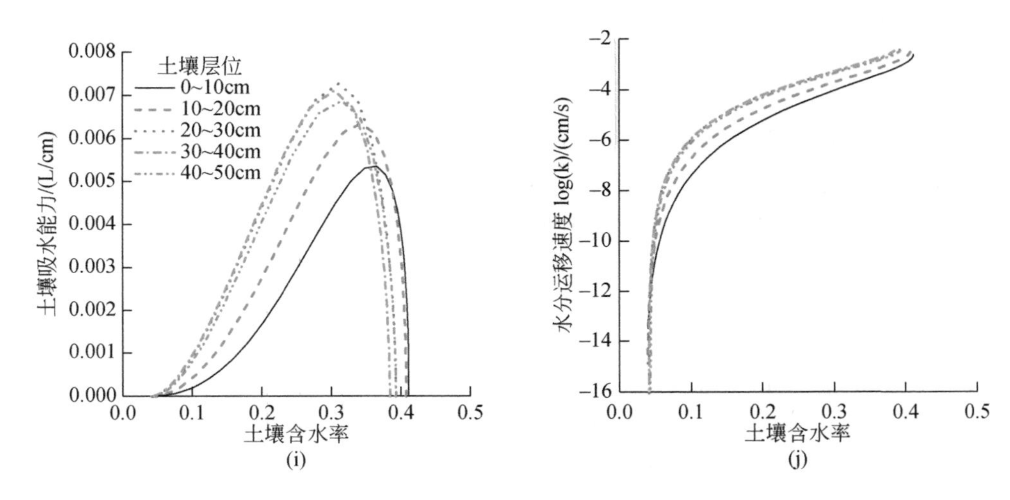

图 7-27　五种土壤类型各土层平均土壤吸水能力与水分运移速度随含水率变化

比较五种类型土壤的水力特性可以发现，不同类型的土壤捕获水分的能力不同，即使在相同的土壤类型下，不同层位的土壤水力特性也有较大差别［图 7-27)。厚栗黄土各土层吸水能力在土壤含水率为 0.3 ~ 0.4 时最大，0 ~ 10cm 土层的吸水能力相对最弱［图 7-27 (a)］，该层土壤的水分运移速度较其他几个层位土壤也最为缓慢［图 7-27 (b)］；草甸沼泽土的土壤吸水能力略高于厚栗黄土，0 ~ 10cm 土层也表现出与厚栗黄土相同深度土层与同类型土壤不同层位的差异，但草甸沼泽土 10 ~ 50cm 土层的吸水能力和水分运移速度都更相近［图 7-27 (c) 和图 7-27 (d)］；荒漠风沙土主要分布在研究区生态环境最为恶劣的区域，在图中可见其各土层土壤的吸水能力都很低，最大吸水能力主要分布在含水率为 0.25 ~ 0.35 时，较其他四种类型土壤明显地向土壤含水率变低的方向偏移，这是一种土壤持水保水能力下降的表现［图 7-27 (e)］，当含水率介于 0.05 ~ 0.1 时，30 ~ 40、40 ~ 50cm 两个土层的水分运移速度有一定程度的减缓［图 7-27 (f)］；石灰性草甸砂土的整体吸水能力高于荒漠风沙土，但略低于其他三种土壤，比较特殊的是，该土壤 30 ~ 40cm 土层的吸水能力最差［图 7-27 (g)］，相似的该土层的水分运移速度也是最慢的［图 7-27 (h)］；淡黑土的 0 ~ 10cm 和 10 ~ 20cm 两个土层与其他三层相比呈现出少量差异，0 ~ 10cm 层位的土壤吸水能力低，但峰值更偏向较高的含水率，10 ~ 20cm 土层深度变深，土壤的吸水能力逐渐增强，峰值向较低的含水率方向偏移［图 7-27 (i)］，土层的水分运移速度规律与该土壤土层吸水能力分布规律相似［图 7-27 (j)］。

7.4.3.2　各层位土壤水分运移过程模拟

在土层的 0cm、10cm、20cm、30cm、40cm 和 50cm 处分别设置 6 个观测点，用于观察入渗过程的不同时间段各土壤参数的变化。通过对五种土壤类型下土壤入渗过程的模拟，可以对研究区表层土壤的水分入渗过程有一个整体的了解，下面将模拟结果按照土壤类型分别进行分析与讨论，本节中各图压头与通量的方向均为竖直向上，使用入渗试验结束后在入渗仪内部采集的土壤含水率与模拟值进行拟合效果的检验，田间持水率和饱和含水率均为该类型土壤的均值。

(1) 厚栗黄土

图7-28为模拟厚栗黄土各土层压头、土壤含水率和通量随时间的变化情况，由图可以发现，各土层的压头数值随深度有明显的增加，土层的压头与其所在深度不成正比，随着入渗过程的不断进行，土壤由浅到深逐层向表面压头数值逼近，0~20cm的上层土壤的压头数值变化趋势为先快速减小后缓慢逼近表面压头值，而30~50cm土壤则是先缓慢减小，之后快速减小，再逐渐缓慢逼近表面压头值［图7-28（a）］；在土壤的含水率变化方面，各土层呈现出与压头基本相似的趋势［图7-28（b）］；通量方面，在入渗初期，水分通量数值随土层深度增加而减少，从整个过程来看，土壤表面处的水分通量数值会有少许减少，0~20cm土壤的水分通量呈现先快速增加，后缓慢增加，最终稳定的趋势，30~50cm土壤表现出先缓慢增加，然后快速增加，之后再缓慢趋向平稳［图7-28（c）］。各土层的压头、土壤含水率以及通量最终分别趋近一致。

图7-29为厚栗黄土入渗结束后实测与模拟含水率，可见模拟结果良好，决定系数达到0.7以上，二者均保持在该类型土壤饱和含水率与田间持水率之间，说明该入渗过程为非饱和入渗过程，土壤颗粒间的孔隙并未完全充满水分。比较实测与模拟含水率，土壤表面的实测含水率要略高于模拟值，更接近于饱和，10~30cm土壤的实测含水率比较平稳且略低于模拟值，30~50cm土壤的实测含水率逐渐减少，与模拟结果趋势相差较大。

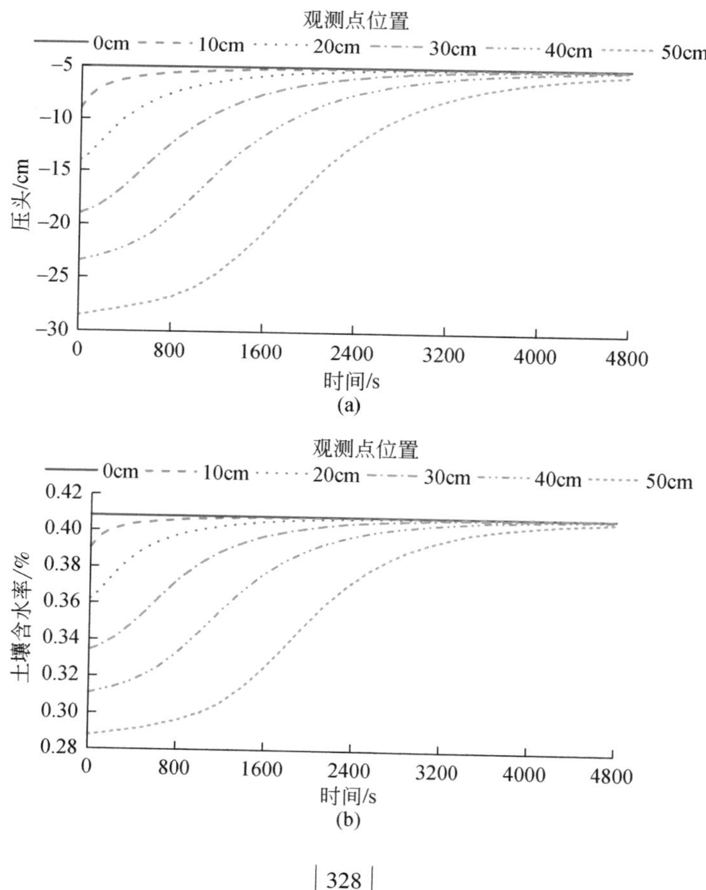

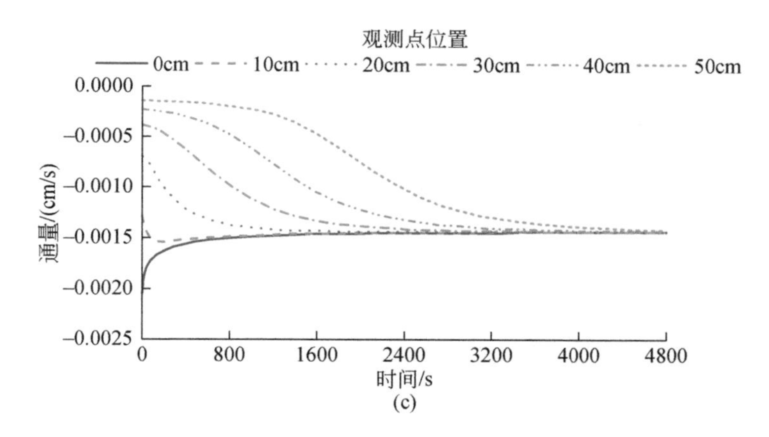

图 7-28　厚栗黄土不同深度压头、土壤含水率和通量随时间的变化

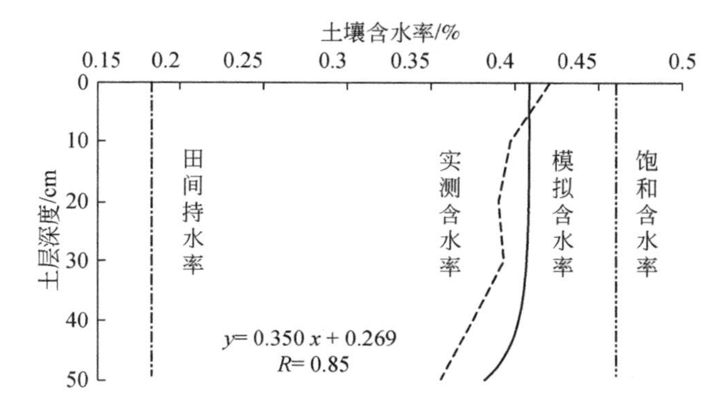

图 7-29　厚栗黄土土壤实测与模拟含水率

（2）草甸沼泽土

图 7-30 为模拟草甸沼泽土各土层压头、土壤含水率和通量随时间的变化情况，该土壤整体初始含水率较高［图 7-30（b）］，10～50cm 土层的初始压头略大于厚栗黄土，在入渗过程中，压头数值随时间减小的幅度没有厚栗黄土各土层变化强烈，尤其是 50cm 深度处的压头和含水率直至入渗过程结束也还没有达到稳定［图 7-30（a）和图 7-30（b）］；草甸沼泽土在 10cm、20cm 和 30cm 深度的土壤含水率随入渗时间呈现先快速增加，后缓慢逼近稳定的趋势，深度为 40cm 处的土壤含水率与厚栗黄土深度 50cm 处的变化趋势相近，都为先缓慢增加，之后快速增加，再缓慢趋近稳定［图 7-30（b）］；该土壤的水分通量整体不高，各深度稳定通量数值有缓慢降低的趋势，说明随着土壤含水率的不断上升，水分在土壤中的运移速度在逐渐下降［图 7-30（c）］。

图 7-31 为草原沼泽土入渗结束后实测与模拟含水率，尽管二者的相关性不强，但通过图中两条曲线的走势可以看出，实测值与模拟值在数值上是非常接近的。模拟值由于土层设置的原因，在两种土壤相交的锋面处，土壤含水率存在较大的波动，在相同的土层间，土壤含水率的变化不明显，仅在 40～50cm 的土层有一定的减小。

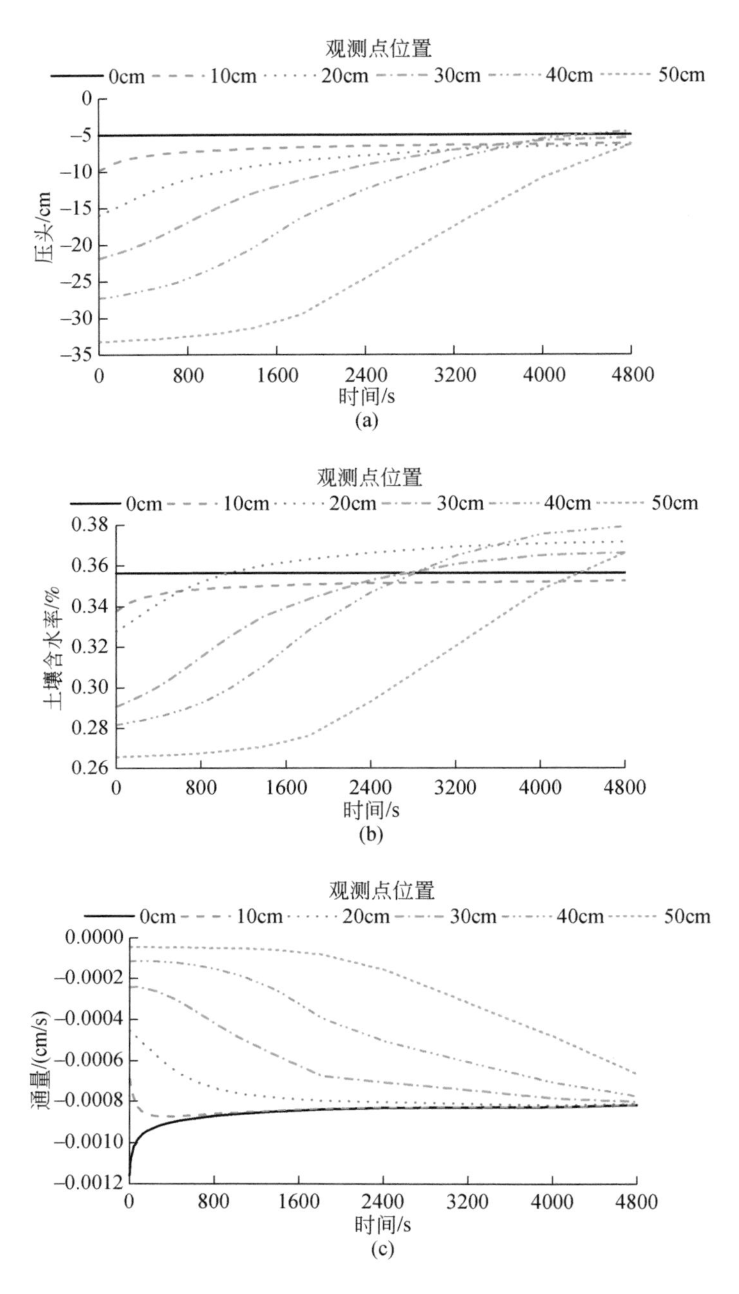

图 7-30　草甸沼泽土不同深度压头、土壤含水率和通量随时间的变化

(3) 荒漠风沙土

图 7-32 为模拟荒漠风沙土各土层压头、土壤含水率和通量随时间的变化情况，可以看出该土壤在入渗过程中湿润锋的移动速度比较缓慢，在 40min 时湿润锋才刚刚迫近 50cm 深度的土层，导致 50cm 处压头数值逐渐减小 [图 7-32 (a)]；土壤含水率随时间的变化也有稍许后移，10cm、20cm 和 30cm 处土壤含水率呈现先增加后稳定的趋势，40cm

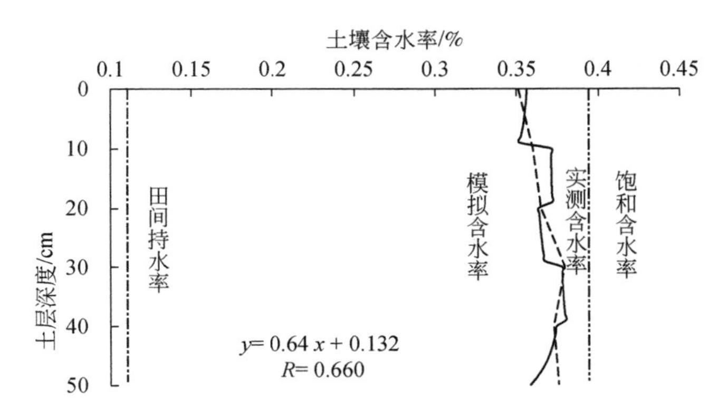

图 7-31　草甸沼泽土土壤实测与模拟含水率

处土壤含水率呈现先缓慢增加，后快速增加的趋势［图 7-32（b）］；荒漠风沙土的土壤通量变化相对特殊，入渗过程中波动起伏比较频繁，土壤表面水分通量数值先快速减小，后缓慢减小趋近于稳定，10cm 处土壤水分通量数值呈现先快速增加，后缓慢减小，最后缓慢减小趋于稳定的“对勾形”曲线，20cm、30cm 和 40cm 处的土壤水分通量数值总体趋势都是先增加后稳定，但在 20cm 和 30cm 处整个增加过程有反复，50cm 处土壤水分通量基本没有变化［图 7-32（c）］。

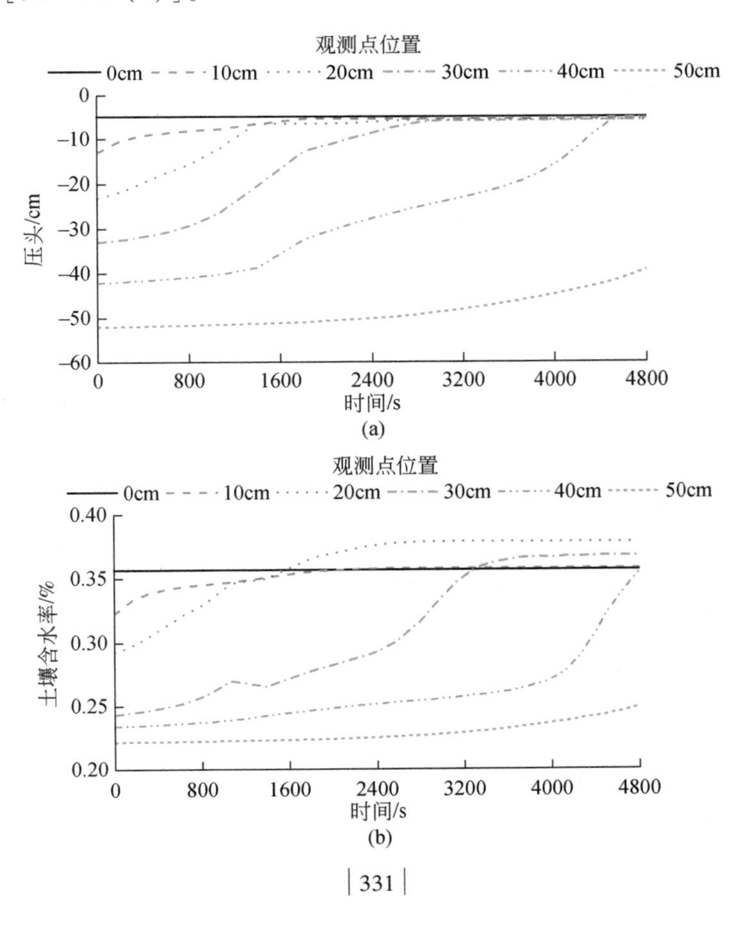

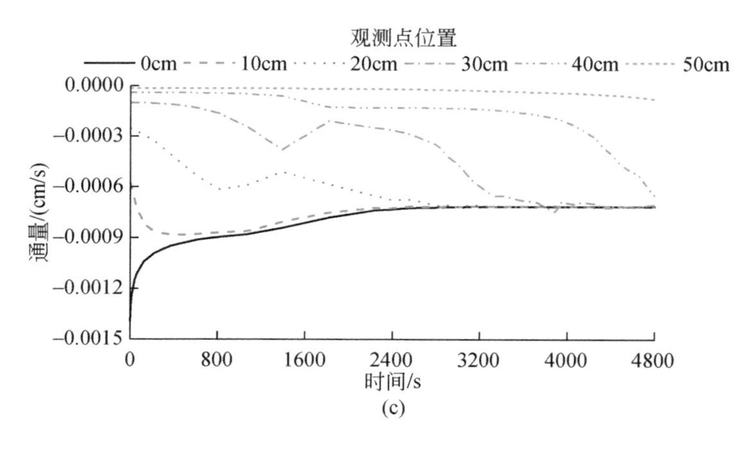

图 7-32　荒漠风沙土不同深度压头、土壤含水率和通量随时间的变化

通过对图 7-33 中荒漠风沙土入渗结束后实测与模拟含水率的比较发现二者的相关性很高，可见 Hydrus-1D 对于这样植被稀缺、土壤中根系和有机质含量都很低的相对“更纯粹”的土壤的模拟精度很高。模拟含水率在 10～20cm 土层的波动较大，自 35cm 向下的土层开始迅速减缓，说明该类型土壤水分垂向运移较为缓慢，这与图 7-32 中表现出的规律一致。

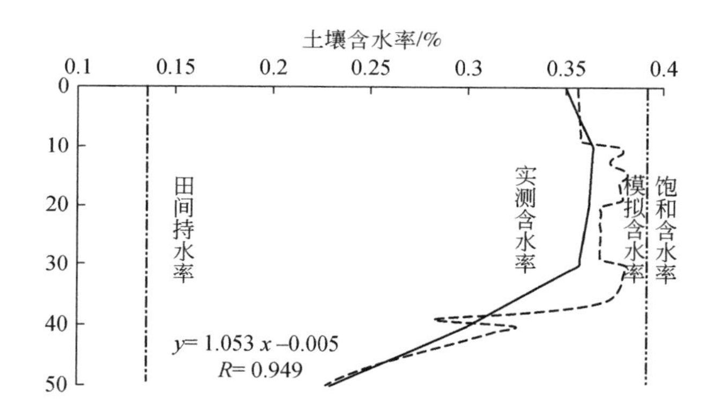

图 7-33　荒漠风沙土土壤实测与模拟含水率

(4) 石灰性草甸砂土

由于石灰性草甸砂土在研究区内主要在支流浩勒图郭勒的河谷区，土壤质地、理化属性以及生态环境状况与分布在干流河谷的草甸沼泽土近似，其各土层压头、土壤含水率和通量随时间的模拟变化情况与草甸沼泽土较为相似。其中不同的是石灰性草甸砂土的初始土壤含水率略低于草甸沼泽土［图 7-34（b）］，而土壤水分通量略高，与厚栗黄土相近［图 7-34（c）］。

同样地，石灰性草甸砂土入渗过程结束后的土壤含水率也介于田间持水率与饱和含水率之间，由于取样原因，无法逐厘米进行采集，实测含水率在每 10cm 的刻画中并不精细，例如 10～20cm 土层的模拟含水率有较高的提升，而实测含水率则无法将这种特征表现出来，

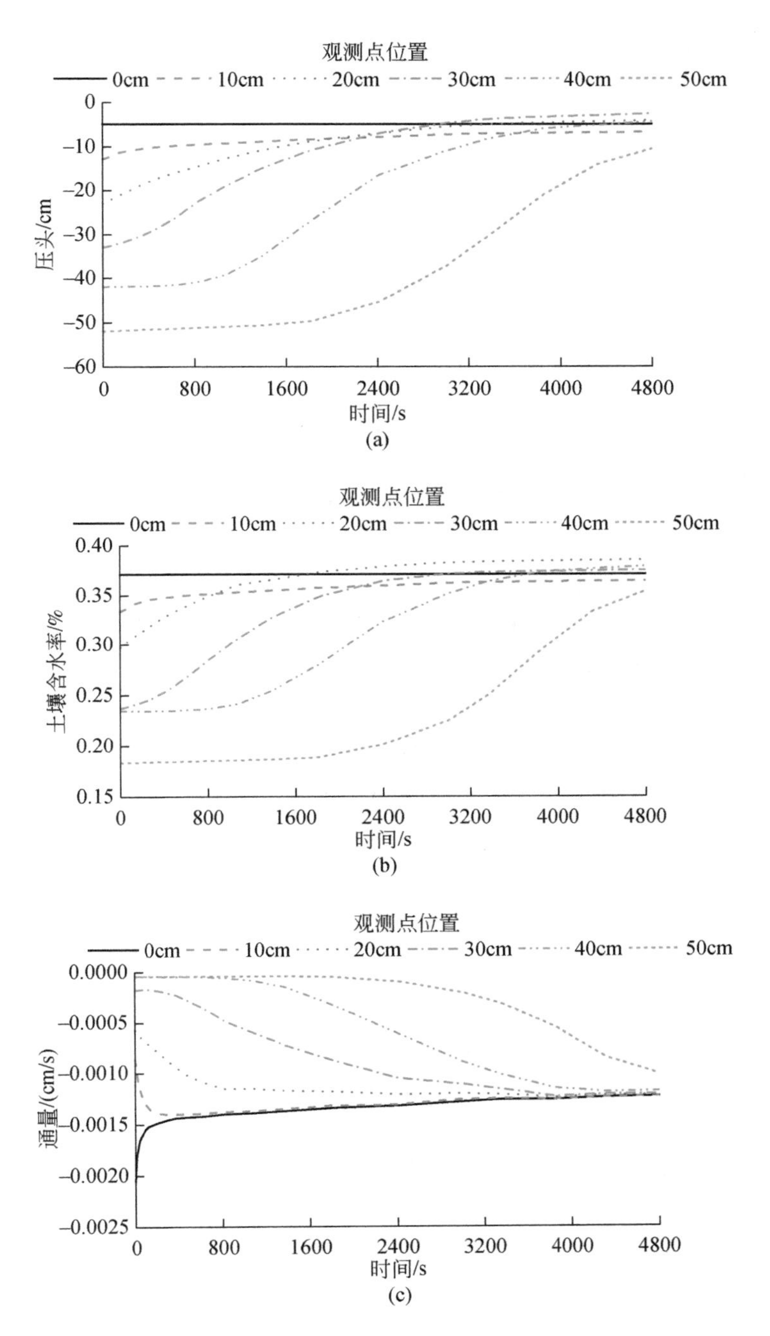

图 7-34　石灰性草甸砂土不同深度压头、土壤含水率和通量随时间的变化

虽然实测值的整体趋势与模拟结果相似，但二者的相关性并不高，仅不足 0.6（图 7-35）。

（5）淡黑土

由图 7-36 中淡黑土各土层压头、土壤含水率和通量随时间的模拟变化情况可知，该土壤的压头及土壤含水率变化趋势相较其他四种土壤更柔和，除表面土层外，其他 5 处观

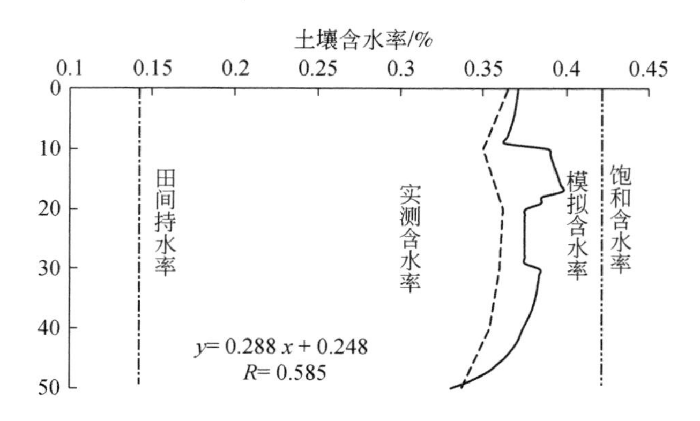

图 7-35　石灰性草甸砂土土壤实测与模拟含水率

测点的压头都是先缓慢增加后趋于稳定，50cm 处压头直到入渗结束仍未达到稳定状态［图 7-36（a）］；各观测点位的土壤含水率变化与压头变化趋势极为相似［图 7-36（b）］；淡黑土各层位观测点的土壤水分通量变化与石灰性草甸砂土类似，不同的是淡黑土 50cm 深度处的水分通量开始增长的时间较石灰性草甸砂土 50cm 处要早一些，但由于其增长幅度不大，在入渗后期数值依然较小［图 7-36（c）］。

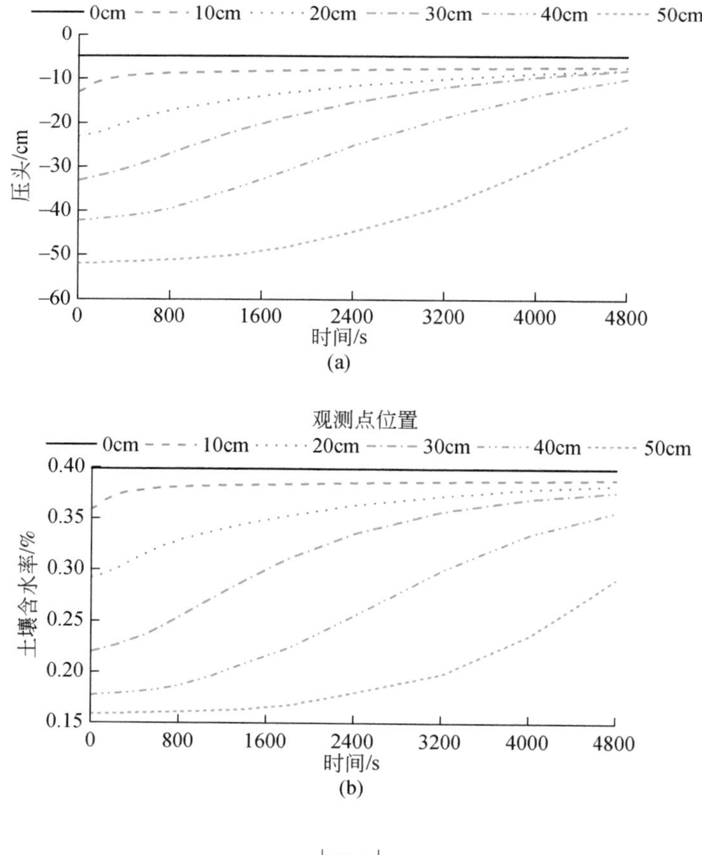

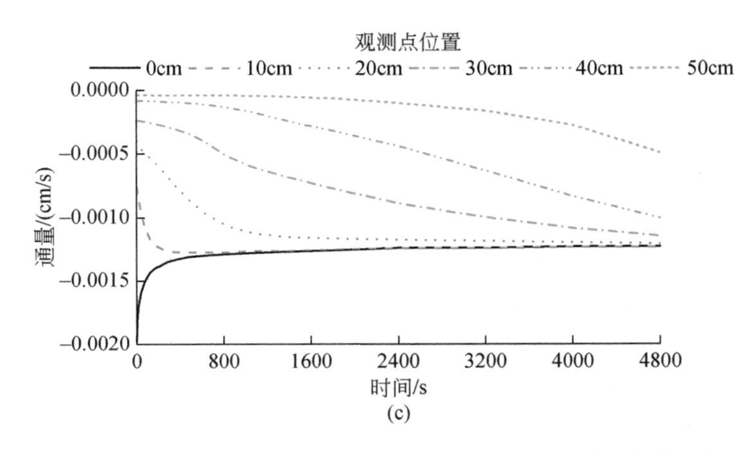

图 7-36 淡黑土不同深度压头、土壤含水率和通量随时间的变化

淡黑土入渗试验后的实测和模拟土壤含水率均呈现出随土层深度增加逐渐减小的趋势，其中土壤表面实测含水率略高于模拟值，其他位置的实测土壤含水率较模拟值均偏低，二者的相关性为 0.871（图 7-37）。

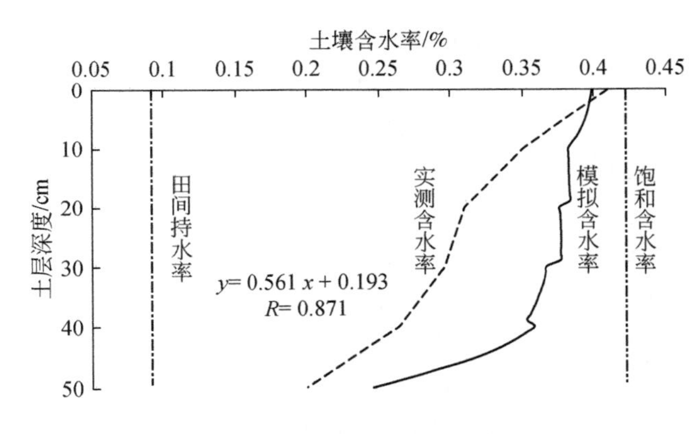

图 7-37 淡黑土土壤实测与模拟含水率

7.4.4 讨论与小结

7.4.4.1 讨论

相较真实状况的土壤入渗过程，Hydrus-1D 软件模拟的土层缺少有机质含量等土壤理化性质的描述，对植物根系的概化十分简练，导致其对条件复杂、不均一的土层刻画失真，这与李冰冰等[46]在黄土高原模拟渭北旱塬深剖面土壤水分的研究结果近似。Hydrus 软件是通过有限元来模仿单位土层之间传递和变化的，模拟的土层越厚，单位土层范围越大，由土壤细微变化引起的水力特性变化就越小，更有助于模型的稳定性，而研究所涉及的试验土层较浅，试验时长较短，反而不利于模型的模拟。

比较入渗试验后的实测与模拟土壤含水率可以发现，土壤表面的实测含水率普遍要略高于模拟值，更接近于饱和，这是由于土壤表面一直与充足的水分接触，向下运移的水分更容易填充表层土壤颗粒间的孔隙，使得含水率提升，等压水头作为模型的上边界条件与持续供水的实际条件仍有些许差距。10～30cm 土层模拟土壤含水率波动大，且高于实测值，研究认为原因有两个，其一是模型对根系的描述不够细致导致了对根系持水量的高估，其二是土壤取样时达不到模型有限元节点的高精度，无法很好的描述细微层位之间的变化。30～50cm 土层的实测与模拟土壤含水率均随深度增加开始减少，但实测含水率的减少幅度大于模拟值，50cm 深度处的实测含水率也都较低，说明实际水分下渗的速度要低于 Hydrus-1D 的模拟速度，原因主要与土层的下边界条件有关：水分的下渗速度受潜层地下水的压头影响，为了让模拟更加贴近实际状态，研究增加了土层厚度并设置了地下水头高度，但模拟深层土壤所受到的水头仍略低于实际土壤，导致深层土壤水分下渗略快。综上可知，用于验证的实测与模拟土壤含水率二者整体趋势接近，但相关性并不高。

7.4.4.2　小结

利用 Hydrus-1D 软件模拟了研究区五种土壤类型下土壤水分入渗过程中 0～50cm 每 10cm 土层的水力特性及包括土壤表面和各土层底部共 6 处观测点的压头、含水率和通量变化，利用入渗过程结束后各层位实测和模拟土壤含水率进行了验证，并解释和分析了模拟结果产生差异的原因。研究结果表明，Hydrus-1D 在模拟设计的土壤入渗试验过程中具有较好的表现，但是该模型的验证效果一般。研究区 0～50cm 土壤的吸水能力在其含水率介于 0.25%～0.40% 时达到顶峰，约为 0.005～0.008cm；10cm、20cm 和 30cm 深处的压头及土壤含水率在入渗过程中大都呈现随入渗时间先快速增加后缓慢增加逐渐趋于稳定，40cm 和 50cm 深处的压头及土壤含水率随入渗时间基本表现为先缓慢增加，进而快速增加，最终缓慢增加逐渐趋于稳定的趋势。入渗过程结束后的实测与模拟土壤含水率均介于田间持水率与饱和含水率之间，说明这种入渗属于非饱和状态下的土壤水分垂向运移过程，对于模拟与仿真现实生态水文过程中水分入渗的具有一定的学术价值和研究意义，模型模拟的土壤含水率与实测值由于采样时无法每厘米进行收集，虽然在相关性方面不能保证全部显著相关，但二者随土层深度的变化趋势相近，尤其是在植被稀疏、土壤中有机质含量低的土壤中表现出色（图 7-33），即说明了 Hydrus-1D 软件在研究区的适用性，也暗示面对条件复杂多变的土壤时，输入更加齐全的参数以及更好地对模型中例如根系分布等参数进行概化，或许可以获得更高精度的模拟效果。

7.5　入渗影响因素及入渗分区的绘制

通过 7.3 节与 7.4 节的研究结果过与分析可知，研究区入渗过程并不一致，即使在相同的土壤类型下，入渗速度、稳定入渗的时间也存在较大分歧。为了进一步探索影响研究区土壤入渗过程的因素及其地域分布规律，利用主成分分析、K-means 分类、反距离加权（IDW）插值等方法对土壤粒径、容重、有机质含量、土壤初始含水率、地下生物量、试验用水水温等 9 个影响因素进行主成分排序，将试验点位按照入渗特征（稳定入渗速率及时间）重新分类，并结合点位的地理位置分布情况，绘制了基于土壤入渗试验的入渗分区图。各土壤理化属性的测试方法详见7.1.4节。

7.5.1 研究区土壤理化属性分布情况

研究区地貌多变，下垫面主要为土壤颗粒较大的砂质草甸所覆盖，对研究区五种土壤类型下每10cm土层的土壤理化属性随深度的变化规律进行分类统计，结果如图7-38所示。

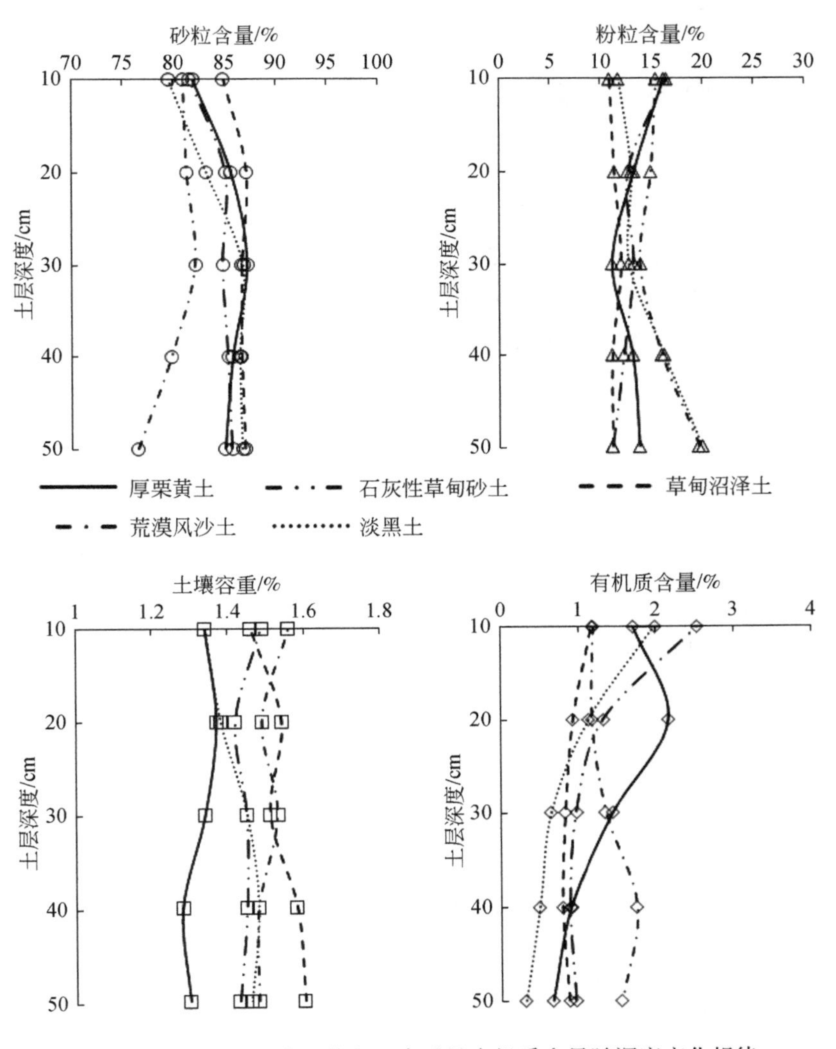

图7-38 五种土壤类型粒径、容重及有机质含量随深度变化规律

研究区土壤黏粒含量很低，砂粒含量较高，基本都在75%以上，其中草甸沼泽土、厚栗黄土及石灰性草甸砂土三种土壤的平均砂粒含量最高，皆超过八成，荒漠风沙土的砂粒含量相对最低，但也是在较深的层位稍有所下降。五种类型土壤的表层土粒径随深度变化

均不明显，侧面反映了在长期的水文循环过程中，下渗的水分会携带体积小、粒径细的颗粒一同向下运动，最终导致土壤在运移较剧烈的表层达到粒径分配方面的平衡。

当土壤中的砂粒含量较高时，水分下渗速度加快，导致其持水保水能力下降，植被因无法获得充足的水分而变得稀疏，土壤中有机质等营养物质也随之降低，这与 Zhang 等[47]和 Yu 等[48]对半干旱区植被与土壤理化属性相互影响作用的看法近似。

在地形宽阔平坦的草原，土壤有机质含量呈现随深度增加逐渐下降的趋势，而主要分布在地势陡峭的厚栗黄土，其土壤有机质含量在 20cm 土层有明显增高，研究猜测这是由于植物为了在储水困难的坡地上生存，深层表土根系生长更加发达，拥有大量毛细根的 20cm 土层经过常年的积累有机质含量有明显提高。

7.5.2 入渗影响因素分析

利用 K-means 分类对第四章第五节中计算的稳定入渗速率（FIR）和稳定入渗时间（FIT）进行重新分组，结果如图 7-39 所示。各双环入渗点位的 log 形式稳定入渗速率及稳定入渗时间可以被较规整地区分为三类。其中，分布在Ⅰ组的入渗点主要分布在河道附近，稳定入渗速率较慢且稳定入渗时间也相对比较短，基本都在 30min 之内达到稳定状态；Ⅲ组主要包括了稳定入渗速率较快的荒漠风沙土入渗点。

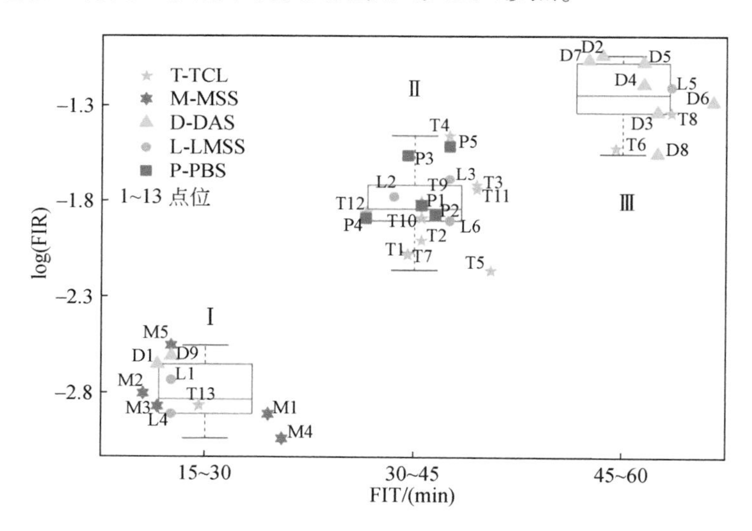

图 7-39　K-means 对稳定入渗速率和时间重新分组

整体分析可以发现，研究区的土壤入渗分布与土壤类型分布并不一致，不是靠近河流的草甸沼泽土与石灰性草甸砂土都分布在Ⅰ组，砂粒含量高的荒漠风沙土都分布在Ⅲ组。实际情况是有少量靠近河流的入渗点稳定入渗速率很慢，而远离河流，水分含量较低的入渗点入渗则很快。

将 38 个双环入渗点位的土壤粒径、容重、有机质含量、初始含水率、地下生物量以及试验时的水温进行主成分分析（PCA），可以获得两个包含 77.22% 原始信息的主成分，研究将其分别命名为与土壤密实程度和孔隙分布相关的土壤自身物理属性及与入渗液体动能势相关的外界环境成分，如图 7-40 所示。

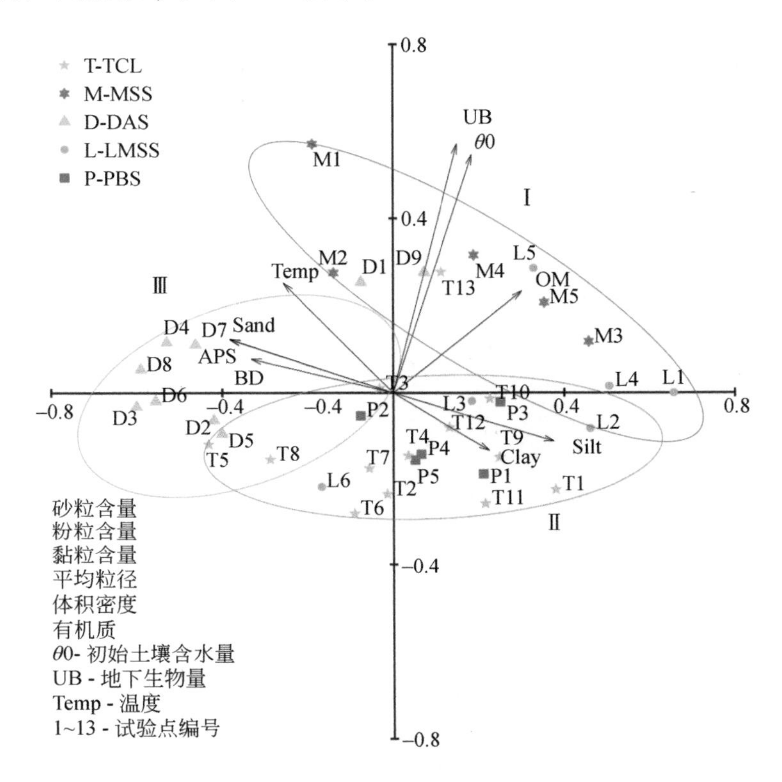

图 7-40　影响入渗的因素主成分序列图

主成分分析结果表明，通过 K-means 进行分类的三个区域也可以很好的区分。位于排列图左侧的Ⅲ组土壤粒径大，平均超过 90% 的砂粒含量使其具较高的容重[49]，同时由于试验点位置的原因，位于荒漠风沙土的点位试验时间也基本在中午，较高的水温会降低水的黏滞性[50]，三者共同促使该区域较高的入渗速率。

位于排列图下方的Ⅱ组，其粉粒和黏粒含量明显高于Ⅲ组，大小不一的土壤颗粒搭配可以降低土壤的孔隙度，从而降低土壤水分的入渗速率，这与 Xing 等[51]通过土壤属性参数修整水分滞留曲线的研究看法相似。分布在河道附近的Ⅰ组主要位于排列图的第一和第四象限，该组的平均土壤含水率超过 26%，这不仅降低了土壤的入渗速率，还促进了植物的生长，导致地下生物量和土壤有机质含量达到其他干旱区域的 2 倍以上。植物的根系和有机质成分在一定程度上可以使土壤颗粒结合的更加紧密，从而降低土壤水分的运移，这与 Liu 等[50]和 Wang 等[52]的看法一致。

7.5.3　土壤类型图与实际测量的差异

通过比较土壤类型图与研究区 1km×1km 的稳定土壤入渗速率及稳定土壤入渗时间的

差异可以明显地发现（图7-41和图7-42），在研究区东部，草甸沼泽土与石灰性草甸砂土交汇的地区，稳定入渗速率及时间基本没有变化，随着经度的减小（位置西移），由于远离河道，土壤水分逐渐减少，土壤的实测稳定入渗速率与时间相应有所提高，相比土壤类型图的预测结果稳定速率与时间最长分别减小0.15cm/min和11min。

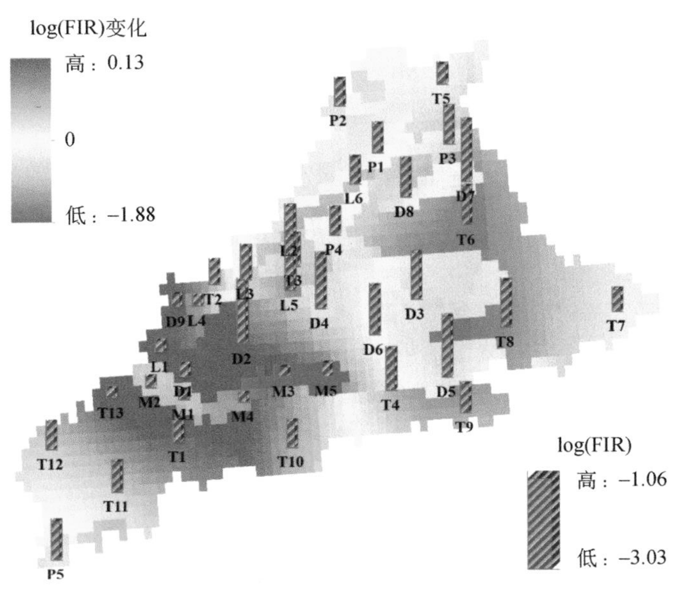

图7-41　土壤类型图预测稳定入渗速率与实测稳定入渗速率的差异

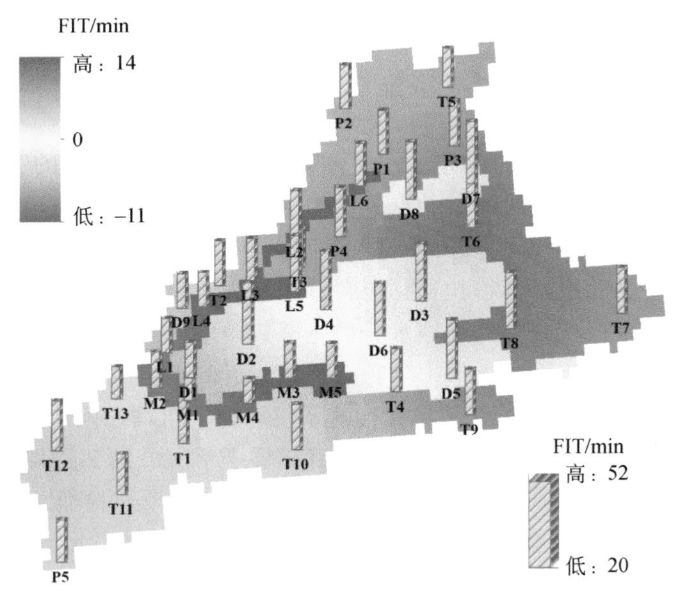

图7-42　土壤类型图预测稳定入渗时间与实测稳定入渗时间的差异

相似地，土壤类型图预测的厚栗黄土和荒漠风沙土在靠近河流的位置，稳定入渗速率与时间有 0.4 ~0.54cm/min 和 48% 的高估。位于研究区中部的部分荒漠风沙土地区的土壤类型图预测入渗特征与实测结果相似度较高；土壤类型图预测的研究区西北部稳定入渗速率稍慢，而预测稳定入渗时间与实测基本相仿。由此可以看出，研究区土壤入渗速率和时间的地理分布特征与土壤类型具有一定的出入，土壤类型不能完全说明其入渗过程，因为土壤类型仅是影响入渗特征的因素之一。

7.5.4 土壤入渗过程及影响分区

整个研究区属于天然牧场，人为干扰因素少，地形地势起伏平缓，下垫面条件差异不大，具备空间插值的可行性[53]。可以将研究区按照土壤入渗过程特征划分为三个区域（图 7-43）：Ⅰ为湿地河谷区，该区域靠近河流，受充足的水分及大量的植物影响入渗速率较慢，生态环境较好；Ⅱ为放牧草原区，该区域饲养着大量牲畜，土壤入渗速率在研究区属中等水平，土壤及外界环境因素影响情况复杂，生态环境有一定程度的退化；Ⅲ为荒漠沙丘区，该区域植被覆盖度极低，生态退化严重，入渗受砂质土壤影响速率较快，土壤持水保水能力极差。

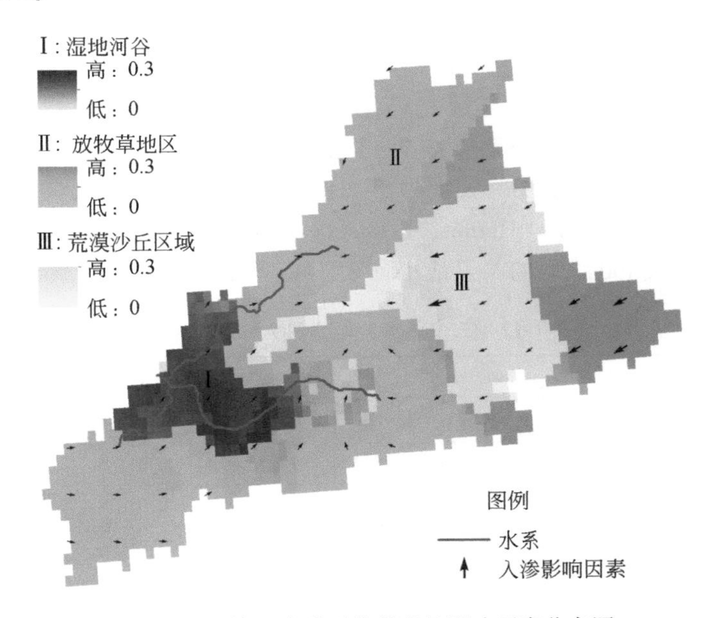

图 7-43 土壤入渗受干扰程度及影响因素分布图

通过对图 7-40 中主成分进行插值拓展，取各点前两个主成分的算术平均值作为土壤性质及环境要素对土壤入渗过程的影响程度，用各区域代表色的深浅表示。按照主成分分析中各因素荷载的象限方向表示影响入渗过程的主导因素，可以看出，研究区东部尤其是Ⅲ区及其周围地区，土壤质地是影响入渗的主导成分，可以通过向土壤中适量添加有机碳的方法减缓土壤水分下渗的速度，有助于改善该地区土壤的持水保水能力[9]；西部的Ⅰ区及其周围地区受外界环境因素影响更大，该地区生态环境和土壤持水能力较好的原因在于其拥有充足的水分，因此保障该区域充沛的水资源是维持其土壤持水保水能力的关键；影响Ⅱ区入渗的因素则比较复杂，大量的畜牧业及人类活动使得该地区土壤持水保水能力趋于下降，尽快制定更加合理的畜牧养殖政策及规定，减少草场的植被破坏，对于土壤的修复更加重要。

7.5.5 讨论与小结

7.5.5.1 讨论

再次利用第4章中使用的6个入渗模型对研究重新划分的三个分区入渗过程进行拟合检验，各模型参数、精度及误差分析如表7-12～表7-16所示。在模型参数方面，K、s_m、S、A、f_0、α' 和 a 基本呈现出Ⅰ区参数<Ⅱ区参数<Ⅲ区参数的趋势，而表示渗透特性的指数，如β、f_c、k、β' 和 b 基本不随分区变化而变化（表7-12）；在模型的模拟精度方面，各模型的模拟效果均有所提升，除Philip模型外均呈现出Ⅲ区精度>Ⅱ区精度>Ⅰ区精度的特点，Green-Ampt模型在入渗速率比较缓慢的Ⅰ区的NSE值小于0，在Ⅱ区Ⅲ区均大于0.5，与表7-9相比也有所提升，Philip模型的精度检验结果相对特殊，表现为Ⅰ区精度>Ⅱ区精度>Ⅲ区精度，说明该模型可能更适合使用在入渗速率较为缓慢的过程中，Kostiakov、Horton、Kostiakov-Lewis和USDA-NRCS四个模型的模拟精度比较高，有的模型检验结果Adj-R^2值在0.01显著水平下已经接近于1，而Kostiakov-Lewis和USDA-NRCS在Ⅰ区 *NSE* 值与分区前相比略有下降（表7-13和表7-14）；对比表7-10，各模型的误差相较分区前略有增加，六个模型误差表现为Ⅲ区误差>Ⅱ区误差>Ⅰ区误差，Green-Ampt模型的模拟误差最大，Kostiakov、Horton、Kostiakov-Lewis和USDA-NRCS四个模型的模拟误差比较接近，其中Horton模型的误差最小（表7-15和表7-16）。

表7-12 三个入渗分区六种入渗模型参数

入渗	Green-Ampt		Philip		Kostiakov		Horton			Kostiakov-Lewis			USDA-NRCS	
分区	K	s_m	S	A	α	β	f_0	f_c	k	K'	α'	β'	a	b
Ⅰ	0.3	122	17	10	4.9	0.2	2.3	0.02	0.3	0.01	5	0.1	3.7	0.2
Ⅱ	0.8	323	53	25	8.8	0.2	4.3	0.1	0.2	0.01	9	0.2	7.6	0.3
Ⅲ	1.4	650	94	46	16.4	0.2	8.1	0.2	0.3	0.01	16	0.2	14	0.3

表7-13 三个入渗分区六种入渗模型的Adj-R^2值

入渗分区	Green-Ampt	Philip	Kostiakov	Horton	Kostiakov-Lewis	USDA-NRCS
Ⅰ	0.767**	0.973**	1**	0.997**	0.994**	0.979**
Ⅱ	0.879**	0.903**	1**	1**	0.999**	0.995**
Ⅲ	0.890**	0.902**	0.999**	0.999**	1**	0.998**

注：**表示在显著性水平 $\alpha=0.01$ 下，增大或减小趋势是显著的

表 7-14　三个入渗分区六种入渗模型的 NSE 值

入渗分区	Green-Ampt	Philip	Kostiakov	Horton	Kostiakov-Lewis	USDA-NRCS
Ⅰ	-1.646	0.877	0.903	0.976	0.863	0.884
Ⅱ	0.521	0.799	0.952	0.977	0.946	0.945
Ⅲ	0.567	0.781	0.961	0.977	0.958	0.954

表 7-15　三个入渗分区六种入渗模型的卡方值

入渗分区	Green-Ampt	Philip	Kostiakov	Horton	Kostiakov-Lewis	USDA-NRCS
Ⅰ	0.517	0.015	0.032	0.016	0.044	0.054
Ⅱ	1.618	0.515	0.222	0.134	0.244	0.285
Ⅲ	4.845	1.675	0.578	0.431	0.612	0.767

表 7-16　三个入渗分区六种入渗模型的 RMSE 值

入渗分区	Green-Ampt	Philip	Kostiakov	Horton	Kostiakov-Lewis	USDA-NRCS
Ⅰ	0.719	0.122	0.179	0.126	0.210	0.231
Ⅱ	1.272	0.718	0.471	0.367	0.494	0.534
Ⅲ	2.201	1.294	0.760	0.656	0.783	0.876

综合上述结果可知，重新划分的土壤入渗受干扰程度及影响因素分区在入渗过程的描述上有较好的还原，不仅可以解决入渗过程与土壤类型不同的问题，其还可与土壤类型图相辅相成，由土壤类型图提供点位的土壤理化属性，由影响因素分区图提供土壤入渗受干扰的信息，综合判断该点位的水分垂向运移情况。

7.5.5.2　小结

首先分析了研究区表层土壤理化性质的分布特征，在第四章的基础上，利用 K-means 分类器对进行双环入渗试验的所有点位重新分组，并通过主成分分析的方法将入渗点位的土壤环境属性及试验条件进行压缩和主成分提取，研究结果表明，研究区土壤砂粒含量较高，表层土粒径和容重随深度变化均不明显；各双环入渗点位的 log 形式稳定入渗速率及稳定入渗时间可以被较规整地区分为三类，且每类中均包含多种类型的土壤，说明土壤入渗分布与土壤类型的分布并不一致；影响研究区土壤入渗的要素可以被压缩为包含 77.22% 原始信息的两个主成分，分别为与土壤密实程度和孔隙分布相关的土壤自身物理属性及与入渗液体动能势相关的外界环境成分；土壤类型图对稳定入渗速率和时间的预测差异主要体现在研究区西部河流河谷以及东部地势较高的山地附近。最终按照土壤入渗过程特征将研究区划分为三个区域：河谷湿地区、放牧草原区和荒漠沙丘区，三个区域的土壤稳定入渗速率依次增加，而生态环境顺次变差，表明不同区域需要制定不同措施进行修复和治理。

参考文献

[1] Hannart A, Naveau P. Probabilities of causation of climate changes. Journal of Climate, 2018, 31 (14): 5507-5524.

[2] Li W, Duan L M, Luo Y Y, et al. Spatiotemporal characteristics of extreme precipitation regimes in the eastern inland river basin of innermongolian plateau, China. Water, 2018, 10 (35): 1-16.

[3] Sharma B M, Melymuk L, Bharat G K, et al. Spatial gradients of polycyclic aromatic hydrocarbons (PAHs) in air, atmospheric deposition, and surface water of the Ganges River basin. Science of the Total Environment, 2018, 627: 1495-1504.

[4] 王光焰，王远见，桂东伟．塔里木河流域水资源研究进展．干旱区地理，2018，41 (6): 1151-1159.

[5] Wu J, Ding Y, Ye B, et al. Stable isotopes in precipitation in Xilin River Basin, northern China and their implications. Chinese Geographical Science, 2012, 22 (5): 531-540.

[6] Han F, Zhang Q, Buyantuev A, et al. Effects of climate change on phenology and primary productivity in the desert steppe of Inner Mongolia. Journal of Arid Land, 2015, 7 (2): 251-263.

[7] Zhongju M, Xiaohong D, Yong G, et al. Interactive effects of wind speed, vegetation coverage and soil moisture in controlling wind erosion in a temperate desert steppe, Inner Mongolia of China. Journal of Arid Land, 2018, 10 (2): 1-14.

[8] Pacini N, Petra Hesslerová, Jan Pokorný, et al. Papyrus as an ecohydrological tool for restoring ecosystem services in Afro-tropical wetlands. Ecohydrology & Hydrobiology, 2018, 18 (2): 142-154.

[9] Abrol V, Ben-Hur M, Verheijen F G A, et al. Biochar effects on soil water infiltration and erosion under seal formation conditions: rainfall simulation experiment. Journal of Soils and Sediments, 2016, 16 (12): 2709-2719.

[10] Muñoz-Rojas M, Erickson T E, Dixon K W, et al. Soil quality indicators toassess functionality of restored soils in degraded semiarid ecosystems. Restoration Ecology, 2016, 24 (2): s43-s52.

[11] Muñoz- Rojas M. Soil quality indicators: critical tools in ecosystem restoration. Current Opinion in Environmental Science and Health, 2018, 5, 47-52.

[12] Vand B A U, Weijters M J, Bobbink R, et al. Facilitating ecosystem assembly: Plant-soil interactions as a restoration tool. Biological Conservation, 2018, 220: 272-279.

[13] Ma Z, Chen H Y H. Effects of species diversity on fine root productivity in diverse ecosystems: a global meta-analysis. Global Ecology and Biogeography, 2016, 25 (11): 1387-1396.

[14] Berendse F, Ruijven J V, Jongejans E, et al. Loss of plant species diversity reduces soil erosion resistance. Ecosystems, 2015, 18 (5): 881-888.

[15] Faucon M P, Houben D, Lambers H. Plant functional traits: soil and ecosystem services. Trends in Plant Science, 2017, 22 (5): 385-394.

[16] Barthold F K, Wiesmeier M, Breuer L, et al. Land use and climate control the spatial distribution of soil types in the grasslands of Inner Mongolia. Journal of Arid Environments, 2013, 88: 194-205.

[17] Lai J. B., Luo Y., Ren L. Buffer index effects on hydraulic conductivity measurements using numerical simulations of double- ring infiltration. Soil Science Society of America Journal, 2010, 74 (5): 1526-1536.

[18] 李震，廖静娟，等．合成孔径雷达地表参数反演模型与方法．北京：科学出版社，2011.

[19] Cosby B J, Hornberger G M, Clapp R B, et al. A statistical exploration of the relationships of soil

moisture characteristics to the physical properties of soils. Water Resources Research, 1984, 20 (6): 682-690.

[20] Wosten J H M. Pedo-transfer functions to evaluate soil quality//Gregorich E G, Carter M R. Soil quality for crop production and ecosystem health. Amsterdam: Elsevier Science Publishers, 1997: 221-245.

[21] Saxton K E, Rawls W J, Romberger J S, et al. Estimating generalized soil water characteristics from texture. Soil Science Society of America Journal, 1986, 50 (4): 1031-1036.

[22] 孙丽, 刘廷玺, 段利民, 等. 科尔沁沙丘-草甸相间地区表土饱和导水率的土壤传递函数研究. 土壤学报, 2015, 52 (1): 68-76.

[23] Wang Y, Gao G Y, Yang J, et al. Transient dynamic response of a shallow buried lined tunnel in saturated soil. Soil Dynamics and Earthquake Engineering, 2017, 94: 13-17.

[24] Buccigrossi F, Caliandro A, Rubino P, et al. Testing some pedo-transfer functions (PTFs) in Apulia Region. Evaluation on the basis of soil particle size distribution and organic matter content for estimating field capacity and wilting point. Italian Journal of Agronomy, 2010, 5 (4): 367-382.

[25] Millard K, Richardson M. Quantifying the relative contributions of vegetation and soil moisture conditions to polarimetric C-Band SAR response in a temperate peatland. Remote Sensing of Environment, 2018, 206 (1): 123-138.

[26] Liao J J, Xu T, Shen G Z. Simulating microwave scattering for wetland vegetation in Poyang Lake, Southeast China, Using a Coherent Scattering Model. Remote Sensing, 2015, 7 (8): 9796-9821.

[27] Philip J R. The theory of infiltration: 1. The infiltration equation and its solution. Soil Science, 1957, 83 (5): 345-358.

[28] Kostiakov A N. On the dynamics of the coefficient of water percolation in soils and on the necessity of studying it from a dynamic point of viewfor purpose of amelioration. In: Transactions of 6th Congress of International Soil Science Society. Moscow: Society of Soil Science, 1932: 17-21.

[29] Horton R E. The role of infiltration in the hydrologic cycle, Trans Am Geophys Union, 14th Annu Meet, 1933, 1: 446-460.

[30] Mezencev V J. Theory of formation ofthe surface runoff. Meteorologia. I Gidrologia, 1948, 3: 33-46.

[31] US Department of Agriculture, Natural Resources and Conservation Service. 1974. National Engineering Handbook. Section 15. Border Irrigation. Washington DC: National Technical Information Service.

[32] Wang T T, Stewart C E, Ma J B, et al. Applicability of five models to simulate water infiltration into soil with added biochar. Journal of Arid Land, 2017, 9 (5): 701-711.

[33] Nash J E, Sutcliffe J E. River flow forecasting through conceptual models. Part 1- A discussion of principles. Journal of Hydrology, 1970, 10 (3): 282-290.

[34] Risse L M, Nearing M A, Savabi M R. Determining the Green-Ampt effective hydraulic conductivity from rainfall-runoff data for the WEPP Model. Transactions of the ASABE, 1994, 37 (2): 411-418.

[35] Liu X P, He Y H, Zhao X Y, et al. Characteristics of deep drainage and soil water in the mobile sandy lands of Inner Mongolia, northern China. Journal of Arid Land, 2015, 7 (2): 238-250.

[36] Parchami-Araghi F, Mirlatifi S M, Dashtaki S G, et al. Point estimation of soil water infiltration process using Artificial Neural Networks for some calcareous soils. Journal of Hydrology, 2013, 481 (5): 35-47.

[37] Shukla M K, Lal R, Unkefer P. Experimental evaluation of infiltration models for different land use and soil management systems. Soil Science, 2013, 168 (3): 178-191.

[38] Dashtaki S G, Homaee M, Mahdian M H, et al. Site-dependence performance of infiltration models. Water Resources Management, 2009, 23 (13): 2777-2790.

[39] Clemmens A J, Bautista E T. Physically based estimation of surface irrigation infiltration. Journal of Irrigation and Drainage Engineering, 2009, 135 (5): 588-596.

[40] Babaei F, Zolfaghari A A, Yazdani M R, et al. Spatial analysis of infiltration in agricultural lands in arid areas of Iran, CATENA, 2018, 170: 25-35.

[41] Touma J. Comparison of the soil hydraulic conductivity predicted from its waterretention expressed by the equation of Van Genuchten and different capillary models. European Journal of Soil Science, 2009, 60 (4): 671-680.

[42] Wang P J, Zheng H F, Ren Z B, et al. Effects of urbanization, soil property and vegetation configuration on soil infiltration of urban forest in Changchun, northeast China. Chinese Geographical Science, 2018, 28 (3): 482-494.

[43] Chowdary V M, Rao M, Damodhara J C S. Study of infiltration process under different experimental conditions. Agricultural Water Management, 2006, 83 (1): 69-78.

[44] Al-Qinna M I, Abu-Awwad A M. Infiltration rate measurements in arid soils with surface crust. Irrigation Science, 1998, 18 (2): 83-89.

[45] Jaafar R, Likos W J. Pore-scale model for estimating saturated and unsaturated hydraulic conductivity from grain size distribution, Journal of Geotechnical and Geoenvironmental Engineering, 2014, 140 (2): 1-11.

[46] 李冰冰, 王云强, 李志. HYDRUS-1D 模型模拟渭北旱塬深剖面土壤水分的适用性. 应用生态学报, 2019, 30 (2): 398-404.

[47] Zhang J, Zuo X A, Zhou X, et al. Long-term grazing effects on vegetation characteristics and soil properties in a semiarid grassland, northern China. Environmental Monitoring & Assessment, 2017, 189 (5): 1-13.

[48] Yu Y, Wei W, Chen L D, et al. Land preparation and vegetation type jointly determine soil conditions after long-term land stabilization measures in a typical hilly catchment, Loess Plateau of China. Journal of Soils and Sediments, 2017, 17 (1): 144-156.

[49] Bi Y L, Zou H, Zhu C W. Dynamic monitoring of soil bulk density and infiltration rate during coal mining in sandy land with different vegetation. International Journal of Coal Science and Technology, 2014 (1-2): 198-206.

[50] Liu Z P, Ma D H, Hu W, et al. Land use dependent variation of soil water infiltration characteristics and their scale-specific controls. Soil and Tillage Research, 2018, 178: 139-149.

[51] Xing X G, Li Y B, Ma X Y. Water retention curve correction using changes in bulk density during data collection. Engineering Geology, 2018, 233: 231-237.

[52] Wang H, Zhang G H, Liu F, et al. Temporal variations in infiltration properties of biological crusts covered soils on the Loess Plateau of China. Catena, 2017, 159, 115-125.

[53] Laub M, Blagodatsky S, Lang R, et al. A mixed model for landscape soil organic carbon prediction across continuous profile depth in the mountainous subtropics. Geoderma, 2018, 330: 177-192.

第8章 流域植被土壤特征的空间变异及耦合作用

草原占陆地面积的25%，是陆地生态系统的主要组成部分，集中了全球10%的碳库存[1]，在全球碳循环和气候调节中起到关键作用[2]。我国草原面积约占土地总面积的41%[3-4]，占世界草地面积的6%~8%[5]，其中21.1%分布在内蒙古自治区[6]。草原在水土保持、防风固沙、保护植物生物多样性及维持生态平衡等方面有着不可替代的作用，其功能与结构的变化会对自然环境和人类社会产生巨大影响。植被生物量作为陆地生态系统碳库的重要组成部分[7]，是研究全球碳循环的重要参数[8-9]。同时，植被生物量是生态系统结构组建的物质基础[10]，也是衡量草原生产力大小的重要标准[11]，其对生态系统有重要的影响。群落生物量的微小变化，可能会反馈到生态系统的其他过程，如陆地生态系统的碳循环[12-13]，会进一步影响到全球气候变化[14-16]。

草地生物量随时间动态变化的研究可以作为草地生态系统物质循环和能量流动的基本资料。除多等[17]对西藏典型草地的研究表明，高寒草甸草原4月的地上生物量最小，7~8月产草量最高；黄德青等[18]在祁连山北坡的研究表明，高寒草原地下生物量季节变化表现为“W”形，而山地草原、山地草甸呈“N”形变化规律；杨婷婷等[19]通过对小针茅草原的研究发现，最大地下地上生物量比出现在7月下旬。此外，有的研究基于全球生物量数据库[4-20]、草地清查资料[21-22]、遥感模型[6]及样地调查数据[23-24]，估算了我国草地生物量，并给出其空间分布格局[25]。但由于缺少统一方法，尤其是缺少用统一方法获得的实测数据，使得人们对生物量的空间分布认识不足[26]。

草地生物量的空间分布主要受水热因子、土壤因子格局的影响[24-27]，环境因子的变化会直接或间接地影响草地生物量的变化。一般情况下，草地生物量与降水量呈显著正相关关系[28-31]，而郑晓翾等[32]在呼伦贝尔草原的研究表明草地生物量与降水量差异不显著。温度与生物量间的关系，因研究对象、尺度及方法的不同，研究结果差异很大。如Yang等[30]在青藏高原高寒草地的研究表明，地上生物量的空间格局与温度没有显著相关性；Gao等[31]发现内蒙古温带草地地上生物量的空间分布与温度呈显著负相关关系；Jiang等[33]研究发现，高寒草原地上生物量与温度存在显著的正相关关系；戴诚等[34]在内蒙古中部草原的研究表明，地下生物量对温度为负响应。土壤有机碳、全氮是制约草地生物量变化的主要因素[32,34]，而土壤因素又可以通过与气象因素之间的交互作用影响生物量[35]。此外，虽然气候水热状况是决定草原生物量动态的主导因子[36]，但消除变量间的交互作用及让更多的解释变量参与分析，是进一步将研究推向深入和细化的途径之一[25,37]。

虽然关于草地生物量的研究已广泛报道，但基于野外实测数据进行流域尺度生物量时空动态变化方面的研究还较少。本章以半干旱典型草原锡林河流域为研究对象，以野外实地调查测试数据为基础，在区域尺度上研究了草原生物量的时间动态变化、空间分布特征及其与关键环境因子的关系。以期为草地生态系统功能动态变化及碳循环相关研究提供基础数据，为草地合理开发利用及管理提供技术支撑。

8.1 流域植被地上生物量时空分布特征及其影响因子

8.1.1 试验设计与数据处理

8.1.1.1 野外采样及数据获取

本节研究考虑地貌、高程、土壤类型等特征，并综合考虑样点的空间分布均匀性，在流域范围内共布设了 77 个采样点（图 8-1），于 2016 年 6 ~ 8 月每 15d 进行野外采样调查，共调查 4 次。

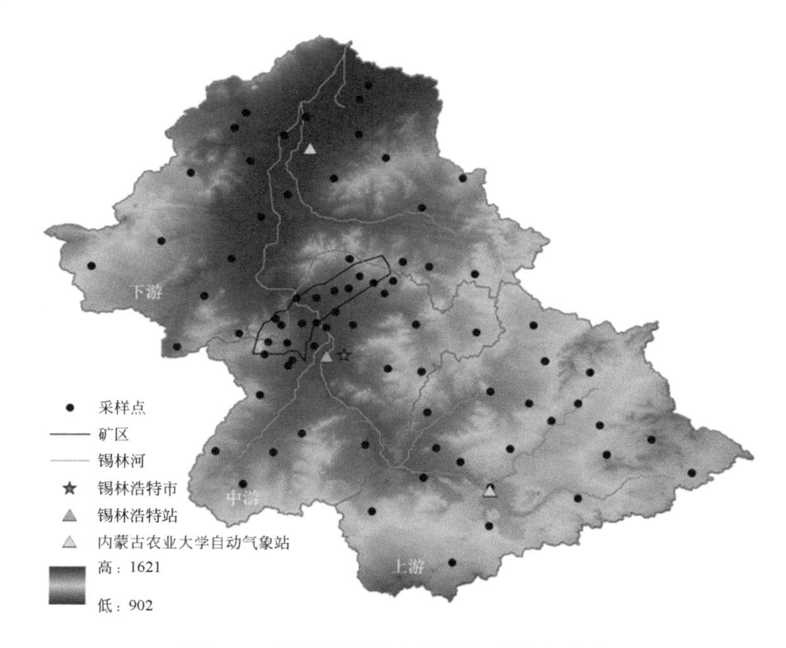

图 8-1 锡林河流域生态调查采样点分布

（1）生物量数据

在每个采样点随机选取 3 个 1m×1m 的样方，记录经纬度、海拔、植被名称等信息。地上生物量采用齐地刈割的方式，用剪刀将地面植物基茎部剪下，装入纸袋带回实验室。除去黏附在植物上的土壤后，在 65℃ 条件下烘干至恒重并称重。地下生物量采用根钻法（直径 D=80mm）取样，每个样方设置 3 个重复，即每个采样点共取 9 钻。以 10cm 间隔取样至 50cm 深度处，置于纱网中用水冲洗后带回实验室，精细漂洗后，在 65℃ 条件下烘干至恒重并称重。

(2) 土壤数据

土壤含水量与地下生物量采样方法相同，获取的土壤样品采用烘干法测其含水量。土壤有机碳样品在通风阴凉处风干后，采用重铬酸钾外加热法测试。土壤全氮样品在风干后采用凯氏定氮法测定。

(3) 气象数据

根据内蒙古农业大学安装的两个自动气象站及周边 9 个国家气象站的气象数据（中国气象数据网：http://data.cma.cn/site/index.html），运用基于薄板光滑样条函数的气象插值软件 AUNSPLIN，得到各个采样点每月的温度、相对湿度、风速及降雨量 4 个气象因子。

8.1.1.2 数据处理与分析

将地下生物量换算成单位面积值，并对每个采样点的地上地下生物量按照各自的采样重复数求平均值（本节所用地下生物量为 0 ~ 30cm 土层中地下生物量总和）。特异值以平均值±2 倍标准差的标准进行处理，为保持数据的完整性，将超过该范围的数据用平均值±2 倍标准差来代替。为降低样点空间分布不均匀在分析中产生的不确定性，按照一定的地理空间，对一定范围内采样点的生物量进行算术平均运算，即以 10′为区间间隔划分经纬度，计算各区间内样点生物量的均值与标准差，分析生物量与经纬度之间的关系，以同样的方法分析生物量与海拔高度（以 50m 为区间间隔）间的关系。

运用单因素方差分析全流域、上游、中游、矿区以及下游草地生物量间的差异性。为避免自变量间存在的多重共线性问题影响分析结果，通过 CART（分类回归树）方法，甄别筛选与响应变量关系最为密切的环境因子。并对生物量及关键因子进行非线性回归分析。数据处理分析及图表制作在 Excel 2016，SPSS 19.0 及 R Studio 中完成，其中 CART 分析运用 rpart 程序包中的 rpart 函数进行运算。

物种多样性指数采用以下公式计算[38]。

丰富度指数：

$$\text{Patrick} = S \tag{8-1}$$

Simpson 指数：

$$\text{Simpson} = \sum_{i=1}^{s} P_i^2 \tag{8-2}$$

Shannon-wiener 指数：

$$\text{Shannon} = -\sum_{i=1}^{s} (P_i \ln P_i) \tag{8-3}$$

均匀度指数：

$$\text{Pielou} = \frac{1-H_i}{1-\dfrac{1}{S}} \tag{8-4}$$

其中：S 为样方内物种数；$P_i = N_i/N$；N_i 为样方中种 i 的个体数，N 为样方中全部种的个体总数；H_i 为多样性指数。

8.1.2 地上生物量动态变化及空间分布特征

研究区地上生物量（AGB）变化范围为 10.69 ~ 274.51g/m²，均值为 61.96g/m²，极值点均出现在 8 月初的流域中游；地下生物量（BGB）的变化范围为 245.36 ~ 2750.73g/m²，均值为 1020.87g/m²，最小值出现在 7 月中下旬的煤矿区域，最大值出现在 6 月中下旬的流域上游；生物量（B）变化范围为 277.07 ~ 2793.15g/m²，均值为 1082.83g/m²，最小值出现在 7 月中下旬的煤矿区域，最大值出现在 6 月中下旬的流域上游；地下地上生物量比（RBS）的变化范围为 3.63 ~ 146.17，均值为 20.41，最小值出现在 8 月初的流域中游，最大值出现在 6 月中下旬的煤矿区域。取样期间内上游 AGB 最大（69.62g/m²），矿区最小（57.9g/m²），且上游的 BGB（1325.42g/m²）显著高于流域内其他区域。

由各区域生物量随时间动态特征可知（图 8-2），6 月中下旬，上游 AGB 和 BGB 显著高于其他区域，RBS 在区域间无显著差异；7 月初，区域间 AGB 无显著差异，上游 BGB 最大且上游和中游的 RBS 显著高于下游；7 月中下旬，区域间 AGB 和 RBS 无明显差异，但上游 BGB 与其他区域差异显著；8 月初，各区域 AGB 差别不大，上游和中游 BGB 明显高于矿区和下游，且中游的 RBS 最大。全流域 AGB 在调查期间呈上升趋势，且在 7 月增速最大；BGB 呈类似于“N”形生长规律，7 月下降较为明显；从图 8-2 可以看出，RBS 与 AGB 变化趋势相反。

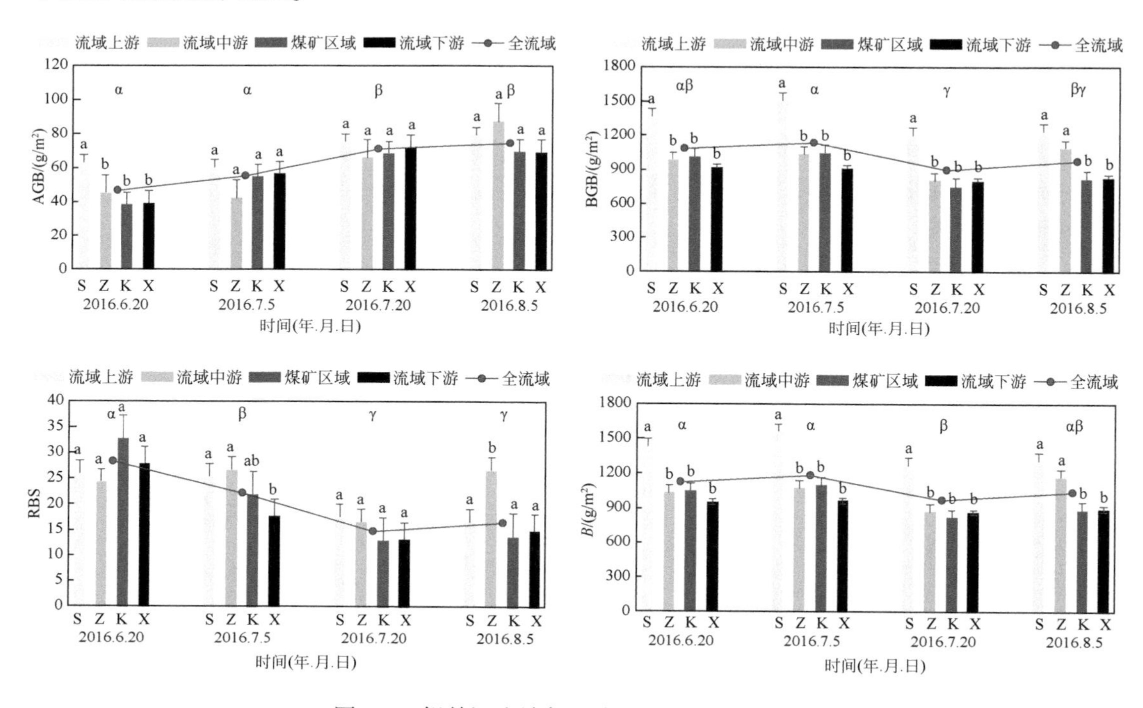

图 8-2 锡林河流域各区域生物量随时间动态

注：不同字母 ab 表示同一时间各区域生物量在 0.05 水平下的差异性；不同字母 αβγ 表示不同时间全流域生物量在 0.05 水平下的差异性；S 指流域上游；Z 指流域中游；K 指煤矿区域；X 指流域下游

8.1.3 地上生物量与环境因子的分类回归

研究区生物量具有复杂的水平和垂直地带性分布特点。自西向东，随经度的增加，AGB表现为开口向上的抛物线形式（图8-3），但变化不显著，平均AGB最小值在115.7°~115.8°，为56.68g/m^2；BGB呈显著上升趋势。随着纬度的变化，AGB格局有下降的趋势；BGB随纬度的增加有明显的下降趋势。而随着海拔高度的升高，AGB与BGB均表现出增加趋势。RBS随经度增加有上升趋势，随纬度呈开口向下的抛物线型变化，但与海拔无显著相关性。整体上，研究区草原生物量的空间分布是从东南向西北方向递减的。

参与CART分析的预测变量包括空间、土壤、气象因子及多样性指数（表8-1）。在此，只对上游、矿区、下游3个区域及3个生物量指标（AGB，BGB，RBS）进行分析。

筛选出各个区域在不同时间对生物量影响最大的环境因子，由表8-2可知，对于各个指标（AGB，BGB和RBS），同一时间影响不同区域生物量的关键因子有所差异；同样，同一区域生物量在不同时间其关键因子也不尽相同。如：在6月下旬，影响上游AGB的关键因子是P_Apr，影响矿区AGB的关键因子是LAT，而影响下游AGB的关键因子是P_May；对于上游的AGB，7月初及7月中下旬的关键因子都是SWC，但7月初SWC的分界点是4.00，而7月中下旬的SWC是以7月14日为分界点；8月初的关键因子是Simpson指数。说明锡林河流域草原生物量具有很强的时空变异性。

表8-1 参与CART分析的环境因子

环境因子		符号	6月20日	7月5日	7月20日	8月5日
空间因子	经度（°E），纬度（°N），海拔/m	LON，LAT，ELE	√	√	√	√
土壤因子	土壤有机碳/%	SOC	—	—	√	√
	土壤全氮/(mg/g)	TN	—	—	√	√
	土壤含水量/%	SWC	√	√	√	√
多样性指数	物种丰富度	PAT	√	√	√	√
	Simpson指数	SIM	√	√	√	√
	Shannon指数	SHA	√	√	√	√
	均匀度指数	PIE	√	√	√	√
气象因子	4月温度/℃，4月降雨量/mm，4月相对湿度/%，4月风速/(m/s)	T_Apr，P_Apr，RH_Apr，WS_Apr	√	√	√	√
	5月温度/℃，5月降雨量/mm，5月相对湿度/%，5月风速/(m/s)	T_May，P_May，RH_May，WS_May	√	√	√	√
	6月温度/℃，6月降雨量/mm，6月相对湿度/%，6月风速/(m/s)	T_Jun，P_Jun，RH_Jun，WS_Jun	√	√	√	√

续表

环境因子		符号	6月20日	7月5日	7月20日	8月5日
气象因子	7月温度/℃，7月降雨量/mm，7月相对湿度/%，7月风速/(m/s)	T_Jul，P_Jul，RH_Jul，WS_Jul	—	—	√	√
	8月温度/℃，8月降雨量/mm，8月相对湿度/%，8月风速/(m/s)	T_Aug，P_Aug，RH_Aug，WS_Aug	—	—	—	√
	4~6月平均温度/℃，4~6月平均风速/(m/s)，4~6月平均相对湿度/%，4~6月总降雨量/mm	T_AJ，WS_AJ，RH_AJ，P_AJ	√	√	—	—
	4~7月平均温度/℃，4~7月平均风速/(m/s)，4~7月平均相对湿度/%，4~7月总降雨量/mm	T_AJU，S_AJU，RH_AJU，P_AJU	—	—	√	√
	4~8月平均温度/℃，4~8月平均风速/(m/s)，4~8月平均相对湿度/%，4~8月总降雨量/mm	T_AA，WS_AA，RH_AA，P_AA	—	—	—	√

表 8-2　CART 筛选关键因子结果

区域	S			K			X		
指标 时间	YES←	关键因子	→NO	YES←	关键因子	→NO	YES←	关键因子	→NO
AGB_A	P_Apr<30.59			LAT<44.08			P_May<20.15		
	47.81	62.96	78.11	29.26	38.46	58.18	27.51	39.25	67.75
AGB_B	SWC<4.00			P_May<5.69			P_May<20.15		
	50.25	60.32	74.87	43.53	54.93	74.91	44.17	56.46	86.29
AGB_C	SWC<7.14			P_May<5.73			P_Jun<33.62		
	62.39	75.56	103.80	56.99	68.59	93.44	57.21	71.90	107.60
AGB_D	SIM≥0.41			P_Jul<9.19			SOC<2.135		
	62.19	79.64	89.62	53.35	69.61	80.87	55.87	69.33	102.00
BGB_A	T_Apr≥5.14			LAT<44.08			P_May<20.15		
	1096.00	1368.00	1695.00	878.70	1014.00	1305.00	751.70	914.90	1311.00
BGB_B	WS_Apr<4.92			SWC≥15.47			P_Apr<1.02		
	1220.00	1503.00	1913.00	923.30	1046.00	1169.00	774.40	910.10	1181.00
BGB_C	TN<172.50			WS_May<5.40			P_Jul<65.88		
	957.30	1198.00	1545.00	579.90	751.50	831.60	591.50	795.00	896.70
BGB_D	TN<187.20			P_Aug<9.03			RH_AA≥41.02		
	1083.00	1232.00	1493.00	655.30	817.90	980.50	791.80	825.60	907.50

续表

区域	S			K			X		
RBS_A	PIE≥0.82			WS_May≥5.40			RH_May≥35.4		
	19.26	25.97	35.65	24.27	32.71	50.79	20.43	27.83	32.27
RBS_B	PAT≥0.46			P_May≥5.65			RH_Apr≥36.36		
	21.91	25.34	30.31	15.13	21.85	26.51	13.90	17.77	20.10
RBS_C	PIE≥0.78			SOC<2.32			RH_Apr≥36.51		
	14.92	17.52	21.27	10.80	12.85	16.42	7.35	13.15	16.04
RBS_D	PIE≥0.86			SHA<1.48			T_Jun<17.84		
	14.31	16.70	19.56	10.42	13.74	19.55	10.98	14.90	20.40

注：表中 S 指上游；K 指矿区；X 指下游

8.1.4 地上生物量与其影响因子的定量关系

图 8-4 为不同时间各区域 AGB 与其关键因子的关系，除了 SIM 对 AGB 为负响应外，其余因子对 AGB 积累均有正效应，具体方程见表 8-3。各区域不同时间的 AGB 与相应关键因子的拟合优度均较高，可以解释 AGB 变差的大部分，平均解释率为 59%；其中可以解释上游变异的 68%，矿区的 43%，下游的 67%。对于 BGB，除了 BGB_C_K，BGB_D_K 及 BGB_D_X 与对应关键因子拟合方程的 R^2（分别为 0.18，0.11 及 0.25）较小外，其余均可以解释 BGB 变差的大部分，平均解释率为 45%；其中可以解释上游变异的 59%，矿区的 32%，下游的 46%。而对于 RBS，相应的关键因子对因变量变差的解释程度普遍较小，最小为 0.09，最大仅为 0.39，平均解释率为 25%；其中可以解释上游变异的 26%，矿区的 20%，下游的 29%。现有的环境因子对矿区生物量的解释程度相对较低，且对全流域 RBS 解释率均较小，说明矿区生物量的变化更大程度受人类活动的影响。

表 8-3　不同时间各区域生物量与关键因子的定量关系

指标	主要因子	方程	R^2	P
AGB_A_S	P_Apr	$y=-7.72x^2+500.07x-8014.7$	0.72	0.808^{**}
AGB_B_S	SWC	$y=0.51x^2+2.16x+44.7$	0.54	0.776^{**}
AGB_C_S	SWC	$y=1.05x^2-4.13x+59.4$	0.81	0.869^{**}
AGB_D_S	SIM	$y=43.73x^{-0.566}$	0.65	-0.761^{**}
AGB_A_K	LAT	$y=2345.60x^2-206395x+5\times10^6$	0.50	0.572^{**}
AGB_B_K	P_May	$y=60.54x^2-651.59x+1796.8$	0.41	0.791^{**}
AGB_C_K	P_May	$y=43.75x^2-432.86x+1118.6$	0.34	0.571^{**}
AGB_D_K	P_Jul	$y=30.39x^2-517.32x+2249.7$	0.45	0.662^{**}
AGB_A_X	P_May	$y=8.58x^2-328.41x+3168.3$	0.73	0.799^{**}
AGB_B_X	P_May	$y=16.95x^2-670.14x+6665.2$	0.84	0.713^{**}

续表

指标	主要因子	方程	R^2	P
AGB_C_X	P_Jun	$y=0.71x^2-38.36x+569.6$	0.67	0.742 **
AGB_D_X	SOC	$y=0.52x^2+17.68x+35.8$	0.44	0.660 **
BGB_A_S	T_Apr	$y=60.89x^2-922.79x+4381.5$	0.58	-0.748 **
BGB_B_S	WS_Apr	$y=115.85x^2 460.16x+873.9$	0.53	0.723 **
BGB_C_S	TN	$y=0.0037x^2+1.33x+751.4$	0.69	0.823 **
BGB_D_S	TN	$y=-0.0032x^2+3.88x+585.5$	0.56	0.740 **
BGB_A_K	LAT	$y=35924x^2-3\times10^6x+7\times10^7$	0.33	0.452 **
BGB_B_K	SWC	$y=380.93x^{0.558}$	0.64	0.707 **
BGB_C_K	WS_May	$y=171.18x^2-1254.20x+2437.2$	0.18	0.419
BGB_D_K	P_Aug	$y=394.50x^2-6395.20x+26395$	0.11	0.329
BGB_A_X	P_May	$y=-35.50x^2+1720.40x-19302$	0.57	0.749 **
BGB_B_X	P_Apr	$y=204.82x^2-255.80x+863.3$	0.61	0.728 **
BGB_C_X	P_Jul	$y=-48.63x^2+6616.90x-224126$	0.40	0.389
BGB_D_X	RH_AA	$y=14.204x+1.0835$	0.25	0.487 *
RBS_A_S	PIE	$y=-115.9x^2+95.965x+25.146$	0.35	-0.594 **
RBS_B_S	PAT	$y=35.56x^2-59.28x+44.2$	0.34	-0.501 *
RBS_C_S	PIE	$y=-63.41x^2+80.04x-4.4$	0.13	-0.293
RBS_D_S	PIE	$y=-55.63x^2+69.22x-2.5$	0.23	-0.448 **
RBS_A_K	WS_May	$y=255.13x^2-2911.50x+8319$	0.19	-0.306
RBS_B_K	P_May	$y=2447.1e^{-0.858x}$	0.33	-0.532 *
RBS_C_K	SOC	$y=0.87x^2-4.79x+16.5$	0.09	-0.260
RBS_D_K	SHA	$y=5.494e^{0.602x}$	0.20	0.365
RBS_A_X	RH_May	$y=237.43e^{-0.067x}$	0.28	-0.467 *
RBS_B_X	RH_Apr	$y=0.059x^2-4.98x+118.8$	0.14	-0.357
RBS_C_X	RH_Apr	$y=330.14e^{-0.096x}$	0.39	-0.593 *
RBS_D_X	T_Jun	$y=0.0551e^{0.313x}$	0.35	0.484 *

注：ABCD 代表四次取样，SKX 分别代表锡林河流域上游、矿区、下游。* 代表在 0.05 水平下显著相关，** 代表在 0.01 水平下显著相关。

8.1.5 讨论与小结

8.1.5.1 生物量的时间动态变化

锡林河流域草原在调查期间，AGB 持续增加，7 月份增长最迅速，并在 8 月达到最大

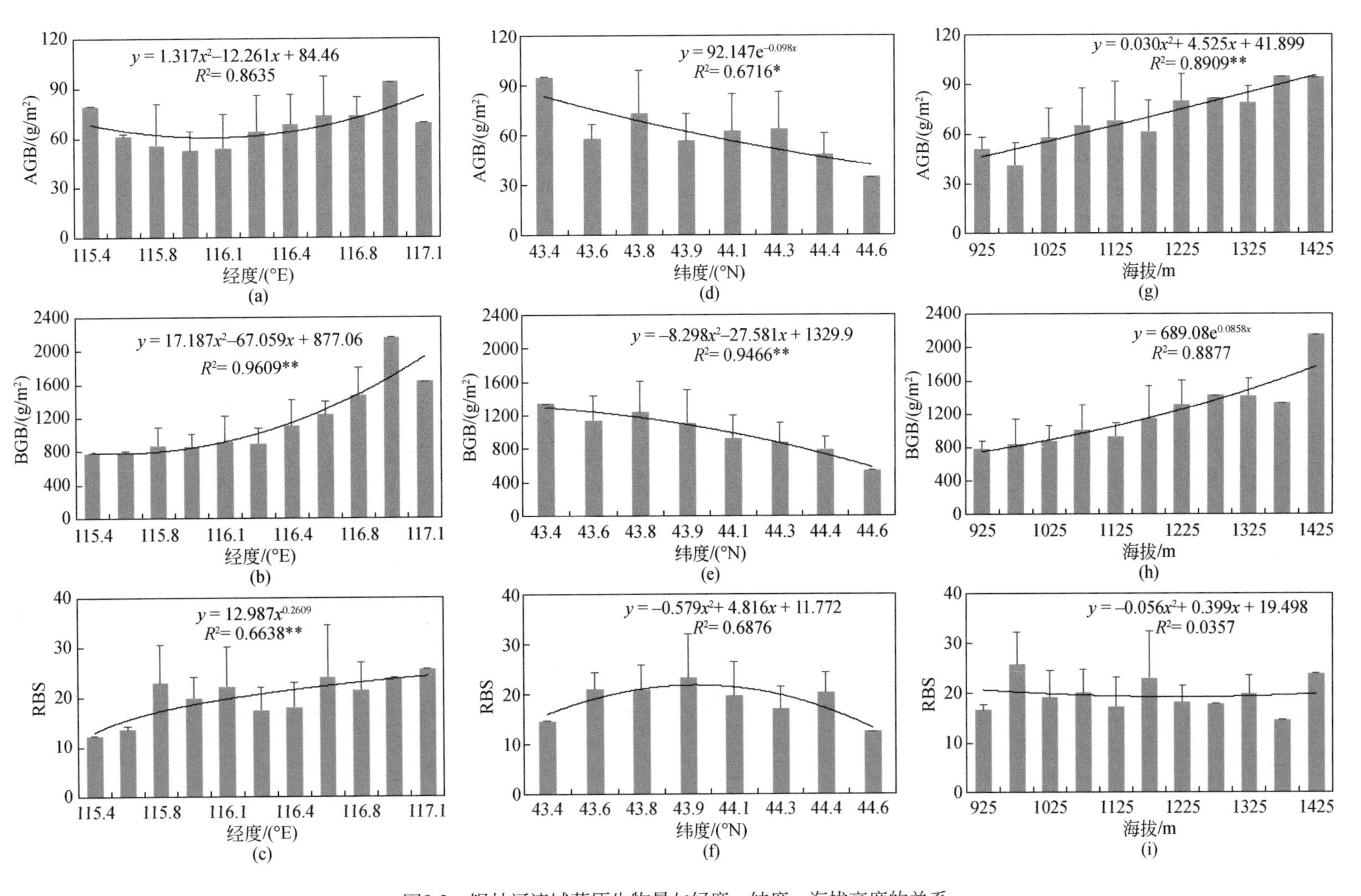

图8-3　锡林河流域草原生物量与经度、纬度、海拔高度的关系

注：*表示在0.05水平下显著相关；** 表示在0.01水平下显著相关

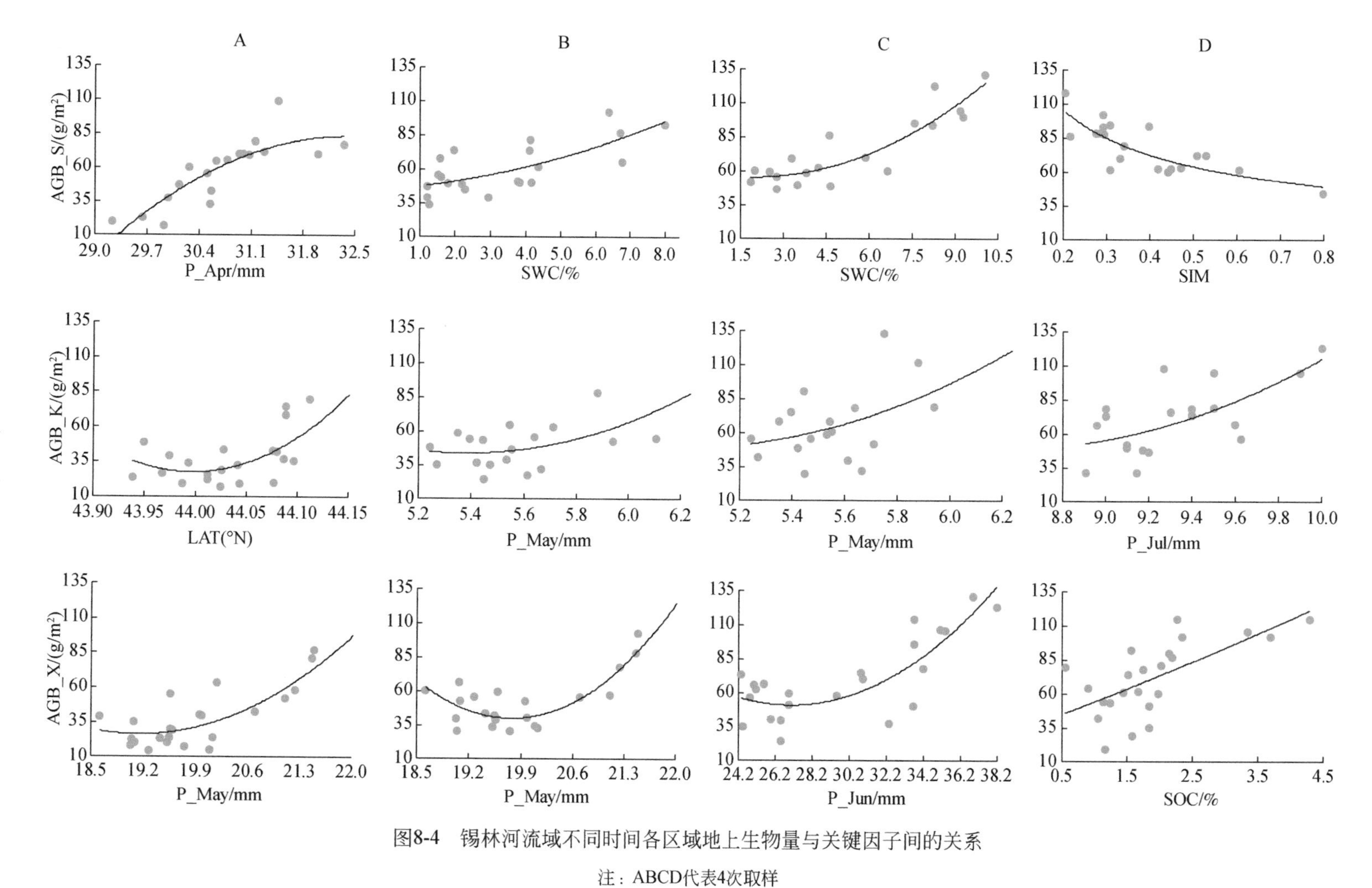

图8-4　锡林河流域不同时间各区域地上生物量与关键因子间的关系

注：ABCD代表4次取样

值。但各区域AGB变化趋势略有差别，上游与中游的AGB在6月20日~7月5日及下游的AGB在7月20日~8月5日都有不同程度的减少。BGB表现为类似“N”形变化规律，7月初BGB达到极大值，极小值出现在7月中下旬，这与朱宝文等[39]在青海湖高寒草甸草原的研究及白永飞等[40]对内蒙古羊草草原的研究结果一致。RBS在6月中下旬达到最大，随着时间的推移，RBS持续减小并在7月中下旬达到最小，在8月初有略微上升的趋势。经分析，RBS与AGB显著负相关（$P=-0.534$，$P<0.01$），与BGB显著正相关（$P=0.431$，$P<0.01$）。

8.1.5.2 生物量的空间格局

锡林河流域草原生物量由东南向西北呈下降趋势，这与陈效逑等[41]所研究的锡林郭勒高平原的AGB自东向西大致呈递减的趋势相一致。研究区AGB随经度增加，自西向东表现为开口向上的抛物线变化趋势，对内蒙古温带草原的研究也有类似规律[42]。随纬度的升高，AGB呈下降趋势，这与焦翠翠等[43]对整个欧亚大陆草原的AGB分析结果相似。锡林河流域草原BGB随经度的增加，表现为增加的趋势。随着海拔高度的升高，AGB与BGB均有明显的增加趋势，这与青藏高原草原亚区关于生物量随海拔升高而降低[43]的结论相反，可能是研究尺度与研究区气象条件的差异造成的。RBS在空间分布格局上并没有表现出显著的变化趋势，赵鸣飞等[44]在内蒙古草原的研究也表明RBS规律不明显。

8.1.5.3 生物量的关键影响因子

植被生物量的空间分布格局通常受气候、土壤、人类活动等因素的影响[45]，而气候要素的空间变异被认为是主导因素[46]，其中水分，特别是降雨量对生物量的空间格局起决定性作用[47]。亦有研究表明，AGB与生长季降水显著相关[48]，且与上月降雨量呈显著相关关系[49]。大多数研究所用的气象数据为多年平均值，但这无法代表近几年出现的干旱情况，研究区1981~2010年多年平均降雨量为263.5mm，而2016年的降雨量仅为92.5mm。因此对锡林河流域草原生物量及同期的气象数据进行分析，结果表明：4、5月（草地返青）的降水量直接影响植被后期生长与AGB的积累。流域上游4月的降水量较大（图8-5），前期降水成为影响6月中下旬AGB积累的关键因子；该区域水分状态良好，影响7月份AGB的主要是土壤含水量；生物量累积值在8月基本达到最大，此时，物种多样性能更好的反应与AGB间的关系。矿区蒸发强烈，降雨是植被在快速生长期及生长末期AGB累积量的主要影响因子。对于下游，土壤有机碳含量成为影响8月初AGB的主要因子。有研究表明AGB与降水量间呈线性正相关关系[33]，Guo等[47]研究认为AGB与降水量间呈指数正相关关系，本节研究结果显示AGB与降水量间的关系多数可以用二次多项式进行描述。

对于锡林河流域上游，影响6月中下旬BGB的关键因子是T_Apr，且二者呈显著负相关关系，有研究表明BGB受气温影响更加明显[23]。风速是影响7月初BGB的关键因子，相关分析表明，WS_Apr与T_Apr的相关系数为-0.901（$P<0.01$），WS_Apr与P_Apr的相关系数为0.700（$P<0.01$），说明在众多环境因子中，风速直接影响BGB，而此时降雨与温度为间接影响因子。影响植被中后期生长的主要因子是0~30cm土层的土壤全氮含

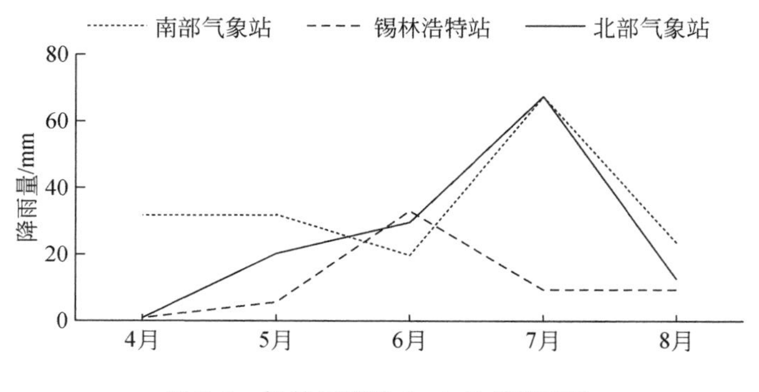

图 8-5　锡林河流域 4～8 月月降雨量

量，氮素的充足供应可以促进生物量的增加[50]，而内蒙古北方土壤含氮量普遍较低[34]，所以上游相对较高的含氮量（181.133mg/g）有助于植物根系的生长。矿区 6 月降雨量最大，所以 SWC 成为影响 7 月 BGB 的主要因子。同样，影响 7 月中下旬 BGB 的关键因子 WS_May 与 T_May 的相关系数为-0.813（$P<0.01$），风速为直接影响因子，而温度间接地影响 BGB。7 月矿区的降雨量较小（9.4mm），植被在快速生长期严重缺水，所以降雨依然是植被生长中后期 BGB 积累的主要因子。降雨影响了整个调查期间流域下游的 BGB，这与胡玉坤等[51]研究表明的降水量会直接影响 BGB 的变化类似。

对于流域上游，影响植被 RBS 的主要因子是物种丰富度与物种均匀度。资源互补效应理论[52]认为，物种多样性的增加，可以实现物种对有限资源在不同时空以不同的方式进行资源最大化利用，从而提高系统功能水平。本章研究中 RBS 与物种多样性表现出显著的负相关性，可能是植被对于地上部分的资源利用效率更高。影响下游 RBS 的主要因子是植被返青时期的空气湿度，再次证明了植被生长初期所处生长环境的相对重要性。而对于矿区，影响每个时期 RBS 的主要因子各不相同，这也表明在人类活动干扰剧烈的区域，植被 RBS 表现出很强的变异性和无规律性。

8.1.5.4　结论

本节将半干旱草原型流域作为研究区域，分析了植被生物量时空分布特征及其与影响因子之间的关系，主要结论如下。

1）锡林河流域 AGB 在 8 月达到最大，BGB 表现为类似“N”形变化规律，RBS 与 AGB 变化趋势大致相反。且上游生物量显著高于流域内其他区域。

2）锡林河流域草原生物量呈现从东南向西北方向递减的趋势。AGB 的空间格局主要表现为垂直地带性分布规律，BGB 的空间格局表现为水平地带性分布规律。

3）影响植被 AGB 与下游 BGB 的主要因子是水分，尤其是植被返青季的降雨量，两者与降雨量间均呈二次正相关关系。影响流域上游 BGB 的主要因子是温度，风速与土壤全氮含量。影响流域矿区 BGB 的主要因子是土壤含水量，且与 BGB 呈幂函数关系。流域上游 RBS 与物种多样性呈二次负相关关系，下游 RBS 与相对湿度呈指数负相关关系，而对于矿区 RBS，本小节研究未能找到与其密切相关的环境因子。

8.2 流域上游河流湿地植物地上生物量遥感估算

8.2.1 试验区概况

本小节以内蒙古自治区中部锡林郭勒盟境内的锡林河上游流域（43°26′N ~ 44°8′N，116°2′E ~ 117°12′E）为研究区。该区气候属大陆性温带半干旱气候，年平均气温为 2.8℃，年降水量为 278.9mm，夏季降水量占年降水量的 70% 以上[53-54]。流域上游湿地主要为天然湿地，由河谷湿地湖泊湿地组成。锡林河上游全长 175km[55]（图 8-6），河谷宽 1 ~ 5km。流域上游主要有三条支流汇入，分别为右岸的好来吐郭勒和好来郭勒、左岸的呼斯特河。

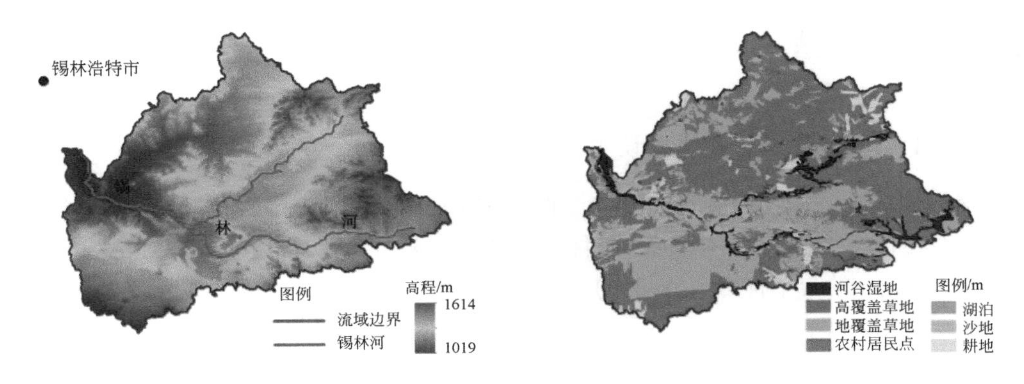

图 8-6　研究区数字高程和土地利用分布图

锡林河蜿蜒逶迤，河流两岸的河漫滩平坦宽阔。在锡林河上游流域河谷湿地中，主要生长着针茅（*Stipa capillata*）、荸荠（*Eleocharis dulcis*）、问荆（*Equisetum arvense*）、长叶火绒草（*Leontopodium longifolium*）和芦苇（*Phragmites australis*）等；主要土壤类型为栗钙土、红砂土和石灰性黑钙土等，土壤有机质含量较高，腐殖质层平均厚度为 37cm[56]。

8.2.2 遥感影像数据及其预处理

利用 2018 年 5 月 20 日、6 月 20 日、7 月 20 日和 2018 年 8 月 20 日的高分辨率（3m×3m）Planet 卫星遥感影像数据，对锡林河上游流域河谷湿地中的植物地上生物量进行了反演。

首先，利用 ENVI 5.5 软件，对影像进行大气校正处理；其次，利用地面控制点和 RPC 文件，处理辐射亮度图像；再次，对经过正射校正后的图像，按照需求与研究区进行拼接、镶嵌和裁剪；最后，生成研究区遥感影像图，用于后续分析。

参考《土地利用现状分类》（GB/T 21010—2017）[57] 和《湿地分类》（GB/T 24708—2009）[58] 国家标准，采用支持向量机监督分类方法，将研究区的地物划分为湖泊、沙地、耕地、河谷湿地、高覆盖草地、低覆盖草地和农村居民地。利用监督分类的训练样本和GPS野外调查数据，并参考以往研究结果，在Google earth的高分辨率影像中，随机选取240个验证点，进行监督检验。经检验，本节研究的整体分类精度为87.52%，河谷湿地的分类精度为88.62%，可以满足研究需要。将分类结果进行聚类、过滤、去除和合并等处理，得到研究区河谷湿地的分布图。

利用处理后的研究区遥感影像数据，计算出归一化差值植被指数（normalized difference vegetation index，NDVI）、土壤调整植被指数（soil- adjusted vegetation index，SAVI）、垂直植被指数（perpendicular vegetation index，PVI）、优化土壤调整植被指数（optimization of soil- adjusted vegetation，OSAVI）、比值植被指数（ratio vegetation index，RVI）、差值植被指数（difference vegetation index，DVI）、绿光叶绿素指数（green chlorophyll index，CI_{green}）、改进比值指数（modified simple ratio，MSR）和归一化绿度植被指数（green normalized difference vegetation index，GNDVI）。

8.2.3 研究方法

8.2.3.1 采样点和调查样方设置以及植物地上生物量测量

从锡林河源头开始，沿锡林河河谷湿地，在10个剖面中，均匀地设置了36个采样点（图8-7）；在每个采样点，在Planet影像一个像元面积（3m×3m）内，在对角线上均匀布设面积为1m×1m的3个样方（图8-8）。

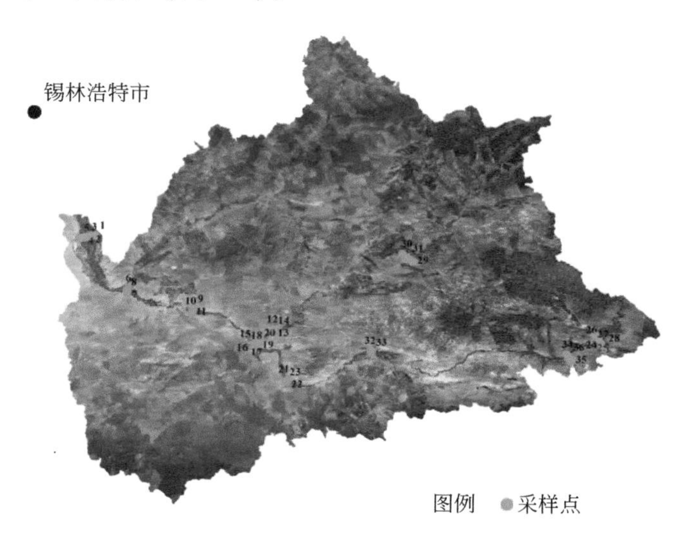

图8-7 采样点分布图

注：图8-7的影像为2018年7月31日的高分1号卫星的波段1、波段3和波段4的假彩色合成影像

为了得到锡林河上游流域河谷湿地样方中的植物地上生物量，分别于2018年5月20日、6月20日、7月20日和8月20日，记录每个样方中所有物种的名称、株高、株或丛

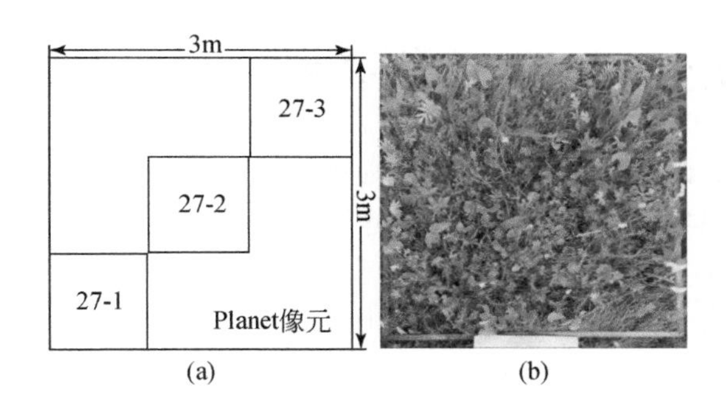

图 8-8　采样点中的调查样方设置示意图（a）和 2018 年 7 月 20 日采样点 27 中的样方照片（b）

数量和植物盖度，并记录每个样方的中心点经纬度；然后，将样方内的植物地上部分齐地刈割，并将其装入袋中封存、标号，运回实验室。在实验室中，用精度为 0.01g 的电子天平，称采集到的植物地上部分的鲜质量，然后，将其放置于60℃的烘箱，在恒温条件下烘干 48h 至恒质量，称其干质量，用 3 个样方中的植物地上部分的干质量的平均值作为像元内每平方米植物的地上生物量的实测值。共得到 4 个采样日的 432 个植物地上生物量实测数据，抽取其中的 344 个数据，用于建立经验估算公式；利用其余 88 个实测数据，验证经验估算公式。

8.2.3.2　植被指数选择

由于每个月的数据量较少，因此，利用 4 个采样日的实验数据，建立整个生长季的植物地上生物量经验估算公式。在建立经验估算公式前，将锡林河流域上游河谷湿地 5 ~ 9 月的植物地上生物量实测数据与 9 个植被指数进行 Pearson 相关分析，筛选出与植物地上生物量显著相关的植被指数。

8.2.3.3　植物地上生物量经验估算公式建立

采用多元回归拟合方法[59]，估算植物地上生物量。分别以植被指数和河谷湿地植物地上生物量实测值作为自变量和因变量，进行回归分析，选取的回归方程包括二次多项式、三次多项式、对数、指数和幂函数和多元逐步回归方程，最后，从中选取最优植物地上生物量经验估算公式。

8.2.3.4　植物地上生物量经验估算公式精度验证

利用实测数据的验证集，采用均方根误差和预测吻合度，对建立的植物地上生物量经验估算公式进行精度评价。均方根误差是预测值与真实值偏差的平方与观测次数比值的平方根，其值越小，说明模拟值与实测值越接近[60]。预测吻合度[61]值越大，说明预测值越接近于实际值。

8.2.4 植物地上生物量经验估算公式的建立

植物地上生物量分别与 9 种植被指数都显著相关。其中，植物地上生物量分别与归一化差值植被指数（n=344，r=0.84）、绿光叶绿素指数（n=344，r=0.83）、差值植被指数（n=344，r=0.78）、归一化绿度植被指数（n=344，r=0.77）、改进比值指数（n=344，r=0.81）、比值植被指数（n=344，r=0.82）在 $p<0.01$ 水平下显著相关，其分别与土壤调整植被指数（n=344，r=0.39）、垂直植被指数（n=344，r=0.51）、优化土壤调整植被指数（n=344，r=0.62）在 $p<0.05$ 水平下显著相关，故选择前 6 种植被指数建立经验估算公式。

植物地上生物量分别与归一化差值植被指数、绿光叶绿素指数、差值植被指数、归一化绿度植被指数、改进比值指数、比值植被指数建立了的一元线性和一元非线性经验估算公式。利用预留的 88 个实测数据，对经验估算公式进行精度验证，结果显示，一元线性经验估算公式的精度较低，一元非线性经验估算公式的精度较高（表 8-4）。

表 8-4 植物地上生物量一元非线性经验估算公式

自变量(x)	植物地上生物量(y)经验估算公式	均方根误差/(g/m^2)	预测吻合度/%
改进比值指数	$y=299.99x+348.13x^2-226.48x^3+85.292$	126.45	56.58
差值植被指数	$y=91.743e^{0.0003x}$	124.23	58.39
归一化绿度植被指数	$y=107.246e^{4.7218x}$	109.85	62.31
比值植被指数	$y=95.155x^{1.7821}$	114.46	63.34
绿光叶绿素指数	$y=300.58x+61.241x^2+28.167x^3+114.14$	102.12	67.75
归一化差值植被指数	$y=771.571x-565.99x^2+2562.361x^3+55.952$	96.92	69.23

由表 8-4 可知，以归一化差值植被指数为自变量建立的经验估算公式的均方根误差最小（96.92g/m^2），预测吻合度最大（69.23%），表明该经验估算公式相对最优。

还利用 6 种植被指数建立了植物地上生物量的多元逐步回归经验估算公式（表 8-5）。随着输入变量的增加，多元逐步回归经验估算公式的精度逐渐增大，直至自变量为归一化差值植被指数、绿光叶绿素指数、比值植被指数、差值植被指数和改进比值指数之后，经验估算公式的预测吻合度不再增大，即由 5 种植被指数作为自变量的多元逐步回归经验估算公式最优，其均方根误差为 74.62g/m^2，预测吻合度为 86.23%。

建立的多元逐步回归经验估算公式的精度优于一元非线性经验估算公式，这是由于一元非线性经验估算公式是以单一植被指数为自变量估算植物地上生物量，当植物覆盖度分布不均匀或物种差异较大时，其估算结果精度较低。多元线性回归经验估算公式以多种植被指数作为自变量，减少了植物覆盖度不均匀和物种差异较大带来的误差，其估算结果精度较高[56,62-63]。

表 8-5　植物地上生物量多元逐步回归经验估算公式

植物地上生物量(y)经验估算公式	均方根误差/(g/m^2)	预测吻合度/%
$y=907.227x_1+118.16x_2$（x_1为归一化差值植被指数；x_2为绿光叶绿素指数）	83.76	71.74
$y=557.108x_1+136.806x_2+48.197x_3$（$x_1$为归一化差值植被指数；$x_2$为绿光叶绿素指数；$x_3$为比值植被指数）	80.83	74.59
$y=713.822x_1+372.203x_2+75.052x_3-0.06x_4$（$x_1$为归一化差值植被指数；$x_2$为绿光叶绿素指数；$x_3$为比值植被指数；$x_4$为差值植被指数）	78.35	79.38
$y=672.416x_1+353.464x_2+79.43x_3-0.114x_4+79.43x_5$（$x_1$为归一化差值植被指数；$x_2$为绿光叶绿素指数；$x_3$为比值植被指数；$x_4$为差值植被指数；$x_5$为改进比值指数）	74.62	86.23
$y=658.582x_1+685.692x_2+99.104x_3-0.197x_4+658.391x_5-13.494x_6$（$x_1$为归一化差值植被指数；$x_2$为绿光叶绿素指数；$x_3$为比值植被指数；$x_4$为差值植被指数；$x_5$为改进比值指数；$x_6$为归一化绿度植被指数）	76.67	82.23

8.2.5　植物地上生物量的时空分布

2018 年 5 月 20 日、6 月 20 日、7 月 20 日和 8 月 20 日河谷湿地的平均植物地上生物量分别为 124.6g/m²、173.54g/m²、318.64g/m²和 407.94g/m²，后一个采样日的植物地上生物量分别比前一个采样日的大 48.94g/m²、145.1g/m²和 89.3g/m²，即植物地上生物量在不断增加。

图 8-9 显示，河谷湿地的植物地上生物量空间分布有明显差异，在垂直河流方向，植物地上生物量呈现出由河流向两侧河漫滩逐渐递减的趋势。在石门湿地，8 月 20 日的植物地上生物量层次最分明，高值区主要分布在邻近河流之处，随着与河流距离的增加，植物地上生物量逐渐减小；在哈登湿地，植物地上生物量也有类似分布规律。

2018 年 5 月 20 日、6 月 20 日、7 月 20 日和 8 月 20 日石门湿地的平均植物地上生物量分别为 142.96g/m²、225.83g/m²、448.12g/m²和 571.28g/m²，哈登湿地的平均植物地上生物量分别为 104.66g/m²、176.27g/m²、378.46g/m²和 460.41g/m²，而且石门湿地的平均植物地上生物量（347.04g/m²）大于哈登湿地的（279.95g/m²）。

5～8 月，随着气温逐渐升高和降水量逐渐增多，锡林河上游流域河谷湿地中的植物在不断生长，其地上生物量也在逐渐增加，植物地上生物量高值区主要分布在河流两侧，低值区分布于径流量小、土壤盐分高的西北部。这是因为在河漫滩地区水分供应充足，土壤肥沃，生长了大量的中生和湿生植物，植物盖度大。石门湿地的植物地上生物量大于哈登湿地，这是由于石门湿地处于国家级自然保护区之内，植物生长受人类活动的负面影响较小，且有 2 条支流汇入，水量充足，而哈登湿地中的人类活动强度较大，植物被严重干扰。

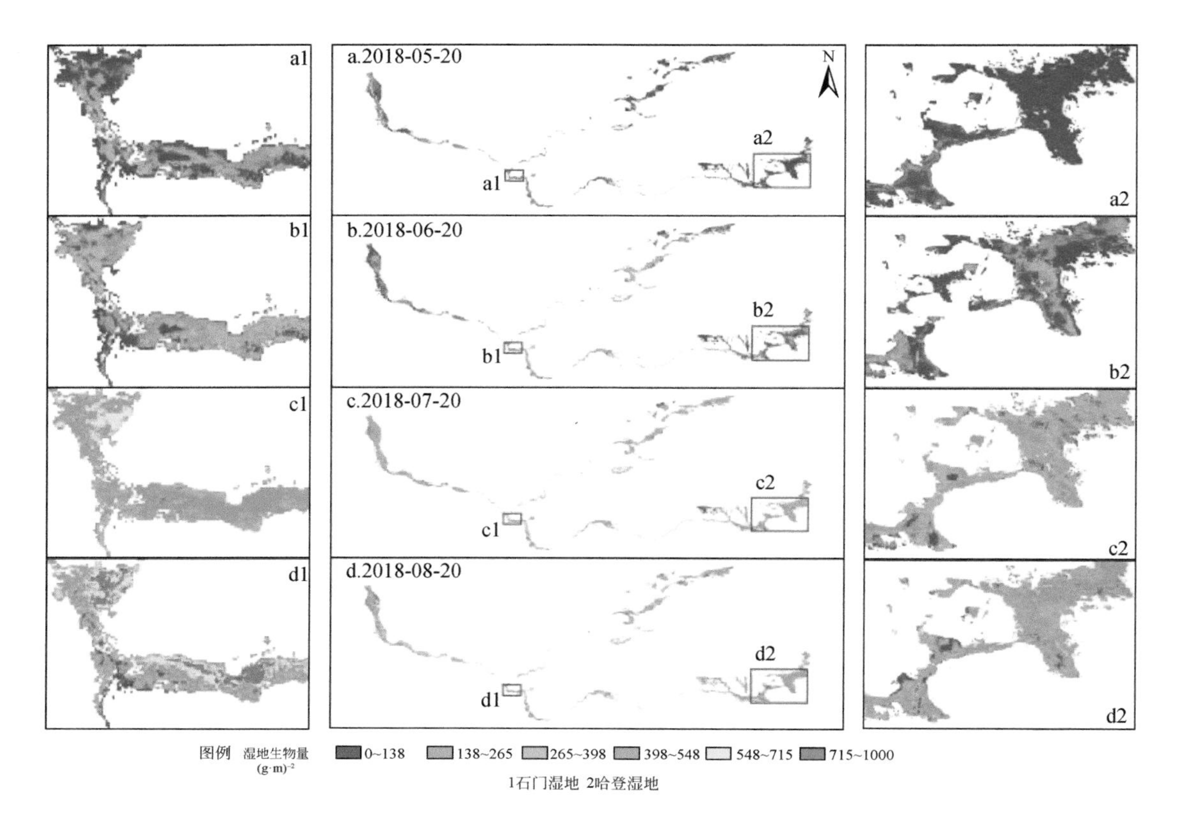

图 8-9　2018 年 5 月 20 日、6 月 20 日、7 月 20 日和 8 月 20 日锡林河上游流域河谷湿地植物地上生物量分布图

统计河谷湿地中每个像元的植物地上生物量值，结果显示，2018 年 5 月 20 日河谷湿地的植物地上生物量主要分布在 50 ~ 210g/m^{2}范围内（图 8-10），平均值为 124. 61g/m^2；6 月 20 日的植物地上生物量主要分布在 50 ~ 350g/m^2，平均值为 173. 54g/m^2；7 月 20 日的植物地上生物量主要分布在 100 ~ 600g/m^2，平均值为 318. 64g/m^2，8 月 20 日的植物地上生物量主要分布在 150 ~ 750g/m^2，平均值为 407. 94g/m^2。

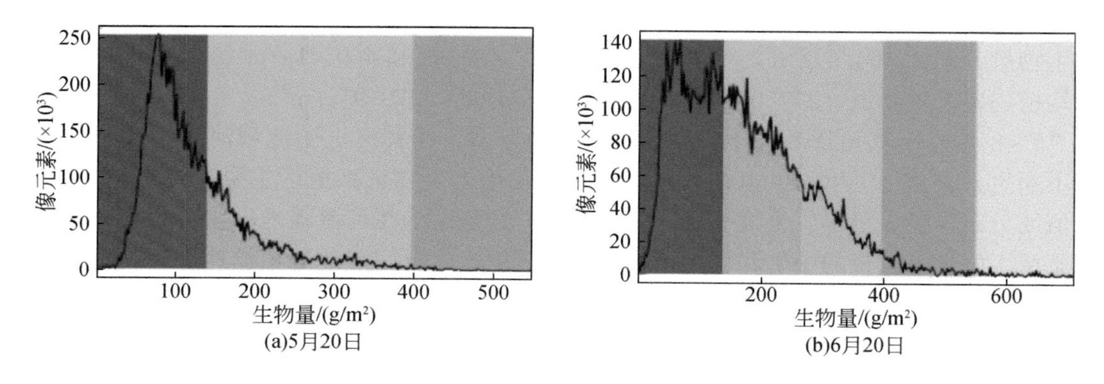

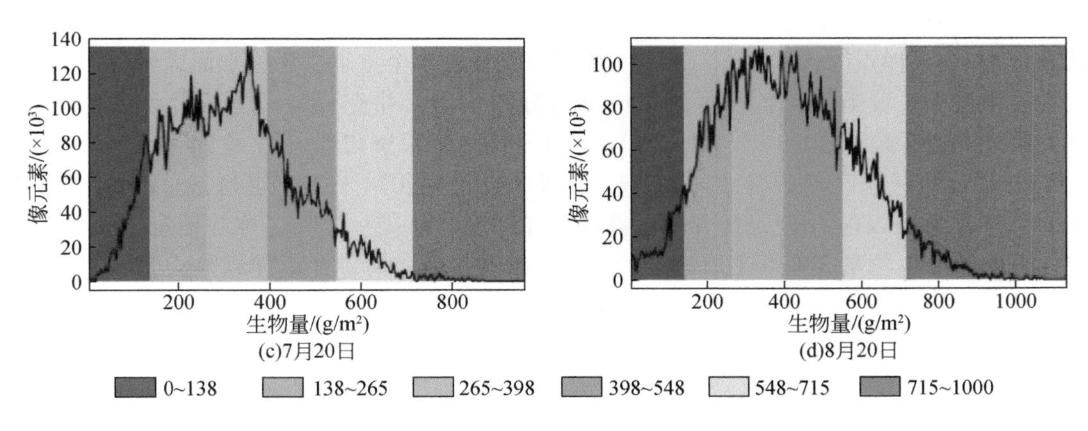

图 8-10　2018 年 5 月 20 日、6 月 20 日、7 月 20 日和 8 月 20 日锡林河上游流域河谷湿地植物地上生物量值的像元分布曲线

利用经验公式估算出生物量值（图 8-9），通过 ENVI 对所有像元进行生物量总量统计，得到 2018 年 5 月 20 日、6 月 20 日、7 月 20 日和 8 月 20 日，河谷湿地的植物地上生物量（干质量）的总量分别为 1.18×10^7kg、1.67×10^7kg、3.11×10^7kg、3.95×10^7kg。

8.2.6　小结

利用归一化差值植被指数（x_1）、绿光叶绿素指数（x_2）、比值植被指数（x_3）、差值植被指数（x_4）和改进比值指数（x_5），建立了精度相对最高的 5 ~ 8 月锡林河上游流域河谷湿地的多元回归植物地上生物量（y）经验估算公式，其方程式为 $y=672.416x_1+353.464x_2+79.43x_3-0.114x_4+79.43x_5$，其均方根误差和预测吻合度分别为 74.62g/m² 和 6.23% 。

2018 年 5 月 20 日、6 月 20 日、7 月 20 日和 8 月 20 日，锡林河上游流域河谷湿地湿地的植物地上生物量（干质量）总量分别为 1.18×10^7kg、1.67×10^7kg、3.11×10^7kg 和 3.95×10^7kg。

8.3　流域植被与气象-土壤-环境要素的响应关系

8.3.1　试验设计及数据获取

8.3.1.1　生态调查采样

根据 1 : 5 万地形图、1 : 100 万全国土壤类型图、1 : 100 万全国植被类型图和 1 : 10 万全国土地使用情况图，结合放牧调查结果，考虑不同土壤类型和不同草原类型，根据土壤质地、植被类型、河道走向及流域气象、水文观测站分布情况，选取具有区域典型代表性的地区，避开城市矿区干扰，经野外实地踏勘，沿锡林河流域纵向梯度（上、下游）依次布设45个采样点（图8-11）。每个采样点分别设置3个重复，采样点涵盖锡林河流域内的主要植被和土壤类型，且在各海拔梯度内分布均匀，并充分考虑上下游水热和地形条件。野外调查采样于2020年5月23日、6月8日（生长季初期）、6月24日、7月10日、7月26日（生长季旺期）和8月11日、9月3日（生长季末期）进行，每次调查用时3天。草样方为1m×1m，记录样方内优势种、经纬度、海拔、植物名称等信息（图8-12）。将样方内地上生物量齐地刈割取鲜重后，装入纸袋带回实验室。草样经除去黏附在植物上的土壤后，在80℃条件下烘干至恒温称取干重（精度0.01g），以测得地上生物量。

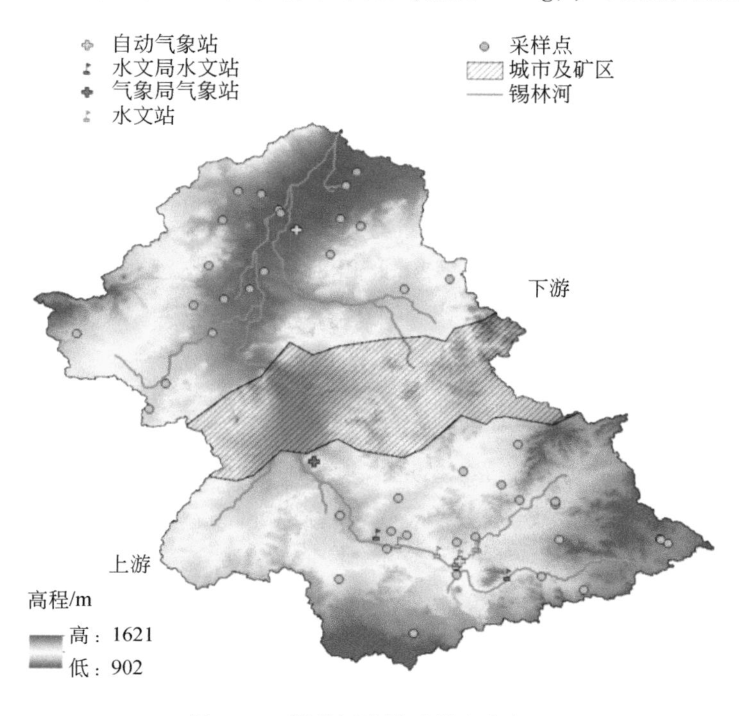

图8-11　锡林河流域采样点分布图

土壤样品的采集与植被调查同时进行，于每个植被调查样地开挖一个剖面，将土壤表面粪便和枯落物清除，用100cm³环刀采集0～10cm，10～20cm，20～40cm，40～60cm，60～80cm土样（图8-12），每个样地取三个重复，土壤样品样带回实验室，用于分析土壤含水率及干容重。同时，在相同位置取混合均匀的原状土装入自封袋，带回实验室用于土壤理化性质测定。

土壤水分用烘干法测定，每次试验取回的土样用0.01g精度的电子天平称取土样的湿重 W_1（g），在105℃条件下烘干至恒温称取干重 W_2（g）。土壤含水率 θm（%）计算公式如下：

$$\theta_m = (W_1 - W_2) / W_2 \times 100\% \tag{8-5}$$

土壤容重测定采用环刀法，将环刀土在106℃条件下烘干至恒温，烘干土质量与环刀容积的比值为土壤容重；土壤有机碳采用重铬酸钾外加热法测定，全氮含量采用凯氏定氮

图 8-12　植被、土壤数据采集

法测定，土壤 pH 用瑞士梅特勒–托利多仪器（上海）有限公司生产的便携式 pH 计测定。

8.3.1.2　植被 LAI 数据

叶面积指数数据采用美国国家航天局提供的 MODIS/Terra 卫星 4 级 8d 合成陆地产品 MOD15A2H，数据格式为 HDF，空间分辨率为 500m。LAI 值的有效范围为 0 ~ 100，比例因子为 0.1。

8.3.1.3　NDVI 数据

植被 NDVI 数据来自于中国科学院资源环境科学数据中心（http://www.resdc.cn/），NDVI 是年度植被指数，是基于连续时间序列的 SPOT/VEGETATION NDVI 卫星遥感数据，采用最大值合成法生成。

8.3.1.4　DEM 数据

数字高程数据（DEM）源自于地理空间数据云 GDEMDEM 30m 分辨率数字高程数据（http://www.gscloud.cn），分辨率为 30m×30m。DEM 是 SWAT 模型的基本资料，用于提取水系、坡度、坡向、地形参数和生成流域边界等基本资料。

8.3.1.5　土地利用数据

SWAT 模型的输入必须考虑土地利用资料，来源于中国科学院资料科学环境数据中心（http://www.resdc.cn/），按照模型的需求添加所需的信息和参数，进行建模。

8.3.1.6 土壤数据

土壤数据来源于世界土壤数据库（Harmonized World Soil Database Version，HWSD），土壤资料是SWAT模型的关键因素，对模型的模拟精度有很大的影响，是SWAT模型中一个很重要的输入，土壤数据主要包含土壤类型空间分布图和土壤理化特性参数表等。

8.3.1.7 水文气象数据

气象数据来自中国气象数据共享网（http://data.cma.cn），包括锡林浩特气象站、阿巴嘎旗站、西乌珠穆沁旗站、林西站的逐日降水量、气温资料，经过检查验证，资料的完整性和可靠性能够反映出流域的气象条件，利用Arcgis10.2进行克里金插值，根据经纬度坐标提取每个采样点的降水量、气温数据；水文数据由锡林浩特水文站采集日径流实测数据，经过检查验证，数据序列完整、可靠。

8.3.2 数据处理与研究方法

8.3.2.1 经典统计学分析

经典统计学分析可以直观地反映研究对象的空间分布及变异情况，统计参数包括：平均值、最大值、最小值、变异系数、标准差、偏度值和峰度值等，在统计分析中假定每一取样点的观测值均为不受空间位置影响的相互独立的随机变量，所以，它只能用于对整体变化情况进行概括总结，而无法反映出研究变量的局部变化特点。本小节用这一方法分析反映了流域地上生物量及土壤水分含量的时空分布情况。

运用SPSS 25.0单因素方差分析（One Way ANOVA）和最小显著差法（LSD）识别流域上、下游地上生物量及土壤理化性质的差异性；标准差和变异系数反映了样本间的总变异程度。一般认为，CV<0.1为弱变异，CV在0.1~1.0为中等变异，CV>1.0为强变异[64]。

8.3.2.2 克里金插值法

克里金空间插值法又称空间自协方差最佳插值法，该方法在空间上考虑了要素的关联性，它是地质统计网格化的一种常见方法，在地质、水文、气象等领域的空间分布分析和模拟中得到了广泛的应用[65-66]。

8.3.2.3 地理探测器模型

地理探测器是王劲峰等人首次提出的一种探测空间分异性、揭示驱动因子的一种新的空间统计方法[67]。地理探测器由4部分组成，分别是因子探测、交互作用探测、生态探测与风险探测，本小节应用了前三个。

1）分异及因子探测：探测Y的空间分异性；以及探测某因子X多大程度上解释了属性Y的空间分异，其分异程度通过q值体现，计算公式为

$$q = 1 - \frac{\sum_{h=1}^{L} N_h \delta_h^2}{N \sigma^2} = 1 - \frac{\mathrm{SSW}}{\mathrm{SST}} \tag{8-6}$$

$$\mathrm{SSW} = \sum_{h=1}^{L} N_h \delta_h^2, \mathrm{SST} = N \sigma^2 \tag{8-7}$$

式中，$h=1$，…，L 为变量 Y（地上生物量）或因子 X（某个环境因子）的分区；N_h为第 h 个分层的单元数；N 为全区的单元数；σ_h^2为第 h 个分层 Y 值的方差；σ^2为全区的 Y 值的方差；SSW 为层内方差和；SST 为全区总方差。q 的值域为［0，1］，当 Y（地上生物量）的空间分异性越明显，q 值越大；若分层是由自变量 X 生成的，当自变量 X 对属性 Y 具有越强解释力，则 q 值越大。

2）交互作用探测：识别各因子 X 之间的交互作用大小，分别计算各单因子 q 值与交互作用 q 值［q（$X_1 \cap X_2$）］，若｛q（$X_1 \cap X_2$）>Max［q（X_1），q（X_2）］｝，则交互类型为双因子增强；若｛q（$X_1 \cap X_2$）>［q（X_1）+（X_2）］｝，则交互类型为非线性增强。

3）生态探测：用 F 统计方法对 X_1、X_2 在属性 Y 的空间分布上的作用进行对比：

$$F = \frac{N_{X1}(N_{X2}-1)\mathrm{SSW}_{X1}}{N_{X2}(N_{X1}-1)\mathrm{SSW}_{X2}}$$

$$\mathrm{SSW}_{X1} = \sum_{h=1}^{L1} N_h \sigma_h^2, \mathrm{SSW}_{X2} = \sum_{h=1}^{L2} N_h \sigma_h^2 \tag{8-8}$$

式中，N_{X1}及N_{X2}分别表示两个因子 X_1 和 X_2 的样本量；SSW_{X1}和SSW_{X2}分别表示由 X_1 和 X_2 形成的分层的层内方差之和；L_1 和 L_2 分别表示变量 X_1 和 X_2 和分层数目。

4）风险区探测：用 t 统计量对两个子区域之间的属性差异进行判定：

$$t_{\bar{y}_{h=1}-\bar{y}_{h=2}} = \frac{\bar{Y}_{h=1} - \bar{Y}_{h=2}}{\left[\frac{\mathrm{Var}(\bar{Y}_{h=1})}{n_{h=1}} + \frac{\mathrm{Var}(\bar{Y}_{h=2})}{n_{h=2}}\right]^{\frac{1}{2}}} \tag{8-9}$$

式中，$\bar{Y}_h$表示子区域 h 内的属性均值；n_h为子区域 h 内样本数量，Var 表示方差。

8.3.3 流域植被分布时空特征

锡林河流域的植被地上生物量的生长和积累随气温的升高和降水量的增多而增加。2020 年 5 月 23 日流域上、下游地上生物量分别只有 43.45g/m^2、22.14g/m^2，随气温增高和降雨量增加，植被地上生物量呈逐渐累积的过程（图 8-13），在水热条件最好的 7 月，植被地上生物量增长最为迅速，流域地上生物量的累计速率为 3.21g/day，并在 9 月 3 日达到峰值，上、下游的生物量分别为 209.12g/m^2、147.19g/m^2。此时土壤水分和温度都得到了充分的供应，使植物的光合作用得到了最大程度的提高。在 5 月 23 日、6 月 8 日上、下游的地上生物量差异，其余采样时段上游地上生物量显著高于下游。在 2020 年生长季，流域地上生物量均表现为上游大于下游。

锡林河流域地上生物量的空间分布具有明显的区域特征。水平方向上，随着经度的增加，地上生物量逐渐增多，并趋近于开口向上的抛物线，最小生物量分布于 115.90°～

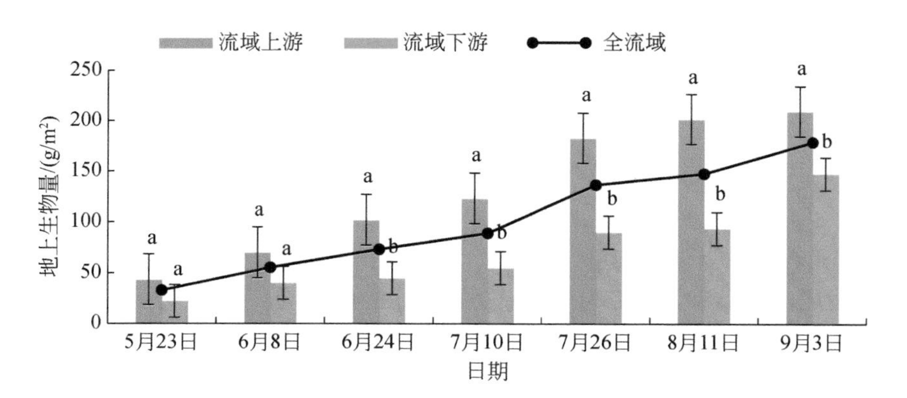

图 8-13　锡林河流域生长季地上生物量的动态变化

注：不同字母表示同一时间各区域地上生物量在 0.05 水平下差异显著（LSD test）

116.10°E，生物量随纬度增加而减少；垂直方向上，地上生物量随海拔升高而增加（图 8-14）。整体上，流域地上生物量呈自东南向西北逐渐减少的趋势（图 8-15）。

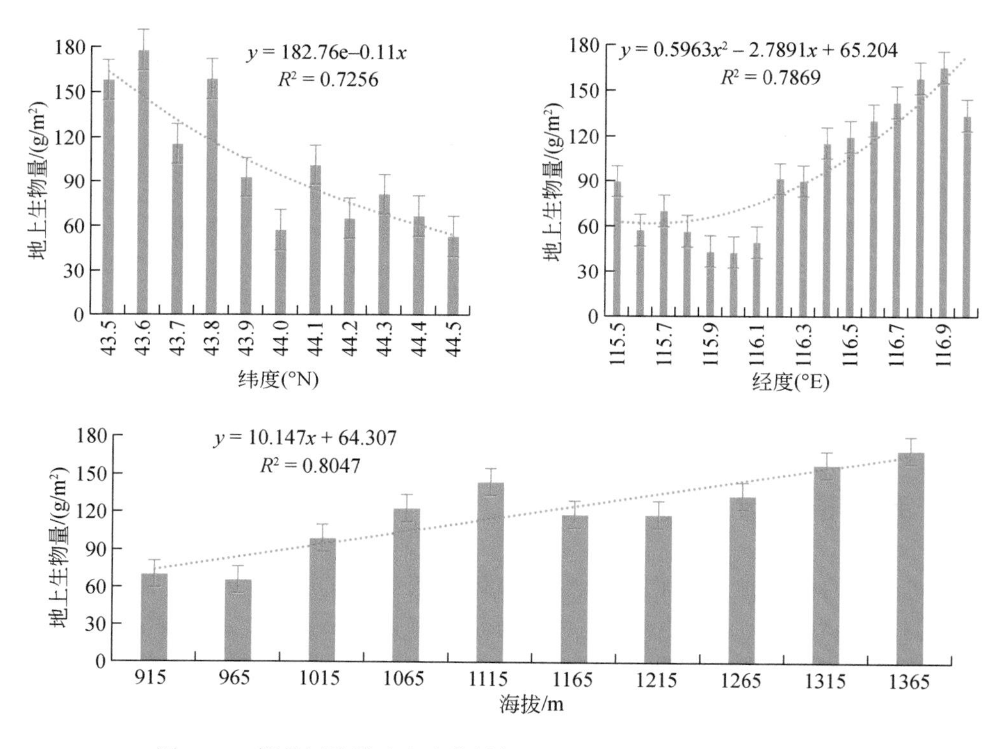

图 8-14　锡林河流域地上生物量与经度、纬度、海拔高度的关系

植被 LAI 与 NDVI 均存在显著的空间分布差异（图 8-16）。锡林河流域叶面积指数高值区域主要集中在流域上游，最大值达 12，下游地区由于土地沙化和水资源紧缺等原因，叶面积指数较小。植被 NDVI 空间分布也表现为上游大于下游，变化范围在-0.2～0.68。

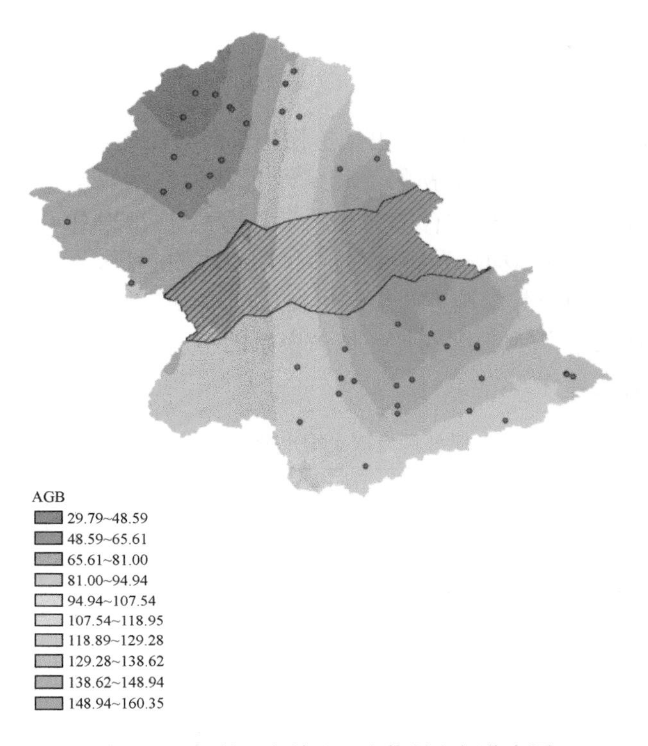

图 8-15 锡林河流域地上生物量空间分布图

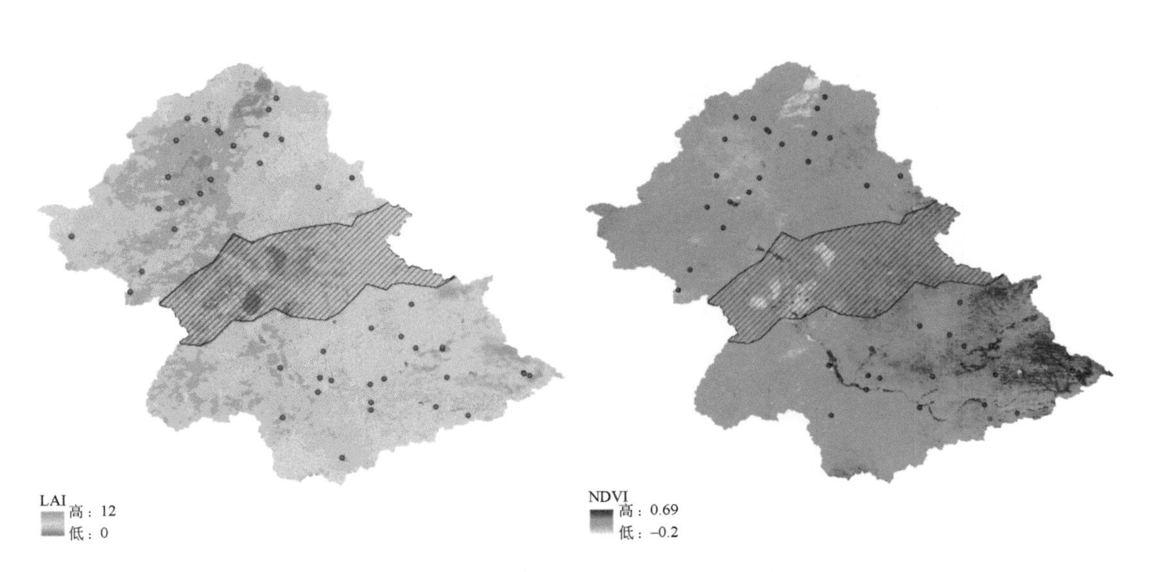

图 8-16 锡林河流域 LAI、NDVI 空间分布图

8.3.4 流域土壤理化性质

土壤水分是土壤的重要组成成分，也是植物生长所必需的物质，土壤含水量对植株的生长发育有一定的影响，从而对植物的生物量及承载力产生影响。在西北干旱半干旱地区，土壤含水量是制约植物生长发育的关键因子。研究区 2020 年 0 ~ 80cm 土层平均含水率在 7.32%~9.17%，它的纵向分布特征为：随土层深度的增加而逐渐减小（表 8-6）。各层土壤水分的平均值和中位数都接近，呈现出良好的中心趋向分布。各层土壤含水量的变异系数均在 0.33 ~0.52，均为中度变异，植被根系的不规则分布及不同深度土壤剖面结构不一致造成其较大的变异性。

表 8-6　锡林河流域土壤水分描述性统计分析

项目	各土层含水量/%				
	0 ~ 10cm	10 ~ 20cm	20 ~ 40cm	40 ~ 60cm	60 ~ 80cm
平均值	9.17	8.55	8.08	7.67	7.32
中位数	8.37	7.96	7.31	6.76	7.19
最大值	16.93	19.51	19.87	20.72	21.87
最小值	4.98	3.52	3.67	1.25	2.81
标准差	2.98	3.28	3.55	3.67	3.84
变异系数 CV	0.33	0.38	0.44	0.48	0.52

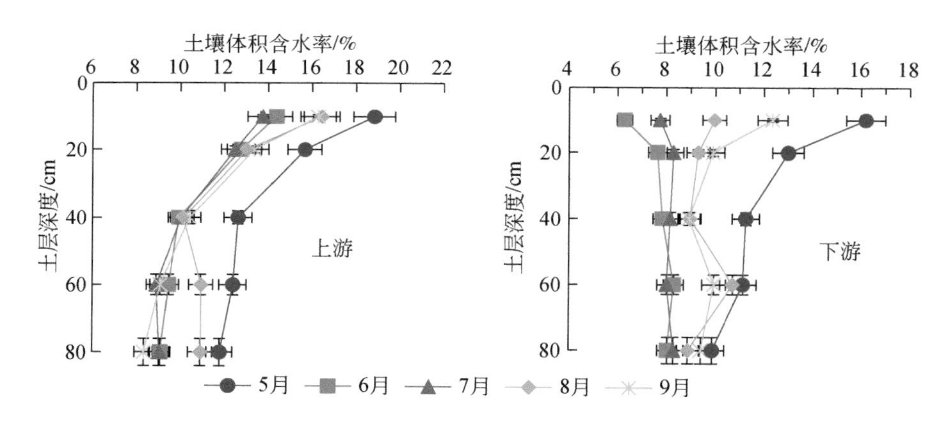

图 8-17　不同时段不同区域土壤水分垂直剖面变异特征

2020 年 5 ~9 月，研究区上、下游土壤体积含水率垂直剖面分布特征如图 8-17 所示。不同区域的土壤水分在水平方向上存在着很大的差异，而在同一区域上土壤水分垂直方向上有显著的变化。锡林河流域的土壤含水率在整体上呈现出上游大于下游的特征。在取样期间，流域土壤含水量随时间变化从大到小依次为 8 月、5 月、9 月、7 月、6 月，其中 7 月末至 8 月上旬，是流域降水最多且最为频繁的时段，此时出现全年最大降雨量，为

63.45mm，该阶段的平均温度只有 20.35℃，在蒸腾过程中消耗的水分很少，各土层都储蓄了大量水分，土壤水分达到了采集样品期间的最高水平。而 5 月底的降雨也很多，达到 41.55mm，因此，5 月份流域平均土壤体积含水率较高（11.23%）；6 月至 7 月上旬，土壤含水量急剧降低，土壤水分含量偏低，原因是 6 月的月平均降水量为 27.85mm，尽管在一年中并不是最少的，但是在温度高达 18.68℃的情况下，由于蒸发和蒸腾作用的影响，土壤水分含量会下降，土壤逐渐干燥，从而导致表层的水分流失速率加快。0～20cm 的土层土壤含水量显著下降，而底层的水分则持续向上补给。不同阶段土壤水分的变化幅度随土壤深度的增大而趋于稳定，特别是底层（60～80cm）土壤，水分的变化不明显。

土壤容重、有机质、pH 含量在流域上、下游均有显著的差异性（图 8-18）。土壤容重为上游高于下游，土壤有机质和 pH 含量为下游高于上游；土壤含水量和全氮含量均在不同梯度下差异不显著，土壤含水量是上游高于下游，而上、下游全氮含量基本相同（图 8-19）。

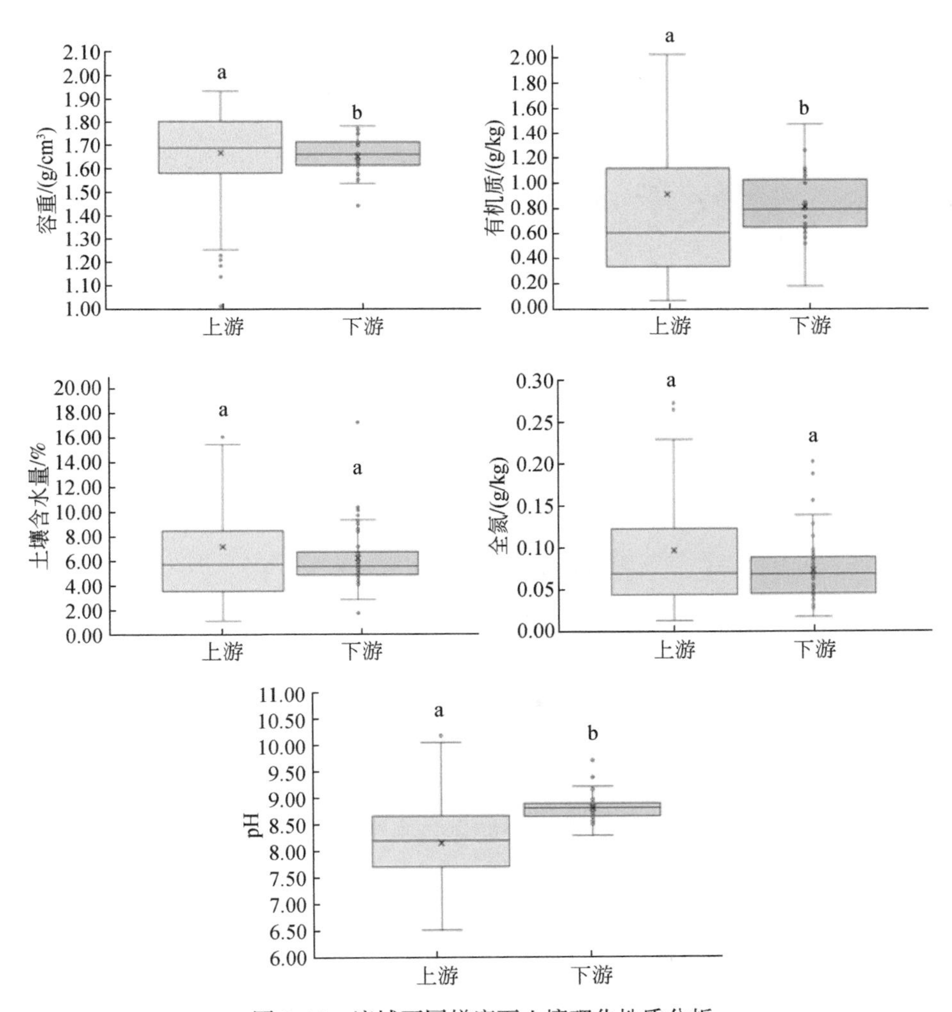

图 8-18　流域不同梯度下土壤理化性质分析

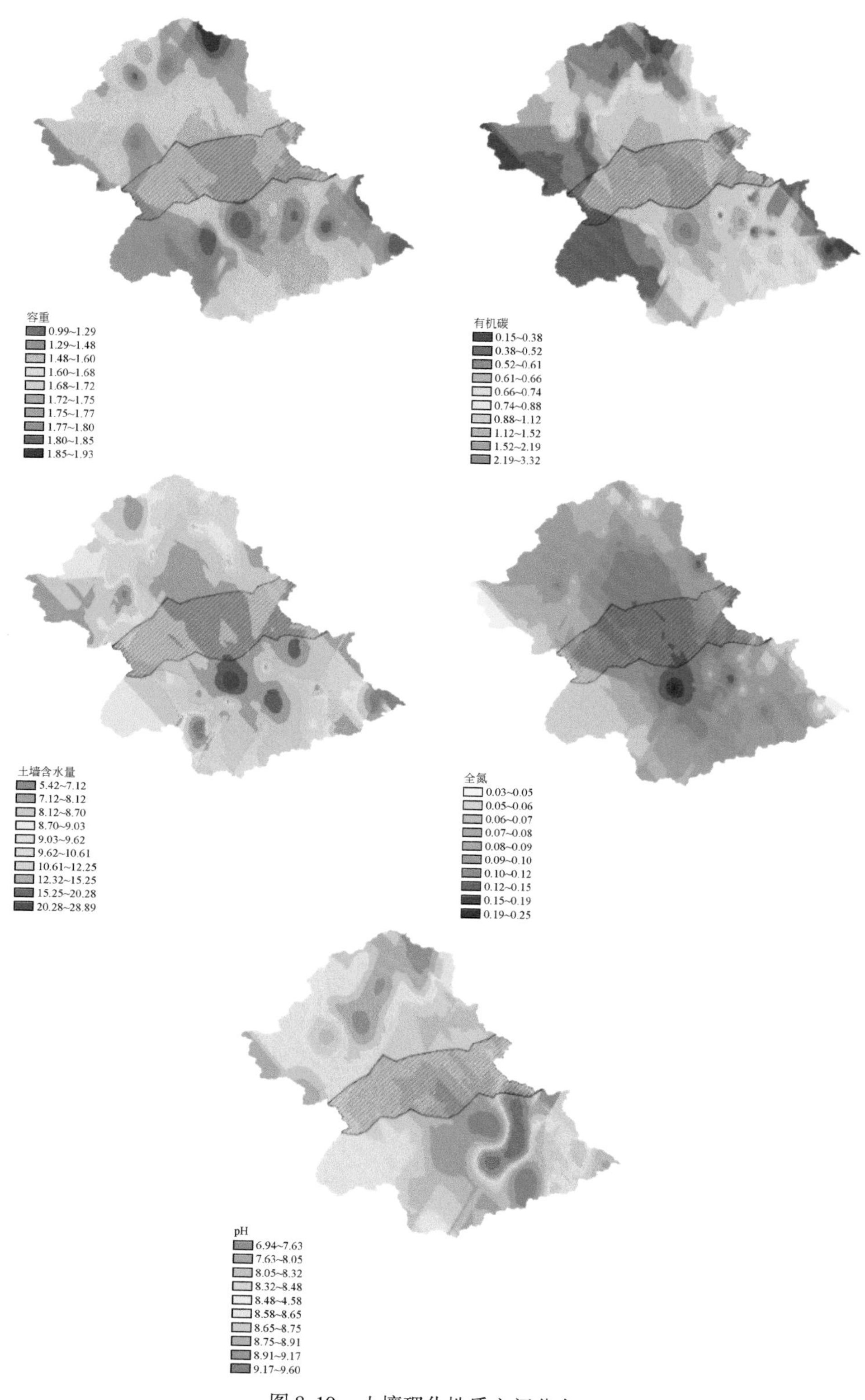

图 8-19　土壤理化性质空间分布

8.3.5 流域水文气象要素变化特征

从1951～2020年锡林浩特国家气象站的气象观测数据中可以看出：该流域年际温度变化在-1～5℃，在70年间，流域温度升高幅度较大，约为0.43℃/10a。其中，年平均最高温度为2014年的4.77℃，而最低温度为1956年的-0.47℃；研究区年平均降水量在140～840mm，有微弱的降低，下降幅度约为5.17mm/10a。其中，最大降水量为2012年的839.1mm，而最小降水量为2005年的146mm（图8-20）。

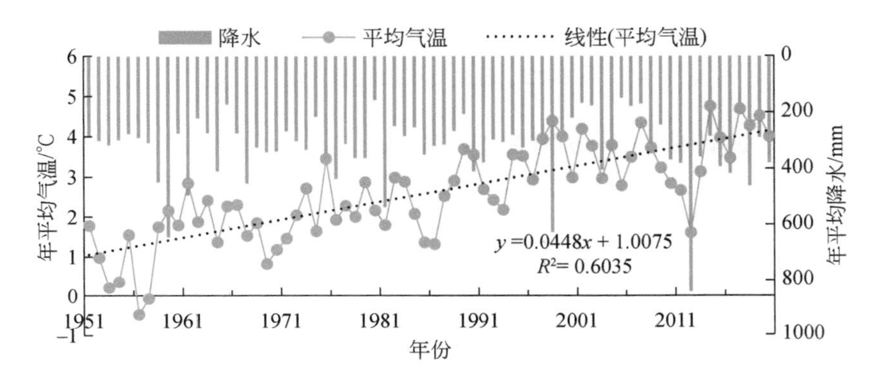

图8-20 锡林河流域年平均气温降水变化

年内变化中，7月为月平均气温最大的月份，月平均温度为21.3℃，极端最高温度可达39.9℃；1月为全年气温最低的月份，月平均气温只有-19.2℃，极端最低气温仅有-42℃。锡林河流域全年降水量分布不均衡，表现为夏季降雨较多且频率较大，特别是7、8月份的降水量最多，可达全年的50%；而春季和冬季降雨较少，以降雪为主（图8-21）。

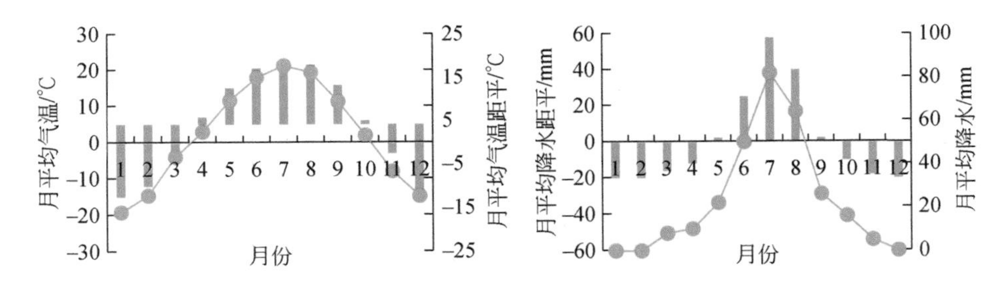

图8-21 锡林河流域年内平均气温降水变化

以1963～2020年锡林河水文站日径流量观测资料为基础，绘制出年径流量的演变曲线（图8-22），锡林河是典型的干旱半干旱地区草原型内陆河，其年平均流量只有1700万m^3，即196m^3/s；1993年年径流量最大，达3948万m^3，比平均值高132%，而2009年，只有在4月的融雪期和7月的暴雨之后，才产生径流，其他时段河水均处于断流状态，该年年径流量仅为7.08万m^3。由于锡林河流域全年气温偏低，特别是11月到次年3月，平均温度都在0℃以下，河流冰冻期很长，因此水文站的观测数据在冬季均为0。

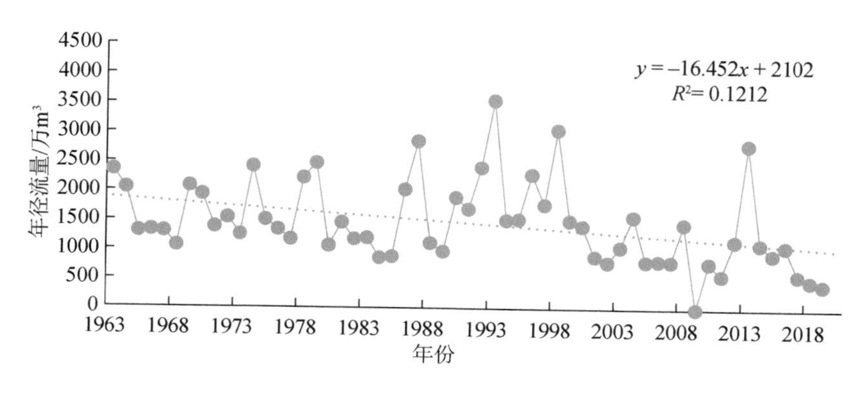

图 8-22　锡林河年径流量变化

2020 年上、下游的降水量分别为 247.3mm、214.8mm，且均集中在 5 月到 9 月（图 8-23）。2020 年植被生长季的空气温度及空气相对湿度均表现为从上游大于下游，能够代表研究区多年平均值。

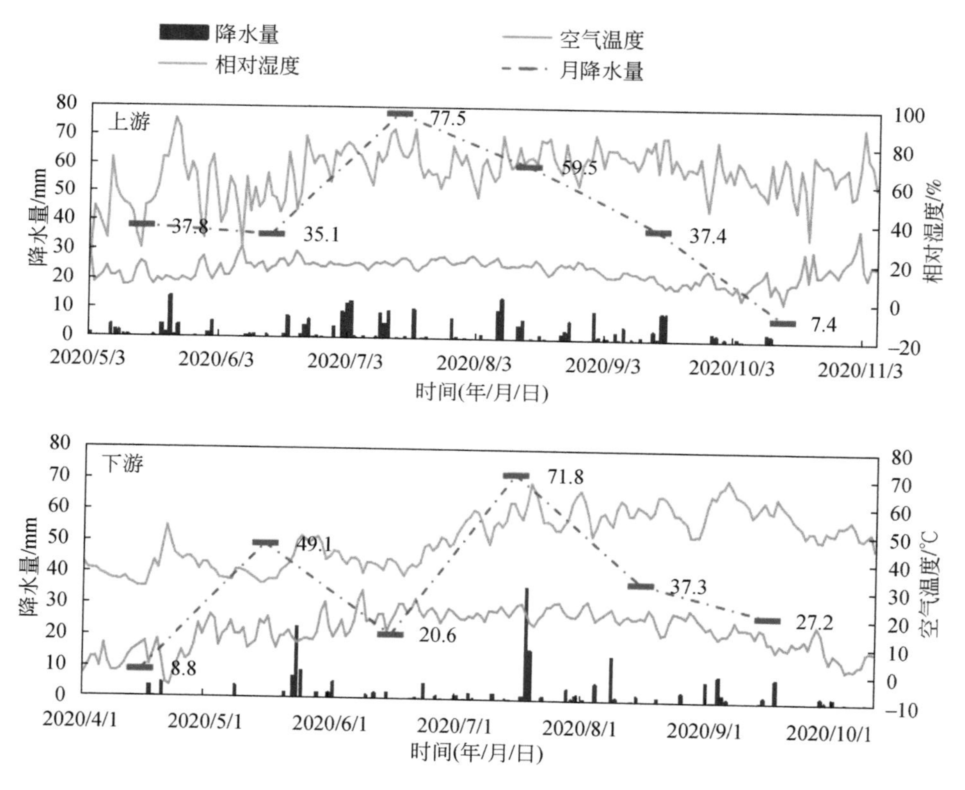

图 8-23　2020 年上、下游降水量、空气温度、相对湿度日变化过程图

8.3.6 流域植被与气象-土壤-环境要素的响应关系

植物的生长与分布受多种因素的长期影响，如气候、地形、水文、土壤等。但是，在不同的研究尺度上，需要考虑的因素也是不尽相同的。锡林河流域作为典型内陆河流域，其生态系统的温度、水分、土壤等环境因子对地上生物量有重要的影响[68-69]，地上生物量与环境因子间有直接或间接的影响，而生物量则是由多个环境因子共同作用的结果。

通过对多个因素的共线性分析，地理探测器的交互探测可以保证其对多个因素的共线性免疫，并可以用来判别环境因子的联合效应及相互独立作用对地上生物量的解释力[67]，它在分析地上生物量与环境因子之间的关系研究中有着广泛的应用前景。现有的研究发现，地上生物量受气候、海拔等因素影响较大，而与土壤理化性质也存在一定的相关性，但其贡献率不大[70-71]。

采用 ArcGIS10.2 软件建立随机样点，并根据研究区域面积的大小设定采样间隔，以锡林河流域矢量资料为边界，生成 186 个随机样点，利用提取分析工具，将各空间位置上的地上生物量用作地理探测器的因变量资料；考虑锡林河流域特性和探测因子选取的系统与科学性，本文从气候、土壤、地形方面选取 8 个可获取及可定量化的环境因子（表 8-7），利用 ArcGIS10.2 提取其空间属性值，并用自然断点法[72]进行离散化处理，后代入地理探测器软件，探测各因子对内陆河流域生长期地上生物量分布及变化的影响。

表 8-7　地上生物量影响指标

类型	因子	指标	单位
气候	X_1	降水量	mm
	X_2	气温	℃
地形	X_3	高程	m
土壤	X_4	土壤含水量	—
	X_5	干容重	g/m^3
	X_6	有机碳含量	g/kg
	X_7	全氮含量	g/kg
	X_8	pH	—

8.3.6.1 探测因子影响力分析

从整个植被生长季来看，气候因子对地上生物量变化的影响最为显著且远高于地形及土壤因子，降水量及气温的 q 值的解释率均在 60% 以上，地形因子 q 值的解释率在 22% 以上。土壤因子中土壤含水量、全氮及 pH 在生长季不同阶段 q 值对地上生物量的解释力程度变化显著（表 8-8）。

在生长季初期（5 月 23 日 ~6 月 8 日），气候因子对地上生物量变化的影响高于地形及土壤因子。各因子 q 值从大到小排序依次为：气温>降水量>高程>干容重>土壤含水量>

有机碳含量>全氮含量>pH。气候因子 q 值均较大，降水量、气温分别达到 0.6508 和 0.6657，解释率均在 65% 以上，其次为地形因子，高程的 q 值为 0.3067。土壤因子而言，土壤含水量、土壤干容重及有机碳含量影响较大，q 值分别为 0.2762、0.2818 及 0.2760，解释率在 27% 以上。

表 8-8　导致流域地上生物量生长季各阶段地上生物量变化的主要影响因子及 q 值

因素分类	因子	生长季初期	生长季旺期	生长季末期
气候	X_1	0.65	0.62	0.66
	X_2	0.67	0.62	0.66
地形	X_3	0.31	0.31	0.22
土壤	X_4	0.28	0.54	0.46
	X_5	0.28	0.20	0.08
	X_6	0.28	0.36	0.29
	X_7	0.14	0.47	0.115
	X_8	0.13	0.59	0.68

在生长季旺期（6 月 24 日 ~7 月 26 日），气候因子对地上生物量变化的影响高于地形及土壤因子。各因子 q 值从大到小排序依次为：气温>降水量>土壤含水量>全氮含量>有机碳含量>高程>干容重。气候因子 q 值均较大，降水量、气温均为 0.61947，解释率均在 60% 以上，其次土壤因子中的土壤含水量、pH 及全氮含量，q 值分别为 0.5404、0.4667 和 0.5932，解释率在 46% 以上。而地形因子高程的 q 值为 0.3131。

在生长季末期（8 月 11 日 ~9 月 3 日），气候因子及土壤因子中的 pH 对地上生物量变化的影响高于其余因子。各因子 q 值从大到小排序依次为：pH>降水量>气温>土壤含水量>有机碳含量>高程>全氮含量>干容重。气候因子 q 值仍均较大，降水量、气温分别为 0.6605、0.6604，解释率均在 66% 以上，其次土壤因子中的土壤含水量及 pH 的 q 值分别为 0.4590、0.6751 和 0.5932，解释率在 46% 以上。而地形因子高程的 q 值较小，为 0.2201。

8.3.6.2　生长季环境因子交互探测结果

从图 8-24 可以看到，各因子之间的交互作用比各因子的 q 值都要高，表明各因子之间的交互作用表是相互增强和非线性增强的，没有独立或减弱关系。在生长季初期，双因子之间的交互作用对植被地上生物量解释率最高的四组为：降水量∩高程（1.00）>气温∩土壤干容重（0.97）>降水量∩土壤含水量（0.95）>气温∩土壤含水量（0.92）。表明双因子的交互作用中，降水量和高程因子的交互作用最为显著，其次为气温和降水量与土壤因子的交互作用。

在生长季旺期，双因子之间的交互作用对植被地上生物量解释率最高的四组为：降水量∩土壤干容重（0.89）= 气温∩土壤干容重（0.89）>土壤干容重∩pH（0.87）>土壤含水量∩土壤干容重（0.79）。表明因子之间交互作用中，降水量及气温与土壤干容重之间交互作用最大，这与单因子分析的气候因子作用大于土壤因子作用的结果有所不同。

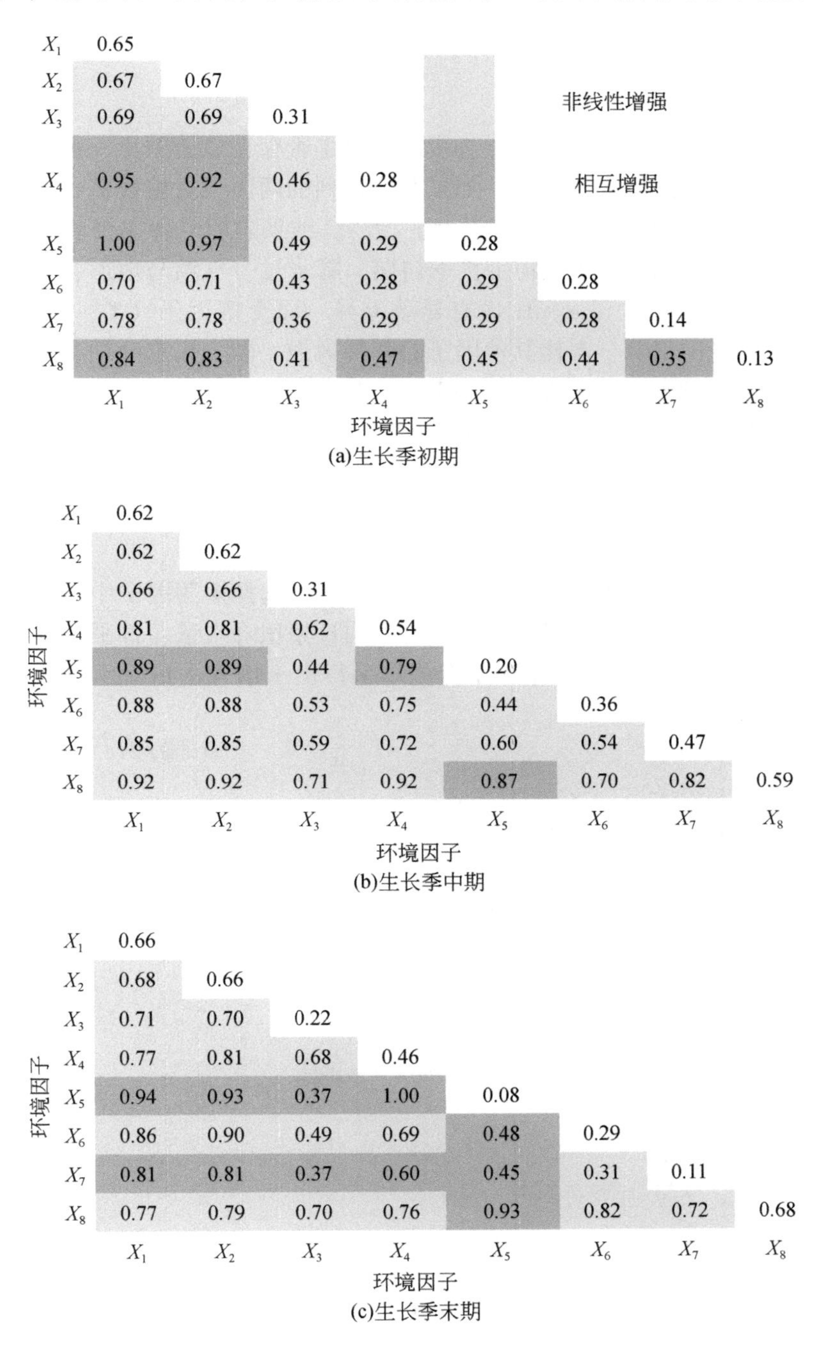

图 8-24　生长季初期、中期、末期各环境因子交互探测

在生长季末期，双因子之间的交互作用对植被地上生物量解释率最高的四组为：土壤含水量∩土壤干容重（1.00）>降水量∩土壤干容重（0.94）>土壤干容重∩pH＝气温∩土

壤干容重（0.93）。表明双因子之间的交互作用中，土壤干容重与土壤含水量及降水量的交互作用较大。

8.3.6.3 探测因子影响力差异

生态探测反应每两个因子对地上生物量的影响是否存在显著差异，可进一步验证主要影响因子，并评价其作用机理的差异，如果对应行列的两因子对植被覆盖度空间分异的影响具有显著性差异，则记为“Y”，否则记为“N”。结果表明，各主要环境因子的机制存在着差异（图 8-25），例如：在植物生长季初期，降水量、气温与地形、土壤因子存在显著差异，高程与土壤全氮含量及 pH 也有显著差异，而土壤因子（$X_6 \sim X_8$）间无显著差异。进一步验证了降雨量及气温比其他因子的解释力强。而生长季旺期和末期，土壤因子间有显著差异的组合较多，其中在生长季旺期，除土壤含水量与土壤全氮含量、pH 及土壤有机碳含量与全氮含量的组合外，其余土壤因子间均有显著性差异；在生长季末期仅土壤容重与土壤全氮含量无显著差异。

8.3.6.4 环境因子对地上生物量的影响分析

由于本节选取的影响植被地上生物量的因子较多，选择探测因子中解释力前 3 位的降水量、气温、土壤含水量，进行趋势分析。将平均日累积降水量、日平均气温变化趋势分 7 个分区，用数字 1-7 表示；由于单因子探测结果得出土壤含水量对生长季初期地上生物

(a)生长季初期

(b)生长季中期

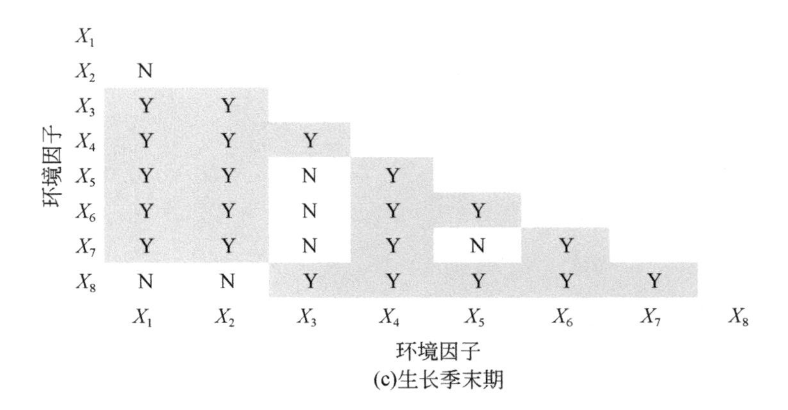

(c)生长季末期

图 8-25　生长季初期、中期、末期环境因子的统计显著性

量解释力不大，而在生长季旺期、末期成为主导因子，故将生长季旺期、末期土壤含水量变化趋势分 5 个分区，用数字 1-5 表示（图 8-26）。

锡林河是典型的内陆河流域，温度、降水和土壤水热条件对其生物量有显著的调控作用[68,69]。环境因子对地上生物量的影响在生长季不同阶段有所差异（表 8-8）。

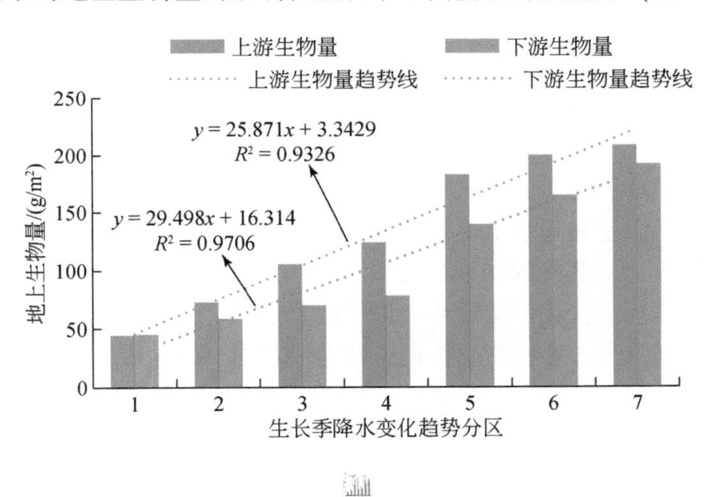

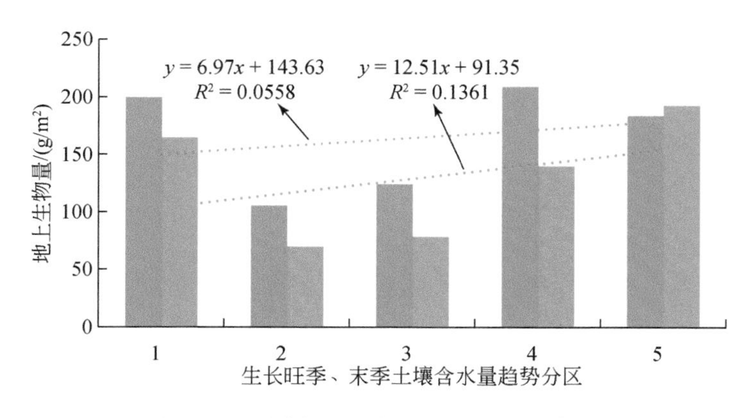

图 8-26　不同分区植被地上生物量变化趋势

生长季初期，植被开始生长，温度和降水是影响地上生物量的主导因子，分别能解释地上生物量变化的66.6%和65.1%。随降水增多和气温升高，植物光合作用速率和呼吸作用不断加强，水热条件协同加速植被生长。4 月份研究流域上游的降水为植被初期生物量的累积提供了较好的环境条件，同时为生长季旺期生物量的累积提供了基础[70]。与本节研究结果不同，陈效逑等[72]发现草地生态系统地上生物量与多年平均温度呈现负相关关系，并推测较高的气温增加了土壤蒸发，进而降低了土壤水分并限制植被生长。本书发现的水热协同作用促进植被生长也说明，研究流域中，降水有效补给土壤水分且满足生物量累积的需求，因此土壤水分对生物量变化的影响小于气温和降水（表 8-8）。此外，也与研究区植被对干旱环境的适应或研究区植被主要利用采样深度之外的土壤水分有关。

在生长季旺期，温度和降水虽仍是植被生长的主要限制因子，但由于降水量尚未达到全年峰值，高温导致土壤蒸发的加剧，使得植被可利用水量降低，抑制植被生长。因而，该阶段温度和降水对地上生物量的解释力均降低为61.9%（表 8-8）。此时经过降水补给，土壤水分保持在较高水平，为植物生长提供较为稳定的水源，成为影响地上生物量的关键因子，其对地上生物量的解释力增大到54%（表 8-8）。黄德青等[73]在祁连山北坡的研究也发现，地上生物量和土壤含水量呈正相关关系。然而，在黄土丘陵区，张娜等[74]发现地上生物量和与各层土壤水分都呈负相关，这可能与干旱地区植被用水策略及其对地上-地下生物量的分配有关[75]。

在生长期末期，降水量逐渐增大，植被生长所需水分充沛，此时较高的气温有利于植被的生长，温度和降水对地上生物量的解释力均增长为66%（表 8-8）。该结果与席小康等[71]和白永飞等[76]在研究流域附近得出的结果相一致。

草地地上生物量的空间分布格局主要受水热条件共同制约[72]。席小康等[71]在研究流域的研究指出，海拔与 4–7 月降水对地上生物量累积的调控主要通过 4–7 月平均温度的间接作用而实现。因此，锡林河流域东南-西北向水分逐渐减少、海拔逐渐降低、热量逐渐增加的环境梯度总体上决定了该流域地上生物量由东南向西北逐渐减少的空间分布格局（图 8-24）。此外，由于植被生长同时受到多种因素影响，如气候、土壤以及人类活动等。在草地生态系统，降水是影响生物量累积的关键环境因子。本小节研究期内，流域上游地上生物量显著高于下游这与张俊怡等[70]的结果一致，可归因于流域上游降水量更为充沛，并土壤的持水性更好[70]。

高程与多种环境因素具有耦合关系，其变化往往会影响温度、降水及热量等再分配，从而改变地上生物量的分布格局。本小节交互探测结果（图 8-24）表明，生长季初期，降水量和高程因子的交互作用最为显著，解释力接近 100%，但探测因子影响结果显示，高程仅能解释地上生物量的 30.7%，这表明降水和高程的协同作用对植被生长有更为显著影响。因而，在本小节研究流域降水是决定地上生物量沿海拔分布格局的关键因素；在其他区域，也有研究认为温度是地上生物量海拔格局的成因[77]。

此外，降水与土壤干容重的交互作用和土壤含水量与土壤干容重的交互作用分别是生长季旺期和末期植被生长的主要影响因素，解释力分别为 89% 和 100%（图 8-24）。土壤干容重对土壤的物理性质有决定性影响，如土壤含水量、持水率、通气性、矿物营养元素运移等，进而影响植被的生长发育，而土壤含水量和干容重又有着共同关联的土壤因素——土壤质地和结构状况，因此，二者协同影响流域地上生物量分布格局的时空动态。

8.3.7 小结

1）锡林河流域生长季地上生物量呈累积上升趋势，7 月变化最明显，其余时段增长速率较为稳定，在生长季末期达到最大值，且调查期间上游地上生物量显著高于下游。植被空间格局主要表现为垂直地带性分布规律，整体上呈现从东南向西北递减的趋势。

2）土壤水分是土壤的重要组成成分，也是植物生长所必需的物质，土壤含水量对植株的生长发育有一定的影响，从而对植物的生物量及承载力产生影响。流域各层土壤水分的平均值和中位数都接近，呈现出良好的中心趋向分布。各层土壤含水量的变异系数均在 0.33 ~ 0.52，均为中度变异，表明水平方向上土壤含水量存在明显的差异。

3）锡林河流域的土壤含水率在整体上呈现出上游大于下游的特征。0 ~ 20cm 的土层土壤含水量显著下降，而底层的水分则持续向上补给。不同阶段土壤水分的变化幅度随土壤深度的增大而趋于稳定，特别是底层（60 ~ 80cm）土壤，水分的变化不明显。

4）土壤容重、有机质、pH 含量在流域上、下游均有显著的差异性。土壤容重上游高于下游，土壤有机质和 pH 含量为下游高于上游；土壤含水量和全氮含量均在不同梯度下差异不显著，土壤含水量是上游高于下游，而上、下游全氮含量基本相同。

5）流域年际温度变化在 -1 ~ 5℃，年平均降水量在 140 ~ 840mm，有微弱的降低趋势。锡林河流域全年降水量分布不均衡，表现为：夏季降雨较多且频率较大，特别是 7、8 月份的降水量最多，可达全年的 50%；而春季和冬季降雨较少，以降雪为主。流域年均径流量仅有 1700 万 m^3，即 $196m^3/s$。

6）在整个植被生长季，气候因子对地上生物量变化的影响最为显著且远高于地形及土壤因子，降水量及气温的 q 值的解释率均在 60% 以上，地形因子 q 值的解释率在 22% 以上。土壤因子中土壤含水量、全氮及 pH 在生长季不同阶段 q 值对地上生物量的解释力程度变化显著。

7）各因子的交互作用大于单因子的作用。在植被生长季各阶段，因子之间的交互作用均呈现出非线性增强和双因子增强关系，不存在独立或减弱关系。在生长季初期，双因子之间的交互作用中，降水量和高程因子之间交互作用的影响为最大，其次为气温和降水量与土壤因子的交互作用。在生长季旺期，降水量及气温与土壤干容重之间交互作用最大，这与单因子分析的气候因子作用大于土壤因子作用的结果有所不同。在生长季末期，双因子之间的交互作用中，土壤干容重与土壤含水量及降水量的交互作用较大。

8）随降水量的增加，锡林河流域上、下游地上生物量均呈增加趋势，进一步证明在干旱半干旱地区降水是植被变化的主要驱动因素。随温度增加，流域上、下游地上生物量整体呈增加趋势，但在生长季旺期，植被与温度出现负相关关系。而在生长季旺期和末期，流域上、下游地上生物量与土壤含水量呈正相关关系。

8.4 流域植被、土壤数据同化与参数反演

8.4.1 试验设计

试验主要包括野外原位植被、土壤、径流等生态水文气象要素的采样、监测和收集等，用于模型建立、参数调整与检验使用。试验主要包括：生态调查、土壤入渗、水文气象要素的观测、R_S的监测。

8.4.1.1 生态调查

生态调查主要包括植被盖度的无人机拍摄，地上植被平均高度、地表、地下生物量的取样（干重及鲜重），不同层位土壤理化性质的取样及测试（包括土壤容重、粒径、含水率、饱和含水率、田间持水率和残余含水率等）。生态调查的点位布设是通过结合地形图（1∶5万）、土壤类型图（1∶100万）、植被类型图（1∶100万）及土地利用情况图（1∶10万），在研究范围内画出50m间隔的等高线，按照垂直等高线和河流断面的原则布设6组，再另设1组覆盖前6组未包含的土壤、植被及土地使用情况类型，共设计采样点49个，涵盖了该区域90%的海拔高度、坡度坡向、植被土壤类型等［如图8-27（a）］。

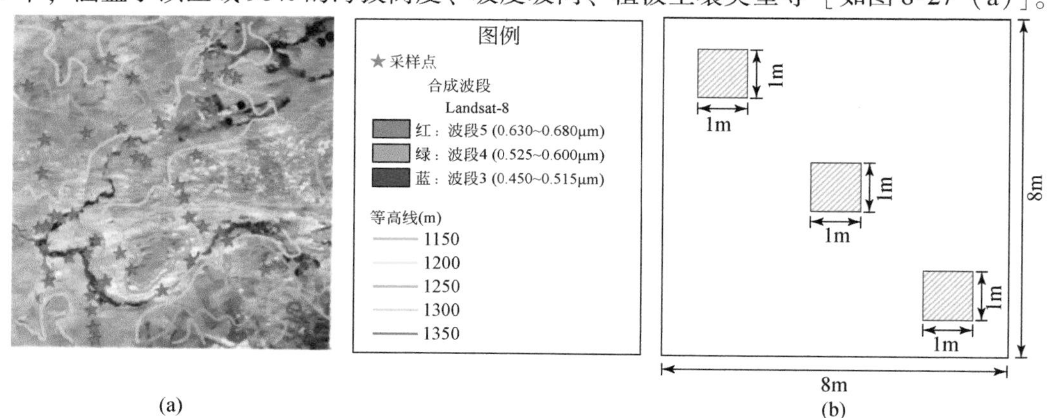

图8-27　生态调查点位分布图及代表性取样位置

采样前，利用手持 GPS 接收机定位实际采样点的经纬度、高程、采样时间等信息，选取植被与周围一致且具备代表性的区域，并保证该区域内的土壤质地均一且完整。在每个调查点位圈定一个 8m×8m 的样方，在 8m 样方的对角线上，均匀布设三个 1m×1m 的小样方［图 8-27（b）］，在垂直地面 2m 的位置，水平对小样方进行拍照，用于遥感反演 FVC 的验证使用。野外数据采样时间为 2017 年 7 月 26 至 27 日，为保证拍摄照片较高的可识别性，试验时间保证在 8 时至 17 时内完成。

使用卷尺对样方内每种植物的实际高度进行测量［图 8-28（a）］；将样方内的植物分种采用齐地刈割的方式进行获取，去除植株上的尘土后称量地上生物量的鲜重，再放入 65℃的烘箱中烘干至恒重，测得地上生物量的干重，并可计算植株含水率[80-82]；地下生物量是使用恒定体积的土钻取土后，将土装入细网根袋中，通过多次清洗将泥土洗去，挑出石子等杂物，按照地上生物量的称量和烘干方式，计算地下生物量的干鲜重及含水率。

(a)生态调查

(b)土壤采样

(c)环刀标号

(d)土壤水力参数测定

图 8-28　样方内样品调查、采样、处理及测定

土壤取样是在完成植被采样后的样方内开挖一个 1m 深的剖面，从表层向下取样，每隔 10cm 一层，每层采用 100cm^{3}的环刀分别进行土壤重复采集 5 个和自封袋重复取样 3 个。环刀样品用于测定含水率、饱和含水率、田间持水率、饱和导水率等土壤水力特性和土壤容重，自封袋样品用于测定土壤粒径分布、土壤有机质含量等其他理化特性，土壤取样、标定及理化性质测定如图 8-28（b）~图 8-28（d）所示。土壤理化性质的测定方法详见文献［80］和［82］。

8.4.1.2　土壤入渗

选择流域石门以上流域为典型研究区，根据土壤入渗分区图，按照三种入渗分区的面积比例，均匀设置数个具有地区代表性的试验点［图 8-29（a）］。试验点具体位置的选择与生态调查中的方法一致，为避免晨露和降水对土壤初始含水率的影响，所有试验于天气连续晴朗的 2018 年 7 月 26 至 30 日的 10 至 16 时进行，使用手持 GPS 记录实际采样点经纬度坐标，在去除地表浮土及植被后进行双环入渗试验，试验期间未发生降水。

入渗内环直径分别设置为 15、20、25、30、40cm，外环直径（d_i）比内环大 0.33 倍，即缓冲指数（b_i）为 0.33，这是根据前人的试验得出的经验系数，内外环都会对双环入渗试验造成尺度效应（scale effect），其中当外环的缓冲指数大于等于 0.33 时，由外环导致的尺度效应会变得微弱，可忽略不计。内外环分别使用 25L 马氏瓶连接供水保持同一水位稳定不变，加入少量食用色素以便于观察瓶内水位变化［图 8-29（b）］。入渗过程中，记录内环及两个马氏瓶水位变化，前 20min 每 1min 读数一次，20min 后每 3min 读数一次。

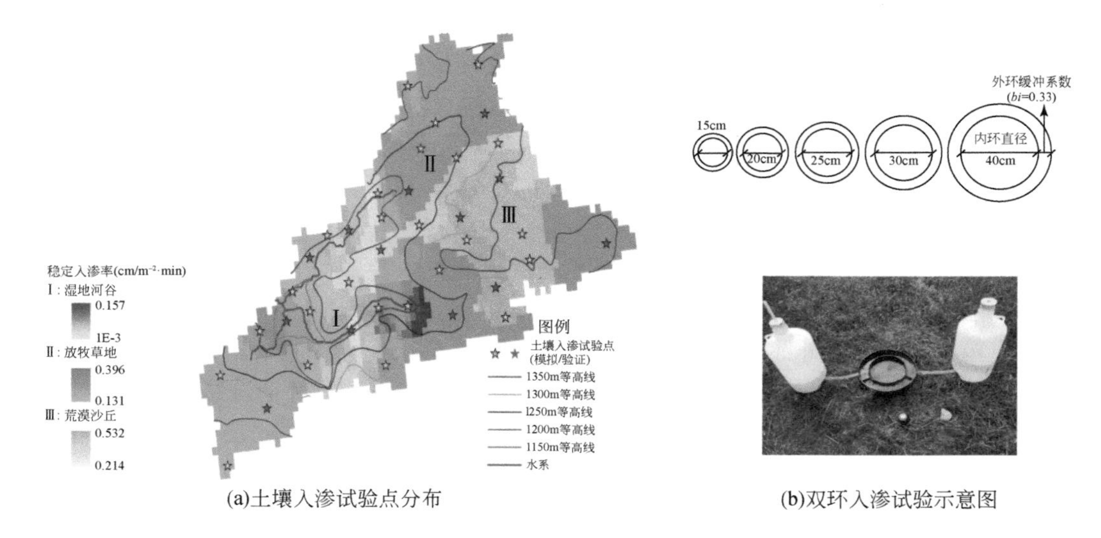

(a)土壤入渗试验点分布　　(b)双环入渗试验示意图

图 8-29　入渗实验设置

使用内径为 30cm、外环缓冲系数为 0.33 的双环入渗仪测定的稳定入渗速率

8.4.2　数据处理

8.4.2.1　植被土壤数据

植被数据的预处理主要为 FVC 照片的盖度解译。野外植被盖度采样点所拍摄的照片经 MATLAB R2016b 使用 RGB 阈值法解译获得的。该方法的计算原理是利用阈值比较数码相片中表征颜色的 R、G、B 三个通道值，将代表植物活体的绿色像素和代表土壤、枯死植物及阴影的其他像素区分开，具体模型如下：

$$\begin{cases} G>R \\ G>B \\ G>x \end{cases} \tag{8-10}$$

$$\mathrm{FVC_{pic}}=G_p/(G_p+G_u)=G_p/\mathrm{pix} \tag{8-11}$$

式中，R、G、B 分别代表数码相片上绿、红、蓝组分的数值；x 是临界阈值，它随相片亮度变化而不同；$\mathrm{FVC_{pic}}$表示数码相片拍摄的 FVC，G_p、G_u和 pix 分别通过 RGB 阈值法筛选出的表示植物的像元个数，表示土壤、枯死植物及阴影的像元个数以及相片的总像素数。本小节研究中不同光照强度及盖度条件下拍摄的 RGB 相片及 RGB 阈值法提取的 FVC 情况如图 8-30 所示。为避免试验人员由于调试阈值或主观判断上出现重大失误，选择三名试验人员分别对所有盖度照片进行处理，并保证每张照片在三次处理下的 FVC 误差小于 3%。

土壤数据的预处理主要包括实测数据和产品数据的面尺度拓展以及土壤入渗数据的预处理。实测数据的预处理主要为对异常值的剔除，并联合 GSDE 数据集插值更精细的面尺度流域土壤理化性质。土壤入渗数据的预处理主要包括不同内外环管径双环入渗过程的规律分析、土壤理化性质及环境要素的影响分析、流域入渗分区的划分等[78-80]。

(a)低覆盖强光照条件

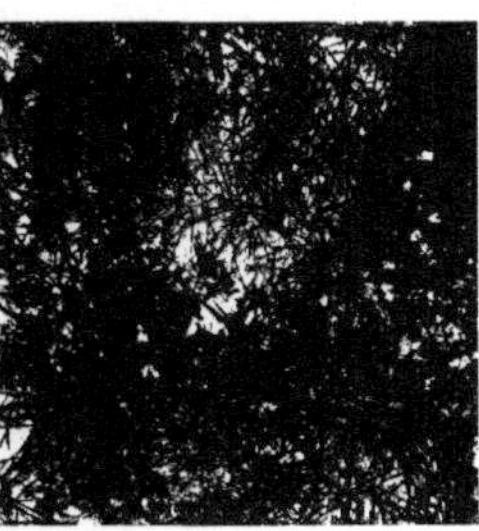

(b)高覆盖和弱光照条件

图 8-30　RGB 在不同光照强度和植被覆盖条件下拍摄的 RGB 照片

8.4.2.2　遥感数据

遥感卫星数据主要包括 Landsat-8 卫星数据和 Radarsat-2 雷达数据。为了减少两种卫星过境时间不同所带来的误差，研究选择使用 Landsat-8 和 Radarsat-2 在 24h 之内过境的影像各一景（表 8-9），使用 ENVI 5. 3. 1（exelis visual information solutions，USA）将 Landsat 影像像幅裁剪至与 Radarsat-2 相同的 25km×25km，并进行图像的预处理工作。

表 8-9　植被盖度降尺度反演使用的卫星数据信息

卫星	数据 ID	过境时间	分辨率	波段
Landsat-8	LC81240302017198LGN00	2017/7/27 11：53：27	30m	OLI/TIRS
Radarsat-2	RN-RP-51-2713	2017/7/26 22：17：19	8m	(HH+HV+VH+VV)

Landsat-8 是 NASA 与美国地质调查局（United States Geological Survey，USGS）合作开发，于 2013 年发射的“陆地卫星数据连续性任务”（landsat data continuity mission，LDCM），携带陆地成像仪（operational land imager，OLI）和热红外传感器（thermal infrared sensor，TIRS），OLI 包括 9 个波段，空间分辨率为 30m，其中包括一个 15m 的全色波段，成像宽幅为 185km×185km，TIRS 包括 2 个单独的热红外波段，分辨率 100m。其影像的处理过程主要包括：辐射定标、大气校正等。将预处理后的影像分别保存为原始 30m 分辨率以及 8m 重采样分辨率图像以备后续降尺度处理使用。

Radarsat-2 是一款搭载 C 波段传感器的全天时、全天候的空间微波遥感成像雷达，其作用距离远，抗干扰性能好，对云层和地面植被有一定穿透能力[81-82]。研究选用的雷达影像为单视复型数据，它保留了各波束模式可以得到的最优分辨率以及聚焦合成孔径雷达（SAR）数据的最优相位及幅度信息；数据做了卫星接收误差的校正，坐标是斜距，32 位复数形式记录。使用 PolSARpro 5. 3 软件（The Institute of Electronics and Telecommunications of Rennes of the University of Rennes 1，France）进行处理，主要过程包括多视、绝对校正、滤波、Freeman-Durden 极化分解与 Cloude-Pottier 目标极化分解等。

Freeman-Durden 极化分解是基于 3 个预先设置的物理散射模型的非相干矩阵分解方

法[86]，3 个物理散射模型分别是表面散射模型、二次散射模型和体散射模型［式（8-12)］，该分解也是三个散射分量的线性组合，设定 3 个散射分量对应能量分别为——表面散射能量 P_s，二次散射能量 P_d 和体散射能量 P_v，则测量得到的相干矩阵〈［$\boldsymbol{T}$］〉可以分解为如下形式：

$$T_s=\frac{1}{1+|\beta'|^2}\begin{bmatrix}1 & \beta'^* & 0\\ \beta' & |\beta'|^2 & 0\\ 0 & 0 & 0\end{bmatrix},T_d=\frac{1}{1+|\alpha'|^2}\begin{bmatrix}|\alpha'|^2 & \alpha' & 0\\ \alpha'^* & 1 & 0\\ 0 & 0 & 0\end{bmatrix},T_v=\frac{1}{4}\begin{bmatrix}2 & 0 & 0\\ 0 & 1 & 0\\ 0 & 0 & 1\end{bmatrix} \tag{8-12}$$

$$\langle[\boldsymbol{T}]\rangle=\begin{bmatrix}T_{11} & T_{12} & T_{13}\\ T_{21} & T_{22} & T_{23}\\ T_{31} & T_{32} & T_{33}\end{bmatrix}=P_sT_s+P_dT_d+P_vT_v \tag{8-13}$$

式中，T_s、T_d、T_v 分为 3 个散射分量的相干矩阵；$|\beta'|>1$、$|\alpha'|>1$ 均为模型参数；相干矩阵〈［$\boldsymbol{T}$］〉含有 9 个参数，即对角线方向的 3 个正数（T_{11}，T_{22}，T_{33}），非对角线位置的 3 个复数（T_{12}，T_{13}，T_{23} 含有 3 个实部，3 个虚部）。

Cloude-Pottier 目标极化分解是一种基于二阶统计矩阵的分解算法[83]，提取目标的平均参数，常用于极化 SAR 图像的分类中。散射熵，用字母 H 表示，代表的物理含义是目标的随机性质，具体的定义如下：

$$H=\sum_{i=1}^{3}-p_i\cdot\log_3(p_i) \tag{8-14}$$

式中，归一化特征值 p_i 定义为 $p_i=\dfrac{\lambda_i}{\sum_{j=1}^{3}\lambda_j}$，取值范围是［0，1］，则散射熵 H 的取值范围也是［0，1］；λ 为 T_{ij} 矩阵中的非负特征值。根据 p_i 的大小，可以计算出平均散射角 α，即相元的各向异性，计算方式如下：

$$\alpha=p_1\cdot\alpha_1+p_2\cdot\alpha_2+p_3\cdot\alpha_3 \tag{8-15}$$

8.4.3 降尺度植被参数反演方法

单个像元的 FVC 可以表示为植被信号与土壤的混合物，可以用不同形式的植被指数来替代上述的植被和土壤信号以计算单位像元的植被面积比例。因此，FVC 可由下式估算：

$$\mathrm{FVC}=\frac{\mathrm{VI}-\mathrm{VI}_{\mathrm{soil}}}{\mathrm{VI}_{\mathrm{veg}}-\mathrm{VI}_{\mathrm{soil}}} \tag{8-16}$$

式中，$\mathrm{VI}_{\mathrm{soil}}$ 和 $\mathrm{VI}_{\mathrm{veg}}$ 分别是植被指数 VI 中代表土壤和植被的纯像元。式（8-16）中的 VI 可由多种类型的植被指数替代，使用的多种类型植被指数及其计算方法如表 8-10 所示。

在原植被指数的基础上，本小节研究尝试将 Cloude-Pottier 特征极化分解得到的混合像元散射熵以及各向异性合并，以进一步利用雷达卫星探测地面特性（图 8-31）。考虑到指标形式的复杂性和准确性，通过构造不同的计算公式，提出了 9 种新型植被指数的 3 种形式（表 8-10 中的 Hvi、αvi 和 Hαvi）。为了验证新型植被指数的可行性，构建 logistic 回归模型［式（8-17）和式（8-18）］，开发了两个新型植被指数，并使用粒子群优化神经网络（particle swarm optimization neural network，PSONN）对每个输入变量进行深度学习（deep learning，DL）直接预测 FVC。

表 8-10　传统及新型植被指数的方程

遥感类型	指数名称	方程
Landsat-8	NDVI	$NDVI=\frac{\rho_{nir}-\rho_{red}}{\rho_{nir}+\rho_{red}}$
	RVI	$RVI=\frac{\rho_{nir}}{\rho_{red}}, \frac{1+NDVI}{1-NDVI}$
Radarsat-2	Rf	$Rf=\frac{P_v}{P_s+P_d+P_v}$
Landsat-8 和 Radarsat-2	mNDVI	mNDVI = NDVI×Rf
	mRVI	mRVI = RVI×Rf
	Hvi	Hvi = vi×H
	αvi	αvi = vi×exp（α/90）
	Hαvi	Hαvi = vi×H×exp（α/90）

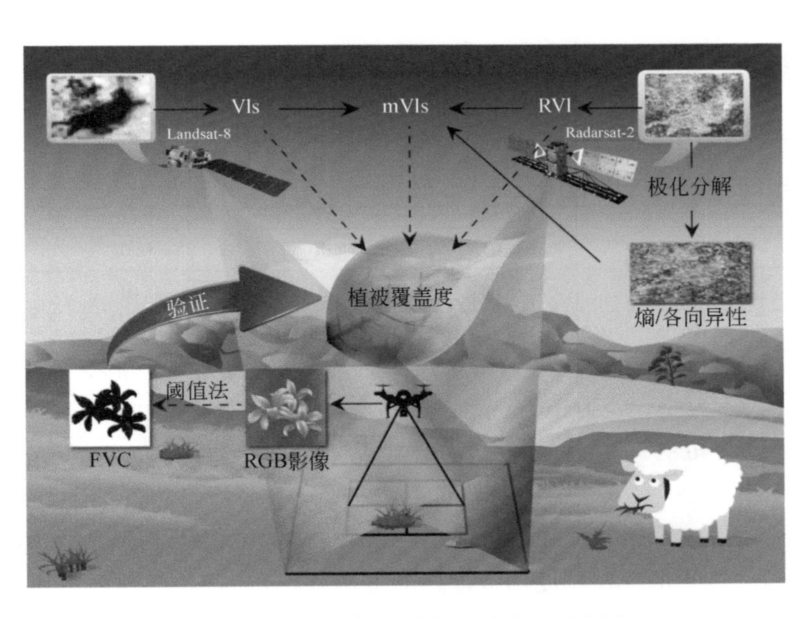

图 8-31　降尺度植被参数反演方法示意图

PSONN 是一种结合粒子群优化算法的神经网络。粒子群中的每个粒子都代表一个问题的可能解。每个粒子单独搜索的最优解称为个体极值，粒子群中的最优个体极值就是当前的全局最优解，我们将该算法应用于神经网络中隐节点权值的计算，并采用批量梯度下降算法［式（8-19）和式（8-20）］优化损失函数。

$$\mathrm{H\alpha NDVI_{log}}=\frac{1}{1+\exp[-7.03+6.52\times(\mathrm{NDVI})+1.88\times(\mathrm{RVI_F})+4.47\times(H)+0.006\times(\alpha)]} \tag{8-17}$$

$$\mathrm{H\alpha RVI_{log}}=\frac{1}{1+\exp[-8.26+1.55\times(\mathrm{RVI})+1.89\times(\mathrm{RVI_F})+4.94\times(H)+8\times10^{-6}\times(\alpha)]} \tag{8-18}$$

$$h_\theta(x)=g(\theta^{\mathrm{T}}x)=\frac{1}{1+\exp(-\theta^{\mathrm{T}}x)} \tag{8-19}$$

$$\theta_n'=\frac{\partial J(\theta)}{\partial\theta_n}=-\frac{1}{m}\sum_{i=1}^{m}[y^i-h_\theta(x^i)]x_n^i \tag{8-20}$$

式中，$\theta^{\mathrm{T}}x=\theta_0+\theta_1x_1+\cdots+\theta_nx_n$，$m$ 为采样数。

8.4.3.1　新型植被指数与传统植被指数的模拟对比

分别使用5种传统植被指数和11种本研究提出的新型植被指数对研究区的FVC进行模拟，各植被指数反演FVC中所使用的$\mathrm{VI_{soil}}$与$\mathrm{VI_{veg}}$如表8-11所示，结果显示单独使用一种遥感数据生成的植被指数可以反映FVC在区域空间尺度上的整体变化趋势，但精度略有偏差，NDVI的模拟精度为0.53，略高于RVI和Rf。其中NDVI和RVI对于位于山地、FVC为0至15%的像元有一定程度偏高的估计，而对于位于河谷两侧湿地及上游河源位置的像元模拟偏差则较大；使用非相干目标极化分解获得的雷达植被指数也不能克服在低盖度地区偏高的数值估计［图8-32（a）］。

表8-11　锡林河流域纯土壤和植被像元下植被指数值

指数名称	$\mathrm{VI_{soil}}$	$\mathrm{VI_{veg}}$	指数名称	$\mathrm{VI_{soil}}$	$\mathrm{VI_{veg}}$
NDVI	0.07	0.55	HαRf	0.33	0.87
RVI	1.19	2.61	HmNDVI	-0.02	0.35
Rf	0.32	0.95	αmNDVI	0.01	0.63
mNDVI	0.05	0.95	HαmNDVI	-0.03	0.56
mRVI	0.44	2.56	HmRVI	0.16	1.94
HRf	0.22	0.93	αmRVI	0.49	3.64
αRf	0.52	1.02	HαmRVI	0.16	3.15

图8-32（b）表明，将两种遥感数据结合得到的mNDVI与mRVI在反演FVC的精度上有了明显提升，二者的模拟精度均可提高至0.7，这与Xu等[88]在鄱阳湖融合GF-1光学植被指数与Radarsat-2极化分解的雷达植被指数反演LAI的效果相近。相比于NDVI，mNDVI中低等覆盖度草原的反演精度有一定程度的提高，而mRVI则在高覆盖度的河谷湿地表现出较为准确的预测，但二者在有裸露岩石的山地草原仍存在一定的误差。

利用两种极化分解方法，单独基于Radarsat-2构建了3个mVIs，与$\mathrm{RVI_F}$指数模拟相比，在一定程度上提高了植被覆盖度反演精度［图8-33（a）］。但是与以往研究的光学红外遥感结果相比［图8-32（a）］，该方法仍然存在一定的误差，特别是在中、低植被覆盖

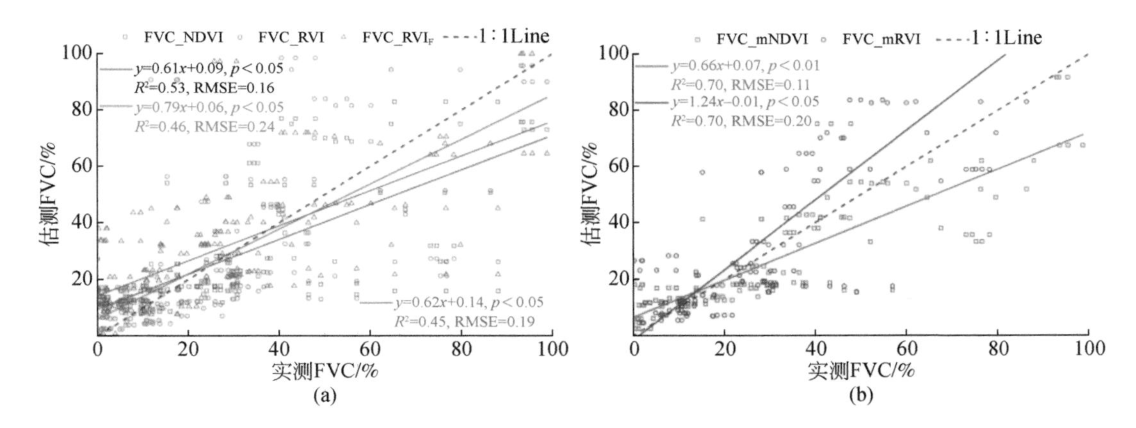

图 8-32　基于传统植被指数的植被覆盖度反演值与实测值对比

度的山地草地上。因此，虽然微波雷达可以描述复杂的各向异性介质，但在植被覆盖度研究中，无法直接有效地识别植物的绿色部位，而光学红外遥感可以弥补这一不足。这一看法与 Zhao 等[84]总结利用多源遥感监测中国生态环境和生物多样性的概念相似。

结合从两颗遥感卫星获得的 5 个地表参数，可以获得 6 个新型植被指数［图 8-33（b）和图 8-33（c）］，使用逻辑回归建立的两个新型植被指数［式（8-17）和式（8-18）］模拟 FVC 的结果见图 8-33（d）。结果表明，使用 HαmNDVI 和 HαmRVI 模拟 FVC 的 R^2 超过 0.80，其均方根误差接近 0.10，说明综合了像元光谱、散射和复杂混乱信息的新型植被指数在模拟 FVC 中具有较高的精度及相对更小的误差，其不仅有效弥补了单一植被指数在 FVC 较高的河谷湿地由于高含水量引起的波动［图 8-32（a）］；还克服了单独使用合成孔径雷达时，在中低盖度复杂地物草原的过高估计［图 8-33（a）］。

此外，植被指数与散射熵相结合比植被指数与各向异性相结合具有更高的模拟精度和更低的误差。这说明在缺乏降水的半干旱草原，由于植被的长势较差，低矮的草本植物很难覆盖类似岩石、动物粪便、立枯等其他非植株地物，即引起单位像元各向异性的因素不止于植被，散射墒情的变化更符合垂向盖度的分布规律。

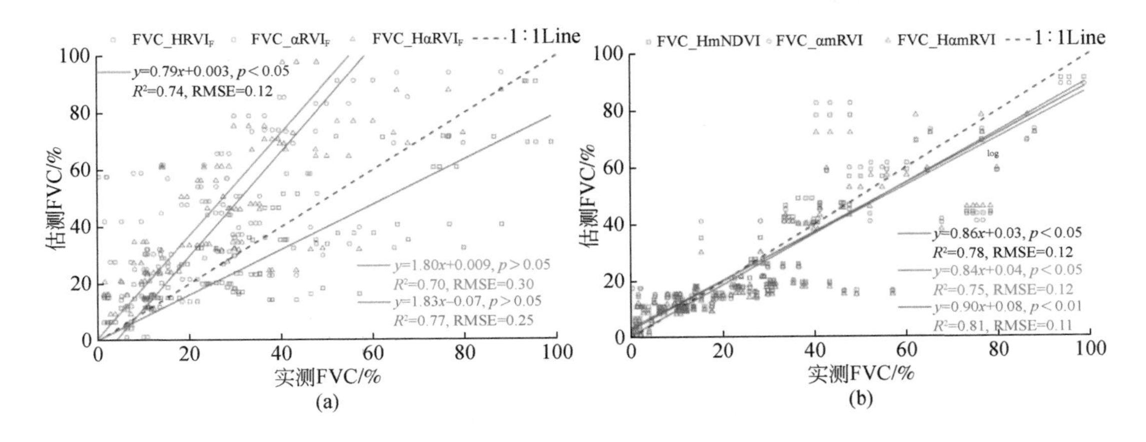

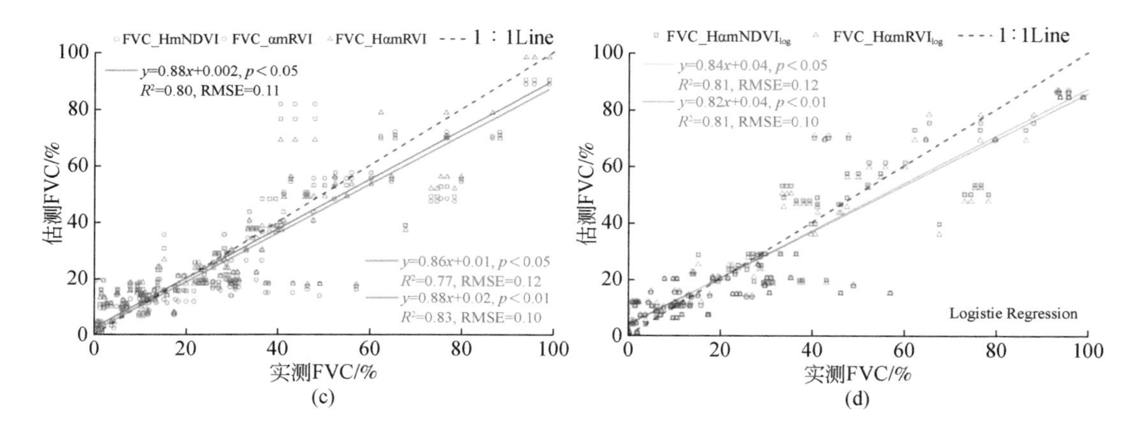

图 8-33　基于新型植被指数覆盖度反演值与实测值对比

新型植被指数对于个别 FVC 在 30%~60% 的试验点位会有一定程度的错误估计，这些点位的三种植被指数和各向异性在研究区均处于中低水平，但散射熵却很高。研究发现，出现这种现象的调查点位大都分布在河谷南侧的台地，由平原向山地过渡的陡峭地貌阻绝了水汽，快速抬升的花岗岩层也使得地下潜层水位偏低，二者共同造成了台地植株平均高度不足 10cm 且多为一年生、以灰绿藜（*Chenopodium glaucum*）、刺穗藜（*Chenopodium aristatum*）为主的蒿类杂草。相较于牧草，这些蒿类在 7 月中旬便进入花期，生殖穗大且呈黄色，研究使用的 RGB 阈值法很难对其进行识别，最终导致了部分结果的预测失准。

为了进一步探究新型植被指数在半干旱草原地区的可行性及适用性，研究对两种遥感获取的五种参量在不同盖度下的相关性进行分析（图 8-34），整体来看，五种参量的平均相关指数表现出在低等和高度覆盖度下为正，中等覆盖度下为负的二次曲线趋势；累计相

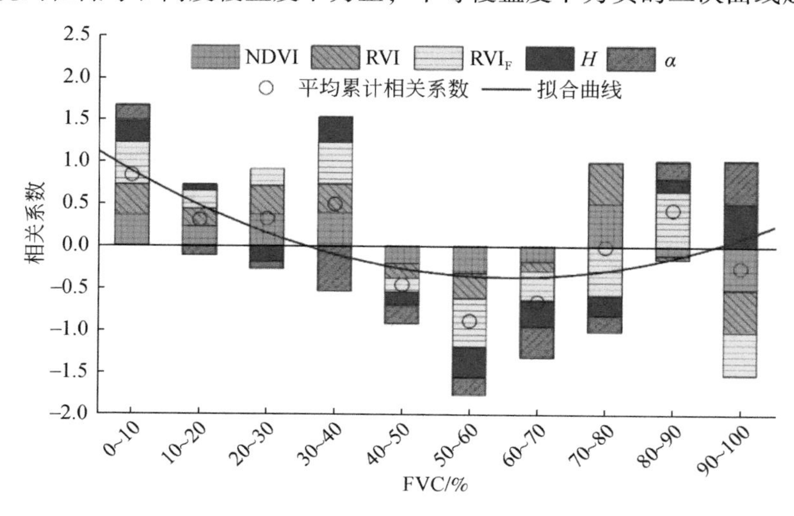

图 8-34　不同植被覆盖度下 5 个遥感指数与植被覆盖度的相关性分析

关指数呈现随 FVC 提升而缓慢上升的趋势。在相关性大小方面，Rf 与 FVC 的相关性最强；散射熵在中高覆盖的草原相关性较高，且有随盖度增加的趋势，说明植被的增加会明显提升像元中地物的混乱程度，在反演过程中可起到较高的区分度；由于计算 NDVI 和 RVI 的波段相同，二者对不同盖度的相关指数大小一致，这与 Wang 等[85]在基于不同尺度检测柑橘冠层和叶片叶绿素含量的研究中，植被与 NDVI 和 RVI 两种植被指数的相关性结果基本一致。在相关性指数的正负方面，由于 NDVI、RVI 和 Rf 三者占相关总量的比值较大，其基本表现出与平均相关值相同的趋势；各向异性与 FVC 基本都保持负相关。

8.4.3.2 植被覆盖度的预测

尽管本节研究提出的多种新型植被指数在研究区的 FVC 反演过程中具有较高的模拟精度，但手动确定植被指数中地表参量的组合形式仍具有较大的局限性，对 FVC 的反演结果也尚未达到最佳状态。研究遂使用 PSONN 尝试关联不同地表参量之间的隐藏关系，预测研究区的 FVC。神经网络模型设计 1 个输入层，分别对应五种地表参量，10 个隐藏层以及一个输出层（图 8-35）。使用 70% 的数据进行建模，15% 用于模型检验，15% 用于模型预测，结果如图 8-36 所示。

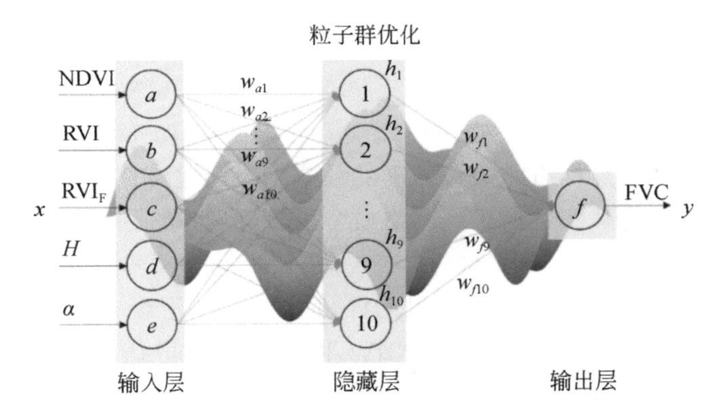

图 8-35 输入 Landsat-8 和 Radarsat-2 数据反演 5 个地表参数的粒子群神经网络模型流程图

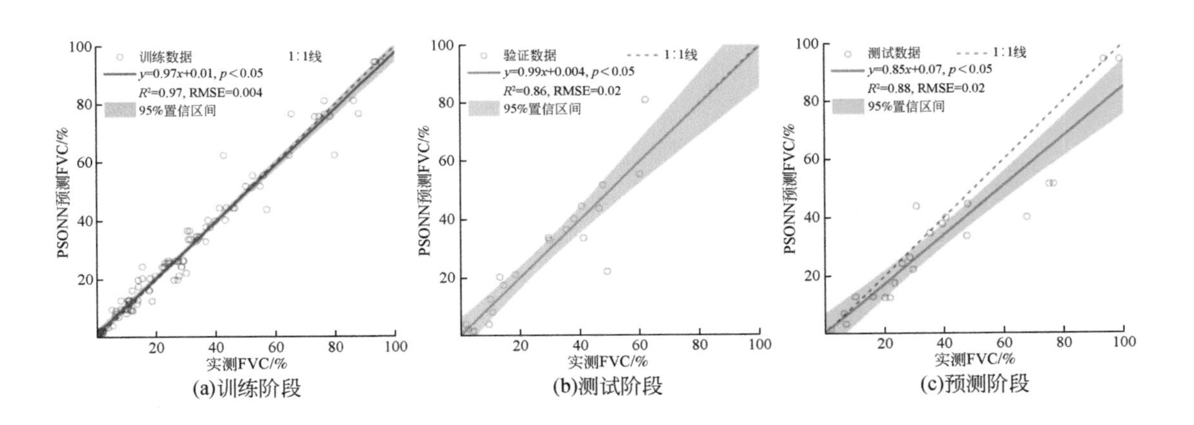

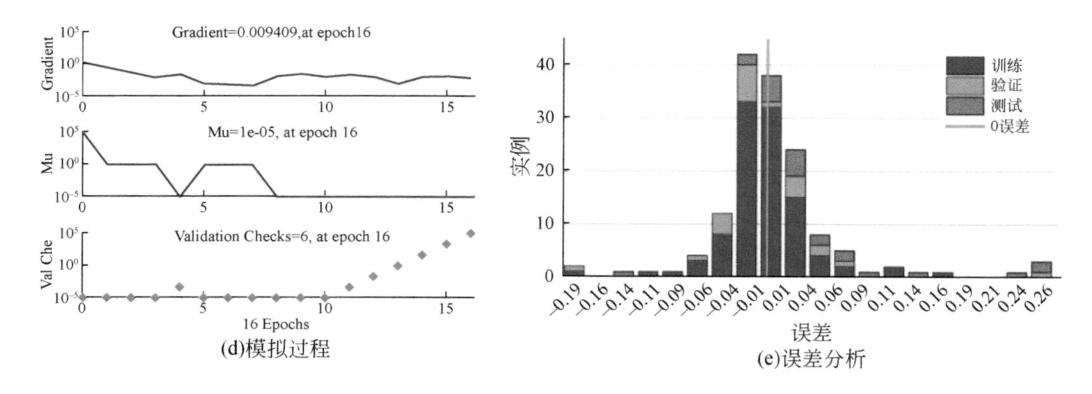

(d)模拟过程

(e)误差分析

图 8-36 使用粒子群神经网络（PSONN）模拟 FVC 与实测值的比较

由于 PSONN 可以深度挖掘输入与输出变量间的关系，模型的建模精度可以达到 0.97［图 8-36（a）］，在检验和预测阶段的模拟值也基本都包含在 95% 的置信区间内，这既说明了研究建立的遥感地表参量-植被 FVC 模型具备较高的可信度，也说明复合植被指数模型存在一定的提升空间，可以继续通过进一步优化参数结构对模型精度进行提升，这与 Kumar 等[86]在使用人工智能算法优化输入合成孔径雷达后向散射数据来反演植被参数的水云模型的研究看法一致。由误差分析图［图 8-36（e）］可知，误差小于±0.05 的模拟值超过 80%，这其中有三分之二的点位模拟误差分布在±0.01 的区间内，河谷湿地、疏林沙地、喷灌区等景观调查点样方植被覆盖度的预测结果误差均在零误差线附近，表明研究建立的这种非线性、多隐藏参数的神经网络模型可较好地识别遥感数据集与地表观测值之间的潜在联系。

利用 16 个植被指数对 FVC 预测结果的评价表明，基于现有植被指数的新型植被指数能够有效提高 FVC 的预测精度。HαmNDVI 和 HαmRVI 得到了最显著的改善，使用线性回归系数和允许误差评估的精度最高，均方根误差和卡方值也很小。PSONN 模型预测结果更加准确，说明了融合 Cloud-Pottier 目标特征分解对 FVC 进行预测的可能性。利用模拟效果最好的 HαmRVI 和 PSONN 模型，我们在 8m 分辨率下预测了整个研究区的 FVC（图 8-37）。

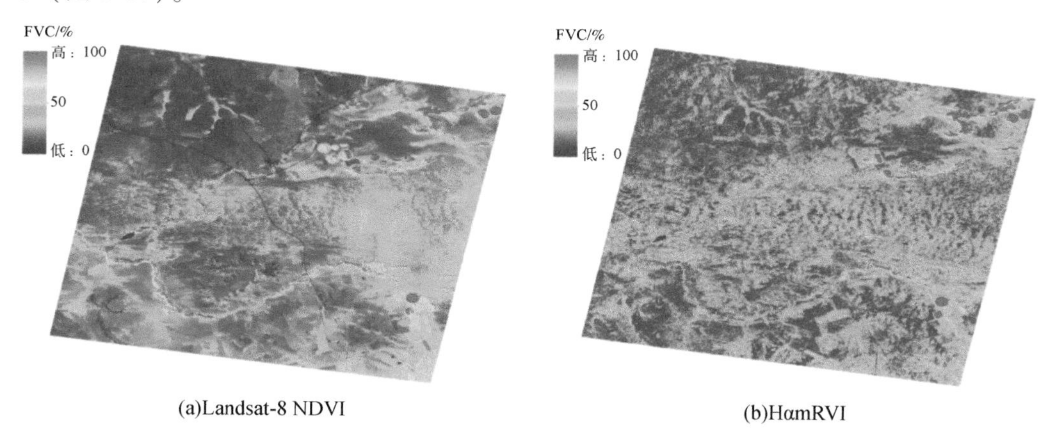

(a)Landsat-8 NDVI

(b)HαmRVI

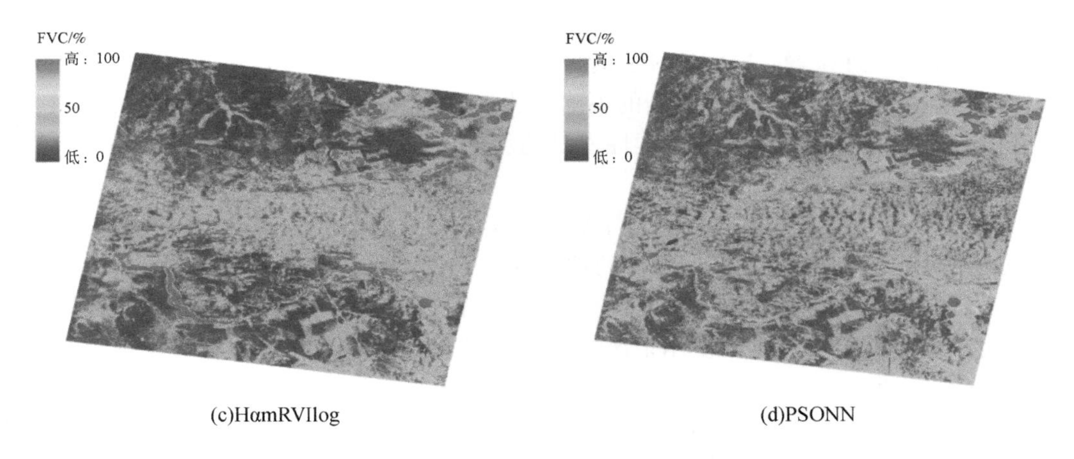

(c)HαmRVIlog　　(d)PSONN

图 8-37　对比使用四种方法反演预测植被覆盖度

与低分辨率（30m）的 Landsat-8 反演结果［图 8-37（a）］相比，优化后的 FVC 预测方法提供了更详细的信息，并保留了原始的变化趋势。例如，由于山谷湿地和喷灌农田估算更加准确，甚至可以区分非耕地灌溉杂草群落的生长情况。在地形和水汽形态上，研究区两河之间的中东部地区是一个独特的天然小叶锦鸡儿和榆树沙丘。对于典型半干旱区起伏沙丘的 FVC 预测仍然适用，良好的图像分辨率甚至可以清晰区分固定沙丘沟道内的阳坡和阴坡。阳坡蒸发量大，植被稀疏，FVC 低，而阴坡可以更有效地储水，大面积存在耐寒耐旱的柠条灌木，榆树分布较多（图 8-38）。

图 8-38　固定沙丘沟谷阴坡与阳坡植被覆盖度比较

注：阴坡有灌木生长，阳坡裸露

8.4.3.3　拓展与讨论

尽管使用神经网络模型结合光学红外遥感和合成孔径雷达数据预测 FVC 的降尺度新方法在绝大多数情况下表现良好，但其仍表现出一定程度的失准与不足。主要原因可以总结为以下两点。

1）验证实测数据的判定：RGB 阈值法的精准度和鲁棒性问题。试验误差无法避免，因此保证其维持在合适的范围内是十分必要的。在拍摄用于遥感反演结果验证的野外实测

RGB 照片时，受区域、时域以及天气的影响，拍摄环境不能保证统一。为了弥补这样的不足，我们对不同地理位置、时间段和实时天气进行了分组并分别设置不同阈值以避免算法引起较大误差，实际上这又会出现新的不确定性——由操作人员的观察和判断能力引起少量主观误差[86]，这种误判可能是连续性或是趋势性的，操作人员对于 FVC 的判断可能会整体偏高或偏低。

2）模型训练数据集的内容：实测样本数量及所含类型引起的问题。观察和对比图 8-37 可以发现使用 PSONN 模型进行区域的预测存在一定不足，主要表现在图 8-37（b）中道路不明显以及村庄等建设用地的 FVC 偏高。尽管在试验方案中覆盖了研究区所含的所有地貌、植被类型以及土地使用情况，但这些试验点位都是针对非建筑用地进行布设的，而输入神经网络的训练集却缺乏这部分无盖度数据，导致此类地区虽能明显辨识其轮廓，但实际预测数值失准，该看法与 Jonathan 等[87]在一种不依赖于训练数据点的数量与其他区间预测模型的神经网络方法研究中，对于训练数据不确定性的观点近似。通过改进试验方案，即对道路、村镇建筑等无盖度像元进行实地定标，从而能够较好地解决该问题。

依据此种方法，结合多种遥感产品降尺度反演了历史植被指数数据（图 8-39），以供生态水文模型的模拟使用。

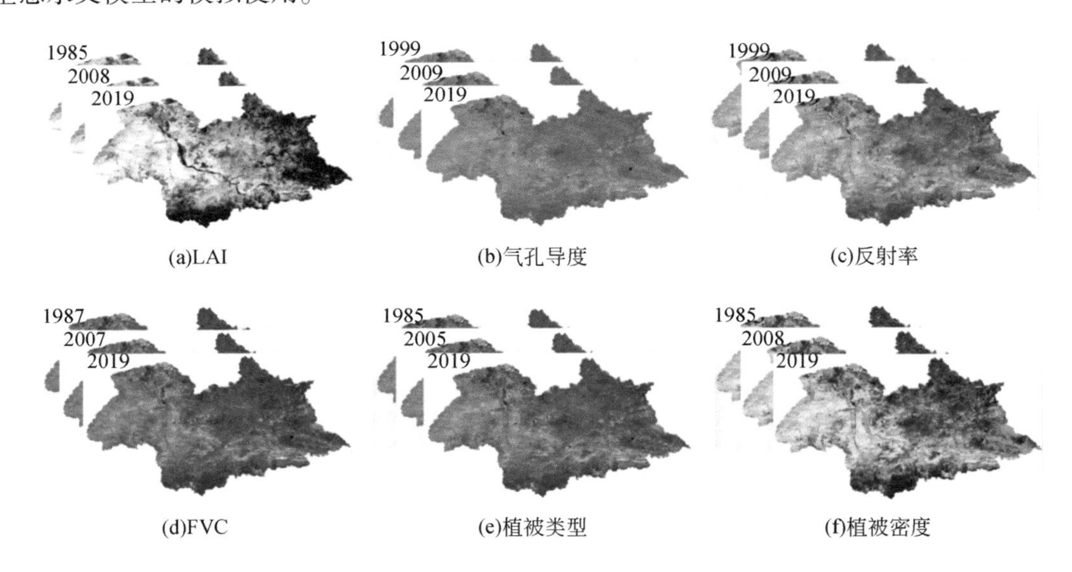

(a)LAI (b)气孔导度 (c)反射率

(d)FVC (e)植被类型 (f)植被密度

图 8-39 降尺度反演历史植被数据

8.4.4 土壤入渗尺度转化与模拟

为了同时满足测量精度和节约耗材的目的，本小节提出了 SIST 模型，其被称作是入渗模型和尺度转化模型的集合，既可以反映和模拟整个入渗过程，又可以刻画由于入渗仪管径引起的尺度效应影响，可以定义为

$$I(t,d_i,b_i)=f[g(t,b_i),h(d_i)] \tag{8-21}$$

式中，I 为累计入渗量（mm）；t 与 d_i 为入渗时间（min）、入渗仪内环直径（cm）；$b_i>0$ 为入渗仪外环缓冲系数。

入渗模型是指以入渗时间 t 为输入参量，通过土壤水分运移机理或经验公式计算累计入渗量 I（t）的一种常用方法。常见的入渗模型有建立在毛管势理论上的 Green-Ampt 模型，基于土水势的 Philip 模型[88]，以及一些经验、半经验模型[89-91]。结合多种入渗模型，大部分模型将 t 置于底数位置，也有少量将 t 置于以自然对数为底的指数位置，可以发现入渗时间与累计入渗量之间呈现较好地指数关系，为了进一步描述变化极细微的入渗中后期过程，改良的模型会增加常数项或入渗时间一次项进行补充。本研究中我们选用四个形式简单的显函数入渗模型作为 SIST 模型的 f（t）部分，这些模型分别代表了上述不同的结构特征，如表 8-12 所示。

表 8-12　四种土壤入渗尺度转化模型

模型名称	公式	参数
Philip-SIST	$I(t)=\left(\frac{1}{2}b_iSt^{-0.5}+A\right)\cdot\log\left(\omega\cdot\frac{d_i}{2}+\gamma\right)$	S 为吸附力/(cm/min$^{0.5}$)；A 为渗透率因子/(cm/min)
Kostiakov-SIST	$I(t)=(\alpha t^{\beta\cdot b_i})\cdot\log\left(\omega\cdot\frac{d_i}{2}+\gamma\right)$	$\alpha>0$ 及 $0<\beta<1$ 为无量纲经验常数
Horton-SIST	$I(t)=\left[f_c\omega b_it+\frac{(f_c-f_0)}{k}(1-e^{-kt})\right]\cdot\log\left(\omega\cdot\frac{d_i}{2}+\gamma\right)$	f_0 和 f_c 是初始入渗速率和稳定入渗速率/(cm/min)；k 是一个常数，决定了 f_0 接近 f_c 的速率
Mezencev-SIST	$I(t)=(K'\omega b_it+\alpha' t^{\beta'})\cdot\log\left[\omega\cdot\frac{d_i}{2}+\gamma\right]$	$K'>0$、$\alpha'>0$ 及 $0<\beta'<1$ 为量纲为 1 的经验常数

尺度转换函数则应满足以下两点原则，其一，符合尺度效应规律；其二，保证模拟结果在超出试验数据验证范围后仍具备物理意义和使用价值。尺度效应在 I（t，d_i）中体现为随入渗环内径的增加而逐渐增加，且这种增加趋势在不断变缓[89,92]，这十分符合底数 $a>1$ 的对数函数的趋势；在对数函数的真数部分添加一常数项可以明显提高模拟准确性。由此可以写出固定缓冲系数下的经验尺度转化模型：

$$g(d_i)=\log\left[\omega\cdot\left(\frac{d_i}{2}\right)+\gamma\right] \tag{8-22}$$

式中，ω 和 γ 是经验常数，用于调节入渗仪内环变化引起的线性效应。任意时刻的入渗速率 $K(t, d_i)$ 仍可以通过推求 SIST 模型对入渗时间 t 的偏导数计算，即

$$K(t,d_i)=\frac{\partial I[f(t),g(d_i)]}{\partial t}=\frac{\partial f(t)\cdot g(d_i)}{\partial t}=\frac{\partial f}{\partial t}\cdot\log\left[\omega\cdot\left(\frac{d_i}{2}\right)+\gamma\right] \tag{8-23}$$

式中，f（t）可替换为以入渗时间和累计入渗量为输入输出变量的入渗模型。可见 SIST 模型可以在率定参数后直接应用于栅格数据，具有良好的适应性和面尺度延展性。

8.4.4.1　模型稳定性和适用性分析

将 3 个入渗区（河谷湿地区、放牧草原区和荒漠沙丘区；图 8-29）使用 5 个不同尺寸

入渗仪在建模采样点的入渗过程整合到上述 4 个 SIST 模型中进行参数拟合。模型参数和模拟值如表 8-13 和图 8-40 所示。从图 8-41 中各 SIST 模型模拟值和实测值的分布趋势可以看出，Philip-SIST 和 Mezencev-SIST 模型的模拟精度高于其他模型。在入渗过程的后期，Kostiakov-SIST 和 Horton-SIST 模型的结果略有不同，累积入渗量随着入渗时间的增加有迅速增加的趋势。考虑到 Kostiakov-SIST 和 Mezencev-SIST 模型相对相似，可以得出入渗模量 t 的第一项能在较大程度上恢复稳定入渗，特别是当 $t\to\infty$ 时。在 Kostiakov-SIST 模型中，速率 $i(t)$ 趋于0，因此不推荐使用该模型来模拟长期入渗过程。这与 Li 等[80]比较不同入渗模型结构和模拟效果的结果一致。Horton-SIST 对入渗过程的估计存在一定的误差，即总

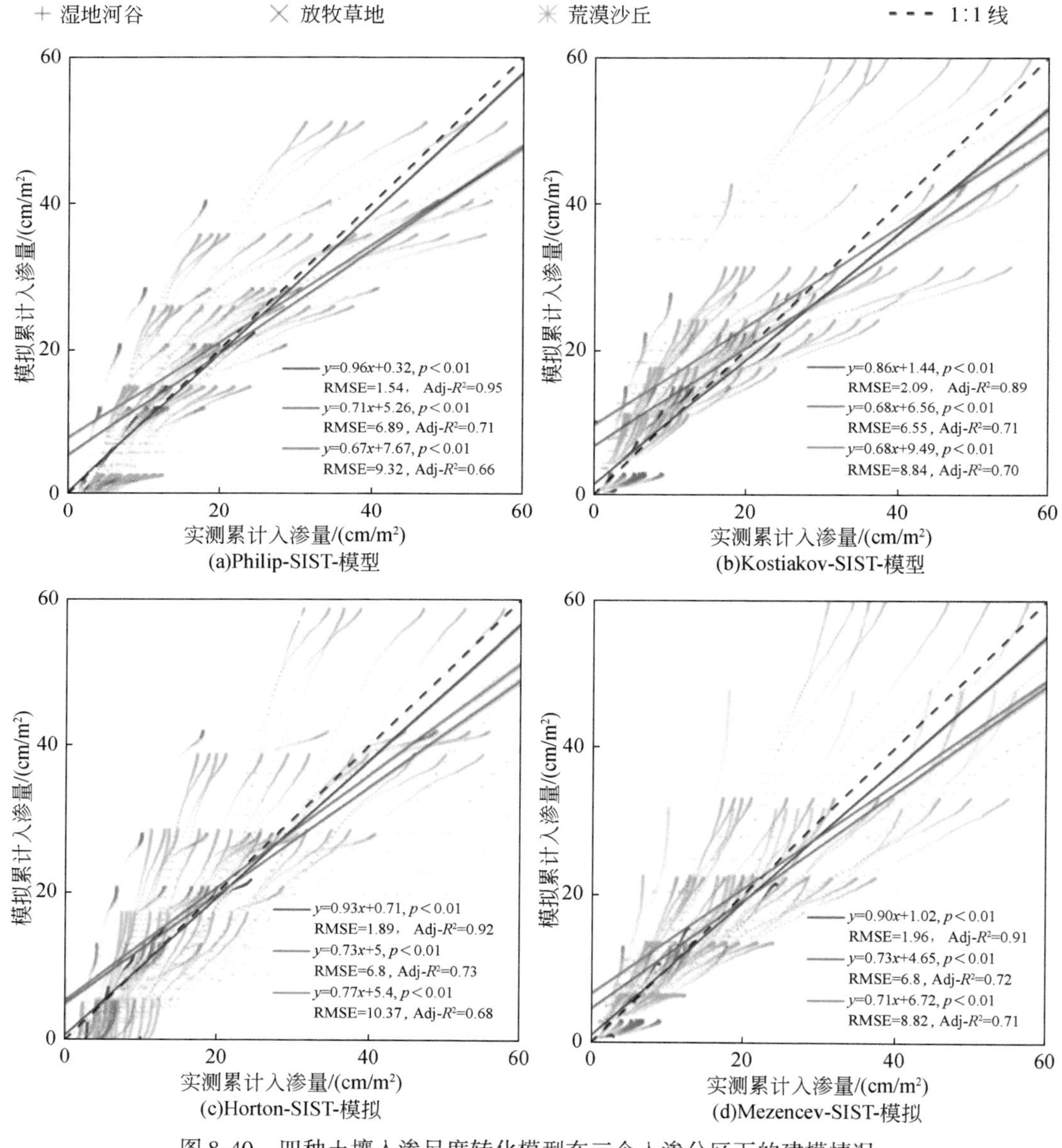

图 8-40　四种土壤入渗尺度转化模型在三个入渗分区下的建模情况

入渗量较低，主要表现为模拟值较低以及总模拟入渗量随时间增加。

三个入渗分区的入渗速率随着生态环境的恶化而增加，这种增加与表土层物理化学性质的变化密切相关。本节研究中退化的草地土壤养分耗竭，在有机质缺乏的土壤中很难形成水稳性土壤团聚体，这也加快了入渗速度，这与 Liu 等[93]和 Wang 等[94]的结果一致。在模拟精度和误差方面，入渗速度较慢的地区模拟精度较高，误差较小，入渗速度较快的地区模拟精度较低，误差略有增加（图 8-40），各参数的变化趋势相似（表 8-13）。

表 8-13　三个入渗分区四种土壤入渗尺度转化模型的参数

模型	Philip-SIST Model				Kostiakov-SIST Model			
	S	A	ω	γ	α	β	ω	γ
VW	−609.59	129.96	0.041	0.72	43.21	0.25	0.056	0.60
PG	−685	126.551	0.098	0.32	66.42	0.37	0.047	1.23
DS	−908.07	166.52	0.092	0.36	158.28	0.42	0.032	0.78

模型	Horton-SIST Model					Mezencev-SIST Model				
	f_0	f_c	K	ω	γ	K'	α'	β'	ω	γ
VW	14.61	0.67	0.24	0.093	0.27	−6.65	21.56	0.28	0.13	0.096
PG	18.96	2.74	0.091	0.055	0.54	−24.34	40.57	0.29	−0.043	1.17
DS	35.17	3.74	0.18	0.042	0.68	−19.14	71.82	0.34	0.033	0.77

注：表中 VW、PG、DS 分别表示河谷湿地区、放牧草原区和荒漠沙丘区。

将未纳入模型的验证样点的入渗过程带入上文建立的四种 SIST 模型进行检验。结果如图 8-41 所示，结果显示 4 个 SIST 模型的测试精度与建模阶段基本一致。在河谷湿地区，检验的 Adj-R^2 超过了 0.9，放牧草原区的 Adj-R^2 为 0.8 ~ 0.9，在荒漠沙丘区为 0.7 ~ 0.8。与建模阶段相比，三个入渗分区的检验精度和误差也表明，渗透速度较慢，模拟精度较高，误差较小。在渗透相对较快的地区，精度降低，误差略有增加。

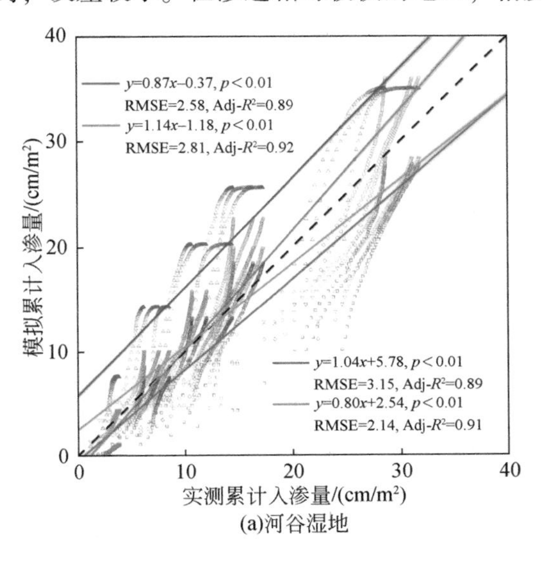

(a)河谷湿地

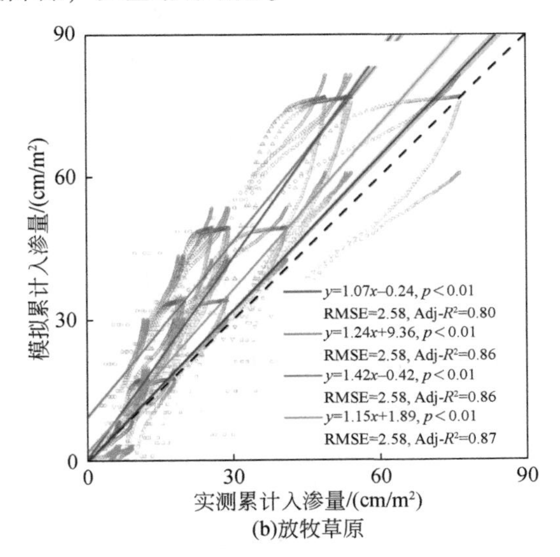

(b)放牧草原

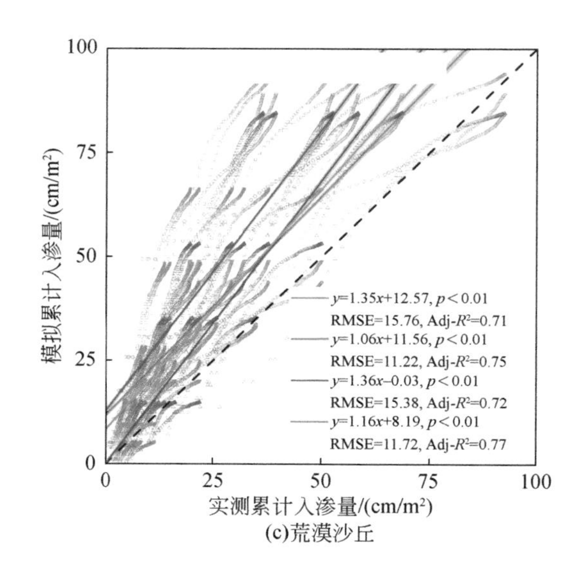

(c)荒漠沙丘

图 8-41　三个入渗分区四种土壤入渗尺度转化模型的检验

8.4.4.2　去尺度效应的区域模拟

鉴于 SIST 模型在锡林河流域较好地适应性，利用四种 SIST 模型，采用恒定的外环缓冲系数（b_i=0.33）模拟直径为 10 至 300cm 的内环的渗透过程。利用式（8-23）计算不同入渗过程的入渗速率，并确定其变化速率，以说明入渗速率是否达到稳定。通过对大量土壤入渗研究的分析，发现稳定入渗状态一般受入渗率下降 1 至 5% 的变化限制。为了细致描述 SIST 模型对入渗中后期阶段的模拟，入渗状态稳定的临界条件是考虑入渗速率的变化小于等于 1%（图 8-42）。

随着内环直径的增大，入渗速率逐渐减小，入渗过程随时间的变化趋于平缓。这种模式符合理论土壤水分垂直一维流动变化趋势[88,91]。Kostiakov-SIST、Horton-SIST 和 Mezencev-SIST 模型在三个入渗区均有相同的 1% 入渗速率变化率曲线，而 Philip-SIST 模型在河谷湿地区入渗速率相对较快。

随着入渗仪内径的增大，稳定入渗时间逐渐收敛，双环入渗试验的尺度效应消失。确定最优内圈直径的 4 个认定模型在研究区和计算的稳定入渗率 3 个渗透区（表 8-14）。结果表明，当d_i在 90～140cm 以上且b_i=0.33 时，入渗环带来的尺度效应可以基本上排除。与其他 3 种模型相比，Philip-SIST 预测的能够克服尺度效应的最小b_i略大，其在 3 个入渗分区的稳定速率都略低。

使用前文建立的四种 SIST 模型，对 3 个入渗分区中 1km×1km 栅格精度下，利用 30cm 内环管径的双环入渗仪测定的稳定入渗率，进行了去尺度效应处理并与之前结果进行对比，结果如图 8-43 所示。虽然四种 SIST 模型的形式不同，但研究区土壤入渗速率预测基本呈东高西低的趋势。其中，靠近两条支流交汇处的中西部地区入渗速率最低，而东部沙丘入渗速率更快，这与黎明扬等[79]的结果一致。在模拟值上，Philip-SIST、Kostiakov-SIST

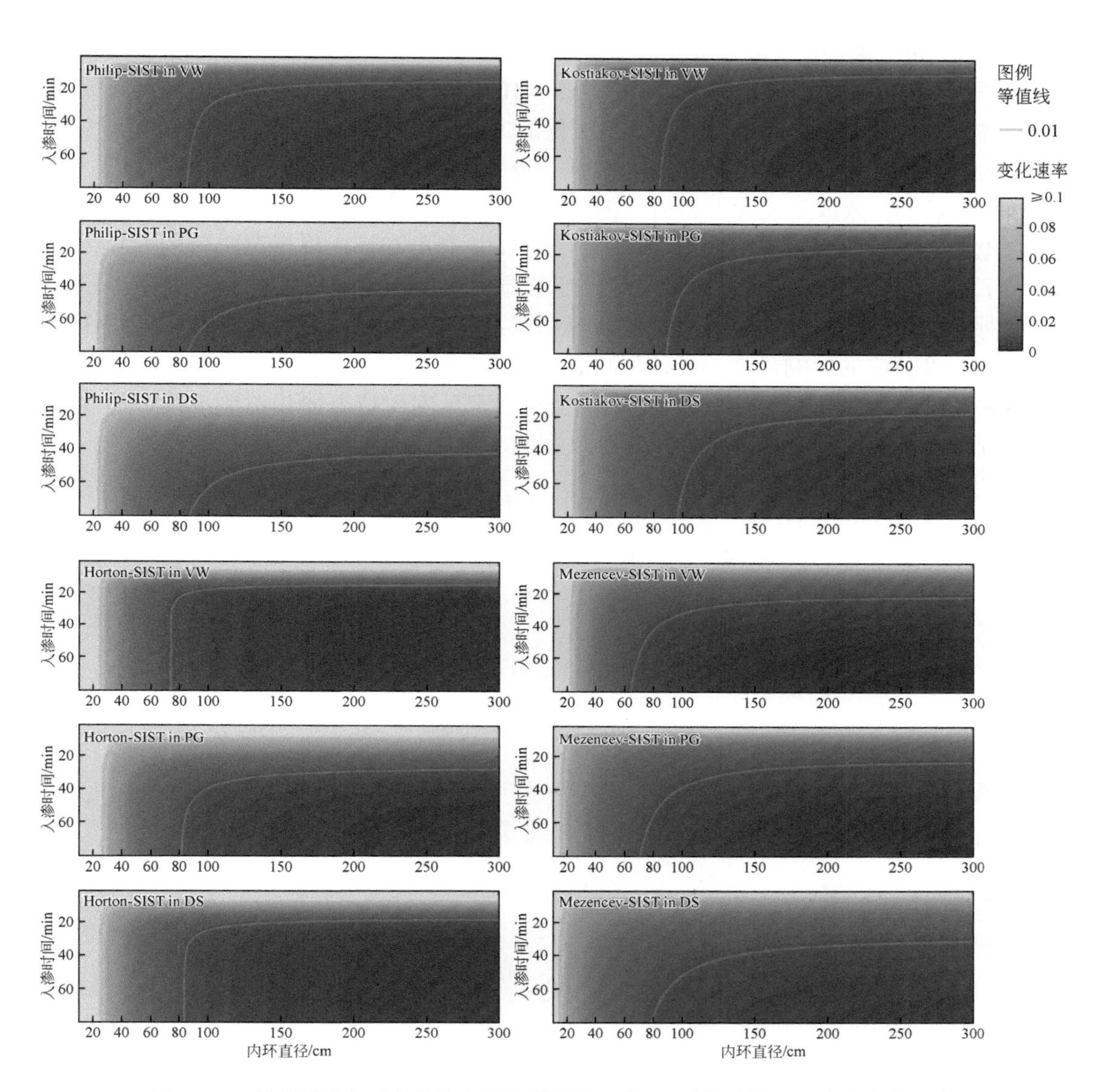

图 8-42　利用不同内环直径的入渗仪模拟了 4 种 SIST 模型的入渗速率变化速率

表 8-14　利用 4 种 SIST 模型预测锡林河流域最优入渗仪的内环直径和稳渗率

模型名称		Philip-SIST	Kostiakov-SIST	Horton-SIST	Mezencev-SIST
最佳内径 /cm	VW	120	105	90	105
	PG	140	115	105	105
	DS	140	125	95	120
稳定入渗率 /cm/(min · m^2)	VW	0. 13	0. 15	0. 17	0. 22
	PG	0. 21	0. 28	0. 35	0. 33
	DS	0. 34	0. 40	0. 37	0. 45

和 Mezencev-SIST 模型的上下极值相似，而 Mezencev-SIST 模型的最小预测值最低［图 8-43（d）］，更接近于河谷湿地的真实入渗速率。Horton-SIST 模型在荒漠沙丘区具有较高的预测趋势，特别是在研究区边缘植被盖度极低的地区。这些结果表明，尺度效应大大降低了实测入渗速率，这与前期验证阶段的结果一致，使用该模型模拟入渗后期的总入渗量，会导致入渗后期的入渗量被大大高估［图 8-43（c）］。

对比 SIST 模型预测稳定入渗速率与使用 40cm 内径的双环入渗仪测定值的差异，有利于我们了解不同 SIST 模型对于双环入渗尺度效应的判定标准与忖度范围。结果显示，各模型在对于尺度效应的影响判定也是河谷湿地区<放牧草原区<荒漠沙丘区，其中 Horton-SIST 预测尺度效应的影响最大，导致预测值相对于实测值被大大高估［图 8-43（g）］。结合模拟和预测结果，推断 Mezencev-SIST 模型在确定尺度效应方面相对更准确，即预测结果更接近实际实测值，模型具有更好的模拟效果。

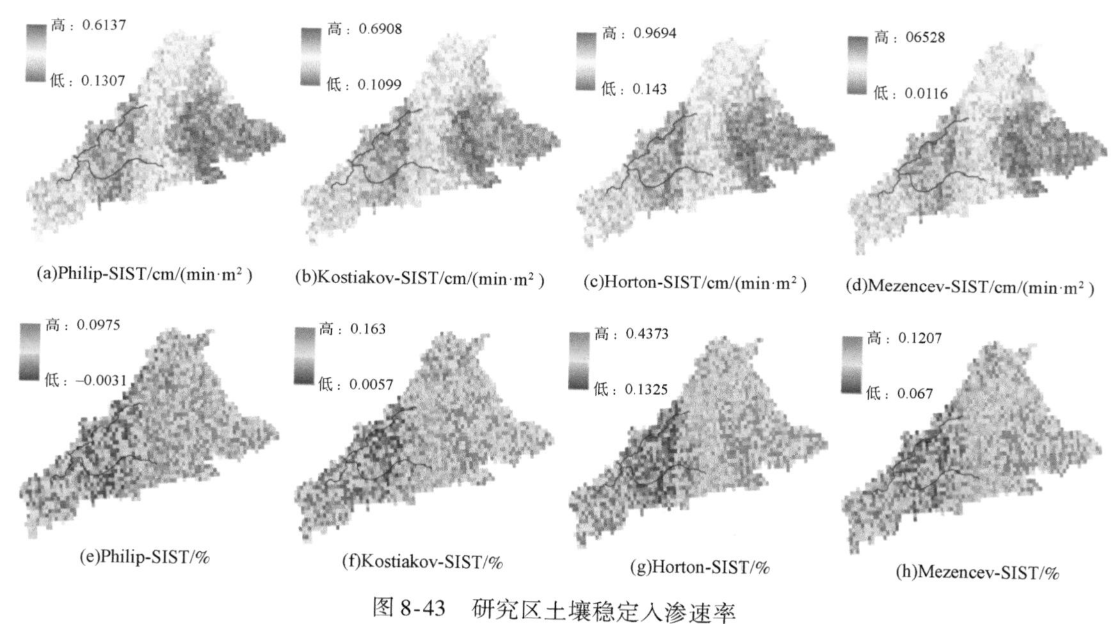

图 8-43　研究区土壤稳定入渗速率

注：（a）～（d）为四种 SIST 模型模拟无尺度效应影响下的稳定入渗速率；（e）～（h）为四种 SIST 模型与使用 40cm 内径的双环入渗仪测定的稳定入渗速率差异

8.4.4.3　拓展与讨论

本节研究建立的 SIST 模型仍存在一定的不足与不确定性，主要可以总结为经验模型缺乏机理支持和模块间的组合方式有待考证。内环尺度转化模块使用两个经验常数与一个输入参数构建起内环变化效应过程，通过融合入渗模块的非线性入渗总量时间序列，从而搭建基于试验条件与测量结果的去尺度效应经验模型。该模型虽然在数值模拟中表现出较好的适应性，但其仅属于利用统计学方法建立的经验模型，缺乏一定的土水势能转化理论与土壤物理学水分运移机制的支撑。另外通过研究结果我们可以发现，研究建立的 SIST 模型与直接使用入渗模型的效果不同，形式复杂的入渗模型模拟入渗过程的效果较好

(Horton 模型)，而入渗模块比较复杂的 SIST 模型，反而有偏离实际的预测趋势（Horton-SIST 模型）。理论上我们认为，参数多的模型具有更好的模拟效果，上述情况也侧面反映出 SIST 模型在入渗与去尺度效应模块间的组合方式存在一定问题。

通过本节中的野外试验，在锡林河流域采集了大量土壤理化性质样本，并将它们制备成可供 DDPM 模型使用的数据集，部分结果展示于图 8-44 中。

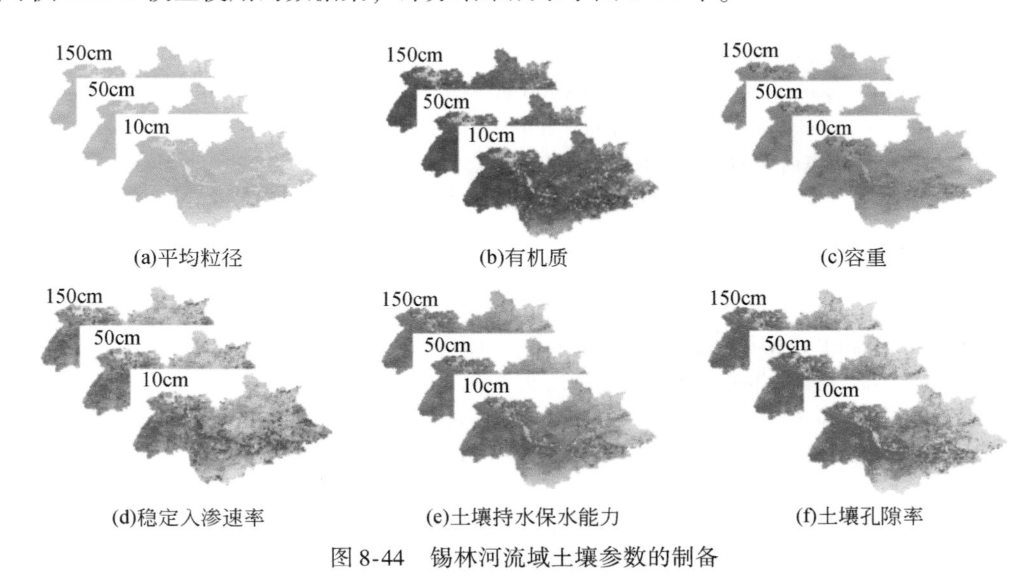

图 8-44　锡林河流域土壤参数的制备

8.4.5　小结

本小节通过提出多种新型植被指数和四种 SIST 模型，降尺度反演了流域地表植被参数，模拟了有关土壤入渗的参数，同化了多种植被土壤数据，为 DDPM 模拟流域生态水文过程提供了数据基础。

1）基于 Landsat-8 波段运算获得的 NDVI、RVI 和基于 Radarsat-2 两种极化分解模型计算的 Rf、散射熵以及各向异性在半干旱草原型流域与地表 FVC 均表现出较高的相关性，通过栅格转化的降尺度过程，可以在较精细的 8m 尺度上有效高精度预测地表 FVC，PSONN 能够更精准地预测 5 种混合像元参量与地表实测数据之间的隐藏关系，有助于为半干旱草原地区的生态水文模拟工作提供实施技术方面较为简单、反演精度较为准确的高分辨率 FVC 格网数据。

2）四个模型对五种不同尺寸的双环入渗仪入渗过程的模拟效果较好，在研究区的 3 个入渗分区的模拟精度 R^2 为 0.68 ~ 0.83，利用均值检验的精度均超过 0.9，通过 4 种 SIST 模型模拟不同内径的双环入渗过程，研究认为使用内环管径大于 200cm，外环缓冲系数为 0.33 的双环入渗仪可以在半干旱草原型流域基本摆脱测量时的尺度效应，综合多要素考量，Mezencev-SIST 模型对尺度效应的判定相对更加准确，预测结果更接近于实际，具有较好的应用前景。

参考文献

[1] Dai C, Kang M Y, Wen-Yao J I, et al. Responses of belowground biomass and biomass allocation to environmental factors in central grassland of Inner Mongolia. Acta Agrestia Sinica, 2012, 20 (2): 268-274.
[2] Scurlock J M O, Johnson K, Olson R J. Estimating net primary productivity from grassland biomass dynamics measurements. Global Change Biology, 2002, 8 (8): 736-753.
[3] 中华人民共和国农业部畜牧兽医司 等编. 中国草地资源数据. 北京: 中国农业科技出版社, 1994.
[4] Jian N. Carbon storage in terrestrial ecosystems of China: Estimates at different spatial resolutions and their responses to climate change. Climatic Change, 2001, 49 (3): 339-358.
[5] 李博. 我国草地生态研究的成就与展望. 生态学杂志, 1992 (3): 1-7.
[6] 朴世龙, 方精云, 贺金生, 等. 中国草地植被生物量及其空间分布格局. 植物生态学报, 2004, 28 (4): 491-498.
[7] Schlesinger W H. Carbon balance in terrestrial detritus. Annual Review of Ecology & Systematics, 1977, 8 (1): 51-81.
[8] Cao M, Woodward F I. Net primary and ecosystem production and carbon stocks of terrestrial ecosystems and their responses to climate change. Global Change Biology, 1998, 4 (2): 185-198.
[9] Turner D P, Ritts W D, Cohen W B, et al. Site-level evaluation of satellite-based global terrestrial gross primary production and net primary production monitoring. Global Change Biology, 2005, 11 (4): 666-684.
[10] 辛晓平, 张保辉, 李刚, 等. 1982—2003年中国草地生物量时空格局变化研究. 自然资源学报, 2009, 24 (9): 1582-1592.
[11] 王彦龙, 马玉寿, 施建军, 等. 黄河源区高寒草甸不同植被生物量及土壤养分状况研究. 草地学报, 2011, 19 (1): 1-6.
[12] Knapp A K, Smith M D. Variation among biomes in temporal dynamics of aboveground primary production. Science, 2001, 291 (5503): 481.
[13] Carlyle C N, Fraser L H, Turkington R. Response of grassland biomass production tosimulated climate change and clipping along an elevation gradient. Oecologia, 2014, 174 (3): 1065-1073.
[14] Falkowski P, Scholes R J, Boyle E, et al. The Global Carbon Cycle: A Test of Our Knowledge of Earth as a System. Science, 2000, 290 (5490): 291-296.
[15] 方精云, 唐艳鸿, SON Y H. 碳循环研究: 东亚生态系统为什么重要. 中国科学: 生命科学, 2010, 40 (7): 5-9.
[16] Chen B, Zhang X, Tao J, et al. The impact of climate change and anthropogenic activities on alpine grassland over the Qinghai-Tibet Plateau. Agricultural & Forest Meteorology, 2014, s 189-190 (189): 11-18.
[17] 除多, 普布次仁, 德吉央宗, 等. 西藏典型草地地上生物量季节变化特征. 草业科学, 2013, 30 (7): 1071-1081.
[18] 黄德青, 于兰, 张耀生, 等. 祁连山北坡天然草地地下生物量及其与环境因子的关系. 草业学报, 2011, 20 (5): 1-10.
[19] 杨婷婷, 高永, 吴新宏, 等. 小针茅草原植被地下与地上生物量季节动态及根冠比变化规律. 干旱区研究, 2013, 30 (1): 109-114.
[20] Jian N. Carbon storage in grassland of China. Journal of Arid Environments, 2002, 50 (2): 205-218.
[21] 王庚辰. 温室气体浓度和排放监测及相关过程. 北京: 中国环境科学出版社, 1996.

[22] Ni J. Forage yield-based carbon storage in grasslands of China. Climatic Change, 2004, 67 (2-3): 237-246.
[23] Ni J. Estimating net primary productivity of grasslands from field biomass measurements in temperate northern China. Plant Ecology, 2004, 174 (2): 217-234.
[24] 马文红，方精云．中国北方典型草地物种丰富度与生产力的关系．生物多样性，2006，14 (1): 21-28.
[25] Bai Y, Han X, Wu J, et al. Ecosystem stability and compensatory effects in the Inner Mongolia grassland. Nature, 2004, 431 (7005): 181-184.
[26] 邓蕾，上官周平．陕西省天然草地生物量空间分布格局及其影响因素．草地学报，2012，20 (5): 825-835.
[27] Coupland R T. Grassland ecosystems of the world: Analysis of grasslands and their use. Quarterly Review of Biology, 1998.
[28] Bai Y, Wu J, Xing Q, et al. Primary production and rain useefficiency across a precipitation gradient on the Mongolia Plateau.. Ecology, 2008, 89 (8): 2140.
[29] Fang J Y, Yang Y H, Ma W H, et al. Ecosystem carbon stocks and their changes in China's grasslands.. 中国科学：生命科学，2010，53 (7): 757.
[30] Yang Y, Fang J, Ma W, et al. Large - scale pattern of biomass partitioning across China's grasslands. Global Ecology & Biogeography, 2010, 19 (2): 268-277.
[31] Gao T, Xu B, Yang X, et al. Using MODIS time series data to estimate aboveground biomass and its spatio-temporal variation in Inner Mongolia's grassland between 2001 and 2011. International Journal for Remote Sensing, 2013, 34 (21): 7796-7810.
[32] 郑晓翾，赵家明，张玉刚，等．呼伦贝尔草原生物量变化及其与环境因子的关系．生态学杂志，2007，26 (4): 533-538.
[33] Jiang Y, Tao J, Huang Y, et al. The spatial pattern of grassland aboveground biomass on Xizang Plateau and its climatic controls. Journal of Plant Ecology, 2015, 8 (1).
[34] 戴诚，康慕谊，纪文瑶，等．内蒙古中部草原地下生物量与生物量分配对环境因子的响应关系．草地学报，2012，20 (2): 268-274.
[35] Yang J P, Mi R, Liu J F. Variations in soil properties and their effect on subsurface biomass distribution in four alpine meadows of the hinterland of the Tibetan Plateau of China. Environmental Geology, 2009, 57 (8): 1881-1891.
[36] 周广胜，王玉辉，蒋延玲．全球变化与中国东北样带 (NECT)．地学前缘，2002，9 (1): 198-216.
[37] Cleland EE, Collins SL, Dickson TL, et al. Sensitivity of grassland plant community composition to spatial vs. temporal variation in precipitation. Ecology, 2013, 94 (8): 1687-1696.
[38] 张金屯．数量生态学 [M]．科学出版社，2011.
[39] 朱宝文，周华坤，徐有绪，等．青海湖北岸草甸草原牧草生物量季节动态研究．草业科学，2008，25 (12): 62-66.
[40] 白永飞，许志信．羊草草原群落生物量季节动态研究．中国草地学报，1994 (3): 1-5.
[41] 陈效逑，郑婷．内蒙古典型草原地上生物量的空间格局及其气候成因分析．地理科学，2008，28 (3): 369-374.
[42] Ma W, Yang Y, He J, et al. Above- and belowground biomass in relation to environmental factors in temperate grasslands, Inner Mongolia. 中国科学：生命科学，2008，51 (3): 263-270.

[43] 焦翠翠，于贵瑞，何念鹏，等．欧亚大陆草原地上生物量的空间格局及其与环境因子的关系．地理学报，2016，71（5）：781-796.
[44] 赵鸣飞，王宇航，左婉怡，等．内蒙古草原生物量和地下生产力空间格局及其关键影响因子．生态学杂志，2016，35（1）：95-103.
[45] Galina Churkina，Steven W. Running. contrasting climatic controls on the estimated productivity of global terrestrial biomes. Ecosystems，1998，1（2）：206-215.
[46] Wang Z，Luo T，Li R，et al. Causes for the unimodal pattern of biomass and productivity in alpine grasslands along a large altitudinal gradient in semi- arid regions. Journal of Vegetation Science，2013，24（1）：189-201.
[47] Guo Q，Hu Z，Li S，et al. Spatial variations in aboveground net primary productivity along a climate gradient in Eurasian temperate grassland：effects of mean annual precipitation and its seasonal distribution. Global Change Biology，2012，18（12）：3624-3631.
[48] 席小康，朱仲元，郝祥云，等．锡林河流域草原生物量对环境因子的响应．生态环境学报，2017，26（6）：949-955.
[49] 耿浩林．克氏针茅群落地上/地下生物量分配及其对水热因子响应研究．北京：中国科学院研究生院（植物研究所），2006.
[50] Pregitzer K S，Hendrick R L，Fogel R. The demography of fine roots in response to patches of water and nitrogen. New Phytologist，1993，125（3）：575-580.
[51] 胡玉昆，李凯辉，阿德力·麦地，等．天山南坡高寒草地海拔梯度上的植物多样性变化格局．生态学杂志，2007，26（2）：182-186.
[52] Hector A，Bazeley - White E，Loreau M，et al. Overyielding in grassland communities：testing the sampling effect hypothesis with replicated biodiversity experiments. Ecology Letters，2002，5（4）：502-511.
[53] 王慧敏，朱仲元，张璐．典型草原群落特征及种群生态位对土壤类型响应研究——以锡林河流域为例．生态环境学报，2019，28（12）：2364-2372.
[54] 张艳霞，于瑞宏，薛浩，等．锡林河流域径流量变化对气候变化与人类活动的响应．干旱区研究，2019，36（1）：67-76.
[55] Zhang X F，Niu J M，Buyantuev A，et al. Understanding grassland degradation and restoration from the perspective of ecosystem services：A case study of the Xilin River basin in Inner Mongolia，China. Sustainability，2016，8：594-610.
[56] 黎夏，叶嘉安，王树功，等．红树林湿地植被生物量的雷达遥感估算．遥感学报，2006，10（3）：387-396.
[57] 中华人民共和国国家质量监督检验检疫总局，中国国家标准化管理委员会．中华人民共和国国家标准 GB/T 21010—2017：土地利用现状分类．北京：中华人民共和国国家质量监督检验检疫总局，2017.
[58] 中华人民共和国国家质量监督检验检疫总局，中国国家标准化管理委员会．中华人民共和国国家标准 GB/T 24708—2009：湿地分类．北京：中华人民共和国国家质量监督检验检疫总局，2017.
[59] 李伟娜，韦玮，张怀清，等．基于多角度高光谱数据的高寒沼泽湿地植被生物量估算．遥感技术与应用，2017，32（5）：809-817.
[60] 方馨蕊，温兆飞，陈吉龙，等．随机森林回归模型的悬浮泥沙浓度遥感估算．遥感学报，2019，23（4）：756-772.
[61] 沈掌泉，周斌，孔繁胜，等．应用广义回归神经网络进行土壤空间变异研究．土壤学报，2004，

41 (3): 471-475.

[62] 邢丽玮，李小娟，李昂晟，等．基于高光谱与多光谱植被指数的洪河沼泽植被叶面积指数估算模型对比研究．湿地科学，2013，11 (3): 313-319.

[63] 蒙诗栎，庞勇，张钟军，等．WorldView-2 纹理的森林地上生物量反演．遥感学报，2017，21 (5): 812-824.

[64] Yonker C M, Schimel D S, Paroussis E, et al. Patterns of organic carbon accumulation in a semiarid shortgrass steppe, Colorado. Soil Science Society of America Journal, 1988, 52 (2): 478-483.

[65] 张阿龙，高瑞忠，张生，等．吉兰泰盐湖盆地土壤重金属铬、汞、砷分布的多方法评价研究．土壤学报: 2020，57 (1): 130-141.

[66] 秦子元，高瑞忠，张生，等．西北旱区盐湖盆地地下水化学组分源解析．环境科学研究，2019，32 (11): 1790-1799.

[67] 王劲峰，徐成东．地理探测器: 原理与展望．地理学报，2017，72 (1): 116-134.

[68] Sala J O E. Controls of grass and shrub aboveground production in the patagonian steppe. Ecological Applications, 2000, 10 (2): 541-549.

[69] 乐荣武，张娜，王晶杰，等．2000—2019年内蒙古草地地上生物量的时空变化特征．中国科学院大学学报，2022，39 (1): 21-33.

[70] 张俊怡，刘廷玺，罗艳云，等．半干旱草原型流域植被地上生物量时空分布特征及其影响因子．生态学杂志，2020，39 (2): 364-375.

[71] 席小康，朱仲元，郝祥云，等．锡林河流域草原生物量对环境因子的响应．生态环境学报，2017，26 (6): 949-955.

[72] 刘彦随，李进涛．中国县域农村贫困化分异机制的地理探测与优化决策．地理学报，2017，72 (1): 161-173.

[73] 黄德青，于兰，张耀生，等．祁连山北坡天然草地地上生物量及其与土壤水分关系的比较研究．草业学报，2011，20 (3): 20-27.

[74] 张娜，梁一民．黄土丘陵区天然草地地下/地上生物量的研究．草业学报，2002，(2): 72-78.

[75] 杨贵羽，罗远培，李保国，等．不同土壤水分处理对冬小麦根冠生长的影响．干旱地区农业研究，2003 (3): 104-109.

[76] 白永飞，李凌浩，王其兵，等．锡林河流域草原群落植物多样性和初级生产力沿水热梯度变化的样带研究．植物生态学报，2000 (6): 667-673.

[77] 吴红宝，水宏伟，胡国铮，等．海拔对藏北高寒草地物种多样性和生物量的影响．生态环境学报，2019，28 (6): 1071-1079.

[78] 黎明扬．半干旱草原型流域土壤入渗参数模拟及遥感反演研究．呼和浩特: 内蒙古农业大学，2019.

[79] 黎明扬，刘廷玺，罗艳云，等．半干旱草原型流域土壤入渗过程及转换函数研究．水利学报，2019，50 (8): 936-946.

[80] Li M, Liu T, Duan L, et al. The Scale Effect of Double-Ring Infiltration and Soil Infiltration Zoning in a Semi-Arid Steppe. Water, 2019, 11, 1457.

[81] 黎明扬，刘廷玺，罗艳云，等．半干旱草原型流域表层土壤饱和导水率传递函数及遥感反演研究．土壤学报，2019，56 (1): 90-100.

[82] Pasolli L, Notarnicola C, Bertoldi G, et al. Estimation of soil moisture in mountain areas using SVR technique applied to multiscale active radar images at C-Band. IEEE Journal of Selected Topics in Applied Earth Observations and Remote Sensing, 2015, 8 (1): 262-283.

[83] Cloude S, Pottier E. A review of target decomposition theorems in radar polarimetry. IEEE Transactions on Geoscience and Remote Sensing, 1996, 34 (2): 498-518.

[84] Zhao F, Xia L, Kylling A, et al. Detection flying aircraft from Landsat 8 OLI data. Isprs Journal of Photogrammetry & Remote Sensing, 2018, 141: 176-184.

[85] Wang K, Li W, Deng L, et al. Rapid detection of chlorophyll content and distribution in citrus orchards based on low-altitude remote sensing and bio-sensors. International Journal of Agricultural and Biological Engineering, 2018, 11 (2): 6.

[86] Habibi J, Mahboubi H, Aghdam A. Distributed coverage control of mobile sensor networks subject to measurement Error. IEEE Transactions on Automatic Control, 2016, 61 (11): 3330-3343.

[87] Sadeghi J, Angelis M, Patelli E. Efficient training of interval neural networks for imprecise training data. Neural Networks, 2019, 118: 338-351.

[88] Philip J R. The theory of infiltration: 1. The infiltration equation and its solution. Soil Science, 1957, 83 (5): 345-358.

[89] Rutter A, Kershaw K, Robins P, et al. A predictive model of rainfall interception in forests, 1. Derivation of the model from observations in a plantation of Corsican pine. Agricultural Meteorology, 1971, 9: 367-384.

[90] Gash J. An analytical model of rainfall interception by forests. Quarterly Journal of the Royal Meteorological Society, 1979, 105 (443): 43-55.

[91] Kostiakov A N. On the dynamics of the coefficient of water percolation in soils and on the necessity of studying it from a dynamic point of viewfor purpose of amelioration. In: Transactions of 6th Congress of International Soil Science Society. Moscow: Society of Soil Science, 1932: 17-21.

[92] Li M, Liu T, Duan L, et al. Scale transfer and simulation of the infiltration in chestnut soil in a semi-arid grassland basin. Ecological Engineering, 2020, 158, 106045.

[93] Liu J, Ma X, Zhang Z. Spatial variability of soil infiltration characteristics and its pedo-transfer functions. Advances in Water Science, 2010, 21 (2): 214-221.

[94] Wang T, Stewart C, Ma J, et al. Applicability of five models to simulate water infiltration into soil with added biochar. Journal of Arid Land, 2017, 9: 701-711.

第 9 章　生态水文模型的构建

9.1　分布式动态过程模型（DDPM）

本章提出并构建了分布式动态过程模型 Version 1.0（Distributed dynamic process model Version 1.0，DDPM），这是一款针对干旱半干旱区草原内陆河流域在气象数据驱动下的双向耦合生态水文模型。模型使用以 Matlab 为主，部分功能调用 python 子包和 fortran 循环的混合编程完成，为了获得科学界的支持和完善模型，以开源方式发布，并逐步优化更新。DDPM 主要包括蒸散发、产流、汇流、地下水、碳循环和热通量（图 9-1）。八个模块相互嵌套，吸收了现有各种生态模型、水文模型以及生态水文模型框架和算法的优点。

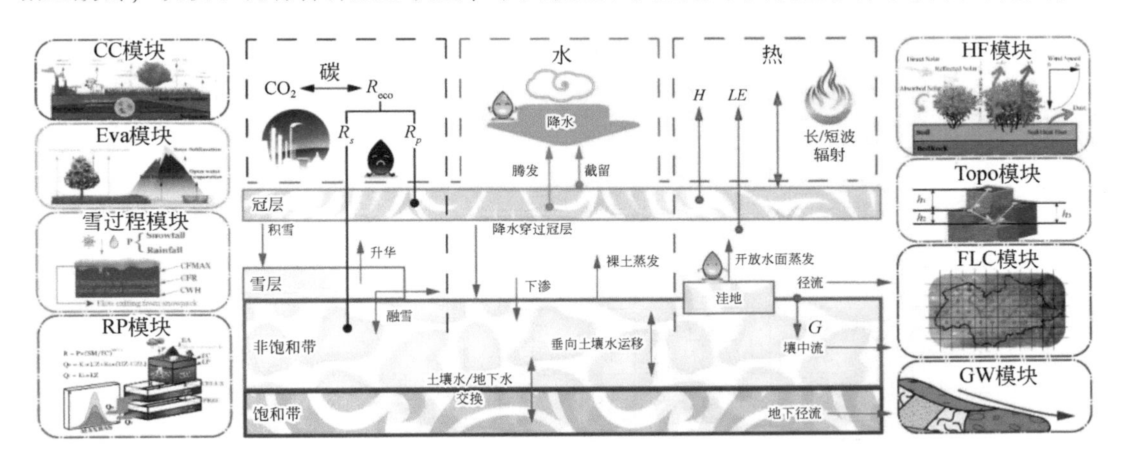

图 9-1　分布式动态过程模型（DDPM）架构图

现阶段模型主要考虑和模拟流域水-热-碳的循环过程，水文循环包括降水、植被截留、植被腾发、土壤蒸发、水面蒸发、积雪升华、雪的积累消融、陆面产流、径流、土壤入渗、土壤水运移、壤中流、基流、潜水层与土壤水相互补给、地下径流等过程；碳循环主要考虑以植被呼吸（R_P）和 R_S为主的生态系统呼吸（R_{eco}）换算成碳排放量；热通量循环主要考虑区域的潜热、显热交换。

DDPM 在时空分辨率上具有较高的灵活性，空间分辨率可根据输入数据进行不同空间尺度的定义，综合驱动数据及各项参数同化数据，研究中选择的空间分辨率为 0.05°；时间分辨率可应用于小时至日尺度，研究中选择 3h 时间尺度。各模块的命名规则为：当模块名为一个英文单词时，大写第一个字母，并将单词简写为 3 至 4 个字母；当模块名为多个英文单词时，将多个单词的首字母提出并大写作为模块名称。

9.2 耦合模块设计

9.2.1 地形模块

地形模块（topography module，Topo）是通过数据数字高程模型（digital elevation model，DEM），确定流域边界范围，根据流向定义判断各栅格的流向，通过流向生成河网时，判断是否存在洼地，生成河道并划分小流域（图 9-2）。相较于常用的 ArcSWAT、ArcHydro 等可视化工具箱，该模块的特点是①高度集成化，既可手动配置每个过程，也可一键操作，完成并输出所有过程量，使用更加简洁；②Topo 模块与以上两种算法最大不同在于对洼地的判断。在 Arcgis 环境下是首先对流域进行填洼处理，为的是保证高程内不会出现由洼地引起的死循环，而 Topo 模块恰恰是利用了洼地会出现死循环的特性，自动识别死循环，并通过其绘制洼地形状范围，进而在洼地中寻找泄流出口，跳出死循环并将洼地纳入生成的汇流河道中。

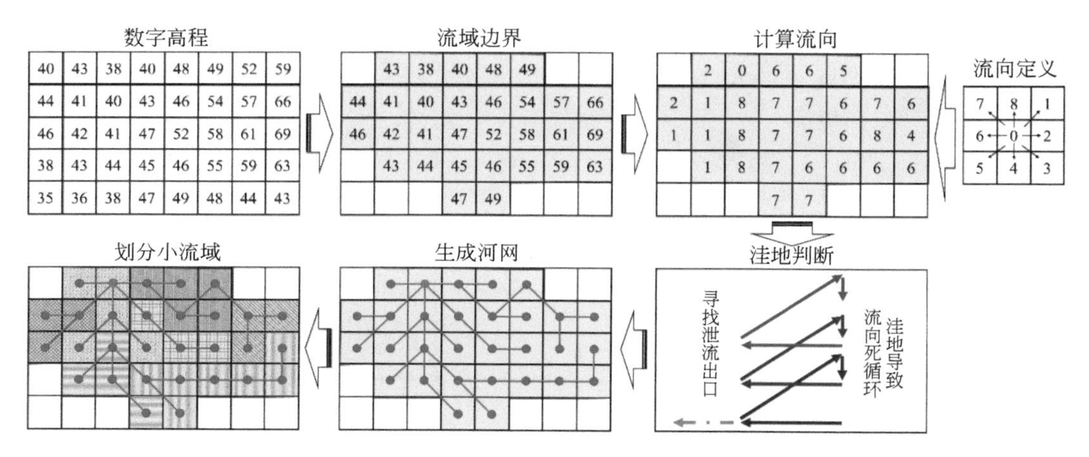

图 9-2 DDPM 地形模块计算流程示意图

注：图中流域为随机生成流域

Topo 模块流域边界的判断是利用 DEM 圈围分水岭进而区分流域的；流向的判定使用的是 D8 流向方法，即以当前栅格$X_{i,j}$作为中心，对东北、东、东南、南、西南、西、西北、北 8 个方向进行流向的判定，同时也会计算出$X_{i,j}$的坡度（S_X）和坡向（S_{Xx}和S_{Xy}），令中心栅格横纵方向为 x 和 y，则栅格$X_{i,j}$的坡度和坡向可表达为

$$S_X = \tan\sqrt{S_{Xx}^2 + S_{Xy}^2} \tag{9-1}$$

$$\begin{cases} S_{Xx} = (X_{i-1,j} - X_{i+1,j})/2l \\ S_{Xy} = (X_{i,j-1} - X_{i,j+1})/2l \end{cases} \tag{9-2}$$

式中，i 和 j 为栅格行列号，S_{Xx}和S_{Xy}分别为 x 和 y 方向的坡向，l 为栅格边长。

生成河网的遍历算法是现将确定流域内的 DEM 按照从高到低的顺序赋予处理优先级，

这样就能保证完成从流域的产流区逐步向干流河道至排泄口的完整过程，可以在 Topo 模块生成的汇流路线上的任意栅格回溯其上游区域的集水面积及路线。按照这样的方法，从流域的出口逆流而上，当经过汇流节点时，比较两条分支的集水面积，将集水面积较大的定义为干流，最终确定出整个流域的干流。之后找出流域中集水面积最大的 4 条支流定义为一级支流，自下而上依次定义二级支流、三级支流等，最终逐级对每级支流集水区域定义子流域。这种拓扑结构改进自巴西工程师 Otto Pfafstetter 在 1999 年提出的 Pfafstetter 编码规则，更多介绍详见 Verdin K 和 Verdin J 的有关文章[1]。

9.2.2 蒸散发模块

针对历史实测资料稀缺的半干旱草原型流域，现阶段的蒸散发模块（evapotranspiration module，Eva）主要是在时间和空间上降尺度 ET 产品从而获得利用近几年实测资料检验效果较好的含多种 ET 分量的区域 ET 栅格数据。Eva 模块主要可以分为判断、模拟和检验 3 个部分，判断部分用于分辨 ET 所包含的具体类型；模拟部分是模拟 3h 尺度的 ET；检验部分是使用现有产品及实测数据对降尺度 ET 结果进行检验。该模块主要用到的数据如表 9-1 所示。

表 9-1 DDPM 蒸散发模块数据信息

数据集	空间分辨率	数据版本	数据数量（时间分辨率）
CMFD	0.1°～0.05°	01.05.0016	335×14245×7（1d）； 335×113960×7（3h）
GLEAM	0.25°～0.05°	V3.5a	335×14245×10（1d）
GLDAS-Noah	0.25°～0.05°	V2.0；V2.1	335×14245×7（1d）
GSDE	0.083333°～0.05°	2014	335×9（-）
FVC	0.05°	—	335×1748×1（8d）
LAI	0.05°	—	335×1748×1（8d）
Globmap-LAI	0.0727°～0.05°	—	335×1316×1（1981～2000：15d； 2001～2018：8d）
NPP	0.05°	—	335×1702×1（8d）
Albedo	0.05°	—	335×1748×6（8d）

注：表中 FVC、LAI 和 NPP 分别表示植被盖度、叶面积指数和初级生产力。

判断部分主要包括开放水体、积雪覆盖和植被-裸土的区分 3 个方面。利用每 5 年的 Landsat 历史遥感影像资料判定一个栅格内是否存在开放水体，若存在则 ET 分量包含开放水面蒸发（E_w）。在积雪覆盖的区域，升华（E_s）是 ET 的主要存在形式，而当区域没有积雪覆盖时，ET 可以分解为裸露土壤蒸发（E_b）、腾发（E_t）和截流损失（I），尤其是在小时尺度的日内研究中，积雪可能随着日内气温和辐射等因素变化，准确判定区域是否存在积雪覆盖显得尤为重要。将气温、可见光辐射（VIS）、近红外辐射（NIR）和短波辐射（SW）数据输入到朴素贝叶斯分类器中进行训练，用于判断积雪覆盖情况。当区域不被积雪覆盖时，使用FVC来界定E_b或E_t和I，即格点内FVC所占比例区域为E_t和I，其他区域（1-FVC）为E_b。DDPM的Eva模块计算区域实际蒸散（E）可分解为（式9-3）：

$$E=\begin{cases}E_s, \text{SC} \\ E_t+I+E_b, \text{Non SC, without OW} \\ E_t+I+E_b+E_w, \text{Non SC, with OW}\end{cases} \tag{9-3}$$

式中，SC和OW分别表示积雪覆盖和开放水面。

朴素贝叶斯是基于贝叶斯定理与特征条件独立假设的分类方法[2]，由于积雪覆盖与否事件相对独立，将研究区范围内的CMFD数据集的气温和GLASS数据集的VIS、NIR以及SW作为输入集，GLEAM的E_s数据集作为供模型判断的输出集进行训练。设置有样本数据集$D=\{d_1, d_2, \cdots, d_n\}$，对应样本数据的特征属性集为$X=\{x_1, x_2, \cdots, x_n\}$，类变量为$Y=\{y_1, y_2\}$，即积雪覆盖与非积雪覆盖，此时$D$可以分为两个类别。其中$x_1$，$x_2$，…，$x_n$相互独立且随机，则$Y$的先验数据$P_{\text{prior}}=P(Y)$，$Y$的后验数据$P_{\text{post}}=P(Y|X)$，由朴素贝叶斯算法可得，后验概率可以由先验概率$P(Y)$，证据$P(X)$，类条件概率$P(X|Y)$计算得出：

$$P(Y|X)=\frac{P(Y)P(X|Y)}{P(X)} \tag{9-4}$$

由于$P(X)$的大小是固定不变的，因此在比较后验概率时，只比较上式的分子部分即可。因此可以得到一个样本数据属于类别y_i的朴素贝叶斯计算：

$$P(y_i \mid x_1, x_2, \cdots, x_d)=\frac{P(y_i)\prod_{j=1}^{d}P(x_j \mid y_i)}{\prod_{j=1}^{d}P(x_j)} \tag{9-5}$$

DDPM的Eva模块的模拟部分是通过深度学习进行降尺度拓展的，研究设置了1个输入层，1个输出层和15个隐藏层进行训练，每层之间的两个过程分别是信号的正向传播和误差的反向传播。这意味着误差输出是从输入到输出的方向进行计算，而调整权值和阈值则是从输出到输入的方向进行调整[3-4]。隐藏层数是通过多次模拟测试确定的。适当增加隐藏层可以提高仿真精度，但也会增加计算量。通过多次试验调整，当隐藏层数大于等于15时，计算负荷的增加远大于仿真精度的提高，因此将模型设置为15个隐藏层。为了保证模型的可靠性，使用1981~2007年的数据进行训练（70%），使用2008~2013年的数据进行测试（15%），使用2014~2020年的数据和1980年的数据进行预测（15%）。

模型选择批量梯度下降算法作为优化算法，选取均方误差（MSE）作为损失函数。由于需要优化的目标函数非常复杂，本研究没有使用传统的一维搜索方法来确定每次迭代的步长。而是提前给网络步长更新规则，避免算法效率低下。在深度学习方面，非线性变换前的深度神经网络的激活输入值随着网络深度的加深而逐渐转移或变化。这将消除神经网络在反向传播中的梯度，减缓训练收敛速度[5]。为了解决这个问题，使用批处理归一化来提高模型的收敛速度和性能，不仅进行标准化处理，输入层也对网络的各个中间输入（激活函数）进行标准化处理前，从而避免了变量分布的迁移[6]。DDPM的Eva模块的输入和输出集如表9-2所示。根据Eva模块的描述，首先建立一个简单的模型：

$$Y_i^l = f(w_{1i}^l x_1^{l-1} + w_{2i}^l x_2^{l-1} + \cdots + w_{ni}^l x_n^{l-1} + b_i^l) = \sum_{j=1}^{n} w_{ji}^l x_j^{l-1} + b_i^l \tag{9-6}$$

式中，$f(x)=\frac{1}{1+\mathrm{e}^{-x}}$，该模型可以理解为 $l=1$ 到 15 层中 $i=1$ 到 26 的神经元的激活值Y_i^l等于与之相连的上层神经元的x_n^{l-1}乘以一个权重w_{ni}^l，然后将每个乘积相加，再加上一个偏置量 b_i^l，结果值在 l 层通过 logistic 函数 f 输出。Y 可以转化为 7 种蒸散发类型。因此得到了进一步的具体模型：

$$Y_i^l = \frac{1}{1 + \mathrm{e}^{-\left(\sum_{j=1}^{n} w_{ji}^l x_j^{l-1} + b_i^l\right)}} \tag{9-7}$$

根据反向传播关系，设置损失函数：

$$J(x) = \frac{1}{2}\sum_{p \in K} (O_p - T_p)^2 \tag{9-8}$$

式中，$K=\{1, 2, \cdots, 6, 7\}$ 对应 7 种蒸散发的训练结果。O_p 和 T_p 是模型输出和训练数据的标签。目标是训练各级的权值（W）和 b，使损失函数 J（x）最小。例如，对输出层 W_{jk} 求偏导数：

$$\begin{aligned}\frac{\partial J(x)}{W_{jk}} &= \frac{\partial \frac{1}{2}\sum_{p \in K}(O_p - T_p)^2}{\partial W_{jk}} = \frac{1}{2}\sum_{p \in K}(O_k - T_k)\frac{\partial O_k}{\partial W_{jk}} = \frac{1}{2}\sum_{p \in K}(O_k - T_k)\frac{\partial S(x_k)}{\partial W_{jk}} \\ &= \sum_{p \in K}(O_k - T_k)S(x_k)[1 - S(x_k)]\frac{\partial x_k}{\partial W_{jk}} = \sum_{p \in K}(O_k - T_k)O(x_k)[1 - O(x_k)]\frac{\partial x_k}{\partial W_{jk}}\end{aligned} \tag{9-9}$$

式中，$S(x)$ 为 sigmod 函数，与 $f(x)$ 相似。在上面的公式中，$O_k = S(x_k)$，那么$\frac{\partial S(x_k)}{\partial W_{jk}} = S(x_k)[1-S(x_k)]$和$x_k = O_j W_{jk}$，则可以得到：

$$\frac{\partial x_k}{\partial W_{jk}} = O_j \tag{9-10}$$

将以上合并，可得：

$$\frac{\partial J(x)}{W_{jk}} = \sum_{p \in K}(O_k - T_k)O(x_k)[1 - O(x_k)]O_j \tag{9-11}$$

令$\delta_k = (O_k - T_k) O(x_k)[1-O(x_k)]$，则有

$$\frac{\partial J(x)}{W_{jk}} = \sum_{p \in K}\delta_k O_j \tag{9-12}$$

式中，δ_k是余项，可得的在 k 节点对应 l 层和 j 节点对应 $l-1$ 层偏导数W_{jk}^l等于该层余项δ_k^l乘以上述层 j 节点之上对应的输入值O_j。

DDPM 的 Eva 模块模拟部分的 26 个输入层包括 1d 尺度的气象、土壤、植被和辐射数据，这些数据可被分为动态输入量和静态输入量，动态输入量是具有时序性的变化指标，在模型中将每种动态输入量分别对应一套参数（在表 9-2 中用一个英文字母表示），而静态输入量则更多地与计算栅格的地理特征相关，主要为该区域的土壤理化性质，将 8 种静态输入量联合对应一套参数（对应表 9-2 中 j_1–j_8）。模型训练输出层对应 7 种 1d 尺度的

ET 数据。在 3h 降尺度模拟中，将 3h 尺度的数据输入模型，从而获得 3h 尺度的 ET 数据，对于日内缺失的 3h 尺度数据，使用该日的 1d 尺度数据进行补充。计算出的 3h 尺度 ET 数据结合开放水体和积雪覆盖判定，进行相应归零校正（图 9-3）。

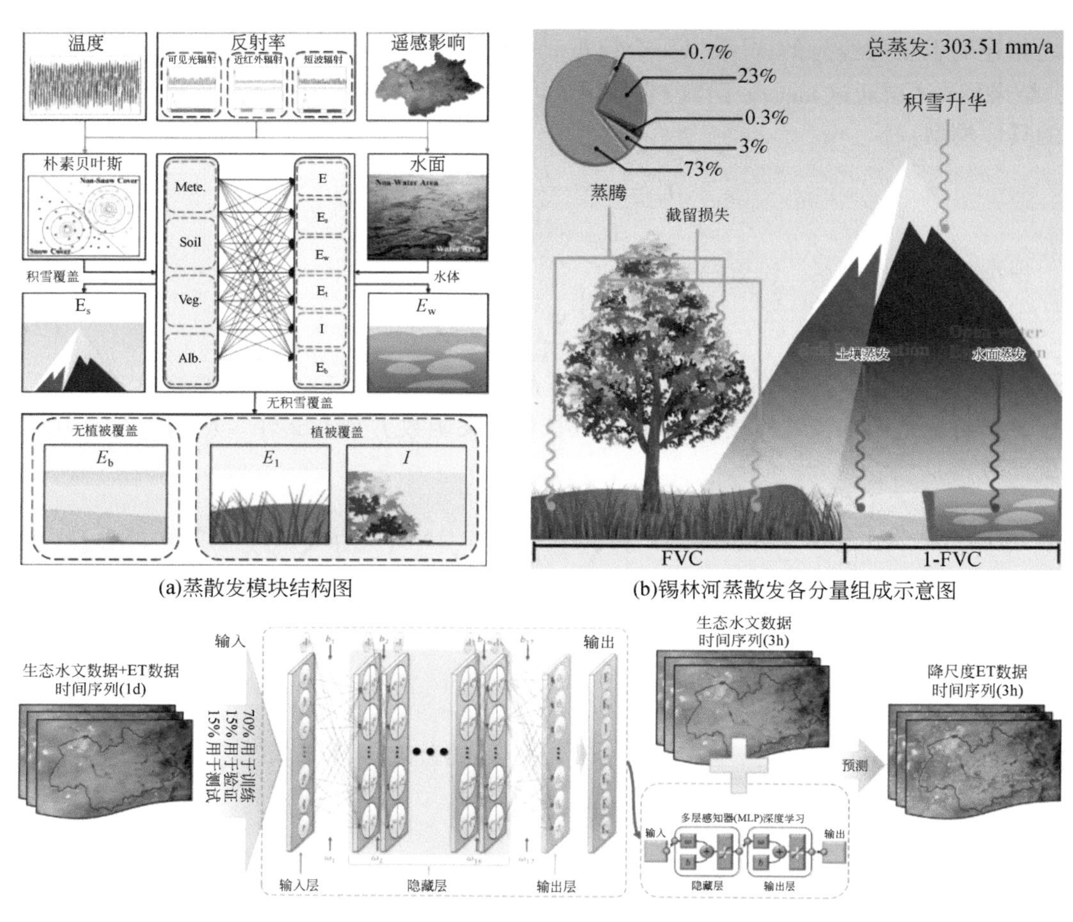

(a)蒸散发模块结构图

(b)锡林河蒸散发各分量组成示意图

(c)蒸散发模块模拟部分示意图

图 9-3　DDPM 的 Eva 模块示意图

表 9-2　DDPM 蒸散发模块模拟部分的输入输出层变量

	符号	变量名	单位	符号	变量名	单位
输入层	a	降水速率	mm/h	j_6	VWC（-33kPa）	%
	b	气温	K	j_7	VWC（-1500kPa）	%
	c	向下长波辐射	W/m^2	j_8	有机质含量	of weight
	d	向下短波辐射	W/m^2	k	FVC	%
	e	绝对湿度	kg/kg^1	l_1	LAI	km^2/km^2
	f	风速	m/s^1	l_2	GLOBMAPLAI	km^2/km^2
	g	气压	Pa	m	NPP	kg/km^2

续表

	符号	变量名	单位	符号	变量名	单位
输入层	h	深层含水率	m^3/m^3	i	VIS_BSA	—
	i	表层含水率	m^3/m^3	n	VIS_WSA	—
	j_1	土壤容重	g/cm^3	o	NIR_BSA	—
	j_2	砂粒含量	%	p	NIR_WSA	—
	j_3	粉粒含量	%	q	SW_BSA	—
	j_4	黏粒含量	%	r	SW_WSA	—
	j_5	VWC（-10kPa）	%			
输出层	E	实际蒸散量	mm/d	E_s	升华量	mm/d
	E_b	裸土蒸发量	mm/d	E_t	植被腾发量	mm/d
	I	截留量	mm/d	E_w	开放水面蒸发量	mm/d
	E_p	潜在蒸发量	mm/d			

注：表中 VWC（-10kPa/-33kPa/-1500kPa）指在三种不同负压状态下的体积含水率；BSA 和 WSA 分别表示黑色天空反照率和白色天空反照率。

9.2.3 雪的积累与消融过程

雪的积累与消融过程以一个子程序来描述，通过消融的水将被送入土壤水分区（图 9-4）。在土壤中的融雪水与降雨处理方式相同，而湖泊上的降雪则不通过降雪程序处理，因为对冰的压力效应将产生与无冰湖泊上的降雨相同的效果[7]。

毋庸置疑，无论降水是以降雨还是降雪的形式出现，都会对产汇流的模拟产生重要影响，尤其是在春季[8]。因此首先需要先明确的是，降水是以雪的形式积累，还是以液态水的形式直接进入土壤水分区。一个物理上正确的融雪模型应该考虑积雪的整个能量平衡，这包括考虑到感热和潜热的波动、辐射、与地面的交换、降水的贡献以及积雪本身的热质量[9]。鉴于可用数据的不确定性，以及希望避免不合理的复杂性，选择采用由度-日因子法改进而来的度 3h 因子法。

选取气温作为影响融雪的代表指标，设置了一个气温阈值参数（T_A）来判断温度边界，降水是以雨的形式降落，还是以雪的形式降落［式（9-13）］，积雪是累积还是消融［式（9-14）和式（9-15）］。雪库也被假定能够保留融水，用雪参数的持水能力（CWH）表示为其总储水量的一小部分。根据再冻结参数（CFR），雪中的融水也可以重新冻结，该参数表示为度 3h 因子（CFMAX）的一个分数。雪过程及产流模块的示意图见图 9-4，有关度-日降雪模块配方的更多细节，请参阅文献 10[10]。

$$\begin{cases} P_s=0, P_r=P_t, T_A \geq T_s \\ P_r=0, P_s=P_t, T_A<T_s \end{cases} \tag{9-13}$$

式中，P_r、P_s和P_t分别表示降雨量（mm）、降雪量（mm）和总降水量（mm）；T_A和 T_s分别表示 3h 平均气温（℃）和气温临界值（℃）。在雪过程中，有两种方法可以尝试来表示随着积雪累积而增加的度 3h 因子：

$$\text{melt} = \text{CFMAX}\left(1 + C_{\text{eff}} \cdot \frac{\sum M}{S_0}\right)(T - T_s) \tag{9-14}$$

$$\text{melt} = \text{CFMAX}(1 + C_{\text{eff}} \cdot \sum M)(T - T_s) \tag{9-15}$$

式中，melt 为融雪量（mm）；S_0为积雪的初始水当量；CFMAX 和C_{eff}分别为度 3h 因子和度 3h 因子的增长率。当融雪开始时，一定数量的水通过毛细作用被保留在雪中，或者由于筑坝或类似阻拦的作用被储存在积雪的底部。即使这些影响很容易想象，但它们并不容易建模，积雪和土壤的变化加剧了这些困难。因此，有必要进行极大的简化。在 HBV-2 模型的融雪常规中，已经测试了两种模拟液态水保持的方法[7]。第一个是应用恒定的持水能力，第二种方法是将这种储水能力与最低积雪层底部的恒定储水能力相结合。这两种方法都表明，在积雪释放水分到土壤水分区之前，累积的融化量必须超过一个阈值。经过结果对比，最终选择了最后一种方法，结果表明，该方法能较好地把握春洪的时机。经过简化，可以根据温度高于或低于阈值温度 T_s，将降水模拟为雪或雨，则积雪消融和积累就可表示为

$$\text{melt} = \text{CFMAX} \cdot [T(t) - T_s] \tag{9-16}$$

$$\text{freezing} = \text{CFR} \cdot \text{CFMAX} \cdot [T_s - T(t)] \tag{9-17}$$

式中，freezing 为冻结积雪量（mm）；CFR 为冻结因子。所有被模拟为雪的降水，即气温低于 T_s时的降水，乘以降雪修正因子 SFCF（-），SFCF 表示降雪测量中的系统误差和模型中积雪“缺失”的蒸发。融水和降雨被保留在积雪中，直到它超过一定比例［CWH（-）］，即雪水当量。积雪中的液态水根据再冻结系数 CFR 重新冻结［式（9-17）］。

9.2.4 产流模块

产流模块（runoff production module，RP）主要包括土壤水分单元和产流单元（图 9-4）。RP 模块的土壤水分单元的计算利用了一个蓄水单元的蓄水能力分布函数。在该模块中，流域的存储元素根据最大土壤水分储量和土壤水分储量分布定义的概率密度函数进行分布。最大土壤水分贮量（$C_{\max}$）代表最大土壤水分贮量的容量，而形状参数（BETA）则描述了贮量的空间变异性程度[11]。在除去蒸发后，剩余的降雨和融雪被用来填充土壤水分储备，多余的降雨被发送到产流单元。根据土壤箱含水量［SM（mm）］与其最大值［FC（mm）］的关系［式（9-18）］，将降雨和融雪（P_r或P_s）分为土壤箱充水和地下水补给。与 HYMOD 不同的是，土壤水分储存库蒸发的速率采用的是 DDPM 的 Eva 模块进行计算的。

$$\frac{\text{recharge}}{P(t)} = \left[\frac{\text{SM}(t)}{\text{FC}}\right]^{\text{BETA}} \tag{9-18}$$

式中，recharge 为向上层地下水箱［SUZ（mm）］进行地下水回灌的水量（mm）。

与 HBV 模型相似，RP 模块的产流单元是将多余的降雨从土壤水分储存模块转化为径流。PREC（mm/d）定义了从上到下地下水箱的最大渗流速率［SLZ（mm）］，根据 SUZ 是否高于阈值 UZL（mm）或不高于阈值［式（9-19）］，地下水箱的径流计算为两

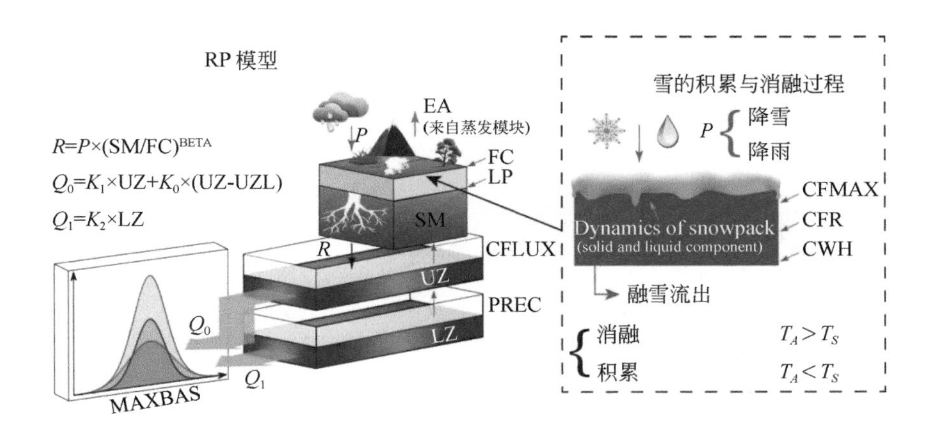

图 9-4　DDPM 雪过程与产流模块示意图

个或三个线性流出方程（K_0、K_1和K_2）的总和。最终从上、下响应水库释放的径流使用一个定义了基长的三角形分布（MAXBAS）进行转换［式（9-20）］，并最终得出该栅格在单位时间内产生的产流深。通过适配流域的两层地下响应水库的消退系数（K_1和K_2），我们可以区分水位流量过程线快速径流（表面径流）和慢速径流（基流），将式（9-20）进行拆分，分别计算上层和下层响应水库的函数，便可得到每个栅格在任意时刻的基流量Q_1：

$$Q_{\text{GW}}(t)=K_2\cdot\text{SLZ}+\text{SUZ}^{(1+\text{ALFA})}+K_0\cdot\max(\text{SUZ-UZL},0)\tag{9-19}$$

$$Q_{\text{sim}}(t)=\sum_{i=1}^{\text{MAXBAS}}c(i)\cdot Q_{\text{GW}}(t-i+1)\tag{9-20}$$

$$\text{where},c(i)=\int_{i-1}^{i}\frac{2}{\text{MAXBAS}}-\left|u-\frac{\text{MAXBAS}}{2}\right|\cdot\frac{4}{\text{MAXBAS}^2}\text{d}u\tag{9-21}$$

$$Q_1=K_2\cdot\text{SLZ}\tag{9-22}$$

式中，Q_{GW}（t）和Q_{sim}（t）分别为 t 时刻土壤水库与地下水库交换的水量（mm）和栅格在单位时间 t 时刻的产流量（mm）；ALFA 是一个描述随相应水库含水量的减少，径流产生非线性衰减的指数参数。雪过程和 RP 模块中所使用的参数及其定义的上下限如表 9-3 所示。

表 9-3　DDPM 雪过程及产流模块参数汇总

模块	参数（单位）	参数全称	范围
Snow	T_s/℃	温度阈值	-3～3
	CFMAX/mm/℃	度-3h 因子	0～20
	CFR	冻结因子	0～1
	CWH	积雪的持水率	0～0.8

续表

模块	参数（单位）	参数全称	范围
RP	BETA	降水对径流的贡献率	0 ~ 7
	LP	土壤水分蒸散发损失总量限制	0.3 ~ 1
	FC/mm	最大土壤持水率	1 ~ 2000
	PERC/(mm/dt)	入渗系数	0 ~ 100
	K_0/dt^{-1}	地表径流退水系数	0.05 ~ 2
	K_1/dt^{-1}	壤中流退水系数	0.01 ~ 8
	K_2/dt^{-1}	基流退水系数	0.05 ~ 0.8
	UZL/mm	近地表水流阈值	0 ~ 100
	MAXBAS/dt	流量路径系数	1 ~ 6

9.2.5 汇流模块

DDPM 的汇流模块（flow confluence module，FLC）的主要工作是将流域内每个栅格在单位时间内的产流深及上游来水量按照河流流向进行汇总计算，主要分为输入、过程变量计算和调试输出 3 个单元（图 9-5）。

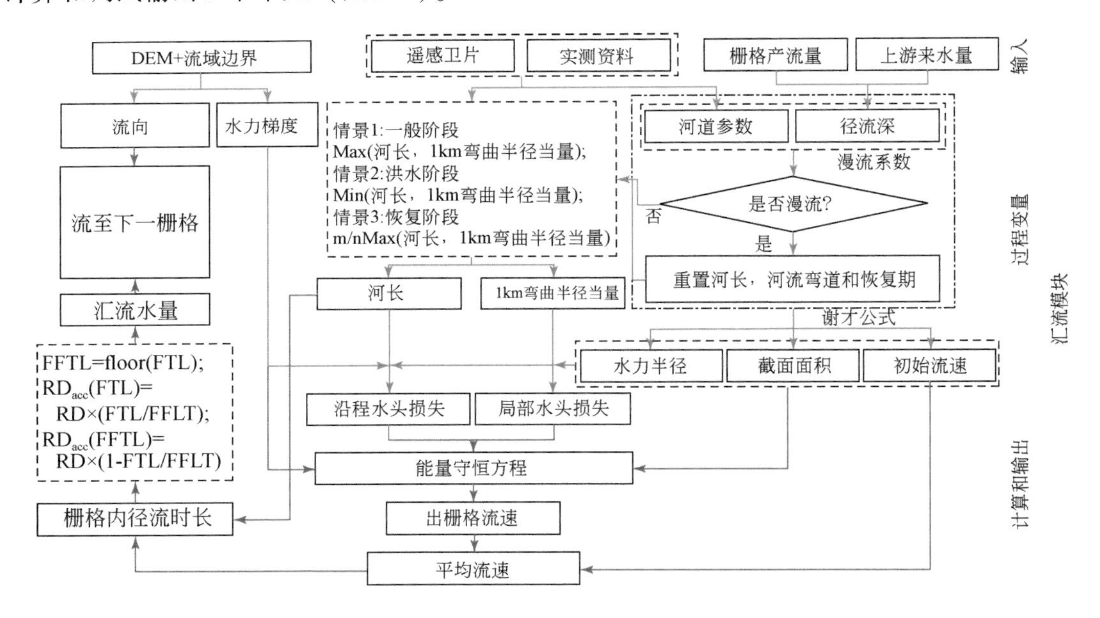

图 9-5　DDPM 汇流模块框架图

输入单元主要包括将 DEM 数据，Topo 模块计算出的栅格流向、河网等数据，预处理中用于提取河流特征的遥感数据，野外实地踏勘测量的河道数据以及 RP 模块计算的各栅格径流深时间序列均输入到 FLC 模块中。通过高清遥感影像以及实地测量数据，提取并制备了河流特征量，包括每个栅格内部的实际河长、平均河宽、河流弯曲角度及半径、河道糙率、坡降等要素。

FLC 模块的过程变量主要是计算产流期内各栅格的河道状态和水力参数，以供调试和输出单元汇集计算使用。在每个栅格的每个计算时刻，首先通过径流深和栅格集水面积计算河道的流量、流速及河流水深：

$$\mathrm{RD}=Q\Delta t/1000\ A_G \tag{9-23}$$

$$Q=A_S\times v=W_R\times H_R\times v \tag{9-24}$$

式中，RD 为径流深（mm）；Q 为单位时间 Δt 下的平均流量（$\mathrm{m^3/dt}$）；A_G为栅格集水面积（$\mathrm{km^2}$）；A_S、W_R和H_R分别为河流断面面积（$\mathrm{m^2}$）、河宽（m）和水深（m）；v 为水流流速（m/s）。

一般情况下（图 9-5 中 General Phase），假设水流为明渠均匀流，根据能量守恒定律，栅格内河流实际液体元流能量方程应为

$$z_1+\frac{p_1}{\rho g}+\frac{v_1^2}{2g}=z_2+\frac{p_2}{\rho g}+\frac{v_2^2}{2g}+h_w \tag{9-25}$$

式中，z_1和z_2为一个栅格内河道入口和出口的高程水头（m）；p_1和p_2为入口和出口的气压（$\mathrm{kN/m^2}$）；$\rho=1000$ 是水的密度（$\mathrm{kg/m^3}$）；$g=9.81$ 是重力常数（$\mathrm{m/s^2}$）；v_1和v_2为入口和出口的流速（$\mathrm{m/s^1}$）；h_w是总水头损失（m），其可以分解为沿程水头损失（h_f）和局部水头损失（h_j）：

$$h_w = \sum h_f + \sum h_j \tag{9-26}$$

$$h_f = \sum \lambda \frac{L_R}{4R}\frac{v^2}{2g},\lambda = \frac{24}{Re} \tag{9-27}$$

$$h_j = \sum \zeta \frac{v^2}{2g},\zeta = \frac{2gL_b}{C^2R}\left(1 + \frac{3}{4}\sqrt{\frac{b}{r}}\right) \tag{9-28}$$

$$C=\frac{1}{n}R^{1/6} \tag{9-29}$$

$$n=(n_0+n_1+n_2+n_3+n_4)\times m_5 \tag{9-30}$$

式中，λ 是沿程水头损失系数，其可以用包括雷诺数（Re）在内的经验公式来计算；L_R为实际河长（m）；R 为水力半径（m）；ζ 是局部水头损失系数；b 和 r 分别为弯道河宽（m）与河道的弯曲半径（m）；C 为谢才系数（$\mathrm{m^{1/2}/s}$）；n 是河道糙率，可通过式（9-30）计算获得，其中n_0至n_4分别为天然河道的基本粗糙度、不规则水面的影响、河道断面形状和大小变化的影响、阻水物质的影响和植物的影响；m_5为河绕组系数，在本研究中取$m_5=1$。

由于河道的弯曲程度不尽相似，很难统一有关河流弯道的变量，因此提出了 1km 弯曲半径当量的概念，将河流弯道的长度换算至同一量级，用于统一流域内河道的弯曲程度。因此栅格内 1km 弯曲半径当量的弯道总长度［L'_b（m）］可通过每个弯道的弯曲半径［R_b（m）］和弯曲角度［r（°）］表示为

$$L'_b = \sum \frac{r}{360} \times 2\pi \times \frac{R_b}{1\mathrm{km}} \tag{9-31}$$

为了更真实地反映草原型河流的特点，研究中设置了漫流系数，根据实时河流水深来判定洪峰过境时，是否会出现漫流的情况。当漫流发生时（图 9-5 中 Flood phase），栅格河道将重置为无弯曲且拥有基础河长的状态。洪水过后（图 9-5 中 Recovery phase），河道随着地转偏向力等要素的影响，逐渐开始弯曲，即河长逐渐向实际河长恢复并出现弯曲河段。三个时段的河长、弯道长度及弯曲角度分别可以表示为

$$f(L_R, L'_b, r)=\begin{cases} \mathrm{Max}(L_R, L'_b, r), \text{General phase} \\ \mathrm{Min}(L_R, L'_b, r), \text{Flood phase} \\ \dfrac{t_m}{t_n}\mathrm{Max}(L_R, L'_b, r), \text{Recovery phase} \end{cases} \tag{9-32}$$

式中，t_m 为水流向 m 行流动的时间；t_n 为水流向 n 列的时间。

调试和输出单元是将前两个单元计算出来的各个时刻的参数汇总，计算水流向下一栅格移动的时间与水量，逐层迭代刻画整个模拟期流域各个断面的流量情况。首先通过流向，可以计算出每个格点流向流域泄流口所需经过的格点层数 j，设定流域格点行列号分别为 m 和 n，则正在处理的格点层可表示为 m（j），n（j），某格点在 t 时刻的流量可表示为Q（t）$_{m(j),n(j)}$，该时刻的径流量流向下一格点的时间（Δt）为

$$\Delta t=\frac{L_R}{\bar{v}}=\frac{L_R}{0.5\times(v_1+v_2)} \tag{9-33}$$

式中，$\bar{v}$为平均流速（m/s）。由于时间单位是 3h，当非整数的时候，将流量按照整数时间分割，令 t 时刻流出该栅格的流量为q（t）$_{m(j),n(j)}$，则：

$$q[t+\mathrm{fix}(\Delta t)]_{m(j),n(j)}=Q(t)_{m(j),n(j)}\times\frac{\mathrm{fix}(\Delta t)}{\Delta t}+Q(t-1)_{m(j),n(j)}\times\frac{\Delta(t-1)-\mathrm{fix}[\Delta(t-1)]}{\Delta(t-1)} \tag{9-34}$$

式中，fix 为向下取整函数。

以上为不考虑有上游栅格汇入流量的情况，当存在上游栅格的流量汇入时，应先计算该栅格获取的初始流量：

$$Q(t)_{m(j),n(j)}=Q\mathrm{sim}(t)_{m(j),n(j)}+\sum_{1}^{\mathrm{dir}} q(t)_{m(j+1),n(j+1)} \tag{9-35}$$

式中，$Q\mathrm{sim}(t)$ 是各栅格通过 RP 模块生成的产流量（m^3/dt）；dir = 1 ~ 7 为 7 种可能出现上游汇流的方向，需要注意的是，每个栅格有 8 个方向，但在汇流过程中，如果 8 个方向的水流都流入中心点，就把它看作是一个洼地，当水超过周围最低标高时，Topo 模块中已定义出洼地的泄流方向。

9.2.6 地下水模块

DDPM 的地下水模块（groundwater module，GW）现阶段主要考虑地下潜水流场的模拟。地下潜水位埋深的计算我们应用有限差分法原理［图 9-6（a）］，主要包括含水层和边界条件的概化以及建立数学模型。首先定义含水层的渗透系数在主轴和网格坐标轴的方向均相同，然后通过中心栅格 4 个相邻方向的栅格建立该栅格单元的地下水流差分方程。

则可以得到在 t 时刻，各节点上的水头为 H，通过达西定律计算 4 个方向上流至中心栅格的地下流量为

$$\begin{cases} Q_{\text{up}}=T_y\Delta x_i\dfrac{H_{\text{up}}-H_0}{y_{j+1}-y_j} \\ Q_{\text{down}}=T_y\Delta x_i\dfrac{H_{\text{down}}-H_0}{y_{j-1}-y_j} \\ Q_{\text{left}}=T_x\Delta y_j\dfrac{H_{\text{left}}-H_0}{x_{j-1}-x_j} \\ Q_{\text{right}}=T_x\Delta y_j\dfrac{H_{\text{right}}-H_0}{x_{j+1}-x_j} \end{cases} \tag{9-36}$$

式中，Q 表示 4 个方向（下角标注）的地下水量（m）；H 为各栅格的水头（m）；H_0为中心栅格的水头（m）。由式（9-37）可以推求出在 Δt 时间段内，即中心栅格地下水量的变化量可表示为：

$$T_y\Delta x_i\frac{H_{\text{up}}-H_0}{y_{j+1}-y_j}+T_y\Delta x_i\frac{H_{\text{down}}-H_0}{y_{j-1}-y_j}+T_x\Delta y_j\frac{H_{\text{left}}-H_0}{x_{j-1}-x_j}+T_x\Delta y_j\frac{H_{\text{right}}-H_0}{x_{j+1}-x_j}=\frac{\mu(H_0-H_{0\Delta t})}{\Delta t} \tag{9-37}$$

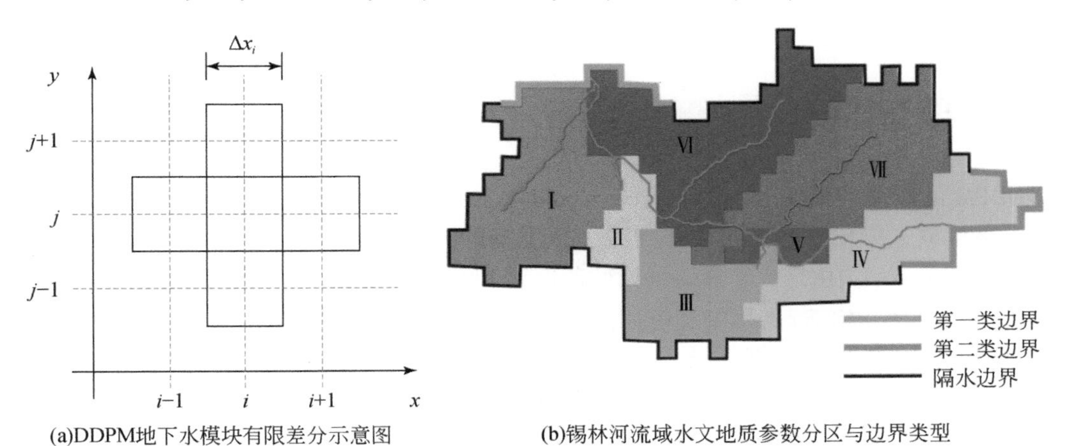

(a)DDPM地下水模块有限差分示意图　　(b)锡林河流域水文地质参数分区与边界类型

图 9-6　DDPM 地下水模块构建原理示意图

根据区域水文地质图，锡林河流域的地下水主要为第四系松散岩类孔隙水与第四系下更新统玄武岩裂隙-孔洞水[12]，根据纵剖面图资料和钻孔地质数据可以发现，研究区含水层的岩性和地层构造等在空间分布上的变化是非均匀的，特殊的是在同一点上，渗流速度与方向无关，由此可以将相应含水层概化为非均质-各向同性介质。由于锡林河地下水天然水力坡度较低，具有潜水面平缓且地下水流接近水平，基本可以忽略垂直方向的渗流运动，综上可以用非均质-各向同性-二维非稳定流来概化研究区的地下水系统。

锡林河流域的东北部、西部和南部分别是与苏尼特古河道、吉仁高勒河流域和灰腾河流域的自然分水岭，与外界没有水力联系，因此将其定义为隔水边界。研究区的东部是克什克腾旗锡林河上游发源地，此处水力坡度较大且接受对流域地下水的补给；西北部是锡林浩特市，地下水将通过此处继续向北部运动至下游，因此将这两部分概化为第二类边界

［图9-6（b）］。此外，把研究区潜水含水层的自由水面定义为水量交换边界，根据实际勘测情况，将埋深60m处的中更新统玄武岩作为模型的底部隔水边界。研究区7个水文地质参数分区的水文地质参数如表9-4所示。综合以上条件，建立起地下水运动模型：

$$\frac{\partial}{\partial x}\left[k(H-B)\frac{\partial H}{\partial x}\right]+\frac{\partial}{\partial y}\left[k(H-B)\frac{\partial H}{\partial y}\right]+W(x,y,t)=\mu\frac{\partial H}{\partial t},(x,y)\in\Omega,t\geqslant 0 \tag{9-38}$$

$$H(x,y,t)\mid_{t=0}=H_0(x,y),(x,y)\in\Omega,t=0 \tag{9-39}$$

$$k(H-B)\frac{\partial h}{\partial n}\bigg|_{\Gamma_2}=q(x,y,t),(x,y)\in\Gamma_2,t>0 \tag{9-40}$$

式中，H和H_0（x，y）分别为潜水位及其初始水位；B为含水层地板高程；Ω是研究区范围；Γ_2是第二类边界；k和μ分别是渗透系数和给水度；W（x，y，t）和q（x，y，t）分别是源汇项和第二类边界的单宽流量，流入为正，流出为负，隔水为0。

表9-4 流域7个水文地质参数分区的水文地质参数

参数分区	Ⅰ	Ⅱ	Ⅲ	Ⅳ	Ⅴ	Ⅵ	Ⅶ
渗透系数 K/(m/d)	25	15	12	30	35	23	20
给水度μ	0.12	0.10	0.10	0.15	0.20	0.10	0.10

9.2.7 碳循环模块

DDPM的碳循环模块（carbon cycle module，CC）意图构建包括以工业活动为主的人类活动碳排放、以放牧为主的动物呼吸、微生物的呼吸与分解碳排放、R_S和R_P与光合作用［图9-7（a）］，由于半干旱草原碳循环内容和影响因素众多，现阶段所研究的是净生态系统碳交换量（NEE），其主要包括植被的光合作用（P_S）和生态系统呼吸（R_{eco}），而R_{eco}主要包括R_S和R_P。根据植被光合呼吸模型（vegetation photosynthesis respiration model，VPRM）在区域尺度计算碳通量的原理，其可以通过计算GPP和R_{eco}来估算NEE。

一般来说，温度（包括空气温度T_A和土壤温度T_S）是影响R_{eco}最显著的因素之一，因此许多模型会将R_{eco}的计算式合并为一个与温度相关的多项式，然而这样的概化可能会导致生态系统的碳排放量估计错误。在本节研究的CC模块中，将R_S和R_P分别进行量化。

$$\text{NEE}=-\text{GPP}+R_{eco}=-\text{GPP}+R_s+R_p \tag{9-41}$$

式中，GPP可以通过光能利用效率（ε_g）、PAR和植被有效光合辐射（FAPAR）计算获得［式（9-42）］，而ε_g则可通过温度（T_{scalar}）、水分（W_{scalar}）和叶片物候（P_{scalar}）的向下调节标量效应求得：

$$\text{GPP}=\varepsilon_g\times\text{PAR}\times\text{FRPAR} \tag{9-42}$$

$$\varepsilon_g=\lambda\times T_{scalar}\times W_{scalar}\times P_{scalar} \tag{9-43}$$

式中，λ是最大光能利用效率（μmol CO_2/ μmol PAR）；三种向下调节标量分别可由以下方法获得：

$$T_{scalar}=\frac{(T-T_{min})(T-T_{max})}{(T-T_{min})(T-T_{max})-(T-T_{opti})^2} \tag{9-44}$$

$$W_{\text{scalar}} = \frac{1+\text{LSWI}}{1+\text{LSWI}_{\max}} \tag{9-45}$$

$$P_{\text{scalar}} = \frac{1+\text{LSWI}}{2} \tag{9-46}$$

式中，$T_{\min}$、$T_{\max}$和 T_{opti}分别为光合作用的最低、最高和最适温度；LSWI 和$\text{LSWI}_{\max}$分别为地表水分指数及其最大值，其中 $\text{LSWI}=\frac{\rho_{nir}-\rho_{swir}}{\rho_{nir}+\rho_{swir}}$，$\rho_{nir}$和$\rho_{swir}$分别为近红外辐射和短波辐射。

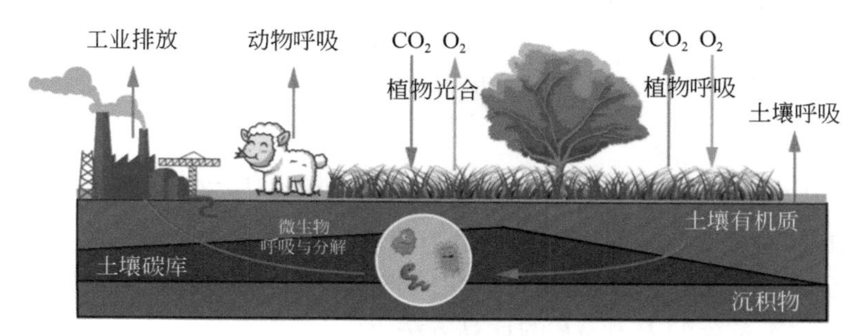

(a)DDPM碳循环模块示意图

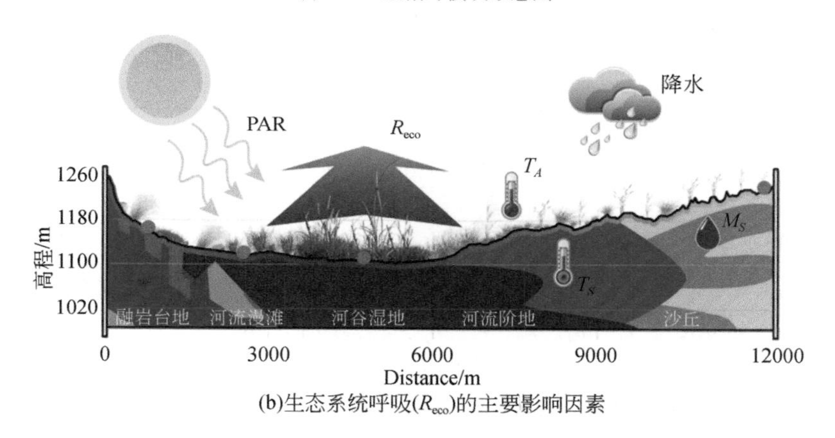

(b)生态系统呼吸(R_{eco})的主要影响因素

图 9-7　DDPM 碳循环模块构建原理示意图

R_S、R_P与温度之间的关系可以描述为［式（9-47）］，R_S与 M_S或 PAR 也可建立对数关系［式（9-48）］，当同时考虑 T 和 M_S与 R_S的响应的时候可以将式（9-47）与式（9-48）进行合并［式（9-49）］。

$$R_S = a_s \times T^{b_s} + c_s , R_P = a_P \times T^{b_P} + c_P \tag{9-47}$$

$$\ln R_S = d_S + e_S \times M_S ; \ln R_S = d'_S + e'_S \times \text{PAR} \tag{9-48}$$

$$\ln R_S^* = \alpha_S + \beta_S \times T^* + \gamma_S \times M_S^* \tag{9-49}$$

式中，a_s和a_P分别为0℃下的拟合的R_S和R_P；b_s、c_s、b_P和c_P分别为R_S和R_P对 T 的灵敏度；d_S、e_S、d'_S、e'_S、α_S、β_S和γ_S都是模型的调节参数；R_S^*、T^*和M_S^*分别是标准化的R_S、T和M_S。

9.2.8 通量模块

DDPM 的热通量模块（heat flux module，HF）不仅可以综合考虑冠层和土壤包括潜热通量（λET）和显热通量（H）在内的热通量，还可以联合 Eva 模块、RP 模块和 CC 模块的 E、M_S、GPP 等结果计算流域多种形式的水分利用效率（WUE）等。某种物质的通量（flux）可以通过该物质的势差（potential difference）及其余项（resistance）求得［式（9-50）］，而植被和地表的热通量可以由植被和地表的温度写出两个控制方程［式（9-51）］：

$$\text{flux}=\frac{\text{potential difference}}{\text{resistance}} \tag{9-50}$$

$$C_c\frac{\partial T_c}{\partial t}=\text{Rn}_c-H_c-\lambda \text{E}_c\,;C_{gs}\frac{\partial T_{gs}}{\partial t}=\text{Rn}_{gs}-H_{gs}-\lambda \text{E}_{gs} \tag{9-51}$$

式中，下标 c 和 gs 分别表示植被和地表；T 为温度（K）；Rn 是净辐射（W/m^2）；C 为热容［$\text{J/(m}^2\text{K}^1)$］；λ 为汽化潜热（J/kg）。我们将植被和地表的两个控制方程合并，并分别拆解可以获得生态系统的 H 和 λE 的计算方法[12]：

$$H=H_c+H_{gs}=\frac{(T_c-T_a)\rho\, c_P}{\bar{r_b}/2}+\frac{(T_s-T_a)\rho\, c_P}{r_d}=\frac{(T_a-T_r)\rho\, c_P}{r_a} \tag{9-52}$$

$$\begin{aligned}\lambda\text{ET}=\lambda \text{E}_c+\lambda \text{E}_g+\lambda \text{E}_s&=\frac{[e_*(T_c)-e_a]\rho\, c_P/\gamma}{f(\bar{r_c},\bar{r_b},M_c)}+\frac{(e_*(T_{gs})-e_a)\rho\, c_P/\gamma}{f(r_g,r_d,M_c)}+\frac{(f_h\cdot e_*(T_{gs})-e_a)\rho\, c_P/\gamma}{f(r_{\text{surf}},r_d)}\\&=\frac{(e_a-e_r)\rho\, c_P/\gamma}{r_a}\end{aligned} \tag{9-53}$$

式中，T_a、T_r和e_a、e_r为冠层空气空间的气温（K）、参考高度气温（K）和水汽压（mb）、大气边界的参考水汽压（mb）；ρ 和c_P为空气的密度（kg/m^3）和标准比热［J/(kg·K)］；γ 为干湿表常数（mb/K）；$\bar{r_b}$、r_d、r_a、$\bar{r_c}$、r_g、r_{surf}分别为体积边界层阻力、地面与冠层空气动力阻力、冠层空气空间与参考高度之间的空气动力阻力、上层植被的气孔阻力、地面植被的气孔阻力及裸土表面阻力，以上参数单位均为 s/m；f_h为表层土壤孔隙内的相对湿度；$e_*(T_c)$ 为在温度 T 下的饱和蒸汽压（mb）。

WUE 的计算包括生态系统尺度的水分利用效率（eWUE）、光合水分利用效率（pWUE）以及冠层尺度的水分利用效率（cWUE）[13]：

$$\text{eWUE}=\frac{\text{GPP}}{E};\text{pWUE}=\frac{\text{GPP}}{P};\text{cWUE}=\frac{\text{GPP}}{T} \tag{9-54}$$

式中，E 为 Eva 模块计算的实际蒸散量（mm）；P 和 T 表示降水（mm）和温度（K）。

9.3 模型评价

9.3.1 检验内容及方法

DDPM 模型的检验主要包括各模块模拟的生态水文过程的检验。其中，使用 FAO P-M

模型和 Bowen 比值–能量平衡法（BREB）对 Eva 模块的 ET 模拟值进行验证。P-M 模型依据的是能量平衡原理和水汽扩散原理及空气的热导定律，由于它的准确性和易操作性，为参考作物蒸腾量（ET_0）的计算开辟了一条严谨和标准化的新途径，FAO-56 重新将 P-M 模型推荐为新计算 ET_0的标准方法，成为当前国内外通用的计算 ET_0的主流[14]。我们将气象站实测数据带入 P-M 模型中分别对 1d 尺度和 3h 尺度模拟结果进行验证。P-M 模型可被描述为[15]：

$$ET_0=\frac{0.408\Delta(R_n-G)+\gamma\frac{900}{T+273}u_2(e_s-e_a)}{\Delta+\gamma(1+0.34u_2)} \tag{9-55}$$

$$E=(K_{cb}+K_e)\times ET_0 \tag{9-56}$$

式中，ET_0是参考作物蒸散发（mm/d）；G 是土壤热通量［MJ/(m^2·d)］；u_2是 2m 高度的风速（m/s）；Δ 是蒸气压斜率曲线（kPa/℃）；K_{cb}和K_e分别是基期作物系数和土壤水分蒸发系数。

BREB 法也可以用来估算潜热通量进而验证模型。潜热通量和感热通量计算值的准确性取决于波文比（β）的准确性，以及 BREB 失败或导致结果不一致的情况已进行了分析[16,17]。本章采用了 Perez 等[17]提出的选择标准，方法如下

$$\lambda ET=\frac{R_n-G}{1+\beta},\beta=\gamma\frac{\Delta T}{\Delta e} \tag{9-57}$$

式中，ΔT 和 Δe 是在两种不同高度测量温度和水汽压的差值。

为了验证 DDPM 在水文过程模拟中的准确性和适用性，采取双驱动数据源适配、与传统模式对比与实测数据检验结合的方法，研究所使用的双驱动数据源适配是指使用 CMFD 和 GLDAS-Noah 两套不同观测系统下生成的驱动数据分别带入 DDPM 进行计算和模拟 XRB 的生态水文过程。与传统模式的对比主要体现在汇流模式的计算方面，传统的汇流模式使用的每个栅格的河长是固定值，且不包括河流的水头损失。实测数据检验包括使用流域内一个中国国家水文站日流量数据、多个断面的自建自动检测水文站流量数据及人工实测的实时流量数据与模拟值进行对比验证，地下潜水位流场的模拟与实测地下水位井模拟的趋势进行对比，R_S的模拟值与水文梯度带上的自动监测站数据进行对比，通量数据与中国科学院草原通量塔 2003 值 2010 年实测数据进行对比分析［各站点位置见图 9-8（b）］。

9.3.2 评价体系

为了更全面地评价 DDPM 在半干旱草原的模拟情况，本章选用多个评价指标进行评判。使用决定系数（R^2）、Nash-Sutcliffe 效率系数（NSE）、均方根误差（RMSE）、变换均方根误差（TRMSE）、平均绝对误差（MAE）和 Kling-Gupta 效率系数（KGE）等来量化模拟与检验数据之间的不匹配。他们可以表示为

$$R^2=1-\frac{\sum_{t=1}^{N}(Q_{s,t}-\bar{Q}_{o,t})^2}{\sum_{t=1}^{N}(Q_{o,t}-\bar{Q}_{o,t})^2} \tag{9-58}$$

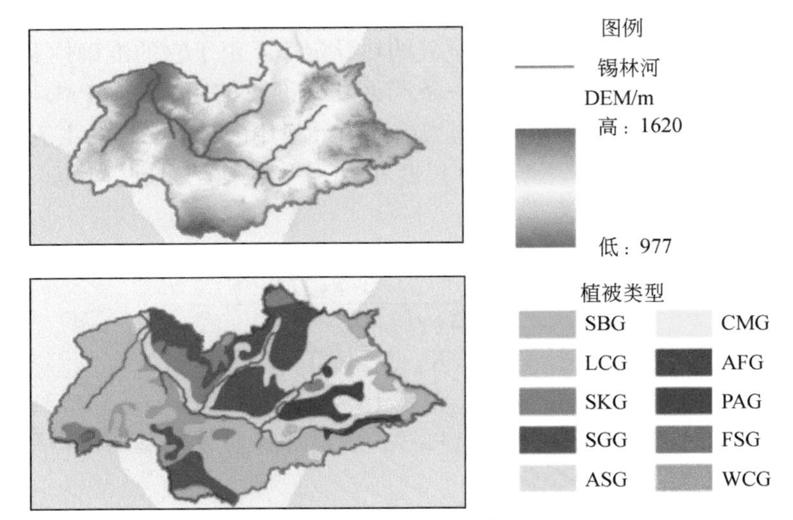

(a)研究区地形地势、植被类型

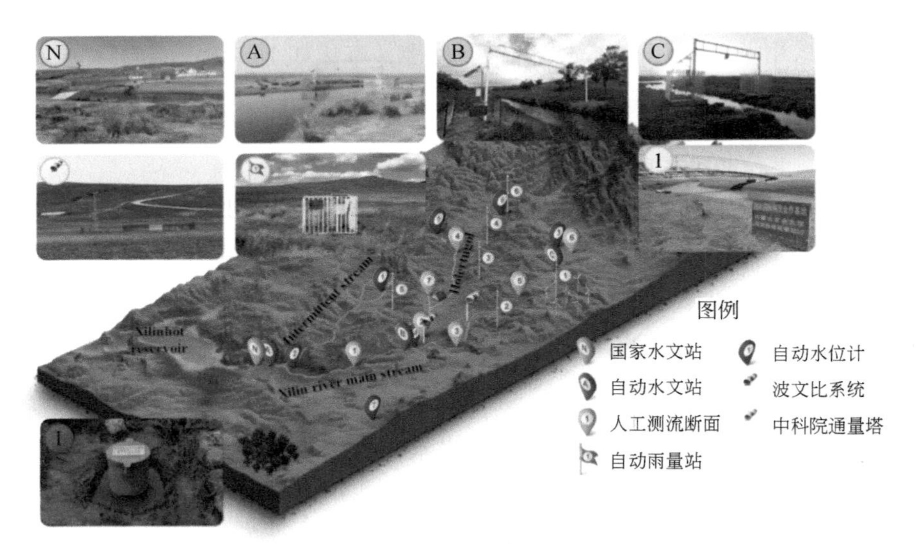

(b)研究区内站点分布情况

图 9-8　研究区概况其站点分布

$$
\mathrm{NSE} = 1 - \frac{\sum_{t=1}^{N} (Q_{o,t} - Q_{s,t})^2}{\sum_{t=1}^{N} (Q_{o,t} - \bar{Q}_{o,t})^2} \tag{9-59}
$$

$$
\mathrm{RMSE} = \sqrt{\frac{1}{N} \sum_{t=1}^{N} (Q_{s,t} - Q_{o,t})^2} \tag{9-60}
$$

$$
\mathrm{TRMSE} = \sqrt{\frac{1}{N} \sum_{t=1}^{N} (\hat{Q}_{s,t} - \hat{Q}_{o,t})^2}, \text{where } \hat{Q} = \frac{(1+Q)^{\lambda} - 1}{\lambda} \tag{9-61}
$$

$$\mathrm{MAE} = \frac{1}{N}\sum_{t=1}^{N} | Q_{o,t} - Q_{s,t} | \tag{9-62}$$

$$\mathrm{KGE} = \sqrt{(1-\gamma)^2+(1-\alpha)^2+(1-\beta)^2} \tag{9-63}$$

式中，$Q_{s,t}$和$Q_{o,t}$分别为在 t 时刻的模拟值和观测值；$\bar{Q}$为 Q 的平均值；γ、α 和 β 分别表示模拟值与实测值的线性相关系数及其标准差与均值之比。此外，使用 p 值对测量值和模拟值进行样本方差检验，显著性水平设为 0.01，当 $p<0.001$ 时，差异具有高度统计学意义。

9.4 模型运行流程

DDPM 各模块的运行流程、框架及输入输出变量如图 9-9 所示。

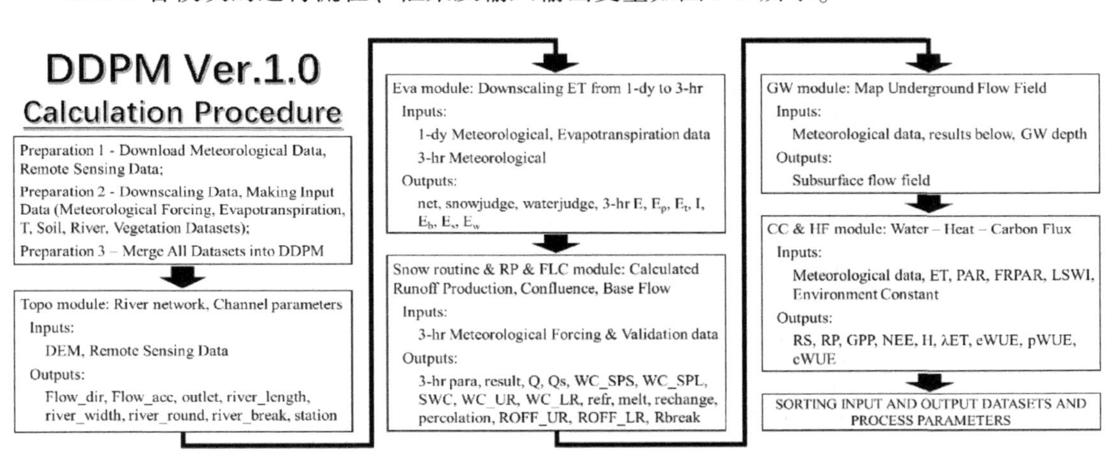

图 9-9 DDPM 程序流程及架构

参 考 文 献

[1] Verdin K, Verdin J. A topological system for delineation and codification of the Earth's River basins. Journal of Hydrology, 1999, 218 (1-2): 1-12.

[2] Rahmati O, Ghorbanzadeh O, Teimurian T, et al. Spatial modeling of snow avalanche using machine learning models and geo-environmental factors: Comparison of effectiveness in two mountain regions. Remote Sensing, 2019, 11 (24): 2995.

[3] Ardabili S, Mosavi A, Dehghani M, et al. Deep learning and machine learning in hydrological processes climate change and earth systems a systematic review. Chongqing: International Conference on Global Research and Education, 2020.

[4] Liu T, Abd-Elrahman A, Morton J, et al. Comparing fully convolutional networks, random forest, support vector machine, and patch-based deep convolutional neural networks for object-based wetland mapping using images from small unmanned aircraftsystem. Giscience & Remote Sensing, 2018, 55 (2): 243-264.

[5] Hussain D, Hussain T, Khan A, et al. A deep learning approach for hydrological time-series prediction: A case study of Gilgit river basin. Earth Science Informatics, 2020, 13 (3): 915-927.

[6] Ioffe S, Szegedy C. Batch normalization: Accelerating deep network training by reducing internal covariate

shift. Paper presented at the international conference on machine learning, 2015.

[7] Bergström S. The development of a snow routine for the HBV-2 model. Hydrology Research, 1975, 6 (2): 73-92.

[8] 徐宗学等. 水文模型. 北京: 科学出版社, 2009.

[9] Kollat J, Reed P, Wagener T. When are multiobjective calibration trade- offs in hydrologic models meaningful? Water Resources Research, 2012, 48 (3): 3520.

[10] Hamilton A, Hutchinson D, Moore R. Estimating winter streamflowusing conceptual streamflow model. Journal of Cold Regions Engineering, 2000, 14 (4): 158-175.

[11] Wagener T, Sivapalan M, Troch P, et al. The future of hydrology: An evolving science for a changing world. Water Resources Research, 2010, 46 (5): 5301.

[12] Sellers P, Mintz Y, Sud Y, et al. A simple biosphere model (SiB) for use within general circulation models. Journal of Atmospheric Sciences, 1986, 43 (6): 505-531.

[13] Fang Q, Wang G, Liu T, et al. Unraveling the sensitivity and nonlinear response of water use efficiency to the water-energy balance and underlying surface condition in a semiarid basin. The Science of the Total Environment, 2020, 699: 134405.

[14] Beven K. A sensitivity analysis of the Penman- Monteith actual evapotranspiration estimates. Journal of Hydrology, 1979, 44 (3-4): 169-190.

[15] Penman H. Natural evaporation from open water, bare soil and grass. Proceedings of the Royal Society of London. Series A, Mathematical and Physical Sciences, 1948, 193 (1032): 120-145.

[16] Angus D, Watts P. Evapotranspiration — How good is the Bowen ratio method. Agricultural Water Management, 1984, 8: 133-150.

[17] Perez P, Castellvi F, Ibañez M, et al. Assessment of reliability of Bowen ratio method for partitioning fluxes. Agricultural and Forest Meteorology, 1999, 97, 141-150.

第 10 章　基于 DDPM 的生态水文过程模拟与检验

10.1　研究区概况

鉴于锡林河流域上游地区水量较为充沛，土壤与植被类型在半干旱草原具备较强的代表性[1]，本章以锡林河流域上游为研究区开展基于 DDPM 的生态水文过程模拟与检验（图 10-1）。

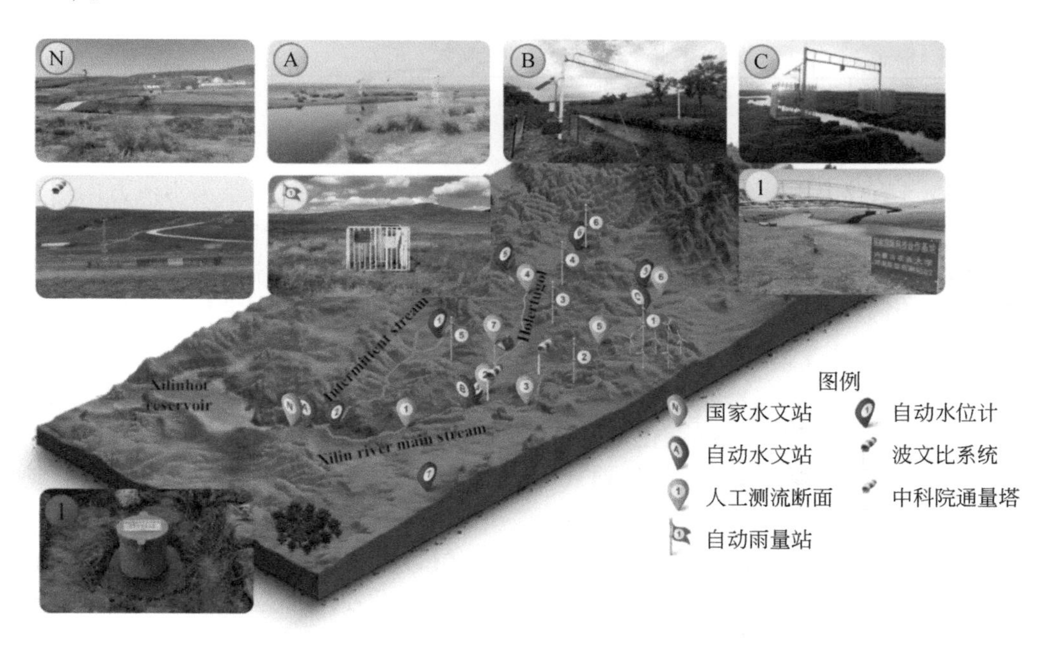

图 10-1　研究区内站点分布情况

10.2　试验设计与数据处理

10.2.1　水文气象要素的观测

据不完全统计，锡林河流域历史实测资料较为稀缺，历史时期的水文气象监测站仅有建于1963年的中国国家水文站和隶属于中国国家气象局的国家气象站（建于1954年），而该国家气象站位于市区内，对于反映草原气象条件意义并不大。为了更准确地监测锡林河流域的水文气象条件，研究人员在研究区内布设了三套自动流速流量监测站，一套波文比气象站，4套自动气象站，6套自计雨量站，7个人工测流断面，6个自动地下水位监测井，各站点具体位置见图10-1（b），具体站点信息见表10-1。

表10-1　锡林河流域站点信息

站点	采集器	监测指标	频次	监测时间（年/月）
国家水文站	—	径流量	1d	1964/1～2020/12
自动水文站	RQ-30	水位、流速、流量	1min	2018/8～2020/12
10m波文比气象站	CR1000	气温*，相对湿度*，风速风向*，降雨，总辐射，土壤热通量等	1min	2017/6～2020/12
自动雨量站	RG600	降雨	1min	2016/6～2020/12
自动水位监测井	HoboU20	地下水潜水埋深	1h	2016/6～2020/12
人工测流断面	LS1206B	流速，断面面积，流量	7d	2017/4～2020/10

注：*表示该监测指标分别在2、3.5、5和10m高度进行测试。

在非冰封期（4～10月）每7日进行一次人工河流流量测定，洪水期分别在洪峰过境的后1、3、5和7日加密测量。每次测量在河两岸固定木桩并拉一条与水流方向垂直的与河面平行的无弹性绳，用于确定河宽和测量位置，沿水平绳每隔20cm向下作垂线，确定河底高程［图10-2（a）］。流速测定在无风或风速基本不影响水流时进行，采用五点法进行测量，每个断面重复测试3次。洪水期要安排多组测量人员同时进行，每组人员根据断面间距离监测1～3个河流断面，每三小时测量一次。

除站点监测的水文气象数据外，还使用了一些数据产品包括气象驱动数据、土壤数据集、蒸散发数据集、表现气候变化的南方涛动指数（SOI）和NINO 3.4区海洋表面温度（SST）、第六次国际耦合模式比较计划（CMIP6）中5种未来气候模型等。气象驱动数据包括中国气象驱动数据集（CMFD）和全球陆地数据同化系统Noah模型（GLDAS-Noah）数据，其中CMFD主要包括了2m气温、降水、相对湿度、10m风速、长短波辐射和气压[2]。由于CMFD覆盖年份不包括2019～2020年，因此使用自建站点数据进行空间插补获得以上两年的气象驱动数据。GLDAS-Noah数据是美国航空航天局（NASA）全球陆地数据同化系统的数据[3]，为了满足模拟时间，在1980～2000年使用GLDAS-2.0，在2001～2020年使用GLDAS-2.1数据。

为了更好地拓展在野外原位采样的土壤理化属性，使用全球土壤数据集（GSDE）[4-5]中的土壤粒径、容重、负压计法土壤水分特征以及有机质含量等与实测数据做面上插值处理。蒸散发数据集选用全球陆地蒸发阿姆斯特丹模型（GLEAM），其是一套分别估算陆地不同成分ET的算法，此外GLEAM还提供了表层和根区土壤水分和ET胁迫条件[6]。GLEAM是根据观测到的地表净辐射和近地表空气温度计算潜在蒸发的。基于微波植被光学深度（vegetation optical depth，VOD）观测和根区土壤水分估算，利用倍增ET应力因子将裸地、高冠层和短冠层的潜在蒸发量转化为实际蒸散量。SOI和SST数据分别由

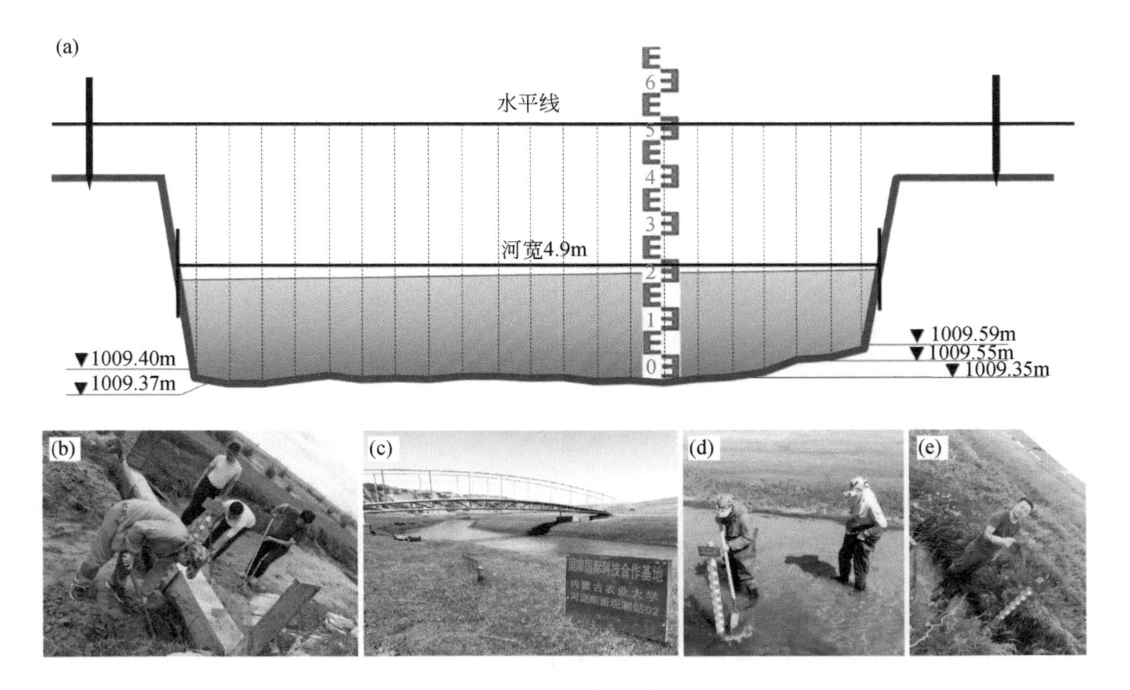

图 10-2 河道断面布置

注：(a) 河道断面测量示意图；(b-c) 两处自建人工测流断面；(d) 河道清淤；(e) 人工测流

Commonwealth of Australia，2021 和 Bureau of Meteorology 的官方网站提供。

10.2.2 土壤呼吸的监测

R_S试验设计在位于锡林河支流浩勒图郭勒与干流锡林高勒河交汇处的一处水文梯度带上，总长 12km［图 10-3 (a) 和 (b)］。梯度带南北走向，呈两边高中间低的马鞍形，土壤主要为栗钙土及其变种亚类，平均砂粒含量高超过 80%，而黏粒含量很低。自北向南可大致分为荒漠沙丘（sand dune，SD），倾斜平原，河谷湿地（wetland a community of *Carex hirta* Linn.，WL），山地草原（river floodplain with a community of *Achnatherum splendens* (Trin.) Nevski，AS）和熔岩台地（lava mountain with a community of *Stipa capillata* L.，SC）。其中最北端的 SA 退化最为严重［图 10-3 (f)］，这里土壤颗粒粒径较大且有机质含量低，水分含量低，土壤表层温度随天气变化大，植物不易生存，主要生长耐干旱的小叶锦鸡儿（*Caragana microphylla*）、雾冰藜（*Bassia dasyphylla*）和榆树（*Ulmus pumila*）。WL 是锡林河支流河干流交汇处的湿地［图 10-3 (e)］，土壤含水率、有机质含量及地下生物量都高于其他地区，较高的含水量养育了 50 余种的湿地植被，例如芦苇（*Phragmites communis*）、泽芹（*Sium suave*）、紫花苜蓿（*Medicago sativa*）等。AS 地势开阔平坦［图 10-3 (d)］，芨芨草（*Achnatherum splendens*）群落遍布，土壤密实度高，由于距离河道较近，地下水位埋深较浅。SC 位于梯度带的南端［图 10-3 (c)］，植被以大针茅（*Stipa grandis*）和极小的小叶锦鸡儿灌丛为主，这里地表和土壤中散布大量火山岩砾石，同时也生活着一定数量的蝗虫和草原鼠。各试验点气象、土壤、植被状况如表 10-2 所示。

表 10-2　水文梯度带上 4 种生态系统的土壤和植被特征

生态系统	SD	WL	AS	SC
平均粒径[a]（μm）	94.23±3.26	75.5±5.54	72.63±4.13	96.11±1.86
土壤容重[a]（kg/m^3）	1.35±0.04	1.58±0.05	1.6±0.14	1.59±0.09
土壤有机质含量[a]/(g/kg)	0.44±0.08	1.5±0.28	1.09±0.53	1.11±0.54
地上生物量[b]（g/m^2）	9.19±1.48	867.51±10.84	95.87±5.43	42.26±4.87
地下生物量[b]（g/m^2）	0.15±0.1	6.58±3.11	4.13±1.81	0.27±0.07

注：表中的值代表平均值±标准差（a 代表 $n=5$；b 表示 $n=3$）。SD，WL，AS，SC 分别表示荒漠沙丘，河谷湿地，山地草原和熔岩台地。

R_S采用闭路箱法测试（RR-7330 R_S长期定位监测系统，Rainroot Scientific），是将一个密闭的气室覆盖于一定面积的土壤表面上，使气体在呼吸室和 CO_2分析器之间形成循环。当密闭的气室盖住土壤表面，由于从土壤向外释放 CO_2，使气路中的 CO_2浓度增加，测定一段时间气路内累积的 CO_2浓度变化，从而计算出该段时间内的土壤 CO_2通量变化。CO_2浓度、气压分别使用高精度红外 CO_2 气体分析器（IR- CO_2）和大气压力传感器（RR410BP）测试，呼吸室为直径 160mm×高 170mm 的圆柱体不透明自动开闭动态气室［图 10-3（e）］。

研究使用的 R_S监测数据采集时间为 2020 年 5 月 3 日 12 时 ~ 11 月 6 日 24 时，测试间隔 30min，每个半点前三分钟动态气室闭合并连续监测 CO_2浓度，每秒测定一次。为了防

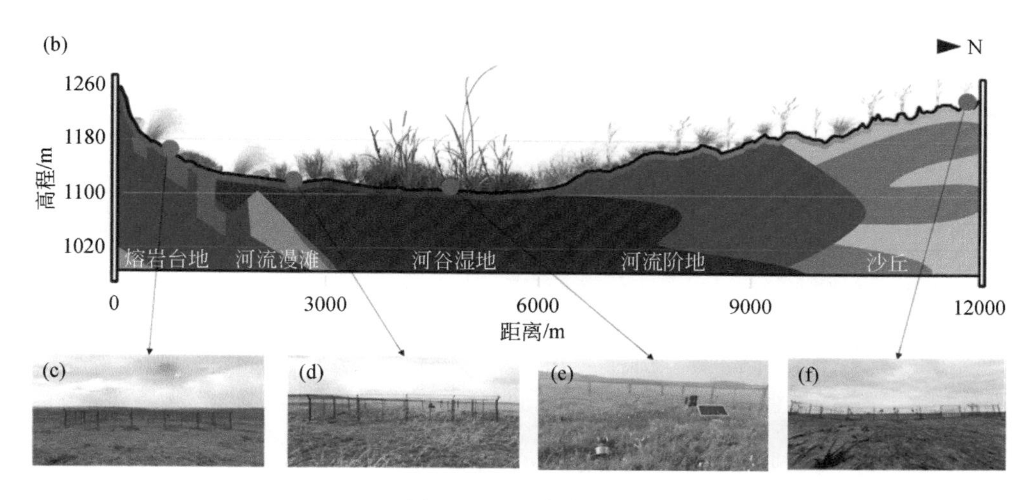

图 10-3 R_S 实验区域

注：(a) 水文梯度带位置；(b) 水文梯度带剖面；(c) 熔岩台地；(d) 山地草原；(e) 河谷湿地；(f) 荒漠沙丘

止气体采集初期包含空气所带来的误差，研究使用抽气30s后CO_2浓度稳定的R_S数据参与分析。同时为了减小围栏对R_S监测系统产生的影响，4个生态系统监测点位的护栏面积均大于12m×12m［图10-3（c）~（f）］。R_S的计算方式如下：

$$R_S=\frac{\Delta C\times V}{\Delta t\times A\times 22.4}\times\frac{P_0}{P}\times\frac{T}{T_0} \tag{10-1}$$

式中，R_S是土壤呼吸速率（μmol/(m^2·s)）；ΔC是呼吸室进出气口的CO_2浓度差（μmol/mol）；V是气路的体积（m^3）；A是覆盖的土壤表面积（m^2）；P_0和P分别是标准大气压和实际大气压（kPa）；T_0和T分别是气体温度和标准状况下温度（K）。

四个生态系统的R_S监测点位东侧均设有一座气象站，气象方面分别监测2m处的空气温湿度、风速风向、气压、降水和有效光合辐射（PAR；其中CH气象站为波文比系统）。土壤方面监测土壤温度、含水率、电导率。要素采集间隔为5min，数据采集终端为CR1000数据采集器（Campbell Scientific Inc.，Logan，UT，USA）。土壤呼吸研究期内的水文气象条件如图10-4所示。结果显示，5~6月空气温度（T_A）及土壤表层、浅层温度提升缓慢，表层土壤温度（T_S）与浅层T_S差距不大，T_S对T_A的整体提升或下降有明显的滞后性。由于研究区没有高大植物的遮蔽，春冬季节风速大都超过5m/s，多为西北风，

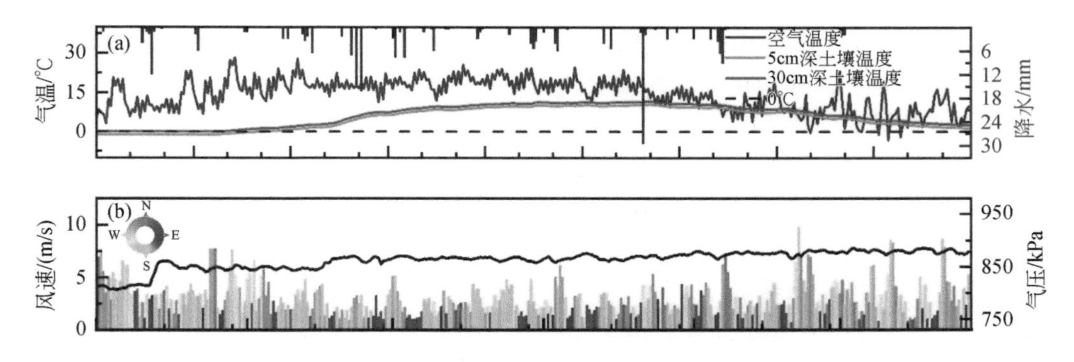

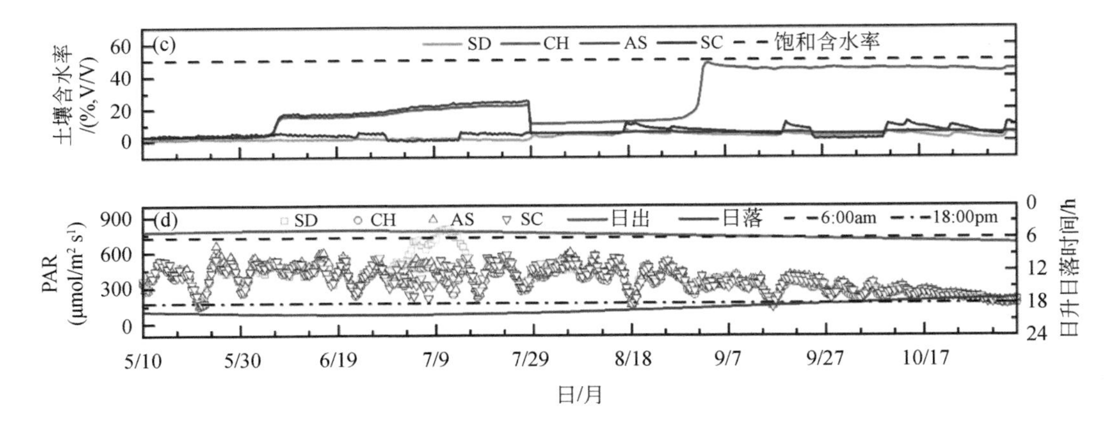

图 10-4 土壤呼吸监测期 4 个生态系统的水文气象情况

夏季风速相对较小，以南风为主。

SA、LM 距离河流较远，土壤平均粒径较大且土壤有机质含量低，土壤含水率（M_S）在整个生长季都在较低水平。整个 5 月 CH 和 MP 仍为冻土，在 6 月 10 日前后冻土逐渐融化，M_S明显上升。CH 在生长季中后期随着降水和河水对湿地的侧向补给，M_S基本维持在饱和状态。研究区有效光合辐射（PAR）整体处于中等偏低的水平，比同纬度沿海地区低，同纬度内陆地区高[7]，在生长季中期有一定上升，在生长季末期有明显下降，下降速率约为 0.4%/d，该结果与 Hu 等[8]在研究这个 1961 ~ 2014 年 PAR 趋势的研究结果相同。

10.2.3 数据处理

10.2.3.1 水文气象数据

水文气象数据的预处理包括站点实测数据的预处理和数据产品的预处理。实测数据的预处理主要包括异常值的剔除，少量缺测或错误数据的插补，不同时间尺度的换算等。水文气象数据产品的预处理包括流域的数据提取和栅格数据的降尺度反距离插值等。

10.2.3.2 公开遥感产品数据及预处理

遥感产品数据主要使用的是全球地表卫星产品（GLASS）、全球叶面积指数遥感数据集 GLOBMAPLAI，以及历史高清影像等。

GLASS 数据集包含 14 个产品，包括叶面积指数（LAI）、宽带反照率（Albedo）、吸收的光合有效辐射（FAPAR）、PAR、地表温度（LST）、FVC、初级生产总值（GPP）等，其优点在于许多产品的使用时间长达 35 年，对于长期环境变化研究尤其有价值[9,10]。产品的空间分辨率为 5km，所有产品在空间和时间上都是连续的，没有间隙或缺失值。GLASS 数据集有两种基于高级非常高分辨率辐射计（advanced very high-resolution radiometer，AVHRR）和中分辨率成像光谱仪（moderate-resolution imaging spectroradiometer,

MODIS）卫星的产品，在本章中使用基于 AVHRR 的产品数据，其时间序列较长（1981～2018 年）。

GLOBMAPLAI 是本章使用的另一种来自中国科学院地理资源研究所的植被产品。该产品是利用 AVHRR、MODIS 和多角度成像光谱仪（multi-angle imaging spectroradiometer，MISR）数据生成的全球 LAI 产品的长期序列，它与 GLASS 产品起着相互校正的作用。

GRACE 卫星是 NASA 跟德国航空中心的合作项目，是观测地球重力场变化的卫星，通过重力场的变化，科学家能推测出地下水的变化。在本章中借助其展示了锡林河流域水储量的变化过程。

历史高清影像主要用于草原型河流河道变化的反演工作，包括通过开源 JavaScript 库的 Leaflet 和用于交互制图下载的高清 Google 历史卫星影像，影像瓦片等级为 17 级，空间分辨率为 2.15m；以及利用 Streamlit 和 Geemap 组合各种卫星的长时间序列数据的 Streamlit-geospatial，其可以自己选择区域和波段组合导出数据并生成动画，数据包括 Landsat 系列卫星数据（1984～2021 年），GOES 气象卫星数据（2017～2021 年），MODIS NDVI（2000～2021 年）以及 Sentinel-2 卫星数据（2015～2021 年）。把历史数据按照模型分辨率进行切割，统计每个栅格内部不同历史时期的实际河长、河流的弯道个数、每个弯道的弯曲角度等，以供后续计算河道汇流使用。

10.3 蒸散发过程模拟

10.3.1 积雪的判定

基于研究区 1980～2018 年超过 477 万组积雪覆盖情景数据，利用朴素贝叶斯分解了是否存在 E_S 的情况，四种输入变量在有无积雪覆盖下的区分度如图 10-5 所示。气温在-10～0℃有明显的积雪覆盖分界情况，三种范围在 0～1 的反射率均存在较为明显的分界线，并在两侧存在范围相近的相互重叠部分，其中，三者在积雪覆盖的情况下反射率分别分布在 0.11～0.95、0.25～0.66 和 0.19～0.86；在无积雪覆盖的情况下反射率分别分布在 0.04～0.89，0.15～0.61 和 0.1～0.8。三者在两种情况下的反射率重叠区域均接近0.2～0.6 的范围内。由于半干旱草原地物类型相对简单，三种反射率均有较好地区分度。

朴素贝叶斯模型在半干旱草原的积雪覆盖判定中具有较好的表现，同时研究选择的 4 个参与判定的指标也具有较好的区分度。研究区存在积雪的最高气温在 12～15℃［图 10-5（a）］，这一般出现在晴朗的冬季白天，而不存在积雪的最低气温在-30℃，此时温度不再是决定性的判定要素，实际情况是该区域原本没有积雪，这也侧面说明了结合地表反射率的多指标体系来判定积雪覆盖的重要性，单一指标很难细致刻画复杂多变的水文过程。

相较于气温，三种地表反射指标的 DN 值相对集中且近似于正态分布［图 10-5（b）～图 10-5（d）］，这也是积雪地表反射率在不同区域一致性的特点[11]。在没有积雪覆盖的情况下，NIR 在其 DN 值小于 0.5 的范围内分布相较于 VIS 和 SW 更加均匀［图 10-5 (b)］，这也说明在植被、土壤和积雪的混合像元中，NIR 具备较好的分辨性。Qu 等[12]的研究表明 GLASS 数据集地表反射率可以较好地反映雪粒径，在积雪覆盖判定模块中，三种地表反射率的 DN 值在 0.5～0.7 和 1.15～1.3 均出现了次波峰，研究认为这是积雪消融时地表冰水混合时的表现。

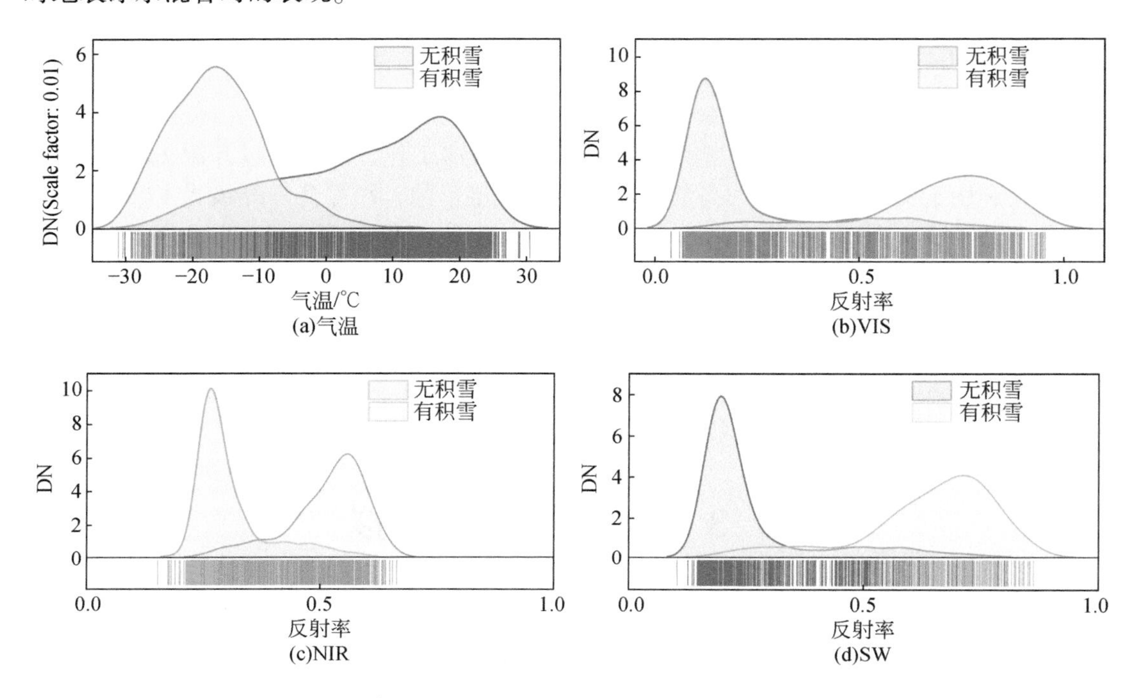

图 10-5　温度和三个地表反射率在有无积雪覆盖下的分布特征

10.3.2　敏感参数分析

图 10-6 描述了 DDPM 的 Eva 模块动态化的 5 个敏感参数分布的中位数和 95% 可信区间，两种敏感植被参数（FVC 和 LAI）分别在半干旱草原细化出了 10 种典型植被群落中与基于 VIC 模型的逐月静态参数进行对比分析。结果显示，两种敏感植被参数的逐月静态值与遥感解译的实际历史值差距较大［图 10-6（a）和（b）］，尤其是在最能体现植被群落差异的生长季中期，FVC 的静态逐月值偏低而 LAI 的静态逐月值偏高。5～11 月的动态平均反射率与逐月静态值基本一致，主要表现为动态 VIS 略低，其余二者略高［图 10-6（c）］。三种动态反射率在 11 月的离散程度开始变大，在 12 月至来年 4 月，离散程度进一步增加，其动态平均值也远高于逐月静态值。整体上看，动态平均值在 11 月和 12 月上升，在来年 1 月和 2 月到达峰值，3 月和 4 月开始下降，逐渐趋于逐月静态值。

根据 10 种典型植被群落的植被特性，将他们对应归为常见生态水文模型植被类型的三类，即开放灌木（ASG 与 CMG）、闭合灌木（PAG）与草原（其余 7 种植被群落）。生长在流域上游的 SBG 以及四种灌木群落的 FVC 始终高于草原类型的逐月静态值［图 10-6 (a)］。研究区的 LAI 年内表现为 10 月至来年 4 月低且变化缓慢，在 5～9 月生长季的 LAI 先升高再降低，于 7 月达到峰值。属开放灌木的两种群落在生长季的逐月静态 LAI 略低于动态平均值，其他植被群落都高于动态平均值［图 10-6 (b)］。使用逐月静态参数模拟 ET 的生态水文模型，在时间演替上存在相当大的不确定性。为了模拟更符合地区特征的 ET 数据集，研究人员一直致力于获取表征地表和植被异质性的最优参数。由于当下大部分生态水文模型的植被细化程度不高，因此识别和了解生态水文模型 ET 算法中的关键参数并分析其相互作用对进一步优化具有重要意义。

FVC 是判断 ET 类型的敏感参数，其直接决定了 E_b、E_t 和 I 的构成比例，参数敏感性分析结果显示，半干旱草原典型植被群落的 FVC 在生长季初期和末期为 5%，生长季中期平均在 15%～30%，整体高于逐月静态值。而作为在 ET 模拟中会直接影响植被冠层抗阻系数的 LAI，生长季平均水平仅为 0.8～2，远低于逐月静态指标。典型植被群落在两种植被参数上表现出的明显反差，是半干旱草原独特的植被特性，这主要与半干旱草原典型植被叶片小且丛簇多的生理生态特征有关。为了适应干燥缺水的环境，植株不得不减小其叶片面积以减少水分的流失。以 CMG 的典型植物小叶锦鸡儿为例，同生长在半干旱地区，气候略湿润的科尔沁沙地，该地区的小叶锦鸡儿生长季 LAI 是锡林河流域的 2～4 倍[13]。

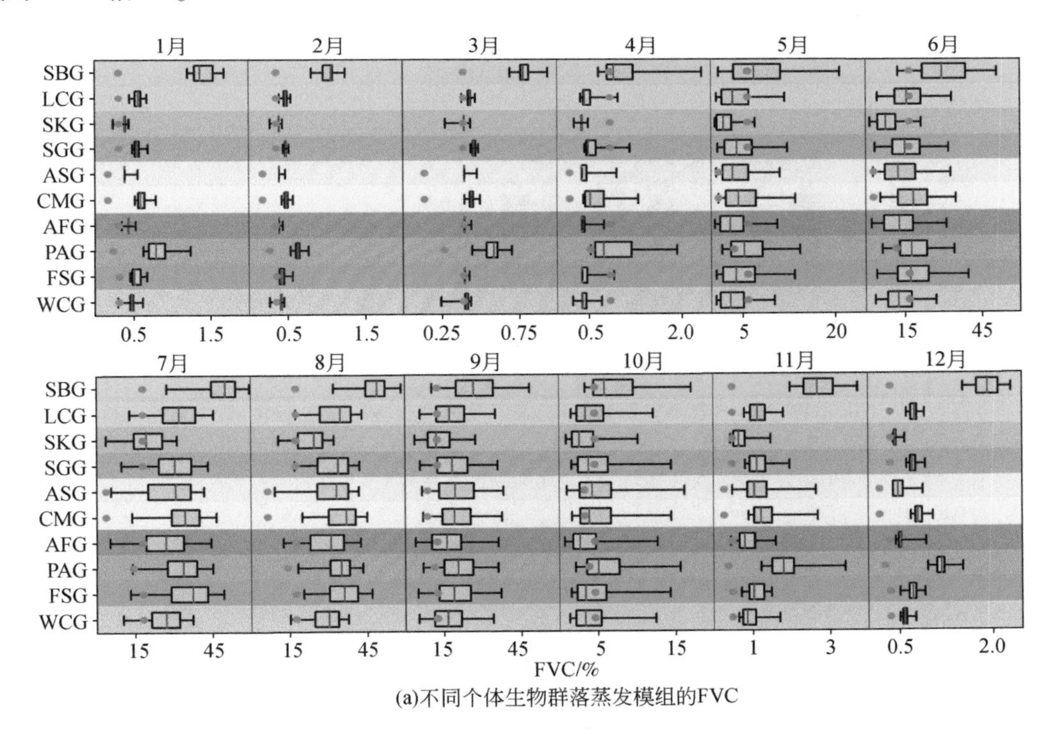

(a)不同个体生物群落蒸发模组的FVC

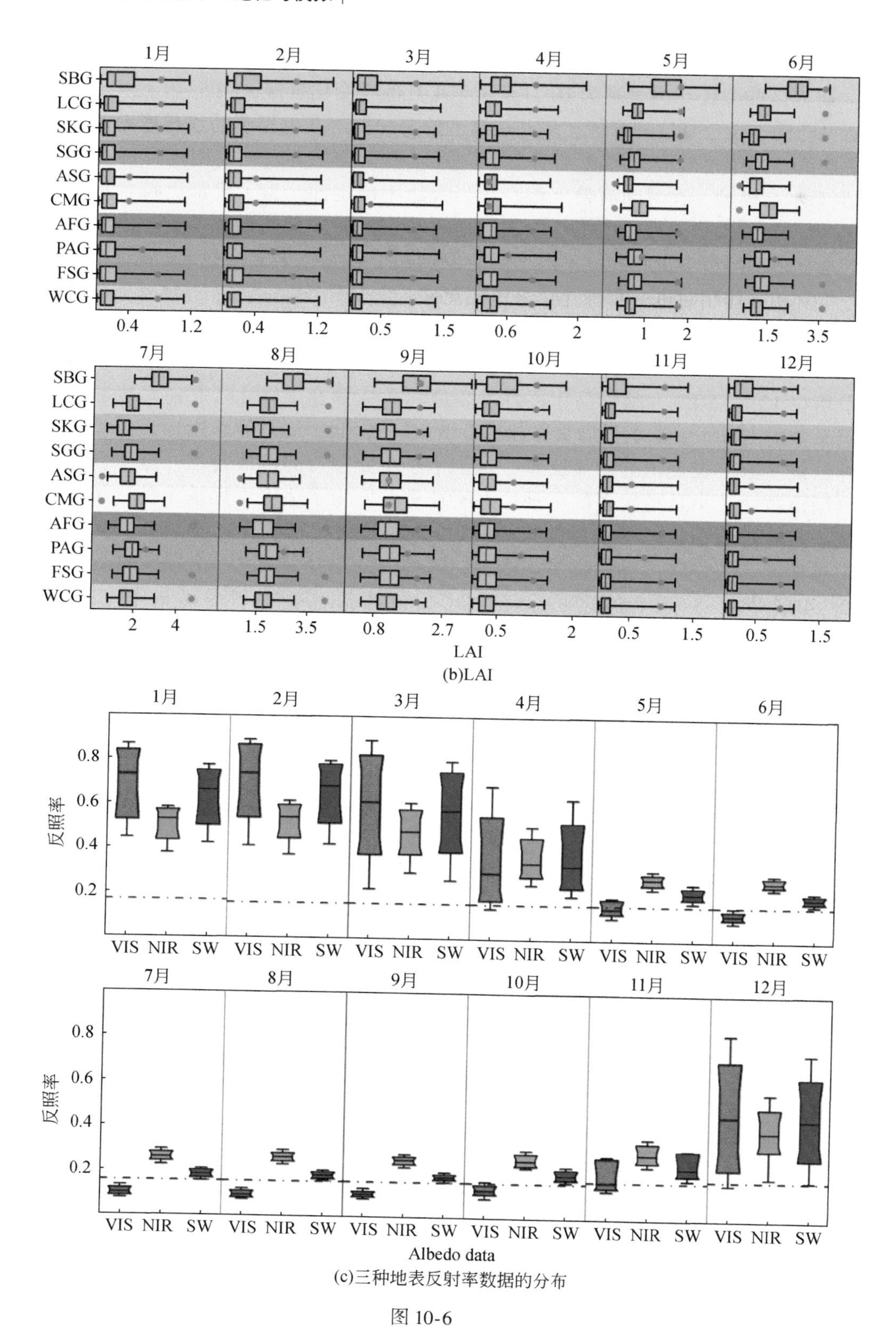

(b)LAI

(c)三种地表反射率数据的分布

图 10-6

10. 3. 3 尺度拓展与检验

将表 10-3 所示的日尺度数据输入到 Eva 模块中，基于积雪、开阔水面和植被覆盖度，确定是否存在 ET，输出训练时段的模拟结果。图 10-7 对比了 10 个典型植被群落 6 种蒸散发类型在训练、验证和测试阶段的表现。两轴分别表示模拟值的归一化标准差（σ）和 RMSD，曲线坐标轴代表皮尔逊相关系数。

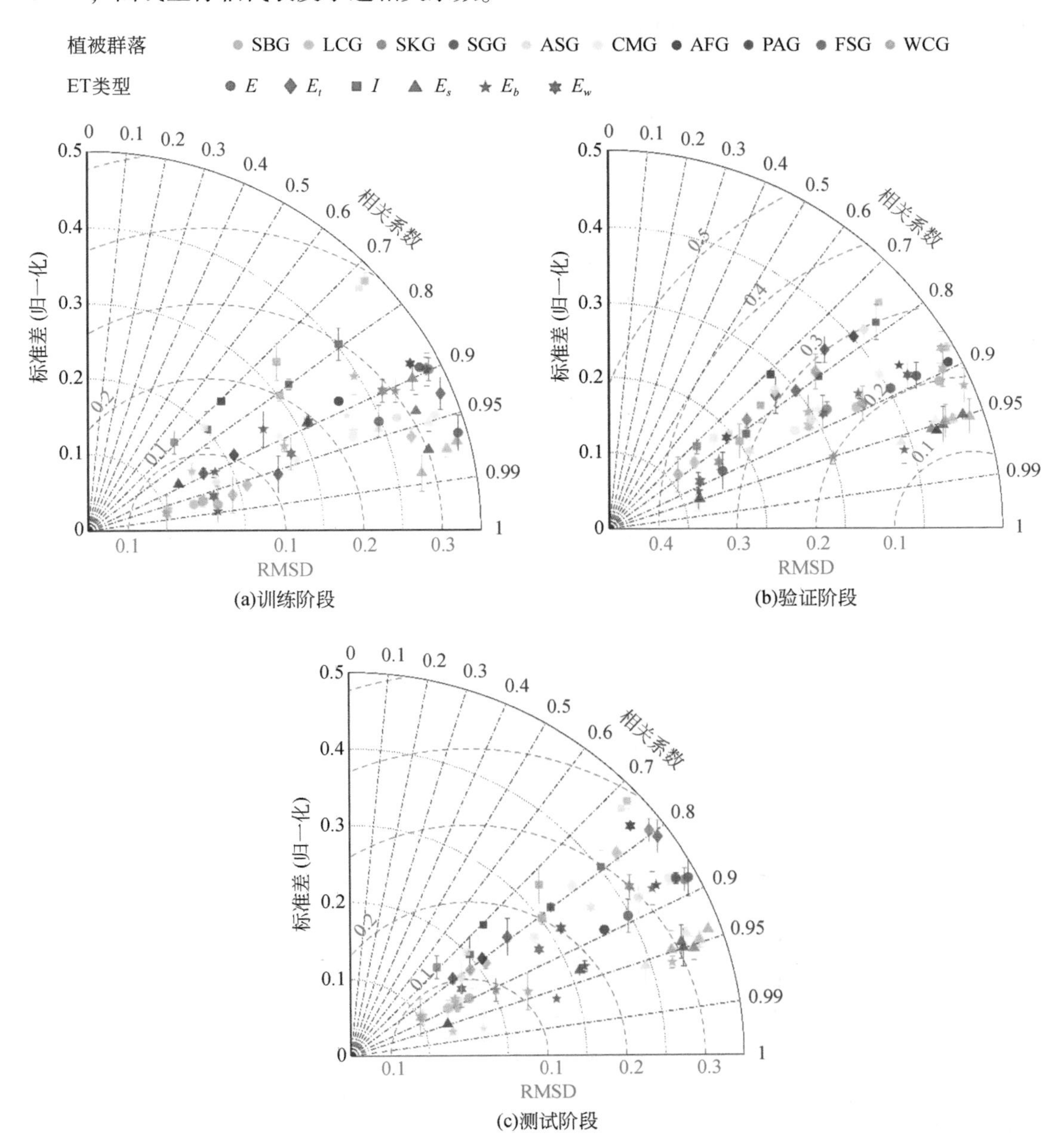

图 10-7　比较 Eva 模块 10 种植被群落 6 种蒸发类型在训练（a）；验证（b）和测试（c）阶段的性能

结果显示，算法的性能因不同的 ET 类型而不同。模型在训练、检验和预测阶段的模拟结果较好，E、E_s、E_t、E_b和 E_w的相关系数均大于 0.8，I 的相关系数略低，在 0.7 ~ 0.8。植被群落的差异在模型的模拟中也有所体现，一方面 ET 的模拟值的 σ 和 RMSD 根据植被群落的不同有一定改变，FSG 的 σ 整体最高，WCG 整体最低；另一方面植被群落也会对 E_b和 E_s的模拟精度产生影响［图 10-7（a）］。

通过代入制备好的 3h 尺度输入数据，研究获得了锡林河流域 1980 ~ 2018 年 3h 尺度的 7 种 ET 数据，按照 Eq. 10 计算出了研究区的 E，为了检验数据模拟的准确性以及模型的可用性，本文分别使用 P-M、BREB 两种模型代入实测资料，在 1d 和 3h 两种尺度进行数据检验。

表 10-3　DDPM 蒸散发模块模拟部分的输入输出层变量

符号		变量名	单位	符号	变量名	单位
输入层	a	降水速率	mm/h	j_6	VWC（-33kPa）	%
	b	气温	K	j_7	VWC（-1500kPa）	%
	c	向下长波辐射	W/m^2	j_8	有机质含量	质量比
	d	向下短波辐射	W/m^2	k	FVC	%
	e	绝对湿度	kg/kg	l_1	LAI	km^2/km^2
	f	风速	m/s	l_2	GLOBMAPLAI	km^2/km^2
	g	气压	Pa	m	NPP	kg/km^2
	h	深层含水率	m^3/m^3	i	VIS_BSA	—
	i	表层含水率	m^3/m^3	n	VIS_WSA	—
	j_1	土壤容重	g/cm^3	o	NIR_BSA	—
	j_2	砂粒含量	%	p	NIR_WSA	—
	j_3	粉粒含量	%	q	SW_BSA	—
	j_4	黏粒含量	%	r	SW_WSA	—
	j_5	VWC（-10kPa）	%			
输出层	E	实际蒸散量	mm/d	E_s	升华量	mm/d
	E_b	裸土蒸发量	mm/d	E_t	植被腾发量	mm/d
	I	截留量	mm/d	E_w	开放水面蒸发量	mm/d
	E_p	潜在蒸发量	mm/d			

模拟 3h 尺度 ET 转换成日尺度在研究区十种典型植被类型下的检验结果显示，E、E_p、E_s和 E_t的模拟表现都比较优秀，其 R^2和 NSE 分别高于 0.85 和 0.65，E_b和 I 在某些植被下略逊于平均水平，尤其是 SBG、LCG、AFG 和 PAG 四种植被下 E_b和 I 的 NSE 在 0.42 ~ 0.56［图 10-8（a）和图 10-8（c）］。在误差方面，E、E_p和 E_t的绝对误差略高于其他三种蒸散类型，在 0.2 ~ 0.4mm，但模型整体的误差离散度并不高，均不足 0.1mm，即 RMSE 整体处于较低的水平［图 10-8（b）和图 10-8（d）］。抛开典型植被的分类，在面尺度的 E 模拟检验中，在 43°34″N 附近的区域存在一定程度模拟较差的情况，主要表现为

这些格点的 R^2 和 NSE 偏低［图 10-8（e）和图 10-8（f）］和 MAE 略高［图 10-8（h）］，而整体区域的 RMSE 均保持较好的水平［图 10-8（g）］。

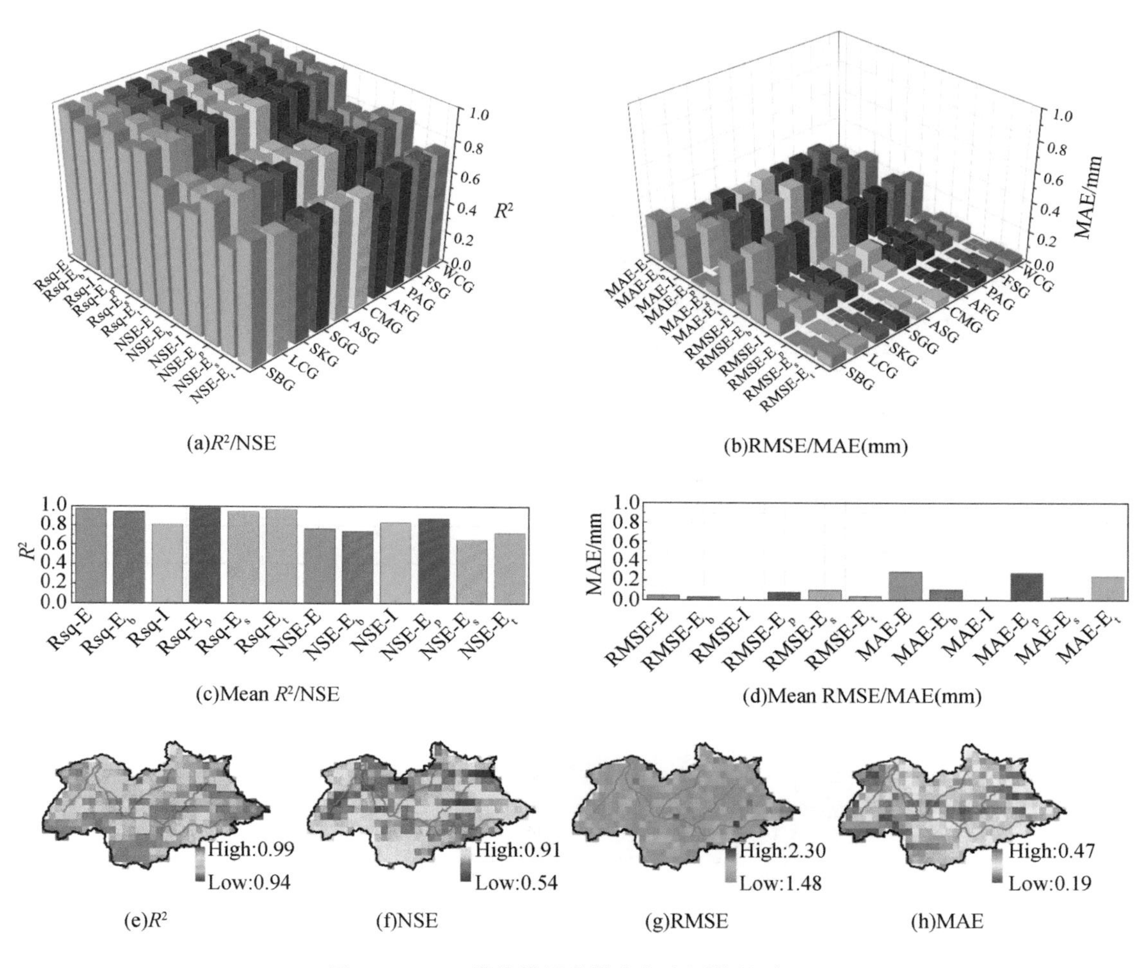

图 10-8　Eva 模块模拟蒸散发与实测值的对比

分别使用两种 ET 模型与 Eva 模块降尺度结果进行对比，结果显示，使用 FAO P-M 模型和 BREB 模型计算的 E 整体与 Eva 模块模拟值在趋势上保持一致，但在春夏季有一定程度的高估（图 10-9）。

Eva 模块和 FAO P-M 模型在日内尺度模拟 E 的差距不大，BREB 模型计算的潜热通量（λET）在 1～8 月的日内趋势与 Eva 模块和 FAO P-M 模型基本一致，在坐标尺寸不变的情况下，9～12 月的 λET 日内变化趋势明显高于以上两种模型［图 10-10（a）］。相关性分析结果表明，Eva 模块和 FAO P-M 模型在 1～4 月和 5～8 月的 R^2 均超过 0.7，但 9～12 月略低［图 10-10（b）］；Eva 模块和单位转化后的 BREB 模型 λET 在 1～4 月及 9～12 月的 R^2 更是超过 0.8，其在 5～8 月拟合表现较差［图 10-10（c）］。

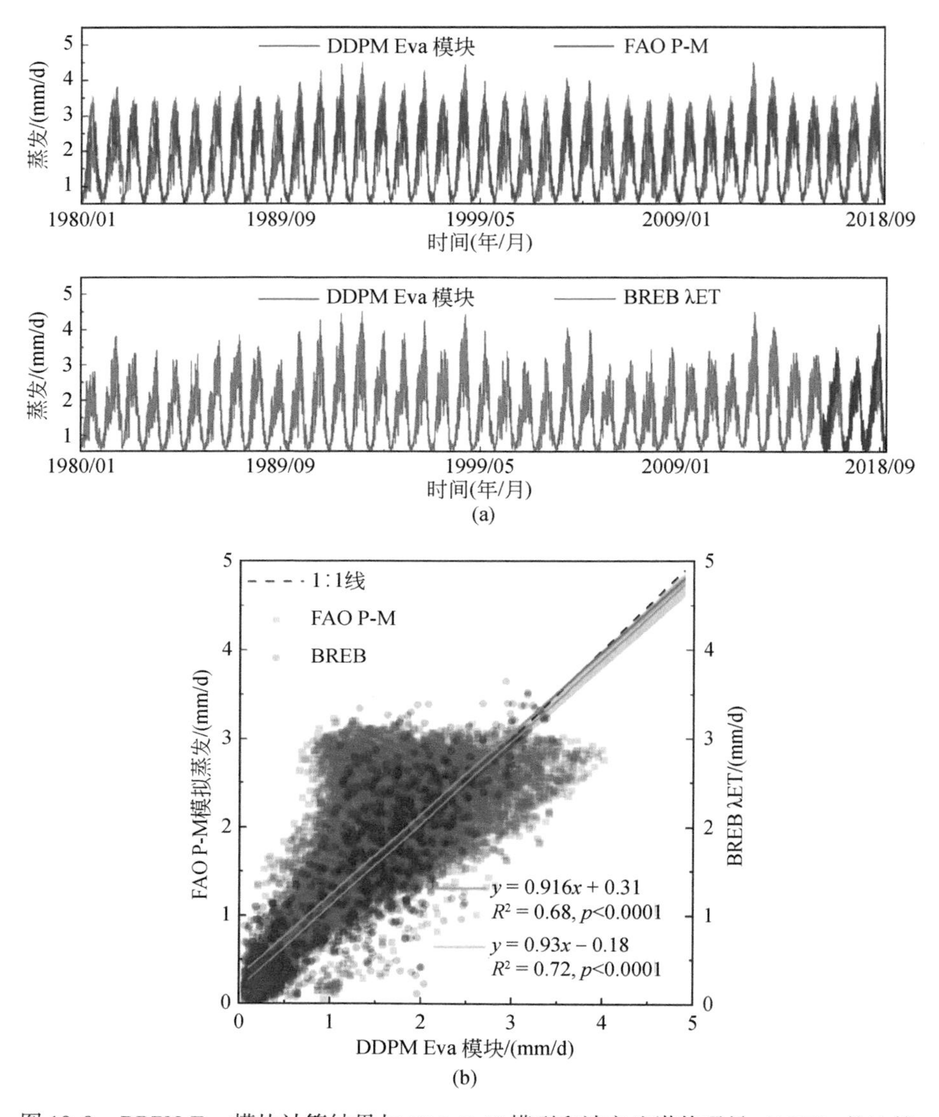

图 10-9　DDPM Eva 模块计算结果与 FAO P-M 模型和波文比潜热通量（λET）的比较

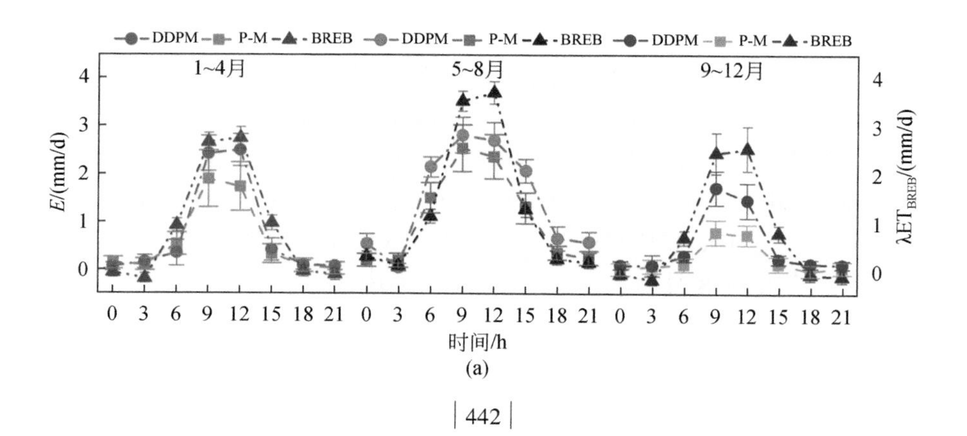

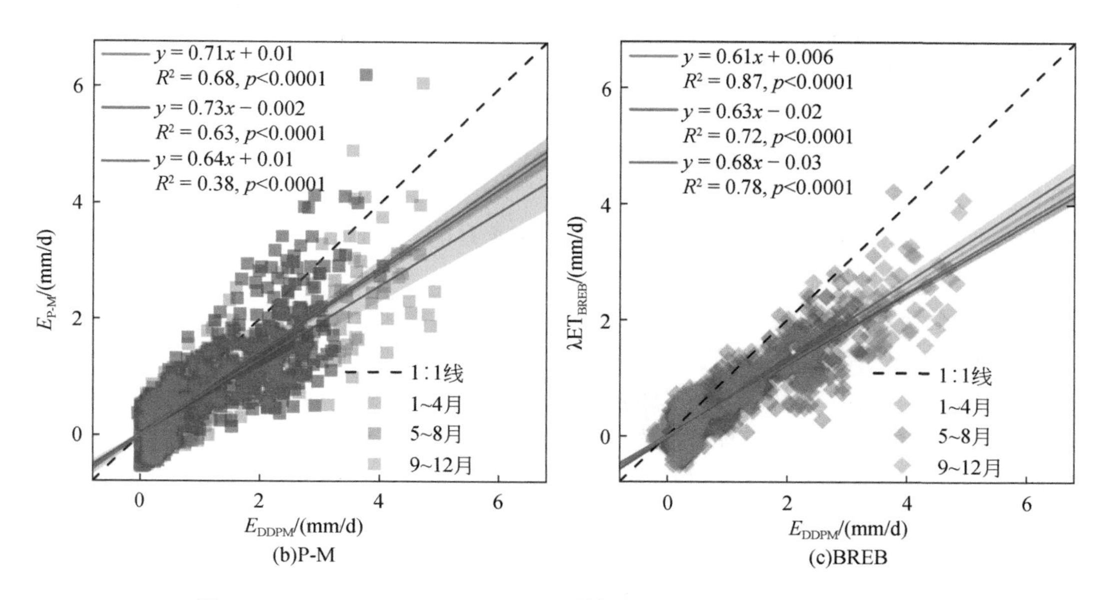

图 10-10　DDPM、P-M 和 BREB 三种模型模拟的日内 3h 蒸散发比较

在日内 ET 拓展的检验中，多种指标检验客观地描述了 Eva 模块降尺度模拟的表现，其中 E、E_b、E_p 和 E_t 的 R^2 较高而 NSE 略有下降［图 10-8（a）］，这是由于 NSE 对于极值十分敏感，模拟结果中的少量离群值导致了 NSE 的下降。半干旱草原的日 ET 数值往往较小，例如 E、E_p 和 E_t 三者会与其他几种类型的 ET 分量差出一个数量级，因此三者的 MAE 会相对较高，但这并不意味着模型存在较大的误差。同时为了提高模拟的精准度，Eva 模块在训练和模拟时使用了数据放缩，即在训练数据前放大输入数据集的数量级，在模拟出输出数据集后按照原有比例缩小数量级。

在面尺度的模拟检验中，各支流的源头处以及部分距离河道较近的区域，模拟精度都有所降低［图 10-8（f）］。这些地区有较高的土壤水分和茂密的植被，由于 FVC 的提高，导致 E_b 的比例下降，进而增加了 E 的模拟误差。通常来说，P-M 模型作为单元大叶模型，不考虑 E_b 和 I，在植被较少的春秋季，ET 理应低于综合考虑了 E_b 和 I 的 DDPM。然而在锡林河流域的实际检验结果却并非如此（图 10-9），这是由于 P-M 模型使用的实测气象数据与 CMFD 有些许出入引起的。BREB 检测结果对 ET 峰值把控水平较好，同时根据上述分析，也可以发现，降水是影响半干旱草原型流域多年 ET 峰值变换的主要因素。

10.3.4　讨论

典型植被群落的细化在区域生态水文过程的模拟中，有助于更准确地描述不同植被群落的 ET 与季节特征，能够更好地表达自然的空间异质性。在建模过程中，ET 的模拟值 σ 以及 E 和 E_t 的模拟精度都随植被群落有相应变化（图 10-7），一方面植被日内及生长季的 ET 规律不同，其 ET 的离散程度存在较明显的差别，这也是仅有与植被特征相关联较大的 E 和 E_t 才会在模拟精度上表现出异质性的原因。另一方面，在建模过程中的误差棒结果显示出两种现象，例如 SKG 和 SGG 两种群落会出现统计模拟 ET 偏差是相同植被群落在不同地理位置及生态环境下的表现。而诸如 ASG 和 FSG 群落的统计误差则是源自两种群落各自存在少量不同比例的非优势物种导致的。通过进一步深入研究，发现例如 WCG 中模拟精度略低的栅格地理位置更靠近河流，湿润的环境让生态水文交互组成关系更加复杂，导致相关性略有下降。

锡林河流域结冰期长达 5 个月，12 月至来年 4 月的研究区，由于冰雪覆盖的影响，其实际地表反射率是标定数值的 2 ~ 4 倍［图 10-6（c）］。大多生态水文模型的地表覆盖率为了简化运行，仅使用植被的反射率作为参数，这样的概化在寒旱区将会对模拟产生巨大的误差，不仅如此，在 FVC 较低的地区，使用植被反射率来代替实际地表反射率，也很难在复杂的混合像元具备代表性。总的来说，细化植被群落和动态化 ET 模拟敏感参数，兼顾了植被群落的生态特征与环境实态，有助于明晰草原流域生态水文过程的耦合作用机理和阈值体系，对重塑生态水文过程的历史演化，定量评估气候变化影响下草原流域生态水文过程的响应关系及其互馈影响机制。

10.4 产汇流过程模拟

10.4.1 水文过程的模拟与检验

分别将 CMFD 和 GLDAS-Noah 气象驱动数据带入 DDPM 中模拟锡林河流域 1980 ~ 2020 年的生态水文过程，以图 10-1（b）中所示站点的流量数据对模型输出的河道流量数据进行验证，结果如图 10-11 所示。图 10-11（b）是锡林河流域国家水文站断面的河道日流量的 Q-Q 图分析，根据日流量的峰度和偏度不难看出，锡林河流域河道流量呈现出偏态分布特征，这种倾斜分布表明了日流量存在较大的不均匀性，即该断面的日流量小于均值的数量远高于期望值 0.554m^3/s，说明缓慢的地表径流是锡林河流域的常态，侧面反映出草原型河流在非洪水期涓涓流淌的特点。

国家水文站断面的河道日流量检验分析结果显示，DDPM 在使用两种气象驱动数据集的河流径流量模拟中表现较好，从评价指标上看，R^2 和 NSE 均大于 0.9，KGE 小于 0.3，说明 DDPM 在整体生态水文过程的趋势把控方面表现较好［图 10-11（a）］。两种气象驱动数据集的日流量模拟结果显示，使用 CMFD 数据集的模拟流量在日洪峰的模拟上略好于使用 Noah 数据集的模拟值，尤其是在年内单日最大洪峰处存在一定偏差。三个自动水文站的日尺度流量检验结果显示模型的模拟结果较为准确［图 10-11（c）~ 图 10-11（e）］，R^2 和 NSE 略低于在国家水文站断面处的检验结果。人工测流检验结果显示流量模拟值和观测值的 NSE 较高，R^2 偏低，散点图分布状况较为收敛，线性拟合直线与 1 : 1 直线也较为吻合，说明总体结果可信且过程模拟误差较小。

河道断面流量的检验结果表明，结合 Eva、RP 和 FLC 模块的 DDPM 可以较好的模拟草原河流河道各栅格断面的径流过程。结合三种检验断面所在河流位置也可以看出，流域下游流量的模拟要优于上游产流区，主要可以总结为产流方式不同带来的影响以及测量精

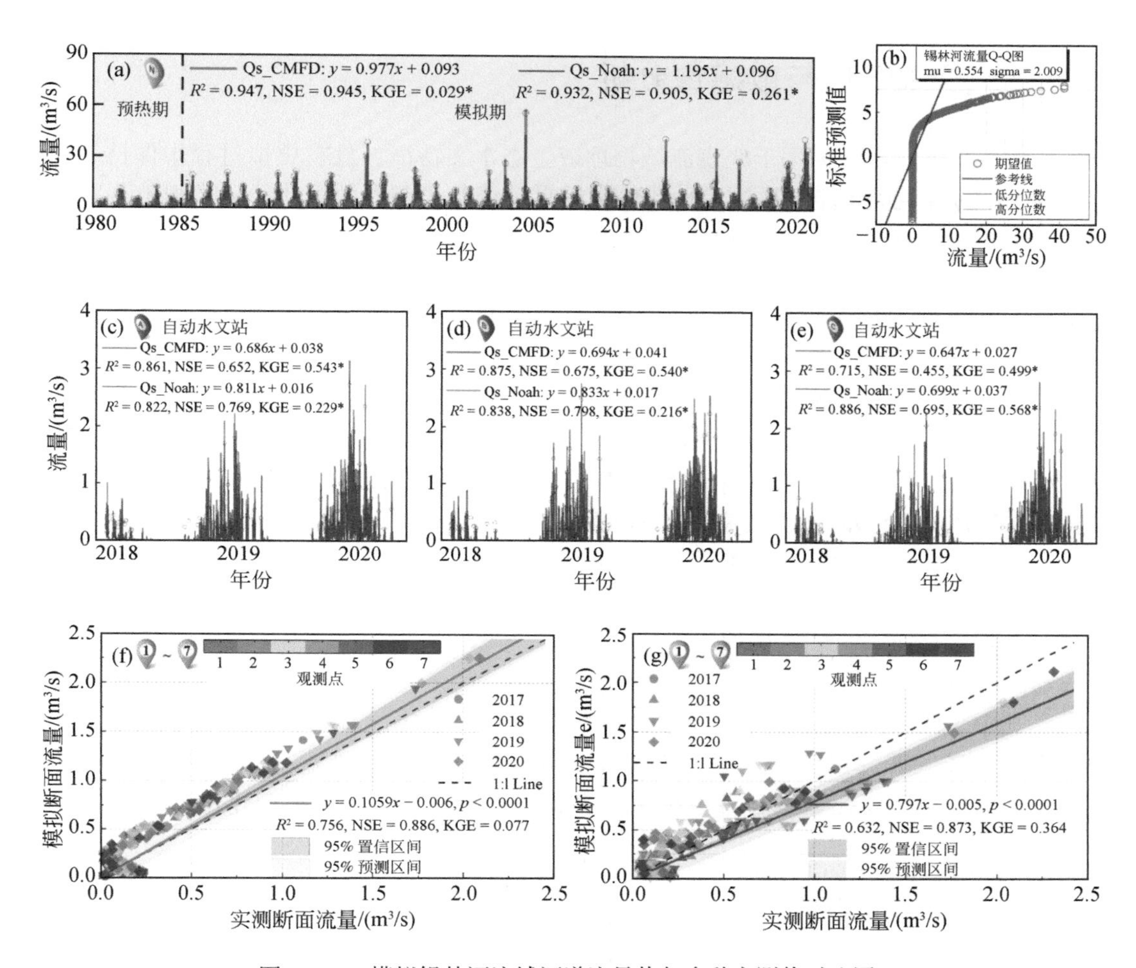

图 10-11　模拟锡林河流域河道流量值与多种实测值对比图

度两方面的原因。草原型河流的产流方式主要可以分为两种，山地的坡面产流和山前的地下水出露。流域大部分的产流模式都较符合降水-土壤水分贮量的 RP 模块，仅有少量格点存在地下水出露，尽管这样的区域也可以使用土壤水分贮量原理模拟，但会存在一些偏差。另一方面是草原河流的特点，上游的产流区多为土壤含水接近或已经饱和的湿地（漫滩）。在这样的地区实际测流，尽管在湿地（漫滩）中选取了符合测流标准的河道断面，但验证数据并不包含壤中流，这也会导致验证方面出现误差。

相比于两种水文站的检验结果，人工测流的检验精度最低，这可以归纳为两个方面的原因。一方面是由于水文站、自动测流数据丰富，模型率定参数时，会向数据丰富的站点倾斜，而人工测流只有几个测量数据，无形之中，其所占权重就会减小进而导致误差变大。另一方面的原因也与草原型河流的特性相关联。在洪水过境期，砂质河床不易在洪水中保持稳定的形状，加之半干旱草原不论春季还是夏日雨季都有较大的风速，都会影响河道流量的测定。

10.4.2 参数优选与敏感性分析

模型参数可以定义为用于代表流域物理或生态水文特征，且在模拟过程中保持不变的量。DDPM 的参数优化能够通过多种评价指标自动调整模型参数，使径流模拟值和观测值较好地匹配。图 10-12（a）~图 10-12（c）描述了通过三种评价指标优化模型参数的过程（由于迭代次数较多，图内仅为部分结果）。结果显示，以土壤水分运移为主的部分产流模块相关变量即使在不同评级指标下，仍存在趋同的变化趋势，这是流域特征在参数值间的直接体现。

控制土壤、融雪、河道的参数都是生态水文模型中重要的输入变量，其细微的变化会直接影响模型的稳定性，因此讨论各模块参数对模型的影响程度在实际应用中尤为重要。RP 模块和雪的积累与消融过程中的参数主要影响产流量随时间的变化，而 FLC 模块参数会直接影响径流的汇集过程，三者在一定程度上都会改变洪水的传播过程。因此研究分别对三个模块（过程）中的各参数增加或减少 1%、2%、5%、7.5%、10%、12.5%、15%、20%、25%、30%以及无变化 21 种情况下的平均模拟结果进行分析，结果如图 10-12（d）~（f）所示。

参数敏感性分析结果显示，三个模块（过程）的敏感性分析结果均处于可接受范围之内。其中，雪过程参数的变化对模型模拟流域径流的影响最小，当变化幅度大于 5%时，相较于降低雪过程参数，增大雪过程参数对模拟精度的影响要大得多。RP 模块和 FLC 模块的参数则要比雪过程参数敏感得多，当以上两个模块参数变化幅度超过 5%时，

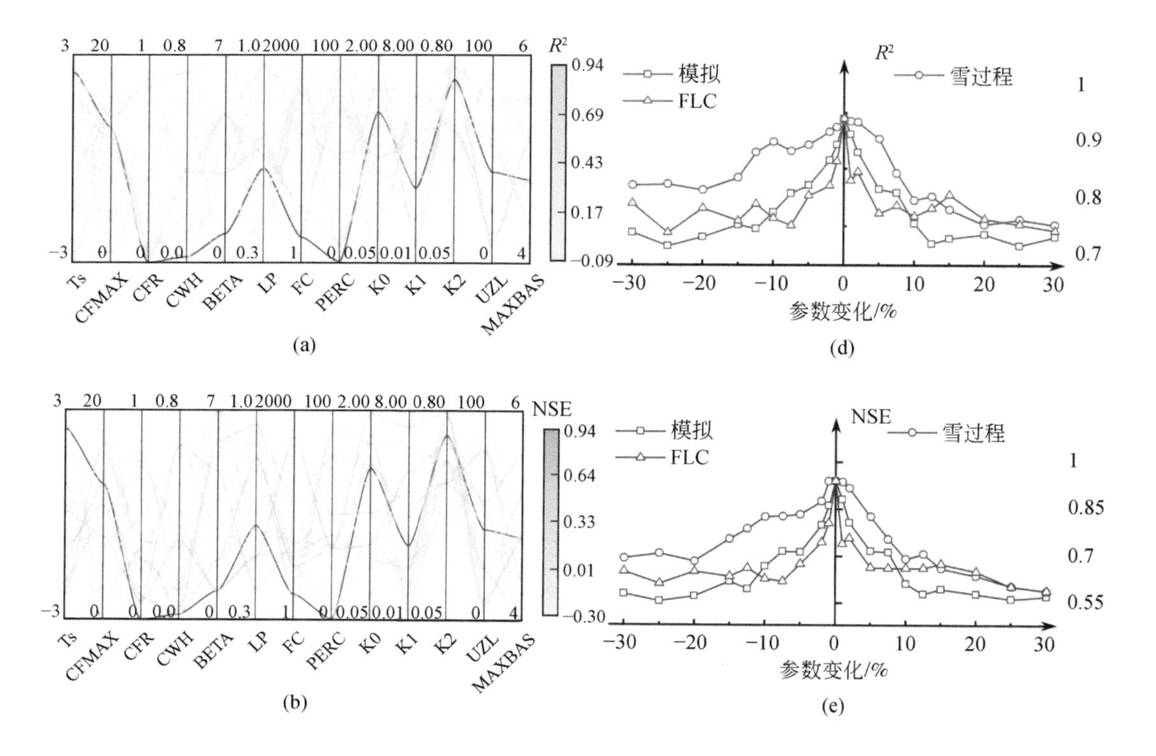

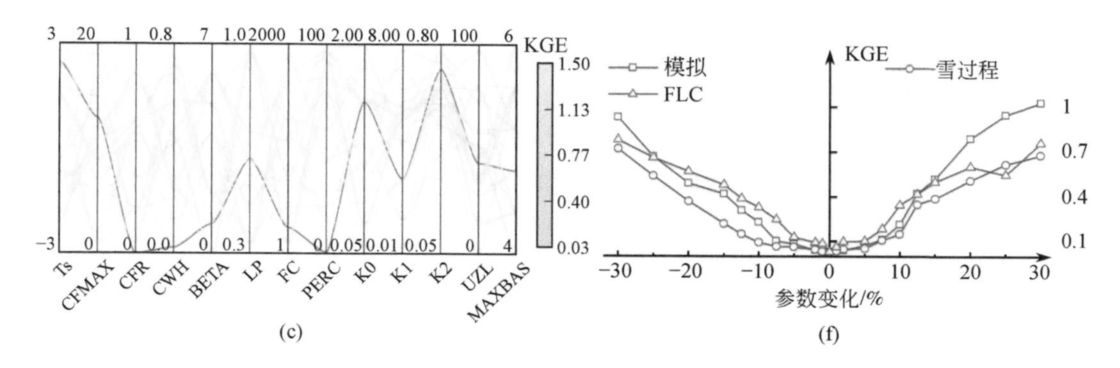

图 10-12　DDPM 参数优选与敏感性分析

模拟 R^2 和 NSE 分别会降至 0.7 和 0.55 左右［图 10-12（d）和图 10-12（e）］。KGE 指标显示 3 个模块（过程）参数在变化幅度超过 10 时，模型精度会有较大幅度的下降［图 10-12（f）］。

10.4.3　适用性分析

在本章中，适用性分析主要针对于不同驱动数据集在锡林河流域的普适性。结果显示使用两种不同气象驱动数据模拟径流的结果基本都分布在 R^2 和 NSE 的 1∶1 直线上，大部分模拟值的 TRMSE 均小于 0.6（图 10-13）。作为考虑相关性、变异性偏差和均值偏差的检验指标，整体上 KGE 保持在 0～0.4，且呈现出两种模拟值的 R^2 和 NSE 越接近，KGE 评价越优的结果。

在两种驱动数据集的模拟对比中，在模拟较低的径流或基流量时，由于数据源引起的误差会有所增加。此外在非冰封期和冰封期都极少数地出现了 R^2 较高但 NSE、KGE 和 TRMSE 表现较差的垮塌现象，且在非冰封期这种情况出现的次数要略多于冰封期。这些异常点说明其在整个时间序列中虽然符合变化规律，但存在一定的偏差。出现这类现象的主要原因是两种气象驱动数据的降水量存在一定差别，导致产流模拟中呈现出洪峰出现时间一致（符合时间规律），但径流（基流）洪峰值存在偏差的情况。

10.4.4　洪水过程

鉴于 DDPM 在锡林河流域的生态水文模型中兼具良好的适用性和较强的稳定性，进一步对 FLC 模块的汇流方式（该模式下的径流量简称 Qs）以及和两种常用的汇流模式（将这两种汇流模式下的径流量称作 Qs1 和 Qs2，分别为不考虑实际河长、河流弯道及漫流的汇流模式以及考虑实际河长、河流弯道，但不考虑漫流的汇流模式）在四场洪水中的模拟进行对比分析。首先在模拟期内分别选择了两场二十年一遇洪水和两场 50 年一遇洪水，使用两种驱动数据集和三种汇流方式模拟 3h 尺度的洪水过程，分别使用黄色和红色五角星标明支流以及支流与干流开始出现漫流情况的时间，锡林河流域国家水文站断面处的流量情况如图 10-13 所示。

结果显示，在日内尺度使用两种数据源模拟洪峰汇流过境的时间基本一致，仅是洪峰值略有差别，这与前文中对于不同驱动数据集在锡林河流域的普适性结果一致。整体上看，不考虑实际河长、河流弯道及漫流的 Qs1 的洪水到来时间最快，洪水持续时间也最短，考虑实际河长、河流弯道，但不考虑漫流的 Qs2 的洪水到来时间最晚，洪水持续时间最长，FLC 模拟的 Qs 则处于二者中间。

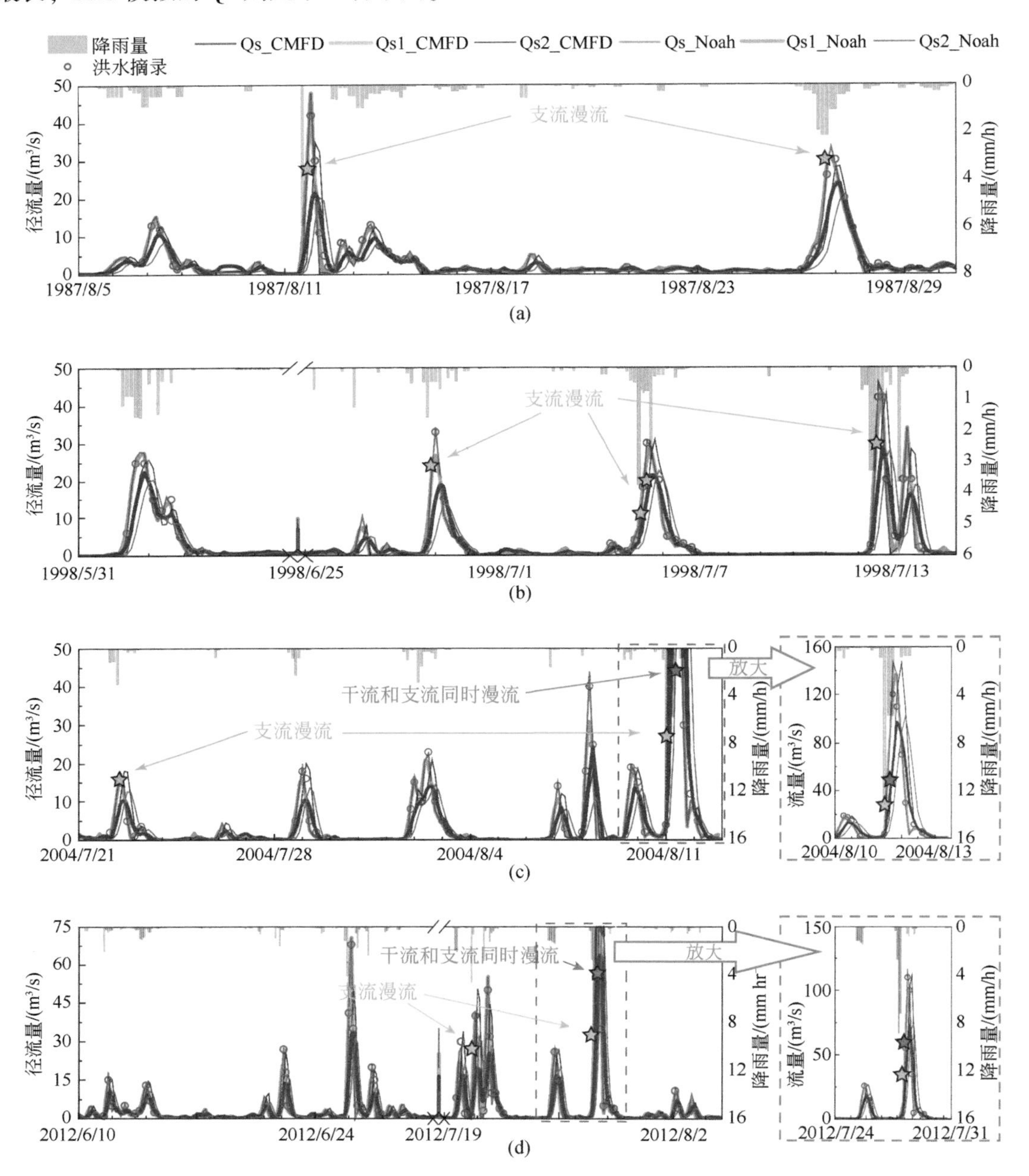

图 10-13　使用两种驱动数据在 DDPM 三种汇流模式下模拟 3 小时洪水过程

1987 年的两场洪水都是由单场暴雨引发的，不同的是 8 月 11 日的降雨历时短但强度高，8 月 26 日的降水强度不大但持续时间较长。相应地，8 月 11 日的径流在 3 ~ 6 个小时达到洪峰，而 8 月 26 日的径流洪峰则没有前者来得这么急［图 10-13（a）］。1998 年在中国多个流域都发生了全流域性的特大洪水，锡林河流域在该年的降水也十分丰沛。该年主要包括四场连续降水导致的洪水，其中由于降水存在短暂的间断有两场洪水呈现出了双峰型［图 10-13（b）］。2004 年和 2012 年分别出现了极为罕见的大暴雨并引发了极端洪水事件，不同汇流模式的径流模拟结果也表现出类似的差异关系，Qs1 模式的洪峰要比 FLC 模式提前 3 ~ 6 个小时，而 Qs2 模式的洪峰则要比 FLC 模式迟 3 ~ 6 个小时，三种模式模拟的洪水波形、数值等径流特征基本一致，特殊的，当河道发生漫流时，FLC 模式模拟的洪峰值会略高于 Qs1 模式［图 10-13（c）和图 10-13（d）］。

不同的汇流模式会引起洪水的到来时间、洪峰值甚至洪水波形等均有不同表现。通过对比三种汇流模式可以看到，考虑实际河长和河流弯道更真实地反映了草原型河流的河网特点，但若不考虑河道漫流情况，则会滞后洪水的到来时间，这种情况越是在洪峰较大的时候越明显。河道漫流作为草原型河流的突出特点，其不仅会使得洪峰的到来时间提前，也会在一定程度上增加洪峰值。为了细化分解漫流的影响，我们将漫流分为支流漫流与干流漫流，由于干流河道较支流更加宽且深，在整个模拟期内，我们发现锡林河流域均是支流漫流先发生，当洪水足够大时，干流漫流再发生的。

首先以 1987 年和 1998 年为例，研究支流漫流对草原型河流汇流的影响。1987 年 8 月 7 日和 1998 年 6 月 2 日的两场小洪水显示，Qs 与 Qs1 的区别主要表现在 Qs1 略提前于 Qs，二者数值基本一致。当发生支流漫流以后，Qs 的峰值基本都超过了 Qs1，这主要体现了河道漫流对径流洪峰的影响［图 10-13（a）和图 10-13（b）］。2004 年与 2012 年的特大洪水中，当支流与干流都发生漫流后，不仅 Qs 的峰值超过了 Qs1，其模拟径流的斜率也逐渐变大，洪峰的到达时间不断贴近线性汇流的 Qs1，这便是河道漫流对洪峰到来时间和洪峰值的影响［图 10-13（c）和图 10-13（d）］。从漫流过程来讲，漫流因裁弯取直缩短了水流途径长度并减少了弯道对流速的阻碍，水流便可更快地汇集到下游断面。河水较短的路程减少了包括蒸发、下渗等过程的损耗，也使得洪峰值较没有漫流的模式有一定提高。

10.4.5 潜水地下水位及其流场的模拟

利用 DDPM 的 GW 模块对锡林河流域的潜水地下水位变化趋势和流场进行模拟，结果如图 10-14 所示。模拟地下水流场变化趋势为图 10-14 中流域彩色背景，与实测地下流场近似，模拟地下流场表现为自东向西向北的方向汇流。实测流场显示，在两条支流交汇的石门地区和距离城市较近的希尔塔拉湿地的地下水相对流域其他区域更加充沛。

模拟地下水潜水位变化趋势显示，锡林河流域的地下水潜水位存在比较明显的年际波动，在 2016 ~ 2019 年的验证期内，地下水位的模拟波动趋势与实测波动趋势也基本一致。

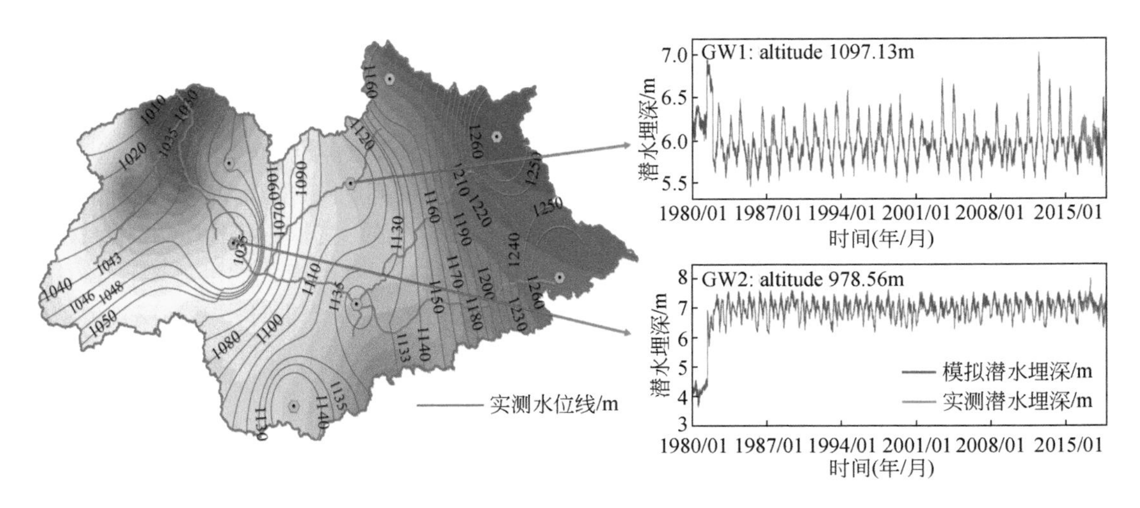

图 10-14　潜水地下水位变化趋势和流场模拟

10.5　碳循环与水热通量模拟

10.5.1　土壤呼吸的模拟

锡林河流域处于北半球中高纬度地区，具有典型的夏季白昼长，冬季白昼短的特点，联合图 10-4（d）中锡林郭勒草原日升日落时间进行对比可以发现，生长季前期研究区平均日出时间为 4：57am，平均日落时间为 19：45pm，平均白昼时长超过 15h/d，相比于静态地使用 12h 昼长，动态昼长包含更多昼夜交替时的 R_S 变化（表 10-4），这使得四个生态系统的水文气象要素在生长季前期的统计值绝大部分都低于静态算法，尤其是对太阳起落极其敏感的 T_A 和 PAR，动静算法之间的差距均超过 20%，最高差值表现在生长季前期 PAR 的最大值，动态昼长算法的统计值低出静态算法 28.75%。

表 10-4　动态和静态日长对锡林河流域 4 种生态系统水文气象特征影响的统计分析

生态系统		生长季前期			生长季中期			生长季末期		
		最大值	平均值	最小值	最大值	平均值	最小值	最大值	平均值	最小值
SD	T_A	25.4↓	15.4↓	4.5↓	23.1↓	18.6↓	10.9↓	16.↑	6.8↑	-10↑
	P	2.4-	0-	0-	3.4-	0-	0-	2.3-	0-	0-
	T_S	27.8↓	17.3↓	5.4-	25.9↓	20.7↓	12.8↓	17.0↑	8.1↑	2.2↑
	M_S	2.1-	1.4↓	0.88-	2↓	1-	0.4-	1.3-	0.9-	0.2-
	PAR	987↑**	378↓**	68↓**	808↓*	409↓*	109↓	415↓*	305↑	77↓

续表

生态系统		生长季前期			生长季中期			生长季末期		
		最大值	平均值	最小值	最大值	平均值	最小值	最大值	平均值	最小值
CH	T_A	38.4↓	27.9↓	17.7↓	34.7↓	28.2↓	17.8↓	21.4↓	8.6↑	-4.8↑
	P	2.7-	0.2-	0-	5.4-	0.3↑*	0-	2.2-	0.1-	0-
	T_S	24.5↓	14.4↓	5.2↓	22.1↓	17.5↓	11.3↓	16.8↑	9.8↑	4↑
	M_S	19.1↓	8.8↓	2.7↓	46.3-	22.1↓	19.2↓	23.4-	21.9↑	19.9↑
	PAR	483↓**	325↓**	79↓**	460↓*	327↓*	100↓	377↓*	267↑	87↓
AS	T_A	25.6↓	14.9↓*	4.2↓**	23.4↓*	18.5↓	11.8↓	17.7↑	5.8↑	-9.7↑
	P	2.7-	0.3-	0-	8.6-	0.5↑	0-	4.80-	0.26-	0-
	T_S	28.6↑	16.9↓	6.6↓	27.1↓	20.7↑	13.9↑	18.2↑	10.5↑	2.5↓
	M_S	20.7↓	9.7↓	2.9↑	23.8↓	23.7↓	13.9↓	27.1↑	11.3↑	1.6↑
	PAR	587↓**	347↓**	81↓**	545↓**	353↓*	104↓**	410↓*	292↑	86↓
SC	T_A	19.5↓	11.6↓*	3.8↓	23.9↓	19↓	13.5↑*	14↑*	7↑	1.9↑
	P	4.8-	0.3-	0-	3-	0.3↑*	0-	3.2-	0.1-	0-
	T_S	28↓	16.7↓*	5.6↓*	26.9↓	20.3↓	12.6↓	18.8↑	10↑	2.7↑
	M_S	5.2↓	3.8↑	0.4↑*	5.5↓	3.5↓	0.4↓**	3.7↑	2.4↑	0.8↑
	PAR	477↓**	339↓**	46↓*	503↓**	354↓*	95↓**	408↓*	288↑	89↓

生长季中期研究区日出时间逐渐推后，日落时间相应提前，平均昼长缩短为 14.5h/d。与生长季前期相近，动态算法整体统计数据略低于静态算法，其中 AS 的 T_S均值与最小值略高于静态算法，研究认为这是由于 T_S在日内随太阳高度角变换具有一定的滞后性引起的，随着昼长变短，土壤的保温作用使得 T_S并没有完全下降。在生长季后期研究区日出时间明显继续推迟，逐渐晚于 6：00am，日落时间也开始早于 18：00pm，平均昼长仅为 11.5h/d。此时动态昼长算法的统计值基本整体大于静态算法。整体来看动态记录昼长变化并以此进行昼夜划分，不仅具备理论上的可行性，在统计方面可以更准确描述年内不同生长季的水文气象要素变化，尤其是像 R_S研究等需要昼夜划分的领域中均具有较好的推广性和应用性。

利用碳循环模块，首先模拟出流域的 R_S 并分别在生长季三个阶段选择了 4 个生态系统中同时连续晴朗的三天进行比较分析（图 10-15），结果显示，结合 T_S 计算出的 R_S 可以较好地模拟晴朗天气下半干旱草原的 R_S 变化过程。在 R_S 速率方面，CH 和 AS 不仅在三个生长季阶段中的 R_S 极值最大，二者的日内变化幅度也是 SD 和 SC 的 1.21 ~ 2.48 倍，其中生长季初期四个生态系统的 R_S 日变化更明显，生长季末期 R_S 日变化更稳定。在波形方面，四个生态系统均表现出单峰与双峰（多峰）并存的模式。单峰 R_S 的峰值一般出现在 11 时 ~ 14 时，这段时间温度为一天中最高，太阳辐射也几近最强烈。双峰或多峰 R_S 的主峰与单峰位置一致，次峰一般位于主峰前后位置以及午夜前夕，研究认为位于主峰前后位置的次峰形成原因大多与主峰一致，次峰与主峰间的波谷是 PAR 的迅速减小与温度升高趋势减缓共同作用的，研究猜测这可能与短时间内云层的经过有关，云层遮蔽了太阳，导致辐射锐减的同时也减慢了温度的上升；午夜前夕的波峰主要是由于温度下降土壤表层水汽凝结，空气湿度与 M_S 略有提高，少量水分的增加有助于 R_S，该观点与 Zhang 等[14]在半干旱生态系统的 R_S、T_S、光合作用和 M_S 的观测来量化滞后的频率并确定其潜在的控制因素的研究结果相近。

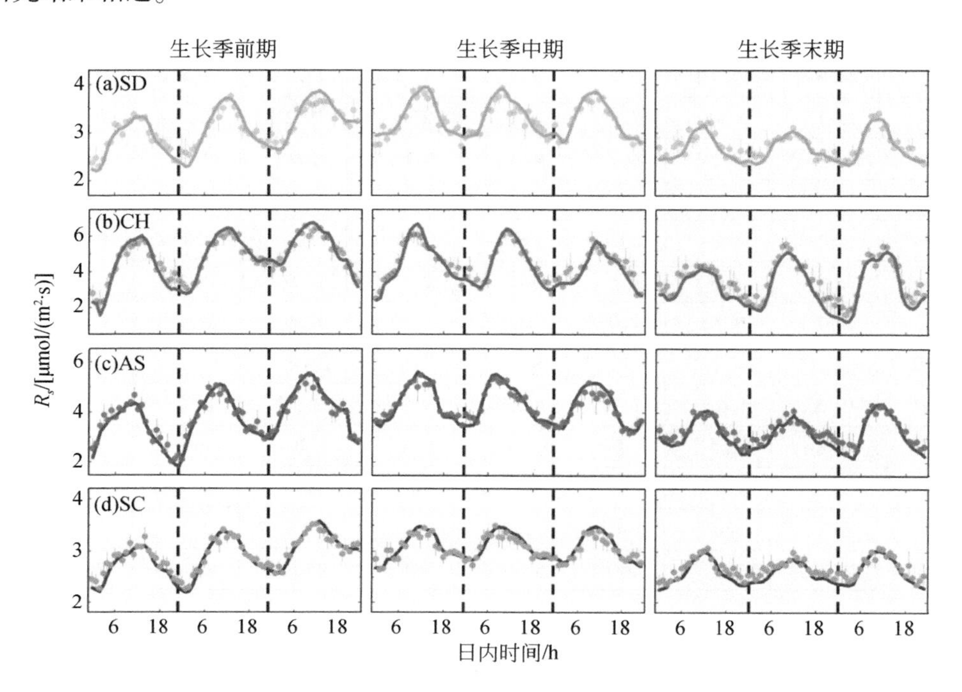

图 10-15　生长季前、中、末期 3 个连续晴天观测和模拟 R_S 比较

10.5.2　净生态系统 CO_2 通量

根据 CC 模块的计算方法，使用长序列遥感图像反演了锡林河流域 GPP 的动态变化过程［图 10-16（a）］，结果显示 GPP 有很微弱的逐年上升的趋势，在降水较为丰沛的年份 GPP 有明显提高（1990 年、1993 年、1998 年、2003 年等），在 2000 年以后，随着过度放牧的加剧、草场的不合理利用以及气候变化的影响，流域 GPP 有明显的下降趋势，夏季极值也有所下降。在面尺度上，流域东部源区的 GPP 模拟存在一些误差［图 10-16（b）］，但相较于 GPP 整体量值，流域东部 GPP 大于西部，其偏高的误差在实际模拟值中的占比并不高。

利用中国科学院在锡林郭勒盟的碳通量交换站 2003～2010 年的 NEE 数据对 CC 模块模拟的 NEE 进行对比分析（使用 2003～2008 年数据进行建模值检验，2009～2010 年数据进行预测值检验；模型参数值和模拟结果如表 10-5 和图 10-17 所示），结果显示，锡林河流域的 NEE 在 −7～5μmol/(m² · s) 的范围内，在建模和预测阶段的 R^2 分别为 0. 70 和 0. 73，RMSE 也均在 0. 9 左右。

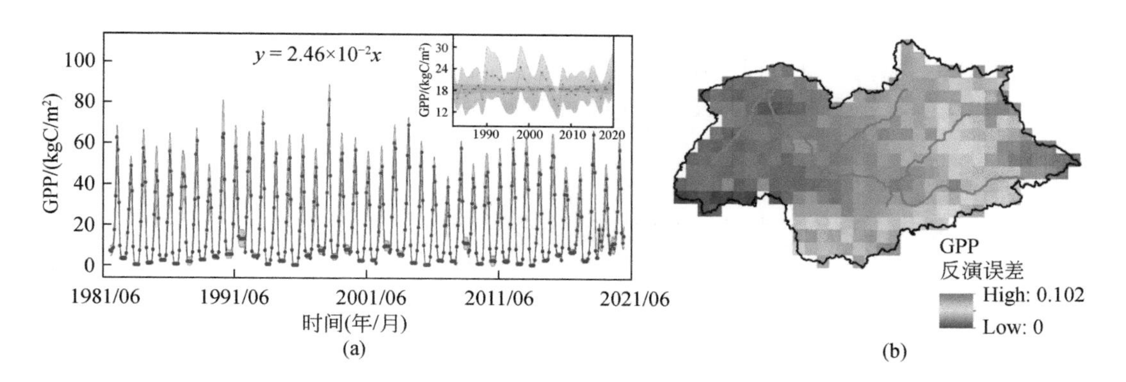

图 10-16 锡林河流域 GPP 年际变化（a）及遥感反演 GPP 误差（b）

表 10-5 CC 模块计算 NEE 的模型参数值

参数名	a_s	b_s	c_s	a_P	b_P	c_P
参数值	0. 227	0. 198	53. 5	5. 579	0. 197	-61. 51
95% 置信区间	±1. 42	±0. 007	±2. 119	±1. 422	±0. 049	±2. 119

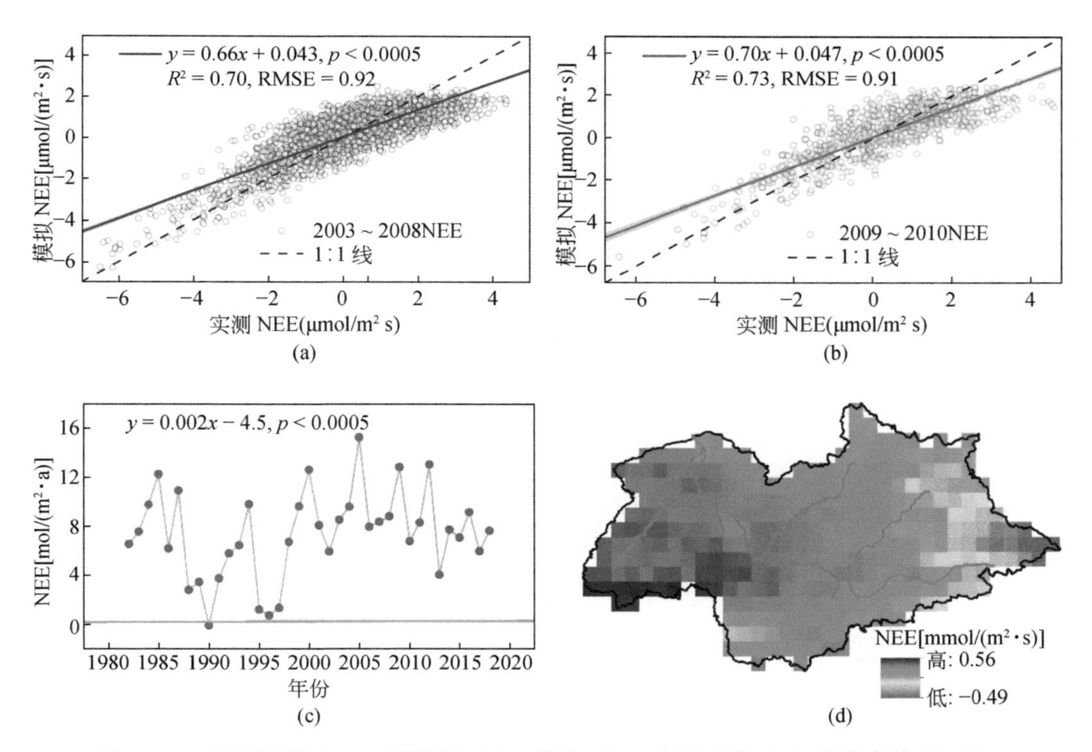

图 10-17 锡林河流域 NEE 的模拟（a）、检验（b）、年际变化（c）及分布特征（d）

流域的年均 NEE 为 7. 42mol/(m^2 · a) [年均 NEE 在 0 ~ 15mol/(m^2 · a) 的范围内]，有 0. 02mol/(m^2 · 10a) 逐年增加的趋势 [图 10-17（c）]；NEE 的空间分布特征与 GPP 相

近［图 10-16（b）和图 10-17（d）］，呈现出西高东低的特征，河道附近土壤水分较丰沛的地区，NEE 有略微下降，以上结果与 Fang 等[15]在内蒙古的草地和湿地计算 NEE 的模拟结果、碳通量的空间分布格局以及对草原草甸湿地、草地等类型地区的 CO_2 通量交换的模拟结果一致。

10.5.3 水热变化过程的模拟与检验

利用 DDPM 的 HF 模块模拟了锡林河流域 1982～2018 年各栅格的土壤热通量（G）、H 和 λET（单位均为 W/m^2），结果如图 10-18 所示。通过三种热通量的月均值，绘制出了流域的热通量年际变化，由图 10-18（a）可知，流域的三种热通量基本在 0～50W/m^2、50～120W/m^2、-100～250W/m^2 的范围内波动。根据三个连续的月份，绘制了三种热通量模拟值的四季变化，结果显示，G 的分布趋势主要呈现西部高东部低的特点［图 10-18

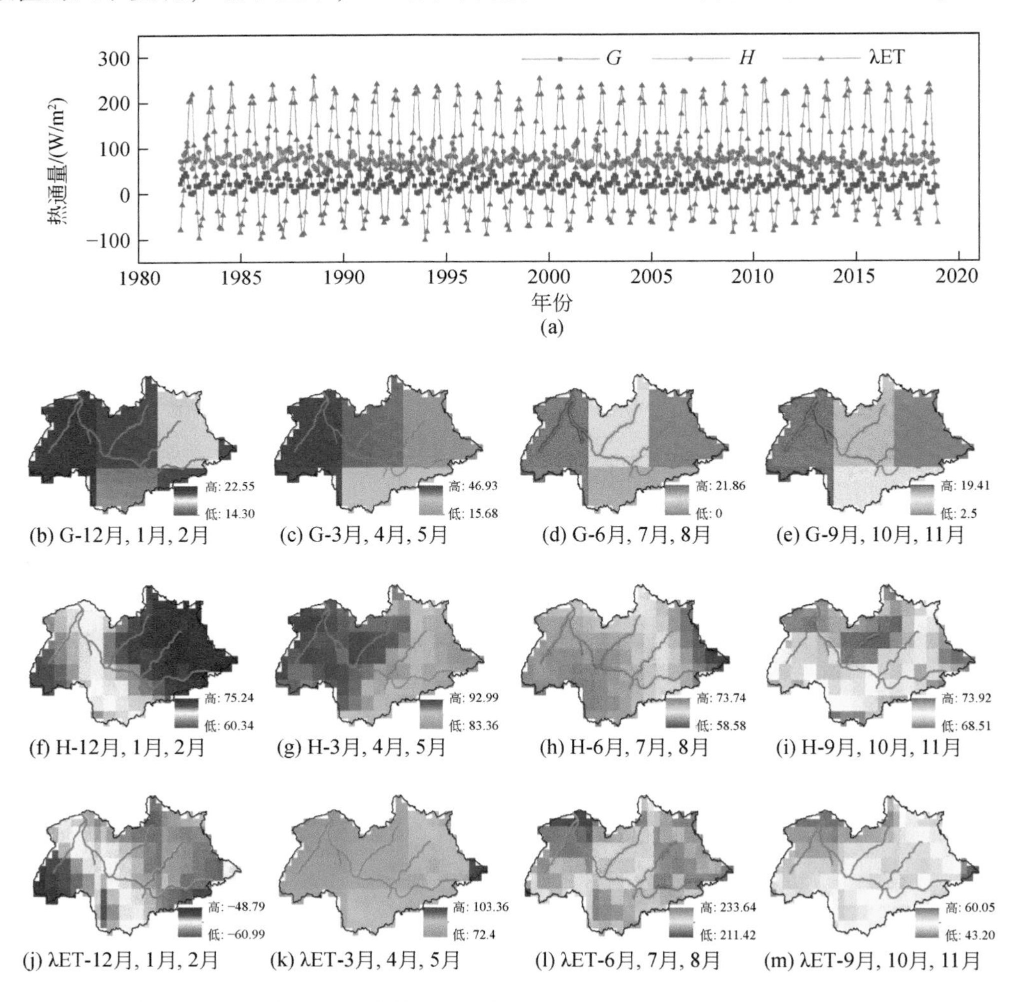

图 10-18　土壤热通量、显热通量和潜热通量的年际变化及模拟 1982～2018 年的四季平均分布趋势

(b) ~图 10-18 (e)]；H 呈现出冬季东高西低、春秋季节西北高东南低、夏季西南高东北低的特点［图 10-18 (f) ~图 10-18 (i)]，在二到四月的平均模拟值最高，为 83.36 ~ 92.99W/m^2；而 λET 呈现出冬季西高东低、春秋季节东高西低、夏季东南高西北低的特点，其中在六到八月 λET 的平均模拟值最高，为 211.42 ~ 233.64W/m^2。

三种 WUE 展示出的分布特征有所不同，其中由于 cWUE 的数值较为分散，取其对数形式进行表示。eWUE 的数值范围在 0 ~ 5.56gC/kg H_2O，在空间分布上沿河流湿地有明显变化［图 10-19 (b)]；pWUE 的数值相对集中，在 0 到 1gC/kg H_2O 的范围内，在东部河源区和南部的山地较高，东北和西部较低［图 10-19 (c)]；cWUE 则偏向于斑块化分布，在流域的南部和东北部较低［图 10-19 (d)]，由于温度的正负变化较大，即使使用对数形式其数值也呈现出较为分散的趋势，主要分散在 2 ~ 4gC/kg H_2O 以及 7 ~ 10gC/kg H_2O 的范围内。

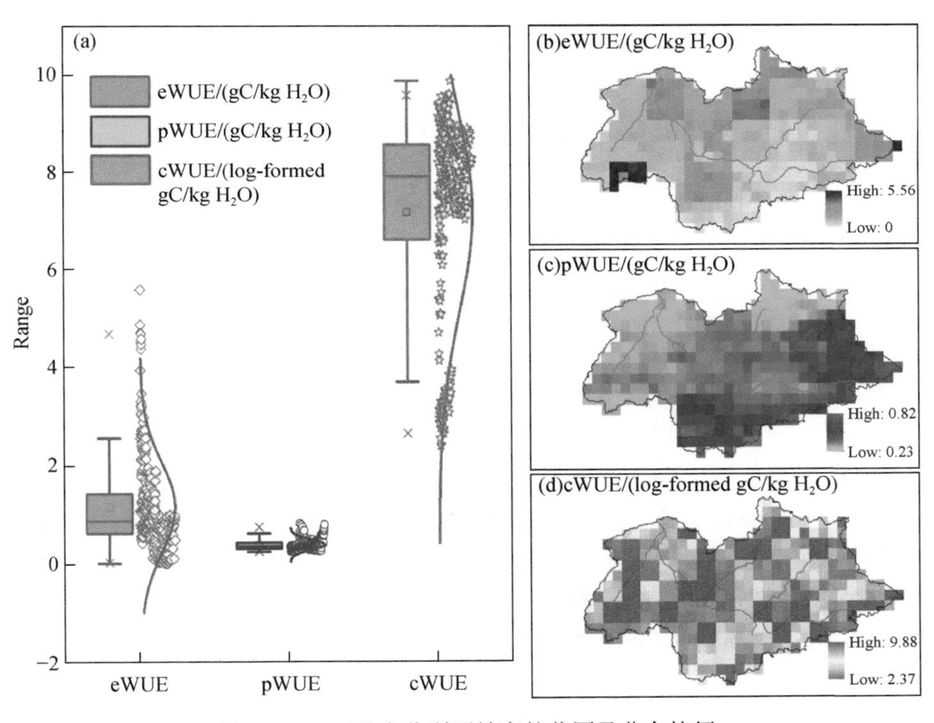

图 10-19　三种水分利用效率的范围及分布特征

10.6　讨论与小结

10.6.1　日内蒸散发拓展的不确定性分析

尽管 DDPM 的 Eva 模块在锡林河流域的 ET 降尺度模拟中表现出较高的拟合性，其仍然存在进一步改进的空间。一方面，综合考虑水在土壤-植物-大气-连续体的连续传输的过程，适当在模型中加入植被高度、典型植被冠层的抗阻系数等也是准确刻画 ET 的方法。其次尽管通过提前终止迭代防止模型出现过拟合的现象（图 10-20），但仍可以看到模型存在过拟合的趋势，可以利用 dropout 及其变体 dropconnect 可以提高浅层多感知器神经网络的性能。另一方面，不同类型分量的 ET 也造成了较大的不确定性，可以通过加入实地通量数据和其他可用观测数据（如涡动相关、LAS、蒸渗仪等），来进一步优化 Eva 模块参数，以提高模拟精度。

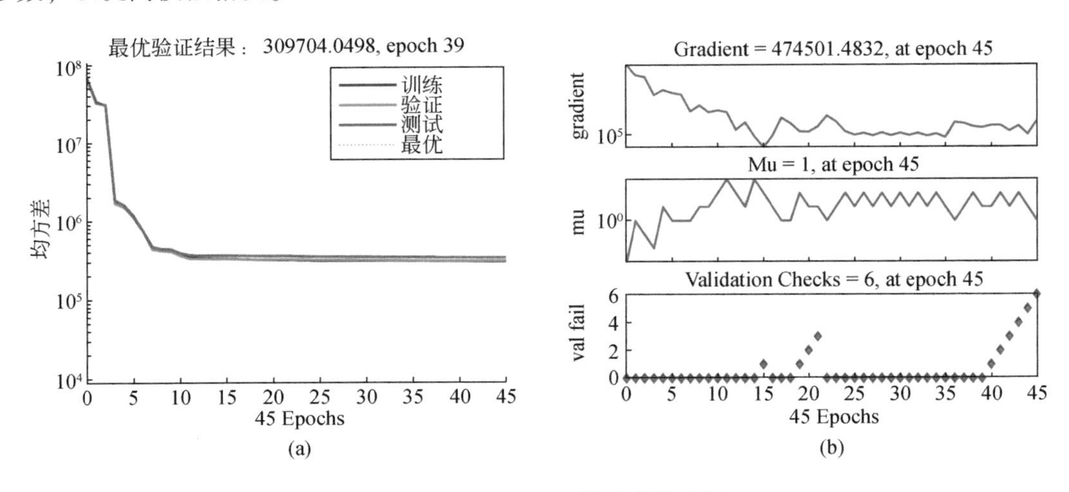

图 10-20　DDPM Eva 模块建模流程

注：（a）三个阶段建模的均方误差；（b）梯度、mu 和不同迭代次数下的失败次数

现阶段，在模型中使用的数据产品，的确存在与植被类型和地形空间异质性相比，分辨率较低的情况。一方面，将所有数据统一到 0.05°而不是更精细的分辨率便是基于数据集降尺度带来的尺度效应影响。也在努力克服这样的数据不足，例如通过联合多源遥感数据，降尺度反演了地表植被参数[16]，但现在还不能推出一套具备长时序的产品。本章使用的数据虽然分辨率并没有那么高，但由于其公认的长时序和稳定性，其在模拟反演过程中也具备了一定的可靠性。另一方面，不同的数据集由于其具有不同的分辨率，即使通过的反距离插值制备成相同的空间分辨率（表 10-6），但仍然会受到尺度效应的影响。反距离插值并不能很好地反映植被和地形的空间异质性，这也是现阶段数据产品局限性的表现。好消息是，通过对比输入单一数据产品和多源数据产品的结果发现，使用多源数据产品有效解决了在降尺度过程中导致的空间不确定性（图 10-8）。另外，模块并不限于现在使用的空间分辨率，其完全可以根据输入数据的分辨率进行调整，当日后有更加精准和更高质量的数据时，模型将具备更大的发展前景。

表 10-6　DDPM 蒸散发模块数据信息

数据集	空间分辨率	数据版本	数据数量（时间分辨率）
CMFD	0. 1°～0. 05°	01. 05. 0016	335×14245×7（1d）； 335×113960×7（3h）
GLEAM	0. 25°～0. 05°	V3. 5a	335×14245×10（1d）

续表

数据集	空间分辨率	数据版本	数据数量（时间分辨率）
GLDAS-Noah	0.25°~0.05°	V2.0；V2.1	335×14245×7（1d）
GSDE	0.083333°~0.05°	2014	335×9
FVC	0.05°	—	335×1748×1（8d）
LAI	0.05°	—	335×1748×1（8d）
Globmap-LAI	0.0727°~0.05°	-	335×1316×1（1981~2000：15d；2001~2018：8d）
NPP	0.05°	—	335×1702×1（8d）
Albedo	0.05°	—	335×1748×6（8d）

10.6.2 细化漫流过程

尽管通过设置漫流系数等方法优化了草原河流的汇流过程，通过分析仍发现最大洪峰时刻的流量模拟值略高，而后一个时间单位下的洪峰略低的情况（图 10-11），这说明对于汇流速度的模拟仍存在一定高估。研究认为，进一步细分漫流过程（类型）有助于更细致地优化。首先，漫流是否会永久性地重置河道？这对应了漫流后复原期的动态化处理。其次是区分临时漫流与溃坝漫流。这些误差往往集中在夏日雨季带来的流量增加，而春季融雪带来的春汛，两种数据集均有出现小幅度的高估（图 10-11 和图 10-13）。在更精细化的河道刻画中，能否将漫流系数等级化，标识敏感漫流河段，实现河网栅格内部的动态漫流模拟，进而实现草原小河流域的洪水管控，是今后一个优化汇流过程的重要方向。除了漫流次数，还有每次漫流的漫流量会影响土壤水分和植被，考虑流域的生态过程模拟，尤其是漫流后河谷湿地生态过程的模拟也是进一步优化和改进的方向。

10.6.3 优化参数优选体系

研究构建的 DDPM 采用参数整体调整，多评价指标综合判定的原则，以尽可能选择精度最高、误差最小且参数组合具备物理意义的模拟结果。这样的评价体系考虑较为周全但也具备提升空间，例如将多种确保数据准确性的验证手段纳入评价体系，将蒸散和产汇流模块的参数同时进行调整和模拟结果评价等。此外，例如土壤含水率等模拟过程参量也可纳入评价体系，都可以进一步提高生态水文过程模拟的精度。

10.6.4 小结

本章基于 DDPM，用多源数据集模拟了 1980~2020 年的锡林河流域包括蒸散发、产汇流、地下水、碳循环、热交换等多方面的生态水文过程，并通过站点实测数据、公开数据集等多种形式对模拟结果进行验证。

1）基于多源气象、土壤、植被、地表反射率和遥感影像数据，利用 DDPM 的 Eva 模块建立的 ET 分量组成判别体系，不仅反映了不同典型植被群落的生态特征和积雪覆盖情况，还能够真实刻画气候变化下区域 ET 演变规律，降尺度模拟的 E 在年、季、日和3h 尺度分别通过了多种模型的检验，具备较好的准确性和可用性。

2）针对半干旱草原流域河道蜿蜒多变、水量陡涨陡落特点，考虑动态实际河长、河流弯道和漫流的 DDPM 的产汇流模块，在模拟草原型流域生态水文过程时具备较高的准确性和稳定性，也可以模拟由于大洪水过境导致的河道漫流与洪峰及其到来时间的变化，此外其也可以较好地描述流域潜水地下水位及其流场的分布特征；

3）定量模拟流域碳-水、水-热的 CC 模块和 HF 模块在多种时间尺度刻画了土壤、植被及生态系统的碳循环（R_S、R_P和 NEE）过程以及土壤热通量、显热潜热通量和三种水分利用效率的变化过程，结果显示出使用动态日出日落时间划分昼夜的 DDPM 可以更精确地描述各水文气象要素，在生长季不同阶段的日尺度研究中具备更好的可行性；

4）通过剖析生态水文模拟中的不确定性、模块内部的衔接过程、内部过程变量的功能设计、参数的调配及优选体系，针对 DDPM 在实际模拟生态水文过程中仍存在的可提高空间进行分析和讨论，有助于更好地调整和适配 DDPM 在不同地区的应用。

参 考 文 献

[1] 黎明扬 . 半干旱草原型流域土壤入渗参数模拟及遥感反演研究 . 呼和浩特：内蒙古农业大学，2019.

[2] Yang K，He J，Tang W，et al. On downward shortwave and longwave radiations over high altitude regions：Observation and modeling in the Tibetan Plateau. Agricultural and Forest Meteorology，2010，150（1）：38-46.

[3] Rodell M，Houser P，Jambor U，et al. The global land data assimilation system. Bulletin of the American Meteorological Society. 2004，85（3）：381-394.

[4] WeiS G，Dai Y，Duan Q，et al. A global soil data set for earth system modeling. Journal of Advances in Modeling Earth Systems. 2014，6（1）：249-263.

[5] WeiS G，Dai Y. The global soil dataset for earth system modeling. A Big Earth Data Platform for Three Poles，2014.

[6] Martens B，Miralles D，Lievens H，et al. GLEAM v3：satellite-based land evaporation and root-zone soil moisture. Geoscientific Model Development. 2017，10（5）：1903-1925.

[7] Zhu X，He H，Liu M，et al. Spatio-temporal variation of photosynthetically active radiation in China in recent 50 years. Journal of Geographical Sciences. 2010，20（6）：803-817.

[8] Hu B，Tang L，Liu H，et al. Trends of photosynthetically active radiation over China from 1961 to 2014. International Journal of Climatology. 2018，38（10）：4007-4024.

[9] Verdin K，Verdin J. A topological system for delineation and codification of the Earth's River basins. Journal of Hydrology. 1999，218（1-2）：1-12.

[10] Rahmati O，Ghorbanzadeh O，Teimurian T，et al. Spatial modeling of snow avalanche using machine learning models and geo-environmental factors：Comparison of effectiveness in two mountain regions. Remote Sensing. 2019，11（24）：26.

[11] Chen X，Yang Y，Ma Y，et al. Distribution and attribution of terrestrial snow cover phenology changes over the northern hemisphere during 2001-2020. Remote Sensing. 2021，13（9）：1843.

[12] Qu Y, Liang S, Liu Q, et al. Estimating arctic sea- ice shortwave albedo from MODIS data. Remote Sensing of Environment. 2016, 186: 32-46.
[13] Bao Y, Duan L, Tong X, et al. Simulation and partition evapotranspiration for the representative landform-soil- vegetation formations in Horqin Sandy Land, China. Theoretical and Applied Climatology. 2020, 140: 1221-1232.
[14] Zhang Q, Phillips R, Manzoni S, et al. Changes in photosynthesis and soil moisture drive the seasonal soil respiration- temperature hysteresis relationship. Agricultural and Forest Meteorology. 2018, 259: 184-195.
[15] Fang Q, Wang G, Liu T, et al. Controls of carbon flux in a semi- arid grassland ecosystem experiencing wetland loss: Vegetation patterns and environmental variables. Agricultural and Forest Meteorology. 2018, 259: 196-210.
[16] Li M, Liu T, Luo Y, et al. Fractional vegetation coverage downscaling inversion method based on Land Remote- Sensing Satellite (System, Landsat-8) and polarization decomposition of Radarsat-2. International Journal of Remote Sensing. 2021, 42 (9): 3255-3276.

第 11 章 基于 DDPM 的历史生态水文过程变化及影响要素分析

本章利用分布式动态过程模型 Version 1.0（distributed dynamic process model version 1.0，DDPM）对锡林河流域历史时期（1980～2020 年）的生态水文过程进行模拟重现，分析各生态水文要素的历史演变过程，并探索和量化各生态水文要素受环境影响的变化程度。

11.1 生态水文要素的历史时空演变

11.1.1 水文气象要素

本节主要围绕气温、降水和地表径流量三种水文气象要素进行分析，以便与下文土壤水分、蒸散发以及植被状况的历史趋势进行对比分析。通过图 11-1（a）的水文气象要素趋势可以看到研究区的气温有略微增长的趋势（0.45℃/10a），而降水（9.5mm/10a）和径流（165.8 万 m^3/10a）都略有下降的趋势，通过连续小波分析可以看到，除了 1a 的显著周期外，锡林河流域的气温和降水在 0.5a、2～4a、8～16a 上都展示出了显著的周期，其中降水的小波谱表现出较气温更强的能量。

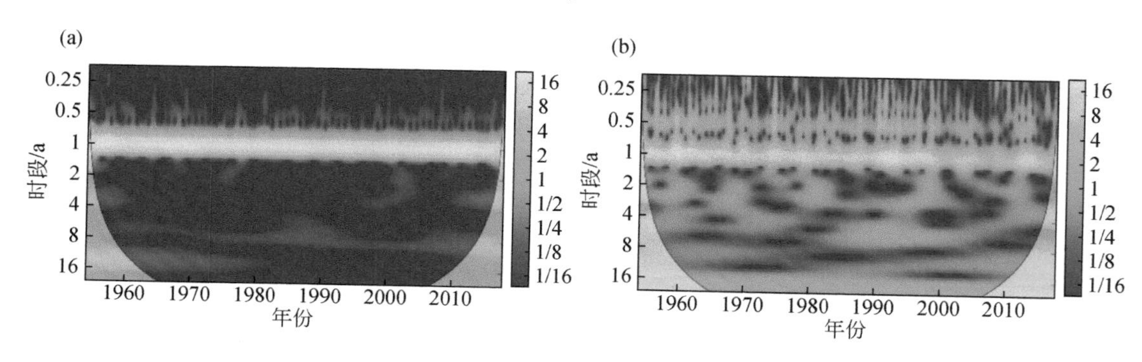

图 11-1 锡林河流域气温和降水的连续小波分析

11.1.2 土壤水分

利用 DDPM 模拟了锡林河流域 1980～2020 年 3h 尺度的表层（0～10cm）和根层（10～30cm）土壤含水率并每 5 年统计一次变化率，结果如图 11-2 所示。年际土壤水分并不单单反映出该段时间内的降水，还可以侧面描述土壤的持水保水能力，进而间接刻画土地利用和植被生态状况。由图 11-2 可以看到，土壤含水的五年变化率并不是单纯的同降水的变化相一致并且展示出 1980 至 1995 年土壤含水上升［图 11-2（a）~图 11-2（c）］、1995 ~ 2010 年土壤含水下降［图 11-2（d）~图 11-2（f）、2010 ~ 2020 年土壤含水再次上升［图 11-2（g）和图 11-2（h）］的周期规律。对比表层和根层的土壤含水率的变化分布趋势可知，二者增加或减少的空间分布规律基本保持一致，尤其是都在 1985 ~ 1990 年的研究区中部［图 11-2（b）和图 11-2（j）］、1990 ~ 1995 年的研究区东北部［图 11-2（c）和图 11-2（k）］、2000 ~ 2005 年的研究区西部［图 11-2（e）和图 11-2（m）］和 2010 ~ 2015 年的研究区中东部地区［图 11-2（g）和图 11-2（h），图 11-2（o）和图 11-2（p）］等。此外对比两个层位的土壤含水率的变化率范围可以看到，根层土壤含水率的变化幅度在一定程度上大于表层土壤。

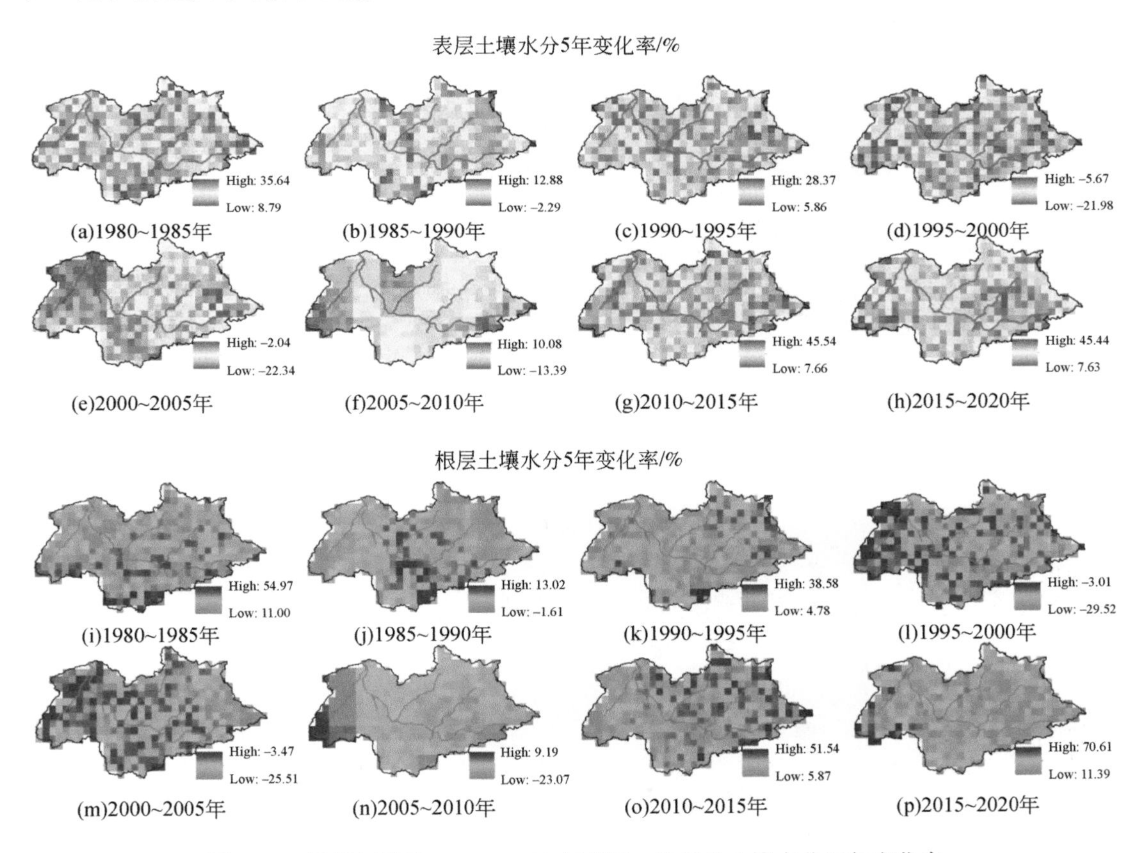

图 11-2　锡林河流域 1980 ~ 2020 年表层、根层的土壤水分五年变化率

11.1.3　实际蒸散发

利用 DDPM 的蒸散发模块（evapotranspiration module，Eva），我们模拟了锡林河流域的 7 种蒸散发分量并进行了验证，为了进一步探索流域蒸散发的演变过程，我们分别计算了由植被贡献的 E_t（植被腾发量）和 I（截留量）的总和以及由非植被贡献的 E_b（裸土蒸

发量)、E_s（升华量）和 E_w（开放水面蒸发量）的总和在1980～2020年五年变化率，结果如图11-3所示。

由植被贡献的蒸散发分量 E_t 和 I 的总和展现出与流域动态水量变化趋势相近的变化过程，在1995～2005年有整体下降的趋势［图11-3（d）和图11-3（e）］，在1980～1985年［图11-3（a）］、1990～1995年［图11-3（c）］和2010～2015年［图11-3（g）］有整体上升的趋势。与 E_t 和 I 的总和不同的是，由非植被贡献的蒸散发分量 E_b、E_s 和 E_w 的总和五年变化率与降水和土壤水分的变化率更加接近，在1980～1995年［图11-3（i）～图11-3（k）］、2000～2005年［图11-3（m）］和2010～2020年［图11-3（o）～图11-3（p）］整体呈增加趋势，1995～2000年和地研究区东部源区有所增加，中下游略微下降［图11-3（l）］。从五年变化率的变化范围看，E_b、E_s 和 E_w 总和的变化幅度远大于 E_t 和 I 的总和，1980～1985年和2015～2020年的最大变化率均超过100%，分别达到186.88和113.11%。

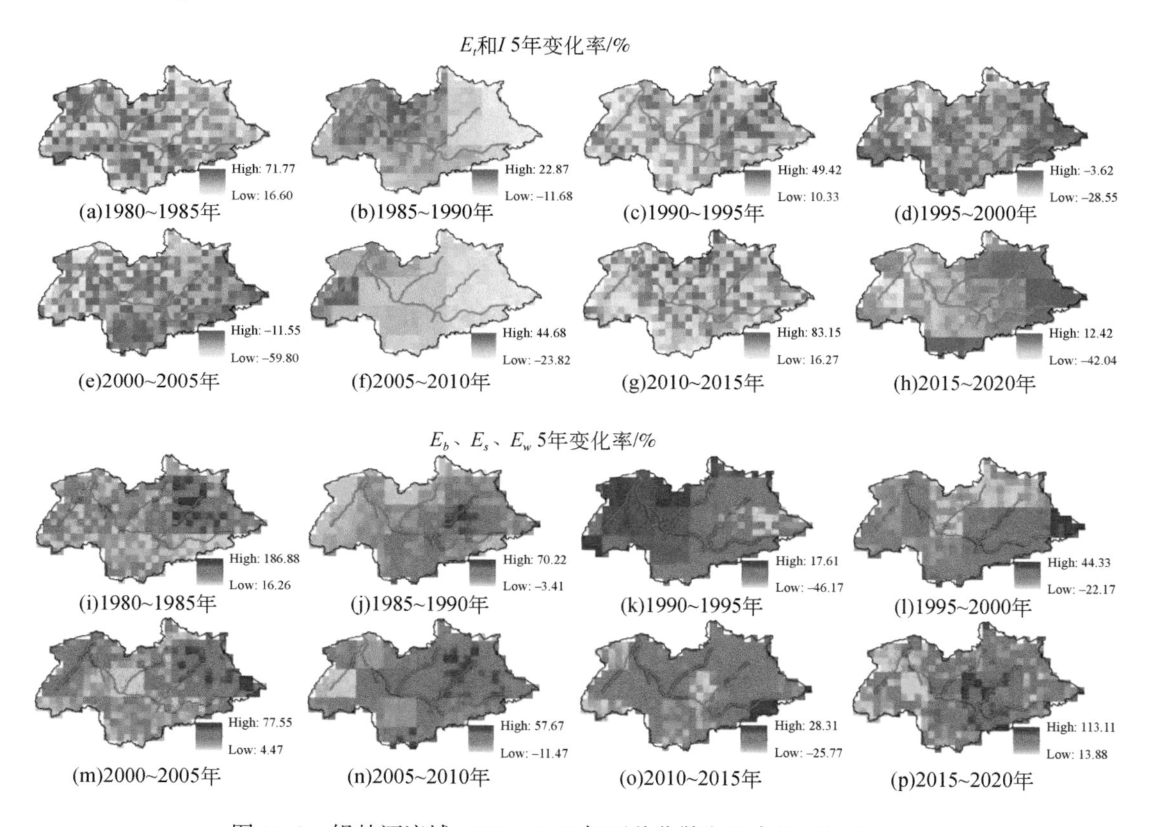

图11-3　锡林河流域1980～2020年两种蒸散发组合的五年变化率

11.1.4　植被生态状况

本节选择了三种历史时期的植被指数植被覆盖度（fractional vegetation coverage,

FVC）、叶面积指数（leaf area index，LAI）和初级净生产力（net primary productivity，NPP）来描述锡林河流域 1980 ~ 2020 年植被生态的演变过程，三种植被指数是使用 MODIS 产品降尺度反演得来的。可以看到，LAI 的格网效应比较明显，尤其是在 1980 ~ 2005 年［图 11-4（i）~ 图 11-4（m）］。从历史变化趋势上看，1981 ~ 1985 年的年均降水仅为 250mm 左右，在植物方面的直接体现便是盖度、叶面积和生产力的各方面下降。在 1985 ~ 1990 年间，流域的年均降水虽略有所增加，但流域的植被表现为 FVC 整体仍趋于下降、LAI 和 NPP 略有所提升的状况，研究认为这可以理解为 1980 ~ 1985 年较干旱的气

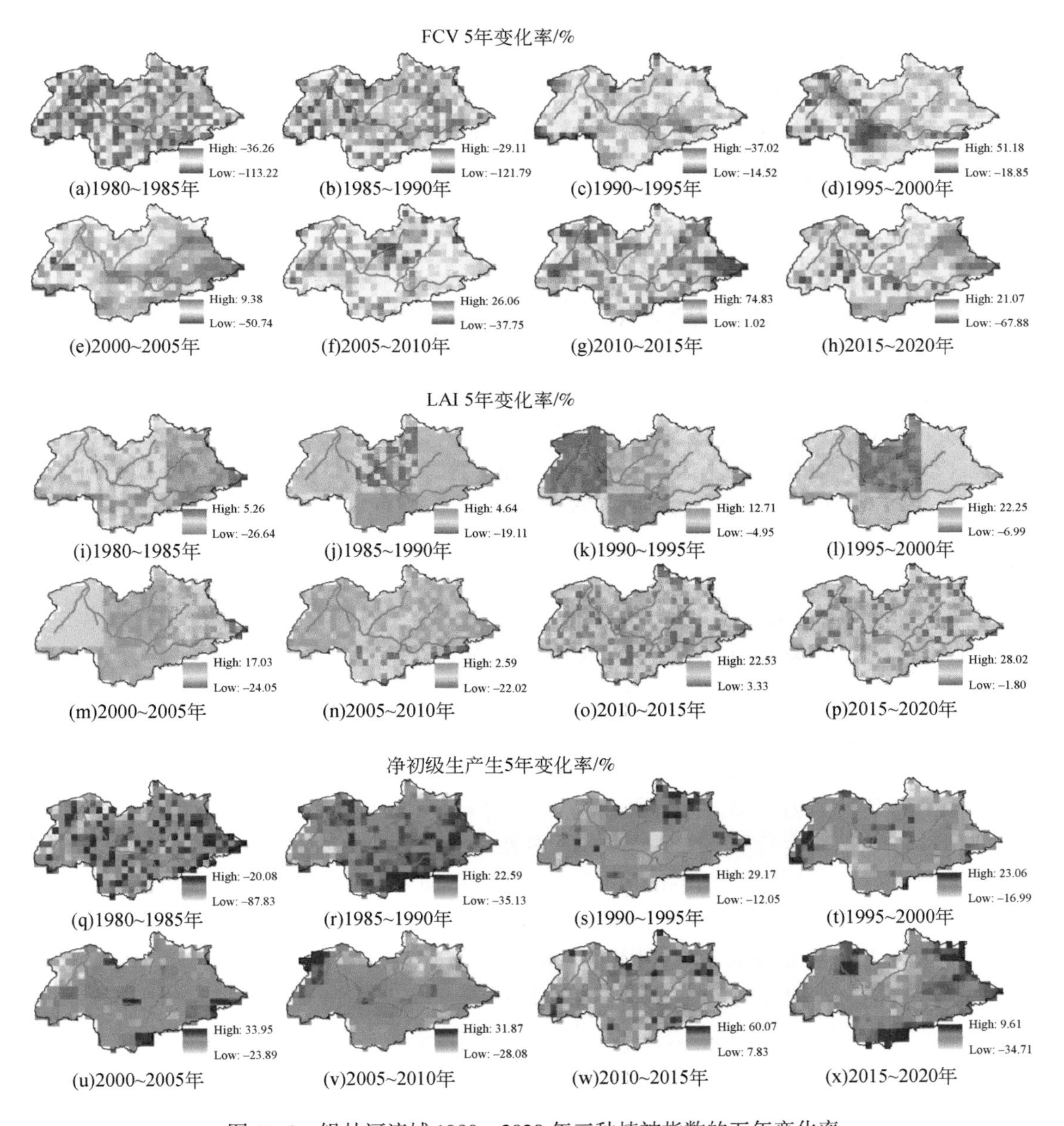

图 11-4　锡林河流域 1980 ~ 2020 年三种植被指数的五年变化率

候导致植株矮小和数量减少，在后续相比更湿润的1985～1990年，植被指数的增加主要为新植株的出现而非原有植被的生长。

上述植被生态恢复的过程在2010～2020年也有相似的体现，这在一定程度上解释了锡林河流域生态水文的退化和恢复过程，即不论是表层还是根层，土壤含水量和非植被参与的蒸散发分量的变化与当年的气象条件密切相关，而流域的植被生态状况和与其相关的蒸散发分量不仅在降水稀少的水文干旱年迅速下降，其在随后的几年中也很难有所恢复。从遥感图像上看，短期的强降水让草原快速地恢复了活力，但这并不是持久的，通过多年的生态调查发现，流域的生态恢复主要由新生植株组成的，单独的一至两个丰水年有助于生长出大量的一年生植物，例如狼毒草（*Stellera chamaejasme* Linn.）、蒿类植物灰绿藜（*Chenopodium glaucum* L.）等，但研究认为，这并不是一种可持续性的生态恢复，只有连续多年适合的气象条件滋生出多年生草本植物或许才是流域生态恢复的标志。另外，像锡林河流域的湿地在生态退化年份中经历一至数场强降水后生长出的狼毒草具有较大毒性，草原上的牲畜不以其为食，甚至会主动远离该区域，研究认为这便是生态系统主动调节、自我保护的手段之一。

11.2 碳-水通量的影响要素分析

为了进一步了解流域碳-水通量与生态水文要素之间的关系，研究以R_S为例，对三个生长季阶段下四个生态系统的R_S（土壤呼吸）与T_A（空气温度）、T_S（土壤温度）、M_S（土壤含水率）和PAR（光合有效辐射）进行相关性分析，结果如图11-5所示。研究显示，四个生态系统的R_S与温度的相关性很高，在生长季前中期T_A和T_S对R_S的影响基本相同，但在生长季末期SD（荒漠沙丘）的T_S可以更好地解释R_S的变化［图11-5（a）和图11-5（e）］，CH（河谷湿地）和AS（山地草原）的T_A解释度则更高［图11-5（b），（f），（c），（g）］，而SC（熔岩台地）的R_S对T_A和T_S的相关性则基本一致［图11-5（d）和图11-5（h）］。研究认为四个生态系统的下垫面条件对此具有重要影响，例如0至3m的SD浅层土壤均为大粒径砂层，相比于其他三个生态系统的砂壤土，SD土壤具备更好地导热性，T_S对于温度的反馈更灵敏，这使得其R_S在土壤较干燥的生长季前期和末期对于T_S的响应略敏感于T_A，而在生长季中期，在雨水的增多缓慢提高M_S的同时，SD的砂土比热容增大，热传导能力下降，此阶段R_S对于T_A的响应则表现更为敏感。

四个生态系统在生长季尺度的R_S与M_S均表现出相关性不明显，相对而言CH的相关性更强，其在生长季初期表现出正相关，在生长季中期由于土壤处于接近饱和状态，M_S变化不大；在生长季末期，CH的M_S与R_S呈现负相关关系，这表明适量的M_S在一定程度上可以促进R_S，但并不是越高越好，因此在M_S较高的CH，M_S升高会限制土壤中的氧扩散和底物分解进而抑制R_S，水分的减少反而会促进R_S，该看法与Han等[1]在中国干旱半干旱的科尔沁沙丘-草甸相间地区R_S与M_S的相互作用关系研究结论一致。但与其不同的是，同样是半干旱沙丘，研究区SD的R_S在整个生长季受干旱胁迫效应更加明显，即使有降水其M_S变化也不大。除CH外，其他三个生态系统的M_S整体略高于残余含水率，长期保持在4%～10%，微弱的水分增加，很难在生长季尺度用其变化来解释R_S，因此有必要细致研究通过更短期的时间尺度下 M_S影响 R_S的过程。

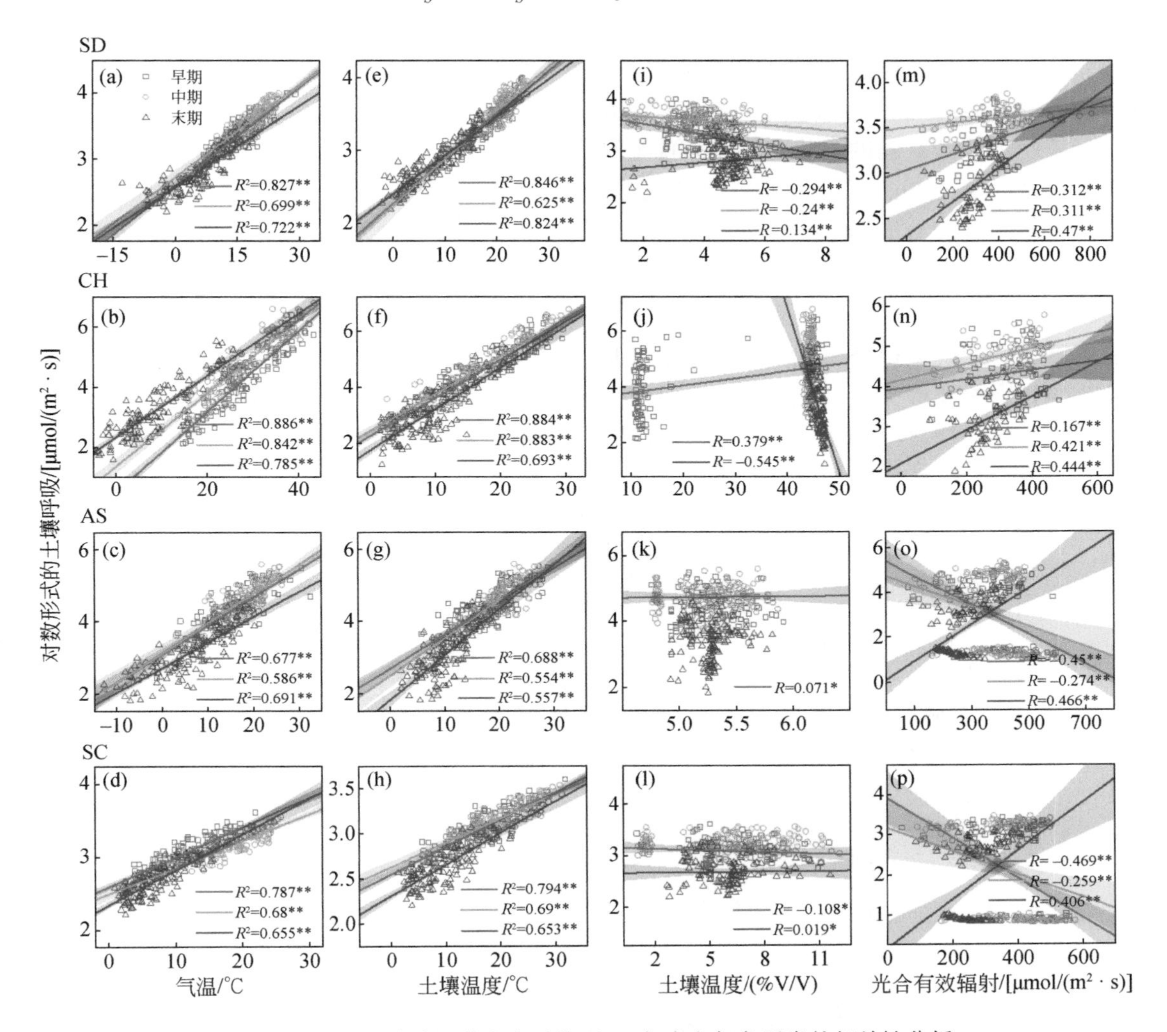

图 11-5 锡林河流域四种生态系统下 R_S 与水文气象要素的相关性分析

PAR 是太阳辐射中对植物光合作用有效的光谱成分，其也可以在一定程度上解释半干旱草原 R_S的变化，在 SD 和 CH 两个生态系统中，PAR 与 R_S均呈现显著正相关，相关系数基本都在0.3～0.4，说明 PAR 的增高对于 R_S有明显的促进作用。与部分 R_S和 PAR 的已有研究略有不同的是[2-3]，在生长季尺度，AS 和 CH 的生长季前中期 PAR 与 R_S呈现出了负相关。研究逐小时数据比对发现，该负相关并不是说明 PAR 增加 R_S随之减小反向影响，而是由于在以上两个地区的两个生长季阶段，PAR 并不是主要影响因素，即在生长季前期的中后阶段以及生长季中期的前中阶段，R_S主要受控于温度影响（包括 T_A和 T_S），因此，在温度较高且 PAR 较低的阴天，以上两个生态系统的 R_S仍较高；同时锡林河流域整体海拔在 1km 以上，大气水汽含量较低，在 PAR 较高的晴天，强烈的辐射也会加速土壤中水分的蒸发，从而减缓 R_S，研究猜测这两种原因综合导致了 AS 和 SC 会在部分时期表现出土壤虽然受到大气散射辐射强烈，但 R_S速率不高，相反 PAR 不高 R_S却较高的 PAR 与 R_S在生长季尺度呈现负相关的现象。

鉴于半干旱草原温度对 R_S的高解释度，研究对半干旱草原四个生态系统在生长季三个阶段下的 R_S温度敏感性（Q_{10}）进行了分析（图 11-6）。结果显示，CH 对 T_A的 Q_{10}随生长时间表现出逐渐减弱的趋势，生长季前期到中期 Q_{10}的减缓幅度约为 7.9%，中期到末期的减缓幅度激增至 26.5%，其他三个生态系统对 T_A的 Q_{10}基本维持不变。在 T_S的 Q_{10}方面，四个生态系统的 Q_{10}都随生长时间在提升，其中 SD，CH 和 SC 提升较为缓慢，而 AS 在生长季中期到末期 Q_{10}有显著的提高，增幅为 23.1%。整体来看，R_S对温度的高敏感性极大，这说明温度是影响中纬度半干旱草原 R_S的重要因素，该结论与 Yang 等[2]在不同退化程度的半干旱草原研究植被覆盖、裸土覆盖和植物与裸土之间的中间状态下，R_S的季节变异性及其与各影响要素关系研究中，T_S对 R_S的季节变化具有极高的解释程度结论一致；也与 Jia 等[3]在测定放牧和未放牧典型羊草草原 R_S的动态及其控制因素的结果一致。

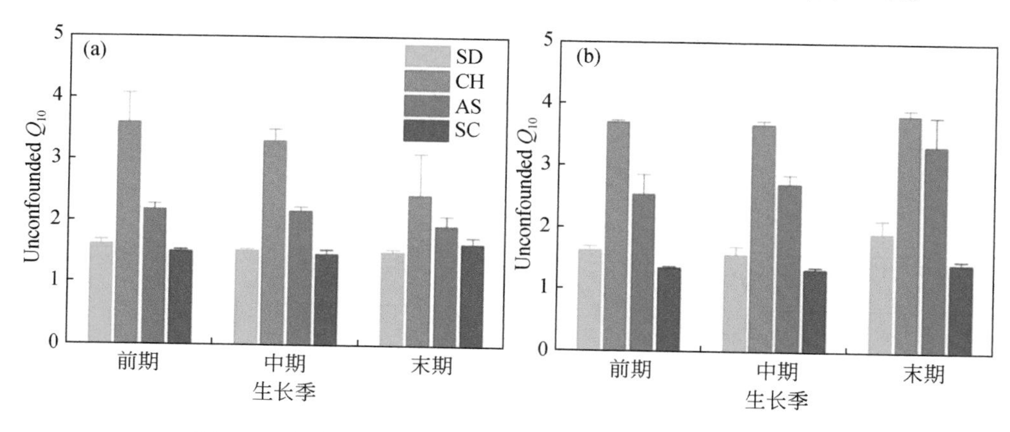

图 11-6 锡林河流域四种生态系统下 R_S 的温度敏感性分析

11.3 漫流频次与气候、生态的响应分析

简单的来说，河道的漫流是上游来水量充沛导致了河水溢出河道，进而扰动河道参数、影响河网汇流的特殊情况。从流域的水文功能的角度来看，河道漫流是极具破坏性的，其不仅会导致河岸崩塌改道频繁，还容易导致径流调蓄能力下降，洪水陡涨陡落且泥沙增多等极端水文事件。此外，从植被生态的角度，河道漫流还会引起河谷湿地的沼泽化，进而通过土壤水分、离子浓度及养分等要素的改变，导致以植物和微生物为首的生态系统出现群落演替。尽管模型现阶段很难直接去定义或判断这些演替的利弊，这也是我们希望借助草原流域生态水文模型来探索的科学问题之一。

河道漫流不仅与降水有着直接联系，区域的植被状况与河道的稳定程度也息息相关。首先根据锡林河流域生态水文过程的模拟，绘制了研究区年均漫流频次和漫流与区域植被状况的相关性分布图［图 11-7（a）］。漫流频次结果显示，流域的上游，尤其是研究区西北部河道的上游，还有研究区中东部的希尔塔拉湿地的年均漫流次数都超过了一年一次，这是由于河流上游和湿地的河道相对较浅，容易发生漫流。研究区东北部是锡林浩特市水库所在地，地势低且集水面积较大，因此不对其进行分析。

漫流与生态状况的相关性结果显示，干流发生漫流的次数（overflow numbers，OFN）与植被状况有较强的相关性，容易发生漫流的干流格点，与 LAI 的相关性均超过了 0.5。支流和非干流的 OFN 与植被状况的相关性则表现出南高北低的分布特征。根据 1980～2020 年的降水、LAI 和 OFN 趋势分析可知，降水（17.18mm/10a）和 OFN（0.84 次 10/a）有明显增加的趋势［图 11-7（b）］，而代表植被状况的 LAI 略有下降的趋势（-0.04/10a）。适度漫流会使河谷湿地植被生态向好，比如春季融雪、融冰径流，漫流后会增加河谷湿地土壤墒情，使湿地更容易返青，研究认为锡林河流域河谷湿地植被退化的真正原因应该是由于过度放牧引起的河岸带植被退化和矮小化综合导致的，这与前文中分析的 OFN 的增加与降水的增加和植被的退化相关的结论一致，也与 Xu 等[4]在塔里木河下游研究河岸植被生态状况对漫流的结论一致。

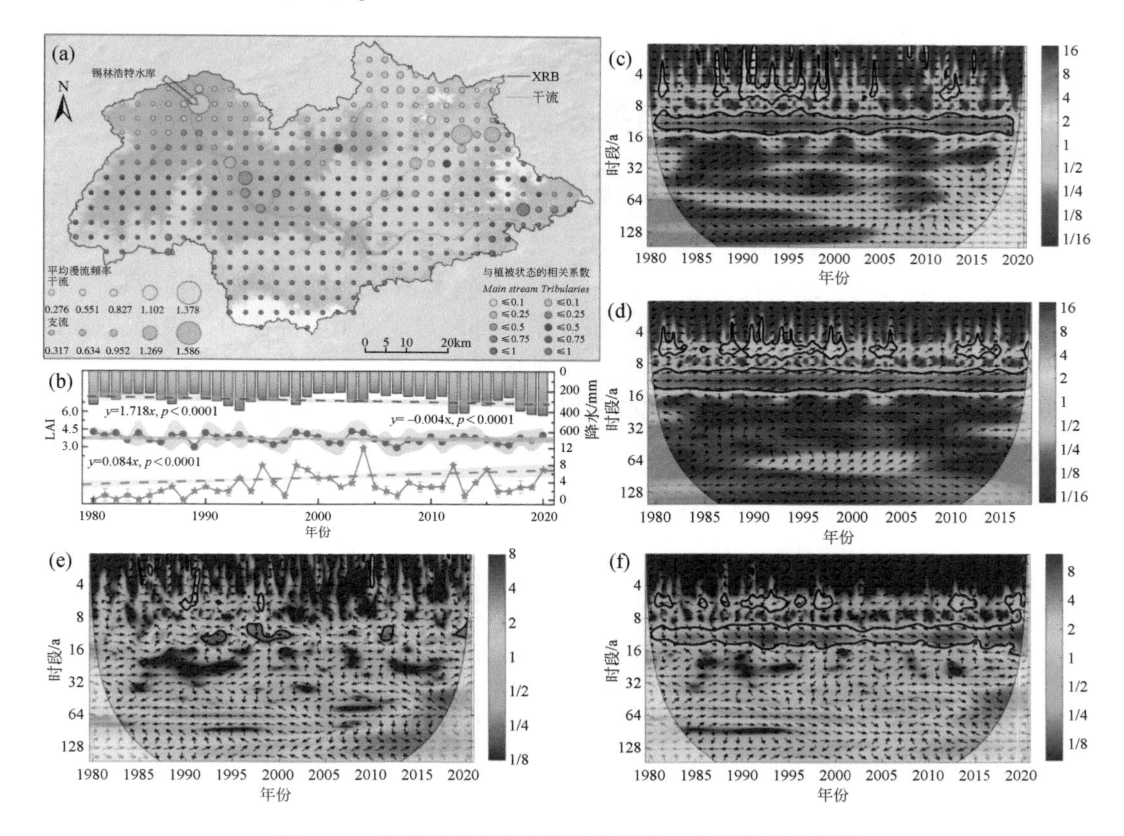

图 11-7　锡林河流域漫流频次与气候、生态的响应分析

为了进一步研究流域内近 41 年的 OFN 对环境的变化响应趋势，利用交叉波谱将 OFN 分别与降水、植被和对气候变化具备指示意义的南方涛动指数（SOI）以及 NINO3.4 区海洋表面温度（SST）进行了周期分析。结果显示，OFN 与降水、LAI、SOI 以及 SST 的显著交叉小波能量主要分布在 5～7a 和 10～13a 周期上［图 11-7（c）～图 11-7（f）］，其中

10 ~ 13a 周期最为显著。这说明锡林河流域的漫流与厄尔尼诺等全球气候变化有着很强的对应关系，二者联系密切[5-6]。

此外，部分年份的降水和 LAI 分别在 1 ~ 4a 和 2 ~ 4a 周期上也与 OFN 有显著的强交互作用，这也说明漫流与降水和 LAI 在短周期内便具有较强的交互作用。在 10 至 13a 的强交互周期上，OFN 与降水和 LAI 的交互处于正相位，即漫流与当地的气象和植被状况不存在滞后的影响；而 OFN 与 SST 的交互存在约 30°的相位差，说明锡林河流域的漫流在响应全球气候变化中存在约 2a 的周期滞后。

11.4　流域生态水文互馈响应分析

本节将从相关性、周期性、滞后性等角度，对 1980 ~ 2020 年锡林河流域的水文气象、植被生态等要素进行长序列的历史月均值数据分析，以期进一步探究锡林河流域生态水文各要素之间的互馈响应关系。

11.4.1　生态水文要素间的相关分析

本节研究，对流域的气温（Temp）、降水 P_{rec}、表层土壤水分、径流量、潜热通量以及代表植被状况的三种植被指数（FVC、LAI、NPP）进行了相关性分析，结果如图 11-8 所示。结果显示，在水-热循环中，气温和降水、径流和潜热通量，降水和径流以及潜热通量，径流和潜热通量的相关性都很高，相关系数都超过了 0.6。特殊的，表层土壤水分和气温、径流的相关性并不很高，降水和潜热通量两个与“水”直接相关的要素与表层土壤水分的相关系数相对高一点，这也说明表层土壤水分其在年内表现随机性较强，受干扰因素也较多[7]。

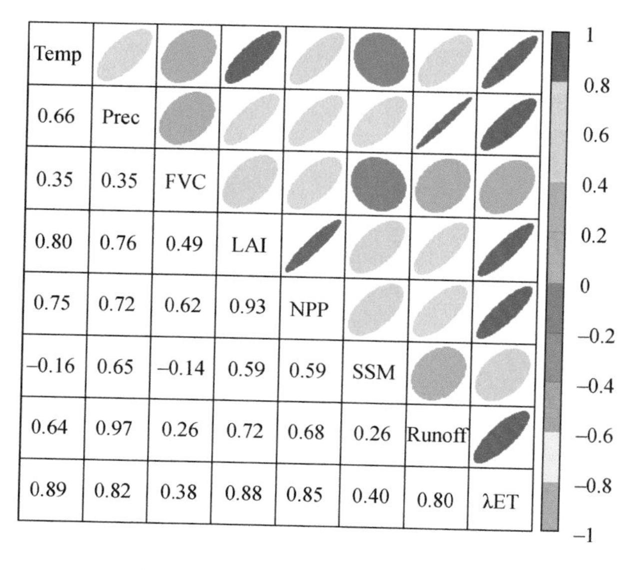

图 11-8　生态水文要素相关分析

在与植被生态的相关性结果中，LAI、NPP 和气温、降水、径流、表层土壤水分以及潜热通量的相关系数都比较高，均超过 0.59，说明水分对于草原植被的生长积累有直接作用，而 FVC 与水文气象要素的相关性略低，说明植被的覆盖面积的变化不仅仅是营养物质的积累，其也表现出植被生理生态方面对环境的适应性[8]。

11.4.2 水文气象要素间的互馈作用

利用交叉小波分析，绘制水文气象要素（气温、降水与表层土壤水分、径流量和潜热通量）间的交叉小波能量谱，结果如图 11-9 所示。气温与表层土壤水分、径流量和潜热通量的显著交叉小波能量主要分布在 1a 周期上［图 11-9（a）～图 11-9（c）］，特殊的是气温与表层土壤水分在 2008～2010 年的 1a 周期上并不连续，且不同于气温与径流量和潜热通量的 0 相位差（表明两者在此域内基本无滞后），气温与表层土壤水分在 1985～1990 年、1995～1998 年、2005～2008 年以及 2010～2020 年的 1a 周期上呈现正位相关系，相位差为 120°，表明两者之间存在约 0.33a 的滞后。

此外，在 1980～1995 年和 2010～2020 年的 4 到 8a 以及整个研究期内的 11.2a 周期内，气温与表层土壤水分、径流量和潜热通量也存在显著性不超过 95%，但交叉小波能量较为突出的相互作用周期。

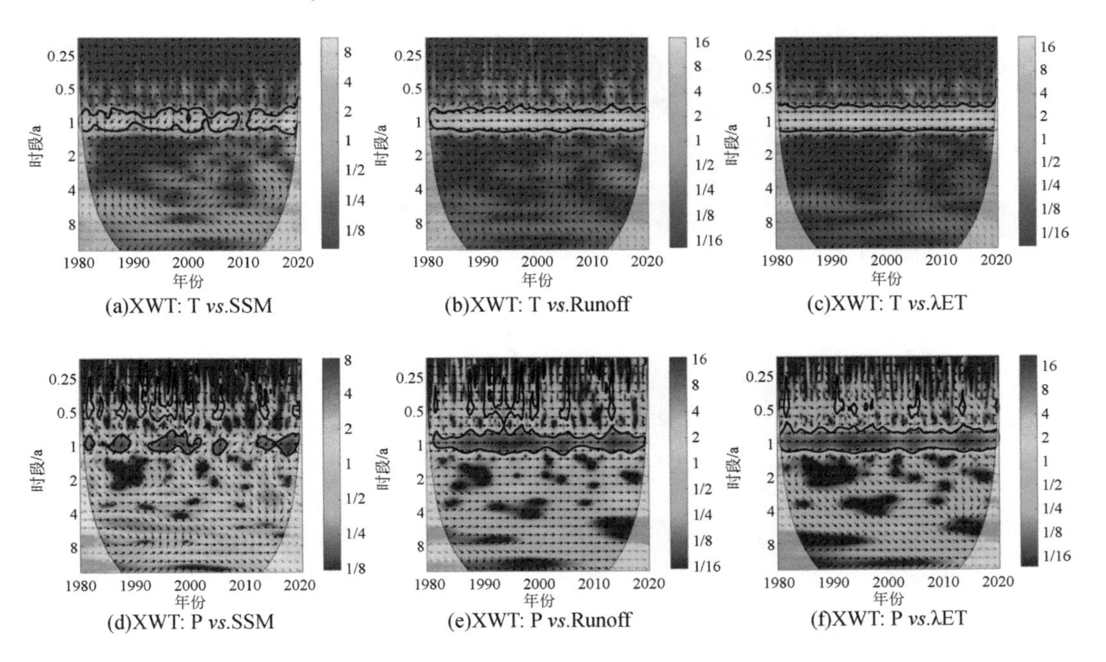

图 11-9　气温降水与土壤水分、地表径流量和潜热通量的强交互周期分析

降水与表层土壤水分、径流量和潜热通量的显著交叉小波能量主要分布在 0.25a、0.5a 和 1a 周期上［图 11-9（d）～图 11-9（f）］，与气温和三种水文气象要素显著周期不同的是，在季节、半年尺度上，降水与三者也表现出了显著的影响周期，这从侧面说明了

流域水-热系统的交互关系，其中降水和潜热通量在0.25a的周期上则相对没有那么显著，说明潜热通量在较小的时间尺度上存在较多的影响因素。降水与表层土壤水分在1a周期上存在不连续，这与气温与表层土壤水分的强交互周期是相似的，在与降水的能量波谱中，这种不连续性更加明显，同时也存在120°的正相位差，表明两者之间存在约0.33a的滞后；降水与表层土壤水分在4～8a和11.2a周期上存在更加明显的强交互作用，4～8a周期上呈现60°的正相位差，说明在该周期内存在约1a的滞后［图11-9（d）］。

11.4.3 水文气象要素与植被生态的互馈作用

在分析过水文气象要素间的强交互周期后，进一步利用交叉小波分析锡林河流域水文气象要素与植被生态的强交互周期，使用滞后回归分析刻画本章植被生态状况的历史时空演变分析中，流域植被生态的滞后恢复响应过程，以期通过二者描述草原流域的部分生态水文互馈作用过程。水文气象要素与植被生态的交叉小波能量谱如图11-10和图11-11所示，各水文气象要素与三种植被指数的滞后回归最小二乘斜率如图11-12所示。

气温与三种植被指数的强交互周期主要分布在1a周期上，在此周期内二者呈现出相位差为60°的正位相关系，说明三种植被指数对气温存在约0.17a的滞后［图11-10（a）～图11-10（c）］；而降水与三种植被指数的显著交叉小波能量主要分布在0.25a、0.5a和1a周期上，在0.5a和1a周期上分别呈现相位差为60°和0到30°的正位相关系，说明三种植被指数对降水在半年和年尺度上存在约0.083a的周期滞后［图11-10（d）～图11-10（f）］，联合其对气温的滞后周期不难发现，相较于温度变化，锡林河流域的植被对于降水的滞后周期更短，即植被状况对水分变化的反馈更加迅速[9]。

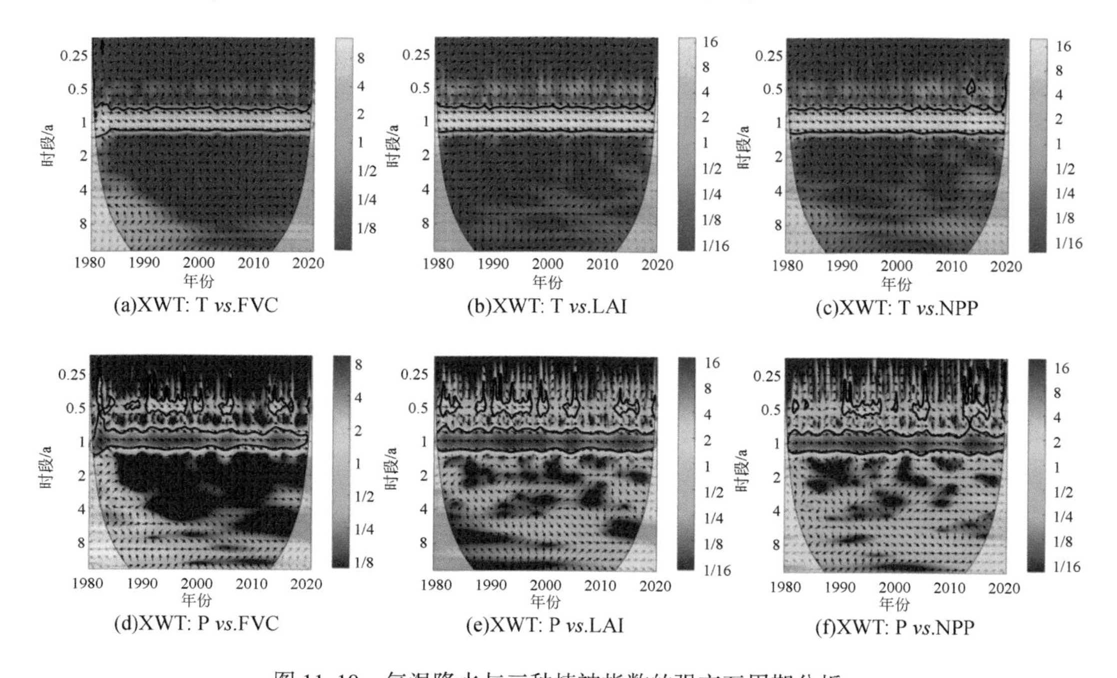

图11-10 气温降水与三种植被指数的强交互周期分析

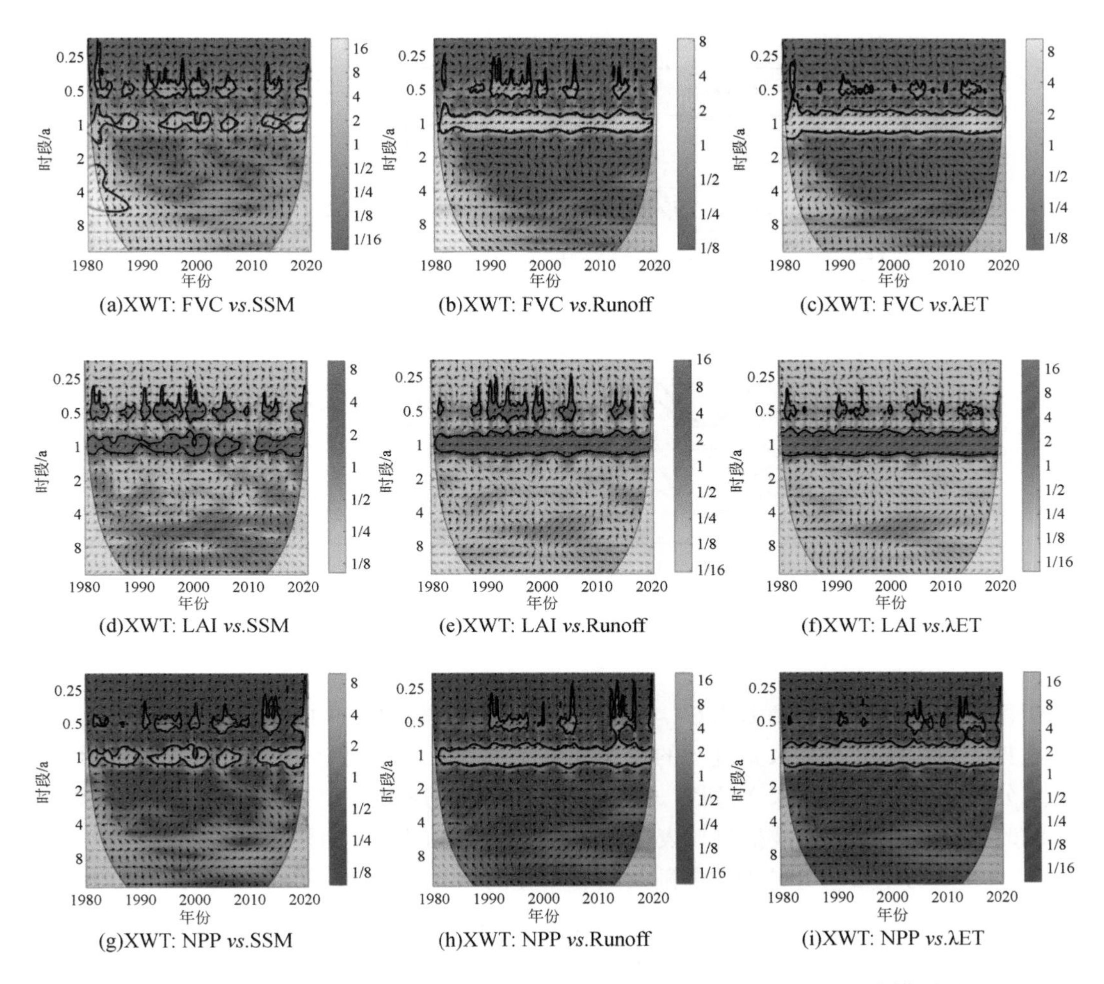

图 11-11 土壤水分、地表径流量和潜热通量与三种植被指数的强交互周期分析

表层土壤水分、径流量和潜热通量与三种植被指数的强交互周期主要分布在 0.25、0.5 和 1a 周期上。从水文要素对植被指数的影响角度来看，表层土壤水分与三种植被指数的强交互周期并不连续，出现不连续的年份在 0.25、0.5 和 1a 三个周期上表现为基本一致 [图 11-11 (a), (d), (g)]，在 1985 至 1990 年、2010 ~ 2020 年的 FVC 呈现出 120°的正相位差，表明两者之间存在约 0.33a 的滞后；特殊的，表层土壤水分与 FVC 在 1980 到 1988 年存在 3 到 5a 的强交互周期以及 1.2a 的滞后周期 [图 11-11 (a)]。

径流量与三种植被指数在整个研究期内的 1a 周期呈现出 30°的负相位差，说明流域植被状况较径流量有 0.16a 的周期提前，研究认为出现这样的情况并不意味着植被会提前径流量有所变化，这是由于使用的径流量是流域出口位置的数据，而植被指数是统计的全流域的变化情况，降水事件发生后，植被可以第一时间利用水分生长，而流域泄流口处的流量则需要一定时间的汇集，这便导致了交叉小波分析中植被指数出现周期提前的现象。值得注意的是，这个负相位差并不是一成不变的，在降水较多的 2002 ~ 2003 年，此负相位

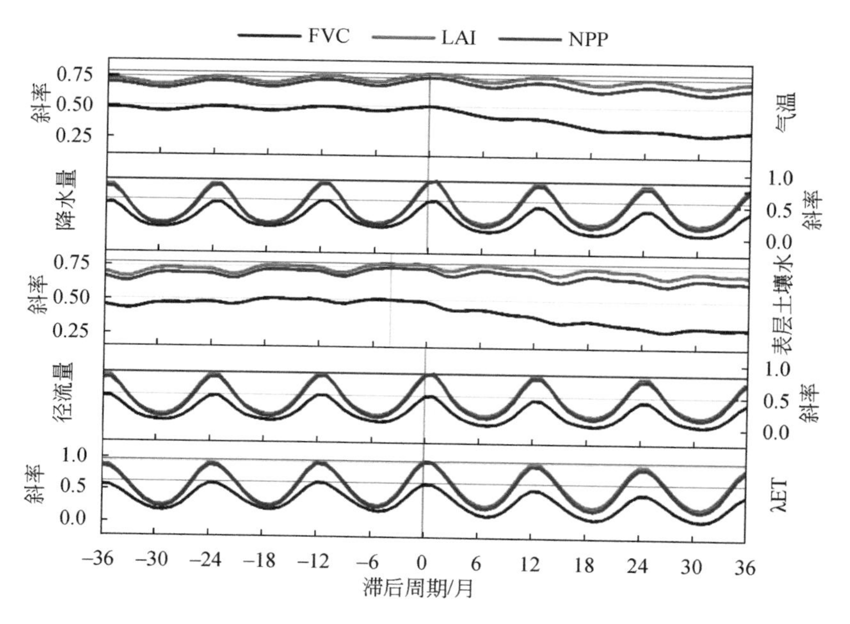

图 11-12　五种水文气象要素与三种植被指数的滞后回归分析

差有明显变小的趋势（相位差为 0° ~ −15°），而在随后降水较少的年份又有所恢复，研究认为这其实是植被生态对水文过程的反作用，植被由于降水增多的变化改变了包括截留、土壤水分转化等多个生态水文过程，进而改变了汇流的速度，在交叉小波分析中呈现出相位差的改变，这在三种植被指数与表层土壤水分的 0. 5a 和 1a 周期上也有所体现，例如在 1a 周期上植被与土壤水分的相位差随时间有明显的从 60° ~ 120°再到 60° ~ 90°的多种组合变化形式，这种并不稳定的相位关系也侧面说明了植被与表层土壤水分的相互影响。

从不同植被指数对水文气象要素的响应角度看，三种植被指数对同种水文气象要素的响应均存在趋同性和异质性（图 11-10、图 11-11），趋同性表现在同一年份同一周期内，三种植被指数的交叉小波显著能量谱表现一致，例如表层土壤水分与三种植被指数在 2000 年前后的 1a 周期上的强相互周期都偏向大于 1a 的方向；而异质性则主要表现不同植被指数会在略有不同年份的 0. 25a 和 0. 5a 周期上表现出显著性不同的特点，这些差异也是不同植被指数对同一生态状况的不同描述角度的表现。

本节使用三种植被指数与五种水文气象要素进行 6 年（±36 个月）的滞后回归分析，图 11-12 为各项滞后回归以一个月为步长的普通最小二乘斜率，结果显示回归分析的斜率呈现出以 1a 为周期以 0±1 月为中心的波动趋势。分别用与三种植被指数所代表颜色的细线标注出最大斜率以及最大斜率所在的滞后周期，结果主要可以分为两类，一类是最大斜率滞后期在一年内的，例如三种植被指数与气温、降水等；另一种是最大斜率滞后期超出一年，例如 FVC 与表层土壤水分、径流量和潜热通量，尽管这种类型的滞后期超出了一年，波形与中心年度一致，且滞后斜率也与中心年内相应月份相差无几，研究认为这样的特质可以认定为最大斜率滞后期与中心年度的相同月份一致。基于上述认定方法，可以看到 LAI 基本上不存在对水文气象要素的滞后期，NPP 与降水和径流有 1 个月提前的趋势，研究认为其原因与使用交叉小波分析在 1a 周期上存在 30°的负相位差的原因相同；FVC 与径流和潜热通量的滞后期相对都较长，但最大斜率与中心年份基本一致，故研究认为其实际并不存在与径流和潜热通量的滞后；表层土壤水分与三种植被指数的滞后回归结果最为特殊，其滞后回归斜率并不是以 0 或近于 0 滞后期为中心成对称分布的，且三种植被指数均表现出显著的滞后性，结合图 11-8 的相关性分析中表层土壤水分与各生态水文要素并不高的相关系数，研究认为该滞后期在实际应用中并不显著，有待于进一步分析。

通过对流域五种水文气象要素和三种植被指数进行了强交互周期和滞后周期的分析可以发现，不同的植被生态指标对流域水文气象要素的变化有不同速度、不同程度的反馈响应，同时流域水文过程也会因为生态过程的演替而随之变化，这样的分析显然还是不足的，其主要可以归结为两点：其一是需要加入更细化的生态水文要素，通过本节的分析，仍不能抽丝剥茧地逐层定量挖掘生态和水文要素间递进的互馈关系，仅能完成宏观的定性分析，这就说明在生态水文模型和互馈响应分析中都需要进一步考虑更加细致的物化过程；其二是使用多种植被指数也并不能全面地刻画流域植被生态状况，通过前文中多种分析，可以看到例如 FVC、LAI 和 NPP 三种植被指数所代表的生物学特征及其发展趋势不尽相同，其响应水文气象要素的过程也不尽一致，因此有必要引入生态系统的评价体系，客观全面地描述流域的生态水平，而并不只是单纯地以流域“绿了”、植被“多了”为生态系统状况的评价方式。

11.5 小　　结

本章分析了历史时期锡林河流域水文气象要素、表层和根层的土壤水分、不同蒸散发分量、植被生态状况的每五年演变过程，土壤碳排放的影响要素以及草原河流径流重要过程，漫流的频次及影响要素分析，结果显示土壤含水量和非植被参与的蒸散发分量的变化与当年的气象条件密切相关，而流域的植被生态状况和与其相关的蒸散发分量与当年及其随后几年的水文气象条件均保持密切联系。短暂的降水补给容易使流域生长出大量一年生草本植物，尽管这让流域看起来更“绿”，但这并不是一种可持续的恢复，连续的湿润促使生长出具备多样性的多年生植物才是锡林河植被生态恢复的最佳状态，该结论有助于更好地认识和评价一个生态水文系统的退化和恢复过程，并制定更科学的退化系统恢复重建以及畜牧业可持续发展的未来规划；温度（包括 T_A 和 T_S）在多种时间尺度均可以较好地解释 R_S 的变化，PAR 在日尺度与 R_S 有较好的正相关关系，研究区特殊的 M_S 条件使其不能很好地用来单独解释 R_S；由过度放牧引起的植被退化和流域降水的增加是锡林河流域河道漫流次数增加的主要原因，且漫流次数与全球气候变化要素存在两年的滞后期。整体来说，考虑河流漫流的 DDPM 有助于认识草原型河流漫流的这一特殊现象，该现象与当地降水和植被状况、全球气候变化等多重要素息息相关，这也有助于进一步揭示典型草原的独特生态水文过程与响应机理。

此外，通过对流域生态水文要素间的相关性、周期性、滞后性等分析，研究归纳总结了锡林河流域 1980 ~ 2020 年植被生态与水文气象要素的互馈响应关系，并对互馈响应研究中存在的不足进行了讨论，以期客观全面地认识草原流域生态水文相伴相生、互作互馈的关系和机制。

参 考 文 献

[1] Han C, Liu T, Duan L, et al. Spatio- temporal distribution of soil respiration in dune- meadow cascade ecosystems in the Horqin Sandy Land, China. CATENA, 2017, 157: 397-406.

[2] Yang F, Zhang Q, Zhou J, et al. East Asian summer monsoon substantially affects the inter- annual variation of carbon dioxide exchange in semi- arid grassland ecosystem in Loess Plateau. Agriculture, Ecosystems & Environment, 2019, 272: 218-229.

[3] Jia X, Zha T, Wang S, et al. Canopy photosynthesis modulates soil respiration in a temperate semi- arid shrubland at multiple timescales. Plant and Soil, 2018, 432 (1): 437-450.

[4] Xu H, Ye M, Li J. The ecological characteristics of the riparian vegetation affected by river overflowing disturbance in the lower Tarim River. Environmental Geology, 2019, 58 (8): 1749-1755.

[5] He R, Zhang J, Bao Z, et al. Response of runoff to climate change in the Haihe River basin. Advances in Water Science, 2015, 26 (1): 1-9.

[6] Kundzewicz Z, Hirabayashi Y, Kanae S. River floods in the changing climate—observations and projections. Water Resources Management, 2010, 24 (11): 2633-2646.

[7] 张川, 张伟, 陈洪松, 等. 喀斯特典型坡地旱季表层土壤水分时空变异性. 生态学报, 2015, 35 (19): 6326-6334.

[8] 曹亚楠, 孙明翔, 陈梦冉, 等. 2000-2016 年藏北高原降水对植被覆盖的影响 [J/OL]. 草地学报: 1-14 [2022-03-03].

[9] 刘超, 闫小月, 姜逢清. 天山北坡前山带降水分布型对荒漠植被的影响—基于逐日降水数据和 NDVI 分析. 生态学报, 2020, 40 (21): 7790-7780.

第12章 基于CMIP6未来情景的生态水文过程预测

本章选择5种第六次国际耦合模式比较计划（Coupled Model Intercomparison Project 6，CMIP6）国际耦合模式2015～2100年的未来情景SSP119、SSP126、SSP245、SSP370和SSP585五种不同共享社会经济路径（shared socioeconomic pathway，SSP），以上气候情景均由地球物理流体动力学实验室地球系统模型（Geophysical Fluid Dynamics Laboratory-Earth system model v4.1，GFDL-ESM4）计算获得。为了减小系统误差，统一将2015～2020年定义为基准期，使用该时期的历史实测数据与五种未来情景气象驱动数据的生态水文模拟结果进行参数订正。

12.1 不同未来情景下气温降水的变化

首先分析了五种未来情景下的气温和降水趋势，结果如图12-1和表12-1、表12-2所示。流域未来年均气温基本保持在-6～6℃的范围内，SSP1（可持续发展路径）描述了适应和缓解方面挑战性较低的未来路径，RCP1.9和RCP2.6典型浓度排放路径（representative concentration pathway，RCP）描述了低浓度排放的情景，因此SSP119和SSP126的未来气温分别有0.07℃/10a和0.02℃/10a的下降趋势。随着未来发展路径的逐渐激进和排放浓度的提高，未来气温也有逐渐增高的趋势，在研究选择的最恶劣的SSP585情景下，未来气温有0.56℃ $10a^{-1}$的增高趋势［图12-1（a）］。

由表12-1可知整体上，未来气温呈现出增长趋势，SSP585的气温变化幅度不论是升高还是降低都是最显著的，在三个未来时间段内都呈现出0.1℃/10a的变化趋势；SSP370在21世纪中叶（2041～2070年）以及SSP119在21世纪前叶和中叶（2021～2040年、2041～2070年）的气温变化幅度也很大；SSP245和SSP126则相对平缓[1-2]。

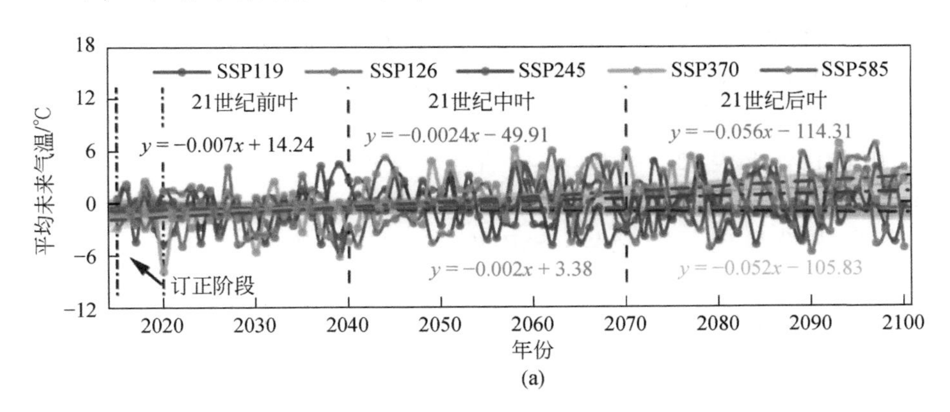

(a)

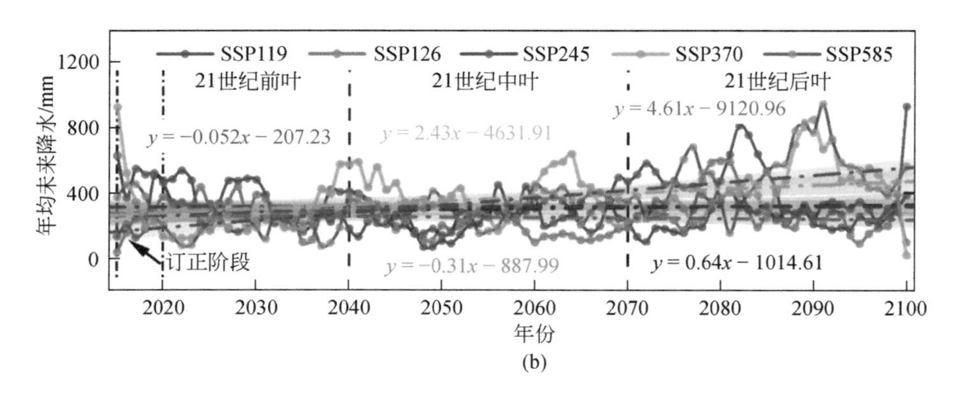

图 12-1　五种 CMIP6 未来情景下的气温和降水变化

表 12-1　2021～2100 年五种 CMIP6 未来情景下气温的变化情况

未来情景	SSP119		SSP126		SSP245		SSP370		SSP585	
时间	CR	CT	CR	CT	CR	CT	CR	CT	CR	CT
2021～2040 年	-4. 34	0. 21	3. 53	-0. 06	-2. 15	-0. 01	-8. 81	0. 04	-108. 21	-0. 17
2041～2070 年	-1. 80	-0. 14	647. 48	0. 05	-2. 55	-0. 02	2. 83	0. 12	14. 94	0. 11
2071～2100 年	-1. 58	-0. 04	-3. 39	0. 04	-1. 78	0. 05	-6. 32	-0. 01	-17. 40	0. 16

注：CR 和 CT 分别表示未来时期五种未来情景下气温的年均变化幅度（%）和变化趋势（℃/10a）。

表 12-2　2021～2100 年五种 CMIP6 未来情景下降水的变化情况

未来情景	SSP119		SSP126		SSP245		SSP370		SSP585	
时间	CR	CT	CR	CT	CR	CT	CR	CT	CR	CT
2021～2040 年	0. 01	-12. 97	0. 21	-6. 95	0. 05	-1. 21	0. 35	17. 35	0. 53	2. 84
2041～2070 年	0. 19	6. 38	0. 03	-4. 43	0. 17	1. 99	-0. 02	-3. 61	0. 09	1. 29
2071～2100 年	0. 38	4. 78	0. 14	-5. 46	0. 02	-7. 65	0. 04	8. 57	0. 19	7. 44

注：CR 和 CT 分别表示未来时期五种未来情景下降水的年均变化幅度（%）和变化趋势（mm/10a）。

流域未来年均降水也呈现出整体增加的趋势，随着年份的增加，极端气候的出现也愈加明显，SSP119、SSP370 和 SSP585 在 21 世纪后叶均明显出现了年均降水波动极大的极端情况，仅 SSP126 的未来情景的降水有减少趋势（3. 1mm/10a），在以传统化石燃料为主的路径情景下（SSP585），降水量的增幅甚至超过 46mm/10a［图 12-1（b）］。

SSP245 旨在描绘一个未来发展趋势在任何方面都不是极端的，而是遵循中间路线的未来情景，由表 12-1 和表 12-2 可知，其一直处于一个较为稳定的状态，SSP119 在 2021～2040 年呈现出 12. 97mm/10a 的下降趋势，在 2041～2100 年均呈现上升趋势；SSP126 在三个未来时间段内都呈现下降趋势；SSP370 在 2021～2040 年的上升趋势最大，为 17. 35mm/10a；而 SSP585 则在三个未来时间段内表现为持续增加的趋势，在 2071～2100 年增幅最大，为 7. 44mm/10a。

12.2 不同未来情景下生态水文要素的预测

本节通过整理并将未来气候驱动数据输入到参数订正后的分布式动态过程模型（Version 1.0，Distributed dynamic process model Version 1.0，DDPM）中，模拟出了锡林河流域2021~2100年五种CMIP6未来情景下的生态水文过程，并选择了四种重要的生态水文指标（表层土壤水分、径流量、显热和潜热通量）进行未来趋势分析，研究不同浓度碳排放和应对策略下流域生态水文过程的变化。

12.2.1 未来表层土壤水分的预测

五种未来情景下的表层土壤水分模拟值变化趋势及三个未来时间段的变化情况如图12-2和表12-3所示。整体来看未来模拟表层土壤水分在15~35mm的范围内，流域年际表层土壤水分变幅较大，SSP126在21世纪前叶有数年土壤水分含量较低，SSP119在21世纪后叶土壤水分含量较低逐渐增多，SSP585的土壤水分偏低的年份最多（图12-2）。

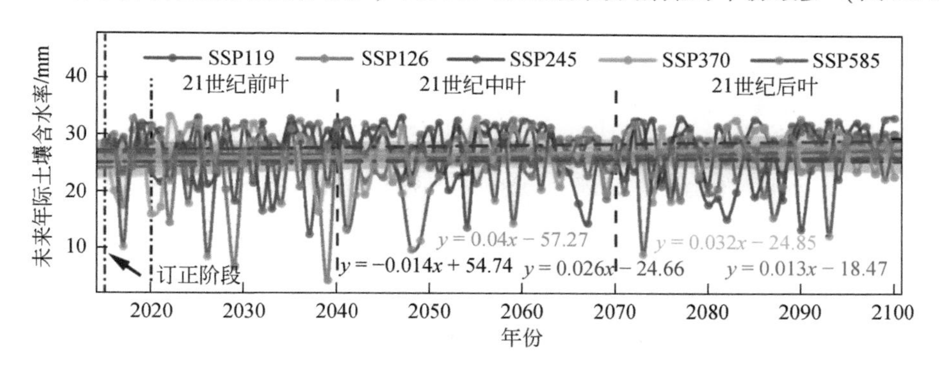

图12-2 五种CMIP6未来情景下的表层土壤水变化

在表层土壤含水的变化趋势方面，除SSP119以外其他四种未来情景的土壤水分都呈现增加的趋势，其中SSP245和SSP370增加的幅度都比较大，SSP245在21世纪前叶和后叶有0.12~0.15mm/a的增加趋势，在21世纪中叶有0.07mm/a的下降趋势，而使用SSP370情景模拟的表层土壤含水则是在21世纪前中叶不断增加，在21世纪后叶稍有下降。未来挑战最极端的SSP585情景模拟的表层土壤含水表现出了持续增加的趋势，但实际增加值并没有SSP370显著（表12-3），这是由于SSP585中出现了较多的极端年份，使得这些年份的年均模拟的表层土壤含水远低于平均水平[3]（图12-2）。

12.2.2 未来径流量的预测

利用DDPM预测了五种未来情景下锡林河流域的年径流量，并对其增长或减少的变化趋势进行分析，结果如图12-3和表12-4所示。整体上，五种未来情景下的年径流量在21

世纪前叶和中叶有稳定上升趋势，在 21 世纪后叶随着极端事件的频繁出现导致高径流量年份大幅度增加，除 SSP245 情景的变化趋势略有减小以外，其他四种未来气候的年径流量均增加明显，其中 SSP126 和 SSP370 在 21 世纪后叶分别有 1209.75 万 $m^3/10a$ 和 978.68 万 $m^3/10a$ 的增长（表 12-4）。

表 12-3　2021～2100 年五种 CMIP6 未来情景下表层土壤水分的变化情况

未来情景	SSP119		SSP126		SSP245		SSP370		SSP585	
时间	CR	CT	CR	CT	CR	CT	CR	CT	CR	CT
2021～2040 年	0.13	0.02	0.35	-0.21	0.06	0.12	0.11	0.05	0.15	0.20
2041～2070 年	0.04	-0.17	0.02	-0.05	0.04	-0.07	0.07	0.16	0.08	0.16
2071～2100 年	0.07	0.04	0.05	0.16	0.05	0.15	0.02	-0.03	0.13	0.09

注：CR 和 CT 分别表示未来时期五种未来情景下表层土壤水的年均变化幅度（%）和变化趋势（mm/10a）。

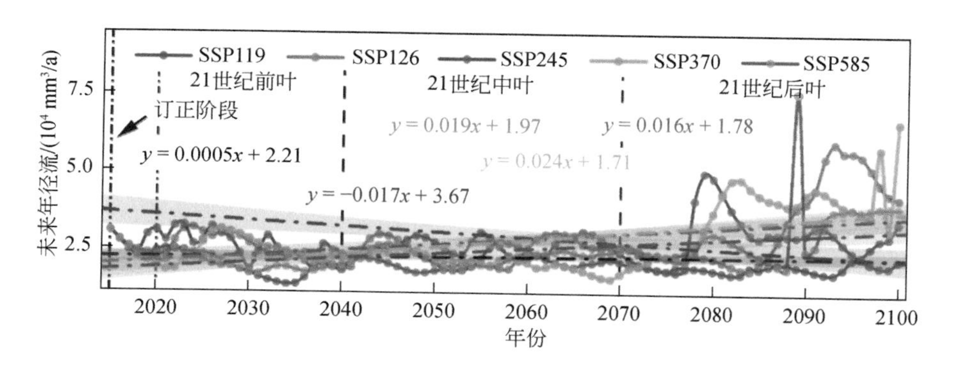

图 12-3　五种 CMIP6 未来情景下的未来径流量变化

表 12-4　2021～2100 年五种 CMIP6 未来情景下地表径流量的变化情况

未来情景	SSP119		SSP126		SSP245		SSP370		SSP585	
时间	CR	CT	CR	CT	CR	CT	CR	CT	CR	CT
2021～2040 年	-0.04	-428.25	-0.01	-377.37	-0.08	-243.68	0.03	24.22	-0.02	-318.60
2041～2070 年	0.04	132.13	0.05	140.80	-0.01	52.01	-0.02	-224.91	0.03	51.54
2071～2100 年	0.05	221.34	0.07	1209.75	0.06	-1.86	0.23	978.68	0.29	630.11

注：CR 和 CT 分别表示未来时期五种未来情景下径流量的年均变化幅度（%）和变化趋势（万 $m^3/10a$）。

SSP119 情景下的年径流量保持平稳，基本在 2 万～3.5 万 m^3/a 的范围内，2030～2036 年径流量有明显减少，2095～2100 年径流量有明显增加；SSP126 在 2090～2100 年的年径流量有明显增加；SSP245 在 2075～2080 年的年径流量有较为明显的波动；SSP370 在 21 世纪后叶波动明显，变化幅度达到 295.57%；而 SSP585 则在 21 世纪后叶较为稳定，只是在 2089 年发生了极端径流事件，年径流量超过 7.5 万 m^3/a（图 12-3）。

12.2.3 未来水–热通量的预测

利用 DDPM 模拟五种未来情景下的年显热、潜热通量变化及趋势分析如图 12-4 和表 12-5、表 12-6 所示。结果显示年际显热、潜热通量实际变化范围并不是很大，整体的波动也较为平稳，SSP585 的波动相对最为剧烈，尤其是在 21 世纪后叶，显热、潜热通量的年际变化幅度分别达到 8.72% 和 93.61%，远高于其他四种未来情景（表 12-5、表 12-6）。从极值角度看，SSP585 情景下模拟的显热通量在 21 世纪中叶和后叶都存在多个极低值［图 12-4（a）］，其潜热通量则存在几近相同数量的极大值年份［图 12-4（b）］。

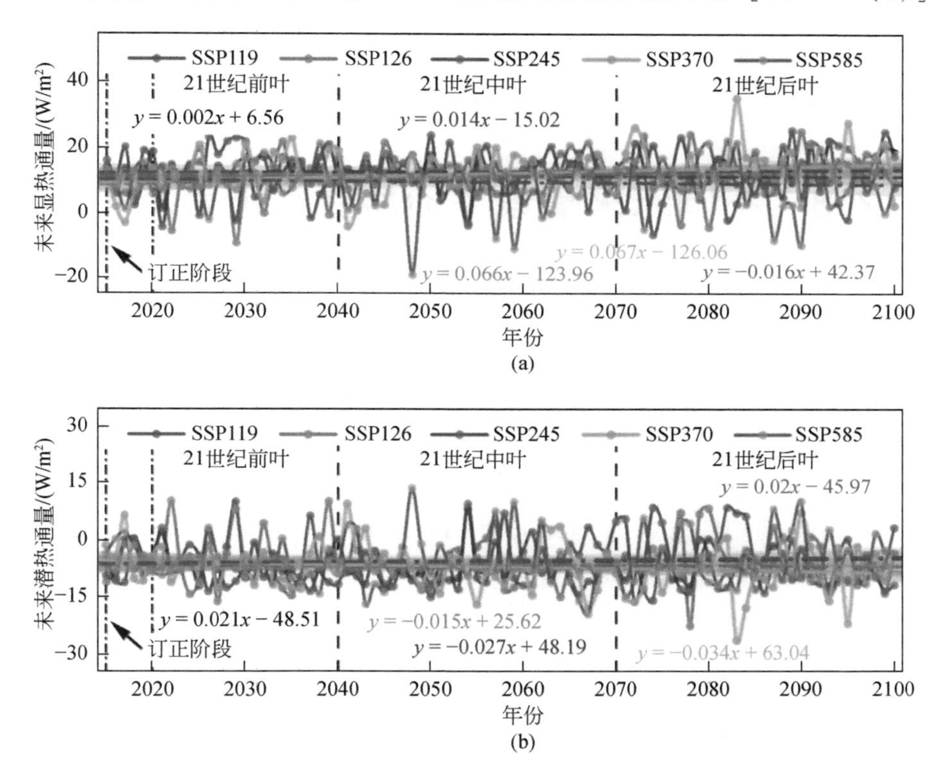

图 12-4　五种 CMIP6 未来情景下的未来显热通量和潜热通量变化

表 12-5　2021～2100 年五种 CMIP6 未来情景下显热通量的变化情况

未来情景	SSP119		SSP126		SSP245		SSP370		SSP585	
时间	CR	CT	CR	CT	CR	CT	CR	CT	CR	CT
2021～2040 年	-1.31	-0.19	1.72	0.12	-7.11	0.23	1.04	0.25	-0.90	0.39
2041～2070 年	1.96	-0.01	1.18	-0.08	-0.63	0.04	9.13	0.12	-0.57	0.15
2071～2100 年	-0.59	-0.04	-1.31	0.19	2.46	0.33	1.07	-7e-5	8.72	-0.20

注：CR 和 CT 分别表示未来时期五种未来情景下显热通量的年均变化幅度（%）和变化趋势［（W/(m^2・10a)］。

五种未来情景下模拟的显热通量的年均变化幅度均小于 10%，而潜热通量的年均变化幅度在21世纪后叶有明显增加，例如SSP126、SSP245和SSP585的潜热通量年均变化幅度都超过了10%。从2021～2100年来看，显热通量有上升趋势而潜热通量有下降的趋势[3-4]，但显热通量和潜热通量并不是简单的此消彼长的变化关系，通过HF模块（heat flux module，HF）的计算过程和三个时间分段的变化趋势都可以体现出来。

表12-6 2021～2100年五种CMIP6未来情景下潜热通量的变化情况

未来情景	SSP119		SSP126		SSP245		SSP370		SSP585	
时间	CR	CT	CR	CT	CR	CT	CR	CT	CR	CT
2021～2040年	0.83	-0.17	-4.19	-0.05	-0.19	-0.14	1.22	-0.06	-3.08	-0.04
2041～2070年	1.44	0.26	-0.04	-0.03	-3.34	0.02	-0.11	-0.15	-1.36	-0.15
2071～2100年	-3.78	0.11	-13.89	-0.19	-20.38	-0.32	-3.03	0.15	93.61	0.09

注：CR和CT分别表示未来时期五种未来情景下潜热通量的年均变化幅度（%）和变化趋势［$W/(m^2 \cdot 10a)$］。

12.3 不同未来情景下流域生态的走势分析

本节使用DDPM模拟预测了五种未来情景下初级生产力（gross primary productivity，GPP）的年际变化情况，结果如图12-5和表12-7所示，其中图12-5中的实线表示流域GPP年际均值的变化，与实线颜色一致的阴影上下限分别表示GPP年际最大值和最小值的变化。可以明显地看到五种未来情景下GPP有不同的走势情况，以零为分界线，SSP119、SSP126和SSP245这三种未来情景下的GPP有上升趋势，而SSP370和SSP585情景下的GPP有下降趋势[5]。不论是上升还是下降趋势，这种变化的走向基本都是随时间有逐渐强烈的趋势，如表12-7中的三个21世纪时期GPP预测值的变化统计情况，在2041～2070年和2071～2100年两个时期，流域GPP的预测值年际变化幅度基本都大于2021～2100年的变化年际均值。五种未来气候模式在研究设定的21世纪前叶、中叶和后叶中的GPP预测值的变换率的绝对值表现为中叶>后叶>前叶，而其变化趋势是一致的，这说明当保持同一种气候模式不变的情况下，流域的GPP有朝着某一方向增加或减少逐渐剧烈的趋势，而变幅绝对值的下降并不代表变化速度放缓了，相反是由于基数的不断增大，使得变幅有所放缓。此外，随着排放浓度的增加，流域GPP呈现出下降的趋势，进一步细致对比相同发展路径不同排放模式的SSP119和SSP126两种未来情景下的预测GPP变化过程，SSP119是将气候变暖在2100年限制在$1.5W/m^2$以内，该情景略高于工业化之前的水平，而SSP126的辐射强迫顶点约为$3W/m^2$，2100年降至$2.6W/m^2$，此时CO2浓度为421ppm，CH4浓度低于2000ppb①，在此期间，全球范围内能源利用类型的改变，使温室气体排放显著减少，RCP2.6是全球作物面积增加最大的排放情景，但在开发程度较低的半干旱草原，显然更偏向于自然状态的低浓度排放更有助于GPP的增长，但本结果并不代表锡林河流域真正的生态水文功能达到五种情景下的最佳状态，仍需引入更完备的生态水文状态和

① $1ppb=10^{-9}$。

功能的评价体系来进行客观多角度、全面多方位的鉴别。

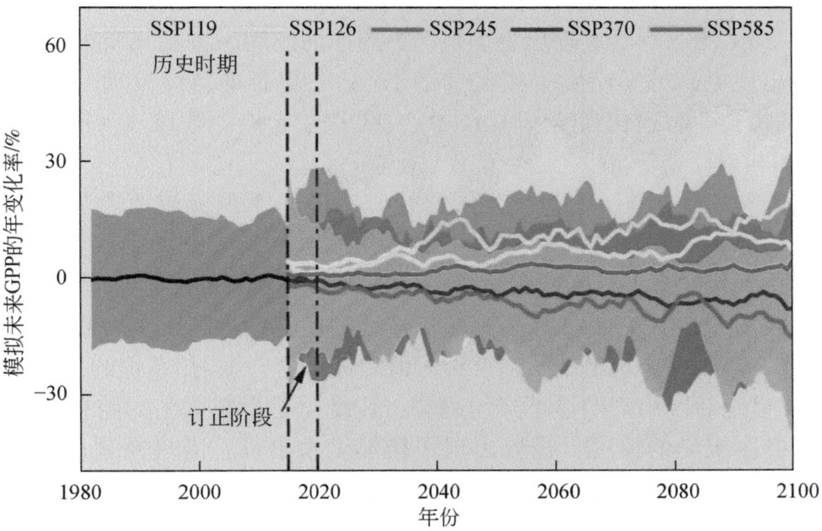

图 12-5　未来情景下流域 GPP 指数的预测变化

通过比较 GPP 年际均值和最大、最小值的变化可以发现，GPP 的极值变化量有跟均值变化量相似的变化趋势，但幅度可以达到均值变化量的数倍。将此结果与图 12-1 中五种未来情景的气温、降水变化相结合，在 21 世纪后叶，气象条件波动剧烈、极端气候频发的 SSP585 模式下，GPP 分别在 2071～2074 年、2082～2085 年和 2097～2100 年三个时间段出现了明显的下降，其中在 SSP585 中的 2071～2074 年流域的年均降水都低于平均水平，相对应的表层土壤含水率也并不高（图 12-2），而 2082～2085 年和 2097～2100 年在 SSP585 情景中的降水明显较为强烈，属于极端气候年份，剧烈的温差变化、暴雨事件并不利于植被的生长，因此流域 GPP 反而呈现了显著下降的趋势，这与第 11 章中讨论的草原流域的植被更适于在长时间湿润条件下生长的结论一致。

表 12-7　2021～2100 年五种 CMIP6 未来情景下 GPP 预测值的变化情况（单位：%）

未来情景	SSP119		SSP126		SSP245		SSP370		SSP585	
时间	CR	CT	CR	CT	CR	CT	CR	CT	CR	CT
2021～2040 年	5.81		3.68		0.95		-2.32		-3.89	
2041～2070 年	10.93		5.97		2.43		-3.77		-6.57	
2071～2100 年	14.87		8.19		2.11		-5.80		-9.15	
2021～2100 年	11.13		6.23		1.94		-4.17		-6.87	

12.4　对流域未来生态水文治理与规划的建议

研究选用的五种 CMIP6 的未来情景分别对应了五种排放模式和四种发展路径，通过前文对五种未来情景下生态水文要素的未来走势分析，发现从典型浓度排放路径的角度来看，相较于中低浓度排放路径（RCP1.9、RCP2.6、RCP4.5），中等浓度（RCP7.0）和高浓度排放路径（RCP8.5）会表现出更多包括不规律的波动、极端气候天气等不稳定因素，进而影响流域出现更高的旱涝发生频次（图 12-3）、更长的持续波动时间（图 12-1 ~ 图 12-4）、更强的植被生态退化强度（图 12-5）、更多的降水［图 12-1（b）］和更高的潜在蒸散发［图 12-4（b）］等。

从发展路径的角度来看，可持续发展路径（SSP1）下的流域地表径流量和 GPP 表现出稳步上升的趋势；中间路径（SSP2）下的各生态水文要素整体也比较稳定，但生态状况基本处于维持现状的水平；区域竞争路径（SSP3）下的流域年径流量在 2050 年后便开始出现较大的波动，其中在 2075 年后有多年连续的径流量远高于年均值的情况，其显热、潜热通量在 2075 年后也分别出现了多个极大值和极小值，水–热系统的不稳定使得 GPP 的预测值也在 21 世纪后叶出现明显下降的趋势；传统化石燃料为主的路径（SSP5）下的土壤水分出现了极度干旱的情况，径流出现了极端洪水事件，潜热通量持续上升，预测的 GPP 也显著下降，这一系列生态水文的协同退化警醒着，在继续保持常规发展的高强迫排放环境下，人类赖以生存的环境将受到严重的破坏。

2019 年世界气象组织最新的研究报告指出，全球平均气温较工业化前已上升了 1.1℃，非常接近 2015 年所通过的《巴黎气候协议》提出的 1.5℃限定线。受新型冠状病毒 COVID-19 的影响，2020 ~ 2021 年全球 CO_2 排放虽然有小幅下降，但并无法在长时间尺度上阻止全球平均温度的持续上升[1]。以极端条件的干旱为例，未来随着全球升温，全球大多气候区已经出现了变干的趋势[6]，而干旱也将会进一步加剧，研究中便呈现出年降水较高，但表层土壤水分偏低甚至极低的情况（例如 SSP370 情景下的 2037 年和 SSP585 情景下的 2086 年、2093 年等），这种“不对称式”的模式在水量平衡中便表现出了“来得多、走得多、真正存下来的并不多”的情况[6-7]。据不完全统计在 1984 ~ 2018 年，我国仅由干旱导致的年均直接经济损失便达 340 亿元（2018 年市值），年均农作物受影响面积超 20 万 km^2，这些都表明了生态水文健康发展的迫切性和必要性。通俗地来讲，采用更低浓度的排放方式和缓和的发展方式将直接利好于流域生态水文状况和功能。

对于锡林河流域而言，草原生态系统脆弱，更需要给予高度重视。从发展路径的角度，现阶段畜牧业仍是锡林河流域占比较大的产业，严格实施禁牧休牧制度是保证长期发展的重要举措和有效途径，全面推进山水林田湖草沙系统治理，合理退耕还林还草，有必要对沙化、盐碱化、石漠化、草原植被盖度 50% 以下严重退化的天然草原和生态脆弱区的草原以及自然保护地和生态红线内禁止生产经营活动的草原依法实行禁牧封育；除禁牧区以外，草原植被盖度 50% ~ 70% 中度退化、植被盖度 70% ~ 80% 轻度退化的草场根据草原保护要求和生产利用方式开展季节性休牧；减少草地、林地、灌木的人为砍伐，因地制宜科学实施林下可燃物的清除，降低可燃物载量和草原火灾发生概率等。

从典型浓度排放路径的角度，应坚定不移地走可持续发展道路，优化产业结构，兼顾生态效益、经济效益和社会效益的指导方针，积极合理开发和推广风能、太阳能、生物质能等绿色新能源技术，交通领域增加电动汽车和氢能运输占比，建筑领域、工业领域实现低碳化改造，逐步取代煤炭的工艺过程，努力实现碳中和的目标；结合锡林河旅游发展的实际，坚持生态旅游的开发理念，严格禁止不合理开发、房屋建设、草原改建等，积极践行绿水青山就是金山银山的理念。

从科研监测的角度，综合运用野外实地调查、遥感和物化探等技术，开展自然资源要素相关的综合调查，分析林草生长、湖泊湿地吸收、河流输送及土壤固定等生态水文过程及演化趋势，加强生态水文耦合过程机理研究，提出基于人为干预的生态水文恢复措施，以提高我国应对气候变化和极端事件的能力。此外针对未来气候模式生态水文过程的模拟研究，为了更全面地考虑未来气候变化或气候风险所带来的社会影响，特别是21世纪近期和中期的变化，研究认为有必要引入更多“可能的未来”情景（例如SSP434、SSP460等），并将社会经济与生态水文效益纳入到模型当中。

12.5 小　结

本章首先分析了CMIP6中五种常见的未来气候模式下2021～2100年气温和降水的变化趋势，利用前文建立的DDPM模拟和分析了多种生态水文要素的未来发展趋势，并基于未来情景下的生态水文发展趋势分析结果和锡林河流域现状提出了治理与规划的建议，结果显示如下。

1）在RCP1.9和RCP2.6的低浓度排放的情景下，未来气温分别有微小的下降趋势，随着排放浓度的增加，流域气温有逐步增高的趋势，除SSP129外，流域未来降水均呈现增加的趋势，随着未来发展路径的逐渐激进和排放浓度的提高，气温、降水和极端气候天气发生的频率都有明显的提高；

2）使用DDPM模拟的五种未来气候模式下的生态水文要素结果显示，除SSP119以外，表层土壤水分有小幅度增长的趋势，SSP126和SSP585情景下出现极低土壤含水的状况频繁。流域地表径流量除SSP245外有缓慢增高的趋势，在21世纪后叶远超过平均年径流量的洪涝灾害频繁发生。未来显热、潜热通量基本保持稳定，特殊的SSP585情景下出现了较多的波动和极值现象。模拟的未来GPP走势呈现出当发展路径偏向可持续化、排放模式更低时，GPP有逐渐提升的趋势，当发展路径为中间或区域竞争路径、排放模式处于中低浓度（RCP4.5至RCP7.0）时，流域GPP开始出现由缓慢增加变成缓慢下降的趋势，在SSP585情景下，GPP出现非常明显的下降趋势；

3）针对半干旱内陆草原型流域，坚定不移地走可持续发展道路，优化产业结构，兼顾生态效益、经济效益和社会效益的指导方针，推动新能源技术的发展和使用，合理退耕还林还草、禁牧休牧，严格禁止不合理开发，建立科学全面的生态水文监测体系等使流域生态水文良性关系维持、退化系统恢复重建以及畜牧业可持续发展的最佳实用方案。

参考文献

[1] Yang L, Tian J, Fu Y, et al. Will the arid and semi-arid regions of Northwest China become warmer and wetter based on CMIP6 models? . Hydrology Research, 2022, 53 (1): 29-50.

[2] Li H, Li Z, Chen Y, et al. Projected meteorological drought over Asian drylands under different CMIP6 scenarios. Remote Sensing, 2021, 13 (21): 4409.

[3] Qin J, Su B, Tao H, et al. Spatio-temporal variations of dryness/wetness over Northwest China under different SSPs-RCPs. Atmospheric Research, 2021, 259: 105672.
[4] Kim D, Ha K J, Yeo J H. New drought projections over East Asia using evapotranspiration deficits from the CMIP6 warming scenarios. Earth's Future, 2021, 9 (6): e2020EF001697.
[5] Li G, Chen W, Zhang X, et al. Spatiotemporal dynamics of vegetation in China from 1981 to 2100 from the perspective of hydrothermal factor analysis. Environmental Science and Pollution Research, 2022, 29 (10): 14219-14230.
[6] Zhang G, Gan T Y, Su X. Twenty-first century drought analysis across China under climate change. Climate Dynamics, 2021: 1-21.
[7] Li J, Chen X, Kurban A, et al. Coupled SSPs-RCPs scenarios to project the future dynamic variations of water-soil-carbon-biodiversity services in Central Asia. Ecological Indicators, 2021, 129: 107936.